D1870391

Springer-Lehrbuch

Ralf Ewert · Alfred Wagenhofer

Interne Unternehmensrechnung

8. Auflage

Springer

Ralf Ewert
Alfred Wagenhofer
Karl-Franzens-Universität Graz
Graz, Österreich

ISSN 0937-7433
ISBN 978-3-642-35960-6 ISBN 978-3-642-35961-3 (eBook)
DOI 10.1007/978-3-642-35961-3

Die Deutsche Nationalbibliothek verzeichnet diese Publikation in der Deutschen Nationalbibliografie; detaillierte bibliografische Daten sind im Internet über http://dnb.d-nb.de abrufbar.

Springer

Gedruckt auf säurefreiem und chlorfrei gebleichtem Papier.

Springer ist Teil der Fachverlagsgruppe Springer Science+Business Media
www.springer.com

Vorwort zur 8. Auflage

In der vorliegenden 8. Auflage haben wir an vielen Stellen kleinere inhaltliche Änderungen, Präzisierungen und Ergänzungen gegenüber der Vorauflage vorgenommen. Außerdem wurde die Literatur auf den neuesten Stand gebracht und ergänzt.

Für zahlreiche Hinweise danken wir mehreren Kollegen, insbesondere Prof. Dr. *Robert Göx*, sowie unseren Mitarbeitern *Kristina Berger*, MSc., Mag. *Katharina Hofer* und Dr. *Michael Vorraber* für ihren großen Einsatz bei der Finalisierung der Neuauflage.

Ralf Ewert und *Alfred Wagenhofer* Graz, im Januar 2014

Vorwort zur 1. Auflage

Inhalt dieses Buches ist die Darstellung der internen Unternehmensrechnung; der Schwerpunkt liegt auf Fragen des *Kosten- und Erlösmanagements* sowie Instrumenten des *Controlling*. Das Buch stellt die *Anwendung* der Instrumente der internen Unternehmensrechnung in den Vordergrund, nicht so sehr verrechnungstechnische Aspekte der Kosten- und Leistungsrechnung. Dem entspricht auch der Aufbau: Nach einer kurzen Einleitung werden *Entscheidungsrechnungen*, *Kontrollrechnungen* und *Koordinationsrechnungen* sehr ausführlich behandelt, den Abschluß bildet ein Überblick über die *Systeme* der Kostenrechnung.

Dieses Buch richtet sich an Fortgeschrittene – **Zielgruppen** sind Studierende der Betriebswirtschaftslehre im Hauptstudium, Wissenschaftler und Spezialisten in der Praxis. Grundlegende Kenntnisse der Kosten- und Leistungsrechnung sowie der Investitionsrechnung werden vorausgesetzt.

Das Buch basiert auf Vorlesungen im Hauptstudium bzw im 2. Studienabschnitt, die wir bereits mehrere Male an der Universität Tübingen bzw an der Universität Graz gehalten haben. Für Anregungen und Anmerkungen danken wir Prof. Dr. *Adolf Stepan* und insbesondere Prof. Dr. *Peter Swoboda*. Für die Durchsicht des Manuskriptes, die Mithilfe bei der Erstellung der Grafiken, einiger Beispiele sowie des Stichwortverzeichnisses danken wir unseren Mitarbeitern Mag. *Christian de Pauli*, Dipl.-Kfm. *Christian Ernst*, Dipl.-Kfm. *Wolfram Heinzel*, Mag. *Ursula Kahr* und Mag. *Christian Riegler*.

Ralf Ewert und *Alfred Wagenhofer* Tübingen und Graz, im Juni 1993

Inhaltsübersicht

Inhaltsverzeichnis

Die Autoren

Prof. Dr. Ralf Ewert

Seit 2008 Vorstand des Instituts für Unternehmensrechnung und Wirtschaftsprüfung und stellvertretender Direktor des Center for Accounting Research an der Karl-Franzens-Universität Graz. Studium an der Universität zu Köln und Promotion an der Universität Passau. Nach einem Jahr Praxis in einem großen deutschen Unternehmen 1990 Habilitation an der Universität Würzburg. 1989/90 Lehrstuhlvertretung für Finanzwirtschaft an der Universität Trier, 1990 bis 1994 Inhaber des Lehrstuhls für Unternehmensrechnung an der Eberhard-Karls-Universität Tübingen und 1994 bis 2008 Inhaber des Lehrstuhls für Betriebswirtschaftslehre, insbesondere Controlling und Auditing an der Johann Wolfgang Goethe-Universität Frankfurt am Main. In 1995/96 und 1996/97 Gastprofessor an der Universität Graz und in 1998 Metzler-Foundation-Visiting-Professor an der Wharton-School der University of Pennsylvania, USA. 2001 Erhalt des Finanzinnovationspreises der Bethmann-Bank.

Forschungsinteressen sind interne und externe Unternehmensrechnung, Wirtschaftsprüfung, Controlling und Informationsökonomie.

Autor der Bücher *Rechnungslegung, Gläubigerschutz und Agency-Probleme* und *Wirtschaftsprüfung und asymmetrische Information*, Koautor der *Externen Unternehmensrechnung* und der *Study on the Economic Impact of Auditors' Liability Regimes* sowie Autor zahlreicher Aufsätze in Fachzeitschriften (zB *Abacus*, *BFuP*, *EAR, FA, FnTAcc, JITE, TAR*, *ZfB, zfbf/sbr* und *ZfCM*) und in Sammelbänden.

Mitherausgeber der *RMS* und Mitglied des Editorial Board der *GER*.

Prof. Dr. Dr. h.c. Alfred Wagenhofer

Seit 1991 Vorstand des Institutes für Unternehmensrechnung und Controlling und Direktor des Center for Accounting Research an der Karl-Franzens-Universität Graz. Studium und Promotion an der Universität Wien. 1990 Habilitation an der Technischen Universität Wien. Gastprofessuren an der University of British Columbia, Vancouver, Universität Wien, London School of Economics und University of Sydney. Wirkliches Mitglied der Österreichischen Akademie der Wissenschaften. 2007 Ehrendoktorat der Universität München, 2013 Dr. Kausch-Preis. Mitglied im Österreichischen Arbeitskreis für Corporate Governance und im Österreichischen Beirat für Rechnungslegung und Abschlussprüfung (AFRAC). 1997/98 Präsident der *European Accounting Association*, seit 1999 Mitglied des Vorstandes der Schmalenbach-Gesellschaft für Betriebswirtschaft, 2004-2008 Vice President-Finance der *International Association for Accounting Education and Research*, 2005-2007 Vice President-International der *American Accounting Association* und 2009-2010 Vorsitzender des Verbands der Hochschullehrer für Betriebswirtschaft.

Forschungsinteressen sind interne und externe Unternehmensrechnung, internationale Rechnungslegung, Controlling und Informationsökonomie.

Autor von sieben Büchern und zahlreichen Aufsätze in Fachzeitschriften (zB *Abacus, ABR, BFuP, EAR, FnTAcc, JAE, JMAR, MAR, TAR, ZfB* und *zfbf/sbr*) und in Sammelbänden.

Schriftführender Herausgeber der *zfbf* und *sbr*, Associate Editor von *Abacus* sowie Mitglied der Editorial Boards von mehreren internationalen Fachzeitschriften.

Symbolverzeichnis

a	Aktion, Arbeitsleistung
A	Auszahlung
$\mathbf{A}$	Aktionsraum
ab	Abschreibungsrate
Ab	Abschreibung
AR	absolute Risikoaversion
AU	(Netto-) Ausschüttung
b	Beschäftigung; Bezugsgröße; Beurteilungsgröße
B	Bonus
bk	Basisstückkosten
c	Kosten; Kostensatz; Eigenfertigungskosten
$c(x)$	Kostenänderungsfaktor
C	Kosten, zugerechnete Kosten
Cov	Kovarianzoperator
d	(Stück-)Deckungsbeitrag
$\hat{d}$	spezifischer (Stück-)Deckungsbeitrag
$\overline{d}$	vorläufiger Deckungsbeitrag (vor bestimmten Kosten)
d^m	modifizierter Deckungsbeitrag
dv	Verfahrensdeckungsbeitrag
$\hat{dv}$	spezifischer Verfahrensdeckungsbeitrag
D	Deckungsbeitrag
E	Einzahlung; Einzahlungsüberschuss; Erlös
EK	Bilanzielles Eigenkapital
EW	Ertragswert; Endwert
$\mathrm{E}[]$	Erwartungswertfunktion
f	Dichtefunktion (kontinuierlich)
F	Wahrscheinlichkeitsfunktion (kontinuierlich)
^{F}	(Index) Fix-
G	Gewinn
$_H$	(Index) hoch, groß
$_i$	(Index) Ist-
i	Zinssatz
I	Investitionsauszahlung; Untersuchungskosten
i, j, l, m, n	Laufindizes jeweils von 0 bzw 1, ..., I, J, L, M, N
K	Kosten, Gesamtkosten
k	variable Stückkosten
$\overline{k}$	vorläufige variable Stückkosten (vor bestimmten Kosten)
^{k}	(Index) kumuliert
KB	Kapitalbindung
KW	Kapitalwert

KW_a	Kapitalwert der Auszahlungen
KW_e	Kapitalwert der Einzahlungen
ℓ	Funktion
L	Leistungen
$_L$	(Index) niedrig, klein
LG	Lagrange-Funktion
LI	Likelihood-Funktion
LQ	Liquidationserlös (Restwert)
M	Marktpreis
N	Nutzen
NF	Nettoauszahlungen aus Fremdfinanzierung
OK	Opportunitätskosten
OL	Operating Leverage
$_P$	(Index) Plan-; Soll-
p	Preis pro Mengeneinheit Output
P	Produktivitätsparameter
Pr	Wahrscheinlichkeit, dass eine Bedingung zutrifft
q	Faktormenge, Verbrauch
r	Preis pro Mengeneinheit Faktorinput
R	Verrechnungspreis; Bewertungsfaktor
RG	Residualgewinn
s	Kompensationsschema
$\underline{S}$	Basisentlohnung
SK	Sicherheitskoeffizient
t	Zeitindex von 0 bzw 1, ..., T
T	Ende des Planungshorizontes
u	Nutzenwert
U	Nutzenfunktion
U^A	Nutzenfunktion des Agenten, $U^A = U(s) - V(a)$
$\underline{U}^A$	Reservationsnutzen des Agenten
U^P	Nutzenfunktion des Prinzipal
$\ddot{U}$	(Zahlungs-)Überschuss
v	Direktverbrauchskoeffizient (Direktbedarfskoeffizient)
$\bar{\mathbf{v}}$	Vektor der Mittelvorräte
$_V$	(Index) variabel
V	Gesamtverbrauch (Gesamtbedarf)
$V(a)$	Disnutzen, private Kosten der Aktion a
$\bar{V}$	Kapazität, Mittelvorrat
vb	Direktverbrauchskoeffizient eines Bauteils
VK	Variationskoeffizient
w	Schlupfvariable
W	Marktwert des Unternehmens; Wert
x	Output in Stück oder in monetärer Größe
X	Kumulierte Stückzahl
y	Einflussgröße; Information
$\mathbf{Y}$	Wertebereich von Informationen y
$_z$	(Index) zahlungswirksam

α	Risikoaversionskoeffizient, Koeffizient
β	Koeffizient
γ	Korrelationskoeffizient; modifizierter Zinssatz
δ	kleiner Wert
Δ	Abweichung; Differenz; Veränderung
ε	Zufallszahl
η	Informationssystem; Elastizität
θ	Umweltzustand; Information; Typ
Θ	Zustandsraum
κ	Kostenelastizität; Opportunitätskosten
λ, μ, ξ	Multiplikatoren (in *Lagrange*-Ansätzen); Opportunitätskosten
π	Opportunitätskosten (outputbezogene Optimalkosten)
ρ	Aufzinsungsfaktor ($\rho = 1 + i$)
σ	Standardabweichung
τ	Zeitindex
ϕ	Wahrscheinlichkeit (diskrete Verteilung)
Φ	kumulierte Wahrscheinlichkeit (diskrete Verteilung)
Ψ	(definiertes) Risikomaß
ω	Ergebnisfunktion eines Entscheidungsfeldes
¯	besonderer Wert; festgelegter Wert; Wertobergrenze; Durchschnitt
_	Wertuntergrenze
^	kritischer Wert; optimaler Wert
*	optimaler Wert
~	Zufallsvariable (ggf zur Verdeutlichung)

1

Einleitung und Überblick

Reinhard Steiner, der Manager der Kostenstelle Fertigung II, ist schon lange unzufrieden mit den Kosten, die ihm für die Nutzung des unternehmenseigenen Fuhrparks angelastet werden. Der Kostenreport vom Oktober bringt das Fass zum Überlaufen.

Kostenarten		Fuhrpark		Fertigung I	Fertigung II
Gehälter		13.200		1.985	5.780
Hilfslöhne		17.315		25.781	13.594
Sozialabgaben		5.988		5.445	3.802
Hilfs- und Betriebsstoffe		19.681		6.552	21.788
Instandhaltungsmaterial		377		10.473	14.820
Energie		28		659	27.098
Abschreibungen		19.769		64.807	87.508
Zinsen		1.744		4.780	8.751
Versicherung		6.892		447	1.205
Summe		84.994		120.929	184.346
Fuhrpark		-84.994		37.123	47.871
sonstige Gemeinkosten				23.178	19.444
Summe		0		181.230	251.661

Ein Kilometer LKW-Fahrt wird ihm mit 1,503 verrechnet. „Das ist teurer als die Verwendung der Bahn als Transportmittel", denkt er. Wenn er das noch im Oktober gewusst hätte, wäre er natürlich auf so eine Alternative ausgewichen. Steiner ruft sofort den Controller Peter Hammer an, um sich die relevanten Informationen aus der Kostenstellenrechnung aufgliedern zu lassen.

Die knapp 85.000 an Kosten in der Kostenstelle Fuhrpark erscheinen Steiner zwar wie üblich hoch, aber sie sind gegenüber früheren Monaten eigentlich etwas gesunken, muss er zugeben. Ob da das neue effektive Kostenmanagement, das von Hans-Peter Schuster initiiert wurde, doch Wirkung zeigt? Steiner will es noch nicht so ganz glauben. Peter Hammer gibt auch noch folgende Information: Insgesamt wurden 56.556 km gefahren, davon für Fertigung I 24.702 und für Steiners Kostenstelle 31.854. Damit könne ja Steiner die Kosten pro Kilometer selbst nachprüfen. Nun wird es Steiner klar, warum die Kosten so hoch sind. „Die von der Fertigung I fahren ja nur mehr in der Stadt herum, dadurch kommen sie auf immer weniger Kilometer“, denkt er. So geht das nicht. Er ist unter Druck vom Produktmanager für die Maschinen, die vorwiegend von seiner Fertigungsstelle bearbeitet werden. Dieser argumentiert, dass er mit den Kosten von Fertigung II bald überhaupt nicht mehr konkurrenzfähig sein wird.

Steiner lädt Peter Hammer zum Mittagessen ein und schildert, wie ungerecht die traditionelle Verrechnung der Fuhrparkkosten im Lichte der geänderten Situation ist. „Die Verrechnung der Fuhrparkkosten anhand der gefahrenen Stunden ist viel verursachungsgerechter“, so sein Vorschlag. Hammer überlegt kurz und sagt: „Gut, probieren wir das einmal. Ich werde es Sophie Berger vorschlagen.“ Sophie Berger ist die resolute Managerin der Fertigung I. Hammer legt ihr die geänderte Fuhrparkverrechnung vor: 854 Stunden für Fertigung I und 648 Stunden für Fertigung II ergeben mit den Zahlen von Oktober Folgendes:

Kostenarten		Fuhrpark		Fertigung I	Fertigung II
Summe		84.994		120.929	184.346
Fuhrpark		-84.994		48.325	36.669
sonstige Gemeinkosten				23.178	19.444
Summe		0		192.432	240.459

Sophie Berger wirft nur einen kurzen Blick auf die neuen Zahlen und sagt trocken: „Das hat sicher Steiner ausgeheckt. Das könnte ihm so passen. Wenn ihr das macht, hole ich mir sofort einen externen Spediteur, und ihr bleibt auf eurem ganzen Fuhrpark sitzen.“ Hammer hat schon so etwas befürchtet. Berger fährt fort: „Die Fuhrparkkosten sind zu mindestens 3/4 fix. Sagen Sie Steiner, ich nutze den Fuhrpark einfach nicht mehr. Dann kann er sich ausrechnen, wie hoch seine Kostenbelastung pro gefahrenem Kilometer dann sein wird.“ Und weil die Gelegenheit günstig ist: „Übrigens, ich sehe überhaupt nicht ein, weshalb wir immer die gesamten Fuhrparkkosten verrechnet bekommen. Grenzkosten sind die richtige Größe, die weiterverrechnet werden sollte. Dann können wir viel günstiger produzieren, und die Produkte werden wieder konkurrenzfähig.“ Damit hofft sie auf Unterstützung durch die Produktmanager. „Und schließlich bekommt der Hans-Peter die richtigen Anreize, ein ordentliches Fuhrparkmanagement zu installieren. Aber Sie entschuldigen mich jetzt.“

Peter Hammer geht. Auch wenn er erwartet hatte, dass Sophie Berger nicht so einfach zu überzeugen sein würde, überrascht ihn doch die Heftigkeit ihrer Reaktion. Sie sieht offenbar überhaupt nicht, dass der Fuhrpark von der Nachfrage der beiden Fertigungsbereiche abhängig ist. Weder Berger noch Steiner würden akzeptieren, wenn einmal kein LKW zur Verfügung steht, wenn sie einen dringenden Auftrag haben. Auf der anderen Seite sind beide nicht bereit, die Kosten dafür zu tragen. Hammer ist klar, dass er darauf achten muss, dass die beiden nicht Aufträge nach außen geben, solange der Fuhrpark noch freie Kapazität hat. Das könnte er vielleicht noch mit einem Vorstandsbeschluss in den Griff bekommen. Aber natürlich hat das Argument, dass die Grenzkosten eigentlich die richtigere Größe wären, einiges für sich. Er wurde kürzlich auf einen Fall aufmerksam, in dem ein Produktmanager einen Auftrag abgelehnt hat, weil er nicht kostendeckend war. Er kam zu ihm und rechnete ihm vor, dass da durchaus noch ein gutes Stück Deckungsbeitrag zu verdienen gewesen wäre, wenn die Kosten der internen Dienstleister wie zB des Fuhrparks zu Grenzkosten verrechnet worden wären. Bei einem Verrechnen von Grenzkosten würde aber der Fuhrpark auf seinen Fixkosten sitzen bleiben. Und der Vorstand käme sofort mit der Frage, ob es nicht notwendig sei, den Fuhrpark zu schließen. Ein kaltes Schaudern überkommt ihn, als er kurz überlegt, wie aufwendig die Implementierung auf EDV sein würde, wenn jeder mit seinen Besonderheiten käme. Da rettet ihn das Piepsen seines Handys von tiefer gehenden Überlegungen. „Ach Du bist es, ...“, und sein Gesicht entspannt sich.

Ziele dieses Kapitels

- Vorstellung der Inhalte und Schwerpunkte der internen Unternehmensrechnung
- Diskussion der Entscheidungsfunktion und Verhaltenssteuerungsfunktion der internen Unternehmensrechnung
- Überblick über den Aufbau des Buches

1. Interne Unternehmensrechnung

1.1. Inhalt der Unternehmensrechnung

Die Unternehmensrechnung beschäftigt sich mit der **konzeptionellen Gestaltung** und den **Einsatzbedingungen** von Informationssystemen im Unternehmen. Die **interne Unternehmensrechnung** umfasst grundsätzlich alle Informationssysteme, die für unternehmensinterne Benutzer (Manager als Entscheidungsträger im Unternehmen) konzipiert sind. Die **externe Unternehmensrechnung** ist dagegen an unternehmensexterne Benutzer gerichtet, wie Investoren, Gläubiger, Kunden, Lieferanten, Konkurrenten und die Öffentlichkeit.[1]

Der Grund für die Trennung von interner und externer Unternehmensrechnung liegt vor allem in der unterschiedlichen Struktur der Beziehungen zwischen dem **Ersteller** und dem **Benutzer** der Informationen des jeweiligen Rechnungssystems. In der **externen Unternehmensrechnung** sind Ersteller und Benutzer jedenfalls unterschiedliche Personen; der Ersteller hat wesentlich bessere Informationen über die Größen, die Eingang in das Rechnungssystem finden. Wesentliches Kennzeichen ist der hohe Grad an Regulierung und die Einbettung in das institutionelle Umfeld des Unternehmens. Zur Sicherstellung der Qualität der übermittelten Informationen – Ersteller und Benutzer können unterschiedliche Zielsetzungen verfolgen – dienen vor allem Gesetze und sonstige allgemeine Regelungen, die Wirtschaftsprüfung und zum Teil auch spezifische Vereinbarungen zwischen Ersteller und Benutzer (zB in einem Kreditvertrag).[2] Das Unternehmen (als Institution) wird hier meist als monolithischer Block, eben als *der* Ersteller der Information, betrachtet.

Die **interne Unternehmensrechnung** wird von der Unternehmensleitung so gestaltet, dass sie ihre Aufgaben bestmöglich erfüllen kann. Sie ist frei von gesetzlichen und sonstigen Vorschriften. Zielkonflikte mit Unternehmensexternen treten nicht auf. Das heißt aber nicht, dass in der internen Unternehmensrechnung keine Zielkonflikte vorkommen. Tatsächlich treten solche auch hier auf, nämlich in Form von Konflikten zwischen den Entscheidungsträgern verschiedener Hierarchiestufen innerhalb des Unternehmens. Damit kommt der Unternehmensorganisation mit ihrer Zuordnung von Entscheidungskompetenzen und Verantwortungen eine wesentliche Bedeutung für die Gestaltung der internen Unternehmensrechnung zu.

Die Informationssysteme bauen überwiegend auf **monetären** Größen auf. Die drei typischen **Informationssysteme** mit ihren Rechengrößen sind:

- **Investitions- und Finanzrechnungen**: Auszahlungen und Einzahlungen
- **Finanzielles** oder **externes Rechnungswesen**: Aufwendungen und Erträge
- **Kosten- und Leistungsrechnung**: Kosten und Leistungen.

Vielfach werden auch noch **Ausgaben und Einnahmen** als eigene Rechengrößen unterschieden. Sie beruhen auf einer gegenüber Aus- und Einzahlungen etwas erweiterten Fondsdefinition, indem zu den liquiden Mitteln auch noch monetäres Vermögen hinzugezählt und Verbindlichkeiten abgezogen werden. Die Verwendung von Ausgaben und Einnahmen als Grundlage für die Gestaltung eines Informationssystems findet sich gelegentlich bei den Investitions- und Finanzrechnungen (siehe unten), ist ansonsten jedoch auf absolute Einzelfälle[3] beschränkt.

Für bestimmte Zwecke werden auch **nichtmonetäre Größen** verwendet, so zB Mengengrößen oder Zeitgrößen in der Produktion. Der Vorteil liegt darin, dass direkt die Größen berichtet

---

1 Die externe Unternehmensrechnung wird im Buch von *Wagenhofer* und *Ewert* (2007) ausführlich behandelt. Dieses Buch ergänzt das vorliegende Buch.

2 In diesem Sinne würde auch eine „Kostenrechnung" zur Preisrechtfertigung oder die Kalkulation öffentlicher Aufträge zur externen Unternehmensrechnung zu zählen sein.

3 Dabei handelt es sich zB um die Relative Einzelkosten- und Deckungsbeitragsrechnung, die im 12. Kapitel: *Systeme der Kostenrechnung* behandelt wird.

werden, die von Entscheidungen betroffen sind. Der Nachteil ist, dass sie nicht aggregierbar sind (wie sollten zB Stunden verschiedener Maschinen addiert werden?) und keinen ökonomischen Vergleich der Auswirkungen von verschiedenen Maßnahmen zulassen.

Investitions- und Finanzrechnungen

Investitionsrechnungen werden vor allem für die Ermittlung der Wirtschaftlichkeit von Investitionen eingesetzt. **Finanzrechnungen** dienen der Liquiditätsplanung und Liquiditätssteuerung. Sie werden in der internen und der externen Unternehmensrechnung (Kapitalflussrechnungen) verwendet. Investitions- und Finanzrechnungen rechnen mit **Auszahlungen und Einzahlungen**. Als Auszahlungen werden die Abgänge aus dem Fonds liquide Mittel bezeichnet, Einzahlungen sind die Zugänge zu liquiden Mitteln. Manchmal werden für Investitions- und Finanzrechnungen auch Ausgaben und Einnahmen verwendet. Der Unterschied liegt in der Definition des zugrunde liegenden Fonds: Ausgaben sind die Abgänge vom Fonds Nettogeldvermögen, Einnahmen die entsprechenden Zugänge. Diese Größen entstehen durch Transaktionen mit Unternehmensexternen und sind beobachtbar.

Die **liquiden Mittel** beinhalten Kassenbestände, Schecks, Bankguthaben sowie je nach Definition noch weitere bargeldnahe Zahlungsmittel. Das **Nettogeldvermögen** umfasst neben den liquiden Mitteln auch Forderungen und Verbindlichkeiten (als negative Posten). Die Abgrenzung der liquiden Mittel zum Nettogeldvermögen ist fließend, weil die zugrunde liegenden Posten nach Fristigkeit der Geldwerdung eingeteilt werden. Die Wahl der Fristigkeit hängt von der Planbarkeit der Größen und dem Zweck der Rechnung ab.

Externes Rechnungswesen bzw Rechnungslegung

Das **externe Rechnungswesen** hat als wesentlichste Aufgabe, Informationen über die Vermögens-, Finanz- und Ertragslage des Unternehmens bereitzustellen. Die Rechengrößen sind **Vermögensgegenstände**, **Verbindlichkeiten**, **Aufwendungen** und **Erträge**. Aufwendungen und Erträge ergeben sich aus einer Periodisierung der Auszahlungen und Einzahlungen nach bestimmten Regeln und Kriterien. Aufwendungen sind die Abgänge vom Fonds Nettovermögen (Vermögensgegenstände abzüglich Verbindlichkeiten) bzw äquivalent, Eigenkapital.

Kosten- und Leistungsrechnung

Die **Kosten- und Leistungsrechnung** (**KLR**) dient der **Planung**, der **Kontrolle** und **Koordination** unternehmensinterner Entscheidungen, vor allem im kurzfristigen Bereich. Die Rechengrößen **Kosten und Leistungen** umfassen die bewerteten, sachzielbezogenen Güterverbräuche bzw Gütererstellungen eines Unternehmens in einer Periode. Üblicherweise werden sie mit der Kostenartenrechnung (Betriebsüberleitung) aus den Aufwendungen und Erträgen abgeleitet. Ihr Inhalt und der Zusammenhang mit Auszahlungen und Einzahlungen werden im 2. Kapitel: *Die Kosten- und Leistungsrechnung als Entscheidungsrechnung* genau dargestellt.

Zwischen der Rechnungslegung und der Kosten- und Leistungsrechnung gibt es eine Reihe von **Berührungspunkten**. Da die Rechnungslegung gesetzlich verpflichtend und damit im Unternehmen vorhanden ist, werden vielfach andere Rechengrößen, darunter eben Kosten und Leistungen, aus diesen Daten abgeleitet. Umgekehrt benötigt die Rechnungslegung für manche Fragestellungen Größen aus der Kostenrechnung. Ein Beispiel ist die Bewertung von unfertigen und fertigen Erzeugnissen.

Die Kosten- und Leistungsrechnung hat sich im deutschsprachigen Raum von der Rechnungslegung gelöst, was vor allem in der **Kostenartenrechnung** zum Ausdruck kommt. Darin werden die Aufwendungen und Erträge aus der Finanzbuchhaltung in Kosten und Erlöse umgerechnet. In letzter Zeit hat sich jedoch die Verselbstständigung der internen Unternehmensrechnung nicht mehr fortgesetzt. Entsprechend internationalen Usancen ist eine Tendenz zur **Harmonisierung des internen und externen Rechnungswesens** zu beobachten (siehe dazu ausführlicher das 2. Kapitel: *Die Kosten- und Leistungsrechnung als Entscheidungsrechnung*). Diese Zielsetzung ist auch für das **Controlling** relevant, da das Topmanagement gewissermaßen Eigentümerfunktion über Unternehmensbereiche oder Tochterunternehmen ausübt. Die laufende Kostenrechnung und das Reporting nähern sich damit an die Rechnungslegung an. Der Nachteil besteht darin, dass die Rechnungslegung für bestimmte betriebliche Funktionen nicht immer das am besten geeignete Informationssystem sein muss.

Empirische Ergebnisse

In einer Studie großer deutscher Industrieunternehmen fand *Währisch* (2000, S. 681 – 685), dass hauptsächlich Abschreibungen und Zinsen die Unterschiede zwischen Aufwand und Kosten erzeugen.

Bei den **Abschreibungen** gab es bei 54% der Unternehmen keine Unterschiede. Der Großteil der Unterschiede basierte auf der Verwendung von Wiederbeschaffungswerten als Abschreibungsbasis.

Bei den **Zinsen** setzten 12% der Unternehmen überhaupt keine Zinsen an und 15% nur Zinsen auf Fremdkapital. 25% der Unternehmen berechneten Zinsen auf das investierte und 39% auf das gesamte Kapital.

1.2. Entscheidungsfunktion der internen Unternehmensrechnung

Die interne Unternehmensrechnung hat zwei **Hauptfunktionen**:[4]

- Entscheidungsfunktion („Beeinflussung eigener Entscheidungen“)
- Verhaltenssteuerungsfunktion („Beeinflussung fremder Entscheidungen“).

Gemäß der **Entscheidungsfunktion** ist die interne Unternehmensrechnung ein Informationsinstrument als Grundlage für Entscheidungen durch das Management. **Zielkonflikte** werden *nicht* weiter betrachtet. Entweder bestehen keine Zielkonflikte, wenn eine einzelne Person alles macht (**Einpersonenkontext**), oder die Orga-

4 Diese Gliederung entspricht dem „*decision-facilitating*“ bzw „*decision-making*“ gegenüber dem „*decision-influencing*“ bzw „*stewardship*“ in der englischsprachigen Literatur. Vgl *Demski* und *Feltham* (1976); *Gjesdal* (1981); vgl dazu auch *Wagenhofer* (1993).

nisation des Unternehmens wird (implizit) als ausreichend betrachtet, die Zielkongruenz zwischen dem Benutzer (Management), der Unternehmensleitung, aber auch dem Ersteller der Information sicherzustellen. Man kann diese Funktion als **Beeinflussung eigener Entscheidungen** bezeichnen. Abbildung 1 zeigt diese Zusammenhänge schematisch für die Kostenrechnung.

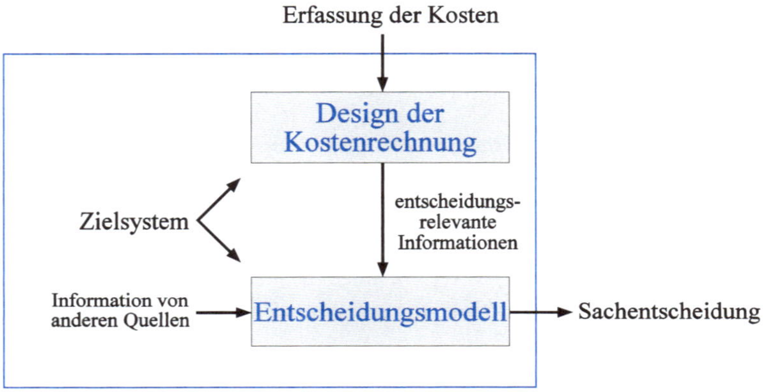

Abb. 1: Entscheidungsfunktion der Kostenrechnung[5]

Die traditionelle Literatur zur Kostenrechnung beschäftigt sich hauptsächlich mit dieser Funktion. Es geht um die Frage der Konzeption und Strukturierung von Rechnungssystemen, die für **bestimmte Entscheidungstypen** die bestmögliche Informationsbasis liefern. **Mehr** und **genauere Informationen** können aus Sicht der Entscheidungsverbesserung niemals schaden, solange man die **Informationskosten** nicht berücksichtigt. Das Streben nach einer „verursachungsgerechteren" Kostenverrechnung, das vielen aktuellen Entwicklungen in der Kostenrechnung zugrunde liegt, ist deshalb zunächst immer ein sinnvolles Ziel. Erst wenn man die Kosten von Informationen berücksichtigt, kann Genauigkeit insgesamt ungünstig werden. Eine marginale Erhöhung der Genauigkeit von Kosteninformationen kann so hohe Kosten der Informationsgewinnung auslösen, dass es sich nicht lohnt, sie zu erstellen.

Typische **Entscheidungen**, für die die interne Unternehmensrechnung genutzt wird, betreffen das Produktionsprogramm, die Preisgestaltung oder die Beschaffungspolitik. Aber auch das Kostenmanagement kommt nicht ohne Informationen über die zu beeinflussenden Kosten aus. Um geeignete Entscheidungen treffen zu können, sind Informationen über die Kostenhöhe, die Kostendynamik und mögliche Auswirkungen der Maßnahmen von Bedeutung.

In diesem Buch wird der Begriff „Kostenrechnung" auch im Sinne von **Kostenmanagement** und nicht nur im Sinne der Kosten(ver)rechnung verwendet.

---

[5] Entnommen aus *Wagenhofer* (1997), S. 69.

Die **Investitions- und Finanzrechnung** ist typischerweise noch viel stärker auf die Entscheidungsfunktion fixiert. Dabei geht es um Informationen zur Abschätzung der Wirtschaftlichkeit von längerfristigen Entscheidungen sowie um Fragen der Liquidität des Unternehmens. Sogar Instrumente der Investitions*kontrolle* sind vornehmlich auf die Berücksichtigung von (exogener) Unsicherheit und nicht auf Verhaltenssteuerungsaspekte ausgerichtet.

Rechnungssysteme der **Investitions- und Finanzrechnung** werden in diesem Buch jedoch nicht systematisch weiterverfolgt, da sie im deutschsprachigen Raum *traditionell* nicht zum Stoffgebiet der Unternehmensrechnung (Rechnungswesen) gezählt werden. Anders ist dies etwa im US-amerikanischen Raum, wo jedenfalls die Investitionsrechnung (*capital budgeting*) zum *Management Accounting* gezählt wird.

Im 2. Kapitel: *Die Kosten- und Leistungsrechnung als Entscheidungsrechnung* wird der Zusammenhang zwischen Zahlungsrechnungen und Kosten und Leistungen umfassend analysiert. Und im 9. Kapitel: *Investitionscontrolling* erfolgt eine kompakte Diskussion simultaner Investitions- und Finanzplanungsprobleme.

1.3. Verhaltenssteuerungsfunktion der internen Unternehmensrechnung

Auch bei der Verhaltenssteuerungsfunktion steht die Unterstützung von Entscheidungen im Mittelpunkt. Anders als bei der Entscheidungsfunktion wird die interne Unternehmensrechnung jedoch zur Beeinflussung von Entscheidungen anderer Entscheidungsträger im Unternehmen verwendet. Es geht also um die **Beeinflussung fremder Entscheidungen**. Diese Funktion setzt im **Mehrpersonenkontext** an und berücksichtigt explizit die Organisation des Unternehmens. Sachentscheidungen werden an verschiedenen Stellen im Unternehmen getroffen, und die Entscheidungsträger können sehr verschiedene Zielvorstellungen haben, die sie ihren Entscheidungen zugrunde legen. Eine solche Situation ist in Abbildung 2 dargestellt.

Voraussetzungen für eine Verhaltenssteuerungsfunktion sind:

- Es bestehen – zumindest potenziell – **Zielkonflikte** zwischen Entscheidungsträgern im Unternehmen. *Beispiel*: Ein Bereichsmanager strebt nach einer Erhöhung seines Personals, weil die Anzahl der ihm unterstellten Mitarbeiter Ausdruck seiner Wichtigkeit im Unternehmen ist. Dies erfolgt vielfach ungeachtet der Wirtschaftlichkeit einer solchen Maßnahme.
- Es herrscht **asymmetrisch verteilte Information** zwischen der Unternehmensleitung und dezentralen Entscheidungsträgern. Dies ist meist der Fall: Ein Bereichsmanager wird bessere Informationen über die Details in seinem Bereich haben als die Zentrale. Dies ist auch ein Grund für die Delegation von Entscheidungen an ihn.

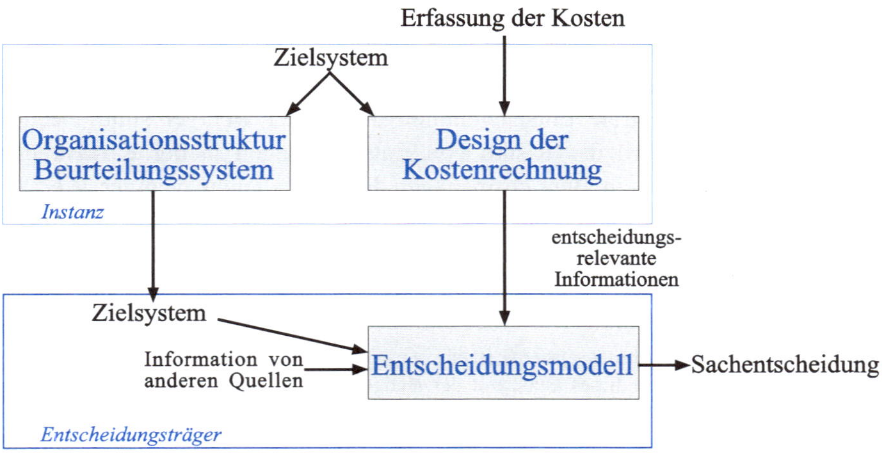

Abb. 2: Verhaltenssteuerungsfunktion der Kostenrechnung[6]

Mit der Delegation von Entscheidungen können Informationen besser genutzt werden; die Unternehmensleitung verliert jedoch auch **Kontrollmöglichkeiten**. *Beispiel*: Die Unternehmensleitung hat oft gar keine Möglichkeit, die Effektivität von Aktivitäten von Mitarbeitern in der Forschungsabteilung zu beurteilen, da sie keine Fachkompetenz dafür besitzt. Es kann auch schlicht Mangel an Zeit sein, der verhindert, sich mit allen Aktivitäten nachgeordneter Stellen zu beschäftigen.

Möglichkeiten der Verhaltenssteuerung

Nun ist die interne Organisation des Unternehmens dazu da, Zielkonflikte und Informationsunterschiede zwischen den verschiedenen Personen möglichst zu vermindern. Dafür gibt es eine Reihe von Instrumenten, wie zB differenzierte Delegation, Überwachung, geeignete Personalauswahl oder die Stärkung der Unternehmenskultur. Aber auch die interne Unternehmensrechnung kann einen Beitrag dazu leisten. Dabei handelt es sich um zwei Möglichkeiten:

- **Informationen zur Kontrolle**
- **Informationen zur Koordination**.

Die interne Unternehmensrechnung ermöglicht die **Ergebniskontrolle** von Entscheidungsträgern. Im Rahmen von **Kontrollrechnungen** werden Abweichungen zwischen Planwerten und Istwerten ermittelt und genauer analysiert, um die Ursachen für die Abweichung festzustellen. Das ist nicht nur sinnvoll, um Erkenntnisse über geänderte Umweltsituationen zu bekommen, sondern auch, um den Entscheidungsträger zu motivieren, seine Aufgaben möglichst gut zu erfüllen – er ist ja für die Abweichung verantwortlich. Die Kontrolle löst damit schon im Vorhinein Verhaltenssteuerungswirkung aus.

6 Entnommen aus *Wagenhofer* (1997), S. 69.

Die interne Unternehmensrechnung liefert auch Informationen für die Entscheidungen der dezentralen Entscheidungsträger, die für die **Koordination** von Entscheidungen genutzt werden können. Je nachdem, welche Informationen angeboten werden, können dezentrale Entscheidungen mehr oder weniger subtil beeinflusst werden. *Beispiele*: Wird das Risiko von Entscheidungen in der Kostenrechnung nicht abgebildet, wird ein Bereichsmanager darauf vielleicht weniger Wert legen. Werden die Kosten einer zentralen Dienstleistung, wie zB der EDV, anhand der Anzahl von PCs in den Abteilungen weiterverrechnet, ergeben sich Anreize, weniger in die PC-Ausstattung zu investieren, nicht aber die Serviceaktivitäten der EDV-Abteilung nur dann zu nutzen, wann es Sinn macht.

Die Koordination des Führungssystems ist ein wesentliches Definitionsmerkmal des **Controlling.**[7] Insoweit behandelt dieses Buch mit der Budgetierung, mit Kennzahlen sowie Verrechnungspreisen und Kostenallokationen auch allgemeine Controlling-Instrumente.

Beispiel

Das folgende Beispiel zeigt, dass für die richtige Verhaltenssteuerung von Entscheidungsträgern unter Umständen sogar „falsche" Informationen wesentlich sein können (vgl *Hiromoto* (1991), S. 38 ff).[8]

Ein Unternehmen setzt verstärkt auf Diversifikation, um am Markt bestehen zu können. Eine wesentliche Ursache der deshalb stark steigenden indirekten Gemeinkosten ist die Vielzahl von unterschiedlichen Teilen für die Produkte. Um die Gemeinkosten zu senken, setzt sich das Unternehmen zum Ziel, die Verwendung von Standardteilen durch die Konstrukteure und Produktentwickler zu fördern. Es führt dazu ein Kostenallokationsverfahren ein, das die Gemeinkosten auf der Basis von gewichteten Teilen verteilt. Als Gewichtungsfaktoren werden für produktspezifische Teile 10, für produktgruppenspezifische Teile 5 und für Standardteile 1 vorgegeben, und zwar offensichtlich unabhängig davon, ob dies die Gemeinkosten „verursachungsgerecht" aufteilt oder nicht. Als Folge werden tatsächlich Standardteile signifikant öfter verwendet und die Gemeinkosten verringert.

Die **Verhaltenssteuerungsfunktion** kann nun zunächst eigenartige Auswirkungen auf die Gestaltung von Rechnungssystemen haben: Die „Richtigkeit" und Genauigkeit einer Kostenrechnung muss plötzlich gar kein Kriterium mehr sein. *Mehr Information ist nicht immer besser*, und das auch ohne Berücksichtigung allfälliger Informationskosten. Bei der Entscheidungsfunktion war das nicht der Fall. Überspitzt formuliert: Das Management wird sich wohl kaum für die eigenen Entscheidungen absichtlich falsche Daten besorgen. Für die Beeinflussung fremder Entscheidungen trifft dies jedoch nicht mehr unbedingt zu. Eine Kostenrechnung, die weniger oder ungenauere Informationen liefert, Informationen aggregiert oder nur verzögert berichtet, kann vorteilhaft sein. *Beispiele*: Ein Bereichsmanager kann mehr Information dazu nutzen, seine eigenen Ziele besser zu verfolgen und damit Ent-

---

[7] Vgl zB *Küpper* et al. (2013), S. 32 f.

[8] Analog *Hiromoto* (1989), S. 318. Vgl zur Diskussion dieses Beispiels auch *Wagenhofer* und *Riegler* (1994) sowie *Fröhling* (1994), S. 179 – 183.

scheidungen zu treffen, die für das Unternehmen insgesamt vielleicht nicht optimal sind (zB Bereichsegoismen). Zuviel Information reduziert die Kontroll- und Steuerungsmöglichkeit der Zentrale oder des übergeordneten Managements.[9] Aggregierte Informationen können auch eine Bindungswirkung der Zentrale darstellen, eben *nicht* einzelne Performancegrößen zu nutzen; das kann positive Arbeitsanreize auf längere Frist auslösen. Im Vertriebsbereich gibt das Management den Vertretern häufig Vollkosten als „Preisuntergrenze“ vor, wohl wissend, dass die „richtigen“ Produktkosten für Verkaufs- und Preisentscheidungen die Grenzkosten sind. Viele Unternehmen, die ihren Vertretern die Grenzkosten der Produkte nannten, machten die leidvolle Erfahrung, dass diese in Preisverhandlungen viel zu konziliant waren.

Ausspruch

„If there is a central thesis in this discussion it is this: that cost accounting has a number of functions, calling for different, if not inconsistent, information. As a result, if cost accounting sets out, determined to discover what the cost of everything is and convinced in advance that there is one figure which can be found and which will furnish exactly the information which is desired for every possible purpose, it will necessarily fail, because there is no such figure. If it finds a figure which is right for some purposes it must necessarily be wrong for others.“ (*Clark* (1923), S. 234)

1.4. Schwerpunkte dieses Buches

Dieses Buch stellt **beide Hauptfunktionen** der internen Unternehmensrechnung, nämlich die Entscheidungsfunktion und die Verhaltenssteuerungsfunktion, in den Blickpunkt. Die Inhalte sind damit eher vergleichbar mit denen in den amerikanischen Lehrbüchern zum „*Management Accounting*“ als mit den Lehrbüchern im deutschsprachigen Raum. Nur im letzten Teil dieses Buches wird darauf mit einer Diskussion der Grenzplankostenrechnung, der Prozesskostenrechnung und der Relativen Einzelkosten- und Deckungsbeitragsrechnung eingegangen. Diesen Unterschied der Schwerpunktsetzung ins Blickfeld zu rücken, ist auch ein wesentlicher Grund, das Buch mit „***Interne Unternehmensrechnung***“ und nicht mit „Kostenrechnung“ (oder „Kosten- und Leistungsrechnung“) zu benennen.

Wir glauben, dass die vorgenommene Auswahl und Gewichtung der behandelten Bereiche aus zumindest zwei Gründen sinnvoll ist:

- Einschätzungen, wie „Die Kostenrechnung hat sich zu einem sehr *bedeutsamen Instrument der Unternehmensführung* entwickelt.“[10], verstärken die **Ausrichtung** auf die Erfordernisse des **Managements** und erfordern eine dementsprechende Herausstellung.

---

9 Vgl zB *Nikias* et al. (2005).

10 *Männel* (1993b), S. 70 (Hervorhebung im Original).

- Das Lehrbuch richtet sich an **Fortgeschrittene**, so dass die Grundlagen der Kosten(ver)rechnung im Wesentlichen vorausgesetzt werden können und eine Konzentration auf Anwendungsaspekte möglich wird.

Ein wesentliches Thema ist die Relativität der Konzepte, je nachdem, für welche Funktion sie genutzt werden. Das bekannte Schlagwort von der **Zweckabhängigkeit der Kostenrechnung** gewinnt durch die Verhaltenssteuerungsfunktion noch zusätzlich an Bedeutung. Denn damit werden für plausibel gehaltene Konzepte plötzlich fragwürdig. Dass man zB „die Kosten" eines Produktes tatsächlich kaum ermitteln kann, ist dem halbwegs kundigen Leser – weniger dem Praktiker – klar: Fixkosten oder Synergien auf Produkte aufzuteilen, kann theoretisch nicht gehen. Jede Verteilung muss willkürlich bleiben. Interessant mag auch die Einsicht sein, dass im Mehrproduktunternehmen sogar Durchschnittskosten nicht mehr definiert sind. Dass Abweichungen höherer Ordnung nicht auf einzelne Ursachen heruntergebrochen werden können, ist auch bekannt; dennoch glaubt man häufig, mit der verwendeten Methode der Abweichungsanalyse das „Richtige" zu tun. Wenn nun aber auch schon eine „falsche" Kostenzurechnung eigentlich „richtig" im Sinne der Verhaltenssteuerungsfunktion ist, erfordert dies ein konzeptionelles Verstehen der Wirkungszusammenhänge der Kostenrechnung in einer Organisation. In diesem Buch stehen solche **konzeptionellen Überlegungen** im Mittelpunkt.

Wir haben versucht, viele **neuere Entwicklungen** zu berücksichtigen. Dazu gehören insbesondere die Folgenden:

- **Berücksichtigung von Unsicherheit**. Beispielsweise wird in letzter Zeit die Frage der Entscheidungsrelevanz von Fixkosten verstärkt diskutiert.
- **Betonung informationsökonomischer Ansätze**. Dabei werden Grundzüge der Agency-Theorie und – allgemeiner – der Spieltheorie auf Problemstellungen der Unternehmensrechnung angewandt.

Vor allem der letztere Punkt ist eng mit der Verhaltenssteuerungsfunktion verbunden. Informationsökonomische Modelle sind für die Behandlung von Koordinationsinstrumenten und zum Teil von Kontrollinstrumenten praktisch unumgänglich. Häufig wird derartigen Modellen in der Unternehmensrechnung implizit oder explizit der Vorwurf gemacht, dass es sich dabei nur um Einzelergebnisse in ganz spezifischen Situationen handelt. Mit der Diskussion einfacher informationsökonomischer Modelle in diesem Lehrbuch wollen wir aber zeigen, dass die **Denkweise** und die **Lösungsideen**, die hinter diesen Modellen stecken, sehr praxisrelevant sind. Die Modelle schärfen den Blick auf grundsätzlich mögliche **Wirkungsmechanismen** und Anreize, die bestimmte Mechanismen (zB Art der Ermittlung von Abweichungen, Budgetierungsverfahren, Managementbeurteilung) auslösen *können*, wenngleich nicht unbedingt müssen. Diese Ansätze liefern damit eine **theoretische Fundierung** einer „praxisorientierten Disziplin" wie der Kostenrechnung und dem Controlling.[11]

---

[11] Vgl *Küpper* (2007).

Entscheidungsfunktion und Verhaltenssteuerungsfunktion

Der Finanzvorstand von Lufthansa *K.-L. Kley* formulierte die Funktionen des Berichtswesens bei Lufthansa so:[12]

„Dem Berichtswesen werden [...] zwei Funktionen zugewiesen, nämlich

- die Informations- und Entscheidungsfunktion und
- die Verhaltenssteuerungsfunktion.

Diese Funktionen sind auch im Lufthansakonzern Grundlage von Gestaltungsentscheidungen.

Zur Erfüllung der Informations- und Entscheidungsfunktion hat das Berichtswesen dem Konzernvorstand entscheidungsnützliche Informationen zur wertmaximierenden Unternehmensführung zur Verfügung zu stellen. Dabei ist es elementar, aufzuzeigen, wo Werte geschaffen oder vernichtet werden.

Gleichzeitig soll das Berichtswesen der Verhaltensteuerung dienen. Auch diese Funktion beinhaltet eine Beeinflussung von Entscheidungen, jedoch nicht von eigenen, sondern von „Dritten“. Hierbei handelt es sich um Personen, an die im Rahmen der Organisation Entscheidungen delegiert werden. Die Verhaltensteuerungsfunktion ist von Bedeutung, wenn von asymmetrischer Informationsverteilung zwischen dem Konzernvorstand und den einzelnen Geschäftsfeldern ausgegangen werden muss und (zumindest potenziell) Zielkonflikte zwischen den beiden Parteien bestehen können.

Asymmetrische Information besteht in dem beschriebenen Zusammenhang schon deswegen, da mit der Ausgründung der einzelnen Gesellschaften 1995 der Konzernvorstand von operativen Aufgaben entlastet wurde, was automatisch zum Verlust von Informationen führt. Die Gefahr von Zielkonflikten ergibt sich beispielsweise aufgrund der Organisation. So kann es durch eine stärkere Eigenverantwortlichkeit der Bereiche zu Bereichsegoismen kommen, die aus Konzernsicht zu nicht optimalen Entscheidungen führen können.

Das Berichtswesen soll zur Linderung dieser auch als Agency-Probleme bezeichneten Effekte beitragen. [...] Damit entfaltet das Berichtswesen schon im Vorhinein eine Verhaltenssteuerungswirkung. Dies gilt streng genommen aber nur dann, wenn an die berichteten Größen auch Konsequenzen für die Entscheidungsträger gekoppelt sind, zB wenn diese als Beurteilungsgrößen in ein Anreizsystem einfließen. Die leistungsvariable Vergütung der Führungskräfte der Geschäftsfelder ist an die wertorientierte Spitzenkennzahl, den Cash Value Added (CVA) geknüpft, auf den auch das Berichtswesen ausgerichtet ist. “

In der Literatur werden manchmal **informationsökonomische Ansätze** und **verhaltenswissenschaftliche Ansätze** zur Verhaltenssteuerung unterschieden.[13] Verhaltenswissenschaftliche Ansätze basieren auf psychologischen und soziologischen Erkenntnissen. Dabei wird von der Rationalitätsannahme abgegangen, die den informationsökonomischen Ansatz prägt. Stattdessen werden empirisch beobachtete Anomalien von Entscheidungsverhalten berücksichtigt. Ein weiterer Unterschied liegt in der methodischen Vorgehensweise: Der informationsökonomische Ansatz

---

12 *Kley* (2006), S. 152 f, zitiert unter Auslassung von Fußnoten.

13 Vgl zB *Schweitzer/Küpper* (2011), S. 610 – 617 bzw S. 641 – 648, mit der Differenzierung in verhaltenswissenschaftliche und institutionenorientierte Ansätze.

verwendet die deduktive Methode, der verhaltenswissenschaftliche Ansatz dagegen eher induktive und andere Methoden. Beide Ansätze haben ihre Vor- und Nachteile. Es ist verhältnismäßig schwierig, die beiden Ansätze zu kombinieren, weil die konzeptionelle Darstellung der Fragestellungen und die Schwerpunkte anders sind. In diesem Buch steht der informationsökonomische Ansatz im Vordergrund, wenngleich manchmal Beispiele auf verhaltenswissenschaftlichen Erkenntnissen fußen – das oben erwähnte Beispiel mit den Vertretern wäre ein solches. Dies geht konform mit der Entscheidungsfunktion, wie sie in der „traditionellen" Kosten- und Leistungsrechnung behandelt wird. Ebenso wird nur am Rande auf **organisatorische Aspekte** des Einsatzes einer Kosten- und Leistungsrechnung mit Fragen der Aufbau- und Prozessorganisation eingegangen.[14]

2. Aufbau dieses Buches

2.1. Inhaltlicher Aufbau

Entsprechend dieser grundlegenden Konzeption ist das Buch in **vier Teile** gegliedert:

- **Teil I**: *Entscheidungsrechnungen*,
- **Teil II**: *Kontrollrechnungen*,
- **Teil III**: *Koordinationsrechnungen*,
- **Teil IV**: *Systeme.*

Die ersten drei Teile sind den oben dargestellten Anwendungen der KLR gewidmet. Die Tatsache, dass der verrechnungstechnische Aspekt an den Schluss gestellt wurde, soll den Anwendungsbezug, unter dem die Ausführungen stehen, verdeutlichen.

Teil I: Entscheidungsrechnungen

Teil I behandelt Konzepte und Instrumente für die Unterstützung *eigener* Entscheidungen. Im **2. Kapitel**: *Die Kosten- und Leistungsrechnung als Entscheidungsrechnung* wird die KLR ausgehend vom Grundmodell der Entscheidungstheorie sukzessive entwickelt. Insbesondere kommen dabei die vielen (meist impliziten) vereinfachenden Annahmen zum Ausdruck, die der „traditionellen" Definition von Kosten und Leistungen zugrunde liegen. Der investitionstheoretische Ansatz der Kostenrechnung kommt mit weniger vereinfachenden Annahmen aus, so dass er *quasi* ein Konzept zwischen dem allgemeinen entscheidungstheoretischen Grundmodell und den „traditionellen" Kosten und Leistungen darstellt.

---

14 Vgl dazu zB *Horváth* (2011), S.185 – 198.

Aufgrund der Fülle von Entscheidungen, für welche die Kosten- und Leistungsrechnung Verwendung findet, werden nur die wesentlichsten Entscheidungsprobleme herausgegriffen; nicht behandelt werden etwa Entscheidungen im Beschaffungs- und Lagerhaltungsbereich. Das **3. Kapitel**: *Produktionsprogrammentscheidungen* ist der Frage gewidmet, welche Produkte in welchen Mengen mit welchen (der vorhandenen) Fertigungsverfahren in der betrachteten Periode produziert und abgesetzt werden sollen. Dabei wird nur der kurzfristige Aspekt als typischer Entscheidungsbezug der Kosten- und Leistungsrechnung betrachtet. Die wesentlichsten Instrumente zur Lösung linearer und zT nichtlinearer Probleme werden anhand von Situationen mit unterschiedlich wirksamen Restriktionen erläutert. Der Nutzen von Opportunitätskosten für die Lösung von Entscheidungsproblemen wird diskutiert.

Das **4. Kapitel**: *Preisentscheidungen* behandelt eines der „klassischen" Probleme der KLR, allerdings nicht ganz der traditionellen Art folgend. Die Frage der Bestimmung von Preisuntergrenzen wird für viele verschiedene Situationen diskutiert, von denen einige nicht „Standard" sind, wie zB im Zusammenhang mit Kapazitätsdimensionierungsentscheidungen und der Annahme von Zusatzaufträgen bei unsicherem Auftragseingang. Ähnliches gilt für optimale Preise, wenn man vor allem die Kosten als Grundlage dafür heranzieht.

Das **5. Kapitel**: *Entscheidungsrechnungen bei Unsicherheit* ist einer zumeist stark vernachlässigten Frage gewidmet: Welchen Einfluss hat die Unsicherheit künftiger Verhältnisse auf die Verwendbarkeit der Instrumente der KLR? In den traditionellen Lehrbüchern wird Unsicherheit regelmäßig nicht diskutiert oder nur am Rande angeschnitten. Dieses Kapitel behandelt zunächst Break Even-Analysen, die Vorstellungen über die Bedeutung der Unsicherheit geben können, und anschließend – als Erweiterung des 3. Kapitels: *Produktionsprogrammentscheidungen* – Programmentscheidungen bei Unsicherheit. Es wird auch gezeigt, unter welchen Umständen Fixkosten entscheidungsrelevant sein können und welche Bedeutung es hat, ob man die Diversifikationsmöglichkeiten des Kapitalmarkts bei der Programmplanung berücksichtigt.

Im **6. Kapitel**: *Kostenmanagement* wird zunächst auf die sogenannte „strategische Kostenrechnung" eingegangen. Im Anschluss daran werden wichtige Instrumente des Kostenmanagements dargestellt: Die Verwendung der Prozesskostenrechnung zum Kostenmanagement, die Zielkostenrechnung und die Lebenszykluskostenrechnung.

Wir verzichten darauf, den potenziellen Einfluss von **Steuern** auf die optimalen Entscheidungen im Rahmen der Kosten- und Leistungsrechnung zu untersuchen. Wie zB *Wagner* (1999) zeigt, ist diese Vorgehensweise für kurzfristig wirksame Entscheidungen regelmäßig gerechtfertigt, weil Steuern bezüglich der dort relevanten Entscheidungen zumeist Gemeinkosten sind oder keinen Einfluss auf die Rangfolge von Handlungen ausüben. Sofern langfristig wirksame Entscheidungen betrachtet werden, sei auf die umfangreiche Literatur zu Steuerwirkungen im Rahmen von Investitionsentscheidungen verwiesen.

Teil II: Kontrollrechnungen

Das **7. Kapitel**: *Kontrollrechnungen* ist dem zweiten Hauptzweck der Kostenrechnung, der Verhaltenssteuerung, gewidmet. Ein wesentliches Instrument dafür sind

Kontrollrechnungen. In einer Welt der Sicherheit würde keine Kontrolle von Istergebnissen im Vergleich zu Planergebnissen benötigt; es kann keine Abweichung geben. Zunächst werden die vielen möglichen Formen von Abweichungsberechnungen erläutert. Es gibt nicht *das* Verfahren schlechthin, was insbesondere deshalb bedeutsam erscheint, weil die Zuweisung von Verantwortung für Abweichungen dadurch in gewissem Rahmen willkürlich wird. In diesem Kapitel werden auch zahlreiche Kosten- und Erlösabweichungen diskutiert.

In der Folge wird der Frage nachgegangen, inwieweit zwischen den verschiedenen Gründen für Abweichungen differenziert werden kann. Es werden mehrere Verfahren zur Entscheidung, welche Abweichungen ausgewertet werden sollen, diskutiert; sie unterscheiden sich nach der Ursache für die Abweichung. Darüber hinaus wird der Zusammenhang mit der Planung aufgezeigt.

Teil III: Koordinationsrechnungen

Teil III führt die **Verhaltenssteuerungsfunktion** weiter aus. Er behandelt Instrumente für die Steuerung dezentraler Unternehmensbereiche, also typische **Controllingthemen.**[15] Damit sollen die Aktivitäten der Bereichsmanager gegenseitig abgestimmt und auf das Unternehmensziel ausgerichtet werden. Die betrachteten personellen Koordinationsprobleme haben ihre Grundlage in der besseren Information der Bereichsmanager über die Situation in ihrem jeweiligen Bereich (asymmetrische Informationsverteilung) *und* in potenziellen Interessenkonflikten, zB dann, wenn die Bereichsmanager an ihren *Bereichs*gewinnen beurteilt werden. Das Vorliegen von Unsicherheit ist auch in diesem Teil des Buches eine wesentliche Bedingung für das Entstehen von Koordinationsproblemen.

Im **8. Kapitel**: *Koordination, Budgetierung und Anreize* wird nach einer Einführung in Gründe für die Notwendigkeit einer Koordination der Zusammenhang von Verhaltensweisen bei der Budgetierung und der Beurteilung des Managements gezeigt. Daran schließt sich die Analyse der verschiedenen Formen der Partizipation bei der Budgetierung und deren Auswirkungen auf die Leistung des Managements an, die viel differenzierter gesehen werden müssen, als es üblicherweise geschieht.

Das **9. Kapitel**: *Investitionscontrolling* erweitert die im 8. Kapitel diskutierten Fragen auf Fragen der Ressourcenverteilung. Differenziert nach Knappheit der finanziellen Ressourcen und Interessen der Bereichsmanager wird insbesondere die Frage untersucht, inwieweit Managern ein Anreiz gegeben werden kann, ihre bessere Information über die Situation des jeweiligen Bereiches wahrheitsgemäß zu berichten oder selbst optimale Investitionsentscheidungen zu treffen.

Das **10. Kapitel**: *Kennzahlen und Performancemaße* stellt die Investitionsanreize dar, die von verschiedenen Beurteilungsgrößen und deren Berechnung ausgehen. Es werden die Eigenschaften von Wertbeitragskennzahlen (zB Residualgewinn, *Cash Value Added*) und Renditekennzahlen (zB *Return on Investment*, *Cash Flow Return*

---

[15] Vgl dazu *Küpper* et al. (2013), S. 37 f.

on Investment) analysiert und deren Beziehungen zum Unternehmenswert verdeutlicht. Außerdem werden die Verwendung nichtmonetärer Größen und die Konzeption der *Balanced Scorecard* als umfassendes System aus monetären und nichtmonetären Kennzahlen besprochen.

Das **11. Kapitel**: *Verrechnungspreise und Kostenallokationen* beschäftigt sich mit zwei nur auf den ersten Blick verschiedenen Themen. Kostenallokationen können nämlich als Spezialfall von Verrechnungspreisen aufgefasst werden. In beiden Fällen geht es um die Beeinflussung dezentraler Entscheidungen von Bereichen, wenn diese sequenzielle Leistungen austauschen oder um zentral bereitgestellte Leistungen konkurrieren. Verrechnungspreise auf Basis von Kosten, Marktpreisen und Verhandlungen werden auf ihre Koordinationseffizienz untersucht. Im Rahmen der Kostenallokationen werden mehrere mögliche Gründe für die Schlüsselung von Fixkosten auf Bereiche (Kostenstellen) gezeigt.

Teil IV: Systeme

Der Konzeption dieses Buches entsprechend – die Anwendung der Kosten- und Leistungsinformationen steht im Vordergrund – werden Aspekte der Kosten*rechnung* zum Schluss im **12. Kapitel**: *Systeme der Kostenrechnung* behandelt. Es geht darin um das Problem, wie man die Daten gewinnt, die für die verschiedenen Zwecke der Kostenrechnung benötigt werden. Dieses Kapitel enthält eine kompakte, aber doch umfassende Darstellung der bekanntesten Verfahren der Plankostenrechnung, nämlich der Grenzplankostenrechnung, der Prozesskostenrechnung und der Relativen Einzelkosten- und Deckungsbeitragsrechnung.

2.2. Formaler Aufbau

Die Kapitel dieses Buches sind **einheitlich gegliedert**. Jedes Kapitel beginnt mit einer **Illustration**, in der im Rahmen einer praxisnahen Situation in die Probleme eingeführt wird, die im jeweiligen Kapitel ausführlich behandelt werden. Wir hoffen, dadurch den Leser anzuregen, das Kapitel tatsächlich (weiter) zu lesen. Nach der Illustration werden kurz die **Ziele des Kapitels** aufgezählt. Daran schließt sich der eigentliche **Text** an. Er wird durch eine **Zusammenfassung** abgeschlossen, in der die wichtigsten Ergebnisse wiederholt werden.

Einschub

Der Text wird häufig durch sogenannte *Einschübe* aufgelockert, die Beispiele, empirische Ergebnisse, Aussprüche und Ähnliches enthalten, die mit dem Text selbst nicht direkt im Zusammenhang stehen, aber doch stark auf diesen Bezug nehmen.

Fragen und Probleme

Nach dem Text folgen zunächst **Fragen**. Diese sind zum Teil gewissermaßen Standardfragen, die sich aus dem Text des Kapitels direkt beantworten lassen, zum Teil gehen sie aber auch auf größere Zusammenhänge ein, so dass sie mehr „Nachdenken“ erfordern können. An die Fragen schließen sich **Probleme** an, bei denen kurz indiziert ist, auf welches Detailproblem sie Bezug nehmen. Das Buch enthält selbst keine Lösungen, also weder zu den Fragen noch zu den Problemen. Wir glauben, dass die Fragen keine Schwierigkeiten in der Beantwortung schaffen.

Literatur

Am Schluss jedes Kapitels werden einige **Literaturempfehlungen** gegeben, die wiederum nach **allgemeiner Literatur** und **spezieller Literatur** zu den im Kapitel behandelten Themenbereichen gegliedert sind. Wir haben uns jeweils auf einige wenige Angaben beschränkt – und sind uns bewusst, dass wir vielleicht dieses oder jenes ebenfalls wichtige Werk ausgelassen haben. Das **Literaturverzeichnis** am Ende des Buches geht aber wesentlich über das hinaus, was im Text zitiert oder in den Literaturempfehlungen genannt ist, so dass der Leser reichlich Quellen für die weitere Beschäftigung mit einem der Themen finden kann.

Anhang

Manche Kapitel enthalten am Ende noch einen **Anhang**, der mathematisch eher anspruchsvollen Inhalt hat. Darin finden sich zB Beweise von im Text getätigten Aussagen oder allgemeinere Modelle, auf deren Ergebnisse im Text Bezug genommen wurde. Wir wollen damit auch solchen Lesern etwas bieten, die an dem, was „dahinter steht“, interessiert sind. Natürlich empfehlen wir darüber hinaus, auch (sofern vorhanden) die Primärliteratur aufzusuchen.

Sonstiges

Symbole werden, soweit möglich, durchgängig einheitlich verwendet. Da die vorgestellten und diskutierten Konzepte sehr vielfältig sind, lässt sich dies nicht überall durchhalten, ohne auf „sonderbare“ Symbole ausweichen zu müssen. Deshalb werden dieselben Symbole zum Teil auch für *ähnliche* Größen verwendet. *Beispiel*: Das Symbol x bezeichnet bei manchen Fragestellungen den Output in Mengeneinheiten, in anderen den Output in Geldeinheiten. Das **Symbolverzeichnis** befindet sich *vor* diesem 1. Kapitel.

Selbstverständlich sind Funktionsbezeichnungen von Personen im Buch geschlechtsneutral gemeint.

2.3. Verwendung des Buches

Das Buch richtet sich an **Fortgeschrittene**. Deshalb werden **Grundkenntnisse der Kostenrechnung** etwa im Umfang dessen vorausgesetzt, was in den ersten beiden Studienjahren eines Betriebswirtschaftslehre-Studiums vermittelt wird.[16] Die benö-

16 Vgl zB *Friedl* et al. (2013).

tigten Grundkenntnisse betreffen insbesondere die **Kostenrechnung**, wie zB Definitionen, Abgrenzungen und Verfahren (Kostenarten-, Kostenstellen- und Kostenträgerrechnung). Grundkenntnisse der **Investitionsrechnung** (zB Kapitalwertmethode) werden ebenfalls vorausgesetzt. Manche Teile dieses Buches sind mathematisch anspruchsvoller – dem Leser wird dies beim ersten Durchblättern vielleicht schon aufgefallen sein –, so dass grundlegende Kenntnisse der Wirtschaftsmathematik von Vorteil sind. Wir haben jedoch versucht, das Schwergewicht auf die Denkweise und das Verstehen von Konzepten, nicht aber auf rein mathematische Ableitungen zu legen.

Die einzelnen **Kapitel** sind so angelegt, dass sie **in sich geschlossen** die jeweilige Thematik behandeln; der Leser kann daher – in gewissen Grenzen – von der gegebenen Reihenfolge abweichen, insbesondere das eine oder andere Kapitel auslassen. Die vier Teile des Buches hängen nur geringfügig zusammen. Wir empfehlen jedoch, innerhalb der vier Teile Folgendes zu beachten: Im Teil I: *Entscheidungsrechnungen* sollte mit dem 2. Kapitel: *Die Kosten- und Leistungsrechnung als Entscheidungsrechnung* begonnen werden, da es die Basis für das Verstehen von Kosten- und Leistungsgrößen legt. Das 4. Kapitel: *Preisentscheidungen* und das 5. Kapitel: *Entscheidungsrechnungen bei Unsicherheit* bauen in manchen Bereichen auf den Ergebnissen des 3. Kapitels: *Produktionsprogrammentscheidungen* auf. Das 4. Kapitel, das 5. Kapitel und das 6. Kapitel: *Kostenmanagement* hängen dagegen praktisch nicht miteinander zusammen.

Kontrollrechnungen werden in einem einzigen Kapitel behandelt. Im Teil III: *Koordinationsrechnungen* baut das 9. Kapitel: *Investitionscontrolling* zum Teil auf dem 8. Kapitel: *Koordination, Budgetierung und Anreize* auf. Das 10. Kapitel: *Kennzahlen und Performancemaße* greift zum Teil auf das 9. Kapitel zurück, kann aber weitgehend unabhängig gelesen werden. Für das 11. Kapitel: *Verrechnungspreise und Kostenallokationen* ist nur die Einführung in Koordinationsprobleme im 8. Kapitel Voraussetzung. Teil IV: *Systeme* mit dem 12. Kapitel steht am Ende des Buches, es ist jedoch auch möglich, mit diesem Kapitel zu beginnen, weil darin die rechentechnischen Grundlagen für die Informationen gelegt werden.

Die Kapitel sind vom Umfang her relativ homogen; im Durchschnitt kann jedes Kapitel (je nach Intensität) in zwei bis drei Doppelstunden behandelt werden. Unseren Erfahrungen gemäß reicht der **Stoffumfang** dieses Buches daher mindestens für zwei zweistündige Vorlesungen aus. In diesem Fall könnte die Erste mit Teil I: *Entscheidungsrechnungen* und Teil IV: *Systeme* beginnen und die Zweite im Anschluss Teil II: *Kontrollrechnungen* und Teil III: *Koordinationsrechnungen* behandeln. Eine andere Gliederung könnte in eine zweistündige Kostenrechnungs- oder Kostenmanagement-Vorlesung mit Teil I: *Entscheidungsrechnungen*, Teil II: *Kontrollrechnungen* und Teil IV: *Systemen* sowie eine Controlling-Vorlesung vorgenommen werden, die Teil III: *Koordinationsrechnungen* als einen Schwerpunkt verwendet.

2.4. Ergänzende Materialien

Zu diesem Buch gibt es drei ergänzende Materialien, die die Verwendung durch Dozenten und durch Studenten erleichtern soll.

- **Vortragsfolien**. Zu jedem Kapitel gibt es umfangreiche animierte Farbfolien in *Microsoft Powerpoint*, die für Lehrveranstaltungen genutzt und unter folgender Adresse kostenlos heruntergeladen werden können:

  http://controlling.uni-graz.at/de/studieren/lehrveranstaltungsmaterialien/

- **Übungsbuch**. Begleitend zum Buch gibt es ein Übungsbuch aus demselben Verlag, in dem zu jedem Kapitel dieses Buches eine Reihe von Aufgaben und Fallstudien mit Lösungen enthalten sind:

  Ernst, Ch., Ch. Riegler und *G. Schenk*: *Übungen zur Internen Unternehmensrechnung*, 3. Auflage, Springer-Verlag: Berlin et al. 2007.

- **Lösungen zu den Problemen**. Zu allen Problemen am Ende der Kapitel können Lösungen – allerdings nur für Dozenten, die das Buch verwenden – von den Autoren direkt angefordert werden.

3. Zusammenfassung

Unter interner Unternehmensrechnung werden **Informationssysteme** verstanden, die sich an **unternehmensinterne Benutzer** richten. Es sind dies die **Kosten- und Leistungsrechnung** sowie **Investitions- und Finanzrechnungen**. Diese Informationssysteme werden von der Unternehmensleitung zur Erfüllung bestimmter Funktionen gestaltet.

Die interne Unternehmensrechnung stellt **entscheidungsrelevante Informationen** bereit. Ihre Hauptfunktionen sind die Entscheidungsfunktion und die Verhaltenssteuerungsfunktion. Bei der **Entscheidungsfunktion** dient die interne Unternehmensrechnung zur Unterstützung von Sachentscheidungen durch die Unternehmensleitung. Treffen andere Entscheidungsträger im Unternehmen die Sachentscheidung, wird von vollständiger Zielkongruenz mit der Unternehmensleitung ausgegangen.

Bei der **Verhaltenssteuerungsfunktion** wird die **Organisation** des Unternehmens explizit berücksichtigt. Die interne Unternehmensrechnung dient dabei zur Beeinflussung von Entscheidungen untergeordneter Entscheidungsträger, denen die Unternehmensleitung bestimmte Sachentscheidungen delegiert hat. Die gelieferten Informationen werden zur **Kontrolle** und **Koordination** von Entscheidungsträgern im Unternehmen genutzt.

Dieses Buch analysiert beide Hauptfunktionen im Detail. Dabei werden insbesondere die **konzeptionellen Überlegungen** in den Vordergrund gerückt und **neuere theoretische Entwicklungen**, insbesondere informationsökonomische Ansätze, berücksichtigt.

Fragen

F1-1 Wie unterscheiden sich die Rechengrößen Auszahlungen, Aufwendungen und Kosten voneinander?

F1-2 Welche Zusammenhänge gibt es zwischen der externen und der internen Unternehmensrechnung?

F1-3 Weshalb hängt die Verhaltenssteuerungsfunktion von der Organisation des Unternehmens ab?

F1-4 Welche Bedingungen sind erforderlich, damit die interne Unternehmensrechnung Verhaltenssteuerungsfunktion erfüllt?

F1-5 Wie beurteilen Sie folgende Verhaltensweise? Philipp Müller kommt notorisch zu spät. Da ihm dies unangenehm ist, stellt er seine Armbanduhr um 5 Minuten vor.

F1-6 Weshalb und unter welchen Bedingungen kann es günstig sein, „falsche" Informationen mit der Kostenrechnung zu produzieren?

Probleme

P1-1 **Dezentrale Entscheidung über Zusatzauftrag.**[17] Ein Unternehmen produziert und verkauft Glasendprodukte. In einer Abteilung werden Trinkgläser erzeugt. Gegenwärtig ist diese Abteilung unterbeschäftigt, von insgesamt möglichen 13.000 Packungen an Gläsern werden nur 10.000 hergestellt. Der durchschnittliche Verkaufspreis beträgt 7,5. Die Fixkosten je Periode betragen 15.000 und die variablen Kosten 5 pro Packung. In dieser Situation kommt eine Anfrage nach einem Zusatzauftrag an den Marketingmanager: Kurzfristig und einmalig würden 2.000 Packungen Gläser benötigt. Als maximaler Preis werden 11.000 geboten. Da die Gläser einige Spezifika aufweisen sollten, würden die Kosten pro Packung um 0,6 steigen.

a) Soll dieser Zusatzauftrag angenommen werden?

b) Der Marketingmanager erhält ein Fixgehalt und eine umsatzabhängige Prämie pro Periode. Die Leistung des Produktionsmanagers wird anhand seiner Durchschnittskosten pro Packung Gläser in seiner Abteilung beurteilt. Jeder der beiden

---

[17] Dieses Beispiel basiert auf *Zimmerman* (2006), S. 18 – 21; vgl zu einer Weiterführung *Wagenhofer* (1997), S. 59 – 61.

Manager entscheidet autonom über die Annahme des Zusatzauftrages. Stimmen beide zu, wird der Auftrag schließlich angenommen, andernfalls nicht. Wird der Zusatzauftrag angenommen?

c) Welche Gründe könnten maßgebend sein, dass die Beurteilung der beiden Manager anhand der oben genannten Größen erfolgt? Welche Alternativen gibt es dazu?

P1-2 Zweckabhängige Kosten. Gabriele Floss ist verwirrt. Immer wieder betrachtet sie die Kostenträgerrechnung für ein Produkt in ihrem Bereich, die das EDV-System auswirft (Zahlen gerundet):

Fertigungsmaterial	54
Materialgemeinkosten (12% auf Fertigungsmaterial)	6
Fertigungslöhne	45
Fertigungsgemeinkosten (121% auf Fertigungslöhne)	55
Herstellkosten	160
Verwaltungskosten (14% auf Herstellkosten)	22
Vertriebskosten (8% auf Herstellkosten)	13
Selbstkosten	195

a) Die Konkurrenz bietet ein praktisch identisches Produkt um 189 am Markt an. Gabriele Floss ist sich ziemlich sicher, dass die Konkurrenz keine Kostenvorteile im Vergleich zu ihrer Abteilung hat. Also, schließt sie, muss die Rechnung falsch sein. Angenommen, sie verwendet anstelle eines relativ hochwertigen Materialteils, das 11 kostet, ein anderes Teil mit gleicher Funktion, welches nur 7 kostet. Um wie viel sinken die Selbstkosten?

b) Gabriele Floss erfährt, dass die Herstellungskosten, die in der Handelsbilanz angesetzt werden, nur 131 betragen. Für steuerliche Zwecke werden dagegen 152 angesetzt. Aus welchen Gründen kann es zu diesen Abweichungen kommen? Wären diese Überlegungen auch für die Berechnung der (kalkulatorischen) Herstellkosten anwendbar?

c) Gabriele Floss weiß, dass die Gemeinkosten hohe Fixkostenbestandteile enthalten. In den Materialgemeinkosten sind 50% fix, in den Fertigungsgemeinkosten 70%, in den Verwaltungskosten 95% und in den Vertriebskosten 80%. Kürzlich nahm sie einen echten Zusatzauftrag um 140 an, der nach ihrer Kalkulation ein gutes Geschäft war. Im Nachhinein ergab die Auswertung aber, dass sie einen Verlust von 140 – 195 = 55 gemacht habe. Dementsprechend frustriert war sie, als sie das Monatsergebnis sah. Was ist richtig?

d) Gabriele Floss beschwert sich beim Controller, dass ihrer Abteilung Verwaltungskosten zugerechnet werden, obwohl sie diese überhaupt nicht beeinflussen könne. Der Controller erklärt ihr, dass er das so machen müsse, um ein Kostenbewusstsein in den Abteilungen zu erzeugen. Ist das ein überzeugender Grund?

P1-3 Wert von Kosteninformation.[18] Ein Kunde bietet dem Unternehmen die Fertigung eines Spezialauftrags zu einem Preis p an. Da es sich um eine Fertigung handelt, bei der das Unternehmen noch keine Erfahrung hat, sind die Kosten c unsicher. Der Manager schätzt sie zwischen 100 und 300 ein, wobei alle Kosten dazwischen mit gleich hoher Wahrscheinlichkeit auftreten können. Angenommen, das Unternehmen könnte perfekte Information über die Fertigungskosten beschaffen, zB indem es einen Prototyp anfertigt oder eine detaillierte Machbarkeitsstudie durchführt.

Ermitteln Sie, wie viel das Unternehmen für perfekte Information abhängig vom Preis p maximal zahlen würde. Für welchen Preis ist die Zahlungsbereitschaft am höchsten? Erstellen Sie eine Grafik der Zahlungsbereitschaft abhängig von Preisen im Bereich $80 \leq p \leq 350$.

Hinweis: Wenn $p < c$, wird der Manager den Auftrag ablehnen, wenn $p > c$, wird er ihn annehmen. Bei Unsicherheit über die Kosten mit einer Dichtefunktion $f(c) = 1/200$ für $100 \leq c \leq 300$ lautet der erwartete Gewinn daher:

$$E[p - c | c \leq p] = \int_{100}^{p} \frac{p-c}{200} dc = \frac{(p-100)^2}{400}$$

Literaturempfehlungen

Allgemeine Literatur

Ewert, R.: Der informationsökonomische Ansatz des Controlling, in: *J. Weber* und *B. Hirsch* (Hrsg.): *Controlling als akademische Disziplin*, Wiesbaden 2002, S. 21-37.

Zimmerman, J.L.: *Accounting for Decision Making and Control*, 5. Auflage, New York et al. 2006.

Spezielle Literatur

Demski, J.S.: *Managerial Uses of Accounting Information*, 2. Auflage, Boston et al. 2008.

Pfaff, D.: Kostenrechnung, Verhaltenssteuerung und Controlling, in: *Die Unternehmung* 1995, S. 437 – 455.

Wagenhofer, A.: Kostenrechnung und Verhaltenssteuerung, in: *C.-C. Freidank, U. Götze, B. Huch* und *J. Weber* (Hrsg.): *Kostenmanagement – Neuere Konzepte und Anwendungen*, Berlin et al. 1997, S. 57 – 78.

[18] Vgl *Göx* und *Wagenhofer* (2007), S. 402 f.

Teil I

Entscheidungsrechnungen

2

Die Kosten- und Leistungsrechnung als Entscheidungsrechnung

Hans Fit ist seit Januar neuer Geschäftsführer der „Funny & Sunny AG", die im Sport- und Freizeitbereich tätig ist. Das Unternehmen agiert schwerpunktmäßig im Wassersportsektor und hat einen guten Namen als Hersteller langlebiger Wasserskier und Surfbretter, wobei jeweils auch die dazugehörigen Accessoires vertrieben werden. Vor einem Jahr wurde ein Vorstoß in den Markt für Snowboards gewagt, weil man hoffte, die bei der Produktion von Surfbrettern gewonnenen Erfahrungen günstig einsetzen zu können. Das Snowboardgeschäft lief aber eher schleppend an; außerdem zeigte sich, dass die Herstellung der Snowboards wegen andersartiger Anforderungen und Einsatzbedingungen doch etwas schwieriger und daher teurer ist, als anfangs vermutet wurde. Der Absatz im „traditionellen" Stammgeschäft entwickelt sich dagegen momentan recht gut; noch im letzten Dezember wurden für die Produktion von Surfbrettern sogar die bisherigen Produktionsanlagen durch neue und technisch verbesserte Aggregate ersetzt.

Im Unternehmen ist eine quartalsweise Planung des Produktions- und Absatzprogramms üblich, wobei man sich stets zum Quartalsbeginn zu einer Planungskonferenz trifft. An dieser Sitzung nehmen außer dem Geschäftsführer des Unternehmens auch der Unternehmenscontroller Max Spitz, die für die allgemeine Unternehmensplanung zuständige Abteilungsleiterin Franziska Lang sowie die technische Fertigungsleiterin Birgit Nagel teil. Frau Lang war im letzten Jahr die treibende Kraft beim Aufbau des Snowboardgeschäfts, weil sie den früheren Geschäftsführer anlässlich eines Betriebsausfluges der Führungspersonen ins winterliche Kitzbühel davon überzeugen konnte, dass es sich um einen potenziell wichtigen Markt handelt. Für Hans Fit ist die Anfang Januar anberaumte Konferenz naturgemäß die erste

Sitzung im Unternehmen; er hofft, dabei vor allem erste und wichtige Einblicke in die Erfolgs- und Absatzsituation des Unternehmens zu erhalten.

Wie üblich beginnt die Planungskonferenz mit einem Vortrag des Controllers Spitz über die Erlös- und Kostensituation der einzelnen Produkte. Neben der eingetretenen Istentwicklung spielen natürlich die für das nächste Quartal erwarteten Kosten- und Erlösdaten eine maßgebende Rolle. Basierend auf diesen Informationen wurde in der Vergangenheit über die einzuschlagende Produktions- und Absatzpolitik entschieden. Hinsichtlich der Erfolgssituation ergibt sich für das Stammgeschäft ein recht günstiges Bild; dagegen schneiden die Snowboards nicht so gut ab. Spitz möchte gegenüber dem neuen Geschäftsführer einen besonders guten und kompetenten Eindruck hinterlassen. Daher hat er einen recht ausführlichen Vortrag vorbereitet, in dem auch im Anschluss an die Präsentation der produktbezogenen Erfolgsdaten einzelne Vorgehensweisen zur Ermittlung der Kosten- und Erlösinformationen detailliert erläutert werden.

„Also“, leitet Spitz seine Verfahrenserläuterungen ein, „wir trennen zunächst die fixen von den variablen Kosten, um aussagefähige Überschussgrößen für die Produkte zu erhalten. Die variablen Gemeinkosten werden dann über einen BAB den einzelnen Kostenträgern zugerechnet, wobei wir sogar gegenseitige Stellenbeziehungen über das Kostenstellenausgleichsverfahren, also das mit dem Gleichungssystem, und mit vielfältigen Bezugsgrößen, zum Beispiel Schleifstunden, aber bei anderen, mehr indirekten Stellen auch ‚Deckung Grenzkosten'...“. An dieser Stelle kann sich Franziska Lang nicht mehr zurückhalten. Sie findet diese Konzentration auf die eher kurzfristigen Kosten- und Erlösdaten schon seit langem etwas kleinkariert, zumal die von ihr ins Spiel gebrachten Snowboards bisher immer so schlecht abschneiden. Sie sieht angesichts des neuen Geschäftsführers eine Chance, ihren Vorstellungen von richtiger Planung Geltung zu verschaffen. Daher hat sie sich auf diese Sitzung besonders gut vorbereitet.

„Diese rechentechnischen Details sind doch gar nicht so wichtig“, unterbricht sie Spitz. „Wir sollten uns eher über grundsätzlichere Fragen unterhalten. Die vorgelegten Zahlen geben ja gar kein richtiges Bild von den wirklichen Erfolgschancen der Produkte. Dazu müsste man viel langfristiger denken, doch das geht Ihnen, lieber Herr Spitz, wohl etwas ab.“ „Wir wollen doch sachlich bleiben“, beruhigt Fit die Gemüter. „Warum zweifeln Sie an den Spitz'schen Zahlen, Frau Lang?“ „Zugegeben“, erwidert sie, „die Herstellung der Snowboards ist etwas teurer als erwartet, so dass wir dort nicht so gut aussehen. Doch der Markt wird sich günstig entwickeln, nur leider kann die Fertigung überhaupt nicht besser werden, weil wir gar keine ausreichenden Erfahrungen sammeln können, solange die Snowboards in solch geringen Stückzahlen hergestellt werden. Und später, wenn der Markt boomt, können die anderen Hersteller viel kostengünstiger als wir anbieten, weil sie schon vorher wegen ihres Erfahrungspotenzials die Herstellung haben optimieren können. Haben Sie das eigentlich in Ihren Kostendaten auch mal erfasst, lieber Spitz?“

Während dieser noch um Fassung ringt, erwacht Frau Nagel aus ihrer Lethargie und fühlt sich fachlich angesprochen. „Frau Lang hat gar nicht so unrecht“, ergänzt sie deren Ausführungen. „Die Einstellung der Maschinen bei den Snowboards ist sehr kompliziert, und wir haben das immer noch nicht ganz im Griff. Vielleicht können auch Konstruktionsänderungen helfen, doch wir müssen einfach mehr über den Produktionsprozess wissen, um gezielt handeln zu können." „Eben", meint Frau Lang, „und darüber hinaus möchte ich einen weiteren Zweifel an den Spitz'schen Zahlen anmelden. Ist dort eigentlich erfasst, dass wir bei den Surfbrettern ebenfalls völlig neue Anlagen haben, mit denen die Mitarbeiter wohl kaum Erfahrungen haben sammeln können? Die Kosten der Surfbretter müssten doch eher höher angesetzt werden, und dann stehen die gar nicht mehr so gut da. Und von Frau Nagel weiß ich, dass bei den Anlagen für die Wasserskier kürzlich viele Ausfälle mit teuren Instandhaltungen angefallen sind. Wenn wir in diesem Bereich viel produzieren, müssen wir künftig mit umfangreichen weiteren Reparaturen rechnen. Was das kostet, kann sich jeder ausmalen. Wir sollten daher diese langfristigen Dinge unbedingt berücksichtigen, und dann kommen wir zu ganz anderen Entscheidungen."

Fit ist von Langs Vortrag sehr beeindruckt, doch Spitz hat sich mittlerweile gefangen. Bewaffnet mit seinem Wissen aus einem jüngst absolvierten Kurs in Investitionsrechnung kontert er: „Das hört sich ja alles ganz schön an, Frau Lang, doch haben Sie völlig übersehen, welche Kosten Ihr Vorschlag an anderer Stelle hervorrufen würde. Wenn wir das alles richtig machen wollten, dann müssten wir doch bei jeder Planungskonferenz letztlich bis zum St. Nimmerleinstag die Planung festlegen; denn nur so kann sich beweisen, welche künftigen Konsequenzen die Lern- und Verschleißeffekte wirklich haben werden. Und dabei müssten wir die Reinvestitionspolitik auch noch erfassen, und, und, und. Dann stelle ich den Antrag auf Verdreifachung des Personals der Controllingabteilung, und selbst dann bin ich mir nicht sicher, ob wir das alles bewältigen können, zumal Prognosen ohnehin sehr ungewiss sind. Wir würden nur planen, planen und planen, und kämen zu nichts anderem mehr. Ich meine, so etwas können wir nur ab und zu machen, nicht aber permanent."

Wegen der eingefahrenen Diskussion entschließt sich Fit zu einer Vertagung der endgültigen Entscheidung und bittet jeden Teilnehmer, über das Problem noch einmal nachzudenken. In seinem Büro macht er sich seine eigenen Gedanken. Worauf sollten die Entscheidungen denn nun wirklich basieren? Hat Frau Lang nicht völlig recht, wenn sie auf die stete Berücksichtigung der langfristigen Aspekte pocht? Was ist dann überhaupt von Kostendaten zu halten, an die auch Fit sich zu orientieren gewöhnt hat? Doch ist nicht auch das Spitz'sche Argument der Planungskosten richtig? Fit wird beim Nachdenken etwas nervös, weil ihm die Eigner im Nacken sitzen. Diese sind vornehmlich an ihren Ausschüttungen und am Wert ihrer Aktien interessiert. Wie kann er aber auch noch diesen Aspekt einbeziehen?

Ziele dieses Kapitels

- Ableitung entscheidungstheoretischer Grundlagen zur Lösung von Entscheidungsproblemen
- Diskussion von Vereinfachungen und Repräsentanzgrößen als Basis von Informationssystemen und der Kosten- und Leistungsrechnung
- Diskussion des investitionstheoretischen Ansatzes der Kostenrechnung
- Vorstellung der Kostenrechnung als Informationssystem für kurzfristig wirksame Entscheidungen
- Analyse des Zusammenhangs zwischen Kapitalwert und Kosten bzw Leistungen

1. Einführung

Der Erfolg jeder Unternehmenstätigkeit hängt zu einem nicht unerheblichen Teil von der Qualität der gefällten Entscheidungen ab. Wer Entscheidungsprobleme lösen will, benötigt Informationen über die Konsequenzen der erwogenen Maßnahmen. Solche Angaben werden durch Entscheidungsrechnungen bereitgestellt. Dass man sich dabei an Größen wie **Kosten**, **Leistungen** und **Gewinnen** orientiert, scheint praktisch so evident und einleuchtend zu sein, dass es dazu keiner gesonderten Begründung mehr bedarf.

Doch bei näherem Nachdenken ist das keineswegs so selbstverständlich, wie es auf den ersten Blick erscheint. Selbst bei Beschränkung auf rein finanzielle Zielgrößen wird nämlich üblicherweise angenommen, dass Entscheidungsträger bei der Zusammenstellung ihres Handlungsbündels danach streben, einen **Konsumzahlungsstrom** bezüglich seiner **Breite**, **zeitlichen Struktur** und **Unsicherheit präferenzkonform** zu gestalten. Demgegenüber versteht man unter **Kosten** (**Leistungen**) allgemein die sachzielbezogenen, bewerteten Güterverbräuche (Gütererstellungen) eines Unternehmens in einer Periode, und der (Perioden-)Gewinn ergibt sich daraus als Differenz von Leistungen und Kosten.

Was aber hat ein so verstandener (Perioden-)Gewinn mit der Optimierung der eigentlich interessierenden Konsumposition (gemessen anhand der drei obigen Dimensionen) zu tun? Und wie „gut" sind Handlungsprogramme, die sich vorwiegend an der Maximierung solcher (Perioden-)Gewinne orientieren?

Die **Kosten- und Leistungsrechnung** (**KLR**) in ihrer Eigenschaft als Entscheidungsrechnung ist durch ganz spezifische Festlegungen und Rahmenbedingungen gekennzeichnet. Ehe man davon reden kann, mit Hilfe eines Systems der KLR „*optimale*" Entscheidungen getroffen zu haben, muss zunächst grundsätzlich geklärt werden, in welchem (größeren) Zusammenhang man derartige Entscheidungsrechnungen und ihre Resultate sehen muss. In diesem Kapitel werden diese Aspekte schrittweise erarbeitet, und es wird aufgezeigt, welche **Abgrenzungen** bei der KLR üblicherweise gesetzt werden, welche **Beziehungen** erfasst und welche zerschnitten werden, und ob sich die angesprochenen Festlegungen immer problemlos und eindeutig treffen lassen.

Diese Analyse dient nicht nur dazu, die Grenzen der in späteren Kapiteln detailliert behandelten Entscheidungsrechnungen auf Basis der KLR von vorneherein aufzuzeigen. Sie liefert zugleich die Grundzüge für eine Einbettung der KLR in längerfristige Planungsrechnungen wie einer „strategischen Kostenrechnung", die im 6. Kapitel: *Kostenmanagement* behandelt werden.

Ausgangspunkt der folgenden Überlegungen ist eine normative Frage: „Wie müsste man eigentlich bei der Lösung von Entscheidungsproblemen vorgehen?" Diese Fragestellung entspricht letztlich dem Untersuchungsgegenstand der präskriptiven Entscheidungstheorie, und sie lässt sich mit Hilfe des Grundmodells der Entscheidungstheorie im Prinzip beantworten. Es wird daher zunächst das entscheidungstheoretische Grundmodell kurz vorgestellt. Aus dessen Implikationen ergibt sich eine umfassende Interpretation von Rechengrößen wie „Kosten" und „Leistungen", die aber nur sehr wenig mit den üblichen Inhalten dieser Größen zu tun hat.

Um sich diesen traditionellen Inhalten sukzessive zu nähern, werden nach und nach **Vereinfachungen** eingeführt. Eine erste Vereinfachung greift nur noch finanzielle Zielgrößen heraus, wobei die (grundsätzlich mehrperiodigen und unsicheren) finanziellen Konsequenzen von Handlungsalternativen zugleich verdichtet und durch bestimmte Größen (wie etwa den Kapital- oder Marktwert) repräsentiert werden. Aus den **Veränderungen dieser Repräsentanzgrößen** lassen sich dann erneut „Kosten" und „Leistungen" ableiten. Ihre Eigenschaften werden daher anhand einiger einfacher Ansätze erarbeitet. Dabei zeigt sich, dass auch diese Konzeption in der praktischen Anwendung derart anspruchsvoll und aufwendig sein dürfte, dass weitere Vereinfachungen notwendig werden.

Die **zusätzlichen Vereinfachungen** betreffen die Vernachlässigung bestimmter zeitlicher und sachlicher Interdependenzen, woraus sogenannte **kurzfristig wirksame Entscheidungsprobleme** resultieren. Daraus ergeben sich schließlich die bekannten und eingangs genannten Inhalte von Kosten und Leistungen. Dennoch können mit einer solchen KLR grundsätzlich auch langfristig wirksame Entscheidungen fundiert werden, was abschließend anhand des „*Lücke*-Theorems" demonstriert wird. Dabei handelt es sich zwar um einen wichtigen, aus der Sicht der Gestaltung von Entscheidungsrechnungen aber eher formalen Aspekt. Materielle Empfehlungen zum Aufbau einer KLR lassen sich daraus kaum ableiten, und eine Lösung der vereinfachungsbedingten Probleme bezüglich der Zerschneidung von Interdependenzen wird ebenfalls nicht gegeben.

2. Entscheidungstheoretische Grundlagen

2.1. Das Grundmodell der Entscheidungstheorie

Entscheidungsprobleme mögen im Detail sehr unterschiedlich sein, doch lassen sie sich alle durch eine einheitliche Grundstruktur charakterisieren.[1] Diese Struktur wird durch das Grundmodell der Entscheidungstheorie beschrieben. Danach lässt sich ein Entscheidungsproblem grundsätzlich kennzeichnen durch

- das **Entscheidungsfeld**, bestehend aus dem Aktionsraum, der Menge möglicher Umweltzustände und der Ergebnisfunktion, sowie durch
- den **Zielplan**, der sich aus dem Präferenzsystem und der Definition der Ergebnisarten zusammensetzt, mit denen die Entscheidungsträger Wertvorstellungen verbinden.

Mit diesen Bestandteilen lässt sich für jede mögliche Aktion ein repräsentativer Wert ermitteln, und die Entscheidung beinhaltet letztlich nur mehr die Auswahl der Aktion mit dem höchstgerankten Wert im Sinn des Präferenzsystems.

Entscheidungsfeld

Die verfügbaren Aktionen, unter denen eine Entscheidung getroffen werden soll, bilden den **Aktionsraum**. Jede Aktion kann aus mehreren **Aktionsparametern** bestehen. So bildet zB bei einer Produktionsprogrammplanung jedes zulässige Produktionsprogramm eine bestimmte Aktion. Ein Produktionsprogramm setzt sich wiederum aus der Art und der Menge der darin enthaltenen Produkte zusammen. Dabei sind auch bestehende Restriktionen, zB technischer Natur oder aus dem Markt kommend, zu berücksichtigen. Die Aktionsparameter können sich auch auf **mehrere Zeitpunkte** beziehen. Soll etwa eine bestehende Fertigungskapazität durch Zusatzinvestitionen erweitert werden, muss für jede in Frage kommende Erweiterungsstufe (Aktionsparameter hinsichtlich der heutigen Investitionstätigkeit) geprüft werden, welche Produktarten in welchen Mengen dadurch künftig hergestellt und zu welchen Preisen sie abgesetzt werden sollen. In diesem Fall besteht eine Aktion aus Kombination heutiger und künftiger Aktionsparameter und stellt eine **Handlungsstrategie** dar.

Die **Umweltzustände** („Zustandsraum") kennzeichnen alle Faktoren, die zwar die Handlungsergebnisse beeinflussen können, sich aber dem Einfluss des Entscheidungsträgers entziehen. So hängen die künftig erzielbaren Zahlungsüberschüsse unter anderem von den unsicheren Markt- und Nachfragebedingungen ab. Der **Zustandsraum** umfasst die Menge der einzelnen **Zustände** θ, die eine Reihe von Umweltparametern (zB Beschaffungspreise, Nachfragemengen, Zinssätze, Konkurrenzaktionen) beinhalten.

---

[1] Grundlagen der Entscheidungstheorie finden sich zB in *Bamberg* et al. (2012), *Laux* et al. (2012), *Sieben* und *Schildbach* (1994).

Beispiel: Angenommen, die Nachfragemenge für ein bestimmtes Produkt ist ungewiss und kann in jeder Periode entweder 2.000 oder 1.000 Stück betragen. Umfasst das Entscheidungsproblem zwei Perioden, hat man bezüglich des Nachfrageparameters *vier* Kombinationen zu beachten, nämlich (1.000; 1.000), (1.000; 2.000), (2.000; 1.000) und (2.000; 2.000) (dabei gibt die erste (zweite) Zahl die Nachfragemenge der ersten (zweiten) Periode an). Insofern resultieren alleine aus der Entwicklung des betrachteten Parameters bereits vier mögliche Umweltzustände. Deren Zahl wird aber schnell größer, wenn man weitere Parameter, mehrere Perioden und eine größere Zahl von Ausprägungen der einzelnen Parameter in Betracht zieht. So erhält man etwa bei einem vierperiodigen Entscheidungsproblem mit acht Umweltparametern, die in jeder Periode unabhängig voneinander jeweils sechs verschiedene Ausprägungen annehmen können, insgesamt $6^{(4\cdot 8)} = 6^{32} = 7{,}95866\cdot 10^{24}$ mögliche Kombinationen und demnach ebenso viele Umweltzustände.

Zwischen dem Aktionsraum und dem Zustandsraum können **vielfältige Zusammenhänge** bestehen. So reicht es etwa nicht aus, künftig mögliche Erweiterungen einer Maschinenkapazität nur grundsätzlich und unbedingt vorzusehen, denn dadurch wird nicht berücksichtigt, dass man die Möglichkeit hat, Erweiterungen dann vorzunehmen, wenn sich günstige Nachfrageentwicklungen abzeichnen, andernfalls aber nicht.[2] Insofern haben die **für möglich gehaltenen Umweltentwicklungen** Auswirkungen auf die Formulierung des Aktionsraums. Dies kann auch noch aus einem anderen Grund auftreten, dann nämlich, wenn die Umweltparameter unmittelbar solche Sachverhalte betreffen, die für die Zulässigkeit von Aktionen bedeutsam sind (zB unsichere Beschaffungsrestriktionen oder Streiks).

Die **Ergebnisfunktion** als dritter Bestandteil des Entscheidungsfeldes verknüpft die Elemente des Aktions- und Zustandsraums derart, dass für jede Kombination aus Aktion und Umweltzustand das daraus resultierende Ergebnis angegeben wird. Die Ergebnisfunktion enthält die verschiedenen **Ergebnisarten**, die einem Entscheidungsträger subjektiv bedeutsam sein können (zB Zahlungen, Vermögen, Macht, Prestige, Einfluss, Vermeidung ökologischer Belastungen oder soziale Aspekte).

Zielplan

Die bislang dargestellten Elemente beschreiben die vom Entscheidungsträger für wichtig gehaltenen Aspekte der zu gestaltenden Realität. Eine **Entscheidung** erfordert die Festlegung, wie der Entscheidungsträger die Ergebnisse der Aktionen subjektiv bewertet. Diese Bewertung wird durch das **Präferenzsystem** vorgenommen. Dieses Präferenzsystem enthält die individuellen Einstellungen des Entscheidungsträgers gegenüber den vier Ergebnismerkmalen: Arten-, Höhen-, Zeit- und Ungewissheitsmerkmal:

- Die **Artenpräferenz** enthält die subjektive Einstellung gegenüber den einzelnen Ergebnisarten. Sie kann zB Rangfolgen der Ergebnisarten oder Gewichtungen festlegen.
- Die **Höhenpräferenz** kennzeichnet die Art und Weise, wie unterschiedliche Ergebnishöhen bewertet werden.

---

2 Dieser Aspekt betrifft den Unterschied zwischen „starrer" und „flexibler" Planung. Siehe dazu ausführlicher *Hax* und *Laux* (1972), *Inderfurth* (1982) und *Laux* et al. (2012), Kap. 9. Die Berücksichtigung bedingter Handlungsstrategien bei der Formulierung des Aktionsraums ist insbesondere deswegen wichtig, weil bereits die Auswahl der *heute festzulegenden Aktionsparameter* davon abhängen kann, welche Anpassungsmöglichkeiten man künftig hat.

- Die **Zeitpräferenz** gibt an, wie der Entscheidungsträger den unterschiedlichen Zeitanfall der Ergebnisse bewertet, ob er also (bei gegebener Ergebnisart und -höhe) beispielsweise einen früheren Anfall dem späteren vorzieht.
- Die **Sicherheitspräferenz** beschreibt die subjektive Einstellung des Entscheidungsträgers zur Tatsache, dass die Ergebnisse zumeist ungewiss, also vom Eintreten eines bestimmten Umweltzustands abhängig sind. Diese Präferenzen hängen davon ab, ob den Umweltzuständen Wahrscheinlichkeiten beigelegt werden können („*Risiko*") oder nicht („*Unsicherheit im engeren Sinn*").

Letztlich führt die Anwendung des Präferenzsystems auf die Ergebnisse dazu, dass je Aktion nur noch *eine* reelle Zahl übrig bleibt, die man auch als Nutzenindex ansehen kann. Gewählt wird diejenige Aktion mit dem größten Nutzenindex.

2.2. Entscheidungsrechnungen und Kosten-Leistungs-Konzeption I

Die obigen Ausführungen beschreiben einen allgemeinen Rahmen für das Treffen rationaler, dh zielentsprechender Entscheidungen. Wie lassen sich nun Entscheidungsrechnungen in diesen Rahmen einordnen und interpretieren? Allgemein besteht die **Aufgabe** von Entscheidungsrechnungen darin, **Informationen** zur **zielentsprechenden Lösung** von Entscheidungsproblemen bereitzustellen. Aus dem Grundmodell der Entscheidungstheorie folgt, dass die im Präferenzmodell einerseits und im Ermittlungsmodell andererseits enthaltenen Angaben notwendig und hinreichend für eine rationale Entscheidung sind. Im weiteren Sinne könnte man eine Entscheidungsrechnung deshalb als Kombination aus Präferenz- und Ermittlungsmodell auffassen. Sie wäre dann identisch mit dem Grundmodell.

In der Literatur wird der Begriff **Entscheidungsrechnung** indes nicht in diesem weiten Sinne verwendet. So enthält etwa eine auf dem pagatorischen Kostenbegriff basierende Kostenrechnung alleine noch keine Angaben über das Präferenzsystem. Stattdessen dient sie lediglich dazu, für die ins Auge gefassten Maßnahmen oder einzelne Bezugsobjekte eine spezifische Ergebnisgröße – nämlich die pagatorischen Kosten – zu **ermitteln**. Erst im Rahmen weiterführender Rechnungen (etwa durch Einfügung der Bezugsobjekte und ihrer Kosten in bestimmte Kalküle) wird das Präferenzsystem hinzugefügt und eine Entscheidung getroffen. Eine Entscheidungsrechnung dient dann vornehmlich zur Ermittlung der interessierenden **Ergebnisstrukturen von Aktionen**.

Der Zusammenhang mit dem **Präferenzsystem** ist aber dennoch vorhanden. Er resultiert allgemein aus der subjektiven Festlegung der Ergebnisarten, die für den Entscheidungsträger bedeutsam sind. Die Ermittlung der Ergebnisstrukturen im Rahmen der Entscheidungsrechnung konzentriert sich nur auf die durch die Ergebnisdefinition abgedeckten Ergebnisarten. Darüber hinaus können sich im Zusammenhang mit der KLR als Entscheidungsrechnung bei manchen Interpretationen von Kosten und Leistungen auch weitergehende Präferenzbestandteile verbergen, was im Folgenden noch deutlich wird.

Nach der hier gegebenen (strengen) Abgrenzung wäre die **Entscheidungsrechnung** schnell eingeordnet: *Sie entspricht der Ergebnisfunktion.* Anknüpfungspunkte sind *unmittelbar* die den Entscheidungsträger interessierenden Ergebnisse. In finanzieller Hinsicht handelt es sich dabei um die Zeit- und Risikostruktur des mit einer

Aktion verknüpften Konsumzahlungsstroms. Interessiert sich der Entscheidungsträger darüber hinaus auch für nichtpekuniäre Faktoren, so sind diese als weitere Ergebnisarten ebenfalls einzubeziehen.

Rechengrößen wie „Kosten“ und „Leistungen“ haben in diesem Zusammenhang zwar keine besondere Bedeutung, sie können aber grundsätzlich durch folgende Überlegung entwickelt werden: Identifiziert man – der üblichen Vorgehensweise folgend – „Kosten“ mit negativ, „Leistungen“ dagegen mit positiv bewerteten Ergebnisaspekten von Aktionen, dann lassen sich diese Größen im vorliegenden Zusammenhang wie folgt definieren:[3]

Definition von Kosten I und Leistungen I

- **Kosten I**: Angesichts eines bestimmten Zielplanes und Entscheidungsfeldes resultierende *negative* Konsequenzen (Ergebnisstrukturen) einer Aktion.
- **Leistungen I**: Angesichts eines bestimmten Zielplanes und Entscheidungsfeldes resultierende *positive* Konsequenzen (Ergebnisstrukturen) einer Aktion.

Diese Konzeption ist zur besseren Unterscheidung von zwei später folgenden Konzeptionen mit der Kennzeichnung ‚I' versehen. In der angegebenen Form manifestieren sich Kosten und Leistungen jeweils als Zusammenstellung von Teilergebnissen. Beide Größen sind **nicht unbedingt einwertig**, sondern können für jede Kombination aus Aktion und Umweltzustand mehrere Ergebnisarten entsprechend dem Zielplan umfassen. Beide Definitionen beinhalten aber wegen der Attribute „negativ“ und „positiv“ bereits implizit sehr viel weitergehende Bestandteile des Präferenzsystems als nur die reine Festlegung der Ergebnisarten.

Dieses **Grundmodell der Entscheidungsrechnung** (samt möglichen Erweiterungen[4]) ist für viele konzeptionelle und theoretische Fragestellungen unverzichtbar. Es hat auch für konkrete praktische Problemstellungen einen nicht zu unterschätzenden heuristischen Wert,[5] weil es Entscheidungsträger dazu zwingt, sich Klarheit über die einzelnen Bestandteile des Entscheidungsproblems zu verschaffen, mögliche Zukunftsszenarien zu durchdenken, Handlungsstrategien zu formulieren und präzise Beurteilungsmaßstäbe zu entwickeln.

Die Konzeption I sollte aber nur als *grundsätzlich denkbare* Aufteilung der Ergebnisfunktion in „Kosten“ und „Leistungen“ angesehen werden, um weitere Überlegungen vorzubereiten, denn: Mit dem Nachdenken über die Gestaltung von Entscheidungsrechnungen könnte man eigentlich an dieser Stelle aufhören, wenn man dieses konsequent am entscheidungstheoretischen Grundmodell ausrichtet. Eine

---

3 Diese Begriffsbildungen finden sich ähnlich auch bei *Kloock* (1989), S. UI 10, sowie speziell für die Kosten bei *Maltry* (1989), S. 124 – 129 (er nennt seine Konzeption „Prospektivkosten“).

4 Das dargestellte Grundmodell kann zB durch die Einbeziehung von Maßnahmen der Informationsbeschaffung erweitert werden. Vgl dazu etwa *Wagenhofer* und *Ewert* (2007), 2. Kapitel.

5 Siehe dazu ähnlich auch *Laux* et al. (2012), S. 55 f.

Orientierung von Entscheidungen an Kosten und Leistungen im Sinne irgendeiner anderen Definition erscheint als sehr verkürzt und stark vereinfacht. Aber das ist es gerade, was praktisch sinnvoll und notwendig wird.

Notwendigkeit von Vereinfachungen

Es ist unmittelbar einleuchtend, dass eine direkte Formulierung **konkreter Entscheidungsprobleme** auf der Basis der Prinzipien des Grundmodells sehr rasch an ihre Grenzen stößt. Die Anzahl möglicher Aktionen und Umweltzustände sowie die Ergebnisse mit ihren Ergebnisarten, zeitlicher Struktur und Unsicherheit ist selbst für einfachste Entscheidungsprobleme gewaltig.

Pointiert ausgedrückt: Man käme gar nicht zum Produzieren, weil man vollauf mit Planungsüberlegungen zur Beschreibung des Entscheidungsproblems beschäftigt ist. Aus diesem Grund sind Vereinfachungen notwendig.

Eine strenge Anwendung der Prinzipien des Grundmodells liefe auf die Formulierung von **Totalmodellen** hinaus. Lässt man allerdings bestimmte Aspekte außer Acht, läuft man grundsätzlich Gefahr, die tatsächlich zielentsprechende Lösung zu verfehlen.[6]

Dahinter verbirgt sich letztlich ein vorgelagertes Entscheidungsproblem, nämlich dasjenige des **optimalen Komplexitätsgrades eines Entscheidungsmodells**. Dieses kann natürlich nicht wiederum mit denselben Grundsätzen angegangen werden, denn das liefe nur auf eine weitere Erhöhung der Komplexität hinaus. Deshalb werden in der Praxis **typisierende Vereinfachungen** gemacht, die nur bei erwarteter hoher Bedeutung einer bestimmten Annahme um diese ergänzt oder erweitert werden. Zu einem geringen Teil gibt es **Separationstheoreme**. wonach bestimmte Facetten des umfassenden Problems außer Betracht bleiben können, weil sie keine Einschränkung des Lösungsraums bewirken. Dies ist zT bei individuellen Portefeuilleentscheidungen oder bei Vernachlässigung zeitlicher Interdependenzen der Fall.

Verschiedene **Konzeptionen der KLR** unterscheiden sich danach, welche und wie viele vereinfachende Annahmen sie setzen. Die folgende Diskussion zeigt, wie man sich schrittweise durch immer mehr Vereinfachungen den Festlegungen im Rahmen der traditionellen KLR-Systeme nähern kann.

---

6 Siehe zu einer instruktiven Übersicht etwa *Laux* et al. (2012), Kap. 18.

3. Kosten-Leistungs-Konzeption II

3.1. Definition

Mit Kosten, Leistungen und Gewinnen verbindet man üblicherweise nur **monetäre Größen**, die außerdem nur im Bereich eines Unternehmens – und nicht der Entscheidungsträger selbst – anfallen. Daraus ergeben sich folgende **Vereinfachungen**:

1. Bei der Formulierung des **Aktionsraums** werden nur solche Aktionsparameter berücksichtigt, die im Einflussbereich des *institutionalen* Unternehmens liegen.
2. Im **Zielplan** werden nur **finanzielle** Ergebnisarten betrachtet.
3. Die zeit-zustandsabhängig anfallenden **Zahlungen** der Aktionen werden durch bestimmte Transformationen verdichtet und letztlich durch **eine monetäre Größe repräsentiert**. Erhöhungen dieser Repräsentanzgröße korrespondieren mit Verbesserungen, Verminderungen der Repräsentanzgröße dagegen mit Verschlechterungen der individuellen Konsumpositionen.

Mit **institutionalem** (firmenbezogenen) **Unternehmen** sind die Aktivitäten einer konkreten Firma oder Institution angesprochen. Dagegen bezieht sich das **personale Unternehmen** auf die Aktivitäten einer Person, die freilich an institutionalen Unternehmen beteiligt sein kann. Insofern lässt sich das personale Unternehmen auch mit dem Problem der individuell optimalen Zusammenstellung eines Portefeuilles aus ggf vielen Anlageobjekten identifizieren. Dem institutionalen Unternehmen kann man an sich keine Konsumzahlungsströme zuordnen, weil es im Gegensatz zu Personen nicht „konsumiert". Die im Unternehmen anfallenden Zahlungsströme bilden jedoch die Ausgangsposition für einen Investor bei der Gestaltung seiner Konsumzahlungen. Des Weiteren wird die **individuelle Portefeuillewahl** des Entscheidungsträgers vernachlässigt, und es wird nicht berücksichtigt, dass in Unternehmen häufig mehrere Entscheidungsträger gemeinsam Entscheidungen treffen.

Diese drei Vereinfachungen sind als „Paket" zu sehen: Wer Portefeuilleentscheidungen vernachlässigt und trotzdem finanziell zielentsprechende Entscheidungen treffen will, kann als Ergebnisgröße nicht mehr *unmittelbar* den Konsumzahlungsstrom heranziehen, sondern muss auf eine Ersatzgröße ausweichen, die sich alleine auf die **Zahlungen** der noch betrachteten (institutionalen) Aktionsparameter bezieht. Diese Ersatzgröße sollte dabei eine präferenzkonforme Ordnung der Zahlungsströme ermöglichen. Insofern übernimmt die in der dritten Bedingung genannte **Repräsentanzgröße** die Funktion des im entscheidungstheoretischen Grundmodells nach Anwendung des Präferenzsystems resultierenden Nutzenwertes.

Unter diesen Vereinfachungen lässt sich folgende Konzeption von Kosten und Leistungen definieren.

Definition von Kosten II und Leistungen II

- **Kosten II**: Verringerungen der die ggf unsicheren, mehrperiodigen monetären Konsequenzen einer Aktion widerspiegelnden Repräsentanzgröße.
- **Leistungen II**: Erhöhungen der die ggf unsicheren, mehrperiodigen monetären Konsequenzen einer Aktion widerspiegelnden Repräsentanzgröße.

Repräsentanzgrößen: Kapitalwert und Marktwert

In dieser Definition ist die **Repräsentanzgröße** nicht explizit genannt. Da sie die Funktion eines Nutzenwertes übernimmt, sind wiederum Annahmen erforderlich, die das Entscheidungsproblem noch weiter einschränken. Allerdings wurden in der Investitions- und Finanzierungstheorie **Separationstheoreme** entwickelt, die unter bestimmten Umständen keinen Nutzenverlust durch die Konzentration auf eine Repräsentanzgröße bewirken.[7] Im Kern geht es bei den dafür notwendigen Annahmen um die **Struktur des Kapitalmarkts**.

Der **Kapitalwert** eines Zahlungsstroms ist bei einem **vollkommenen Kapitalmarkt** und **sicheren Erwartungen** eine geeignete Repräsentanzgröße. Ein Kapitalmarkt ist vollkommen, wenn man zu einem einheitlichen Zins beliebig viel Geld anlegen und aufnehmen kann. Der (positive) Kapitalwert eines Investitionsprojekts lässt sich als derjenige Betrag interpretieren, der zusätzlich zur Anschaffungsauszahlung aus den Zahlungsüberschüssen der Investition im Zeitablauf getilgt und verzinst werden kann. Finanziert man etwa ein Projekt zur Gänze fremd und verschuldet man sich zusätzlich in Höhe des Kapitalwertes, so kann diese Gesamtverschuldung im Zeitablauf aus den Zahlungsüberschüssen getilgt und verzinst werden. Wie auch immer die bisherige Konsumposition *vor* der Realisierung des Projekts war – die Projektdurchführung eröffnet zum Zeitpunkt der Realisierung ein zusätzliches Konsumpotenzial in Höhe des Kapitalwerts, ohne dass in irgendeinem anderen Zeitpunkt die bisherigen Konsumzahlungen tangiert würden.

Bei vollkommenem Kapitalmarkt und sicheren Erwartungen kann man also Zahlungsströme nach Maßgabe des **Kapitalwertes präferenzkonform** ordnen, *ohne* dass man das konkrete Konsumproblem des Investors explizit betrachten muss. Das Problem der Bestimmung optimaler Zahlungsströme für ein Unternehmen[8] kann vom späteren Konsumproblem abgetrennt werden, daher die Bezeichnung **Separationstheorem**. Entscheidet ein Entscheidungsträger daher unter den beiden Bedingungen auf Basis des Kapitalwertes, führt diese Aktion zu einem **dominant** besseren Konsumzahlungsstrom, weil dieser mittels Transaktionen am Kapitalmarkt in jede beliebige, subjektiv passende Konsumstruktur umgewandelt werden kann.

---

7 Siehe zu einer Übersicht zB *Rudolph* (1983).

8 Zur Vereinfachung wird nachfolgend die Kennzeichnung „institutional" bzw „personal" weggelassen. Es ist nur noch das institutionale Unternehmen damit gemeint.

Shareholder Value

In der Management-Literatur und in der Praxis wird der *Shareholder Value* als eine umfassende Zielgröße der strategischen Unternehmensführung hervorgehoben. Strategien werden danach beurteilt, inwieweit sie Mehrwert für die Anteilseigner schaffen.

Gemäß der Bruttomethode (*entity approach*) entspricht der *Shareholder Value* dem Kapitalwert der künftigen Free Cash flows (Cash flow aus der Geschäftstätigkeit und Cash flow aus der Investitionstätigkeit zuzüglich Zinsauszahlungen bereinigt um fiktive Ertragsteuern). Als Kalkulationszinssatz werden die langfristigen Kapitalkosten des Unternehmens zugrunde gelegt. Sie werden als durchschnittlicher Kapitalkostensatz aus den Kapitalkosten des Eigenkapitals (risikofreier Zinssatz plus Risikoprämie für das systematische Risiko bzw Marktrisiko) und denen des Fremdkapitals abgeleitet, wobei diese Kostensätze mit den jeweiligen Anteilen des Eigen- bzw Fremdkapitals am gesamten Unternehmenswert gewichtet werden (*weighted average cost of capital*, WACC).

Bei analoger Übertragung der obigen Argumentation auf den Fall **unsicherer Erwartungen** existiert ein entsprechendes Separationstheorem:[9] Unter dieser Bedingung ist der **Marktwert** des Unternehmens die geeignete **Repräsentanzgröße**. Bei sicheren Erwartungen und vollkommenem Kapitalmarkt stimmen Kapitalwert und Marktwert überein. Eine Anwendung des Marktwertes wird im 5. Kapitel: *Entscheidungsrechnungen bei Unsicherheit* im Rahmen von Produktionsprogrammentscheidungen unter Unsicherheit gegeben.

Sowohl beim Kapitalwert als auch beim Marktwert spielt es keine Rolle, wie viele verschiedene Eigner am Unternehmen beteiligt sind. Wie auch immer die individuellen Reichtumspositionen und Präferenzsysteme aussehen – alle Investoren würden einmütig die Kapital- bzw Marktwertmaximierung befürworten, weil damit für jeden Investor die bestmögliche Ausgangsposition für die individuelle Portefeuilleoptimierung geschaffen wird.

Der investitionstheoretische Ansatz der Kostenrechnung

Eine konkrete Anwendung des Kapitalwertes als Repräsentanzgröße in der Kosten-Leistungs-Konzeption II ist der **investitionstheoretische Ansatz der Kostenrechnung**. Mit diesem Ansatz werden Verfahren der **Investitionsrechnung integrativ** mit denen der Kostenrechnung verknüpft. Der Gedanke einer **integrierten Planungsrechnung**, in der die Optimierung aller Aktionsparameter unter Berücksichtigung vielfältiger sachlicher und zeitlicher Interdependenzen auf der Basis einer **einheitlichen Zielgröße** vorgenommen werden kann, scheint demnach theoretisch fundiert werden zu können.

Die Eigenschaften des investitionstheoretischen Ansatzes werden im Folgenden anhand von zwei Problemstellungen analysiert. Die erste Problemstellung erfasst unmittelbar die Funktion der KLR als Entscheidungsrechnung und bezieht sich auf die Bestimmung **optimaler Produktionspolitiken**, wobei die Bedeutung der zeitlichen

---

9 Siehe dazu ausführlich *DeAngelo* (1981), *Makowski* (1983a, b) und *Makowski* und *Pepall* (1985).

Interdependenzen herausgearbeitet wird. Die zweite Problemstellung betrifft die Frage, wie man **traditionelle Kosten als Spezialfälle** der investitionstheoretischen Kosten erhalten kann. Das wird am Beispiel linearer Abschreibungen demonstriert.

3.2. Optimale Produktionsstrategien

Der **Kapitalwert** KW ist der Barwert der Zahlungsüberschüsse:[10]

$$KW = \sum_{t=1}^{T} (E_t - A_t) \cdot \rho^{-t} - I \tag{1}$$

Dabei bedeuten:
E_t .... Einzahlungen am Ende der Periode (im Zeitpunkt) $t = 1, ..., T$
A_t .... Auszahlungen am Ende der Periode (im Zeitpunkt) t
I .... Investitionsauszahlung
ρ .... Aufzinsungsfaktor mit Zinssatz i, $\rho = 1 + i$
T .... Ende der Nutzungsdauer.

Er kann nun in den Kapitalwert der (laufenden) **Einzahlungen** KW_e und denjenigen der (laufenden) **Auszahlungen** KW_a sowie die Investitionsauszahlung I getrennt werden:

$$KW = KW_e - KW_a - I \tag{2}$$

Gemäß der **Kosten-Leistungs-Konzeption II** entsprechen **Kosten** dann einer **Erhöhung des Kapitalwerts der Auszahlungen** (einschließlich der Investitionsauszahlungen I) oder Verringerung des Kapitalwerts der Einzahlungen; umgekehrt sind **Leistungen** eine **Erhöhung des Kapitalwerts der Einzahlungen** oder eine Minderung des Kapitalwerts der Auszahlungen.

Bei *gegebener* Investitionsauszahlung I sind die Kapitalwerte der laufenden Ein- und Auszahlungen maßgebend für die Höhe von KW und damit auch für die Vorteilhaftigkeit des betrachteten Projekts überhaupt. Diese Zahlungen hängen von der künftigen Produktions- und Absatzstrategie ab. Zur Vereinfachung wird von einem Einproduktunternehmen ausgegangen und werden Aspekte der Lagerhaltung vernachlässigt, dh Produktions- und Absatzprogramme der einzelnen Perioden stimmen überein.

Produktionsstrategie

Eine **Produktionsstrategie** (und Absatzstrategie) besteht also aus der Angabe der Mengen x_t ($t = 1, ..., T$), die in den jeweiligen Perioden t produziert (und abgesetzt)

---

[10] Im obigen Ansatz ist implizit angenommen, dass die Finanzierung mit Eigenkapital erfolgt und daher keine „Zins"-Zahlungen darauf anfallen. Bei Berücksichtigung von Fremdfinanzierung müssten die daraus resultierenden Zinszahlungen explizit in die Kapitalwertberechnung aufgenommen werden (dh höhere Auszahlungen infolge Zinsen und Rückzahlungen, aber zB auch geringere Investitionsausgabe).

werden sollen. Die Produktionsmengen x_t sind daher Aktionsparameter, und eine Aktion entspricht einer ganz bestimmen Kombination (x_1, x_2, ..., x_T) dieser Produktionsmengen.

Im Folgenden wird bezüglich des Beschaffungsmarktes von gegebenen, unbeeinflussbaren Beschaffungspreisen ausgegangen, während für die Absatzseite die Existenz einer **Preis-Absatz-Funktion** $p_t(x_t)$ mit den üblichen Eigenschaften unterstellt wird, dh es gilt für $t = 1, ..., T$:

$$E_t = p_t(x_t) \cdot x_t \quad \text{mit} \quad p_t'(x_t) < 0; \tag{3}$$

Es wird angenommen, dass die Periodenerlöse E_t ausschließlich von den Verhältnissen der jeweils vorliegenden Periode t abhängen. Zwar kann sich die Preis-Absatz-Funktion im Zeitablauf ändern, doch gibt es im hier betrachteten einfachen Modell **keine zeitlichen Interdependenzen im Erlösbereich** (so beeinflussen die Absatzmengen der Periode t also keine Marktkonditionen der Perioden t+1, t+2, ..., und umgekehrt hängen die Konditionen der Periode t auch nicht von den Absatzmengen der Perioden t–1, t–2, ... ab).[11]

Hinsichtlich der Auszahlungsseite lassen sich grundsätzlich zwei Situationen danach unterscheiden, ob auch der Auszahlungsbereich durch das Fehlen zeitlicher Interdependenzen gekennzeichnet ist oder nicht. Im Fall fehlender zeitlicher Auszahlungsinterdependenzen hängen die Auszahlungen A_t ebenfalls nur von den in der jeweiligen Periode t gefertigten Mengen x_t ab. Bezeichnet man mit A_t^F die gegebenen fixen Periodenauszahlungen und mit k_t die (variablen) Auszahlungen je produzierter Mengeneinheit, folgt für $t = 1, ..., T$:

$$A_t = k_t \cdot x_t + A_t^F \tag{4}$$

Setzt man (3) und (4) in die **Kapitalwertfunktion** (1) bzw (2) ein, ergibt sich

$$KW = \sum_{t=1}^{T} \left[(p_t(x_t) - k_t) \cdot x_t - A_t^F \right] \cdot \rho^{-t} - I$$

Das Gesamtproblem der Bestimmung einer optimalen Mengen (x_1, x_2, ..., x_T) lässt sich wegen des Fehlens zeitlicher Interdependenzen in insgesamt T Einzelprobleme **zerlegen**, bei denen jeweils nur die jeweilige Menge x_t zu bestimmen ist. Der Grund liegt darin, dass KW als einfache **Addition unverbundener, diskontierter Periodenüberschüsse** zustande kommt.[12] Die Optimierung der isolierten Periodenpro-

---

11 Vgl zu solchen Interdependenzen zB das 4. Kapitel: *Preisentscheidungen* und ausführlich *Simon* und *Fassnacht* (2009), Kapitel 7.

12 Die Aussage des fehlenden Periodenverbundes setzt streng genommen noch als weitere Prämisse voraus, dass die in einer Periode maximal herstellbare Menge nicht davon abhängen darf, wie viele Produkteinheiten in Vorperioden gefertigt worden sind. Die Vorgehensweise im Text unterstellt implizit stets ausreichende Periodenkapazitäten, so dass in jeder Periode das den reinen Marktverhältnissen entsprechende Optimum realisierbar ist. Weil der investitionstheoretische Ansatz vorwiegend auf die Zusammenhänge im Rahmen der Auszahlungsgrößen ausgerichtet ist, erscheint diese Vorgehensweise vertretbar.

bleme führt auf folgende Bedingungen, die an der Stelle der jeweils optimalen Produktionsmengen x_t^* in $t = 1, ..., T$ erfüllt sein müssen:

$$\left[p_t'(x_t^*) \cdot x_t^* + p_t(x_t^*) - k_t \right] \cdot \rho^{-t} = 0 \Leftrightarrow p_t'(x_t^*) \cdot x_t^* + p_t(x_t^*) - k_t = 0$$

Diese Struktur entspricht dem *Cournot*-Monopolmodell, und es gilt die Bedingung **„Grenzerlös = Grenzkosten"**. Die fehlenden zeitlichen Interdependenzen erlauben eine getrennte Behandlung jeder Periode, weil die optimalen Produktionsmengen jeder Periode keinerlei Einfluss auf die Handlungsbedingungen und deren Beurteilung in späteren Perioden haben. Die Konsequenzen der Aktionsparameter einer Periode liegen also ausschließlich in der betrachteten Periode.

Wegen dieser **Problemstruktur** gelingt daher nicht nur eine Separation bei der Möglichkeit, Unternehmensentscheidungen isoliert von individuellen Präferenzsystemen und Portefeuilleentscheidungen zu beurteilen, sondern das bereits so reduzierte (Unternehmens-)Problem lässt sich noch weiter vereinfachen, indem eine Anzahl voneinander **unabhängiger Periodenprobleme** gelöst wird, wobei man sich ausschließlich auf die **„kurzfristig wirksamen"** Periodenverhältnisse konzentrieren kann.

„Strategische" Überlegungen kommen hier nur am Anfang der Handlungssequenz vor, dann also, wenn es darum geht, die Produktionskapazität durch Zahlung von I überhaupt zu schaffen; dafür müssen nämlich die künftige Handlungsstrategie und die daraus resultierenden Überschüsse bekannt sein. Bei gegebener Kapazität kann aber jeweils kurzfristig entschieden werden, ohne dass man Gefahr liefe, das Gesamtoptimum zu verfehlen (es sei denn, die Liquidation der Aggregate stünde zur Debatte; dann müsste wieder eine langfristige Betrachtung analog zum Anschaffungszeitpunkt erfolgen).

Im Fall bestehender **zeitlicher Auszahlungsinterdependenzen** (zB wegen der Existenz von Lern- oder Verschleißeffekten) ergeben sich auch Interdependenzen der Produktionsmengen und der Preise in den Perioden. Ein Beispiel wird im 4. Kapitel: *Preisentscheidungen* diskutiert. Folgt man konsequent dem Grundgedanken des investitionstheoretischen Ansatzes, kann zB die heute festgelegte Produktionsmenge nur dann ein wirklich optimaler Bestandteil der **gesamten Handlungsstrategie** sein, wenn die künftig erwarteten Produktionsmengen ebenfalls optimal sind. Über die zeitlichen Interdependenzen hängen aber die künftig optimalen Produktionsmengen auch davon ab, was man in den jeweiligen Vorperioden getan hat. Die künftig optimalen Produktionsmengen können also erst dann bestimmt werden, wenn man die heutigen Mengen kennt, und diese Mengen hängen – wie oben erwähnt – wiederum von den künftigen Mengen ab. In der Literatur zum investitionstheoretischen Ansatz wird idR *angenommen*, dass diese Korrespondenz gegeben ist, denn es „wird unterstellt, dass eine längerfristige und möglichst optimale Planung vorliegt"[13].

Letztlich können investitionstheoretische Grenzkosten für heute zu treffende Maßnahmen nur dann eine wirkliche Grundlage für optimale Entscheidungen sein, wenn man auch die künftigen Optima bereits kennt; und weil man diese Optima erst nach

---

13 *Küpper* (1989), S. 51.

Kenntnis der heutigen Optima ermitteln kann, muss man demnach bereits die **gesamte optimale Handlungsstrategie für alle Perioden** kennen. Insofern läuft der investitionstheoretische Ansatz auf die Formulierung von **Totalmodellen** hinaus, und das ist bei nochmaliger Betrachtung der für die Kosten-Leistungs-Konzeption II vorgestellten Vereinfachungen auch gar nicht überraschend. Diese Vereinfachungen erlauben faktisch nur die Abtrennung individueller Portefeuilleentscheidungen und eine **Reduzierung des Präferenzsystems** auf Konsumzahlungsströme, wobei dieses Präferenzsystem indirekt durch die gewählte Repräsentanzgröße einbezogen wird. Hinsichtlich der verbleibenden Aktionsparameter des Unternehmens werden indes keine Einschränkungen gegeben, so dass grundsätzlich weiterhin ein Komplexitätsproblem des entscheidungstheoretischen Grundmodells besteht.

Welche Möglichkeiten gibt es, im Rahmen des vorgestellten Konzepts umfassende Handlungsstrategien zu formulieren? In der Literatur wurde der investitionstheoretische Ansatz dazu um **kontrolltheoretische Überlegungen**[14] und die dynamische Programmierung[15] erweitert, die sehr gut zu der oftmals eingeschlagenen zeitstetigen Betrachtungsweise passen. Allerdings zeigen sich dort schon bei der Lösung recht einfacher Probleme analytische Schwierigkeiten, und die Möglichkeit der expliziten Lösung realer dynamischer Entscheidungsprobleme wird eher als Ausnahmefall angesehen.[16]

Die praktische Anwendung der Kosten-Leistungs-Konzeption II bei konkreten Entscheidungsproblemen – trotz der bereits vorliegenden Vereinfachungen – ist daher eher zurückhaltend zu beurteilen. Die Fruchtbarkeit dieser Konzeption zeigt sich vielmehr in einer **strukturellen Sicht**, was am Beispiel der Differenzierung der obigen Analyse nach dem Vorhandensein von Zahlungsinterdependenzen zum Ausdruck kommt. Je nachdem, ob solche Interdependenzen vorliegen oder nicht, lässt sich das Gesamtproblem ggf in mehrere Teilprobleme aufspalten, die isoliert handhabbar sind. Dieser potenzielle Vorteil ist freilich kaum am Anfang einer Handlungssequenz (zB bei der Entscheidung über ein Investitionsprojekt) vorhanden. Er zeigt sich eher nach deren Beginn, wenn also Kapazitäten vorhanden sind und in den Folgeperioden die den aktuellen Marktkonditionen angemessenen Maßnahmen realisiert werden müssen. Hier kann es sehr sinnvoll sein zu wissen, wann man sich auf die laufende Periode beschränken kann und wann nicht. Dass solches Wissen ausgesprochen „praxisrelevant" ist, liegt wegen der Existenz nicht unerheblicher Planungskosten ebenfalls auf der Hand.

3.3. Lineare Abschreibungen als Spezialfall investitionstheoretischer Abschreibungen

Eine zweite Anwendung der konzeptionellen Zusammenhänge besteht im Aufzeigen von Bedingungen, unter denen **traditionelle Kostengrößen** als **Spezialfälle** der

---

14 Vgl dazu etwa *Küpper* (1988a).

15 Vgl zu einer Einführung in die Dynamische Programmierung etwa *Stepan* und *Fischer* (2009), S. 279 – 364.

16 Siehe dazu *Feichtinger* und *Hartl* (1986), S. 3.

Kosten II gedeutet werden können. Sofern die konkret vorliegenden Bedingungen mit denjenigen der theoretischen Analyse übereinstimmen, führt die vereinfachte Vorgehensweise demnach zum gleichen Ergebnis wie die regelmäßig umfangreichere der Kosten-Leistungs-Konzeption II. Diese Zusammenhänge werden nachfolgend am Beispiel linearer Abschreibungen demonstriert.[17]

Bezeichnet LQ den Liquidationserlös (Restwert) einer Anlage am Ende einer gegebenen Nutzungsdauer T, dann ergeben sich die **linearen Abschreibungen** in jeder Periode als

$$Ab = \frac{I - LQ}{T} \tag{5}$$

Annahmen für die investitionstheoretische Analyse

Zur **investitionstheoretischen Fundierung** der linearen Abschreibung müssen Abschreibungen in der Investitionstheorie hergeleitet werden. Zuerst wird der „Wert" eines Aggregats für einen beliebigen Zeitpunkt bestimmt, wobei – in Erweiterung des obigen Modells – von einer **unendlichen, identischen Investitionskette** ausgegangen wird.[18] Die Veränderung dieses Wertes im Zeitablauf bildet dann die investitionstheoretische Abschreibung. Für bestimmte Parameterkonstellationen kann diese Wertänderung in jeder Periode gleich hoch sein und somit einer linearen Abschreibung entsprechen. Der Wert- und Abschreibungsverlauf wird alleine aus der (Netto-)Auszahlungsreihe abgeleitet. Die Einzahlungen sollen auf Grund eines irgendwie vorbestimmten Produktions- und Absatzprogramms festliegen.

Der **Wert einer Anlage** ergibt sich nun durch einen Vergleich der Auszahlungskapitalwerte **neuer** mit jenem **gebrauchter Anlagen**. Der **Kettenkapitalwert** für ein neues Aggregat unmittelbar *vor* dessen Anschaffung KW_a^{neu} lässt sich wie folgt schreiben:

$$KW_a^{neu} = \left(\sum_{t=1}^{T} A_t \cdot \rho^{-t} + I - LQ \cdot \rho^{-T} \right) \cdot \frac{\rho^T}{\rho^T - 1}$$

Mit $KW_a(\tau)$ wird der Kettenkapitalwert der (Netto-)Auszahlungen für eine **vorhandene Anlage** mit der bisherigen Nutzungsdauer τ $(0 \leq \tau \leq T)$ bezeichnet, und es ist $\rho = 1 + i$. Bei $\tau = 0$ befindet man sich dann im Zeitpunkt unmittelbar nach Leistung der Investitionsauszahlung I. Für alle anderen Zeitpunkte $\tau > 0$ wird unterstellt, dass die jeweilige Auszahlung A_τ bereits geleistet ist. Im Zeitpunkt $\tau = T$ gilt dies

[17] Siehe dazu unter Verwendung einer zeitstetigen Darstellung auch *Küpper* (1985a), S. 30 – 32.

[18] Demnach wird das Aggregat unendlich oft ersetzt, wobei angenommen wird, dass mit jedem Ersatzaggregat stets die gleichen Zahlungsüberschüsse verbunden sind. Diese Vorgehensweise legt letztlich eine bestimmte Handlungsstrategie fest und impliziert streng genommen stationäre Umweltbedingungen. Sie lässt sich in praktischer Sicht aber als Kompromisslösung auffassen: Bei einem grundsätzlich auf unbegrenzte Zeit angelegten Unternehmen weiß man, dass ein Aggregat Nachfolger haben wird, doch kann man naturgemäß nicht all diese Nachfolgeentscheidungen explizit planen (hier spielt wieder das Komplexitätsproblem herein). Will man aber den Ketteneffekt nicht ganz unberücksichtigt lassen, bietet sich die Annahme einer unendlichen, identischen Investitionskette an.

analog; da die Anlage zu diesem Zeitpunkt aber noch vorhanden ist, ist der Liquidationserlös LQ noch erzielbar. Zu berücksichtigen ist weiter, dass zum Zeitpunkt T das **Nachfolgeaggregat** beschafft wird, wodurch wieder eine unendliche, identische Investitionskette eingeleitet wird. Der **Kettenkapitalwert** beginnend mit einem gebrauchten Aggregat zum Zeitpunkt τ beträgt damit

$$KW_a(\tau) = \sum_{t=\tau+1}^{T} A_t \cdot \rho^{-(t-\tau)} - LQ \cdot \rho^{-(T-\tau)} + KW_a^{neu} \cdot \rho^{-(T-\tau)}$$

$$= \rho^{\tau} \cdot \left[\sum_{t=\tau+1}^{T} A_t \cdot \rho^{-t} + \left(KW_a^{neu} - LQ \right) \cdot \rho^{-T} \right] \qquad \text{für } \tau = 0,\ldots,T-1$$

sowie (6)

$$KW_a(T) = -\,LQ + KW_a^{neu} \qquad \text{für } \tau = T$$

Wert einer Anlage

Der gesuchte **Wert** $W(\tau)$ **einer vorhandenen Anlage** zum Zeitpunkt τ entspricht dem Betrag, den man für eine vorhandene Anlage maximal zahlen könnte, ohne dass der Kauf einer neuen Anlage günstiger wäre. Dahinter steckt die Überlegung, dass ein potenzieller Käufer zum Aufbau der Produktion folgende Alternativen hat: Entweder er erwirbt sofort eine neue Anlage, was mit dem Kapitalwert KW_a^{neu} verbunden ist, oder er kauft eine vorhandene Anlage des Alters τ, die erst nach $T-\tau$ Perioden durch eine neue zu ersetzen ist.

Der Wert $W(\tau)$ stellt eine **Preisobergrenze** für das gebrauchte Aggregat dar und wird gerade so bemessen, dass beide Alternativen die gleichen Auszahlungskapitalwerte induzieren:

$$KW_a(\tau) + W(\tau) = KW_a^{neu} \qquad \text{für } 0 \leq \tau \leq T \qquad (7)$$

Damit lässt sich für jedes Alter τ ein Wert $W(\tau)$ ermitteln, der folgende **Eigenschaften** aufweist:

1. $W(0) = I$: Für eine völlig neue Anlage, deren Investitionsauszahlung gerade geleistet wurde, wäre niemand bereit, mehr als I zu zahlen, denn ansonsten könnte man direkt ein völlig äquivalentes neues Aggregat kaufen.
2. $W(T) = LQ$: Dies ergibt sich aus (6) und (7), denn der einzige „Vorteil" einer vorhandenen Anlage am Ende ihrer Nutzungsdauer ist die Möglichkeit, sie sofort veräußern und damit den Liquidationserlös LQ erhalten zu können. Niemand wäre daher bereit, für eine vorhandene Anlage am Ende ihrer Nutzungsdauer mehr als den Liquidationserlös zu zahlen.

Investitionstheoretische Abschreibungen

Die **Abschreibungen** $Ab(\tau)$ für die Periode τ ergeben sich durch die Wertabnahme im Laufe der Periode τ,

$$\begin{aligned} Ab(\tau) &= W(\tau-1) - W(\tau) = KW_a^{neu} - KW_a(\tau-1) - [KW_a^{neu} - KW_a(\tau)] \\ &= KW_a(\tau) - KW_a(\tau-1) \end{aligned} \quad (8)$$

Die **Wertdifferenz** einer Periode entspricht damit der **Veränderung der Auszahlungskapitalwerte** im Laufe der Periode. Diese gemäß (7) und (8) ermittelten Abschreibungen besitzen die Eigenschaft, dass die **Summe aller Abschreibungen** der Perioden 1, ..., T exakt der Differenz zwischen Investitionsauszahlung und Liquidationserlös entspricht:

$$\sum_{\tau=1}^{T} Ab(\tau) = \sum_{\tau=1}^{T} [W(\tau-1) - W(\tau)] = W(0) - W(T) = I - LQ$$

Dies ist zugleich auch ein Kennzeichen aller Abschreibungsverfahren der traditionellen Kostenrechnungssysteme. Schon daran wird deutlich, welch enge Beziehungen der investitionstheoretische Ansatz einerseits und die traditionellen Verfahren andererseits aufweisen.

Bedingungen für lineare investitionstheoretische Abschreibungen

Um ***lineare* Abschreibungen** zu erhalten, brauchen daher nur noch Bedingungen dafür gesucht zu werden, dass die investitionstheoretischen Abschreibungen gemäß (8) konstant sind. Tatsächlich lassen sich zwei einfache **Bedingungen** identifizieren:[19]

1. Die laufenden **Auszahlungen** A_t sind **konstant**, dh $A_t = \bar{A}$ für alle t, und
2. der **Zinssatz** i ist **null** (bzw vernachlässigbar gering).

Die **erste Bedingung** betrifft die Struktur der laufenden Auszahlungen A_t und fordert deren **Konstanz**. Damit lassen sich die obigen Kapitalwertausdrücke wesentlich vereinfachen, denn die laufenden Auszahlungen beider Investitionsketten (also sowohl für die mit einem neuen Aggregat als auch für die mit einem gebrauchten Aggregat beginnende Kette) gleichen einer ewigen Rente, deren Barwert mittels einfacher Division durch den Kapitalmarktzins i ermittelt wird. Damit kann für den **Kettenkapitalwert** $KW_a(\tau)$ geschrieben werden:

$$\begin{aligned} KW_a(\tau) &= \rho^{\tau} \cdot \left[\bar{A} \cdot \sum_{t=\tau+1}^{T} \rho^{-t} + \left(KW_a^{neu} - LQ \right) \cdot \rho^{-T} \right] \\ &= \frac{\bar{A}}{i} + \rho^{\tau} \cdot \frac{(I - LQ)}{\rho^{T} - 1} \end{aligned}$$

---

19 Es gibt aber auch noch andere Bedingungen, etwa dass $i > 0$ ist und die periodischen Auszahlungen A_t einer spezifischen Steigerungsrate unterliegen.

Gemäß (8) kann für die Abschreibungsberechnung auch die Entwicklung der Auszahlungskapitalwerte herangezogen werden, und der obige Ausdruck zeigt, dass diese Entwicklung nicht mehr durch den Barwert der laufenden Auszahlungen beeinflusst wird. Lediglich der Abschreibungsbetrag spielt bei der zeitlichen Entwicklung eine Rolle, und zwar nur deshalb, weil er mit einem vom Anlagenalter τ abhängigen Multiplikator ρ^τ verknüpft ist. Dessen zeitliche Entwicklung wird aber gerade durch einen Aufzinsungseffekt beschrieben, denn $\rho^{\tau+1} = \rho^\tau \cdot (1 + i)$. Die der **Abschreibung** für die Periode $\tau+1$ entsprechende Differenz $KW_a(\tau+1) - KW_a(\tau)$ lässt sich daher durch einen reinen Zinseffekt ausdrücken:

$$Ab(\tau+1) = KW_a(\tau+1) - KW_a(\tau) = \rho^\tau \cdot \frac{i \cdot (I - LQ)}{\rho^T - 1} \tag{9}$$

Er wächst wegen des Aufzinsungseffekts mit steigendem Anlagenalter. Da der Multiplikator ρ^τ mit dem Anlagenalter τ steigt, ergibt sich für den unterstellten Fall konstanter Periodenauszahlungen ein *progressiver Abschreibungsverlauf.*

An dieser Stelle kommt die **zweite Bedingung** ins Spiel. Man kann sich nämlich fragen, wie die in (9) ausgedrückte Abschreibung für den Fall eines gegen **null** strebenden **Zinssatzes** i aussieht. Dies ist äquivalent mit einer Annahme, dass die Zinsen in einer eigenen Position („kalkulatorische Zinsen") verrechnet werden. Der Grenzwert von ρ^τ und ρ^{-T} geht für einen gegen Null strebenden Zins i gegen 1. Problematisch ist nur der Quotient $i/(\rho^T-1)$, weil bei einem gegen null gehenden Zins sowohl Zähler als auch Nenner gegen null streben. Für diesen Quotienten erfolgt die Grenzwertbestimmung nach den Regeln von *de l'Hospital.*[20] Danach ist der Quotient der ersten Ableitungen von Zähler und Nenner nach i zu bilden. Existiert der Grenzwert dieses Quotienten, hat man den eigentlich gesuchten Grenzwert von $i/(\rho^T-1)$ gefunden. Es folgt also

$$\lim_{i \to 0} \frac{i}{\rho^T - 1} = \lim_{i \to 0} \frac{1}{T \cdot \rho^{T-1}} = \frac{1}{T}$$

Und für die **Abschreibung** folgt daraus unmittelbar

$$\lim_{i \to 0} Ab(\tau+1) = \frac{I - LQ}{T}$$

Sie entspricht der linearen Abschreibung in (5). **Konstante Periodenauszahlungen** gekoppelt mit **vernachlässigbaren Kapitalmarktzinsen** führen im **investitionstheoretischen Ansatz** zur üblichen linearen Abschreibung.

Diskussion

Dieses Ergebnis mag auf den ersten Blick überraschen. Traditionelle Abschreibungsverfahren sind nämlich (bis auf den Liquidationserlös) **vergangenheitsorientiert** ausgelegt, weil ein bereits geleisteter Anschaffungsbetrag abzüglich Rest-

---

20 Siehe dazu etwa *Grauert* und *Lieb* (1976), S. 99 – 102.

wert auf die einzelnen Perioden der Nutzungsdauer nach bestimmten Annahmen über den „Güterverzehr“ **verteilt** wird. Demgegenüber sind die investitionstheoretischen Überlegungen **zukunftsorientiert**, leiten also den Wert und die Abschreibungen ausschließlich aus *künftig* anfallenden Zahlungen ab. Die Korrespondenz wird durch die Annahme der **unendlichen, identischen Investitionskette** hergestellt. Dadurch sind die (eigentlich schon geleisteten) Investitionszahlungen I immer wieder von neuem relevant. Zusammen mit konstanten Periodenauszahlungen und vernachlässigbaren Zinseffekten können sich (zukunftsorientierte) Wertänderungen nur dadurch ergeben, dass die demnächst zu leistende (Netto-)Investitionsauszahlung $I - LQ$ von Periode zu Periode immer etwas näher rückt, wodurch der Vorteil eines bereits vorhandenen Aggregats gegenüber einem neuen nach und nach schrumpft, und zwar pro Periode eben um den Anteil $1/T$.

Die oben verwendete Annahme vernachlässigbar geringer Kapitalmarktzinsen hat nicht nur für die Abschreibungsermittlung Bedeutung. So lässt sich auch für viele **andere Fragestellungen**, die oftmals mit traditionellen Kostenrechnungssystemen behandelt werden (zB die Bestimmung von Werkzeugkosten, Entscheidungen zwischen Eigenfertigung und Fremdbezug oder die Berechnung von Preisuntergrenzen), zeigen, dass die **Vernachlässigung der Zinseffekte** zur Übereinstimmung zwischen der **investitionstheoretischen** und der **traditionellen Vorgehensweise** führt.[21] Besonders deutlich wird dies auch für die Durchführung von Investitionsrechnungen selbst, weil gerade die unterschiedliche Berücksichtigung der Zinseffekte den wohl bedeutsamsten Unterschied zwischen „dynamischen“ und „statischen“ Investitionsrechnungen ausmacht. Eine Vernachlässigung der Zinseffekte würde demnach die Anwendung der auf Größen der KLR basierenden „statischen“ Investitionsrechnungen rechtfertigen.

Durch die Möglichkeit, unter bestimmten Bedingungen traditionelle Verfahren der KLR aus der Konzeption II entwickeln zu können, ergibt sich jedoch keine veränderte Beurteilung dieser Konzeption bezüglich ihrer Zweckmäßigkeit als Entscheidungsrechnung. Am Beispiel der Annahme über die Konstanz der Periodenauszahlungen lässt sich das leicht einsehen, ergeben sich doch die Periodenauszahlungen letztlich aus einem bestimmten Produktions- und Absatzprogramm. Dieses wurde jedoch bei der obigen Analyse nicht ausdrücklich problematisiert und müsste implizit als optimal angenommen werden. Dann aber sind auch die linearen Abschreibungen nur das **Resultat des Optimierungsprozesses**, nicht aber dessen maßgeblicher Bestimmungsfaktor.

Erneut ist der **Wert** der gezeigten Überlegungen vor allem **struktureller Natur**, indem die **Bindegliedfunktion** des Ansatzes hervorgehoben wird. Diese Überlegungen erweisen sich im nächsten Abschnitt als hilfreich, wenn es darum geht, traditionelle Kosten und Leistungen über weitere Vereinfachungen einzuführen. Dass noch **weitergehende Vereinfachungen** erforderlich scheinen, ist aus der bisherigen Darstellung deutlich geworden.

---

21 Vgl dazu insbesondere *Küpper* (1985a).

4. Kosten und Leistungen aus traditioneller Sicht

4.1. Kosten-Leistungs-Konzeption III

Die üblichen Definitionen von Kosten und Leistungen werden hier als Konzeption III geführt.

Definition der Kosten III und Leistungen III

- **Kosten III**: Bewertete, sachzielbezogene Güterverbräuche eines Unternehmens in einer Periode.
- **Leistungen III**: Bewertete, sachzielbezogene Gütererstellungen eines Unternehmens in einer Periode.

Mit „Unternehmen" sind wiederum *institutionale* Unternehmen gemeint. Die so definierten Rechengrößen dienen als Grundlage einer Vielzahl von Rechnungen zur Lösung bestimmter Entscheidungsprobleme, bei denen als Zielsetzung die Maximierung des **Periodenerfolgs** bzw **Periodengewinns** als Differenz von Leistungen und Kosten im Mittelpunkt steht.

In welcher Beziehung stehen diese Rechengrößen und die darauf aufbauenden Entscheidungsrechnungen zu den obigen Überlegungen? Eine erste Verbindung zur Konzeption II ergibt sich durch die Einschränkung auf die Ebene von (institutionalen) Unternehmen. Beide Konzeptionen vernachlässigen die individuellen Portefeuilleentscheidungen der Anteilseigner und beziehen sich ausschließlich auf die Optimierung des unternehmensbezogenen Entscheidungsfeldes,[22] was letztlich bestimmte **Separationseigenschaften** der bereits oben beschriebenen Art voraussetzt.

Darüber hinaus sind die der Konzeption III entsprechenden Rechengrößen – unabhängig davon, ob man zB bei den Kosten den pagatorischen oder den wertmäßigen Kostenbegriff verwendet – **monetärer Natur**, also **aus Zahlungen abgeleitet**. Das entspricht der Konzeption II; allerdings ist die Art und Weise, wie die Ableitung aus den Zahlungen erfolgt, unterschiedlich. Während die Konzeption II grundsätzlich die gesamte Lebensdauer des Unternehmens umfasst und damit mehrperiodig ausgerichtet ist, beschränkt sich die **Konzeption III** explizit auf **eine Periode**, wobei für die Klassifizierung der Periodenzugehörigkeit nicht die Zahlungszeitpunkte selbst, sondern **Güterverbräuche** und **Gütererstellungen** einer Periode herangezogen werden. Die Konzeption II ermöglicht beim Vorliegen der Separationsbedingungen präferenzkonforme Entscheidungen auf Unternehmensebene.

---

22 Die Sachzielbezogenheit unterstreicht diesen Aspekt. Es ist vorwiegend als Abgrenzungskriterium für die berücksichtigten Erträge und Aufwendungen zu sehen.

Pagatorische und wertmäßige Kosten (pagatorische und kostenorientierte Leistungen)

In der KLR unterscheidet man hinsichtlich des Wertansatzes zwischen folgenden Kosten- und Leistungsbegriffen:[23]

Pagatorische Kosten: Bewertete sachzielbezogene Güterverbräuche eines Unternehmens in einer Periode, wobei der Wertansatz *ausgabenorientiert* ist und auf Preisen des Beschaffungsmarktes basiert.

Wertmäßige Kosten: Bewertete sachzielbezogene Güterverbräuche eines Unternehmens in einer Periode, wobei der Wertansatz *nutzenorientiert* ist und allgemein auf dem (monetären) Grenznutzen eines Verbrauchsfaktors basiert.

Pagatorische Leistungen: Bewertete sachzielbezogene Gütererstellungen eines Unternehmens in einer Periode, wobei der Wertansatz *einnahmenorientiert* ist und auf Preisen des Absatzmarktes basiert.

Kostenorientierte Leistungen: Bewertete sachzielbezogene Gütererstellungen eines Unternehmens in einer Periode, wobei der Wertansatz *kostenorientiert* ist und auf den für die Gütererstellung angefallenen Kosten (pagatorisch oder wertmäßig) basiert.

Pagatorische Kosten und Leistungen geben somit nur spezifische Ergebnisgrößen an. Dagegen beinhalten wertmäßige Kosten (sowie damit bewertete Leistungen) bereits Nutzenvorstellungen und gehen demnach über reine Ermittlungsrechnungen hinaus, denn zur Ermittlung des monetären Grenznutzens muss bekannt sein, wie die Güter optimal hätten verwendet werden können. Diese Frage spielt beim Ansatz sogenannter *Opportunitätskosten* eine große Rolle. Ihr wird im 3. Kapitel: *Produktionsprogrammentscheidungen* ausführlich nachgegangen.

Die Frage ist, wann die Repräsentanzgrößen der Konzeption II durch die Periodengewinne der Konzeption III ersetzt werden können. Dazu werden zwei **Vereinfachungen** diskutiert:

- Kurzfristig und langfristig wirksame Entscheidungen
- Orientierung an Güterverbräuchen und Gütererstellungen.

4.2. Kurzfristig und langfristig wirksame Entscheidungen

Grundlage der Konzeption III ist eine gegenüber der Konzeption II **weitergehende Separierung** von Entscheidungsfeldern, diesmal allerdings nur auf der Unternehmensebene. Man teilt dabei die Aktionsparameter in zwei Gruppen ein. Zur ersten Gruppe gehören **langfristig wirksame**, zur zweiten dagegen **kurzfristig wirksame** Aktionsparameter.

Angenommen, es wird ein langfristig wirksamer Aktionsparameter festgelegt, also etwa Maschinen für die Produktion eines bestimmten Produktes beschafft. Zwar hat man bei der Entscheidung über den Kauf dieser Aggregate Erwartungen hinsichtlich der künftigen Produktionspolitiken einbeziehen müssen, möglicherweise wurden sogar diesbezüglich bedingte Handlungsstrategien für wichtige oder wahrscheinliche

---

23 Vgl zB *Schildbach* und *Homburg* (2009), S. 32 und 42.

Umweltentwicklungen erfasst, doch wird man kaum für alle denkbaren Konstellationen *„Schubladenpläne"* entwickelt haben, die beim Vorliegen der entsprechenden Bedingungen in künftigen Perioden nur noch realisiert werden müssen.

Folglich können in jeder Periode der Kapazitätsnutzung Bedingungen vorliegen, die man zum Anschaffungszeitpunkt nicht in die Planung einbezogen hat und an die man sich aktuell anpassen muss. Solche Anpassungen können wiederum vielfältige Ausprägungen haben. So kann man sich zB zu jedem Zeitpunkt die Frage stellen, ob die vorhandenen Kapazitäten liquidiert werden sollen oder nicht. Dann hat man es mit sogenannten *ex post*-Nutzungsdauerentscheidungen zu tun, die grundsätzlich eine langfristige, investitionstheoretische Betrachtung analog zum Anschaffungszeitpunkt erfordern.[24]

Wegen der Existenz bedeutsamer **Planungskosten** kann man sich aber andererseits auf den Standpunkt stellen, dass die Liquidationsalternative nur dann erwogen wird, wenn man schwerwiegende und begründete Anhaltspunkte dafür hat, dass sie sinnvoll sein könnte.[25] In allen anderen Fällen wird die vorhandene Kapazität dagegen nicht in Frage gestellt, und die aktuellen Anpassungsmaßnahmen betreffen ausschließlich die Nutzung dieser **gegebenen Potenziale** in den einzelnen Perioden. Dabei handelt es sich vorwiegend um die Festlegung des im Lichte der jeweils vorliegenden Marktkonditionen bestmöglichen Beschaffungs-, Produktions- und Absatzprogramms.

Angenommen, es liegen weder im Einzahlungs- noch im Auszahlungs- noch im Restriktionsbereich zeitliche **Interdependenzen** vor, und die Zahlungswirkungen aller Beschaffungs-, Produktions- und Absatzvorgänge einer Periode fallen im Laufe der jeweiligen Periode an. Wie bei der Diskussion optimaler Produktionsstrategien im Rahmen der Konzeption II gezeigt wurde, lässt sich unter diesen Bedingungen das Gesamtproblem in mehrere, isoliert behandelbare Teilprobleme einzelner Perioden zerlegen. Die in diesen Perioden zu treffenden Entscheidungen wurden entsprechend als **„kurzfristig wirksam"** bezeichnet. Für die Auswahl aktueller Anpassungsmaßnahmen impliziert dies die Möglichkeit, die Entscheidung ausschließlich auf Basis einer kurzfristigen Periodenbetrachtung treffen zu können, ohne dass man Gefahr liefe, eine im Gesamtzusammenhang falsche Aktion zu wählen.

Die **Vernachlässigung zeitlicher Interdependenzen** erscheint allerdings als eine schwerwiegende Annahme. Wenn nämlich zeitliche Interdependenzen vorliegen, wird jedes Anpassungsproblem einer Folgeperiode sofort **langfristig wirksam**, weil die Handlungsbedingungen künftiger Perioden davon abhängen, welche Politik in der laufenden Periode realisiert wird. Die Kennzeichnung eines Entscheidungsproblems als „kurzfristig wirksam" kann also nicht davon abhängig gemacht werden, ob es sich um Entscheidungen bei gegebenem Potenzialfaktorbestand handelt. Dies kann lediglich eine Negativabgrenzung sein, denn die Auszahlungsinterdependenzen (zB Lern- und Verschleißeffekte) sind auch und gerade bei unveränderten Potenzialfaktoren

---

24 Vgl zu Problemen der optimalen Nutzungsdauer und optimaler Ersatztermine zB *Swoboda* (1996), S. 93 – 131.

25 Solche Anhaltspunkte könnten etwa dann gegeben sein, wenn über einen längeren Zeitraum negative Zahlungsüberschüsse aufgetreten sind. Allgemeine Empfehlungen lassen sich dazu aber nicht geben.

bedeutsam. Berücksichtigt man zusätzlich die potenziellen Interdependenzen im Erlösbereich, dann dürfte man es in der Realität ausgesprochen selten mit Problemstellungen zu tun haben, die als streng „kurzfristig wirksam" im obigen Sinne bezeichnet werden können. Andererseits kann man aber nicht immer Totalmodelle aufstellen, wenn man an die Planungskosten und das Problem des optimalen **Komplexitätsgrades** denkt.

Diesen beiden **Typen von Entscheidungsrechnungen** liegen letztlich unterschiedliche **Entscheidungssituationen** und **Entscheidungszeitpunkte** zugrunde: eine jedenfalls langfristige Betrachtung für Potenzialentscheidungen und eine kurzfristige Perioden-Betrachtung für spätere Anpassungsentscheidungen, falls die dafür erforderlichen Bedingungen gegeben sind. Sind diese Bedingungen erfüllt, lassen sich **beide** Betrachtungen systematisch aus der Konzeption II entwickeln. Die traditionellen KLR-Systeme erstrecken sich auf „unternehmerische Tätigkeiten [...], die von einem (mengenmäßig) unveränderten Potenzialfaktorbestand ausgehen und sich auf eine festgelegte Periode oder auf bestimmte unternehmerische Tätigkeiten einer Periode beziehen"[26]. Sie betreffen also die Anpassungsmaßnahmen der Folgeperioden, und bei Vorliegen der obigen Bedingungen bezüglich der Trennbarkeit der Periodenprobleme könnte man sicher sein, im Zuge der Maximierung von Periodenüberschüssen die tatsächlich „richtigen" Anpassungsentscheidungen getroffen zu haben.

Empirische Ergebnisse

In einer Befragung von insgesamt 180 deutschen mittelständischen Gewerbebetrieben (*Lange* und *Schauer* (1996), S. 204) ergaben sich folgende Rechenzwecke der Kostenrechnung:

Preiskalkulation	94%
Wirtschaftlichkeitskontrolle der Kostenstellen	74%
Bestimmung von Preisuntergrenzen	72%
Bewertung von unfertigen und fertigen Erzeugnissen	70%
Ermittlung und Analyse des Betriebserfolgs	68%
Entscheidungen über Eigenfertigung oder Fremdbezug	59%
Bestimmung optimaler Produktions- und Absatzprogramme	26%
Bestimmung von Preisobergrenzen	12%
Sonstige Rechenzwecke	7%

Typen von kurzfristig wirksamen Entscheidungsproblemen

Die Entscheidungsrechnungen auf der Basis der Kosten-Leistungs-Konzeption III sind geeignet zur Lösung solcher Entscheidungsprobleme, die man als „kurzfristig wirksam" behandeln *will*. In diesem Sinne stellen sie typisierende, **spezifische Lösungen** des Problems der **Bestimmung eines „optimalen" Komplexitätsgrades** von Entscheidungsmodellen dar. Die tatsächliche Qualität „optimaler" Entscheidungen, die auf Basis derartiger Entscheidungsrechnungen ermittelt werden, lässt sich daher erst im Kontext der gesamten Annahmen und Vereinfachungen beurteilen, und das kann letztlich nur **situationsspezifisch** geschehen. Allerdings können Vor-

26 *Kloock* (1978), S. 503.

gehensweisen der KLR zumeist leicht um Zusatzaspekte ergänzt werden, falls dafür in einer bestimmten Entscheidungssituation konkrete Anhaltspunkte vorliegen.

Entscheidungsprobleme, die oftmals als „kurzfristig wirksam" angesehen und auf der Basis von Kosten und Leistungen gelöst werden, sind in Abbildung 1 zusammengestellt. In weiteren Kapiteln dieses Buches wird für wichtige, ausgewählte Arten dieser Entscheidungsprobleme gezeigt, wie deren Lösung auf der Basis von Kosten und Leistungen gefunden werden kann.

Kurzfristig wirksame Entscheidungen

- Entscheidungen im **Beschaffungsbereich** über
  - Beschaffungsmengen
  - Beschaffungswege und Bezugsquellen
  - Preisobergrenzen
- Entscheidungen im **Produktionsbereich** über
  - Produktionsverfahren
  - Produktionsprogramme
  - Fertigungslosgrößen und Reihenfolgeprobleme
  - Annahme und Ablehnung von Zusatzaufträgen
- Entscheidungen im **Absatzbereich** über
  - Preisuntergrenzen und Absatzpreise
  - Absatzlagerhaltung
  - Vertriebswege, Verkaufsgebiete und Kundengruppen
- Integrative Entscheidungen über
  - Fertigungstiefe (Eigenerstellung oder Fremdbezug)
  - Verrechnungspreise für Lieferungen zwischen Unternehmensbereichen
  - innerbetrieblichen Transport und Lagerhaltung

Abb. 1: Kurzfristig wirksame Entscheidungen

Verwendung für strategische Entscheidungen

Für langfristig wirksame Entscheidungen ist die KLR nicht originär konzipiert. Man könnte deshalb meinen, dass so etwas wie eine „Strategische Kostenrechnung" bereits *ex definitione* unmöglich ist. Die Wirkungen strategischer Entscheidungen können methodisch eher durch die **Investitionsrechnung** abgebildet werden. Die Hauptzielrichtung strategischer Entscheidungen ist nämlich nicht die kurzfristige Kostenreduktion (bei gleichbleibender Leistung) oder die Leistungserhöhung (bei gleichbleibenden Kosten), idR innerhalb gegebener Kapazitäten, sondern der Beitrag der Entscheidung zum strategischen Erfolgsziel, dh zum Erzielen und Halten einer erfolgreichen Position des Unternehmens am Markt.

Nun erfordert die Investitionsrechnung weit mehr an **expliziten Daten** oder **Annahmen** über die Auswirkungen strategischer Entscheidungen als die KLR. Sie zwingt beispielsweise zu einer Einschätzung der zeitlichen Verteilung der Zahlungsströme und deren Risiken. Entsprechend der Natur strategischer Entscheidungen lässt sich aber nur schwer angeben, welche Auswirkungen eine Entscheidung in zehn Jahren haben wird oder wie die Konkurrenzsituation in zehn Jahren sein wird, sofern die Erzeugnisse des Unternehmens dann überhaupt noch nachgefragt werden. Solche Einflussgrößen sind in der KLR durch implizite Annahmen weitgehend fixiert. In der praktischen Anwendung werden die Annahmen auch nur selten hinterfragt, weil sie nicht offen zutage liegen. Damit erweckt die KLR im Vergleich zur Investitionsrechnung den *Anschein* einer gewissen **Robustheit**. Sie erscheint anschaulicher und klarer; sie basiert aber auf vielen restriktiven Annahmen, die nicht aufgedeckt und deshalb meist nicht hinterfragt werden.

Beispiel: In der Praxis werden häufig nicht alle **künftigen Zahlungen** erfasst. Sowohl die Auszahlungen als auch die Einzahlungen werden häufig unterschätzt. Bei einer Investition in neue Fertigungstechnologien sind es zB die Softwarekosten für die Steuerung des Produktionsablaufes, die nicht in entsprechendem Umfang berücksichtigt werden. Die Einzahlungen müssen auch Vorteile aus der erhöhten Fertigungsflexibilität berücksichtigen, die sich sowohl in geringeren Lagerbeständen als auch schnellerer Einstellung auf Kundenwünsche äußert. Potenzielle Vorteile von Folgeinvestitionen (zB mit einem Fuß im Markt zu sein, um später überhaupt eine Chance zu haben) werden nur ungenügend erfasst. Manchmal sind im Zuge von strategischen Entscheidungen Organisationsänderungen erforderlich; diese Kosten werden idR zu gering geschätzt.

Ein weiteres Problem in der praktischen Anwendung der Investitionsrechnung besteht darin, dass man sich vielfach zu wenig über die **Implikationen der Methoden** und Parameter im Klaren ist. Damit ergibt sich scheinbar wiederum ein Vorteil der KLR, denn man muss sich damit nicht explizit auseinandersetzen.[27]

Beispiel: Das **Risiko** der künftigen Zahlungen wird oft unpassend berücksichtigt. Ein Problem ist die **Länge des betrachteten Zeitraumes**. Strategische Entscheidungen zeigen Erfolgswirkungen meist recht spät; je später dies der Fall ist, desto unsicherer und schwerer abschätzbar wird der Zahlungsstrom. Vielfach wird deshalb ein relativ kurzer Zeitraum betrachtet bzw wird der Amortisationszeitraum zur maßgeblichen Größe. Alternativ werden oft aus Risikoüberlegungen hohe **Diskontsätze** angesetzt. Vielfach besteht das Risiko des Erfolges oder Misserfolges aber nur in den ersten Jahren; dann müssten für spätere Jahre geringere Diskontsätze angewandt werden.

Beispiel: Mit der Investitionsrechnung werden oft nur **einzelne Investitionsprojekte** und nicht umfassende Projekte evaluiert. Die Unternehmensorganisation weist Entscheidungsrechte oft je nach Höhe der Investition unterschiedlichen Hierarchieebenen zu. Das führt zT dazu, dass anstelle umfassender Projekte viele kleinere Projekte beantragt und realisiert werden. Ein Umstellungsprozess an geänderte Technologien oder Märkte dauert so sehr viel länger oder ist überhaupt nicht möglich. Ein anderes Problem mit Einzelprojekten ist die Tatsache, dass die Risikodiversifikation mit anderen Projekten nicht oder nur unzureichend berücksichtigt wird.

Die Komplexität der Berücksichtigung der erwähnten Zusammenhänge in der Investitionsrechnung hat dazu geführt, spezifische, kompakt handhabbare Ansätze der KLR zur Fundierung strategischer Entscheidungen zu entwickeln. Dies wird ausführlicher im 6. Kapitel: *Kostenmanagement* diskutiert.

---

27 Diese „Mängel“ werden insbesondere von Verfechtern „moderner“ Instrumente der KLR betont. Vgl zB *Berliner* und *Brimson* (1988), S. 36 – 39; *Kaplan* und *Atkinson* (1998), S. 595 – 611.

Ausspruch

„Denken wir praktisch. Die Kapitalwertmethode ist nicht das einzige Credo. Viele Manager sind so stark in dynamischen Investitionsrechenverfahren aufgegangen, dass sie Überlegungen für die praktische strategische Ausrichtung übersehen haben. Investitionsrechenverfahren berücksichtigen tendenziell spezifische Investitionsprojekte, was oft sehr kurzsichtig erscheint, wenn man das mit den drängenden Anforderungen der Einführung integrierter Systeme vergleicht, die zu weitreichenden Produktivitätsverbesserungen führen." (*J.P. van Blois*[28])

4.3. Orientierung an Güterverbräuchen und Gütererstellungen

In der Kosten-Leistungs-Konzeption III kann nicht einfach unterstellt werden, dass die von den kurzfristig wirksamen Entscheidungen ausgelösten Zahlungen in der *betrachteten* Periode anfallen. Durch Ausnutzung von Zahlungszielen seitens des Unternehmens selbst und durch Einräumen solcher Ziele gegenüber den Kunden werden die Zahlungswirkungen der periodischen Güterprozesse regelmäßig *nicht* alleine in der jeweiligen Periode auftreten, selbst wenn die künftigen **Handlungsbedingungen** unbeeinflusst bleiben und damit keine zeitlichen Interdependenzen vorliegen sollten.

Die Orientierung an **Güterverbräuchen** und **Gütererstellungen** bei der Kosten-Leistungs-Konzeption III erklärt sich aus solchen **zeitlichen Verwerfungen** beim Zahlungsanfall. Die Ausrichtung der Entscheidungen am Zahlungsüberschuss einer Periode würde nicht berücksichtigen, dass viele Zahlungen anderer Perioden durch die Maßnahmen der laufenden Periode induziert werden. Es erscheint daher sinnvoll, die Entscheidungen an denjenigen Zahlungen zu orientieren, die insgesamt durch die Aktivitäten der laufenden Periode ausgelöst werden: Die „Lösung kurzfristig wirksamer Steuerungsaufgaben bei monetären Zielen [ist] nicht an den Zahlungen der betrachteten Periode selbst, sondern an den insgesamt zu leistenden Auszahlungen und insgesamt zu leistenden Einzahlungen, also an den durch Güterprozesse einer Periode hervorgerufenen Ausgaben und Einnahmen bzw an den mit Ausgaben bewerteten Güterverbräuchen einer Periode und an den mit Einnahmen bewerteten Gütererstellungen einer Periode auszurichten"[29]. Das Problem besteht darin, dass in der KLR die daraus entstehenden **Zinseffekte** nicht oder nur im Durchschnitt erfasst werden, soweit (realistischerweise) von einem Zinssatz von größer null ausgegangen wird.

In der KLR wird versucht, Zinswirkungen aus dem von der Erfassung als Kosten und Leistungen unterschiedlichen Zahlungsanfall durch den Ansatz von **Zinsen auf das durchschnittlich gebundene Kapital** zu ermitteln. Die Berechnung erfolgt allerdings periodenbezogen und im Allgemeinen nicht entscheidungsbezogen. Da in kurzfristig wirksamen Entscheidungssituationen das Kapital nicht disponierbar ist, werden auch die Zinskosten meist als fix betrachtet (Ausnahmen finden sich uU bei der Kalkulation von Zusatzaufträgen; siehe 4. Kapitel: *Preisentscheidungen*). Im folgenden Abschnitt wird im Rahmen des *Lücke*-Theorems gezeigt, wie Zinsen

---

28 Zitiert in *Kaplan* und *Atkinson* (1989), S. 473 (frei übersetzt).

29 *Kloock* (1978), S. 504.

exakt berechnet werden müssten; die Kosten, mit denen dabei gerechnet werden muss, dürfen aber keine (weiteren) Zinskosten enthalten.

4.4. Harmonisierung des internen und externen Rechnungswesens

Die Orientierung an Güterverbräuchen und Gütererstellungen impliziert noch nicht zwingend ein **spezifisches Periodisierungsprinzip**. Man kann für die Ermittlung der Kosten und Leistungen unternehmensintern eigene Regeln entwickeln, man kann sich allerdings auch an die Periodisierungsregeln des externen Rechnungswesens halten, seien es die Regelungen des Handelsrechts, des Steuerrechts oder internationale Standards (zB *International Financial Reporting Standards*, IFRS).[30]

Empirische Ergebnisse

In einer Umfrage der größten deutschen und österreichischen Unternehmen Anfang 2004 mit 83 antwortenden Unternehmen ergab sich folgendes Bild über die **Konvergenz** des internen und externen **Rechnungswesens**:[31]

- Als wichtige **extrinsische Motive** wurden genannt:
  - Internationale Harmonisierung der Rechnungslegung (ca 75%)
  - Globalisierung der Geschäftsbeziehungen (ca 75%)
  - Beachtung strategischer Aspekte (ca 60%)
  - Shareholder Value-Orientierung (ca 55%).
- Als wichtige **intrinsische Motive** wurden genannt:
  - Anknüpfung von Anreizsystemen für Führungskräfte an Daten des internen Rechnungswesens (ca 65%)
  - Einsparungspotenziale (ca 30%)
  - Kritik an der traditionellen Kostenrechnung (ca 20%).
- Die größten **Vorteile** einer Vereinheitlichung des Rechnungswesens waren:
  - Gemeinsame Datenbasis
  - Internationale Verständlichkeit
  - Reduktion der Kommunikationsschwierigkeiten
  - Vereinfachung des Controlling
  - Bessere Abbildung der tatsächlichen Unternehmenssituation.
- Die größten **Nachteile** einer Vereinheitlichung waren:
  - Abhängigkeit von der externen Normensetzung
  - Verlust der Vorteile des kalkulatorischen Ansatzes.

Zu den **Vorteilen** einer **Integration** der internen und externen Unternehmensrechnung gehören:

- Da für die externe Unternehmensrechnung (mindestens) ein solches System im Unternehmen ohnehin geführt werden muss, ist es **kostengünstiger**, auf dieses zurückzugreifen.

---

30 Vgl zB *Wagenhofer* (2006), S. 12 – 18, *Weißenberger* und *International Group of Controlling* (2006), S. 44 – 55.

31 Vgl *Haring* und *Prantner* (2005), S. 150 – 153.

- Da die Geschäftsführung nach außen hin auf Basis der Zahlen der externen Unternehmensrechnung beurteilt wird, führt die Anwendung derselben Grundsätze auch intern zu einer **Konsistenz der Controlling- und Reportingsysteme** im Unternehmen und einer einfacheren **Kommunikation**.
- Die Kosten auf Basis der externen Unternehmensrechnung sind **objektiver** und weniger manipulationsanfällig, weil sie nach bekannten Regeln aufgestellt werden und vielfach auch von externen Dritten geprüft sind.

Mögliche **Nachteile** einer Integration sind:

- Die **Ziele** der internen Unternehmensrechnung können von denen der externen Unternehmensrechnung abweichen. Nicht umsonst lautet einer der grundlegenden Leitsätze der Kostenrechnung: „*Different costs for different purposes*."[32]
- Manche Periodisierungsregeln der externen Unternehmensrechnung können spezifische Geschäftsfälle des Unternehmens **ungeeignet** abbilden (zB dürfen meist Entwicklungsauszahlungen nicht aktiviert werden, sie würden dann sofort als Kosten erfasst).
- Das Unternehmen muss bei einer **Änderung** der Rechnungslegungsregeln diese Änderung auch intern nachvollziehen.
- Für Entscheidungen werden **Plangrößen** und nicht Istgrößen benötigt. Die externe Unternehmensrechnung ist jedoch weitgehend vergangenheitsorientiert und kann daher nur dann sinnvolle Plangrößen liefern, wenn über die Zeit stabile Verhältnisse angenommen werden.
- Durch die rein ausgabenorientierte (pagatorische) Ermittlung wird verhindert, dass für bestimmte Entscheidungsprobleme **Opportunitätskosten** angesetzt werden.

Die tatsächlichen Vor- und Nachteile sind **unternehmensspezifisch** und auch innerhalb eines Unternehmens abhängig von der **Hierarchieebene in der Organisation**. Je höher die Hierarchie, desto eher werden die Rechenwerke integriert, wobei auch hier häufig keine vollständige Übereinstimmung vorgenommen wird. Im Bereich der Produkt- und Prozessteuerung wird dagegen die Kostenrechnung eigenständig den spezifischen Anforderungen entsprechend gestaltet. Diese Vorgehensweise wird oft als **partielle Integration** bezeichnet.[33]

---

32 Vgl dazu bereits *Clark* (1923); siehe auch *Pfaff* (1994).

33 Vgl *Weißenberger* und *International Group of Controlling* (2006), S. 50 – 53.

Empirische Ergebnisse

Eine Befragung von 107 KMU in Niedersachsen und Nordrhein-Westfalen im Jahr 2006 hinsichtlich ihrer Beschäftigung mit **IFRS** und den Folgen für die **Kostenrechnung** ergibt folgendes Bild:[34]

- Verwendung kalkulatorischer Größen:
  - Kalkulatorische Abschreibungen 74%
  - Kalulatorische Zinsen 67%
  - Kalkulatorische Wagnisse 38%
  - Zinsen auf betriebsnotwendiges Vermögen 34%
- Von den KMU, die die Rechnungslegung auf IFRS umstellten, verzichten die folgenden Prozent der Unternehmen auf kalkulatorische Größen:
  - Kalkulatorische Abschreibungen 57%
  - Kalkulatorische Wagnisse 67%
  - Zinsen auf betriebsnotwendiges Vermögen 44%

  Dabei ist zu berücksichtigen, dass es sich um eine geringe Zahl an Unternehmen handelt. Von KMU, die eine IFRS-Umstellung planen, liegen die Prozentsätze zwischen 14 und 32%.

5. Zusammenhang zwischen Rechengrößen: Das *Lücke*-Theorem

Wie in den vorigen Abschnitten dargestellt, kommt für die Fundierung langfristig wirksamer Entscheidungen vor allem die Kosten-Leistungs-Konzeption II in der Form des investitionstheoretischen Ansatzes in Frage. Danach bildet der **Kapitalwert** das relevante **Entscheidungskriterium**, wenn über die Vorteilhaftigkeit einer langfristig wirksamen Maßnahme zu entscheiden ist. Dieser Kapitalwert ist ein Barwert von **Zahlungsüberschüssen**, nicht aber von kalkulatorischen **Gewinnen** als Differenz von Leistungen und Kosten auf Basis der Konzeption III. Wegen der unterschiedlichen Periodisierung der Zahlungen können die Gewinne einer KLR von den periodischen Zahlungsüberschüssen erheblich abweichen. Würde man mit den aus einer KLR resultierenden Gewinnen eine Kapitalwertberechnung vornehmen, werden die Zinswirkungen falsch erfasst, was zu Fehlentscheidungen führen kann. Das sogenannte „*Lücke*-Theorem" zeigt, dass sich der Barwert eines Zahlungsstroms unter bestimmten Bedingungen auch mit Hilfe der Kosten und Leistungen III ermitteln lässt (**Barwertäquivalenz**).

Im 1. Kapitel: *Einleitung und Überblick* wurden drei Arten von **Rechengrößen** unterschieden: Auszahlungen und Einzahlungen, Aufwendungen und Erträge sowie Kosten und Leistungen. Darauf basieren verschiedene Informationssysteme. Mit Hilfe des *Lücke*-Theorems können sie im Hinblick auf die Ermittlung von Kapitalwerten äquivalent verwendet werden. Es ist aber dennoch nicht gleichgültig, welche Rechengrößen verwendet werden, weil sie noch weiteren – unterschiedlichen – Zielen dienen, wie insbesondere der periodischen Erfolgsermittlung.

---

34 Vgl *Jahnke* et al. (2007), S. 371, 373.

Einführendes Beispiel

Eine Investition beschert in $t = 0$ eine Auszahlung von 100 und in $t = 1$ eine Einzahlung von 109. Bei einem Kapitalmarktzins von $i = 10\%$ ergibt sich ein Kapitalwert $KW = -100 + 109/1{,}1 = -0{,}91$. Das Projekt ist damit unvorteilhaft.

Eine Kapitalwertberechnung mit kalkulatorischen Gewinnen würde demgegenüber zu einer anderen Beurteilung führen. Unterstellt man, dass die anfängliche Investitionsauszahlung von 100 in voll aktivierbare Vermögensgegenstände fließt (zB Kauf einer Maschine), dass also in $t = 0$ weder ein Güterverzehr noch eine Gütererstellung stattgefunden hat, dann beträgt der kalkulatorische Gewinn $G_0 = 0$. Wegen der einperiodigen Lebensdauer werden die in $t = 0$ aktivierten 100 vollständig zu Kosten der ersten Periode.

Werden keine kalkulatorischen Zinsen berücksichtigt, beträgt der kalkulatorische Gewinn in $t = 1$ $G_1 = 109 - 100 = 9$. Die Kapitalwertberechnung mit diesen Gewinnen ergibt: $G_0 + G_1/1{,}1 = 9/1{,}1 = 8{,}18$. Danach erschiene das Projekt vorteilhaft. Zum selben Ergebnis gelangt man, wenn die kalkulatorischen Zinsen vom Bestand zu $t = 1$ ermittelt würden; dieser beträgt im Beispiel null. Bei starken Schwankungen des Bestandes werden die kalkulatorischen Zinsen oft auf das durchschnittlich gebundene Kapital berechnet. Dieses ist $(100 + 0)/2 = 50$. Mit einem Kalkulationszinssatz von 10% ergeben sich kalkulatorische Zinsen von 5 und ein Gewinn $G_1 = (109 - 5) - 100 = 4$. Der Gewinnkapitalwert beträgt dann zwar nur mehr $G_0 + G_1/1{,}1 = 4/1{,}1 = +3{,}64$, er ist aber immer noch positiv, so dass das Projekt weiterhin vorteilhaft erscheint.

Das Beispiel verdeutlicht, weshalb bei einer gewinnorientierten Kapitalwertberechnung Fehler auftreten können. Die anfänglichen Investitionsauszahlungen wurden **anders periodisiert**, also zB über die Abschreibungsverrechnung auf spätere Perioden verlagert, so dass die Auszahlungen den Kosten vorausgingen. Dies kann durch die Berücksichtigung der **kalkulatorischen Zinsen** nach den üblichen **approximativen Berechnungsmethoden** im Allgemeinen nicht exakt ausgeglichen werden. Dadurch ergab sich eine Überschätzung der Vorteilhaftigkeit des Projektes.

Ähnliches kann sich etwa bei **Zielverkäufen** ergeben. Dabei gehen die Leistungen den Einzahlungen voraus, und erneut ergäbe sich eine Tendenz zur Überschätzung der Vorteilhaftigkeit. Umgekehrt können sich durch die Orientierung an Gewinnen auch Unterschätzungen der Vorteilhaftigkeit ergeben, dann etwa, wenn Zieleinkäufe von Produktionsfaktoren vorliegen, die sofort im Fertigungsprozess verbraucht werden. In diesem Fall gehen die Kosten den Auszahlungen voraus, woraus sich eine Tendenz zur Unterschätzung ergibt. Gleiches resultiert bei Anzahlungen von Kunden, denn die Leistungen fallen im Allgemeinen erst mit der Gütererstellung an.

Dies legt nahe, dass man durch einen **exakten Ausgleich** dieser **Zinseffekte** dafür sorgen kann, dass die Kapitalwertberechnung anhand von kalkulatorischen Gewinngrößen zum selben Ergebnis führt wie die Berechnung anhand der Zahlungsgrößen. Am obigen Beispiel lässt sich die Idee leicht verdeutlichen: Die Differenz der Kapitalwerte lässt sich alleine auf die Nachverlagerung der anfänglichen Auszahlung zurückführen und beträgt:

$$\underbrace{\frac{9}{1{,}1}}_{\substack{\text{Kapitalwert}\\\text{der Gewinne}}} - \underbrace{\left(\frac{109}{1{,}1} - 100\right)}_{\substack{\text{Kapitalwert der}\\\text{Zahlungsgrößen}}} = \frac{9}{1{,}1} + \frac{1}{1{,}1} = 9{,}09$$

Die Differenz gleicht also dem Barwert der Zinsen auf die anfängliche Auszahlung von 100. Will man eine Kapitalwertäquivalenz herstellen, muss demnach der Gewinn G_1 um die mit dem Kalkulationszinsfuß berechneten Zinsen auf die nachverlagerte Auszahlung von 100 vermindert werden. Der **Barwert** des so **modifizierten Gewinns** lautet:

$$G_0 + \frac{G_1}{1{,}1} = 0 + \frac{9 - 0{,}1 \cdot 100}{1{,}1} = \frac{-1}{1{,}1} = -0{,}91$$

Kapitalbindung und Kongruenzprinzip

Dieser Zusammenhang lässt sich systematisch für eine **gewinnorientierte Kapitalwertberechnung** nutzen. Man berechnet für jeden Zeitpunkt die Differenz aus kumulierten Gewinnen und kumulierten Zahlungsüberschüssen. Sie umfasst für jeden Zeitpunkt den bei der KLR insgesamt zu viel oder zu wenig verrechneten Überschuss relativ zu den sich aus der Zahlungsrechnung tatsächlich ergebenden Zahlungsüberschüssen. Diese Differenz wird **Kapitalbindung** genannt und lässt sich wie folgt darstellen:

$$KB_t = \sum_{\tau=0}^{t}\left(L_\tau - K_\tau\right) - \sum_{\tau=0}^{t}\left(E_\tau - A_\tau\right) \qquad (t = 0,\ldots,T;\ A_0 = I) \tag{10}$$

Darin bedeuten (ergänzend zur bisherigen Symbolik):
KB_t ...... Kapitalbindung im Zeitpunkt $t = 0, \ldots, T$
L_τ .... Leistungen im Zeitpunkt $\tau = 0, \ldots, T$
K_τ .... Kosten (ohne kalkulatorische Zinsen) im Zeitpunkt $\tau = 0, \ldots, T$.

Dass es sich bei der in (10) dargestellten Größe um eine Kapitalbindung handelt, lässt sich durch eine einfache Umstellung erkennen:

$$KB_t = \underbrace{\sum_{\tau=0}^{t}\left(A_\tau - K_\tau\right)}_{\text{Auszahlungen, noch nicht Kosten}} + \underbrace{\sum_{\tau=0}^{t}\left(L_\tau - E_\tau\right)}_{\text{Leistungen, noch nicht Einzahlung}}$$

Beide Summanden korrespondieren mit Größen, wie man sie zB in der Aktivseite einer **Bilanz** oder einer **kalkulatorischen Vermögensrechnung** findet. Zur Gruppe „*Auszahlungen, noch nicht Kosten*" gehören etwa die noch nicht abgeschriebenen Buchwerte von Maschinen, während der Gruppe „*Leistungen, noch nicht Einzahlung*" selbst erstellte Güter, Forderungen usw zuzurechnen sind. Die Analogie zur Interpretation des Bilanzinhalts im Rahmen der **dynamischen Bilanzauffassung**[35] ist offensichtlich.

35 Vgl zu einer Übersicht etwa *Münstermann* (1981).

Es wird nun angenommen, dass die Unterschiede zwischen Gewinnen und Zahlungsüberschüssen alleine auf der unterschiedlichen Periodisierung der Zahlungen beruhen (das schließt zB die Verrechnung von Abschreibungen auf Wiederbeschaffungspreisbasis aus). Diese Annahme wird als **Kongruenzprinzip** bezeichnet, wonach die Summe der Gewinne gleich der Summe der Zahlungsüberschüsse über die **Totalperiode** ist:[36]

$$\sum_{t=0}^{T}\left(L_t - K_t\right) = \sum_{t=0}^{T} G_t = \sum_{t=0}^{T}\left(E_t - A_t\right) \tag{11}$$

Aus (10) und (11) folgt sofort $KB_T = 0$, dh am Ende der Nutzungsdauer besteht keine Kapitalbindung mehr. Wie im obigen Beispiel wird nun der ursprüngliche Gewinn G_t jeder Periode um die Zinsen auf das in der jeweiligen Periode gebundene Kapital vermindert, woraus der sogenannte **Residualgewinn** RG_t entsteht:

$$RG_t = L_t - K_t - i \cdot KB_{t-1} = G_t - i \cdot KB_{t-1} \qquad \text{für } t = 0,\ldots,T \tag{12}$$

wobei $KB_{-1} = 0$ definiert wird.

Lücke-Theorem

Das ***Lücke*-Theorem** (vielfach auch als *Lücke-Preinreich*-Theorem bezeichnet)[37] besagt nun, dass bei Geltung des in (11) ausgedrückten Kongruenzprinzips der **Kapitalwert der Residualgewinne** dem **Kapitalwert** auf der Basis von **Zahlungsüberschüssen** entspricht:

$$\sum_{t=0}^{T} RG_t \cdot \rho^{-t} = \sum_{t=0}^{T}\left(E_t - A_t\right) \cdot \rho^{-t} = KW \tag{13}$$

Ein formaler Beweis findet sich im **Anhang** zu diesem Kapitel. Er zeigt, dass die Barwertäquivalenz letztlich für **alle Rechengrößen** gültig ist, deren Periodenüberschüsse dem Kongruenzprinzip entsprechen, denn der Beweis hängt nur von formalen Zusammenhängen, aber nicht von inhaltlichen Festlegungen der Ermittlung der Rechengrößen ab. Insbesondere gilt das *Lücke*-Theorem auch für Rechnungen auf der Basis von **Aufwendungen und Erträgen**.

---

36 Im 10. Kapitel: *Kennzahlen als Performancemaße* wird eine strengere Version des Kongruenzprinzips, nämlich die *clean surplus*-Relation, verwendet.

37 Die Bezeichnung als *Lücke*-Theorem rührt daher, dass die mit diesem Theorem zusammenhängenden Aussagen erstmals von *Lücke* (1955, 1965) vorgetragen wurden. Siehe zu einer verallgemeinerten Darstellung insbesondere *Kloock* (1981a) und *Marusev* und *Pfingsten* (1993). Es wurde jedoch auch schon viel früher von *Preinreich* (1937) und anderen dargestellt (siehe dazu *Brief* und *Peasnell* (1996), S. IX ff). Während die frühen Arbeiten sehr einschränkende Annahmen über Zinssätze und Risiko machten, gilt das Lücke-Theorem auch bei stochastischen Zahlungsströmen und Zinssätzen. Vgl dazu *Feltham* und *Ohlson* (1999).

Implikationen

Das *Lücke*-Theorem liefert die formale Grundlage für eine einheitlich auf alle Entscheidungsprobleme anwendbare Entscheidungsrechnung, allerdings in einem etwas anderen Zusammenhang als auf Basis der Kosten-Leistungs-Konzeption II. Dort werden die Rechengrößen nämlich unmittelbar aus der langfristigen Zielgröße (ausgedrückt durch die Repräsentanzgröße „Kapitalwert") abgeleitet; eine weitere Aufspaltung des unternehmensbezogenen Entscheidungsfeldes nach Fristigkeitsstufen mag zwar in einer konkreten Situation möglich sein, bildet aber kein konstitutives Merkmal der Konzeption selbst.

Das ist bei der **Konzeption III** anders. Die nach diesem Ansatz ermittelten Kosten und Leistungen sind grundsätzlich nur zur Lösung kurzfristig wirksamer Entscheidungsprobleme gedacht, wobei diese Abgrenzung nicht immer eindeutig ist und zudem Zinseffekte allenfalls approximativ berücksichtigt werden. Die nach der Konzeption III sich ergebenden Rechengrößen sind daher regelmäßig nicht identisch mit Kapitalwertänderungen. In der Gesamtschau über die Totalperiode liefern sie aber eine Periodisierung der anfallenden Zahlungen (sofern das Kongruenzprinzip gilt). Dieser Sachverhalt lässt sich durch Korrektur der periodisierungsbedingten Zinsverzerrungen für eine Kapitalwertberechnung nutzen, indem **Residualgewinne** an Stelle der ursprünglichen Periodengewinne diskontiert werden.

Demnach können sowohl **kurzfristig** als auch **langfristig wirksame** Entscheidungen auf Basis der Konzeption III fundiert werden: Weil die kalkulatorischen Zinskosten einer Periode gemäß (12) nur von den kumulierten Werten der jeweiligen Vorperioden abhängen, für die laufende Periode (unter den genannten Bedingungen) aber fix sind, ist die Maximierung des Gewinns G_t im Rahmen kurzfristig wirksamer Entscheidungen äquivalent zur Maximierung des Residualgewinns RG_t. Und eine Diskontierung dieser Residualgewinne führt bei Geltung des Kongruenzprinzips stets zum richtigen Kapitalwert, so dass langfristig wirksame Entscheidungen nach Maßgabe der Kapitalwertmaximierung ebenfalls zutreffend fundiert werden können.

Das *Lücke*-Theorem hat folgende Konsequenzen: So benötigt man für verschiedene Entscheidungen grundsätzlich keine verschiedenen Informationssysteme, sondern kann mit **einheitlichen Rechengrößen** arbeiten. Dabei ist allerdings zu beachten, dass die Berechnung der Kapitalbindung die Kenntnis der Zahlungsreihe voraussetzt. Insofern beinhaltet das „einheitliche System" stets auch eine Rechnung auf der Basis von Ein- und Auszahlungen.

Zwischen der langfristigen Zielgröße (Kapitalwert) und dem eher kurzfristigen Gewinn bzw Residualgewinn wird eine Korrespondenz hergestellt, was für reale Verhältnisse alleine deswegen bedeutsam ist, weil die Beurteilung von Managern oftmals gewinnorientiert erfolgt.[38] Wenn sich Manager bei ihren Entscheidungen vor allem nach den Größen richten, anhand derer ihre Beurteilung erfolgt, dann führt die Verwendung des Residualgewinns als periodische **Beurteilungsgröße** zu einer

---

[38] Diese Aspekte werden in Teil III: *Koordinationsrechnungen* noch ausführlich behandelt.

Interessenharmonisierung. Wählt ein Manager zB stets solche Maßnahmen, die den Barwert seiner Entlohnung maximieren, und gewährt man ihm neben einem Fixgehalt in jeder Periode eine vom Residualgewinn proportional abhängige Prämie, dann führt die Maximierung des Prämienbarwerts zur kapitalwertmaximalen Unternehmenspolitik (mehr dazu im 10. Kapitel: *Kennzahlen als Performancemaße*). In enger Beziehung dazu steht die Verwendung von Residualgewinnen bei der **Steuerung divisionalisierter Unternehmen**, was praktisch bedeutsam ist und im 9. Kapitel: *Investitionscontrolling* noch näher diskutiert wird.

Weiterhin lassen sich die Ergebnisse des *Lücke*-Theorems auch für Probleme der **Investitionskontrolle** einsetzen. So zeigt eine Betrachtung von (13), dass ein Investitionsprojekt mit stets positiven Residualgewinnen auch einen positiven Kapitalwert hat, also zumindest **absolut vorteilhaft** ist. Ermittelt man demnach für ein realisiertes Projekt im Zeitablauf stets positive Residualgewinne, so kann man sicher sein, trotz möglicher Änderungen der ursprünglich erwarteten Bedingungen ein Projekt gewählt zu haben, dessen Verzinsung über derjenigen des Kapitalmarktes liegt. Über die Frage, ob ein Alternativprojekt nicht noch besser gewesen wäre, kann damit freilich nichts gesagt werden.

Diese Ausführungen zeigen, dass das *Lücke*-Theorem einen wichtigen *Ausgangspunkt* zur Behandlung vieler Problemstellungen bietet. Hinsichtlich der **Gestaltung von Entscheidungsrechnungen** hat es dennoch nur eine **formale**, nicht aber eine materielle **Bedeutung**. Den Grund dafür erkennt man leicht, wenn man die Frage zu beantworten versucht, nach welchen Kriterien etwa bei einer Investitionsentscheidung die künftigen Residualgewinne ermittelt werden sollen. Diese Residualgewinne setzen nämlich die Kenntnis der künftigen Unternehmenspolitik voraus, und damit ist man letztlich wieder bei der Ausgangsproblemstellung dieses Kapitels angelangt.

Das *Lücke*-Theorem besagt im Grunde „nur": Wie auch immer die künftige Unternehmenspolitik aussieht – bei Geltung des Kongruenzprinzips erhält man durch Diskontierung der Residualgewinne stets den richtigen Kapitalwert. Wie aber die **Unternehmenspolitik** selbst bestimmt wird, welche Interdependenzen dabei in welcher Form in welcher Entscheidungsrechnung erfasst werden, wird nicht problematisiert.[39] Daher tauchen alle Zusammenhänge und Probleme der Konzeption II hier genauso auf.

---

[39] In diesem Sinne wird man wohl den Ausspruch von *Schneider* (1997), S. 58, verstehen können, wenn er meint: „Die Lücke, die ein Verzicht auf das *Lücke*-Theorem hinterlässt, ersetzt es vollkommen."

6. Zusammenfassung

Die Kosten- und Leistungsrechnung wird als Instrument zur Vorbereitung von Entscheidungen institutionaler Unternehmen verwendet. Die Fundierung von Entscheidungen mit Hilfe von Kosten und Leistungen im üblichen Sinne ist jedoch keineswegs selbstverständlich. Dieser Vorgehensweise liegen **vielfältige Vereinfachungen von Entscheidungszusammenhängen** zugrunde. Diese Vereinfachungen lassen sich schrittweise aufzeigen, wenn man vom Grundmodell der Entscheidungstheorie und den damit zusammenhängenden Prinzipien der Entscheidungsfindung ausgeht. Zur Lösung von Entscheidungsproblemen wären danach grundsätzlich **langfristig ausgerichtete, zeit-zustandsabhängig formulierte Handlungsstrategien** aufzustellen; darüber hinaus müssten diese Strategien auch die **individuellen Portefeuilleentscheidungen** der Eigner umfassen, wenn sie aus finanzieller Sicht (dh Gestaltung von Konsumzahlungsströmen hinsichtlich der Höhe, zeitlichen Struktur und Unsicherheit) zielentsprechend festgelegt werden sollen.

In diesem Rahmen wäre eine **Entscheidungsrechnung** grundsätzlich mit der **Ergebnisfunktion** des Grundmodells gleichzusetzen. Spaltet man daraus positive und negative Ergebnisbestandteile ab, lässt sich eine erste Kosten-Leistungs-Konzeption wie folgt benennen:

- **Kosten I:** Angesichts eines bestimmten Zielplanes und Entscheidungsfeldes resultierende *negative* Konsequenzen (Ergebnisstrukturen) einer Aktion.
- **Leistungen I:** Angesichts eines bestimmten Zielplanes und Entscheidungsfeldes resultierende *positive* Konsequenzen (Ergebnisstrukturen) einer Aktion.

Diese Konzeption ist allgemein für beliebig viele Ergebnisarten ausgerichtet und liefert mehrwertige Kosten- und Leistungsgrößen.

Eine strenge Orientierung an den Prinzipien des Grundmodells ist allerdings praktisch kaum möglich und auch nicht für jedes Problem wirtschaftlich, so dass Vereinfachungen bedenkenswert sind. Erste Vereinfachungen bestehen darin, dass man die individuelle Portefeuillewahl der Eigner vernachlässigt, nur noch finanzielle Zielgrößen berücksichtigt und die Zahlungen der Aktionen zu einer **Repräsentanzgröße** verdichtet. Diese Größe übernimmt die Funktion eines Nutzenindex, so dass höhere Werte mit einer besseren Zielerreichung der Investoren verknüpft sind. Daraus lässt sich eine weitere Kosten-Leistungs-Konzeption entwickeln:

- **Kosten II:** Verringerungen der die ggf unsicheren, mehrperiodigen monetären Konsequenzen einer Aktion widerspiegelnden Repräsentanzgröße.
- **Leistungen II:** Erhöhungen der die ggf unsicheren, mehrperiodigen monetären Konsequenzen einer Aktion widerspiegelnden Repräsentanzgröße.

Für diese Konzeption II existiert eine Präzisierung in Form des **investitionstheoretischen Ansatzes** der Kostenrechnung. Dort ist der **Kapitalwert** die gesuchte Repräsentanzgröße, der unter bestimmten Bedingungen über die Struktur des Kapitalmarktes auch sämtliche Bedingungen erfüllt, die zur Begründung der **Separationseigenschaften** der Konzeption II erforderlich sind. Die Kosten und Leistungen II berücksichtigen grundsätzlich langfristige Wirkungen. Unter bestimmten Bedingungen lassen sich sogar traditionelle Kostengrößen als Spezialfälle der Kosten II auffassen, wodurch die Bindegliedfunktion der Konzeption II verdeutlicht wird. Dennoch wäre auch die Anwendung dieser Konzeption bei jedem Entscheidungsproblem sehr anspruchsvoll, weil – analog zur Konzeption I – immer noch **Totalmodelle** aufgestellt werden müssten.

Weitere Vereinfachungen bestehen zunächst in der **Trennung von langfristig wirksamen** (Potenzialentscheidungen) **und kurzfristig wirksamen Entscheidungen** (Anpassungsentscheidungen). Letztere umfassen die Festlegung konkreter Beschaffungs-, Produktions- und Absatzprogramme bei gegebenen Potenzialen. Sind – gegeben die Potenziale – die Handlungsbedingungen verschiedener Perioden nicht miteinander verbunden und fallen die Zahlungskonsequenzen aller Periodenmaßnahmen in der jeweiligen Periode an, dann könnten ausgehend von der Konzeption II die Periodenentscheidungen stets durch Maximierung der periodischen Zahlungsüberschüsse optimal festgelegt werden. Ansonsten wird zur weiteren Vereinfachung nur noch auf diejenigen Zahlungen abgestellt, die durch Entscheidungen einer Periode und den damit zusammenhängenden Güterverbräuchen und Gütererstellungen ausgelöst werden. Dadurch ist man schließlich bei den traditionellen Inhalten von Kosten und Leistungen angelangt:

- **Kosten III:** Bewertete, sachzielbezogene Güterverbräuche eines Unternehmens in einer Periode.
- **Leistungen III:** Bewertete, sachzielbezogene Gütererstellungen eines Unternehmens in einer Periode.

Diese Größen dienen zur **Fundierung kurzfristig wirksamer Entscheidungen** im beschriebenen Sinne, wobei diese Abgrenzung allerdings nicht unproblematisch ist und kaum schematisch vorgenommen werden kann. Die Optimalität der Resultate von Entscheidungskalkülen, die mit der Konzeption III arbeiten, ist letztlich unter der Gesamtheit aller genannten Vereinfachungen zu sehen. Man kann diese Vereinfachungen als eine **spezifische Lösung des Problems eines optimalen Komplexitätsgrades** von Entscheidungsmodellen auffassen.

Trotz der Konzentration auf kurzfristig wirksame Entscheidungen lassen sich die Rechengrößen der Konzeption III gemäß dem ***Lücke*-Theorem** auch zur Fundierung langfristig wirksamer Maßnahmen einsetzen, wenn man mit **Residualgewinnen** arbeitet. Das *Lücke*-Theorem zeigt die Barwertäquivalenz dieser Rechengrößen bei Gültigkeit des Kongruenzprinzips. Es ist allerdings bezüglich der Gestaltung von Entscheidungsrechnungen ein eher formales Resultat. Es löst nicht das Komplexitätsproblem und die Frage nach dem Umfang einzubeziehender Interdependenzen bei der Lösung von Entscheidungsproblemen.

Fragen

F2-1 Weshalb sind Aktionsraum und Zustandsraum voneinander abhängig?

F2-2 Warum ist es erforderlich, bei Entscheidungen auf der Ebene institutionaler Unternehmen auch die Portefeuillewahl der Investoren grundsätzlich einzubeziehen, wenn die Unternehmensentscheidungen so festgelegt werden sollen, dass sie für die Investoren finanziell optimal sind?

F2-3 In welcher Beziehung stehen Kosten und Leistungen I zum Präferenzsystem?

F2-4 Was hat die Kosten-Leistungs-Konzeption II mit der Separation von Entscheidungsproblemen zu tun?

F2-5 In der Unternehmensrechnung spielt bei vielen Fragestellungen der sogenannte *Totalerfolg* eine Rolle. Dabei handelt es sich um die einfache Summe aller Zahlungsüberschüsse aus dem Leistungsbereich des Unternehmens (also um die Differenz aller Ein- und Auszahlungen ohne die Zahlungen zwischen Unternehmen und Eignern). Wie beurteilen Sie die Verwendung dieses Totalerfolges als Repräsentanzgröße der Konzeption II?

F2-6 Beim investitionstheoretischen Ansatz der Kostenrechnung wird zumeist von einer gegebenen künftigen Planbeschäftigung ausgegangen. Welche Bedeutung hat diese Annahme für die Bestimmung der heute optimalen Produktionspolitik, und welche Problematik beinhaltet sie allgemein?

F2-7 Unter welchen Bedingungen lassen sich traditionelle Abschreibungen als Spezialfälle der Kosten II ableiten, und wie lässt sich das Ergebnis ökonomisch erklären? In welcher Form können Sie diese linearen Abschreibungen in einer Entscheidungsrechnung verwenden?

F2-8 Was hat es mit der Bindegliedfunktion der Konzeption II auf sich?

F2-9 Welche weiteren Vereinfachungen liegen dem Übergang von der Konzeption II auf die Kosten und Leistungen der Konzeption III zugrunde?

F2-10 Warum können „kurzfristig wirksame“ Entscheidungen nicht schematisch abgegrenzt werden?

F2-11 Was besagt das *Lücke*-Theorem? Warum liefert es keine Lösung der Komplexitäts- und Interdependenzprobleme, obwohl man doch über die Verwendung von Residualgewinnen stets zur gleichen Gesamtlösung wie bei der Konzeption II gelangt?

Probleme

P2-1 Bestimmung von Handlungsstrategien und Aufstellung einer Ergebnismatrix im Grundmodell der Entscheidungstheorie. Betrachtet wird ein Unternehmen, dessen Handlungszeitraum auf zwei Perioden begrenzt ist und dessen Absatzmarkt ebenfalls festliegt. Das Unternehmen verfügt aber noch nicht über entsprechende Produktionskapazitäten. Hinsichtlich deren Dimensionierung bieten sich folgende Möglichkeiten: Zu Beginn *jeder* Periode können Fertigungsanlagen beschafft werden, wobei am Markt zwei Größenordnungen angeboten werden. Eine relativ große Anlage, mit der pro Periode 10.000 Produkteinheiten gefertigt werden können, und eine eher kleine Anlage, die pro Periode nur die Herstellung von 5.000 Produkteinheiten erlaubt. Jeder Anlagetyp kann in jeder Periode höchstens einmal beschafft werden. Die relativ große Anlage weist höhere laufende Fixauszahlungen pro Periode (200.000) als die kleinere Anlage (50.000) auf, doch sind dafür die (proportionalen) Auszahlungen je Stück für die große Anlage (40 pro Stück) niedriger als für die kleinere (50 pro Stück). Die Beschaffung der großen Anlage erfordert eine Anschaffungsauszahlung von 520.000, während für die kleinere Anlage nur 200.000 zu zahlen sind. Versäumt man den Markteintritt in der ersten Periode, dann vergibt man sich auch alle Absatzmöglichkeiten in der zweiten Periode. Beide Anlagen haben eine Nutzungsdauer von jeweils zwei Perioden, und ihr Liquidationserlös wird stets mit 0 angesetzt.

Der relevante Markt ist durch einen für beide Perioden als gleich und konstant betrachteten Absatzpreis von 200 pro Stück gekennzeichnet. Unsicher ist aber die mengenmäßige Nachfrageentwicklung. Für jede Periode werden zwei Szenarien für möglich gehalten. Die Nachfrage ist entweder „gut“ (9.000 Stück pro Periode) oder „schlecht“ (3.000 Stück pro Periode). In der ersten Periode gelten beide Zustände als gleich wahrscheinlich. Die Wahrscheinlichkeitsverteilung für die zweite Periode hängt jedoch davon ab, wie die Entwicklung in der ersten Periode verlaufen ist. Gab es in der ersten Periode eine „gute“ Nachfrage, wird die Wahrscheinlichkeit für eine „gute“ Nachfrage in der zweiten Periode mit 90% angesetzt. War dagegen die Nachfrageentwicklung in der ersten Periode „schlecht“, so wird für die zweite Periode mit 80% Wahrscheinlichkeit einer „schlechten“ Nachfrage gerechnet. Die tatsächliche Nachfrageentwicklung offenbart sich erst im Laufe einer Periode, doch noch früh genug, um die Produktionsmenge entsprechend anpassen zu können. Lagerhaltung ist ausgeschlossen. Das Präferenzsystem knüpft ausschließlich an den Zahlungsüberschüssen der jeweiligen Perioden an, wobei höhere Periodenüberschüsse stets niedrigeren vorgezogen werden.

Stellen Sie das Entscheidungsfeld und die Ergebnismatrix des beschriebenen Problems in der Form des entscheidungstheoretischen Grundmodells dar. (*Hinweis*: Nach Vorabfestlegung der Aktionsparameter der Produktionsplanung verbleiben nur noch diejenigen der Investitionspolitik. Beim diesbezüglichen Aktionsraum müssen Sie grundsätzlich auf 49 Alternativen kommen. Viele davon können Sie aber erneut durch Vorüberlegungen von der weiteren Betrachtung ausschließen. Für die Aufstellung der Ergebnismatrix bleiben schließlich noch fünf Aktionen übrig.)

P2-2 Investitionstheoretische Abschreibungen. Betrachtet wird eine Anlage mit einer Nutzungsdauer von $T = 3$, einer Investitionsauszahlung von $I = 1.000$, konstanten Auszahlungen je Periode von $A_t = A = 500$ und einem Liquidationserlös in $T = 3$ von $LQ = 100$. Die Anlage wird unendlich oft identisch ersetzt. Bestimmen Sie die investitionstheoretischen Abschreibungen dieser Anlage für Kalkulationszinsfüße von 10% und 1%.

P2-3 Kapitalwert und Periodengewinne auf der Basis des *Lücke*-Theorems. Ein Unternehmen erwägt die Realisierung eines Investitionsprojekts mit einer Nutzungsdauer von $T = 5$, einer Anschaffungsauszahlung von $I = 50.000$ und einem Liquidationswert von $LQ = 0$. Die Anlage dient zur Herstellung eines Produktes, von dem in jeder Periode 3.000 Stück gefertigt werden. Für diese Produktion fallen in den ersten zwei Perioden Auszahlungen von jeweils 6.000, in den letzten drei Perioden von jeweils 7.500 an (für Material und Arbeitskräfte (reine Akkordlöhner), wobei keine Lagerhaltung für Materialien stattfindet). Der Absatzpreis pro Mengeneinheit des Produkts beträgt 8, und der Absatzverlauf gestaltet sich wie folgt:

Periode 1: Absatz 3.000, davon 1.000 auf Ziel (Zahlung in $t = 3$)

Periode 2: Absatz 2.000 (Zahlung sofort)

Periode 3: Absatz 2.500, davon 500 auf Ziel (Zahlung in $t = 5$)

Periode 4: Absatz 3.000 (Zahlung sofort)

Periode 5: Absatz 4.500 (Zahlung sofort)

Die Anlage wird in der Kostenrechnung linear abgeschrieben. Vorhandene Bestände an fertigen Erzeugnissen werden stets zu variablen Kosten bewertet, und Lagerabgänge beim Fertigwarenlager vollziehen sich immer nach dem LIFO-Prinzip. Der Kalkulationszinsfuß ist $i = 0{,}1$.

a) Erstellen Sie die Zahlungsreihe für dieses Projekt, und berechnen Sie den Kapitalwert.

b) Erstellen Sie die Reihe der kalkulatorischen Gewinne (ohne Zinskosten), und berechnen Sie den Kapitalwert dieser Gewinnreihe.

c) Ermitteln Sie den projektspezifischen Kapitalbindungsverlauf gemäß dem für das *Lücke*-Theorem angegebenen Berechnungsmodus für KB_t, und berechnen Sie den Kapitalwert der Residualgewinne.

d) Ermitteln Sie alternativ die Kapitalbindungen der einzelnen Perioden durch Betrachtung der am Ende jeder Periode vorliegenden, projektspezifischen Vermögensgegenstände.

Literaturempfehlungen

Allgemeine Literatur

Kloock, J.: Aufgaben und Systeme der Unternehmensrechnung, in: *Betriebswirtschaftliche Forschung und Praxis* 1978, S. 493 – 510.

Sieben, G., und *T. Schildbach*: *Betriebswirtschaftliche Entscheidungstheorie*, 4. Auflage, Düsseldorf 1994.

Spezielle Literatur

Ewert, R.: Finanzwirtschaft und Leistungswirtschaft, in: *HWB*, 5. Auflage, Teilband 1, Stuttgart 1993, Sp. 1150 – 1161.

Kloock, J.: Mehrperiodige Investitionsrechnungen auf der Basis kalkulatorischer und handelsrechtlicher Erfolgsrechnungen, in: *Zeitschrift für betriebswirtschaftliche Forschung* 1981, S. 873 – 890.

Küpper, H.-U.: Investitionstheoretische Fundierung der Kostenrechnung, in: *Zeitschrift für betriebswirtschaftliche Forschung* 1985, S. 26 – 46.

Swoboda, P.: Die Ableitung variabler Abschreibungskosten aus Modellen zur Optimierung der Investitionsdauer, in: *Zeitschrift für Betriebswirtschaft* 1979, S. 565 – 580.

Anhang: Beweis des Lücke-Theorems

Das *Lücke*-Theorem besagt, dass

$$\sum_{t=0}^{T} RG_t \cdot \rho^{-t} = \sum_{t=0}^{T} \left(E_t - A_t\right) \cdot \rho^{-t} = KW$$

sofern das Kongruenzprinzip erfüllt ist, dh

$$\sum_{t=0}^{T} \left(L_t - K_t\right) = \sum_{t=0}^{T} G_t = \sum_{t=0}^{T} \left(E_t - A_t\right)$$

Beweis

Gemäß dem in (24) angegebenen Kapitalbindungsansatz ergibt sich für die Differenz zweier aufeinander folgender Kapitalbindungen:

$$KB_t - KB_{t-1} = \left(L_t - K_t\right) - \left(E_t - A_t\right) = G_t - \left(E_t - A_t\right)$$

Daraus erhält man:

$$G_t = E_t - A_t - \left(KB_{t-1} - KB_t\right)$$

Unter Verwendung dieser Beziehung folgt dann für den Barwert der Residualgewinne:

$$\sum_{t=0}^{T} RG_t \cdot \rho^{-t} = \sum_{t=0}^{T} \left(L_t - K_t - i \cdot KB_{t-1}\right) \cdot \rho^{-t} = \sum_{t=0}^{T} \left(G_t - i \cdot KB_{t-1}\right) \cdot \rho^{-t} =$$

$$\sum_{t=0}^{T} \left(E_t - A_t - \left(KB_{t-1} - KB_t\right) - i \cdot KB_{t-1}\right) \cdot \rho^{-t} = \sum_{t=0}^{T} \left(E_t - A_t - \rho \cdot KB_{t-1} + KB_t\right) \cdot \rho^{-t} =$$

$$\sum_{t=0}^{T} \left(E_t - A_t\right) \cdot \rho^{-t} - \rho \cdot \sum_{t=0}^{T} KB_{t-1} \cdot \rho^{-t} + \sum_{t=0}^{T} KB_t \cdot \rho^{-t} =$$

$$\sum_{t=0}^{T} \left(E_t - A_t\right) \cdot \rho^{-t} - \rho \cdot \underbrace{\sum_{t=1}^{T+1} KB_{t-1} \cdot \rho^{-t}}_{(\text{wegen } KB_{-1}, KB_T = 0)} + \sum_{t=0}^{T} KB_t \cdot \rho^{-t} =$$

$$\sum_{t=0}^{T} \left(E_t - A_t\right) \cdot \rho^{-t} - \sum_{t=1}^{T+1} KB_{t-1} \cdot \rho^{-(t-1)} + \sum_{t=0}^{T} KB_t \cdot \rho^{-t} =$$

$$\sum_{t=0}^{T} \left(E_t - A_t\right) \cdot \rho^{-t} - \sum_{t=0}^{T} KB_t \cdot \rho^{-t} + \sum_{t=0}^{T} KB_t \cdot \rho^{-t} =$$

$$\sum_{t=0}^{T} \left(E_t - A_t\right) \cdot \rho^{-t} = KW$$

3 Produktionsprogrammentscheidungen

Die Paper Systems AG ist ein größeres Unternehmen in der Papierindustrie. Es erzeugt insbesondere hochwertiges Kopierpapier, Fotopapier sowie hochglänzendes Papier für Werbezwecke und Zeitungsmagazine. Seit drei Jahren läuft im Unternehmen ein Projekt, das auf die Verbesserung der Qualität des Papiers zielt und dessen wesentlicher Ausfluss in der Installierung einer eigenen Stelle für eine elektronische Endkontrolle vor einem Jahr bestand. Durch diese Endkontrolle wird jede Rolle Papier geschickt, die das Unternehmen verlässt. Tatsächlich konnten in der Folge aufgrund der Messungen etliche Informationen über Qualitätsmängel in der Fertigung entdeckt und behoben werden.

Mit allen drei Produktgruppen erzielt die Paper Systems AG relativ hohe Deckungsbeiträge, da die Produkte im Segment „hohe Qualität und hohe Preise" angesiedelt sind. Den höchsten Deckungsbeitrag pro Tonne erzielt Fotopapier, gefolgt von Kopierpapier und dem hochglänzenden Papier. Da die Produktionskapazität relativ hoch ist, kommt es zu keinen Engpässen; die Produkte werden mit ihren erwarteten jährlichen Absatzmengen produziert.

Die neue Endkontrollstelle wurde aus damaliger Sicht ebenfalls ausreichend dimensioniert. Infolge einer unvorhergesehenen Absatzausweitung kam es vor kurzem aber erstmals zu einem Engpass in dieser Endkontrollstelle. Das Papier staute sich vor dieser Stelle. Der Produktionsleiter Wolfgang Wesnig ruft in der Controlling-Abteilung an. Denise Springer ist selbst am Apparat. Wesnig bittet sie, möglichst rasch Vorschläge zur Bereinigung dieser Situation zu machen.

Am nächsten Morgen betritt Denise das Büro von Wolfgang Wesnig. Wesnig ist beeindruckt – von der Schnelligkeit, mit der die Controlling-Abteilung arbeitete, und natürlich wieder einmal von Denise's modischem Outfit. Denise beginnt: „Wir könn-

ten eine ganze Menge machen. Ich bin davon ausgegangen, dass wir auf die Qualitätstests nicht verzichten können. Eine schlechte Rolle, und wir haben Probleme mit unserem selbst gesetzten Anspruch, dass wir nur beste Qualität liefern. Außerdem wird sich die Situation kurzfristig nicht wieder einspielen, die Absatzmenge wird unseren Prognosen zufolge immer über der Kapazität der Endkontrolle liegen." Wesnig nickt zustimmend. Denise fährt fort: „Kurzfristig sollten wir sofort die Produktion entsprechend einschränken. Ich schlage dazu vor, die Produktion von Fotopapier herunterzuschrauben." Wesnig ist entsetzt: „Aber das ist doch das Produkt mit dem höchsten Deckungsbeitrag, unser liebstes Stück!" „Das war einmal", sagt Denise. „Bei einem Engpass wird alles anders: Fotopapier braucht in der Endkontrolle am längsten, und zwar weit länger als das, was durch seinen hohen Tonnen-Deckungsbeitrag wieder hereinkommt."

„Das verstehe ich nicht", gibt Wesnig zu. Denise denkt, „Das habe ich mir gedacht", und sagt laut: „Die Idee ist einfach die: wenn ein Engpass auftritt, muss man diesen bestmöglich auslasten. Am besten stellen Sie sich das folgendermaßen vor: Sie verkaufen nicht mehr Fotopapier, Kopierpapier und Hochglanzpapier, sondern Stunden der Endkontrolle. Das, was Sie für eine Stunde Endkontrolle bekommen, hängt von der Belegung mit dem Produkt ab." Wesnig schüttelt den Kopf, meint aber: „Wie dem auch sei; probieren wir es halt auf Ihre Art. Ich hoffe nur, dass das auch wirklich funktioniert." Denise beruhigt: „Kein Problem. Sie werden sehen, ich habe recht."

Dann fährt sie fort: „Wir haben aber auch noch eine andere Möglichkeit geprüft. Glauben Sie, wäre es möglich, einen Teil der Endkontrolle sozusagen außer Haus zu geben? Ich könnte mir vorstellen, die TQSystems könnte in wenigen Tagen einspringen und unsere Endkontrolle entlasten. Es ist nur eine Frage des Preises." Wesnig ist nicht überzeugt: „Ich fürchte, die würden zu lange brauchen, um unseren Qualitätsstandard einigermaßen zu gewährleisten. Wir haben auch lange genug experimentiert und getestet." „Also gut, das fällt dann als kurzfristige Ausweichmöglichkeit aus. Aber mittelfristig müsste das doch eine sinnvolle Alternative sein. Ich werde, wenn Sie einverstanden sind, einmal mit Herrn Weber von TQSystems über deren Preisvorstellungen sprechen. Damit kann ich die Auswirkungen auf unser Produktionsprogramm kalkulieren." „Wieso wirkt sich das auf das Produktionsprogramm aus? Wir brauchen doch nur genügend nach außen zu geben, und schon haben wir wieder hinreichend Kapazität." fragt Wesnig Denise. Diese antwortet: „Das Ganze hängt von der Differenz der Kosten, wenn wir den Auftrag an TQSystems geben, und unseren eigenen Kontrollkosten ab. Es könnte sein, dass es ein Produkt gibt, das von TQSystems kontrolliert werden sollte, das aber wegen deren Kosten dann keinen positiven Deckungsbeitrag mehr bringt. Allerdings ist das wegen unserer hohen Deckungsbeiträge nicht wahrscheinlich." Wesnig bewundert Denise (Was die alles weiß!).

Denise ist aber noch nicht fertig. „Mittelfristig sollten wir natürlich auch überlegen, den Engpass zu beseitigen, indem wir die Kapazität der Endkontrollstelle aufstocken. Dabei ist aber wieder das Problem, Sie kennen diese Geschichte, dass eine neue Anlage wieder zu viel Kapazität hat. Und teilbar ist sie nicht." Wesnig erinnert sich noch lebhaft an die diesbezüglichen nächtelangen Sitzungen bei der Planung der Endkontrollstelle. Nachdem Denise geendet hat, beeilt sich Wesnig, die Produktionseinschränkung des Fotopapiers anzuordnen.

Ziele dieses Kapitels

- Grundlagen der Produktionsprogrammplanung als kurzfristig wirksame Entscheidung
- Darstellung der Lösungsverfahren für die Planung des optimalen Produktionsprogramms mit und ohne Kapazitätsrestriktionen
- Analyse des Einflusses von Fixkosten auf die optimale Entscheidung
- Verstehen des Inhalts und des Nutzens von verschiedenen Opportunitätskosten-Konzepten

1. Grundlagen

1.1. Vorbemerkungen und Annahmen

Das vorliegende Kapitel widmet sich der operativen Produktionsprogrammplanung, die üblicherweise auf der Basis von Kosten und Leistungen im traditionellen Sinne vorgenommen wird. Im Mittelpunkt stehen dabei Grundsätze und Methoden zur Bestimmung gewinnmaximaler Unternehmenspolitiken, also die gestalterischen Fragen des **Kosten- und Erlös*managements*** (siehe dazu auch 6. Kapitel: *Kostenmanagement*). Dadurch wird vor allem der **Verwendungsaspekt** von Kosten- und Erlösinformationen betont.

Implizit wird bei dieser Vorgehensweise unterstellt, dass die erforderlichen Eingangsdaten der Entscheidungskalküle (also zB die Kosten für End- und Zwischenprodukte, Aufträge und Fertigungsverfahren) vorhanden sind. Die Ermittlung solcher Basisdaten ist Gegenstand von Verfahren der Kosten- und Leistungs*rechnung*. Die damit zusammenhängenden Rechentechniken werden gemäß der Konzeption dieses Buches im 12. Kapitel: *Systeme der Kostenrechnung* behandelt.

Natürlich sind Fragen des Kosten- und Erlös*managements* und Fragen der Kosten- und Erlös*rechnung* nicht völlig unabhängig voneinander zu sehen. Die angestrebten **Verwendungsweisen** der Kosten- und Erlösinformationen bestimmen die Solleigenschaften einer KLR,[1] und umgekehrt determiniert die Qualität der Informationen einer gegebenen KLR die Güte der darauf basierenden **Entscheidungen**.[2] Diese

---

1 Dies ergibt sich bereits aus den Ausführungen im 2. Kapitel: *Die Kosten- und Leistungsrechnung als Entscheidungsrechnung* hinsichtlich des Fristigkeitsaspekts von Entscheidungsproblemen.

2 Vgl etwa *Schauenberg* (1992) für eine instruktive Illustration dieser Probleme.

Interdependenz wird in diesem Kapitel für zwei spezifische Fragestellungen Bedeutung erlangen:

1. Einerseits handelt es sich um das Problem der **Opportunitätskosten**, die ein zentraler Bestandteil der **wertmäßigen Kosten** sind. Die Frage nach der Bedeutung solcher Kosten für die Lösung von Entscheidungsproblemen lässt sich sinnvoll nur im direkten Zusammenhang mit der Lösungsstruktur von Entscheidungsproblemen diskutieren. Sie betrifft sowohl Aspekte des Kosten*managements* als auch Aspekte der Kosten*rechnung* und wird ebenfalls im 4. Kapitel: *Preisentscheidungen* bedeutsam.
2. Andererseits ist die Frage **„Vollkosten *versus* Teilkosten"** angesprochen, die auch in allen weiteren Kapiteln des Teils I: *Entscheidungsrechnungen* und darüber hinaus im 11. Kapitel: *Verrechnungspreise und Kostenallokationen* eine Rolle spielt. Für das Problem der Programmentscheidungen ist es sinnvoll, die Beantwortung dieser Frage gemeinsam mit der Darstellung einiger allgemeiner Prämissen der eigentlichen Programmplanung voranzustellen.

Grundszenario

Das der Behandlung von Produktionsprogrammentscheidungen zugrunde gelegte **Szenario** ist wie folgt charakterisiert:

- Es handelt sich um eine **kurzfristig wirksame** Betrachtung bei **gegebenem Bestand an Potenzialfaktoren**. Insbesondere die Art und Anzahl maschineller Anlagen und damit die verfügbaren Fertigungsverfahren sind durch langfristig wirksame Entscheidungen gegeben und für die betrachtete Periode unveränderbar. Weiterhin liegen die Beschaffungs- und Absatzpotenziale auf Grund von (langfristig wirksamen) Maßnahmen der Beschaffungs- und Absatzpolitik fest (zB in der Form von Beschaffungshöchstmengen für Rohstoffe, Absatzhöchstmengen für Fertigerzeugnisse oder Preis-Absatz-Funktionen). Aus langfristigen Marktstrategien können sich darüber hinaus Mindestanforderungen an die Beschaffungs- und Absatzpolitik der laufenden Periode ergeben. Auf Grund langfristiger Verträge mit Lieferanten müssen möglicherweise bestimmte Beschaffungsmindestmengen eingehalten werden; bezüglich des Absatzmarktes können „strategische" Überlegungen dafür sprechen, einen bestimmten Marktanteil aufrechtzuerhalten, woraus Absatzuntergrenzen für einzelne Produkte resultieren können.
- **Programmentscheidungen** betreffen die Frage, welche Produkte in welchen Mengen mit welchen (der vorhandenen) Fertigungsverfahren in der betrachteten Periode produziert und abgesetzt werden sollen. Dabei wird angenommen, dass die produzierte und abgesetzte Menge übereinstimmen; Lagerhaltung wird nicht explizit berücksichtigt. Neben Entscheidungen über Art und Anzahl der Endprodukte kann es grundsätz-

lich auch darum gehen, auf welche Weise diese Fertigerzeugnisse hergestellt werden sollen, sofern das Unternehmen über mehrere geeignete Fertigungsverfahren verfügt. Weil der Fokus der folgenden Darstellung auf grundlegenden Techniken und der Problematik von Opportunitätskosten liegt, wird auf die explizite Einbeziehung der Verfahrenswahl verzichtet (sie lässt sich oftmals durch eine schlichte Uminterpretation des Basisansatzes erfassen, dies wird weiter unten in einem Einschub demonstriert).

- Die Behandlung des Programmplanungsproblems erfolgt hier unter der Annahme **sicherer Erwartungen** für die betrachtete Periode, um die grundlegenden Zusammenhänge sichtbar zu machen. Dem Unternehmen sind also – für die laufende Periode – sämtliche Verhältnisse auf den Beschaffungs- und Absatzmärkten sowie die internen Fertigungsbedingungen und Kostenrelationen bekannt. Unsichere Erwartungen werden im 5. Kapitel: *Entscheidungsrechnungen bei Unsicherheit* eingeführt.
- Bezüglich des unternehmerischen Zielplans werden nur **monetäre Zielgrößen** betrachtet. Die Höhenpräferenz ist dabei streng monoton steigend hinsichtlich des Periodengewinns G, der auf der Basis **pagatorischer Kosten und Leistungen** berechnet wird. Mehrperiodige Bewertungsinterdependenzen liegen nicht vor.

1.2. Das Vollkostenproblem

In diesem Grundszenario lässt sich durch eine Analyse des Zielplans und des Entscheidungsfeldes die Frage, ob Vollkosten oder Teilkosten verwendet werden sollen bzw können, relativ leicht beantworten. Wegen des als kurzfristig wirksam angesehenen Entscheidungsproblems wird implizit unterstellt, dass keine oder nur vernachlässigbar geringe Auswirkungen der heutigen Maßnahmen für die Entscheidungsfelder der Folgeperioden vorliegen. Weil intertemporale Bewertungsinterdependenzen ebenfalls unbeachtlich sind, folgt daraus eine alleinige Orientierung an den Ergebnissen der laufenden Periode.

Für die Entscheidungsfindung sind daher **keinerlei Zeitpräferenzen** zu beachten und wegen der Annahme sicherer Erwartungen ebenfalls **keine Sicherheitspräferenzen**. Es verbleibt nur noch die **Höhenpräferenz**, weil die alleinige Orientierung an monetären Zielgrößen auch die **Artenpräferenz** vorweg festlegt. Da die Höhenpräferenz streng monoton steigend bezüglich des Periodengewinnes G ist, kennzeichnet diejenige Politik mit dem **maximalen Periodengewinn** die optimale Unternehmenspolitik.[3]

Hinsichtlich des (periodenbezogenen) **Entscheidungsfelds** ist zu beachten, dass wegen der Zerlegung des Gesamtproblems nach der Fristigkeit nicht mehr alle Aktionsparameter frei wählbar sind. Die für die Betrachtungsperiode noch variablen

---

3 Siehe zu einer ähnlichen Einordnung der Kostenrechnung als Entscheidungsrechnung auch *Sieben* und *Schildbach* (1994), S. 115 – 119.

Aktionsparameter werden durch langfristig wirksame Maßnahmen (insbesondere den Potenzialfaktorbestand) eingeschränkt. Mit a^V sei daher eine Aktion bezeichnet, die aus einer Kombination der noch variablen Aktionsparameter (zB Mengen an End- und Zwischenprodukten) gebildet wird, und $\mathbf{A}^V(\bar{a}^F)$ sei der dafür relevante Aktionsraum, der von den vorab bestimmten, „fixen" Aktionsparametern $\bar{a}^F$ abhängt.

Allgemein lässt sich das verbleibende **Entscheidungsproblem** damit wie folgt schreiben:

$$\max_{a^V} G(a^V, \bar{a}^F) \quad \text{mit } a^V \in \mathbf{A}^V(\bar{a}^F) \tag{1}$$

Dabei bedeuten:
G ....Periodengewinn
a ....Aktion, mit Index V variable Parameter, mit Index F fixe Parameter
$\mathbf{A}$ ....Menge zulässiger Aktionen

Der Periodengewinn G lässt sich in zwei Gewinnbestandteile zerlegen: Der **fixe Gewinnbestandteil** $G^F(\bar{a}^F)$ wird ausschließlich durch die bereits fixierten Aktionsparameter bestimmt. Geht man davon aus, dass fixe Leistungen (bis auf Ausnahmefälle wie etwa Grundgebühren bei Telefonanschlüssen) praktisch nicht relevant sind, dann verbergen sich hinter $G^F(\bar{a}^F)$ hauptsächlich fixe Kosten, wie etwa zeitabhängige Abschreibungen für den als unveränderlich angesehenen Anlagenbestand. Der **variable Gewinnbestandteil** $G^V(a^V|\bar{a}^F)$ hängt von den noch frei wählbaren Aktionsparametern ab, wobei die Wirkungszusammenhänge durch die vorab bestimmten Parameter $\bar{a}^F$ beeinflusst sein können (so kann etwa bei einer Preis-Absatz-Funktion die Steigung und/oder der Prohibitivpreis von langfristig wirksamen Marketingmaßnahmen abhängen, die Kostenfunktionen können vom Mechanisierungsgrad der verfügbaren Fertigungstechnologien beeinflusst sein). Das in (1) vorgestellte Problem lässt sich somit auch wie folgt schreiben:

$$\max_{a^V} G^V(a^V|\bar{a}^F) + G^F(\bar{a}^F) \quad \text{mit } a^V \in \mathbf{A}^V(\bar{a}^F)$$

Weil der fixe Gewinnanteil $G^F(\bar{a}^F)$ für das vorliegende Problem eine *Konstante* darstellt, ist die optimale Lösung a^{V*} diejenige, die den variablen Gewinnanteil $G^V(a^V|\bar{a}^F)$ maximiert.

Zur Bestimmung der gewinnmaximalen, kurzfristig wirksamen Unternehmenspolitik ist es unter den obigen Bedingungen somit *hinreichend*, nur die **variablen Gewinnanteile** und damit eine auf Teilkosten und Teilleistungen basierende KLR zu verwenden.[4] Das ist aber keine *notwendige* Bedingung, sofern eine **Vollkostenrechnung als Periodenrechnung** durchgeführt wird.[5] In einer Periodenrechnung

4 Steht auch eine Änderung von Potentialfaktoren zur Diskussion, können Fixkosten dafür entscheidungsrelevant werden, zB im Fall, dass der erzielte gesamte Deckungsbeitrag die Fixkosten nicht deckt.

5 Vgl auch *Sieben* und *Schildbach* (1994), S. 121.

werden die Fixkosten *nicht* auf einzelne Bezugsobjekte (zB Produkte) verteilt, sondern einfach kostenartenweise als Block erfasst. Die Fixkosten bilden dann nur eine Konstante, die keinen Einfluss auf die Bestimmung des Optimums hat. Die Frage „Vollkosten *versus* Teilkosten" ist hier schlicht irrelevant.

In den meisten Fällen verbindet man mit dem Begriff „Vollkostenrechnung" aber eine **Stückrechnung**, bei der Bezugsobjekten nicht nur die variablen, sondern auch anteilige Fixkosten zugerechnet werden. Auch das muss für die Lösung von Entscheidungsproblemen nicht zwingend zu Fehlern führen, sofern nämlich die Gesamtkosten einer aus den Bezugsobjekten gebildeten Aktion stets den Gesamtkosten der entsprechenden Periodenrechnung gleichen. Im Allgemeinen ist dies aber nur dann gewährleistet, wenn die für die Entscheidungsfindung betrachtete Alternative zugleich die jeweilige Basis für die Fixkostenzurechnung auf die Bezugsobjekte ist. Das ist freilich ein sehr umständlicher Weg, denn die Bestimmung des Periodengewinns **neutralisiert** die ursprüngliche **Fixkostenschlüsselung**, so dass man darauf auch von vorneherein verzichten kann.

Beispiel

Als Bezugsobjekte werden zwei Endprodukte betrachtet. Die konstanten, variablen Kosten von Produkt 1 (2) betragen 20 (40), und man rechnet für die laufende Periode mit Fixkosten in Höhe von 21.000. Der (variable) Aktionsraum besteht nur aus zwei Alternativen: Alternative 1 umfasst die Fertigung von 100 (200) Stück von Produkt 1 (2), Alternative 2 dagegen die Herstellung von 150 (100) Stück von Produkt 1 (2). Zur Schlüsselung der Fixkosten wird das Verfahren der summarischen Zuschlagskalkulation mit den gesamten variablen Kosten als Zuschlagsbasis verwendet.

Alternative 1: Die variablen Kosten betragen 20·100 + 40·200 = 10.000. Daraus ergibt sich ein Zuschlagsatz für die Fixkosten von 21.000/10.000 = 2,1 (bzw 210%). Die Periodenkosten sind 10.000 + 21.000 = 31.000. Eine Stückrechnung zu Vollkosten lautet dann:

Produkt 1: 20 + 20·2,1 = 62

Produkt 2: 40 + 40·2,1 = 124

Die Gesamtkosten von Alternative 1 auf Basis der Stückkosten sind damit:

100·62 + 200·124 = 31.000

Alternative 2: Die variablen Kosten sind 20·150 + 40·100 = 7.000. Der Zuschlagsatz beträgt nunmehr 21.000/7.000 = 3 (bzw 300%). Die Periodenkosten betragen 7.000 + 21.000 = 28.000. Die Stückrechnung zu Vollkosten lautet nun:

Produkt 1: 20 + 20·3 = 80

Produkt 2: 40 + 40·3 = 160

Und die Gesamtkosten von Alternative 2 auf Basis der Stückkosten ergeben sich zu:

$150 \cdot 80 + 100 \cdot 160 = 28.000$

Alternative 1 führt also zu höheren Kosten. Dieselbe Kostendifferenz erhält man (natürlich), wenn man nur die variablen Kosten vergleicht: 10.000 – 7.000 = 3.000. Die Gesamtkosten der beiden Alternativen werden also *trotz* der Stück-Vollkostenrechnung stets richtig ermittelt, weil die jeweilige Alternative Basis der Kostenschlüsselung ist. Eine Entscheidung auf der Grundlage des sich daraus ergebenden Periodengewinns ist demnach immer richtig.

Fehlerquellen

Das Beispiel verdeutlicht, wo letztlich die Fehlerquellen einer als Stückrechnung verstandenen Vollkostenrechnung liegen. Einerseits können Fehlentscheidungen resultieren, wenn man die Stückkosten mittels irgendeiner „**Basisalternative**" berechnet, mit diesen einmal berechneten Stückkosten dann aber auch die Gesamtkosten anderer Alternativen ermittelt. So kommt man etwa für die Alternative 2 zu falschen Gesamtkosten, wenn man mit den Stückkosten der Alternative 1 rechnet. In diesen Fällen werden die Schlüsselungen nicht mehr neutralisiert, und es liegt letztlich eine falsche Erfassung der Beziehungen zwischen den Aktionsparametern und den Gesamtkosten vor. Dass sich daraus Fehlentscheidungen ergeben können, liegt auf der Hand.

Eine zweite Ursache für Fehlentscheidungen ist dann gegeben, wenn die **Entscheidungsfindung** unmittelbar auf der **Basis** von **Stückkosten** erfolgt, wenn also gar keine Periodengewinne mehr ermittelt werden. Auch das kann am obigen Beispiel leicht verdeutlicht werden, wenn man unterstellt, dass das Produkt 2 alternativ zur Eigenfertigung auch am Markt zum Preis von 50 pro Stück fremdbezogen werden kann. Beide Vollkostenrechnungen würden den Fremdbezug nahelegen, wenn man *lediglich* die Stückgrößen einander gegenüberstellt. Die Stück-Vollkosten der Eigenfertigung beinhalten aber Anteile willkürlich zugerechneter Fixkosten, die auch dann anfallen, wenn das Produkt 2 vollständig fremdbezogen wird. Es wird also hinsichtlich der zugeschlüsselten Fixkostenbeträge implizit eine Proportionalität unterstellt, die faktisch nicht existiert. Dieser Effekt würde sich aber erst in einer Periodenrechnung zeigen. Dagegen induziert die Verwendung nur der variablen Stückkosten im obigen Beispiel die richtige Entscheidung: Der Fremdbezug ist teurer als die Eigenfertigung, und daher sollte man auf ihn verzichten.

Im 5. Kapitel: *Entscheidungsrechnungen bei Unsicherheit* wird gezeigt, dass bei Berücksichtigung unsicherer Erwartungen Entscheidungssituationen auftreten können, bei denen die Größe $G^F(\overline{a}^F)$ – selbst wenn sie sicher sein sollte – nicht vernachlässigt werden darf. Dann bietet *nur* eine **Vollkostenrechnung als Periodenrechnung** die Gewähr einer richtigen Entscheidung, während die alleinige Betrachtung der variablen Gewinnbestandteile zu Fehlentscheidungen führen kann.

Empirische Ergebnisse

Eine Umfrage unter 292 großen britischen Industrieunternehmen aus dem Jahr 1991 (*Drury* et al. 1993, S. 6 f) ergab auf die Frage nach den verschiedenen Kosten, die für Entscheidungszwecke (zB Programmentscheidungen, Eigenfertigung *versus* Fremdbezug) verwendet werden, folgendes:

	nie/selten	manchmal	oft/immer
Variable (bzw Grenz-)Herstellkosten	20%	28%	52%
Gesamte Herstellkosten	32%	22%	46%
Variable (bzw Grenz-)Selbstkosten	40%	26%	34%
Gesamte Selbstkosten	45%	24%	31%

Dabei wurden variable (bzw Grenz-)Kosten von größeren Unternehmen signifikant häufiger verwendet als von kleineren Unternehmen. Aus den Antworten ist jedoch nicht klar erkennbar, ob die Unternehmen, die Vollkosten angegeben haben, mit diesen direkt die Entscheidungen treffen, oder ob sie sie nur als Ausgangspunkt weiterer Analysen verwenden.

1.3. Deckungsbeiträge, Gewinnfunktionen und Restriktionstypen

Deckungsbeiträge und Gewinnfunktionen

Die **funktionale Abhängigkeit** des Gewinns von den variablen Aktionsparametern a^V kann lineare als auch nichtlineare Beziehungen aufweisen. Hinsichtlich der Endprodukte implizieren lineare Beziehungen konstante Absatzpreise und konstante variable Stückkosten für die einzelnen Endprodukte. Der **Deckungsbeitrag pro Stück** (**Deckungsspanne**) d eines Endproduktes ist dann die Differenz zwischen dem Absatzpreis p und den variablen Stückkosten k eines Produktes:

$$d = p - k \tag{2}$$

Bei gegebenen Fertigungsverfahren verbleiben die **Mengeneinheiten** der Endprodukte als einzige Aktionsparameter. Kann das Unternehmen auf dem vorhandenen Anlagenbestand insgesamt J Endproduktarten fertigen, dann lässt sich der Periodengewinn im linearen Fall wie folgt schreiben:

$$G = \sum_{j=1}^{J} (p_j - k_j) \cdot x_j - K^F = \sum_{j=1}^{J} d_j \cdot x_j - K^F = D(x_1, \ldots, x_J) - K^F \tag{3}$$

Dabei bedeuten:

p_j .... konstanter Absatzpreis des Produktes j
k_j .... konstante variable Stückkosten des Produktes j
d_j .... Stückdeckungsbeitrag des Produktes j
x_j .... Produktions- und Absatzmenge des Produktes j
K^F .... Fixkosten ($= -G^F(\bar{a}^F)$)
$D(x_1, ..., x_J)$ .... gesamter Deckungsbeitrag ($= G^V(a^V|\bar{a}^F)$)

Die Bezeichnung **Deckungsbeitrag** resultiert daher, dass die in (2) bzw (3) angegebenen Größen denjenigen Betrag angeben, mit dem eine abgesetzte Einheit des entsprechenden Endproduktes zur Deckung der Fixkosten beiträgt. Insofern entspricht der Deckungsbeitrag auch dem **Grenzgewinn** für das betrachtete Endprodukt:

$$\frac{\partial G}{\partial x_j} = \frac{\partial D(x_1,\ldots,x_J)}{\partial x_j} = d_j \text{ für } j = 1,\ldots,J \tag{4}$$

Nur im Falle rein linearer Abhängigkeiten macht es Sinn, von *dem* Deckungsbeitrag und *dem* Grenzgewinn eines Produktes zu sprechen. Andernfalls wird der Grenzgewinn eines Produktes von der bisherigen Produktions- und Absatzmenge beeinflusst.

In **Mehrproduktunternehmen** sind die Grenzkosten wegen der partiellen Ableitung bestimmt, jedoch lassen sich Durchschnittskosten nicht mehr definieren (*Christensen* und *Demski* (1995)).

Restriktionstypen

Im Rahmen der obigen, grundlegenden Charakterisierung des Programmplanungsproblems wurden der gegebene Potenzialfaktorbestand und gegebene Verhältnisse auf den Beschaffungs- und Absatzmärkten betont. Daraus ergeben sich für die Planung der laufenden Periode **Restriktionen**, die sich allgemein im (variablen) Aktionsraum $\mathbf{A}^V(\bar{a}^F)$ niederschlagen. Diese Beschränkungen der Handlungsmöglichkeiten können sich inhaltlich auf den Beschaffungs-, Produktions- und Absatzbereich beziehen.

Die Abhängigkeiten können **linear**, stückweise linear oder **nichtlinear** sein. So kann der Rohstoffverbrauch pro Stück vom Produktionsprogramm abhängen, weil etwa höhere Mengen nur durch Steigerung der Fertigungsintensität (Mengeneinheiten pro Zeiteinheit) möglich sind und dadurch Mehrverbräuche anfallen (in diesem Fall würde sich natürlich auch der Zeitbedarf pro Stück ändern).

Nicht alle Restriktionen müssen alle Produkte betreffen. Ist zB der Absatz einer Produktart in der betrachteten Periode auf maximal 2.000 Stück beschränkt, so betrifft diese Restriktion unmittelbar nur die angesprochene Produktart. Solche Restriktionen werden als **Einproduktrestriktionen** bezeichnet. Sie können sich freilich auch in anderen Funktionsbereichen wiederfinden. Wird etwa ein beschränkter Rohstoff von nur einem Produkt in Anspruch genommen wird, liegt für den Beschaffungsbereich ebenfalls eine Einproduktrestriktion vor.

Bezieht sich eine Beschränkung dagegen gleichzeitig auf wenigstens zwei Produktarten, hat man es mit einer **Mehrproduktrestriktion** zu tun. Solche Restriktionen bringen zum Ausdruck, dass die Produkte um möglicherweise **knappe Ressourcen konkurrieren**. Diejenigen Ressourcenteile, die für eine Produktart verwendet werden, stehen für andere Produktarten definitiv nicht zur Verfügung und verhindern damit eine entsprechende Ausweitung deren Produktion.

Für die Programmplanung ist es dabei bedeutsam, ob die durch solche **Mehrproduktrestriktionen** grundsätzlich gegebenen Konkurrenzverhältnisse **tatsächlich wirksam** werden oder nicht. Ein von mehreren Produktarten benötigtes Aggregat mag zB nur in beschränktem Umfang zur Verfügung stehen; sollten jedoch die individuellen Absatzobergrenzen insgesamt noch strenger sein, wäre die Mehrproduktrestriktion im Produktionsbereich zwar grundsätzlich vorhanden, faktisch jedoch irrelevant. Die bei der Programmplanung verwendeten Entscheidungskriterien und Methoden hängen größtenteils davon ab, ob – und wenn ja, wie viele – Mehrproduktrestriktionen wirksam sind. Dieser Aspekt wird im weiteren Verlauf dieses Kapitels noch deutlich werden.

1.4. Grundmodell der „reinen" Produktionsprogrammplanung

Basierend auf den bisherigen Prämissen und Abgrenzungen wird im Folgenden die Produktionsprogrammplanung ohne explizite Verfahrenswahl behandelt. Dabei werden grundsätzliche Entscheidungskriterien und Methoden erläutert, die der Art nach auch für die Verfahrensentscheidungen gültig bleiben und als Grundlage für die Analyse der Opportunitätskosten dienen. In diesen „reinen" Programmplanungsproblemen liegen die zur Anwendung kommenden Fertigungsverfahren *a priori* fest. Es werden nur technisch unverbundene Produktionsprozesse betrachtet; die Entscheidungskriterien lassen sich aber analog auf Prozesse der Kuppelproduktion übertragen.[6]

Zu **maximieren** ist der Periodengewinn G (oder der gesamte Deckungsbeitrag D bzw der variable Gewinnanteil G^V), der nur noch von den Mengen x_j der insgesamt J Endproduktarten abhängt. Es wird unterstellt, dass für jede Produktart zunächst eine Absatzobergrenze $\overline{x}_j > 0$ (als Einproduktrestriktion) existiert. Darüber hinaus können weitere Beschränkungen in den einzelnen Funktionsbereichen (als Ein- und/oder Mehrproduktrestriktionen) vorliegen. Sofern es sich um Einproduktrestriktionen handelt, ist im Zusammenhang mit den bestehenden (isolierten) Absatzobergrenzen natürlich nur die jeweils strengste Einproduktrestriktion relevant. Ohne Beschränkung der Allgemeinheit sei unterstellt, dass es sich dabei um die jeweilige Absatzobergrenze handelt. Andere Einproduktrestriktionen haben formal die gleiche Gestalt wie Absatzobergrenzen. Insofern liegen außer den J Absatzobergrenzen nur noch Mehrproduktrestriktionen vor. Insgesamt seien I solcher Restriktionen („**Ressourcen**") vorhanden; dabei bezeichnet v_{ij} den **Verbrauch der Ressource** i je Mengeneinheit des Produktes j, und $\overline{V}_i$ gibt den **verfügbaren Mittelvorrat** (**Kapazität**) dieser Ressource für die betrachtete Periode an. Weil negative Produktionsmengen nicht möglich sind, müssen für alle Produkte noch **Nichtnegativitätsbedingungen** beachtet werden. Diese Restriktionen in Form von linearen Ungleichungen des Typs ´kleiner gleich´ charakterisieren gemeinsam den Aktionsraum $\mathbf{A}^V(\overline{a}^F)$.

Das Planungsproblem

Das Planungsproblem lässt sich allgemein wie folgt schreiben:

$$\max_{x_j} G(x_1,\ldots,x_J) = D(x_1,\ldots,x_J) - K^F$$

6 Siehe dazu *Kruschwitz* (1973, 1974).

unter den Nebenbedingungen

$$\sum_{j=1}^{J} v_{ij} \cdot x_j \leq \overline{V_i} \qquad i = 1,\ldots,I$$

$$0 \leq x_j \leq \overline{x}_j \qquad j = 1,\ldots,J$$

Für den „**Standardfall**“ werden alle Werte v_{ij} nichtnegativ und alle Mittelvorräte $\overline{V_i}$ positiv angenommen. In diesem Fall befinden sich unter den Mehrproduktrestriktionen keine Untergrenzen.[7].

Im Anschluss an die Analyse verschieden komplexer Probleme wird auf die Frage eingegangen, ob die Einbeziehung von **Opportunitätskosten** und damit die Verwendung von **wertmäßigen Kosten** an Stelle der pagatorischen Kosten eine Hilfestellung bei der Entscheidungsfindung geben kann.

2. Produktionsprogrammplanung in verschiedenen Szenarien

Je nachdem, welche Form die Gewinnfunktion und die Restriktionstypen aufweisen, ergeben sich für die Produktionsprogrammplanung verschiedene **Lösungsstrukturen** und **Lösungsverfahren**. Tabelle 1 zeigt sie im Überblick.

	Lineare Gewinnfunktion	Nichtlineare Gewinnfunktion
Keine wirksame Mehrprodukt-restriktion	Erzeugung der Produkte mit positivem Deckungsbeitrag bis zur Absatzgrenze (Randlösung)	Erzeugung der Produkte mit positivem Deckungsbeitrag bis zur Absatzgrenze oder solange Grenzgewinn > 0
Eine wirksame Mehrprodukt-restriktion	Reihung der Produkte nach abnehmendem spezifischen Deckungsbeitrag (Randlösung)	Erzeugung der Produkte im Verhältnis gleicher Grenz-deckungsbeiträge
Mehrere wirksame Mehrprodukt-restriktionen	Standardfall der linearen Pro-grammierung, zB Simplex-Methode (Eckpunktlösung)	Lösung mit *Lagrange*-Funktion und *Kuhn-Tucker*-Bedingungen

Tab. 1: Typen von Produktionsprogrammen

[7] Befänden sich unter den Mehrproduktrestriktionen dagegen auch Untergrenzen, sind einige Koeffizienten v_{ij} regelmäßig negativ, weil die ursprüngliche Untergrenzenrestriktion durch Multiplikation mit -1 in die Obergrenzendarstellung überführt wurde.

Ausgangsbeispiel

Die für die einzelnen Entscheidungssituationen relevanten Zusammenhänge werden unter Heranziehung eines Beispiels analysiert. Dieses Beispiel wird im Laufe der Argumentation sukzessive modifiziert, um zusätzliche Problemkreise zu erfassen.

Ein Unternehmen erzeugt $J = 3$ Produktarten auf $I = 2$ Fertigungsaggregaten. Die Fixkosten betragen $K^F = 4.000$, und die weiteren Ausgangsdaten sind in Tabelle 2 zusammengefasst. Es liegen konstante Absatzpreise und Stückkosten und mithin lineare Abhängigkeiten im Rahmen der Gewinnfunktion vor (die Vorgehensweise bei nichtlinearen Gewinnfunktionen wird in der Folge kurz dargestellt). Die Beanspruchungen v_{ij} der beiden Fertigungsaggregate werden in Stunden gemessen. Die Maschinen stehen dabei für die laufende Periode mit Stundenzahlen zur Verfügung, die im zweiten Teil von Tabelle 2 als Kapazitäten angegeben sind.

Produkt	$j = 1$	$j = 2$	$j = 3$
Preis p_j	200	480	1.100
variable Kosten k_j	160	400	1.170
Deckungsbeitrag d_j	40	80	–70
Obergrenze $\overline{x}_j$	300	200	600
Verbrauch v_{1j}	2	8	5
Verbrauch v_{2j}	9	4	1

Aggregat	$i = 1$	$i = 2$
Kapazität $\overline{V}_i$	2.500	3.700

Tab. 2: Daten des Ausgangsbeispiels

2.1. Keine wirksame Mehrproduktrestriktion

Nach den bisherigen Ausführungen sind die Fixkosten für die Lösung des Entscheidungsproblems irrelevant. Zu maximieren ist der **gesamte Deckungsbeitrag** D des Produktionsprogramms.

Aus der Beziehung (4) folgt unmittelbar, dass nur solche Produkte hergestellt werden sollten, deren **Stückdeckungsbeitrag** d_j **positiv** ist. Nur diese Produkte leisten einen Beitrag zur Deckung der Fixkosten und zur Erhöhung des Gewinns. Produkte mit **negativen Deckungsbeiträgen** können daher keinesfalls optimal sein. Nach diesen Überlegungen scheidet Produkt 3 für eine Aufnahme ins Produktionsprogramm aus.

Eine Betrachtung der Absatzobergrenzen für Produkt 1 und 2 zeigt, dass **beide Fertigungsrestriktionen** *nicht* wirksam sind. Der Gesamtverbrauch V_i der Ressource i bei voller Ausschöpfung des Absatzpotenzials beträgt nämlich:

$$2 \cdot \overline{x}_1 + 8 \cdot \overline{x}_2 = 2 \cdot 300 + 8 \cdot 200 = 2.200 = V_1 < \overline{V_1} = 2.500$$

$$9 \cdot \overline{x}_1 + 4 \cdot \overline{x}_2 = 9 \cdot 300 + 4 \cdot 200 = 3.500 = V_2 < \overline{V_2} = 3.700$$

Die **optimale Politik** besteht demnach darin, die Produkte 1 und 2 in Höhe ihrer jeweiligen Absatzobergrenzen und Produkt 3 gar nicht zu fertigen:

$$x_1^* = 300; \quad x_2^* = 200; \quad x_3^* = 0.$$

Der daraus resultierende Deckungsbeitrag beträgt D = 28.000 und der Gewinn $G = D - K^F = 24.000$.

Lösungsstruktur

Im linearen Fall liegt eine Situation ohne wirksame Mehrproduktrestriktion vor, wenn die Beanspruchung der Mehrproduktrestriktionen durch alle Produktarten mit **positiven Deckungsbeiträgen** in Höhe ihrer jeweiligen Absatzobergrenzen niedriger ist als der vorhandene Mittelvorrat. Das optimale Produktionsprogramm lautet dann: $x_j^* = \overline{x}_j$ für alle Produkte j mit $d_j > 0$ und $x_j^* = 0$ sonst.

Das Optimum besitzt die **Eigenschaft**, zumindest einige **Absatzobergrenzen** und somit einige Restriktionen vollständig auszuschöpfen. Die optimale Produktionspolitik liegt im linearen Fall ohne wirksame Mehrproduktrestriktion auf dem **Rand des zulässigen Bereichs.** Der Rand besteht aus Randpunkten, das sind alle Mengenkombinationen der Produkte des durch die Restriktionen definierten zulässigen Bereichs, bei denen wenigstens eine Restriktion als Gleichung erfüllt ist. Dies ist ein generelles Ergebnis für lineare Verhältnisse.

Die obige Regel ist zu modifizieren, wenn es für einzelne oder alle Produkte **Untergrenzen** gibt. In diesem Fall ist das gefundene Programm nur dann zulässig, wenn es auch alle Untergrenzen erfüllt. Im Beispiel wäre das nicht mehr gegeben, wenn zB für Produkt 3 eine Untergrenze in Höhe von 100 existieren sollte.

Eine solche **Untergrenze** könnte zB aus **langfristigen Überlegungen** resultieren. Will man in späteren Perioden ebenfalls noch Chancen haben, das Produkt 3 absetzen zu können, kann man sich nicht ohne weiteres vom Markt zurückziehen, wenn man in den Augen der Kunden noch als Anbieter wahrgenommen werden möchte. Auch verzeichnen oft Produkte, die am Beginn des Lebenszyklus stehen, noch einen negativen Deckungsbeitrag.

Die Menge für Produkt 3 müsste jetzt jedenfalls auf 100 gesetzt werden; man würde aber wegen des negativen Deckungsbeitrages auch *nicht mehr* als 100 Stück herstellen. Allerdings beansprucht Produkt 3 Fertigungskapazitäten der beiden Aggregate, und zwar 500 Stunden vom ersten und 100 Stunden vom zweiten Aggregat. Dann aber sind beim ersten Aggregat für die beiden anderen Produkte nur noch 2.000 Stunden verfügbar, und damit wird diese Mehrproduktrestriktion wirksam, denn für die Politik, die man ansonsten wählen würde, sind 2.200 Stunden erforderlich.

Nichtlineare Gewinnfunktionen

Bei nichtlinearen Verhältnissen sind die Deckungsbeiträge niveauabhängig. Im Folgenden wird unterstellt, dass sie nur von der Produktionsmenge des jeweiligen Produktes j, nicht aber von der Menge der anderen Produkte abhängen. Verantwortlich für die Nichtlinearität sei für jedes Produkt eine Preis-Absatz-Funktion mit den üblichen Eigenschaften, es gilt also:

$$d_j = d_j(x_j) = p_j(x_j) - k_j \quad \text{mit } p_j'(x_j) < 0 \text{ und } p_j''(x_j) \leq 0 \quad \text{für } j = 1, ..., J$$

Für die Prüfung der Wirksamkeit von Mehrproduktrestriktionen sind die *Grenzdeckungsbeiträge* der Produkte relevant, die aus dem Deckungsbeitrag $D_j = d_j(x_j) \cdot x_j$ der Produktart j ermittelt werden. Die **Vorgehensweise** ist wie folgt:

1. Zunächst wird für jedes Produkt das **unbeschränkte Optimum** ermittelt. Es kennzeichnet denjenigen Punkt, bei dem der jeweilige Grenzdeckungsbeitrag gleich Null ist.
2. Sofern dieses unbeschränkte Optimum niedriger als die jeweilige Absatzobergrenze ist, kann es *vorläufig* als zulässig akzeptiert werden. Andernfalls ist nur die entsprechende Absatzobergrenze zulässig. Dort ist der jeweilige Grenzdeckungsbeitrag noch positiv.
3. Mit den sich daraus ergebenden zulässigen Mengen wird die Beanspruchung der Mehrproduktrestriktionen geprüft. Daraus ergibt sich deren Wirksamkeit.

Der wesentliche **Unterschied** zum linearen Fall verbirgt sich im Schritt 2. Sind nämlich alle unbeschränkten Optima zulässig im Sinne der Absatzobergrenzen, so ist die optimale Produktionspolitik im Regelfall **kein Randpunkt** des insgesamt zulässigen Bereichs mehr.

Beispiel

Als Basis dient das Ausgangsbeispiel (Tabelle 2), wobei (bis auf Produkt 3) die bisherigen Absatzpreise als Prohibitivpreise der jeweiligen Preis-Absatz-Funktionen aufzufassen sind, die wie folgt angenommen werden:

$$p_1(x_1) = 200 - x_1; \; p_2(x_2) = 480 - 2 \cdot x_2; \; p_3(x_3) = 1.260 - 1{,}5 \cdot x_3$$

Daraus ergeben sich folgende Stückdeckungsbeiträge für die Produktarten:

$$d_1(x_1) = 40 - x_1; \qquad d_1(x_1) \cdot x_1 = 40 \cdot x_1 - x_1^2$$

$$d_2(x_2) = 80 - 2 \cdot x_2; \qquad d_2(x_2) \cdot x_2 = 80 \cdot x_2 - 2 \cdot x_2^2$$

$$d_3(x_3) = 90 - 1{,}5 \cdot x_3; \qquad d_3(x_3) \cdot x_3 = 90 \cdot x_3 - 1{,}5 \cdot x_3^2$$

Berechnet man durch Nullsetzen des Grenzgewinns bzw Grenzdeckungsbeitrages das jeweils unbeschränkte Optimum, folgt:

$$x_1^{*u} = 20 = x_2^{*u}; \quad x_3^{*u} = 30$$

Alle drei Werte sind zulässig, und ihr Einsetzen in die beiden Fertigungsbeschränkungen zeigt die Nichtwirksamkeit beider Restriktionen und damit letztlich *aller Restriktionen*. Das Optimum ist ein echter innerer Punkt des zulässigen Bereichs. Dies ändert sich, wenn etwa die Preis-Absatz-Funktion für Produkt 1 wie folgt angenommen wird:

$$p_1(x_1) = 200 - 0{,}05 \cdot x_1$$

Daraus ergäbe sich nämlich $x_1^{*u} = 400$, was offenbar unzulässig ist. In diesem Fall müsste die Menge für Produkt 1 auf die Absatzobergrenze 300 herabgesetzt werden. Die beiden Mehrproduktrestriktionen bleiben aber unwirksam.

Auswertung der Lösung

Ausgehend von der optimalen Lösung lassen sich weitere Fragen beantworten. Zunächst könnte man daran denken, die Erfolgssituation durch kurzfristige **Erhöhung der Maschinenkapazitäten** zu verbessern, etwa *via* Einführung einer zusätzlichen Arbeitsschicht oder der Unterlassung von Inspektionen. Im obigen Fall können aber derartige Maßnahmen zu **keinen Erfolgsverbesserungen** durch Änderung des Produktionsprogramms führen, weil die Kapazitäten bereits im Überfluss vorhanden sind.

Eine Unterlassung von Inspektionen oder anderen Wartungsaktivitäten kann zwar zu einer Reduzierung der **Fixkosten** K^F führen, denn diese Kosten beinhalten letztlich alle bewerteten Güterverbräuche für Maßnahmen außerhalb des betrachteten Alternativenraums, die bereits vorher festgelegt wurden. Doch sind bei einer solchen Entscheidung auch langfristige Wirkungen zu beachten, denn eine Verminderung der heutigen Wartungsmaßnahmen kann vermehrte künftige Reparaturen und Maschinenausfälle nach sich ziehen, was zu einer Beeinträchtigung der Zielerreichung in Folgeperioden führen kann. Insofern wird hier nicht nur die **Dispositionsabhängigkeit der Fixkosten** deutlich, sondern zugleich die Einbettung des betrachteten Periodenproblems in den längerfristigen Zusammenhang.

Will man kurzfristig Erfolgsverbesserungen erreichen, dann bietet sich stattdessen eine **Ausweitung der Absatzobergrenzen** an; dies könnte durch absatzpolitische Maßnahmen erreicht werden. Lassen sich durch solche Aktionen beide Absatzobergrenzen zB um jeweils 10 steigern, dann würden noch keine Engpässe auftreten. Bei gegebenen Deckungsbeiträgen induziert dies eine Brutto-Erfolgsverbesserung von $10{\cdot}40 + 10{\cdot}80 = 1.200$. Sie ist den **zusätzlichen Kosten** der absatzpolitischen Maßnahmen gegenüberzustellen, um die Netto-Erfolgsverbesserung zu ermitteln.

Allerdings dürften auch hier längerfristige Aspekte zu beachten sein. So implizieren aus längerfristiger Sicht zusätzliche Kosten von etwa 1.500 nicht unbedingt die Unvorteilhaftigkeit dieser Maßnahmen, sofern auch in den Folgeperioden Erhöhungen der Absatzobergrenzen zu verzeichnen sind. Umgekehrt bedeuten zusätzliche Absatzkosten von zB 900 nicht zwingend die Vorteilhaftigkeit der Maßnahmen, wenn die heutige Absatzerhöhung auf Kosten künftiger Absatzmengen gehen sollte (zB durch vorgezogene Käufe).

Diese Ausführungen verdeutlichen die bereits im 2. Kapitel: *Die Kosten- und Leistungsrechnung als Entscheidungsrechnung* getroffene Aussage, dass die Abgrenzung „**kurzfristig wirksam**" nicht immer einwandfrei getroffen werden kann; letztlich kann stets nur für den konkret vorliegenden Einzelfall entschieden werden, ob man davon ausgehen kann oder nicht.

2.2. Eine wirksame Mehrproduktrestriktion

Das Ausgangsbeispiel wird jetzt leicht modifiziert, indem die verfügbaren Fertigungsstunden der ersten Fertigungsrestriktion auf 1.000 herabgesetzt werden, während alle anderen Angaben (gemäß Tabelle 2) weiterhin gültig bleiben (die Änderung ist in Tabelle 3 hervorgehoben). Weil das bislang gewählte Programm 2.200 Stunden auf dem Aggregat 1 benötigt, ist es unter den jetzt vorliegenden Bedingungen offenbar unzulässig. Die Restriktion für Maschine 1 stellt also eine wirksame

Beschränkung dar, während diejenige für Maschine 2 nach wie vor irrelevant ist. Produkt 3 kann auch weiterhin vernachlässigt werden, doch sind die optimalen Produktionsmengen der Produkte 1 und 2 neu festzulegen.

Aggregat	$i = 1$	$i = 2$
Kapazität $\overline{V}_i$	**1.000**	3.700

Tab. 3: Veränderte Kapazität

Bei Betrachtung der Daten beider Produkte wäre man auf den ersten Blick geneigt, dem Produkt 2 ein starkes Gewicht zu geben, ist doch dessen Deckungsbeitrag doppelt so hoch wie derjenige von Produkt 1. Gibt man daher vorläufig dem Produkt 2 die erste Priorität, so könnten zwar nach Maßgabe der Absatzobergrenze 200 Stück abgesetzt werden, doch wegen der starken Beanspruchung des ersten Aggregats sind faktisch nur 125 Stück herstellbar. Die Kapazität der ersten Maschine wäre damit vollständig ausgeschöpft; von Produkt 1 könnte gar nichts produziert werden. Diese Politik würde einen Deckungsbeitrag von 10.000 bescheren.

Sie kann aber unmöglich optimal sein. Man braucht sie nur mit einer anderen zu vergleichen, bei der *ausschließlich* Produkt 1 im Umfang von 300 Stück gefertigt wird. Dafür werden 600 Fertigungsstunden des ersten Aggregats benötigt; 400 Stunden bleiben also ungenutzt. Diese Politik erbringt einen Deckungsbeitrag von 12.000 und ist daher offensichtlich besser als die anfangs erwogene. Weil sie darüber hinaus noch freie Kapazitäten auf dem ersten Aggregat belässt, kann der Deckungsbeitrag sogar noch über 12.000 hinaus gesteigert werden.

Im Falle einer wirksamen Mehrproduktrestriktion machen die jetzt relevanten **Konkurrenzverhältnisse zwischen den Produkten** die Orientierung an den absoluten Deckungsbeiträgen unsinnig. Die Konkurrenzverhältnisse finden ihren Niederschlag im angewandten **Entscheidungskriterium**. Wenn man weiß, dass die Mehrproduktressource i knapp ist, geht es nur noch darum, diesen knappen Mittelvorrat den günstigsten Verwendungen (Produktarten) zuzuführen. Insofern muss man sich fragen, welchen Deckungsbeitrag man pro Einheit der Ressource i erlangt, wenn man sie in die Verwendung (Produktart) j lenkt. Dieser (Stück-)Deckungsbeitrag wird als **spezifischer Deckungsbeitrag $\hat{d}_{ij}$** (spezifische Deckungsspanne) bezeichnet.[8] Er ergibt sich aus der Division des absoluten Deckungsbeitrags d_j durch die Beanspruchung der knappen Mehrproduktressource i:

$$\hat{d}_{ij} = \frac{d_j}{v_{ij}} \qquad j = 1, \ldots, J$$

Erste **Priorität** erhält die Produktart mit dem **höchsten spezifischen Deckungsbeitrag**. Bei ihr verdient man je Einheit eingesetzter Kapazität das meiste, und man würde ihre Produktion solange ausdehnen, bis entweder die Ressource i oder die entsprechende Absatzobergrenze die Produktion beschränkt. Sofern letzteres zuerst auf-

---

8 Oftmals findet sich dafür auch die Bezeichnung „relativer Deckungsbeitrag". Diese Begriffsbildung ist aber ggf problematisch, weil Verwechslungen mit den Größen der von *Riebel* entwickelten „Relativen Einzelkosten- und Deckungsbeitragsrechnung" möglich sind. Die Grundlagen dieses Systems werden im 12. Kapitel: *Systeme der Kostenrechnung* erläutert.

tritt, kann diejenige Produktart mit dem zweithöchsten spezifischen Deckungsbeitrag ins Programm aufgenommen werden usw. Dieses Prozedere endet bei voller Ausschöpfung der knappen Mehrproduktkapazität.

Im obigen Beispiel lauten die spezifischen Deckungsbeiträge wie folgt:

$$\hat{d}_{11} = \frac{d_1}{v_{11}} = \frac{40}{2} = 20 \quad \text{und} \quad \hat{d}_{12} = \frac{d_2}{v_{12}} = \frac{80}{8} = 10$$

Bezogen auf die erforderlichen Maschinenstunden kehren sich die bisherigen Verhältnisse also um; tatsächlich verdient man mit Produkt 1 doppelt so viel wie mit Produkt 2, wenn man die spezifischen Deckungsbeiträge betrachtet. Daher sollte Produkt 1 zunächst bis zum Verbrauch der Kapazität oder (wie im Beispiel) bis zu seiner Absatzhöchstgrenze produziert werden. Bei der Festlegung von x_2^* muss berücksichtigt werden, dass die verfügbaren 1.000 Stunden der Ressource 1 zunächst vom Produkt 1 im Umfang von 300·2 = 600 Stunden belegt werden. Es verbleiben daher nur noch 400 Stunden für Produkt 2, womit maximal 50 Stück des zweiten Produktes und damit bedeutend weniger als die entsprechende Absatzobergrenze gefertigt werden können.

Die **optimale Politik** lautet demnach

$$x_1^* = 300; \quad x_2^* = \min\{200; (1.000 - 300 \cdot 2)/8\} = \min\{200; 50\} = 50; \quad x_3^* = 0$$

Insgesamt ergibt sich ein Deckungsbeitrag D = 16.000 und ein Gewinn G = 12.000. Offensichtlich befindet sich auch diese Produktionspolitik auf dem *Rand* des zulässigen Bereichs, weil wenigstens eine Mehrproduktrestriktion als Gleichung erfüllt ist.

Lösungsstruktur

Allgemein lässt sich die Verfahrensweise für den Fall einer wirksamen Mehrproduktrestriktion wie folgt kennzeichnen: Seien wiederum lineare Abhängigkeiten gegeben, und sei i der Index der einen wirksamen Mehrproduktrestriktion. Dann sind die Produkte mit $d_j > 0$ nach Maßgabe ihrer **spezifischen Deckungsbeiträge** $\hat{d}_{ij}$ zu ordnen und gemäß dieser Reihenfolge unter Beachtung der jeweiligen Absatzobergrenzen der knappen Kapazität solange zuzuordnen, bis sie erschöpft ist.

Der Fall **einer wirksamen Mehrproduktrestriktion** liegt dann vor, wenn

- die Ausgangspolitik „$x_j = \overline{x}_j$ für alle Produkte j mit $d_j > 0$" dazu führt, dass der Mittelvorrat genau einer Mehrproduktrestriktion niedriger als der entsprechende Mittelbedarf ist;
- bei der Ausgangspolitik zwar mehrere Mehrproduktrestriktionen (potenziell) binden, aber die **Rangordnung** der Produkte nach Maßgabe der spezifischen Deckungsbeiträge für **alle diese Restriktionen** übereinstimmt (in diesem Fall ist die Zuordnung nach der gegebenen Rangfolge vorzunehmen; es ergibt sich aber erst im Laufe der Zuordnung, welche Restriktion letztlich bindet) (*Sonderfall 1*, siehe unten);

- bei der Ausgangspolitik zwar mehrere Mehrproduktrestriktionen (potenziell) binden, es aber eine für alle Produkte gleiche Restriktion gibt, die die Produktionsmengen der einzelnen Produkte absolut stärker als die jeweilige Absatzobergrenze und alle anderen Mehrproduktrestriktionen beschränkt (*Sonderfall 2*, siehe unten).

Sofern für einzelne Produkte **Untergrenzen** existieren, ist wie folgt zu verfahren: Zunächst werden die Produkte mit den jeweiligen Mindestmengen ins Programm aufgenommen. Der verfügbare Mittelvorrat der Restriktionen wird anschließend um die jeweilige Kapazitätsbeanspruchung dieser Mindestmengen reduziert. Es verbleibt ein Programmplanungsproblem für *zusätzliche* Mengeneinheiten und noch bestehende Mittelvorräte, das auf Basis der obigen Vorgehensweise gelöst werden kann.

Sonderfälle

Die beschriebene **Vorgehensweise** ist nicht nur dann anwendbar, wenn bei der Ausgangspolitik „$x_j = \overline{x}_j$ für alle Produkte j mit $d_j > 0$" *genau eine* Mehrproduktrestriktion wirksam ist. In den oben erwähnten **Sonderfällen** gilt sie auch dann, wenn beim Ausgangsprogramm mehrere Mehrproduktrestriktionen binden. Diese Fälle lassen sich wie folgt verdeutlichen:

Produkt	$j = 1$	$j = 2$	$j = 3$
Preis p_j	200	480	1.100
variable Kosten k_j	160	400	1.170
Deckungsbeitrag d_j	40	80	–70
Obergrenze $\overline{x}_j$	300	200	600
Verbrauch v_{1j}	2	8	5
Verbrauch v_{2j}	**1**	**3**	1

Aggregat	$i = 1$	$i = 2$
Kapazität $\overline{V}_i$	**1.000**	**630**

Tab. 4: Daten des Sonderfalls

Sonderfall 1: Sollten die spezifischen Deckungsbeiträge für alle derart wirksamen Mehrproduktrestriktionen zur **gleichen Rangordnung** der Produkte führen, spielt es letztlich keine Rolle, welche der Restriktionen man für die Produktauswahl heranzieht. Im Beispiel wäre dies etwa bei den Daten in Tabelle 4 der Fall (Änderungen gegenüber der Ausgangssituation aus Tabelle 2 sind wieder hervorgehoben).

Bei der Ausgangspolitik $x_1 = 300$ und $x_2 = 200$ ist die zweite Restriktion jetzt ebenfalls wirksam. Die spezifischen Deckungsbeiträge für $i = 2$ betragen:

$$\hat{d}_{21} = \frac{d_1}{v_{21}} = \frac{40}{1} = 40 \quad \text{und} \quad \hat{d}_{22} = \frac{d_2}{v_{22}} = \frac{80}{3} = 26{,}67$$

Die **Reihung** der Produkte nach Maßgabe der **spezifischen Deckungsbeiträge** stimmt also für *beide* Restriktionen überein. Man wird mithin erneut mit dem Produkt 1 beginnen und 300 Stück fertigen. Anschließend wird man Produkt 2 ins Programm aufnehmen, wobei grundsätzlich *drei* Beschränkungen zu beachten sind, nämlich neben den beiden bisherigen zusätzlich diejenige von $i = 2$. Dort sind aber noch 330 Stunden verfügbar, die eine Produktion von 110 Stück des Produktes 2 erlauben würden. Die bereits oben gezeigten Beschränkungen sind daher strenger, und es bleibt bei der bislang optimalen Politik von 50 Stück für Produkt $j = 2$.

Im Endeffekt ist also auch jetzt wieder nur **eine Mehrproduktrestriktion** *faktisch* wirksam; man weiß nur *a priori* nicht, welche es sein wird. Dies spielt aber keine Rolle, weil die Rangfolge der Produkte nach Maßgabe der spezifischen Deckungsbeiträge für alle in Frage kommenden Restriktionen die gleiche ist.

Sonderfall 2: Die beschriebene Vorgehensweise ist auch anwendbar, wenn es unter den wirksamen Mehrproduktrestriktionen genau eine, für alle Produktarten gleiche Restriktion $\bar{i}$ gibt, die die Fertigung *jedes* Produktes **absolut stärker beschränkt** als die jeweilige Absatzobergrenze und alle anderen Mehrproduktrestriktionen.

Beispiel: Die obige Beschränkung für $i = 2$ sei (*ceteris paribus*) noch geringer, nämlich $\overline{V}_2 = 240$. Angenommen, man würde nur ein Produkt fertigen. Dann könnten unter diesen Bedingungen von $j = 1$ maximal 240 und von $j = 2$ maximal 80 Stück gefertigt werden. Beide Werte sind niedriger als die jeweiligen Absatzobergrenzen; diese Obergrenzen und die Restriktion $i = 1$ sind damit irrelevant, obwohl natürlich auch $i = 1$ bei der Ausgangspolitik auf Basis der Absatzobergrenzen bindet. In dieser Situation kann offenbar nur die zweite Fertigungsrestriktion im Optimum wirksam sein. Die optimale Politik besteht darin, nur das Produkt mit dem höchsten spezifischen Deckungsbeitrag für $i = 2$ in maximal zulässigem Umfang zu fertigen, dh also Produkt 1 mit $x_1 = 240$.

Beispiel mit nichtlinearer Gewinnfunktion

Gegeben seien drei Produktarten und folgende Deckungsbeiträge:

$$d_1(x_1) \cdot x_1 = 80 \cdot x_1 - 2 \cdot x_1^2$$

$$d_2(x_2) \cdot x_2 = 640 \cdot x_2 - 16 \cdot x_2^2$$

$$d_3(x_3) \cdot x_3 = 100 \cdot x_3 - 2{,}5 \cdot x_3^2$$

Es gelten die Absatzobergrenzen und Fertigungsrestriktionen des Ausgangsbeispiels (Tabelle 2), wobei die Fertigungsrestriktion 1 wie folgt verwendet wird:

$$2 \cdot x_1 + 8 \cdot x_2 + 5 \cdot x_3 \leq \overline{V} = 2.500$$

Die unbeschränkten Optima aller drei Produkte betragen 20. Daraus resultiert ein Bedarf an Fertigungsstunden in Höhe von 300 (280) für die Fertigungsrestriktion 1 (2). Alle Absatzobergrenzen und die Fertigungsbeschränkung 2 sind unwirksam.

Bei $\overline{V} \leq 300$ liegt damit der Fall einer wirksamen Mehrproduktrestriktion vor. Für die Lösung sind jetzt die **spezifischen Grenzdeckungsbeiträge** der einzelnen Produkte bei $i = 1$ relevant. Sie lauten wie folgt:

$$\hat{d}'(x_1)_{11} = 40 - 2 \cdot x_1$$
$$\hat{d}'(x_2)_{12} = 80 - 4 \cdot x_2$$
$$\hat{d}'(x_3)_{13} = 20 - x_3$$

Ausgehend von einer Produktionsmenge von $x_j = 0$ ($j = 1, 2, 3$) würde man offenbar mit Produkt 2 beginnen, weil es den höchsten spezifischen Grenzdeckungsbeitrag aufweist. Dieser nimmt aber sukzessive ab und erreicht bei der Menge $x_2 = 10$ den Wert 40, der dem spezifischen Grenzdeckungsbeitrag für Produkt 1 an der Stelle $x_1 = 0$ entspricht. An der Stelle $x_2 = 10$ werden 80 Fertigungsstunden benötigt, und daraus folgt:

Für $\overline{V} \leq 80$ lautet das optimale Programm: $x_1^* = 0; \quad x_2^* = \overline{V}/8; \quad x_3^* = 0.$

Ist $\overline{V} > 80$, befinden sich sowohl Produkt 2 als auch Produkt 1 im Programm. Die Mengen dieser beiden Produkte sind simultan zu erhöhen unter der Nebenbedingung gleicher spezifischer Grenzdeckungsbeiträge:

$$40 - 2 \cdot x_1 = 80 - 4 \cdot x_2 \Rightarrow x_1 = -20 + 2 \cdot x_2$$

Einsetzen in die Restriktion $i = 1$ erbringt:

$$2 \cdot (-20 + \cdot x_2) + 8 \cdot x_2 = \overline{V} \quad \Rightarrow x_2 = \frac{\overline{V} + 40}{12}$$

Diese simultane Erhöhung geschieht solange, bis die Mengen beider Produkte denjenigen Wert erreicht haben, für den der jeweilige spezifische Grenzdeckungsbeitrag gleich 20 ist und damit dem spezifischen Grenzdeckungsbeitrag von Produkt 3 an der Stelle $x_3 = 0$ entspricht. Diese Mengen lauten $x_1 = 10$ und $x_2 = 15$. Dort werden 140 Fertigungsstunden benötigt, und man hat als weiteres Ergebnis:

Für $80 < \overline{V} \leq 140$ folgt: $x_1^* = -20 + 2 \cdot x_2^*; \quad x_2^* = \dfrac{\overline{V} + 40}{12}; \quad x_3^* = 0.$

Gilt schließlich $140 < \overline{V} \leq 300$, so sind alle Produkte im Programm vertreten. Ihre Mengen sind (analog zum obigen Fall) unter der Bedingung gleicher spezifischer Grenzdeckungsbeiträge festzulegen. Für x_1^* kann die obige Funktion verwendet werden; für x_3^* folgt analog:

$$x_3^* = -60 + 4 \cdot x_2^*$$

Einsetzen beider Funktionen in $i = 1$ erbringt $x_2^* = \dfrac{\overline{V} + 340}{32}$.

Damit liegen also die optimalen Lösungen in Abhängigkeit von der Strenge der ersten Fertigungsrestriktion fest. Je nachdem, wie hoch $\overline{V}$ ist, sind bestimmte Produkte im Programm enthalten oder nicht.

Dies ist auch dafür verantwortlich, dass das optimale Programm *nicht* einfach dadurch ermittelt werden kann, dass man einen *Lagrange*-Ansatz aufstellt und diesen durch Nullsetzen der partiellen Ableitungen löst. Die dafür maßgebliche *Lagrange*-Funktion wäre:

$$LG(x_1,x_2,x_3,\lambda,\overline{V})=\sum_{j=1}^{3}d_j(x_j)\cdot x_j-\lambda\cdot\left(\sum_{j=1}^{3}v_{1j}\cdot x_j-\overline{V}\right)$$

Würde man diese Funktion maximieren, indem man die ersten Ableitungen von *LG* nach x_j (j = 1, 2, 3) und λ bildet, diese jeweils gleich null setzt und das so entstehende Gleichungssystem löst, erhielte man die oben für den Fall $140 < \overline{V}$ abgeleiteten Resultate (der Leser ist eingeladen, dies zu überprüfen).

Implizit wird also ein bestimmter Bereich für $\overline{V}$ unterstellt, und die Lösung gilt nicht für andere Intervalle. Im Grunde müsste man *a priori* wissen, welche Produkte bei einem bestimmten Vorrat an Fertigungsstunden im Programm enthalten sind und welche nicht. Nur für die enthaltenen Produkte kann die Lösung durch Nullsetzen der ersten Ableitungen gefunden werden; für die nicht enthaltenen Produkte ist dagegen die erste Ableitung von *LG* an der Stelle x_j = 0 regelmäßig *negativ* (dafür ist letztlich der *Lagrange*-Multiplikator λ verantwortlich). Dies wird in den sogenannten *Kuhn-Tucker*-Bedingungen[9] deutlich, die hinsichtlich der Produkte für den obigen *Lagrange*-Ansatz wie folgt lauten:

$$x_j^* > 0 \quad \text{und} \quad \frac{\partial LG^*}{\partial x_j} = 0; \quad x_j^* = 0 \quad \text{und} \quad \frac{\partial LG^*}{\partial x_j} \leq 0$$

Es lässt sich aber auch beim *Lagrange*-Verfahren eine *iterative* Vorgehensweise denken. So kann man zB im ersten Schritt die *Lagrange*-Funktion *LG* durch Nullsetzen der ersten Ableitungen für *alle* Produkte und den *Lagrange*-Multiplikator maximieren. Man erhält die oben für den dritten Fall abgeleiteten Lösungen, die vom Mittelvorrat $\overline{V}$ abhängen. Setzt man einen gegebenen Wert für $\overline{V}$ (zB 90) ein, kann leicht überprüft werden, ob alle Lösungen nichtnegativ sind. Sofern man für wenigstens ein Produkt eine negative Menge erhält, ist die Gesamtlösung unzulässig (bei $\overline{V}$ = 90 erhält man für Produkt 3 ein negatives Ergebnis). Man kann im zweiten Schritt die Optimierung neu starten, indem die Produkte mit negativen Mengen *a priori* auf 0 gesetzt werden. In dieser Form kann so lange verfahren werden, bis sich ein zulässiges Optimum ergibt.

Stückweise lineare Deckungsbeiträge

Gewissermaßen „in der Mitte" zwischen den linearen und nichtlinearen Gewinnverläufen liegt der Fall stückweise linearer Deckungsbeiträge. Diese Situation ist dadurch gekennzeichnet, dass es für die einzelnen Produkte Produktionsmengen-Intervalle gibt, für die jeweils konstante, aber unterschiedlich hohe Deckungsbeiträge gelten. Sie kann sich zB dadurch ergeben, dass für einen Rohstoff, der zur Herstellung eines bestimmten Produkts benötigt wird, ab einem vorgegebenen Einkaufsvolumen ein **Rabatt** eingeräumt wird. Dadurch sinken *ceteris paribus* die variablen Stückkosten (steigt der Deckungsbeitrag) für das betreffende Produkt, allerdings erst ab einem bestimmten Produktionsvolumen. Natürlich ist auch der umgekehrte Fall möglich, in dem die Deckungsbeiträge ab einem bestimmten Produktionsvolumen sinken, weil zB zur Ausweitung des Absatzes Preisnachlässe gewährt werden müssen.

---

9 Vgl dazu zB *Stepan* und *Fischer* (2009), S. 259 – 262.

Lösung bei degressiven Deckungsbeitragssprüngen (Quasi-Produkt-Regel)

Die Lösung der Programmplanung unter diesen Bedingungen kann wie im obigen Standardfall für lineare Deckungsbeiträge vorgenommen werden, falls bei jedem Produkt nur **degressive Deckungsbeitragssprünge** vorliegen. Jedes Produkt wird dann in so viele **Quasi-Produkte** aufgespaltet, wie es Deckungsbeitragssprünge gibt. Sämtliche Quasi-Produkte aller Produktarten lassen sich dann nach Maßgabe der spezifischen Deckungsbeiträge ordnen und sukzessive der knappen Kapazität zuteilen. Weil niedrigere spezifische Deckungsbeiträge für die Quasi-Produkte einer Produktart bei degressiven Sprüngen nur für höhere Produktionsvolumina auftreten können, bleiben die obigen Zuordnungsregeln für den Standardfall weiterhin gültig.

Beispiel: Der Lösungsweg wird durch eine Modifizierung des Beispiels verdeutlicht, indem für Produktart 1 unterstellt wird, dass ab einer Absatzmenge von 200 Stück der Absatzpreis für die restlichen 100 Stück auf 170 gesenkt werden muss. Produktart 1 wird mithin in die beiden Quasi-Produkte 1a und 1b aufgespaltet, für die *ceteris paribus* unterschiedliche Deckungsbeiträge gelten. Tabelle 5 zeigt (unter Vernachlässigung der Produktart 3) die neue Situation:

Produkt	$j = 1a$	$j = 1b$	$j = 2$
Preis p_j	200	170	480
variable Kosten k_j	160	160	400
Deckungsbeitrag d_j	40	10	80
Obergrenze $\overline{x}_j$	200	100	200
Verbrauch v_{1j}	2	2	8
Verbrauch v_{2j}	9	9	4

Tab. 5: Degressive Deckungsbeitragssprünge

Die Absatzobergrenze für Produktart 1 beträgt weiterhin insgesamt 300 Stück, doch können nur 200 Stück zum höheren Preis abgesetzt werden. Die Reihung nach Maßgabe der spezifischen Deckungsbeiträge hinsichtlich $i = 1$ ergibt:

$$\hat{d}_{11a} = \frac{40}{2} = 20; \quad \hat{d}_{11b} = \frac{10}{2} = 5; \quad \hat{d}_{12} = \frac{80}{8} = 10$$

Das optimale Programm lautet demnach für $\overline{V}_1 = 1.000$:

$$x^*_{1a} = 200; \quad x^*_{1b} = 0; \quad x^*_2 = 75$$

Hinsichtlich der einzelnen (reinen) Produktarten erhält man bei der **Lösungsstruktur** ein ähnliches Ergebnis wie für vollständig nichtlineare Gewinnfunktionen: Das Programm kann aus mehreren Produktarten bestehen, die nicht mit ihren Höchstmengen gefertigt werden (im rein linearen Fall ist das nur möglich, wenn die eine wirksame Mehrproduktrestriktion stärker als alle Absatzobergrenzen bindet, so dass faktisch nur eine Produktart ins Programm aufgenommen wird). Bezüglich der **Quasi-Produkte** gelten aber die Schlussfolgerungen für die lineare Standardsituation völlig analog.

Lösung bei progressiven Deckungsbeitragssprüngen

Liegen progressive Deckungsbeitragssprünge vor, versagen die Standard-Zuordnungsregeln. Der Grund besteht darin, dass man die knappe Kapazität ja zuerst mit solchen Produkten belegen wollte, welche die höchsten spezifischen Deckungsbeiträge aufweisen; dies ist im vorliegenden Zusammenhang jedoch nicht möglich, weil die höheren Deckungsbeiträge voraussetzen, dass zuerst ein bestimmtes Produktionsvolumen mit niedrigeren Deckungsbeiträgen gefertigt werden muss.

In diesem Fall führt nur eine **Gesamtbetrachtung des Programms** zur optimalen Lösung, wobei allerdings die **spezifischen Deckungsbeiträge** verwendet werden können.

Beispiel: Die Vorgehensweise wird wieder am Beispiel verdeutlicht. Bezüglich der Deckungsbeiträge bei der Produktart 1 werden die obigen degressiven Sprünge einfach umgedreht.

Produkt	$j = 1a$	$j = 1b$	$j = 2$
Preis p_j	200	200	480
variable Kosten k_j	190	160	400
Deckungsbeitrag d_j	10	40	80
Obergrenze $\overline{x}_j$	100	200	200
Verbrauch v_{1j}	2	2	8
Verbrauch v_{2j}	9	9	4

Tab. 6: Progressive Deckungsbeitragssprünge

Für die spezifischen Deckungsbeiträge ergäbe sich

$$\hat{d}_{11a} = \frac{10}{2} = 5; \quad \hat{d}_{11b} = \frac{40}{2} = 20; \quad \hat{d}_{12} = \frac{80}{8} = 10$$

Damit man bei Produktart 1 in den Genuss der niedrigeren variablen Stückkosten (zB durch einen spezifischen Faktorrabatt) kommt, müssen zuerst 100 Stück zu ungünstigeren Konditionen hergestellt werden. Damit würde die knappe Kapazität $i = 1$ mit 200 Stunden belegt. Hat man von $i = 1$ nicht mehr als 200 Stunden zur Verfügung, würde man aber eher Produktart 2 herstellen wollen, denn damit würde eine günstigere Ausnutzung der Kapazität erzielt. Die Fertigung von Produktart 1 kann daher nur in Frage kommen, wenn die **knappe Kapazität** einen gewissen **Mindestumfang** hat. Belegt man fiktiv die gesamte knappe Kapazität von $i = 1$ mit Produktart 1 (bis zur vollständigen Ausschöpfung der Absatzhöchstgrenze), erzielt man *im Durchschnitt* einen **spezifischen Deckungsbeitrag** von:

$$\hat{d}_{11}^{\phi} = \frac{\overline{x}_{1a} \cdot v_{11} \cdot \hat{d}_{11a} + \left(\overline{V}_1 - \overline{x}_{1a} \cdot v_{11}\right) \cdot \hat{d}_{11b}}{\overline{V}_1} = \hat{d}_{11b} - \left(\hat{d}_{11b} - \hat{d}_{11a}\right) \cdot \frac{\overline{x}_{1a} \cdot v_{11}}{\overline{V}_1} =$$

$$= 20 - 15 \cdot \frac{200}{\overline{V}_1} \qquad \left(\text{für } 200 \leq \overline{V}_1 \leq 600\right)$$

Im Durchschnitt wird also Produktart 1 umso **günstiger**, je **mehr Kapazität** man hat. Der kritische Mittelvorrat, bei dem Produktart 1 im Durchschnitt eine ebenso günstige Kapazitätsbelegung wie Produktart 2 aufweist, ergibt sich aus:

$$20 - \frac{3.000}{\overline{V}_1^{\circ}} = \hat{d}_{12} = 10 \quad \Rightarrow \quad V_1^{\circ} = \frac{3.000}{10} = 300$$

Die **Lösung** ist abhängig von der knappen Kapazität wie folgt:

$0 < \overline{V}_1 \leq 300$: nur Produktart 2

$300 < \overline{V}_1 \leq 600$: nur Produktart 1

$600 < \overline{V}_1$: Produktart 1 voll, Produktart 2 je nach Kapazitätshöhe

Bei progressiven Deckungsbeitragssprüngen kann demnach die **Rangfolge** der Produktarten nicht unabhängig von der **Kapazitätshöhe** angegeben werden. Eine bestimmte Rangfolge gilt somit nur *lokal* bezogen auf die gerade verfügbare Kapazität. Andere Kapazitäten können die Reihenfolge der Zuordnung von Produktarten zur knappen Kapazität beeinflussen.

Auswertung der Lösung

Für die folgende Diskussion wird wieder auf den (linearen) Standardfall zurückgegriffen. Die gefundene **optimale Lösung** des Programmplanungsproblems liefert wertvolle Hinweise für weitere Analysen. Sie erlaubt es insbesondere, den **Wert von kurzfristigen Restriktionsänderungen** abzuschätzen. Dieser Wert beinhaltet die Brutto-Erfolgsänderung, wenn eine Restriktion im Umfang von einer Einheit mehr oder weniger zur Verfügung steht und kennzeichnet daher den **Grenzpreis dieser Einheit** als denjenigen Betrag, den man maximal für sie zahlen könnte bzw erhalten müsste, ohne sich schlechter zu stellen als in der Ausgangssituation. Dafür muss eben bekannt sein, welche Produkte man mit zusätzlichen bzw verminderten Einheiten in welchem Umfang mehr oder weniger fertigen würde, und genau diese Angaben lassen sich aus der Lösung des Programmplanungsproblems ableiten. Die folgenden Beispiele zeigen, dass diese Werte nicht konstant bleiben, sondern vom jeweiligen Niveau der Beschränkungen und der damit verbundenen optimalen Lösung abhängen.

Legt man die Lösung des Ausgangsproblems (Tabelle 3) von 300 Stück für Produkt 1 und 50 Stück für Produkt 2 zugrunde, dann ist zB eine **kurzfristige Ausweitung der Fertigungskapazität** von Maschine 1 bedenkenswert. Jede zusätzliche

Fertigungsstunde würde in die Herstellung des Produktes 2 fließen und eine Brutto-Erfolgsverbesserung in Höhe des spezifischen Deckungsbeitrags von 10 bescheren. Weil das noch ungenutzte Absatzpotenzial des zweiten Produktes 150 Stück beträgt, wäre es aus Sicht der laufenden Periode *ceteris paribus* keinesfalls sinnvoll, mehr als 1.200 zusätzliche Fertigungsstunden verfügbar zu machen, denn damit könnten gerade 150 Stück von Produkt 2 gefertigt werden. Wären so etwa durch eine zusätzliche Schicht weitere 1.000 Stunden zu erlangen, und müsste man dafür zusätzliche Gehaltskosten in Höhe von 8.000 in Kauf nehmen, dann ergäbe sich eine **Netto-Erfolgsverbesserung** von 10.000 – 8.000 = 2.000. Dieser Wert ließe sich ggf weiter steigern, wenn auch die Absatzobergrenzen durch absatzpolitische Maßnahmen ausgeweitet und zugleich noch weitere Fertigungsstunden erlangt werden könnten. Bei diesen Überlegungen wäre aber auch die Kapazität des zweiten Aggregats zu beachten, weil dieses ansonsten zum Engpass werden könnte.

Bezogen auf die isolierte **Beeinflussung der Absatzobergrenzen** lassen sich ähnliche Überlegungen anstellen. Dabei ist aber das Vorliegen einer wirksamen Mehrproduktrestriktion zu berücksichtigen. Soll zB die Absatzobergrenze von Produkt 1 erhöht werden,[10] ist zu bedenken, dass jede anschließende Erhöhung der Produktionsmenge von Produkt 1 wegen des Konkurrenzverhältnisses bei der ersten Fertigungsrestriktion mit einer Verminderung der Menge von Produkt 2 einhergeht. Daher ist mit der Erhöhung der Obergrenze für Produkt 1 um eine Einheit nicht etwa ein zusätzlicher Brutto-Erfolg von 40 verbunden; für jede Einheit von Produkt 1 muss nämlich die Fertigung von Produkt 2 um 0,25 Einheiten vermindert werden.[11] Jede zusätzlich absetzbare Einheit von Produkt 1 beschert somit nur einen Erfolg von $40 - 0{,}25 \cdot 80 = 20$, und dies auch nur so lange, wie das zusätzliche Absatzpotenzial nicht größer als 200 ist; andernfalls würden die 1.000 Fertigungsstunden der ersten Maschine eine weitere Produktionssteigerung definitiv verhindern.

Natürlich lassen sich diese Überlegungen auch in umgekehrter Richtung anstellen. So kann gefragt werden, welche **Erfolgseinbußen mit Kapazitäts*verringerungen*** verbunden sind, was es also „kostet", wenn zB Maschine 1 eine Stunde weniger zur Verfügung steht. Derartige Überlegungen sind vor allem dann wichtig, wenn man im Laufe der Periode **Zusatzaufträge** erhält, die bei der ursprünglichen Planung noch nicht berücksichtigt werden konnten (siehe dazu 4. Kapitel: *Preisentscheidungen*). Bei knappen Kapazitäten beanspruchen solche Zusatzaufträge knappe Ressourcen, die aus anderweitigen Verwendungen abgezogen werden müssen; die Zusatzaufträge können demnach nur dann vorteilhaft sein, wenn sie wenigstens das erbringen, was je beanspruchter (knapper) Kapazitätseinheit ansonsten erzielbar gewesen wäre. Dafür ist wieder der spezifische Deckungsbeitrag relevant; jede verlorene Fertigungsstunde des ersten Aggregats würde aus der Produktion von Produkt 2 abgezogen und demnach mit einer Erfolgseinbuße von 10 einhergehen. Dieser Wert gilt

---

[10] Die Erhöhung der Absatzobergrenze von Produkt 2 ist ohne Belang, weil schon die bisherige Grenze wegen knapper Fertigungsbeschränkungen nicht erreicht werden kann.

[11] Von Ganzzahligkeitsbedingungen wird im Folgenden abgesehen.

aber nur für die ersten 400 abgezogenen Stunden; darüber hinaus muss die Fertigung von Produkt 1 eingeschränkt werden, was mit Erfolgseinbußen von 20 je Stunde verbunden ist.

Analog kann ermittelt werden, was eine **Verringerung des Absatzpotenzials** von Produkt 1 „kosten" würde. Dabei muss nämlich bedacht werden, dass jede nicht gefertigte Einheit von Produkt 1 die *zusätzliche* Produktion von 0,25 Einheiten des zweiten Produktes gestatten würde. Die resultierende Erfolgseinbuße beträgt daher nur $40 - 0{,}25 \cdot 80 = 20$.

2.3. Mehrere wirksame Mehrproduktrestriktionen

Für die weitere Analyse werden auch die verfügbaren Fertigungsstunden der zweiten Maschine gegenüber den Ausgangsannahmen vermindert. Diese neue Situation ist in Tabelle 7 dargestellt.

Produkt	$j = 1$	$j = 2$	$j = 3$
Preis p_j	200	480	1.100
variable Kosten k_j	160	400	1.170
Deckungsbeitrag d_j	40	80	–70
Obergrenze $\overline{x}_j$	300	200	600
Verbrauch v_{1j}	2	8	5
Verbrauch v_{2j}	9	4	1

Aggregat	$i = 1$	$i = 2$
Kapazität $\overline{V}_i$	1.000	**1.620**

Tab. 7: Daten für mehrere wirksame Mehrproduktrestriktionen

Produkt 3 kann wegen des negativen Deckungsbeitrags generell vernachlässigt werden, so dass man es letztlich nur mit einem Zweiproduktfall zu tun hat. Die Ausgangspolitik mit 300 (200) Stück für Produkt 1 (2) verletzt jetzt *beide* Fertigungsrestriktionen; faktisch sind sogar beide Absatzobergrenzen redundant, weil selbst bei alleiniger Produktion von Produkt 1 (2) die Fertigungsrestriktionen stärkere Beschränkungen liefern (von Produkt 1 können wegen $\overline{V}_2 = 1.620$ maximal $1.620/9 = 180$ und von Produkt 2 wegen $\overline{V}_1 = 1.000$ maximal $1.000/8 = 125$ Stück hergestellt werden).[12]

---

12 Der Leser ist eingeladen, das Vorliegen der beiden oben genannten Spezialfälle zu überprüfen, bei denen wie bei nur *einer* wirksamen Mehrproduktrestriktion verfahren werden könnte.

Im vorliegenden Fall kann die Lösungsstruktur daher nur so aussehen, dass im Optimum **beide Fertigungsrestriktionen binden** müssen. Dies kann in der Form eines linearen Gleichungssystems dargestellt werden:

$$2 \cdot x_1^* + 8 \cdot x_2^* = 1.000$$

$$9 \cdot x_1^* + 4 \cdot x_2^* = 1.620$$

Löst man die zweite Gleichung nach x_2^* auf, folgt

$$x_2^* = \frac{1.620}{4} - \frac{9}{4} \cdot x_1^* = 405 - 2,25 \cdot x_1^*$$

Eingesetzt in die erste Gleichung erhält man

$$2 \cdot x_1^* + 8 \cdot (405 - 2,25 \cdot x_1^*) = 1.000 \quad \Rightarrow x_1^* = 140$$

Daraus wiederum ergibt sich $x_2^* = 405 - 2,25 \cdot 140 = 90$. Der Deckungsbeitrag dieser Politik beträgt 12.800 und der Periodengewinn 8.800. Unter den gegebenen Bedingungen kann kein anderes Produktionsprogramm einen höheren Periodenerfolg bescheren.

Lösungsstruktur bei der Linearen Programmierung

Im vorliegenden Beispiel konnte die Lösung wegen der geringen Anzahl von Produkten und Restriktionen leicht gefunden werden. Das ändert sich aber mit einer (realistischen) Ausweitung der Produkt- und Restriktionenzahl. Zwar könnte man in diesen Fällen alle denkbaren Restriktionskombinationen explizit durchrechnen, doch wird dies schnell aufwendig und zeitraubend. In solchen Fällen ist es besser, sich zur Problemlösung der Verfahren der **Linearen Programmierung**, insbesondere der **Simplex-Methode** zu bedienen. In diesem Buch können naturgemäß nicht alle Aspekte der Theorie und der Anwendungen dieser Methode behandelt werden.[13] Der Schwerpunkt liegt vielmehr auf der **Anwendung** dieser Technik, der **Struktur der optimalen Lösung** sowie den **Auswertungsmöglichkeiten**. Grundlegende Kenntnisse der Linearen Programmierung werden dabei vorausgesetzt.

Die **Lösungsstruktur** kann folgendermaßen zusammengefasst werden: Seien *lineare* Abhängigkeiten und wenigstens *zwei* wirksame Mehrproduktrestriktionen gegeben. Dann kann eine optimale Lösung des Programmplanungsproblems stets unter den **Eckpunkten** des zulässigen Bereichs gefunden werden.[14] Abbildung 1 zeigt die grafische Lösung des linearen Programms für das obige Beispiel.

---

13 Siehe dazu zB einführend *Domschke* und *Drexl* (2007), S. 13 – 64, und umfassend *Bol* (1980).

14 Siehe zu diesem *Eckentheorem* der Linearen Programmierung und zum Beweis *Bol* (1980), S. 57 – 59. Eckpunkte einer Menge lassen allgemein durch eine *formale Definition* präzisieren. Danach ist ein Eckpunkt einer (konvexen) Menge ein Punkt (Element der Menge), der sich *nicht* als Konvexkombination zweier anderer, von dem betrachteten Punkt verschiedener Elemente dieser Menge darstellen lässt; nach dieser Definition sind zB auch alle Punkte der Randkurve eines Kreises Eckpunkte. Siehe dazu ausführlicher *Bol* (1980), S. 49 – 51.

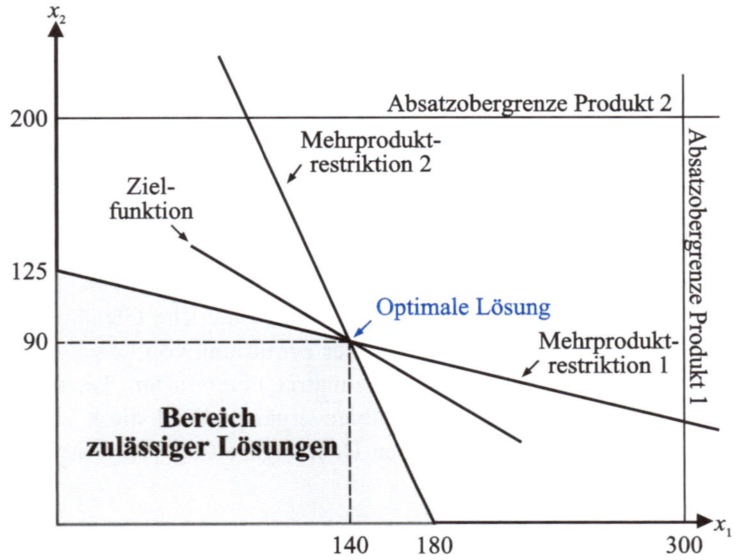

Abb. 1: Grafische Lösung des linearen Programms

Bestehen für einzelne Produkte **Untergrenzen**, kann ähnlich vorgegangen werden wie im Falle nur einer wirksamen Mehrproduktrestriktion. Demnach sind alle Produkte zunächst auf das Niveau ihrer jeweiligen Untergrenzen zu setzen; anschließend müssen die Kapazitäten um die damit verbundenen Mittelbeanspruchungen reduziert werden. Das verbleibende Optimierungsproblem betrifft *zusätzliche* Mengen und *verbleibende* Mittelvorräte. Für dieses verbleibende Problem gilt die obige Lösungsstruktur analog.

Simplex-Methode

Da die optimale Lösung ein Eckpunkt des zulässigen Bereichs ist, kann man grundsätzlich so vorgehen, dass man alle Eckpunkte des zulässigen Bereichs ermittelt und deren Deckungsbeiträge bestimmt. Der Eckpunkt mit dem höchsten Deckungsbeitrag kennzeichnet die optimale Lösung. Dies kann jedoch sehr aufwendig sein.

Die Simplex-Methode ist ein intelligentes Verfahren zum Absuchen der Eckpunkte, indem Such- und Stoppkriterien angegeben werden. Zur formalen **Lösung** formt man zunächst durch Einführung *nichtnegativer* **Schlupfvariablen** w die in der Form von Ungleichungen vorliegenden Restriktionen in Gleichungen um. Im Beispiel sind insgesamt $N = I + J = 4$ Restriktionen vorhanden, die sich nach Einführung dieser Schlupfvariablen w_n $(n = 1, ..., N)$ wie folgt darstellen lassen:

$$2 \cdot x_1 + 8 \cdot x_2 + 1 \cdot w_1 + 0 \cdot w_2 + 0 \cdot w_3 + 0 \cdot w_4 = 1.000$$

$$9 \cdot x_1 + 4 \cdot x_2 + 0 \cdot w_1 + 1 \cdot w_2 + 0 \cdot w_3 + 0 \cdot w_4 = 1.620$$

$$1 \cdot x_1 + 0 \cdot x_2 + 0 \cdot w_1 + 0 \cdot w_2 + 1 \cdot w_3 + 0 \cdot w_4 = 300$$

$$0 \cdot x_1 + 1 \cdot x_2 + 0 \cdot w_1 + 0 \cdot w_2 + 0 \cdot w_3 + 1 \cdot w_4 = 200$$

$$x_1, x_2 \geq 0; \quad w_1, w_2, w_3, w_4 \geq 0$$

Die Schlupfvariablen geben die jeweils **nicht ausgeschöpfte Kapazität** an; ein Wert von zB $w_1 = 200$ würde demnach bedeuten, dass 200 Stunden des ersten Aggregats vom Produktionsprogramm nicht benötigt werden.

Man erhält ein lineares Gleichungssystem mit den eigentlich zu optimierenden J **Strukturvariablen** x_j, N **Schlupfvariablen** (insgesamt also $M = J + N = 2 \cdot J + I$ Variablen) und N **Restriktionen**. Zur Bestimmung von Eckpunkten gibt man üblicherweise für $M - N = J$ Variablen (sogenannte **Nichtbasisvariablen**) den Wert 0 vor und löst das verbleibende Gleichungssystem (Bestimmung der Werte der **Basisvariablen**). Bei **nichtnegativen** Lösungen dieser Basisvariablen ist ein Eckpunkt des zulässigen Bereichs gefunden.

Die Festlegung der Such- und Stoppkriterien wird durch eine spezifische Einbindung der **Zielfunktion** erreicht. Sie wird als zusätzliche Gleichung dem bisherigen System hinzugefügt und im Rahmen der Ermittlung von Lösungen den gleichen Rechenoperationen wie die Koeffizientenmatrix unterworfen. Dazu wird die Zielfunktion zunächst um die Schlupfvariablen ergänzt. Weil diese allerdings keinen Zielbeitrag erbringen, erhalten sie einen Deckungsbeitrag von jeweils null. Im Beispiel folgt:

$$D = 40 \cdot x_1 + 80 \cdot x_2 + 0 \cdot w_1 + 0 \cdot w_2 + 0 \cdot w_3 + 0 \cdot w_4$$

Diese **Zielfunktion** lässt sich auch wie folgt schreiben:

$$-40 \cdot x_1 - 80 \cdot x_2 - 0 \cdot w_1 - 0 \cdot w_2 - 0 \cdot w_3 - 0 \cdot w_4 + D = 0$$

In dieser Form wird sie als zusätzliches Element des Gleichungssystems berücksichtigt, wodurch eine neue, fiktive Variable D hinzukommt, deren Koeffizienten bei den anderen Gleichungen aber jeweils null sind; sie spielt daher bei den diesbezüglichen Transformationen keine Rolle.[15]

Iterationen bei der Simplex-Methode

Als **Startpunkt** geht man von einer trivialen Basislösung aus, bei der gerade die J **Strukturvariablen** x_j auf den Wert null gesetzt werden.[16] Diese Lösung lässt sich als „*Unterlassensalternative*" kennzeichnen. Nur die Schlupfvariablen befinden sich in der Basis, wodurch ein Deckungsbeitrag $D = 0$ erzielt wird. Das Gleichungssystem wird jetzt in folgendem (Ausgangs-)**Tableau** dargestellt, wobei die Kopfspalte BV die jeweiligen **Basisvariablen**, die RS-Spalte die Werte der „**rechten Seite**" des Gleichungssystems (also die verfügbaren Mittelvorräte bzw Obergrenzen) und die letzte Zeile die Zielfunktion angeben.Der Wert rechts unten in der RS-Spalte gibt den Deckungsbeitrag der jeweiligen Basislösung an.

---

15 Aus diesem Grunde wird die Matrixspalte für die Variable D regelmäßig weggelassen. Im Folgenden wird sie aber zur Verdeutlichung mit aufgeführt.

16 An dieser Stelle werden die Komplikationen bei der potentiellen Existenz von Mehrprodukt-Untergrenzen deutlich, denn in diesem Fall ist diese Ausgangslösung unzulässig.

Diese Ausgangslösung ist freilich nicht optimal, denn sie kann durch Aufnahme entweder von Produkt 1 oder Produkt 2 verbessert werden. Auf Grund der Art der Berücksichtigung des Deckungsbeitrages werden solche Verbesserungsmöglichkeiten allgemein durch **negative Koeffizienten** der jeweiligen **Nichtbasisvariablen** angezeigt. Im Regelfall wählt man diejenige Nichtbasisvariable mit dem am stärksten negativen Zielfunktionskoeffizienten als Kandidat für einen Basistausch (hier also x_2); sie kommt in die Basis herein, und die zugehörige Spalte des Tableaus wird **Pivotspalte** genannt.

Ausgangstableau

BV	x_1	x_2	w_1	w_2	w_3	w_4	*D*	*RS*
w_1	2	8	1	0	0	0	0	1.000
w_2	9	4	0	1	0	0	0	1.620
w_3	1	0	0	0	1	0	0	300
w_4	0	1	0	0	0	1	0	200
	–40	–80	0	0	0	0	1	0

Zu bestimmen ist jetzt noch die Variable, welche die bisherige Basis verlässt. Dazu wird überlegt, welche Restriktion den Umfang der neu aufzunehmenden Basisvariablen am meisten beschränkt. Dies lässt sich durch Division der Werte der *RS*-Spalte durch die jeweiligen Koeffizienten der **Pivotspalte** ermitteln. Der niedrigste (positive) Quotient kennzeichnet die strengste Restriktion.[17] Im Beispiel handelt es sich dabei um die erste Zeile des Tableaus. Allgemein heißt die Zeile mit der am stärksten bindenden Restriktion **Pivotzeile**, und das durch *Pivotspalte* und *Pivotzeile* gekennzeichnete Element wird **Pivotelement** genannt (im Beispiel ist dies $v_{12} = 8$). Somit verlässt w_1 die Basis, weil die Kapazität der ersten Maschine völlig ausgeschöpft wird.

Die neue Basislösung wird ermittelt, indem die **Pivotspalte** (inklusive dem Element in der Zielfunktionszeile) zum **Einheitsvektor** transformiert wird. Alle Elemente der **Pivotzeile** werden also zunächst durch das **Pivotelement** dividiert. Anschließend werden die üblichen Regeln zur Umformung von Gleichungssystemen angewandt, um in der x_2-Spalte (Pivotspalte) einen Einheitsvektor zu erzeugen.

---

[17] Negative Quotienten sind unbeachtlich, weil sie die Nichtnegativitätsbedingung verletzen. Koeffizienten in der Pivotspalte mit dem Wert null sind ebenfalls unbeachtlich. Der Quotient ist hier gar nicht definiert, weil die neue Basisvariable die Restriktion faktisch nicht beansprucht. Solche nicht existierenden Beanspruchungen brauchen gleichfalls nicht berücksichtigt zu werden.

Nach dieser 1. Iteration erhält man folgendes Tableau:

Tableau nach der 1. Iteration

BV	x_1	x_2	w_1	w_2	w_3	w_4	D	RS
x_2	1/4	1	1/8	0	0	0	0	125
w_2	**8**	0	–1/2	1	0	0	0	1.120
w_3	1	0	0	0	1	0	0	300
w_4	–1/4	0	–1/8	0	0	1	0	75
	–20	0	10	0	0	0	1	10.000

Die **Koeffizienten** in den Spalten der beiden **Nichtbasisvariablen** x_1 und w_1 lassen sich intuitiv einleuchtend als **Änderungsfaktoren** für die Restriktionen interpretieren. Sie geben an, welche Änderungen der mit der jeweiligen Zeile verbundenen Basisvariablen erforderlich sind, wenn *eine Einheit* der betreffenden Nichtbasisvariablen in die Basis aufgenommen würde:

- Würde x_1 in die Basis aufgenommen, müsste x_2 um 0,25 Einheiten eingeschränkt werden, weil die erste Maschine vollständig belegt ist. Entsprechend würden (netto) 8 *zusätzliche* Fertigungsstunden auf der Maschine 2 benötigt: 9 Stunden brutto je Einheit x_1 abzüglich $0{,}25 \cdot 4 = 1$ Stunde wegen der Verminderung von x_2. Daraus ergibt sich auch der Wert in der Zielfunktionszeile für die erste Spalte. Jede zusätzliche Einheit x_1 beschert zunächst einen Deckungsbeitrag von 40, der jedoch um die Deckungsbeitragseinbuße von $0{,}25 \cdot 80 = 20$ vermindert werden muss.
- Würde w_1 in die Basis aufgenommen, wird wieder freie Kapazität beim Aggregat 1 geschaffen. Je Einheit freier Kapazität muss auf 0,125 Stück von Produkt 2 verzichtet werden. Daraus resultiert auch eine Verminderung der Beanspruchung von Maschine 2 um $0{,}125 \cdot 4 = 0{,}5$ Stunden. Die Deckungsbeitrags*einbuße* beträgt $0{,}125 \cdot 80 = 10$.

Negative Zielfunktionskoeffizienten der Nichtbasisvariablen zeigen also Möglichkeiten der Erfolgsverbesserung, **positive Koeffizienten** Verschlechterungen an. Dies wird auch aus der Art der Erfassung der Zielfunktion deutlich, die sich nach der 1. Iteration wie folgt schreiben lässt:

$$-20 \cdot x_1 + 10 \cdot w_1 + D = 10.000 \quad \Rightarrow \quad D = 10.000 + 20 \cdot x_1 - 10 \cdot w_1$$

Durch Aufnahme von Produkt 1 in die Basis kann daher eine weitere Verbesserung erzielt werden. Im nächsten Schritt wird somit Spalte 1 zur Pivotspalte und Zeile 2 zur Pivotzeile, so dass w_2 die Basis verlässt. Die erforderlichen Umformungen sind völlig analog zu den für die 1. Iteration gezeigten Rechenoperationen vorzunehmen. Das neue Tableau lautet:

Tableau nach der 2. Iteration (= Endtableau)

BV	x_1	x_2	w_1	w_2	w_3	w_4	D	RS
x_2	0	1	9/64	–1/32	0	0	0	90
x_1	1	0	–1/16	1/8	0	0	0	140
w_3	0	0	1/16	–1/8	1	0	0	160
w_4	0	0	–9/64	1/32	0	1	0	110
	0	0	8,75	2,5	0	0	1	12.800

Die **optimale Lösung** ist jetzt gefunden, weil in der Zielfunktionszeile nur noch positive Koeffizienten bei den Nichtbasisvariablen auftreten. Ein weiterer Basistausch könnte nämlich die gefundene Lösung nur noch verschlechtern:

$$8,75 \cdot w_1 + 2,5 \cdot w_2 + D = 12.800 \quad \Rightarrow \quad D = 12.800 - 8,75 \cdot w_1 - 2,5 \cdot w_2$$

Die Interpretation der **Koeffizienten** in den Spalten der **Nichtbasisvariablen** ist völlig analog zum Tableau der 1. Iteration. Die Deckungsbeitragseinbuße von w_1 ergibt sich daraus, dass jede freie Fertigungsstunde zur Verminderung der Produktion von x_2 in Höhe von 9/64 und zur Erhöhung der Produktion von x_1 in Höhe von 1/16 führt. Die damit einhergehende Erfolgsänderung beträgt 1/16·40 – 9/64·80 = –8,75. In ähnlicher Weise erklärt sich die Erfolgseinbuße von w_2.

Natürlich ist die **Simplex-Methode** auch für die vorher betrachteten Situationen mit einer wirksamen Mehrproduktrestriktion bzw ohne solche Restriktionen anwendbar. Dort kann das Optimum aber – wie gezeigt – einfacher und mit leicht anwendbaren Kriterien gefunden werden.

Auswertung der Lösung

Die im Endtableau erscheinenden Werte lassen sich zur Beantwortung weiterführender Fragestellungen nutzen. Die dort ausgedrückten Zusammenhänge können wie folgt geschrieben werden:

$$x_2 = 90 - \frac{9}{64} \cdot w_1 + \frac{1}{32} \cdot w_2$$
$$x_1 = 140 + \frac{1}{16} \cdot w_1 - \frac{1}{8} \cdot w_2$$
$$w_3 = 160 - \frac{1}{16} \cdot w_1 + \frac{1}{8} \cdot w_2$$
$$w_4 = 110 + \frac{9}{64} \cdot w_1 - \frac{1}{32} \cdot w_2$$
$$D = 12.800 - 8,75 \cdot w_1 - 2,5 \cdot w_2$$

Im Zuge der Besprechung der **Simplex-Methode** wurde bereits gezeigt, wie sich die Koeffizienten in den Spalten der Nichtbasisvariablen als **Änderungsfaktoren** deuten lassen. Die dortigen Ausführungen bezogen sich dabei auf die Hereinnahme einer bisherigen Nichtbasisvariablen in die Basis. Bezüglich des Beispiel-Endtableaus handelt es sich um die Aufnahme von Schlupfvariablen, was gleichbedeutend mit einer **Verminderung** der jeweils verfügbaren **Fertigungskapazität** ist. Stünde also aus irgendwelchen Gründen *eine* Fertigungsstunde des Aggregats 1 (2) *ceteris paribus* weniger zur Verfügung, so beeinflusste dies die Produktionsmengen und Absatzpotenziale in der obigen Weise, woraus insgesamt eine Deckungsbeitragseinbuße von 8,75 (2,5) resultiert.

Verfahrenswahl

Der dargestellte Basisansatz lässt sich auch zur Einbeziehung der Verfahrenswahl verwenden. Zur Verdeutlichung wird das im Text verwendete Beispiel so abgewandelt, dass die beiden Mehrproduktrestriktionen jetzt zwei alternative Verfahren bezeichnen, die für jedes Produkt zur Verfügung stehen (jedes Produkt durchläuft also nur noch eine Fertigungsstufe, auf der zwei Verfahren verfügbar sind).

Die variablen Kosten und mithin die Deckungsbeiträge der Produkte hängen typischerweise vom gewählten Verfahren ab. Für jedes Produkt j = 1,2,3 gibt es zwei Produktionsalternativen n = 1,2 und demnach zwei mögliche Deckungsbeiträge d_{nj}, so dass jedes Produkt in so viele (virtuelle) Quasiprodukte aufgefächert wird, wie es Produktionsalternativen gibt. Die Gesamtmenge eines Produktes entspricht der Summe der mit diesen Kombinationen jeweils gefertigten Mengen und darf die produktspezifische Absatzobergrenze nicht überschreiten. Demnach erhält man für das Beispiel folgendes Programm:

$$\max_{x_{nj}} \sum_{j=1}^{3} \sum_{n=1}^{2} d_{nj} \cdot x_{nj}$$

unter den Nebenbedingungen (es wird unterstellt, dass Verfahren n = 1 (2) die Mehrproduktrestriktion i = 1 (2) betrifft):

$$2 \cdot x_{11} + 8 \cdot x_{12} + 5 \cdot x_{13} \leq 1.000$$

$$9 \cdot x_{21} + 4 \cdot x_{22} + 1 \cdot x_{23} \leq 1.620$$

$$x_{11} + x_{21} \leq 300 \qquad x_{12} + x_{22} \leq 200 \qquad x_{13} + x_{23} \leq 600$$

Dieses Verfahren nennt sich **Alternativkalkulation**. Offenbar ist die Problemstruktur völlig analog dem im Text beschrieben Prozedere, nur die Anzahl der Strukturvariablen vergrößert sich typischerweise wegen der vielen Kombinationsmöglichkeiten beträchtlich (als Alternative kann ein sogenanntes **Arbeitsgangverfahren** verwendet werden, bei dem die Optimierungsvariablen direkt aus den arbeitsgangspezifischen Verfahrensbelegungen bestehen).

Wie bei den beiden vorherigen Entscheidungssituationen können aber auch diese Werte nicht für **beliebige Änderungen** angesetzt werden. Sie gelten – ausgehend von der dem Endtableau entsprechenden Basis – nur solange, wie keine Nichtnegativitätsbedingungen für die Basisvariablen verletzt werden. Eine Erhöhung von w_1 führt zB zur Verminderung von x_2 und w_3; sollen die obigen Angaben gültig bleiben, kann w_1 nur solange erhöht werden, bis entweder x_2 oder w_3 gleich 0 werden. Unter der Bedingung $w_2 = 0$ ergibt dies einen Höchstwert von 640 Stunden für w_1. Analog ermittelt man für w_2 einen Höchstwert von 1.120. Die durch die obigen Gleichungen ausgedrückte **Struktur der Optimallösung** gilt damit nur für Kapazitäten von 1.000

– 640 = 360 Stunden für Maschine 1 bzw 1.620 – 1.120 = 500 Stunden für Maschine 2 (jeweils *ceteris paribus* unter der Annahme einer unveränderten Kapazität der anderen Restriktion).

Nichtlineare Gewinnfunktionen

Im nichtlinearen Fall braucht das Optimum *nicht* auf dem Rand des zulässigen Bereichs zu liegen. Daher bietet ein Absuchen der Eckpunkte keinerlei Gewähr für den Erhalt einer optimalen Lösung. Das Optimum lässt sich im Allgemeinen nur anhand seiner *notwendigen Bedingungen* beschreiben, die den *Kuhn-Tucker*-Bedingungen entsprechen. Dazu wird eine *Lagrange*-Funktion wie folgt aufgestellt:

$$LG = \sum_{j=1}^{J} d_j(x_j) \cdot x_j - \sum_{i=1}^{I} \lambda_i \cdot \left(\sum_{j=1}^{J} v_{ij} \cdot x_j - \overline{V}_i \right) - \sum_{j=1}^{J} \mu_j \cdot (x_j - \overline{x}_j)$$

Dabei sind λ_i und μ_j *Lagrange*-Multiplikatoren für die Mehrproduktrestriktionen bzw die Absatzobergrenzen. Sie sind positiv, wenn die dazugehörige Restriktion als Gleichung erfüllt ist; ansonsten haben sie den Wert 0. An der Stelle der optimalen Lösung müssen dann folgende Bedingungen 1. Ordnung erfüllt sein:

$$x_j^* > 0 \quad \text{und} \quad \frac{\partial LG^*}{\partial x_j} = 0; \quad x_j^* = 0 \quad \text{und} \quad \frac{\partial LG^*}{\partial x_j} \leq 0$$

$$\lambda_i > 0 \quad \text{und} \quad \sum_{j=1}^{J} v_{ij} \cdot x_j = \overline{V}_i\ ; \quad \lambda_i = 0 \quad \text{und} \quad \sum_{j=1}^{J} v_{ij} \cdot x_j \leq \overline{V}_i$$

$$\mu_j > 0 \quad \text{und} \quad x_j = \overline{x}_j; \quad \mu_j = 0 \quad \text{und} \quad x_j \leq \overline{x}_j$$

Auf Grund dieser Struktur gilt stets $LG^* = D^*$. Die obigen Bedingungen sind im Allgemeinen nur notwendig für das Vorliegen eines (lokalen) Optimums; sie sind auch hinreichend, wenn die Deckungsbeitragsfunktion *D konkav* ist. Sofern *D streng konkav* ist, ist das oben gekennzeichnete Optimum *eindeutig*, weil eine streng konkave Funktion nur ein Maximum haben kann. Die Bedingungen sollten nicht mit einem Algorithmus verwechselt werden; aus ihnen lässt sich nur in bestimmten Fällen ein klares Vorgehen zur konkreten Berechnung des Optimums ableiten.

Die Werte der *Lagrange*-Multiplikatoren entsprechen *im Optimum* den (marginalen) Deckungsbeitragsänderungen bei (marginalen) Änderungen der Beschränkungen für die Restriktionen:

$$\lambda_i = \frac{\partial LG^*}{\partial \overline{V}_i} = \frac{\partial D^*}{\partial \overline{V}_i}; \quad \mu_j = \frac{\partial LG^*}{\partial \overline{x}_j} = \frac{\partial D^*}{\partial \overline{x}_j}$$

Weil lineare Zielfunktionen einen Spezialfall von *LG* darstellen, lassen sich die im Endtableau des Simplex-Verfahrens angegebenen Zielfunktionskoeffizienten der *Schlupfvariablen* als die Werte der entsprechenden Multiplikatoren interpretieren.

Allgemein muss zur Lösung nichtlinearer Programmplanungsprobleme auf die Methoden der *nichtlinearen Programmierung* zurückgegriffen werden (vgl dazu zB *Künzi* und *Krelle* (1979) oder *Luptácik* (1981)).

Das zum Endtableau gehörige Gleichungssystem lässt sich aber auch in umgekehrter Weise nutzen. Fragt man nämlich wie bei den beiden bisherigen Entscheidungssituationen nach den Erfolgsverbesserungen für potenzielle **Ausweitungen der Fertigungskapazitäten** und/oder **Absatzpotenziale**, dann ist dies gleichbedeutend mit einer Verminderung der jeweiligen Schlupfvariablen. Eine Kapazitätserhöhung von zB 100 Stunden bei Maschine 1 würde demnach einen *negativen* Wert $w_1 = -100$ bedeuten. Aus der Zielfunktionszeile lässt sich daraus eine Brutto-Erfolgsverbesserung von 875 ableiten, die sich im Detail durch eine Verminderung von x_1 um 6,25 und eine Erhöhung von x_2 um 14,0625 ergibt. Analog bewirkt ein Wert $w_2 = -100$ eine Brutto-Erfolgsverbesserung von 250 auf Grund einer Erhöhung von x_1 um 12,5 und einer Verminderung von x_2 um 3,125. Natürlich gelten auch diese Zusammenhänge nicht für beliebig große Kapazitätserhöhungen, weil wieder Nichtnegativitätsbedingungen für die Basisvariablen zu beachten sind. Aus diesen Überlegungen ermittelt man (jeweils *ceteris paribus*) für w_1 eine Untergrenze von $-782,\overline{2}$ und für w_2 eine solche von -1.280. Damit gelten die dem Endtableau entsprechenden strukturellen Zusammenhänge für Fertigungskapazitäten von maximal $1.000 + 782,\overline{2} = 1.782,\overline{2}$ Stunden von Maschine 1 und $1.620 + 1.280 = 2.900$ Stunden von Maschine 2 (jeweils *ceteris paribus* unter der Annahme der unveränderten Kapazität des anderen Aggregats). Erhöhungen der Absatzpotenziale haben – bei ansonsten gegebenen Fertigungskapazitäten – offenbar kurzfristig keinerlei positive Wirkungen, weil sie ohnehin im Überfluss vorhanden sind.

Darüber hinaus könnte man auch fragen, welche **Erfolgsänderungen** zB mit **kurzfristigen Preisveränderungen** bei einzelnen Produkten verbunden sind. Damit wären zunächst Änderungen der jeweiligen Stück-Deckungsbeiträge und demnach Änderungen der Zielfunktionskoeffizienten verbunden. Grafisch führt dies zu einer veränderten Steigung der Iso-Deckungsbeitragslinien. Damit müssen nicht unbedingt Veränderungen der bisherigen Optimallösung verbunden sein; diese Lösung bleibt so lange gültig, wie der bisherige Eckpunkt Tangentialpunkt der neuen Iso-Deckungsbeitragslinien bleibt. Im Beispiel führen erst relativ bedeutsame Änderungen der Deckungsbeiträge zu einer neuen Ecklösung. Diese Fragestellungen sind Gegenstand der **parametrischen Programmierung**.[18]

Im nächsten Abschnitt wird auf mögliche Inhalte und Eigenschaften von **Opportunitätskosten** eingegangen, deren Verwendung in manchen Systemen der Kostenrechnung – etwa in der Standard-Grenzpreisrechnung[19] – als für die Entscheidungsfindung bedeutsam eingestuft wird.

3. Opportunitätskosten und Entscheidungsfindung

3.1. Begriffliche Grundlagen

Mit Opportunitätskosten[20] sind – dem Wortsinn nach – **Kosten** im Sinne „**entgangener Gelegenheiten**" gemeint: Realisiert man eine bestimmte Alternative, vergibt man sich ggf die Möglichkeit, eine andere Maßnahme durchzuführen. Deren Ziel-

---

18 Vgl zB *Dinkelbach* (1969).

19 Siehe dazu etwa *Böhm* und *Wille* (1974).

20 Siehe zu einer kompakten Darstellung der Entwicklung, Voraussetzungen und Verwendungen des Opportunitätskostenbegriffs zB *Münstermann* (1969), S. 169 – 179.

beitrag geht daher verloren. Um die Vorteilhaftigkeit der geplanten Alternative zu beurteilen, können diese entgehenden Zielbeiträge als „Kosten" der Planalternative berücksichtigt werden. Nach dieser Charakterisierung können Opportunitätskosten für beliebige Zielfunktionen definiert werden. Gemäß den hier gesetzten Annahmen über die unternehmerische Zielsetzung beziehen sich die folgenden Ausführungen aber nur auf das Gewinnziel.

Die obige Charakterisierung stellt verdrängte Alternativen als wesentliches Merkmal heraus. Tatsächlich wird der **Opportunitätskostenbegriff** jedoch vielschichtiger verwendet. Eine Differenzierung besteht darin, ob die Opportunitätskosten für bestimmte Alternativen oder als Grenzopportunitätskosten für die marginale Änderung eines Faktors ermittelt werden.[21] Meist wird von Grenzopportunitätskosten ausgegangen. Weitere Differenzierungen sind in Abbildung 2 dargestellt.[22]

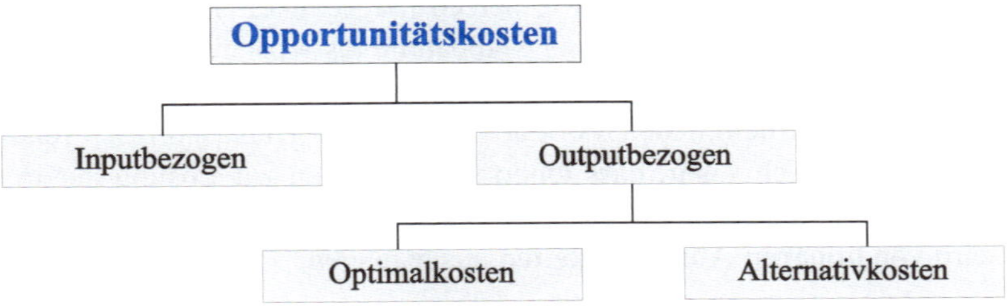

Abb. 2: Typen von Opportunitätskosten

Inputbezogene Opportunitätskosten beziehen sich auf im Produktionsprozess eingesetzte Faktoreinheiten, wie zB Maschinenstunden und Rohstoffeinheiten. Sie bezeichnen den bei *optimalem* Einsatz des betrachteten Faktors **erzielbaren Grenzerfolg** je Faktoreinheit. Sie weisen daher enge Beziehungen zum **wertmäßigen Kostenbegriff** auf (siehe dazu 2. Kapitel: *Die Kosten- und Leistungsrechnung als Entscheidungsrechnung*), bei dem die Bewertung von Güterverbräuchen auf der Basis des monetären Grenznutzens erfolgt. Der optimale Grenzerfolg eines Faktors ist dabei – anders als zB der Beschaffungspreis eines Produktionsfaktors – keine *a priori* festliegende Größe. Er hängt vielmehr vom konkret gegebenen Entscheidungsproblem und den darin enthaltenen Knappheitssituationen ab.

Outputbezogene Opportunitätskosten beziehen sich auf die Einheiten der Endprodukte. Als **Optimalkosten** beinhalten sie die Bewertung der für eine Produkteinheit benötigten Ressourcen mit dem jeweiligen **inputbezogenen Grenzerfolg** dieser Ressourcen; als **Alternativkosten** entsprechen sie dagegen dem **Erfolg der besten,**

21 Vgl *Domschke* und *Klein* (2004), S. 284.

22 Vgl zu dieser Systematik auch *Coenenberg* (1976), S. 109, *Coenenberg* et al. (2012), S. 361.

nicht mehr genutzten Verwendungsmöglichkeit, was mit der eingangs vorgestellten Charakterisierung von Opportunitätskosten übereinstimmt.

Die Intention der Berücksichtigung von Opportunitätskosten bei der Entscheidungsfindung liegt in der **Erfassung der Faktorknappheit im Wertansatz** verbrauchter Ressourcen. Man stellt sich dabei vor, dass diese Einbeziehung von Faktorbeschränkungen ausreicht, um eine optimale Entscheidung herbeizuführen. Man könnte also zB für die Endprodukte modifizierte Deckungsbeiträge berechnen, indem nicht nur die pagatorischen Kosten, sondern zusätzlich noch die Opportunitätskosten von den Erlösen abgezogen werden. Weil die neuen Deckungsbeiträge die Knappheit bereits durch die Kostenbewertung vollständig berücksichtigen, bräuchte man im Idealfall die Restriktionen gar nicht mehr explizit in den Entscheidungsprozess einzubeziehen, sondern könnte einfach durch den Vergleich der modifizierten Deckungsbeiträge eine optimale Entscheidung herbeiführen.

Diese Intention erscheint ebenso wie der Grundgedanke, entgehende Erfolge bei der Entscheidung über eine bestimmte Maßnahme als Kosten dieser Alternative zu erfassen, intuitiv einleuchtend. Dennoch wird die folgende Analyse ausführlich zeigen, dass sich die vermeintlichen Vorteile bei näherem Hinsehen rasch relativieren. Im Endeffekt zeigt sich sogar, dass Opportunitätskosten zur Lösung der in diesem Kapitel behandelten Entscheidungsprobleme **keinen Beitrag** leisten können. In allen Fällen wird von **linearen Abhängigkeiten** ausgegangen.

3.2. Inputbezogene Opportunitätskosten

Inputbezogene Opportunitätskosten werden auf Basis der optimalen Verwendung der jeweiligen Ressource berechnet. Sie entsprechen dem **Grenzerfolg je Faktoreinheit** bei **optimaler** Faktorverwendung, also nach der Erfolgsänderung, die sich ergibt, wenn man von der betreffenden Ressource eine Einheit mehr oder weniger zur Verfügung hätte; dabei ist von einem optimalen Einsatz dieser mehr oder weniger verfügbaren Einheit auszugehen. Alleine aus diesen definitorischen Zusammenhängen geht hervor, dass man die inputbezogenen Opportunitätskosten erst dann kennt, wenn man auch die optimale Lösung des zugrundeliegenden Entscheidungsproblems kennt; nur daraus kann nämlich abgeleitet werden, welche Verwendung welcher Ressourcen optimal ist und welche Grenzerfolge sich daraus ergeben.

Für die in diesem Kapitel betrachteten Entscheidungssituationen lassen sich die **inputbezogenen Opportunitätskosten** aus den jeweiligen Lösungen ablesen:

1. *Keine wirksame Mehrproduktrestriktion.* Hier sind die Grenzerfolge der I Mehrproduktressourcen jeweils **null**, da sie in ausreichendem Umfang zur Verfügung stehen. Zusätzliche Ressourceneinheiten wären wertlos, weil die verfügbaren Absatzpotenziale den wirklichen Engpass darstellen, und Verminderungen der verfügbaren Ressourcen wären aus dem gleichen Grund unschädlich (es sei denn, diese Verminderungen werden bedeutsamer als die Absatzobergrenzen; dann liegt aber bereits der Fall mit wirksamen Mehrproduktrestriktionen vor).

Auch die **Absatzpotenziale** lassen sich natürlich als Inputfaktoren auffassen. Jede abgesetzte Produkteinheit beansprucht die Ressource „Absatzpotenzial" mit einer Einheit. Weil die Absatzpotenziale knapp sind, sind ihre inputbezogenen Opportunitätskosten ungleich null und entsprechen dem Stück-Deckungsbeitrag d_j des jeweiligen Produktes.

2. *Eine wirksame Mehrproduktrestriktion.* In diesem Fall ist genau eine Mehrprodukt-Ressource i knapp. Jede zusätzlich (weniger) verfügbare Faktoreinheit würde daher wertvoll (schädlich) sein: sie beschert (kostet) den **spezifischen Deckungsbeitrag** der zuletzt ins Programm aufgenommenen Produktart.[23] Der inputbezogene Grenzerfolg der anderen Mehrproduktressourcen ist wieder **null**.

Die inputbezogenen Opportunitätskosten der Absatzpotenziale für die im Programm befindlichen Produkte sind positiv, falls sie völlig ausgeschöpft sind; andernfalls sind auch sie null. Sie gleichen aber nicht mehr den Stück-Deckungsbeiträgen d_j der entsprechenden Produkte, weil wegen der knappen Restriktion i die Mehrproduktion eines Produktes nur durch Verminderung der Produktion anderer Produkte möglich ist. Steht also von einem Produkt j eine Einheit Absatzpotenzial mehr zur Verfügung, ist der Deckungsbeitrag d_j um den Betrag zu vermindern, der sich aus dem spezifischen Deckungsbeitrag des **nächstgünstigeren Produktes** multipliziert mit den zur Produktion einer Einheit von Produkt j freizusetzenden Kapazitätseinheiten ergibt. Im Ausgangsbeispiel für den Fall einer wirksamen Mehrproduktrestriktion wurde dieser Wert für $\overline{x}_1$ im Rahmen der Auswertung der gefundenen Lösung schon einmal ermittelt:

$$d_1 - \frac{v_{11}}{v_{12}} \cdot d_2 = d_1 - v_{11} \cdot \frac{d_2}{v_{12}} = d_1 - v_{11} \cdot \hat{d}_{12} = 40 - \frac{2}{8} \cdot 80 = 40 - 2 \cdot 10 = 20$$

3. *Mehrere wirksame Mehrproduktrestriktionen.* Hier lassen sich die inputbezogenen Opportunitätskosten aus dem Simplex-Endtableau ableiten. Sie entsprechen den **Koeffizienten der Schlupfvariablen** in der Zielfunktionszeile. Die optimale Verwendung zusätzlicher Faktoreinheiten wird durch die *Änderungskoeffizienten* in den Spalten der Schlupfvariablen angezeigt.

In allen Fällen ergeben sich die inputbezogenen Opportunitätskosten als **Nebenprodukt der optimalen Lösung**. Sie können daher zu deren Ermittlung nichts beisteuern. Dieser Aspekt erweist sich auch für die outputbezogene Form dieser Kosten als wichtig.

3.3. Outputbezogene Optimalkosten

Gegeben seien nun die inputbezogenen Opportunitätskosten der I Mehrproduktressourcen und J Absatzpotenziale. Bezeichnen λ_i den inputbezogenen Grenzerfolg der

23 Für einen Spezialfall muss diese Aussage modifiziert werden. Sollte zufällig das Absatzpotenzial der zuletzt aufgenommenen Produktart an der Kapazitätsgrenze der Restriktion i ebenfalls erschöpft sein, würden zusätzliche Faktoreinheiten der Ressource i in die Produktart mit dem nächstgünstigeren spezifischen Deckungsbeitrag fließen.

Mehrproduktressource $i = 1, ..., I$ und μ_j den inputbezogenen Grenzerfolg des Absatzpotenzials für Produkt $j = 1, ..., J$. Dann folgt nach der Definition für die outputbezogenen Optimalkosten π_j des Produktes j:

$$\pi_j = \sum_{i=1}^{I} v_{ij} \cdot \lambda_i + \mu_j \qquad j = 1, \ldots, J \tag{5}$$

Der **modifizierte Deckungsbeitrag** d_j^m lautet

$$d_j^m = d_j - \pi_j = p_j - k_j - \pi_j \qquad j = 1, \ldots, J \tag{6}$$

Die in (5) und (6) angegebenen Größen haben einige interessante Eigenschaften, die anhand des Ausgangsbeispiels gezeigt werden können. Zunächst wird der Fall *einer* wirksamen Mehrproduktrestriktion behandelt. Dort war $i = 1$ die knappe Mehrproduktrestriktion, und die optimale Lösung lautete 300 (50) Stück von Produkt 1 (2). Aus der Lösungsauswertung lassen sich folgende Daten ableiten:

$$\lambda_1 = \hat{d}_{12} = 10; \quad \lambda_2 = 0; \quad \mu_1 = d_1 - v_{11} \cdot \hat{d}_{12} = 20; \quad \mu_2 = 0$$

Daraus resultieren folgende **Optimalkosten** und modifizierte Deckungsbeiträge:

$$\pi_1 = 2 \cdot 10 + 20 = 40; \qquad d_1^m = 40 - 40 = 0$$

$$\pi_2 = 8 \cdot 10 = 80; \qquad d_2^m = 80 - 80 = 0$$

Beide Produkte haben also einen **modifizierten Deckungsbeitrag** von null. Dieses Ergebnis gilt auch für den Fall *mehrerer* wirksamer Mehrproduktrestriktionen. Aus dem Endtableau folgt nämlich

$$\lambda_1 = 8{,}75; \quad \lambda_2 = 2{,}5; \quad \mu_1 = \mu_2 = 0$$

Die Optimalkosten und modifizierten Deckungsbeiträge lauten hier:

$$\pi_1 = 2 \cdot 8{,}75 + 9 \cdot 2{,}5 = 40; \quad d_1^m = 0$$

$$\pi_2 = 8 \cdot 8{,}75 + 4 \cdot 2{,}5 = 80; \quad d_2^m = 0$$

Modifizierte Deckungsbeiträge von **null** für alle im Optimalprogramm enthaltenen Produkte gelten nicht nur für die Beispiele, sondern generell für *lineare* Abhängigkeiten. Sie folgen aus der allgemeinen Struktur der optimalen Lösung, die oben gemeinsam mit den Verhältnissen für nichtlineare Gewinnfunktionen im Falle mehrerer wirksamer Mehrproduktrestriktionen angegeben wurde. Danach muss für alle Produkte, die im Optimalprogramm enthalten sind, gelten

$$x_j^* > 0 \quad \text{und} \quad \frac{\partial LG^*}{\partial x_j} = 0$$

Die Ableitung der *Lagrange*-Funktion LG^* lautet im linearen Fall

$$\frac{\partial LG^*}{\partial x_j} = d_j - \sum_{i=1}^{I} v_{ij} \cdot \lambda_i - \mu_j = d_j - \pi_j = d_j^m \tag{7}$$

Insofern sind also stets für alle im Optimalprogramm enthaltenen Produkte die **modifizierten Deckungsbeiträge null**; für alle nicht im Optimalprogramm enthaltenen Produkte sind sie regelmäßig **negativ**. In welchem **Umfang** die Produkte mit modifizierten Deckungsbeiträgen von null zu fertigen sind, geht alleine daraus aber nicht hervor.

Ein weiteres interessantes Resultat erhält man dann, wenn man (7) wie folgt schreibt:

$$d_j = \sum_{i=1}^{I} v_{ij} \cdot \lambda_i + \mu_j \quad \left(\text{für } x_j^* > 0\right)$$

Multipliziert man beide Seiten dieser Gleichung mit x_j^*, summiert dann über alle Produkte j (für Produkte, die nicht im optimalen Programm enthalten sind, ist $d_j \cdot x_j^* = 0$) und berücksichtigt die Tatsache, dass nur knappe Restriktionen inputbezogene Opportunitätskosten ungleich null besitzen, erhält man

$$\sum_{j=1}^{J} d_j \cdot x_j^* = D^* = \sum_{i=1}^{I} \overline{V_i} \cdot \lambda_i + \sum_{j=1}^{J} \overline{x}_j \cdot \mu_j$$

Eine Bewertung der gesamten Mittelvorräte und Absatzpotenziale mit ihren jeweiligen inputbezogenen Grenzerfolgen entspricht also insgesamt gerade dem gesamten Deckungsbeitrag, der mit dem optimalen Produktionsprogramm verbunden ist.[24] Insofern handelt es sich um zwei Seiten einer Medaille: Einerseits kann man den optimalen Deckungsbeitrag unmittelbar über das Produktionsprogramm selbst bestimmen. Andererseits kann man zur Ermittlung des **optimalen Deckungsbeitrages** die **inputbezogenen Bewertungsfaktoren** für die **Ressourcen** heranziehen, die sich aus deren optimaler Verwendung und damit implizit wieder aus dem Optimalprogramm ergeben. In beiden Fällen erhält man den gleichen Deckungsbeitrag. Am obigen **Simplex-Endtableau** kann dies leicht überprüft werden. Die Bewertung aller Faktoren ergibt

$$1.000 \cdot 8{,}75 + 1.620 \cdot 2{,}5 + 300 \cdot 0 + 200 \cdot 0 = 12.800 = D^*$$

Zusammenfassend ergeben sich also mehrere Schwierigkeiten, wollte man der eingangs dargestellten Intention der Verwendung von Opportunitätskosten folgen. Zunächst kennt man ihre Werte exakt erst bei gleichzeitiger Kenntnis der optimalen Lösung, und dann erübrigt sich eigentlich die Berechnung dieser Kosten. Zum anderen ergibt sich bei den Beispielen aus den modifizierten Deckungsbeiträgen **keine Rangfolge** der Produkte; man weiß damit nur, dass *beide* Produkte im Programm enthalten sind, doch über den jeweiligen Umfang weiß man nichts. Die inputbezogenen Opportunitätskosten weisen dabei die beiden Fertigungsrestriktionen als knapp aus, so dass unter *expliziter Verwendung dieser Restriktionen* ein entsprechendes Gleichungssystem zu lösen ist. Selbst wenn also ein allwissender Controller zufällig

---

24 Dieses Resultat ist auch Bestandteil des Dualitätssatzes der Linearen Programmierung. Vgl dazu zB *Bol* (1980), S. 148 – 171.

die richtigen Opportunitätskosten ohne Kenntnis des Optimalprogramms geliefert hätte – auf die explizite Einbeziehung der Restriktionen kann dennoch *nicht verzichtet* werden.

3.4. Outputbezogene Alternativkosten

Zur Verdeutlichung outputbezogener Alternativkosten wird das Ausgangsbeispiel (Tabelle 2) entsprechend den Angaben in Tabelle 8 modifiziert.

Produkt	$j = 1$	$j = 2$	$j = 3$
Preis p_j	200	480	1.100
variable Kosten k_j	160	400	**1.090**
Deckungsbeitrag d_j	40	80	**10**
Obergrenze $\overline{x}_j$	–	–	–
Verbrauch v_{1j}	2	8	5
Verbrauch v_{2j}	**0**	**0**	**0**

Aggregat	i = 1	i = 2
Kapazität $\overline{V}_i$	**1.000**	**0**

Tab. 8: Geändertes Beispiel

Produkt 3 hat jetzt einen positiven Deckungsbeitrag; und es gibt vorläufig keine Absatzobergrenzen, sondern *nur* eine einzige Fertigungsrestriktion (Aggregat 1), so dass bei den Verbrauchskoeffizienten der Restriktionsindex zur Vereinfachung weggelassen werden kann. Damit liegt der Fall *einer wirksamen Mehrproduktrestriktion* vor, und das optimale Produktionsprogramm ergibt sich aus der Rangfolge der spezifischen Deckungsbeiträge. Diese Rangfolge stimmt mit der Indexierung der Produktarten überein:

$$\hat{d}_1 = 20 > \hat{d}_2 = 10 > \hat{d}_3 = 2$$

Wegen fehlender Absatzobergrenzen wird allerdings *nur* Produkt 1 mit 1.000/2 = 500 Stück gefertigt. Es gilt also:

$$x_1^* = 500; \quad x_2^* = x_3^* = 0; \quad D^* = 20.000$$

Die **outputbezogenen Alternativkosten** κ_j eines Produktes bezeichnen den Erfolg der besten, nicht mehr genutzten Verwendungsmöglichkeit. Wird also ein bestimmtes Produkt j gefertigt, verzichtet man auf die Produktion des nächstgünstigeren

Produktes; die damit einhergehende Deckungsbeitragseinbuße wird dem Produkt j als Kostenfaktor angelastet.

Im Beispiel ergibt sich die bestmögliche Alternative zu jedem Produkt aus der Rangfolge der **spezifischen Deckungsbeiträge**. Die Fertigung von Produkt 1 verhindert diejenige von Produkt 2, und die Fertigung von Produkt 2 oder 3 verhindert jeweils die Herstellung von Produkt 1. Daraus folgt für die outputbezogenen Alternativkosten und die entsprechenden modifizierten Deckungsbeiträge $d_j^m = d_j - \kappa_j$:

$$\kappa_1 = v_1 \cdot \hat{d}_2 = 2 \cdot 10 = 20 \qquad d_1^m = 40 - 20 = 20$$
$$\kappa_2 = v_2 \cdot \hat{d}_1 = 8 \cdot 20 = 160 \qquad d_2^m = 80 - 160 = -80$$
$$\kappa_3 = v_3 \cdot \hat{d}_1 = 5 \cdot 20 = 100 \qquad d_3^m = 10 - 100 = -90$$

Wendet man die **Entscheidungsregel** an, dass nur Produkte mit **nichtnegativen modifizierten Deckungsbeiträgen** ins Programm aufgenommen werden sollten, indizieren die modifizierten Deckungsbeiträge jetzt offenbar die richtige Entscheidung: Nur Produkt 1 wird gefertigt, die beiden anderen dagegen nicht.

Anscheinend können demnach die outputbezogenen Alternativkosten zur Entscheidungsfindung verwendet werden, während die Optimalkosten – wie oben gezeigt – problematisch sind. Doch diese Schlussfolgerung ist voreilig. So könnten im obigen Beispiel auch die Optimalkosten verwendet werden. Sie entsprechen nämlich für die Produkte 2 und 3 den Alternativkosten, weil der inputbezogene Grenzerfolg dem spezifischen Deckungsbeitrag des ersten Produktes gleicht; und für Produkt 1 ergäbe sich daraus ein modifizierter Deckungsbeitrag von null. Damit würde die optimale Entscheidung ebenso gefunden wie bei den Alternativkosten. Außerdem ist die **Entscheidungsfindung bei den Alternativkosten** nicht minder umständlich wie bei den Optimalkosten, denn man muss in beiden Fällen über diejenigen Informationen verfügen (Rangordnung der Produkte nach Maßgabe der spezifischen Deckungsbeiträge), die auch unmittelbar zur Bestimmung des Optimums herangezogen werden könnten.

Diese Ausführungen lassen vermuten, dass das auf den ersten Blick günstige Abschneiden der Alternativkosten an der speziellen Struktur des Beispiels liegt. Diese Vermutung wird bestätigt, wenn man als zusätzliche Restriktionen wieder die Absatzobergrenzen des Ausgangsbeispiels einführt. Dann lautet das optimale Produktionsprogramm:

$$x_1^* = 300; \quad x_2^* = 50; \quad x_3^* = 0 \tag{8}$$

Die **Alternativkosten** sind jetzt nur noch für Produkt 1 zweifelsfrei bestimmbar, denn Produkt 1 verhindert nach wie vor Produkt 2. Doch welche Produktart wird durch Produkt 2 verhindert? Nimmt man an, die optimale Lösung in (8) sei *nicht* bekannt, dann müsste man Produkt 1 ansetzen. Daraus ergäbe sich aber ein modifizierter Deckungsbeitrag von –80 für Produkt 2, wodurch die tatsächlich optimale Politik offensichtlich verfehlt würde.

Die **richtigen Alternativkosten** erhält man also ebenfalls nur dann, wenn man – wie bei den Optimalkosten – von der **optimalen Lösung** des Programmplanungsproblems ausgeht. Dann verhindert Produkt 2 nicht Produkt 1, sondern Produkt 3, weil man die Fertigung von Produkt 1 nicht einschränken müsste. Die dem Produkt 2 zuzurechnenden Alternativkosten wären jetzt 8·2 = 16; sie sind offenbar niedriger als d_2, so dass der modifizierte Deckungsbeitrag von Produkt 2 mit 80 – 16 = 64 positiv ist. Entsprechend verhindert Produkt 3 das Produkt 2, was zu einem modifizierten Deckungsbeitrag von 10 – 50 = –40 führen würde. Jetzt indizieren die modifizierten Deckungsbeiträge die richtige Entscheidung, nämlich nur die Produkte 1 und 2 herzustellen. Wegen der knappen Fertigungsrestriktion wird – in diesem Beispiel – die Rangfolge beider Produkte durch die spezifischen modifizierten Deckungsbeiträge angegeben, wonach wieder Produkt 1 mit einem Wert von 10 besser abschneidet als Produkt 2 mit einem Wert von 8.

An diesem einfachen Beispiel zeigt sich, dass das **Dilemma** der Optimalkosten auch bei den Alternativkosten besteht: Die optimale Lösung muss bereits bekannt sein, wenn die Entscheidungen auf Grundlage der Alternativkosten optimal sein sollen.

Zusammenfassend kann daher festgestellt werden, dass Opportunitätskosten keine wirkliche Hilfestellung oder Vereinfachung bei der Entscheidungsfindung geben können, wenn es um die Festlegung des Optimalprogramms selbst geht. Sie lassen sich vielmehr als **Nebenergebnis** dieses Programms auffassen. Ihr Einsatz wird eher bei **postoptimalen Analysen** bedeutsam, wenn es zB darum geht, ob ein während der Periode eingehender und bei der ursprünglichen Planung unberücksichtigter Zusatzauftrag akzeptiert werden sollte oder nicht. Solche Fragestellungen werden im Zusammenhang mit Preisuntergrenzen im folgenden 4. Kapitel: *Preisentscheidungen* angesprochen.

4. Zusammenfassung

Zur Lösung kurzfristig wirksamer Programmentscheidungen auf der Basis von Kosten und Leistungen ist die Verwendung ausschließlich **variabler Erfolgsgrößen hinreichend**, aber nicht notwendig. Das Optimum kann auch mit einer als **Periodenrechnung ausgestalteten Vollkostenrechnung** gefunden werden. Sofern allerdings Stückrechnungen verwendet werden, führt die Orientierung an Stück-Vollkosten – unter den hier gesetzten Prämissen für kurzfristig wirksame Entscheidungsprobleme – regelmäßig zu falschen Entscheidungen.

Bei der „**reinen**" **Programmplanung** wird von *a priori* festgelegten Fertigungsverfahren für die Endprodukte ausgegangen. Dann ist nur noch über die optimalen Produktions- und Absatzmengen der Endprodukte zu entscheiden. Hier spielen bei linearen Abhängigkeiten **Deckungsbeiträge** eine zentrale Rolle für die Entscheidungsfindung. Bei **freien Kapazitäten** sind alle Produkte mit positivem Deckungsbeitrag im Umfang ihrer jeweiligen Absatzhöchstgrenzen zu fertigen. Bei **einer**

wirksamen Mehrproduktrestriktion sind dagegen spezifische Deckungsbeiträge (Deckungsbeiträge je Engpasseinheit) heranzuziehen. Die Produkte werden nach der Höhe ihrer spezifischen Deckungsbeiträge und unter Berücksichtigung ihrer individuellen Absatzbeschränkungen dem Engpass solange zugeteilt, bis er erschöpft ist. Liegen **mehrere wirksame Mehrproduktrestriktionen** vor, ist dagegen ein Simultanansatz unter Verwendung der Methoden der Linearen Programmierung zu lösen. Bei linearen Abhängigkeiten befindet sich das Optimum stets auf dem *Rand* des zulässigen Bereichs und ist darüber hinaus ein **Eckpunkt**. Diese Verhältnisse lassen sich nicht auf den Fall nichtlinearer Gewinnfunktionen übertragen; dort kann das Optimum zB auch im Inneren des zulässigen Bereichs liegen. Die zusätzliche Einbeziehung der **Verfahrenswahl** lässt sich durch analoge Anwendung der bei der „reinen" Programmplanung gefundenen Grundsätze behandeln, was insbesondere bei der Vorgehensweise der **Alternativkalkulation** deutlich wird.

Opportunitätskosten treten in Form **input- und outputbezogener Typen** auf; alle Typen setzen letztlich die **Kenntnis der optimalen Lösung** des Programmplanungsproblems voraus. Sie können daher zur Berechnung des Optimums keinen wirklichen Beitrag leisten; ihre Bedeutung ergibt sich allenfalls bei postoptimalen Analysen.

Fragen

F3-1 Durch welche Rahmenbedingungen lassen sich die Probleme der Produktionsprogrammplanung kennzeichnen? Welche Präferenzarten werden dadurch entbehrlich?

F3-2 Wann können Vollkostenrechnungen zu Fehlentscheidungen führen?

F3-3 Was versteht man unter einem Stückdeckungsbeitrag, und wie lässt er sich interpretieren?

F3-4 Wie lassen sich die Restriktionen eines Programmplanungsproblems klassifizieren?

F3-5 Warum ist die Unterscheidung der Planungsprobleme nach dem Vorliegen wirksamer Mehrproduktrestriktionen wichtig?

F3-6 Wie lässt sich die optimale Produktionspolitik ohne wirksame Mehrproduktrestriktion allgemein kennzeichnen?

F3-7 Warum muss im Falle einer wirksamen Mehrproduktrestriktion auf den spezifischen Deckungsbeitrag zurückgegriffen werden?

F3-8 Was versteht man unter einer *Quasi-Produktregel*?

F3-9 Warum kann man bei progressiven Deckungsbeitragssprüngen und einer wirksamen Mehrproduktrestriktion nicht mehr nach der *Quasi-Produktregel* verfahren?

F3-10 Wie lässt sich bei wenigstens zwei wirksamen Mehrproduktrestriktionen die optimale Produktionspolitik bestimmen? Welche Eigenschaften der Lösungsstruktur macht man sich dabei zunutze?

F3-11 Wie unterscheiden sich die Lösungsstrukturen linearer und nichtlinearer Probleme der Produktionsprogrammplanung?

F3-12 Wie lassen sich Opportunitätskosten klassifizieren?

F3-13 In welcher Weise können Opportunitätskosten bei der Entscheidungsfindung hilfreich sein?

F3-14 Wie lässt sich der Basisansatz zur reinen Programmplanung auch bei der Einbeziehung der Verfahrenswahl modifizieren?

Probleme

P3-1 **„Reine“ Produktionsprogrammplanung und Opportunitätskosten.** Ein Unternehmen kann bei Fixkosten in Höhe von 1.000 auf seinen beiden vorhandenen Anlagen drei Produkte herstellen, deren Daten wie folgt gegeben sind:

Produkt	$j=1$	$j=2$	$j=3$
Preis p_j	400	560	2.100
variable Kosten k_j	370	502	2.120
Obergrenze $\overline{x}_j$	100	100	600
Verbrauch v_{1j}	10	20	5
Verbrauch v_{2j}	3	8	1

Die Fertigungskapazitäten der beiden Aggregate lauten:

Aggregat	$i=1$	$i=2$
Kapazität $\overline{V}_i$	4.000	1.200

Alle Rahmenbedingungen für kurzfristig wirksame Planungsprobleme werden als erfüllt unterstellt.

a) Wie lautet das optimale Produktions- und Absatzprogramm?

b) Gehen Sie nun davon aus, dass sich die Absatzobergrenzen wie folgt geändert haben:

Produkt	$j = 1$	$j = 2$	$j = 3$
Obergrenze $\overline{x}_j$	**300**	**500**	**800**

Wie lautet unter diesen Bedingungen das optimale Produktions- und Absatzprogramm? Welchen Betrag könnte das Unternehmen für 200 (50) zusätzliche Fertigungsstunden des Aggregats 1 (2) maximal bezahlen?

c) Gehen Sie jetzt davon aus, dass sich die Zeitbedarfe bei der zweiten Fertigungsrestriktion ebenfalls geändert haben, so dass jetzt insgesamt folgende Situation (bei gleichbleibenden Mittelvorräten) gegeben ist:

Produkt	$j = 1$	$j = 2$	$j = 3$
Preis p_j	400	560	2.100
variable Kosten k_j	370	502	2.120
Obergrenze $\overline{x}_j$	300	500	800
Verbrauch v_{1j}	10	20	5
Verbrauch v_{2j}	**5**	**2**	1

Bestimmen Sie erneut das optimale Produktions- und Absatzprogramm. Wie groß sind die inputbezogenen Opportunitätskosten der beiden Aggregate, und wie groß sind die outputbezogenen Optimalkosten der drei Produkte? Lohnt sich eine Ausweitung der Absatzobergrenzen durch zusätzliche Werbemaßnahmen? Wie ändern sich die optimalen Produktionsmengen, wenn beim ersten Aggregat 30 Stunden mehr zur Verfügung stünden?

P3-2 **Outputbezogene Alternativkosten.** Die Situation von Problem 1 sei wie folgt modifiziert:

Produkt	$j = 1$	$j = 2$	$j = 3$
Preis p_j	400	560	2.100
variable Kosten k_j	370	502	**2.090**
Obergrenze $\overline{x}_j$	–	–	–
Verbrauch v_j	10	20	5

Es liegt also nur noch die erste Fertigungsrestriktion vor (Kapazität $\overline{V}$ = 4.000), und es bestehen vorläufig keine Absatzobergrenzen.

a) Wie groß sind die outputbezogenen Alternativkosten der drei Produkte?

b) Nun sei ausschließlich für das Produkt $j = 1$ eine Absatzobergrenze $\overline{x}_1 = 200$ gegeben. Bestimmen Sie erneut die outputbezogenen Alternativkosten der drei Produkte.

P3-3 Alternativkalkulation und Verfahrenswahl. Ein Unternehmen fertigt drei Produkte in zwei Arbeitsgängen $i = 1, 2$, wobei für den ersten (zweiten) Arbeitsgang zwei (drei) Verfahrensalternativen gegeben sind. Darüber hinaus ist zu berücksichtigen, dass ein von allen Produkten verwendeter Rohstoff ($i = 3$) nur in begrenzten Mengeneinheiten beschafft werden kann. Die Daten lauten wie folgt (die Zahlen hinsichtlich der Zeitbedarfe sowie die Absatzobergrenzen sind einem Beispiel von *Kilger* et al. (2012), S. 664, entnommen; die Verbrauchskoeffizienten v_{imj} bezeichnen den Zeitbedarf des Produkts j am Verfahren m des Arbeitsgangs i, die Rohstoffbedarfe v_{3j} sind unabhängig von der Verfahrenswahl).

Der Rohstoff steht im Umfang von $\overline{V}_3 = 160.000$ zur Verfügung. Ansonsten sind auch hier alle Voraussetzungen für ein kurzfristig wirksames Planungsproblem erfüllt. Formulieren Sie den grundsätzlichen Ansatz zur Optimierung von Produktionsprogramm und Verfahrenswahl auf Basis der Alternativkalkulation.

Produkt	$j = 1$	$j = 2$	$j = 3$
Obergrenze $\overline{x}_j$	10.000	12.000	8.000
Verbrauch v_{11j}	5	5	7
Verbrauch v_{12j}	4	3	6
Verbrauch v_{21j}	8	5	5
Verbrauch v_{22j}	5	5	5
Verbrauch v_{23j}	3	3	4
Verbrauch v_{3j}	5	3	6

Arbeitsgang	$i = 1$		$i = 2$		
Verfahren	$m = 1$	$m = 2$	$m = 1$	$m = 2$	$m = 3$
Kapazität $\overline{V}_{im}$	120.000	120.000	120.000	120.000	120.000

Literaturempfehlungen

Allgemeine Literatur

Jacob, H. (Hrsg.): *Industriebetriebslehre*, 4. Auflage, Wiesbaden 1990.

Kilger, W., J. Pampel und *K. Vikas*: *Flexible Plankostenrechnung und Deckungsbeitragsrechnung*, 13. Auflage, Wiesbaden 2012.

Streitferdt, L.: Produktionsprogrammplanung, in: *HWB*, 5. Auflage, Teilband 2, Stuttgart 1993, Sp. 3478 – 3491.

Spezielle Literatur

Hax, H.: Kostenbewertung mit Hilfe der mathematischen Programmierung, in: *Zeitschrift für Betriebswirtschaft* 1965, S. 197 – 210.

Kilger, W.: *Optimale Produktions- und Absatzplanung*, Opladen 1973.

Kloock, J.: Kurzfristige Produktionsplanungsmodelle auf der Basis von Entscheidungsfeldern mit den Alternativen Fremd- und Eigenfertigung (mit variablen Produktionstiefen), in: *Zeitschrift für betriebswirtschaftliche Forschung* 1974, S. 671 – 682.

4

Preisentscheidungen

Johann Leitmeier ist Eigentümer der Leitdruck GmbH. Um 18:10 Uhr, gerade bereit, auf den Golfplatz zu gehen, piepst sein Computer. Eine E-mail ist hereingekommen. From: Erich Eichberger. Subject: DRINGEND. Kurz steigt in Leitmeier Ärger auf: „Woher hat der Eichberger meine persönliche E-mail-Adresse?", denkt er. Trotzdem klickt er die E-mail an und liest folgenden Text:

> An: Johann Leitmeier (Leitdruck GmbH)
> Von: Erich Eichberger
> Media-AD Werbegesellschaft mbH
>
> Wir haben Ihnen vorige Woche ein Muster für ein direct mailing unseres Kunden FOP mit der Bitte gesandt, uns bis heute ein Angebot für den Druck von 100.000 Stück zu übermitteln. Da wir von Ihnen keine Antwort bekamen, richten wir höflichst die Frage an Sie, ob Sie an diesem Auftrag weiter interessiert sind. In diesem Falle bitten wir Sie, bis morgen spätestens 10 Uhr ein Angebot vorzulegen, da wir uns andernfalls außerstande sehen, Sie weiterhin zu berücksichtigen.
>
> Mit freundlichen Grüßen
> E. Eichberger

„Davon weiß ich ja gar nichts!" denkt Leitmeier aufgeregt, „Wer hat denn dieses ominöse Muster erhalten?" Er greift zum Telefon. Der dritte Versuch, noch jemanden zu erreichen, mündet in einem Teilerfolg: Seine Verkaufsleiterin für Kleinaufträge, Franziska Wegener, ist noch da. Leitmeier ist froh: „Es gibt doch noch Leute, die etwas arbeiten." Wegener weiß etwas über das Muster: „Ja, ja, das habe ich gesehen; da aber Herr Schemer die Media-AD betreut, habe ich es intern weiterleiten lassen." Schemer ist nicht mehr im Betrieb. Leitmeier macht seiner Sekretärin

eine Notiz, dass sie Schemer am nächsten Morgen sofort kontaktieren sollte; dann macht er sich auf zum Golfplatz.

Am nächsten Morgen wartet Schemer schon auf Leitmeier. „Warum haben Sie auf die Anfrage nicht reagiert? – Wir sind doch interessiert, oder?" fragt Leitmeier. „Ja, natürlich. Ich habe das Muster selbst genau durchgesehen und dann Frau May gebeten, das für mich zu kalkulieren. Sie hat sich aber nicht gerührt, und so habe ich einfach den Termin aus den Augen verloren." Leitmeier ist zwar verärgert, aber Schemer schaut ohnedies schon schuldbewusst genug, also sagt er nichts, sondern bittet Frau May von der Kostenrechnungsabteilung zu sich.

May kommt mit dem Muster (das gibt es zum Glück noch, denkt sich Leitmeier) und – tatsächlich – einer Kostenaufstellung. May lächelt verlegen: „Das sind die Kosten", und gibt Leitmeier den Zettel.

Auftrag Media-AD für 100.000 mailings:	
Druckpapier Q1	*30.000*
Folie MM2	*4.500*
Klebstoff	*900*
Farbe 33502	*600*
Farbe 34622	*300*
Farbe 34880	*600*
Arbeitszeit 8 Stunden	*7.000*
Druckmaschinenstunden auf A4 20 Stunden	*20.000*
Schneidemaschine S8 4 Stunden	*2.800*
Herstellkosten	*66.700*
20% Verwaltungs- und Vertriebskosten	*13.340*
Selbstkosten	*80.040*
10% Gewinnaufschlag	*8.004*
Gesamt	*88.044*
Kosten pro Stück	*0,88*

Schemer schaut irritiert: „Das ist aber schon etwas hoch! Können wir da nicht noch herunterkommen, sagen wir, auf 0,60 pro Stück; damit müssten wir den Auftrag an Land ziehen können. Sonst sehe ich schwarz." May sagt: „Sicher. Sie können den Gewinnaufschlag streichen, das bringt 0,08 pro Stück." Und etwas sarkastisch: „Ja, und dann natürlich den Beitrag zur Abdeckung der Verwaltungs- und Vertriebskosten; wird halt dann jemand gekündigt." Leitmeier bittet um mehr Ernst. May setzt fort: „Okay. Ich glaube nicht, dass 0,60 realistisch ist. Das Papier brauchen wir in dieser Menge, und die Stunden haben Sie, Schemer, mir gegeben, da ist wohl auch nichts mehr möglich."

Schemer fragt: „Aber A4 ist doch derzeit nicht ausgelastet, und bei S8 könnten wir doch den Auftrag von KLL nach hinten verschieben. Hilft uns das nicht?" „Wenn Sie meinen. Ich kann natürlich rein die variablen Kosten rechnen – aber wir werden daran nichts verdienen –, dann müsste sich ..." May rechnet leise und kommt auf

0,45, aber das sagt sie lieber nicht. „Ja, dann gehen sich die 0,60 wohl aus. Aber wenn wir das bei jedem Auftrag tun würden ...“ Schemer schlägt vor: „Ich veranlasse sofort das Schreiben des Angebots mit 0,60 pro Stück.“

Leitmeier zögert noch. Aber wie er Herrn Eichberger von der Media-AD kennt, wird ihn dieser auch bei künftigen Anfragen eher außer acht lassen, wie sollte er den letzten Satz des E-mails sonst interpretieren? Vielleicht kostet ihn dies auch seine lang gepflegte Reputation der Zuverlässigkeit und raschen Reaktion. Das kann sich Leitmeier nicht leisten. Also stimmt er zu, und Schemer eilt in sein Büro, von wo aus er um 9:40 das Angebot faxt. Das ist wieder einmal gut gegangen.

Leitmeier ist wieder allein in seinem sehr schönen Büro; nachträglich ist ihm aber nicht ganz wohl bei der Vorgangsweise. Wie kommt Schemer eigentlich auf die 0,60? Und hat May nicht recht: Wenn er das bei jedem Auftrag so macht, dann entsteht doch ein Verlust – vorbei wären die Zeiten, in denen er sich jedes Jahr ein neues Auto leisten kann. Auf der anderen Seite: May hält doch sicher noch einige Informationen zurück; wieso war ihr keine Preisuntergrenze zu entlocken? Und dann noch: Wie steht es mit der Druckmaschine A4, Schemer hat doch gesagt, sie sei nicht ausgelastet, wo doch gerade Schemer sie vor drei Jahren so dringend gefordert hatte? Da unterbricht ihn das Läuten des Telefons.

Ziele dieses Kapitels

- Identifizieren der relevanten Kosten zur Ermittlung von Preisgrenzen
- Bestimmen von Preisuntergrenzen und Preisobergrenzen
- Ableiten von Optimierungsbedingungen für Preisentscheidungen
- Analyse des Einflusses von Fixkosten auf die Preisgestaltung
- Einfluss der Konkurrenz auf die eigene Preisstellung

1. Kosten als Grundlage von Preisentscheidungen

Unternehmen besitzen im Regelfall einen mehr oder weniger großen **Spielraum** bei der Festlegung von Preisen für ihre Produkte (und Leistungen); dies gilt im Besonderen für differenzierte Produkte, für die das Unternehmen *quasi* Monopolstellung besitzt. Dafür sind autonom Preisentscheidungen zu treffen. Aber auch dann, wenn der Preis verhandelt werden soll oder durch einen Kunden vorgegeben wird (zB bei einer Anfrage für einen Auftrag), sind Entscheidungen zu treffen, zB ob das Produkt überhaupt angeboten werden soll.

Fragen hinsichtlich des optimalen Produktionsprogramms bei *gegebenen* Preisen wurden im vorigen 3. Kapitel: *Produktionsprogrammentscheidungen* bereits behandelt. In diesem Kapitel wird die Frage nach der Produktion abhängig vom Preis untersucht; es handelt sich dabei im Wesentlichen um die Ermittlung von **Preisuntergrenzen** für die hergestellten Produkte sowie um **Preisobergrenzen** für benötigte Inputfaktoren. Dies sind typische Entscheidungen, für die die KLR verwendet wird. Anschließend werden einige Probleme der **Ermittlung optimaler Preise** behandelt. Preisentscheidungen können *nicht alleine* auf Basis der Kosten getroffen werden. Neben den Kosten sind weitere interne Gegebenheiten (zB Produktionskapazität, Finanzkraft) und insbesondere auch externe Gegebenheiten maßgebend, wie zB das Verhalten der Kunden und der Konkurrenz. Gesetzliche Beschränkungen im Rahmen des Wettbewerbsrechts (zB Gesetz gegen Wettbewerbsbeschränkungen (dGWB), Gesetz gegen den unlauteren Wettbewerb (dUWG, öUWG)) sind als Nebenbedingungen zu beachten. Darüber hinaus muss das Zusammenwirken der Preisfestlegung mit allen **anderen Marketinginstrumenten** beachtet werden. Das sind zB die Konditionen, Produkteigenschaften, Werbung, der Distributionskanal oder der Serviceumfang. Des Weiteren spielen Aspekte wie Durchsetzbarkeit des Preises, Preiselastizitäten und die Höhe der Konkurrenzpreise eine wesentliche Rolle.

Die **Kosten** sind jedoch *ein* wichtiger Aspekt für die Preisentscheidung. Die ökonomischen Modelle der Bestimmung optimaler Preise benötigen Kosten als eine wesentliche Einflussgröße. Daneben dienen Kosten nicht nur als Untergrenze für die Preisgestaltung, sondern auch zur **Rechtfertigung** höherer Preise vor den Kunden oder als Basis für **Angebotspreise** bei öffentlichen Aufträgen. Bei der Preisfindung arbeiten deshalb in der Praxis die Bereiche Marketing und Rechnungswesen meist eng zusammen.

Empirische Ergebnisse

Eine britische Studie von 52 Produktionsunternehmen und 42 Dienstleistungsunternehmen (*Mills* und *Sweeting*[1]) ergab, dass die große Mehrheit der untersuchten Unternehmen die Preise aufgrund der Kosten festlegt; hier wiederum zumeist anhand der Vollkosten – etwas, was theoretisch nur unter ganz bestimmten Bedingungen zweckmäßig sein kann, wie in diesem Kapitel noch näher behandelt wird.

	Produktion	Dienstleistung
Kostenorientiert, davon Basis:	71%	68%
Deckungsbeitrag	27%	28%
Vollkosten	59%	45%
Vollkosten plus Aufschlag (*Target Pricing*)	12%	20%
sonstige	2%	7%
Kundenorientiert	17%	11%
Kombination	12%	21%

Das bereits im 3. Kapitel: *Produktionsprogrammentscheidungen* zugrunde gelegte **Szenario** wird auch im Folgenden verwendet. Es werden vorwiegend kurzfristig wirksame Preisentscheidungen betrachtet, längerfristig wirksame Überlegungen

1 Zitiert in *Brignall* et al. (1991), S. 231.

werden nur in Grundzügen dargestellt – dies entspricht der KLR als operativem Entscheidungsinstrument. Nicht untersucht werden zB Entscheidungen über die Einführung neuer Produkte (solche Fragen bleiben dem 6. Kapitel: *Kostenmanagement* vorbehalten). Der Bestand an Potenzialfaktoren wird im Regelfall als gegeben angenommen, ebenso werden sichere Erwartungen unterstellt. Von beiden Annahmen wird jedoch für die Analyse bestimmter Sonderprobleme abgewichen; bei Berücksichtigung von Unsicherheit wird aber nur Risikoneutralität bzw Erwartungswertmaximierung angenommen; andere Präferenzen werden im 5. Kapitel: *Entscheidungsrechnungen bei Unsicherheit* ausführlich behandelt.

Im Rahmen der Entscheidungsfunktion der KLR wird grundsätzlich von der **Maximierung des Periodengewinnes** (auf Basis der **Kosten-Leistungs-Konzeption III**) ausgegangen; für manche Analysen wird die Maximierung des Kapitalwertes angestrebt. Bei Zugrundelegung anderer Ziele, wie zB Marktanteilsmaximierung, können sich andere Aussagen ergeben.

In gewissem Sinne erfolgt eine Umkehrung der **Fragestellung** gegenüber dem vorangehenden 3. Kapitel: *Produktionsprogrammentscheidungen*. Dort stand die Frage nach der Produktionsmenge bei *gegebenen* Preisen im Vordergrund, hier ist es die Frage nach der **Höhe der Preise bei bestimmten Produktionsmengen**. Es verwundert daher auch nicht weiter, dass viele der im 3. Kapitel: *Produktionsprogrammentscheidungen* besprochenen Überlegungen weiterhin gültig sind. Dies wird insbesondere bei Preisuntergrenzen deutlich, bei denen die Opportunitätskosten eine große Rolle spielen können.

Aus Sicht der KLR ist die **Erscheinungsform des Preises** irrelevant; dies ist eine Marketing-Entscheidung. Parameter sind Rabatte, Boni, Packungsgröße, Einzelkomponenten oder Gesamtsystem, Differenzierung nach Kunden usw. In der Folge wird unter dem ***Preis*** die tatsächlich dem Unternehmen verbleibende **Gegenleistung** für die eigene Leistung (den Verkauf von Produkten) verstanden.

2. Preisgrenzen

2.1. Überblick

Preisgrenzen sind **kritische Werte**, für die das Unternehmen bei der Entscheidung zwischen zwei Aktionen **indifferent** ist. Preisgrenzen umfassen Preisobergrenzen und Preisuntergrenzen.

Die **Preisuntergrenze** ist der **niedrigste Preis** für ein (End-)Produkt, zu dem dieses gerade noch oder mit einer bestimmten Menge angeboten wird.

Die **Preisobergrenze** ist der **höchste Preis** für einen **Inputfaktor**, den das Unternehmen zur Leistungserstellung benötigt, zu dem dieser gerade noch oder mit einer bestimmten Menge bezogen und verwendet wird.

Preisgrenzen werden in vielen Situationen benötigt. Zu den wichtigsten gehören:

- **Annahme oder Ablehnung eines Zusatzauftrages**. Darin bildet die Preisuntergrenze die Grenze für Konzessionen in der Preisverhandlung über den (kurzfristigen) Zusatzauftrag. Für einen gegebenen Preis des Zusatzauftrages bildet die Preisobergrenze für einen benötigten Inputfaktor den Entscheidungswert für die Annahme oder Ablehnung.
- **Elimination eines Produktes aus dem Produktionsprogramm**. Sinkt der Preis unter die Preisuntergrenze (steigt der Preis eines benötigten Inputfaktors über dessen Preisobergrenze), wird die Produktion dieses Produktes (kurzfristig) eingestellt.
- **Veränderung der Zusammensetzung des Produktionsprogramms**. Bei einem Preis unterhalb einer bestimmten Preisgrenze oder bei einem Preis eines Inputfaktors über einer bestimmten Preisgrenze wird die Produktionsmenge des betreffenden Produktes verringert, wobei die ggf frei werdende Kapazität für die Erhöhung der Produktionsmenge anderer Produkte verwendet werden kann. Man spricht hier auch von **relativen Preisgrenzen**[2].

Zu beachten ist dabei, dass bei diesen Entscheidungen *nicht dieselbe* Preisgrenze relevant sein muss; **Preisgrenzen sind Entscheidungswerte**, die nur für eine ganz spezifische Entscheidungssituation zutreffen.

Die **grundsätzliche Vorgehensweise** bei der Bestimmung von Preisgrenzen ist der Vergleich des Deckungsbeitrages, der bei Weiterführung des *status quo* erzielt wird, mit dem Deckungsbeitrag, der sich bei Änderung des *status quo* aufgrund einer bestimmten Entscheidung ergibt. Dieser Deckungsbeitrag hängt vom Absatzpreis des Produktes bzw vom Beschaffungspreis eines benötigten Inputfaktors ab.[3] Die Preisgrenze entspricht dann dem Preis, bei dem der Deckungsbeitrag gerade dem Deckungsbeitrag entspricht, der im *status quo* erzielt wird.[4]

Diese an sich einfache Vorgangsweise kann in spezifischen Situationen relativ komplex werden, weil *sämtliche* kostenmäßigen Auswirkungen der geänderten Entscheidung berücksichtigt werden müssen (Prinzip der **relevanten Kosten**). Die folgende Analyse von Preisgrenzen bedient sich daher einiger Beispiele, die typische Möglichkeiten abdecken.

---

2 Vgl zB *Reichmann* (2011), S. 176.

3 Dabei wird davon ausgegangen, dass der Deckungsbeitrag bei geänderter Entscheidung mit Erhöhung des Produktpreises zunimmt und bei Erhöhung des Beschaffungspreises eines Inputfaktors sinkt. Andernfalls wäre die Preisgrenze nicht eindeutig.

4 Vorausgesetzt wird hier, dass die Ablehnung des Zusatzauftrages *keine* Kosten verursacht. Denkbar wäre etwa auch, dass der Nachfrager bei einer Ablehnung verärgert reagiert und bisherige Käufe einstellt. Solche Änderungen des *status quo* müssten gesondert berücksichtigt werden.

2.2. Kurzfristige Preisuntergrenzen – Grundlagen

Angenommen, ein Zusatzauftrag umfasst nur ein einziges Stück eines nicht im Produktionsprogramm befindlichen Produktes. Als **Basis für die Preisuntergrenze** fungieren die **Grenzkosten** der Erstellung dieses Produktes. Für ein einziges Stück entsprechen die Grenzkosten den variablen Kosten. Bestehen keine Interdependenzen zum bisherigen Leistungsprogramm (zB keine Engpässe), so entspricht die Preisuntergrenze $\hat{p}$ gerade den variablen Kosten k des Zusatzauftrages. Dazu gehören nicht nur die Kosten für die benötigten Inputfaktoren, sondern auch die variablen Produktions-, Verwaltungs- und Vertriebskosten. Hier ergeben sich in der Praxis oft Schwierigkeiten, weil die variablen Kosten idR nicht zur Gänze gesondert ausgewiesen werden. Teile davon sind in den (unechten) Gemeinkosten enthalten, so dass eine anteilige Zurechnung erforderlich sein mag.

Für die **Gestaltung** des Kostenrechnungssystems ergibt sich folgendes Dilemma: Welche Kostenarten als Einzelkosten oder als unechte Gemeinkosten erfasst werden sollen, hängt von Wirtschaftlichkeitsüberlegungen ab. Die Kosten der Erfassung als Einzelkosten müssen den Nachteilen aufgrund der Bereitstellung ungenauerer Information entgegen gehalten werden. Nun ist die Bestimmung der Preisuntergrenze eine Situation, die einen solchen Nachteil aufzeigen kann. Das bedeutet aber, dass die Nachteile ungenauerer Information erst im Rahmen spezieller Entscheidungssituationen bewertet werden können. Die Genauigkeit des Kostenrechnungssystems kann daher eigentlich nur simultan mit den (potenziellen) Folgen von Entscheidungen festgelegt werden.

Grüne oder reife Avocados?[5]

Ein Kalifornier zieht an die Ostküste der USA und beobachtet dort: Es gibt keine *reifen* Avocados zu kaufen, sondern nur grüne, unreife. Für jemanden, der reife Avocados gewohnt ist, führt dies zu Mehraufwand, weil er die grünen Avocados zu Hause sehr sorgfältig lagern und hegen muss, um sie schließlich reif genießen zu können.

Um diesem Rätsel auf die Spur zu kommen, deutet er dem Obsthändler an, dass er – genauso wie viele andere Westküsten-Aussiedler – durchaus einen höheren Preis für reife anstelle von grünen Avocados bezahlen würde, um den Obsthändler für die höheren Kosten aufgrund der Lagerung und ggf des Risikos des Verfaulens zu entschädigen (variable Kosten). Der Obsthändler entgegnet jedoch, dass er reife Avocados tatsächlich *billiger* verkaufen müsse, weil sie nur kurze Zeit reif sind und dann rasch verfaulen; die Kunden würden ihm nur einen geringeren Preis bezahlen, weil sie genau wüssten, dass sie der Obsthändler sonst gar nicht mehr verkaufen könnte (Alternative).

Relevante Kosten

Die **Bewertung** der variablen Güterverbräuche hängt von den Alternativen ab (relevante Kosten).

Beispiel: Ein Zusatzauftrag verursacht Kosten in Höhe von 120 und benötigt zusätzlich $v = 2$ Einheiten eines Inputfaktors, von dem noch 100 Einheiten im Unternehmen auf Lager liegen. Die Anschaffungskosten der auf Lager liegenden Einheiten betrugen 30 pro Einheit; der Tagespreis zum Zeitpunkt der Entscheidung über

5 *Scotchmer* (1990), S. 192.

den Zusatzauftrag beträgt 35. Das Unternehmen plant, die zwei Einheiten im Fall der Annahme des Zusatzauftrages vom Lager zu nehmen. Wie hoch ist die Preisuntergrenze?

Die Bewertung der zwei Einheiten des Inputfaktors hängt von der **geplanten weiteren Nutzung** der auf Lager liegenden Einheiten ab, wenn der Zusatzauftrag nicht angenommen wird. Werden sie im Lauf der Zeit für die normale Produktion plangemäß eingesetzt (dies dürfte die Regel sein), kann die Preisuntergrenze mit dem **Tagespreis** angesetzt werden, sofern eine Nachbeschaffung keine Transaktionskosten erfordert, dh

$$\hat{p} = 120 + 2 \cdot 35 = 190$$

Fallbeispiel

Der *Baldwin Bicycle Company Fall* liefert eine gute Illustration für strategische Erwägungen, die im Fall der Entscheidung über einen Zusatzauftrag zu beachten sind.[6]

Baldwin ist ein Fahrradhersteller im mittleren Preis- und Qualitätssegment. Die Geschäftslage ist nicht übermäßig gut, Baldwin ist nur zu 75% ausgelastet. Da fragt eine Supermarktkette an, ob Baldwin Fahrräder in gleich guter Qualität liefern könne, die diese unter einer anderen Marke exklusiv in den eigenen Supermärkten anbieten würde. Dies würde die Auslastung auf fast 100% anheben. Der angebotene Abnahmepreis deckt die variablen Kosten bei weitem; insgesamt scheint dies ein gutes Geschäft für Baldwin zu sein.

Eine strategische Analyse zeigt aber, dass sich Baldwin damit durch Einsteigen in das Billigpreissegment den eigenen Markt wie auch den Markt der Konkurrenten im mittleren Preis- und Qualitätssegment abgraben würde. Der Grund: Die Fahrradkäufer werden mit hoher Wahrscheinlichkeit erkennen, dass die im Supermarkt angebotenen Fahrräder mittlere Qualität *zu einem niedrigen Preis* sind; die Supermarktkette könnte dies sogar als Kaufargument verwenden. Außerdem ist die Menge nicht vernachlässigbar gering. Entsprechende Zahlenrelationen unterstellt, kann es sehr sinnvoll sein, den Zusatzauftrag abzulehnen.

Das Lager wird dadurch wieder auf den ursprünglichen Zustand aufgefüllt. Andernfalls wäre die normale Produktion im Falle der Annahme des Zusatzauftrages beeinträchtigt, weil die gelagerte Menge ja *dafür* beschafft worden war.[7]

Handelt es sich bei den gelagerten Inputfaktoren aber um einen **Restposten**, der – abgesehen von dem unerwarteten Zusatzauftrag – für die Produktion nicht mehr verwendet wird, ist für die Preisuntergrenze der (Netto-)**Veräußerungswert** anzusetzen. Besitzt der Restposten am Markt keinen Wert mehr und können durch die

---

6 Vgl *Shank* und *Govindarajan* (1988).

7 Vgl dazu auch die sogenannte Revisionshypothese: Knappe Faktoren werden zu Marktpreisen im notwendigen Umfang beschafft, „um die durch die Realisierung der Entscheidung entstandene veränderte Situation derart rückgängig zu machen, dass jede andere Wahlmöglichkeit wahrgenommen werden kann, dass der Unternehmung also keine Gelegenheit entgeht." So *Bohr* (1988), S. 1177.

Annahme des Zusatzauftrages vielleicht sogar Lagerkosten oder Entsorgungskosten in Höhe von 2 eingespart werden, ergibt sich:

$$\hat{p} = 120 - 2 = 118$$

Eine Preisuntergrenze *unter* den variablen Kosten kommt hier deshalb zustande, weil gewissermaßen der *status quo* geändert wird. Wenn der Zusatzauftrag *nicht* angenommen wird, fallen künftig bestimmte Kosten an; diese sind bei der Entscheidung daher zu berücksichtigen. Insgesamt zeigt sich, dass der Anschaffungswert für *kurzfristige* Preisuntergrenzen keine Bedeutung hat.[8]

Nichtlineare Kostenfunktionen: Erfahrungskurve

Bei linearen Kostenfunktionen stimmen die Grenzkosten immer mit den variablen Kosten überein. Für einen Zusatzauftrag, der mehrere Stück umfasst, wird daher die Preisuntergrenze unabhängig von der Stückzahl gelten. Anders ist die Situation für nichtlineare Kostenfunktionen. Sie wird am Beispiel der Kostenverläufe aufgrund der **Erfahrungskurve** gezeigt.

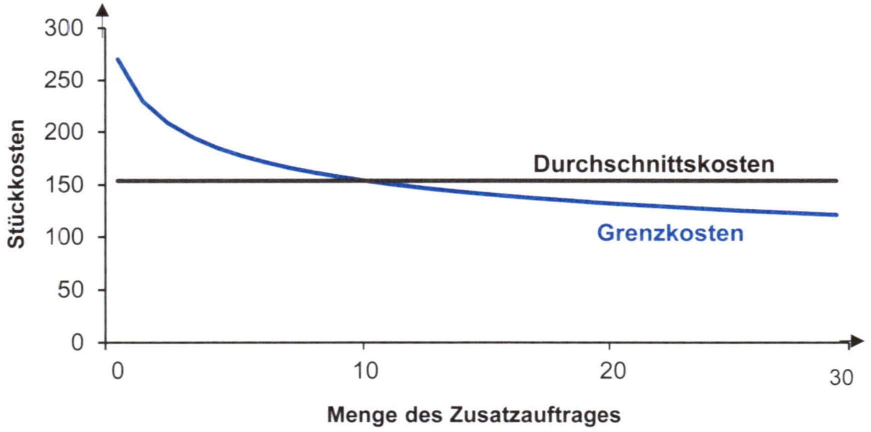

Abb. 1: Erfahrungskurve

Beispiel: Das Unternehmen erhält eine Anfrage für die Produktion von $x = 30$ Stück eines bisher noch nie gefertigten Produktes, für das jedoch technisch die Voraussetzungen im Unternehmen gegeben sind. Eine Schätzung der Konstrukteure anhand eines Prototyps ergibt Grenzkosten des ersten Stückes von $K' = 270$, die sich jedoch anhand der durch die Herstellung gewonnenen Erfahrung entsprechend einer Erfahrungskurve mit einer Lernrate $\alpha = 15\%$ verringern dürften. Wie hoch ist die Preisuntergrenze?

---

[8] Für langfristige Preisuntergrenzen sind dagegen die Anschaffungswerte maßgebend, weil sie für das eingesetzte (Nominal-)Kapital stehen. Vgl ausführlich *Swoboda* (1973).

Die **Erfahrungskurve** geht von der Hypothese aus, dass sich die Stückkosten jeweils mit einer Verdoppelung der kumulierten Produktionsmenge um einen bestimmten Faktor (Lernrate α) verringern.[9] Es handelt sich dabei um eine Erweiterung der **Lernkurve**, die für Arbeitskosten formuliert wurde. $K'(X)$ bezeichne die Grenzkosten des X-ten Stückes, dh es liegt eine kumulierte Produktionsmenge von X vor. Sie sind

$$K'(X) = K'(1) \cdot (1 - \alpha)^z \quad (1)$$

wobei $K'(1)$ die Grenzkosten des ersten Stückes bezeichnet. z ist die Anzahl der Verdoppelungen, dh $X = 1 \cdot 2^z$. Um für beliebige kumulierte Mengen X Grenzkosten zu bestimmen, wird wie folgt vorgegangen: Aus $X = 2^z$ ergibt sich durch Logarithmieren

$$z = \frac{\log X}{\log 2}$$

Logarithmieren von $(1 - \alpha)^z$ führt zu

$$z \cdot \log(1-\alpha) = \frac{\log X}{\log 2} \cdot \log(1-\alpha) = \log X \cdot \frac{\log(1-\alpha)}{\log 2} = \log X \cdot \kappa$$

Daraus folgt $(1-\alpha)^z = X^\kappa$. Der Parameter κ wird als **Kostenelastizität** (relative Kostensenkung bei Erhöhung der Produktionsmenge) bezeichnet und ergibt sich aus der Lernrate α wie folgt:

$$\alpha = 1 - 2^\kappa \quad \text{bzw} \quad \kappa = \frac{\log(1-\alpha)}{\log 2} \quad (2)$$

wobei für den Logarithmus eine beliebige (im Zähler und Nenner gleiche) Basis genommen werden kann. Bei einer Lernrate von $\alpha = 0{,}15$ ergibt sich gemäß (2) $\kappa = -0{,}2345$.

Die **Grenzkostenfunktion** lautet schließlich

$$K'(X) = K'(1) \cdot X^\kappa \quad (3)$$

Im Beispiel sind die Grenzkosten für das erste produzierte Stück 270, mit dem zweiten Stück geht bereits eine Verdoppelung der kumulierten Menge ($1 + 1 = 2 \cdot 1$) einher, die Grenzkosten sinken auf $270 \cdot (1 - 0{,}15) = 229{,}5$, die Grenzkosten des vierten Stücks betragen $229{,}5 \cdot (1 - 0{,}15) = 195{,}08$ (gerundet, wie im Weiteren alle Werte). Das 30. Stück kostet nur mehr

$$K'(X = 30) = 270 \cdot 30^{-0{,}2345} = 121{,}63$$

Der Verlauf der Grenzkosten für den Auftrag von 30 Stück ist in Abbildung 1 dargestellt. Die **Preisuntergrenze** entspricht den **durchschnittlichen Stückkosten** k, die sich unter Zuhilfenahme eines Kalkulationsprogramms als

---

9 Vgl zu einem Überblick etwa *Kloock* et al. (1987) und *Coenenberg* et al. (2012), S. 423 – 442.

$$k = \frac{\sum_{X=1}^{30} K'(1) \cdot X^{-0,2345}}{30} = 153,82$$

ermitteln lassen. Eine **Näherung** an diesen Wert lässt sich durch Integration anstelle der Summation auf folgende Weise ermitteln:

$$k = \frac{1}{30} \cdot \int_{1}^{30} K'(1) \cdot X^{-0,2345} dX = \frac{1}{30} \cdot \left[\frac{270 \cdot 30^{1-0,2345}}{1-0,2345} - \frac{270}{1-0,2345} \right] = 147,12$$

Empirische Ergebnisse zur Erfahrungskurve

Die Lernrate bewegt sich im Durchschnitt im Rahmen von 10 – 30 Prozent, wobei sie für industrielle Vor- und Zwischenprodukte tendenziell höher ist als für Verbraucherprodukte. Neben der Lernrate ist das Wachstum der Absatzmengen für die Höhe der Kostensenkung wesentlich. Für ein chemisches Verbrauchsprodukt bewegen sich die Verdoppelungen etwa im Rahmen von 2 bis 5 Monaten, für die Pkw-Produktion dagegen von 1 bis 7 Jahren, Tendenz jeweils steigend. (*Simon* (1992), S. 284 – 286).

2.3. Kurzfristige Preisuntergrenzen bei potenziellen Engpässen

Die Ermittlung von Preisuntergrenzen muss auf das Bestehen von Engpässen Rücksicht nehmen. Grundsätzlich bestehen *kurzfristig* zwei Reaktionsmöglichkeiten:

1. **Ausweitung der gegebenen Kapazität**. *Beispiele*: Die Mitarbeiter in einer Fertigungsabteilung sind bereits voll beschäftigt. Der Zusatzauftrag könnte aber durch die Leistung von Überstunden durchgeführt werden. Eine Fertigungsanlage läuft bereits während der gesamten zur Verfügung stehenden Produktionszeit. Der Zusatzauftrag würde eine Erhöhung der Intensität (intensitätsmäßige Anpassung über die optimale Intensität hinaus) erfordern. Dadurch entstehen **erhöhte variable Kosten**, die direkt dem Zusatzauftrag zugerechnet werden können. Andere als kurzfristige Kapazitätsanpassungen werden bei den längerfristigen Preisuntergrenzen noch genauer besprochen.
2. **Einschränkung des bisherigen Produktionsprogramms**. Wird die Kapazität nicht ausgeweitet, muss das bisherige Produktionsprogramm eingeschränkt werden, um den Zusatzauftrag durchführen zu können. Dadurch entfallen bisher erzielte Deckungsbeiträge, die dem Zusatzauftrag als **Opportunitätskosten** angelastet werden müssen; die Preisuntergrenze erhöht sich entsprechend.

Beispiel: Im 3. Kapitel: *Produktionsprogrammentscheidungen* wurde das Ausgangsbeispiel mit folgenden Daten (Tabelle 1) untersucht. Dabei ergab sich ein optimales Produktionsprogramm in Höhe der Absatzobergrenzen der beiden Produkte von $x_1^* = 300$ und $x_2^* = 200$, weil die Deckungsbeiträge pro Stück positiv sind *und* die Kapazitäten der beiden Fertigungsaggregate mit $\overline{V}_1 = 2.500$ bzw $\overline{V}_2 = 3.700$ nicht ausgelastet sind.

Produkt	$j = 1$	$j = 2$	Zusatzauftrag $j = 0$
Preis p_j	200	480	$\hat{p}$
variable Kosten k_j	160	400	270
Deckungsbeitrag d_j	40	80	$\hat{p}\ - 270$
Obergrenze $\overline{x}_j$	300	200	–
Verbrauch v_{1j}	2	8	3
Verbrauch v_{2j}	9	4	5

Tab. 1: Daten des Beispiels

Preisuntergrenze ohne wirksame Mehrproduktrestriktion

Umfasst der Zusatzauftrag (das Produkt wird mit $j = 0$ indexiert) nur ein einziges Stück, bleiben beide Fertigungsaggregate weiterhin unterbeschäftigt:

$$V_1 = 2.200 + 1 \cdot v_{10} = 2.203 < 2.500$$
$$V_2 = 3.500 + 1 \cdot v_{20} = 3.505 < 3.700$$

Das bedeutet, dass das bisherige Produktionsprogramm unverändert aufrechterhalten werden kann. Bei Annahme des Zusatzauftrages entstehen nur die Kosten in Höhe von $k_0 = 270$, und die Preisuntergrenze beträgt

$$\hat{p}\ = k_0 = 270$$

Dies gilt auch für einen größeren Zusatzauftrag, solange kein Engpass auftritt.

Preisuntergrenze bei einer wirksamen Mehrproduktrestriktion

Angenommen, der Zusatzauftrag umfasst nicht ein Stück, sondern 60 Stück. Dann ergibt eine Überprüfung der Auslastung der Fertigungsaggregate, dass die Kapazität der Maschine 2 um 100 Stunden überschritten würde:

$$V_1 = 2.200 + 60 \cdot v_{10} = 2.380 < 2.500$$
$$V_2 = 3.500 + 60 \cdot v_{20} = 3.800 > 3.700$$

Damit muss das Produktionsprogramm bei Annahme des Zusatzauftrages gegenüber dem *status quo* eingeschränkt werden. Gesucht ist damit das **optimale Produktionsprogramm** für die beiden Produkte unter der Beschränkung der Kapazität auf $\overline{V}_2 =$ 3.400 (von der vorhandenen Kapazität von 3.700 werden 300 Stunden für den Zusatzauftrag benötigt). Da nur ein Engpass vorliegt, genügt es, die spezifischen Deckungsbeiträge zu betrachten:

$$\hat{d}_{21} = \frac{40}{9} = 4,\overline{4} \quad \text{und} \quad \hat{d}_{22} = \frac{80}{4} = 20$$

Produkt 1 erbringt den geringeren spezifischen Deckungsbeitrag und wird durch den Zusatzauftrag zum Teil verdrängt. Die 100 benötigten Stunden brachten über die Produktion von Produkt 1 einen Deckungsbeitrag von insgesamt

$$100 \cdot \hat{d}_{21} = 100 \cdot 4,\overline{4} = 444,\overline{4}$$

der nun als (inputbezogene) **Opportunitätskosten** dem Zusatzauftrag angelastet werden muss. Die Preisuntergrenze erhöht sich damit auf

$$\hat{p} = \frac{k_0 \cdot x_0 + 100 \cdot \hat{d}_{21}}{x_0} = 270 + \frac{444,\overline{4}}{60} = 277,41 \text{ (gerundet)}$$

Alternativ gerechnet, muss Produkt1 um $100/v_{21} = 100/9 = 11,\overline{1}$ Stück eingeschränkt werden.[10] Die Opportunitätskosten ergeben sich dann als

$$11,\overline{1} \cdot d_1 = 11,\overline{1} \cdot 40 = 444,\overline{4}$$

Die **Kapazitätsauslastung** beträgt für Aggregat 2 die maximalen 3.700 Stunden, bei Aggregat 1 wird die Einschränkung des bisherigen Produktionsprogramms nun auch spürbar, sie lautet

$$V_1 = 2.200 - 11,\overline{1} \cdot v_{11} + 60 \cdot v_{10} = 2.200 - 11,\overline{1} \cdot 2 + 60 \cdot 3 = 2.357,\overline{7} < 2.500$$

Preisuntergrenze bei zwei wirksamen Mehrproduktrestriktionen

Treten mehrere (potenzielle) Engpässe auf, besteht die **Vorgehensweise** grundsätzlich aus zwei Schritten:

1. Die vorhandenen Kapazitäten sind um die vom Zusatzauftrag benötigten Einheiten zu verringern.
2. Das optimale Produktionsprogramm wird für die reduzierten Kapazitäten ermittelt. Die Differenz zwischen dem ursprünglich erzielbaren Deckungsbeitrag und dem Deckungsbeitrag bei reduzierten Kapazitäten ist dem Zusatzauftrag als Opportunitätskosten anzulasten.

Fortsetzung des Beispiels: Steigt die Menge des Zusatzauftrages weiter, werden auf diese Weise immer mehr Stück des Produktes mit dem geringeren spezifischen Deckungsbeitrag (im Beispiel Produkt 1) verdrängt, solange bis eine von **zwei Bedingungen** zutrifft:

1. Produkt 1 ist völlig aus dem Produktionsprogramm verschwunden.
2. Ein weiteres Aggregat wird zum Engpass.

---

10 Eine Ganzzahligkeitsbedingung, dass nur ganze Stück eines Produktes in der betreffenden Periode entfallen können, hängt von der Übertragbarkeit unfertiger Stücke auf die nächste Periode ab. Sofern dies gegeben ist, kann problemlos mit Teilen von ganzen Stücken gerechnet werden. Würde man eine Ganzzahligkeitsbedingung im Beispiel setzen, müssten 12 Stück entfallen, die Opportunitätskosten stiegen auf $12 \cdot 40 = 480$ und die Preisuntergrenze auf 278.

Fall 1: Im Beispiel trifft die zweite Bedingung zu. Um die Folgen zu zeigen, die sich bei Zutreffen der ersten Bedingung ergäben, sei momentan angenommen, dass Aggregat 1 keinen Engpass verursachte, also zB $\overline{V}_1 = 10.000$. Dann ergibt sich die Bedingung im Beispiel bei einem Zusatzauftrag, der mehr als 580 Stück umfasst, was sich wie folgt errechnet: Produkt 1 belegt insgesamt $x_1 \cdot v_{21} = 300 \cdot 9 = 2.700$ Stunden; da im *status quo* 200 Stunden frei waren, muss der Zusatzauftrag einen Umfang von $2.700 + 200 = 2.900$ Stunden erfordern; daraus ergibt sich $x_0 = 2.900/v_{20} = 2.900/5 = 580$ Stück. Bei $x_0 > 580$ muss das nächstbessere (im Sinne des nächsthöheren spezifischen Deckungsbeitrages) Produkt eingeschränkt werden. Im Beispiel ist dies das Produkt 2. Es bringt einen spezifischen Deckungsbeitrag von 20, der die Opportunitätskosten für jedes Stück über dem 580. Stück auf $20 \cdot v_{20} = 100$ pro Stück erhöht.

Fall 2: Bedingung 2 kann nur schlagend werden, wenn – wie im Beispiel – der Verbrauchskoeffizient des Zusatzauftrages die freigesetzten Stunden durch Substitution des verdrängten Produktes übersteigt, dh $v_{10} > v_{11} \cdot v_{20}/v_{21}$. Andernfalls könnte auf Aggregat 1 mit steigender Menge des Zusatzauftrages kein Engpass auftreten. Bedingung 2 ist ab $x_0 > 135$ (gerundet) erfüllt. Dies ergibt sich wie folgt: Zunächst wird von der jeweiligen Kapazität der Aggregate der von Produkt 2 benötigte Verbrauch abgezogen. Das sind bei $x_2 = 200$ Stück $200 \cdot 8 = 1.600$ Stunden bei Aggregat 1 und $200 \cdot 4 = 800$ Stunden bei Aggregat 2. Da bei $x_0 > 40$ Stück Aggregat 2 zum Engpass wurde, ergibt sich dafür

$$9x_1 + 5x_0 = 3.700 - 4\overline{x}_2 = 3.700 - 800 = 2.900 \quad \text{bzw}$$

$$x_1 = \frac{2.900 - 5x_0}{9}$$

Die entsprechende Verbrauchsrestriktion für Aggregat 1 lautet

$$2x_1 + 3x_0 \leq 2.500 - 8\overline{x}_2 = 2.500 - 1.600 = 900$$

und für x_1 eingesetzt ergibt sich schließlich $x_0 \leq 2.300/17 = 135$ (gerundet). Für größere Zusatzaufträge müssen **beide** bisherigen Produkte **eingeschränkt** werden. Die Opportunitätskosten entsprechen dann pro Stück des Zusatzauftrages den mit den Verbrauchskoeffizienten multiplizierten **Koeffizienten der Schlupfvariablen** in der Zielfunktionszeile des entsprechenden Simplex-Endtableaus.

Fortsetzung des Beispiels: Angenommen, der Zusatzauftrag umfasst $x_0 = 150$ Stück. Dann sind die verfügbaren Kapazitäten der beiden Aggregate neu zu berechnen:

$$\overline{V}_1^{neu} = 2.500 - 150 \cdot v_{10} = 2.500 - 450 = 2.050$$
$$\overline{V}_2^{neu} = 3.700 - 150 \cdot v_{20} = 3.700 - 750 = 2.950$$

Die Lösung kann mit Hilfe des Simplex-Verfahrens ermittelt werden (unter Außerachtlassung der redundanten Absatzobergrenzen und der *dummy*-Spalte mit dem Einheitsvektor für die Zielfunktion):

Ausgangstableau

BV	x_1	x_2	w_1	w_2	RS
w_1	2	8	1	0	2.050
w_2	9	4	0	1	2.950
	–40	–80	0	0	0

Tableau nach der 1. Iteration

BV	x_1	x_2	w_1	w_2	RS
x_2	1/4	1	1/8	0	256,25
w_2	8	0	–1/2	1	1.925
	–20	0	10	0	20.500

Tableau nach der 2. Iteration (Endtableau)

BV	x_1	x_2	w_1	w_2	RS
x_2	0	1	9/64	–1/32	196,09375
x_1	1	0	–1/16	1/8	240,625
	0	0	8,75	2,5	25.312,5

Die **Opportunitätskosten** betragen für das letzte Stück des Zusatzauftrages

$8{,}75 \cdot v_{10} + 2{,}5 \cdot v_{20} = 8{,}75 \cdot 3 + 2{,}5 \cdot 5 = 38{,}75$

Die Höhe dieser Opportunitätskosten hängt *nur* von der Tatsache ab, dass beide Aggregate zu Engpässen werden. Sie hängt aber (innerhalb bestimmter Grenzen) **nicht von der Menge** des Zusatzauftrages ab. Dies kann einfach daraus ersehen werden, dass die selben Koeffizienten der Schlupfvariablen bereits im Beispiel im 3. Kapitel: *Produktionsprogrammentscheidungen* in einem vollständigen Endtableau ermittelt wurden. Deshalb sind die Opportunitätskosten für jedes Stück des Zusatzauftrages über $x_0 = 135$ (gerundet) hinaus (solange die Lösungsstruktur wie im Endtableau bleibt) gleich groß.

Beide Produkte werden nun verringert: Um ein (zusätzliches) Stück des Zusatzauftrages zu produzieren, müssen 3 Stunden des Aggregats 1 und 5 Stunden des Aggregats 2 freigegeben werden. Aus dem Endtableau können die Einschränkungen der beiden Produkte abgelesen werden. Produkt 1 wird um

$$3 \cdot \left(-\frac{1}{16}\right) + 5 \cdot \left(\frac{1}{8}\right) = \frac{7}{16}$$

eingeschränkt, Produkt 2 um

$$3\cdot\left(\frac{9}{64}\right)+5\cdot\left(-\frac{1}{32}\right)=\frac{17}{64}$$

Diese Opportunitätskosten gelten für Zusatzaufträge im Umfang von 135 bis 700. Ab einem Zusatzauftrag von 700 Stück wird die gesamte Produktion von Produkt 1 eingestellt, und es kann nur mehr Produkt 2 reduziert werden. Die Grenze von 700 Stück ergibt sich dabei wie folgt: Bis x_0 = 135 wird nur x_1 verringert. Die Kapazität von Aggregat 1 verteilt sich dann wie folgt:

$$2.500 = 2x_1 + 8\overline{x}_2 + 135v_{10}$$

$$x_1 = \frac{2.500-1.600-405}{2} = 247,5$$

Somit können maximal 247,5 Stück von Produkt 1 verdrängt werden. Bei einer Verdrängungsrate von 7/16 können damit $247,5\cdot 16/7 = 565$ (gerundet) erzeugt werden, und daraus ergibt sich als Grenze für den Zusatzauftrag 135 + 565 = 700. Bei Zusatzaufträgen über 700 Stück wird dann nur noch Produkt 2 verdrängt. Dies geht solange, bis einer der beiden Engpässe zur Gänze durch den Zusatzauftrag blockiert wird. Im Beispiel ist das für Aggregat 2 bei x_0 = 3.700/5 = 740 Stück der Fall (Aggregat 1 erlaubt dagegen 2.500/3 = $833,\overline{3}$ Stück). Dann wird die gesamte bisherige Produktion eingestellt und nur mehr der Zusatzauftrag produziert. Ein Zusatzauftrag von über 740 Stück kann aus Kapazitätsgründen nicht gefertigt werden.

Generell ergibt sich: **Mit steigender Menge** x_0 des Zusatzauftrages **steigt die Preisuntergrenze** monoton (schwach) an. Die ersten $200/v_{20}$ = 200/5 = 40 Stück können ohne Einschränkung des *status quo*, dh mit einer Preisuntergrenze von konstanten 270, produziert werden. Danach muss wieder zwischen Fall 1 und 2 unterschieden werden:

Fall 1: Für eine Menge von $40 < x_0 \leq 580$ wird pro Stück des Zusatzauftrages eine gleich bleibende Menge des Produktes 1 ersetzt, dh jedes zusätzliche Stück kostet

$$k_0 + 5\cdot\hat{d}_{21} = 270 + 5\cdot 4,\overline{4} = 292,\overline{2}$$

Für $580 < x_0 \leq 740$ muss eine bestimmte Menge des Produktes 2 ersetzt werden, dh die Grenz-Preisuntergrenze steigt auf

$$k_0 + 5\cdot\hat{d}_{22} = 270 + 5\cdot 20 = 370$$

Fall 2: Für eine Menge von $40 < x_0 \leq 135$ (gerundet) verursacht jedes Stück wiederum Grenzkosten von $292,\overline{2}$. Für $135 < x_0 \leq 700$ ergeben sich Grenzkosten von

$$270 + 8{,}75\cdot v_{10} + 2{,}5\cdot v_{20} = 270 + 8{,}75\cdot 3 + 2{,}5\cdot 5 = 308{,}75$$

Für $700 < x_0 \leq 740$ wird wiederum nur Produkt 2 ersetzt, und die Grenz-Preisuntergrenze steigt auf 370.

Insgesamt ergibt sich für die **Preisuntergrenze als Funktion der Menge**, die der Zusatzauftrag umfasst, ein Verlauf, wie er in Abbildung 2 für beide Fälle gezeigt ist. Die Folgen sind zB: (i) Je besser die Geschäftslage (interpretiert als Beschäftigung) des Unternehmens ist, desto höher ist die Preisuntergrenze; je schlechter die Geschäftslage, desto niedriger ist die Preisuntergrenze. (ii) Eine Preisreduktion (zB Rabatt) für einen umfangreicheren Zusatzauftrag kann nur dann ins Auge gefasst werden, wenn der grundlegende Preis bei geringerer Menge wesentlich über der Preisuntergrenze liegt.

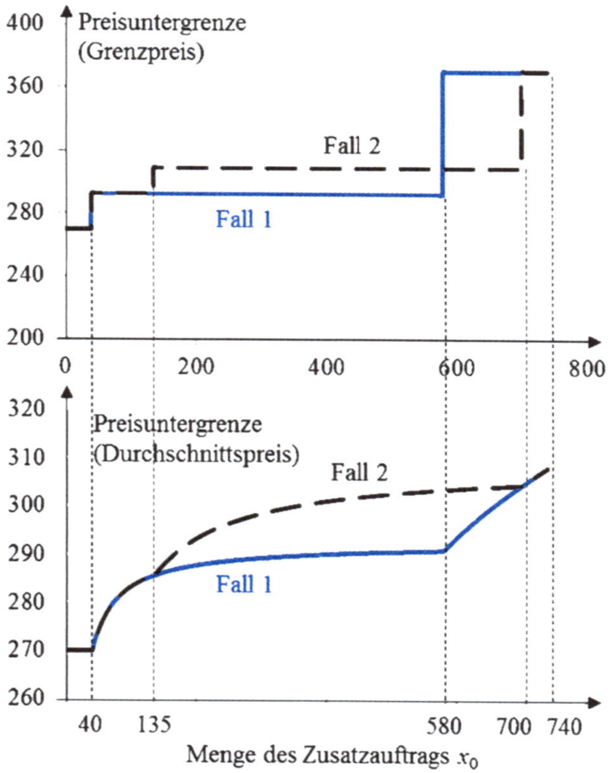

Abb. 2: Verlauf der Preisuntergrenze

Was hier am Beispiel der Bestimmung der Preisuntergrenze eines Zusatzauftrages diskutiert wurde, kann analog auf die Frage nach der (kurzfristigen) **Einschränkung und letztlich Elimination** eines im Produktionsprogramm enthaltenen Produktes übertragen werden. Bei einer Änderung des Preises eines Produktes ändert sich die Zielfunktion, weil der Stückdeckungsbeitrag verändert wird. Ein Durchrechnen des Programms liefert wieder die optimalen Produktionsmengen und den gesamten Deckungsbeitrag. Angenommen, die beiden Produkte sowie das Produkt 0 des Zusatzauftrages im Beispiel wären das bestehende Produktionsprogramm. Dann bilden die ermittelten (Grenz-)Preisuntergrenzen (270, $292,\overline{2}$, 308,75, 370) die Entscheidungsgrundlage für die Produktionsmengen der drei Produkte, soweit für Produkt 0 keine Obergrenze gilt.

Zusammenfassend zeigt sich, dass die Bestimmung der Preisuntergrenze bei mehreren wirksamen Mehrproduktrestriktionen auf eine **Sensitivitätsanalyse** (bzw eine **parametrische Programmierung**) hinausläuft. Die Opportunitätskosten, die sich im Rahmen der Produktionsprogrammplanung gewissermaßen als Nebenprodukt der optimalen Lösung ergeben, sind hierfür grundsätzlich verwendbar, solange die Lösungsstruktur (im Simplex-Tableau der gleiche Eckpunkt) gleich bleibt.

2.4. Längerfristige Preisuntergrenzen

Preisuntergrenzen und Fixkosten

Es gibt viele kurzfristig fixe Kosten, die in der Kostenrechnung als variabel aufscheinen; das typische Beispiel sind Fertigungslöhne. Bei diesen ist das *Mengengerüst* (Fertigungsstunden) dem einzelnen Stück zurechenbar und damit variabel, die Fertigungslohn*kosten* sind jedoch kurzfristig nicht veränderbar.[11] Solche Kosten sind für die Kalkulation von Preisuntergrenzen nicht relevant, da sie mit und ohne Zusatzauftrag anfallen; Voraussetzung ist, dass die Fertigungsstunden keinen Engpass bilden. Andernfalls entstehen Opportunitätskosten, deren Höhe jedoch dem entfallenden Deckungsbeitrag entspricht, nicht den Stunden multipliziert mit dem Stundensatz.

Verursacht der Zusatzauftrag sogenannte **auftragsfixe Kosten**, so sind diese jedoch in voller Höhe zu berücksichtigen. Die auftragsfixen Kosten sind variabel bezogen auf den Auftrag, jedoch fix bezogen auf die Einheiten des Auftrages. Da die Preisuntergrenze im Allgemeinen pro Stück angegeben wird, erfordert dies eine Proportionalisierung der auftragsfixen Kosten. Bei einer Erhöhung der Menge des Zusatzauftrages haben auftragsfixe Kosten einen (Fix-)**Kostendegressionseffekt** auf die Preisuntergrenze pro Stück.

Beispiel: Ein Zusatzauftrag über 10 Stück eines nicht im normalen Produktionsprogramm enthaltenen Produktes verursacht variable Stückkosten von $k = 120$. Für die Produktion wird die Herstellung einer Gussform notwendig, die Kosten von 500 erfordert. Die Gussform ist nach Ende der Produktion unbrauchbar. Die Preisuntergrenze beträgt

$$\hat{p} = k + \frac{500}{10} = 170$$

Bei einem Zusatzauftrag im Umfang von 20 Stück sinkt die Preisuntergrenze auf $k + 500/20 = 145$.

---

11 Vgl dazu auch 12. Kapitel: *Systeme der Kostenrechnung*.

Empirische Ergebnisse

Eine Untersuchung von 203 deutschen Industrieunternehmen im Jahr 1988 von *Küpper, Winckler* und *Zhang* (1990), S. 452, ergab folgendes Bild der Bestimmung von Preisuntergrenzen. Überraschenderweise werden auch für kurzfristige Preisuntergrenzen (PUG) Vollkosten verwendet.

Fristigkeit der PUG / PUG enthält	kurzfristig	langfristig	kurz- und langfristig
nur variable Kosten	60%	46%	64%
Vollkosten	34%	52%	18%
Beide	6%	2%	18%
Summe	148 = 100%	44 = 100%	11 = 100%

Preisuntergrenzen bei längerfristigen Zusatzaufträgen

Erfordert die Durchführung eines Zusatzauftrages Investitionen, die nach Fertigstellung wieder abgebaut werden können, sind diese in der Preisuntergrenze zu berücksichtigen.

Beispiel: Dem Unternehmen wird ein langfristiger Zusatzauftrag über 50 Stück eines nicht im Produktionsprogramm befindlichen Produktes angeboten. Pro Jahr sollen 10 Stück gefertigt werden. Bei Annahme muss in eine Spezialanlage investiert werden, die Investitionsauszahlungen I erfordert und nach den fünf Jahren einen Restwert LQ bringt. Der Nachfrager möchte einen fixen Preis pro Stück vereinbaren. Die variablen Stückkosten werden auf k geschätzt; obwohl künftig mit einer Steigerung der Stückkosten gerechnet wird, glaubt man, diese durch Erfahrungseffekte ausgleichen zu können, so dass k jede Periode konstant angenommen wird.

Für die Bestimmung der Preisuntergrenze muss der **Kapitalwert** KW der gesamten Zahlungsreihe ermittelt und gleich null gesetzt werden:[12]

$$KW = \sum_{t=1}^{5} 10 \cdot (\hat{p} - k) \cdot \rho^{-t} - I + LQ \cdot \rho^{-5} = 0$$

Unter Berücksichtigung der Tatsache, dass

$$\sum_{t=1}^{5} \rho^{-t} = \frac{\rho^5 - 1}{i \cdot \rho^5} = \frac{1}{WGF(\rho, T=5)}$$

mit WGF als Wiedergewinnungsfaktor (bzw Annuitätenfaktor), folgt die Preisuntergrenze als

$$\hat{p} = k + \frac{(I - LQ \cdot \rho^{-5}) \cdot WGF(\rho, T=5)}{10} \tag{4}$$

Je höher der Zinssatz i ($\rho = 1 + i$) ist, desto höher wird der zu verteilende Betrag $I - LQ \cdot \rho^{-5}$, womit die Preisuntergrenze steigt. In dieselbe Richtung wirkt auch die

[12] Angenommen ist dabei implizit, dass die variablen Produktionskosten (wie auch das Entgelt) jeweils *am Ende* der Periode anfallen; andere Annahmen verändern die KW-Funktion natürlich.

Verwendung des Wiedergewinnungsfaktors anstelle einer gleichmäßigen, jährlichen Aufteilung. Deshalb **steigt** die **Preisuntergrenze mit höherem Zinssatz** an.

Preisuntergrenzen bei ungenutzten Kapazitäten

Wird ein Zusatzauftrag nicht angenommen, besteht vielfach die Möglichkeit, einen Teil der ungenutzten Kapazität stillzulegen oder zu veräußern. Diese Alternative verändert den *status quo* und ist deshalb bei der Ermittlung der Preisuntergrenze grundsätzlich relevant.

Das Problem besteht dann aber darin herauszufinden, inwieweit die **eingesparten Fixkosten** *dem Auftrag* zugerechnet werden können. Dazu wäre zunächst die Frage zu beantworten, weshalb die Kapazitätseinschränkung nicht schon früher gemacht wurde. Argumentiert man zB damit, dass die Ablehnung des Zusatzauftrages *quasi* der Auslöser für die Einschränkung wäre, bleibt offen, wie viele Perioden die Fixkosten dem Auftrag zugerechnet werden können. Dies betrifft gleichermaßen die Frage der Zurechnung eines allfälligen Veräußerungserlöses der Kapazitäten oder Wiederanlaufkosten.

IdR wird die Stilllegung oder Veräußerung aber *nicht* die *optimale* Alternative zur Annahme eines Auftrages darstellen. **Kapazitäten** werden ja geschaffen, um Chancen für die Herstellung von gewinnbringenden Produkten wahrnehmen zu können. Die Alternative zur Annahme eines Auftrages ist daher die Hoffnung auf einen anderen Auftrag. Diese Alternative ist jedoch mit einer gewissen Unsicherheit verbunden. Im Folgenden wird ein einfaches Beispiel dargestellt, das als Kriterium der Entscheidung den Erwartungswert (Risikoneutralität des Entscheidungsträgers) im Rahmen eines sequenziellen Modells verwendet.[13]

Beispiel

Ein Auftragsfertiger verfügt über eine unveränderbare Kapazität, die (vereinfachend) so groß ist, dass er genau einen und nur einen Auftrag annehmen kann. Die variablen Kosten k seien mit Sicherheit bekannt. Dreimal nacheinander wird ihm ein Auftrag angeboten, den er nun annehmen oder ablehnen kann. Nimmt er einen davon an, so muss er ihn erfüllen *und* kann später keinen Auftrag mehr annehmen, weil der Kapazitätsvorrat verbraucht ist.

Die Verteilung der Deckungsbeiträge d der möglichen Aufträge lautet wie folgt:

$d_L = 30$ mit Wahrscheinlichkeit $\phi_L = 0{,}2$

$d_M = 60$ mit Wahrscheinlichkeit $\phi_M = 0{,}4$

$d_H = 90$ mit Wahrscheinlichkeit $\phi_H = 0{,}4$

und sie bleibt jede Periode gleich. Der Entscheidungsbaum für diese Situation ist in Abbildung 3 dargestellt. Die dickeren Pfeile kennzeichnen darin die in der jeweiligen Situation optimalen Folgeentscheidungen.

13 Vgl ausführlich dazu *Schildbach* und *Ewert* (1989).

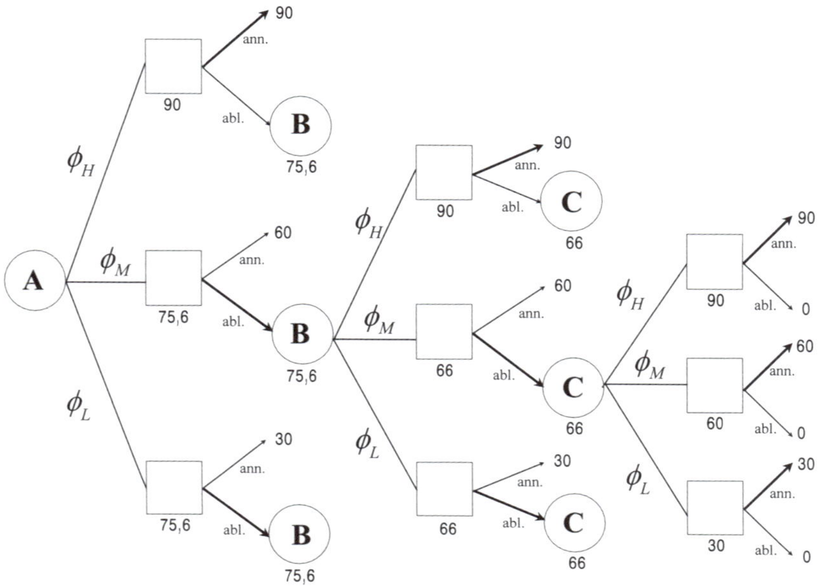

Abb. 3: Entscheidungsbaum

Eine solche sequenzielle Entscheidungssituation löst man ausgehend von der zeitlich letzten Entscheidung. Zunächst wird die optimale Entscheidung für den Fall ermittelt, dass die beiden ersten Auftragsangebote abgelehnt wurden. Dann geht man einen Schritt zurück und löst das zeitlich vorgelagerte Entscheidungsproblem für alle Situationen. Dies folgt aus dem **Optimalitätsprinzip der dynamischen Programmierung** (*roll back*-Verfahren).

Betrachtet man also die Entscheidungssituation in Knoten C, ist die Lösung dafür einfach: Bei einer Ablehnung wird ein Deckungsbeitrag von 0 erzielt, es ist daher optimal, in dieser Situation *jeden* Auftrag anzunehmen. Der Erwartungswert beträgt

$$\sum_{j=L,M,H} \phi_j \cdot d_j = 66$$

Sodann wird die Entscheidung gesucht, gegeben der erste Auftrag wurde abgelehnt. Kommt ein Auftrag mit $d_H = 90$, so wird er angenommen, da der Deckungsbeitrag größer ist als der erwartete Deckungsbeitrag bei Ablehnung, nämlich 66. Kommt ein Auftrag mit $d_M = 60$ oder mit $d_L = 30$, so wird er aus demselben Grund abgelehnt. Die Preisuntergrenze als Entscheidungswert für die Annahme oder Ablehnung entspricht damit den variablen Kosten k zuzüglich der Opportunitätskosten von 66.

Der **Erwartungswert** der optimalen Entscheidungsstrategie in der zweiten Stufe (Knoten *B*) beträgt damit $90 \cdot \phi_H + 66 \cdot \phi_M + 66 \cdot \phi_L = 90 \cdot 0{,}4 + 66 \cdot (0{,}4 + 0{,}2) = 75{,}6$; das sind die Opportunitätskosten für die Entscheidung über das erste Auftragsangebot. Ein Auftrag sollte nur angenommen werden, wenn er einen Deckungsbeitrag höher als 75,6 bringt, und das ist alleine ein Auftrag, der d_H = 90 verspricht. Insgesamt verspricht die optimale Entscheidungsstrategie einen ***ex ante* Erwartungswert** des Deckungsbeitrages von 81,36 (Knoten *A*); dieser Wert ergibt sich aus $90 \cdot \phi_H + 75{,}6 \cdot \phi_M + 75{,}6 \cdot \phi_L = 90 \cdot 0{,}4 + 75{,}6 \cdot (0{,}4 + 0{,}2) = 81{,}36$.

Die **Preisuntergrenze** beträgt zusammengefasst also

1. Auftragsangebot: $\hat{p} = k + 75{,}6$
2. Auftragsangebot: $\hat{p} = k + 66$
3. Auftragsangebot: $\hat{p} = k$

Die Opportunitätskosten hängen vor allem von den **Wahrscheinlichkeiten** ϕ_j ab. Für zB $\phi_L = 0{,}4$, $\phi_M = 0{,}4$, $\phi_H = 0{,}2$ ist der Erwartungswert des Deckungsbeitrages bei Annahme eines Auftrages 54 < 60, und damit wird ein Auftrag mit d_M in der zweiten Stufe angenommen, in der ersten Stufe jedoch weiterhin abgelehnt.

Generell lassen sich folgende Aussagen (über das dargestellte Beispiel hinaus) erkennen: Sofern die Kapazität nicht die Annahme sämtlicher Aufträge zulässt, sind die Opportunitätskosten strikt positiv;[14] die **Preisuntergrenze übersteigt** damit die variablen Kosten. Die Preisuntergrenze ändert sich mit dem Betrachtungszeitraum und den bis zu diesem Zeitpunkt getroffenen früheren Entscheidungen. Je **knapper** die verbliebene Kapazität oder je **mehr** zusätzliche Auftragsangebote, desto **höher** sind Opportunitätskosten und Preisuntergrenze.

2.5. Preisobergrenzen

Die Preisobergrenze ist jener **Preis**, den ein Unternehmen für einen benötigten **Inputfaktor höchstens zu zahlen** bereit ist. Die Beschaffung des Inputfaktors von außen ist nur eine von mehreren Möglichkeiten für das Unternehmen, sein Produktionsprogramm durchzuführen. Weitere **Möglichkeiten** sind:

- direkte **Substitution** durch einen anderen Inputfaktor,
- **Substitution** des Inputfaktors durch eine Änderung des Produktionsverfahrens,
- **Eigenfertigung** des Inputfaktors anstelle Fremdbezug.

Zunächst wird davon ausgegangen, dass nur ein (End-)Produkt den Inputfaktor benötigt. Für die Bestimmung der Preisobergrenze geht man grundsätzlich vom Deckungsbeitrag aus, den dieses Produkt erzielt (**verwendungsorientierte Preisobergrenze**). Die Preisobergrenze entspricht dann dem höchsten Betrag, den der Inputfaktor kosten kann, so dass der Deckungsbeitrag des Endproduktes gerade gleich null wird.

---

14 Diese Beobachtung könnte als eine Erklärung für die Berücksichtigung von zusätzlichen Kosten neben den Grenzkosten (zB Vollkosten) in der Berechnung der Preisuntergrenze (als Approximation) dienen.

Angenommen, der Verkaufspreis des Endproduktes j ist p_j, und die variablen Kosten mit Ausnahme der Kosten des Inputfaktors, dessen Preisobergrenze zu bestimmen ist, seien $\bar{k}_j$; ein Stück des Produktes j benötige v_j Einheiten des Inputfaktors. Die gesamten **variablen Stückkosten** des Produktes j sind

$$k_j = \bar{k}_j + v_j \cdot r$$

wobei r den Preis des Inputfaktors bezeichnet. Dann ergibt sich die **Preisobergrenze** als

$$p_j - (\bar{k}_j + v_j \cdot \hat{r}) = 0 \quad \text{bzw} \quad \hat{r} = \frac{p_j - \bar{k}_j}{v_j}$$

Beispiel

Ein Produkt benötigt $v_1 = 4$ Einheiten des Inputfaktors 1; der Absatzpreis beträgt $p = 200$, die variablen Stückkosten ohne die Kosten des Inputfaktors sind $\bar{k} = 140$. Die Preisobergrenze lautet

$$\hat{r} = \frac{200 - 140}{4} = 15$$

Falls anstelle des Inputfaktors 1 auch ein anderer Inputfaktor 2 mit einem Beschaffungspreis von $r_2 = 10$ verwendet werden könnte (**Substitution**), von diesem allerdings $v_2 = 5$ Einheiten benötigt werden, ergäbe sich ein Stückdeckungsbeitrag des Produktes von

$$d = p - (\bar{k} + v_2 \cdot r_2) = 200 - (140 + 5 \cdot 10) = 10$$

Die Preisobergrenze für Inputfaktor 1 bei Bestehen dieser direkten **Substitutionsmöglichkeit** ist dann:

$$\hat{r} = \frac{p - \bar{k} - d}{v_1} = \frac{200 - 140 - 10}{4} = 12{,}5$$

Würde der Preis über 12,5 steigen, wäre es für das Unternehmen kostengünstiger, den Inputfaktor 2 anstelle von 1 zu verwenden.[15]

Sei weiter angenommen, dass außer dieser Substitutionsmöglichkeit ein **anderes Verfahren** (mit I indexiert) zur Erzeugung des Produktes eingesetzt werden könnte, das *beide* Inputfaktoren 1 und 2 benötige. Ein Stück des Produktes 1 erfordert $v_1^I = 1$ Einheit des Inputfaktors 1 und $v_2^I = 2$ Einheiten des Inputfaktors 2. Das Produkt kann dann alternativ durch **drei Verfahren** hergestellt werden:

1. Inputfaktor 1 alleine mit variablen Stückkosten

---

15 Die Preisobergrenze $\hat{r}_1$ ergibt sich auch durch die entsprechenden Grenzproduktivitäten der Faktoren aus den Eigenschaften der Minimalkostenkombination: $\hat{r}_1 : r_2$ = Grenzproduktivität Faktor 1 : Grenzproduktivität Faktor 2 = 1/4 : 1/5, dh $\hat{r}_1 = r_2 \cdot 5/4$.

$\bar{k} + v_1 \cdot r_1 = 140 + 4r_1$

2. Inputfaktor 2 alleine mit variablen Stückkosten

$\bar{k} + v_2 \cdot r_2 = 140 + 5 \cdot 10 = 190$

3. Verfahren *I* mit beiden Inputfaktoren mit variablen Stückkosten

$\bar{k} + v_1^I \cdot r_1 + v_2^I \cdot r_2 = 140 + 1r_1 + 2 \cdot 10 = 160 + r_1$

Es lässt sich leicht überprüfen, dass Verfahren *I* **effizient** ist, weil es für bestimmte Werte von r_1, nämlich $6,\overline{6} \leq r_1 \leq 30$, am kostengünstigsten ist.[16] Der obere Grenzwert entspricht gleichzeitig der Preisobergrenze: Für $6,\overline{6} \leq r_1 < 30$ ist es am günstigsten, mit Verfahren *I* zu produzieren, welches den Inputfaktor 1 benötigt. Für $r_1 > 30$ wird Inputfaktor 1 vollständig durch Inputfaktor 2 substituiert. Sinkt der Beschaffungspreis r_1 unter $6,\overline{6}$, so ist es am günstigsten, nur Inputfaktor 1 zu verwenden; im Zusammenhang mit der Preisobergrenze bedeutet dies, dass unter diesem Preis sprunghaft mehr (nämlich das vierfache) der Menge von Inputfaktor 1 bezogen wird.

Der Vergleich der ersten und zweiten Möglichkeit (mit einer Preisobergrenze von 12,5) ist obsolet, weil er in diesem Bereich nicht effiziente Produktionsverfahren vergleicht. Wie in diesem Fall kann aber die Preisobergrenze *nicht* den gesamten vom Produkt erzielten Deckungsbeitrag für sich ausschöpfen; es bleibt ein Stückdeckungsbeitrag von mindestens $d = 10$ übrig.

Vielfach besteht die Möglichkeit, den benötigten Inputfaktor 1 im Unternehmen **selbst zu fertigen**, anstelle ihn fremd zu beziehen. In diesem Fall muss für den Inputfaktor, der dadurch zum (Zwischen-)Produkt wird, eine Preisuntergrenze ermittelt werden; diese ist gleichzeitig die obere Grenze für die Preisobergrenze des Inputfaktors.

Nun sei angenommen, dass der **Inputfaktor in mehrere Endprodukte** eingeht, nicht nur in eines. Dann ist grundsätzlich für jedes einzelne Produkt eine **produktspezifische Preisobergrenze** zu ermitteln; die höchste dieser Preisobergrenzen ist die **absolute Preisobergrenze**. Bei einem höheren Beschaffungspreis wird überhaupt nichts mehr produziert. Für einen Preis unter einer der produktspezifischen Preisobergrenzen wird dieses Produkt ins Produktionsprogramm aufgenommen, andernfalls bleibt es draußen.

Beispiel: Als Ausgangsdaten werden die Daten eines früheren Beispiels abgewandelt. Das (potenzielle) Produktionsprogramm besteht aus drei Produkten $j = 1, 2$ und 3. Die relevanten Daten sind in Tabelle 2 enthalten. Dabei sind zunächst die variablen Kosten einschließlich der (gegenwärtigen) Kosten des Inputfaktors $r = 5$ angegeben. Daraus können die vorläufigen variablen Kosten vor den Kosten des Inputfaktors ermittelt werden:

$\bar{k}_j = k_j - v_j \cdot r$

[16] Dazu brauchen nur die Stückkosten der drei Verfahren paarweise gleichgesetzt zu werden.

Produkt	$j=1$	$j=2$	$j=3$
Preis p_j	200	480	320
variable Kosten k_j	160	400	270
Deckungsbeitrag d_j	40	80	50
Verbrauch v_j	4	5	8
Absatzmenge x_j	300	200	40
vorläufige variable Kosten $\overline{k}_j$	140	375	230
Preisobergrenze $\hat{r}_j$	15	21	11,25

Tab. 2: Daten des Beispiels

Der vorläufige Deckungsbeitrag pro Stück vor Kosten des Inputfaktors ist $p_j - \overline{k}_j$, und die produktspezifischen Preisobergrenzen betragen

$$\hat{r}_j = \frac{p_j - \overline{k}_j}{v_j}, \qquad j = 1, 2, 3$$

Die **absolute Preisobergrenze** ist daher 21. Die **Nachfragemenge** q nach dem Inputfaktor ist abhängig vom Preis r und ergibt sich wie folgt:

$r < 11{,}25$:	$q = \sum_{j=1}^{3} v_j \cdot x_j = 4 \cdot 300 + 5 \cdot 200 + 8 \cdot 40 =$	2.520
$11{,}25 \leq r < 15$:	$q = v_1 \cdot x_1 + v_2 \cdot x_2 = 4 \cdot 300 + 5 \cdot 200 =$	2.200
$15 \leq r < 21$:	$q = v_2 \cdot x_2 = 5 \cdot 200 =$	1.000
$21 \leq r$:	$q =$	0

Wenn einzelne Produkte des Produktionsprogramms **interdependent** sind, muss dies bei der Ermittlung der Preisobergrenze entsprechend berücksichtigt werden.

Fortsetzung des Beispiels: Angenommen, die Produkte 2 und 3 werden ausschließlich in Packungen mit 5 Stück Produkt 2 und einem Stück Produkt 3 angeboten (vollständig komplementär). Die produktgruppenspezifische Preisobergrenze beträgt nun

$$\hat{r}_{23} = \frac{\left(p_2 - \overline{k}_2\right) \cdot x_2 + \left(p_3 - \overline{k}_3\right) \cdot x_3}{v_2 \cdot x_2 + v_3 \cdot x_3} = \frac{105 \cdot 200 + 90 \cdot 40}{5 \cdot 200 + 8 \cdot 40} = 18{,}\overline{63}$$

Dies ist im Beispiel gleichzeitig die absolute Preisobergrenze.

Soll die **Zusammensetzung** des gesamten bestehenden Produktionsprogramms **bestehen** bleiben, ergibt sich als (einzige) Preisobergrenze

$$\hat{r}_{123} = \sum_{j=1}^{3} \frac{\left(p_j - \overline{k}_j\right) \cdot x_j}{v_j \cdot x_j} = \frac{42.600}{2.520} = 16{,}905$$

Beim Ausdruck im Zähler (im Beispiel 42.600) spricht man hier auch von **Kostenobergrenze**. Sie hat nur unter der obigen Bedingung Entscheidungsrelevanz.

3. Optimale Preise

3.1. Das Grundmodell

Kosten bilden für die Preisfestlegung durch das Unternehmen *eine* von mehreren wichtigen Einflussgrößen. Wenn im Rahmen der Unternehmensrechnung optimale Preise untersucht werden sollen, erfolgt dies alleine aus Kostengesichtspunkten, dh unter Konstanthalten des ganzen marktpolitischen Instrumentariums (*ceteris paribus*-Analyse). Im Wesentlichen wird der Frage nachgegangen, **welche Kosten** für die Bestimmung optimaler Preise verwendet werden sollten und wie sich der **Aufschlag** auf diese Kosten bestimmt.

Voraussetzung für eine Analyse ist die Kenntnis einer **Preis-Absatz-Funktion**

$$x = x(p)$$

dh des Zusammenhanges von Preis p und Absatzmenge x eines Produktes. Die Preis-Absatz-Funktion beschreibt sämtliche Marktgegebenheiten, die keine spezifische Interaktion unter mehreren Anbietern annehmen (Monopol und vollständige Konkurrenz). Im Folgenden wird von einem Monopol (oder einem monopolistischen Bereich) ausgegangen; die explizite Berücksichtigung von Konkurrenzreaktionen wird weiter unten näher betrachtet.

Für „normale" Produkte ist dann $x' = dx/dp < 0$, dh bei höherem Preis sinkt die Nachfrage nach dem Produkt; davon wird im Weiteren ausgegangen. Die Preis-Absatz-Funktion ist nur für positive Mengen x definiert. Die **Preiselastizität** η ist ein Maß für den Einfluss des Preises auf die Absatzmenge. Sie ergibt sich als relative Mengenänderung bezogen auf eine relative Preisänderung,

$$\eta = \frac{dx}{x} : \frac{dp}{p} = \frac{dx}{dp} \cdot \frac{p}{x} \tag{5}$$

Da $x' < 0$ gilt, ist die **Preiselastizität negativ**. Die Höhe von η hängt idR vom Preis p (und damit über die Preis-Absatz-Funktion von x) ab. Bei multiplikativen Preis-Absatz-Funktionen mit $x(p) = \alpha \cdot p^{\beta}$ ist $\eta = \beta < 0$ konstant. Die Preiselastizität (als Funktion) enthält genauso viel Information wie die Preis-Absatz-Funktion.

Wenn das Unternehmen seinen **Gewinn** G **maximieren** möchte, muss der Erlös den Kosten, in allgemeiner Form $K = K(x)$, gegenübergestellt werden,

$$\max_p G(p) = p \cdot x(p) - K\big(x(p)\big)$$

Notwendige **Bedingung** für ein Maximum ist, dass die erste Ableitung null beträgt:

$$G' = x(p) + p \cdot \frac{dx}{dp} - K'(x) \cdot \frac{dx}{dp} = 0 \tag{6}$$

Dahinter verbirgt sich die **bekannte Gleichung**: Beim optimalen Preis p^* sind **Grenzerlös** (die beiden ersten Terme in (6)) und **Grenzkosten** (der dritte Term) gerade gleich.[17] Voraussetzung ist, dass hinreichend Kapazität für die Erzeugung von $x(p^*)$ zur Verfügung steht.

Der optimale Preis

Multipliziert man die Optimalitätsbedingung mit p/x und ersetzt den Ausdruck $(dx/dp)\cdot(p/x)$ durch die Preiselastizität η, erhält man die sogenannte ***Amoroso-Robinson*-Relation**:[18]

$$p^* = \frac{\eta}{1+\eta} \cdot K'\left(x(p^*)\right) \tag{7}$$

Da der umsatzmaximale Preis, der alleine aus der Preis-Absatz-Funktion ermittelt werden kann, bei $\eta = -1$ liegt, muss der gewinnmaximale Preis p^* im Bereich $\eta < -1$ liegen. Andernfalls würde der optimale Preis die Grenzkosten nicht decken, er würde sogar negativ. Die *Amoroso-Robinson*-Relation entsteht nur durch eine Umformung der Optimalitätsbedingung und erlaubt deshalb nicht unbedingt eine direkte Berechnung des optimalen Preises p^*, weil dieser auch die Grenzkosten beeinflusst.

Beispiel: Angenommen, die **Preis-Absatz-Funktion** ist **linear**, dh $x(p) = \alpha - \beta \cdot p$ (mit $\alpha > 0$ und $\beta > 0$), und die Kostenfunktion ist ebenfalls linear, dh $K(x) = K^F + k \cdot x$. Dann vereinfacht sich die Gewinngleichung zu

$$G = p \cdot (\alpha - \beta \cdot p) - K^F - k \cdot (\alpha - \beta \cdot p)$$

und die Optimalitätsbedingung lautet

$$p^* = \frac{1}{2} \cdot \left(\frac{\alpha}{\beta} + k \right)$$

Beispiel: Bei einer **multiplikativen Preis-Absatz-Funktion** der Form $x(p) = \alpha \cdot p^\beta$ ist der optimale Preis nur für $\beta < -1$ definiert und lautet wegen $\eta = \beta$

$$p^* = \frac{\beta}{1+\beta} \cdot K' \tag{8}$$

Bei einer linearen Kostenfunktion gilt $K'(x) = k$ konstant, womit sich daraus direkt der optimale Preis ableiten lässt.

---

17 In weiterer Folge wird immer angenommen, dass die erste Ableitung des Gewinnes G das alleinige Maximum identifiziert, dh dass G' im zu maximierenden Parameter streng konkav verläuft. Dies wäre zB dann nicht erfüllt, wenn die Grenzkosten K' mit höherem x stark sinken.

18 Vgl zB *Simon* und *Fassnacht* (2009), S. 208.

Die modellhafte Betrachtung der Bestimmung optimaler Preise ergibt also die einfache Relation: **Grenzerlös = Grenzkosten**. Das bedeutet, dass die Kosten nur im Wege der Grenzkosten, genauer der **Grenzkosten*funktion***, in das Modell eingehen. Für lineare Kostenfunktionen sind die **variablen Kosten** der relevante Bestimmungsfaktor. **Fixkosten** sind irrelevant (siehe aber 5. Kapitel: *Entscheidungsrechnungen bei Unsicherheit*), was insbesondere zur Folge hat, dass beim Ansatz des optimalen Preises p^* nicht gesichert ist, dass der damit erzielte Deckungsbeitrag die Fixkosten überhaupt deckt.

Der **Zusammenhang mit der Preisuntergrenze** ist offensichtlich: Bei beiden sind die relevanten Kosten (gesamte Grenzkosten) maßgebend. Der Unterschied zur Preisuntergrenze liegt nur in der zugrunde liegenden Menge: Die Preisuntergrenze ist der Durchschnittswert über die relevanten Kosten des gesamten (zB) Zusatzauftrages, für den optimalen Preis bildet die Grenzkostenfunktion die Basis. Ist die Grenzkostenfunktion konstant, entsprechen sich die beiden Konzepte: Der optimale Preis bestimmt sich dann aus der Preisuntergrenze und einem Aufschlag (Deckungsbeitrag).

Würde man die Vollkosten für die Preiskalkulation verwenden, könnte dies aus der oben gewonnenen Sicht nur zufällig zum tatsächlich optimalen Preis führen, nämlich dann, wenn bei der geplanten Menge der Vollkostenpreis gerade die *Amoroso-Robinson*-Relation (7) erfüllt. Im Normalfall erhält man damit aber (kurzfristige) Preisentscheidungen, die den maximalen Gewinn bei weitem verfehlen.

Empirische Ergebnisse

In einer Studie von 233 Industrieunternehmen in Deutschland im Jahr 1988 von *Küpper, Winckler* und *Zhang* (1990), S. 452, zeigte sich, dass bei der Preiskalkulation das traditionelle Zuschlagsverfahren vorherrscht. Dabei gehen rund 80% der Unternehmen von den Gesamtstückkosten aus. Es wird zwar eine Trennung in fixe und variable Kosten vorgenommen, die Preisstellung basiert aber in hohem Maß auf den Vollkosten.

Genauso sind Verfahren der **progressiven Preiskalkulation**, die von den Kosten ausgehen, diese ggf um einen Gewinnzuschlag erhöhen und dies dann als Preis anbieten, nicht optimal. Sie berücksichtigen nämlich die Marktseite überhaupt nicht. Bei Verwendung von Vollkosten entsteht darüber hinaus ein **Zirkelschluss**: Um die Vollkosten pro Stück ermitteln zu können, muss die Absatzmenge bekannt sein. Diese hängt jedoch vom verlangten Preis und damit wiederum von den Kosten ab. Ein „**sich aus dem Markt kalkulieren**" ist eine typische mögliche Begleiterscheinung.

Kosten plus-Preisbildung

Bei der Kosten plus-Preisbildung erfolgt die Bestimmung des Preises als

$$p = (1 + \delta)\cdot k$$

wobei für k entweder die variablen Stückkosten oder die Stückkosten auf Vollkostenbasis verwendet werden. Die Größe $\delta \cdot k$ soll die (ggf verbleibenden) Fixkosten und den Gewinn abdecken.

Dieses Verfahren erfreut sich vor allem im Handel als **Handelsspannenkalkulation** einiger Beliebtheit. Grund ist, dass es sich um ein sehr **einfaches** und **schematisches** Verfahren handelt. Die Stückkosten sind darin die Einstandspreise der Waren (also die Einzelkosten). Für die Festlegung des produktgruppenspezifischen Aufschlagsatzes gibt es etliche Faustregeln.

Eine Modifikation dieses Verfahrens ist das ***Target pricing***. Dabei wird ein **Ziel-*ROI*** als Gewinnaufschlag festgelegt. Der *Return on Investment* (*ROI*) bestimmt sich aus Quotient des Gewinnes einschließlich der Zinsen auf das Fremdkapital durch das Gesamtkapital. Dieses Verfahren wird in den USA häufig verwendet, weil der *ROI* als eine wesentliche Steuerungsgröße dezentraler Unternehmenseinheiten angesehen wird (siehe auch 10. Kapitel: *Kennzahlen als Performancemaße*). Die Preisbestimmung ergibt sich aus:

$$p = k + i \cdot I$$

Dabei entspricht k den Vollkosten pro Stück (mit allen diesbezüglichen Problemen), i symbolisiert den geforderten Zinssatz auf das eingesetzte Kapital I zur Erzeugung des Produktes. Der **Vorteil** dieses Verfahrens ist, dass der Gewinnaufschlag nicht auf Kostenschwankungen reagiert und diese nicht verstärkt auf den Preis weitergibt, als Nachteil kann man (abgesehen von den Vollkosten pro Stück) die Probleme bei der Zurechnung des Kapitals I auf das Produkt sehen.

Die Kosten plus-Preisbildung führt nur unter ganz **speziellen Voraussetzungen** auch zum *optimalen* Preis:

1. Es dürfen nur **variable Kosten** angesetzt werden, und diese müssen **konstant** pro Stück sein.
2. Die Preis-Absatz-Funktion muss eine **konstante Elastizität** aufweisen. Dann ergibt ein Aufschlag von $\delta = \eta/(1 + \eta) - 1$ den optimalen Preis (siehe (8)).
3. Bei einer *linearen* Preis-Absatz-Funktion ist der Aufschlag $\delta = [\alpha / (\beta \cdot k) - 1]/2$ und damit zwar nicht von der Menge x, jedoch von den variablen Kosten abhängig (mit höherem k sinkt der Aufschlag).

Außerdem dürfen keinerlei Interdependenzen zeitlicher Art oder zwischen Produkten vorliegen.

3.2. Längerfristig optimale Preise

Für längerfristig optimale Preise müssen differenziertere Analysen angestellt werden. Dies geschieht im Folgenden für zwei Aspekte, Kapazitätskosten und dynamische Preisstrategien.

Ein Experiment

Im Rahmen eines (Fern-)Planspiels wurden von *Franzen* (1984) insgesamt 1.280 Teilnehmer aus der Praxis in zwei Gruppen geteilt: Eine Gruppe von Teams erhielt als Quartalsinformation neben Umsatzstatistik, Finanzsituation, Produktionsauslastung und Lagerbeständen eine Kostenträgerstückrechnung auf der Grundlage von *Vollkosten*, die andere auf der Grundlage von *Teilkosten*.

Es zeigte sich, dass die Teams mit Vollkosteninformationen recht „absonderliche" Entscheidungen trafen: Ein relativ neues Produkt war mit hohen (fixen) Gemeinkosten belastet. Um (scheinbar) profitabel zu werden, hoben die Teams den Preis stark an mit der Folge, dass der Absatz sank und sich ein hoher Lagerbestand aufbaute. Als Reaktion darauf wurde die Produktion reduziert, womit ein Sinken der Auslastung und Steigen der Stückkosten (zu Vollkosten) einherging. Um den Umsatzausfall zu mindern, wurde ein „altes" Produkt forciert, was hauptsächlich über einen Preiskampf erfolgte. Das Volumen des alten Produktes weitete sich entsprechend aus. Das Ergebnis: ein überaltertes Sortiment und eine Fehlsteuerung von Ressourcen.

Die Teams mit Teilkosteninformationen brachten es auf wesentlich bessere Ergebnisse. Auch die oft beschworene Gefahr, zu niedrige Preise zu verlangen, konnte im Experiment nicht bestätigt werden.

Kapazitätskosten

Das grundlegende Ergebnis, dass Fixkosten für Preisentscheidungen nicht berücksichtigt werden dürfen, gilt nur für **kurzfristig optimale Preise**. Aus längerfristiger Sicht müssen für die Ermöglichung der Produktion Kapazitäten aufgebaut werden, die Kosten (aus kurzfristiger Sicht Fixkosten) verursachen. *Beispiel*: Serienfertiger (zB Fahrzeugzulieferer) müssen zur Erfüllung von längerfristigen Aufträgen häufig erst die notwendigen Investitionen durchführen.[19]

Die Kosten von Kapazitäten, die im Zuge der Planung des Produktes samt seinem Preis erst längerfristig festgelegt werden, dann aber nicht mehr beeinflussbar sind, müssen für die *ex ante* Preisbestimmung berücksichtigt werden. Es handelt sich um **relevante Kosten** für den langfristig optimalen Preis; für den *kurzfristig* optimalen Preis sind sie dagegen differenziert zu behandeln. Die genaue Art und Weise, wie derartige Kosten Berücksichtigung finden können, wird an folgender Situation gezeigt.[20]

Die Erzeugung des Produktes verursacht (kurzfristig) variable Kosten pro Stück von k. Sie erfordert des Weiteren v **Einheiten einer Ressource**, die kurzfristig nicht an Beschäftigungsänderungen angepasst werden kann. Beispiele dafür wären eine Fertigungsanlage bestimmter Kapazität oder Personal, das über den betrachteten Zeitraum nicht gekündigt werden darf. Wird deren Kapazität $\overline{V}$ einmal festgelegt, kann sie nicht nach unten korrigiert werden. Eine kurzfristige Ausweitung ist dagegen möglich, wenngleich dies vergleichsweise hohe Kosten verursacht. Für die beiden obigen Beispiele würde dies eine Intensitätssteigerung bzw Überstunden

---

19 Vgl *Bosse* (1991), S. 103.

20 Das Modell entstammt *Banker* und *Hughes* (1994). Vgl auch *Göx* (2002).

bedeuten. Die Ausweitung sei unbeschränkt möglich (insbesondere um Kapazitätsbeschränkungen aus Vereinfachungsgründen nicht berücksichtigen zu müssen).

Konkret möge die **Kapazität** $\overline{V}$ insgesamt (Fix-)**Kosten** in Höhe von $c_0 \cdot \overline{V}$ je Periode verursachen. Eine Einheit der Ressource über der Kapazität $\overline{V}$ kostet $c_1 > c_0$. Weitere Fixkosten des Unternehmens werden mit K^F bezeichnet. Die Gesamtkosten der Produktion von x Stück sind damit je nach Festlegung der Kapazität

$$K(x, \overline{V}) = K^F + k \cdot x + c_0 \cdot \overline{V} + \begin{cases} 0 & \text{falls } v \cdot x \leq \overline{V} \\ c_1 \cdot (v \cdot x - \overline{V}) & \text{falls } v \cdot x > \overline{V} \end{cases} \tag{9}$$

Die Entscheidung über die Dimensionierung der Kapazität ist dann einfach, wenn die künftige Nachfrage x im Entscheidungszeitpunkt **mit Sicherheit** bekannt ist. Da sowohl eine zu hohe als auch eine zu geringe Kapazität in weiterer Folge Mehrkosten verursacht, ist es optimal, $\overline{V}$ gleich der benötigten Menge $v \cdot x$ festzulegen. Die *ex ante* Gewinnfunktion lautet dann

$$G = p \cdot x - \left(k \cdot x + c_0 \cdot \overline{V} + K^F\right) = p \cdot x - \left(k \cdot x + c_0 \cdot v \cdot x + K^F\right)$$

Bei einer linear geneigten Preis-Absatz-Funktion $x = \alpha - \beta \cdot p$ ($\alpha, \beta > 0$, so dass $x > 0$ gewährleistet ist) lautet die notwendige Bedingung für ein Gewinnmaximum

$$\frac{\partial G}{\partial p} = \alpha - 2\beta \cdot p + \beta \cdot k + \beta \cdot c_0 \cdot v = 0 \quad \text{und}$$

$$p^* = \frac{1}{2} \cdot \left(\frac{\alpha}{\beta} + (k + v \cdot c_0) \right) \tag{10}$$

Daraus ist ersichtlich, dass der optimale Preis die Kapazitätskosten genauso berücksichtigt, als ob sie variable Kosten wären.[21] Das heißt, die Kapazitätskosten sind für die Preisbestimmung *ex ante* relevant. Ist die Kapazität aber einmal festgelegt, reduzieren sich die relevanten Kosten auf k, die Kosten der Kapazität sind „*sunk*". Der *ex post* **optimale (kurzfristige) Preis** wird jedoch *nicht* geringer, sondern **bleibt gleich**. Der Grund liegt darin, dass zu diesem Preis p^* die Kapazität gerade zur Gänze ausgelastet wird, und ein Senken des (kurzfristigen) Preises eine höhere Menge mit sich brächte. Diese könnte nur durch ein Produzieren über der Kapazität von $\overline{V}$ abgedeckt werden und würde Stückkosten von $k + v \cdot c_1 > k + v \cdot c_0$ verursachen, was aufgrund der Optimalitätsbedingung für p^* nicht optimal sein kann. Die Differenz zwischen k und p^* ist der Deckungsbeitrag eines (zu verdrängenden) Stücks und entspricht gerade den Opportunitätskosten der knappen Kapazität. Kurzfristiger und langfristiger Preis fallen damit zusammen.

---

21 Unter Berücksichtigung der Tatsache, dass die Qualifizierung als Fixkosten von der Fristigkeit des Problems abhängt, handelt es sich eigentlich um (bei richtiger Fristigkeit gesehen) variable Kosten.

Unsicherheit über die Absatzmenge

Bei Sicherheit über die künftige Nachfrage kann die Kapazität genau daran ausgerichtet werden, so dass es niemals zu Mehrkosten c_1 kommt. Diese sind daher in den Kosten für die Preisentscheidung nicht enthalten. Im Folgenden wird eine **stochastische Preis-Absatz-Funktion** angenommen:

$$x = \alpha - \beta \cdot p + \varepsilon$$

mit ε als Zufallsvariable mit Erwartungswert $\mathrm{E}[\varepsilon] = 0$. Ein Preis p führt demgemäß zu einer erwarteten Absatzmenge $\mathrm{E}[x] = \alpha - \beta \cdot p$. Die Dichtefunktion der (Zufalls-)Variablen x wird mit $f(x) > 0$, die Verteilungsfunktion mit $F(x)$ bezeichnet.

Der **erwartete Gewinn** für eine bestimmte Kapazität $\bar{V}$ und einen Preis p lautet

$$\mathrm{E}\left[G(p,\bar{V})\right] = (p-k)\cdot \mathrm{E}\left[x\right] - K^F - c_0 \cdot \bar{V} - \int_{\bar{V}/v}^{\infty} c_1 \cdot \left(v \cdot \xi - \bar{V}\right) \cdot f(\xi) d\xi \tag{11}$$

Der erste Ausdruck ist der erwartete Deckungsbeitrag; von diesem werden die Fixkosten K^F sowie die fixen Kosten der Ressource mit Kapazität $\bar{V}$ und der Erwartungswert der Mehrkosten infolge zu geringer Dimensionierung von $\bar{V}$ abgezogen (ξ ist die Integrationsvariable für x). Diese Mehrkosten entstehen für jedes $x > \bar{V}/v$.[22]

Das Unternehmen hat zwei Entscheidungen zu treffen: die optimale Kapazität $\bar{V}^*$ und den optimalen Preis p^*. Die notwendige Bedingung für die Kapazitätsentscheidung ergibt sich aus der partiellen Ableitung von (11) nach $\bar{V}$:

$$\frac{\partial \mathrm{E}[G]}{\partial \bar{V}} = -c_0 + c_1 \cdot \underbrace{\int_{\bar{V}/v}^{\infty} f(\xi) d\xi}_{=1-F\left(\frac{\bar{V}}{v}\right)} + \frac{1}{v} \cdot c_1 \cdot \underbrace{\left[v \cdot \frac{\bar{V}}{v} - \bar{V}\right]}_{=0} \cdot f\left(\frac{\bar{V}}{v}\right) = 0 \quad \text{bzw}$$

$$c_0 = \left[1 - F\left(\bar{V}^*/v\right)\right] \cdot c_1 \tag{12}$$

Die **optimale Kapazität** $\bar{V}^*$ ist dann erreicht, wenn die Kosten einer Einheit der Kapazität c_0 gleich dem Erwartungswert der Mehrkosten einer Einheit der Kapazität sind. Je höher die Mehrkosten c_1 relativ zu c_0 sind, desto größer wird $F(\bar{V}^*/v)$, dh desto größer wird die Kapazität $\bar{V}^*$ gewählt. Angenommen, $F(\cdot)$ ist symmetrisch, dann wird für $c_1 > 2c_0$ sogar eine höhere Kapazität aufgebaut, als dem Erwartungswert der Absatzmenge entspricht.

Der **optimale Preis** p^* ergibt sich durch Nullsetzen der partiellen Ableitung von (12):

---

22 Implizit wird dabei $p^* > k + v \cdot c_1$ angenommen, dh die Mehrkosten sind nicht zu hoch, weil das Unternehmen sonst nur genau an der (Normal-)Kapazität produzierte und einer erhöhten Nachfrage nicht nachkäme.

$$\frac{\partial \mathrm{E}[G]}{\partial p} = \mathrm{E}[x] + (p-k)\cdot \mathrm{E}'[x] - c_1 \cdot \frac{\partial}{\partial p}\left(\int_{\bar{V}/v}^{\infty} (v\cdot\xi - \bar{V})\cdot f(\xi)d\xi \right) =$$

$$= (\alpha - \beta\cdot p) + (p-k)\cdot(-\beta) + c_1 \cdot v \cdot \beta \cdot \left[1 - F\left(\frac{\bar{V}}{v}\right)\right]$$

wobei zunächst für x die Preis-Absatz-Funktion eingesetzt wurde. Der letzte Term dieses Ausdrucks ergibt sich wie folgt, wenn die Dichtefunktion $f(x) = f(\alpha - \beta{\cdot}p + \varepsilon)$ in die Dichtefunktion $f_0(\varepsilon)$ transformiert wird:

$$\frac{\partial}{\partial p}\left(c_1 \cdot \int_{\bar{V}/v}^{\infty} (v\cdot\xi - \bar{V})\cdot f(\xi)d\xi \right) = \frac{\partial}{\partial p}\left(c_1 \cdot \int_{\bar{V}/v-\alpha+\beta\cdot p}^{\infty} \left[v\cdot(\alpha - \beta\cdot p + \varepsilon) - \bar{V}\right]\cdot f_0(\varepsilon)d\varepsilon \right) =$$

$$= -c_1 \cdot v \cdot \beta \cdot \int_{\bar{V}/v-\alpha+\beta\cdot p}^{\infty} f_0(\varepsilon)d\varepsilon - c_1 \cdot \beta \cdot \underbrace{\left[v\cdot\left(\alpha - \beta\cdot p + \frac{\bar{V}}{v} - \alpha + \beta\cdot p\right) - \bar{V} \right]}_{=0} \cdot f_0\left(\frac{\bar{V}}{v} - \alpha + \beta\cdot p\right)$$

Eine Vereinfachung der Bedingung und Einsetzen der Optimalitätsbedingung (12) für $\bar{V}^*$ ergibt

$$\frac{\partial \mathrm{E}[G]}{\partial p} = \alpha - 2\beta\cdot p + \beta\cdot k + \beta\cdot c_1\cdot v\cdot\frac{c_0}{c_1} = 0$$

und schließlich

$$p^* = \frac{1}{2}\cdot\left(\frac{\alpha}{\beta} + (k + v\cdot c_0)\right)$$

Daraus wird ein überraschendes **Ergebnis** sichtbar: Der optimale Preis p^* entspricht dem optimalen Preis in der Sicherheitssituation (siehe (12)). Er hängt weiterhin *nicht* von den Mehrkosten c_1 der Überbelastung der optimal dimensionierten Kapazität ab, sondern nur von den variablen Kosten k und den Stückkosten der Verwendung der Ressource $v{\cdot}c_0$. Die Mehrkosten c_1 spielen für die Bestimmung der optimalen Kapazität eine prominente Rolle, für den optimalen Preis sind sie – darüber hinaus – jedoch nicht wichtig. Die optimale Kapazität berücksichtigt bereits den gesamten Effekt von c_1. Natürlich hängt dieses Ergebnis von den Modellspezifikationen ab, in erster Linie vom funktionalen Verlauf der Kapazitätskosten.

Die Kosten der Kapazität $c_0\cdot\bar{V}$ werden **gleichmäßig** auf die bei völliger Ausnutzung der Normalkapazität produzierbare Absatzmenge $x = \bar{V}^*/v$ umgelegt. Diese „Stückkosten" $(k + v{\cdot}c_0)$ entsprechen *nicht* den durchschnittlichen Kosten der Ressourcennutzung; diese sind höher, weil dafür die Mehrkosten $v{\cdot}c_1$ sehr wohl relevant sind; es kommt ja mit einer Wahrscheinlichkeit von $1 - F(\bar{V}^*/v) > 0$ zu einer Überbeanspruchung der Kapazität und damit zu den Mehrkosten pro Stück.

Dieser langfristig optimale Preis wird gemeinsam mit der Kapazität einmal festgelegt. Fallen diese beiden Entscheidungen zeitlich auseinander und kommen zwischen dem Bestimmen der Kapazität und dem Preis **neue Informationen** zutage, hat dies wiederum einen Effekt auf die Kapazitätsbestimmung, der im Rahmen eines sequenziellen Entscheidungsmodells gelöst werden muss. Wird beispielsweise ε *vor* Festlegung des Preises bekannt, dann ergibt sich ein Variieren des Preises zwischen zwei (zustandsabhängigen) Extremfällen: Reicht die Kapazität mit Sicherheit aus, dann ist der kurzfristig optimale Preis

$$p = \frac{1}{2} \cdot \left(\frac{\alpha + \varepsilon}{\beta} + k \right)$$

Wird die Kapazität mit Sicherheit überschritten, steigt er auf

$$p = \frac{1}{2} \cdot \left(\frac{\alpha + \varepsilon}{\beta} + \left(k + v \cdot c_1 \right) \right)$$

Die auf die Information sensibel reagierenden Preisentscheidungen haben jedoch *rückwirkend* einen Einfluss auf die Kapazitätsentscheidung, die in einem solchen Fall nicht mehr durch (12) bestimmt werden kann; dafür ist ein sequenzielles Modell aufzustellen.[23]

3.3. Dynamische Preisstrategien

Preise können vielfach nicht jede Periode beliebig stark geändert werden, sondern müssen sich an den bis dahin verlangten Preisen orientieren. Eine **Preisstrategie** ist eine Menge von Preisen $\{p_1, p_2, ..., p_T\}$ über den Betrachtungszeitraum $t = 1, ..., T$. Im Gegensatz zu einer statischen Analyse werden hier Variablen verschiedener Zeitpunkte bzw Perioden einbezogen.

Gründe für Interdependenzen zwischen Preisen und den Absatzmengen verschiedener Perioden sind vielfältig. Sie können aus Markt- und Produktionsgegebenheiten resultieren. Beispiele sind:[24]

- Der Preis einer Periode formt die **Preiserwartungen** in späteren Perioden, dies kann zB Spekulationen auslösen. Preiserhöhungen und Preissenkungen verändern das Nachfrageverhalten uU nicht symmetrisch; das kann durch Pulsationsstrategien ausgenutzt werden.

---

23 Der Grund liegt darin, dass ε nicht linear in das Modell eingeht, sondern über $p \cdot x(p)$ multiplikativ. Deshalb wirkt sich ein schwankendes ε nicht gleichmäßig auf den Erwartungswert aus. Vgl zu einem sequenziellen Ansatz im Zusammenhang mit dem obigen Modell und der vergleichenden Analyse verschiedener, kostenbasierter Preisbildungsregeln *Göx* (2001).

24 Vgl *Simon* und *Fassnacht* (2009), S. 309 – 326. Kontrolltheoretische Modelle zu einzelnen Strategien finden sich zB in *Feichtinger* und *Hartl* (1986), S. 334 – 342.

- ***Carry over*-Effekte**, wie zB Markentreue beim Wiederkauf bzw Ersatzkauf, das Bedürfnis nach Abwechslung, Mund-zu-Mund-Werbung, Imitation.
- **Produktlebenszyklus**. Er bestimmt die Nachfrage und die Konkurrenzwirkungen.
- **Kostendynamik**. Die Stückkosten einer Periode hängen von der Produktionsmenge (und damit Absatzmenge) der früheren Perioden ab (Erfahrungskurve bzw Lernkurve, Verschleißeffekte). In diesem Zusammenhang haben *skimming*-Strategien (Abschöpfung) und *penetration*-Strategien (Marktdurchdringung) Bekanntheit erlangt.
- Interdependenzen aufgrund der **Ziele** des Unternehmens (zB Bewertungsinterdependenzen: siehe 2. Kapitel: *Die Kosten- und Leistungsrechnung als Entscheidungsrechnung*).

Im Rahmen der KLR erhebt sich (wiederum) die Frage, inwieweit es sinnvoll sein kann, solche Probleme mit Hilfe der Kosten-Leistungs-Konzeption III zu behandeln, die ja Separationsannahmen zeitlicher Art beinhalten. Viel eher ist die Kosten-Leistungs-Konzeption II gerechtfertigt, die zB mit dem Kapitalwert der Zahlungen rechnet.

Zeitliche Interdependenzen können über eine **dynamische Preis-Absatz-Funktion** der folgenden Form erfasst werden:

$$x_t = x_t(p_1, p_2, ..., p_t) \quad \text{oder} \quad x_t = x_t(x_1, x_2, ..., x_{t-1}, p_t)$$

Die Absatzmenge in Periode t hängt nicht nur vom Preis p_t der jeweiligen Periode, sondern auch von einem oder mehreren Preisen der Vergangenheit ab. Da die vergangenen Preise über die Preis-Absatz-Funktion mit den Absatzmengen zusammenhängen, kann diese Abhängigkeit auch gegenüber den früheren Absatzmengen dargestellt werden.

Betrachtet man vereinfachend nur zwei Perioden, so kann die Absatzmenge in der zweiten Periode als $x_2 = x_2(x_1, p_2)$ geschrieben werden. Der Barwert des Gewinnes über die beiden Perioden unter Verwendung des Diskontfaktors $\rho = 1 + i$ lautet dann

$$G = [p_1 \cdot x_1 - K(x_1)] \cdot \rho^{-1} + [p_2 \cdot x_2 - K(x_2)] \cdot \rho^{-2}$$

Daraus zeigt sich zunächst, dass sich der optimale Preis in der **zweiten** (allgemein letzten betrachteten) **Periode** strukturell nicht vom kurzfristig optimalen Preis unterscheidet; sämtliche zeitlich vorausgegangenen Größen sind zu Daten geworden, die bei Bildung der ersten Ableitung als notwendige Bedingung für ein Maximum wegfallen.

Der optimale (dynamische) Preis in der **ersten Periode** ergibt sich durch

$$\frac{\partial G}{\partial p_1} = \left(x_1 + [p_1 - K'(x_1)] \cdot \frac{dx_1}{dp_1} \right) \cdot \rho^{-1} + [p_2 - K'(x_2)] \cdot \frac{\partial x_2}{\partial x_1} \cdot \frac{dx_1}{dp_1} \cdot \rho^{-2} = 0$$

Vergleicht man diesen Ausdruck mit dem kurzfristig optimalen Preis in $t = 1$, nämlich (siehe auch (6))

$$x_1 + \left[p_1 - K'(x_1)\right] \cdot \frac{dx_1}{dp_1} = 0$$

unterscheiden sie sich durch den abgezinsten Deckungsbeitrag in der zweiten Periode. Der optimale Preis entsteht aus einem Trade-off zwischen kurzfristigem und langfristigem Gewinn.

Die **Wirkung** des Differenzausdruckes auf den optimalen Preis p_1^* hängt vom Vorzeichen der partiellen Ableitung $\partial x_2 / \partial x_1$ ab. Unter den üblichen Annahmen, dass $dx_1/dp_1 < 0$ und $p^* - K'(x) > 0$ sind, ergibt sich:

Fall 1: $\partial x_2 / \partial x_1 > 0$: Dann ist der Differenzausdruck negativ. Der optimale Preis p_1^* ist damit *geringer* als im kurzfristigen Fall. Der Grund ist einleuchtend: Wird in der ersten Periode (relativ) mehr abgesetzt, erhöht dies für sich den Absatz in der nächsten Periode. Einen Mehrabsatz in Periode 1 kann man durch Senkung des Preises erzielen.

Fall 2: $\partial x_2 / \partial x_1 < 0$. Dann ergibt sich ein höherer optimaler Preis p_1^* als kurzfristig.

Die Entscheidung über den Preis in der ersten Periode verschiebt also die in der nächsten Periode geltende Preis-Absatz-Funktion. Der Effekt wird (*ceteris paribus*) größer, wenn die Grenzkostenfunktion in der Folgeperiode gegenüber der ersten Periode ein niedrigeres Niveau erreicht, was zB bei Lerneffekten der Fall ist. Das heißt, für die Bestimmung der optimalen Preis*strategie* sind auch die späteren Kosten von Bedeutung. Sind die Auswirkungen auf die Folgeperiode sehr stark, kann es sich sogar lohnen, einen Anfangspreis *unter* den Grenzkosten zu verlangen.

Auf analoge Weise können **Kosteninterdependenzen** aufgrund von $k_t = k_t(x_1, x_2, ..., x_{t-1}, x_t)$ berücksichtigt werden. Ein Beispiel sind **Lerneffekte**, aus denen eine Minderung der Produktionskosten je Produkteinheit mit steigender kumulierter Produktionsmenge resultiert (siehe die Diskussion zu Beginn dieses Kapitels). Ein anderes Beispiel sind **Verschleißeffekte**: Mit Ausdehnung der Produktion können auf Grund von Materialermüdung und Verschleißerscheinungen bei den Aggregaten häufigere und/oder vermehrte Wartungs- und Instandhaltungsaktivitäten erforderlich werden. Auch die Verbrauchseigenschaften der Aggregate bezüglich der Betriebs- und Rohstoffverbräuche können sich durch umfangreiche Nutzung ändern. Umgerechnet auf eine Produkteinheit führen diese Effekte zu einer Erhöhung der Produktionskosten je Produkteinheit mit fortschreitender Ausdehnung der Produktion.

Zur Abbildung dieser Zusammenhänge wird gedanklich von **Basisstückkosten** bk_t einer Periode t ausgegangen, die nur denn gelten, wenn in den früheren Perioden *keine* Fertigung stattgefunden hätte. Die Abhängigkeiten von der kumulierten Produktionsmenge werden dann durch **Änderungsfaktoren** $c_t(x_t)$ der Stückkosten (Auszahlungen) berücksichtigt. Diese geben an, in welchem Umfang sich die *künftigen* (also für die Perioden $t+1$, $t+2$, ... gültigen) Stückkosten ändern, wenn in der Periode t die Produktionsmenge x_t gewählt wird. Für die resultierenden Stückkosten k_t gilt also

$$k_t = \left[\prod_{\tau=1}^{t-1}\left(1+c_\tau\left(x_\tau\right)\right)\right]\cdot bk_t \qquad t=1,\dots,T; k_1 = bk_1$$

So folgt zB für die Stückkosten in $t = 4$

$$k_4 = \left(1+c_1\left(x_1\right)\right)\cdot\left(1+c_2\left(x_2\right)\right)\cdot\left(1+c_3\left(x_3\right)\right)\cdot bk_4$$

In dieser Darstellung werden die Effekte früherer Produktionsmengen auf die Stückkosten späterer Perioden deutlich. Normiert man die Änderungsfaktoren auf $c_t(0) = 0$, ergibt sich:

- $c_t'(x_t) < 0$ im Falle von **Lerneffekten**
- $c_t'(x_t) > 0$ im Falle von **Verschleißeffekten**.

Angenommen, man befindet sich am Beginn der Periode $t = 1$, für die das optimale Produktionsprogramm und die optimalen Preise zu bestimmen sind. Die Produktionsmengen für die Perioden $t = 2, \dots, T$ seien vereinfachend auf Grund bestimmter Erwartungen gegeben, es gilt also $x_t = \overline{x}_t$ für $t = 2, \dots, T$. Damit sind aber auch alle Änderungsfaktoren $c_t(x_t)$ für die Folgeperioden festgelegt. Daraus ergibt sich ein modifizierter Faktor für die Auszahlungen je Produkteinheit:

$$\overline{k}_t = \left[\prod_{\tau=2}^{t-1}\left(1+c_\tau(\overline{x}_\tau)\right)\right]\cdot bk_t \qquad t=2,\dots,T; \overline{k}_2 = bk_2$$

Der Auszahlungskapitalwert KW_a im Sinne der Kosten-Leistungs-Konzeption II (siehe 2. Kapitel: *Die Kosten- und Leistungsrechnung als Entscheidungsrechnung*) lautet wie folgt:

$$KW_a = k_1 \cdot x_1 \cdot \rho^{-1} + \left(1+c_1(x_1)\right)\cdot\sum_{t=2}^{T}\overline{k}_t\cdot\overline{x}_t\cdot\rho^{-t} + \sum_{t=1}^{T}A_t^F\cdot\rho^{-t}$$

wobei $\rho = 1 + i$ den Aufzinsungsfaktor und A_t^F die fixen Periodenauszahlungen bezeichnen. Unter den gesetzten Annahmen ist der Auszahlungskapitalwert faktisch nur von der **Produktionsmenge der ersten Periode** abhängig, dh $KW_a = KW_a(x_1)$. Die **Grenzkosten** einer Mengeneinheit x_1 entsprechen der ersten Ableitung der Funktion des Auszahlungskapitalwertes nach x_1:

$$KW_a'(x_1) = k_1\cdot\rho^{-1} + c_1'(x_1)\cdot\sum_{t=2}^{T}\overline{k}_t\cdot\overline{x}_t\cdot\rho^{-t} \tag{13}$$

Die in (13) angegebenen „**dynamischen**“ **Grenzkosten** unterscheiden sich von den „statischen“ Grenzkosten k_1 (ohne Zinseffekt) bzw $k_1\cdot\rho^{-1}$ (mit Zinseffekt) der ersten Periode also durch die Auswirkungen auf die künftigen Produktionsauszahlungen. Beim Vorliegen von Lerneffekten sind die „dynamischen“ Grenzkosten niedriger, beim Vorliegen von Verschleißeffekten dagegen höher als die „statischen“ Grenzkosten.

Das optimale Produktionsprogramm wird aus dem Kapitalwert KW, also der Differenz zwischen Einzahlungskapitalwert und Auszahlungskapitalwert abgeleitet. Für die laufenden Einzahlungen gelte $E_t = p_t(x_t) \cdot x_t$ mit $p_t'(x_t) < 0$. Wegen der Annahme gegebener Mengen für $t = 2, ..., T$ und des Fehlens zeitlicher Erlösinterdependenzen stehen auch die Einzahlungen für alle $t = 2, ..., T$ fest. Nullsetzen der ersten Ableitung von KW nach x_1 erbringt folgende **Bedingung** für die jetzt **optimale Menge** $\hat{x}_1$:

$$\left[p_1'(\hat{x}_1) \cdot \hat{x}_1 + p_1(\hat{x}_1) - k_1\right] \cdot \rho^{-1} - c_1'(\hat{x}_1) \cdot \sum_{t=2}^{T} \overline{k}_t \cdot \overline{x}_t \cdot \rho^{-t} = 0 \qquad \text{bzw}$$

$$p_1'(\hat{x}_1) \cdot \hat{x}_1 + p_1(\hat{x}_1) - k_1 - c_1'(\hat{x}_1) \cdot \sum_{t=2}^{T} \overline{k}_t \cdot \overline{x}_t \cdot \rho^{-(t-1)} = 0 \qquad (14)$$

Formal gesehen bleibt die Beziehung „**Grenzerlös = Grenzkosten**" weiterhin gültig, doch beinhalten die Grenzkosten jetzt einen dynamischen Aspekt. Bezeichnet man mit x_1^* und p_1^* die optimale Lösung aus „traditionell" kostenrechnerischer und damit statischer (einperiodiger) Sicht, zeigt eine Betrachtung von (14) folgende materielle Konsequenzen:

- Bei **Lerneffekten** ist $\hat{x}_1 > x_1^*$ und damit $\hat{p}_1 < p_1^*$, weil aufgrund von $c_1'(\hat{x}_1) < 0$ der zusätzliche Term in (14) positiv ist. Es lohnt sich daher, unter Berücksichtigung der „dynamischen" Effekte den Preis zu senken, um **mehr zu produzieren** (und zu verkaufen) als bei alleiniger Betrachtung der laufenden Periode. Man kann diesen Effekt als eine Art „*Investition in Erfahrung*" bezeichnen. Der Überschuss in der ersten Periode wird (durch eine in kurzfristiger Hinsicht vorgenommene *Überproduktion*) bewusst verringert, um langfristig die Vorteile der dadurch gesammelten Erfahrung in der Form niedrigerer künftiger Produktionsauszahlungen nutzen zu können.
- Bei **Verschleißeffekten** ist demgegenüber $\hat{x}_1 < x_1^*$ bzw $\hat{p}_1 > p_1^*$. Hier ist es also vorteilhaft, unter Berücksichtigung der „dynamischen" Effekte einen höheren Preis zu verlangen und damit **weniger zu produzieren**, weil mit jeder in $t = 1$ produzierten Mengeneinheit die Auszahlungen für das (vorläufig noch gegebene) künftige Produktionsprogramm steigen. Man schränkt daher bereits heute die Produktion ein, um derartige Nachteile nicht zu groß werden zu lassen.

Die **Intensität der jeweiligen Effekte** hängt von folgenden Faktoren ab: Zunächst sind die Erwartungen bzw Festlegungen bezüglich der *künftigen Produktionsprogramme* bedeutsam. Betrachtet man zB die Verschleißeffekte, so induzieren höhere künftige Produktionsmengen auch höhere Kostensätze. Daraus ergeben sich eindeutig höhere negative Zahlungskonsequenzen für die heute zu treffende Produktionsentscheidung, was zu einer niedrigeren optimalen Menge für die erste Periode führt. Bei den Lerneffekten verstärken höhere künftige Produktionsmengen zwar die Intensität des heutigen Lerneffektes (weil die gesammelten Erfahrungen auf eine größere Anzahl künftiger Produkte durchschlagen), bewirken andererseits aber eine Senkung der Kostensätze, was durch den Lerneffekt der *künftigen Mengen* hervorgerufen wird. Der kombinierte Effekt steht *a priori* nicht fest.

Weiterhin ist auch die **Nutzungsdauer** T bedeutsam. Je länger das betrachtete Projekt genutzt wird, desto größer wird – bei *gegebenen, unveränderten Produktionsmengen* der einzelnen

Perioden – das Gewicht der mehrperiodigen Lern- oder Verschleißeffekte. Schließlich spielt auch der **Zinssatz** *i* eine Rolle. Je größer der Kapitalmarktzins ist, desto größer ist der Diskontierungseffekt und desto weniger wichtig werden (*ceteris paribus*) die künftigen Zahlungskonsequenzen heute getroffener Maßnahmen.

Beispiel

In einem zweiperiodigen Problem beträgt der Kapitalmarktzins i = 0,25. Die Preis-Absatz-Funktionen seien für beide Perioden gleich, es gilt also: $p_t(x_t) = p(x_t) = 100 - 2x_t$ für t = 1, 2. Fixe Periodenauszahlungen liegen nicht vor. Die variablen Basis-Auszahlungen je Produkteinheit seien konstant und betragen $bk_1 = bk_2 = 20$. Die Basis-Auszahlungen in Periode 2 werden durch einen Verschleißeffekt in der Form $c(x_1) = 0{,}1x_1$ erhöht und betragen $k_2 = 20\cdot(1 + 0{,}1x_1)$.

„Statische" Optimierung

Berücksichtigt man in der ersten Periode die Folgeeffekte auf die Kosten der zweiten Periode nicht, dann ergibt sich optimale Produktionsmenge für jede Periode aus der Bedingung Grenzkosten = Grenzerlös in der betreffenden Periode. In der ersten Periode betragen die Grenzerlöse $100 - 4x_1$, und mit den Grenzkosten von 20 führt dies auf folgende optimale Produktionsmenge:

$$x_1^* = 80/4 = 20 \text{ und } p_1^* = 60$$

Daraus resultiert ein Zahlungsüberschuss von 800. In der zweiten Periode sind die Auszahlungen je Produkteinheit auf $k_2(x_1) = 20\cdot(1 + 0{,}1x_1) = 60$ gestiegen. Daraus folgt

$$100 - 4x_2^* - 60 = 0 \quad \text{bzw} \quad x_2^* = 10 \quad \text{und} \quad p_2^* = 80$$

Der Zahlungsüberschuss beträgt 200. Der Barwert der beiden Überschüsse ist bei ρ = 0,25 gleich 768. Bei einer Investitionsauszahlung von 780 ergibt dies KW = 768 – 780 = -12, das Projekt wäre also unvorteilhaft. Im Grunde werden die Auswirkungen der ersten Periode auf die zweite Periode als gegeben hingenommen und in der ersten Periode nicht explizit berücksichtigt.

„Dynamische" Optimierung

Hierbei werden die Folgewirkungen der Produktion in der ersten Periode konsistent berücksichtigt. Dazu wird zuerst die optimale Produktionsmenge der *zweiten* Periode berechnet. Im zweiten Schritt wird dann die Produktionsmenge der ersten Periode ermittelt.

Optimierung für die zweite Periode

Die in der zweiten Periode optimale Produktionsmenge ergibt sich bei Grenzkosten von $20\cdot(1 + 0{,}1x_1)$ als Funktion von x_1 wie folgt:

$$100 - 4\hat{x}_2 - 20\cdot(1 + 0{,}1x_1) = 0 \quad \text{bzw} \quad \hat{x}_2 = \frac{80 - 2x_1}{4} = 20 - 0{,}5x_1$$

Eine höhere Produktionsmenge in der ersten Periode induziert daher eine Verminderung der Produktion in der zweiten Periode. Berechnet man mit der gefundenen Lösung den Zahlungsüberschuss der zweiten Periode, folgt

$$\underbrace{[20-0{,}5x_1]}_{\hat{x}_2}\cdot\underbrace{[100-2\cdot(20-0{,}5x_1)]}_{p(\hat{x}_2)}-\underbrace{(1+0{,}1x_1)}_{1+c(x_1)}\cdot\underbrace{[20\cdot(20-0{,}5x_1)]}_{bk_2\cdot\hat{x}_2}=800-40x_1+0{,}5x_1^2$$

Optimierung für die erste Periode

Für die Bestimmung von x_1 resultiert damit die Zielfunktion

$$KW=\frac{100x_1-2x_1^2-20x_1}{1{,}25}+\frac{800-40x_1+0{,}5x_1^2}{(1{,}25)^2}-780$$

Nullsetzen der ersten Ableitung nach x_1 führt auf die Lösung

$$\frac{80-4\hat{x}_1}{1{,}25}+\frac{\hat{x}_1-40}{(1{,}25)^2}=0 \quad \text{bzw} \quad 80-4\hat{x}_1+0{,}8\hat{x}_1-32=0$$

sowie $\hat{x}_1=15$ und $\hat{p}_1=70$.

Für die zweite Periode folgt: $\hat{x}_2=20-0{,}5\hat{x}_1=20-0{,}5\cdot 15=12{,}5$ sowie $\hat{p}_2=75$. Mit dieser Lösung ergibt sich für die erste (zweite) Periode ein Zahlungsüberschuss von 750 (312,5). Der Barwert dieser Überschüsse beträgt 800 und der Kapitalwert demnach 800 – 780 = 20. Dies ist natürlich wegen der Optimalität mehr als bei kurzfristig statischer Optimierung, bei der nur ein Kapitalwert von -12 erzielt wird, und es zeigt sich, dass das Projekt tatsächlich vorteilhaft ist. Erreicht wird dies aufgrund der Reduktion der Produktionsmenge in der ersten Periode, die zwar den Zahlungsüberschuss in dieser Periode verringert, aber in der zweiten Periode Vorteile aufgrund der günstigeren Kosten bewirkt.

Hinweis: Das obige Beispiel lässt sich alternativ auch dadurch lösen, dass aus den Bedingungen erster Ordnung für die Maximierung der gesamten Kapitalwertfunktion ein (lineares) Gleichungssystem gebildet wird, das nur von x_1 und x_2 abhängt und nach diesen Variablen aufgelöst werden kann. Der Leser ist eingeladen, dies selbst zu versuchen.

Die bisherige Annahme gegebener Mengen für $t = 2, \ldots, T$ diente zur Verdeutlichung der grundlegenden Zusammenhänge, ist aber natürlich restriktiv. Die **künftigen Mengen und Preise** unterliegen grundsätzlich den **gleichen intertemporalen Optimierungsüberlegungen** wie die Politik in der ersten Periode. Die Mengen der Folgeperioden hängen daher von der anfangs gewählten Produktionsmenge ab, die ihrerseits von den künftigen Mengen beeinflusst wird. Eine umfassende Optimierung verlangt daher eine *simultane* Festlegung der gesamten Produktionsstrategie im Zeitablauf.

3.4. Interdependenzen zwischen Produkten

Sämtliche der bisherigen Analysen über die Höhe optimaler Preise bezogen sich auf ein *einzelnes* Produkt. Dies ist solange problemlos, als keine Interdependenzen des Produktes mit den anderen Produkten des Unternehmens bestehen. Das diesbezüglich problemloseste Szenario ist ein Einproduktunternehmen. Normalerweise gibt es jedoch verschiedene Interdependenzen, wie insbesondere[25]

- **Substitutive Beziehungen**. *Beispiel*: Beim Kauf von PKW 525 wird PKW 325 nicht gekauft (vollständige Substitution).
- **Komplementäre Beziehungen**. *Beispiel*: Beim Kauf eines Nassrasierers werden auch Klingen mit gekauft.
- **Produktbündelung**. *Beispiel*: Fünf Schrauben und fünf Muttern sind in einer Schachtel verpackt.
- **Kosteninterdependenzen**. *Beispiel*: Bei gemeinsamer Produktion von zwei Produkten entstehen in Summe weniger Kosten als im Fall, dass jeweils nur ein Produkt erzeugt wird (*economies of scope*, Synergien); oder es entstehen mehr Kosten als im Fall, dass nur jeweils ein Produkt erzeugt wird (Kosten der Komplexität und der Variantenvielfalt).

Im Fall des Bestehens solcher Interdependenzen spricht man auch von **Sortimentsverbund** oder von **Produktlinien**.

Aus Sicht der KLR sind besonders die Kosteninterdependenzen von Bedeutung. Sie führen nämlich – wie auch schon bei der Ermittlung von Preisgrenzen angeführt – zum Problem der Ermittlung der Grenzkostenfunktionen für die jeweiligen Produkte. Gerade Kostenvorteile wie auch Kostennachteile lassen sich idR nicht exakt, sondern allenfalls willkürlich, den einzelnen Produkten zurechnen. Damit ist aber eine der wesentlichen Einflussgrößen für die optimale Preisbildung (bestenfalls) unscharf verfügbar. Es können dann aus Kostensicht nur beide Produkte gemeinsam betrachtet werden (dies ist insbesondere bei der Kuppelproduktion evident). Das Dilemma ist, dass aus Marketingüberlegungen eine getrennte Sichtweise sinnvoll erscheinen mag.

Die Auswirkungen bei Vorliegen (alleine) **marktmäßiger Interdependenzen** können ähnlich wie bei dynamischen Preisstrategien gezeigt werden. Der Zusammenhang zwischen Produkt 1 und Produkt 2 sei durch folgende Preis-Absatz-Funktion gegeben:

$$x_j = x_j(p_1, p_2) \quad \text{oder} \quad x_j = x_j(p_j, x_i) \qquad \text{für } i, j = 1, 2;\ i \neq j$$

Der Gesamtgewinn ergibt sich als

$$G = \left(p_1 \cdot x_1 - K(x_1)\right) + \left(p_2 \cdot x_2 - K(x_2)\right)$$

Die notwendige **Bedingung** für den optimalen Preis p_1 ergibt sich durch partielle Ableitung von G zu

$$\frac{\partial G}{\partial p_1} = x_1 + \left(p_1 - K'(x_1)\right) \cdot \frac{\partial x_1}{\partial p_1} + \left(p_2 - K'(x_2)\right) \cdot \frac{\partial x_2}{\partial p_1} = 0 \qquad (15)$$

---

[25] Vgl dazu *Simon* und *Fassnacht* (2009), S. 285 – 287.

Gegenüber dem optimalen Preis des Produktes 1 ohne Interdependenzen ergibt sich wieder ein **Differenzausdruck** (der letzte Term in (15)). Unter der Voraussetzung, dass $p_2 - K'(x_2) > 0$ ist, hängt das Vorzeichen von der partiellen Ableitung $\partial x_2 / \partial p_1$ ab.

Fall 1: $\partial x_2 / \partial p_1 > 0$. Steigt die Menge des Produktes 2, wenn man den Preis des Produktes 1 erhöht, liegt eine **substitutive Beziehung** vor. Der Differenzausdruck ist dann positiv. Die Folge ist, dass der optimale Preis p_1^* *über* dem Preis liegt, der ohne Berücksichtigung der Substitution ermittelt würde. Dadurch wird die Absatzmenge des Produktes 1 verringert, während gleichzeitig die Absatzmenge des Produktes 2 steigt. Im Optimum werden die Deckungsbeitragsgewinne und Deckungsbeitragsverluste daraus gerade ausgeglichen.

Fall 2: $\partial x_2 / \partial p_1 < 0$. Hier liegt eine **komplementäre Beziehung** vor. Der Differenzausdruck ist dann negativ. Die Folge ist, dass der optimale Preis p_1^* *unter* jenem Preis liegt, der ohne Berücksichtigung der Komplementarität ermittelt würde. Dadurch wird die Absatzmenge des Produktes 1 gesteigert, was auch die Absatzmenge des Produktes 2 erhöht.

Die notwendige Bedingung (15) kann auch wie folgt geschrieben werden:

$$\frac{\partial G}{\partial p_1} = x_1 + \frac{\partial x_1}{\partial p_1} \cdot \left[\left(p_1 - K'(x_1) \right) + \left(p_2 - K'(x_2) \right) \cdot \frac{\partial x_2}{\partial x_1} \right] = 0$$

Dafür gelten die obigen Aussagen entsprechend mit dem Unterschied, dass $\partial x_2 / \partial x_1 > 0$ Komplementarität und $\partial x_2 / \partial x_1 < 0$ Substitutivität bedeuten.

Die Höhe des Unterschieds zwischen optimalem Preis unter Berücksichtigung des Verbundes im Vergleich zum Preis ohne die Berücksichtigung hängt von der Höhe des Grenzdeckungsbeitrages des anderen Produktes und von der Stärke des Zusammenhanges ab. Auch bei Interdependenzen zwischen Produkten kann der optimale Preis *unter* den Grenzkosten liegen, wenn die indirekten Effekte hinreichend stark sind (also zB bei substitutiven Beziehungen zu mehreren Produkten).

Die getroffenen Aussagen über die Auswirkungen von Marktinterdependenzen auf den optimalen Preis erfolgten *ceteris paribus*, dh insbesondere unter der Annahme, dass der Preis des anderen Produktes konstant gehalten wird. Werden die Preise *beider* Produkte simultan optimiert, müssen die Aussagen nicht unbedingt mehr zutreffen.[26]

Kalkulatorischer Ausgleich und Fixkostenallokation

Über die gegenseitige Beeinflussung der Preise bei Interdependenzen zwischen den Produkten wird ein sogenannter **kalkulatorischer Ausgleich** erzielt, auch Mischkalkulation, Sortimentskalkulation oder Kompensationskalkulation genannt.[27] Darunter

---

[26] Beispiele für einen höheren (niedrigeren) Preis für ein Produkt trotz Komplementarität (Substitutivität) finden sich in *Simon* (1992), S. 435 – 437.

[27] Neben dem Ausgleich quer über Produkte gibt es noch einen zeitlichen oder räumlichen Ausgleich bei einem Produkt. Vgl zB *Diller* (2008), S. 279 – 282.

versteht man grundsätzlich den Ausgleich geringer (oder gar negativer) Deckungsbeiträge von Produkten, die aus marketingpolitischen Erwägungen im Sortiment gehalten werden (zB Lockartikel), durch hohe Deckungsbeiträge, die mit anderen Produkten erwirtschaftet werden, bei denen dies der Markt zulässt (zB Prestigeprodukte). Diese Charakterisierung hilft für die optimale Preisbildung jedoch noch nichts. Benutzt man die Kostenrechnung, um einen solchen Ausgleich implizit zustande zu bringen, wird häufig die Anwendung des sogenannten **Tragfähigkeitsprinzips** empfohlen, wonach Produkte mit hohem Deckungsbeitrag mehr Fixkosten (oder Gemeinkosten) zugerechnet erhalten, dh tragen müssen, als Produkte mit niedrigem Deckungsbeitrag. Auf diese Weise erscheinen die Verlustbringer „günstiger", die Gewinnbringer „ungünstiger". Betrachtet ein Entscheidungsträger die Produkte isoliert, soll er dadurch von Fehlentscheidungen abgehalten werden.[28]

Eine **Fixkostenzurechnung** ist jedoch als Instrument für Preisentscheidungen (auch) bei Produktinterdependenzen **ungeeignet**.[29] Dem besseren Verständnis wegen wird dies an folgendem Beispiel gezeigt.

Beispiel: Das Unternehmen produziert zwei substitutive Produkte $j = 1$ und 2 mit folgenden Preis-Absatz-Funktionen und variablen Kosten

$$x_1 = 100 - 2p_1 + p_2 \quad \text{und} \quad k_1 = 4$$

$$x_2 = 200 - 2p_2 + p_1 \quad \text{und} \quad k_2 = 5$$

An Fixkosten fallen 5.096,5 an. Die Deckungsbeitragsfunktion lautet (die Fixkosten sind nicht relevant)

$$D = (p_1 - 4)\cdot(100 - 2p_1 + p_2) + (p_2 - 5)\cdot(200 - 2p_2 + p_1)$$

$$\frac{\partial D}{\partial p_1} = 100 - 2p_1 + p_2 - 2\cdot(p_1 - 4) + p_2 - 5 = 103 - 4p_1 + 2p_2 = 0$$

$$\frac{\partial D}{\partial p_2} = 200 - 2p_2 + p_1 - 2\cdot(p_2 - 5) + p_1 - 4 = 206 - 4p_2 + 2p_1 = 0$$

Daraus ergeben sich die optimalen Preise $p_1^* = 68,\overline{6}$ und $p_2^* = 85,8\overline{3}$, entsprechende Absatzmengen $x_1^* = 48{,}5$ und $x_2^* = 97$ sowie ein Deckungsbeitrag $D = 10.977,1\overline{6}$.

---

[28] Probleme dezentralisierter Entscheidungen, bei denen der Entscheidungsträger ein begrenztes Entscheidungsfeld hat, werden im Rahmen des Teils III: *Koordinationsrechnungen* noch ausführlicher behandelt. Im vorliegenden Kontext wäre die Vorgabe von *Deckungsbudgets* als Zieldeckungsbeitrag je Produkt der Allokation von Fixkosten jedenfalls vorzuziehen. Vgl zB *Riebel* (1994), S. 498 – 513.

[29] Vgl dazu auch die Diskussion von Kostenallokationen im 11. Kapitel: *Verrechnungspreise und Kostenallokationen*.

Zur Illustration: Bei *isolierter* Optimierung von D_1 und D_2 ergibt sich

$$\begin{aligned}\frac{\partial D_1}{\partial p_1} &= 100 - 2p_1 + p_2 - 2\cdot(p_1 - 4) = 108 - 4p_1 + p_2 = 0\\ \frac{\partial D_2}{\partial p_2} &= 200 - 2p_2 + p_1 - 2\cdot(p_2 - 5) = 210 - 4p_2 + p_1 = 0\end{aligned} \qquad (16)$$

Daraus ergeben sich p_1 = 42,8 und p_2 = 63,2 mit isolierten Deckungsbeiträgen D_1 = 3.010,88 und D_2 = 6.774,48, zusammen D = 9.785,36. Die Preise liegen wesentlich *unter* denen bei optimaler Preisbildung, und der damit erzielte **Deckungsbeitrag** ist um rund 11% **niedriger**.

Lässt man die variablen Kosten k_j als Parameter in den Deckungsbeiträgen D_j von (16), so kann man die (isoliert) optimalen Preise p_j wie folgt ausdrücken:

$$p_1 = 25 + \frac{p_2}{4} + \frac{k_1}{2} \quad \text{und} \quad p_2 = 50 + \frac{p_1}{4} + \frac{k_2}{2}$$

Man ersieht daraus, dass die Preise p_j jeweils in den anderen Preisen und in den eigenen Kosten k_j steigen. Das heißt, die Verwendung von Vollkosten anstelle von variablen Kosten erscheint grundsätzlich sinnvoll, weil die isoliert ermittelten Preise zu niedrig sind; der Ansatz höherer Kosten wirkt preiserhöhend.

Dazu sei folgender Zurechnungsmodus gegeben: Die Fixkosten in Höhe von 5.096,5 werden im Verhältnis von 38,46% : 61,54% = 1.960,2 : 3.136,3 zur Gänze den Produkten 1 bzw zugerechnet.[30] Von Produkt 1 werden 48,5 Stück produziert, dh ein Stück „kostet" 4 + 1.960,2/48,5 = 44,416, ein Stück des Produktes 2 „kostet" 5 + 3.136,3/97 = 37,33. Da von Produkt 1 nur halb so viel wie von Produkt 2 erzeugt wird, trägt ein Stück des Produktes 1 allerdings mehr Fixkosten als ein Stück des Produktes 2, obwohl Produkt 2 den höheren Stückdeckungsbeitrag (d_2 = $80,8\overline{3}$) erbringt. Setzt man diese Werte anstelle von k_j in die Bestimmungsgleichungen (16) für die isoliert optimalen Preise ein, erhält man (mit Rundungsdifferenzen) die (tatsächlich) optimalen Preise p_1^* = $68,\overline{6}$ und p_2^* = $85,8\overline{3}$. Die optimalen Mengen bleiben gleich.

Bei einer solchen Vorgangsweise wird allerdings ein wichtiges Detail außer Acht gelassen: Die Berechnung der anzulastenden Fixkosten könnte gar nicht erfolgen, wenn die optimalen Absatzmengen nicht schon bekannt wären, und diese erfordern die Kenntnis der optimalen Preise. Die „Lösung" des Interdependenzproblems durch Zurechnung von Fixkosten beruht daher auf einem Zirkelschluss: *Nach* Kenntnis der optimalen Preise und Mengen kann eine (idR partielle) Zurechnung der Fixkosten *konstruiert* werden, die auch isoliert betrachtet die optimalen Preise erzeugt.

---

30 Die Höhe der Fixkosten wie auch der Verteilungsschlüssel sind (von der Lösung her kommend) so konstruiert, dass die vollständige Fixkostenallokation gerade die optimalen Preise ergibt. Eine darüber hinaus gehende Begründung gibt es nicht.

Zusammenfassend ergibt sich also: Für die optimale Preisentscheidung bei Vorliegen von Produktinterdependenzen sind (weiterhin) nur die variablen Kosten maßgebend. Fixkosten, gleich, wie sie den Produkten zugeschlüsselt werden, führen zu falschen Entscheidungen. Bei substitutiven Beziehungen kann man jedoch durch Zurechnung von (idR Teilen der) Fixkosten zu den variablen Kosten zu „besseren" Preisentscheidungen kommen, *wenn* man (fälschlicherweise oder vereinfachend) von isolierter Optimierung jedes Produktes ausgeht.[31] Bei Komplementarität ist die Interpretation als Fixkostenzurechnung nicht mehr möglich, da die optimalen Preise geringer als die isoliert optimalen Preise sind. Dagegen ist diese Interpretation weiterhin denkbar, wenn der optimale Preis eines Produktes relativ steigt, der andere relativ sinkt. Dies ist unter bestimmten Konstellationen sowohl bei Substitutivität als auch Komplementarität möglich. Dann müsste ein Produkt Kosten des anderen tragen.

3.5. Konkurrenzreaktionen

Die Preis-Absatz-Funktion wurde bisher immer als gegeben angenommen. Dies trifft typischerweise dann zu, wenn das Unternehmen Monopolstellung auf einem bestimmten Produktmarkt innehat oder wenn es infolge eines unvollkommenen Marktes einen gewissen monopolistischen Spielraum besitzt. Konkurrenzreaktionen haben dann keine spürbare Auswirkung auf das Unternehmen, so dass sie für die Preisgestaltung nicht besonders zu berücksichtigen sind.

Im Falle eines **oligopolistischen Absatzmarktes** trifft diese Annahme jedoch jedenfalls nicht zu: Hier beobachtet eine geringe Zahl von Konkurrenten gegenseitig meist sehr genau, welche Preise ein Unternehmen anbietet, um ggf Gegenmaßnahmen zu treffen (zB Mitziehen mit einer Preissenkung oder Preiserhöhung). Die strategischen Reaktionen der Mitbewerber sind daher für die eigene Preisentscheidung wesentlich. Da diese Reaktionen wiederum maßgeblich durch die den Mitbewerbern entstehenden Kosten beeinflusst werden, ergibt sich ein Einfluss der Kosten anderer Unternehmen auf die Preisentscheidung eines Unternehmens. In der Folge wird dies zunächst an einer klassischen Duopolsituation (dem *Bertrand*-Gleichgewicht) und anschließend an der Kalkulation von Angebotspreisen bei Ausschreibungen gezeigt.

Eine klassische Duopolsituation

Um genaue Aussagen über den Einfluss der Reaktionen der Konkurrenten machen zu können, muss die Marktsituation spezifiziert werden. Dafür gibt es verschiedene Möglichkeiten. Für die Modellierung einer Preisentscheidung eignet sich das sogenannte ***Bertrand*-Gleichgewicht** am ehesten.[32]

---

[31] Bei Unsicherheit und einem risikoscheuen Entscheidungsträger wurde eine ähnliche Vorgehensweise vorgeschlagen: Vgl *Dickhaut* und *Lere* (1983); *Lere* (1986).

[32] Vgl ausführlich dazu zB *Tirole* (1988), S. 209 – 218; sowie zu etlichen Erweiterungen und auch anderen Marktsituationen (zB dem *Cournot*-Gleichgewicht) S. 218 – 287.

Beispiel: Zwei Unternehmen 1 und 2 stellen ein homogenes Produkt her. Die Kostenfunktionen sind linear mit (vorerst) gleich hohen variablen Kosten $k_1 = k_2 = k$. Zu einem bestimmten Zeitpunkt geben beide Unternehmen gleichzeitig ihre Preise p_j bekannt, die sie während der betrachteten Periode nicht mehr ändern können. Daraus ergibt sich eine bestimmte Aufteilung der Nachfrage nach dem Produkt entsprechend der Preis-Absatz-Funktion des Marktes für dieses Produkt $x(p_1, p_2)$. Die Unternehmen müssen diese Nachfrage mit Absatzmengen x_1 und x_2 anschließend erfüllen.

Die Nachfrager werden gänzlich vom Unternehmen mit dem geringeren bekannt gegebenen Preis kaufen, das andere Unternehmen geht leer aus. Falls beide denselben Preis offerieren, wird die Menge nach einer bestimmten Regel (zB gleiche Menge für beide) aufgeteilt; dies ist jedoch für das folgende nicht wesentlich.

Angenommen, Unternehmen 1 wüsste, dass Unternehmen 2 p_2 anbietet. Dann besteht seine optimale Preisentscheidung darin, einen Preis knapp darunter, $p_1 = p_2 - \varepsilon$ anzubieten. Damit kann es die gesamte Nachfrage auf sich vereinen. Da beide Unternehmen aber nur einen Preis $p_j \geq k$ anbieten werden (ansonsten würden sie einen Verlust machen), ist das **einzige Gleichgewicht** $p_1^* = p_2^* = k$. In jedem anderen Fall besteht die Möglichkeit, dass das andere Unternehmen den eigenen Preis unterbietet, genauso wie das Unternehmen selbst einen Anreiz hätte, den Preis des anderen zu unterbieten. Diese Lösung ist allerdings relativ unbefriedigend, weil kein Unternehmen einen Deckungsbeitrag erzielt.[33]

Wenn **Fixkosten** bestehen, erleiden beide einen Verlust genau in Höhe dieser Fixkosten. Beide hätten einen Anreiz, (zumindest) einen Preis anzubieten, der die Fixkosten in dem Falle deckt, dass sie eine bestimmte Menge absetzen können. Da die Fixkosten aber versunken (*sunk*) sind, hat jedes Unternehmen immer einen Anreiz, das andere zu unterbieten, dadurch die gesamte Nachfrage zu bekommen und zumindest einen positiven Deckungsbeitrag zu erzielen, wenn auch nicht in Höhe der gesamten Fixkosten. Letztlich bleibt wieder das Gleichgewicht $p_1^* = p_2^* = k$ als einzige Lösung übrig.

Was passiert, wenn die **variablen Kosten** der beiden Unternehmen **unterschiedlich** sind, also zB $k_1 < k_2$? In diesem Fall ist der optimale Preis von Unternehmen 1 ein Preis ganz knapp[34] unter k_2, dh $p_1^* = k_2 - \varepsilon$ (es sei denn, der Monopolpreis liegt darunter; dann wäre dieser optimal). Damit zieht es die ganze Nachfrage an sich und macht so den maximalen Gewinn unter Berücksichtigung der Tatsache, dass Unternehmen 2 einen Preis von mindestens k_2 anbieten muss, um selbst keine Verluste zu machen. In diesem Fall hängt der optimale Preis von Unternehmen 1 *alleine* von den variablen Kosten des Unternehmens 2 ab.

---

[33] Deshalb ist es auch gleichgültig, wie sich die gesamte Nachfrage bei gleichen Preisen auf die beiden Unternehmen verteilt.

[34] „Ganz knapp" bedeutet den höchsten Preis p_1, der strikt kleiner ist als k_2; bei einer Mindestgeldeinheit (zB Cent) also genau um eine solche Einheit weniger.

Nun ist die „reine" ***Bertrand*-Situation** sicherlich extrem, weil die Unternehmen ausschließlich über den Preis konkurrieren. Berücksichtigt man zB, dass sich die Produkte zumindest ein wenig unterscheiden, kommt man zu einem anderen Ergebnis. Das gleiche gilt für den Fall, dass die Unternehmen knappe Kapazität haben, so dass sie gar nicht die gesamte Nachfrage befriedigen könnten. Wenig realistisch ist auch die Annahme, dass die Unternehmen ihre Preise, wenn sie einmal angekündigt sind, auch halten müssen. Die Unternehmen könnten sich auch vorher absprechen und den Markt irgendwie aufteilen. In jedem Fall kommt es allerdings dazu, dass die Kosten der Konkurrenz einen Einfluss auf den eigenen optimalen Preis haben.

Die Lösung dieser Konkurrenzsituation hängt wesentlich davon ab, dass die Unternehmen die jeweiligen **Kosten beider** vorweg **kennen**. Typischerweise ist dies jedoch nicht der Fall: Ein Unternehmen wird zwar relativ gut schätzen können, wie hoch die Kosten für die Erstellung des Produktes durch das andere Unternehmen sind, aber mit Sicherheit kennt es diese kaum. Handelt es sich um ein neues Produkt, dann kennt das produzierende Unternehmen nicht einmal selbst die eigenen Kosten genau. Eine solche **Unsicherheitssituation** wird im Folgenden an Ausschreibungen diskutiert.

Kalkulation bei Ausschreibungen

Eine Ausschreibung (Submission) ist ein besonderes Versteigerungsverfahren (*competitive bidding*) für die Vergabe eines Auftrages. Eine typische Form ist die *closed bid*: Dabei gibt der jeweilige Anbieter sein Angebot in einem verschlossenen Umschlag beim Auftraggeber ab, der die eingelangten Angebote zu einem bestimmten Zeitpunkt öffnet und sich für das beste Angebot entscheidet. Ausschreibungen sind bei öffentlichen Auftraggebern vielfach vorgeschrieben, aber auch in der Privatwirtschaft bei vielen Investitionsgütern (zB Bauvorhaben, Computeranlagen, Fertigungsanlagen) anzutreffen.

Das **beste Angebot** richtet sich nach der Qualität der Leistung (die bestimmten Mindestanforderungen entsprechen muss), dem angebotenen Preis und vielfach noch anderen Überlegungen, wie zB Verlässlichkeit oder Erfahrung des Anbieters. Sind beispielsweise die Angebote in der Qualität der Leistung gleich und spielen keine sonstigen Überlegungen eine Rolle, so entspricht das beste Angebot dem mit dem niedrigsten Preis; davon wird im Weiteren ausgegangen.

Das anbietende Unternehmen ist bestrebt, den höchsten Preis p anzubieten, der ihm gerade noch den Zuschlag sichert, sofern dieser Preis größer ist als die relevanten Kosten der Leistungserstellung k. Bezeichnet $\Phi(p)$ die Wahrscheinlichkeit, dass das Unternehmen beim angebotenen Preis p die Ausschreibung gewinnt, dann lautet die **Zielfunktion** bei *Risikoneutralität* des Unternehmens

$$\max_p \mathrm{E}[G] = (p-k)\cdot\Phi(p)$$

Daraus wird der Trade-off der optimalen Preisbestimmung ersichtlich: Je höher der angebotene Preis, desto höher ist zwar der erzielte Deckungsbeitrag $p - k$, doch desto geringer wird die Wahrscheinlichkeit $\Phi(p)$, den Auftrag zu erhalten. Das eigentliche Problem der Preisentscheidung liegt in der Schätzung dieser Wahrscheinlichkeit. Dafür sind jedenfalls Informationen über die Kostensituation der

Konkurrenten wertvoll. Angenommen, es gibt nur einen zweiten Anbieter, und man ist sich sicher, dass dessen Kosten größer als 300.000 sind. Die Wahrscheinlichkeit, den Auftrag zu erlangen, wenn weniger als 300.000 angeboten werden, ist gleich eins. Voraussetzung ist, dass ein Anbieter nicht unter seinen eigenen Kosten anbietet.

Ganz grundsätzlich ist der **optimale angebotene Preis** höher als die Kosten k, es wird also ein positiver Deckungsbeitrag erzielt. Die Höhe des **Aufschlages** auf die Kosten hängt von den Umständen der Ausschreibung ab, insbesondere sind dies:

- Art der Auswahl des Offerts (zB Niedrigstpreis, *Vickrey*-Regel[35], Möglichkeit von nachträglichen Verbesserungen),
- Informationen über die eigenen Kosten,
- Informationen über die Kosten der Konkurrenten,
- Zusammenhang der Kosten mit den Kosten der Konkurrenten,
- Anzahl der Konkurrenten.

Im **Anhang** zu diesem Kapitel wird der optimale Angebotspreis für eine einfache Situation mit zwei Anbietern ermittelt, deren Kosten voneinander unabhängig, aber *a priori* gleich verteilt sind.

Kosten der Vorbereitung des Angebotes sind für den optimalen Angebotspreis nicht relevant, weil sie mit der *Angebots*entscheidung anfallen und unabhängig vom Ergebnis der Ausschreibung sind. Die Entscheidung, *ob* angeboten werden soll, würde sich durch einen Vergleich des erwarteten Deckungsbeitrages und der Kosten der Angebotslegung ergeben.

Bestimmte Leistungen, die private Unternehmen gegenüber **öffentlichen Auftraggebern** anbieten, müssen besonderen Vorschriften genügen. In Deutschland sind dies insbesondere die Leitsätze für die Preisbildung aufgrund von Selbstkosten (LSP), eine Verordnung aus dem Jahr 1953. Im Wesentlichen handelt es sich um eine Zuschlagskalkulation auf Vollkostenbasis mit genauen Vorschriften über den Ansatz und die Bewertung von Kostenarten.[36]

Diese Vorschriften können Unternehmen jedoch nicht daran hindern, den optimalen Preis nach den obigen Überlegungen festzulegen.[37] Mit Hilfe von Kostenallokationen kann man vermutlich von diesem Preis auf die „Kosten" zurückrechnen, mit denen das Angebot gegenüber dem öffentlichen Auftraggeber gerechtfertigt wird. Vorschriften dieser Art entfalten ökonomische Relevanz dann, wenn der Wettbewerb unter mehreren Anbietern gering oder ausgeschlossen ist (zB ein Unternehmen ist Monopolanbieter).

---

[35] Die *Vickrey*-Auktion ist ein Verfahren, in dem der Billigstbieter den Zuschlag erhält, jedoch den Preis des nächstteureren Bieters erhält. Dieses Verfahren hat die interessante Eigenschaft, dass (als dominante Strategie) ein Preis in Höhe der eigenen Kosten k geboten wird. Vgl zB *Zelewski* (1988).

[36] Zu Details vgl *Coenenberg* et al. (2012), S. 156.

[37] Zur optimalen Gestaltung von Verträgen über die Preisgestaltung und Risikoverteilung bei öffentlichen Ausschreibungen vgl *Reichelstein* (1992).

Der Fluch des Gewinners[38]

Als Fluch des Gewinners (*winner's curse*) wird das Paradoxon bezeichnet, dass die Erteilung des Zuschlages an einen Anbieter diesen nicht immer wirklich glücklich macht. Der Grund: Verursacht die ausgeschriebene Leistung für alle Anbieter die gleichen Kosten, sind diese den Unternehmen jedoch selbst noch nicht bekannt, müssen sie geschätzt werden. Das Unternehmen, das die Kosten am geringsten geschätzt hat, erhält den Zuschlag, weil es den kleinsten Preis anbieten kann. Die Tatsache aber, dass alle anderen Unternehmen die (gleichen) Kosten höher geschätzt haben, heißt nichts anderes, als dass die eigene Kostenschätzung zu niedrig war. Das bedeutet weiter, dass der Preis nicht den erwarteten Deckungsbeitrag bringen wird. Dies sind „*bad news*", die mit Auftragserteilung bekannt werden.

Rationale Unternehmen werden dies bei ihrem Preisangebot berücksichtigen und einen höheren Preis fordern; erhalten sie den Auftrag trotzdem, müssen sie dies nicht bedauern, und erhalten sie ihn nicht, verursacht dies keinerlei zusätzliche Kosten. Da aber alle Unternehmen dies entsprechend berücksichtigen, verändert dies die Vergabe nicht.

4. Zusammenfassung

Preisgrenzen sind **Entscheidungswerte** für das Unternehmen, bei deren Über- oder Unterschreiten bestimmte Entscheidungen ausgelöst werden. **Preisuntergrenzen** werden zB für die Entscheidung über die Annahme oder Ablehnung eines Zusatzauftrages oder die Eliminierung eines Produktes aus dem Produktionsprogramm benötigt. **Preisobergrenzen** legen die Entscheidung über den Bezug von benötigten Beschaffungsgütern fest. **Relative Preisgrenzen** führen zu einer Veränderung der Zusammensetzung des Produktionsprogramms.

Für die Bestimmung von Preisgrenzen sind die **relevanten Kosten** zu ermitteln, das sind jene Kosten, die sich gegenüber der Ausgangssituation durch Änderung der Entscheidung ergeben. Sie umfassen bei einem Zusatzauftrag immer die **Grenzkosten** (des gesamten Auftrages, nicht nur des letzten Stücks) und alle weiteren Kosten, die durch die **Entscheidung beeinflusst** werden können. Dabei handelt es sich einmal um **Opportunitätskosten**, die dann auftreten, wenn ein Auftrag das bisherige Produktionsprogramm verändert. Dies kann auch (kurzfristig) **fixe Kosten** betreffen, zB bei der Möglichkeit des Ausbaues (der Einschränkung) der Kapazitäten bei Annahme (Ablehnung) des Auftrages.

Preisgrenzen sind kritische Werte, bei denen sich eine Entscheidung gerade ändert. Das heißt noch nicht, dass die tatsächlichen Preise diesen Preisen entsprechen müssen. Insbesondere können Kosten auch für die **Ermittlung optimaler Absatzpreise** verwendet werden. Sie sind jedoch nicht isoliert, sondern immer im Zusammenhang mit sämtlichen **Marketinginstrumenten** zu sehen.

---

[38] Vgl dazu zB *McAfee* und *McMillan* (1987a), S. 720 – 722; zu etlichen Beispielen *Thaler* (1988).

Der **kurzfristig optimale Preis** ergibt sich grundsätzlich aus der fundamentalen Gleichung: **Grenzerlös = Grenzkosten**. Fixkosten spielen dabei keine Rolle. Das bedeutet, dass typische Verfahren der Preiskalkulation (zB Zuschlagskalkulation, Handelsspannenkalkulation, *Target pricing*) im Regelfall nicht zu optimalen Preisen führen. Sind (aus kurzfristiger Sicht) Fixkosten jedoch beeinflussbar, sind sie ebenfalls relevant. Es handelt sich dabei um dieselben Überlegungen wie bei der **Preisuntergrenze**. Je nach Dauer der Leistungserstellung (Fristigkeit) werden damit mehr oder weniger (kurzfristig) fixe Kosten berücksichtigt. Beispielsweise sind für die Angebotserstellung eines langfristigen Fertigungsauftrages die meisten Kosten beeinflussbar, die Preisentscheidung basiert dann auf Vollkosten. Das Zurechnungsproblem von (dann nur mehr variablen) Gemeinkosten bei mehreren Aufträgen bleibt aber bestehen. Der optimale Preis hängt nicht nur von den **Produktkosten** in der betreffenden Periode ab, sondern zusätzlich von **künftigen Kosten** (dynamische Preisstrategien), von den **Interdependenzen** zu anderen Produkten und damit deren Kosten als auch von **Kosten der Konkurrenten**, wenn diese einen spürbaren Einfluss auf das Entscheidungsfeld des Unternehmens haben.

Das Ergebnis der Untersuchung, wie optimale Preise von den Kosten abhängen, hat gezeigt, dass es sehr **vielfältige Zusammenhänge** gibt, die eigentlich alle beachtet werden sollten. Für eine formale Analyse kann man sich leicht auf ein oder höchstens zwei Produkte und auf eine oder höchstens zwei Perioden beschränken und alles andere unbeachtet lassen (*ceteris paribus*-Annahme). In der **praktischen Anwendung** der Ergebnisse treten diesbezüglich jedoch Schwierigkeiten auf. Es existieren weit **mehr und komplexere Zusammenhänge**. Zusätzliche **Probleme** mit der Anwendung der Modellergebnisse liegen in den benötigten **Daten** selbst. So ist beispielsweise die Schätzung der Preis-Absatz-Funktion nicht gerade einfach. Schwierigkeiten liegen zB in der Produkt- und Marktdefinition, der Berücksichtigung von Produktinterdependenzen und den Einflüssen anderer Marketinginstrumente, die vom Preis als Einflussgröße kaum hinreichend isoliert werden können.

Fragen

F4-1 Worin unterscheiden sich die Preisgrenzen für den Käufer und den Verkäufer eines Produktes?

F4-2 Unter welchen Umständen ist es sinnvoll, den Wiederbeschaffungswert für benötigte Rohstoffe für die Preisuntergrenze eines damit hergestellten Produktes zu verwenden?

F4-3 Wie unterscheiden sich Grenzkosten und relevante Kosten?

F4-4 Weshalb muss bei der Kalkulation der Preisuntergrenze für einen Zusatzauftrag bei Kapazitätsbeschränkungen das *optimale* Produktionsprogramm bei Annahme des Zusatzauftrages mit dem *status quo* verglichen werden?

F4-5 Was bedeuten die Kostenelastizität und die Lernrate im Rahmen der Erfahrungskurve?

F4-6 Wie verhält sich die Preisuntergrenze (pro Stück) eines Zusatzauftrages mit höherer Auftragsmenge, wenn die Produktionskosten pro Stück konstant sind und nur potenzielle Engpässe auftreten?

F4-7 Welche Arten von Substitutionseffekten oder Komplementaritätseffekten gibt es zwischen Produkten? Wie wirken sich diese auf Preisuntergrenzen und optimale (kostenorientierte) Preise dieser Produkte aus?

F4-8 Wie wirkt sich die Berücksichtigung von Zinseffekten auf die Preisuntergrenze von längerfristigen Aufträgen aus?

F4-9 Für welche Arten von Preisentscheidungen werden Entscheidungsbäume verwendet?

F4-10 Was muss alles für die Bestimmung der Preisobergrenze für einen Inputfaktor berücksichtigt werden?

F4-11 Unter welchen Bedingungen führt eine Kosten plus-Preisbildung zu optimalen Preisen?

F4-12 Was versteht man unter dem kalkulatorischen Ausgleich?

F4-13 Welche Auswirkungen haben die Marktform und Konkurrenz auf die eigene Preisgestaltung? Wie kann man diese Auswirkungen erfassen?

F4-14 Welche Konsequenzen ergeben sich aus dynamischen Kostenverhältnissen für die Bestimmung von Produktionsstrategien?

Probleme

P4-1 **Preisuntergrenze und Lernkurve.** Die *Mäh&Drescher AG* erzeugt Traktoren. Da tritt *ASA* mit einem Zusatzauftrag über fünf Stück einer ganz speziellen, selten gewünschten Traktorvariante an sie heran. *Mäh&Drescher* erwartet, dass sich die Montagestunden pro Stück jeweils mit einer Verdoppelung der kumulierten Produktionsmenge um einen bestimmten Prozentsatz verringern. Von dieser Art Traktoren wurden vor einiger Zeit bereits einmal vier Stück hergestellt; dabei wird eine Lernrate α von 0,12 geschätzt. Ermitteln Sie die kurzfristige Preisuntergrenze für den Zusatzauftrag über diese fünf (weiteren) Traktoren. An Daten für die Kalkulation stehen zur Verfügung:

Materialkosten je Traktor	360.000
Materialgemeinkosten	25% der Materialkosten
Fertigungslohnkosten je Stunde	800
Fertigungsgemeinkosten	40% der Lohnkosten
durchschnittliche Montagestunden je Traktor (auf Basis der ersten vier Traktoren)	434 Stunden
variable Verwaltungsgemeinkosten	5% der variablen Herstellkosten
auftragsfixe Kosten	125.000

P4-2 Vollkostenkalkulation aus dem Markt heraus und in den Markt hinein. Ein Unternehmen bestimmt seinen Absatzpreis für ein bestimmtes Produkt auf der Basis von Vollkosten zuzüglich eines prozentualen Gewinnaufschlags in Höhe von 10%. Die variablen Stückkosten des Produkts betragen $k = 200$, und man rechnet mit Fixkosten in Höhe von $K^F = 20.000$. Diese Kostengrößen werden für die folgenden Perioden als konstant angesetzt.

Die Marktverhältnisse sind durch eine für alle Perioden gleiche lineare Preis-Absatz-Funktion der Art $p(x) = 520 - x$ gekennzeichnet. Diese Funktion ist dem Unternehmen allerdings nicht bekannt. Es passt seine Kalkulationen und mithin seine Preisstellung der jeweiligen aktuellen Nachfrageentwicklung an.

a) Angenommen, das Unternehmen legt seiner ersten Preisstellung eine Ausgangsbeschäftigung von $x = 120$ zugrunde. Verfolgen Sie die Nachfrage- und Preisentwicklung über mehrere Perioden.

b) Gehen Sie jetzt davon aus, dass die erste Preisstellung auf Basis einer Ausgangsbeschäftigung von 170 durchgeführt wird. Verfolgen Sie die Nachfrage- und Preisentwicklung über wenigstens 10 Perioden. Gegen welchen Wert konvergiert diese Entwicklung?

c) Angenommen, das Unternehmen weiß, dass die Marktverhältnisse durch eine für alle Perioden gleiche lineare Preis-Absatz-Funktion gekennzeichnet sind; es kennt lediglich die Parameter dieser Funktion nicht. Nach wie vielen Perioden sollte das Prozedere der Teilaufgaben a) und b) spätestens aufgegeben werden? Wie lauten dann der wirklich optimale Preis und die wirklich optimale Beschäftigung? Wird diese Konstellation beim obigen Prozedere jemals erreicht?

P4-3 Angebotskalkulation. Die öffentliche Müllabfuhr hat einen Auftrag von acht Müllwägen ausgeschrieben. Das Unternehmen könnte den Auftrag ohne Engpässe durchführen. Es schätzt die variablen Kosten eines Müllwagens auf 45, wobei für besondere Ausschreibungserfordernisse noch zusätzlich 3 pro Müllwagen anfallen werden. Die Vollkosten betragen bei der derzeitigen Auslastung 125. Der Verkaufspreis für ähnliche LKW bewegt sich im Rahmen von 140 bis 190 pro Stück. Die Kosten des Einschiebens des Auftrages in die normale Produktion infolge Umstellung von Anlagen, insbesondere in der Lackiererei, werden auf 16 geschätzt. An Kosten für die Angebotserstellung fallen 10 an. Das Unternehmen glaubt aufgrund seiner Erfahrung, sowohl was Preise bei früheren Aufträgen der Müllabfuhr als auch, was das Konkurrenzverhalten angeht, von folgender Wahrscheinlichkeitsverteilung der Auftragserteilung ausgehen zu können:

$$\Phi(p) = \begin{cases} 0 & 250 < p \\ 1 - p/250 & 0 \leq p \leq 250 \\ 1 & p < 0 \end{cases}$$

Wie hoch ist der optimale Angebotspreis (das Unternehmen ist risikoneutral)? Wie hoch ist der optimale Angebotspreis, wenn die variablen Kosten um 50 steigen?

P4-4 **Preisuntergrenzen bei variabler Kapazität.**[39] Ein Unternehmen produziert ein Standardprodukt, das zu einem festen Preis von 200 abgesetzt werden kann und variable Kosten von 100 pro Stück verursacht. Wenn freie Kapazität besteht, kann bei Bedarf ein Spezialprodukt zu variablen Kosten von 150 pro Stück erzeugt werden, das die doppelte Menge an Kapazitätseinheiten benötigt als das Standardprodukt. Zu Beginn der Periode kann die Kapazität verändert werden. Die Anschaffungskosten einer Einheit an Kapazität kostet 80.

a) Angenommen, das Unternehmen kennt die Nachfrage nach dem Standardprodukt mit Sicherheit und richtet seine Kapazität danach aus. Wenn nun ein Zusatzauftrag nach dem Spezialprodukt eintrifft, wie hoch ist die Preisuntergrenze?

b) Alternativ zu a) sei angenommen, der Zusatzauftrag nach dem Spezialprodukt trifft so früh ein, dass das Unternehmen seine Kapazität noch adaptieren kann. Wie hoch ist die Preisuntergrenze?

c) Die Nachfrage nach dem Standardprodukt ist unsicher und wird als gleichverteilt im Intervall von [0; 1.000] angenommen. Wie hoch ist die optimale Kapazität?

d) Weiterführend von Aufgabe c) trifft nach der Kapazitätswahl und dem Bekanntwerden der tatsächlichen Nachfrage nach dem Standardprodukt ein unerwarteter Zusatzauftrag nach dem Spezialprodukt ein. Wie hoch ist die Preisuntergrenze?

e) Alternativ zu d) sei angenommen, der Zusatzauftrag nach dem Spezialprodukt trifft vor Bekanntwerden der Nachfrage nach dem Standardprodukt ein. Wie hoch ist die Preisuntergrenze?

P4-5 **Preisuntergrenzen**. Ein Unternehmen stellt im Rahmen seiner regulären Politik drei Produkte auf einer Fertigungsanlage $i = 1$ her; darüber hinaus kann noch ein viertes Produkt gefertigt werden, das jedoch nur selten nachgefragt wird. Man bezieht es demnach nicht in die standardmäßige Planung des periodischen Produktions- und Absatzprogramms ein, sondern wartet aktuell eingehende Kundenanfragen ab. Die drei Standardprodukte benötigen einen Rohstoff ($i = 2$), der in der laufenden Periode nur in begrenztem Umfang zur Verfügung steht. Hinsichtlich der

---

[39] Vgl *Göx* und *Wagenhofer* (2007), S. 404 – 406.

drei Standardprodukte $j = 1, 2, 3$, der Mittelvorräte für das Aggregat und des Rohstoffs gelten für die laufende Periode nachfolgend dargestellte Daten.

Bei allen folgenden Fragen können potenzielle Ganzzahligkeitsbedingungen vernachlässigt werden. Es fallen Fixkosten in Höhe von 6.000 an, und das Unternehmen strebt nach Maximierung des Periodengewinns, wobei die Bedingungen eines kurzfristig wirksamen Entscheidungsproblems erfüllt sein sollen.

Produkt	$j = 1$	$j = 2$	$j = 3$
Preis p_j	500	750	90
variable Kosten k_j	460	725	55
Obergrenze $\overline{x}_j$	800	1.000	200
Verbrauch v_{1j}	4	1	2
Verbrauch v_{2j}	5	5	3

	Anlage $i = 1$	Rohstoff $i = 2$
Kapazität $\overline{V}_i$	1.000	1.800

a) Unmittelbar nach Periodenbeginn, aber noch *vor* Realisierung des optimalen Programms der drei Standardprodukte geht überraschend eine Kundenanfrage nach dem Spezialprodukt $j = 4$ ein. Der Kunde hat einen Bedarf von 150 Stück des Spezialproduktes, für dessen Fertigung 3 Zeiteinheiten des Aggregats und 2 Mengeneinheiten des Rohstoffs benötigt werden (jeweils pro Stück des Spezialproduktes). Die variablen Stückkosten betragen $k_4 = 50$. Angenommen, das Unternehmen könne völlig frei darüber entscheiden, in welchem Umfang es die Kundenanfrage befriedigt (es kann zB auch nur ein Stück des Spezialprodukts liefern). Wie hoch ist dann die Preisuntergrenze für das Spezialprodukt?

b) Gehen Sie davon aus, dass der Kunde bereit ist, einen Preis von maximal 74 für das Spezialprodukt zu zahlen, und dass das Unternehmen weiterhin frei darüber entscheiden kann, in welchem Umfang es die Kundenanfrage befriedigt. Wie viele Einheiten des Spezialprodukts nimmt es zu diesem Preis in sein Programm auf? Wie wäre diese Frage zu beantworten, wenn die Aufnahme des Spezialproduktes zusätzliche Umstellungskosten am Aggregat in Höhe von 200 verursachen würde?

c) Unterstellen Sie jetzt, dass der Auftrag nur zur Gänze angenommen werden kann. Wie hoch ist die Preisuntergrenze für das Spezialprodukt?

P4-6 Preisuntergrenzen in einem sequenziellen Modell. Gegeben sei ein Unternehmen mit Auftragsfertigung. Die vorhandene Kapazität erlaubt die Annahme von genau *zwei* Aufträgen während der anstehenden Planungsperiode, doch rechnet man mit insgesamt *drei* möglichen Auftragseingängen. Deren Konditionen sind jedoch unsicher. Für jeden Auftragseingang werden drei Konstellationen des Auftragsdeckungsbeitrags mit folgenden Wahrscheinlichkeiten erwartet:

$d_L =\ 40$; Wahrscheinlichkeit $\phi_L = 0{,}3$

$d_M =\ 70$; Wahrscheinlichkeit $\phi_M = 0{,}2$

$d_H = 100$; Wahrscheinlichkeit $\phi_H = 0{,}5$

Die variablen Kosten eines Auftrages betragen $k = 400$. Jeder angenommene Auftrag muss erfüllt werden.

a) Bestimmen Sie die Entwicklung der Preisuntergrenzen und Opportunitätskosten für die beschriebene Situation. Wie groß ist der erwartete Deckungsbeitrag, den das Unternehmen für die Planungsperiode erhalten kann? Angenommen, das Unternehmen könnte durch Realisierung bestimmter Maßnahmen die Kapazität auf drei Aufträge erweitern. Wie viel könnte es maximal für diese Maßnahmen zahlen?

b) Wie müssten die Fragen der Teilaufgabe a) beantwortet werden, wenn es nicht drei, sondern *vier* mögliche Auftragseingänge gäbe?

c) Wie müssten die Fragen der Teilaufgabe a) beantwortet werden, wenn es vier mögliche Auftragseingänge gäbe und $d_L = -10$ und $d_H = 130$ wäre?

P4-7 Kostendynamik und intertemporale Strategien. Ein Unternehmen erwirbt eine Produktionsanlage zum Preise von 60.000, deren Nutzungsdauer *drei* Perioden beträgt und die nicht ersetzt wird. Mit der Anlage lässt sich eine Produktart herstellen. Die Absatzpreise und variablen Auszahlungen pro Stück lauten wie folgt ($t = 1, 2, 3;\ x_0 = 0$):

$$p_t(x_t) = 2.300 - 4 \cdot x_t$$

$$k_t = 1.500 - c \cdot x_{t-1}\ ; \quad c \geq 0$$

Die fixen Auszahlungen betragen in jeder Periode $A_t^F = A^F = 10.000$, und der Kapitalmarktzins wird mit $i = 0{,}25$ angesetzt.

a) Angenommen, es gilt $c = 0$. Ermitteln Sie die optimalen Produktionspolitiken der einzelnen Perioden und den sich daraus ergebenden Kapitalwert des Projekts. Wäre im vorliegenden Fall die Vorgehensweise einer „traditionellen“ Kosten- und Leistungsrechnung (periodische Betrachtung) gerechtfertigt?

b) Gehen Sie jetzt von $c = 2$ aus. Welche Art von intertemporalen Kostenverbundeffekten liegt vor? Berechnen Sie die Produktionsmengen, Absatzpreise, Periodenüberschüsse und den Kapitalwert unter der Annahme *sukzessiv-isolierter* Periodenbetrachtungen.

c) Berechnen Sie jetzt für $c = 2$ die optimalen Politiken der einzelnen Perioden sowie den Kapitalwert des Projekts bei voller Berücksichtigung der Verbundeffekte (*Hinweis*: Es gibt zwei Möglichkeiten zur Lösung dieses Problems). Zu welchen Veränderungen bei Produktions- und Absatzmengen, Absatzpreisen, Periodenüberschüssen und Kapitalwert führt eine Senkung (Erhöhung) des Kalkulationszinsfußes auf 0% (100%)?

Literaturempfehlungen

Allgemeine Literatur

Coenenberg, A.G., Fischer, T.M. und *Günther, T.*: *Kostenrechnung und Kostenanalyse*, 8. Auflage, Stuttgart 2012.

Simon, H. und M. Fassnacht: *Preismanagement*, 3. Auflage, Wiesbaden 2009.

Spezielle Literatur

Göx, R.: Capacity Planning and Pricing under Uncertainty, *Journal of Management Accounting Research* 2002, S. 59 – 78.

Reichmann, T.: *Kosten und Preisgrenzen*, Wiesbaden 1973.

Schildbach, T., und *R. Ewert*: Preisuntergrenzen in sequentiellen Entscheidungsprozessen, in: *H. Hax, W. Kern* und *H.-H. Schröder* (Hrsg.): *Zeitaspekte in betriebswirtschaftlicher Theorie und Praxis*, Stuttgart 1989, S. 231 – 244.

Anhang:
Ermittlung des optimalen Angebotspreises einer Ausschreibung

In diesem Anhang wird für den Fall, dass zwei Unternehmen bei einer Ausschreibung ein Angebot erstellen, der optimale Angebotspreis als *Nash*-Gleichgewicht[40] abgeleitet. Das Unternehmen, das den geringeren Preis anbietet, erhält den Zuschlag. Die Kosten k_i der Leistungserstellung durch Unternehmen i seien voneinander unabhängig, jedoch mit gleichen *a priori* Dichtefunktionen $f(k_i) > 0$ verteilt. Gewissermaßen zieht jedes Unternehmen aus der gleichen Grundgesamtheit möglicher Kosten $k = [\underline{k}, \overline{k}]$ seine tatsächlichen Kosten, die es vor Angebotslegung kennenlernt.

Die Wahrscheinlichkeit, bei einem Preis p_1 den Auftrag zu erhalten, beträgt

$$\Phi(p_1) = Pr(p_2 > p_1) = 1 - Pr(p_2 < p_1)$$

Unternehmen 1 nimmt an, dass Unternehmen 2 seinen Preis anhand einer Funktion $p_2 = P_2(k_2)$ festlegt; es selbst verwendet $P_1(k_1)$ für die Preisentscheidung. Da die Kostensituation symmetrisch ist, müssen die beiden Funktionen in einem Gleichgewicht identisch sein, nämlich $P(k_i)$; das folgt aus rationalen Erwartungen. Damit wird für die Ableitung der optimalen Preis*funktion* so getan, als wüsste Unter-

---

40 Ein *Nash*-Gleichgewicht ist eine Lösung eines nicht kooperativen Spiels. Strategien der Spieler bilden ein *Nash*-Gleichgewicht, wenn die jeweilige Strategie die beste Antwort auf die Gleichgewichtsstrategie des anderen Spielers ist. Dh, bleibt der andere Spieler bei seiner Gleichgewichtsstrategie, hat der betreffende Spieler keinen Grund abzuweichen. Vgl dazu genauer 9. Kapitel: *Investitionscontrolling*.

nehmen 1 seine eigenen Kosten nicht. Die sich dann ergebende Preisfunktion entspricht der des Konkurrenten.

Unter der Annahme, dass die Funktion $P(k_i)$ in k_i steigt, kann die Wahrscheinlichkeit $Pr(p_2 < p_1)$ umgeschrieben werden zu

$$Pr(p_2 < p_1) = Pr(k_2 < k_1) = F(k_1) = F(P^{-1}(p_1))$$

Damit lautet die Zielfunktion

$$\mathrm{E}[G_1] = (p_1 - k_1)\cdot[1 - F(P^{-1}(p_1))] \tag{A1}$$

Die Maximierung von (A1) nach p_1 liefert die notwendige Bedingung $\partial\, \mathrm{E}[G_1]^* / \partial p_1 = 0$. Die partielle Ableitung lässt sich jedoch nicht direkt lösen. Man verwendet daher folgenden Kunstgriff:[41] Zunächst wird die totale Ableitung von (A1) nach k_1 gebildet,

$$\frac{d\mathrm{E}[G_1]^*}{dk_1} = \frac{\partial \mathrm{E}[G_1]^*}{\partial k_1} + \underbrace{\frac{\partial \mathrm{E}[G_1]^*}{\partial p_1}\cdot\frac{dp_1}{dk_1}}_{\substack{=0 \text{ wegen der} \\ \text{Optimalität von } p_1^*}} = \frac{\partial \mathrm{E}[G_1]^*}{\partial k_1} = -\left[1 - F(P^{-1}(p_1^*))\right] =$$

$$= -1 + F(k_1) \tag{A2}$$

Integrieren dieses Ausdrucks liefert

$$\mathrm{E}[G_1]^* = -\int_{\underline{k}_1}^{k_1} [1 - F(\kappa)]\cdot d\kappa + c \tag{A3}$$

mit c als Integrationskonstante. (A3) kann nun mit (A1) gleichgesetzt und nach p_1 aufgelöst werden:

$$\left[p_1^* - k_1\right]\cdot[1 - F(k_1)] = -\int_{\underline{k}_1}^{k_1} [1 - F(\kappa)]\cdot d\kappa + c \tag{A4}$$

Um c zu bestimmen, muss eine Anfangsbedingung für $p_1^*(k_1)$ gesucht werden. Hat das Unternehmen die höchsten Kosten $k_1 = \overline{k}_1$, dann ist die linke Seite von (A4) gleich null, und damit folgt

$$c = \int_{\underline{k}_1}^{\overline{k}_1} [1 - F(\kappa)]\cdot d\kappa$$

Diese Anfangsbedingung besagt, dass das Unternehmen mit den höchsten Kosten keinen Gewinn erzielen kann, weil kein rationaler Auftraggeber bereit wäre, mehr zu bezahlen. Der **optimale Preis** ist schließlich

41 Die Ableitung folgt McAfee und *McMillan* (1987a), S. 708 f.

$$p_1^* = k_1 + \frac{\int_{k_1}^{\bar{k}_1} [1 - F(\kappa)] \cdot d\kappa}{1 - F(k_1)} \tag{A5}$$

Es lässt sich leicht überprüfen, dass $p_1^*(k_1)$ in k_1 steigt, dh die Ausgangsbedingung über $P(k_i)$ erfüllt ist.

Obwohl sich die Situation so darstellt, als ob nur k_1 eine Rolle spielt, ist dies tatsächlich nicht so. Es sind *auch* die **Erwartungen über die Kosten des Konkurrenten** k_2, die in die Preisentscheidung einfließen (die eigenen Kosten sind annahmegemäß bekannt). Dieser Preis ist immer größer als die Kosten k_1 (außer für $k_1 = \bar{k}_1$), dh das Unternehmen kalkuliert mit einem Aufschlag auf die relevanten Kosten k_1. Gleichzeitig bedeutet dies, dass es Fälle gibt, in denen Unternehmen 2 und nicht Unternehmen 1 den Zuschlag erhält, obwohl die Relation $p_2^* > k_1$ gilt. Das resultiert aus den Auswirkungen der asymmetrisch verteilten Information. Das Modell lässt sich auch um die Einbeziehung von Kapazitätskosten erweitern.[42]

Beispiel

$k_i \in [0, 1]$ ist gleichverteilt, dh $F(k_i) = k_i$. Setzt man dies in (A5) ein, ergibt sich für den optimalen Preis ein besonders einfacher Ausdruck, nämlich

$$p_1^* = \frac{1 + k_1}{2}$$

Daraus folgt $0{,}5 \le p_1^* \le 1$. Es gibt also einen relativ hohen **Mindestpreis** von 0,5. Der Aufschlag auf k_1 sinkt mit steigendem k_1 sowohl absolut als auch relativ. Für Kosten von $k_1 = 1/2$ etwa ergibt sich ein optimaler Preis von 3/4. Die Wahrscheinlichkeit, bei diesem Preis den Zuschlag zu erhalten, beträgt $1 - F(1/2) = 1/2$, der erwartete Deckungsbeitrag aus der Teilnahme an der Ausschreibung damit $E[G_1]^* = (3/4 - 1/2) \cdot 1/2 = 1/8$.

---

42 Vgl *Budde* und *Göx* (1999).

5

Entscheidungsrechnungen bei Unsicherheit

Katharina Blumberger sitzt gerade vor einer Konkurrenzanalyse und starrt auf die Daten, die sie bisher gesammelt hat. „Das verstehe ich nicht“, denkt sie und geht schließlich zu Martin, ihrem Kollegen in der Controlling-Abteilung der ASD GmbH, die im Bereich der Kunststofftechnik tätig ist. „Martin, hast Du ein bisschen Zeit?“ – „Für Dich doch immer, Katharina.“

Katharina beginnt: „Ich bin dabei, den Markt für Pkw-Zubehör zu durchleuchten; das hängt mit dem top priority-Projekt zusammen, das unsere Geschäftsleitung ausgeheckt hat, die glauben, dass es sich lohnt, auf diesem Markt ebenfalls anzubieten. Jetzt habe ich zwei Unternehmen ausgemacht, Dobas Industries und Herber Technik. Die sind fast völlig gleich strukturiert: sie verwenden dieselbe Technologie und beziehen im Wesentlichen von denselben Lieferanten. Ich kann mir nicht vorstellen, dass sie unterschiedliche Kosten hätten. Soweit o.k.?“ „Ja, da hast Du wahrscheinlich recht“, meint Martin.

„Dabei ist mir folgendes aufgefallen: Dobas verfolgt im Vergleich zu Herber eine ganz seltsame Produktpolitik. Zum einen machen sie auch Produkte, die einen niedrigen Deckungsbeitrag bringen, obwohl sie an der Kapazitätsgrenze produzieren. Und dann: Dobas ist in geringem Umfang auch in den Fahrrad-Markt mit so einer eigentümlichen Kunststoffhalterung eingestiegen. Wie ich gehört habe, ist der Markt aber dort ausgesprochen ungünstig, das heißt, sie machen dort auf jeden Fall Verluste. Ich schätze, sie können nicht einmal ihre variablen Kosten verdienen; daran wird sich auch mittelfristig nichts ändern. Ich verstehe das einfach nicht. Wissen die nicht, wie man ein Produktionsprogramm optimiert? Herber sieht da viel konsistenter aus.“

Martin denkt nach: „Na ja, da kann ich mir mehrere Gründe vorstellen. Es kann schon sein, dass Dobas aus strategischer Sicht einen Fuß im Fahrradmarkt haben möchte, und bei den anderen Produkten werden sie vielleicht längerfristig gebunden sein. Dann können sie nicht so kurzfristig alles umstoßen. Vielleicht haben sie sich auch den Markt irgendwie aufgeteilt, dass Dobas in einem Segment stärker ist und Herber im anderen; das kann doch ein Weg sein, die Konkurrenzsituation zu verbessern." „Ja, das dachte ich zuerst auch", erwidert Katharina, „doch so einfach ist es nicht. Ich glaube nicht, dass sie so stark am Markt sind, dass sie sich gegenseitig derart spüren; da gibt es weit Größere am Markt. Und dann, soweit ich das bisher gesehen habe, können sie in weiten Bereichen wirklich kurzfristig planen. Das ist Spezialzubehör, das ist mehr zum Gag, es ist nicht wirklich notwendig, langfristige Lieferverbindungen mit einem bestimmten Produkt aufrecht zu erhalten."

Nach einigem Hin und Her der Ratlosigkeit stößt Katharina auf ein Detail, das sie bis dahin nicht wirklich bedachte. Herber gehört zu einem größeren Industriekonzern, der in vielen Bereichen tätig ist. Wenn es im Kunststoff-Bereich Probleme gibt, zB aufgrund der Konjunktur, dann können sie sicher sein, dass sie finanzielle Unterstützung von „oben" bekommen. Bei Dobas ist das anders. Das ist ein Familienbetrieb ohne derartigen Rückhalt. Das könnte bedingen, dass die Einstellung zum Risiko anders ist; Herber ist sicher weniger risikoscheu als Dobas.

Martin sieht den Zusammenhang noch nicht. Katharina erläutert: „Diese üblichen Kriterien für die Festlegung des Produktionsprogramms – Du weißt schon, die Reihung nach den Deckungsbeiträgen bezogen auf allfällige Engpässe – müssen für Unsicherheit nicht mehr gelten. Warum? Weil es plötzlich nicht mehr gleichgültig ist, ob das Risiko der einzelnen Produkte zusammenhängt oder nicht. Ja natürlich – jetzt wird mir auch die Strategie mit dem Fahrrad-Markt klar: Die sind gar nicht so dumm. Fahrräder und Autos sind mehr oder weniger substitutiv. Geht der Absatz bei Autos zurück, kann man annehmen, dass mehr Fahrräder gekauft werden. Das muss natürlich auch auf das Zubehör durchschlagen. Ist dieser Effekt hinreichend stark, kann es sogar günstig sein, Fahrrad-Zubehör anzubieten, das im Durchschnitt nur einen negativen Deckungsbeitrag erwarten lässt. Die Vorteile der Risikominderung für das gesamte Unternehmen können dies mehr als ausgleichen. Danke, dass Du mir geholfen hast, Martin. Ich weiß, dass ich mich auf Dich verlassen kann!" sagt sie und schlüpft aus dem Zimmer.

Nachdem Katharina ihren Bericht über die Situation am Pkw-Zubehörmarkt fertig gestellt und der Geschäftsleitung übermittelt hat, wird sie von Richard Gutensohn, dem zuständigen Vorstand, gerufen. „Wissen Sie, Ihr Bericht ist sehr interessant. Aber Ihr Kernergebnis, dass sich der Einstieg in den Markt eher nicht lohnt, weil der erwartete Umsatz nur um 10% über dem Break Even-Umsatz liegt, hat mich irritiert. Sie erläutern das zwar kurz auf Seite 2; aber der Break Even-Umsatz mit 1,3 Millionen erscheint mir doch sehr hoch gegriffen. Nach unseren Vorinformationen haben wir immer mit nur einer Million gerechnet. Wie kommen Sie zu 1,3 Millionen?" fragt er Katharina.

Diese erwidert: „Das Problem ist, dass man für den Break Even-Umsatz Annahmen braucht; er ist bei mehreren Produkten nicht mehr eindeutig. Wir unterscheiden uns einfach in der verwendeten Annahme. Ich kenne die Version mit der einen Million auch, aber dabei wurde von einem sehr 'günstigen' Produktmix ausgegangen. Ich habe eher eine pessimistischere Variante gewählt, weil sehr schlecht abzuschätzen ist, wie sich die Situation wirklich entwickeln wird, wenn wir einsteigen." Mit der im Hintergrund stehenden Abschätzung der Wahrscheinlichkeitsverteilung der möglichen Umsätze möchte sie Gutensohn lieber nicht belasten. Sie fügt jedoch schon hinzu: „Das habe ich aber hinten im Bericht recht ausführlich begründet."

*Gutensohn übergeht diese Meldung. Er steht unter Termindruck. „Liebe Frau Blumberger, darf ich Sie bitten, Ihre Meinung diesbezüglich noch einmal zu überdenken? Mir erscheint Ihr Pessimismus doch ein wenig aus der Luft gegriffen." Mit diesen Worten schiebt ihr Gutensohn den Bericht über den Tisch zu. „Morgen Mittag brauche ich dann den endgültigen Bericht. Danke." Katharina verlässt mit ihrem (nunmehr) Berichts*entwurf *das Vorstandszimmer. Sie denkt: „Ganz verstehe ich nicht, warum er unbedingt in diesen Markt einsteigen will. Aber was soll's. Bekommt er halt den Bericht so, wie er ihn haben will."*

Ziele dieses Kapitels

- Darstellung der grundsätzlichen Vorgehensweise bei der Break Even-Analyse
- Untersuchung der Break Even-Analyse bei expliziter Berücksichtigung von Unsicherheit
- Analyse der Auswirkungen von Unsicherheit auf die Produktionsprogrammplanung und der Struktur der Lösungen bei Erwartungsnutzenmaximierung und Marktwertmaximierung
- Aufzeigen der Entscheidungsrelevanz von Fixkosten unter verschiedenen Bedingungen

1. Einführung

Die meisten in der Literatur diskutierten Anwendungen der KLR als Entscheidungsrechnung basieren auf **sicheren Erwartungen**. So wurden auch in den bisherigen Kapiteln von Teil I: *Entscheidungsrechnungen* zumeist sichere Erwartungen unterstellt.[1] Die Vorliebe für Sicherheitsansätze in der kostenrechnerischen Literatur kann mehrere **Gründe** haben, insbesondere aber die beiden folgenden:

1. Einerseits ist die KLR vornehmlich als Informationsinstrument für **kurzfristig wirksame Entscheidungen** gedacht, deren Konsequenzen nur für

---

[1] Eine Ausnahme bildete die Kosten-Leistungs-Konzeption I; sie beinhaltet zwar grundsätzlich auch unsichere Erwartungen, wurde allerdings nur konzeptionell diskutiert. Unsicherheit wurde auch schon im 4. Kapitel: *Preisentscheidungen* gestreift.

eine bestimmte Periode (zB Monat, Quartal oder Jahr) erfasst werden. Hier kann man sich auf den Standpunkt stellen, dass in einem periodenbezogenen Rahmen Prognoseprobleme vernachlässigbar gering seien, so dass man wie bei sicheren Erwartungen rechnen könne.

2. Andererseits ließe sich ins Feld führen, dass es bei der Verwendung von KLR-Daten zur Entscheidungsvorbereitung vor allem darauf ankomme, **grundlegende Prinzipien** zu erläutern, die der Art nach auch bei Unsicherheit gültig bleiben.

Beide Argumente sind jedoch wenig überzeugend. Selbst in einem kurzfristigen Rahmen können Ungewissheitsaspekte nicht einfach ausgeklammert werden, denn wer weiß zB schon am Beginn eines Quartals, einer Saison oder eines Jahres, wie sich der Preisverlauf auf der Beschaffungs- und Absatzseite sowie die Beschäftigungslage und die Absatzpotenziale im Laufe der Periode entwickeln werden? Ob derartige Unsicherheiten zwar grundsätzlich vorhanden, dennoch aber vernachlässigbar gering sind, kann streng genommen erst *nach* einer expliziten Analyse der Entscheidungen bei **Einbeziehung der Unsicherheit** gesagt werden; erst dann kennt man die möglichen Änderungen der optimalen Politik, die durch die Unsicherheit induziert werden. Ähnlich ist auch das zweite angeführte Argument zu beurteilen. *Ob* bestimmte Prinzipien der Entscheidungsfindung auf Basis der KLR auch bei Unsicherheit gelten oder nicht, lässt sich erst durch eine ausdrückliche Einbeziehung unsicherer Erwartungen ins Kalkül entscheiden. Im Folgenden werden daher Ansätze vorgestellt, die sich explizit mit unsicheren Erwartungen im Rahmen kurzfristig wirksamer Entscheidungsprobleme beschäftigen.

Es sei aber bereits an dieser Stelle darauf hingewiesen, dass Unsicherheit nicht nur bei Entscheidungsrechnungen eine Rolle spielt. Die in Teil II: *Kontrollrechnungen* und Teil III: *Koordinationsrechnungen* behandelten Probleme setzen nämlich **unsichere Erwartungen** *definitiv* voraus, um überhaupt sinnvoll analysiert werden zu können. Dies wird in den entsprechenden Kapiteln noch deutlich werden.

In diesem Kapitel werden zunächst Ansätze erörtert, mit denen der Entscheidungsträger ein „Gefühl für die Bedeutung der Unsicherheit" hinsichtlich seines Entscheidungsproblems entwickeln kann; angesprochen ist damit die **Break Even-Analyse** (***BEA***), deren Grundlagen für den Ein- und Mehrproduktfall sowie für die „stochastischen" Varianten erläutert werden. Weil eine *BEA* allerdings das Präferenzsystem nicht ausdrücklich erfasst, werden anschließend Modellansätze für **kurzfristig wirksame (Programm-)Entscheidungen** und deren **Lösungsstrukturen** unter expliziter Einbeziehung verschiedener Entscheidungskontexte und Präferenzsysteme analysiert.

Im Mittelpunkt steht dabei stets der Fall des **Risikos**, wonach vom Entscheidungsträger subjektive Wahrscheinlichkeitsverteilungen für die Parameter des Entscheidungsproblems angegeben werden können. Mit der Differenzierung nach dem Entscheidungskontext sind Aspekte der **Handelbarkeit des Eigenkapitals** (Börsennotierung) angesprochen. Es wird gezeigt, dass die Struktur optimaler Programmentscheidungen grundsätzlich davon abhängen kann, ob die Beteiligungstitel eines

Unternehmens börsennotiert sind oder nicht. Eine Konvergenz der Lösungsstrukturen tritt allerdings dann ein, wenn Eigner nicht börsennotierter Unternehmen die Möglichkeit berücksichtigen, optimale **Konsumstrukturen durch Portefeuillebildung** am Kapitalmarkt zusammenzustellen.

Im Zuge dieser Diskussion wird auch auf die verstärkt diskutierte Frage nach der **Entscheidungsrelevanz von Fixkosten** eingegangen. Die Beantwortung dieser Frage ergibt sich gewissermaßen als *Nebenergebnis* aus der Analyse der einzelnen Problemstrukturen. Es wird gezeigt, dass nur im Falle eines nicht börsennotierten Unternehmens eine Entscheidungsrelevanz von Fixkosten gegeben sein kann, sofern die Eigner die Möglichkeiten der Portefeuillebildung am Kapitalmarkt zugleich unberücksichtigt lassen und bestimmte Risikopräferenzen vorliegen. In solchen Situationen kann die Verwendung nur der variablen Gewinnbestandteile zur Entscheidungsvorbereitung bei unsicheren Erwartungen zu **Fehlentscheidungen** führen. Dann ist die Berücksichtigung nur variabler Ergebniskomponenten nicht mehr hinreichend zum Auffinden einer optimalen Entscheidung. Insofern können sich auch grundlegende Prinzipien der Verwendung von KLR-Informationen durch die Berücksichtigung unsicherer Erwartungen ändern.

2. Break Even-Analysen

2.1. Grundsätzliches

Unsichere Erwartungen manifestieren sich vor allem darin, dass die **Parameter** eines Entscheidungsproblems (zB Beschaffungs- und Absatzpreise, Mittelvorräte oder Absatzpotenziale) nicht mehr als gegeben angesetzt werden können. Man weiß nur, dass der Parameterwert innerhalb eines bestimmten Bereichs liegen wird, doch welcher Wert tatsächlich eintritt, ist *a priori* nicht bekannt. Will man ein „Gefühl" für die Konsequenzen dieses Sachverhalts bezüglich des betrachteten Entscheidungsproblems entwickeln, so kann nach der „*Empfindlichkeit*" der Resultate in Abhängigkeit von den möglichen Parameterausprägungen gefragt werden. Dies entspricht den Fragestellungen einer **Sensitivitätsanalyse** und lässt sich zweifach präzisieren:

1. Einerseits kann für gegebene Ausprägungen der Entscheidungsvariablen untersucht werden, wie empfindlich die **Zielgröße auf Änderungen** der ursprünglich angesetzten Parameter reagiert. Dies führt zu einem Schwankungsbereich der Zielgröße, der zB mit einem subjektiv für tolerabel gehaltenen Schwankungsintervall verglichen werden kann.
2. Andererseits kann gefragt werden, für welche Konstellationen der unsicheren Parameter die ursprüngliche **Entscheidung optimal bleibt**. In diesem Fall erhält man einen „*günstigen*" **Parameterbereich**, der mit dem insgesamt für möglich gehaltenen Parameterbereich konfrontiert

werden kann. Im Idealfall ist der gesamte Möglichkeitsbereich der Parameter eine Teilmenge des „günstigen" Bereichs; dann hat die Unsicherheit für das vorliegende Problem insofern keine Bedeutung, als man stets zur gleichen optimalen Lösung gelangen würde. Die „günstigen" Parameterbereiche müssen sich dabei nicht unbedingt auf optimale Lösungen beziehen. Sie können auch „kritische" Ergebnisse (zB bestimmte Mindestgewinne) betreffen. In diesem Fall bezeichnet der „günstige" Parameterbereich diejenigen Parameterkombinationen, bei denen das gegebene „kritische" Ergebnis erreicht oder übertroffen wird.

Bei einer Break Even-Analyse (*BEA*) steht – in *rechentechnischer* Sicht – die zweite Fragestellung im Mittelpunkt. Das **Grundmodell** der *BEA* greift vor allem die **Beschäftigungsunsicherheit** heraus; dort geht es um die Berechnung eines spezifischen „*kritischen*" Wertes, nämlich um diejenige **Absatzmenge**, bei der das Unternehmen weder einen Gewinn noch einen Verlust macht. Diese Menge wird als **Break Even-Menge** bezeichnet. Durch den Vergleich der tatsächlich für möglich erachteten Absatzmengen oder der im Laufe der Periode eingetretenen Absatzentwicklung mit der Break Even-Menge lassen sich dann einige (bestenfalls allerdings nur vorläufige) Einsichten über das Erfolgsrisiko und die ggf bestehende Notwendigkeit von Anpassungsmaßnahmen gewinnen. Dies zeigt allerdings, dass sich die Zusammenhänge einer *BEA* letztlich für *beide* obigen Fragestellungen nutzen lassen; dies wird auch im Rahmen der weiteren Erläuterungen noch deutlich.

Im Folgenden werden wichtige Grundlagen und Anwendungsfälle von Break Even-Analysen erörtert. Dazu ist es notwendig, strukturelle Zusammenhänge zwischen der Zielgröße (Periodenerfolg) und den Parametern bzw Variablen des Problems zu präzisieren. Diesbezüglich wird grundsätzlich von linearen Abhängigkeiten analog dem im 3. Kapitel: *Produktionsprogrammentscheidungen* gezeigten Problem der Programmplanung ausgegangen. Ausnahmen von der Linearität werden aber im Zuge der Darstellung gelegentlich angesprochen.

2.2. Break Even-Analyse im Einproduktfall

Die einfachste Situation liegt vor, wenn nur ein Produkt erzeugt wird. Der Periodengewinn lautet

$$G = (p - k) \cdot x - K^F = d \cdot x - K^F \qquad (1)$$

Dabei bedeuten:
d .... Deckungsbeitrag
k .... variable Stückkosten je Produkteinheit
p .... Absatzpreis je Produkteinheit
x .... Produkteinheiten
K^F .... Fixkosten.

Die **Break Even-Menge** $\hat{x}$ erhält man durch Auflösen von (1) nach der Absatzmenge unter der Bedingung $G = 0$:

$$\hat{x} = \frac{K^F}{d} = \frac{K^F}{p - k} \tag{2}$$

Beispiel: Für Fixkosten von 120.000, einen Absatzpreis von 100 und variable Stückkosten von 40 erhält man eine Break Even-Menge von 120.000/(100 – 40) = 2.000. Für die zugrunde gelegte Parameterkonstellation (Absatzpreis, Stückkosten, Fixkosten) müssen daher wenigstens 2.000 Stück abgesetzt werden, um die Gewinnzone zu erreichen. Sollte die Fertigungskapazität allerdings nur eine Produktion von zB 1.700 Stück erlauben, ist ein Erreichen der Gewinnzone von vorneherein ausgeschlossen, ebenso dann, wenn man es aus Gründen der Marktsituation für unmöglich hält, die Break Even-Menge zu erreichen. Kann dagegen die Absatzmenge etwa im Intervall [1.000, 3.000] schwanken, sind sowohl Gewinn- als auch Verlustsituationen möglich. Aus dem gezeigten *BEA*-Grundmodell alleine kann aber nicht gesagt werden, welche Situationen bedeutsamer und/oder wahrscheinlicher sind.

Für den dargestellten **Einproduktfall** ist nicht zwingend ein Einproduktunternehmen im strengen Sinne erforderlich. Man kann die Analyse auch so auffassen, dass bei grundsätzlich vorliegendem Mehrproduktfall für jede Produktart eine *isolierte* Untersuchung durchgeführt wird. In diesem Fall müssten die gesamten *Fixkosten* des Unternehmens auf einzelne Produktarten *aufgeteilt* werden. Anschließend wird gemäß (1) und (2) die Break Even-Menge jedes einzelnen Produktes berechnet. Diese Untersuchung erfasst keinerlei Kompensationseffekte zwischen den Produktarten, denn es wird nicht berücksichtigt, dass Verluste bei einem Produkt durch Gewinne bei einem anderen Produkt kompensiert werden könnten. Die Aufteilung der Fixkosten auf die einzelnen Produkte kann zudem mit erheblichen Problemen verbunden oder sogar unmöglich sein, wenn etwa die Abschreibungen für ein Gebäude aufgeteilt werden sollen, in dem mehrere Produktarten gefertigt werden.

Die in (1) und (2) gezeigten Zusammenhänge lassen sich wie in Abbildung 1 darstellen. Der Schnittpunkt der Erlösfunktion E und der Gesamtkostenfunktion K gibt die Break Even-Menge an. Übersteigen die Erlöse die Kosten, ist das Unternehmen in der Gewinnzone, andernfalls in der Verlustzone.

Der **Schwellenwert** $G = 0$ ist freilich nicht die einzige Möglichkeit; allgemein ergibt sich für einen beliebigen **kritischen Gewinn** $\underline{G}$ folgender Break Even-Punkt:

$$\hat{x} = \frac{K^F + \underline{G}}{d} \tag{3}$$

Geht man von einer gegebenen Absatzmenge x aus, kann nach dem **Break Even-Preis** $\hat{p}$ gefragt werden. Er ergibt sich aus:

$$\hat{p} = k + \frac{K^F + \underline{G}}{x}$$

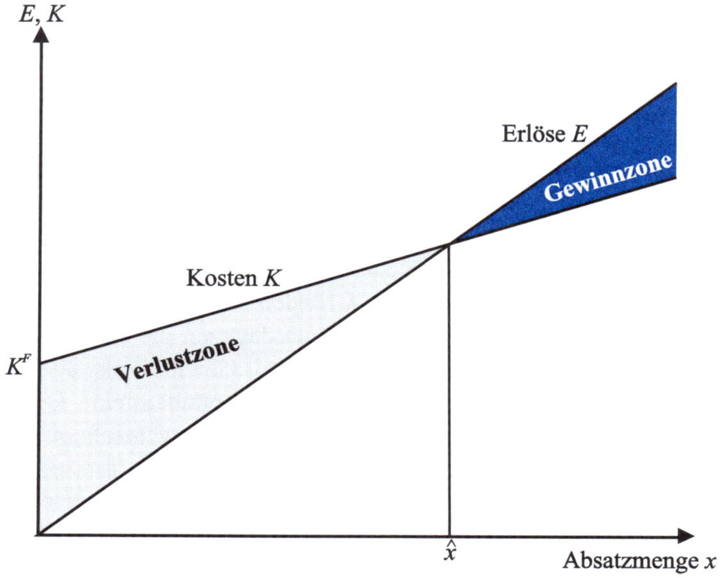

Abb. 1: Break Even-Modell

Fortsetzung des Beispiels: Unterstellt man im obigen Beispiel etwa eine Menge x = 1.800 und $\underline{G} = 0$, dann ist ein Break Even-Preis von 106,67 erforderlich, um unter den gegebenen Bedingungen in die Gewinnzone zu kommen. Beträgt der bisherige Absatzpreis zB 90, wäre (*ceteris paribus*) eine Preiserhöhung von 16,67 nötig. Sofern man dies tatsächlich in Erwägung zieht, wären freilich potenzielle Rückwirkungen auf die Absatzmenge zu beachten, falls man es auf der Absatzseite mit einer (geneigten) Preis-Absatz-Funktion zu tun hat. Kommt eine Preiserhöhung nicht in Frage, wäre alternativ zu überlegen, ob auf Grund von Rationalisierungsmaßnahmen Kostensenkungen möglich sind. So ergeben sich die *Break Even-Stückkosten* aus:

$$\hat{k} = p - \frac{K^F + \underline{G}}{x}$$

Im obigen Beispiel wären bei $p = 90$ somit variable Stückkosten von höchstens 23,33 erlaubt, wenn ein Verlust vermieden werden soll. Allerdings dürften für erfolgreiche Rationalisierungsmaßnahmen Investitionen nötig sein, wodurch die Abgrenzung des kurzfristig wirksamen Entscheidungsproblems überschritten wird. Die Ergebnisse einer *BEA* können hier also nur eine *Signalfunktion* haben.

Auswertung der Ergebnisse

Durch geeignete Festlegung von $\underline{G}$ und durch entsprechende Anwendung der gezeigten Formeln lassen sich viele weitere **Fragestellungen** beantworten, wie:

- Wie beeinflusst eine **Veränderung** der proportionalen Stückkosten, des Absatzpreises, der Fixkosten, des Mindestgewinns usw die Break Even-Menge? Rechnet man etwa für künftige Perioden auf Grund von Lohnsteigerungen und sonstigen Preiserhöhungen auf der Beschaffungsseite mit einer bestimmten Erhöhungsrate der variablen Stückkosten und Fixkosten, so kann (*ceteris paribus*) die Absatzmengensteigerung berechnet werden, die je Periode erforderlich ist, um zB den bisherigen Gewinn $\underline{G}$ zu halten.
- Angenommen, man erwägt **zusätzliche Werbemaßnahmen** oder die Einstellung zusätzlichen Verkaufspersonals. Dies ist mit einer Erhöhung des Fixkostenblocks verbunden, und man kann mit Hilfe von (3) ermitteln, welche Absatzmenge erforderlich ist, um wenigstens das bisherige Erfolgsniveau zu erreichen.
- Welche Absatzmenge ist erforderlich, um wenigstens die **auszahlungswirksamen Teile** der Fixkosten zu decken? In diesem Fall wird $\underline{G}$ in Höhe der (negativen) zahlungsunwirksamen Fixkostenbestandteile angesetzt. Soll die sich ergebende Rechnung liquiditätsmäßigen Informationsgehalt haben, muss aber zusätzlich unterstellt werden, dass die Absatzpreise und variablen Stückkosten jeweils voll zahlungswirksam sind.
- Wie ändert sich die *Break Even-Menge*, wenn man vom bisherigen **Produktionsverfahren** auf ein anderes wechselt, das mit niedrigeren variablen Stückkosten, aber höheren Fixkosten (zB wegen höherer Automatisierung und höherer Anlagenintensität) verbunden ist? Hier ergeben sich gegenläufige Effekte: Die Erhöhung der Fixkosten führt zu einer Steigerung, die Senkung der Stückkosten dagegen zu einer Verminderung der Break Even-Menge. Ist der Netto-Effekt positiv, ist weiter zu fragen, ob man realistischerweise davon ausgehen kann, dass die zusätzlich erforderlichen Absatzmengen am Markt untergebracht werden können. Auch hier spielt aber wieder das Fristigkeitsproblem herein, denn Verfahrensumstellungen dürften regelmäßig langfristig wirksamer Natur sein.[2]
- In einer Erweiterung bietet sich für Fragestellungen, die Produktionsverfahren und Kapazitäten ändern, eine **dynamische Break Even-Analyse** an. Mit ihr wird der **Zeitpunkt** ermittelt, zu dem die Gewinnschwelle erreicht wird. Diese Analyse entspricht der **Amortisationsdauer** (*pay off*-Dauer) in der Investitionsrechnung.

---

[2] Der Verfahrenswahl im Rahmen der Break Even-Analyse ist nachfolgend noch ein eigener Abschnitt gewidmet.

Cost stickiness und Break Even-Analyse

Es gibt viele Gründe und auch empirische Belege, dass Kosten nicht streng linear sind, sondern zB bei Verringerungen der Beschäftigung nur verzögert zurückgehen, sich also "*sticky*" verhalten (siehe dazu ausführlicher das 12. Kapitel: *Systeme der Kostenrechnung*).

Banker et al. (2013) schlagen für diesen Fall eine **„asymmetrische" Break Even-Analyse** vor, die berücksichtigt, ob man sich zu einer bestimmten Beschäftigung von unten oder von oben bewegt, was letztlich zu zwei Break Even-Mengen führt.

2.3. Sicherheitskoeffizient und *Operating Leverage*

Bei Analysen unter Unsicherheit taucht oftmals die Frage auf, ob es nicht eine Größe gibt, die in prägnanter Form die **Unsicherheit misst**. Im Rahmen der *BEA* werden zwei Kennzahlen genannt, der Sicherheitskoeffizient *SK* und der *Operating Leverage OL*.

Der **Sicherheitskoeffizient** gibt an, um welchen Prozentsatz der Umsatz bzw die Absatzmenge (ausgehend von einem bestimmten Basiswert) sinken darf, ohne in die Verlustzone zu geraten. Bezeichnet x das Ausgangsniveau der Absatzmenge, folgt:

$$SK = \frac{p \cdot x - p \cdot \hat{x}}{p \cdot x} = \frac{x - \hat{x}}{x} = 1 - \frac{\hat{x}}{x}$$

Bei $\hat{x} < x$ ist $SK > 0$, und man hat einen gewissen Spielraum für Umsatz- bzw Absatzmengenrückgänge. Je höher der Sicherheitskoeffizient *SK* ist, desto sicherer wird ein positiver Periodenerfolg bzw das Erreichen eines bestimmten Gewinns $\underline{G}$ angesehen.

Zu präzisieren ist in diesem Zusammenhang die **Ausgangsmenge** x. In der Literatur wird dabei zumeist auf diejenige Menge abgestellt, die eine volle **Kapazitätsauslastung** der Fertigungsaggregate gewährleistet.[3] Dies lässt sich damit begründen, dass man bei einem unterstellten positiven Stückdeckungsbeitrag für beliebige Mengen aus Kostensicht gerne an der Kapazitätsgrenze produzieren würde (wenn man nur könnte). Ausgehend von diesem Optimalwert wird dann die Unsicherheit der Absatzmengen durch den Sicherheitskoeffizienten zu messen versucht.

Beispiel: Bei einer Kapazität $x = 4.000$ und einer Break Even-Menge von 3.000 erhält man einen Sicherheitskoeffizienten von 1 – 3.000/4.000 = 0,25; die Kapazitätsauslastung kann also um 25% unterschritten werden, ehe man in die Verlustzone gerät.

Mit dem ***Operating Leverage*** soll die **Variabilität des Gewinns** G in Abhängigkeit von einer Umsatzänderung gemessen werden, wobei dem Einfluss der Fixkosten besondere Aufmerksamkeit geschenkt wird. Als *Operating Leverage* wird konkret die **relative Gewinnänderung** im Verhältnis zur **relativen Umsatzänderung** bezeichnet (Umsatz = Erlös = E):

---

3 Vgl etwa *Coenenberg* et al. (2012), S. 268.

$$OL = \frac{\text{relative Gewinnänderung}}{\text{relative Erlösänderung}} = \frac{\Delta G}{G} \Big/ \frac{\Delta E}{E}$$

Werden der Absatzpreis und die Stückkosten konstant gehalten, lassen sich Gewinn- und Umsatzänderungen auf Änderungen der Absatzmenge zurückführen:

$$OL = \frac{\dfrac{\Delta x \cdot d}{x \cdot d - K^F}}{\dfrac{\Delta x \cdot p}{x \cdot p}}$$

Durch diese Darstellung wird der **Einfluss der Fixkosten** schnell deutlich: Höhere Fixkosten verringern den Nenner des Gewinnänderungsquotienten, bewirken mithin eine Erhöhung dieses Quotienten und demnach auch eine Erhöhung des *Operating Leverage*. Gegebene prozentuale Umsatzänderungen induzieren somit umso größere prozentuale Gewinnänderungen, je größer die Fixkosten sind. Die Variabilität des Gewinns ist dadurch positiv mit den Fixkosten verknüpft; ein Unternehmen ist bei Umsatzrückgängen umso anfälliger für Verluste, je größer der Fixkostenblock ist.

Der *OL*-Koeffizient soll zwar ein Maßstab der Gewinnvariabilität sein; er misst aber letztlich nichts anderes als der Sicherheitskoeffizient, was durch folgende Umformungen deutlich wird:

$$OL = \frac{\Delta x \cdot d \cdot x}{\Delta x \cdot (x \cdot d - K^F)} = \frac{x}{x - \dfrac{K^F}{d}} = \frac{1}{\dfrac{x - \hat{x}}{x}} = \frac{1}{SK}$$

Demnach ist *OL* einfach der **Reziprokwert** des Sicherheitskoeffizienten (für die Break Even-Menge ohne Mindestgewinn). Je höher *SK* ist, als desto sicherer wird die Absatzsituation eingestuft und desto niedriger fällt folglich auch *OL* als „Risikomaß" aus. Beide Koeffizienten geben zwei Seiten einer Medaille wieder.

Beide Kennzahlen *SK* und *OL* werden im Rahmen von **Break Even-Analysen** gerne als „Risikomaße" bezeichnet. „**Risiko**" bezieht sich dabei allerdings nur auf „negative" Umweltentwicklungen"; als Gegenbegriff fungiert die „Chance". Interpretiert man **Risiko** im Sinne von **Wahrscheinlichkeitsverteilungen** bestimmter Parameter, dh sowohl positive als auch negative Entwicklungen, dann gehen diese Aspekte in keines dieser Maße unmittelbar ein. Daher können die beiden Kennzahlen darüber keine Aussage treffen. Ein Beispiel zur Verfahrenswahl unter Risiko wird weiter unten dargestellt.

Doch auch aus einem weiteren Grund sind Anwendungen von *SK* bzw *OL* ohne explizite Berücksichtigung der Wahrscheinlichkeitsverteilungen mit gewisser Vorsicht zu genießen, insbesondere wenn als Basismenge x die **Kapazitätsauslastung** herangezogen wird. Unterstellt man etwa $x = 4.000$ und $\hat{x} = 2.000$, erhält man $SK = 0{,}5$. Demnach reicht bereits eine Kapazitätsauslastung von 50% aus, um nicht in die Verlustzone zu geraten. Man könnte dies mit einem „guten Polster" und einem geringen Verlustrisiko gleichsetzen, doch wird diese Schlussfolgerung absurd, wenn beispielsweise die Wahrscheinlichkeit dafür, dass die Absatzmenge größer als 2.000 ist, mit *null* angesetzt werden muss. Es sind genau diese Probleme, die zur Entwicklung der sogenannten **Stochastischen BEA** geführt haben.[4] Sie wird nachfolgend in den Grundzügen erläutert.

2.4. Stochastische Break Even-Analyse im Einproduktfall

Will man genauere Vorstellungen über das Erfolgsrisiko gewinnen, erweist es sich angesichts der bisherigen Ausführungen als sinnvoll, die **Wahrscheinlichkeitsverteilung** des Gewinns explizit zu untersuchen. Weil sich diese Verteilung letztlich aus den **Verteilungen der einzelnen Bestimmungsfaktoren** des Gewinns ergibt, muss die Analyse an diesen Einzelverteilungen ansetzen. Insbesondere in den USA hat man sich diesen Fragestellungen intensiv gewidmet. Dabei wurde anfangs das *BEA*-Grundmodell (1) unter der zusätzlichen Annahme **risikobehafteter Absatzmengen** verwendet; die anderen Größen (Preise, Stückkosten, Fixkosten) wurden weiterhin als konstant betrachtet. Aus diesen Annahmen ergibt sich ein erwarteter Gewinn wie folgt:

$$\mathrm{E}[\tilde{G}] = \mathrm{E}[\tilde{x}] \cdot d - K^F$$

mit $\mathrm{E}[\cdot]$ als Erwartungswertoperator. Das Risiko manifestiert sich jetzt in der **Wahrscheinlichkeit** dafür, dass ein bestimmtes **Erfolgsniveau** $\underline{G}$ mindestens erreicht wird:

$$Pr\left\{\tilde{G} \geq \underline{G}\right\}$$

Dabei bezeichnet $Pr(\cdot)$ die Wahrscheinlichkeit, dass die spezifizierte Bedingung zutrifft. Für $\underline{G} = 0$ lässt sich daraus die **Break Even-Wahrscheinlichkeit** angeben als:

$$\mathrm{Pr}\left\{\tilde{G} \geq 0\right\} \Leftrightarrow \mathrm{Pr}\left\{\tilde{x} \geq \hat{x}\right\} \tag{4}$$

Entspricht die Verteilung der Absatzmengen bestimmten Standardverteilungen, lassen sich die gesuchten Wahrscheinlichkeiten für den Gewinn *analytisch* bestimmen.

Beispiel

Angenommen, die Absatzmengen x sind im Intervall $[\underline{x}, \overline{x}]$ gleichverteilt. Die Dichtefunktion $f(x)$ und die Verteilungsfunktion $F(x)$ der Absatzmengen lauten dann:

$$f(x) = \frac{1}{\overline{x} - \underline{x}}; \quad F(x) = \frac{x - \underline{x}}{\overline{x} - \underline{x}} \quad x \in \left[\underline{x}; \overline{x}\right] \tag{5}$$

Aus (4) und (5) folgt für die **Break Even-Wahrscheinlichkeit**:

$$\mathrm{Pr}\left\{\tilde{G} \geq 0\right\} = 1 - F(\hat{x})$$

4 Siehe dazu ausführlich *Welzel* (1987).

Beispiel

Die Absatzmengen seien im Intervall [0, 10.000] gleichverteilt. Die Dichtefunktion beträgt dann 0,0001 und die Verteilungsfunktion $F(x) = 0{,}0001x$ für alle x im angegebenen Intervall. Bei einem Deckungsbeitrag $d = 50$ und Fixkosten in Höhe von 200.000 ergibt sich eine **Break Even-Menge** von 4.000. Der Wert der Verteilungsfunktion an dieser Stelle beträgt 0,4, die **Break Even-Wahrscheinlichkeit** 0,6. Demnach kann man in 60% aller Fälle davon ausgehen, einen positiven Gewinn zu erzielen. Die Wahrscheinlichkeiten für einige andere Erfolgsniveaus lauten:

$$\Pr\{\tilde{G} \geq \underline{G} = -100.000\} = 1 - F(2.000) = 0{,}8$$
$$\Pr\{\tilde{G} \geq \underline{G} = 125.000\} = 1 - F(6.500) = 0{,}35$$
$$\Pr\{\tilde{G} \geq \underline{G} = 480.000\} = 1 - F(13.600) = 0$$

Allgemein lässt sich die Verteilung für das Erreichen verschiedener Erfolgsniveaus wie folgt ermitteln: Die **Break Even-Menge** beträgt für einen Gewinn $\underline{G}$:

$$\hat{x} = \frac{200.000 + \underline{G}}{50} = 4.000 + 0{,}02 \cdot \underline{G}$$

Setzt man dies in den Ausdruck $1 - F(\hat{x})$ ein, ergibt sich

$$1 - F(\hat{x}) = \frac{\overline{x} - \hat{x}}{\overline{x} - \underline{x}} = \frac{10.000 - 4.000 - 0{,}02 \cdot \underline{G}}{10.000 - 0} = 0{,}6 - 0{,}000002 \cdot \underline{G}$$

Daraus folgt

$$Pr\{\tilde{G} \geq \underline{G}\} = \begin{cases} 0 & \text{falls } \underline{G} \geq 300.000 \\ 0{,}6 - 0{,}000002\underline{G} & \text{falls } -200.000 < \underline{G} < 300.000 \\ 1 & \text{falls } \underline{G} \leq -200.000 \end{cases}$$

Analog erhält man die entsprechende Wahrscheinlichkeit für ein beliebiges Erfolgsniveau $\underline{G}$ durch Addition von $\underline{G}$ zu den Fixkosten.

Bei der Berechnung der Verteilungsfunktion an der Stelle $\hat{x}$ muss beachtet werden, dass die **Break Even-Menge** nicht notwendigerweise *innerhalb* des Intervalls für die möglichen Absatzmengen liegen muss. Ist sie niedriger als die Intervalluntergrenze, ergibt sich für die Break Even-Wahrscheinlichkeit ein Wert von 1; ist sie größer als die Intervallobergrenze, ist die Break Even-Wahrscheinlichkeit 0. Ansonsten kann die Verteilungsfunktion der Absatzmengen verwendet werden. Insgesamt erhält man also:

$$Pr\{\tilde{G} \geq 0\} = \begin{cases} 0 & \text{falls } \hat{x} \geq \overline{x} \\ \dfrac{\overline{x} - \hat{x}}{\overline{x} - \underline{x}} & \text{falls } \underline{x} < \hat{x} < \overline{x} \\ 1 & \text{falls } \hat{x} \leq \underline{x} \end{cases}$$

Natürlich kann man die bisherige Fragestellung auch umdrehen: Wie hoch ist der **maximale Erfolg**, der mit einer **vorgegebenen Wahrscheinlichkeit** *überschritten* wird? Gesucht ist jetzt also der Gewinn $\underline{G}$, für den gilt:

$$Pr\{\tilde{G} \geq \underline{G}\} = \overline{Pr}$$

Wegen $Pr\{\tilde{G} \geq \underline{G}\} = 1 - F(\hat{x})$ folgt für gleichverteilte Absatzmengen x:

$$1 - F(\hat{x}) = \frac{\overline{x} - \hat{x}}{\overline{x} - \underline{x}} = \frac{\overline{x} - \dfrac{K^F + \underline{G}}{d}}{\overline{x} - \underline{x}} = \overline{Pr}$$

Dies lässt sich nach $\underline{G}$ auflösen, woraus folgt:

$$\underline{G} = d \cdot \left(\overline{x} - \overline{Pr} \cdot (\overline{x} - \underline{x})\right) - K^F$$

Offenbar repräsentieren beide Fragestellungen zwei Seiten des gleichen Sachverhalts, denn die gegebenen Formeln müssen lediglich nach jeweils anderen Größen aufgelöst werden.

Simulationsverfahren

Der **Ablauf** von Simulationsverfahren gestaltet sich wie folgt:[5]

1. Zunächst werden die als unsicher betrachteten Parameter ausgewählt (zB Absatzpreis, Absatzmenge, Stückkosten).
2. Anschließend wird für jeden unsicheren Parameter eine isolierte Wahrscheinlichkeitsverteilung geschätzt.
3. Im dritten Schritt werden die Ausgangsgrößen für einen Simulationslauf ermittelt. Dazu werden für jeden unsicheren Parameter zunächst Zufallszahlen erzeugt, die im Intervall [0, 1] gleichverteilt sind. Der Wert der so erhaltenen Zufallszahl wird dann gemäß der jeweiligen *Verteilungsfunktion* der unsicheren Parameter in einen konkreten Parameterwert transformiert (ist zB $F(x)$ die (stetige) Verteilungsfunktion der unsicheren Absatzmenge, und wurde die Zufallszahl 0,4 erhalten, dann ergibt sich die für den Simulationslauf zu verwendende Absatzmenge aus $x = F^{-1}(0{,}4)$). Auf diese Weise werden die Parameterwerte entsprechend ihrer jeweiligen Verteilung erzeugt. Stochastische Abhängigkeiten zwischen einzelnen Parametern lassen sich durch ein sukzessives Vorgehen berücksichtigen. Hängt zB die Verteilung der Absatzmengen vom Absatzpreis ab, so wird in einem ersten Schritt der Absatzpreis erzeugt; anschließend wird aus der für diesen Preis *bedingten* Absatzmengenverteilung die entsprechende Absatzmenge generiert.
4. Mit den im dritten Schritt erzeugten Parametern wird die Zielgröße berechnet.
5. Die Schritte 3. und 4. werden häufig (zB 10.000 mal) wiederholt.
6. Aus den relativen Häufigkeiten der Zielgröße lässt sich eine Verteilungsfunktion dieser Zielgröße bestimmen.

In der Literatur wurde im Zusammenhang mit diesen beiden Fragestellungen insbesondere der Fall **normalverteilter Zufallsvariablen** betrachtet, weil sich hier die gesuchten Daten aus den Tabellen für Standardnormalverteilungen ablesen lassen. Die Annahme der Normalverteilung hat darüber hinaus den Vorzug, dass bei additi-

5 Vgl *Hertz* (1964).

ven Verknüpfungen mehrerer Zufallsvariablen (so etwa im Mehrproduktfall) die resultierende Gesamtzufallsvariable wiederum normalverteilt ist, so dass das tabellarische Verfahren weiterhin anwendbar bleibt (demgegenüber ist die Gleichverteilung bei mehreren Produkten nicht mehr so „freundlich“). Allerdings stößt auch die Normalverteilung auf Schwierigkeiten, dann nämlich, wenn multiplikative Verknüpfungen von Zufallsvariablen vorliegen (zB wenn der Deckungsbeitrag ebenfalls risikobehaftet ist). Eine Zufallsvariable, die sich als Produkt zweier normalverteilter Zufallsvariablen ergibt, ist nämlich im Allgemeinen nicht mehr normalverteilt. Das tabellarische Verfahren kann dann nur noch als Näherung angesehen werden, deren „Güte“ indes schwer abschätzbar ist. Bei komplexeren stochastischen Beziehungen muss im Regelfall auf **direkte Simulationsverfahren** zurückgegriffen werden,[6] um die Verteilungsfunktion des risikobehafteten Gewinns zu ermitteln.

Bei der bisherigen Analyse blieb offen, *wie* die erhaltenen Informationen über die Wahrscheinlichkeiten im Rahmen der Entscheidungsfindung zu verwenden sind. Allgemein gilt, dass die bereitgestellten Informationen zu den Entscheidungskriterien „passen“ sollten, die bei der Entscheidungsfindung verwendet werden. Zu den Informationen der **Stochastischen Break Even-Analyse** passen am ehesten zwei aus der Entscheidungstheorie bekannte **Kriterien**, die sich wie folgt beschreiben lassen:[7]

- **Wahrscheinlichkeitsmaximierung bei vorgegebener Ergebnishöhe**: Man wählt die Alternative mit der maximalen Wahrscheinlichkeit dafür, dass ein bestimmtes Ergebnis mindestens erreicht wird. Bei einem Mindesterfolg von 0 wäre dies die Maßnahme mit der maximalen Break Even-Wahrscheinlichkeit, allgemein aber diejenige Alternative, deren Wahrscheinlichkeit $Pr\{\tilde{G} \geq \underline{G}\}$ am höchsten ist.
- **Ergebnismaximierung bei vorgegebener Wahrscheinlichkeit**: Man wählt die Alternative mit dem höchsten Erfolg, der mit einer vorgegebenen Wahrscheinlichkeit überschritten wird. Gesucht ist also das maximale $\underline{G}$, für das die Relation $Pr\{\tilde{G} \geq \underline{G}\} = \overline{Pr}$ gilt.

Die Break Even-Analyse geht regelmäßig vom (kurzfristigen) Gewinn als Zielgröße aus. In einem Marktkontext ist allerdings der **Marktwert des Unternehmens** die relevante Zielgröße. In diesen fließt aber neben dem Gewinn und dessen Verteilung auch die Kovarianz des Gewinns mit dem Marktportefeuille ein. Die Kovarianz kann sich je nach stochastischer Struktur mit Entscheidungen über Absatzpreise und Absatzmengen allerdings ändern und hat dann auch einen Effekt auf die Kapitalkosten. Damit werden Aussagen aus der stochastischen Break Even-Analyse komplexer.[8]

---

6 Siehe dazu etwa *Kottas* und *Lau* (1978).

7 Vgl dazu zB *Sieben* und *Schildbach* (1994), S. 61 f.

8 Vgl dazu *Dierkes* (2005).

Beispiel

Für das in einem früheren Einschub präsentierte Beispiel (gleichverteilte Absatzmengen im Intervall [0, 10.000] bei Fixkosten in Höhe von 200.000 und einem Deckungsbeitrag von 50) stehe eine zusätzliche Maßnahme zur Wahl: Man kann weiteres Verkaufspersonal einstellen, wodurch einerseits zusätzliche Fixkosten von 90.000 entstehen, andererseits aber die Obergrenze der Absatzmengenverteilung auf 12.500 (bei gegebener Gleichverteilungsannahme) erhöht werden kann.

Wahrscheinlichkeitsmaximierung bei vorgegebener Ergebnishöhe

Gegeben sei ein Mindestgewinn von $\underline{G} = 200.000$. In der Ausgangssituation wäre dazu eine Absatzmenge von wenigstens 8.000 erforderlich, die mit einer Wahrscheinlichkeit von 0,2 erreicht wird. Mit zusätzlichem Personal und zusätzlichen Fixkosten würde man eine Menge von mindestens 9.800 benötigen. Wegen der nunmehr höheren Obergrenze der Absatzmengenverteilung wird diese Menge aber mit folgender Wahrscheinlichkeit erreicht:

$$1 - \frac{9.800}{12.500} = 0{,}216$$

Somit wäre die Einstellung zusätzlichen Verkaufspersonals vorteilhaft.

Ergebnismaximierung bei vorgegebener Wahrscheinlichkeit

Bei einer vorgegebenen Wahrscheinlichkeit von $\overline{Pr} = 0{,}55$ ergibt sich ein Erfolg von

$$\underline{G} = 50 \cdot [10.000 - 0{,}55 \cdot (10.000 - 0)] - 200.000 = 25.000$$

Mit zusätzlichem Verkaufspersonal ergibt sich dagegen

$$\underline{G} = 50 \cdot [12.500 - 0{,}55 \cdot (12.500 - 0)] - 290.000 = -8.750$$

Jetzt wäre es besser, auf die Einstellung zu verzichten.

Value-at-Risk (VaR) und Cash-Flow-at-Risk (CFaR)

Die hier dargestellte **stochastische Break Even-Analyse** steht in enger Beziehung zu spezifischen Risikomaßen, die im Rahmen des **praktischen Risikomanagements** in den letzten Jahren eine besondere Bedeutung erlangt haben.[9] Vorreiter dieser Entwicklung waren die Finanzinstitute, die sich insbesondere bei Trading- und Handelsstrategien am Kapitalmarkt um „griffige" Größen zur Messung und Steuerung der damit einhergehenden **Risiken** bemühten.

In diesem Zusammenhang wird typischerweise der ***Value at Risk*** (*VaR*) als Variante eines sogenannten ***Downside*-Risikomaßes** genannt.[10] Im Zusammenhang mit marktbasierten Handelsstrategien orientiert man sich an der Wertänderung ΔW eines Portefeuilles von Finanztiteln im Laufe einer bestimmten überschaubaren Halteperiode (zB 10 Tage). Solche Wertänderungen können positiv oder negativ sein, und sie unterliegen einer Wahrscheinlichkeitsverteilung. Bei marktgehandelten Finanztiteln lassen sich solche Verteilungen zB aus den täglich verfügbaren Kursdaten relativ gut abschätzen. Auf Basis einer Wahrscheinlichkeitsverteilung kann man die

---

9 Vgl dazu auch *Ewert* und *Wagenhofer* (2000), S. 38 – 43.

10 Damit sind Risikomaße gemeint, die sich am Verlustbereich einer Verteilung orientieren. Vgl näher *Oehler* und *Unser* (2002), S. 22 – 25.

Frage beantworten, **welcher Verlust** mit einer **vorgegebenen Wahrscheinlichkeit** $\overline{\Pr}$ (zB 95%) in der betrachteten **Halteperiode** nicht überschritten wird. Dieser Betrag wird als ***VaR*** bezeichnet.[11] Umgekehrt bedeutet das, dass die **eintretenden Verluste** nur mit der Gegenwahrscheinlichkeit (zB 5%) den *VaR* überschreiten werden.

Formal ergibt sich der *VaR* demnach aus

$$\Pr\left\{\Delta\tilde{W} \geq VaR\right\} = \overline{\Pr}$$

Diese Darstellung zeigt unmittelbar die **Beziehung** zu den Fragestellungen der **stochastischen Break Even-Analyse**, denn die Definition des *VaR* ist völlig analog zur Bestimmung des maximalen Erfolgs, der mit einer vorgegebenen Wahrscheinlichkeit überschritten wird.

Der *VaR* wird üblicherweise als *positive* Größe angegeben. Erhält man also gemäß der obigen Definition einen Wert von zB –150, würde man den *VaR* mit 150 benennen („Der Verlust 150 wird mit 95%-iger Wahrscheinlichkeit nicht überschritten"). Ergibt die Berechnung gemäß der Definition dagegen einen positiven Wert, liegt streng genommen kein Verlust vor – der *VaR* würde dann mit null angegeben. Alternativ kann der *VaR* auch als „Verlust" vom Erwartungswert oder einem geplanten Wert definiert werden.

Der *VaR* hat sich in der Praxis des Finanzgeschäfts als Risikomaß und Grundlage für spezifische, risikoorientierte Renditegrößen (zB *RORAC* als *Return on Risk Adjusted Capital* mit dem *VaR* als „Kapitalgröße" im Nenner) durchgesetzt.[12] Seine Anwendung im **Nichtbankenbereich** stößt aber auf **Probleme**, denn bei Handels-, Dienstleistungs- und Industrieunternehmen geht es vorrangig um die **Volatilität** der Überschüsse aus den **operativen Geschäften**. Die Verteilungen dieser Überschüsse ändern sich von Periode zu Periode in Abhängigkeit der verfolgten Strategien des Unternehmens und der Konkurrenten, der Entwicklungen auf den Beschaffungs- und Absatzmärkten usw. Die Vorstellung, analog der Auswertung vergangener Kursdaten bei der *VaR*-Berechnung verlässliche Grundlagen zur Risikomessung zu erhalten, erweist sich daher für operative Risiken in Industrie- und Handelsunternehmen praktisch als schwierig.

Für den Nichtbankenbereich wurde daher das Konzept des ***Cash Flow at Risk*** (***CFaR***) propagiert,[13] das zwar von der Zielrichtung dem *VaR* verwandt ist, aber die Besonderheiten im Nichtbankenbereich berücksichtigt. Bezeichnet man mit *CF* den operativen Cash flow des Unternehmens in einer Periode, erhält man analog zum *VaR* folgende **Definition**:

$$\Pr\left\{\widetilde{CF} \geq CFaR\right\} = \overline{\Pr}$$

---

11 Vgl *Bühler* (1998), S. 222.

12 Der *VaR* kann allerdings grundlegenden Entscheidungspostulaten bei Risiko widersprechen, siehe dazu zB *Ewert* und *Wagenhofer* (2000), S. 41 f.

13 Siehe dazu *Bühler* (1998), S. 225, sowie die umfassende Darstellung bei *Hoitsch* und *Winter* (2004).

Man bemüht sich hier um die Generierung einer Verteilung der operativen Cashflows auf der Basis von Einzelverteilungen der Beschaffungs- und Absatzpreise, der Wechselkurse, der Absatzmengen usw. Im Grunde handelt es sich daher beim *CFaR* nur um eine **Variante der stochastischen Break Even-Analyse** unter Verwendung der **Simulationstechnik** als Methode zur Bestimmung der Gesamtverteilung von Überschüssen. So gesehen ist die stochastische Break Even-Analyse von besonderer Aktualität, wenn auch unter einer anderen Bezeichnung.

2.5. Break Even-Analyse im Mehrproduktfall

Im Mehrproduktfall werden mit einer *BEA* grundsätzlich die gleichen Fragestellungen wie oben verfolgt. Die Analyse ist aber etwas komplizierter, weil jetzt auch **Ausgleichseffekte** zwischen verschiedenen Produktarten auftreten können: Erreicht man die für eine Verlustvermeidung erforderlichen Deckungsbeiträge nicht mit *einem* Produkt, könnte man diese Unterdeckung durch entsprechende Absatzmengen einer anderen Produktart kompensieren. Letztlich kommt es nur darauf an, dass das **Produktionsprogramm in seiner Gesamtheit** die gewünschten Resultate beschert.

Allgemein gibt es also nicht mehr *eine* Break Even-Menge, sondern eine **Vielzahl von Mengenkombinationen** mit der Eigenschaft, die Fixkosten und einen wie auch immer bestimmten Mindestgewinn $\underline{G}$ zu „decken". Im Weiteren wird wieder auf das deterministische Modell zurückgegriffen. Bezeichnet $\hat{\mathbf{X}}$ die Menge dieser Kombinationen von Absatzmengen der einzelnen Produktarten $j = 1, ..., J$ und ist $\hat{\mathbf{x}} = (\hat{x}_1, \hat{x}_2, \ldots, \hat{x}_J) \in \hat{\mathbf{X}}$ ein (nichtnegativer) Absatzmengenvektor, dann ist die Menge der Mengenkombinationen wie folgt definiert:

$$\hat{\mathbf{X}} = \left\{ \hat{\mathbf{x}} \geq \mathbf{0} \left| \sum_{j=1}^{J} \hat{x}_j \cdot d_j = K^F + \underline{G} \right. \right\} \tag{6}$$

Im **Zweiproduktfall** lässt sich dies in Form einer **Geraden** schreiben:

$$\hat{x}_1 \cdot d_1 + \hat{x}_2 \cdot d_2 = K^F + \underline{G} \quad \Rightarrow \quad \hat{x}_2 = \frac{K^F + \underline{G}}{d_2} - \frac{d_1}{d_2} \cdot \hat{x}_1$$

Bei **mehr als zwei Produkten** ist eine solche Auflösung allerdings nicht mehr möglich. Dann kann man sich wie folgt behelfen:[14] Zunächst wird für *jedes* Produkt die *isolierte* Break Even-Menge $\hat{x}_j^i$ berechnet, es wird also so getan, als wollte man nur mit dem jeweiligen Produkt den Betrag $K^F + \underline{G}$ abdecken. Man erhält dann insgesamt J verschiedene Break Even-Mengen, die sich nach (2) bzw (3) leicht ermitteln lassen. Diese isolierten Mengen geben offenbar auch die jeweiligen Obergrenzen der einzelnen Produktarten in (6) an und sind zugleich Elemente der Menge $\hat{\mathbf{X}}$, wenn man sie als Vektoren ansieht, bei denen ausschließlich die j-te Komponente positiv ist. Somit sind diese J Vektoren *linear unabhängig* und spannen einen

---

14 Es werden positive Stückdeckungsbeiträge für jedes Produkt vorausgesetzt.

Vektorraum der Dimension J auf. Damit aber kann jeder Break Even-Vektor aus $\hat{\mathbf{X}}$ durch eine **Konvexkombination** der isolierten Break Even-Vektoren erhalten werden. Demnach ergibt sich die j-te Komponente eines beliebigen $\hat{\mathbf{x}} \in \hat{\mathbf{X}}$ einfach durch Multiplikation der *isolierten Break Even-Menge* $\hat{x}_j^i$ des Produktes j mit einem nichtnegativen Anteil α_j, wobei sich die Anteile aller Produkte zu 1 summieren müssen.

Bezeichnet $\hat{\mathbf{x}}_\mathbf{j} = (0,\ldots,\hat{x}_j^i,\ldots,0)$ also den isolierten Break Even-Vektor für das Produkt j, folgt demnach für jedes $\hat{\mathbf{x}} \in \hat{\mathbf{X}}$:

$$\hat{\mathbf{x}} = \alpha_1 \cdot \hat{\mathbf{x}}_\mathbf{1} + \alpha_2 \cdot \hat{\mathbf{x}}_\mathbf{2} + \cdots + \alpha_J \cdot \hat{\mathbf{x}}_\mathbf{J} = \sum_{j=1}^{J} \alpha_j \cdot \hat{\mathbf{x}}_\mathbf{j}$$

mit $\alpha_j \geq 0 \quad \forall\, j; \quad \sum_{j=1}^{J} \alpha_j = 1$.

Beispiel

Es seien $J = 4$ Produktarten mit folgenden Deckungsbeiträgen gegeben:
$d_1 = 50; \quad d_2 = 100; \quad d_3 = 80; \quad d_4 = 120$

Die Fixkosten seien 240.000; ein Mindestgewinn sei nicht verlangt, es wird also der „reine" Break Even-Fall betrachtet. Daraus resultieren folgende isolierte *Break Even–Mengen*:

$\hat{x}_1^i = 4.800; \quad \hat{x}_2^i = 2.400; \quad \hat{x}_3^i = 3.000; \quad \hat{x}_4^i = 2.000$

Ein beliebiger *Break Even-Vektor* lässt sich dann mit nichtnegativen α_j, die sich zu 1 summieren, wie folgt schreiben:

$$\begin{bmatrix} \hat{x}_1 \\ \hat{x}_2 \\ \hat{x}_3 \\ \hat{x}_4 \end{bmatrix} = \alpha_1 \cdot \begin{bmatrix} 4.800 \\ 0 \\ 0 \\ 0 \end{bmatrix} + \alpha_2 \cdot \begin{bmatrix} 0 \\ 2.400 \\ 0 \\ 0 \end{bmatrix} + \alpha_3 \cdot \begin{bmatrix} 0 \\ 0 \\ 3.000 \\ 0 \end{bmatrix} + \alpha_4 \cdot \begin{bmatrix} 0 \\ 0 \\ 0 \\ 2.000 \end{bmatrix} = \begin{bmatrix} \alpha_1 \cdot 4.800 \\ \alpha_2 \cdot 2.400 \\ \alpha_3 \cdot 3.000 \\ \alpha_4 \cdot 2.000 \end{bmatrix}$$

Mit zB $\alpha_j = 0{,}25$ für alle j folgt:

$\hat{x}_1 = 1.200; \quad \hat{x}_2 = 600; \quad \hat{x}_3 = 750; \quad \hat{x}_4 = 500$

Der Leser kann leicht nachprüfen, dass diese Mengenkombination tatsächlich die Fixkosten deckt.

Umgekehrt lassen sich für einen beliebigen *Break Even-Vektor* die entsprechenden Anteilskoeffizienten ermitteln. Sei dazu folgender *Break Even-Vektor* gegeben:

$\hat{x}_1 = 2000; \quad \hat{x}_2 = 200; \quad \hat{x}_3 = 0; \quad \hat{x}_4 = 1000$

Dieser Vektor lässt sich als Konvexkombination der isolierten *Break Even-Vektoren* mit folgenden Anteilen darstellen:

$$\alpha_1 = \frac{2.000}{4.800} = 0{,}41\overline{6}; \quad \alpha_2 = \frac{200}{2.400} = 0{,}08\overline{3}; \quad \alpha_3 = 0; \quad \alpha_4 = \frac{1.000}{2.000} = 0{,}5$$

Diese Werte summieren sich wieder zu 1.

Konstanter Absatzmix

In bestimmten Fällen lässt sich der Mehrproduktfall auf eine Einproduktanalyse zurückführen, dann nämlich, wenn der „**Absatzmix**“ **konstant** ist, wenn also die Produktarten stets in einem konstanten Verhältnis zueinander abgesetzt werden. In dieser Situation kann ein beliebiges Produkt als **Leitprodukt** gewählt werden; die Mengen der jeweils anderen Produkte lassen sich dann in Abhängigkeit vom Leitprodukt angeben. Im Folgenden wird das *erste Produkt* als Leitprodukt gewählt, und die β_j bezeichnen die konstanten Verhältnisse der Absatzmengen der Produkte j zur Menge des Produktes 1:

$$\beta_j = \frac{x_j}{x_1} \qquad \text{für } j = 1, \ldots, J \tag{7}$$

Der gesamte Deckungsbeitrag D lässt sich jetzt schreiben als

$$D = \sum_{j=1}^{J} x_j \cdot d_j = \sum_{j=1}^{J} (x_1 \cdot \beta_j) \cdot d_j = x_1 \cdot \sum_{j=1}^{J} \beta_j \cdot d_j = x_1 \cdot \overline{d} \tag{8}$$

Er ergibt sich also einfach aus der Menge des Leitproduktes multipliziert mit einem kombinierten Stückdeckungsbeitrag, der sich aus den individuellen Stückdeckungsbeiträgen und den jeweiligen (konstanten) Mengenrelationen zusammensetzt. Damit kann die **Break Even-Menge** des Leitproduktes wie folgt angegeben werden:

$$\hat{x}_1 = \frac{K^F + \underline{\underline{G}}}{\overline{d}} \tag{9}$$

Die dazugehörigen Mengen der jeweils anderen Produkte lassen sich dann aus (7) und (9) leicht ableiten.

Bei konstantem Absatzmix kann die *BEA* auch noch in Form eines **Break Even-Umsatzes** dargestellt werden. Dazu wird zunächst der gesamte Umsatz (Erlös) berechnet:

$$E = \sum_{j=1}^{J} x_j \cdot p_j = x_1 \cdot \sum_{j=1}^{J} \beta_j \cdot p_j = x_1 \cdot \overline{p}$$

Zur Ermittlung des Break Even-Umsatzes wird (9) um $\overline{p}$ erweitert, dh

$$\hat{E} = \overline{p} \cdot \hat{x}_1 = \frac{K^F + \underline{\underline{G}}}{\overline{d}/\overline{p}}$$

Dabei ist $\overline{d}$ gemäß (8) die Summe der gewichteten Stück-Deckungsbeiträge aller Produkte. Nun ist aber das Verhältnis des gesamten Deckungsbeitrags D_j einer Produktart j zum Umsatz wie folgt gegeben:

$$\frac{D_j}{E} = \frac{x_j \cdot d_j}{x_1 \cdot \overline{p}} = \frac{x_1 \cdot (\beta_j \cdot d_j)}{x_1 \cdot \overline{p}} = \frac{\beta_j \cdot d_j}{\overline{p}}$$

Demnach ist die Deckungsbeitrags-Umsatz-Relation für jedes Produkt j gegeben und konstant. Daraus ergibt sich der *Break Even-Umsatz* schließlich als

$$\hat{E} = \frac{K^F + G}{\sum_{j=1}^{J} \frac{D_j}{E}}$$

Beispiel

Das Beispiel des vorigen Einschubs sei weitergeführt, indem eine Mengenrelation von 1: 2 : 3,375 : 4 unterstellt wird. Dann folgt:

$$\overline{d} = 1 \cdot 50 + 2 \cdot 100 + 3{,}375 \cdot 80 + 4 \cdot 120 = 1.000$$

Die Break Even-Menge des Leitproduktes beträgt

$$\hat{x}_1 = \frac{240.000}{1.000} = 240$$

Daraus ergeben sich die anderen Mengen wie folgt:

$$\hat{x}_2 = 240 \cdot 2 = 480; \quad \hat{x}_3 = 240 \cdot 3{,}375 = 810; \quad \hat{x}_4 = 240 \cdot 4 = 960$$

Seien zusätzlich folgende Preise angenommen:

$$p_1 = 110; \quad p_2 = 200; \quad p_3 = 160; \quad p_4 = 220$$

Dann folgt $\overline{p} = 1 \cdot 110 + 2 \cdot 200 + 3{,}375 \cdot 160 + 4 \cdot 220 = 1.930$.

$$\frac{D_1}{E} = \frac{50}{1.930}; \quad \frac{D_2}{E} = \frac{200}{1.930}; \quad \frac{D_3}{E} = \frac{270}{1.930}; \quad \frac{D_4}{E} = \frac{480}{1.930}$$

Die Summe dieser Relationen beträgt 1.000/1.930. Damit ermittelt man einen *Break Even-Umsatz* von:

$$\hat{E} = \frac{240.000}{\frac{1.000}{1.930}} = \frac{240.000 \cdot 1.930}{1.000} = 463.200$$

Der Leser kann sich leicht davon überzeugen, dass die ermittelte Mengenkombination (240; 480; 810; 960) exakt diesen Umsatz beschert. Wegen des konstanten Absatzmix ist diese Kombination zudem eindeutig.

Die Beliebtheit der **Umsatzversion** einer *BEA* für den Mehrproduktfall lässt sich insbesondere dann verstehen, wenn man sich eine Kontrolle der Gewinnentwicklung im Laufe einer Periode vorstellt. Der Umsatz ist eine leicht zu beobachtende und **eindimensionale Größe**, deren Vergleich mit dem Break Even-Umsatz schnell Fehlentwicklungen erkennen lässt, so dass ggf Anpassungsmaßnahmen ergriffen werden können. Demgegenüber ist die direkte Beobachtung des **vieldimensionalen Produktmix** schwieriger zu interpretieren und müsste mit der Gesamtmenge der Break Even-Vektoren $\hat{\mathbf{X}}$ verglichen werden. Dieser Anwendungsvorteil der Umsatzversion darf freilich nicht über die enge Prämisse eines konstanten Absatzmix hinwegtäuschen. Ist sie nämlich erfüllt, reicht auch alleine die Beobachtung des Leitproduktes aus, um die gleichen Schlüsse ziehen zu können. Ist die Prämisse nicht erfüllt, ist wiederum die Beobachtung alleine des Umsatzes wenig aussagefähig.

Denn es kommt letztlich wieder darauf an, *welche* Produkte den Umsatz beschert haben, wie also der Absatzmix tatsächlich aussieht.

Pessimistische und optimistische Varianten

Um bei unsicherem Absatzmix eine Vorstellung von der Streubreite des zu erwartenden Gewinns zu erhalten, wird die obige Umsatzversion der *BEA* für den Mehrproduktfall oftmals in Form einer **pessimistischen** und einer **optimistischen Variante** durchgerechnet. Dabei werden zusätzlich Absatzgrenzen für die einzelnen Produkte verwendet. In der **pessimistischen Variante** ordnet man die Produkte nach den *individuellen* Deckungsbeitrags-Umsatz-Relationen D_j/E_j in aufsteigender Reihenfolge, also beginnend bei dem Produkt mit dem niedrigsten Deckungsbeitrag je Umsatzeinheit. Dann wird unterstellt, dass die Umsätze nach Maßgabe dieser Reihenfolge erzielt werden. Die ersten Umsätze werden also ausschließlich durch das Produkt mit der niedrigsten Relation D_j/E_j erzielt, bis dessen **Absatzobergrenze** (oder sonstige Planmenge) erreicht ist. Darüber hinaus gehende Umsätze werden mit dem zweitschlechtesten Produkt bis zu dessen Absatzobergrenze erzielt, usw. Insofern wird für jeden Gesamtumsatz unterstellt, dass bis dahin stets nur die ungünstigsten Produkte abgesetzt werden konnten. Falls keine Grenze angenommen wird, kommt nur das „schlechteste" Produkt für die Bestimmung des Break Even-Umsatzes zum Tragen.

Dagegen geht die **optimistische Variante** von der umgekehrten Rangordnung der Produkte aus. Hier werden die Produkte nach den Relationen D_j/E_j in absteigender Reihenfolge geordnet, beginnend bei dem Produkt mit der höchsten individuellen Deckungsbeitrags-Umsatz-Relation. Damit werden jetzt die ersten Umsätze erzielt, bis die entsprechende Absatzobergrenze erschöpft ist. Anschließend kommt das zweitgünstigste Produkt zum Tragen, und so fort. Dieser Vorgehensweise liegt die Annahme zugrunde, dass für jeden Gesamtumsatz bis dahin stets nur die günstigsten Produkte abgesetzt wurden.

Die Beziehungen sind in Abbildung 2 für drei Produkte verdeutlicht, die nach steigenden **Deckungsbeitrag-Umsatz-Relationen** indexiert sind. Bei der pessimistischen Variante ist der Break Even-Umsatz wesentlich höher als im optimistischen Fall. Das Ergebnis der Umsatzversion mit konstantem Absatzmix liegt zwischen den Ergebnissen der pessimistischen und der optimistischen Variante.

Auch für den Mehrproduktfall wurden Versionen einer **stochastischen BEA** entwickelt (so etwa bei *Johnson* und *Simik* (1971) sowie *Miller* und *Morris* (1985)), wobei dort dem **Risikoverbund** zwischen den Produktarten eine besondere Bedeutung zukommen kann. Die Intentionen solcher Break Even-Analysen sind aber völlig analog zu denjenigen des Einproduktfalls.[15] Stochastische Abhängigkeiten zwischen verschiedenen Produktarten werden im nächsten Abschnitt ausführlich behandelt.

---

15 Siehe zu vielfältigen Erweiterungsmöglichkeiten von Break Even-Analysen auch *Schweitzer* und *Troßmann* (1998) und für Risikosituationen insbesondere *Welzel* (1987).

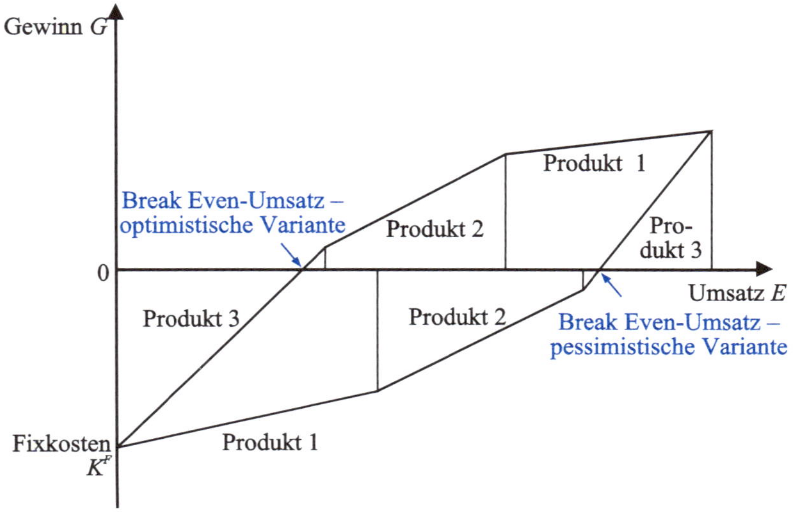

Abb. 2: Break Even-Umsatz bei drei Produkten

2.6. Verfahrenswahl bei Unsicherheit

Eine andere Entscheidung im Rahmen der Produktion ist die Verfahrenswahl. Dabei ist eine Auswahl des Produktionsverfahrens aus mehreren Verfahren zu wählen, die unterschiedliche Kostenstrukturen aufweisen.

Für die folgende Analyse wird von einem einfachen *Beispiel* mit nur zwei Verfahren ausgegangen, die lineare Kostenfunktionen aufweisen: Verfahren 1 verursacht Fixkosten K_1^F = 1.000 und variable Stückkosten von k_1 = 8; Verfahren 2 weist höhere Fixkosten K_2^F = 2.000 auf, jedoch sind die variablen Stückkosten mit k_2 = 6 niedriger. Der Absatzpreis beträgt p = 10 und die Absatzmenge weist eine Varianz σ^2 = 150 auf.

Die Break Even-Mengen lauten:

$$\hat{x}_1 = \frac{1.000}{2} = 500 \quad \text{und} \quad \hat{x}_2 = \frac{2.000}{4} = 500$$

Ein Vergleich der beiden Verfahren liefert den **Break Even-Punkt** für die Verfahrenswahl:

$$D_1(\hat{x}_{12}) = 2\hat{x}_{12} - 1.000 = 4\hat{x}_{12} - 2.000 = D_2(\hat{x}_{12})$$
$$\hat{x}_{12} = 500$$

Der Break Even-Punkt ist im Beispiel gerade gleich den beiden verfahrensspezifischen Break Even-Mengen. Daraus folgt, dass für eine Menge $x > \hat{x}_{12} = 500$ Verfahren 2 günstiger ist. Da dies auch den Break Even-Mengen entspricht, wird nur

Verfahren 2 eingesetzt, wenn eine Menge oberhalb der Break Even-Menge erwartet und daher überhaupt produziert wird. Die Höhe der Unsicherheit spielt dafür zunächst keine Rolle.

Sicherheitskoeffizient und ***Operating Leverage*** werden im Zusammenhang mit Verfahrensumstellungen öfter verwendet. Im obigen Beispiel sind die beiden Kennzahlen für beide Verfahren gleich hoch, weil sie nur von der jeweiligen Break Even-Menge abhängen und diese gleich hoch sind. Die niedrigeren Stückkosten von Verfahren 2 bewirken einen höheren Stückdeckungsbeitrag und einen niedrigeren *Operating Leverage*, was aber durch die höheren Fixkosten im speziellen Beispiel gerade ausgewogen wird. Dennoch liefern die beiden Verfahren unterschiedlich riskante Deckungsbeiträge, wenn man das Risiko durch die **Gewinnvarianz** (oder die Deckungsbeitragsvarianz) misst. Mit der Absatzmenge $\tilde{x}$ als einziger unsicherer Größe ergibt sie sich wie folgt:

$$\sigma^2(\tilde{G}) = \sigma^2(\tilde{x} \cdot d - K^F) = \sigma^2(\tilde{x} \cdot d) = \sigma^2(\tilde{x}) \cdot d^2 = \sigma^2(\tilde{x}) \cdot (p-k)^2$$

Niedrigere variable Stückkosten k führen demnach zu einem höheren Deckungsbeitrag d und zu einer höheren Varianz des Gewinns; dagegen haben die (konstanten) Fixkosten keine Auswirkung auf das *so gemessene* Risiko. Daher führt die Verwendung eines Verfahrens mit niedrigeren Stückkosten (unabhängig von Fixkosten) zu einer höheren Variabilität des Gewinns und damit zu **höherem Risiko**. Im Beispiel ergeben sich für die beiden Verfahren folgende Gewinnvarianzen:

$$\sigma^2(\tilde{G}_1) = \sigma^2(\tilde{x}) \cdot d_1^2 = 150 \cdot 2^2 = 150 \cdot 4 = 600$$
$$\sigma^2(\tilde{G}_2) = \sigma^2(\tilde{x}) \cdot d_2^2 = 150 \cdot 4^2 = 150 \cdot 16 = 2.400$$

Wird statt der Varianz (als absoluter Größe) der **Variationskoeffizient** (eine relative Größe) verwendet, ändert sich die Beurteilung. Der Variationskoeffizient VK ist definiert als das Verhältnis von Standardabweichung zum (absolut gesetzten) Erwartungswert:

$$VK = \frac{\sigma(\tilde{G})}{\left|\mathrm{E}[\tilde{G}]\right|} \quad \text{für} \quad \mathrm{E}\left[\tilde{G}\right] \neq 0$$

$$VK = \frac{(p-k) \cdot \sigma(\tilde{x})}{\left|(p-k) \cdot \mathrm{E}[\tilde{x}] - K^F\right|} = \frac{\sigma(\tilde{x})}{\left|\mathrm{E}[\tilde{x}] - \hat{x}\right|}$$

Bei positivem Gewinnerwartungswert steigt (sinkt) demnach das Risikomaß VK mit steigender (fallender) Break Even-Menge. Eine höhere Break Even-Menge induziert aber auch einen geringeren Wert für SK (bzw einen höheren Wert für OL) und folglich eine Erhöhung des so gemessenen Risikos. In diesem Fall stimmen die Beurteilungen also qualitativ überein.[16]

---

16 Im Rahmen eines auf dem *Capital Asset Pricing Model* basierenden Ansatzes kann eine analoge Beziehung zwischen *SK* bzw *OL* und dem risikoadjustierten Kapitalkostensatz gezeigt werden. Vgl *Dierkes* (2004), S. 113 – 119.

Risikoaversion

Das Risiko spielt bei der Verfahrenswahl besonders dann eine Rolle, wenn der **Entscheidungsträger risikoscheu** ist. Angenommen, die Präferenzen werden durch eine exponentielle Nutzenfunktion $U(G) = -e^{-\alpha G}$ beschrieben,[17] wobei α die Risikoaversion beschreibt – je größer α, desto größer die Risikoaversion des Entscheidungsträgers. Wenn man weiter annimmt, dass die Absatzmenge einer Normalverteilung mit Erwartungswert E[x] und Varianz σ^2 folgt, dann lässt sich die Nutzenfunktion durch das **Sicherheitsäquivalent** CE beschreiben:

$$CE = (p-c)\mathrm{E}[x] - K^F - \frac{\alpha}{2} d^2 \sigma^2$$

Das Sicherheitsäquivalent ist der sichere Betrag, bei dem der Entscheidungsträger indifferent zum riskanten Gewinn ist, dh

$$\mathrm{E}[U(\tilde{G})] = \mathrm{E}\left[U\left(d\tilde{x} - K^F\right)\right] = U\left(\underbrace{\mathrm{E}[d\tilde{x} - K^F]}_{\text{Erwartungswert}} - \underbrace{\frac{\alpha}{2} d^2 \sigma^2}_{\text{Risikoprämie}}\right) = U(CE)$$

Maximierung des Erwartungsnutzens ist damit gleichbedeutend mit der Maximierung des Sicherheitsäquivalents. Das Sicherheitsäquivalent entspricht dem Erwartungswert des Gewinns abzüglich einer **Risikoprämie**, die von der Risikoaversion und der Varianz des Gewinns abhängt.

Die Risikoaversion des Entscheidungsträgers hat zunächst einen Effekt auf die **Break Even-Mengen** der Verfahren. Die Risikoprämie muss durch die Absatzmenge ebenfalls abgegolten werden, und deshalb ist eine höhere Absatzmenge erforderlich, damit ein Gewinn entsteht. Nimmt man $\alpha = 0{,}5$ an, so betragen die Risikoprämien und die Break-Even Mengen

$$\frac{\alpha}{2} d_1^2 \sigma_1^2 = \frac{4 \cdot 150}{4} = 150 \quad \Rightarrow \quad \hat{x}_1 = \frac{1.150}{2} = 575$$

$$\frac{\alpha}{2} d_2^2 \sigma_2^2 = \frac{16 \cdot 150}{4} = 600 \quad \Rightarrow \quad \hat{x}_1 = \frac{2.600}{4} = 650$$

Der **Break Even-Punkt** für die Verfahrenswahl entspricht der erwarteten Absatzmenge $\hat{x}_{12}$, für welche die beiden Sicherheitsäquivalente gleich hoch sind:

$$\hat{x}_{12} = \frac{K_2^F - K_1^F}{k_1 - k_2} + \frac{\alpha}{2} \sigma^2 (d_1 + d_2)$$

Wegen $(d_1 + d_2) > 0$ ist der zweite Term größer als null und daher der Break Even-Punkt $\hat{x}_{12}$ im Fall von **Risikoscheu höher** als bei Risikoneutralität (und er steigt in

[17] Die folgende Darstellung basiert auf dem Prinzip der Erwartungsnutzenmaximierung, die im nächsten Abschnitt über Programmplanung bei Risiko noch ausführlicher beschrieben wird.

der Risikoscheu α).[18] Im Beispiel ergibt sich für $\alpha = 0{,}5$ ein Wert von $\hat{x}_{12} = 725$. Dieser Wert ist größer als im risikoneutralen Fall (500), aber auch größer als die Break Even-Mengen für jedes der beiden Verfahren ($\hat{x}_1 = 575$, $\hat{x}_2 = 650$). Abbildung 3 zeigt die Deckungsbeitragsfunktionen für Risikoneutralität und Risikoscheu.

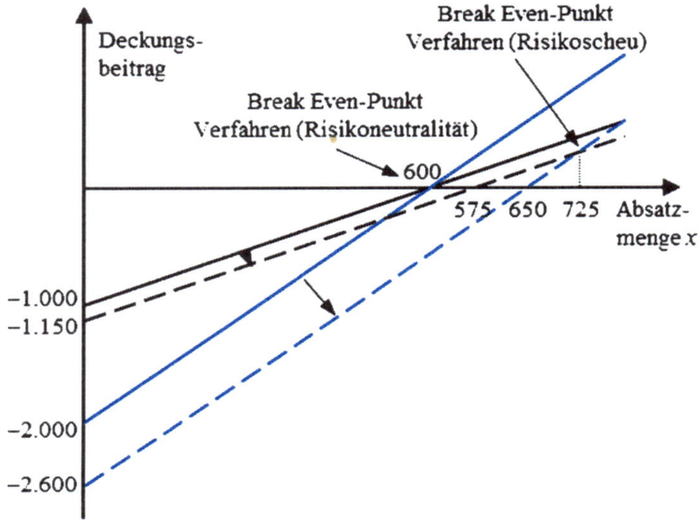

Abb. 3: Break Even-Punkt bei Verfahrenswahl und Risikoscheu

2.7. Ergebnis

Die obige Darstellung zeigt, dass eine *BEA* vor allem dazu dient, ein Gefühl für die **Bedeutung der Unsicherheit** für ein Entscheidungsproblem zu erhalten. Sie kann damit eine wichtige **Signalfunktion** erfüllen, die konkret zu weiteren Informationsbeschaffungen und/oder der Aufstellung umfassender Planungsansätze mit expliziter **Einbeziehung von Wahrscheinlichkeitsverteilungen** führen kann. Letzteres ist insbesondere dann denkbar, wenn man auf der Basis einer Stochastischen *BEA* genauere Vorstellungen über die Erfolgsverteilungen bei verschiedenen Aktionen gewonnen hat.

Die **Probleme** einer *BEA* bestehen vor allem darin, dass aus ihren Ergebnissen alleine keinerlei Implikationen darüber folgen, wie denn nun *konkret* zu entscheiden ist. Die Resultate einer stochastischen *BEA* passen zwar unmittelbar zu zwei bekannten Entscheidungskriterien bei Risiko, doch dürften diese Kriterien recht spezieller

---

[18] Vgl *Dürr* et al. (2008), die auch zeigen, dass im Fall, dass nur Kosten bei der Verfahrenswahl berücksichtigt werden, der Break Even-Punkt bei steigender Risikoaversion sinkt; dies liegt daran, dass die Varianz der variablen Kosten bei Verfahren 2 geringer ist (während die Varianz des Deckungsbeitrags steigt).

Natur sein. Es erscheint daher notwendig, die Planungsprobleme bei Risiko genauer zu untersuchen, indem die Konsequenzen verschiedener Problemstrukturen für die (kurzfristig wirksame) Unternehmenspolitik explizit analysiert werden.

3. Programmplanung bei Risiko

3.1. Annahmen und Vorgehensweise

Weitere Implikationen der expliziten Berücksichtigung von Risiko werden exemplarisch anhand des im 3. Kapitel: *Produktionsprogrammentscheidungen* analysierten Problems der „reinen" **Produktionsprogrammplanung** untersucht.[19] Die Frage ist vor allem, ob durch das **Risiko** und dessen **Bewertung** Unterschiede in der **Lösungsstruktur** des Programmplanungsproblems induziert werden, und wenn ja, worin diese Unterschiede bestehen.

Dazu wird unterstellt, dass sowohl **Beschaffungs**- als auch **Absatzpreise risikobehaftet** sind. Damit unterliegt der **Deckungsbeitrag** eines jeden Produktes einer Wahrscheinlichkeitsverteilung. Außerdem können die **Fixkosten** risikobehaftet sein; sie seien zwar unabhängig von den Entscheidungsvariablen (Absatzmengen) gegeben, doch impliziert das nicht notwendigerweise ihre Konstanz, wenn man zB an unsichere Lohnsätze denkt. Insofern lässt sich der Periodengewinn als **Zufallsvariable** auffassen und wie folgt schreiben:

$$\widetilde{G} = \sum_{j=1}^{J} x_j \cdot (\widetilde{p}_j - \widetilde{k}_j) - \widetilde{K}^F = \sum_{j=1}^{J} x_j \cdot \widetilde{d}_j - \widetilde{K}^F = \widetilde{D} - \widetilde{K}^F$$

Zur Konzentration auf die Risikoproblematik werden bezüglich des Restriktionensystems Vereinfachungen eingeführt. Absatzobergrenzen einzelner Produkte werden vernachlässigt, und es wird von nur *einer* **Mehrproduktrestriktion** ausgegangen. Der Mittelvorrat $\overline{V}$ und die Verbrauchskoeffizienten v_j seien nicht risikobehaftet. Risikobehaftete Größen werden also nur für die Zielfunktion zugelassen, während das Restriktionensystem als sicher behandelt wird. Die Restriktion lautet:

$$\sum_{j=1}^{J} v_j \cdot x_j \leq \overline{V} \qquad (10)$$

Es wird davon ausgegangen, dass das gesamte **Produktionsprogramm** (die jeweiligen Mengen der erzeugten und abgesetzten Produkte) **im Voraus festgelegt** werden muss.

Mit dieser Annahme wird ausgeschlossen, dass im Verlauf der Produktion bekannt gewordene **Informationen** (zB die Einstandspreise für Inputfaktoren) über die unsicheren Deckungsbeiträge

---

[19] Vergleichbare Überlegungen gelten für andere kurzfristig wirksame Entscheidungsprobleme. Vgl grundsätzlich zB *Dillon* und *Nash* (1978) sowie *Schneider* (1984); zur Entscheidung über einen Zusatzauftrag zB *Demski* (2008), S. 271 – 274.

zu einer Adaption des Produktionsprogramms genutzt werden können. Eine solche Möglichkeit wiederum müsste *a priori* bei der Bestimmung des Produktionsprogramms in einem *sequenziellen Modell* berücksichtigt werden. Ein Beispiel dafür wird im 4. Kapitel: *Preisentscheidungen* im Zusammenhang mit Preisuntergrenzen besprochen. Bei Sicherheit ist eine derartige Annahme nicht erforderlich.

Bei **sicheren Erwartungen** ergibt sich die Lösung bekanntermaßen aus der Rangfolge der spezifischen Deckungsbeiträge, wobei wegen der hier fehlenden Absatzobergrenzen *nur* dasjenige Produkt mit dem höchsten spezifischen Deckungsbeitrag hergestellt wird.

Bei **unsicheren Erwartungen** kann aber nicht mehr so einfach vorgegangen werden. Hier hängt die Lösungsstruktur vom **Entscheidungskontext** und vom **Präferenzsystem** ab. Im Folgenden werden drei Szenarien näher betrachtet, die sich darin unterscheiden, ob und wie das Unternehmen den Kapitalmarkt zur Diversifikation des Risikos aus dem Produktionsprogramm nutzen kann, Ausgangspunkt ist im Anschluss zum vorangehenden Abschnitt die Einführung eines risikoaversen Entscheidungsträgers. Daran anschließend wird die Einschränkung auf das **institutionale Unternehmen** aufgegeben und explizit die **Portefeuillewahl** der Anteilseigner des Unternehmens berücksichtigt. Diese Analyse zeigt, dass die Erweiterung des Entscheidungsfelds Auswirkungen auf Produktionsprogrammentscheidungen hat. Dies schließt unmittelbar an die Diskussion der Vereinfachungen in den **Kosten-Leistungs-Konzeptionen II und III** im 2. Kapitel: *Die Kosten- und Leistungsrechnung als Entscheidungsrechnung* an.

Die drei **Szenarien** sind:

- Beschränkung auf das institutionale Unternehmen und keine Berücksichtigung des Kapitalmarkts: die Zielfunktion ist die Erwartungsnutzenmaximierung;
- das Produktionsprogramm ist direkt am Kapitalmarkt handelbar: die Zielfunktion ist die Marktwertmaximierung;
- das Produktionsprogramm ist nicht direkt handelbar, aber über Portefeuilleentscheidungen der Anteilseigner ist dessen Risiko am Kapitalmarkt diversifizierbar: die Zielfunktion ist die virtuelle Marktwertmaximierung.

3.2. Erwartungsnutzenmaximierung

Im Folgenden wird die Sichtweise des institutionalen Unternehmens eingenommen: Das Produktionsprogramm verursacht riskante Zahlungsströme, die vom Manager entsprechend dessen Präferenzsystem bewertet werden. Dieser Entscheidungskontext spielt im Zusammenhang mit Grundsätzen für Entscheidungsrechnungen bei

Risiko (insbesondere beim Problem der Entscheidungsrelevanz von **Fixkosten**) eine Rolle.[20]

In der Entscheidungstheorie nimmt das Prinzip der **Erwartungs*nutzen*maximierung** (oder ***Bernoulli*-Prinzip**) bei Risiko eine besondere Stellung ein.[21] Einerseits lässt es sich aus einer geringen Zahl von Axiomen über das Risikoverhalten ableiten, die oftmals als evident für eine rationale Entscheidung bei Risiko angesehen werden; andererseits lassen sich viele andere Entscheidungskriterien für den Risikofall als Spezialfälle dieses Prinzips deuten.[22]

Gemäß dem Prinzip der Erwartungs*nutzen*maximierung existiert für jeden Entscheidungsträger eine *subjektive*, nur bis auf positive lineare Transformationen eindeutig bestimmte **Nutzenfunktion** U. Sie knüpft an der für das Entscheidungsproblem relevanten **Ergebnisgröße** an, wobei im Rahmen des *Bernoulli*-Prinzips und nur finanzieller Ergebnisse üblicherweise auf das **Endvermögen** der betrachteten Planungsperiode abgestellt wird.

Das (stochastische) Endvermögen ergibt sich aus der Beziehung „Endvermögen = (gegebenes) Anfangsvermögen + (unsicherer) Gewinn der Periode". Bezeichnet man mit ω das Endvermögen und mit ω_0 das (sichere) **Anfangsvermögen**, folgt:

$$\tilde{\omega} = \omega_0 + \tilde{G} = \omega_0 + \tilde{D} - \tilde{K}^F$$

Die **Nutzenfunktion** U wird zur Bewertung von Wahrscheinlichkeitsverteilungen der Ergebnisgröße ω herangezogen, indem für jede Maßnahme der Nutzenerwartungswert der mit ihr verbundenen Ergebnisverteilung berechnet wird; gewählt wird diejenige Alternative mit dem größten Nutzenerwartungswert.

$$\mathrm{E}\left[U(\tilde{\omega})\right] = \mathrm{E}\left[U(\omega_0 + \tilde{D} - \tilde{K}^F)\right] = \mathrm{E}\left[U(\omega_0 + \sum_{j=1}^{J} x_j \cdot \tilde{d}_j - \tilde{K}^F)\right] \qquad (11)$$

Risikoneutralität

Risikoneutralität ist der Grenzfall, in dem ein Entscheidungsträger dem Risiko keine besondere Präferenz zuweist. Der Entscheider bewertet einen sicheren Betrag genauso hoch wie einen unsicheren Betrag mit demselben Erwartungswert. Risikoneutralität wird durch eine lineare **Nutzenfunktion** U beschrieben, $U(\omega) = \alpha + \beta \cdot \omega$ mit $\beta > 0$. Dann gilt:

$$\mathrm{E}\left[U(\tilde{\omega})\right] = \mathrm{E}\left[\alpha + \beta \cdot \tilde{\omega}\right] = \alpha + \beta \cdot \left(\omega_0 + \mathrm{E}\left[\tilde{G}\right]\right)$$

---

20 Vgl dazu etwa *Burger* (1991), *Dyckhoff* (1991), *Kloock* (1995), *Maltry* (1990), *Schneider* (1984, 1985, 1992) und *Siegel* (1985, 1991, 1992).

21 Das *Bernoulli*-Prinzip wird in der neueren Literatur bezüglich seiner Implikationen für die Risikoeinstellung eines Entscheidungsträgers heftig diskutiert. Einen Überblick über diese Diskussion vermitteln *Sieben* und *Schildbach* (1994), S. 69 – 76.

22 Siehe dazu zB *Laux* et al. (2012), S. 136 – 143.

Axiome „rationalen" Verhaltens als Grundlage des *Bernoulli*-Prinzips

Das *Bernoulli*-Prinzip lässt sich aus folgendem Satz von Axiomen über das Entscheidungsverhalten in Risikosituationen entwickeln (dabei bezeichnet ω allgemein ein einzelnes Ergebnis (zB Gewinn), und Ω kennzeichnet eine ganze Ergebnisverteilung):

1. Vollständigkeit und Transitivität bezüglich der Ergebnisse

Der Entscheidungsträger soll in der Lage sein, alle Ergebnisse der Ergebnismenge vollständig und transitiv zu ordnen. Sind also zwei beliebige Ergebnisse ω_1 und ω_2 gegeben, dann bedeutet *Vollständigkeit*:

$$\omega_1 \succ \omega_2 \quad \text{oder} \quad \omega_2 \succ \omega_1 \quad \text{oder} \quad \omega_1 \sim \omega_2$$

Darin bedeutet das Zeichen '$\succ$' die Präferenzrelation „wird vorgezogen", und '$\sim$' beinhaltet eine Indifferenzrelation.

Transitivität besagt, dass für drei beliebige Ergebnisse gilt:

$$\omega_1 \succ \omega_2 \quad \text{und} \quad \omega_2 \succ \omega_3 \quad \Rightarrow \quad \omega_1 \succ \omega_3$$

2. Stetigkeit

Gegeben seien drei Ergebnisse ω_1, ω_2 und ω_3 mit den Präferenzrelationen $\omega_2 \succ \omega_1$ und $\omega_3 \succ \omega_2$. Insofern ist das Ergebnis ω_2 als „mittelgutes" Ergebnis einzustufen, denn es wird zwar höher als ω_1, aber niedriger als ω_3 geschätzt. Das Stetigkeitsaxiom fordert nun, dass der Entscheidungsträger für jedes „mittelgute" Ergebnis in der Lage ist, eine Wahrscheinlichkeitsverteilung über ω_1 und ω_3 so zu benennen, dass er zwischen dieser Verteilung und dem Ergebnis ω_2 indifferent ist. Bezeichnet ϕ die Wahrscheinlichkeit für den Eintritt des besten Ergebnisses ω_3, dann beinhaltet dieses Axiom also die Angabe einer Wahrscheinlichkeit ϕ, so dass gilt:

$$\omega_2 \sim \left(\omega_3 \cdot \phi; \omega_1 \cdot (1-\phi)\right)$$

3. Substitution

Gegeben seien zwei Verteilungen Ω_1, Ω_2 mit einer beliebigen Präferenzrelation, zB $\Omega_1 \succ \Omega_2$. Das Substitutionsaxiom fordert, dass diese Präferenzrelation auch dann gültig bleibt, wenn jede der beiden ursprünglichen Verteilungen durch eine zusammengesetzte Verteilung ersetzt wird, die mit der Wahrscheinlichkeit π die ursprüngliche Verteilung und mit der Gegenwahrscheinlichkeit $1 - \pi$ eine andere Verteilung Ω_3 erbringt:

$$\text{Aus } \Omega_1 \succ \Omega_2 \text{ und } 0 < \pi < 1 \text{ folgt: } \left(\Omega_1 \cdot \pi; \Omega_3 \cdot (1-\pi)\right) \succ \left(\Omega_2 \cdot \pi; \Omega_3 \cdot (1-\pi)\right)$$

Die bisherigen Axiome implizieren die sogenannte **Wahrscheinlichkeitsdominanz**, die gelegentlich auch als eigenständiges Axiom formuliert wird. Sie besagt, dass der Entscheidungsträger von zwei einfachen Wahrscheinlichkeitsverteilungen, die nur aus den beiden Ergebnissen ω_1 und ω_2 mit $\omega_1 \succ \omega_2$ bestehen, stets diejenige Verteilung präferiert, die das höher geschätzte Ergebnis ω_1 mit höherer Wahrscheinlichkeit erbringt.

Das gezeigte Axiomensystem ist notwendig und hinreichend dafür, dass für den Entscheidungsträger eine subjektive Nutzenfunktion $U(\omega)$ existiert, so dass seine Präferenzen über Wahrscheinlichkeitsverteilungen durch den Erwartungswert des Nutzens dieser Verteilungen repräsentiert werden können.

Das optimale Produktionsprogramm **maximiert den erwarteten Periodengewinn** (unter Beachtung der Restriktion (10)):

$$\mathrm{E}[\tilde{G}] = \mathrm{E}[\tilde{D} - \tilde{K}^F] = \mathrm{E}\left[\sum_{j=1}^{J} x_j \cdot \tilde{d}_j - \tilde{K}^F\right] = \sum_{j=1}^{J} x_j \cdot \mathrm{E}[\tilde{d}_j] - \mathrm{E}[\tilde{K}^F]$$

Die **Lösungsstruktur** dieses Problems unterscheidet sich nicht essenziell von derjenigen bei Sicherheit. An die Stelle der spezifischen Deckungsbeiträge treten die **erwarteten spezifischen Deckungsbeiträge**, die sich aus der Division des erwarteten Deckungsbeitrags durch den Verbrauchskoeffizienten ergeben. Auch hier enthält das optimale Produktionsprogramm nur ein Produkt, nämlich das mit dem höchsten *erwarteten* spezifischen Deckungsbeitrag. **Fixkosten** sind – wie bei Sicherheit – für die Entscheidung **irrelevant**.

Beispiel

Es werden zwei Produkte betrachtet. Der Deckungsbeitrag von Produkt 1 kann mit jeweils gleicher Wahrscheinlichkeit entweder 10 oder 20 betragen. Produkt 2 ist sicher mit einem Deckungsbeitrag von 14. Jedes Produkt benötigt 5 Stunden je Stück auf dem mit 1.400 Stunden zur Verfügung stehenden Fertigungsaggregat. Fixkosten liegen nicht vor.

Der erwartete Deckungsbeitrag von Produkt 1 (2) beträgt 15 (14). Wegen der gleichen Kapazitätsbeanspruchungen stimmt diese Reihung mit derjenigen nach Maßgabe der erwarteten spezifischen Deckungsbeiträge überein. Daher wird *ausschließlich Produkt 1* im Umfang von 1.400/5 = 280 Stück gefertigt; dieses Programm erbringt einen erwarteten Deckungsbeitrag von 4.200.

Risikoscheu

Risikoscheu drückt sich in einer ***streng konkaven*** **Nutzenfunktion** U aus. Wird U als (hinreichend oft) differenzierbar angenommen, heißt dies:

$$U'(\omega) > 0; \quad U''(\omega) < 0 \tag{12}$$

Für streng konkave Funktionen gilt stets $\mathrm{E}\left[U(\tilde{\omega})\right] < U\left(\mathrm{E}[\tilde{\omega}]\right)$, dh ein sicherer Betrag in Höhe des Erwartungswertes einer Verteilung wird gegenüber der dazugehörigen Verteilung selbst bevorzugt.[23] In diesem Sinne wird also das **Risiko negativ bewertet**.

Das Programmplanungsproblem (11) umfasst nun ein **nichtlineares Optimierungsproblem**. Für solche Probleme wurde bereits im Sicherheitsfall gezeigt, dass sich ihre **Lösungsstruktur** von derjenigen bei linearen Verhältnissen stark unterscheiden kann.

Anders als bei der Erwartungs*wert*maximierung ist die Bedeutung des erwarteten spezifischen Deckungsbeitrages erheblich geringer. Das Beispiel im Einschub zeigt dies deutlich. Gemäß dem **spezifischen Deckungsbeitrag** müsste nämlich das Unternehmen *ausschließlich* das risikobehaftete Produkt 1 fertigen; das ist aber

---

23 Diese Relation folgt aus der sogenannten *Jensen'schen Ungleichung*; siehe dazu zB *DeGroot* (1970), S. 97 f.

wegen der Risikoscheu nicht mehr optimal. Durch die Aufnahme des sicheren Produktes 2 wird ein **Diversifikationseffekt** erzielt, weil durch dieses Produkt das Risiko vermindert wird. Allerdings ist es auch nicht optimal, *nur* auf das Produkt 2 zu setzen und damit gar kein Risiko einzugehen. Wegen des höheren erwarteten spezifischen Deckungsbeitrags von Produkt 1 lohnt es sich, einen Teil der knappen Kapazität dafür zu verwenden. Durch die Maximierung des **Erwartungsnutzens** werden also in einer durch die Nutzenfunktion bestimmten Weise das erwartete Erfolgsniveau und das damit verbundene Risiko gegeneinander abgewogen. Es resultiert – analog zur finanzwirtschaftlichen Portefeuille-Theorie – ein unternehmensspezifisches **optimales Produktprogramm-Portefeuille** unter Abwägung von Erfolg und Risiko.

Beispiel

Das im vorigen Einschub vorgestellte Beispiel wird weitergeführt. Die Ausgangsdaten waren:

Produkt 1: Deckungsbeitrag entweder 10 oder 20 mit gleicher Wahrscheinlichkeit
Produkt 2: Sicherer Deckungsbeitrag in Höhe von 14
Kapazität: 1.400 Stunden; jedes Produkt benötigt 5 Stunden je Stück
Keine Fixkosten

Die Nutzenfunktion sei logarithmisch (die Bedingung $\omega > 0$ sei stets erfüllt, da der Logarithmus nur für positive Werte definiert ist):

$$U(\omega) = 2\ln(\omega); \quad U'(\omega) = \frac{2}{\omega} > 0; \quad U''(\omega) = -\frac{2}{\omega^2} < 0$$

Bei $\omega_0 = 0$ und Fixkosten in Höhe von 0 ist folgende *Lagrange*-Funktion zu maximieren:

$$LG = \ln(10 \cdot x_1 + 14 \cdot x_2) + \ln(20 \cdot x_1 + 14 \cdot x_2) - \lambda \cdot (5 \cdot x_1 + 5 \cdot x_2 - 1.400)$$

An der Stelle der optimalen Lösung gelten folgende *Kuhn/Tucker*-Bedingungen:

$$x_j^* > 0 \quad \text{und} \quad \frac{\partial LG}{\partial x_j} = 0 \qquad j = 1{,}2 \qquad \text{sowie} \quad x_j^* = 0 \quad \text{und} \quad \frac{\partial LG}{\partial x_j} \leq 0 \qquad j = 1{,}2$$

Wegen der streng konkaven Zielfunktion sind diese Bedingungen auch hinreichend, und das Maximum ist *eindeutig*.

Weil der erwartete Grenznutzen für jedes Produkt positiv ist, muss die Restriktion an der Stelle der optimalen Lösung voll ausgeschöpft sein. Fraglich ist nur, ob – anders als im Falle der Erwartungs*wert*maximierung – *beide* Produkte im optimalen Programm enthalten sind. Wäre Produkt 2 (wie bisher) nicht enthalten, dh würde ausschließlich Produkt 1 gefertigt, dann darf an der Stelle (280, 0) die Ableitung von *LG* nach x_2 nicht positiv sein. Diese Ableitung lautet:

$$\frac{\partial LG(x_1 = 280; x_2 = 0)}{\partial x_2} = \frac{14}{2.800} + \frac{14}{5.600} - \lambda \cdot 5$$

Der Wert für λ lässt sich aus der ersten Ableitung von LG nach x_1 an der Stelle (280, 0) gewinnen, denn diese Ableitung muss gleich 0 sein. Man erhält (gerundet):

$$\frac{\partial LG(x_1 = 280; x_2 = 0)}{\partial x_1} = \frac{10}{2.800} + \frac{20}{5.600} - \lambda \cdot 5 = 0 \quad \Rightarrow \lambda = 0{,}00143$$

Setzt man diesen Wert für λ in die obige Ableitung für x_2 ein, ergibt sich eine positive Differenz von 0,00035, so dass *das Produkt 2 jedenfalls Bestandteil des optimalen Produktionsprogramms ist*. Jetzt ist zu fragen, ob es möglicherweise alleine im Programm enthalten ist; dies kann aber durch eine analoge Überlegung ausgeschlossen werden. Es gilt nämlich:

$$\frac{\partial LG(x_1 = 0; x_2 = 280)}{\partial x_1} = \frac{10}{3.920} + \frac{20}{3.920} - \lambda \cdot 5 = \frac{30}{3.920} - \lambda \cdot 5 >$$

$$> \frac{28}{3.920} - \lambda \cdot 5 = \frac{\partial LG(x_1 = 0; x_2 = 280)}{\partial x_2}$$

Demnach muss auch Produkt 1 *immer* in bestimmtem Umfang im optimalen Programm enthalten sein. Das optimale Programm lässt sich nun ermitteln, indem man die Restriktion als Gleichung zB nach Produkt 2 auflöst. Damit erhält man ein Problem, welches nur noch von Produkt 1 abhängt. Zu maximieren ist:

$$\ln(10 \cdot x_1 + 14 \cdot (280 - x_1)) + \ln(20 \cdot x_1 + 14 \cdot (280 - x_1)) =$$
$$\ln(3.920 - 4 \cdot x_1) + \ln(3.920 + 6 \cdot x_1)$$

Nullsetzen der ersten Ableitung führt auf

$$-\frac{4}{3.920 - 4 \cdot x_1^*} + \frac{6}{3.920 + 6 \cdot x_1^*} = 0 \quad \Rightarrow 3.920 = 24 \cdot x_1^* \quad \Rightarrow x_1^* = \frac{3.920}{24} = 163{,}\overline{3}$$

und $x_2^* = 280 - 163{,}\overline{3} = 116{,}\overline{6}$.

Entscheidungsrelevanz von Fixkosten

Anders als bei Sicherheit oder einem risikoneutralen Entscheidungsträger können **Fixkosten entscheidungsrelevant** sein. Die Entscheidungsrelevanz von Fixkosten hängt vom Verlauf der **Risikoaversion** ab. Als **Maß** für die Risikoscheu dient im Rahmen des *Bernoulli*-Prinzips üblicherweise die sogenannte **absolute Risikoaversion** $AR(\omega)$. Sie ist als Quotient aus der negativ gesetzten zweiten Ableitung zur ersten Ableitung der Nutzenfunktion definiert:

$$AR(\omega) = -\frac{U''(\omega)}{U'(\omega)}$$

Bei einer konkaven Nutzenfunktion ist dieser Quotient wegen (12) stets positiv. Er hängt im Allgemeinen vom Ergebnisniveau ω ab. Für die **logarithmische Nutzenfunktion** $\ln(\cdot)$ gilt:

$$AR(\omega) = \frac{\frac{1}{\omega^2}}{\frac{1}{\omega}} = \frac{\omega}{\omega^2} = \frac{1}{\omega}$$

Die absolute Risikoaversion nimmt bei einer logarithmischen Nutzenfunktion – gegeben irgendein Anfangsvermögen ω_0 – mit zunehmendem Gewinn *ab*. **Höhere Fixkosten** induzieren ein niedrigeres Erfolgs- und mithin Endvermögensniveau, wodurch die zu beurteilenden Wahrscheinlichkeitsverteilungen für die verschiedenen Produktionsprogramme in einen Bereich der Nutzenfunktion verschoben werden, der durch eine **stärkere Risikoscheu** gekennzeichnet ist. Daher ist es verständlich, dass dieser Effekt für die sukzessive Eliminierung des risikobehafteten Produktes 1 mit zunehmenden Fixkosten verantwortlich ist.

Die Abhängigkeit der Produktionsmengen vom **Anfangsvermögen** beruht essenziell auf demselben Effekt; er wirkt jetzt nur in die andere Richtung, weil Variationen des Anfangsvermögens *ceteris paribus* zu gleichgerichteten Variationen des Endvermögens führen. Ein höheres (niedrigeres) Anfangsvermögen führt demnach im obigen Beispiel mit logarithmischer Nutzenfunktion zu einer Erhöhung (Senkung) der Produktionsmenge des risikobehafteten Produktes 1.

Nutzenfunktionen mit anderen **Verläufen** der **Risikoaversion** können natürlich zu anderen Resultaten führen. Eine Nutzenfunktion mit *steigender* absoluter Risikoaversion würde mit höheren Fixkosten zu einer permanenten Erhöhung der Menge von Produkt 1 beitragen. Der Grund liegt darin, dass steigende Fixkosten mit niedrigeren Gewinnen verbunden sind, die bei steigender absoluter Risikoaversion die Gewinnverteilung in einen Bereich mit geringerer Risikoscheu verlagern. Daher muss das risikobehaftete Produkt 1 tendenziell vorteilhafter werden.

Beispiel

Das obige Beispiel wird weitergeführt, indem sowohl ein positives Anfangsvermögen ω_0 als auch positive, *sichere* Fixkosten K^F einbezogen werden. Geht man zunächst wieder davon aus, dass beide Produkte im Programm vertreten sind, ist jetzt folgende Zielfunktion zu maximieren:

$$\ln\left(\omega_0 + 3.920 - 4 \cdot x_1 - K^F\right) + \ln\left(\omega_0 + 3.920 + 6 \cdot x_1 - K^F\right)$$

Die Optimierung kann daher völlig analog zur obigen Vorgehensweise durchgeführt werden, und man erhält:

$$3.920 + \omega_0 - K^F = 24 \cdot x_1^* \quad \Rightarrow \quad x_1^* = \frac{3.920 + \omega_0 - K^F}{24}; \quad x_2^* = 280 - \frac{3.920 + \omega_0 - K^F}{24}$$

Für ein Anfangsvermögen von zB 1.000 und Fixkosten von zB 2.520 folgt eine optimale Menge von 100 (180) Stück für Produkt 1 (2). Gegeben ein bestimmtes Anfangsvermögen hängen offenbar *beide* optimalen Produktionsmengen von der Höhe der als sicher angesehenen *Fixkosten* ab. Die obigen Beziehungen gelten freilich nur für Fixkostenbeträge, die nicht größer als 3.920 + ω_0 sind. Bei höheren Fixkosten wird die Fertigung von Produkt 1 aufgegeben.

Konstante absolute Risikoaversion

Im Sonderfall einer konstanten absoluten Risikoaversion sind die (sicheren) Fixkosten **bedeutungslos** für die Bestimmung des Optimums. Dann nämlich spielt es keine Rolle, welchen Bereich der Nutzenfunktion man zur Beurteilung gegebener Verteilungen heranzieht. **Konstante absolute Risikoaversion** liegt zB bei einer exponentiellen Nutzenfunktion vor:

$$U(\omega) = -\frac{1}{\alpha} \cdot e^{-\alpha \cdot \omega}\,; \qquad (\alpha > 0) \tag{13}$$

Für diese Nutzenfunktion gilt

$$AR(\omega) = -\frac{U''(\omega)}{U'(\omega)} = \frac{\alpha \cdot e^{-\alpha \cdot \omega}}{e^{-\alpha \cdot \omega}} = \alpha$$

Dass die auf Basis einer solchen Nutzenfunktion getroffenen Entscheidungen **unabhängig** von der Höhe der Fixkosten und auch des Anfangsvermögens sind, ist leicht einzusehen, wenn man als Argument der Nutzenfunktion zunächst den Deckungsbeitrag D einsetzt und hinsichtlich einer beliebigen Konstanten δ folgende Eigenschaft von (13) bedenkt:

$$U(D+\delta) = -\frac{1}{\alpha} \cdot e^{-\alpha(D+\delta)} = -\frac{1}{\alpha} \cdot e^{-\alpha \cdot D} \cdot e^{-\alpha \cdot \delta} = -\alpha \cdot U(\delta) \cdot U(D) \tag{14}$$

Damit folgt für den Erwartungsnutzen

$$\mathrm{E}\left[U(\widetilde{D}+\delta)\right] = -\alpha \cdot U(\delta) \cdot \mathrm{E}\left[U(\widetilde{D})\right]$$

Wegen $U(\delta) < 0$ ist $-\alpha \cdot U(\delta)$ *positiv*, so dass letztlich der Erwartungsnutzen des Deckungsbeitrags nur mit einem positiven Faktor multipliziert wird, der keinen Einfluss auf das optimale Programm haben kann. Setzt man $\delta = \omega_0 - K^F$, wird die Irrelevanz sicherer Fixkosten sowie des Anfangsvermögens für die konstante absolute Risikoaversion deutlich.

Stochastische Fixkosten

Die **potenzielle Relevanz der Fixkosten** wird verstärkt, wenn neben den Deckungsbeiträgen auch noch die Fixkosten stochastisch sind. Bei den oben gezeigten Diversifikationsüberlegungen spielen in diesem Fall *zusätzliche* **Diversifikationsaspekte** hinsichtlich der risikobehafteten Fixkosten herein. Damit ergibt sich auch bei konstanter absoluter Risikoaversion eine grundsätzliche Relevanz der Fixkosten. Setzt man nämlich $\delta = \omega_0 - K^F$ in (14) und betrachtet man K^F als Zufallsvariable, folgt für den Erwartungsnutzen des Endvermögens bei **exponentieller Nutzenfunktion**:

$$\begin{aligned}
\mathrm{E}\left[U(\widetilde{\omega})\right] &= \alpha^2 \cdot \mathrm{E}\left[U(\omega_0) \cdot U\left(-\widetilde{K}^F\right) \cdot U\left(\widetilde{D}\right)\right] = \\
&= \left(-\alpha \cdot U(\omega_0)\right) \cdot \left(-\alpha \cdot \mathrm{E}\left[U\left(-\widetilde{K}^F\right) \cdot U\left(\widetilde{D}\right)\right]\right) = \\
&= \left(-\alpha \cdot U(\omega_0)\right) \cdot \left(-\alpha \cdot \left\{\mathrm{E}\left[U\left(-\widetilde{K}^F\right)\right] \cdot \mathrm{E}\left[U\left(\widetilde{D}\right)\right] + Cov\left(U\left(-\widetilde{K}^F\right), U\left(\widetilde{D}\right)\right)\right\}\right)
\end{aligned}$$

Sofern die Fixkosten mit den Deckungsbeiträgen nicht völlig *unkorreliert* sind, spielen demnach die diesbezüglichen **Diversifikationsaspekte** auch bei konstanter absoluter Risikoaversion eine Rolle.

Allerdings induzieren **stochastische Fixkosten** *alleine keine* Fixkostenrelevanz. In diesem Fall wäre nämlich der Deckungsbeitrag D sicher, und für den Gewinn ergäbe sich:

$$\tilde{G} = D - \tilde{K}^F$$

Stellt man sich die Stochastik der Fixkosten als Abhängigkeit von einem bestimmten Umweltzustand vor, dann wird der *zustandsabhängige* Gewinn und mithin das *zustandsabhängige* Endvermögen für jeden Zustand maximal, wenn dasjenige Programm realisiert wird, das zum **maximalen Deckungsbeitrag** D führt. Weil der Entscheidungsträger wegen der positiven ersten Ableitung der Nutzenfunktion einen höheren Gewinn stets als vorteilhaft ansieht, folgt aus dem **Dominanzprinzip**, dass man sich auf die bekannten Sicherheitsansätze beschränken kann, falls die Fixkosten die alleinige risikobehaftete Größe sind.[24]

Zusammenfassung der Ergebnisse zur Relevanz von Fixkosten

Zusammenfassend ergibt sich damit folgendes: Bei Entscheidungen auf Basis der Maximierung des Erwartungsnutzens ohne Einbeziehung der individuellen Portefeuillewahl sind hinsichtlich der Bestimmung des optimalen Produktionsprogramms die **Fixkosten**

- *irrelevant*, falls die Nutzenfunktion konstante absolute Risikoaversion aufweist und die Fixkosten sicher sind,
- *irrelevant*, falls die Fixkosten die alleinige stochastische Größe sind,
- *regelmäßig* auch als sichere Größe *relevant*, falls die Nutzenfunktion keine konstante absolute Risikoaversion aufweist,
- *grundsätzlich relevant*, falls neben den Deckungsbeiträgen auch die Fixkosten risikobehaftet sind und keine lineare Nutzenfunktion (Risikoneutralität) vorherrscht.

Diese Ergebnisse gelten analog für die Relevanz des Anfangsvermögens, nur dass diesbezüglich am Periodenbeginn keine Unsicherheit beachtet werden muss. Für den **hier betrachteten Entscheidungskontext** (Beschränkung auf das institutionale Unternehmen und keine Berücksichtigung der individuellen Portefeuillewahl) zeigen sich damit – neben den Diversifikationsaspekten – beträchtliche Unterschiede zu den Grundsätzen der optimalen (kurzfristig wirksamen) Entscheidungen bei Sicherheit und Risikoneutralität. Die Berücksichtigung alleine der variablen Gewinnbestandteile ist nicht mehr in allen Fällen hinreichend zur Bestimmung der optimalen

---

24 Dies entspricht dem von *Monissen* und *Huber* (1992), S. 1107, abgeleiteten Resultat der Fixkostenirrelevanz bei *additiver* Produktionsunsicherheit. Diese Unsicherheit kann letztlich als alleinige Unsicherheit der Fixkosten bei sicheren Deckungsbeitragszusammenhängen aufgefasst werden.

Lösung; die Vernachlässigung auch sicherer Fixkosten kann jetzt sogar zu Fehlentscheidungen führen.

Die Ergebnisse können als Begründung der Verwendung von Vollkostenrechnungen angesehen werden. Doch ist dabei zu beachten, dass streng genommen nur **Vollkostenrechnungen als Periodenrechnungen** begründet werden können. Mit der Schlüsselung von Fixkosten auf Produkteinheiten haben die obigen Resultate nichts zu tun. Dennoch sind sie geeignet, die alleinige Deckungsbeitragsorientierung zu erschüttern, insbesondere dann, wenn sich diese Betrachtung wiederum vorwiegend an Stückdeckungsbeiträgen ausrichtet.

Weiterhin bedeutet die potenzielle Entscheidungsrelevanz fixer Kosten im obigen Zusammenhang nur, dass die **Fixkosten relevant** sind, weil sie Einfluss auf die **Bewertung der Gewinnverteilungen** nehmen; die Fixkosten sind jedoch nach wie vor unabhängig von den Entscheidungsvariablen (das sind die Produktionsmengen der einzelnen Produkte). Diese Resultate verdeutlichen die große Rolle des **Präferenzsystems**, wenn es darum geht, Grundsätze für ein Auffinden optimaler Entscheidungen bei Risiko zu entwickeln – gegeben den vorliegenden Entscheidungskontext.

Darüber hinaus bedarf die **Nutzenfunktion** einer näheren Betrachtung. Die Nutzenfunktion knüpft an das **Endvermögen** der betrachteten Periode an. Dies führt zur Frage, was der Nutzen eines solchen Endvermögens ist? Verfehlt wäre es, diesen Nutzen als *Konsumnutzen* zu interpretieren, der durch Ausschüttung des Endvermögens und dessen anschließende Konsumtion resultieren würde. Diese Interpretation versagt deshalb, weil in einem grundsätzlich längerfristigen Rahmen eine **Vollausschüttung** des Endvermögens gerade *nicht* vorgesehen ist – bestenfalls wird nur ein Teil des Endvermögens einer Periode *via* Ausschüttung verwendet. Insofern setzt sich der Nutzen vorwiegend aus den **künftigen Verwendungen** zusammen, die bei zustandsabhängig optimaler Folgepolitik durch ein bestimmtes Endvermögen erreicht werden. Die an das Endvermögen anknüpfende Nutzenfunktion ist daher eine **indirekte Nutzenfunktion**, die letztlich aus den **Folgeentscheidungen** abgeleitet ist, wobei zusätzlich **Bewertungsinterdependenzen** der bereits im 2. Kapitel „*Die Kosten- und Leistungsrechnung als Entscheidungsrechnung*" beschriebenen Art bedeutsam sein können. Damit wird die Komplexität des Problems deutlich, denn die optimalen Periodenentscheidungen lassen sich letztlich nur wieder als Elemente *ganzer zeit-zustandsabhängiger Strategien* auffassen. Unter dem Gesichtspunkt des **optimalen Komplexitätsgrades** eines Entscheidungsmodells dürfte die Annahme berechtigt sein, dass dies *deutlich zu weit* geht.

3.3. Marktwertmaximierung

Der bisherige Entscheidungskontext war mit dem institutionalen Unternehmen begrenzt. Der Entscheidungsträger berücksichtigte nur die Cashflows aus dem Produktionsprogramm und optimierte dieses unter Anwendung seines subjektiven Präferenzsystems. Im Folgenden wird diese Beschränkung aufgehoben und eine Nutzung des Kapitalmarkts durch den Entscheider eingeführt. Ein Szenario besteht darin, dass ein Produktionsprogramm direkt handelbar ist, dass also Investoren **Anteile am Produktionsprogramm** am Kapitalmarkt erwerben können. Dies ist zB dann der Fall, wenn ein **Unternehmen börsennotiert** ist und das Produktionsprogramm das gesamte Leistungsspektrum des Unternehmens erfasst. Dann bestimmt das zu optimierende Produktionsprogramm die künftigen Zahlungsüberschüsse der Anteile.

In diesem Fall bekommt die Zielsetzung **Marktwertmaximierung**, oft als **Unternehmenswertsteigerung** oder als Steigerung des *Shareholder Value* bezeichnet, eine überragende Rolle. Sie lässt sich unter bestimmten Voraussetzungen über die Struktur des Kapitalmarkts auch als **Dominanzkriterium** für die Bestimmung optimaler Unternehmenspolitiken aus Sicht der Eigner ableiten, weil die marktwertmaximale Politik die besten Voraussetzungen für die individuelle Zielerreichung jedes Eigners schafft. Im 2. Kapitel: *Die Kosten- und Leistungsrechnung als Entscheidungsrechnung* wurde diese Argumentation in den Grundzügen erläutert.[25] Im Folgenden werden die Implikationen der Marktwertmaximierung für die Bestimmung des optimalen Produktionsprogramms und die Fixkostenproblematik aufgezeigt.

Zur Bestimmung marktwertmaximaler Politiken muss zunächst präzisiert werden, wie **Marktwerte** überhaupt bestimmt werden können. Den bekanntesten Zugang zu diesem Problem liefert der ***Time State Preference*-Ansatz**, der durch die ***Arbitrage Pricing Theory*** (*APT*) verallgemeinert wurde. Darin werden die strukturellen Zusammenhänge für die Bewertung von Finanztiteln alleine aus der Annahme abgeleitet, dass ein gleichgewichtiger Kapitalmarkt frei von **Arbitragemöglichkeiten** sein muss.[26] Das daraus erwachsende Bewertungsfunktional hat überraschenderweise eine denkbar einfache Struktur.

Dazu sei ein Planungszeitraum von T Perioden unterstellt. Die Zahlungsüberschüsse $\ddot{U}$ eines Finanztitels fallen am Ende der Perioden $t = 1, ..., T$ an; sie sind jedoch risikobehaftet und hängen in jedem Zeitpunkt vom Eintritt bestimmter Zustände $\theta(t)$ ab. Der Zustandsraum für die Periode t sei mit $\Theta(t)$ bezeichnet. Ein wichtiges Ergebnis des *Time State Preference*-Ansatzes bzw der *APT* besteht darin, dass für jeden Zustand $\theta(t) \in \Theta(t)$ $(t = 1, ..., T)$ ein **positiver Bewertungsfaktor** $R(\theta(t))$ existiert, der gewissermaßen den Marktwert genau *einer*, in dieser Zeit-Zustandskombination anfallenden Geldeinheit aus der Sicht von $t = 0$ angibt. Der in $t = 0$ zu ermittelnde **Marktwert** W ergibt sich dann durch die Multiplikation der zeit-zustandsabhängigen **Überschüsse** $\ddot{U}(\theta(t))$ mit diesen Bewertungsfaktoren und durch anschließende Summation über alle Zeit-Zustandskombinationen. Er lässt sich wie folgt schreiben:

$$W = \sum_{t=1}^{T} \sum_{\theta(t) \in \Theta(t)} \ddot{U}\left(\theta(t)\right) \cdot R\left(\theta(t)\right) \tag{15}$$

---

25 Siehe dazu auch *DeAngelo* (1981), *Rudolph* (1983) sowie *Makowski* und *Pepall* (1985).

26 Einen Überblick über diese Ansätze vermitteln die Arbeiten von *Wilhelm* (1983, 1985).

Interpretation der Bewertungsfaktoren

Die Aussage, dass die Bewertungsfaktoren **Präferenzen** und **Erwartungen der Investoren** beinhalten, lässt sich durch ein einfaches *Time State Preference*-Modell zeigen.[27] Dazu sei ein *einperiodiges* Portefeuilleproblem eines Investors betrachtet, der in $t = 0$ sein Vermögen V auf den sofortigen Konsum c_0 und die am Markt verfügbaren Finanztitel $j = 1,...,J$ aufteilen will (die Menge x_j der gehaltenen Finanztitel j kann wegen der Zulässigkeit von Leerverkäufen auch negativ sein). Die Wahrscheinlichkeiten für den Eintritt der Zustände sind $\phi(\theta) > 0$, und der Anleger maximiert seinen Erwartungsnutzen EU gegeben die Vermögensbeschränkung und die Preise W_j der einzelnen Finanztitel:

$$\max EU = \sum_{\theta} U\left(c_0, c(\theta)\right) \cdot \phi(\theta)$$

unter der Nebenbedingung

$$c_0 + \sum_j x_j \cdot W_j \leq V$$

Darin bezeichnet $U(c_0, c(\theta))$ eine (streng konkave und in beiden Argumenten streng monoton steigende) Nutzenfunktion, die vom heutigen Konsum c_0 und dem künftigen zustandsabhängigen Konsum $c(\theta)$ abhängt, wobei für $c(\theta)$ gilt:

$$c(\theta) = \sum_j x_j \cdot \ddot{U}_j(\theta) \qquad \forall \theta$$

Die *Lagrange*-Funktion lautet:

$$LG = EU - \lambda \cdot \left(c_0 + \sum_j x_j \cdot W_j - V \right)$$

Unter Berücksichtigung der Beziehung für $c(\theta)$ ergeben sich folgende Bedingungen erster Ordnung:

$$\frac{\partial LG^*}{\partial c_0} = \frac{\partial EU^*}{\partial c_0} - \lambda^* = 0$$

$$\frac{\partial LG^*}{\partial x_j} = \sum_{\theta} \frac{\partial U\left(c_0^*, c(\theta)^*\right)}{\partial c(\theta)} \cdot \ddot{U}_j(\theta) \cdot \phi(\theta) - \lambda^* \cdot W_j = 0 \qquad \forall j$$

Definiert man nun

$$R(\theta) \equiv \frac{\partial U\left(c_0^*, c(\theta)^*\right)}{\partial c(\theta)} \cdot \frac{\phi(\theta)}{\lambda^*} > 0,$$

dann folgt aus der Bedingung für x_j für den Preis W_j

$$W_j = \sum_{\theta} \ddot{U}_j(\theta) \cdot R(\theta) \qquad \forall j$$

---

27 Hier kann nur eine kompakte Darstellung gegeben werden. Vgl ausführlich zB *Kruschwitz* (2012), S. 251 – 278.

Dies ist bereits die Form der im Text dargestellten **Bewertungsgleichung**. Der Ausdruck für $R(\theta)$ zeigt, wie die individuellen Präferenzen und Erwartungen in die Bewertung eingehen. Ein solcher Zusammenhang existiert für jeden Investor, wobei nicht gefordert wird, dass homogene Erwartungen bezüglich des Eintritts der Zustände herrschen müssen. Unter bestimmten Bedingungen („Vollständigkeit" des Kapitalmarkts) stimmen die individuellen Faktoren $R(\theta)$ im Marktgleichgewicht für alle Anleger überein; ansonsten gibt es viele verschiedene Faktorensysteme, die aber für die Bewertung im Marktgleichgewicht alle äquivalent sind, denn alle ergeben den Gleichgewichtspreis W_j.

Die Darstellung der Marktbewertung durch zeit-zustandsabhängige Bewertungsfaktoren wirft bei der **praktischen Anwendung** naturgemäß die Frage nach der Ermittlung dieser Faktoren auf, zumal diese Preise in den meisten Fällen nicht unmittelbar beobachtet werden können. Es lässt sich jedoch zeigen, dass diese Bewertungsfaktoren aus *Optionspreisen* abgeleitet werden können.[28] Hier wird allerdings nur die **Struktur** gleichgewichtiger Bewertungsfunktionen benötigt.

Die **Bewertungsfaktoren** $R(\theta(t))$ beinhalten die **Zeit- und Risikopräferenzen** der Kapitalmarktteilnehmer sowie ihre Erwartungen, ausgedrückt in subjektiven Wahrscheinlichkeiten für das Eintreten eines Zustands $\theta(t)$. Darüber hinaus enthalten sie auch implizit den Zinssatz für sichere Anlagen. Bezeichnet i_1 den sicheren Zins für die erste Periode, so berechnet sich zB der Marktwert einer in $t = 1$ mit Sicherheit erzielten Geldeinheit durch:

$$\frac{1}{1+i_1} = \sum_{\theta(1)\in\Theta(1)} R\big(\theta(t)\big) \tag{16}$$

Die in (15) angegebene Bewertungsfunktion berücksichtigt grundsätzlich mehrperiodige Zahlungswirkungen. In diesem Kapitel stehen aber immer noch **kurzfristig wirksame Entscheidungen** auf der Basis von KLR-Daten im Mittelpunkt. Für die weiteren Ausführungen sei deshalb – im Einklang mit der im 2. Kapitel: *Die Kosten- und Leistungsrechnung als Entscheidungsrechnung* dargestellten Charakterisierung der kurzfristigen Wirksamkeit – unterstellt, dass die in der laufenden Periode getroffenen Entscheidungen keinerlei Konsequenzen für künftige Entscheidungsfelder aufweisen. Dann können die Marktwerte aller Überschüsse der Folgeperioden vernachlässigt werden, weil sie nicht von den Maßnahmen abhängen, die in der aktuellen Periode zu treffen sind.

Für kurzfristig wirksame Entscheidungen interessieren nur die **Marktwerte** der in $t = 1$ anfallenden Überschüsse, die als Beitrag des in der laufenden Periode realisierten Produktionsprogramms zum gesamten Unternehmenswert aufgefasst werden können. Dann lautet die **Bewertungsfunktion**:

$$W = \sum_{\theta\in\Theta} \ddot{U}(\theta)\cdot R(\theta) \tag{17}$$

Eine wichtige Eigenschaft dieser Bewertungsfunktion (aber auch derjenigen in (15)) ist die **Wertadditivität**.[29] Interessiert man sich zB für den Wert einer risiko-

---

[28] Vgl dazu etwa *Banz* und *Miller* (1978) sowie *Breeden* und *Litzenberger* (1978).

[29] Vgl zur Wertadditivität allgemein *Schall* (1972).

behafteten Überschussstruktur $\tilde{\ddot{U}}$, die sich als Summe zweier Überschussstrukturen $\tilde{\ddot{U}}_1$ und $\tilde{\ddot{U}}_2$ darstellen lässt (es gilt also $\tilde{\ddot{U}} = \tilde{\ddot{U}}_1 + \tilde{\ddot{U}}_2$), dann folgt:

$$W[\tilde{\ddot{U}}] = \sum_{\theta \in \Theta} \ddot{U}(\theta) \cdot R(\theta) = \sum_{\theta \in \Theta} \left(\ddot{U}_1(\theta) + \ddot{U}_2(\theta)\right) \cdot R(\theta) =$$

$$= \sum_{\theta \in \Theta} \ddot{U}_1(\theta) \cdot R(\theta) + \sum_{\theta \in \Theta} \ddot{U}_2(\theta) \cdot R(\theta) = W[\tilde{\ddot{U}}_1] + W[\tilde{\ddot{U}}_2]$$

Der Marktwert einer Summe von Zufallsvariablen ergibt sich also einfach durch die **Summe der Marktwerte** der einzelnen Zufallsvariablen, die quasi als isolierte Finanztitel behandelt werden können und deren Marktwerte so in die Berechnung des Gesamtwertes eingehen, als wären sie einzeln am Markt vorhanden.

Beispiel

Es sei $T = 1$, so dass auf die Zeitindizierung der Zustände verzichtet werden kann. Es können drei Zustände eintreten. Die Überschüsse des zu bewertenden Finanztitels und die zustandsabhängigen Bewertungsfaktoren lauten:

Zustand	θ_1	θ_2	θ_3
Überschuss $\ddot{U}$ (θ)	100	200	300
Bewertungsfaktor R (θ)	0,3	0,25	0,25

Der Marktwert des Finanztitels ergibt sich wie folgt:

$$W = 100 \cdot 0{,}3 + 200 \cdot 0{,}25 + 300 \cdot 0{,}25 = 155$$

Der sichere Zins lautet: $\frac{1}{1+i} = 0{,}3 + 0{,}25 + 0{,}25 = 0{,}8 \;\Rightarrow\; i = \frac{1}{0{,}8} - 1 = 0{,}25$

Struktur des optimalen Produktionsprogramms und Irrelevanz der Fixkosten

Zur Anwendung der in (17) angegebenen Bewertungsfunktion sind die **Zahlungsüberschüsse** des Produktionsprogramms anzusetzen. Dazu wird unterstellt, dass die Stückdeckungsbeiträge $\tilde{d}_j$ der einzelnen Produkte stets zahlungswirksam sind. Bei den Fixkosten kann diese Annahme aber nicht aufrechterhalten werden, was am Beispiel der Abschreibungen sofort einsichtig ist. Hier sind also nur die (ggf stochastischen) *zahlungswirksamen* Fixkosten $\tilde{K}^{FZ}$ (zB fixe Gehaltszahlungen etc) relevant. Der für die Marktbewertung relevante **Zahlungsüberschuss** $\ddot{U}$ ergibt sich somit aus:

$$\tilde{\ddot{U}} = \sum_{j=1}^{J} x_j \cdot \tilde{d}_j - \tilde{K}^{FZ}$$

Unter Berücksichtigung der Wertadditivität folgt für den **Marktwertbeitrag** des in der Betrachtungsperiode realisierten Programms:

$$W[\tilde{\ddot{U}}] = W\left[\sum_{j=1}^{J} x_j \cdot \tilde{d}_j - \tilde{K}^{FZ}\right] = \sum_{j=1}^{J} W\left[x_j \cdot \tilde{d}_j\right] - W\left[\tilde{K}^{FZ}\right] = \\ = \sum_{j=1}^{J} W[\tilde{d}_j] \cdot x_j - W[\tilde{K}^{FZ}] = \sum_{j=1}^{J} w_j \cdot x_j - W[\tilde{K}^{FZ}] \qquad (18)$$

mit $w_j = W[\tilde{d}_j]$ für $j = 1, ..., J$. Daraus folgt, dass die **Fixkosten** für die Entscheidungsfindung nach wie vor **irrelevant** sind. Die nicht zahlungswirksamen Fixkosten gehen ohnehin nicht in die Marktbewertung ein. Und die zahlungswirksamen Fixkosten mögen stochastisch sein oder nicht; in jedem Fall sind sie unabhängig von den Entscheidungsvariablen und daher wegen der **Wertadditivität** für die Bestimmung des optimalen Programms bedeutungslos.

Die in (18) dargestellte Zielfunktion weist große Ähnlichkeit mit derjenigen bei Sicherheit auf, weil an die Stelle der sicheren Stückdeckungsbeiträge lediglich die **Marktwerte der Stückdeckungsbeiträge** w_j treten. Insofern ist die **Lösungsstruktur** völlig **analog** zur Lösungsstruktur bei Sicherheit. Das optimale Produktionsprogramm besteht – unter den gegebenen Annahmen (nur eine wirksame Mehrproduktrestriktion ohne Absatzobergrenzen) – nämlich auch jetzt nur aus einem Produkt: Die Kapazität wird vollständig durch das Produkt mit dem höchsten spezifischen Marktwert des Stückdeckungsbeitrags belegt. Dieser spezifische Marktwert ergibt sich aus:

$$\hat{w}_j = \frac{W[\tilde{d}_j]}{v_j}$$

Im **Ergebnis** bleiben also bei der Marktwertmaximierung die Struktureigenschaften der Planungsansätze bei sicheren Erwartungen weiterhin gültig; man braucht „lediglich" mit den **Marktwerten** w_j der Stückdeckungsbeiträge zu rechnen. Diese Zusammenhänge gelten natürlich nicht nur für den hier betrachteten Fall mit nur einer wirksamen Mehrproduktrestriktion; sie sind auch für allgemeinere Entscheidungssituationen anwendbar.

Beispiel

Es wird das bereits oben betrachtete Beispiel mit zwei Produkten betrachtet: Der Deckungsbeitrag von Produkt 1 kann mit jeweils gleicher Wahrscheinlichkeit entweder 10 oder 20 betragen. Produkt 2 ist dagegen sicher und beschert einen Deckungsbeitrag von 14. Jedes Produkt benötigt 5 Stunden je Stück auf dem mit 1.400 Stunden zur Verfügung stehenden Fertigungsaggregat. Fixkosten liegen nicht vor.

Die angegebenen Eintrittswahrscheinlichkeiten für die beiden Zustände und demnach die subjektiven *Erwartungswerte* der Deckungsbeiträge sind im Rahmen der Marktwertmaximierung unbeachtlich. Dafür seien zuerst folgende Bewertungsfaktoren unterstellt:

$$R(\theta_1) = R(\theta_2) = 0{,}4$$

Der sichere Zins beträgt also wieder 25%. Die Marktwerte lauten

$$w_1 = 10 \cdot 0{,}4 + 20 \cdot 0{,}4 = 12; \quad w_2 = 14 \cdot 0{,}4 + 14 \cdot 0{,}4 = 11{,}2$$

Wegen der für beide Produkte gleichen Kapazitätsbeanspruchung hat das Produkt mit dem höheren Marktwert des Stückdeckungsbeitrags auch den höheren spezifischen Marktwert. Mithin wird im optimalen Programm ausschließlich Produkt 1 mit 280 Stück gefertigt. Alternativ seien aber folgende Bewertungsfaktoren unterstellt:

$$R(\theta_1) = 0{,}6;\ R(\theta_2) = 0{,}2$$

Der sichere Zins ist zwar mit 25% unverändert, doch werden die Überschüsse in den beiden Zuständen vom Markt nicht mehr als gleich wertvoll eingeschätzt. Wegen des konstanten Zinssatzes bleibt zwar der Marktwert von Produkt 2 mit 11,2 bestehen, doch lautet der Marktwert für Produkt 1 jetzt

$$w_1 = 10 \cdot 0{,}6 + 20 \cdot 0{,}2 = 10$$

Weil das Produkt 1 seine höchsten Überschüsse in dem Zustand erbringt, der vom Markt relativ schwach bewertet wird, schneidet es nun im Vergleich mit dem sicheren Produkt 2 schlechter ab. Jetzt ist es sinnvoll, die Kapazität ausschließlich mit Produkt 2 zu belegen, obwohl sich hinsichtlich der subjektiven *Erwartungswerte* nichts geändert hat.

Marktwertmaximierung und Diversifikation

Auf den ersten Blick ist es überraschend, dass im Rahmen der Marktwertmaximierung keine **Diversifikationsüberlegungen** relevant zu sein scheinen. Man würde bei risikoorientierten Planungen erwarten, dass eine „geschickte Mischung" der ins Programm aufgenommenen Variablen zu einer Risikoreduzierung führt – und dies sollte bei risikoscheuen Investoren nicht nur vorteilhaft sein, sondern auch die **Programmpolitik beeinflussen**. Dieser Aspekt spielt im Rahmen des obigen Szenarios (eine wirksame Mehrproduktrestriktion ohne Absatzobergrenzen) offenbar keine Rolle, weil die gesamte Kapazität stets durch das Produkt mit dem größten spezifischen Marktwert des Stückdeckungsbeitrags belegt wird – unabhängig davon, ob die Aufnahme anderer Produkte zu einer Verminderung des (etwa durch die Varianz der Überschüsse gemessenen) Risikos führen könnte.

Die Orientierung am Ziel der Marktwertmaximierung bedeutet indes nicht, dass Diversifikationsaspekte völlig unbeachtlich wären; sie gehen nur in einer ganz spezifischen Form in die Optimierung ein. Bei der Maximierung von Marktwerten spielt es unter Beachtung der **Wertadditivität** nämlich keine Rolle, in welchem Umfang das **unternehmensspezifische Risiko** (zB gemessen mit der Varianz der Überschüsse des Unternehmens) durch eine bestimmte Programmpolitik reduziert werden kann. Stattdessen sind in den Marktwerten w_j implizit **andere Diversifikationsaspekte** enthalten, die sich in der **Korrelation zu bestimmten Marktfaktoren** manifestieren.

„*Spanning*" und „*Competitivity*"

Die Eigenschaft der Marktwertmaximierung, bei unsicheren Erwartungen als Dominanzkriterium und für alle Eigner einmütige Zielsetzung dienen zu können, beruht im Wesentlichen auf zwei Bedingungen:[30]

Spanning: Unternehmen schaffen durch ihre Investitions- und Produktionsentscheidungen risikobehaftete Zahlungsstrukturen. Investoren können auf dieser Grundlage durch die Zusammenstellung eines *Portefeuilles* von Anlagen die ihren Präferenzen am besten entsprechende Konsumstruktur bilden. Damit sich Unternehmen bei ihren Entscheidungen ausschließlich am Marktwert der Beteiligungstitel ausrichten können, darf außer diesem „Reichtumseffekt" kein anderer Effekt wirksam sein, der die Bildung von Konsumstrukturen seitens der Investoren tangieren könnte. Dafür ist es erforderlich, dass ein bestimmtes Unternehmen durch seine Entscheidungen *keine „völlig neue" Rückflussstruktur* schaffen kann, die am Kapitalmarkt bislang nicht vorhanden ist und auch durch Portefeuillebildung aus bereits am Markt vorhandenen Titeln nicht erzeugt werden kann. Diese Bedingung bezeichnet man als *Spanning*, weil sie formal darauf hinausläuft, dass die bestehenden Finanztitel am Kapitalmarkt einen *Vektorraum aufspannen*, der durch Investitions- und Produktionsentscheidungen eines betrachteten Unternehmens nicht verändert wird.

Competitivity: Marktwerte bei arbitragefreien Kapitalmärkten ergeben sich letztlich durch die Anwendung bestimmter Bewertungsfaktoren. Würden sich nun diese Faktoren durch die Produktionsentscheidungen eines einzelnen Unternehmens ändern, änderte sich faktisch das gesamte Bewertungssystem des Marktes. Dies wiederum hätte einerseits Konsequenzen für die Möglichkeit der Investoren, bei individuell gegebenem Budget risikobehaftete Konsumstrukturen durch Portefeuilles zu bilden; andererseits wären dadurch auch die Marktwerte aller anderen Unternehmen tangiert. Insofern setzt die Marktwertmaximierung für ein einzelnes Unternehmen voraus, dass das Bewertungssystem konstant bleibt. Dies wird als *Competitivity* bezeichnet und entspricht der Annahme eines konstanten Zinssatzes im Rahmen der Kapitalwertmaximierung bei sicheren Erwartungen.

Zur Verdeutlichung dieser Aussage sei die Zielfunktion (17) mit Hilfe der **zustandsspezifischen Eintrittswahrscheinlichkeiten** $\phi(\theta)$ (alle Wahrscheinlichkeiten seien strikt größer als null) wie folgt umgeschrieben:

$$W = \sum_{\theta \in \Theta} \ddot{U}(\theta) \cdot R(\theta) = \sum_{\theta \in \Theta} \ddot{U}(\theta) \cdot \frac{R(\theta)}{\phi(\theta)} \cdot \phi(\theta) = \sum_{\theta \in \Theta} \ddot{U}(\theta) \cdot \varphi(\theta) \cdot \phi(\theta)$$

$$\text{mit } \varphi(\theta) = \frac{R(\theta)}{\phi(\theta)} \qquad \forall\, \theta \in \Theta$$

Dies lässt sich unter Berücksichtigung der Zinsbeziehung (16) und mit Cov als Kovarianzoperator auch darstellen als

$$W[\tilde{\ddot{U}}] = \mathrm{E}[\tilde{\ddot{U}} \cdot \tilde{\varphi}] = \mathrm{E}[\tilde{\ddot{U}}] \cdot \mathrm{E}[\tilde{\varphi}] + \mathrm{Cov}(\tilde{\ddot{U}}, \tilde{\varphi}) = \frac{\mathrm{E}[\tilde{\ddot{U}}] + \mathrm{Cov}\left(\tilde{\ddot{U}}, (1+i) \cdot \tilde{\varphi}\right)}{1+i}$$

30 Vgl *DeAngelo* (1981).

Geht man also von den Erwartungswerten als einem **erwarteten Erfolgsniveau** aus, dann wird dieses Erfolgsniveau korrigiert um einen **Risikoterm**, der die Korrelation zu einem Marktfaktor $(1+i)\cdot\tilde{\varphi}$ widerspiegelt; dieser Marktfaktor wird von den Bewertungsfaktoren und mithin von der Wertschätzung zustandsabhängiger Zahlungen durch den *gesamten Kapitalmarkt* beeinflusst. Je höher die Überschüsse des Unternehmens mit diesen Bewertungsfaktoren korreliert sind, desto größer ist der Marktwert und umgekehrt.

Insofern ist es günstig, wenn ein Unternehmen seine höchsten Überschüsse gerade in den Zuständen erzielt, für die der Markt die höchsten Bewertungsfaktoren vorsieht. Im Beispiel im Einschub ergab sich beim zweiten Satz von Bewertungsfaktoren diesbezüglich eine negative Korrelation für Produkt 1, das somit eine relative Verschlechterung gegenüber dem (sicheren) Produkt 2 erfuhr.

3.4. Virtuelle Marktwertmaximierung

Wenn das Produktionsprogramm direkt am Kapitalmarkt gehandelt werden kann, übernimmt der Kapitalmarkt die Risikodiversifikation des Produktionsprogramms, so dass dessen Ermittlung davon nicht beeinflusst wird, sondern mit Marktwerten bewertet wird. Nun ist die Handelbarkeit des Produktionsprogramms eher die Ausnahme als die Regel, und daher stellt sich die Frage, ob der Kapitalmarkt dennoch genutzt werden kann, Risiken des Produktionsprogramms zu diversifizieren.

Dazu genügt es zu berücksichtigen, dass Anteilseigner *neben* den Aktivitäten auf der (institutionalen) Unternehmensebene Veranlagungen am Kapitalmarkt durchführen. Betrachtet man ein **Portefeuille aus Finanztiteln** zusammen mit dem Produktionsprogramm, kann ebenfalls eine Diversifikation und Streuung der Einkommensrisiken aus dem Produktionsprogramm erreicht werden. Dies gilt unabhängig davon, ob die Beteiligungstitel des betrachteten Unternehmens selbst handelbar sind oder nicht. Mit dieser erweiterten Betrachtung durch Einbeziehung der Portefeuillewahl der Anteilseigner kann das **Produktionsprogramm** von der Diversifikationsaufgabe *„entlastet"* werden – denn diversifizieren kann man auch durch entsprechende Kapitalmarkttransaktionen. Im Folgenden wird gezeigt, dass unter bestimmten Bedingungen die Programmpolitik so gestaltet werden kann, *als wären* die Beteiligungstitel am Kapitalmarkt handelbar – das Unternehmen maximiert mithin seinen ***virtuellen*** **Marktwert**![31]

Dazu sei wiederum ein Kapitalmarkt betrachtet, der die oben erläuterten Bedingungen *Spanning* und *Competitivity* erfüllt. Diese beiden Bedingungen implizieren, dass die Marktbewertung der Überschüsse des bislang nicht börsennotierten Unternehmens nach den Grundsätzen einer arbitragefreien Marktbewertung unter Verwendung der bestehenden **Bewertungsfaktoren** vorgenommen würde, falls sich das Unternehmen – *ceteris paribus* – zu einer Börseneinführung des Produktionspro-

---

31 Vgl zur folgenden Darstellung ausführlich *Ewert* (1996).

gramms entschließen würde. Der Beitrag der aus dem Produktionsprogramm resultierenden Überschüsse zum (fiktiven) Marktwert wäre demnach wie in (18):

$$W[\tilde{\tilde{U}}] = W\left[\sum_{j=1}^{J} x_j \cdot \tilde{d}_j - \tilde{K}^{FZ}\right] = \sum_{j=1}^{J} W[x_j \cdot \tilde{d}_j] - W[\tilde{K}^{FZ}] =$$

$$= \sum_{j=1}^{J} W[\tilde{d}_j] \cdot x_j - W[\tilde{K}^{FZ}] = \sum_{j=1}^{J} w_j \cdot x_j - W[\tilde{K}^{FZ}]$$

Dabei ist

$$w_j = W[\tilde{d}_j] = \sum_{\theta \in \Theta} d_j(\theta) \cdot R(\theta)$$

Sei nun W^m der Wert des (fiktiv) marktwertmaximalen Programms (nachfolgend als PM gekennzeichnet). Angenommen, der Unternehmer realisiert ein anderes Programm, etwa dasjenige, das aus der Maximierung des individuellen Erwartungsnutzens resultieren würde (im Folgenden als PE gekennzeichnet). Der (fiktive) Marktwert dieses Programms sei W^e, und es gilt:

$$W^e < W^m$$

Unter Berücksichtigung der Portefeuilleaktivitäten kann dieses Programm PE jedoch **nicht optimal** sein. Der Unternehmer kann seine Position nämlich wie folgt verbessern:

- An Stelle des bisher geplanten Programms PE realisiert der Unternehmer das **marktwertmaximale** Programm PM.
- Auf Grund von *Spanning* gibt es ein Portefeuille, welches die Überschüsse des marktwertmaximalen Programms PM nachgebildet. Unter Verwendung der gegebenen Bewertungsfaktoren $R(\theta)$ hat dieses Portefeuille einen Gesamtpreis von W^m.
- Führt der Unternehmer nun einen **Leerverkauf dieses Portefeuilles** durch, erhält er insgesamt den Betrag W^m, verliert aber die Überschüsse des marktwertmaximalen Programms PM, weil er dessen Überschüsse ja zur Bedienung der Verpflichtungen aus dem leerverkauften Portefeuille benötigt.
- Er verwendet aber den Leerverkaufserlös W^m zum Kauf eines *anderen* Portefeuilles, das die Überschüsse des ursprünglich geplanten Programms PE nachbildet (wegen *Spanning* existiert ein solches Portefeuille). Für diese Transaktion werden bei gegebenen Bewertungsfaktoren $R(\theta)$ Mittel in Höhe von W^e benötigt.

Nach Durchführung der beschriebenen Maßnahmen hat der Unternehmer am Periodenende zunächst die **gleiche finanzielle Position** wie vorher: Auf der Unternehmensebene wird zwar das marktwertmaximale Programm realisiert, dessen Überschüsse jedoch durch einen entsprechenden Leerverkauf bereits verbraucht sind. Dafür hat der Unternehmer die ursprünglichen Überschüsse *via* Portefeuillebildung am Markt zurück erworben, und wegen $W^e < W^m$ verbleibt für ihn am **Periodenbeginn ein positiver Betrag** in Höhe der Differenz aus dem Leerverkaufserlös und dem Mittelbedarf für das zweite Portefeuille:

$$W^m - W^e > 0$$

Wird dieser Betrag zB sicher investiert, ergibt sich eine dominant **bessere finanzielle Position** am Periodenende; andererseits könnte der Unternehmer die Differenz auch am Periodenbeginn konsumieren, ohne dass bisherige Konsumplanungen tangiert würden. Insofern kann sich der Unternehmer unter den gesetzten Bedingungen stets verbessern, falls auf der Unternehmensebene nicht dasjenige Programm realisiert wird, welches den (fiktiven) Marktwert des Unternehmens maximieren würde.

Diskussion

Nach diesen Ergebnissen kann die Programmpolitik so gestaltet werden, dass sie den **virtuellen Marktwert** des an sich nicht direkt handelbaren Produktionsprogramms **maximiert**. Diese Politik hat dieselben Eigenschaften wie diejenige der Marktwertmaximierung. Ihre **Lösungs*struktur*** ist also analog zu derjenigen bei sicheren Erwartungen; **Fixkosten und Anfangsvermögen sind irrelevant** für die optimale Lösung. Diese Ergebnisse bleiben auch dann gültig, wenn man die Analyse explizit im Mehrperiodenkontext bei fehlenden zeitlichen Interdependenzen im Entscheidungsfeld durchführt.[32]

Für die praktische Durchführung von Entscheidungsrechnungen bei unsicheren Erwartungen werden damit erhebliche Erleichterungen geschaffen, weil man letztlich solche Planungskalküle wie bei sicheren Erwartungen verwenden kann. Im Grunde wird wieder ein **Separationstheorem** angewendet: Die Politik auf der Ebene des (institutionalen) Unternehmens kann gemäß einer *a priori* bekannten Zielsetzung bestimmt werden, ohne dass auf die individuellen Konsumpräferenzen der Eigner zurückgegriffen werden müsste. Diese werden erst im zweiten Schritt relevant, wenn die Transformation der aus der Unternehmenspolitik folgenden Risiken durch Kapitalmarkttransaktionen auf der personalen Ebene stattfindet.

Es wird deutlich, dass für die virtuelle Marktwertmaximierung nicht mehr und nicht weniger **Annahmen** erforderlich sind als bei der Begründung der Marktwertmaximierung als sinnvolle Zielsetzung. Darüber hinaus betreffen diese Annahmen auch den gleichen Bereich des Kapitalmarkts, denn letztlich geht es stets um die *Spanning*-Eigenschaften derjenigen Finanztitel, die am Markt außer denen des betrachteten Unternehmens existieren (nur damit können ja die Überschüsse einer bestimmten Politik des betrachteten Unternehmens reproduziert werden). Wenn man somit bei börsennotierten Unternehmen für die Marktwertmaximierung plädiert und daher implizit von *Spanning* und *Competitivity* ausgeht, muss man auch die virtuelle Marktwertmaximierung für nicht börsennotierte Unternehmen akzeptieren.

Ob diese Überlegungen zur Programm- und Portefeuillepolitik solche Aspekte beschreiben, an denen sich Unternehmer bei nicht handelbaren Produktionsprogrammen täglich auszurichten pflegen, steht auf einem anderen Blatt. Bekanntlich

---

32 Vgl *Ewert* (1996), S. 549 – 553.

jongliert nicht jeder gleichermaßen virtuos mit den Möglichkeiten moderner Kapitalmärkte. Sofern ein Entscheidungsträger die aufgezeigten Portefeuillepolitiken gar nicht oder nur in geringem Umfang in seine Überlegungen einbezieht, gewinnen die im Abschnitt 3.2 aufgezeigten Grundsätze für die Entscheidungsfindung bei der **Orientierung am individuellen Erwartungsnutzen** nach und nach an Bedeutung.

Beispiel

Betrachtet wird das obige Beispiel für das erwartungsnutzenmaximale Programm mit logarithmischer Nutzenfunktion $2 \cdot \ln(\omega)$ohne Fixkosten und mit $\omega_0 = 0$:

Produkt 1: Deckungsbeitrag entweder 10 oder 20 mit gleicher Wahrscheinlichkeit
Produkt 2: Sicherer Deckungsbeitrag in Höhe von 14
Kapazität: 1.400 Stunden; jedes Produkt benötigt 5 Stunden je Stück

Das *erwartungsnutzenmaximale* Programm war:

$$x_1^* = 163{,}\overline{3}; \quad x_2^* = 116{,}\overline{6}$$

Daraus resultieren am Periodenende folgende Überschüsse:

$$\ddot{U}^*(\theta_1) = 163{,}\overline{3} \cdot 10 + 116{,}\overline{6} \cdot 14 = 3.266{,}\overline{6}$$
$$\ddot{U}^*(\theta_2) = 163{,}\overline{3} \cdot 20 + 116{,}\overline{6} \cdot 14 = 4.900$$

Die Bewertungsfaktoren am Kapitalmarkt seien:

$$R(\theta_1) = R(\theta_2) = 0{,}4 \qquad (i = 0{,}25)$$

Das *marktwertmaximale* Programm beinhaltet mithin nur Produkt 1 mit $x_1^m = 280$ und folgenden Überschüssen:

$$\ddot{U}^m(\theta_1) = 280 \cdot 10 = 2.800; \quad \ddot{U}^m(\theta_2) = 280 \cdot 20 = 5.600$$

Die Marktwerte der beiden Programme lauten: $W^e = 3.266{,}\overline{6}; W^m = 3.360$. (Der Wert von W^e entspricht hier zufällig dem von $\ddot{U}^*(\theta_1)$.)

Am Kapitalmarkt seien zwei Finanztitel n = 1,2 mit den Überschüssen $\ddot{u}_n(\theta)$ vorhanden. Der erste repräsentiert die sichere Anlage, der zweite dagegen ein unsicheres Papier:

$$\ddot{u}_1(\theta_1) = \ddot{u}_1(\theta_2) = 1; \ddot{u}_2(\theta_1) = 2, \ddot{u}_2(\theta_2) = 6$$

Für die Marktwerte dieser Titel folgt daraus $W_1 = 0{,}8; W_2 = 3{,}2$.

Die **Nachbildung** der Überschüsse des marktwertmaximalen Programms ergibt sich aus: $\zeta_1^m \cdot 1 + \zeta_2^m \cdot 2 = 2.800$ und $\zeta_1^m \cdot 1 + \zeta_2^m \cdot 6 = 5.600$.

Daraus folgt $\zeta_1^m = 1.400$ und $\zeta_2^m = 700$. Man müsste also 700 Stück des unsicheren Titels erwerben und in Höhe von 1.400 · 0,8 = 1.120 Geld zum Zinssatz von 25% am Kapitalmarkt anlegen. Ein *Leerverkauf* dieses Portefeuilles beinhaltet demnach eine Verschuldung in Höhe von 1.120 und einen Leerverkauf des unsicheren Papiers im Umfang von 700 Stück. Der daraus erhältliche Leerverkaufserlös beträgt:

$$1.120 + 700 \cdot 3{,}2 = 3.360 = W^m$$

Zur Duplizierung der Überschüsse des erwartungsnutzenmaximalen Programms wäre dagegen folgendes Portefeuille erforderlich:

$\zeta_1^e = 2.450; \zeta_2^e = 408,\overline{3}$

Hier würde man also Geld im Umfang von 2.450 · 0,8 = 1.960 anlegen und $408,\overline{3}$ Stück des unsicheren Titels erwerben (allfällige Ganzzahligkeitserfordernisse werden vernachlässigt). Der daraus resultierende Mittelbedarf beträgt

$$1.960 + 408,\overline{3} \cdot 3,2 = 3.266,\overline{6} = W^e$$

Realisiert der Unternehmer nun das marktwertmaximale Programm, verkauft das erste Portefeuille leer und erwirbt das zweite, lauten seine am Periodenende verbleibenden Überschüsse wie folgt:

$$\ddot{U}(\theta_1) = 2.800 - 2.800 + 3.266,\overline{6} = 3.266,\overline{6} = \ddot{U}^*(\theta_1)$$

$$\ddot{U}(\theta_2) = 5.600 - 5.600 + 4.900 = 4.900 = \ddot{U}^*(\theta_2)$$

Am Periodenbeginn verfügt er aber über zusätzliche Mittel in Höhe von:

$$W^m - W^e = 3.360 - 3.266,\overline{6} = 93,\overline{3}$$

Wird dieser Betrag zB in die sichere Anlage investiert, erhält man am Periodenende in jedem Zustand einen zusätzlichen Erlös von

$$93,\overline{3} \cdot 1,25 = 116,\overline{6}$$

Auf diese Weise wird eine dominant bessere Position erreicht als bei Realisierung der ursprünglich geplanten Politik. Der Unternehmer wird freilich nicht gezwungen, die zusätzlichen Mittel sicher zu investieren. Wählt er diesbezüglich eine andere Politik, dann muss sie für ihn allerdings noch besser sein als bei sicherer Geldanlage, so dass die Schlussfolgerung noch verstärkt wird.

4. Zusammenfassung

Für Entscheidungsrechnungen bei unsicheren Erwartungen existieren mehrere Ansätze. Zunächst kann es sinnvoll sein, Vorstellungen über die Bedeutung der Unsicherheit für das vorliegende Entscheidungsproblem zu entwickeln. Dazu eignen sich **Break Even-Analysen**, die als nicht stochastische und stochastische Varianten angewandt werden können. Bei den nicht stochastischen Varianten geht es um die Ermittlung solcher Produktionsmengen bzw Mengenkombinationen, bei denen weder ein Gewinn noch ein Verlust erzielt wird oder eine andere Entscheidung, wie eine Verfahrenswahl, umschlägt. Die Grundsätze dafür lassen sich für vielfältige Fragestellungen einsetzen. Insbesondere können auch „Risikokennzahlen" in Form des **Sicherheitskoeffizienten** und des ***Operating Leverage*** ermittelt werden. Deren Problematik besteht jedoch darin, dass sie unabhängig von den eigentlichen Wahrscheinlichkeitsverteilungen der unsicheren Größen berechnet werden. Um Vorstellungen hinsichtlich solcher Gewinnverteilungen zu entwickeln, kann eine **stochastische Break Even-Analyse** durchgeführt werden, die in der Praxis unter dem Stichwort ***Cash Flow at Risk*** verbreitet ist. Das Problem aller Break Even-Analysen besteht darin, dass offen bleibt, wie letztlich zu entscheiden ist und wie demnach die Lösungsstruktur bei unsicheren Erwartungen aussieht.

Die expliziten Auswirkungen unsicherer Erwartungen wurden anhand eines Programmplanungsproblems für verschiedene Ausprägungen des *Entscheidungskontextes* untersucht. Wenn das Produktionsprogramm nicht handelbar ist und individuelle Portefeuilleentscheidungen der Anteilseigner ausgeblendet werden, kommt die **Maximierung des Erwartungsnutzens** (***Bernoulli*-Prinzip**) zum Tragen; dabei ist das Produktionsprogramm simultan sowohl für die **Höhe** als auch die **Risikostruktur** des Einkommens bzw Endvermögens des Unternehmers zuständig. Damit sind auch **unternehmensspezifische Diversifikationsaspekte** für die Programmplanung bedeutsam; außerdem kann sich für bestimmte Nutzenfunktionen eine **Relevanz der Fixkosten** für die Entscheidungsfindung ergeben. Sofern außer den Deckungsbeiträgen die Fixkosten selbst risikobehaftet sind, sind sie bei risikoscheuen Entscheidungsträgern so gut wie immer entscheidungsrelevant.

Wenn das Produktionsprogramm direkt am Kapitalmarkt handelbar ist, kommt die **Marktwertmaximierung** als Zielsetzung zur Anwendung. Dafür ergeben sich zum Teil analoge Resultate wie für die Programmplanung bei sicheren Erwartungen, denn die *Lösungsstruktur* des Programmplanungsproblems entspricht faktisch derjenigen bei Sicherheit; an die Stelle der sicheren Deckungsbeiträge sind lediglich die Marktwerte der Deckungsbeiträge zu setzen. **Fixkosten** erweisen sich wegen der Eigenschaft der Wertadditivität als für die Entscheidungsfindung **irrelevant**. Im Rahmen der Marktwertmaximierung spielen **Diversifikationsaspekte** eine Rolle. Diese befinden sich allerdings nicht auf der Unternehmensebene; sie sind stattdessen an **Marktfaktoren** zu messen.

Wenn die **Möglichkeit individueller Portefeuilleentscheidungen am Kapitalmarkt** berücksichtigt wird, können Diversifikationseffekte auch durch Kapitalmarkttransaktionen erzielt werden, so dass das Produktionsprogramm von der Funktion der Risikosteuerung entlastet werden kann. In diesem Fall kann das Produktionsprogramm analog zu einem handelbaren Produktionsprogramm optimiert werden, indem der **virtuelle Marktwert maximiert** wird; Fixkosten und Anfangsvermögen werden wieder irrelevant. Die für die virtuelle Marktwertmaximierung erforderlichen Bedingungen entsprechen denen, die ansonsten für die Begründung der Marktwertmaximierung bei handelbarem Produktionsprogramm herangezogen werden.

Fragen

F5-1 Warum ist es bei kurzfristig wirksamen Entscheidungsproblemen erforderlich, Aspekte der Unsicherheit explizit zu analysieren?

F5-2 Wie lauten die Fragestellungen einer Sensitivitätsanalyse, und welche Beziehungen bestehen zur Break Even-Analyse?

F5-3 Kann eine Einprodukt-*BEA* ausschließlich in einem Einproduktunternehmen angewandt werden?

F5-4 Welche „Risikomaßstäbe" der *BEA* kennen Sie, und welche Problematik bergen diese Maße?

F5-5 Worin unterscheiden sich die nicht stochastischen von den stochastischen Varianten der *BEA*?

F5-6 Welche Besonderheiten müssen bei einer Mehrprodukt-*BEA* beachtet werden?

F5-7 In einem Beitrag von *Miller* und *Morris* (1985) geht es um die Einsatzbedingungen einer Mehrprodukt-*BEA* mit risikobehafteten Deckungsbeiträgen. Die Analyse erfolgt in zwei Schritten. Im ersten Schritt wird ein „optimales" Produktionsprogramm auf Basis der Maximierung des Erfolgserwartungswertes ermittelt. Im zweiten Schritt werden dann unter der Bedingung der nunmehr bekannten „optimalen" Produktionsmengen die Wahrscheinlichkeitsinformationen für unterschiedliche Erfolgsniveaus berechnet. Was halten Sie von dieser Vorgehensweise?

F5-8 Warum sind *Spanning* und *Competitivity* so wichtig für die Akzeptanz der Zielsetzung der Marktwertmaximierung?

F5-9 Sind bei Marktwertmaximierung durch ein Unternehmen mit direkt handelbarem Produktionsprogramm Diversifikationseffekte bei der Bestimmung des optimalen Produktionsprogramms zu berücksichtigen?

F5-10 Unter welchen Bedingungen ist das optimale Produktionsprogramm bei Unsicherheit (und Marktwertmaximierung) identisch mit dem optimalen Produktionsprogramm bei Risikoneutralität des Entscheiders (ohne Möglichkeit der Nutzung des Kapitalmarkts)?

F5-11 Wie ist die Lösungsstruktur eines Programmplanungsproblems bei Risiko gekennzeichnet, wenn die Maximierung des Erwartungs*nutzens* angestrebt wird?

F5-12 Welche Schwierigkeiten bestehen bei der Festlegung der Nutzenfunktion des individuellen Entscheiders im Fall der Maximierung des Erwartungsnutzens des Produktionsprogramms?

F5-13 Wann können sichere und wann stochastische Fixkosten entscheidungsrelevant sein? Und warum können sie entscheidungsrelevant sein?

F5-14 Worin besteht der Unterschied zwischen Marktwertmaximierung und virtueller Marktwertmaximierung?

Probleme

P5-1 **Break Even-Analyse im Einproduktfall**. Ein Unternehmen fertigt ein Produkt, dessen Absatzpreis $p = 120$ und dessen variable Stückkosten $k = 80$ betragen.

a) Wie groß ist die Break Even-Menge bei Fixkosten in Höhe von 10.000, 20.000 und 30.000? Wie wäre die Frage bei einem Mindestgewinn von $\underline{G} = 35.000$ zu beantworten?

b) Die Fixkosten des laufenden Jahres werden mit 10.000 angesetzt. Nehmen Sie an, dass für die nächsten drei Jahre mit einer jährlichen Steigerungsrate der Fixkosten von 5% und einer jährlichen Steigerungsrate der variablen Stückkosten von 2% zu rechnen ist. Wie müssen sich die Absatzmengen entwickeln, damit ein jährlicher Mindestgewinn in Höhe von $\underline{G} = 20.000$ erreicht wird? Wie wäre diese Frage zu beantworten, wenn auch der Mindestgewinn zB um jährlich 10% steigen soll?

c) Nehmen Sie bei Teilaufgabe b) an, dass Absatzmengen oberhalb der Break Even-Menge des laufenden Jahres aus Gründen der begrenzten Aufnahmefähigkeit des Marktes nicht erreichbar sind. Wie müsste – bei einem pro Periode konstanten Absatz in Höhe der momentanen Break Even-Menge – die jährliche Steigerung der Absatzpreise ausfallen, um die obigen Mindestgewinne erreichen zu können?

d) Gehen Sie jetzt bei Teilaufgabe b) davon aus, dass keine Steigerung der variablen Stückkosten zu erwarten ist, aber eine jährliche Senkung der Absatzpreise von 3% droht. Wie müssten sich – bei gegebenem Absatz in Höhe der momentanen Break Even-Menge und gegebenen sonstigen Daten – die variablen Stückkosten entwickeln, um die in Teilaufgabe b) angestrebten Mindestgewinne erreichen zu können?

e) Gehen Sie von Fixkosten in Höhe von 20.000 und einem angestrebten Mindestgewinn von $\underline{G} = 40.000$ aus. Das gegenwärtige Absatzniveau beträgt 2.000 Stück. Wie groß sind Sicherheitskoeffizient und *Operating Leverage* für dieses Ausgangsniveau? Wie lassen sich diese Größen intuitiv interpretieren? Wie ändern sie sich, wenn die variablen Stückkosten 70, 60 oder 50 betragen?

P5-2 **Stochastische Break Even-Analyse**. Ein Einproduktunternehmen hat Fixkosten von 100.000 und erzielt einen Stückdeckungsbeitrag von 5. Die Absatzmengen sind risikobehaftet und im Intervall [2.000, 42.000] gleichverteilt.

a) Wie groß ist die Break Even-Wahrscheinlichkeit für Mindestgewinne von $\underline{G} =$ 0, 50.000 und 150.000? Wie groß ist die Wahrscheinlichkeit dafür, wenigstens die auszahlungswirksamen Fixkosten zu decken, wenn diese Bestandteile der Fixkosten 8.000, 20.000 oder 50.000 betragen?

b) Wie groß ist der maximale Erfolg, der mit einer Wahrscheinlichkeit von 70% überschritten wird?

P5-3 Break Even-Analyse im Mehrproduktfall. Ein Unternehmen fertigt fünf Produkte mit folgenden Stückdeckungsbeiträgen:

Produkt	$j=1$	$j=2$	$j=3$	$j=4$	$j=5$
Preis p_j	23	59	99	18	145
variable Kosten k_j	13	44	69	13	95

Die Fixkosten betragen 400.000.

a) Geben Sie eine allgemeine Darstellung sämtlicher Kombinationen von Absatzmengen, die zu einem Mindestgewinn von $\underline{G} = 50.000$ führen.

b) Die Produkte seien jetzt durch einen konstanten Absatzmix mit dem Produkt 1 als Leitprodukt gekennzeichnet. Die Absatzverhältnisse lauten wie folgt:

$$\beta_2 = 1; \quad \beta_3 = 2; \quad \beta_4 = 4; \quad \beta_5 = 6$$

Wie groß sind unter diesen Bedingungen die Break Even-Mengen der einzelnen Produkte? Durch welche Anteilskoeffizienten sind diese Break Even-Mengen im Rahmen der allgemeinen Darstellung von Teilaufgabe a) gekennzeichnet? Wie groß ist der Break Even-Umsatz?

c) Wie lautet der Break Even-Umsatz für Teilaufgabe a) unter Annahme einer besonders optimistischen oder besonders pessimistischen Einstellung?

P5-4 Produktionsprogrammplanung bei Risiko. Ein Unternehmen fertigt zwei Produktarten, deren (stets zahlungswirksame) Deckungsbeiträge risikobehaftet sind. Sie hängen vom Eintritt zweier Umweltzustände wie folgt ab:

Umweltzustand	θ_1	θ_2
Deckungsbeitrag d_1	33	21
Deckungsbeitrag d_2	25	31
Eintrittswahrscheinlichkeit ϕ_i	0,6	0,4

Das Unternehmen benötigt zur Herstellung beider Produkte ein Aggregat, für das folgende Mittelverbräuche v_j der Produkte $j = 1, 2$ und Verfügbarkeiten gegeben sind:

$$v_1 = 10; \; v_2 = 10; \; \overline{V} = 1.250$$

Bei allen folgenden Fragestellungen können Ganzzahligkeitsbedingungen vernachlässigt werden.

a) Bestimmen Sie das optimale Produktions- und Absatzprogramm des Unternehmens unter der Annahme der Erwartungswertmaximierung.

b) Gehen Sie jetzt davon aus, dass das Unternehmen den Erwartungs*nutzen* maximiert, wobei die Nutzenfunktion $U(\omega) = 10 \cdot \ln(\omega)$ zur Anwendung kommt. Bestimmen Sie das optimale Produktions- und Absatzprogramm bei Fixkosten von 0, 1.000 und 2.000 und einem Anfangsvermögen von 0.

c) Gehen Sie jetzt davon aus, dass das Unternehmen den Marktwert maximieren möchte, wobei folgende Bewertungsfaktoren gegeben sind:

$R(\theta_1) = 0{,}2;\ R(\theta_2) = 0{,}6$

Die zahlungswirksamen Fixkosten betragen 500 in θ_1 und 600 in θ_2. Wie lautet jetzt das optimale Produktions- und Absatzprogramm des Unternehmens? Verdeutlichen Sie in diesem Zusammenhang auch den Diversifikationsaspekt bezüglich eines stochastischen Marktfaktors.

P5-5 Produktionsprogramme, Risiko und Kapitalmarkt. Die Insel von Robinson und Freitag wurde vom Eingeborenenstamm des Häuptlings A. Smith in Besitz genommen. Die Zeiten unbeschränkter Jagd- und Fischmöglichkeiten sind für die beiden vorbei. Robinson gründet die Einzelfirma *„Speer & Nuss"*, deren Zweck Handel mit den Eingeborenen ist. Die Firma stellt eiserne Speerspitzen her und betreibt Kokosnussanbau und -vermarktung. Robinson stellt Freitag bei sich an. Seit kurzem ist auf der Insel durch Häuptling A. Smith die beliebig teilbare Muschelwährung eingeführt worden. Die „Preise", die Robinson für seine Erzeugnisse erzielen kann, hängen davon ab, wie viel jagdbares Wild auf der Insel vorhanden ist. Ist wenig Wild vorhanden (θ_1), bezahlen die Eingeborenen 15 Muscheln (Mu) je Speerspitze, aber 24 Mu je 100 Kokosnüsse. Ist Wild reichlich vorhanden (θ_2), erbringt eine Speerspitze 30 Mu, doch für 100 Kokosnüsse erhält man nur 20 Mu. Freitag fordert als Lohn für seine Tätigkeit 10 Mu je hergestellter Speerspitze und ebenfalls 10 Mu je 100 geernteter Kokosnüsse. Beide Wildlagen gelten als gleich wahrscheinlich, und die Eingeborenen nehmen faktisch unbegrenzt Speerspitzen und Kokosnüsse ab. Ist die Wildlage schlecht, verlangt Häuptling Smith 1.000 bar zu bezahlende Mu Miete für eine Palmhütte, in der sich die Schmiede und das Kokosnusslager befinden, bei guter Wildlage dagegen 2.019,75 Mu. Freitag erklärt sich bereit, in der Planungsperiode insgesamt 1.200 Stunden zu arbeiten. Er benötigt 5 Stunden, um eine Speerspitze zu schmieden und ebenfalls 5 Stunden, um 100 Kokosnüsse zu ernten. Handel mit den Eingeborenen findet nur an einem einzigen Tag am Ende der Planungsperiode statt. Erst zu diesem Zeitpunkt ist bekannt, welche Wildlage tatsächlich vorliegt. Deshalb muss das Produktionsprogramm aus Speerspitzen und Kokosnüssen vorab festgelegt werden.

a) Bestimmen Sie die Deckungsbeiträge in Mu je Speerspitze und je 100 Kokosnüsse für beide Umweltzustände.

b) Robinson überlegt, welches Programm er realisieren soll. In einem Gespräch mit Freitag schlägt dieser vor, den Erwartungswert des unsicheren Gewinnes zu maximieren. Robinson dagegen ist eher der Nutzenfunktion $U = \sqrt{G}$ zugeneigt (wobei G den Gewinn bezeichnet), deren Erwartungswert er maximieren würde. Welches Produktionsprogramm resultiert nach dem Vorschlag von Freitag und welches nach der Vorstellung von Robinson? Leiten Sie die Ausdrücke für Robinson's optimales Produktionsprogramm zunächst in Abhängigkeit von nicht konkretisierten Fixkosten $K^F(\theta_1) < K^F(\theta_2)$ her. Wie wirken sich die Fixkosten auf die Produktionsmengen aus? Wie lautet das optimale Programm für die oben konkret angegebenen Fixkostenbeträge?

c) Kurz vor Aufnahme der Produktion erscheint das Schiff eines Händlers, der berichtet, dass auf der Hauptinsel ein (Muschel-)Kapitalmarkt eröffnet wurde. An diesem Kapitalmarkt werden zwei Typen von Wertpapieren gehandelt, die folgende Überschussstruktur aufweisen: Wertpapier 1 hat die Rückflüsse [1; 0] und kostet heute $R(\theta_1)$ (man erhält also genau eine Mu bei guter Wildlage, sonst nichts); Wertpapier 2 kostet heute $R(\theta_2)$ und erbringt [0,1] als Rückflussstruktur. Beide Wertpapiere können unbeschränkt ge- und verkauft werden. Leerverkäufe sind ebenfalls unbeschränkt möglich. Robinson fragt den Händler wegen des Produktionsprogrammes um Rat. Er gibt an, dass Robinson's Produktionsprogramm gemäß Teilaufgabe a) einen heutigen Marktwert von 1084,05 Mu und Freitag's Produktionsprogramm einen heutigen Marktwert von 676,05 Mu hat. Ermitteln Sie die Preise für die beiden Wertpapiere aus diesen Angaben. Welche nachweisbare Eigenschaft weist der Muschelkapitalmarkt auf der Hauptinsel auf? Welche weitere Bedingung müsste noch erfüllt sein, damit Robinson sich am Marktwert orientieren könnte? Ist Robinson's Produktionsprogramm marktwertmaximal? Falls das nicht so ist, ermitteln Sie das marktwertmaximale Produktionsprogramm.

d) Zeigen Sie, dass das marktwertmaximale Produktionsprogramm für Robinson zu einem strikt besseren finanziellen Ergebnis führt als das erwartungsnutzenmaximale Programm. Gehen Sie davon aus, dass Robinson etwaige Überschüsse sicher am Muschelkapitalmarkt anlegt. Welche Form hat die sichere Anlage in diesem Fall?

Literaturempfehlungen

Allgemeine Literatur

Adar, Z., A. Barnea und *B. Lev*: A Comprehensive Cost-Volume-Profit Analysis Under Uncertainty, in: *The Accounting Review* 1977, S. 137 – 149.

Schweitzer, M. und *E. Troßmann*: *Break-Even-Analysen: Methodik und Einsatz*, 2. Auflage, Stuttgart 1998.

Spezielle Literatur

Ewert, R.: Fixkosten, Kapitalmarkt und (kurzfristig wirksame) Entscheidungsrechnungen bei Risiko, in: *Betriebswirtschaftliche Forschung und Praxis* 1996, S. 528 – 556.

Maltry, H.: Überlegungen zur Entscheidungsrelevanz von Fixkosten im Rahmen operativer Planungsrechnungen, in: *Betriebswirtschaftliche Forschung und Praxis* 1990, S. 294 – 311.

Schneider, D.: Entscheidungsrelevante fixe Kosten, Abschreibungen und Zinsen zur Substanzerhaltung – Zwei Beispiele von „Betriebsblindheit" in Kostentheorie und Kostenrechnung, in: *Der Betrieb* 1984, S. 2521 – 2528.

Welzel, O.: *Möglichkeiten und Grenzen der Stochastischen Break-Even-Analyse als Grundlage von Entscheidungsverfahren*, Heidelberg 1987.

6

Kostenmanagement

Die RBS GmbH ist ein kleineres Unternehmen in der Unterhaltungsbranche. Es ist spezialisiert auf Minimusikgeräte. Am 6. April treffen sich der Geschäftsführer Rolf B. Schnellast, Carmen Hohenberg in ihrer Eigenschaft als Produktmanager, die für Controlling und Kostenrechnung zuständige Brigitta Barig (von den übrigen liebevoll BB genannt) und der Produktentwickler Vinzenz Urban, das „Genie", zu einer Strategiesitzung. Diese wurde auf Verlangen von Carmen Hohenberg einberufen, weil sie zur Auffassung kam, dass das „Genie" ein tolles neues Produkt erdacht habe, dessen Markteinführung diskutiert werden sollte.

Rolf B. Schnellast eröffnet die Sitzung kurz nach 9 Uhr und bittet Urban, kurz sein neues Produkt vorzustellen. Urban: „Wie Sie alle wissen, arbeite ich bereits seit längerem an einer Idee zur weiteren Miniaturisierung unserer tragbaren Endspielgeräte. Die Probleme liegen einmal im Speichermedium, das noch immer viel zu wenig aufnahmefähig ist, und dann im relativ hohen Stromverbrauch, was viel Batteriekraft benötigt, und das macht es wiederum klobig. Ich experimentiere derzeit mit Supraleitern und mit den bekannten Masse-Bewegungszusammenhängen. Darf ich Ihnen das ein bisschen näher erklären: Also, die Supraleiter sind erst kürzlich ..." „Zur Sache, bitte. Was haben Sie erreicht?" fällt ihm Rolf B. ins Wort. Urban ist ob der Uninteressiertheit des Geschäftsführers einigermaßen pikiert. Na ja.

Er fährt fort: „Wie Sie meinen. Also, die Sache ist die: Wenn man die Temperatur im Inneren des Geräts entsprechend kontrolliert, kann man unter Ausnutzung der physikalischen Leitereigenschaften, die Berechnungen habe ich mit dabei. Dann kann man ..." Rolf B. wird nun wirklich ungeduldig. Urban mag ja wirklich ein „Genie" sein, aber Rolf B. hat um 11 Uhr einen Auswärtstermin. Urban bringt es nun auf den Punkt: „Ich bin natürlich noch nicht soweit, dass der Entwurf wirklich technisch ausgereift wäre – ich brauche dafür maximal noch ein Jahr –, aber im jetzigen Stadium kann ich ein Wiedergabegerät bauen, das von der Größe in ein Ohr passen würde." Carmen Hohenberg als Produktmanager kann sich nicht zurück-

halten: „Der earman *ist geboren!“ Rolf B. schaut streng in ihre Richtung. „Entschuldigung“, sagt Carmen.*

Rolf B. gibt das Wort an BB weiter: „Was wird das kosten?“ BB beginnt: „Ich habe die letzten Konstruktionszeichnungen von Urban letzte Woche bekommen.“ Sie teilt ein Blatt mit nachstehender Rechnung aus.

Kalkulation Mikro-Wiedergabegerät:

Ausgangsmaterial (Chip, Speicher, Tonumwandler, Gehäuse)	*68*
Mikrokühlung	*36*
Stromversorgung und diverses Kleinmaterial	*26*
Materialgemeinkosten	*13*
Maschinenstundenkosten	*107*
Verwaltungs- und Vertriebskosten	*40*
Selbstkosten	*290*

Rolf B. sieht sich diese Zahlen an: „Was soll das sein, Vollkosten oder Grenzkosten?“ BB erwidert: „Grenzkosten natürlich. Vollkosten machen doch überhaupt keinen Sinn, die Anlagen und die Organisation, das ist ja alles schon da, so ein ‚Mikro-Wiedergabegerät‘ ist ein Zusatzprodukt.“ Rolf B. wundert sich über die furchtbare Bezeichnung des Geräts „Mikro-Wiedergabegerät“. Er fragt, ob BB zumindest schätzen könnte, wie hoch die vollen Kosten wären. BB ist natürlich auf diese, von einem typisch Unverständigen eingebrachte, Frage vorbereitet. „Ja, wenn Sie die Fixkosten dazurechnen wollen, kommen wir auf etwa 400 plus minus das Stück. Aber willkürlich ...“ „Um Gottes willen!“, stöhnt Carmen. „Das bringen wir am Markt nie unter.“

Rolf B. versucht, Ordnung in die Sitzung zu bringen. Er fragt Carmen, was denn ein möglicher Marktpreis wäre. Sie sagt: „Das ist eigentlich sehr schwer zu sagen. Es hängt von der Marktlage insgesamt ab, wir müssen mindestens 20.000 Stück rechnen, ... aber wir wissen auch nicht, was die Konkurrenz tut, ... Sagen wir einmal, 350.“ Rolf B. versucht, konstruktiv zu sein: „Was sagt unser 'Genie' dazu: Ist es möglich, die Konstruktion abzuändern, vielleicht gibt es Bestandteile in anderen ‚Mikro-Wiedergabegeräten‘“ – und er betont das Wort besonders –, „die wir nutzen könnten? Wir sind doch Spezialisten für Kleinstlautsprecher. Oder, was halten Sie davon, können wir etwas fremdfertigen lassen?“ Während das „Genie“ grübelt, überlegt er weiter und beginnt, die Rechnung, die BB vorgelegt hat, zu hinterfragen: „Haben Sie wenigstens berücksichtigt, dass uns das neue Gerät den Markt für die derzeit kleinsten tragbaren Endgeräte zerstören kann? Und übrigens, wie ist es mit dem Einkauf? Von wem werden wir die neuen Teile beziehen? Da gibt es doch die Vorbau AG, die immer wieder klagt, dass sie benachteiligt sei, weil die Transportkosten für die Teile, die sie uns schicken, so hoch sind. Wenn wir von denen beziehen, könnten wir doch auf die billigeren LKW umsteigen, oder?“

Carmen überlegt: „Durch den wesentlich geringeren Strombedarf ersparen sich die Konsumenten doch etliches an Batterien. Vielleicht könnten wir damit einen höheren Preis rechtfertigen. Und wie ist es mit der Entsorgung? Das Gerät ist doch so viel kleiner und daher weniger umweltbelastend." Urban ist sich da nicht so sicher, er denkt an die Dämmung.

Rolf B. wirft noch ein: „Herr Urban, wie zukunftsträchtig ist diese Idee? Glauben Sie, dass auch die Konkurrenz auf dieselbe Idee kommen könnte? Dann müssten wir wohl auf jeden Fall einsteigen, sonst überrennen uns die anderen." Das letzte stimmt Carmen Hohenberg wieder versöhnlich, sie findet diese Idee ja so chic. Urban runzelt die Stirn.

Alle schauen nun BB an. Sie sagt aber: „Was soll das alles? Ich bin für die Kostenrechnung verantwortlich. Das sind doch alles Probleme, die nicht in meinen Zuständigkeitsbereich fallen." Rolf B. spricht nun etwas aus, was er sich schon öfter gedacht hat: „Was machen Sie dann überhaupt? Die normalen Probleme, die Sie mit Ihrer Kostenrechnung lösen können, haben wir doch praktisch überhaupt nicht. Unsere Fertigung ist stark automatisiert, unsere Produkte innovativ und auf Nischen ausgerichtet." BB macht noch einen Versuch: „Beschäftigen Sie doch Helmut Frank mit diesem Problem, der ist für die investitionsrechnerischen Belange zuständig." Rolf B. meint nur: „Der macht doch nur abgeschlossene Projekte. Erst kürzlich haben wir eine neue NC-Maschine beschafft. Dafür hat er gute Entscheidungsgrundlagen geliefert. Aber Produkteinführungen, das sollten Sie machen. Treffen wir uns in drei Wochen wieder. Alle überlegen bis dahin, wie wir weiter vorgehen, und Sie, Frau Barig, schauen, ob Sie Zahlen liefern können, mit denen wir etwas anfangen können." Es ist 10 Uhr 12, und Rolf B. Schnellast hat noch Zeit für seinen diesmal wirklich verdienten Morgenkaffee.

Ziele dieses Kapitels

- Vorstellung der Inhalte des Kostenmanagements
- Darstellung der Wertkettenanalyse und der strategischen Kostenanalyse als umfassendes Konzept einer strategischen Kostenrechnung
- Verwendung der Prozesskostenrechnung für das Kostenmanagement
- Darstellung des *Target Costing*
- Darstellung der Lebenszykluskostenrechnung

1. Inhalte des Kostenmanagements

In den bisherigen Kapiteln wurden die Kosten als vorgegeben betrachtet, und im Vordergrund stand ihre Verwendung für bestimmte Entscheidungen wie Produktionsprogramm- oder Preisentscheidungen. Dieses Kapitel wendet sich dem **Kostenmanagement** (und **Erlösmanagements**) zu. Dabei geht es um Maßnahmen zur

Beeinflussung und Gestaltung der Kosten zur Verbesserung der Wirtschaftlichkeit der Leistungserstellung im Unternehmen (früher wurde Kostenmanagement auch als Kostenpolitik bezeichnet)[1]. Kostenmanagement beinhaltet vor allem die umfassende und frühzeitige **Kostenbeeinflussung** im Hinblick auf[2]

- **Kostenniveau**: Management von Faktorpreisen, zB durch Lieferantenpolitik, Fremdbezug oder Eigenfertigung (Outsourcing), und von Faktormengen, zB durch Qualitätsmanagement, Rationalisierung.
- **Kostenstruktur**: Gestaltung der relativen Höhe von variablen und fixen oder von Einzel- und Gemeinkosten, zB durch Kapazitätsauslastung, Fremdbezug.
- **Kostenverlauf**: Vermeidung progressiver Kostenverläufe, zB durch Komplexitätsreduktion oder Verwendung von Gleichteilen.

Kostenmanagement in der Praxis

In einer Befragung von 116 deutschen Großunternehmen wurden folgende Ziele des Kostenmanagements genannt (1 = geringste Bedeutung, 7 = höchste Bedeutung):[3]

	1996	2002
Kostensenkung	5,5	5,8
Erhöhung der Kostentransparenz	5,0	4,7
Stärkung des Kostenbewusstseins	5,4	4,6
Identifikation der Kostentreiber	5,4	4,6
Optimierung der Kostenstruktur (fix/variabel)	3,7	4,1
Vermeidung progressiver Kostenverläufe	3,0	2,5
Förderung degressiver Kostenverläufe	2,4	2,6

Das Kostenmanagement befasst sich in jüngerer Zeit vor allem mit **längerfristigen Maßnahmen** zur Beeinflussung der Kosten. Kurzfristiges Kostenmanagement kann oft die eigentlichen Ursachen der Kosten nicht verändern, denn diese liegen oft in strategischen Entscheidungen begründet, wie der Unternehmensstrategie selbst, dem langfristigen Produktionsprogramm (zB Variantenvielfalt), der Fertigungstechnologie (zB hohe Komplexität) oder der vertikalen Integration.

Neue **Fertigungstechnologien** wie flexible Fertigungssysteme (FFS) und *Computer Integrated Manufacturing* (*CIM*) mit etlichen *Computer Aided*-Aufgaben bewirken, dass eine (langfristige) Entscheidung darüber die später anfallenden Produktionskosten weitgehend festlegt. Empirische Beobachtungen sprechen von 70 bis 80 Prozent der laufenden Produktionskosten. Eine laufende Kostenrechnung, die sich mit der Verrechnung dieser Kosten beschäftigt, ist in einer solchen Situation kaum

---

1 Vgl *Kajüter* (2000), S. 11.

2 Vgl *Reiß* und *Corsten* (1992), S. 1478.

3 *Franz* und *Kajüter* (2002b), S. 85, *Kajüter* (2005), S. 85.

von Nutzen. Sie hilft hauptsächlich für kurzfristige operative Entscheidungen, wie etwa über die Gestaltung des Produktionsablaufes oder Umdispositionen.[4]

Der Einsatz neuer Fertigungstechnologien verschiebt die **Kostenstruktur** hin zu einem höheren **Anteil der Fixkosten** an den gesamten Produktionskosten. Der Grund ist eine höhere Automatisierung mit hohen Abschreibungen und Kapitalkosten sowie das Verringern oder sogar der Entfall von Fertigungslöhnen.

Ein härter werdender **Wettbewerb** bedingt ein rasches Anpassen an kurzfristige Änderungen des Nachfrageverhaltens sowie den Zwang, laufend neue Produkte und Dienstleistungen anzubieten. Dadurch werden die **Produktlebenszyklen** wesentlich verkürzt. Die vorgelagerten Kosten, wie Forschung und Entwicklung sowie Kosten der Markteinführung, verringern sich jedoch nicht; eher das Gegenteil ist der Fall. Der Anteil dieser Kosten steigt daher relativ zu den Produktionskosten. Ähnliches ist für die nachgelagerten Kosten, zB Kundendienst oder Entsorgung, zu beobachten. Eine Kostenrechnung, die streng periodenbezogen vorgeht, kann für Entscheidungen in diesem Zusammenhang keine Hilfe bieten.

Diese Umweltentwicklungen haben auch Auswirkungen auf das **Kostenrechnungssystem** und seinen optimalen **Komplexionsgrad**.

- Die steigende **Komplexität** der Wirtschaftsbeziehungen und der unternehmerischen Leistungserstellung erfordert eine steigende Komplexität der Kostenrechnung, um die wirtschaftlichen Sachverhalte hinreichend genau abzubilden.
- Die steigende **Dynamik** der Umwelt führt allerdings dazu, dass Kostenrechnungssysteme rasch an die Veränderungen der Umwelt adaptiert werden müssen. Kaum hat man die betriebliche Struktur hinreichend abgebildet, hat sie sich schon wieder verändert.

Die Kostenrechnung muss sich diesen konkurrierenden Erfordernissen anpassen. Sie bestimmen den optimalen Komplexionsgrad aufgrund einer Kosten-Nutzen-Abwägung. Beispielsweise wurde vorgeschlagen, die laufende Kostenrechnung nur als grobe Rechnung zu gestalten („*Entfeinerung* der Kostenrechnung") und für einzelne Fragestellungen fallweise und detaillierte Zusatzrechnungen durchzuführen.[5]

Ziel des Kostenmanagements ist es, bereits sehr früh auf die Ursachen von Kosten einzuwirken (sogenanntes **proaktives Kostenmanagement**)[6]. Ansatzpunkte des Kostenmanagements können die **Produkte**, **Prozesse** und **Ressourcen** des Unternehmens sein. In diesem Kapitel werden einige Konzeptionen und Instrumente des

---

4 Damit beschäftigt sich die sogenannte *prozessorientierte Kostenrechnung* als Sonderform der Grenzplankostenrechnung. Zu einem Überblick darüber vgl *Marcus Schweitzer* (1992).

5 Vgl zB *Weber* (1995, 1996). *Pfaff* und *Weber* (1998) stellen sogar die These auf, die *laufende Kostenrechnung* sei nie für die Entscheidungsunterstützung konzipiert gewesen, sondern für die Planung und Kontrolle in dezentralen Unternehmen. Sie formulieren dies provokant wie folgt: „Es drängt sich sogar der Verdacht auf, dass die Entscheidungsorientierung der Kostenrechnung nur eine Erfindung von Hochschullehrern ist." (*Pfaff* und *Weber* (1998), S. 156).

6 Vgl zB *Franz* und *Kajüter* (2002a), S. 12 – 14.

Kostenmanagements dargestellt und kritisch diskutiert. Im Vordergrund steht die Gestaltung von **Informationssystemen**, die eine Entscheidungsgrundlage für das Kostenmanagement bereitstellen. Es wurde nämlich vielfach beklagt, dass sich die „traditionelle“ Kostenrechnung dafür nicht eignet.[7] Sie müsste entsprechend adaptiert werden, oder es müssten überhaupt andere Instrumente dafür verwendet werden. Einige dieser Instrumente werden im Folgenden analysiert.

Zunächst wird auf die Verbindung des Kostenmanagements mit der Unternehmensstrategie eingegangen. Im Besonderen werden die Wertkettenanalyse mit den damit zusammenhängenden Einzelanalysen, die Berücksichtigung außerbetrieblicher Daten und die stärkere Verwendung nichtmonetärer Größen besprochen. Daraufhin werden Einsatzmöglichkeiten der Prozesskostenrechnung (siehe 12. Kapitel: *Systeme der Kostenrechnung*) vorgestellt, die auf Produkte, Prozesse und Ressourcen abstellen. Daran schließen *Target Costing* und die Lebenszykluskostenrechnung an, die vor allem Produkte im Blickfeld haben.

In diesem Kapitel geht es um **Informationssysteme**, die bessere Entscheidungen der Verantwortlichen für ein Kostenmanagement ermöglichen sollen. Nicht eingegangen wird auf die Gestaltung der **Anreize** von Kostenverantwortlichen, zielkonformes Kostenmanagement zu betreiben. Überlegungen zur **Verhaltenssteuerung** werden in den nachfolgenden Teilen II und III dieses Buches ausführlich erörtert.

Instrumente des Kostenmanagements

Kajüter (2000) definiert als Anforderungen an Instrumente des Kostenmanagements die Marktorientierung, Ganzheitlichkeit, Antizipation (frühzeitige Beeinflussbarkeit der Kosten) und Kontinuität (kontinuierlicher Einsatz). In einer Analyse der in der Literatur genannten Instrumente kommt er zu folgender Rangfolge entsprechend der Erfüllung der Anforderungen:[8]

Target Costing
Target Investment
Benchmarking
Balanced Scorecard
Product Life Cycle Costing
Prozesskostenrechnung
Prozesswertanalyse
Reverse Engineering
Wertzuwachskurve

In der **Praxis** deutscher Unternehmen wurden 2002 die folgenden vier Instrumente am häufigsten eingesetzt (*Kajüter* 2005, S. 91):

Benchmarking	90%
Target costing	55%
Prozesskostenrechnung	46%
Life Cycle Costing	26%

7 Vgl zB *Kaplan* (1984); *Johnson* und *Kaplan* (1987); *Shank* und *Govindarajan* (1993).

8 Auszugsweise Auflistung aus *Kajüter* (2000), S. 231.

Empirische Ergebnisse

Eine Umfrage unter 677 britischen Unternehmen über den Stand der Kostenrechnung (*Bright* et al. (1992), S. 207) ergab auf die Frage nach den Vorteilen der „modernen" Kostenrechnungssysteme:

Erhöhung der Produktprofitabilität	65%
Kostenreduktion	60%
Aktuellere und relevantere Informationen	59%
Verringerung der Läger	48%
Vereinfachung der Kostenrechnungssysteme	30%

2. Strategieorientiertes Kostenmanagement

2.1. Kostenrechnung und Unternehmensstrategie

Eine bekannte Einteilung von **Wettbewerbsstrategien** stammt von *Porter* (1980). Er unterscheidet zwei Grundsatzstrategien:

- Kostenführerschaft und
- Differenzierung,

jeweils bezogen auf den Gesamtmarkt oder auf einzelne Marktsegmente (Konzentration).

Kostenführerschaft umfasst jene Strategien, mit denen das Unternehmen der kostengünstigste Hersteller in der Branche werden oder bleiben will. Weist das Produkt im Vergleich zu Konkurrenzprodukten in etwa die gleichen Leistungsmerkmale (Kundennutzen) auf, bezahlen die Kunden den gleichen Preis (Marktpreis). Dann sind die niedrigsten Kosten die Quelle für überdurchschnittlichen Erfolg: Das Unternehmen macht einen um die Kostenvorteile höheren Gewinn als die Konkurrenz. Kostenführerschaft ist besonders bei weitgehend standardisierten Massenprodukten eine sinnvolle Strategie.

Bei der **Differenzierung** versucht das Unternehmen, ein gegenüber Konkurrenzprodukten einmaliges Produkt herzustellen. Jedes Produkt kann als ein Bündel verschiedener Eigenschaften angesehen werden, die Kundennutzen bewirken. Besitzt das Produkt eine Kombination von Eigenschaften, die die Kunden für wichtig halten, sind sie bereit, dafür einen höheren Preis zu bezahlen als für das Basisprodukt. Eigenschaften, die zur Differenzierung genutzt werden können, sind zB Qualität, Langlebigkeit, Image, Kundendienst, Ersatzteilhaltung, kurze Lieferfristen oder ein großes Händlernetz. Einen überdurchschnittlichen Erfolg erzielt das Unternehmen dann, wenn die Preiserhöhung aufgrund des Zusatznutzens die (Zusatz-) Kosten der Differenzierung wesentlich übersteigt.

Für die **Entscheidung** darüber, welche Grundsatzstrategie eingeschlagen werden soll, sind (ua) Kosten- und Leistungsinformationen erforderlich. Je nachdem, welcher Grundsatzstrategie das Unternehmen folgt, ergibt sich jedoch ein unterschiedlicher Bedarf an Informationen. Den bekannten Kostenrechnungsinstrumenten kommt daher je nach eingeschlagener Grundsatzstrategie sehr unterschiedliche Bedeutung zu. Tabelle 1 gibt die wesentlichsten Unterschiede wieder.[9] Traditionelle Instrumente der KLR sind im Rahmen der Kostenführerschaft weit stärker relevant als für eine Differenzierungsstrategie.

Kostenführerschaft	Differenzierung
■ Kostenführerschaft erfordert die möglichst genaue Planung und Kontrolle der Kosten.	■ Das Hauptaugenmerk liegt auf dem Zusatznutzen, den bestimmte Produkteigenschaften zu stiften in der Lage sind. Damit wird die Planung und Kontrolle der Erlöse wesentlicher als die Planung und Kontrolle der Kosten.
■ Die Optimierung des Produktionsablaufes und die Reduktion von Gemeinkosten stehen im Vordergrund betrieblicher Entscheidungen.	■ Marketingpolitische Instrumente stehen im Vordergrund betrieblicher Entscheidungen.
■ Kosten sind eine der wichtigsten Grundlagen für die Preisgestaltung.	■ Die Bereitschaft der Kunden, für den Zusatznutzen zu zahlen, ist für die Preisgestaltung besonders relevant.
■ Abweichungsanalysen der Kosten oder der zugrunde liegenden Mengen sowie die Einhaltung von Kostenbudgets für Ermessensausgaben sind wesentliche Beurteilungsinstrumente für den Erfolg des Managements.	■ Erlös- und Deckungsbeitragsabweichungen sind wesentliche Beurteilungsinstrumente für den Erfolg des Managements.

Tab. 1: Wettbewerbsstrategie und Kostenrechnung

2.2. Wertkettenanalyse

Die absolute und die relative Kostensituation eines Unternehmens sind wesentliche Grundlagen für die Verfolgung erfolgreicher Strategien. Einen Bezugsrahmen für die Ausrichtung der Kostenrechnung zur Beurteilung der Kostensituation bildet die Wertkette nach *Porter* (1985), die in Abbildung 1 dargestellt ist.[10]

---

9 Vgl dazu zB *Shank* und *Govindarajan* (1993), S. 18; *Weber* (1990), S. 121 f; *Fröhling* (1994), S. 379.

10 Ein Vorläufer der Wertkette ist das Geschäftssystem (*Business System)* von *McKinsey*.

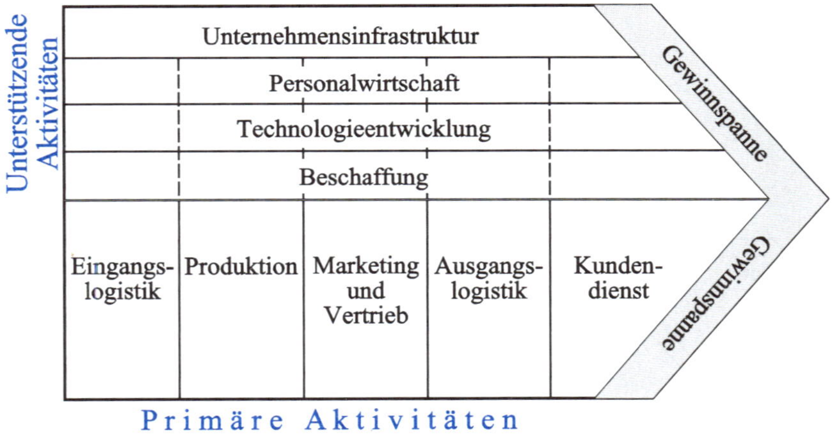

Abb. 1: Modell einer Wertkette
(geringfügig adaptiert aus *Porter* (1986), S. 62)

Die **Wertkette** umfasst alle strategischen Aktivitäten, die für die Erstellung eines Produktes notwendig sind, wie Entwurf, Produktion, Vertrieb sowie unterstützende Aktivitäten, nämlich Beschaffung, Personalmanagement, technologisches Know how und die Infrastruktur des Unternehmens. Mit dieser Darstellungsform können kritische Wertschöpfungsstufen im Unternehmen als Basis für Wettbewerbsvorteile identifiziert und im Gesamtzusammenhang der Aktivitäten des Unternehmens analysiert werden. Wertketten kann man sowohl für die Branche, das Unternehmen als auch Teile des Unternehmens ermitteln.

Die **Abgrenzung von Aktivitäten** innerhalb sämtlicher Tätigkeiten des Unternehmens hängt von individuellen Gegebenheiten ab. Je nach Produkt bzw Leistung, je nach Branchensituation und je nach Zweck der Analyse werden sich unterschiedlich tief gegliederte Aktivitäten ergeben. Zur Abgrenzung kommen folgende **Kriterien** in Betracht, die einerseits auf die Kostenanalyse und andererseits auf die strategische Bedeutung abstellen:

- **Unterschiedliche Kostentreiber**. Damit werden (strategische) Kostenbeeinflussungsmöglichkeiten besser aufgezeigt.
- Spürbarer Anteil an den Kosten (**Wirtschaftlichkeitsprinzip**). Die Kosten, unwesentliche Aktivitäten gesondert zu untersuchen, lohnen meist nicht.
- Starkes Wachstum der Kosten (**Kostendynamik**). Dies deutet auf einen künftigen Handlungsbedarf hin.
- Andere Aufgabenlösung als die **Konkurrenz**. Dies ist eine potenzielle Quelle für Kostenvorteile oder Differenzierung des Produktes.

Besondere Beachtung wird bei der Wertkettenanalyse den **Zusammenhängen einzelner Aktivitäten** gewidmet. Es handelt sich dabei um drei Arten, die schematisch in Abbildung 2 gezeigt sind.

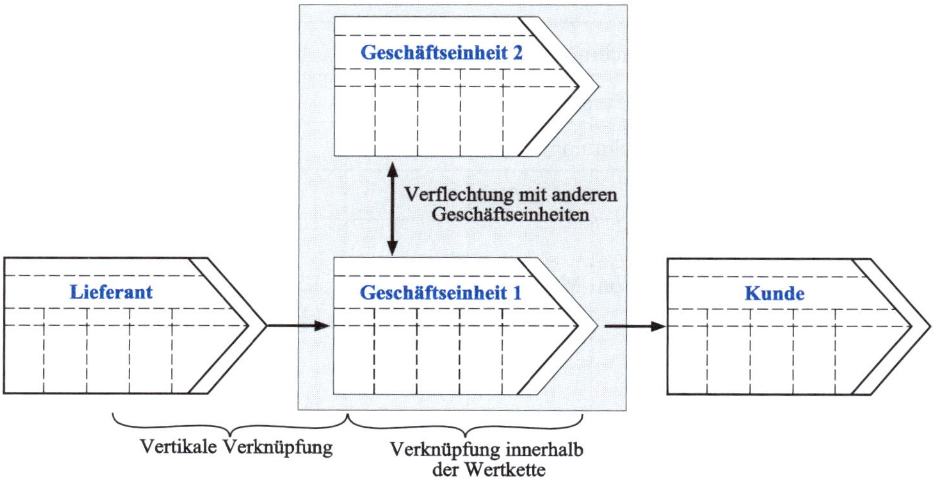

Abb. 2: Zusammenhänge von Aktivitäten
(in Anlehnung an *Hergert* und *Morris* (1989), S. 182)

1. Verknüpfungen von Aktivitäten **innerhalb der Wertkette**. Kosten einzelner Aktivitäten können durch Verstärkung einer anderen Aktivität beeinflusst werden. Es kann zu Synergieeffekten kommen.
2. Verflechtungen von Aktivitäten mit Aktivitäten in den **Wertketten anderer Geschäftseinheiten** des Unternehmens. Obwohl strategische Geschäftseinheiten möglichst selbstständig sein sollen, lassen sich Verflechtungen nicht nur nicht vermeiden, sie sind sogar ökonomisch notwendig dafür, dass mehrere Geschäftseinheiten in einem Unternehmen organisatorisch zusammengefasst sind.
3. Verknüpfungen von Aktivitäten mit Aktivitäten in den **Wertketten der Lieferanten und Kunden** (vertikale Verknüpfungen). Auch Lieferanten und Kunden setzen Aktivitäten, die einen Einfluss auf Kosten und Nutzen eigener Aktivitäten besitzen. Auch hier kann es zu Synergien kommen. Strategien wie *Just in time* (*JIT*) oder *Total quality management* (*TQM*) erfordern die Einbeziehung der Lieferanten bzw Kunden, damit sie erfolgreich sind.

Gerade die dritte Art von Zusammenhängen wird bei einer rein unternehmensinternen Analyse meist nicht beachtet. Diese beginnt mit der Beschaffung der benötigten Inputfaktoren und endet mit dem Verkauf des Produktes bzw der Leistung an die Kunden. Die Analyse „*starts too late, and it stops too soon*"[11].

[11] *Shank* (1989), S. 51.

Illustration[12]

Ein großer amerikanischer Automobilhersteller versuchte zu analysieren, warum japanische Konkurrenten bis zu 20 Prozent geringere Produktionskosten für Autos hatten. Er beobachtete, dass etliche von ihnen ein *Just in time*-Konzept verfolgten und damit die Zwischenlager praktisch auf null reduzierten. Das amerikanische Unternehmen begann, dieses Konzept ebenfalls einzuführen. Tatsächlich sanken die Produktionskosten signifikant. Gleichzeitig entstanden Probleme mit den bisherigen Zulieferern. Diese forderten Preiserhöhungen in einem Ausmaß, das die Produktionskostensenkung mehr als aufwog.

Bei einer Analyse zeigte sich, dass der Automobilhersteller einen stark schwankenden Bedarf an Lieferteilen hatte, so dass die Zulieferer umfangreiche Ausgangslager halten mussten, um jederzeit auf Abruf lieferbereit zu sein. Dies erhöhte ihre Kosten wesentlich. Im Vergleich dazu war dieses Problem bei japanischen Herstellern wegen ihrer damals weit stabileren Produktionspläne weniger gravierend.

Es gibt allerdings nur sehr wenige praktische Beispiele für die Anwendung der Wertkettenanalyse.[13] Ein **Problem** in der Umsetzung besteht darin, dass eine vorhandene KLR in vielen Fällen nicht die benötigten Daten liefern kann. Zunächst stimmen die wertgenerierenden Aktivitäten häufig nicht mit Funktionen oder Prozessen in den Kostenstellen überein. Kostenstellen fassen oft stark unterschiedliche Technologien wie auch Kosten verschiedener Aktivitäten (zB in den Gemeinkosten) und häufig in verschiedenen Geschäftseinheiten zusammen. Die KLR berücksichtigt auch nicht allfällige Verflechtungen unter den Geschäftseinheiten. Auf der anderen Seite ist die KLR für strategische Entscheidungen viel zu detailliert und genau. Es erhebt sich damit die Frage, inwieweit es sich lohnt, für strategische Entscheidungen eine eigene Kostenrechnung aufzustellen.

2.3. Strategische Kostenanalyse

Die Identifikation relevanter Aktivitäten ist die Voraussetzung für eine strategische Kostenanalyse. Die Abgrenzung der Aktivitäten beruht zum Teil bereits auf Kostenüberlegungen, so dass die Definition der Aktivitäten und die Kostenanalyse voneinander abhängig sind. Im Folgenden werden die zwei weiteren **Schritte** erörtert. Es sind dies:[14]

- Zuordnung von Kosten und Erlösen zu den Aktivitäten
- Ermittlung der Kostentreiber für die Aktivitäten.

---

12 Vgl *Shank* (1989), S. 51 f.

13 Einzelbeispiele finden sich in *Shank* und *Govindarajan* (1992a, 1992b).

14 Vgl dazu *Porter* (1985), S. 65 – 118; des Weiteren auch *Steinmann* et al. (1992), S. 1464 – 1470; *Shank* und *Govindarajan* (1992b), S. 10 – 14.

Definition: Strategisches Management Accounting

„The provision and analysis of management accounting data about a business and its competitors for use in developing and monitoring the business strategy – particularly relative levels and trends in real costs and prices, volumes, market shares, cash flows and resources utilised." (*Institute of Cost & Management Accountants*[15])

Zuordnung von Kosten und Erlösen zu den Aktivitäten

Die Kostenzurechnung erfolgt grundsätzlich analog zur Kostenstellenrechnung: Einzelkosten können den Aktivitäten direkt zugerechnet werden, bei Gemeinkosten sind Zurechnungsprinzipien erforderlich. Aufgrund des betrachteten langen Zeitraums können sämtliche Kosten als grundsätzlich beeinflussbar und disponierbar betrachtet werden, so dass den Aktivitäten die **vollen Kosten** zugerechnet werden. Kostenremanenzen spielen langfristig keine Rolle.

Je nach Art und Aufgliederung der Aktivitäten kann auch der Versuch unternommen werden, ihnen neben den Kosten auch **Erlöse** zuzurechnen. Damit können Erfolgskennzahlen (zB Return on Investment) als Indikatoren für eine Forcierung oder einen Ausstieg aus dieser Aktivität (und damit Fremdbezug) ermittelt werden. Die Erlöszurechnung verursacht ähnliche Probleme wie die Kostenzurechnung. Existieren Marktpreise für die Aktivität, können diese herangezogen werden. Andernfalls können Verrechnungspreise (siehe 11. Kapitel: *Verrechnungspreise und Kostenallokationen*) an deren Stelle treten.

Die **theoretische Durchdringung** der Zuordnung sowohl von Kosten als auch Erlösen steckt zurzeit noch in den Kinderschuhen, idR werden die Vorschläge von *Porter* (1985) einfach unkritisch übernommen. Im Rahmen der Diskussion der Prozesskostenrechnung wird auf die Zurechnungsprinzipien noch eingegangen, so dass hier nur auf die grundsätzlichen Schwierigkeiten aufmerksam gemacht werden soll. Es handelt sich im Wesentlichen um zwei Fragen:

1. **Welche Kosten** sollen den Aktivitäten überhaupt zugerechnet werden? Es wird vorgeschlagen, Istkosten dafür heranzuziehen mit der Begründung, dass diese die langfristigen Kosten am besten approximierten.[16] Die Istkosten erscheinen dafür aus strategischer Sicht jedoch wenig geeignet. Lässt man sich schon nicht auf (langfristige) Plankosten ein, ist zumindest die Dynamik der Kosten zu berücksichtigen, die sich etwa aus dem Wachstum der Branche, aus Erfahrungsaufbau oder aus technologischem Wandel ergibt.

2. Wie sollen die **Gemeinkosten** (einschließlich der Fixkosten) den Aktivitäten zugerechnet werden? Bekanntlich kann eine Zurechnung weitgehend nur willkürlich erfolgen. Insbesondere legt der Ansatz große Betonung auf Verknüpfungen und Verflechtungen unter Aktivitäten, so dass dieses Gemeinkostenproblem jedenfalls erhebliche Folgen haben muss.

---

15 Die Definition stammt aus dem Jahr 1982. Zitiert nach *Simmonds* (1986), S. 17.

16 So etwa *Shank* und *Govindarajan* (1992a), S. 186.

Obgleich für strategische Entscheidungen **keine hohe Präzision** der Rechnung erforderlich ist, sind es diese Schwierigkeiten, die den Blick auf wirkliche strategische Probleme lenken oder diesen auch verschleiern. Somit können strategische Bemühungen um Kostensenkung in die falsche Richtung gelenkt werden, etwas, was die Verfechter der strategischen Kostenrechnung gerade der „traditionellen", kurzfristig ausgerichteten KLR vorwerfen. Man kann allenfalls *meinen*, dass man mit den „modernen" Verfahren diese Probleme besser in den Griff bekommen könne.

Ermittlung der Kostentreiber für die Aktivitäten

Das Äquivalent zur Bezugsgrößenwahl in der Kostenstellenrechnung ist die Bestimmung der **Kostentreiber** sowohl für die Aktivitäten als auch für die Kosten bezogener Inputfaktoren. Es handelt sich bei den Kostentreibern jedoch um völlig andere Größen als bei kurzfristigen Kostenrechnungen, nämlich schwer quantifizierbare strategische Kostenbestimmungsfaktoren:[17]

- Betriebsgröße: *economies* und *diseconomies of scale*,
- Erfahrungs- und Lerneffekte,
- Struktur der Kapazitätsnutzung,
- Verknüpfungen innerhalb der Wertkette,
- Vertikale Verknüpfungen zu Lieferanten und Kunden,
- Verflechtungen mit Aktivitäten in den Wertketten anderer strategischer Geschäftseinheiten des Unternehmens,
- Vertikale Integration: Umfang der Vor- und Rückwärtsintegration,
- Timing von Strategien: Pionier, früher oder später Markteintritt,
- Sonstige unternehmenspolitische Entscheidungen: Produktionsprogramm, Eigenschaften für eine erfolgte Differenzierung, Technologie,
- Standort,
- Institutionelle Rahmenbedingungen: gesetzliche Vorschriften, Steuern, Gewerkschaften.

Meist werden die Kosten einer Aktivität nicht nur durch einen einzigen **Kostentreiber** beeinflusst, sondern durch **mehrere**. Die Kostentreiber sind auch nicht voneinander unabhängig; es ist denkbar, dass sie sich gegenseitig verstärken oder gegenläufig reagieren. Ein Beispiel dafür wären etwa der Standort und vertikale Verknüpfungen, die ihre Wirkung auf Kosten gegenseitig verstärken können. Gegenläufige Wirkung könnten vertikale Integration und das Timing von Strategien (niedrigere Flexibilität) entfalten.

---

[17] Vgl zur folgenden Aufzählung *Porter* (1985), S. 70 – 83. *Kilger* et al. (2012), S. 116 – 121, nennen als strategische Kostenbestimmungsfaktoren: Aufbau von Nutzungspotenzialen, Kapazitäten betrieblicher Teilbereiche, technischer Fortschritt, Mechanisierung und Automatisierung. Vgl dazu auch *Fischer* (1993).

Die Analyse gibt Hinweise darauf, welche Kostentreiber kritisch für die entstehenden Kosten sind. Bei einem **Kostensenkungsprogramm** ist es daher sinnvoll, an diesen Kostentreibern anzusetzen. Aktivitäten können in werterhöhende (*value-added*) und nicht werterhöhende eingeteilt werden. **Werterhöhende Aktivitäten** bewirken eine Erhöhung des Kundennutzens; die **nicht werterhöhenden Aktivitäten** haben dagegen (praktisch) keine Erhöhung des Kundennutzens zur Folge. Nicht werterhöhende Aktivitäten entstehen zB aus Zeitverlust, Verschwendung oder schlechter Abstimmung der Teilbereiche.[18] Dadurch werden Aktivitäten wie zB Lagerung, viele logistische Transaktionen, Qualitätskontrollen, Nacharbeiten und Garantiearbeiten ausgelöst. Kostensenkungsstrategien werden hier besonders greifen.

Die **subjektive Bewertung** der Aktivitäten und die von ihnen verursachten Kosten weichen vielfach voneinander ab. Diese Unterschiede können anschaulich dargestellt werden, und sie bilden eine Basis gleichermaßen für Kostensenkungsmaßnahmen als auch für Investitionsstrategien in bestimmte Aktivitäten.

Eine andere Strategie neben Kostensenkungen selbst ist die **Änderung der Zusammensetzung der Wertkette**. Möglichkeiten wären der Einsatz einer anderen Fertigungstechnologie, eines anderen Vertriebskanals, eines alternativen Rohstoffes oder eine Standortverlagerung.

Strategische Kostentreiber nach *Riley* (1987)[19]

1. **Strukturbezogene Kostentreiber** (*structural cost drivers*)

- Größe: Investitionserfordernisse in die Fertigung, Forschung und Entwicklung sowie Marketing
- Vertikale Integration: Umfang der selbst erstellten Vor- und Nachleistungen
- Vorhandene Erfahrung mit der Leistungserstellung
- Technologie: Art der verwendeten Technologie für jede Aktivität
- Komplexität: Zahl der angebotenen Leistungs- bzw Produktvarianten.

2. **Ausführungsbezogene Kostentreiber** (*executional cost drivers*)

- Partizipation der Mitarbeiter
- Qualitätsmanagement (*total quality management, TQM*)
- Kapazitätsauslastung
- Produktivität der Produktionsstätte
- Effektivität des Produktdesigns
- Nutzung der Verbindungen zu Lieferanten und Kunden.

---

18 Vgl zB *Franz* (1992), S. 133.

19 Zitiert nach *Shank* (1989), S. 56 – 60; *Horváth* (1990), S. 182 f; *Gleich* (1991), S. 141 f.

Im Fall einer **Differenzierungsstrategie** dient die strategische Kostenanalyse zur Ermittlung der Differenzierungs(mehr)kosten, die dem Zusatznutzen (Erlösanalyse) gegenübergestellt werden müssen. In besonderem Ausmaß muss dabei auch auf die Dauerhaftigkeit der Differenzierung bzw auf die damit verbundenen Kosten geachtet werden.

Welche Kostentreiber „treiben" Fertigungsgemeinkosten?

In ihrem viel beachteten Aufsatz „*The Hidden Factory*" behaupten *Miller* und *Vollmann* (1985), dass die Fertigungsgemeinkosten weniger von Produktionsmenge oder Fertigungslöhnen getrieben werden, sondern vielmehr durch Transaktionen (Prozesse). Sie kommen auf vier Arten von Transaktionen:

- Logistiktransaktionen: zB Materialeingang, Transport, Lagerung
- Ausgleichstransaktionen: zB Materialplanung, Maschinenbelegung
- Qualitätstransaktionen: zB Qualitätskontrolle, Nacharbeitung, Reparatur
- Änderungstransaktionen: zB Fertigungsänderungen infolge neuer Materialien oder Konstruktionsänderungen.

Banker, Potter und *Schroeder* (1995) testen diese Hypothese empirisch durch eine Analyse des Gemeinkostenverhaltens in 32 Fabriken in den Branchen Elektronik, Maschinenbau und Automobilzulieferer in den USA. Ihre Ergebnisse zeigen tatsächlich, dass die vier Transaktionsarten rund 77% der Fertigungsgemeinkosten erklären. Würde man Fertigungslöhne noch dazu nehmen, steigt der Erklärungsgrad nur um 6 Prozentpunkte. Zum Vergleich: Verwendet man alleine die Fertigungslöhne als Kostentreiber für die Fertigungsgemeinkosten, ergibt sich ein Erklärungsgrad von 49%.

Sie finden auch, dass alle Kostentreiber bis auf jene, die die Qualitätstransaktionen erfassen sollen, signifikant sind. Die Kostentreiber, die die vier Transaktionsarten messen sind: Durchschnittliche Fläche der Fabrik pro Teil (für Logistiktransaktionen), Anzahl der Mitarbeiter im Einkauf und in der Fertigung (für Ausgleichstransaktionen), Anzahl der Mitarbeiter, die mit Qualitätstransaktionen beschäftigt sind, und Konstruktionsänderungen (für Änderungstransaktionen).

Die Arbeit von *Banker, Potter* und *Schroeder* (1995) ist einer Reihe von empirischen Korrelations- bzw Regressionsanalysen zuzurechnen, die im Zusammenhang mit der Prozesskostenrechnung Anfang der 1990er Jahre vorgelegt wurden.[20] Derartige Analysen können durchaus *kritisch gesehen* werden. So argumentiert zB *Dopuch* (1993), dass diese Arbeiten lediglich Indizien dafür enthalten, dass eine Verwendung zusätzlicher und/oder anderer Kostentreiber zu veränderten Kostenschätzungen führt. Ob diese allerdings auch „besser" als die bisherigen sind, kann nicht geklärt werden, solange nicht die *tatsächliche* Kostenfunktion bekannt ist. Dass eine Verwendung von Prozesskostensätzen auch nicht automatisch zu genaueren Kostenschätzungen führt, wird empirisch zB von *Noreen* und *Soderstrom* (1994, 1997) dokumentiert. Sie untersuchen die Kosten zahlreicher Hilfs- und Verwaltungsabteilungen in Krankenhäusern und stellen fest, dass ein einfaches, um Inflationseffekte erweitertes Fixkostenfortschreibungsmodell genauere Kostenprognosen ermöglicht als die Verwendung eines Kostentreiberansatzes.

---

20 Siehe zu solchen Arbeiten zB *Foster* und *Gupta* (1990) sowie *Banker* und *Johnston* (1993).

2.4. Berücksichtigung von Branchenstrukturinformationen

Strategische Entscheidungen können idR nicht alleine aufgrund der Analyse *unternehmensinterner* Aktivitäten und Kosten getroffen werden. Genauso wichtig ist das strategische Umfeld, in das das Unternehmen eingebettet ist. Eine solche **Außenorientierung** ist für die KLR untypisch, für den Zweck der Unterstützung strategischer Entscheidungen jedoch nicht wegzudenken. Bereiche für eine Erweiterung der Kostenrechnung betreffen vor allem Kunden, Lieferanten, Konkurrenten und das Wettbewerbsumfeld in der jeweiligen Branche. Abbildung 3 zeigt die Komponenten des Branchenstrukturmodells von *Porter*. Das Unternehmen ist in die Wettbewerbskräfte der Branche eingebettet; diese bestimmen die Kosten entscheidend mit.

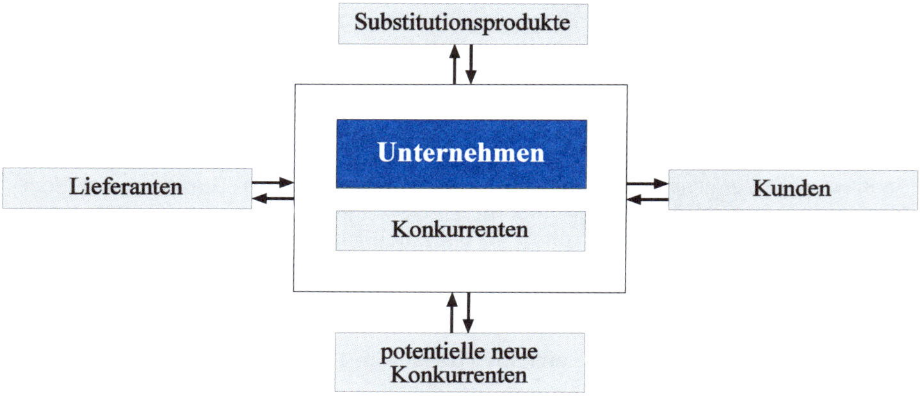

Abb. 3: Branchenstrukturmodell (nach *Porter* (1980))

Kunden und Lieferanten

Die Berücksichtigung von Informationen über Kunden ist ein entscheidender Bestandteil eines Kosten- und Erlösmanagements (man spricht daher auch von einer Marktorientierung des Kostenmanagements)[21]. Ebenfalls sind Informationen über Lieferanten wichtig.

Die Verknüpfung zu Lieferanten und Kunden wurde bereits im Rahmen der Wertkettenanalyse hervorgehoben. Aus Sicht der strategischen Kostenrechnung ist es erforderlich, für Kunden und Lieferanten ebenfalls eine **Wertkettenanalyse** durchzuführen, um die Verknüpfungen bzw Verknüpfungsmöglichkeiten zu erkennen. Es besteht weiter die Möglichkeit, die Wertkettenanalyse auf den gesamten Transformationsvorgang von Rohstoffen bis zum Endverbraucher auszudehnen.[22] Damit wird der Anteil des Unternehmens an der Wertschöpfung genauso verdeutlicht wie

21 Vgl zB *Riegler* (1995).

22 Dies schlagen *Shank* und *Govindarajan* (1992a, 1992b) vor.

der eigene Gewinnanteil am Gesamtgewinn aller Unternehmen in der Produktionskette. Diese Informationen sind hilfreich für die Einschätzung der Verhandlungsmacht der Lieferanten und der Kunden.

Benchmarking[23]

Benchmarking ist ein Prozess, bei dem Aktivitäten und Methoden über Unternehmen hinweg verglichen werden, um Unterschiede und Verbesserungsmöglichkeiten zu erkennen sowie wettbewerbsorientierte Ziele vorgeben zu können. Das Vergleichsobjekt ist der Beste der Besten (*dantotsu*), also jenes Unternehmen, das diese Aktivität am besten beherrscht. Dazu werden finanzielle und nichtfinanzielle Kennzahlen, die diese Aktivitäten beschreiben, ermittelt und verglichen.

Die Suche nach diesem Unternehmen ist im Gegensatz zur Konkurrenzanalyse nicht auf die Konkurrenz oder die Branche beschränkt. Dies ermöglicht einerseits die Erzielung eines strategischen Vorteils gegenüber der Konkurrenz, andererseits ist es leichter, an die erforderlichen Informationen zu kommen. Benchmarking kann die Suche nach Differenzierungsstrategien unterstützen. Ein wesentlicher Vorteil von Benchmarking liegt darin, dass damit nicht nur Ziele definiert, sondern auch Lösungswege vorgegeben werden, wie diese Ziele erreicht werden (können).

Konkurrenten

Informationen über die Wertketten von **Konkurrenten** sind aus mehreren Gründen wesentlich:

- Im Allgemeinen haben Konkurrenten nicht dieselbe Wertkette wie das betrachtete Unternehmen, sondern sie weisen etliche andere Aktivitäten auf. Auf solchen Unterschieden gründen sich viele Möglichkeiten einer **Differenzierung** und damit eines Wettbewerbsvorteils.
- Informationen über Konkurrenten sind auch zum Abschätzen von **Reaktionen** auf eigene Strategien erforderlich. Hat ein Konkurrent eine hinreichend flexible Wertkette, kann er die gewünschten Effekte von Kostensenkungs- oder Differenzierungsstrategien zunichte machen.
- Für strategische Entscheidungen ist nicht nur die absolute Kostenposition des Unternehmens wichtig, sondern auch die **relative Kostenposition**. Als Vergleichsobjekte kommen in Betracht: der führende Konkurrent, ein direkter Konkurrent, der Branchendurchschnitt oder der „Beste der Besten" (*Benchmark*). Ein Vergleich basiert zumeist auf den Produktkosten, um Beschäftigung bzw Unternehmensgröße zu eliminieren. Damit tritt neben den oben erwähnten Zurechnungsproblemen von Kosten auf Aktivitäten ein weiteres Kostenallokationsproblem auf, welches das Ergebnis eines Vergleiches stark beeinträchtigen kann.

---

23 Vgl zB *Horváth* und *Herter* (1992).

Potenzielle neue Konkurrenten

Eine über die Verwendung in der Wertkettenanalyse hinausgehende Kostenanalyse betrifft **Markteintritts-** und **Marktaustrittsbarrieren**.[24] Diese Barrieren beruhen in wesentlichen Teilen auf den strategischen Kostentreibern, wie zB Größeneffekte, Erfahrung, Kapazitätsnutzung, vertikale Verflechtung, Standort usw.

Die Erweiterung der Kostenrechnung um Informationen über andere Unternehmen wirft idR ein (in der KLR eher ungewohntes) **Informationsbeschaffungsproblem** auf. Auf direktem Wege werden Informationen meist nur in unzureichendem Ausmaß erhalten werden können. Beispielsweise ist idR die Technologie der Lieferanten, der Kunden und der Konkurrenten bekannt. Der Vertriebsbereich besitzt im Allgemeinen hinreichend Informationen über den Markt, die Produkte der Konkurrenten, deren Marktanteile und Kundengruppen. Kosten anderer Unternehmen können meist nur indirekt aufgrund dieser und sonstiger Informationen, wie zB Jahresabschlüsse oder Berichte in Wirtschaftsmagazinen, geschätzt werden. Vielfach genügt es für strategische Entscheidungen bereits, wenn nur die Tendenz der Kosten der Konkurrenz bekannt ist.

Das folgende Beispiel illustriert die strategischen Wirkungen eines Aufbaus von Produktionskapazität.[25] Die Kapazität dient dabei der Beeinflussung des **Wettbewerbs** und als **Markteintrittsbarriere**. Unternehmen M ist Monopolist in einem Produktmarkt und fürchtet das Eindringen eines Konkurrenten E. Um zu produzieren, müssen beide Unternehmen Produktionskapazitäten V_M und V_E wählen, die fortan fix sind. Eine Einheit der Kapazität kostet k und ermöglicht die Produktion eines Stücks des Produkts. In der Folge bestimmen die Unternehmen ihre Produktionsmengen x_j innerhalb der Möglichkeiten $[0, V_j]$, $j = M, E$. Die variablen Kosten der Produktion werden vereinfachend null gesetzt. Daraus folgt, dass beide Unternehmen ihre aufgebaute Kapazität voll auslasten, dh $x_j = V_j$ (soweit die Erlösfunktion in V_j steigt).

Die **Marktnachfrage** ist durch folgende Preis-Absatz-Funktion gegeben:

$$p = a - x_M - x_E$$

Die beiden Unternehmen stehen daher im Mengenwettbewerb. Im Folgenden wird zur Vereinfachung $a - k \equiv 1$ gesetzt. Die **Gewinne** der beiden Unternehmen lauten dann

$$G_M = V_M \cdot (a - V_M - V_E) - k \cdot V_M = V_M \cdot (1 - V_M - V_E)$$
$$G_E = V_E \cdot (1 - V_M - V_E)$$

Angenommen, die von M aufgebaute **Kapazität** ist **reversibel**, zB durch Verkauf von Maschinen oder durch Vermietung der freien Kapazität an andere Unternehmen. In diesem Fall ist die Situation strategisch gleichbedeutend mit einer simultanen

---

24 Dies wird von *Bromwich* (1990), S. 42 – 44, gefordert.

25 Es handelt sich dabei um das sogenannte *Stackelberg-Spence-Dixit*-Modell; siehe dazu ausführlich *Tirole* (1988), S. 314 – 323.

Festlegung der Kapazitäten der beiden Unternehmen M und E. Maximierung der Gewinne führt zu folgenden Reaktionsfunktionen:

$$\frac{\partial G_M}{\partial V_M} = 1 - 2V_M - V_E = 0 \quad \Rightarrow \quad V_M = \frac{1 - V_E}{2} \tag{1}$$

$$\frac{\partial G_E}{\partial V_E} = 1 - 2V_E - V_M = 0 \quad \Rightarrow \quad V_E = \frac{1 - V_M}{2} \tag{2}$$

In einem **Nash-Gleichgewicht** darf kein Unternehmen einen Anreiz haben, von seiner Kapazitätswahl abzuweichen, sofern das andere Unternehmen bei seiner Gleichgewichtskapazität bleibt.[26] Die beiden gleichgewichtigen Kapazitäten werden mit V_j^* bezeichnet. Dann gilt für $j = M, E$:

$$V_j^* = \frac{1 - \frac{1 - V_j^*}{2}}{2} \quad \Rightarrow \quad V_j^* = \frac{1}{3}$$

Die erzielten Gewinne betragen jeweils 1/9.

Nun sei angenommen, die aufgebaute Kapazität sei **nicht reversibel**, dh die Kapazitätskosten $k \cdot V_j$ sind **versunken** (*sunk*). In diesem Fall erhält die Kapazitätsentscheidung strategische Wirkung, denn M kann als bereits im Markt agierendes Unternehmen seine Kapazität vorab festlegen und E muss darauf optimal reagieren. Die Reaktionsfunktion von E in (1) bleibt unverändert, allerdings antizipiert M diese **Reaktionsfunktion** und setzt sie in seine Gewinnfunktion ein, dh

$$G_M = V_M \cdot \left(1 - V_M - \frac{1 - V_M}{2}\right)$$

Maximierung des Gewinns nach V_M liefert

$$V_M^s = \frac{1}{2}, \; V_E^s = \frac{1}{4} \text{ und } G_M^s = \frac{1}{8}, \; G_E^s = \frac{1}{16}$$

Unternehmen M kann also *mehr* Gewinn machen als im obigen Fall der reversiblen Kapazität. Der Grund liegt darin, dass sich M glaubwürdig zu einer höheren Kapazität **verpflichten** kann und E dies als gegeben hinnehmen muss. Dadurch erhält E nur einen kleineren Marktanteil. Irreversibilität oder versunkene Kapazitätskosten bewirken daher einen **strategischen Vorteil** für M. *Ex post*, nachdem E seine Kapazität auf $V_E^s = 1/4$ festgelegt hat, wäre die Kapazitätswahl von M nicht optimal, M würde dann nämlich nur eine Kapazität von 3/8 wählen – dies wird jedoch durch die Irreversibilität der Kapazität ausgeschlossen.

M kann das **Markteindringen** von E durch die Erhöhung seiner Kapazität *nicht* verhindern, sondern nur dessen negative Folgen mildern. Im Monopol würde M nämlich (ebenfalls) eine Kapazität von $V_M = 1/2$ wählen und einen Gewinn von $G_M =$

---

26 Das spieltheoretische Konzept der *Nash*-Gleichgewichte wird insbesondere im 9. Kapitel: *Investitionscontrolling* verwendet und dort allgemein im Rahmen eines Einschubs verdeutlicht.

1/4 erzielen. Dies kann sich ändern, wenn explizit **Markteintrittskosten** von E in Höhe von $K_E > 0$ berücksichtigt werden. Im obigen Gleichgewicht ist der erwartete Gewinn von E bei Eindringen 1/16, und daraus folgt, dass E für $K_E > 1/16$ nicht eindringen würde.

Falls die Eintrittskosten $K_E \leq 1/16$ sind, würden die obigen Überlegungen dagegen weiter gelten. Allerdings kann M überlegen, ob er nicht eine „**Überkapazität**" aufbaut, die alleine den Sinn hat, den Markteintritt von E zu verhindern. E wird nicht eindringen, wenn sein Gewinn bei optimaler Kapazitätswahl V_E kleiner als 1/16 ist, dh

$$\max_{V_E} V_E \cdot (1 - V_M - V_E) - K_E < 0 \quad \text{bzw}$$

$$\left(\frac{1 - V_M}{2}\right)^2 - K_E < 0$$

Ein **Verhindern des Markteindringens** erfordert eine Mindestkapazität von M von

$$V_M^M > 1 - 2 \cdot \sqrt{K_E} > \frac{1}{2} \quad \text{für } K_E < \frac{1}{16}$$

Für den Fall, dass K_E „nahe" genug bei 1/16 ist, kostet die Überkapazität weniger als M verlieren würde, wenn E tatsächlich eindringt. *Beispiel*: Angenommen, $K_E = 0{,}04$. Dann muss $V_M^M > 0{,}6$ gewählt werden, und der Gewinn beträgt $G_M^M = 0{,}24 > 1/8$ im Fall, dass E eindringt.

Vorausgesetzt wird dabei, dass die produzierte Menge nicht über dem *ex post* maximalen Gewinn liegt. Nach Wahl der Kapazität V_M und Nichteindringen von E lautet die *ex post* Gewinnfunktion $x_M \cdot (a - x_M)$ mit $a = 1 + k > 1$, woraus sich eine Produktionsmenge $x_M = \min \{a/2; V_M\}$ ergibt.

3. Prozesskostenrechnung und Kostenmanagement

3.1. Einsatzmöglichkeiten der Prozesskostenrechnung

Ausgangspunkt der Entwicklung der **Prozesskostenrechnung** (*Activity-based Costing* (ABC), *Activity-based Management*, *Transaction-based Costing*) war die Unzufriedenheit mit der Berücksichtigung der Gemeinkosten in der „traditionellen" Kostenrechnung. Gerade bei gemeinkostenintensiven Prozessen fehlt dann ein Instrument, das ein Gemeinkostenmanagement sinnvoll unterstützt. Die Prozesskostenrechnung widmet ihre Aufmerksamkeit daher vor allem den **indirekten Leistungsbereichen** des Unternehmens, wie Forschung und Entwicklung, Konstruktion, Logistik, Planung, Steuerung und Überwachung der Fertigung, Qualitätssicherung, Instandhaltung, Verwaltung, Vertrieb, Service usw. Sie möchte eine geänderte Einstellung gegenüber Gemeinkosten bewirken: Gemeinkosten sind nicht unliebsame Nebenerscheinungen des Produktionsprozesses, sondern sie ermöglichen werterhöhende Aktivitäten. Deshalb soll der (gedankliche) Schwerpunkt von einer bloßen Verrechnung der Gemeinkosten hin zu einem Ansatz der **Kosten der Nutzung dieser Ressourcen** verschoben werden.

Die Prozesskostenrechnung bezieht folgende Gedanken der Wertkettenanalyse in die Kostenrechnung ein:

1. Sie teilt – ausgehend von den bestehenden Kostenstellen – das Unternehmensgeschehen in **Aktivitäten** (**Prozesse**) ein und sucht Kostentreiber für die Kosten der Aktivitäten. Die Kostentreiber umfassen neben operativen Kostentreibern, die von anderen Kostenrechnungssystemen (zB der Grenzplankostenrechnung) her bekannt sind, auch einige strategische Kostentreiber (zB Komplexität, Variantenvielfalt).
2. Sie berücksichtigt **Verknüpfungen innerhalb der Wertkette** durch die Zusammenfassung von (Kostenstellen-)Prozessen zu quer durch das Unternehmen gehenden Hauptprozessen. Nicht erfasst werden vertikale Verknüpfungen und Verflechtungen zu anderen Geschäftseinheiten (soweit sie eigene Kostenstellen besitzen).

Die **Technik der Prozesskostenrechnung** wird im 12. Kapitel: *Systeme der Kostenrechnung* ausführlich erläutert. Hier stehen dagegen die wesentlichsten **Anwendungsmöglichkeiten** im Mittelpunkt. Dabei handelt es sich um das Gemeinkostenmanagement, die strategische Kalkulation, die Kundenprofitabilitätsanalyse und die Unterstützung des Produktdesigns. Diese werden im Folgenden näher dargestellt (das Produktdesign wird beim *Target Costing* besprochen). Sämtliche dieser Anwendungsmöglichkeiten betreffen das gesamte Unternehmen (die strategische Geschäftseinheit): Die Hauptprozesse ziehen sich quer durch das Unternehmen. Die strategischen Maßnahmen zwingen damit zu Teamarbeit in mehreren Bereichen. Dies steht häufig der **Verantwortlichkeit** im Unternehmen entgegen, so dass uU vorweg organisatorische Vorkehrungen (zB Bestimmung von *process owners*) getroffen werden müssen.[27]

3.2. Gemeinkostenmanagement

Grundlage für das Gemeinkostenmanagement sind die Prozesskosten und Prozesskostensätze. Sie ermöglichen es, für die Gemeinkosten wichtige Aktivitäten und Kostentreiber zu entdecken, sie bilden damit einen Ausgangspunkt für **Rationalisierungsmaßnahmen**.

---

[27] Ein Beispiel für eine Organisation findet sich bei *Striening* (1989), S. 327: Bei IBM wurde die Gesamtverantwortung für abteilungsübergreifende Prozesse den Bereichsleitern (*process owner*) übertragen, die den größten Ressourcenanteil und damit vitales Interesse an einer qualitativ hochwertigen Leistung haben. Diese tragen damit eine (wahrscheinlich nicht immer konfliktfreie) Zusatzverantwortung neben ihrer Bereichsverantwortung.

Empirische Ergebnisse

- Der Anteil der **Gemeinkosten** an den Produktkosten stieg im Siemens Gerätewerk Amberg im Zeitraum von 1960 bis 1990 von 34 auf 70 Prozent. Der Anteil der Fertigungslöhne ging im gleichen Zeitraum von 28 auf 6 Prozent zurück (*Küting* und *Lorson* (1991), S. 1421).
- Daten US-amerikanischer Produktionsunternehmen in der Zeit von 1899 bis 1987 zeigen, dass sich das Verhältnis der **Gemeinkosten** zu den Einzelkosten branchenspezifisch sehr *unterschiedlich* entwickelt hat. So gibt es Branchen mit starkem Anstieg, zB im Metall- und im Elektrobereich, als auch Branchen mit relativ konstanter Kostenstruktur, zB im Textil- und im Getreidebereich (*Böer* und *Jeter* 1993). Ähnliche Ergebnisse finden auch *Troßmann* und *Trost* (1996) in einer Analyse der Kostenstrukturen großer deutscher Industrieunternehmen.
- Eine Untersuchung der Fixkostenentwicklung in deutschen Großunternehmen im Jahr 1996 ergab folgendes Meinungsbild (*Franz* und *Kajüter* (1997), S. 495):
  Tendenz der Fixkostenentwicklung

steigend	12%
konstant	10%
fallend	34%
steigend/fallend	9%
alternierend	5%
keine Angabe	30%

Prozessmengensteuerung

Eine Analyse der ablaufenden Prozesse ergibt idR, dass nicht sämtliche Prozesse werterhöhend wirken. Im Rahmen des Gemeinkostenmanagement kann daher versucht werden, die nicht werterhöhenden Prozesse (*non-value activities*) **einzuschränken** oder überhaupt zu **vermeiden**, ohne den Nutzen der Leistungserstellung für den Kunden (Leistungsfähigkeit, Funktion, Qualität usw) zu beeinträchtigen. Im Bereich der Produktion entstehen Kosten durch *non-value activities* infolge sämtlicher Vorgänge, die neben der eigentlichen Fertigung anfallen. Es sind dies zB Kosten aufgrund von Wartezeiten im Produktionsablauf, dadurch ausgelöste zusätzliche logistische Transaktionen oder Qualitätskontrollen. Kostenbestimmungsfaktoren für derartige Prozesse sind etwa:

- Anzahl der Teilenummern und Planänderungen bei der Produktion für Lager
- Betriebsstruktur und Beförderungsmittel für logistische Transaktionen
- Lieferantenqualität, Qualifikation des Personals und Produktionsfehler für Qualitätskontrollen.

Die Messung dieser Kostenbestimmungsfaktoren durch Kostentreiber ist allerdings häufig nur schwer möglich.

Maßnahmen zur Reduktion von *non-value activities* setzen typischerweise an den **Kostentreibern** an. Es wird versucht, die Prozessmenge zu verringern. Dies erfolgt zB durch eine Optimierung der Prozessstruktur, Änderung der Betriebsstruktur, durch Einführung flexibler Fertigungssysteme (FFS) oder moderner Fertigungsphilosophien, wie *Total Quality Management* (*TQM*) und *Just in Time* (*JIT*). Aber auch Maßnahmen wie die Einführung minimaler Bestellmengen können wesentliche Wirkungen ausüben. Dies entspricht Beobachtungen, dass in Unternehmen **Mengengrößen** anstelle von Wertgrößen immer mehr Bedeutung für die Steuerung erlangen.

Empirische Ergebnisse

Innes et al. (2000) untersuchen auf Basis einer 1999 durchgeführten Befragung die Einsatzbedingungen der Prozesskostenrechnung in den größten britischen Unternehmen. Sie stellen fest, dass die hauptsächlichen Anwendungsfelder in den Bereichen Kostenreduzierung (90,3% der Anwender), Preispolitik (80,6%), Leistungsmessung (74,2%) und Abbildung von Kostenzusammenhängen (64,5%) liegen. Sie stellen aber auch fest, dass im Vergleich zu einer ähnlichen Befragung aus 1994 der Anteil der tatsächlichen Prozesskostenanwender (der mit 17,5% der antwortenden Unternehmen außerdem eher gering ist) und der Unternehmen, die sich mit der Einführung dieses Systems beschäftigen, *gefallen* ist. Gleichzeitig ist der Anteil solcher Unternehmen gestiegen, die sich nach einer Analyse der Einsatzmöglichkeiten der Prozesskostenrechnung gegen ihre Anwendung entschieden haben. Während die Veränderungen dieser drei Anteile aber als nicht signifikant eingeschätzt werden, zeigt sich eine signifikante Erhöhung des Anteils von Unternehmen, die der Implementierung der Prozesskostenrechnung keine Bedeutung beimessen.

Al-Omiri und *Drury* (2007) finden bei ihrer Befragung britischer Unternehmen ebenfalls einen nur geringen Anteil von Prozesskostenanwendern (15% bzw 29% nach einem „Nachfassen", das spezifisch auf Prozesskostenanwender bezogen war). Überraschenderweise zeigte sich, dass der Einsatz der Prozesskostenrechnung *keine* signifikante Assoziation mit dem Umfang der Gemeinkosten hatte. Der Einsatz der Prozesskostenrechnung war aber positiv mit Faktoren wie Unternehmensgröße, Konkurrenzintensität, „just-in-time"-Fertigungstechnologie verknüpft.[28]

Stoi (1999) untersucht in einer ähnlichen Studie die Einsatzbedingungen des Prozesskostenmanagements bei deutschen Großunternehmen, wobei sich die Ergebnisse ausschließlich auf anwendende Unternehmen beziehen. Danach ist bei der Mehrzahl der befragten Unternehmen (77%) der Einsatz auf einzelne Funktionsbereiche (vornehmlich Logistik, Beschaffung und Lagerwesen) konzentriert. Die mit Abstand häufigsten Einsatzfelder des Prozesskostenmanagements sind die Produktkalkulation (78%) und das Erkennen von Kostensenkungspotenzialen (77%).

Bei diesen Maßnahmen spielt die Annahme eine wesentliche Rolle, dass eine Verringerung der Prozessmenge eine Verringerung der Gemeinkosten bewirkt. Die **Höhe** der eingesparten Kosten ist ein wesentliches Entscheidungskriterium für die Auswahl der Bereiche, an denen das Unternehmen Kostensenkungsmaßnahmen ansetzen kann. Es wird eher bei den effektivsten beginnen. Die Prozesskostenrechnung gibt auf diese Frage allerdings nur eingeschränkt Auskunft. Sie ermittelt die Prozesskosten unter der Annahme, dass eine Verringerung der Prozessmenge eine (zumindest im Durchschnitt) *proportionale* Verringerung der Prozesskosten

---

[28] Einen Einfluss der Fertigungstechnologie finden ebenfalls *Askarany* et al. (2007), und der Einfluss der Unternehmensgröße wird in der Studie von *Askarany* et al. (2012) bestätigt.

bewirkt.[29] Nur unter dieser Annahme können die Ergebnisse von Maßnahmen simuliert werden.

Die **Kosteneinsparungen** durch Verringerung der Prozessmenge betragen zumindest die (prozess-)variablen Kosten und fallen *quasi* automatisch an. Für Einsparungen darüber hinaus, also beispielsweise (etwa) in Höhe der Prozesskosten, sind zusätzliche Maßnahmen erforderlich (Dispositionsbestimmtheit der fixen Kosten). „*Expenses are fixed only when managers fail to do anything to reduce them.*“[30] Andernfalls führen Verringerungen der Prozessmenge nur zu einer Erhöhung der freien Kapazitäten, nicht aber zu den gewünschten Kostenreduktionen.

Eigenfertigung oder Fremdbezug

Ist es günstiger, Prozesse **fremdzubeziehen**? Die Entscheidung über Eigenfertigung oder Fremdbezug (vertikale Integration) ist nur selten kurzfristig, sondern hat längerfristige Bindungen zur Folge und hat auch strategische Bedeutung, die sich nicht sofort in Kosten ausdrücken lässt (zB Qualitätssicherung, Zuverlässigkeit, Abhängigkeit vom Lieferanten). Auf Basis der Kosten kann der relevante Bezugspreis für einen bestimmten Prozess mit den Prozesskosten bei „Eigenfertigung“ verglichen werden.

Um hier zu einer richtigen Entscheidung zu kommen, muss angenommen (oder besser: sichergestellt) werden, dass die Prozesskosten bei Fremdbezug tatsächlich eingespart werden können. Dies ist vielfach nicht der Fall: Bestimmte Fixkosten können nicht „desinvestiert“ werden, und die Prozesskostenrechnung verschleiert durch ihre Zurechnung von Gemeinkosten den Blick auf Synergien (*economies of scope* von Prozessen), so dass bei Wegfall einer Aktivität für eine andere Aktivität plötzlich mehr Kosten entstehen.

Beispiel: In einem Gebäude von 1.000 m^2 Fläche werden drei Produkte gefertigt. Produkt 1 benötigt 200, Produkt 2 300 und Produkt 3 500 m^2 an Fläche. Soll Produkt 1 fremdbezogen werden, mindern sich die Gebäudekosten (insbesondere Abschreibungen) in Höhe von 30.000 an sich *nicht* anteilig. In diesem Fall würden den beiden anderen Produkten durch einen höheren Prozesskostensatz (der Prozess ist „Raum bereitstellen“) von 30.000/800 = 37,5/m^2 anstelle von 30.000/1.000 = 30/m^2 entsprechend höhere Gebäudekosten zugerechnet.

Man könnte allerdings versuchen, den frei werdenden Platz anderweitig zu nutzen. Befindet sich zB ein Ersatzteillager in einem angemieteten Raum außerhalb des Betriebsgeländes, kann dieses vielleicht in das Gebäude übersiedelt werden; die ersparten Mietkosten (und vielleicht Transportkosten) sind dann für die Fremdbezugsentscheidung des Produktes 1 relevant, haben jedoch auf die Prozesskosten der Nutzung des betreffenden Gebäudes selbst *keinen* Einfluss. Allerdings ist es sinnvoll, auch die Kosten des gemieteten Raumes in den Prozess „Raum bereitstellen“ einzubeziehen. Angenommen, das sind gerade 200 m^2 und Kosten von 6.000. Dann bleibt der Prozesskostensatz mit 36.000/1.200 = 30/m^2 gleich. Übersiedelt das Ersatzteillager in das Gebäude, so können die Mietkosten (ab einem bestimmten Zeitpunkt) eingespart werden. Die Raumkosten

---

29 Zur Illustration dieser Annahme sei *Mayer* (1991a), S. 87, zitiert: „Bei Hunderten von Änderungen halten wir jedoch die Aussage für vertretbar, dass beim Rückgang von 30% der Änderungen auch die Kosten um 30% zurückgehen müssen.“

30 *Cooper* und *Kaplan* (1991b), S. 135.

verringern sich auf 30.000, und bezogen auf die bereitgestellten 1.000 m^2 ergibt dies wiederum denselben Prozesskostensatz von $30/m^2$. Nun ist dies sicherlich ein Sonderfall; umfasst der angemietete Raum weniger oder mehr als 200 m^2, wäre der Prozesskostensatz vor Fremdbezug von Produkt 1 höher oder geringer als $30/m^2$ gewesen. Das gilt ähnlich für die Mietkosten, die nicht unbedingt 6.000 sein müssen.

Stellt man sich aber vor, dass es neben dieser alternativen Nutzung des freiwerdenden Raumes noch viele andere Möglichkeiten gibt, ist es sehr kostspielig, die Alternativen genau zu spezifizieren (insbesondere wenn die Fremdbezugsentscheidung nur eine von vielen anstehenden Entscheidungen ist). Die Prozesskostenrechnung **approximiert** dann über die Bildung durchschnittlicher Prozesskosten die Wirkungen einer Alternative. Sie führt damit natürlich im Einzelfall zu anderen Kosten als eine Detailanalyse des Problems.

3.3. Strategische Kalkulation

Mit Hilfe der Prozesskostenrechnung soll eine Antwort auf die Frage nach den **langfristigen Produktkosten** gegeben werden. Diese sind für mehrere strategische Entscheidungen wichtig:

- Festlegung oder Änderung des *langfristigen* Produktionsprogramms: Anzahl der Produktvarianten, Forcierung bestimmter Produkte, Forcierung bestimmter Märkte
- Preisfestlegung oder Aufnahme eines neuen Produktes: Kosten exotischer Varianten, Rabattgestaltung.

Der Effekt der Verwendung von Prozesskosten zur Produktkalkulation besteht darin, den **langfristigen Ressourcenverzehr** durch die Produktion zu approximieren. Bei der Kalkulation kommt im Vergleich zum Gemeinkostenmanagement eine Stufe an Schlüsselung hinzu: Es müssen Prozessmengen pro Einheit des Produktes gemessen werden. Auch dafür ist eine Proportionalitätsannahme notwendig. Die Kostentreiber haben damit eine Doppelfunktion: Sie sind nicht nur ein Maßstab für die Gemeinkostenentstehung, sondern werden auch für die Produktkalkulation verwendet. Dazu ist es erforderlich, für ein bestimmtes Produkt die Prozessmenge, die es verzehrt, angeben zu können. Nur „volumenabhängige" Kostentreiber können wirklich pro Stück des Produktes zugerechnet werden, die nicht „volumenabhängigen" Kostentreiber sind dagegen erst in einer höheren Ebene zurechenbar, etwa pro Fertigungslos, pro Auftrag, pro Produktgruppe usw.

Gegenüber einer üblichen **Zuschlagskalkulation** mit relativ wenigen Bezugsgrößen führt die Kalkulation über Prozesse in weiten Bereichen zu einer detaillierteren Kostenzurechnung, ungeachtet der Zurechnungsprobleme, die im Zuge einer Vollkostenrechnung entstehen. Eine solche Information kann zu einer Veränderung der (langfristigen) Preisgestaltung führen.

Besonders ungenau wird die Gemeinkostenverrechnung bei einer **Diversifikationsstrategie**, weil dadurch mehr Schlüsselungen oder mehr Durchschnittsbetrachtungen erforderlich werden. Eine ungenaue Kalkulation führt ja dazu, dass einem Produkt „zu viel" an Gemeinkosten zugerechnet werden, einem anderen Produkt dagegen „zu wenig". Im Einproduktunternehmen (zB auch lang Auftragsfertigung) bestehen wenig Probleme bei der Zurechnung der Kosten. Ein stärker spezialisierter Konkurrent besitzt damit automatisch genauere Informationen, die er strategisch nutzen kann. Er kann etwa zu einem Preis anbieten, den das Unternehmen mit der ungenauen Kostenrechnung meint, nicht mithalten zu können, weil er unter den eigenen Produktionskosten liegt. Da im Allgemeinen Basisprodukte, die in großen Mengen hergestellt werden, oder einfache Produkte in der Zuschlagskalkulation zu hohe Kosten zugerechnet erhalten, kann eine genauere Rechnung zum Ergebnis führen, dass gerade *diese* Produkte forciert werden sollten, was aber oft im Widerspruch zur strategischen Grundausrichtung steht.

Kosten der Variantenvielfalt[31]

Zwei Unternehmen produzieren Kugelschreiber. Unternehmen 1 produziert eine Million blaue Kugelschreiber. Unternehmen 2 produziert 100.000 blaue Kugelschreiber, 60.000 schwarze, 12.000 rote, usw; insgesamt werden rund 1.000 Varianten von Kugelschreibern in Mengen von 500 bis 100.000 Stück produziert. Zusammen produziert Unternehmen 2 ebenfalls eine Million Kugelschreiber. Trotz der Ähnlichkeiten der Produkte wird jemand, der durch die beiden Unternehmen geht, erhebliche Unterschiede feststellen können. Unternehmen 2 wird eine viel größere Anzahl von Mitarbeitern beschäftigen: in der Arbeitsvorbereitung, im Lager, für Umrüstungen, für Qualitätskontrollen, in der Logistik, im Vertrieb, im Rechnungswesen usw. Unternehmen 2 wird wahrscheinlich auch mit größeren Stillstandszeiten und gleichzeitig Überstunden operieren, und es wird höhere Lagerbestände haben. Die daraus entstehenden relativ höheren Kosten sind auf das komplexere Produktionsprogramm zurückzuführen.

Blaue Kugelschreiber kosten in Unternehmen 2 (vermutlich) mehr als in Unternehmen 1, was auf die geringere Outputmenge zurückzuführen sein kann, die zu relativ mehr Ressourcenverbrauch führt. Würde man, wie meist üblich, große Teile der Gemeinkosten auf Basis der Einzelkosten verrechnen, entstünde (unter der Annahme, dass sämtliche Kugelschreibervarianten gleich hohe Einzelkosten verursachen) ein stark verzerrtes Bild der Kosten der Kugelschreiber in Unternehmen 2: Blaue Kugelschreiber erhielten wesentlich mehr anteilige Gemeinkosten zugerechnet. Sie werden damit (relativ) zu teuer ausgewiesen, andere Kugelschreiber (relativ) zu billig.

Insgesamt werden durch die Prozesskosten nicht mehr oder weniger an Kosten verteilt als mit der Zuschlagskalkulation (zu Vollkosten). Die Verteilung erfolgt nur anders. Das bedeutet, dass es dann, wenn die Kosten eines Produktes „zu hoch" (in Bezug auf die Beanspruchung der Ressourcen) ausgewiesen werden, mindestens ein anderes Produkt geben muss, dessen Kosten „zu gering" ermittelt werden. Ein solches Produkt, zB ein komplexes Spezialprodukt mit geringer Absatzmenge, wird also durch die Zuschlagskalkulation gewissermaßen subventioniert (**Quersubventionierung**). Mit einer genaueren Kostenzurechnung auf Basis der Prozesskosten können solche Quersubventionierungen aufgedeckt werden. Dies ist grundsätzlich ein Vorteil. Ein Problem kann sich daraus aber dann ergeben, wenn für strategische Produktentscheidungen *nur* die Kosten, nicht aber sonstige Gegebenheiten berücksichtigt werden, wie etwa ein **Absatzverbund**. Eine Verbesserung der Genauigkeit kann damit – ohne Berücksichtigung der Verbundeffekte – auch ins Gegenteil umschlagen.

Beispiel: Der Deostift und das Parfum mit derselben Duftnote seien komplementär, und Parfum sei eine „Spezialität". Dann könnte eine „zu genaue" Kosteninformation aufzeigen, dass der Deo-

[31] Vgl *Cooper* und *Kaplan* (1988), S. 97 f.

stift statt 10 nur 9 kostet, hingegen das Parfum statt 130 nun 200. Beträgt der Verkaufspreis für das Parfum 160, würde mit der Kostenrechnung – falsch interpretiert – ein Signal dazu gegeben, den Verkauf des Parfums zurückzudrängen, weil es als Verlustbringer aufscheint. Tatsächlich ist das Parfum aber das Imageprodukt, das, wenn es einmal gekauft wird, den Kauf einer Reihe von Deostiften nach sich zieht.

Die strategische Kalkulation bildet auch eine Grundlage für das **Design neuer Produkte**. Dies wird im nächsten Abschnitt über *Target Costing* ausführlicher behandelt.

Ein besonderer Kostentreiber ist die Anzahl der **Produktvarianten**. Die Variantenvielfalt verursacht Gemeinkosten in den verschiedensten Bereichen des Unternehmens. Aus strategischer Sicht erhebt sich damit etwa die Frage, wie viele Spezialitäten in das Produktionsprogramm aufgenommen werden sollen.

Bei diesem Kostentreiber „Anzahl der Produktvarianten" ergibt sich aus der Doppelfunktion der Kostentreiber, nämlich die Gemeinkosten zu „treiben" und gleichzeitig für jedes Produkt messbar zu sein, eine Schwierigkeit. Die übliche Verknüpfung: Produkte „verursachen" Aktivitäten, und Aktivitäten „verursachen" Kosten gibt es hierfür nicht direkt, weil die Kosten für eine Produktvariante und nicht für ein einzelnes Stück eines Produktes entstehen. Man erkennt hier eine **Prozesshierarchie** derart, dass es (natürlich) auch Kosten geben kann, die nicht durch das einzelne Stück „getrieben" werden. Ein anderes Beispiel wären Rüstkosten, die für jeden einzelnen Rüstvorgang anfallen. Möchte man in solchen Fällen Produktkosten *zu Vollkosten* ermitteln, müssen diese höher angesiedelten Kosten durch die (geplante) Stückzahl des jeweiligen Produktes dividiert werden, eine Zurechnung, die für viele Entscheidungen nur schwer gerechtfertigt werden kann (siehe dazu 12. Kapitel: *Systeme der Kostenrechnung*).

Variantenvielfalt

Für die Kosten der Variantenvielfalt wurde ein sogenanntes *umgekehrtes Erfahrungskurvengesetz* formuliert: Mit jeder Verdopplung der Varianten steigen die Stückkosten um 20 – 30 Prozent an (*Wildemann* (1990), S. 617 f).

Strategische Entscheidungen mit der Prozesskostenrechnung?

Die beschriebenen Intentionen bezüglich der Verwendung der Prozesskostenrechnung bei langfristigen Entscheidungen der Produktpositionierung und Programmgestaltung klingen zwar plausibel, sind aber wenig konkret. Zur genaueren Einschätzung bietet sich die Betrachtung eines **expliziten langfristigen Problems** an, bei dem geprüft wird, ob und unter welchen Bedingungen die optimale Lösung auf Basis der Prozesskostenrechnung gefunden werden kann.[32]

Als *Beispiel* wird dafür die Einführung eines neuen Produkts und der Aufbau der dafür erforderlichen Produktionskapazitäten in $t = 0$ betrachtet. Es handelt sich

32 Die folgende Darstellung ist eine stark vereinfachte Adaption der Analyse von *Schiller* und *Lengsfeld* (1998). Siehe ähnlich auch *Schiller* (2005).

faktisch um ein **Investitionsproblem**, bei dem sich die künftigen Überschüsse aus einer expliziten **Optimierung der periodenspezifischen Produktionsprogramme** ergeben.[33] Die in $t = 0$ erforderlichen Investitionszahlungen I hängen linear von der zu installierenden Periodenkapazität $\overline{V}$ (in Mengeneinheiten des Produkts) ab:

$$I = c \cdot \overline{V}$$

Darin bezeichnet c die Auszahlungen für eine Einheit der Periodenkapazität. In jeder Periode sind die Mengeneinheiten des Produktes daher auf maximal $\overline{V}$ Stück beschränkt:[34]

$$x_t \leq \overline{V} \qquad \forall t \geq 1 \tag{3}$$

Die Nutzungsdauer sei mit T Perioden gegeben. Lagerhaltung wird nicht betrachtet, und in jeder Periode existiert eine ggf **periodenspezifische** Erlösfunktion mit der üblichen Eigenschaft abnehmender Grenzerlöse:

$$E_t = E_t\left(x_t\right) = p_t\left(x_t\right) \cdot x_t \quad \text{mit } E_t''\left(x_t\right) < 0$$

Die **variablen Stückkosten** k^v sind für jede Periode **konstant** und zur Gänze auszahlungswirksam; zur Vereinfachung wird von weiteren auszahlungswirksamen Periodenkosten abgesehen. Die variablen (und zugleich auszahlungswirksamen) Periodenkosten betragen daher:

$$K_t^v = x_t \cdot k^v$$

Die (vollständig nicht auszahlungswirksamen) **Fixkosten** einer Periode ergeben sich demnach alleine aus den periodenspezifischen **Abschreibungen** Ab_t und den mit dem Kalkulationszinssatz i berechneten **kalkulatorischen Zinsen** auf das am Ende der Vorperiode gebundene Kapital KB_{t-1}:

$$K_t^F = Ab_t + i \cdot KB_{t-1}$$

Die Kapitalbindung ergibt sich aus

$$KB_{t-1} = I - \sum_{\tau=1}^{t-1} Ab_\tau$$

und entspricht den Erfordernissen des *Lücke*-Theorems (siehe dazu 2. Kapitel: *Die Kosten- und Leistungsrechnung als Entscheidungsrechnung*).

Eine **Prozesskostenrechnung** als Vollkostenrechnung hätte im vorliegenden Fall also nur einen **Prozess** „Bereitstellung von Fertigungskapazität“ zu berücksichtigen,

---

[33] Siehe zu einer ähnlichen Problemstellung im Zusammenhang mit langfristigen Preisstrategien auch 4. Kapitel: *Preisentscheidungen*.

[34] Die Nebenbedingung (3) ist direkt auf die Stückzahlen des Produkts bezogen. Alternativ könnte man die verfügbare Kapazität zB in Maschinenstunden ausdrücken, so dass für deren Beanspruchung die Produktmengen noch mit einem Verbrauchskoeffizienten zu multiplizieren wären. Die qualitativen Resultate bleiben aber unverändert.

dessen Bezugsgröße $\overline{V}$ bereits direkt in Stückzahlen besteht und daher vom Produkt mit einer Einheit in Anspruch genommen wird. Für einen gegebenen Abschreibungsplan betragen die periodenspezifischen Fixkostensätze je Stück:

$$k_t^F = \frac{K_t^F}{\overline{V}} = \frac{Ab_t + i \cdot KB_{t-1}}{\overline{V}}$$

Die **periodenspezifischen Stückkosten der Prozesskostenrechnung** sind

$$k_t = k^v + k_t^F \tag{4}$$

Die optimale Entscheidung

Das Ziel des Unternehmens besteht in der Maximierung des Kapitalwerts

$$KW = \sum_{t=1}^{T}\left(E_t - K_t^v\right)\cdot\rho^{-t} - I = \sum_{t=1}^{T}\left(E_t\left(x_t\right) - k^v \cdot x_t\right)\cdot\rho^{-t} - c\cdot\overline{V}$$

unter Beachtung der in (3) formulierten Nebenbedingungen für die Mengen in den einzelnen Perioden. Dieses Problem lässt sich gedanklich in zwei Schritte zerlegen:

1. Für eine *gegebene* Kapazität $\overline{V}$ sind zunächst die **periodenspezifisch optimalen Mengen** zu bestimmen; daraus ergeben sich die für diese Kapazität relevanten Erlöse, variablen Kosten und mithin die Zahlungsüberschüsse.
2. Unter Berücksichtigung dieser Anpassungen ist über die optimale Dimensionierung der Kapazität $\overline{V}$ selbst zu entscheiden.

Wegen des **Fehlens zeitlicher Interdependenzen** zwischen den einzelnen Perioden (siehe dazu 2. Kapitel: Die *Kosten- und Leistungsrechnung als Entscheidungsrechnung*) können die im ersten Schritt zu bestimmenden Mengen für jede Periode gesondert festgelegt werden. Demnach ist für jede Periode folgende *Lagrange*-Funktion zu maximieren:

$$LG_t = E_t\left(x_t\right) - k^v \cdot x_t - \lambda_t \cdot\left(x_t - \overline{V}\right) \tag{5}$$

Unterstellt man, dass die Grenzerlöse anfangs stets oberhalb der variablen Stückkosten liegen, hat man für jede Periode positive **Produktionsmengen**, die sich aus (5) durch die Bedingung erster Ordnung ergeben:

$$\frac{\partial LG_t^*}{\partial x_t} = E_t'\left(x_t^*\right) - k^v - \lambda_t^* = 0 \tag{6}$$

Auf Grund der *Kuhn/Tucker*-Bedingungen gilt für den *Lagrange*-Multiplikator

$$\lambda_t^* \begin{cases} > 0 \text{ und } x_t^* = \overline{V} \\ = 0 \text{ und } x_t^* \leq \overline{V} \end{cases} \tag{7}$$

Wegen (7) entspricht der Wert der *Lagrange*-Funktion an der Stelle der optimalen Lösung daher stets der Differenz aus Erlösen und variablen Kosten, also dem Deckungsbeitrag an der Stelle der optimalen Lösung: $LG_t^* = E_t\left(x_t^*\right) - k^v \cdot x_t^* = D_t^*$.

Dieser *Lagrange*-Multiplikator lässt sich im Optimum als **marginale Veränderung der Zielfunktion** bei einer Variation der Strenge der Restriktion auffassen:[35]

$$\frac{dLG_t^*}{d\overline{V}} = \underbrace{\frac{\partial LG_t^*}{\partial x_t}}_{=0} \cdot \frac{dx_t^*}{d\overline{V}} + \underbrace{\frac{\partial LG_t^*}{\partial \lambda_t} \cdot \frac{d\lambda_t^*}{d\overline{V}}}_{=0} + \frac{\partial LG_t^*}{\partial \overline{V}} = \lambda_t^* \tag{8}$$

Gegeben diese Anpassungsprozesse, erfolgt im zweiten Schritt die Bestimmung der **optimalen Kapazität**. Der Kapitalwert lässt sich darstellen als

$$KW\left(\overline{V}\right) = \sum_{t=1}^{T} LG_t^* \cdot \rho^{-t} - c \cdot \overline{V} \tag{9}$$

Differenzierung von (9) nach $\overline{V}$ und Beachtung von (8) führt auf

$$\frac{dKW^*}{d\overline{V}} = \sum_{t=1}^{T} \lambda_t^* \cdot \rho^{-t} - c = 0 \tag{10}$$

Die optimale **Kapazität** ist also genau dort erreicht, wo der Barwert der durch eine Kapazitätserweiterung ermöglichten Grenzüberschüsse (bei optimaler Anpassung in den einzelnen Perioden) gerade den zusätzlichen Investitionsauszahlungen entspricht.

Wegen der grundsätzlich unterschiedlichen **Absatzverhältnisse** in den einzelnen Perioden (ausgedrückt durch die periodenspezifischen Erlösfunktionen) unterscheiden sich die optimalen Mengen typischerweise von Periode zu Periode. In einigen Perioden wird die Kapazität ausgeschöpft sein (dort ist der *Lagrange*-Multiplikator gemäß (7) regelmäßig positiv), in anderen dagegen nicht (hier wäre der Wert des *Lagrange*-Multiplikators Null), je nachdem, wie günstig die jeweiligen Absatzbedingungen sind. Diese Eigenschaften der Lösung würden durch Veränderungen der variablen Stückkosten im Zeitablauf tendenziell noch zunehmen.

Lösung mit der Prozesskostenrechnung

In der Literatur zur Prozesskostenrechnung finden sich kaum explizite Angaben, wie denn bei der langfristigen Planung von Kapazität und Produktprogramm konkret vorzugehen ist. Die Überlegungen basieren lediglich auf dem Gedanken, dass durch die Prozesskostensätze der **langfristige Ressourcenverzehr approximiert** wird, und dass diese Kenntnis hilfreich für die anstehenden Entscheidungen sei. Außerdem basieren die vorgelegten Rechnungen meist auf den Kostensätzen **einer einzelnen Periode**.

---

35 Der zweite Summand (die Ableitung der Lagrange-Funktion nach λ) verschwindet wegen (7).

Im Rahmen des obigen Szenarios gäbe es zwei Möglichkeiten, diese Gedanken umzusetzen.

1. Man könnte zunächst **eine Periode** als repräsentativ herausgreifen (zB die erste Periode) und auf Basis der dazugehörigen Erlös- und Vollkostenverhältnisse das **Produktionsprogramm** bestimmen, welches den **Periodengewinn maximiert**. Für die Bestimmung der Menge wird **keine Restriktion** benötigt, weil gemäß der Vorstellung der Prozesskostenrechnung unterstellt wird, dass die Kapazitäten dem Bedarf angepasst werden (und dies ist in den Kostensätzen ja *quasi* berücksichtigt). Daraus ergibt sich ein Kapazitätsbedarf, der zur Realisierung des Programms erforderlich ist, und dies führt auf die anzusetzenden Investitionszahlungen.
2. Alternativ könnte man die als erste Variante beschriebene Rechnung für **jede Periode** durchführen. Da sich die jeweils optimalen Programme wegen der im Zeitablauf variierenden Absatzverhältnisse unterscheiden werden, ergeben sich auch für jede Periode **verschieden** hohe **Kapazitätsbedarfe**. Damit die Produktionsstrategie erreichbar ist, muss zu Beginn das **Maximum** der periodenspezifischen Kapazitätsbedarfe installiert werden.

Welche Variante auch immer gewählt wird – stets geht es um die **Maximierung eines auf Prozessvollkosten basierenden Gewinns**, wobei die Stückkostensätze gemäß (4) gegeben sind:

$$G_t = E_t(x_t) - k_t \cdot x_t = E_t(x_t) - \left(k^v + k_t^F\right) \cdot x_t \qquad (11)$$

Differenzieren dieses Ausdrucks nach der Menge führt auf[36]

$$\frac{\partial G_t^p}{\partial x_t} = E_t'\left(x_t^p\right) - k^v - k_t^F = 0 \qquad (12)$$

Wird Variante 1 gewählt, ergäbe sich die optimale Kapazität bei Wahl der Periode t aus

$$\overline{V}^p = x_t^p$$

Bei Variante 2 erhielte man stattdessen

$$\overline{V}^p = \underset{t}{Max}\left\{x_t^p\right\}$$

Dies zeigt unmittelbar die Probleme auf: Bei Variante 1 hängt die installierte Kapazität von der (letztlich willkürlichen) Wahl einer bestimmten **Periode** ab; diese Lösung kann daher allenfalls *zufällig* mit der eigentlich optimalen Lösung übereinstimmen. Bei Variante 2 wird die Kapazitätswahl dagegen an einem **Maximalerfor-**

---

36 Die für die Prozesskostenrechnung optimalen Werte werden mit einem hochgestellten p gekennzeichnet.

dernis orientiert, welches im Extremfall nur in einer Periode relevant ist. Es wird sich aber kaum lohnen, hohe Kapazitäten für nur selten eintretende Fälle zu installieren.

Einsatzbedingungen für die Prozesskostenrechnung

Der Einsatz der Prozesskostenrechnung scheint demnach nur dann sinnvoll, wenn die Wahl einer bestimmten Periode keine Rolle spielt – dann ist die Problematik des Maximalerfordernisses auch bei Variante 2 nicht schlagend, weil sich die Perioden nicht unterscheiden. Diese Idee lässt sich auch formal nachweisen. Dazu sei unterstellt, dass die **Absatzverhältnisse für jede Periode gleich** sind:

$$E_t(x_t) = E(x_t) \qquad \forall t \geq 1$$

Aus der Bedingung (6) für die optimale Menge einer Periode folgt dann

$$\frac{\partial LG_t^*}{\partial x_t} = E'\left(x_t^*\right) - k^v - \lambda_t^* = 0 \tag{13}$$

Aus (13) ergibt sich, dass die optimalen Mengen in **jeder Periode gleich** sind, und daraus resultieren auch **identische** *Lagrange*-Multiplikatoren

$$\lambda_t^* = \lambda^* \tag{14}$$

Dies lässt sich intuitiv interpretieren: Bei **stationären Verhältnissen** kann eine beliebige Periode tatsächlich als repräsentativ für alle anderen angesehen werden, und man kann auch die Kapazität danach ausrichten. Ist die Kapazität für eine Periode zu hoch (zu gering), dann ist sie für alle anderen Perioden ebenfalls zu hoch (zu gering). Man kann demnach davon ausgehen, dass die Produktionsrestriktion (3) stets bindet, so dass für jede Periode eine exakte **Anpassung von Menge und Kapazität** vorliegt. Wegen der stationären Verhältnisse muss dabei die Erfolgserhöhung bei einer Ausweitung der Kapazität für jede Periode gleich sein.

Einsetzen von (14) in die für die **Kapazitätswahl** relevante Bedingung (10) erbringt:

$$\lambda^* \cdot \sum_{t=1}^{T} \rho^{-t} - c = 0 \quad \Rightarrow \quad \lambda^* = c \cdot WGF\left(\rho, T\right) \tag{15}$$

Darin bezeichnet *WGF* den Wiedergewinnungsfaktor (als Kehrwert des Rentenbarwertfaktors). Gemäß (15) entspricht der *Lagrange*-Multiplikator im Optimum der **Annuität der Stückauszahlungen** c je Kapazitätseinheit. Die Kapazität ist also solange auszudehnen, bis der (für jede Periode gleiche) **induzierte Grenzdeckungsbeitrag** gerade der **Annuität dieser Stückauszahlungen** entspricht.

Ein Vergleich von (13) mit der für die Prozesskostenrechnung relevanten Bedingung (12) für die Produktpolitik zeigt, dass bei stationären Verhältnissen beide Lösungen genau dann übereinstimmen, wenn gilt:

$$k_t^F = \lambda^* = c \cdot WGF\left(\rho, T\right) = \frac{I \cdot WGF\left(\rho, T\right)}{\overline{V}} \tag{16}$$

Beispiel

Die Stückauszahlungen je Kapazitätseinheit seien c = 5 und die installierte Kapazität wird mit $\bar{V} = 2.000$ angenommen, so dass Investitionsauszahlungen von I = 10.000 resultieren. Bei einem Kalkulationszinssatz i = 0,1 und einer Laufzeit von T = 4 ergibt sich für den Wiedergewinnungsfaktor (gerundet)

$$WGF(\rho = 1{,}1; T = 4) = \frac{i \cdot (1+i)^4}{(1+i)^4 - 1} = 0{,}315471$$

Die **Gesamtannuität** berechnet sich gemäß (16) daher als

$$I \cdot WGF(\rho = 1{,}1; T = 4) = 10.000 \cdot 0{,}315471 = 3.154{,}71$$

Für die **Abschreibungen** und **Kapitalkosten** kann man sukzessive vorgehen: Die Kapitalkosten für t = 1 ergeben sich aus 10.000 · 0,1 = 1.000. Subtrahiert man diesen Betrag von der obigen Annuität, erhält man die Abschreibung der ersten Periode. Daraus folgt der Restwert, der die Basis für die Kapitalkosten in t = 2 ergibt usw. Es resultiert folgender Abschreibungs- und Kapitalkostenplan:

	Kapitalkosten	Abschreibungen	Restbuchwert
$t = 1$	1.000,00	2.154,71	7.845,29
$t = 2$	784,53	2.370,18	5.475,11
$t = 3$	547,51	2.607,20	2.867,92
$t = 4$	286,79	2.867,92	0,00

Der Stückkostensatz für die Fixkosten beträgt

$$k_t^F = \frac{I \cdot WGF}{\bar{V}} = \frac{3.154{,}71}{2.000} = 1{,}577355$$

Das **Abschreibungsverfahren** ist dabei so zu wählen, dass unter Berücksichtigung der daraus folgenden Kapitalbindung und der kalkulatorischen Zinsen ein im Zeitablauf konstanter Verrechnungssatz für die stückbezogenen Fixkosten in Höhe der Annuität der Stückauszahlungen je Kapazitätseinheit resultiert. Wegen der im Zeitablauf sinkenden Kapitalbindung und der sinkenden Kapitalkosten ergeben sich daraus **progressive Abschreibungen**. Man erhält dann aus (12) die gleiche optimale Produktpolitik wie im Ursprungsmodell, und wegen der **stationären Verhältnisse** und der Eigenschaft der **periodischen Vollauslastung** der Kapazitäten im tatsächlichen Optimum kann das sich ergebende Kapazitätserfordernis der Prozesskostenrechnung problemlos für die Kapazitätsdimensionierung übernommen werden.

Insofern lassen sich zwar **Anwendungsbedingungen** für einen Einsatz der Prozesskostenrechnung bei langfristigen Entscheidungen formulieren, doch eine nähere Betrachtung zeigt, dass diese Szenarien nicht wirklich **„strategische" Eigenschaften** aufweisen. Durch die geforderten stationären Verhältnisse werden strategische Aspekte faktisch wegdefiniert – man erhält ein verkapptes operatives Problem, für dessen Lösung eine Kostenrechnung schon immer empfohlen wurde.

Dabei war das hier unterstellte Szenario bewusst sehr einfach – und damit für den Einsatz der Prozesskostenrechnung günstig – formuliert. Die Einbeziehung etwa von dynamischen Kostenverläufen und stochastischen Zusammenhängen bei Erlös- und Kostenbeziehungen würde die kritische Schlussfolgerung noch verstärken.

3.4. Kundenprofitabilitätsanalyse

Mit der Prozesskostenrechnung gelingt auch eine kostentreiberbezogene Zurechnung von Vertriebsgemeinkosten. Diese ermöglicht eine Analyse von Absatzgebieten, Kundensegmenten oder auch individuellen Kunden. **Kunden** unterscheiden sich – aus kostenorientierter Sicht – nach der Auftragsgröße, der Anzahl der Sonderwünsche, der Anzahl der nachträglichen Änderungen des Auftrages, der Nachfrage nach Spezialitäten, nach der Art der Lieferung, der Liefermenge usw. Sie beeinflussen damit wesentlich die Gemeinkosten, und zwar oft nicht nur die Gemeinkosten im Vertriebsbereich, sondern quer durch das Unternehmen. *Beispiel*: Es macht einen Unterschied, ob ein Kunde, der im Jahr 18.000 Stück eines Produktes kauft, eine Bestellung über die gesamten 18.000 Stück oder in unregelmäßigen Abständen 12 Bestellungen über jeweils 1.500 Stück aufgibt.

Eine detaillierte Kostenzurechnung mittels Prozesskostensätzen ermöglicht eine **Kundenprofitabilitätsanalyse**, die wiederum die Basis für strategische Entscheidungen im Absatzbereich bilden kann. Es ergeben sich dadurch oft interessante Einsichten, wie eine Anwendung der bekannten 80:20 Regel: 80 Prozent der Erlöse werden durch 20 Prozent der Kunden generiert.[37] Abbildung 4 zeigt ein mögliches, moderateres Ergebnis einer solchen Analyse.

Oft sind es gerade die Großkunden, die zu den Verlustbringern zu zählen sind. Sie fordern geringere Preise, verlangen aber gleichzeitig eine bevorzugte Zustellung oder die Einflussnahme auf das Produkt. Eine mögliche **Maßnahme** besteht darin, die Kosten für Zusatzdienste (zB Spezialwünsche, Zustellung) gesondert zu verrechnen (*quasi* ein *unbundling*). Damit können derartige Wünsche oft stark eingedämmt werden. Man könnte auf Zusatzleistungen auch direkt verzichten. Vergleichbare Maßnahmen betreffen die Schaffung von Anreizen für die Kunden, größere Mengen auf einmal zu bestellen oder eher Produkte zu bestellen, die auf Lager liegen, so dass das Unternehmen sein Fertigungsprogramm emanzipierter ausführen kann.

Auch bei diesen Maßnahmen ist wieder zu beachten, dass die Prozesskosten suggerieren, dass ein **Abschichten eines Kunden** die Kosten tatsächlich um die Prozesskosten verringert; bzw dass das Abschichten eines Kunden, der einen Verlust bringt, den Gewinn auch tatsächlich um diesen Betrag erhöht. Des Weiteren sind außer dem Kostengefüge auch noch andere Überlegungen wichtig und oft viel wichtiger: Der Kunde könnte beispielsweise einen Hoffnungsmarkt repräsentieren, wofür man (im Moment jedenfalls) gerne Verluste in Kauf nimmt.

---

[37] Vgl dazu *Cooper* und *Kaplan* (1991b), S. 134. Ihre Diskussion basiert auf der Fallstudie über *Kanthal*.

Was „bringt" die Prozesskostenrechnung?

Die Darstellung im Text und die empirischen Ergebnisse zeigen, dass man aus der Tatsache, dass die Prozesskostenrechnung zu einer von bisherigen Systemen abweichenden Kostenverrechnung führt, nicht unbedingt darauf schließen darf, dass damit auch eine **bessere ökonomische Zielerreichung** für das Unternehmen verbunden ist. Zur Klärung dieses Problems müsste man eine Beziehung zwischen dem Unternehmenswert (als Maßgröße für die ökonomische Zielerreichung) und dem Einsatz der Prozesskostenrechnung herstellen. Dazu liegen bislang nur wenige empirische Untersuchungen vor.

Gordon und *Silvester* (1999) betrachten die (abnormalen) Kurseffekte auf die Ankündigung des Einsatzes einer Prozesskostenrechnung. Das Sample besteht aus zehn Unternehmen, bei denen die Implementierung dieses Systems dem Markt im Jahre 1988 (also in der Zeit der euphorischen Diskussion der Prozesskostenrechnung in den USA) durch einen Artikel der *Business Week* mitgeteilt worden ist (der Artikel enthielt darüber hinaus eine ausführliche Diskussion der Intentionen und Eigenschaften des Systems). Die Kursreaktionen dieser zehn Unternehmen wurden mit den Kurseffekten von zehn Kontrollunternehmen verglichen, die hinsichtlich Branche und Größe vergleichbar waren, allerdings die Prozesskostenrechnung nicht eingeführt hatten. Die Autoren konnten keinerlei signifikanten Kursreaktionen feststellen.

Andere Ergebnisse finden in einer ähnlichen Studie *Kennedy* und *Affleck-Graves* (2001) für den britischen Markt. Sie betrachten 47 Unternehmen, die in der Zeit von 1988 bis 1996 die Prozesskostenrechnung eingeführt haben und eine Kontrollgruppe von Nicht-Anwendern. Die Einordnung der Unternehmen basiert dabei auf einer Befragung, nicht aber auf einer öffentlichen Ankündigung des Einsatzes der Prozesskostenrechnung. Die Kursentwicklungen werden über einen Zeitraum von drei Jahren nach der jeweiligen Einführung des Systems betrachtet. Die Autoren finden signifikant *günstigere* Kursentwicklungen für die Gruppe der Prozesskostenanwender. Die Ergebnisse sind wegen des längeren Betrachtungszeitraums allerdings mit Vorsicht zu interpretieren, weil natürlich eine Fülle von Faktoren für die Kursentwicklung maßgeblich sind (die Autoren versuchen jedoch, bestimmte Effekte durch spezifische Kontrollvariablen zu erfassen).

Die Ergebnisse von *Kennedy* und *Affleck-Graves* (2001) sind nur schwer mit den ebenfalls für den britischen Markt erhaltenen – und in einem früheren Einschub dargestellten – Resultaten von *Innes*, *Mitchell* und *Sinclair* (2000) sowie *Al-Omiri* und *Drury* (2007) vereinbar, die einen nur geringen Anteil der Prozesskostenanwender feststellen. Dieser Anteil sollte wesentlich höher sein, wenn die Prozesskostenrechnung (scheinbar) signifikante Marktwertvorteile zu erreichen erlaubt. Derartige Diskrepanzen zwischen propagierten Vorteilen und tatsächlicher Anwendungshäufigkeit werden auch bei *Gosselin* (1997, S. 105) erwähnt: *„This is the essence of the ABC paradox: if ABC has demonstrated benefits, why are more firms not actually employing it?"*

Maiga und *Jacobs* (2008) untersuchen für US-amerikanische Industrieunternehmen den Zusammenhang zwischen Unternehmenserfolg und dem Einsatz der Prozesskostenrechnung differenzierter. Sie finden zunächst, dass Prozesskostenrechnung und Erfolg nicht direkt miteinander assoziiert sind. Es gibt aber einen indirekten Einfluss über intervenierende Variablen wie Durchlaufzeit, Produktqualität und Kostenstruktur. Der Einsatz der Prozesskostenrechnung ist signifikant mit Verbesserungen der Durchlaufzeit, der Produktqualität und der Kostenstruktur verknüpft, und diese Faktoren sind wiederum positiv mit dem Unternehmenserfolg assoziiert.

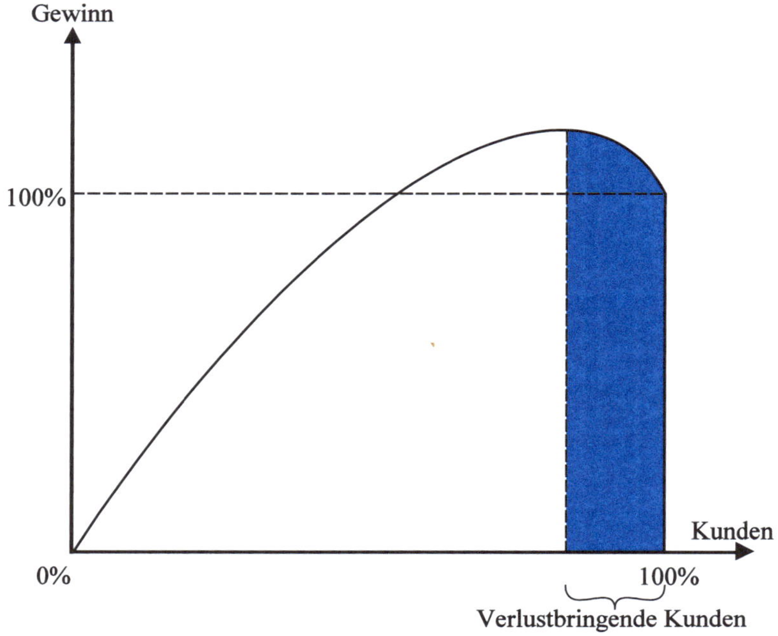

Abb. 4: Verteilung der Profitabilität über Kunden

4. *Target Costing*

4.1. Zielkosten und ihre Ermittlung

Unter ***Target Costing*** (**Zielkostenmanagement** wird ein aus Japan stammendes Verfahren (*genka kikaku*) für die Planung und Einführung neuer Produkte und Leistungen verstanden. Herausstechendes Merkmal dieses Verfahrens ist eine **konsequente Marktorientierung**. Die Produktidee muss bereits festliegen; es geht um den letzten Schritt, nämlich die Entscheidung der Einführung. Prägnant formuliert wird gefragt: „Was *darf* das Produkt kosten?" anstelle „Was *wird* das Produkt kosten?" Die **Zielkosten** sind jene Kosten, die das Produkt kosten *darf*. Sie richten sich alleine an marktbezogenen Gegebenheiten und den Unternehmenszielen aus, die technische Machbarkeit steht zunächst im Hintergrund.

Target Costing ist vor allem als Instrument des Kostenmanagements einsetzbar. Sind die Zielkosten nämlich festgelegt, geht es darum, diese Zielkosten auch tatsächlich zu erreichen. *Target Costing* setzt damit bereits sehr früh, nämlich im Stadium der Produktplanung und Produktentwicklung an. In diesem Zeitraum wird ein Großteil der späteren Produktkosten, nämlich sowohl Fertigungskosten, viele Gemeinkosten als auch Kosten, die der Benutzer zu tragen haben wird, festgelegt (siehe Abbildung 5).

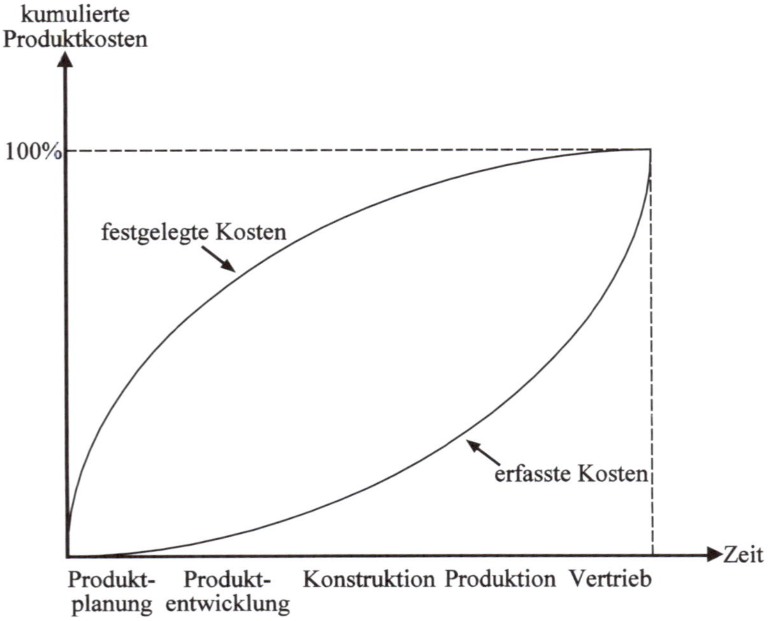

Abb. 5: Kostenfestlegung und Kostenentstehung
(adaptiert aus *Berliner* und *Brimson* (1988), S. 140)

Vom strategischen Standpunkt aus betrachtet handelt es sich beim *Target Costing* um ein Instrument zur Entscheidungsunterstützung im Rahmen einer **Differenzierungsstrategie**. Denn dafür ist zunächst der Kundennutzen wichtig, den das Produkt erzielt. Jedes Produkt setzt sich aus einer Anzahl von Funktionen zusammen, die Kundennutzen bewirken, auf der anderen Seite aber auch Kosten verursachen. Eine Differenzierung ist vorteilhaft, wenn das neue Produkt den gewünschten Gewinn bringt, dh wenn es höchstens Kosten in Höhe der Zielkosten verursacht.

Die **Zielkosten** werden wie folgt ermittelt:

Zielkosten = geplanter Absatzpreis – geplanter Zielgewinn (17)

Es handelt sich dabei also um die aus Marktsicht höchsten Kosten, zu denen das Produkt erfolgreich eingeführt werden kann. Die Berechnung entspricht einer **Subtraktionsmethode**.

Das *Target Costing* unterscheidet sich von der **retrograden Kalkulation**, wie sie für kurzfristige Entscheidungen bei gegebenem Preis verwendet wird, vor allem durch die Zielsetzung: Bei der retrograden Kalkulation ist das Produkt vorgegeben, während es beim *Target Costing* erst marktkonform gestaltet werden soll. Daraus folgen die Orientierung an den Vollkosten und die Berücksichtigung eines Zielgewinnes. Kurzfristig wirksame Entscheidungen richten sich nach dem Deckungsbeitrag, wobei üblicherweise eine Entscheidung über die Annahme eines (echten) Zusatzauftrages bei einem Deckungsbeitrag größer als null fällt. Bei kurzfristigen Entscheidungen ist auch die Frage unproblematisch, wie die Kosten und der Verkaufspreis die längerfristigen Entwicklungen einschließen.

Die **praktische Ermittlung** der Zielkosten scheint nur auf den ersten Blick einfach. Sowohl die Schätzung des künftigen Absatzpreises als auch die Höhe des verlangten Zielgewinns sind mit Schwierigkeiten verbunden.

Der **Absatzpreis** des neuen Produktes kann zB aus Daten der Marktforschung über den erwarteten Kundennutzen geschätzt werden. Vielfach bestehen auch Erfahrungen mit ähnlichen Produkten oder auch mit Produkten, die das neue Produkt substituieren soll. Probleme ergeben sich im Detail:

- Der Absatzpreis wird sich über die Lebensdauer des Produktes am Markt **ändern**. Der Absatzpreis wird auch durch Reaktionen der künftigen Konkurrenten beeinflusst. In der Praxis arbeitet man deshalb häufig mit einem durchschnittlichen Absatzpreis.
- Der Absatzpreis ist nur eines von vielen **marketingpolitischen Instrumenten**. Der Absatzpreis muss in Verbindung mit dem Marketing-Mix gesehen werden, welches damit auch schon im Voraus festgelegt werden müsste.

Die Bestimmung des **Zielgewinnes** ist aufgrund anderer Überlegungen problematisch. Meist werden in den Anwendungsbeispielen die folgenden Maßgrößen vorgeschlagen:[38]

- **Umsatzrendite** (*Return on Sales*, *ROS*)
- **Gesamtkapitalrendite** (*Return on Investment, ROI*).

Der *ROI* wird seltener verwendet, weil es relativ schwieriger ist, den *ROI* bei einer Vielzahl verschiedener Produkte zu schätzen. Dazu bedarf es nämlich auch der Zuordnung von Investitionen bzw Kapital.

Für die **Höhe** des Prozentsatzes der Umsatzrendite oder des Zinssatzes der Gesamtkapitalrendite gibt es keine generellen Empfehlungen; idR wird man sich an den Unternehmenszielen, der üblichen Zielerreichung, den Alternativen und der Wettbewerbssituation orientieren. Genauso wie beim Absatzpreis ist es auch beim Zielgewinn fraglich, inwieweit für das *Target Costing* von einem konstanten Prozentsatz ausgegangen werden kann.

Ein **grundlegendes Problem** besteht infolge des **subtilen Zusammenhangs** zwischen allen drei Größen, die in der Bestimmungsgleichung (17)

Zielkosten = geplanter Absatzpreis – geplanter Zielgewinn

vorkommen. Geht man davon aus, dass das Unternehmen einen autonomen Preisspielraum hat (andernfalls wäre die Bestimmung des Marktpreises trivial), hängen die drei Größen eng zusammen. Ein Anschauungsbeispiel ist etwa das *Cournot*-Modell, in dem, ausgehend von der Kostenfunktion und der Preis-Absatz-Funktion, sowohl Absatzpreis als auch Gewinn bestimmt werden. Kennt man, wie beim *Target Costing* angenommen, die Kosten noch nicht, kann man eigentlich auch weder den Absatzpreis noch den Gewinn vorab festlegen. Anders formuliert: *Werden Absatz-*

---

[38] Vgl *Sakurai* (1989), S. 43.

preis und Zielgewinn vorweg festgelegt und daraus die Zielkosten ermittelt, wird das Ergebnis allenfalls zufällig optimal für das Unternehmen sein.[39] Deshalb ist das *Target Costing* eher als **Heuristik** denn als Optimierungsverfahren anzusehen.

4.2. Erreichung der Zielkosten

Die Zielkosten werden mit den sogenannten **Standardkosten** verglichen. Standardkosten bezeichnen diejenigen Kosten, die sich bei Verwendung der bestehenden Technologie im Rahmen des ersten (Roh-)Designs für das neue Produkt ergeben würden. Im Regelfall liegen die Zielkosten unter den Standardkosten. Diese Differenz gibt die **Kosteneinsparungen** für das künftige Produkt an, die bereits in der Produktentwicklungsphase eingeplant werden müssen, um das Produkt erfolgreich einführen zu können. Im Folgenden werden die um Kosteneinsparungsmaßnahmen verringerten (ursprünglichen) Standardkosten mit *„reduzierten Standardkosten“* bezeichnet.

Im Rahmen strategischer Entscheidungen eignen sich die (ursprünglichen und reduzierten) Standardkosten zu **Vollkosten**, unter der Annahme, dass die Vollkosten wiederum als Approximation für langfristige relevante Kosten dienen können. Diese Annahme ist aber sehr restriktiv. Als Beispiel seien Erfahrungseffekte genannt, wonach sich die Stückkosten mit steigender kumulierter Ausbringungsmenge laufend verringern. Sie können in den Standardkosten wieder nur als grobe Schätzung berücksichtigt werden. Die Standardkosten sollten auch Entwicklungskosten, Marktaufbaukosten und andere, nicht laufend auftretende Kosten für das Produkt beinhalten. Dieser Aspekt wird im Folgenden Abschnitt zur Lebenszykluskostenrechnung noch aufgegriffen.

Nun sind die Produktentwickler und Konstrukteure im Unternehmen gefordert, Mittel und Wege zu finden, die Standardkosten soweit zu senken, dass sie nicht höher liegen als die Zielkosten. Dies stellt idR hohe Anforderungen an den Teamgeist im Unternehmen.

Vereinfacht besteht der Herstellungsvorgang eines Produktes aus Inputfaktoren (Einzelkosten) und aus Aktivitäten bzw Prozessen. Die Einzelkosten können im Rahmen einer **konstruktionsbegleitenden Kalkulation** einfach kalkuliert werden. Zur Bewertung der notwendigen Prozesse bietet sich die Verwendung der **Prozesskostenrechnung** an. Die Einführung eines neuen Produktes bindet Ressourcen quer durch das Unternehmen, die mit (Haupt-)Prozesskostensätzen bewertet eine Grundlage für die Konstruktion und das Design liefern können. Damit können die Kostensenkungsmaßnahmen einzeln bewertet und die reduzierten Standardkosten ermittelt werden.

---

[39] Vgl *Ewert* (1997).

Konstruktionsbegleitende Kalkulation[40]

Pauschale Verfahren: Die Kosten werden global aus den vorliegenden Datenbeständen ermittelt.

- **Kenngrößenverfahren**: Kostenermittlung aus einfachen Beziehungen zwischen bestimmten Merkmalen des Konstruktionsobjektes und bekannten Kenngrößen. Beispiel: Baukosten aufgrund von Quadratmetern Wohnfläche.
- **Ähnlichkeitsverfahren**: Kostenermittlung aufgrund von Kosten, die früher bei ähnlichen Aufgabenstellungen entstanden sind. Beispiel: Variantenkalkulation.

Analytische Verfahren: Die Kostenermittlung berücksichtigt technische Einzelheiten der Konstruktion.

- **Geometriedatenverfahren**: Kostenermittlung aufgrund funktionaler Zusammenhänge zwischen geometrischen Eigenschaften und Kosten.
- **Fertigungsdatenverfahren**: Kostenermittlung aufgrund von Stücklisten und Arbeitsplänen.

Maßnahmen zur Kostensenkung

Die Effektivität von solchen Maßnahmen hängt vom individuellen Fall ab. Generell können derartige Maßnahmen beispielsweise sein:

- Einflussnahme auf physische Eigenschaften des Produktes, wie Größe oder Gewicht, die später Logistikkosten verursachen
- Substitution von Materialien
- Verwendung von Gleichteilen anstelle von Spezialteilen
- Einbeziehung der Lieferanten in den Planungsprozess
- Änderung der Arbeitsgänge
- Fremdbezug von Komponenten statt deren Eigenfertigung.

Offensichtlich ist in der Phase der Produktkonzeption noch ein wesentlich höherer Freiheitsgrad bei der Festlegung von Funktion und Kosten vorhanden als bei der Detailkonstruktion.

Im Rahmen der Maßnahmen zur Kostensenkung werden vielfach auch einzelne Funktionen des Produktes verändert. Damit ändern sich aber die Produkteigenschaften und letztlich auch das **Marktsegment**, auf das das Produkt zielt. Genau genommen müsste man dann wieder von vorne beginnen, weil Produkteigenschaften und Marktsegment als Basis für die Absatzpreisermittlung dienen.

Im Allgemeinen sind die Zielkosten als Differenz zwischen Verkaufspreis und Zielgewinn eine zu grobe Größe, als dass sie direkt Ansätze für Kostenreduktionen bieten könnten. Die Zielkosten gelten für das gesamte vermarktbare Bündel an Produktfunktionen. Für Detailinformationen, die etwa Designer oder Konstrukteure benötigen, ist es sinnvoll, diese Gesamtzielkosten auf die **einzelnen** (jedoch nur

---

40 Vgl *Franz* (1992), S. 130 f.

gemeinsam vermarktbaren) **Funktionen** und anschließend auf die **Komponenten aufzuteilen**, die diese Funktionen erfüllen sollen.

Ein sehr anschauliches Verfahren besteht darin, die Funktionen nach ihrer Wichtigkeit für den Kunden zu gewichten und die Standardkosten für die Erzeugung dieser Funktionen in Art einer ABC-Analyse damit zu vergleichen. Als Hypothese über den Idealzustand gilt, die Ressourcen und damit die Kosten so einzusetzen, wie dies der vom Kunden gewünschten Funktion entspricht (man spricht dann auch von hoher Produktintegrität). Der Zielkostenanteil (in Prozent) sollte dann dem Grad der Wichtigkeit der Funktion (in Prozent) in etwa entsprechen. Fallen diese Prozentsätze stark auseinander, ist Handlungsbedarf angezeigt.

Target Costing in der Automobilindustrie[41]

Die Entwicklung des Volkswagen in den dreißiger Jahren erfolgte nach *Ferdinand Porsche* unter dem Ziel, das Auto zu nicht mehr als 990 Reichsmark anzubieten. Um dieses Ziel zu erreichen, wurden verschiedene technische Lösungen unter Kostengesichtspunkten verglichen. So wurde der Volkswagen nicht mit hydraulischen Bremsen, sondern mit Seilzugbremsen ausgestattet, was eine Kosteneinsparung von ca 25 Reichsmark ergab.

Beispiel: Bei der Entwicklung einer Füllfeder[42] ergibt eine Analyse, dass der Kostenanteil des Federhalters rund 36% der Gesamtkosten ausmacht, die Wichtigkeit seiner Funktion aber nur auf rund 30% geschätzt wird. Hier erscheint eine Einsparung möglich und wirkungsvoll. Umgekehrt zeigt sich, dass der Kostenanteil der Tinte rund 7% der Gesamtkosten beträgt, die Tinte aber rund 20% der Wichtigkeit der Funktion ausmacht. Es wäre zu überlegen, entweder die Funktionserfüllung zurückzudrängen oder aber sogar Mehrkosten bei der Tinte in Kauf zu nehmen.

Die **Problematik** eines solchen Vergleichs von Kostenanteilen und Wichtigkeit der Funktionen liegt darin, dass der eigentliche „gesamte Einsparungsbedarf" (Differenz aus Standardkosten und Zielkosten) darin zunächst gar nicht aufscheint. Es werden ja die Standardkostenanteile der Komponenten mit ihrer prozentualen Funktionserfüllung verglichen. Im Extremfall kann dies zu einer Situation führen, bei der die Standardkostenanteile exakt den Anteilen der Komponenten bei der Funktionserfüllung entsprechen. Die Methode würde dann keine Komponente als modifizierungswürdig auswählen, obwohl noch nichts eingespart wurde! Insofern erscheint es notwendig, das Verfahren um eine explizite Erfassung des Kostenreduktionsbedarfs zu ergänzen,[43] was allerdings das eigentliche Problem – wie soll der Bedarf auf die Komponenten aufgeteilt werden? – schon beinhaltet. In der Praxis behilft man sich häufig damit, die Kostenkomponenten prozentual gleichmäßig zu kürzen.

---

41 Vgl *Franz* (1993a); *Heßen* und *Wesseler* (1994).

42 Dieses Fallbeispiel stammt von *Tanaka* (1989). Es ist beschrieben in *Seidenschwarz* (1991a), S. 200 – 204; *Horváth* und *Seidenschwarz* (1992), S. 145 – 149.

43 Siehe zu einem Vorschlag zB *Fischer* und *Schmitz* (1994).

Entscheidung über die Einführung des neuen Produktes

Nach Vornahme aller denkbaren Kostensenkungsmaßnahmen ergeben sich letztlich nicht mehr weiter verbesserbare Standardkosten. Werden die Zielkosten erreicht oder sogar unterschritten, sollte das Produkt nach dieser Überlegung eingeführt werden. Liegen die Standardkosten immer noch über den Zielkosten, so sollte konsequenterweise auf die Einführung dieses Produktes verzichtet werden.

Vielfach wird jedoch versucht, eine derartige Enttäuschung für Produktentwickler hintanzuhalten und schon bei der Zielkostenbestimmung die technischen Möglichkeiten (pauschal) zu berücksichtigen. In der Literatur wird dazu ein **zweistufiges Verfahren** der Ermittlung von Zielkosten angegeben:[44] Zunächst werden die vom Markt „erlaubten" Kosten (*allowable costs*) durch Subtraktion eines Zielgewinnes vom Verkaufspreis des neuen Produktes berechnet. Als Zielkosten wird dann ein Wert *zwischen* den vom Markt „erlaubten" Kosten und den Standardkosten (jenen Kosten, die sich bei Verwendung der bestehenden Technologie zunächst ergeben würden) gesetzt. Der genaue Wert hängt von technischen Realisationsmöglichkeiten genauso ab wie von der Wettbewerbssituation, in der sich das Unternehmen befindet. Mit dem zweiten Schritt scheint es einen Spielraum für das Setzen der Zielkosten zu geben. Es erhebt sich jedoch die Frage, weshalb nicht schon die vom Markt „erlaubten" Kosten und der Zielgewinn diese Überlegungen enthalten.

Empirische Ergebnisse

Ein Vergleich der Umsetzung des *Target Costing* bei japanischen und deutschen Unternehmen ergab unter anderem folgende Resultate (*Horváth* und *Tani* 1997):

- Deutsche Unternehmen setzen die Zielkosten vorwiegend in Höhe der *allowable costs* an, während die meisten japanischen Unternehmen einen Ansatz zwischen den *allowable costs* und den *Standardkosten* wählen
- Die mit dem *Target Costing* in beiden Ländern hauptsächlich verfolgte Zielsetzung besteht in der Kostenreduktion. An zweiter Stelle steht bei deutschen Unternehmen die marktorientierte Produktentwicklung, während japanische Unternehmen hohe Qualitätsstandards angeben.
- Japanische Unternehmen beziehen das gesamte Gemeinkostenspektrum häufiger in den Prozess des *Target Costing* ein als deutsche Unternehmen.
- Die Erreichung der Zielkosten differiert faktisch nicht zwischen den beiden Ländern. Etwa 60% der Unternehmen erreichen danach zB die Zielkosten zu wenigstens 90%.
- Die Zusammensetzung der Arbeitsgruppen für das *Target Costing* unterscheidet sich deutlich. Während bei deutschen Unternehmen die Controlling- bzw Kostenrechnungsabteilungen bei jedem befragten Unternehmen eine große Rolle im *Target Costing*-Prozess spielen, dominieren in Japan eher Abteilungen wie „Konstruktion", „Design" etc. Eine unmittelbare Präsenz von Lieferanten im *Target Costing*-Team ist dagegen in beiden Ländern äußerst selten.

Bei der Einschätzung dieser Ergebnisse ist zu beachten, dass die deutsche Stichprobe nur aus 10 Unternehmen bestand, die bereits über Erfahrungen mit der Umsetzung des *Target Costing* verfügten. Die für deutsche Unternehmen erhaltenen Resultate werden aber in einer Studie von *Arnaout* (2001) mit einer größeren Stichprobe tendenziell bestätigt.

---

44 Vgl zB *Sakurai* (1989), S. 43. Kritisch dazu *Seidenschwarz* (1991b), S. 200.

Die Zielkosten werden damit nicht mehr als Entscheidungshilfe, sondern als Instrument zur **Motivation** der Produktentwickler und Konstrukteure genutzt. Mit den Standardkosten sollen ihnen die Auswirkungen ihrer Konstruktionen auf die Kosten des Unternehmens verdeutlicht werden. Die Zielkosten könnten dann so gesetzt werden, dass sie erreichbar sind, wenngleich durchaus mit erheblicher Anstrengung.[45] Wenn aber die **Verhaltenssteuerung** schon angesprochen wird, müssten asymmetrische Information und Zielkonflikte zwischen der Zentrale und den Konstrukteuren explizit berücksichtigt werden.[46] Daraus ergeben sich nicht nur Konsequenzen für die vorgegebenen Zielkosten, sondern auch für die Berichterstattung der besser informierten Konstrukteure über die technologischen Gegebenheiten. Problemstellungen dieser Art werden im Teil III: *Koordinationsrechnungen* behandelt.

4.3. Diskussion

Das dargestellte Prozedere des *Target Costing* hat seinen besonderen Reiz, weil in recht kompakter Weise sehr komplexe Probleme gelöst zu sein scheinen. Einige Schwierigkeiten wurden bereits bei der Darstellung der Methode angesprochen. Im Folgenden wird explizit auf die Probleme der *einperiodigen* Betrachtungsweise des *Target Costing* eingegangen.

Im Grunde handelt es sich bei der vom *Target Costing* untersuchten Situation um ein **mehrperiodiges Problem**, das grundsätzlich mit einer Investitionsrechnung angegangen werden sollte. Analog einer Break Even-Analyse wird ein **kritischer Kostenwert** ermittelt, der nicht überschritten werden darf, soll die Durchführung der Investition noch vorteilhaft sein. Insofern verbergen sich alle Zusammenhänge, die im Rahmen einer Investitionsrechnung ansonsten zur Bestimmung der Vorteilhaftigkeit eines Projekts herangezogen würden, in der einfachen Gleichung des *Target Costing*: Zielkosten = Absatzpreis – Zielgewinn. Die Frage, die sich letztlich stellt, ist die, inwieweit diese Vorgehensweise aus einer **investitionsrechnerischen Betrachtung** explizit hergeleitet werden kann.

Dazu ist auf den Kapitalwert KW eines Projekts zurückzugreifen. Zur Bestimmung von KW werden Annahmen gesetzt, die der typischen Vorgehensweise des *Target Costing* entsprechen: Absatzmengen x, Absatzpreise p, variable Stückkosten k^v und Fixkosten K^F sind für jede Periode konstant.[47] Dadurch erhält man somit eine

45 So *Sakurai* (1989), S. 45. Damit dies auch tatsächlich funktioniert, muss eine Reihe von Voraussetzungen gegeben sein.

46 Vgl dazu *Chwolka* (2003), *Ewert* (1997), *Ewert* und *Ernst* (1999) sowie *Riegler* (1996).

47 Dynamische Kosten- und Preisfunktionen könnten in diese Modellstruktur einbezogen werden, führen jedoch zu erheblich komplexeren Zusammenhängen.

typische stückbezogene Vollkostenbetrachtung. Angenommen sei, dass die Preise und Kosten am Ende der jeweiligen Periode zahlungswirksam werden.[48]

Zusätzliche spezifische Investitionen für das Produkt können mit der Investitionsauszahlung I und einem Liquidationserlös LQ explizit berücksichtigt werden. Gegeben eine Nutzungsdauer von T Perioden, folgt für den Kapitalwert:

$$KW = \sum_{t=1}^{T} \left[\left(p - k^v \right) \cdot x - K^F \right] \cdot \rho^{-t} + LQ \cdot \rho^{-T} - I$$

Dies lässt sich unter Verwendung des Rentenbarwertfaktors RBF schreiben als

$$KW = \left[\left(p - k^v \right) \cdot x - K^F \right] \cdot RBF\left(\rho, T\right) + LQ \cdot \rho^{-T} - I$$

Ein (absolut) vorteilhaftes Projekt erfordert $KW \geq 0$, und das führt – analog der investitionstheoretischen Berechnung langfristiger Preisuntergrenzen (siehe 4. Kapitel: *Preisentscheidungen*) – auf

$$p \geq \underbrace{k^v + \frac{K^F}{x} + \frac{\left(I - LQ \cdot \rho^{-T}\right) \cdot WGF\left(\rho, T\right)}{x}}_{\hat{k}} \tag{18}$$

mit WGF als Wiedergewinnungs- bzw Annuitätenfaktor, wobei $WGF = 1/RBF$.

Auf der rechten Seite von (18) steht ein **„dynamischer" Vollkostensatz** $\hat{k}$. Im Rahmen einer Betrachtung kritischer Werte muss (18) gerade als Gleichung erfüllt sein, so dass folgt

$$p = \hat{k}$$

Liest man diese Gleichung aus dem Blickwinkel der Subtraktionsmethode, dann impliziert sie, dass ein vorteilhaftes Investitionsprojekt – unter den gesetzten Prämissen – nur die **Übereinstimmung von Absatzpreis und Stückvollkosten** erfordert. Ein wie auch immer gearteter Zielgewinn, den man noch vom Absatzpreis subtrahieren müsste, wird durch die bisherige Analyse nicht begründbar.[49] Dazu wäre es erforderlich, das Kriterium für die Vorteilhaftigkeit etwas umzuformulieren. Bedingung für ein vorteilhaftes Projekt ist dann ein **streng positiver Mindestkapitalwert** $\underline{KW}$. Bezieht man ihn in die obige Analyse ein, erhält man

$$p - \frac{\underline{KW} \cdot WGF\left(\rho, T\right)}{x} = \hat{k}$$

---

[48] Diese Annahme ist zumindest für die periodisierten Fixkosten K^F idR nicht zutreffend. Dadurch entstehen jedenfalls Ungenauigkeiten (siehe 2. Kapitel: *Die Kosten- und Leistungsrechnung als Entscheidungsrechnung*).

[49] Ein „Zielgewinn" ist grundsätzlich im Kalkulationszinsfuß enthalten. Bei der statischen Betrachtung analog der Bestimmungsgleichung (17) sind Zinssätze allenfalls implizit in den Vollkosten enthalten.

Jetzt ergibt sich der kritische Stück-Vollkostensatz (Zielkosten) aus dem Absatzpreis abzüglich einer als „Zielgewinn" interpretierbaren Größe, die sich als proportionalisierte Annuität des Mindestkapitalwertes darstellen lässt. Dann entsteht freilich das Problem, wie ein solcher Mindestkapitalwert begründet werden kann. Dies ist innerhalb des angenommenen Szenarios kaum möglich. Deshalb ist die Vorgehensweise des *Target Costing* aus **investitionstheoretischer Sicht** im Allgemeinen „zu kompakt", als dass aus ihr ohne weiteres auf die Vorteilhaftigkeit eines Projekts geschlossen werden könnte.

Eine Möglichkeit der Begründung eines positiven Mindestkapitalwertes bestünde darin, auf eine **Situation knapper Finanzmittel** zu verweisen. Dann können nur solche Projekte realisiert werden, die eine bestimmte Mindestvorteilhaftigkeit aufweisen. Derartige Aspekte werden aber im Rahmen der Investitions- und Kapitalbudgetierung üblicherweise durch eine Anhebung des Diskontierungssatzes berücksichtigt, so dass sie faktisch schon durch die reine Barwertberechnung mit dem entsprechenden Zinssatz berücksichtigt sind. Eine nochmalige Einbeziehung würde demgegenüber zu einer Doppelerfassung führen.

Eine andere Möglichkeit könnte darin gesehen werden, Aspekte der **zeitlich optimalen Ausnutzung von Realoptionen** zu berücksichtigen. Der Gedankengang lässt sich durch das folgende einfache *Beispiel* verdeutlichen: Angenommen, ein Projekt kann entweder heute oder in einem Jahr durchgeführt werden. Die künftige Absatzentwicklung ist unsicher, lässt sich aber in einem Jahr besser einschätzen als heute. Würde man mit der Investition ein Jahr warten, kann man sich an die sich abzeichnende Entwicklung optimal anpassen. In einigen Zuständen wird man daher auf die Investition verzichten (der Kapitalwert dieser „Unterlassung" ist gleich null), in anderen Zuständen wird man das Projekt realisieren (der Kapitalwert dieser Investition ist nicht negativ, weil man zu ihrer Durchführung nicht gezwungen werden kann). Insgesamt hat die Alternative „Warten und optimale Anpassung" mithin einen positiven erwarteten Kapitalwert. Soll es demgegenüber vorteilhaft sein, schon heute zu investieren, muss der damit zu erzielende Kapitalwert somit wenigstens so groß wie der erwartete Kapitalwert des Abwartens sein, so dass aus dieser Sichtweise ein positiver Mindestkapitalwert tatsächlich begründet werden kann.

Diese Begründung ist aber in gewisser Weise noch unvollständig, weil bei ihr stillschweigend das investitionsrechnerische Szenario *geändert* wurde. Die optionsorientierte Betrachtung löst sich explizit von *zeitlich stationären* Verhältnissen, wie sie in der obigen Analyse zugrunde gelegt wurden. Neben der Existenz positiver Mindestkapitalwerte wäre daher als nächstes zu zeigen, dass auch bei im Zeitablauf variablen und stochastischen Größen ein Kriterium resultiert, das eine derart kompakte Form wie bei der Subtraktionsmethode aufweist oder sich zumindest nicht wesentlich davon unterscheidet. Außerdem ändert sich der Charakter des *Target Costing*, denn es geht jetzt eher um das *timing* der Investition und weniger um die Basisentscheidung – diese Änderung der Sichtweise scheint aber nicht die in der Literatur zum *Target Costing* vorherrschende Perspektive zu sein.

Intertemporale Kosten-Trade-offs

Andere Probleme des *Target Costing* ergeben sich aus folgender einfacher Beobachtung: Reduzierungen von Kosten sind für ein Unternehmen – *ceteris paribus* – immer vorteilhaft. Warum sollte es also mit **Kostensenkungen** gerade dann aufhören, wenn die Zielkosten erreicht sind? Warum sollte dies eine „gute" oder gar „optimale" Kostenpolitik sein?

Eine Beantwortung dieser Frage kann nur gefunden werden, wenn man bedenkt, dass Kostensenkungen in den frühen Phasen der Produktplanung und -entwicklung ihrerseits nicht kostenlos sind. Verbesserungen in der Konstruktion und im Produktdesign induzieren ebenfalls vielfältige Ressourcenverbräuche, wenn man zB an Probeläufe, Tests, Untersuchungen etc denkt. Insofern beinhaltet das frühzeitige Kostenmanagement einen **intertemporalen Trade-off**: Die zusätzlichen Kosten, die im Rahmen der Planungs- und Konstruktionsphase anfallen, müssen den damit ermöglichten Kostensenkungen in den späteren Produktions- und Vertriebsphasen gegenübergestellt werden.

In dieser Sichtweise ergeben sich sowohl die **Zielkosten** als auch der **Zielgewinn** als Resultat eines **Optimierungsprozesses**, der auf Kostensubstitutionseffekten zwischen verschiedenen Phasen im Produktlebenszyklus beruht. Damit wird nicht nur die grundsätzlich enge Beziehung zu der im nächsten Abschnitt dargestellten **Lebenszykluskostenrechnung** deutlich. Es zeigt sich auch, dass die Zusammenstellung der Größen Absatzpreis, Zielgewinn und Zielkosten im Rahmen der Subtraktionsmethode bestenfalls eine Formalstruktur sein kann, deren inhaltliche Ausfüllung von noch näher zu präzisierenden Optimierungsüberlegungen abhängen muss.[50]

Im **Ergebnis** zeigt sich, dass der Versuch, mit dem *Target Costing* die künftigen Kostenstrukturen mit den Marktbedingungen abzustimmen und auf diese Weise eine vorteilhafte Investition sicherzustellen, nicht wirklich gelingt. Gerade die Bestimmung *des* Marktpreises, *des* Zielgewinnes und *der* Standardkosten abstrahiert von dynamischen Änderungen dieser Größen im Zeitablauf. Damit resultiert die für das *Target Costing* charakteristische Subtraktionsmethode nur unter ganz engen Bedingungen als Ergebnis einer investitionstheoretischen Analyse. Außerdem verbergen sich bei der inhaltlichen Bestimmung des Zielgewinns und der Zielkosten subtile Optimierungsprobleme, die grundsätzlich auch in der Lebenszykluskostenrechnung angelegt sind und einer weiteren Explizierung bedürfen. Diese Aspekte scheinen auch in der Praxis zunehmend eine Rolle zu spielen, gibt es doch mittlerweile einige Vorschläge für ein „wertorientiertes" Target Costing, das Zielgewinne aus marktwertorientierter Perspektive entwickelt und das explizit mehrperiodig formuliert ist.[51] Letztlich ist für die **Anwendung des *Target Costing*** entscheidend, ob diese konzeptuellen Nachteile durch andere Vorteile, wie zB mit einem einfach verständlichen, gewissermaßen programmatischen Instrument eine Änderung der Einstellung der Mitarbeiter zu erwirken, aufgewogen werden.

Empirische Ergebnisse

Yazdifar und *Askarany* (2012) untersuchen mit einer Befragung die Verbreitung des Target Costing in Großbritannien, Australien und Neuseeland. Im Durchschnitt beläuft sich der Prozentsatz der Target Costing-Anwender auf 23,4%; dabei sind bereits solche Unternehmen eingerechnet, die diese Technik nur versuchsweise eingesetzt haben. Die Autoren dokumentieren, dass Target Costing in Industrie- und in Dienstleistungsunternehmen etwa gleich stark verbreitet ist, im Gegensatz zur Hypothese, dass Target Costing vornehmlich für Industrieunternehmen relevant sei.

---

50 Vgl zur Analyse derartiger Zusammenhänge auch *Ewert* und *Ernst* (1999).

51 Vgl dazu etwa *Broda* und *Schäfer* (2005) und die Analyse eines konkreten Anwendungsfalls in *Woods* et al. (2012).

5. Lebenszykluskostenrechnung

Im Rahmen der Lebenszykluskostenrechnung (*product life cycle costing*) wird versucht, die während seines gesamten Lebenszyklus eines Produktes anfallenden Kosten zu erfassen und dem Produkt auch zuzurechnen. Diese Informationen können für ein Kosten- und Erlösmanagement bei der **Produktentwicklung**, der Frage nach dem Zeitpunkt der **Produkteinführung** und dem Zeitpunkt des **Rückzuges** vom Markt, bei der langfristigen **Preispolitik** oder dem Verschieben von Kosten zwischen den Lebenszyklusphasen Verwendung finden.[52] Ähnlich dem *Target Costing* gilt auch hier, dass der Beeinflussungsgrad umso größer ist, je früher mit Maßnahmen begonnen wird. Auf der anderen Seite sind die Informationen am Anfang des Lebenszyklus noch am schlechtesten.

Es handelt sich um eine **periodenübergreifende** Sichtweise („von der Wiege bis zum Grab" des Produktes). Auf diese Weise können zunächst dynamische Kosten- und Preisverläufe im Ergebnis abgebildet werden. Des Weiteren werden Kosten und Erlöse, die nur in bestimmten Phasen des Produktlebenszyklus anfallen, explizit ausgewiesen. Letzteres gewinnt an Bedeutung, weil die Produktlebenszyklen immer kürzer werden; Zykluszeiten von zwei bis fünf Jahren sind keine Seltenheit. Auf der anderen Seite werden die Vorlaufkosten (zB Forschung und Entwicklung) nicht geringer, sie steigen vielfach sogar. Damit erhöht sich der Anteil der Kosten, die in der „traditionellen" KLR den Produkten nicht direkt zugerechnet werden. Eine Sammlung derartiger Kosten im Gemeinkostentopf und gegebenenfalls Umlage mit anderen Gemeinkosten führt jedoch dazu, dass Informationen darüber nicht explizit vorhanden sind.

Empirische Ergebnisse

Die **Produktlebenszeiten** sanken im Zeitraum von 1974 bis 1989 von rund 12 Jahren auf rund 7 Jahre.[53]

In einer Analyse der Kostenstrukturen von 61 Industrieunternehmen in Deutschland kommt *Schehl* (1994), S. 217 – 220, zum Ergebnis, dass die Vorlaufkosten bei den meisten Unternehmen im Bereich von 5% bis 8,5% der Gesamtkosten liegen. Sie sind infolge zunehmender Automatisierung in den direkt- und indirekt-produktiven Bereichen in den letzten Jahren angestiegen. Im Durchschnittswert wurde eine Steigerung zwischen 1% und 5% angegeben.

5.1. Produktlebenszyklen

Üblicherweise wird unter dem Lebenszyklus eines Produktes der **Marktzyklus** verstanden. Er gliedert sich in die Einführungsphase, die Wachstumsphase, die Reifephase, die Sättigungsphase und die Degenerationsphase. Es handelt sich um eine

---

[52] Vgl zB *Götze* (2004), S. 287 – 309.

[53] *Bullinger*, zitiert in *Horváth* (1991), S. 2.

rein zeitliche Abfolge von Phasen. Diese Phasen können mehr oder weniger gut für jedes beliebige Produkt identifiziert werden.

Davon zu unterscheiden ist der **Produktionszyklus**, er beginnt mit der Konzeption des Produktes, darauf folgen die Produktentwicklung, die Detailkonstruktion, die Produktion und der Vertrieb.[54] Die ersten drei Phasen schließen hier ebenfalls zeitlich aufeinander, für die Produktion und den Vertrieb trifft dies jedoch nur für jedes einzelne Stück des Produktes zu. Der Marktzyklus überlagert die Produktions- und Vertriebsphase.

In der Lebenszykluskostenrechnung steht der Produktionszyklus im Vordergrund, und zwar sind es insbesondere die Kosten in den fünf Phasen, die sehr unterschiedlich anfallen. Die ersten drei Phasen, Produktplanung, Entwicklung und Konstruktion, verursachen sogenannte **Vorlaufkosten**. Es sind dies Kosten aufgrund von Sachinvestitionen, Forschungs- und Entwicklungskosten sowie Marketingkosten infolge der Produkteinführung. Manchmal entstehen auch **Vorlauferlöse**, wie etwa Subventionen oder Zuschüsse zur Forschungsförderung.

Im Anschluss an den Produktionszyklus startet der **Konsumentenzyklus**. Er beginnt mit dem Kauf eines Stücks des Produktes, darauf folgt eine Nutzungsphase, während der auch noch nachträgliche Unternehmensleistungen nachgefragt werden, wie Beratung, Wartung oder Reparaturen. Der Konsumentenzyklus endet mit der Desinvestition, dem Verkauf und letztlich mit der Entsorgung des Produktes. Der Konsumentenzyklus ist in jeder Phase auf ein einzelnes Produkt bezogen.[55]

Im Rahmen des Konsumentenzyklus fallen noch weitere Kosten und Erlöse im Unternehmen an. Solche **Nachlaufkosten** (Folgekosten, Nachsorgekosten) sind vor allem Kosten für Garantien, Beratung, Service, Wartung, Reparatur und Kosten für das Halten eines Ersatzteillagers. Manchmal muss das Unternehmen auch die Entsorgung besorgen. Parallel dazu treten oft umfangreiche **Nachlauferlöse** aus Wartungs- und Reparaturaufträgen sowie dem Ersatzteilverkauf auf.

5.2. Konzeptionen von Lebenszykluskostenrechnungen

Ausgangspunkt einer Lebenszykluskostenrechnung bildet die Planung und/oder Erfassung der einzelnen Lebenszykluskosten im Zeitablauf.[56] Als **Planungsrechnung** kann sie eine Hilfe für etliche Entscheidungen im Zusammenhang mit einer Optimierung der Kosten über die einzelnen Lebenszyklusphasen bieten. Solche werden im Folgenden kurz erwähnt. Als **Istrechnung** hilft sie für die meisten strate-

---

54 Alternativ kann von einem Entstehungszyklus (Innovation, Entwicklung, Marktvorbereitung) und einem Fertigungszyklus gesprochen werden. Vgl *Leisten* und *Ausborn* (2002), Sp. 1531.

55 Man kann auch noch einen „Gesellschaftszyklus" identifizieren: er besteht aus Externalitäten der Produktion (zB Schadstoffbelastung) und Entsorgung, soweit sie die Gesellschaft zu tragen hat. Vgl zB *Shields* und *Young* (1991), S. 40.

56 Vgl *Berliner* und *Brimson* (1988), S. 88 f; *Horngren* et al. (2012), S. 469 – 471; *Rückle* und *Klein* (1994), S. 358 – 363; *Götze* (2000), S. 278 – 284.

gischen Entscheidungen, dasselbe Produkt betreffend, nicht mehr viel. Man kann zB erkennen, wann eine Amortisation erfolgt ist, ob sich die Preisstruktur verändert hat oder wo ein Rationalisierungspotenzial gegeben ist, und diese Informationen für Anpassungsentscheidungen zu nutzen suchen.

Wird die **Lebenszykluskostenrechnung** mit Zahlungen geführt, so kann damit eine **Investitionsrechnung** (als eine Kosten-Leistungs-Konzeption II, siehe dazu das 2. Kapitel: *Die Kosten- und Leistungsrechnung als Entscheidungsrechnung*) durchgeführt werden. Sie berücksichtigt den zeitlichen Anfall der Zahlungen, und das ist für eine langfristige Rechnung jedenfalls sinnvoll und notwendig.[57] Eine solche Lebenszykluskostenrechnung ist in der Praxis aber idR nur in der Vorlaufphase einsetzbar, solange der Marktzyklus noch nicht begonnen hat. Ab Serienproduktion werden typischerweise die Zahlungsströme nicht mehr gesondert erfasst, sondern mit Kosten und Leistungen (Konzeption III) gerechnet.

Die periodische KLR berücksichtigt Vorlauf- und Nachlaufkosten nur in Sonderfällen. Ein Beispiel wären Abschreibungen von Investitionen, die vor der Produktion anfallen. Die **Produktkalkulation** verrechnet die periodischen Kosten und ordnet sie den in der betreffenden Periode produzierten (Gesamtkostenverfahren) oder abgesetzten Produkten (Umsatzkostenverfahren) zu. Dabei bestehen zwei **Möglichkeiten** für die Zurechnung von Vorlauf- und Nachlaufkosten, je nachdem, wie weit die Zurechnung reichen soll.

1. Eine Möglichkeit ist es, die Vorlauf- und Nachlaufkosten **nicht an Kostenträger** weiter zu verrechnen, sondern sie als Periodengemeinkosten anzusetzen.
2. Die zweite Möglichkeit besteht darin, die Vorlauf- und Nachlaufkosten in Hilfskostenstellen zu erfassen, diese auf Hauptkostenstellen zu verteilen und im Rahmen der Zuschlagsätze (oder Prozesskostensätze) auf die in der betreffenden Periode produzierten Produkte zuzurechnen.

Nachteilig an beiden Möglichkeiten ist die Tatsache, dass eine **Zurechnung** der Vorlaufkosten und Nachlaufkosten an die Produkte, die diese Kosten wirklich **verursachen** (zT in einem weiten Sinn), *nicht* erfolgt. Vorlaufkosten müssten *künftigen* Produkten zugerechnet werden, Nachlaufkosten zT bereits ausgelaufenen Produkten. Ein Verzicht auf die gesonderte Berücksichtigung der Vorlauf- und Nachlaufkosten kann dann genügen, wenn sie relativ zu den Produktions- und Vertriebskosten nicht ins Gewicht fallen, oder wenn sie für alle vom Unternehmen hergestellten Produkte in etwa den gleichen Anteil an den Produktions- und Vertriebskosten ausmachen *und* auch zeitlich kaum Schwankungen bestehen. Andernfalls verzerrt eine solche auf die einzelne Periode bezogene Rechnung die Informationen für strategische Entscheidungen. Der **Erfolg von Produkten** ist nicht mehr mit den (kurzfristigen) Kosten- und Erlösgrößen messbar, die eine derartige Kostenrechnung liefert.

---

57 Als Beispiel wird in *Riezler* (2002), S. 217, ein Serienmodell in der Automobilindustrie dargestellt.

Beispiel: Die Herstellung von Software besteht fast durchwegs aus Vorleistungskosten, die Produktionskosten fallen kaum ins Gewicht. Werden die Entwicklungskosten derselben Software für deren Preiskalkulation nicht berücksichtigt, kann es zu gravierenden Verzerrungen der Grundlagen für bestimmte Entscheidungen kommen.

Beispiel: Viele kleinere Hardwarehersteller führen einen Konkurrenzkampf über den Preis. Wird im Preis nicht berücksichtigt, dass mit gewisser zeitlicher Verzögerung Garantiearbeiten anfallen, führt dies spätestens bei einer Stagnation oder einem Rückgang des Absatzes zu größeren Schwierigkeiten.

Eine Möglichkeit einer mehrperiodigen Lebenszykluskostenrechnung besteht in einer umfassenden periodenübergreifenden Verrechnung der Vorlauf- und Nachlaufkosten. Sie erfordert, dass die Vorlaufkosten zu „**aktivieren**" und den verursachenden Produkten in den späteren Perioden zuzurechnen sind. In gleicher Weise muss eine „**Passivierung**" zur Vorsorge für produktspezifische (erwartete) Nachleistungskosten erfolgen. Hier erfolgt die Zurechnung auf die sie verursachenden Produkte bereits bevor die Kosten anfallen.

Diese Variante hat etliche bekannte Vorbilder. Ein prominenter Vorläufer ist die ganze bilanztheoretische Diskussion: So basiert *Schmalenbach*s dynamische Bilanz auf einer sehr ähnlichen Argumentation. Ein anderes Vorbild ist die Auftragskalkulation, etwa im Industrieanlagenbau. Auch hier muss eine Projektkostenrechnung quer über die Perioden erfolgen, um nicht völlig uninteressante Informationen zu generieren.

Abbildung 6 gibt einen typischen **Kosten- und Erlösverlauf im Lebenszyklus** wieder. Im oberen Teil sind die Kosten und Erlöse mit ihrem periodisch richtigen Anfall dargestellt. Es ist offensichtlich, dass nur die Betrachtung von Kosten und Erlösen einer beliebigen Periode innerhalb des Marktzyklus ein wenig informatives Bild ergibt. Im unteren Teil der Abbildung ist die umfassende Zurechnung von Kosten und Erlösen auf den Marktzyklus dargestellt. Dabei wurde angenommen, dass die Vorlauferlöse die Vorlaufkosten und die Nachlauferlöse die Nachlaufkosten direkt kürzen.

Eine umfassende periodenübergreifende Verrechnung von Kosten birgt etliche theoretische und praktische **Probleme** in sich.

- Viele der Vorlauf- und Nachlaufkosten fallen nicht produktspezifisch an, sondern für eine Gruppe von Produkten gemeinsam (**Gemeinkosten**).
- Ein praktisches Problem besteht in der **Verfolgung sämtlicher Kosten** auf die Produkte, die sie verursachen. Es ist dazu ein weitgehendes Abweichen vom externen Rechnungswesen erforderlich.

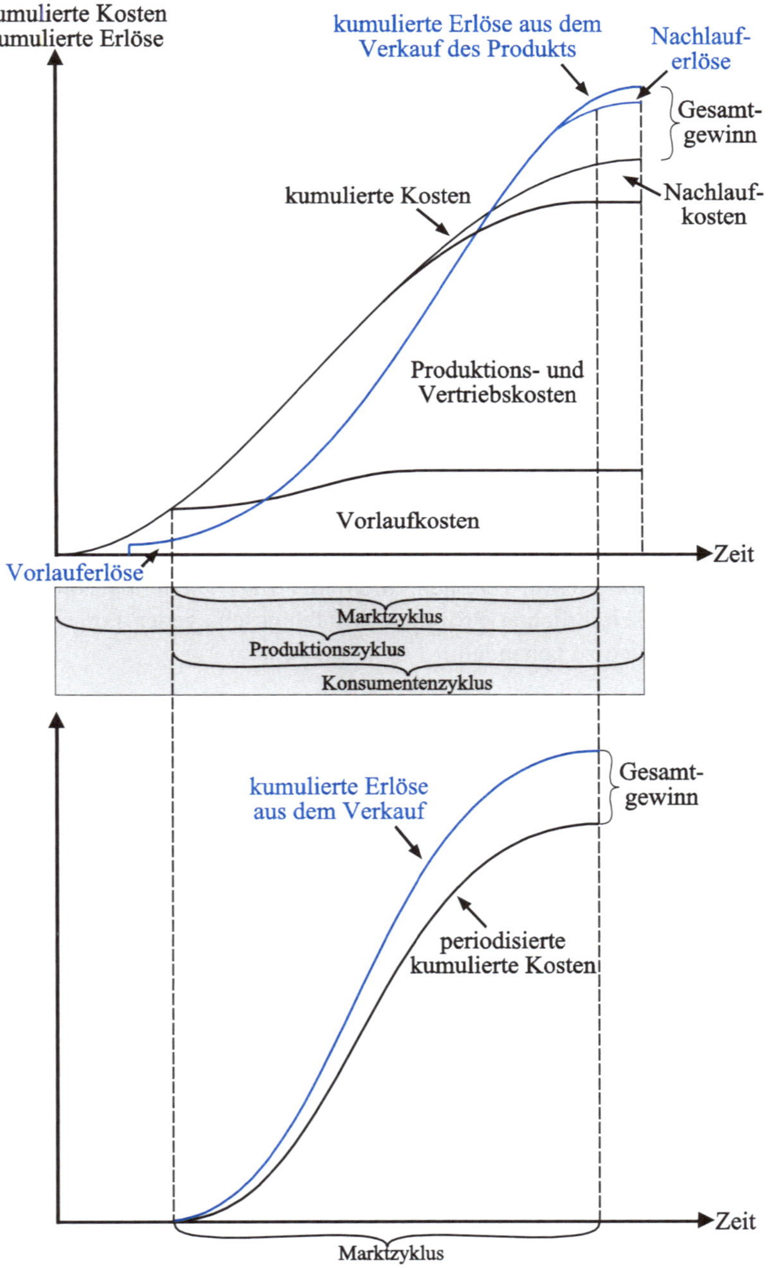

Abb. 6: Kumulierte Kosten und Erlöse in der Lebenszykluskostenrechnung

- Ein Problem besteht in der **Schätzung** der Zurechnungsbasis für die Verteilung der jeweiligen Kosten. Für die Verteilung der Vorlaufkosten sind die gesamten künftig produzierten Stück des Produktes erforderlich (wenn eine umsatzabhängige Verteilung erfolgt, ist auch die Schätzung der künftigen Preise notwendig).[58] Umgekehrt müssen bereits zu Beginn der Produktion anteilige Nachlaufkosten verteilt werden. Hier kann man sich uU noch damit helfen, die Nachlauferlöse den Nachlaufkosten gleichzusetzen.
- In vielen Branchen ist nur schwer abschätzbar, welche **Erfolgsquote** den Vorlaufkosten beschieden ist. *Beispiel*: Im Pharmabereich beträgt die Erfolgsquote der Forschung oft weniger als 5 Prozent, dh von 1000 Projekten, an denen geforscht wird, führen nur 50 tatsächlich zu vermarktbaren Produkten. Will man hier die Forschungskosten den späteren Produkten zurechnen, kommt man in Schwierigkeiten mit der Verursachung. Eine „richtige" Zurechnung erscheint unmöglich. Deshalb könnte man fehlgeschlagene Forschung als notwendig für erfolgreiche Forschung ansehen (ähnlich einem Ausbeutegrad in der Produktion) und diese getrost weiterhin verteilen. Alternativ wäre vorstellbar, die Kosten eines durchschnittlichen Prozentsatzes fehlgeschlagener Forschung als Periodenkosten zu behandeln.

Empirische Ergebnisse

In einer Befragung von rund 100 deutschen Unternehmen zum Kostenmanagement zeigte sich, dass der Einsatzgrad der Lebenszykluskostenrechnung in der Praxis eher gering ist.[59]

Der Einsatzgrad betrug im Jahr 1996 27% und im Jahr 2001 28% – verglichen mit Einsatzgrade von Benchmarking von 82% (im Jahr 1996) bzw 91% (im Jahr 2001), dem *Target Costing* von 54% bzw 59% und der Prozesskostenrechnung von 52% bzw 47%. Es gaben auch nur 6% bzw 7% der befragten Unternehmen an, dass sie einen Einsatz der Lebenszykluskostenrechnung planten.

Bei den Unternehmen, die eine Lebenszykluskostenrechnung einsetzen, handelt es sich überwiegend um Industrieunternehmen, insbesondere in der Automobil- und in der Elektrotechnik- bzw Elektronikindustrie, die Großserienprodukte herstellen.

Folgende Gründe für den Nichteinsatz der Lebenszykluskostenrechnung wurden angeführt:

ungeeignet	53%
zu aufwendig	27%
unbekannt	16%
keine Angabe	4%

---

58 Ein vergleichbares Problem liegt der Abschreibungsberechnung zugrunde. Dieses wird aber nicht als unlösbar oder extrem problematisch angesehen.

59 Vgl *Franz* und *Kajüter* (2002b), S. 579 f.

5.3. Verschiebung von Kosten zwischen den Lebenszyklusphasen

Die Lebenszykluskostenrechnung als **Planungsrechnung** über den gesamten Lebenszyklus dient als Grundlage für ein Kostenmanagement. Sie zeigt auf einfache Art und Weise, wie Kosten zwischen einzelnen Phasen verschoben werden können. So hat eine Kostensenkungsmaßnahme in einer Phase des Lebenszyklus idR auch Auswirkungen auf Kosten in späteren Phasen. Umgekehrt gilt dasselbe für das Eingehen von Zusatzkosten in frühen Phasen. Dadurch können in späteren Phasen erhebliche Kostenreduktionen ausgelöst werden. In einer auf einzelne Perioden konzentrierten Rechnung können derartige interperiodige Auswirkungen leicht unberücksichtigt bleiben. Im Folgenden werden zwei typische Beispiele gezeigt.[60] Wiederum gilt, dass eine Investitionsrechnung besser geeignet wäre als eine Rechnung auf Basis von Kosten und Leistungen III.[61]

Verschiebung von Produktions- und Vertriebskosten zu Vorlaufkosten

Durch eine Lebenszykluskostenrechnung können die Auswirkungen von Versuchen dargestellt werden, durch eine **Erhöhung** von Kosten in den Phasen *vor* Produkteinführung eine weit stärkere Kostensenkung in der späteren Produktion und im Vertrieb zu erzielen. Als Faustregel wird dafür genannt, dass eine Geldeinheit Kostenerhöhung in der Produktplanung, Produktentwicklung und Konstruktion acht bis zehn Geldeinheiten an Produktions- und Vertriebskosten erspart.[62] Der Vorteil eines überlegteren Designs kann in einer Verringerung der Produktkosten (zB über eine Verkürzung der Produktionszeiten) oder einer Erhöhung der Qualität oder Flexibilität liegen. Die Lebenszykluskostenrechnung ergänzt das *Target Costing* damit durch eine Wirtschaftlichkeitsanalyse des Prozesses des *Target Costing* selbst.

Verschiebung von Kosten im Konsumentenzyklus zum Produktionszyklus

Im Rahmen einer **Differenzierungsstrategie** kann ein Zusatznutzen für den Kunden durch zwei Strategien geschaffen werden: das Steigern der Leistung für den Kunden oder das Senken der Kosten des Kunden. Die zweite Strategie, das Senken der Nutzungskosten, kann durch eine Lebenszykluskostenrechnung unterstützt werden.

Ein Verhältnis der Nutzungskosten zu den Anschaffungskosten von bis zu 12:1, zB bei Gebäuden, ist keine Seltenheit.[63] *Beispiele* für solche Kosten sind:

- Kosten im Zuge der Beschaffung: Anschaffungsnebenkosten wie Transport, Montage, Anlernkosten, Einarbeitungskosten

---

60 Vgl dazu zB *Berliner* und *Brimson* (1988), S. 150 – 154, 181 – 185; *Götze* (2000), S. 272 – 275.

61 Vgl zu einem solchen Ansatz *Broda* und *Schäfer* (2005), die zugleich Aspekte eines wertorientierten Target Costing integrieren.

62 Vgl *Shields* und *Young* (1991), S. 39.

63 So *Susman* (1989), S. 15.

- laufende Nutzungskosten: Lohnkosten (niedrigerer Arbeitseinsatz, geringer qualifiziertes Personal), Verringerung des Verbrauchs an Inputs zur Nutzung (elektrischer Strom, Brennstoff), höhere Kompatibilität, weniger Wartung, geringeres Ausfallrisiko
- Kosten der Beendigung der Nutzung: höherer Wiederverkaufswert, Entsorgungskosten.

Die durch eine Erhöhung der Produktentwicklungskosten verursachten Mehrkosten können idR durch einen **höheren Verkaufspreis** mehr als wettgemacht werden. Damit werden die an sich externen Effekte (Nutzenerhöhung von Kunden) im Wege der Erzielung einer Preisprämie *quasi* internalisiert.

Beispiel[64]

Der Vergleich zwischen einer gewöhnlichen Glühbirne und einer Stromsparbirne zeigt, dass die Stromsparbirne bei gleicher Leuchtleistung nur 15 W anstelle von 75 W benötigt und gleichzeitig eine Lebensdauer von 8.000 Stunden anstelle von 1.000 Stunden aufweist. Die Stromsparbirne kostet jedoch 46, die Glühbirne 1,95.

Wenn man die Kilowattstunde mit 0,25 ansetzt, ergibt eine einfache Rechnung, dass der Break-Even-Punkt bei rund 2.700 Stunden Brenndauer erzielt wird; bei Diskontierung künftiger Auszahlungen verschiebt er sich etwas nach oben.

Für die Kaufentscheidung sind aber noch andere Faktoren wesentlich: Wie gewichtet der Käufer den hohen Preis im Vergleich zu den späteren Ersparnissen? Nimmt er die Ersparnisse überhaupt wahr? Traut er den Angaben des Herstellers (der ja nur Durchschnittswerte angeben kann)?

6. Zusammenfassung

Kostenmanagement dient der **Beeinflussung** der Kosten im Hinblick auf Kostenniveau, Kostenstruktur und Kostenverlauf zur Verbesserung der Wirtschaftlichkeit der Leistungserstellung im Unternehmen. Die Maßnahmen im Kostenmanagement setzen zumeist bei **strategischen Entscheidungen** an, wie Unternehmensstrategie, langfristiges Produktionsprogramm, Fertigungstechnologie und vertikale Integration. Ansatzpunkte des Kostenmanagements können die **Produkte**, **Prozesse** und **Ressourcen** des Unternehmens sein. In diesem Kapitel werden einige Konzeptionen und Instrumente des Kostenmanagements dargestellt und kritisch diskutiert. Im Vordergrund steht die Gestaltung von **Informationssystemen**, die eine Entscheidungsgrundlage für das Kostenmanagement bereitstellen. Die **KLR** basiert auf vielen vereinfachenden, oft nur sehr implizit in Erscheinung tretenden **Annahmen**. Nicht berücksichtigt werden etwa das Verhalten der Konkurrenz, die Konkurrenzgefahr,

---

64 Vgl *Simon* (1992), S. 16 – 18.

oder längerfristige Auswirkungen von Entscheidungen. Um möglichst „gute“ Entscheidungen sicherzustellen, muss die KLR entsprechend **adaptiert** werden.

Ein Konzept einer **strategischen Kostenrechnung** basiert auf der **Wertkettenanalyse**. Das Unternehmen oder ein Teil davon wird in **Aktivitäten** unterteilt, die Kundennutzen bewirken. Den Aktivitäten werden Kosten zugeordnet, und deren **strategische Kostentreiber** werden identifiziert. Strategien können nun anhand ihrer Auswirkungen auf Kosten und Nutzen der erforderlichen Aktivitäten bewertet werden.

Die **Prozesskostenrechnung** ist ein pragmatisches Instrument, Teile dieses Konzeptes umzusetzen. Ihre Zielrichtung sind die **indirekten Leistungsbereiche** des Unternehmens, welche die Ressourcen für unternehmerische Aktivitäten (Prozesse) zur Verfügung stellen. Als **Einsatzmöglichkeiten** der Prozesskostenrechnung kommen das Gemeinkostenmanagement, die strategische Kalkulation, die Kundenprofitabilitätsanalyse und das Produktdesign in Betracht. Genauere Betrachtungen zeigen aber, dass die tatsächliche Einsatzfähigkeit der Prozesskostenrechnung zu relativieren ist, denn etwa im Bereich der strategischen Kalkulation und der damit verbundenen langfristigen Produktplanung erweist sie sich nur dann als sinnvoll, wenn **stationäre Verhältnisse** vorliegen. Dann aber hat man keinen wirklich „strategischen“ Bezug.

Das ***Target Costing*** ist speziell zur Unterstützung der **Produktplanung**, **Produktentwicklung** und **Konstruktion** gedacht. Die Zielkosten ergeben sich aus dem künftigen Absatzpreis abzüglich des Zielgewinnes. Ein Produkt, das höhere Kosten als diese Zielkosten verursachen würde, wird nicht eingeführt. Mit Hilfe von Prozesskostensätzen kann den Produktentwicklern und Konstrukteuren vorgerechnet werden, wie viel das Produkt langfristig kosten wird. Die Schwächen dieses Instruments liegen vor allem in der Einperiodigkeit der Betrachtungsweise und in der angenommenen Konstanz des Absatzpreises, Zielgewinns und der Kosten.

Die **Lebenszykluskostenrechnung** versucht, die Produktkosten von der ersten Planung bis zur Beendigung der Nutzung durch den letzten Konsumenten zu verfolgen. Durch diese **periodenübergreifende** (und oft auch unternehmensübergreifende) **Rechnung** sollen falsche Kostensignale vermieden werden, die sich bei einer mehr oder weniger streng periodenbezogenen Rechnung einstellen. Die Lebenszykluskostenrechnung kann insbesondere die Allokation von Kosten in den einzelnen Lebenszyklusphasen steuern helfen.

Prinzipiell basieren die Verfahren der strategischen Kostenrechnung auf einer Reihe von Verrechnungsvorgängen, die allenfalls als **Approximation** tatsächlicher Wirkungen strategischer Entscheidungen gelten können. So handelt es sich dabei idR um Vollkostenrechnungen, die auf Basis von Istkosten oder Plankosten ohne Berücksichtigung des zeitlichen Anfalls der Zahlungen erfolgen. Als Grund für die Verwendung von Approximationen kann gelten, dass Einzelanalysen viel zu **umfangreich** und damit **unwirtschaftlich** sind. Bei der Anwendung dieser Verfahren sollte aber immer überlegt werden, ob dies für die anliegende spezielle Entscheidung auch wirklich sinnvoll ist oder ob gegebenenfalls nicht doch eine Einzelanalyse durchgeführt werden sollte.

Die vorgeschlagenen Instrumente des Kostenmanagements lassen insgesamt viele Fragen offen. Ihr Nutzen kann allenfalls im Vergleich mit anderen strategischen Entscheidungsinstrumenten beurteilt werden; diese sind oft sehr grob oder oberflächlich, was weitgehend aus der schlechten, weil langfristig vorausschauenden, Datenbasis erklärlich ist. Im Vergleich mit der für kurzfristig wirksame Entscheidungen hoch entwickelten KLR ist jedenfalls derzeit auch ein **methodisches Defizit** zu bemerken.

Fragen

F6-1 Aus welchen Gründen wird in der Praxis derzeit häufig eine gewisse Unzufriedenheit mit der Kostenrechnung artikuliert?

F6-2 Warum wird vielfach die KLR und nicht die Investitionsrechnung für strategische Entscheidungen verwendet?

F6-3 Wie hängen die Anforderungen an die KLR mit der strategischen Grundposition des Unternehmens(-bereichs) zusammen?

F6-4 Welchen Vorteil soll eine Wertkettenanalyse gegenüber der „traditionellen" Kostenrechnung bieten?

F6-5 Worin unterscheiden sich strategische Kostentreiber von („traditionellen") Bezugsgrößen?

F6-6 Welche Information sind für ein Kostenmanagement von außerhalb des Unternehmens sinnvoll?

F6-7 Wie kann man Komplexität als Kostentreiber in der Prozesskostenrechnung messen?

F6-8 Welche Auswirkungen hat eine Diversifikationsstrategie auf die Ermittlung von Produktkosten?

F6-9 In welcher Entscheidungssituation kann *Target Costing* sinnvoll eingesetzt werden und warum?

F6-10 Können mit dem *Target Costing* optimale Entscheidungen über Preise und Absatzmengen eines neu einzuführenden Produktes getroffen werden?

F6-11 Welche verschiedenen Methoden der Verrechnung von Vorlaufkosten und Nachlaufkosten gibt es, und für welche Situationen eignen sie sich?

Probleme

P6-1 Strategische Kostenanalyse. Die *Scotch AG* erzeugt Citybikes und Mountainbikes. Es wurde bereits eine Prozesskostenrechnung im Unternehmen implementiert, die auf folgenden Daten aufbaut:

Bereich	Kostentreiber	City-bike	Mountain-bike	Prozess-kosten
Eingangslogistik	Anzahl Bestellungen	150	220	370.000
	lmn-Kosten			150.000
Fertigung	Fert.mat.kosten/Stück	1.900	4.000	5.330.000
	Fert.std.kosten/Stück	1.200	1.400	2.240.000
	lmn-Kosten			1.800.000
Verwaltung/ Vertrieb	Anzahl Kundenanfragen	350	500	900.000
	Anzahl Kundenaufträge	120	160	850.000
	lmn-Kosten			1.400.000
Kundendienst	Anzahl verkaufte Stück	700	1.000	51.000

Die *lmn*-Kosten werden auf Basis der *lmi*-Kosten verrechnet, wobei in der Fertigung die Fertigungsstundenkosten, in der Stelle Verwaltung/Vertrieb die Anzahl der Kundenanfragen herangezogen werden.

a) Ermitteln Sie die Selbstkosten je Stück für Citybikes und Mountainbikes. Welche Produkte sollen produziert werden, wenn die Verkaufspreise für Citybikes 6.500, für Mountainbikes 12.500 betragen und das Unternehmen Gewinnaufschläge von mindestens 10% auf die Selbstkosten verrechnen will? Führen Sie einen Kostenstrukturvergleich für Citybikes mit dem besten Konkurrenten durch, dessen Selbstkosten 5.500 betragen (Kostenaufteilung: 5% Eingangslogistik, 33% Fertigungsmaterial, 37% Fertigungsstunden, 23% Verwaltung/Vertrieb und 2% Kundendienst).

b) Benno Gütlich, der Junior Controller der *Scotch AG*, ist entsetzt über die von seinem Vorgesetzten Horst Mayer ermittelten Selbstkosten, weil Mayer, „um die Sache nicht zu verkomplizieren", trotz deren Kenntnis folgende Informationen in der Berechnung unberücksichtigt ließ: In den *lmn*-Kosten der Eingangslogistik sind Marktforschungskosten in Höhe von 70.000 enthalten, die für die Mountainbikes durchgeführt wurde. In der Fertigung fallen Qualitätskontrollkosten in Höhe von 700.000 an, die zu 90% (10%) für Mountainbikes (Citybikes) anfallen und unter den *lmn*-Kosten ausgewiesen sind. Die Marketingkosten in Höhe von 800.000 sind in den *lmn*-Kosten Verwaltung/Vertrieb enthalten, wobei sich die Maßnahmen im Verhältnis 8 : 2 auf Mountainbikes : Citybikes verteilen. Welche unverzerrten Selbstkosten kann Benno dem Vorstand vorlegen?

P6-2 ***Target Costing***. Die „Innovative Star"-AG erwägt die Einführung des neuen Produkts „Newcomer". Die Marktforschung hat für den Newcomer umfangreiche Marktanalysen durchgeführt und folgende Preis-Absatz-Funktion ermittelt:

$$x = \alpha - \beta \cdot p \quad \text{mit } \alpha = 200 \text{ und } \beta = 1$$

Auf Basis des bisherigen Produktdesigns und der verfügbaren Verfahren ergibt sich für die Herstellung des Newcomers eine lineare Kostenfunktion:

$$K(x) = k \cdot x$$

Die Stückkosten k hängen dabei von den Fertigungsbedingungen ab, die durch eine Variable θ repräsentiert werden können. Außerdem lassen sie sich durch Anstrengungen a der Konstrukteure senken, so dass man insgesamt von folgendem Zusammenhang ausgeht:

$$k = \frac{c}{\theta} - a$$

Für die Konstruktionstätigkeiten fallen selbst wiederum Kosten $V(a)$ an, die man als quadratische Funktion schätzt:

$$V(a) = a^2$$

Die „Innovative Star" strebt danach, den Gewinn zu maximieren.

a) Verdeutlichen Sie zunächst ganz allgemein die Probleme, die sich ergeben, wenn man im vorliegenden Szenario die grundlegende Gleichung (17) des *Target Costing* ausfüllen will.

b) Gelegentlich findet man den Vorschlag, bei der Existenz von Preis-Absatz-Funktionen den geplanten Absatzpreis für das *Target Costing* in Höhe des umsatzmaximalen Preises festzusetzen. Wie lauten bei dieser Vorgehensweise der geplante Absatzpreis, die optimalen Konstruktionsanstrengungen, der Zielgewinn und die Zielkosten? (Gehen Sie dabei von $c = 140$ und $\theta = 2$ aus.)

c) Ermitteln Sie jetzt die gesuchten Größen von Teilaufgabe b) unter vollständiger Berücksichtigung aller Interdependenzen. Wie hängen diese Größen von den Fertigungsbedingungen ab? Welche grundsätzlichen Probleme ergeben sich, wenn diese Bedingungen nur den Konstrukteuren, nicht aber der Unternehmensleitung bekannt sind?

P6-3 **Lebenszykluskostenrechnung.** In der Division „Autospoiler" eines Autozulieferbetriebes soll ab nächstem Jahr zum Modell „TUP" zusätzlich noch das Modell „XVC" angeboten werden, das durch verbesserte Materialeigenschaften noch aerodynamischer ist. Die Kosten dieser Periode wurden bereits erfasst:

Fertigungsmaterial: 400.000

Materialgemeinkosten: 48.000, wovon 8.000 bereits zur Vorbereitung der Beschaffung von Material für „XVC" angefallen sind

Fertigungskosten I: 600.000, wobei 76.000 für „XVC“ angefallen sind (Probeläufe für neue Produktion)

Fertigungskosten II: 880.000, davon 100.000 für „XVC“ (auch Probeläufe)

Verwaltung: 460.000, wobei die Kosten für Konstruktionszeichnungen und Behördenbewilligungen für „XVC“ 180.000 betragen

Vertrieb: 18.000

Sonderkosten Vertrieb: 24.000 für Spezialverpackungen.

Insgesamt wurden 500 Stück „TUP“ erzeugt. Als Bezugsgröße zur Verrechnung der Materialgemeinkosten dienen die Fertigungsmaterialkosten. Als Bezugsgrößen für die beiden Fertigungsstellen F I und F II dienen die jeweils angefallenen Maschinenstunden. „TUP“ benötigt in F I (F II) 1,6 (1,4) Maschinenstunden, für „XVC“ sind 100 (150) Stunden für Probeläufe angefallen. Die Verwaltungs- und Vertriebskosten werden als Zuschlag auf die Herstellkosten verrechnet.

a) Ermitteln Sie mit Hilfe einer Zuschlagskalkulation die Selbstkosten für „TUP“, wenn Sie auch die Vorlaufkosten für „XVC“ auf „TUP“ verteilen. Wie ändern sich diese Selbstkosten, wenn diese Vorlaufkosten nicht auf „TUP“ verteilt werden?

b) Ermitteln Sie die Selbstkosten für „XVC“ einmal mit, einmal ohne Berücksichtigung seiner Vorlaufkosten. An Fertigungsmaterialkosten fallen je Stück 900 an, der Materialgemeinkostenzuschlagssatz wird mit 12% geplant. Die Maschinenstundensätze der Fertigungsstellen sollen nach Plan jenen von „TUP“ (ohne Vorlaufkosten) entsprechen. „XVC“ braucht in F I (F II) 2 (2,1) Stunden. Der Verwaltungs(Vertriebs)kostenzuschlagsatz beträgt 20% (9%), die Sonderkosten des Vertriebs 50 je Stück. In der nächsten Periode sollen 400 „XVC“ erzeugt werden; insgesamt, so schätzt man, werden 4.000 Stück erzeugt werden.

Literaturempfehlungen

Allgemeine Literatur

Burger, A.: *Kostenmanagement*, 3. Auflage, München und Wien 1999.

Franz, K.-P., und *P. Kajüter* (Hrsg.): *Kostenmanagement*, 2. Auflage, Stuttgart 2002.

Spezielle Literatur

Ewert, R.: Target Costing und Verhaltenssteuerung, in: *C.-C. Freidank, U., Götze, B. Huch* und *J. Weber* (Hrsg.): *Kostenmanagement – Neuere Konzepte und Anwendungen*, Berlin et al. 1997, S. 299 – 321.

Kajüter, P.: *Proaktives Kostenmanagement*, Wiesbaden 2000.

Porter, M.A.: *Competitive Advantage,* New York 1985; deutsch: *Wettbewerbsvorteile*, Frankfurt 1986.

Shank, J.K., und *V. Govindarajan*: *Strategic Cost Management*, New York et al. 1993.

Seidenschwarz, W.: *Target Costing*, München 1993.

Teil II

Kontrollrechnungen

7 Kontrollrechnungen

Die Produktionsabteilung der Chemischen Werke AG ist in sechs (große) Kostenstellen mit Unterkostenstellen gegliedert. Die Kostenstellen FS201 und FS202 sind Herrn Dunst unterstellt, Herr Besberger ist für FS203, eine sehr große Kostenstelle, verantwortlich, und Herr Schiemens ist für FS204 bis FS206 zuständig. Die Kostenstellenleiter der Produktionsabteilung treffen sich regelmäßig am zweiten Montag jeden Monats um 8 Uhr zu abteilungsspezifischen Kostenbesprechungen. Wenn der Montag ein Feiertag ist, dann verschiebt sich die Sitzung auf den nächsten Werktag. Dazu erhalten sie jeweils am davor liegenden Freitag bis 14 Uhr einen Kostenbericht von der Controlling-Abteilung. Ist der Freitag ein Feiertag, so muss dieser Bericht bereits am Donnerstag bis 16 Uhr vorliegen.

Diese Regelung wurde von der Geschäftsleitung getroffen, um den Kostenstellenleitern die Möglichkeit zu geben, den jeweiligen Kostenbericht über das Wochenende in Ruhe zu studieren. Möglich wurde der kurze Auswertungszeitraum von oft weniger als einer Woche nach Monatsende dadurch, dass die Geschäftsleitung vor einem Jahr Horst Friedrich von der Beselheimer GmbH wegengagiert und ihm die Neuorganisation der Controlling-Abteilung übertragen hatte. Davor dauerten derartige Auswertungen meist einen ganzen Monat, so dass die Kostenstellenleiter gar nicht mehr wussten, wie es zu den Abweichungen kam. Sie sträubten sich daher auch immer wieder gegen einen Jour Fixe für die Kostenbesprechungen, meist derart, dass sie kurzfristig wichtige Termine außer Haus wahrnahmen.

Am 9. Juni findet wieder eine Kostenbesprechung der Kostenstellenleiter der Produktionsabteilung statt. Der Abteilungsleiter Herbert Huber leitet die Sitzung. Als Auskunftsperson ist Maria Wegener von der Controlling-Abteilung anwesend. Die Kostenstellenleiter bekamen am Freitag davor, wie üblich, den Kostenbericht für den Monat Mai. Er ist in Tabelle 1 wiedergegeben. Der Kostenbericht enthält für jede Kostenstelle die Istkosten und Sollkosten (in Tsd) des jeweiligen Monats und auch kumulierte Kosten von Januar bis Mai. Für jede Kostenstelle werden damit zwei Abweichungen ermittelt und sowohl mit ihrem absoluten Betrag als auch in Prozent der Sollkosten ausgegeben. Die Sollkosten entsprechen den Plankosten, bereinigt um Beschäftigungsabweichungen und um Preisabweichungen der Inputfaktoren. Die Abweichungen sind daher im Wesentlichen Verbrauchsabweichungen (Mengenabweichungen).

Kostenbericht der Produktionsabteilung FS2 Monat: Mai

Kosten-stelle	Istkosten Mai	Sollkosten Mai	Abwei-chung	in Prozent der Sollkosten		Istkosten kum. bis Mai	Sollkosten kum. bis Mai	kumulierte Abweichung	in Prozent der Sollkosten	
FS201	1.053	1.010	43	4%		4.798	4.355	443	10%	**
FS202	386	347	39	11%	**	1.950	1.920	30	2%	
FS203	2.552	2.435	117	5%	**	13.548	12.950	598	5%	**
FS204	780	755	25	3%		4.223	4.006	217	5%	
FS205	922	796	126	16%	**	5.339	4.850	489	10%	**
FS206	1.231	1.335	-104	-8%	**	5.540	5.773	-233	-4%	
Summe	6.924	6.678	246	4%		35.398	33.854	1.544	5%	

Tab.1: Kostenbericht

Die Controlling-Abteilung kennzeichnet ungewöhnliche Abweichungen und damit erklärungsbedürftige Abweichungen automatisch mit zwei Sternchen (**). Eine Abweichung ist ungewöhnlich, wenn sie größer ist als ± 100 (monatliche Werte) bzw ± 500 (kumulierte Mai-Werte, dh 100 pro Monat) oder wenn sie mehr als ± 10 Prozent der Sollkosten ausmacht.

Der Mai-Kostenbericht enthält diesmal übermäßig viele Sternchen. Dies sind die Abweichungen, für die Huber Aufklärung erwartet. Manche davon haben leicht erkennbare Gründe. Vielfach gibt Huber aber der Controlling-Abteilung und damit der für die Produktionsabteilung zuständigen Maria Wegener den Auftrag, eine genauere Auswertung der Abweichung durchzuführen.

Den Anfang der Besprechung der Abweichungen macht Herr Besberger (FS203). „Bei mir gab es einen kurzfristigen Ausfall an Facharbeitern. Da haben wir einige Arbeiten außer Haus gegeben. Aber das kann doch nicht die ganze Differenz erklären. Wahrscheinlich habt ihr in der Controlling-Abteilung bei der Berechnung wieder etwas gedreht." Maria Wegener schaut verdutzt, aber Besberger macht weiter: „Wie habt ihr das diesmal wieder gerechnet? Sind vielleicht die gemischten Abweichungen dabei? Ich sehe nicht ein, weshalb ich für die überhaupt verantwortlich gemacht werden soll!" Wegener fällt ihm ins Wort. „Nicht schon wieder, Herr Dunst. Wir haben nichts an der Berechnung geändert. Und die sollten ja nun wirklich alle verstanden haben. Fällt Ihnen nichts Besseres als Begründung Ihrer hohen Kostenabweichungen ein?" Besberger schaut finster. Huber versucht einzulenken und meint: „Es sind aber ohnedies nur 5 % Abweichung. Das geht nun eigentlich schon das ganze Jahr so. Ich sehe noch einen Monat zu, aber dann müssen wir wirklich etwas unternehmen. Machen wir mit Schiemens weiter. "Herr Schiemens hat in seinen beiden Kostenstellen Sternchen zu verantworten. FS205 ist ein Problem. Die Maiwerte sind noch schlechter als die bisherigen Jahreswerte. Schiemens schiebt sämtliche Verantwortung auf die Planungsabteilung: „Die sind ja so was von weltfremd. Zwei Mann kamen voriges Jahr einmal zu mir, hörten sich alles an, und dann entdeckte ich diese Vorgaben. Wenn sie sich nur ein bisschen mit der Kostenstruktur in FS205 beschäftigten, müssten sie diese Vorgaben auf realistische Werte von zumindest 900 pro Monat abändern, und aus dieser Sicht hätten wir gut gewirtschaftet." Wegener wird sich ansehen, ob dies so zutrifft. Bezogen auf FS206 meint Schiemens lapidar: „Wir haben uns hier sehr bemüht. Ich verstehe auch gar nicht, weshalb ich hier Sternchen bekommen habe, obwohl wir unter den Sollkosten liegen." Wegener meint verschmitzt: „Das machen wir deshalb, um auch einmal Lob verteilen zu können." Schiemens schüttelt den Kopf. Huber weiß zwar auch nicht, warum Schiemens hier etwas erklären soll, aber Horst Friedrich wird schon gewusst haben, was er da einführte.

Auch Dunst schüttelt den Kopf. Er konnte sich an die neuen Kostenberichte noch immer nicht gewöhnen. Sie enthalten nur Unsinn. Die Abweichung in FS201 muss er nicht erklären, und da fällt ihm ein Stein vom Herzen. Denn eigentlich ist ihm da ein großer Fehler bei der Produktionsplanung unterlaufen – er hatte einfach keine Zeit dafür, private Probleme ... Zufälligerweise sind aber einige andere Dinge sehr gut gegangen, und damit konnte er dies gut kaschieren. Die kumulierte Abweichung weist zwar noch immer Sternchen auf, aber sie ist prozentual im Vergleich zu April sogar gesunken, was als erfreulich kommentiert wird. Bei seiner FS202 beträgt die Abweichung nur 39, trotzdem wurde er hier mit Sternchen bedacht. „Das fällt doch überhaupt nicht ins Gewicht." Wegener ist anderer Meinung: „Wir haben mit dieser Methode der Sternchenvergabe bisher nur gute Erfahrungen gemacht; 10 Prozent Kostenüberschreitung müssen einfach erklärt werden." Der Fertigungsprozess in FS202 erfolgt weitgehend automatisch. Dunst fragt sich deshalb ohnedies, wozu eine Kostenkontrolle dafür gut sein soll, denn 80 Prozent der Kosten sind ohnedies vorbestimmt. Zu seiner Rechtfertigung meint er, dass sich vielleicht bei einer Anlage eine Störung ergeben hat, die bisher unentdeckt blieb. Huber bittet Dunst und auch Wegener, dies näher zu untersuchen und gegebenenfalls die Herstellerfirma mit einer Kontrolle zu beauftragen. Dunst wirft noch ein, dass dies vermutlich relativ teuer kommen wird; ob man nicht noch einen weiteren Monat warten könne? Huber blickt Wegener fragend an. Sie sagt: „Wenn sich wirklich eine Störung eingeschlichen hat, sollte sie sofort beseitigt werden. Sonst haben wir auch künftig Abweichungen, und außerdem kostet die Reparatur immer mehr, je länger wir warten." Huber gibt sein OK.

Ziele dieses Kapitels

- Analyse der Funktionen von Kosten- und Erlöskontrollen
- Darstellung der verschiedenen Methoden von Abweichungsanalysen und ihrer Aussagekraft
- Ermittlung und Diskussion typischer Kosten- und Erlösabweichungen
- Darstellung von Auswertungsmöglichkeiten von Abweichungen
- Analyse der Auswertung bei Abweichungen aufgrund (vermutet) beabsichtigten Verhaltensänderungen im Rahmen eines Agency-Modells

1. Abweichungsursachen und Funktionen der Kontrolle

Kontrolle ist eine spezifische Funktion im Führungsprozess eines Unternehmens. Sie ist den Prozessen der Planung, der Entscheidung und der Durchsetzung (Organisation) nachgelagert. Die Kontrolle stellt bestimmte Sollgrößen den tatsächlich realisierten Größen gegenüber. Die ermittelte Differenz wird als **Abweichung** bezeichnet. Für die Kostenrechnung hat der Rechnungszweck der Kontrolle eine große Bedeutung – so zeigen zB empirische Resultate für deutsche Großunternehmen, dass die Kontrolle den **bedeutsamsten Rechnungszweck** darstellt.[1]

In der Literatur wird vielfach zwischen Kontrolle und Prüfung unterschieden. Beide werden unter dem Begriff „**Überwachung**“ zusammengefasst. Kontrolle meint in diesem Kontext eine laufende, prozessbegleitende Überwachung, während unter Prüfung eine nachträgliche Überwachung durch nicht prozessabhängige Personen gemeint ist. Für die folgende Analyse ist dies jedoch nicht von Bedeutung.

1.1. Abweichungsursachen

Abweichungen können zunächst danach eingeteilt werden, inwieweit sie vermeidbar sind. **Nicht kontrollierbare Abweichungen** entstehen aus unvorhersehbaren Zufallsereignissen; jedes Ergebnis einer Aktivität hängt von Umweltentwicklungen ab. Typische Beispiele sind überbetriebliche Ereignisse (zB höhere Gewalt, Wirtschaftskrisen oder Zinsniveauerhöhungen), zwischenbetriebliche Ereignisse (zB das Auftreten unerwarteter Konkurrenz oder ein Markteinbruch) und letztlich innerbetriebliche Ereignisse (zB Schäden an einer Anlage, der Ausfall wichtiger Arbeitskräfte oder Irrtümer). **Kontrollierbare Abweichungen** sind grundsätzlich vermeidbare Abweichungen. Ihnen gilt das Hauptaugenmerk der Unternehmensführung und damit der Kontrolle.

Gründe für das Entstehen von Abweichungen sind vielfältiger Natur. Abbildung 1 gibt einen Überblick über mögliche Abweichungsursachen.

---

1 Vgl *Friedl* et al. (2009), *Weber* (2008), S. 61.

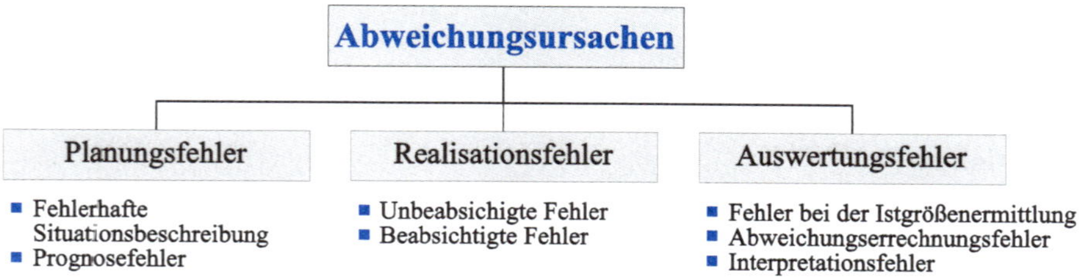

Abb. 1: Abweichungsursachen

Planungsfehler können aufgrund einer fehlerhaften Situationsbeschreibung entstehen. Darunter fällt insbesondere die Anwendung falscher Entscheidungsmodelle oder falscher Annahmen über die Ausgangssituation, beispielsweise die Annahme linearer Kostenfunktionen, wenn tatsächlich nicht lineare Kostenabhängigkeiten vorliegen (und auch wesentlich sind). Prognosefehler sind die Folge falscher Prognosewerte für die Umweltentwicklung, die der jeweiligen Entscheidung zugrunde liegt. Die Planung wie auch die Entscheidungen erfolgen regelmäßig unter Unsicherheit des Entscheidungsträgers über die künftig eintretenden Umweltsituationen. Es liegen zwar oft hinreichend genaue Erfahrungen und Erwartungen darüber vor, die Unsicherheit wird dadurch aber allenfalls verringert, jedoch nicht gänzlich vermieden. Die tatsächlich eintretende Umweltsituation bewirkt nun, dass es im Allgemeinen zu anderen als den der Planung zugrunde liegenden Ergebnissen kommt.

Realisationsfehler entstehen durch fehlerhaftes Verhalten in der Ausführung. Hier kann danach unterschieden werden, ob das fehlerhafte Verhalten unbeabsichtigt oder beabsichtigt erfolgt. Unter „unbeabsichtigte Fehler" fallen etwa Störungen an einer Anlage, die bei genauer Betrachtung auffallen sowie auch behoben werden könnten. Beabsichtigte Fehler entstehen dagegen aufgrund bewusster Entscheidungen. Dadurch, dass die Aktivitäten von Mitarbeitern nicht immer vollständig beobachtet oder erfasst werden (bzw beobachtet werden können), können sie diese Situation bewusst zur Verfolgung eigener Interessen nutzen.

Die letzte Kategorie von Abweichungsursachen bilden **Auswertungsfehler**. Es handelt sich dabei vorwiegend um Messfehler bei der Istgrößenermittlung, wie falsche Aufzeichnungen oder Fehlbuchungen, weiterhin um Rechenfehler bei der Abweichungserrechnung sowie fehlerhafte Interpretationen der Ergebnisse. Auch sie können absichtlich oder unabsichtlich erfolgt sein. Auswertungsfehler werden im Folgenden nicht mehr näher betrachtet. Ihre Vermeidung muss durch organisatorische Maßnahmen gesichert werden.

1.2. Funktionen der Kontrolle

Grundlegender Zweck der Kontrolle ist es, Abweichungen dieser oder jener Art aufzudecken, also Information zu gewinnen oder auszuwerten. Sie hat zwei wesentliche **Funktionen**:

- **Entscheidungsfunktion** und
- **Verhaltenssteuerungsfunktion**.

Entscheidungsfunktion

Eine Funktion der Kontrolle ist es, das dadurch gewonnene Wissen zur **Verbesserung künftiger Planungs- und Entscheidungsprozesse** zu verwenden. Dies wird hier als Entscheidungsfunktion bezeichnet, vielfach findet man auch die Bezeichnung Lernfunktion. Voraussetzung dafür ist zunächst einmal, dass es sich um eine Unternehmenssituation handelt, in der ähnliche Entscheidungen des Öfteren hintereinander gefällt werden. Im Rahmen einer *einmaligen* Entscheidung kann das nachträgliche bessere Wissen zu keiner Verbesserung mehr führen. Diese Voraussetzung scheint selbstverständlich zu gelten; wie jedoch im Folgenden gezeigt wird, ist sie für die zweite Funktion der Kontrolle, die Verhaltenssteuerung, keineswegs notwendig. Eine weitere Voraussetzung dafür, dass die Kontrolle eine Entscheidungsfunktion entfaltet, besteht darin, dass die Entscheidungen und Umweltsituationen in früheren Perioden Auswirkungen auf Folgeentscheidungen entfalten.

Die durch die Kontrolle gewonnene Information kann zur **Verbesserung der Planung** für künftige Perioden verwendet werden. *Beispiel*: Die Planung des Produktionsablaufes rechnet mit 1.900 Stunden Produktionszeit pro Jahr. Tatsächlich zeigt sich nachträglich, dass diese Schätzung viel zu optimistisch war; aufgrund normaler Wartungsarbeiten und ähnlichem sind nur 1.830 Stunden realistisch.

Die gewonnene Information kann aber auch zum **Setzen von Maßnahmen** dienen, die Abweichungen in Folgeperioden vermeiden sollen. Solche Maßnahmen können prozessbedingter, personeller oder auch organisatorischer Art sein. Wird beispielsweise bekannt, dass ein Produktionsprozess aus dem Gleichgewicht geraten ist (die Folge könnte hoher Ausschuss sein), kann dieses Problem korrigiert werden.

Verhaltenssteuerungsfunktion

Die zweite, wesentliche Funktion der Kontrolle ist die **Koordination** von im Unternehmen dezentral getroffenen Entscheidungen. Kontroll- und Koordinationsprobleme entstehen dann, wenn zwei Bedingungen gegeben sind:

1. Es bestehen (potenziell) **Zielkonflikte**.
2. Es herrscht **Informationsasymmetrie**.

Zielkonflikte entstehen dann, wenn sich die Ziele des Entscheidungsträgers und der Unternehmensleitung unterscheiden. Die Ursachen dafür werden im 8. Kapitel: *Koordination, Budgetierung und Anreize* dargestellt.

Asymmetrisch verteilte Information ist in Unternehmen die Regel. Bereichsmanager haben aufgrund ihrer Tätigkeit oder ihres Know how typischerweise einen Informationsvorsprung gegenüber der Unternehmensleitung. Meist ist dies *der* Grund für die Delegation von Entscheidungen. Denn hätte die Zentrale sämtliche Informationen der Bereiche, bestünde kein Grund zu einer Dezentralisation. In Verbindung mit potenziellen Zielkonflikten entsteht asymmetrische Information auch dadurch, dass die Instanz (Zentrale) die Entscheidungen oder die Situation, in der ein bestimmtes Verhalten gesetzt wurde, nicht direkt beobachten kann.

Treffen beide Bedingungen zu, kann ein Entscheidungsträger seine bessere Information zur eigenen Zielerreichung und womöglich zum Nachteil der Instanz ausnutzen. Aufgrund der unterschiedlichen Informationssituation kann die Instanz ein gewünschtes Verhalten zwar vorschreiben, aber nicht durchsetzen; der Entscheidungsträger kann im Fall ungünstiger Ergebnisse einfach behaupten, ohnedies das richtige Verhalten gesetzt zu haben, einzig die ungünstige Umweltsituation habe ein besseres Ergebnis verhindert. Dadurch ist es der Instanz nicht möglich, die Ursachen einer beobachteten Abweichung zu erkennen.

Die Instanz möchte daher das Verhalten des Entscheidungsträgers so **steuern**, dass solchen Folgen möglichst vorgebeugt wird (deshalb Beeinflussung *fremder* Entscheidungen). Ein Weg, nämlich eine direkte Verhaltenskontrolle, ist meist nicht möglich oder viel zu teuer. Die Alternative sind **Ergebniskontrollen**. Damit wird versucht, *nachträglich* Rückschlüsse auf das tatsächliche Verhalten des Entscheidungsträgers zu ziehen. Das Verhalten lässt sich zwar **im Nachhinein** nicht mehr ändern, jedoch geht von der Kontrolle ein Anreiz für den Entscheidungsträger aus, gewissermaßen bereits *vorweg* sein Verhalten zu adaptieren (wiewohl im Allgemeinen nicht gänzlich im Sinne der Instanz). Die Instanz steuert mit der Einführung (genauer: der glaubwürdigen Androhung) einer Kontrolle das Verhalten des Entscheidungsträgers. Eine Betrachtung von Folgeentscheidungen ist für den Wert einer solchen Kontrolle nicht notwendig.[2] Die **Verhaltenssteuerungsfunktion** der Kontrolle wird oft auch als Prophylaxefunktion bezeichnet. In einem Einpersonen-Unternehmen spielt diese Funktion keine Rolle.

Tabelle 2 zeigt die beiden **Funktionen der Kontrolle** im Überblick. Beide Funktionen können je nach zugrunde liegender Situation einzeln oder auch gemeinsam auftreten. Wie weiter unten noch diskutiert wird, erfordert die Erfüllung beider Funktionen zum Teil unterschiedliche Kontrollsysteme. Ein Kontrollsystem, das die

---

[2] Dies gilt nicht, wenn ein Mitarbeiter die Funktion der Kontrolle nicht von Beginn an sofort zur Gänze versteht und antizipiert, sondern dieses erst lernen muss. Dann sind mehrere Perioden erforderlich, die ihm ermöglichen, sein Verhalten entsprechend den Ergebnissen der Kontrollen zu adaptieren.

Entscheidungsfunktion bestmöglich erfüllt, muss nicht unbedingt auch zur Verhaltenssteuerung geeignet sein, und umgekehrt.

Periodizität / Kontext	Einmaliges Entscheidungsproblem	Mehrfaches Entscheidungsproblem
Einpersonenkontext	keine Funktion	Entscheidungsfunktion
Mehrpersonenkontext	Verhaltenssteuerungsfunktion	Entscheidungsfunktion und Verhaltenssteuerungsfunktion

Tab. 2: Funktionen der Kontrolle

Die Funktion der Kontrolle hat auch Auswirkungen auf die **Verrechnung** von Abweichungen **in der Kostenrechnung** – und in weiterer Folge im Jahresabschluss. Grundsätzlich gibt es zwei Möglichkeiten:

1. Ansatz der Abweichungen gesondert in der Ergebnisrechnung
2. Zurechnung der Abweichungen auf die betroffenen Gegenstände, dh Umwertung der Lagerbestände und des Wareneinsatzes.

Bei der ersten Möglichkeit werden die Standardproduktkosten nicht angepasst, sie sind damit für nachfolgende Entscheidungen, zB Preisentscheidungen, relevant. Im zweiten Fall beeinflussen die Abweichungen Folgeentscheidungen. Es ist auch möglich, differenziert vorzugehen und nur bestimmte Abweichungen den Gegenständen zuzuordnen.

Zusammenhang mit der Organisation

Der Einsatz der Kontrolle zur Verhaltenssteuerung von Entscheidungsträgern lässt erkennen, dass das Problem der Kontrolle in der Unternehmensrechnung eigentlich in einem größeren Zusammenhang gesehen werden muss. Es genügt nicht, Kontrollmethoden isoliert zu analysieren. Die Verhaltenswirkung wird maßgeblich durch das an das Kontrollergebnis angeschlossene **Beurteilungs-** bzw **Anreizsystem** (zB erfolgsabhängige Entlohnung, Bonuszahlungen, Beförderungen) beeinflusst, welches wiederum im Zusammenhang mit der **Organisation** und der Personalführung des Unternehmens zu sehen ist. Zu berücksichtigen ist auch das persönliche Umfeld von Kontrollierten. Verhaltenswissenschaftliche Erkenntnisse zeigen etwa, dass viele Personen bewusst oder unbewusst eine Abneigung vor Kontrollen haben und uU mit dysfunktionalen Verhaltensweisen reagieren.[3]

Die Kontrolle kann je nach Entscheidungslage auch ungewollte **Wirkungen** auslösen. Manager treffen ihre Entscheidungen so, damit sie die **Beurteilungsgröße** optimieren. Wenn die Beurteilungsgröße, zB eine Kostenabweichung, nicht alle Effekte von Entscheidungen erfasst, können sich im Wesentlichen zwei Folgen ergeben:

---

3 Vgl zu einer Diskussion solcher Einflussgrößen *Küpper* et al. (2013), S. 350 – 359.

(i) Dem Manager werden Effekte, die zwar seinen Entscheidungsbereich betreffen, aber **nicht erfasst** werden, gleichgültig sein. *Beispiel*: Es wird nur auf die Kosten geachtet, die Qualität oder die Einhaltung von Lieferterminen kommt im Beurteilungssystem nicht vor.

(ii) Es kommt zu **Externalitäten**, dh zu Auswirkungen der Entscheidung auf andere Bereiche, die bei der Entscheidungsfindung nicht berücksichtigt werden. *Beispiel*: Ein Produktionsmanager reduziert den Erfolg seines Bereichs, indem er Material von der Einkaufsabteilung sehr kurzfristig und mit häufig geänderten Spezifikationen besorgen lässt.

Wesentlich ist weiterhin, dass das Anreizsystem **Rückwirkungen auf die Planung** haben kann, wenn das bessere Wissen der Entscheidungsträger über die betreffende Entscheidungssituation im Rahmen partizipativer Budgetierungssysteme genutzt werden soll. Die Mitwirkung der Entscheidungsträger am Planungsprozess hat vielfach die Festlegung derjenigen Sollgrößen zur Folge, mit deren Hilfe die Abweichungen ermittelt werden, die für eine Beurteilung der Entscheidungsträger Verwendung finden. Die Kontrollmethode besitzt damit auch Rückwirkungen auf die Ziele der Koordination, da es für die Instanz manchmal günstiger ist, nicht die gesamte Information des Entscheidungsträgers zu nutzen. Siehe dazu auch 8. Kapitel: *Koordination, Budgetierung und Anreize*.

1.3. Auswertungsmöglichkeiten

Bei der **Auswertung** von ermittelten Abweichungen steht nicht so sehr die Methodik der Ermittlung und Isolierung der Einzelabweichungen, sondern der **inhaltliche** Aspekt im Vordergrund. Die Auswertung soll eine Antwort auf die Frage nach den **Ursachen für die Abweichungen** geben; die Höhe der Einzelabweichungen ist ja im Regelfall nur ein Symptom für tiefer liegende Ursachen.

Eine derartige Analyse erfordert generell die **Verfügbarkeit von Istwerten** der Einflussgrößen, die den jeweiligen Planwerten gegenübergestellt werden können. Dies wird im Rahmen der formalen Abweichungsanalyse einfach vorausgesetzt. Für viele Einflussgrößen trifft dies auch fraglos zu, andere potenzielle Einflussgrößen können aber entweder überhaupt nicht erfasst werden oder werden aus Kostengründen nicht regelmäßig erfasst. Insoweit geht potenziell wertvolle Information verloren.

Die Abweichungsauswertung beschäftigt sich mit der Frage, ob in einer bestimmten Situation noch zusätzliche Einflussgrößen unter Eingehen von **Auswertungskosten** ermittelt werden sollen oder nicht. Die Auswertung soll kontrollierbare und nicht kontrollierbare Ursachen trennen. Nur kontrollierbare Ursachen können durch Maßnahmen beeinflusst werden. Die Auswertungsentscheidung hängt von der Höhe der Auswertungskosten bzw Informationskosten und dem erwarteten Nutzen aus der zusätzlichen Information ab. Typischerweise wird man sich dabei nach der Höhe der bereits eingetretenen Einzelabweichungen richten.

Die Frage, welche Abweichungen ausgewertet werden sollen, ist nicht nur konzeptuell von Interesse. Geht man von 20 bis 30 Kostenarten und 100 Kostenstellen aus (dies ist kein Extremfall), stellt sich die Auswertungsfrage bei 2.000 bis 3.000 Positionen, und das vielleicht jeden Monat. Da die Auswertung Kosten im Unternehmen verursacht, ist es nicht sinnvoll, sämtliche Abweichungen näher zu analysieren.

In der **Praxis** werden meist **Faustregeln** zur Entscheidung verwendet, wann eine Abweichung weiter auszuwerten ist. Am häufigsten basieren sie auf den Kriterien:

- **Absolute Höhe** der Abweichung: zum Teil auch nur Höhe der negativen oder positiven Abweichung; zB Auswertung, falls die Abweichung höher als ± 100.000 ist,
- **relative Höhe** der Abweichung: bezogen auf den Soll- oder Istwert, zB Auswertung, falls die Abweichung höher als ± 5 % des Sollwertes ist, oder
- eine **Kombination** beider Kriterien.

Empirische Ergebnisse

Eine Umfrage unter 226 großen britischen Industrieunternehmen aus dem Jahr 1991 (Drury et al. (1993), S. 34) ergab auf die Frage nach der Verwendung von bestimmten Auswertungsmethoden Folgendes (Angaben in Prozent):

	nicht/kaum	manchmal	oft/immer
Einzelbeurteilung durch Management	13	12	75
Überschreiten eines Betrages	29	31	41
Überschreiten eines Prozentsatzes	33	31	36
Statistische Modelle	84	12	3

Mit ein Ziel der Ausführungen in diesem Kapitel ist es zu analysieren, inwieweit solche Faustregeln **ökonomisch sinnvoll** sind. Die Auswertung von unbeabsichtigten Abweichungen hat nur Entscheidungsfunktion, während die beabsichtigten Abweichungen (Verhaltensabweichungen) für die Verhaltenssteuerungsfunktion der Kontrolle von Interesse sind. Die Auswertungsmodelle sind für beide Funktionen verschieden. Obwohl in der Darstellung meist Beispiele aus dem Bereich der Ausführungs- oder Realisationsprozesse gegeben werden, treffen dieselben Überlegungen genauso auf Planungs- und Auswertungsfehler zu.

2. Grundsätzliche Konzeption von Kontrollrechnungen

Der **Kontrollprozess** kann in folgende Handlungen gegliedert werden, die im Weiteren besprochen werden:

- Aufstellung des Kontrollfeldes
- Bestimmung der Sollgrößen und der Istgrößen
- Vergleich der Soll- und Istgrößen und Aufspaltung der Gesamtabweichung in Einzelabweichungen
- Auswertung der Ergebnisse der Abweichungsanalyse.

2.1. Aufstellung des Kontrollfeldes

Das Kontrollfeld umfasst die Definition des Kontrollobjektes, des Kontrollausmaßes und der Kontrollhäufigkeit. **Kontrollobjekte** sind die zu kontrollierenden Aktivitäten oder Sachverhalte (zB die Produktionskosten gegliedert nach Kostenarten innerhalb einer Kostenstelle, die Erlöse für jede Produktgruppe und jedes Gebiet).

Das **Kontrollausmaß** kennzeichnet den Umfang der Kontrollhandlungen je Kontrollzeitpunkt. So ist denkbar, dass sämtliche Kostenarten aller Kostenstellen (geschlossener Soll-Ist-Vergleich) oder nur bestimmte Kostenarten oder Kostenstellen einer Kontrolle unterworfen werden (partieller Soll-Ist-Vergleich). Dies können etwa die vom Kostenstellenleiter kontrollierbaren Kosten sein, aber auch eine unterschiedlich tief gehende Analyse für verschiedene Kostenarten, etwa bei der Istdatenerfassung, beim Umfang der ermittelten Abweichungsarten oder der Genauigkeit der Analyse. Bei der Entscheidung, ob ein partieller oder ein geschlossener Soll-Ist-Vergleich durchgeführt werden soll, sind die Kosten dem Nutzen der jeweiligen Alternative gegenüberzustellen.

Da die zeitliche Kapazität des Personals, das die Kontrollen durchführt, idR beschränkt ist und die Kosten der Durchführung der Kontrolle bei einem partiellen Soll-Ist-Vergleich geringer sind, wird man sich aus Wirtschaftlichkeitsgründen häufig damit begnügen. Dies kann in Einzelfällen dazu führen, dass notwendige Anpassungsmaßnahmen nicht gesetzt werden können, weil die Kontrollhandlungen deren Notwendigkeit nicht aufzeigten. Auf der anderen Seite nimmt ein höheres Kontrollausmaß mehr Zeit in Anspruch, so dass allfällige Anpassungsmaßnahmen zeitlich verzögert werden.

Die **Kontrollhäufigkeit** schließlich gibt an, in welchen Zeitabständen Kontrollen durchgeführt werden, sei es wöchentlich, monatlich, quartalsweise oder jährlich. Auch für das Ausmaß der Kontrollhäufigkeit gilt das Wirtschaftlichkeitsprinzip, wonach der Nutzen aus häufigeren Kontrollen deren Kosten gegenüberzustellen ist. Die Kontrollhäufigkeit steht auch im Zusammenhang mit dem Kontrollausmaß: je umfangreicher die Analyse, desto weniger oft wird man die Kontrollen durchführen können.

Zur Bestimmung von Kontrollausmaß und Kontrollhäufigkeit gibt es kaum praktische Optimierungsmodelle, insbesondere weil der Nutzen umfangreicherer Kontrollen schwer quantifizierbar ist. In der Praxis werden deshalb Kontrollfelder weitgehend nach der Erfahrung festgelegt.

2.2. Bestimmung der Sollgrößen

Welche Sollgrößen man einer Kontrolle zugrunde legt, hängt von der Aufgabe ab, die man mit der Kontrolle erfüllen will. Denkbar sind insbesondere folgende **Sollgrößen**:

- **Istgrößen** des Unternehmens aus einer früheren Periode
- **Normalisierte Größen** als Durchschnitt von Istgrößen mehrerer früherer Perioden

- **Istgrößen** „vergleichbarer" Unternehmen
- Plangrößen als **Prognosegrößen**
- Plangrößen als **Standardgrößen**: Normalgrößen, Optimalgrößen, verhaltensorientierte Größen.

Istgrößen

Istgrößen des Unternehmens aus einer früheren Periode werden im Rahmen eines **Zeitvergleiches** verwendet. Damit können insbesondere Änderungen der jeweiligen Größen im Zeitablauf gut zum Ausdruck gebracht werden. Für die Entscheidungsfunktion und die Verhaltenssteuerungsfunktion sind vergangene Istgrößen als Sollgrößen jedoch kaum geeignet. Es wird, wie *Eugen Schmalenbach* schon sagte, „Schlendrian mit Schlendrian" verglichen. Was kann zB eine Abweichung ausdrücken, die auf Basis einer hohen ungünstigen Kostensituation, etwa infolge von Unwirtschaftlichkeiten, im Vormonat errechnet wird? Jedoch gewinnt der Trend von Istgrößen gemäß der Philosophie des *continuous improvement* wieder an Bedeutung: es kommt dabei vor allem auf die Änderung im Zeitablauf an.

Normalisierte Größen

Normalisierte Größen als **Durchschnitt** von Istgrößen mehrerer früherer Perioden sind diesbezüglich sicher eher geeignet. Das Problem starker Schwankungen einzelner Sollgrößen wird dadurch zwar gemildert, die Aussagekraft wird aber nur insofern besser, als Ausreißer beseitigt werden.

Istgrößen „vergleichbarer" Unternehmen

Diese Sollgrößen dienen in einem sogenannten **Betriebsvergleich** der Gegenüberstellung der Leistung des Unternehmens mit derjenigen eines oder mehrerer anderer Unternehmen. Dies ist im Rahmen von Konkurrenzvergleichen durchaus von Bedeutung. Für die Kontrolle eignen sich derartig festgelegte Sollgrößen jedoch ebenfalls nur bedingt:

1. Es ist schwierig, tatsächlich **vergleichbare Unternehmen** zu finden. Bezieht man die Vergleichbarkeit etwa auf gleiche Produktgruppen und gleiche Fertigungstechniken, so gibt es wahrscheinlich kein einziges vergleichbares Unternehmen. Je nach Übereinstimmung mit wesentlichen Eigenschaften der Unternehmen müssen Abweichungen unterschiedlich interpretiert werden.
2. Es ist generell fraglich, welche **Schlüsse** aus so ermittelten Abweichungen gezogen werden können. Ist die Istleistung eines anderen Unternehmens überhaupt als **Zielgröße** erstrebenswert? Im Rahmen der strategischen Positionierung des Unternehmens wird eher der *Unterschied* zu anderen Unternehmen ein kritischer Erfolgsfaktor sein.

3. Ein weiteres Problem besteht darin, die Sollgrößen in derselben **Definition** und im selben **Detaillierungsgrad** wie die eigenen Istgrößen zu bekommen. Je „vergleichbarer" das Unternehmen, dessen Istgrößen als Basis für die Sollgrößen dienen, desto weniger leicht werden diese – meist aus Konkurrenzgründen – bekannt gegeben. Die Folge ist, dass man sich entweder auf Schätzungen verlassen oder das Kontrollausmaß entsprechend reduzieren muss. Beides verringert den Aussagewert der Kontrolle.

Sollgrößen, Anspruchsniveau und Leistung

Verhaltenswissenschaftliche Erkenntnisse zeigen einen nichtmonotonen Zusammenhang zwischen Sollgrößen, Anspruchsniveau und der Leistung.[4] Das **Anspruchsniveau** eines Entscheidungsträgers ist jenes Ziel, dessen Erreichung vom Entscheidungsträger erhofft wird. Die Erreichung erzeugt ein subjektives Gefühl des Erfolgs; wird es nicht erreicht, entsteht ein subjektives Gefühl des Misserfolgs.

- Eine Erhöhung der Sollkostenvorgabe vom Status quo reduziert das Anspruchsniveau und die Leistung.
- Eine Reduktion der Sollkosten führt, ausgehend von einem Status quo, zunächst zu einer Steigerung des Anspruchsniveaus und zu einer Erhöhung der Leistung.
- Ab einem bestimmten Punkt führt eine weitere Reduktion der Sollkosten zu einer relativ niedrigeren Steigerung oder sogar Senkung des Anspruchsniveaus. Die dadurch induzierte Leistung fällt dann stark ab. Ein Grund für den Leistungsabfall kann sein, dass der Kostenverantwortliche die Sollkosten als unrealistisch und auch bei größter Anstrengung als nicht erreichbar einstuft.

Analoge Ergebnisse gelten für Erfolgsvorgaben. Es zeigt sich auch, dass die Akzeptanz der Vorgaben eine wichtige Voraussetzung für eine Motivationswirkung ist.

Ergebnisse experimenteller Forschung weisen darauf hin, dass der Anreizeffekt nicht nur von der Höhe der Standardkosten, sondern auch vom Entlohnungsschema abhängt.[5]

Plangrößen als Prognosegrößen

Prognosegrößen sind die **erwarteten** tatsächlichen **Istgrößen** einer zukünftigen Abrechnungsperiode. Prognosekosten im Rahmen von technischen Fertigungsprozessen können relativ genau vorweg bestimmt werden, etwa anhand der jeweiligen Produktionsfunktionen; ihnen haftet nur sehr geringes Risiko (zB Ausfall einer Anlage) an. Die Prognose von Erlösen ist im Regelfall wesentlich ungenauer.

Der Vorteil der Verwendung von Plangrößen in Form von Prognosegrößen liegt darin, dass diese Größen zugleich für die **Unternehmensplanung** relevant sind; sie dienen als Basis für die betrieblichen Entscheidungen, etwa der Planung des Produk-

---

4 Ausführliche Darstellungen der Forschungsergebnisse auf diesem Gebiet finden sich zB in *Drury* (2004), S. 662 – 664; *Küpper* et al. (2013), S. 290 – 292.

5 Vgl zB *Fatseas* und *Hirst* (1992). Siehe dazu auch 8. Kapitel: *Koordination, Budgetierung und Anreize*.

tions- und Absatzprogramms, der Verfahrenswahl, dem Grad der Fertigungstiefe usw. Die Sollgrößen können also direkt aus der Unternehmensplanung abgeleitet werden. Sie sind deshalb im Gegensatz zu einem Betriebsvergleich auf die Unternehmensstrategie ausgerichtet.

Auf der anderen Seite beinhalten Prognosegrößen aber auch erwartete **Unwirtschaftlichkeiten**, da diese natürlich auch in die Planung eingehen müssen. Ein Anreiz zur Vermeidung „durchschnittlicher" Unwirtschaftlichkeiten, mit denen die Planung ohnedies rechnet, geht daher von der Verwendung derartiger Sollgrößen nicht aus.

Plangrößen als Standardgrößen

Plangrößen als Standardgrößen weichen *bewusst* von den Prognosegrößen ab. Sie basieren auf festen Preisen (Verrechnungspreisen), die mehr oder weniger an den Istpreisen orientiert sind. Typischerweise steht die Mengenkomponente daher im Vordergrund. Es gibt drei Ausprägungen:

1. **Normalgrößen.** Die Basis für die Plangrößen sind normale Bedingungen der Leistungserstellung, wie etwa die Annahme einer Normalbeschäftigung oder eines Normalverbrauches von Inputfaktoren. Der Sinn von Normalgrößen als Plangrößen liegt in einer Vereinfachung der Planung. Normalgrößen können von den normalisierten Größen als Durchschnittsgrößen früherer Realisationen abweichen.
2. **Optimalgrößen.** Standardgrößen können auf der Grundlage künftiger optimaler Bedingungen ausgerichtet sein. Beispielsweise werden Standardkosten unter der Annahme der Optimalbeschäftigung sowie des Optimalverbrauchs von Produktionsfaktoren errechnet, und Unwirtschaftlichkeiten bleiben außer Ansatz. Vielfach sind Sollgrößen auf dieser Basis jedoch demotivierend, da die Istgrößen nur ungünstiger werden können. Die zugrunde gelegten optimalen Bedingungen sollten deshalb jedenfalls Erwartungswerte von nicht beeinflussbaren Größen beinhalten.
3. **Verhaltensorientierte Größen.** Standardgrößen können auch direkt aus verhaltensorientierten Überlegungen gewonnen werden. Dabei gibt es zwei Varianten: verhaltenswissenschaftliche und ökonomische Überlegungen.

   (i) Die **verhaltenswissenschaftlichen** Überlegungen nutzen insbesondere psychologische Erkenntnisse über typische Verhaltensmuster und die situationsspezifischen Umstände, die für die Verhaltenssteuerung von Entscheidungsträgern verwendet werden können. Ein Beispiel ist die Anspruchsniveautheorie (siehe Einschub).

   (ii) Die **ökonomischen** Überlegungen bauen auf Modellen mit rationalen Entscheidungsträgern auf. Das Verhalten ergibt sich aus nutzenmaximierenden Individuen bei asymmetrisch verteilter Information und potenziellen Interessenkonflikten mit anderen Personen.

Sollgrößen, die zur Verhaltenssteuerung dienen, sind vielfach nicht für Entscheidungszwecke verwendbar. Damit werden zwei Plangrößen – jeweils eine für den jeweiligen Zweck – erforderlich. Überdies wird die Motivationswirkung oftmals nur dann erreicht, wenn die Prognosegrößen vor den Entscheidungsträgern geheim gehalten werden. Deren besseres Wissen um die Entscheidungssituation kann deshalb auch nicht für die Planung genutzt werden.

Insgesamt betrachtet haben sämtliche Möglichkeiten ihre spezifischen Vor- und Nachteile. Eine generelle Empfehlung für die Bestimmung von Sollgrößen kann daher grundsätzlich *nicht* gegeben werden.

Psychologische Gründe für Planungsfehler[6]

Viele Menschen neigen zu Verhaltensweisen, die letztlich zu Fehlern in der Planung und Budgetierung führen können. Die psychologische Forschung hat eine Reihe von systematischen Verhaltensweisen identifiziert:

- Überschätzung der eigenen Fähigkeiten
- Wunschdenken
- Falsche Einschätzung der Wahrscheinlichkeiten von Ereignissen, zB Überbetonung objektiv messbarer Größen oder Ignoranz alternativer Ereignisse
- Einfluss der Art der Präsentation von Alternativen
- Beharren auf früheren Entscheidungen, auch wenn sie geändert werden sollten
- Gruppeneffekte wie Gruppenzwang, Konsenswunsch, größere Risikofreude.

2.3. Bestimmung der Istgrößen

Die Istgrößen sind die bis zum Kontrollzeitpunkt eingetretenen Größen der realisierten Kontrollobjekte. Sie müssen **identisch** zu den gewählten **Sollgrößen** definiert und abgegrenzt werden. Andernfalls erhielte man alleine schon deswegen Abweichungen. Diese Forderung ist bezüglich des Umfangs und Inhalts des Kontrollfeldes wie auch des zeitlichen Umfangs unproblematisch.

Sollgrößen können nicht ohne Berücksichtigung der **Erfassbarkeit** der Istgrößen festgelegt werden. Vielfach wird bei der Planung der Sollgrößen wesentlich detaillierter vorgegangen. Dieser Fall tritt etwa dann ein, wenn eine analytische Kostenplanung anhand der Produktionsfunktion durchgeführt wird; die Kostenbestimmungsfaktoren werden hierauf aber nicht laufend beobachtet. Das kann in einer Kostenstelle mit heterogener (verfahrensbedingter) Kostenverursachung vorkommen, wenn die Istkosten nur für die Kostenstelle insgesamt erfasst werden.

---

6 Vgl dazu zB *Birnberg* et al. (2007) sowie den Überblick in *Weber* und *Schäffer* (2011), S. 260 – 268.

Ein weiteres Problem im Zusammenhang mit der Erfassung der Istgrößen sind die Fixkosten. Istverbräuche werden in den Kostenstellen meist nur global erfasst, ohne fixe und variable Kosten zu trennen. Damit lässt sich im Rahmen der Kostenplanung die Abweichung nicht entsprechend aufteilen. In der Praxis wird zur Lösung dieses Problems meist die **Arbeitshypothese** gesetzt, dass „die Istkosten im selben Verhältnis wie die zugehörigen Sollkosten nach einzelnen Bezugsgrößen und proportionalen bzw. fixen Kostenelementen systemintern aufgeteilt werden können".[7]

3. Möglichkeiten von Abweichungsanalysen

3.1. Das Bezugssystem

Sind die oben genannten Probleme hinlänglich gelöst, kann ein Vergleich der Soll- und Istgrößen erfolgen. Die Darstellung erfolgt zunächst anhand von Kosten, und zwar unter Verwendung der oben erwähnten Arbeitshypothese, dass Abweichungen nur bei den variablen Kosten vorkommen; Fixkosten werden deshalb vernachlässigt. Im Folgenden werden die Sollgrößen als variable Plankosten mit p, die dazugehörigen Istkosten mit i indexiert.

Die Differenz zwischen diesen beiden Größen ist die **Gesamtabweichung**, die sich zunächst auf zwei grundsätzliche Arten strukturieren lässt:

- **Ist-Soll-Vergleich**: $\Delta K = K^i - K^p$
- **Soll-Ist-Vergleich**: $\Delta K = K^p - K^i$

Welche Art Verwendung findet, ist weitgehend Geschmackssache, da die beiden Konzepte formal äquivalent sind, es ändert sich nur das Vorzeichen. Die Plausibilität der Interpretation der Abweichungsergebnisse kann zB nahelegen, dass eine Kostenerhöhung gegenüber den Sollkosten ein positives Vorzeichen haben sollte; das wäre bei einem **Ist-Soll-Vergleich** der Fall. Alternativ kann sich eine Interpretation am übergeordneten Unternehmensziel ausrichten: Eine positive Abweichung kann dann als „günstig", eine negative Abweichung als „ungünstig" gesehen werden.[8] Im Fall, dass ein höherer Gewinn als geplant „günstig" eingestuft wird, ergibt sich:

$$\Delta G = G^i - G^p = [L^i - K^i] - [L^p - K^p] = [L^i - L^p] + [K^p - K^i]$$

Bei einer Kostenabweichung würde man einen Soll-Ist-Vergleich wählen, bei einer Erlösabweichung, einer Deckungsbeitrags- oder Gewinnabweichung dagegen einen Ist-Soll-Vergleich. Setzt man das negative Vorzeichen in der Definition des Gewin-

---

7 Vgl dazu *Kilger* et al. (2012), S. 357.

8 In der Praxis ist es nicht so einfach, wie dies aus formaler Sicht den Anschein erweckt: Vielfach ist dem Unternehmensziel mit einer Kosten*erhöhung* gedient, etwa beim Erkennen einer strategischen Nische, in deren Entwicklung hohe Anstrengungen gesteckt werden sollten, um langfristig erfolgreich zu sein.

nes bei den Kostenabweichungen fort, so bleibt der **Ist-Soll-Vergleich** für alle Teilabweichungen bestehen:

$$\Delta G = G^i - G^p = [L^i - L^p] - [K^i - K^p]$$

Eine andere Möglichkeit wäre es, bei jeder Abweichung darauf hinzuweisen, ob es sich um eine günstige oder ungünstige Abweichung handelt; so findet sich in amerikanischen Lehrbüchern bei jeder Abweichung entweder ein „F" (für „*favorable*") oder ein „U" (für „*unfavorable*").

Bezugsbasis

Die Berechnung von Abweichungen kann weiter dahin gehend strukturiert werden, welche Bezugsbasis für die Darstellung der Änderung der Kosten gewählt wird. **Bezugsbasen** sind entweder die Istgrößen oder die Sollgrößen. Bei einer Verwendung von Istgrößen als Bezugsbasis werden Einflussgrößenänderungen an den Istgrößen gemessen. Sollgrößen ergeben sich dann aus den Istgrößen zuzüglich der entsprechenden Veränderung.

- **Istbezugsgrößen**: $y^p = y^i + \Delta^i y$
- **Planbezugsgrößen**: $y^i = y^p + \Delta^p y$

Diese beiden Möglichkeiten differieren zunächst wieder nur im Vorzeichen für die Abweichungen Δ. Werden Abweichungen, wie dies vielfach in der Praxis geschieht, in Prozent der jeweiligen Basis angegeben, ergeben sich jedoch Unterschiede in den Prozentzahlen.

Materielle Unterschiede ergeben sich jedoch bei der Aufspaltung der Gesamtabweichung in Einzelabweichungen, da die Änderung einer Einflussgröße einmal mit den Istgrößen, das andere Mal mit den Plangrößen gewichtet wird. Im Fall von Istbezugsgrößen liegt der Abweichungsanalyse die Frage zugrunde, wie hoch die Abweichung wäre, wenn in der Istsituation eine Einflussgröße keine Abweichung erfahren hätte. Der Maßstab für die Abweichungshöhe ist die Istsituation. Bei Planbezugsgrößen wird die Frage gestellt, wie hoch die Abweichung wäre, wenn sich ausgehend von der Plansituation nur eine Abweichung bei einer Einflussgröße ereignet hätte. Die Wahl der Bezugsgröße kann damit danach ausgerichtet werden, inwieweit die Istsituation die „richtigere" Situation beschreibt (dies wäre etwa dann der Fall, wenn die Abweichungen auf nicht kontrollierbaren Ursachen beruhen) oder ob die Plansituation die „richtigere" Beschreibung der Situation darstellt (wenn Abweichungen auf kontrollierbaren Ursachen beruhen).

Steht also die **Entscheidungsfunktion** im Vordergrund, könnte man deshalb für die Verwendung von Istbezugsgrößen plädieren, da diese die aktuellste Manifestation der tatsächlichen Verhältnisse sind. Die Fragestellung wäre: Welche Auswirkungen auf die Kosten hätte es, wenn eine Bezugsgröße *keine* Abweichung erfahren hätte?

Für die Funktion der **Verhaltenssteuerung** werden dagegen Planbezugsgrößen eher geeignet sein, da sie die wünschbare Entwicklung darstellen, die nur durch das Auftreten von Abweichungen nicht realisiert wurde. Darüber hinaus würde die Beurteilung von Verantwortungsträgern durch möglicherweise von ihnen nicht kontrollierbare Istentwicklungen beeinträchtigt. Die Fragestellung hier wäre: Welche Auswirkungen auf die Kosten hätte es, wenn *nur* bei einer Bezugsgröße Abweichungen entstanden wären?

Im Folgenden werden in Übereinstimmung mit dem Großteil der Literatur und der Praxis als Bezugssystem **Ist-Soll-Vergleiche mit Planbezugsgrößen** verwendet. Zur Verkürzung der Schreibweise wird für Δ^p einfach Δ geschrieben. Ein eingeschobenes Beispiel demonstriert, welche Auswirkungen unterschiedliche Bezugssysteme auf die Abweichungshöhe haben.

Beispiel zu den Auswirkungen verschiedener Bezugssysteme

Eine Kombination der beiden Möglichkeiten – Art der Berechnung der Abweichung und Möglichkeiten der Bezugsgrößenwahl – ergibt formal vier Möglichkeiten für die Berechnung von Abweichungen.

Zur Illustration sei folgendes angenommen: $r^p = 10$, $q^p = 21$; $r^i = 12$, $q^i = 20$. Daraus ergibt sich: Plankosten $K^p = r^p \cdot q^p = 210$ und Istkosten $K^i = r^i \cdot q^i = 240$.

Ist-Soll-Vergleich mit Planbezugsgrößen:

$$\Delta K = K^i - K^p = (r^p + \Delta^p r)\cdot(q^p + \Delta^p q) - r^p \cdot q^p = \Delta^p r \cdot q^p + r^p \cdot \Delta^p q + \Delta^p r \cdot \Delta^p q =$$
$$= 2\cdot 21 + 10\cdot(-1) + 2\cdot(-1) = 42 - 10 - 2 = +30$$

Ist-Soll-Vergleich mit Istbezugsgrößen:

$$\Delta K = K^i - K^p = r^i \cdot q^i - (r^i - \Delta^p r)\cdot(q^i - \Delta^p q) = \Delta^p r \cdot q^i + r^i \cdot \Delta^p q - \Delta^p r \cdot \Delta^p q =$$
$$= 2\cdot 20 + 12\cdot(-1) - 2\cdot(-1) = 40 - 12 + 2 = +30$$

Soll-Ist-Vergleich mit Planbezugsgrößen:

$$\Delta K = K^p - K^i = r^p \cdot q^p - (r^p - \Delta^i r)\cdot(q^p - \Delta^i q) = \Delta^i r \cdot q^p + r^p \cdot \Delta^i q - \Delta^i r \cdot \Delta^i q =$$
$$= (-2)\cdot 21 + 10\cdot 1 - (-2)\cdot 1 = -42 + 10 + 2 = -30$$

Soll-Ist-Vergleich mit Istbezugsgrößen:

$$\Delta K = K^p - K^i = (r^i + \Delta^i r)\cdot(q^i + \Delta^i q) - r^i \cdot q^i = \Delta^i r \cdot q^i + r^i \cdot \Delta^i q + \Delta^i r \cdot \Delta^i q =$$
$$= (-2)\cdot 20 + 12\cdot 1 + (-2)\cdot 1 = -40 + 12 - 2 = -30$$

Wie zu sehen ist, führen jeweils zwei Bezugssysteme zu äquivalenten Ergebnissen – die Beträge der einzelnen Teilabweichungen stimmen überein, so dass die Unterschiede rein auf unterschiedlichen Vorzeichen bzw unterschiedlichen Verknüpfungszeichen (plus oder minus) basieren. Daher lassen sich die Bezugssysteme insgesamt letztlich auf nur zwei reduzieren. Dafür bieten sich *Soll-Ist-Vergleiche mit Istbezugsgrößen* und *Ist-Soll-Vergleiche mit Planbezugsgrößen* an. Als Vorteil mag man sehen, dass Einzelabweichungen formal zur Gesamtabweichung addiert werden. Bei den übrigen Möglichkeiten ergeben sich schon aus der Definition wechselnde Verknüpfungen.

3.2. Die verursachungsgerechte Aufspaltung der Gesamtabweichung

Gleichgültig, welche Art von Vergleich man anstellt, das Ergebnis ist eine Gesamtabweichung, die für sich nur wenig aussagefähig ist. Insbesondere kann die Gesamtabweichung gleich null sein, auch wenn es etliche Abweichungen gegeben hat, sofern sich diese kompensieren. Beispielsweise kann eine Faktorpreiserhöhung durch eine geringere Verbrauchsmenge aufgewogen worden sein. Die eigentliche Aufgabe bei der Analyse von Abweichungen besteht deshalb darin, diese Gesamtabweichung in **Einzelabweichungen** (oder **Teilabweichungen**) zu zerlegen. Diese Aufspaltung ist in weiten Bereichen mit Problemen verbunden, wie im Folgenden zu sehen ist. Und so erhebt sich die Frage, wozu diese Aufspaltung eigentlich nützlich ist.

Grundsätzlich ist die gesamte Information in der Änderung der jeweiligen Einflussgrößen Δy_i selbst enthalten. Im Produktionsbereich dienen beispielsweise bei der Verwendung neuer Fertigungstechnologien mengenmäßige Produktivitätskennziffern und nicht Kosten (bewertete Mengen) als wesentliche Steuerungsinformation.

Der **Nutzen** der wertmäßigen Abweichungen der Einflussgrößen dient vorwiegend der Quantifizierung der Erfolgskonsequenzen bei Veränderung der betreffenden Einflussgröße im Rahmen von Maßnahmen des Kosten- und Erlösmanagements. Gibt es (zB zeitliche) Engpässe bei der Auswertung der Abweichungen oder verursachen diese Kosten, so ist der mögliche Vorteil aus der Auswertung (absolut) hoher Abweichungsbeträge idR erfolgversprechender als die Auswertung geringer Abweichungen. Erfordern die Auswertungen verschiedener Abweichungen unterschiedlich viel Zeitaufwand bei der Zeit als knapper Ressource, so muss ein spezifischer Deckungsbeitrag (Auswertungserfolg bezogen auf Zeitdauer der Auswertung) als Reihungskriterium verwendet werden.

Voraussetzungen für die Zerlegung

Voraussetzungen für die Aufspaltung der Gesamtabweichung in Einzelabweichungen sind:

1. Es existiert ein **funktionaler Zusammenhang** zwischen Kosten und bestimmten Einflussgrößen (Kosten- und Erlösbestimmungsfaktoren), oder ein solcher wird vermutet. Die Kosten lassen sich dann als $K = K(y_1, y_2, \ldots, y_n)$ darstellen, wobei y_i die Einflussgrößen bezeichnen sollen.
2. Es liegen **Sollwerte** y_i^p für die Einflussgrößen vor.
3. Die **Istwerte** y_i^i der Einflussgrößen werden beobachtet oder gemessen.

Für den Fall, dass kein funktionaler Zusammenhang zugrunde gelegt wird, kann die Auswirkung der Änderung einer Einflussgröße auf die Kosten überhaupt nicht beziffert werden. Für Kostenfunktionen können aufgrund technischer Gegebenheiten häufig sehr exakte funktionale Zusammenhänge angegeben werden, für Erlösfunktionen bleibt oft nur eine Schätzung des Zusammenhanges. Eine falsche Schätzung kann daher ebenfalls zu Abweichungen führen, die später unter dem Stichwort Plankontrolle behandelt werden. Das Vorliegen von Soll- bzw Plangrößen und die Messung der vergleichbaren Istgrößen ist erforderlich, um die Änderung der Einflussgröße selbst erkennen zu können.

Aufspaltung der Gesamtabweichung

Hier wie im Folgenden wird ein Ist-Soll-Vergleich mit Planbezugsgrößen zugrunde gelegt. Die **Gesamtabweichung** lautet in diesem Fall folgendermaßen:

$$\Delta K = K^i - K^p = K(y_1^i, y_2^i, \ldots, y_n^i) - K(y_1^p, y_2^p, \ldots, y_n^p) \tag{1}$$

Wünschenswert wäre eine Aufspaltung der Gesamtabweichung derart, dass die Einzelabweichungen jeweils genau auf die Änderung einer Einflussgröße $\Delta y_i = y_i^i - y_i^p$ zurückzuführen sind.

Dies bereitet keine Schwierigkeiten, wenn die (Teil-)Kosten basierend auf den Einflussgrößen **additiv** (subtraktiv) verknüpft und voneinander **unabhängig** sind. Dies trifft etwa für viele Kostenarten einer Kostenstelle (Kontrollobjekt) zu. Ausgehend von einer Gesamtabweichung der Kostenstellenkosten können die Einzelabweichungen der darin enthaltenen Kostenarten ermittelt werden.

$$K(y_1, y_2, \ldots, y_n) = K(y_1) + K(y_2) + \ldots + K(y_n)$$

Daraus ergibt sich sofort

$$\Delta K = \Delta K_1 + \Delta K_2 + \ldots + \Delta K_n$$

wobei $\Delta K_i = K(y_i^i) - K(y_i^p)$.

Im Regelfall bestehen jedoch auch nicht-additive Verknüpfungen. Vorherrschend bei den Kosten sind **multiplikative** Verknüpfungen. Kosten sind die (Input-)Faktorpreise multipliziert mit der eingesetzten Faktormenge. Die Faktormenge entspricht in limitationalen Produktionsprozessen der Beschäftigung in der Kostenstelle multipliziert mit dem Direktverbrauchskoeffizient, der angibt, wie viele Gütereinheiten für eine Beschäftigungseinheit erforderlich sind.

Am Spezialfall mit zwei Kosteneinflussgrößen wird im Folgenden gezeigt, dass bei Vorliegen multiplikativer Verknüpfungen von Kostenbestandteilen keine **Aufspaltung** der Gesamtabweichung existiert, so dass sämtliche Einzelabweichungen ausschließlich durch die Änderung einer einzigen Einflussgröße induziert werden (siehe Abbildung 2). Die Kosten seien aus Faktorpreis r und Faktormenge q zusammengesetzt, dh $K(r,q) = r \cdot q$. Daraus ergibt sich die Abweichung bei Annahme des Bezugssystems eines Ist-Soll-Vergleiches mit Planbezugsgrößen als

$$\begin{aligned}\Delta K &= K^i - K^p = r^i \cdot q^i - r^p \cdot q^p = \\ &= (r^p + \Delta r) \cdot (q^p + \Delta q) - r^p \cdot q^p = \Delta r \cdot q^p + r^p \cdot \Delta q + \Delta r \cdot \Delta q\end{aligned}$$

Die Gesamtabweichung besteht aus **Abweichungen 1. Ordnung**, nämlich einer Preisabweichung und einer Mengenabweichung, sowie einer **gemischten Abweichung** oder **Abweichung** (hier) **2. Ordnung** $\Delta r \cdot \Delta q$, die durch die Änderung beider Einflussgrößen *gemeinsam* entstanden ist.[9] Eine verursachungsgerechte Zurechnung

---

[9] Die gemischte Abweichung verschwindet auch nicht, wenn man die Veränderung der Einflussgrößen nicht additiv, sondern multiplikativ definiert: $r^i = r^p \cdot \delta r$ mit δr als Index der Veränderung, und $q^i = q^p \cdot \delta q$ analog. Die Gesamtabweichung lautet dann: $\Delta K = r^p \cdot q^p \cdot (\delta r \cdot \delta q - 1)$.

zu Änderungen einer der beiden Einflussgrößen ist nur dann möglich, wenn es keine gemischte Abweichung gibt; dies kann jedoch nur dann der Fall sein, wenn entweder $\Delta r = 0$ oder $\Delta q = 0$ gilt. Hat sich aber nur eine einzige Einflussgröße geändert, ist das Problem der Aufspaltung ohnedies obsolet.

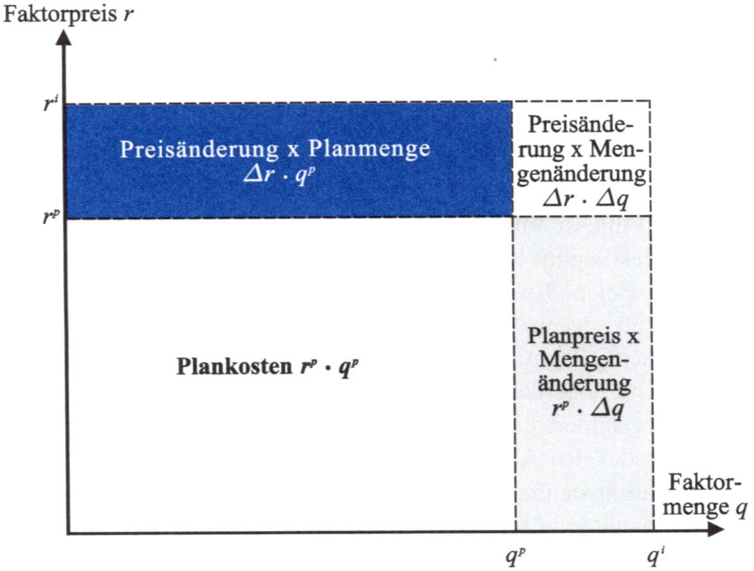

Abb. 2: Preis- und Mengenabweichungen

Man kann die Gesamtabweichung allenfalls derart aufspalten, dass der Effekt der Änderung einer Einflussgröße gesondert ausgewiesen wird; dies geht allerdings zulasten der anderen Einzelabweichung, die die gemischte Abweichung mit umfasst. Die beiden Möglichkeiten dafür sind:

$$\Delta K = \Delta r \cdot q^p + \Delta_1(r,q)$$

$$\Delta K = \Delta_2(r,q) + r^p \cdot \Delta q$$

Falls mehr als zwei Einflussgrößen multiplikativ verknüpft sind, ergeben sich noch mehr solcher **gemischter Abweichungen**.

Beispiel: $K = r \cdot v \cdot b$, wobei v den Direktverbrauchskoeffizienten für den betrachteten Inputfaktor und b die Beschäftigung der Kostenstelle ausdrückt.

$$\Delta K = \Delta r \cdot v^p \cdot b^p + r^p \cdot \Delta v \cdot b^p + r^p \cdot v^p \cdot \Delta b + \quad \text{(Abweichungen 1. Ordnung)}$$

$$+ \Delta r \cdot \Delta v \cdot b^p + \Delta r \cdot v^p \cdot \Delta b + r^p \cdot \Delta v \cdot \Delta b + \quad \text{(Abweichungen 2. Ordnung)}$$

$$+ \Delta r \cdot \Delta v \cdot \Delta b \quad \text{(Abweichung 3. Ordnung)}$$

Im **Ergebnis** bedeutet dies, dass eine verursachungsgerechte Aufspaltung der Gesamtabweichung *nur* möglich ist, wenn additive (subtraktive) Verknüpfungen der Kosten basierend auf den Einflussgrößen gegeben sind. Bei multiplikativen Zusammenhängen gibt es keine verursachungsgerechte Aufspaltung. Dies gilt natürlich auch für andere als einfach-multiplikative Verknüpfungen; solche können zB bei Erlöseinflussgrößen auftreten.

Generell formuliert: Eine **verursachungsgerechte Aufspaltung** ist nicht möglich, wenn die gemischten Ableitungen (bzw Differenzenquotienten) der Kosten nach mindestens zwei Einflussgrößen nicht verschwinden, dh

$$\frac{\partial^2 K(y_1, y_2, \ldots, y_n)}{\partial y_i \cdot \partial y_j} \neq 0 \text{ für mindestens ein Paar } i, j = 1, 2, \ldots, n; i \neq j \qquad (2)$$

Dann lassen sich die Effekte der Änderung von y_i nicht von der Änderung von y_j isolieren und umgekehrt.

Bedingung (2) umfasst auch den Fall, dass die Einflussgrößen **voneinander abhängig** sind. Dies kommt bei Erlöseinflussgrößen fast immer vor, bei den Kosten hingegen seltener. Beispielsweise hängt der Absatzpreis von der verkauften Menge eines Produktes ab, wenn ein monopolistischer Bereich mit einer Preis-Absatz-Funktion besteht. Sucht man die Erlösabweichung aufgrund einer Preisänderung zu ermitteln, muss berücksichtigt werden, dass sich mit der Preisänderung auch die Absatzmenge geändert hat. Ein weiteres Beispiel wären Werbeaktivitäten, die die Absatzmenge oder den Absatzpreis beeinflussen. Im Rahmen der Kosten könnten höhere Reparaturkosten mit geringeren Energiekosten Hand in Hand gehen; oder die Verwendung eines minderwertigeren Produktionsfaktors mit geringeren Kosten könnte gleichzeitig zu höheren Ausschussmengen oder längeren Produktionszeiten führen; ein weiteres Beispiel mit einer Rabattabweichung wird weiter unten gegeben.

Die Aufspaltung der Gesamtabweichung muss derartige **Interdependenzen** berücksichtigen, um zu einem sinnvoll interpretierbaren Ergebnis zu gelangen. Im Folgenden sei von folgender einfachen Kostenfunktion ausgegangen:

$$K(y_1, y_2) = y_1 + y_2(y_1)$$

Würde man hier den funktionalen Zusammenhang von y_2 mit y_1 missachten, ergäbe sich eine (teilweise) ungerechtfertigte Zurechnung von Teilabweichungen an y_2, die eigentlich durch eine Änderung von y_1 ausgelöst wurden. Deshalb wird eine weitere **Sollgröße** $y_2(y_1^i)$ ermittelt, die diese induzierten Änderungen herauslöst:

$$\begin{aligned} \Delta K &= y_1^i + y_2^i - (y_1^p + y_2^p) = (y_1^i - y_1^p) + \left[(y_2^i - y_2(y_1^i)) + (y_2(y_1^i) - y_2^p) \right] = \\ &= \left[(y_1^i - y_1^p) + (y_2(y_1^i) - y_2^p) \right] + (y_2^i - y_2(y_1^i)) \end{aligned} \qquad (3)$$

Dabei ist $y_2^p = y_2(y_1^p)$. Die erste Komponente in (3) entspricht der *direkten* Wirkung der Änderung von y_1 auf die Kosten, die zweite Abweichung der *indirekten* Wirkung über y_2. Beide sind in der obigen Darstellung in einer eckigen Klammer zusammengefasst. Nur die dritte Einzelabweichung ist der direkten Änderung von y_2 zurechenbar.

Abweichungen *n*. Ordnung

Eine Abweichung *n*. Ordnung ist eine Abweichung, in der die Differenzen zwischen Ist- und Sollwert von *n* Einflussgrößen vorkommen. Sie entsteht notwendig dann, wenn Einflussgrößen des Kontrollobjekts multiplikativ miteinander verknüpft sind.

Der Änderung einer einzigen Einflussgröße lassen sich (innerhalb des gegebenen Bezugssystems eines Ist-Soll-Vergleiches mit Planbezugsgrößen) nur Abweichungen 1. Ordnung exakt zurechnen, alle Abweichungen höherer (höher als 1.) Ordnung sind durch Änderungen mehrerer Einflussgrößen gemeinsam entstanden.

Sind für zwei Einflussgrößen verschiedene Mitarbeiter verantwortlich, so lässt sich die Verantwortung für die Abweichung 2. Ordnung $\Delta y_1 \cdot \Delta y_2$ nicht zweifelsfrei zuordnen. Jeder der beiden ist individuell für ihr Entstehen verantwortlich: Würde einer der beiden seine Plangröße exakt einhalten ($\Delta y_1 = 0$ oder $\Delta y_2 = 0$), gäbe es keine gemischte Abweichung. Auf der anderen Seite wäre eine wie auch immer geartete Teilung der Verantwortung problematisch: Verdoppelt sich nämlich eine Abweichung, sagen wir Δy_1, so verdoppelt sich die gemischte Abweichung insgesamt und damit auch der Anteil des dafür nicht Verantwortlichen.

Die verursachungsgerechte Zurechnung kann auf diese Art hinreichend gelöst werden. Schwierigkeiten bei der Aufspaltung entstehen aber dann, wenn der funktionale Zusammenhang nicht einer dahinter stehenden **kausalen Abhängigkeit** entspricht. Vielfach weiß man, dass zwei Einflussgrößen miteinander zusammenhängen, doch hat man kaum eine Vorstellung darüber, welche der beiden die treibende Kraft ist. Es kann auch sein, dass beide Einflussgrößen von einer dritten Größe abhängen, die selbst nicht näher spezifiziert ist oder nicht beobachtet werden kann. In Weiterführung des obigen *Beispiels* bedeutet dies, dass der funktionale Zusammenhang von y_1 und y_2 auch in Form von $y_1(y_2)$ dargestellt werden könnte. Der Änderung von y_2 wird dann auch die induzierte (Teil-)Abweichung von y_1 zugerechnet. Es ergibt sich folgende Zerlegung:

$$\Delta K = (y_1^i - y_1(y_2^i)) + \left[(y_2^i - y_2^p) + (y_1(y_2^i) - y_1^p) \right]$$

Sie weicht offensichtlich von der ersten Möglichkeit in (3) ab. Kennt man also die Kausalkette der Einflussfaktoren nicht, ist eine verursachungsgerechte Aufspaltung ebenfalls unmöglich.

3.3. Methoden der Abweichungsanalyse

In der Folge werden verschiedene Methoden der Abweichungsanalyse vorgestellt, die sich in Theorie und Praxis gebildet haben. Entsprechend den obigen Feststellungen handelt es sich bei ihnen immer nur um eine mehr oder weniger *zweckmäßige* Lösung des Problems bei multiplikativ verknüpften Einflussgrößen. Das Unterscheidungskriterium liegt einzig darin, wie und in welchem Umfang sie die Abweichungen höherer Ordnung den Abweichungen 1. Ordnung zurechnen.

Die wesentlichsten **Methoden** sind:[10]

- differenzierte Methode,
- alternative Methode,
- kumulative Methode,
- symmetrische Methode,
- Min-Methode.

Differenzierte bzw differenziert-kumulative Methode

Bei dieser Methode werden die Abweichungen höherer Ordnung keiner Abweichung 1. Ordnung zugerechnet, sondern **gesondert ausgewiesen**. Dies kann entweder *en bloc* in einer Summe oder einzeln erfolgen. Das Zurechnungsproblem wird damit je nach Betrachtungsweise gar nicht oder vorbildlich gelöst.

Alternative Methode

Die alternative Methode berechnet die Einzelabweichungen unter der Annahme, dass nur genau eine betreffende Einflussgröße vom **Istwert** auf den **Planwert** gesetzt wird, die übrigen Einflussgrößen jedoch unverändert bleiben (dh *ceteris paribus*). Je nachdem, ob man von Istkosten oder von Plankosten ausgeht, ergeben sich zwei Möglichkeiten der Berechnung:

$$\Delta K_i^{(1)} = K(y_1^i, y_2^i, \ldots, y_i^i, \ldots, y_n^i) - K(y_1^i, y_2^i, \ldots, y_i^p, \ldots, y_n^i)$$

$$\Delta K_i^{(2)} = K(y_1^p, y_2^p, \ldots, y_i^i, \ldots, y_n^p) - K(y_1^p, y_2^p, \ldots, y_i^p, \ldots, y_n^p)$$

jeweils für $i = 1, 2, \ldots, n$. Im ersten Fall umfasst jede Einzelabweichung $\Delta K_i^{(1)}$ sämtliche Abweichungen höherer Ordnung, die Δy_i enthalten. Die **Abweichungen höherer Ordnung** werden deshalb **mehrfach** berücksichtigt. Im zweiten Fall enthält keine Einzelabweichung $\Delta K_i^{(2)}$ Abweichungen höherer Ordnung.[11] In beiden Fällen stimmt die Summe der Einzelabweichungen nicht mehr mit der Gesamtabweichung überein.[12]

Kumulative Methode

Die kumulative Methode weist den Einzelabweichungen unterschiedlich viele Abweichungen höherer Ordnung zu. Der Zweck ist, die Summengleichheit der Einzelabweichungen mit der Gesamtabweichung herzustellen. Dazu wird wie folgt

---

10 Vgl *Kloock* und *Bommes* (1982); *Kloock* (1988); *Glaser* (1999, 2002).

11 Allgemein hängen diese Ergebnisse natürlich vom gewählten Bezugssystem ab. Sie gelten für einen Ist-Soll-Vergleich mit Planbezugsgrößen, aber gerade umgekehrt für einen Soll-Ist-Vergleich mit Istbezugsgrößen.

12 Man kann nicht generell sagen, dass die eine Methode *zu wenig* an Einzelabweichungen generiert, die andere *zu viel*. Denn die Abweichungen höherer Ordnung können positive wie auch negative Vorzeichen haben.

verfahren: Zunächst wird eine **Reihenfolge** der Einflussgrößen festgelegt. Bei einem Ist-Soll-Vergleich wird die erste Einzelabweichung analog zur alternativen Methode ermittelt:

$$\Delta K_1 = K(y_1^i, y_2^i, \ldots, y_i^i, \ldots, y_n^i) - K(y_1^p, y_2^i, \ldots, y_i^i, \ldots, y_n^i)$$

Anders als bei der alternativen Methode werden die weiteren Einzelabweichungen jeweils nicht mehr von derselben Vergleichsbasis (hier K^i), sondern von der jeweils letzten **Differenzgröße** beim Ermitteln der letzten Einzelabweichung berechnet. Diese Zwischengrößen werden als **Sollgrößen** bezeichnet und fortlaufend durchnummeriert. Für die zweite und die weiteren Einflussgrößen ergibt sich daher

$$\Delta K_2 = K(y_1^p, y_2^i, y_3^i, \ldots, y_n^i) - K(y_1^p, y_2^p, y_3^i, \ldots, y_n^i)$$

$$\Delta K_i = K(y_1^p, \ldots, y_{i-1}^p, y_i^i, y_{i+1}^i, \ldots, y_n^i) - K(y_1^p, \ldots, y_{i-1}^p, y_i^p, y_{i+1}^i, \ldots, y_n^i)$$

usw. Die letzte Einzelabweichung entspricht wieder der bei Anwendung der alternativen Methode errechneten Abweichung, hier ausgehend von $\Delta K_i^{(2)}$:

$$\Delta K_n = K(y_1^p, y_2^p, \ldots, y_{n-1}^p, y_n^i) - K(y_1^p, y_2^p, \ldots, y_{n-1}^p, y_n^p)$$

Dabei ist einfach zu erkennen, dass die Summe der Einzelabweichungen der Gesamtabweichung entspricht. Die Abweichungen höherer Ordnung sind tendenziell stärker bei den zuerst ermittelten Abweichungen enthalten, die letzte Einzelabweichung enthält keine Abweichungen höherer Ordnung mehr. Problematisch erscheint hier allerdings, dass die Höhe der den Einflussgrößen zugerechneten Einzelabweichungen von der **Reihenfolge der Berechnung** abhängt.

Symmetrische Methode

Diese Methode versucht, eine **gleichmäßige Aufteilung der Abweichungen** höherer Ordnung zu erzielen, indem diese zu gleichen Teilen auf die Abweichungen erster Ordnung aufgeschlagen werden. Damit wird das Reihenfolgeproblem umgangen.

Für den Fall **zweier multiplikativ verknüpfter Einflussfaktoren** (allerdings nur dafür) lässt sich dies relativ anschaulich als Gewichtung der jeweiligen Abweichung mit dem Durchschnitt zwischen Plan- und Istwert der anderen Einflussgröße interpretieren. Sei $K = r \cdot q$ mit r als Faktorpreis und q als Faktormenge. Die Preis- und die Mengenabweichung errechnen sich gemäß der symmetrischen Methode als

$$\Delta K_r = \Delta r \cdot q^p + \frac{\Delta r \cdot \Delta q}{2} = \Delta r \cdot \frac{2q^p + (q^i - q^p)}{2} = \Delta r \cdot \frac{q^p + q^i}{2} = \Delta r \cdot \overline{q}$$

$$\Delta K_q = r^p \cdot \Delta q + \frac{\Delta r \cdot \Delta q}{2} = \Delta q \cdot \frac{2r^p + (r^i - r^p)}{2} = \Delta q \cdot \frac{r^p + r^i}{2} = \overline{r} \cdot \Delta q$$

Das Problem bei der symmetrischen Abweichung ist aber, dass kein Grund dafür angegeben werden kann, weshalb die Aufteilung der Abweichungen höherer Ordnung gerade zu gleich hohen (Teil-)Beträgen erfolgen soll. In der Entscheidungstheorie gibt es mit der *Laplace*-Regel eine vergleichbare Annahme. Weniger überzeugend ist das Argument, dass sich die gemischte Abweichung direkt proportional zu jeder Änderung der Einzelabweichungen verhält.[13]

Beispiel

In einer Produktionsabteilung wurden für einen Inputfaktor ein Faktorpreis $r^p = 240$ und ein Verbrauch in Höhe der Faktormenge $q^p = 350$ geplant. Die Istwerte betragen für den Faktorpreis $r^i = 270$ und die Faktormenge $q^i = 400$.

Die **Gesamtabweichung** als Ist-Soll-Vergleich beträgt damit

$K^i = 270 \cdot 400 =$	108.000
$K^p = 240 \cdot 350 =$	84.000
$\Delta K =$	24.000

Differenzierte Methode

Preisabweichung: $\Delta r \cdot q^p = 30 \cdot 350 =$	10.500
Mengenabweichung: $r^p \cdot \Delta q = 240 \cdot 50 =$	12.000
Abweichung 2. Ordnung: $\Delta r \cdot \Delta q = 30 \cdot 50 =$	1.500

Alternative Methode:

(1) ausgehend von den Istkosten K^i:

Preisabweichung: $108.000 - 240 \cdot 400 =$	12.000
Mengenabweichung: $108.000 - 270 \cdot 350 =$	13.500

(2) ausgehend von den Plankosten K^p:

Preisabweichung: $270 \cdot 350 - 84.000 =$	10.500
Mengenabweichung: $240 \cdot 400 - 84.000 =$	12.000

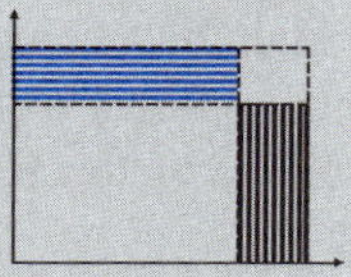

Kumulative Methode:

(1) Abspaltung zunächst der Preisabweichung:

Preisabweichung: $108.000 - 240 \cdot 400 =$	12.000
Mengenabweichung: $240 \cdot 400 - 84.000 =$	12.000

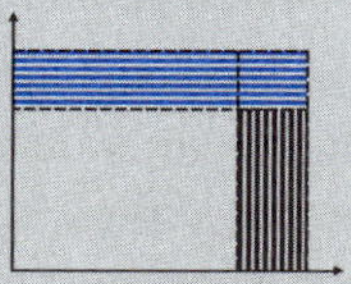

(2) Abspaltung zunächst der Mengenabweichung:

Mengenabweichung: $108.000 - 270 \cdot 350 =$	13.500
Preisabweichung: $270 \cdot 350 - 84.000 =$	10.500

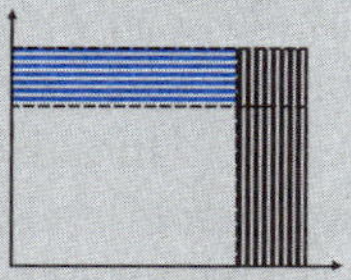

Symmetrische Methode:

Preisabweichung: $\Delta r \cdot q^p + \Delta r \cdot \Delta q/2 =$	11.250
Mengenabweichung: $r^p \cdot \Delta q + \Delta r \cdot \Delta q/2 =$	12.750

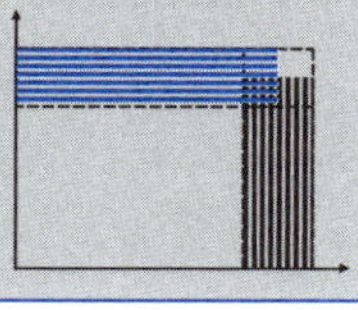

---

[13] So *Link* (1988), S. 1213. Natürlich sind beliebig viele andere Varianten von Aufteilungen vorstellbar. *Kilger* et al. (2012), S. 151 f, erwähnen auch noch die Aufteilung proportional zu der Höhe der jeweiligen Abweichung. Dies könnte als Anwendung des Tragfähigkeitsprinzips interpretiert werden. Willkürlich bleibt jedoch jede Aufteilung.

Min-Methode

Die Min-Methode[14] beinhaltet wie die differenzierte Methode grundsätzlich einen separaten Ausweis von Abweichungen höherer Ordnung. Sie unterscheidet sich aber von der differenzierten Methode durch eine spezifische Regel zur Wahl der Bezugsgrößen, mit denen die Veränderungen von Kosteneinflussgrößen gewichtet werden. Die Gewichtung von Δ-Größen richtet sich jetzt nach dem **Minimum** der jeweils noch **verbleibenden Kosteneinflussgrößen**. Weil somit keine einheitliche Festlegung von Bezugsgrößen erfolgt, kann diese Vorgehensweise Konsequenzen dafür haben, in welchem Maße überhaupt Teilabweichungen mit mehreren Δ-Größen ausgewiesen werden.

Am Beispiel zweier Einflussgrößen $K = r \cdot q$ mit r als Faktorpreis und q als Faktormenge lässt sich die Vorgehensweise verdeutlichen. Die Gesamtabweichung ist

$$\Delta K = K^i - K^p = r^i \cdot q^i - r^p \cdot q^p$$

Fall 1: **Alle Istgrößen übersteigen die Plangrößen.** Als Abweichungen 1. Ordnung werden nur solche Teilabweichungen mit einer Δ-Größe ausgewiesen. Die Summe dieser Abweichungen ist

$$\Delta r \cdot \min\left\{q^i; q^p\right\} + \Delta q \cdot \min\left\{r^i; r^p\right\} = \Delta r \cdot q^p + \Delta q \cdot r^p$$

Diese Abweichungen entsprechen offenbar den Abweichungen 1. Ordnung nach der differenzierten Methode auf Basis von ***Planbezugsgrößen***. Die Gesamtabweichung ergibt sich durch **Addition**[15] (bei gesondertem Ausweis) der **Abweichungen höherer Ordnung** $\Delta r \cdot \Delta q$.

Fall 2: **Alle Istgrößen unterschreiten die Plangrößen.** Die Summe der Abweichungen 1. Ordnung nach der Min-Methode ist dann

$$\Delta r \cdot \min\left\{q^i; q^p\right\} + \Delta q \cdot \min\left\{r^i; r^p\right\} = \Delta r \cdot q^i + \Delta q \cdot r^i$$

Die einzelnen Δ-Größen werden jetzt also mit den ***Istbezugsgrößen*** gewichtet. Dies impliziert, dass die **Abweichungen höherer Ordnung** $\Delta r \cdot \Delta q$ nun zu *subtrahieren* sind, um zur Gesamtabweichung zu kommen.

Fall 3: **Unterschiedliche Veränderungen der Einflussgrößen.** Dafür sei unterstellt, dass der Istpreis höher liegt als der Planpreis ($r^i > r^p$), während die Istmenge die Planmenge unterschreitet ($q^i < q^p$). Nach der Min-Methode folgt für die Abweichungen 1. Ordnung

$$\Delta r \cdot \min\left\{q^i; q^p\right\} + \Delta q \cdot \min\left\{r^i; r^p\right\} = \Delta r \cdot q^i + \Delta q \cdot r^p$$

Diese Summe entspricht bereits der Gesamtabweichung:[16]

---

14 Vgl dazu *Wilms* (1988), S. 96 – 125.

15 Siehe dazu den obigen Einschub zu den Auswirkungen verschiedener Bezugssysteme.

16 Es handelt sich faktisch um die Teilabweichungen einer kumulativen Abweichungsanalyse, bei der zuerst die Preisabweichung und anschließend die Mengenabweichung berechnet wird.

$$\Delta r \cdot q^i + \Delta q \cdot r^p = \left(r^i - r^p\right) \cdot q^i + \left(q^i - q^p\right) \cdot r^p = r^i \cdot q^i - r^p \cdot q^p$$

Daher brauchen hier *keine* **Abweichungen höherer Ordnung** ergänzt werden, wenn man eine Identität der Summe der Teilabweichungen mit der Gesamtabweichung anstrebt.

Für den Fall **zweier Einflussgrößen** lässt sich die Vorgehensweise der Min-Methode damit **allgemein** wie folgt angeben:[17]

$$\Delta K = \Delta y_1 \cdot \min\left\{y_2^i; y_2^p\right\} + \Delta y_2 \cdot \min\left\{y_1^i; y_1^p\right\} +$$
$$sign\left(\Delta y_1\right) \cdot \Delta y_1 \cdot \Delta y_2, \text{ falls } \Delta y_i > 0 \text{ oder } \Delta y_i < 0 \text{ für alle } i, \text{ andernfalls } 0$$

Beispiel zur Min-Methode

Die drei Fälle im Text seien durch folgende Daten repräsentiert:

	Fall 1	Fall 2	Fall 3
r^i	110	90	110
r^p	100	100	100
q^i	250	160	160
q^p	200	200	200
$K^i - K^p$	7.500	-5.600	-2.400

Fall 1:

Preisabweichung:	$\Delta r \cdot \min\{q^i;q^p\} = 10 \cdot 200$	=	2.000
Mengenabweichung:	$\Delta q \cdot \min\{r^i;r^p\} = 50 \cdot 100$	=	5.000
Abweichungen 2. Ordnung:	$\Delta r \cdot \Delta q = 10 \cdot 50$	=	500

Fall 2:

Preisabweichung:	$\Delta r \cdot \min\{q^i;q^p\} = -10 \cdot 160$	=	–1.600
Mengenabweichung:	$\Delta q \cdot \min\{r^i;r^p\} = -40 \cdot 90$	=	–3.600
Abweichungen 2. Ordnung:	$-\Delta r \cdot \Delta q = -(-10) \cdot (-40)$	=	–400

Fall 3:

Preisabweichung:	$\Delta r \cdot \min\{q^i;q^p\} = 10 \cdot 160$	=	1.600
Mengenabweichung:	$\Delta q \cdot \min\{r^i;r^p\} = -40 \cdot 100$	=	–4.000

3.4. Wahl der zweckmäßigen Methode

Die Zweckmäßigkeit der verschiedenen Methoden muss an der Lösung der an die Kontrollrechnung gestellten Aufgaben beurteilt werden. Aus diesen Aufgaben wer-

[17] Dabei ist $sign(\Delta y_1) = 1$ für $\Delta y_1 > 0$ und $sign(\Delta y_1) = -1$ für $\Delta y_1 < 0$. Bei mehr als zwei Einflussgrößen ergeben sich für die Abweichungen höherer Ordnung analoge, aber sehr differenzierte Ausdrücke. Vgl dazu zB *Glaser* (1999), S. 31, und ausführlich *Wilms* (1988), S. 111 – 114.

den mehr oder weniger operationale Anforderungen entwickelt, deren Erfüllungsgrad durch die einzelnen Methoden der Abweichungsanalyse schließlich deren Auswahl bedingt. Für die **Entscheidungsfunktion** ist wesentlich, dass keine Einzelabweichungen unter den Tisch fallen, sondern dass sämtliche Informationen verwertet werden. Weiter soll vermieden werden, dass es zu einer ungleichmäßigen Berechnung der Einzelabweichungen kommt, andernfalls würden Informationen nicht mehr vergleichbar sein. Im Rahmen der **Verhaltenssteuerungsfunktion** kann nur eine Berechnungsmethode von Abweichungen erfolgreich sein, deren Ergebnisse von den verantwortlichen Mitarbeitern sowohl nachvollziehbar als auch (*a priori*) akzeptabel sind. Andernfalls setzt man sich im Fall, dass ein Mitarbeiter ungünstige Abweichungen nicht mit Sachverhaltsargumenten rechtfertigen kann, leicht einem Rechtfertigungsdruck bezüglich der formalen Berechnung der Abweichung aus, der – wie oben diskutiert wurde – gar nicht gelingen kann, da jede Methode gegenüber Einwänden offen ist.

Die üblicherweise genannten **Anforderungskriterien** sind:[18]

- Vollständigkeit,
- Invarianz,
- Willkürfreiheit,
- Koordinationsfähigkeit,
- Wirtschaftlichkeit und Praktikabilität.

Vollständigkeit

Vollständigkeit ist eines der wichtigsten Kriterien. Die Vollständigkeit erfordert, dass die **Summe** der ausgewiesenen **Einzelabweichungen** der **Gesamtabweichung** entspricht. Damit ist das Problem der Zurechenbarkeit von Abweichungen höherer Ordnung an Änderungen der Einflussgrößen angesprochen. Verzichtet man auf den Ausweis der Abweichungen höherer Ordnung, so kreiert man Akzeptanzprobleme, weil sich mancher fragt, wo die Differenz zwischen Gesamtabweichung und Einzelabweichungen geblieben ist. Dies trifft genauso für den Fall zu, dass die Abweichungen höherer Ordnung allen Abweichungen 1. Ordnung aufgeschlagen werden. Die alternative Methode erfüllt dieses Kriterium daher nicht. Bei der differenzierten Methode werden die Abweichungen höherer Ordnung explizit angeführt, woraus ein Erklärungsbedarf bezüglich ihres Inhalts entstehen kann. Gleiches gilt für die Min-Methode, doch dürfte ein potenzieller Erklärungsbedarf dort noch größer sein, weil es vom Vorzeichen der einzelnen Veränderungen abhängt, in welchem Umfang Abweichungen höherer Ordnung ausgewiesen werden. Die kumulative und die symmetrische Methode erfüllen das Kriterium der Vollständigkeit.

---

18 Vgl zB *Kloock* und *Bommes* (1982), S. 230 – 232; *Kloock* (1988), S. 426 – 428; *Wilms* (1988), S. 81 – 96. Das darin ebenfalls genannte Kriterium der Relevanz bezieht sich auf die Wahl zwischen Ist-Soll-Vergleichen und Soll-Ist-Vergleichen sowie auf die Wahl der Bezugsbasis (Ist oder Soll).

Invarianz

Das Kriterium der Invarianz der ausgewiesenen Einzelabweichungen soll sicherstellen, dass die **Reihenfolge** der Ermittlung der Einzelabweichungen **keinen Einfluss** auf deren Höhe hat. Die Entscheidungsfunktion wäre gefährdet, weil unklar ist, welche Reihenfolge die meiste Information liefert. Und die Verhaltenssteuerungsfunktion ist beeinträchtigt, weil Akzeptanzprobleme entstehen können.

Die Invarianz wird von allen Methoden mit *Ausnahme* der **kumulativen Methode** erfüllt. Trotzdem ist diese die in der Praxis am meisten verbreitete Methode. Um ihre durch die Invarianz entstehenden Akzeptanzprobleme zu mildern, gibt es heuristische Regeln für die Festlegung einer bestimmten **Reihenfolge**.

- Zunächst werden Abweichungen ermittelt, deren Einflussgrößen exogen bestimmt sind und vom Unternehmen bzw dem jeweiligen Verantwortlichen nicht kontrolliert werden können. Bei Kosten sind dies idR zunächst die (echte) Beschäftigungsabweichung und (Faktor-)Preisabweichungen.
- In der Folge werden zunächst die Abweichungen berechnet, die weniger wichtig sind. „Wichtig" sind dabei die Abweichungen, die einen hohen Rechtfertigungsdruck des Verantwortlichen erzeugen.
- Die einmal festgelegte Reihenfolge bleibt unverändert.

Die ersten beiden Regeln nutzen die Tatsache, dass die zuletzt abgespaltenen Einzelabweichungen weniger mit Abweichungen höherer Ordnung belastet sind. Die dritte Regel schafft eine psychologische Barriere: das Anzweifeln der Berechnungsmethode erscheint weniger aussichtsreich und wird deshalb eher unterlassen.

Willkürfreiheit

Dieses Kriterium beruht auf Akzeptanzgesichtspunkten. Danach soll die Höhe der Einzelabweichungen, die einem Verantwortungsträger zugerechnet werden, nicht willkürlich durch andere Einflussgrößen beeinflusst sein, die außerhalb seines **Verantwortungsbereiches** liegen. Die Willkürfreiheit hat enge Beziehungen zum aus der **Organisationstheorie** stammenden Prinzip der „***Controllability***", wonach ein Mitarbeiter bzw Manager nur anhand der von ihm kontrollierbaren Faktoren beurteilt werden sollte.[19] Folgt man diesen Vorstellungen,[20] ist bereits die Verwendung von Istgrößen als Bezugsgrößensystem einer Abweichungsanalyse ggf problema-

---

[19] Der Grund liegt darin, dass ihm sonst ein Risiko aufgebürdet würde, das keine Vorteile (aus Motivationsgründen) mit sich bringt, sondern nur Nachteile aufgrund stärkerer Variabilität der Beurteilung. Dies setzt einen risikoscheuen Mitarbeiter voraus. Ein weiterer Grund ist einfach eine gewisse Unfairness der Beurteilung, die sich negativ auf die Leistungen des Mitarbeiters auswirken kann. Vgl auch *Kloock* und *Schiller* (1997), S. 317.

[20] Im Zusammenhang mit der Verhaltenssteuerungsfunktion der Kontrolle ist die *Controllability* kritisch zu sehen, weil oftmals dagegen verstoßen werden *muss*, um überhaupt ein Motivationsinstrument an der Hand zu haben. Vgl dazu weiter unten in diesem Kapitel.

tisch.[21] Aus der Sicht eines Mitarbeiters sind nämlich nur diejenigen Einflussgrößen „*controllable*", die er durch seine Tätigkeiten beeinflussen kann. Sofern die Veränderungen dieser Größen mit den Istwerten von Einflussgrößen gewichtet werden, die auch oder sogar ausschließlich durch andere Mitarbeiter beeinflusst werden, wäre die *Controllability* verletzt.

Aus der Willkürfreiheit bzw *Controllability* ergeben sich daher **Implikationen** für die Zurechnung von Teilabweichungen und die Wahl der Bezugsgrößen. Zunächst folgt, dass **Abweichungen höherer Ordnung**, soweit sie auch nicht beeinflussbare Einflussgrößen beinhalten, *nicht* den betreffenden Abweichungen 1. Ordnung angelastet sein sollten. Dieses Kriterium wird von allen Methoden erfüllt, die einen gesonderten Ausweis von Abweichungen höherer Ordnung vorsehen (dazu gehören die differenzierte Methode und die Min-Methode). Es wird auch von der alternativen Methode auf Basis der Plankosten (beim gegebenen Bezugssystem) erfüllt, von den übrigen Methoden wird es verletzt.

Die **Min-Methode** ist allerdings wegen ihrer situationsspezifischen Bezugsgrößenwahl aus Sicht der Willkürfreiheit problematisch, weil je nach Datenkonstellation die Veränderungen von Einflussgrößen ggf mit Istbezugsgrößen zu gewichten sind. Es lässt sich aus Gesichtspunkten der Akzeptanz und Verhaltenssteuerung auch keine systematische Begründung dafür gewinnen, dass nur in den Fällen, in denen die Istwerte niedriger als die Planwerte sind, ein Abweichen von der Willkürfreiheit geboten ist.

Koordinationsfähigkeit

Mit diesem Kriterium ist die **Auswertung** der Einzelabweichungen angesprochen. Die Höhe der ermittelten Einzelabweichungen ist häufig ein Maßstab dafür, inwieweit sich eine nähere Analyse der Ursachen der Abweichung lohnt. Die dafür verwendeten Abweichungen sollten daher insbesondere keine gegenseitig **kompensierenden Effekte** beinhalten, da sie sonst als Anknüpfungspunkt für weitere Analysen wenig geeignet sind. Soweit Abweichungen höherer Ordnung in den Einzelabweichungen enthalten sind, ist demnach das Kriterium der Koordinationsfähigkeit verletzt.

Jedoch bedeutet dies nicht unbedingt, dass es innerhalb der **Abweichungen 1. Ordnung** zu keinen **Überschneidungen** kommen kann. Dies sei beim hier betrachteten Ist-Soll-Vergleich auf Planbezugsbasis mit einer Konstellation wie in Abbildung 3 verdeutlicht. Dabei induziert ein gestiegener Istpreis ($r^i > r^p$) eine Kostenerhöhung, während die reduzierte Menge ($q^i < q^p$) einen kostensenkenden Effekt hat. Die gesamte **Kostendifferenz** beträgt

---

[21] Siehe dazu auch die formale Analyse bei *Budde* (1999), S. 16 – 18. Nur bei Korrelationen zwischen verschiedenen Einflussgrößen kann es sich lohnen, Istbezugsgrößen an Stelle von Planbezugsgrößen zu verwenden. Siehe zu analogen Resultaten im Rahmen eines expliziten Mehrpersonenkontextes auch *Korn* et al. (2001), S. 381 – 387, sowie *Lengsfeld* und *Schiller* (2001). Bei diesen Beiträgen handelt es sich um Agency-theoretische Arbeiten (vgl dazu weiter unten in diesem Kapitel).

$$\Delta K = K^i - K^p = \underbrace{\Delta r \cdot q^i}_{>0} + \underbrace{\Delta q \cdot r^p}_{<0}$$

Die Preisabweichung 1. Ordnung auf **Planbezugsbasis** ist aber

$$\Delta r \cdot q^p > \Delta r \cdot q^i > 0$$

Aus Abbildung 3 ist ersichtlich, dass diese Abweichung den schraffierten Bereich oben rechts beinhaltet, der bei der vorliegenden Konstellation im Grunde *keine echte* Abweichung darstellt.[22] Dadurch wird der kostenerhöhende Effekt der Preissteigerung *quasi* **überschätzt**, was in der Gesamtbetrachtung eines Ist-Soll-Vergleichs auf Planbezugsbasis durch die (negative) Abweichung 2. Ordnung wieder korrigiert wird. Aus dieser Perspektive *kompensiert* daher im vorliegenden Fall die Abweichung höherer Ordnung eine implizite Überschätzung im Rahmen einer Abweichung 1. Ordnung.[23]

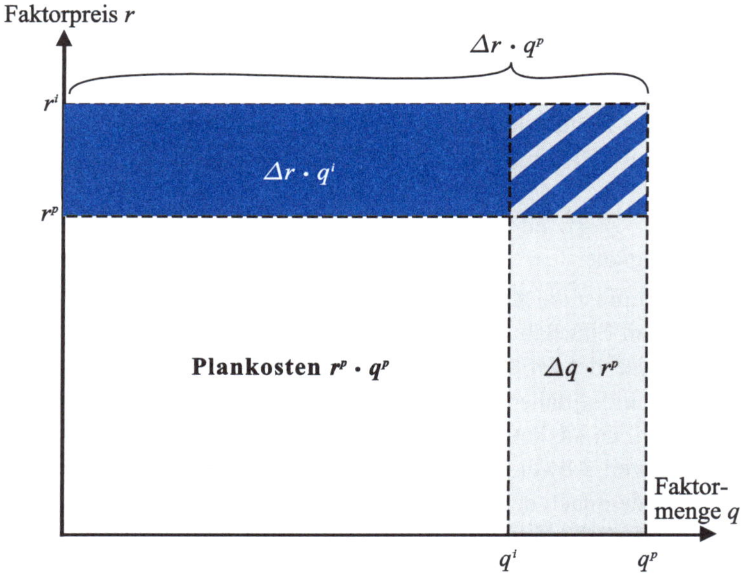

Abb. 3: Preis- und Mengenabweichungen mit unterschiedlichen Vorzeichen

22 Vgl auch *Glaser* (1999), S. 30.

23 Sofern beide Istwerte niedriger als die jeweiligen Planwerte sind, ist der obere rechte Bereich in Abbildung 3 zwar existent, wird aber von den Abweichungen 1. Ordnung auf Planbezugsbasis doppelt erfasst. Auch hier hat die Abweichung höherer Ordnung einen kompensierenden Effekt. Nur bei Istwerten, die stets größer als die Planwerte sind, gibt es bei den Abweichungen 1. Ordnung eines Ist-Soll-Vergleichs auf Planbezugsbasis keine impliziten Kompensationseffekte.

Betrachtet man die Gesamtabweichung ΔK für den Fall in Abbildung 3, so entsprechen die beiden Teilabweichungen exakt denjenigen, die man auf Basis der **Min-Methode** erhalten würde. Die eigentliche **Intention dieser Methode** besteht demgemäß darin, alle Abweichungen mit nur einer Δ-Größe von **impliziten Kompensationseffekten** zu befreien. Diese Vorgehensweise erscheint zwar im ersten Moment einleuchtend, sie hat aber ihren Preis. Neben den bereits erwähnten Problemen im Zusammenhang mit Willkürfreiheit und Verhaltenssteuerung sind auch Aspekte der **Informationsgewinnung** für die Entscheidungsfunktion der Kontrolle relevant. Abweichungen 1. Ordnung auf Planbezugsbasis geben Informationen über **Kostenänderungspotenziale**,[24] die man erhält, wenn bei allen anderen Einflussgrößen der Sollwert erreicht wird. Entsprechend zeigen die Abweichungen 1. Ordnung auf **Istbezugsbasis**, welche Kostenänderungen angesichts der *aktuellen Situation* (repräsentiert durch die Istwerte der anderen Einflussgrößen) eintreten, falls sich die betrachtete Größe dem Planwert nähert. Die Teilabweichungen 1. Ordnung der Min-Methode geben je nach Datenkonstellation entweder diese oder jene Informationen, und es ist schwer einzusehen, warum ausgerechnet das Verhältnis von Ist- zu Planwerten den Ausschlag dafür geben sollte, was man wissen will.[25] Daher wird typischerweise die **Forderung** erhoben, dass *„it should be possible to interpret all cost variances in the same manner“*[26].

Wirtschaftlichkeit und Praktikabilität

Das Kriterium der **Wirtschaftlichkeit** stellt den Versuch der Gegenüberstellung von Kosten und Nutzen der Berechnung von Einzelabweichungen nach den verschiedenen Methoden dar. Die **Praktikabilität** ist ein Kriterium für die Kosten der Methode. Sie stellt letztlich angesichts der Möglichkeiten der EDV-Unterstützung kein grundsätzliches Problem dar und kann deshalb für alle Methoden als erfüllt angesehen werden. Deshalb werden die Berechnungskosten kaum signifikant unterschiedlich sein. Die Kosten könnten allerdings insoweit differieren, als die Methoden unterschiedlich hohen Zeitaufwand für die Erläuterung, das Verstehen und ähnliches erfordern. Der Nutzen besteht wohl darin, inwieweit die Methoden den Funktionen der Kontrolle dienen. Sowohl Kosten als auch Nutzen sind jedoch kaum operabel. Dies ist ja auch der Grund dafür, dass die oben genannten Kriterien entwickelt wurden.

Empirische Ergebnisse belegen einen offenbar wesentlichen Nutzen detaillierter Abweichungsanalysen. So berichten *Krumwiede* und *Suessmair* (2008) bei ihrer Befragung von 286 Unternehmen aus dem deutschsprachigen Raum, dass 77% aller Unternehmen Abweichungsanalysen für jedes Cost Center durchführen.

Zusammenfassend zeigt sich, dass die **differenzierte Methode** die Anforderungen am ehesten erfüllt. Es mag daher verwundern, dass in der Praxis die **kumulative**

---

24 Vgl *Kloock* und *Schiller* (1997), S. 317, und zu einer Analyse von Kostenänderungspotenzialen ausführlich *Lengsfeld* (1999).

25 Siehe zu einer ähnlichen Argumentation auch *Kloock* (1999), S. 34.

26 *Kloock* und *Schiller* (1997), S. 317.

Methode am häufigsten verwendet wird.[27] Dies ist zum einen sicher historisch bedingt, da die kumulative Methode früher als die differenzierte Methode in der Praxis eingeführt war und möglicherweise nicht laufend hinterfragt wird.[28] Zum anderen könnte es bedeuten, dass die Nachteile der differenzierten Methode – der gesonderte Ausweis der Abweichungen höherer Ordnung könnte Verständnisprobleme mit sich bringen – doch höher sind als vermutet.

4. Typische Abweichungen bei der Kosten- und Erlöskontrolle

Die Vorgangsweise bei der Kostenkontrolle wie auch bei der Erlöskontrolle entspricht den obigen Ausführungen. Je nachdem, bei welchen Einflussgrößen ein Sollwert und ein korrespondierender Istwert verfügbar sind, kann die Abweichungsanalyse nach einer der Methoden und Formen vorgenommen werden. In der Folge werden typische Abweichungen im Rahmen der Kosten- und Erlöskontrolle näher erläutert. Das Hauptaugenmerk liegt jedoch auf der *konzeptionellen Ebene*, es werden – der Zielsetzung des Buches folgend – nicht alle möglichen Abweichungen bis ins Detail diskutiert, sondern nach einer Übersicht jeweils bestimmte Eigenheiten anhand von Beispielen herausgegriffen.

4.1. Kostenkontrolle

Die Kostenfunktion lautet allgemein:

$$K = K(y_1, y_2, \ldots, y_n) + K^F$$

Dabei bezeichnet K^F die **Fixkosten**, also jenen Teil der Gesamtkosten K, der bezüglich keiner der auswertbaren Einflussgrößen y_1, y_2, ..., y_n variabel ist. Deshalb kann bei den Fixkosten keine Abweichung ermittelt werden; wäre dies der Fall, könnten sie selbst eine (additiv verknüpfte) Einflussgröße der Kosten sein. Das ist auch der Grund, dass Fixkosten in Abweichungsanalysen typischerweise außer Betracht gelassen werden (siehe dazu nochmals die früher erwähnte „Arbeitshypothese", dass die Istfixkosten den Planfixkosten entsprechen). Als Kontrollobjekt dient im Allgemeinen eine Kostenstelle, zum Teil auch bestimmte Kostenarten innerhalb einer Kostenstelle.

---

[27] Im Controlling-Modul des SAP-Softwarepakets ist zB die kumulative Methode implementiert, vgl *Glaser* (2002), Sp. 1085.

[28] So werden von *Kilger* et al. (2012), S. 152 – 156, nur die alternative und die kumulative Methode erörtert. Typische amerikanische *Cost Accounting*-Lehrbücher erläutern praktisch ausschließlich die kumulative Methode.

Beschäftigungsabweichungen

Im Rahmen einer **Plankostenrechnung zu Vollkosten** sind die Fixkosten jedoch in den Kostenstellenkosten enthalten. Wenn nun die Istbeschäftigung nicht mit der Planbeschäftigung übereinstimmt, wird in der Praxis häufig eine Größe ermittelt, die als **verrechnete Plankosten** bezeichnet wird. Man erhält sie wie folgt:

$$K^v = K^p \cdot \frac{b^i}{b^p} = \left[K(\mathbf{y}^p) + K^F \right] \cdot \frac{b^i}{b^p} = k(\mathbf{y}^p) \cdot b^i + K^F \cdot \frac{b^i}{b^p} \tag{4}$$

Dabei bezeichnet b die Beschäftigung in der Kostenstelle und $\mathbf{y}$ den Vektor der Einflussgrößen, die *proportional* zur Beschäftigung b angenommen werden. Diese Annahme gilt für limitationale Produktionsprozesse der Form

$$K = \sum_{m=1}^{M} K_m = \sum_{m=1}^{M} r_m \cdot q_m = \sum_{m=1}^{M} r_m \cdot v_m \cdot b$$

mit m als eine von M Faktorarten in der Kostenstelle, r als Faktorpreise, v als Direktverbrauchskoeffizienten und b als Beschäftigung in der Kostenstelle. Gilt diese Annahme nicht (zB bei anderen Bezugsgrößen, wie Anzahl der Umrüstungen, der Arbeitsvorbereitung, der Transportvorgänge usw), lassen sich verrechnete Plankosten nicht mehr auf diese Art ermitteln.

Einfach zu sehen ist, dass die verrechneten Plankosten durch die **Proportionalisierung** der Fixkosten entstehen. Dieser Berechnungsfehler muss daher bei der Kostenkontrolle wieder herausgerechnet werden. Die tatsächlichen Plankosten bei Istbeschäftigung (Sollkosten) sind nämlich

$$K^s = K(\mathbf{y}^p) \cdot \frac{b^i}{b^p} + K_F = k(\mathbf{y}^p) \cdot b^i + K^F$$

Die Differenz zwischen den Plankosten bei Istbeschäftigung (Sollkosten) und den verrechneten Plankosten wird als (sogenannte) **Beschäftigungsabweichung** bezeichnet und ist bei einem Ist-Soll-Vergleich wie folgt bestimmt:[29]

$$\textit{Beschäftigungsabweichung} = K^S - K^V = \left[1 - \frac{b^i}{b^p} \right] \cdot K^F$$

Sie verläuft proportional zum Beschäftigungsgrad, wie in Abbildung 4 zu sehen ist. Falls $b^i < b^p$ ist, dann wurden in den verrechneten Plankosten zu wenig Fixkosten angesetzt, die Beschäftigungsabweichung ist daher positiv, und umgekehrt.

---

[29] Die tatsächliche Abweichung ist $\Delta K = K^i - K^s$, während bei Ansatz der verrechneten Plankosten ein Betrag von $K^i - K^v$ ermittelt wird; dadurch ergibt sich $\Delta K = K^i - K^v - (K^s - K^v)$.

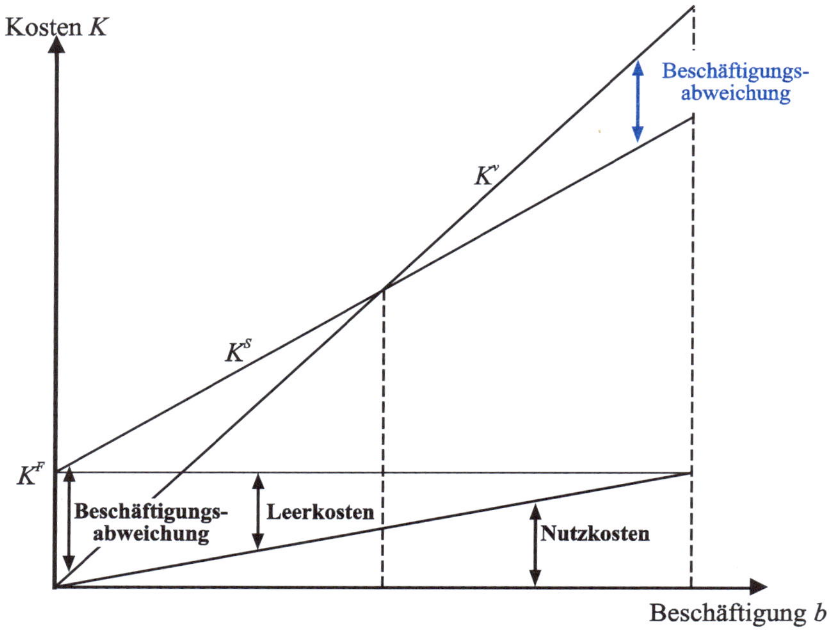

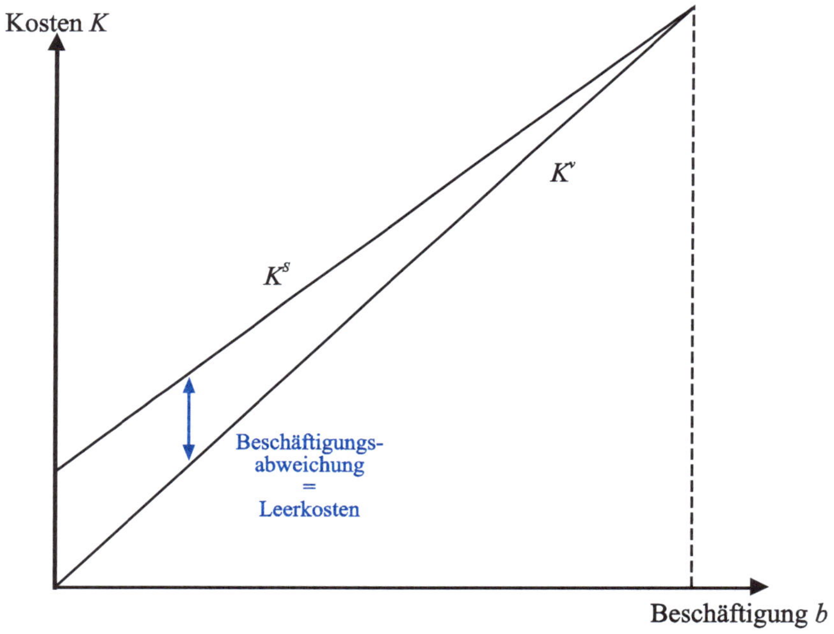

Abb. 4: Beschäftigungsabweichung und Nutzkosten/Leerkosten

Sie ist für kurzfristige Belange unerheblich, mittel- bis langfristig kann sie ein Indikator für Anpassungen der vorhandenen Kapazität in der Kostenstelle sein.[30] Dies gilt insbesondere bei *Kapazitätsplanung*, dh b^p wird an die Kapazitätsgrenze gesetzt. Dann ist die Beschäftigungsabweichung gleich hoch wie die **Leerkosten**, also der mit Fixkosten bewertete Teil der Kapazität, der im Kontrollzeitraum nicht genutzt wurde. Der genutzte Teil, also Fixkosten abzüglich Leerkosten, heißt **Nutzkosten**. Bei *Engpassplanung*, dh b^p ist kleiner als die Kapazität der Kostenstelle, gilt dieser Zusammenhang nicht, da die Beschäftigungsabweichung in diesem Fall auch kleiner als null werden kann, während die Nutzkosten die Fixkosten niemals übersteigen.

In der **Grenzplankostenrechnung** werden Fixkosten außer Betracht gelassen. Daher kann die (sogenannte) Beschäftigungsabweichung nicht entstehen. Hier gibt es eine (echte) Beschäftigungsabweichung.

(Echte) Beschäftigungsabweichungen werden durch die Änderung der Beschäftigung Δb verursacht. Sie fallen typischerweise nicht in den Verantwortungsbereich des Kosten(stellen)verantwortlichen. Die Beschäftigung ist insbesondere im Produktionsbereich praktisch ausschließlich fremdbestimmt. Ziel im Produktionsbereich ist es, die aufgrund der Marktnachfrage vorgegebenen Mengen an Produkten innerhalb des betreffenden Zeitraums zu möglichst geringen Kosten herzustellen. In der Praxis wird bei Verwendung der kumulativen Methode der Abweichungserrechnung deshalb so vorgegangen, dass die Beschäftigungsabweichung bereits zu Beginn ausgesondert wird; die verbleibenden Sollkosten werden so von sämtlichen Abweichungen höherer Ordnung, die Δb enthalten, entlastet.[31]

Negative Effekte der Verantwortungszuweisung von Preisabweichungen

Eine Einkaufsleiterin, die anhand der Preisabweichungen beurteilt wird, kann eine günstige Abweichung auch dadurch erreichen, dass sie extrem hohe Mengen beschafft, um in den Genuss von Rabatten zu kommen, oder dass sie die Lieferanten sehr häufig wechselt, um marginale Preisunterschiede auszunutzen. Beides kann negativ auf andere betriebliche Vorgänge wirken:

Hohe Beschaffungsmengen erhöhen die Lagerkosten – was die Einkaufsleiterin nicht direkt trifft, wenn sie dafür nicht verantwortlich ist. Ein häufiger Lieferantenwechsel kann bei nicht identischen Inputfaktoren Umstellungskosten in der Produktionsabteilung erfordern. Niedrige Faktorpreise gehen oft mit niedrigerer Qualität einher; ist diese nicht direkt messbar, merkt man erst in der Produktion etwas davon, zB durch höheren Ausschuss, der uU dem Produktionsleiter angelastet wird. In derartigen Fällen ist es wichtig, neben Preisabweichungen auch noch andere Beurteilungsgrößen, zB Qualitätskennzahlen, zu verwenden oder den Verantwortungsbereich zu erweitern.

[30] Wie im 6. Kapitel: *Kostenmanagement* diskutiert wurde, kann die Kapazität aber auch Wettbewerbswirkungen aufweisen, die bei solchen Entscheidungen nicht vergessen werden dürfen.

[31] Dies ist aus Sicht der jeweiligen Kostenstelle sicher ein Vorteil. Ist für die Beschäftigung jedoch ein anderer Verantwortungsträger zuständig, könnte ihm die so ermittelte Beschäftigungsabweichung nicht sinnvoll zugerechnet werden, eben weil sie Abweichungen höherer Ordnung enthält, die durch Änderungen von außerhalb seines Zuständigkeitsbereichs stehenden Einflussgrößen (mit-)bedingt sind.

Beispiel zur Rabattabweichung

In der Kostenplanung für März wurde die Beschaffung von 4.500 Tonnen eines Rohstoffes geplant. Als Preis wird ein Betrag von 100 pro Tonne erwartet; weiterhin ist bekannt, dass der Lieferant (Stufen-)Rabatte nach folgendem Schema gewährt:

Abnahmemenge größer als 1.000 Tonnen: 5% auf den Gesamtpreis
Abnahmemenge größer als 5.000 Tonnen: 10% auf den Gesamtpreis

Die Plankosten betragen daher 4.500 · 95 = 427.500, an Istkosten fielen im März 506.000 für 5.500 Tonnen an.

Daraus ergibt sich zunächst ein Istpreis von 506.000 / 5.500 = 92. Die Planung rechnete mit einem Preis pro Tonne von 95, wobei sie jedoch von einer niedrigeren Abnahmemenge ausging. Tatsächlich sollte die Tonne nur 90 kosten. Die Gesamtabweichung kann damit wie folgt in eine Rabattabweichung und eine (Rest-)Preisabweichung gegliedert werden.

Istkosten:	506.000	
Plankosten:	427.500	
Differenz:		78.500
Sollkosten bei 5.500 Stück ohne Berücksichtigung der Rabattänderung: 5.500 · 95 =	522.500	
Mengenabweichung (*Beschäftigungsabweichung*): 427.500 – 522.500 =		–95.000
Gesamtabweichung: 506.000 – 522.500 =		–16.500
Sollkosten bei 5.500 Stück unter Berücksichtigung der Rabattänderung: 5.500 · 90 =	495.000	
Rabattabweichung: 495.000 – 522.500 =		–27.500
(Rest-)Preisabweichung: 506.000 – 495.000 =		11.000

Existieren hier Abweichungen höherer Ordnung, und wenn ja, wo sind sie verborgen? Die gegenseitige Abhängigkeit von Preis r und Menge q kann bei der differenzierten Methode durch Einführen einer zusätzlichen additiven Abweichung berücksichtigt werden, die der Preisänderung aufgrund des geänderten Rabattes entspricht:

$$\Delta r = (r^i - r^s) + (r^s - r^p) = \Delta^2 r + \Delta^1 r$$

wobei $r^s = r(q^i) = r^p + \Delta^1 r$. Es ergibt sich daher:

$$\Delta K = K^i - K^p = (r^p + \Delta^1 r + \Delta^2 r)\cdot(q^p + \Delta q) - r^p q^p =$$
$$= r^p \cdot \Delta q + \Delta^1 r \cdot q^p + \Delta^2 r \cdot q^p + [\Delta^1 r \cdot \Delta q + \Delta^2 r \cdot \Delta q] =$$
$$= 95 \cdot 1.000 + (-5)\cdot 4.500 + 2 \cdot 4.500 + \left[(-5)\cdot 1000 + 2 \cdot 1.000\right] = 78.500$$

Die gemischten Abweichungen sind sowohl in der Rabattabweichung (mit –5.000) als auch in der (Rest-)Preisabweichung (mit +2.000) enthalten. (Eine ausführlichere Analyse dieser Abhängigkeiten findet sich bei der Erlöskontrolle.)

Preisabweichungen

Preisabweichungen entstehen durch Änderungen der Faktorpreise Δr. Bei den Preisabweichungen wird es vielfach als sinnvoll erachtet, niemanden dafür verantwortlich zu machen. Dies gilt vor allem, wenn die Preise der Inputfaktoren stark bis ausschließlich außerbetrieblichen (nicht kontrollierbaren) Einflüssen unterliegen. Dann werden als Planpreise auch eher Prognosewerte als Standardwerte verwendet. Oft bestehen allerdings Möglichkeiten, auf die Einkaufspreise Einfluss auszuüben. In diesem Fall sind Preisabweichungen sehr wohl wichtig für die Beurteilung der Leistung des betreffenden Verantwortlichen. Beispielsweise kann er den Einkaufspreis durch großes Verhandlungsgeschick, die Suche nach günstigen Bezugsquellen oder durch einen günstigen Bestellzeitpunkt bei Preisschwankungen reduzieren. Aber auch dann ist fraglich, inwieweit die Nachteile des Verantwortlichmachens für Preisabweichungen nicht überwiegen.

Werden beim Einkauf von Inputfaktoren Rabatte gewährt, kann die Preisabweichung in eine **Rabattabweichung** und eine (Rest-)Preisabweichung aufgespaltet werden. Es handelt sich dabei um das Problem abhängiger Einflussgrößen, also der Folgewirkung von Änderungen der Beschaffungsmenge auf den Preis. Eine höhere Beschaffungsmenge bewirkt, dass ein höherer als der geplante Rabatt gewährt wird. Dieser Teil der Preisabweichung ist vom Verantwortlichen für den Einkauf nicht kontrollierbar, wenn die Beschaffungsmenge von jemand anderem vorgegeben wird.

Organisatorisch bestehen zwei Möglichkeiten für den Zeitpunkt der Erfassung von Preisabweichungen, die Erfassung beim Zugang oder beim Abgang. Im ersten Fall werden sie sofort beim Zugang abgespaltet, so dass die Lagerbestände zu Planpreisen geführt werden. Bei der Erfassung beim Abgang der Inputfaktoren aus dem Lager werden die Lagerbestände noch zu Istpreisen geführt. Die **Zugangsmethode** ist die in der Praxis übliche Methode. Abgesehen von Unterschieden in der Durchführung der Abweichungsermittlung ist ein Aspekt von Interesse: Die beiden Methoden führen zu einem zeitlich verschobenen Ausweis der Preisabweichungen: Bei der Zugangsmethode werden die Preisabweichungen auf Basis der *beschafften* Menge ermittelt, bei der **Abgangsmethode** aber erst mit dem Verbrauch der Menge. Für die Funktion der Kontrolle des Einkaufs ist die Zugangsmethode überlegen, weil sie die gesamte Preisabweichung für die Einkaufsentscheidung ausweist und nicht erst sukzessive dann, wenn der Verbrauch erfolgt.

Mengenabweichungen

Mengenabweichungen (**Verbrauchsabweichungen**) entstehen aufgrund von Änderungen des Direktverbrauchskoeffizienten Δv. Sie können abhängig von der verwendeten Produktionstechnologie mannigfache Ursachen haben. Beispiele im Zusammenhang mit Inputfaktoren sind:

- Unwirtschaftlichkeiten, zB hoher Verschnitt oder unachtsamer Umgang mit den Materialien,
- materialbedingte Abweichungen, zB mindere Qualität der Inputfaktoren,
- auftragsbedingte Abweichungen, zB infolge nachträglicher Änderung von Kundenwünschen oder infolge technischer Erfordernisse,
- mischungsbedingte Abweichungen, zB bei substitutiven Produktionsprozessen.

Abweichungen aufgrund von Änderungen des Produktionsvollzugs werden auch **Spezialabweichungen** genannt. Zu ihnen zählen etwa

- Veränderung des Verhältnisses von Eigenfertigung und Fremdbezug,
- Einsatz anderer Produktionsanlagen,
- geänderte Seriengrößen,

- geänderte Intensität.

Die **Seriengrößenabweichung** entsteht aus der Veränderung der Relation von Rüstzeit und Ausführungszeit (Rüstrelation). Im Rahmen ihrer Analyse wird häufig mit einer durchschnittlichen Rüstrelation gerechnet, wenn mehrere Produkte zusammen erfasst werden. Offensichtlich ist, dass aus einer Zusammenfassung mehrerer Kontrollobjekte Probleme in der Beurteilung auftreten können, wenn die zusammengefassten Produkte nicht miteinander in Verbindung stehen.[32] Sind die Plan- und die Istwerte vorhanden, muss dies im Wege einer Auftragszusammensetzungsabweichung korrigiert werden.

Die **Intensitätsabweichung** ist ein Beispiel für einen nichtlinearen Einfluss der Änderung der Einflussgröße auf die Kosten. Obwohl bisher nur lineare Einflüsse analysiert wurden, bringt dies keine wesentliche weitere Komplexität in die Abweichungsanalyse.

Auf eine ausführlichere Behandlung der Spezialabweichungen wird hier verzichtet. Es soll aber nochmals betont werden, dass die praktisch gegebenen Möglichkeiten der Ermittlung von Einzelabweichungen stark von den technischen Eigenschaften des Betriebsgeschehens und der Planbarkeit und Erfassbarkeit der Einflussgrößen abhängen.

Induzierte Abweichungen

Die bisherigen Abweichungen bezogen sich auf ein einzelnes abgegrenztes Kontrollobjekt, idR eine Kostenstelle mit einem dafür verantwortlichen Mitarbeiter. Abweichungen in einem Kontrollobjekt können jedoch auch Auswirkungen auf die Abweichungshöhe in anderen Kontrollobjekten haben. Solche Abweichungen werden als induzierte Abweichungen bezeichnet.

Induzierte Abweichungen entstehen generell deshalb, weil die Kontrollobjekte im Unternehmen nicht isoliert dastehen, sondern organisatorisch miteinander verknüpft sind. In weiten Bereichen sind diese Auswirkungen sehr verschwommen und kaum messbar; sie sind deshalb nur schwer in den Griff zu bekommen. Dies gilt insbesondere bei dezentralen Entscheidungen, wenn die Entscheidungsträger am (isolierten) Erfolg ihrer Entscheidungen gemessen werden.

Induzierte Abweichungen in **mehrstufigen Produktionsprozessen** sind formal gut erfassbar. Abbildung 5 zeigt einen Ausschnitt aus einem solchen mehrstufigen Produktionsprozess mit zwei Fertigungsstellen. Fertigungsstelle 1 liefert ein Zwischenprodukt (unter anderem) an die Fertigungsstelle 2. Vereinfachend sei für die Fertigungsstelle 1 die Annahme gesetzt, dass es mit Ausnahme eines einzigen Inputfaktors keinerlei Abweichungen gegeben habe, so dass im Folgenden nur dieser

---

[32] Im Rahmen der Erlöskontrolle wird eine Strukturabweichung gezeigt, bei der die gemeinsame Betrachtung Sinn macht, wenn die Produkte substitutiv sind.

Inputfaktor berücksichtigt wird. Die diesen betreffenden Kosten in Fertigungsstelle 1 betragen

$$K_1 = r_1 \cdot v_1 \cdot b_1$$

wobei r den Faktorpreis, v den Direktverbrauchskoeffizienten und b die Beschäftigung bezeichnen.

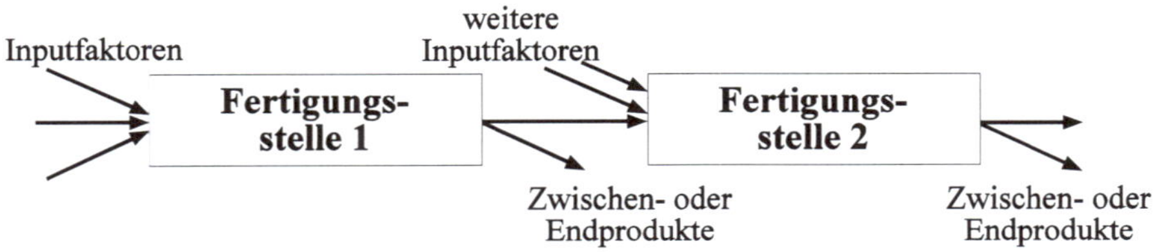

Abb. 5: Ausschnitt aus einem mehrstufigen Produktionsprozess

Fertigungsstelle 2 bezieht das Zwischenprodukt zu einem Preis von $k_1 = r_1 \cdot v_1$ von Fertigungsstelle 1. Die Weiterverarbeitungskosten sind

$$K_2 = r_2 \cdot v_2 \cdot b_2 = k_1 \cdot v_2 \cdot b_2 = r_1 \cdot v_1 \cdot v_2 \cdot b_2$$

Kommt es daher in Fertigungsstelle 1 zu einer Preisabweichung Δr_1 oder einer Mengenabweichung Δv_1, so wird dadurch eine Preisabweichung Δr_2 induziert; diese heißt deshalb auch **Sekundärpreisabweichung**.[33]

Abweichungen einer Fertigungsstelle können jedoch auch Abweichungen in ***vor*gelagerten Stellen** induzieren. Die Beschäftigung in Fertigungsstelle 1 b_1 hängt nämlich (unter anderem) von der Nachfrage nach dem Zwischenprodukt durch Fertigungsstelle 2 ab, dh $b_1 = v_2 \cdot b_2 + \dots$. Daraus ergibt sich, dass eine Verbrauchsabweichung Δv_2 ebenso wie eine Beschäftigungsabweichung Δb_2 eine Beschäftigungsabweichung in Fertigungsstelle 1 induziert.

Ein Hauptgrund für das Ermitteln induzierter Abweichungen liegt darin, den Kostenverantwortlichen vor Augen zu führen, welche Folgewirkungen bestimmte Abweichungen *insgesamt* haben. In einem solchen Gesamtzusammenhang ist jedoch darauf zu achten, dass es zu keinen Doppelverrechnungen von Abweichungen kommt. Solche entstünden, wenn zunächst sämtliche Einzelabweichungen aller Kostenstellen aufsummiert werden, um sie hierauf den jeweiligen Verantwortlichen zuzurechnen.

Für das Bezugssystem Plan-Ist-Vergleich mit Istbezugsgrößen müssen Marktleistungen und innerbetriebliche Leistungen der Kostenstelle (nur bei diesen können induzierte Abweichungen auftreten) strikt getrennt werden. Dafür haben *Kloock* und *Dörner* (1988) eine Methode ent-

---

33 Deren Verhinderung ist häufig ein Ziel des Ansatzes von Verrechnungspreisen mit Standard(Plan-)kosten. Mehr dazu im 11. Kapitel: *Verrechnungspreise und Kostenallokationen.*

wickelt, wie einer Änderung einer Einflussgröße die unmittelbaren wie auch die in anderen Kostenstellen induzierten (mittelbaren) Abweichungen zugerechnet werden können.

In der Praxis ist es meist sehr schwierig, auch etwaige **Anpassungsentscheidungen**, die eine induzierte Abweichung auslösen kann, zu bedenken und der auslösenden Kostenstelle verursachungsgerecht zuzurechnen. *Beispiel*: Der Produktionsprozess einer Kostenstelle ist substitutiv in zwei Inputfaktoren, wovon einer von einer vorgelagerten Kostenstelle bezogen wird. Eine Preis- oder Mengenabweichung in der vorgelagerten Kostenstelle führt in der nachgelagerten Kostenstelle zu einer Substitution dieses Inputfaktors durch den anderen (oder umgekehrt, je nach Preisänderung) entsprechend der Minimalkostenkombination. Es kommt damit nicht nur zu einer induzierten Preisabweichung für diesen Faktor, sondern auch zu Mengenabweichungen bei beiden Faktoren.

Beispiel [34]

Eine Produktionsabteilung arbeitet an der Kapazitätsgrenze von 4.000 Stunden. Es wird nur ein einziges Produkt erzeugt. Es erzielt einen Verkaufspreis von 10, und die variablen Plankosten in Höhe von 4 entsprechen den Istkosten pro Stück. Absatzgrenzen sind nicht gegeben. Das Produkt benötigt laut Planung 4 Stunden an der knappen Ressource, infolge unwirtschaftlicher Belegung und Unwirtschaftlichkeiten sind es tatsächlich 5 Stunden pro Stück.

Im Rahmen einer Standardabweichungsanalyse wird weder eine Preis- noch eine Kostenabweichung ermittelt. Die Beschäftigung hat sich jedoch von 4.000/4 = 1.000 auf 4.000/5 = 800 Stück vermindert, und es kommt zu einer Einbuße beim Deckungsbeitrag von $(10 - 4) \cdot 200 = 1.200$. Diese Abweichung wird nach Standardmethode – wenn überhaupt – wohl der Marketingabteilung angelastet. Tatsächlich liegt die Abweichungsursache in der Produktionsabteilung.

4.2. Erlöskontrolle

Einflussgrößen für die Erlöse sind neben der Absatzmenge die Marketinginstrumente, wie insbesondere der Absatzpreis, die Werbeaktivitäten oder Distributionsmaßnahmen, darüber hinaus die Kundengruppe, die Angebotsstruktur usw. Der wesentliche **Unterschied** zur Kostenkontrolle liegt darin, dass die Kostenfunktion in weiten Bereichen auf technologisch bedingten Zusammenhängen beruht; so etwas gibt es im Erlösbereich typischerweise nicht. Höhere Werbeaktivitäten werden zwar eine Steigerung der Erlöse bewirken, in welchem Umfang dies aber der Fall ist, kann weitgehend nur aus Schätzungen und aus der Erfahrung beziffert werden.

Interdependenzen von Einflussgrößen

Ein weiterer Unterschied zur Kostenkontrolle besteht in der Tatsache, dass die Einflussgrößen typischerweise **voneinander abhängig** sind. Eine Preiserhöhung bewirkt meist eine Verringerung der Absatzmenge, die Erhöhung der Werbe-

---

34 Dieses Beispiel ist *Drury* (1996), S. 600 f, nachempfunden.

aktivitäten bewirkt eine Erlössteigerung infolge ihrer Wirkung auf die Absatzmenge. Im Folgenden wird dies an einem Beispiel mit einer geneigten Preis-Absatz-Funktion diskutiert.

Beispiel: Die Planung geht von folgender Situation aus: Die Kostenfunktion lautet

$$K = 2 + x$$

und die Preis-Absatz-Funktion wird im relevanten Absatzmengenbereich als

$$x = 20 - 2p$$

geschätzt.[35] Als (optimale) Plangrößen können daher der Preis $p^p = 5{,}5$ sowie die Absatzmenge $x^p = 9$ ermittelt werden, die einen Planerlös $E^p = 49{,}5$ ergeben.

Als Istgrößen werden zu Ende des Kontrollzeitraumes ein Istpreis $p^i = 6{,}6$ und eine Ist-Absatzmenge $x^i = 7{,}7$ gemessen, der Isterlös beträgt $E^i = 50{,}82$. Die Gesamtabweichung der Erlöse ist $\Delta E = E^i - E^p = +1{,}32$. Eine Aufspaltung *ohne* Berücksichtigung der gegenseitigen Abhängigkeit von Preis und Menge würde zu folgendem Ergebnis (unter Anwendung der differenzierten Methode) kommen:

Preisabweichung: $\Delta p \cdot x^p = (6{,}6 - 5{,}5) \cdot 9 =$	+9,90
Mengenabweichung: $p^p \cdot \Delta x = 5{,}5 \cdot (7{,}7 - 9) =$	−7,15
Abweichung 2. Ordnung: $\Delta p \cdot \Delta x = (6{,}6 - 5{,}5) \cdot (7{,}7 - 9) =$	−1,43
Gesamtabweichung	+1,32

Dieses Ergebnis ist nicht sinnvoll interpretierbar, da der durch die Preis-Absatz-Funktion ausgedrückte Zusammenhang zwischen Preis und Menge nicht berücksichtigt wird. Würde man den Marketingabteilungsleiter etwa nur aufgrund der von ihm (isoliert) kontrollierbaren Preisabweichung beurteilen, könnte dieser mit beliebigen Preiserhöhungen eine gute Beurteilung erreichen.

Geht man davon aus, dass das Unternehmen zunächst den Preis festlegt und sich daraus die Menge aufgrund der Marktnachfrage ergibt, so bewirkt die Preiserhöhung von 5,5 auf 6,6 ein Sinken der Nachfrage von $x^p = 9$ auf

$$x^s = x(p^i) = 20 - 2 \cdot 6{,}6 = 6{,}8$$

Die gesamte **Mengendifferenz** $\Delta x = x^i - x^p$ muss unter Verwendung von x^s in *zwei* verschiedene Abweichungen geteilt werden, eine Abweichung, die durch die Preisänderung induziert wurde, nämlich $\Delta^1 x$ und eine Restabweichung $\Delta^2 x$, die die darüber hinausgehende Änderung umfasst:[36]

---

35 Formal exakt müsste die Preis-Absatz-Funktion $x = 20 - 2p + \varepsilon$ lauten, wobei ε eine Zufallsgröße mit $E[\varepsilon] = 0$ ist. Die folgenden Plandaten ergeben sich dann aus der Maximierung des Erwartungswertes der Erlösfunktion.

36 Für die Aufteilung wird angenommen, dass sich die Preis-Absatz-Funktion parallel verschiebt, also konstante absolute Mengenänderungen aufweist. Eine alternative Annahme ist eine konstante prozentuale Mengenänderung. Vgl *Dierkes* (2001), S. 6 –9.

$$\Delta x = x^i - x^p = (x^i - x^s) + (x^s - x^p) = \Delta^2 x + \Delta^1 x$$

Diese Aufspaltung schiebt im Wege einer additiven Verknüpfung eine Zwischengröße x^s ein, die (deshalb) keine zusätzlichen Abweichungen höherer Ordnung verursacht. Im Beispiel sind diese Größen $\Delta^1 x = 6{,}8 - 9 = -2{,}2$ und $\Delta^2 x = 7{,}7 - 6{,}8 = +0{,}9$.

Die **Gesamtabweichung** lautet unter Anwendung der differenzierten Methode:

$$\begin{aligned}\Delta E &= (p^p + \Delta p)\cdot(x^p + \Delta^1 x + \Delta^2 x) - p^p \cdot x^p = \\ &= \left[\Delta p \cdot x^p + p^p \cdot \Delta^1 x\right] + p^p \cdot \Delta^2 x + \left[\Delta p \cdot \Delta^1 x + \Delta p \cdot \Delta^2 x\right] \qquad (5)\end{aligned}$$

Der Ausdruck in der ersten eckigen Klammer beschreibt die gesamten durch die Preisänderung ausgelösten Erlösänderungen. Die darüber hinausgehende Mengenabweichung ist $p^p \Delta^2 x$, und der Term in der zweiten eckigen Klammer in (5) gibt die Abweichungen 2. Ordnung an. Für das Beispiel ergibt sich damit:

Preisabweichung: (6,6 – 5,5)·9 + 5,5·(6,8 – 9) =	–2,20
Mengenabweichung: 5,5·(7,7 – 6,8) =	+4,95
Abweichung 2. Ordnung: (6,6–5,5)·(6,8–9) + (6,6–5,5)·(7,7-6,8) =	–1,43
Gesamtabweichung	+1,32

Dieses Ergebnis gibt eine verursachungsgerechte Aufspaltung der Gesamtabweichung wieder, sofern die Richtung des Zusammenhangs, die in der Preis-Absatz-Funktion zum Ausdruck kommt, tatsächlich zutrifft. Aufgrund der Preisänderung ergibt sich hier ein negativer Einfluss auf die Erlöse.[37] Die (Rest-)Mengenabweichung ist dagegen positiv, das könnte als die günstige Wirkung des Einsatzes der sonstigen Marketinginstrumente interpretiert werden. Die Abweichung 2. Ordnung bleibt durch diese Vorgangsweise unverändert.

Man könnte aber auch erwägen, den ersten Term $\Delta p \cdot \Delta^1 x$ der in (5) enthaltenen Gesamtabweichung höherer Ordnung dem Preis zuzuordnen, weil sich beide Faktoren letztlich auf die Preisänderung zurückführen lassen. Im Beispiel würde sich dadurch die negative Bedeutung des Preiseffekts für die gesamte Erlösabweichung noch verstärken.

Externe und interne Abweichungen

Eine weitere Besonderheit gegenüber der Kostenkontrolle besteht im wesentlich stärkeren Einfluss der **nicht kontrollierbaren** Größen auf die Isterlöse als dies bei den Kosten der Fall ist. So hängt der Erlös von gesamtwirtschaftlichen Größen, der Marktentwicklung, dem Verhalten der Kunden oder der Konkurrenz ab. Der Erfolg der eigenen unternehmerischen Anstrengungen kann zB relativ zur jeweiligen Marktentwicklung insgesamt beurteilt werden.

---

37 Dies muss nicht immer der Fall sein. Die Planung ging im Beispiel vom gewinnmaximalen Preis aus. Nur bei umsatzmaximalem Preis *müsste* die Preisabweichung immer negativ sein.

Die Abweichungsanalyse kann versuchen, die nicht kontrollierbaren (externen) von den internen Größen zu trennen.[38] Interne Größen können dabei kontrollierbar oder nicht kontrollierbar sein. Dazu sind Informationen über den Branchenpreis und das Marktvolumen erforderlich; beide sind im Regelfall vorhanden. Der Preis p, den das Unternehmen setzt, wird mit dem Branchenpreis p_m in Beziehung gesetzt und ein **relativer Preis**

$$p_r = p/p_m$$

ermittelt. Dieser ist intern bestimmbar, der Branchenpreis ist hingegen nicht kontrollierbar. Abweichungen, die auf eine Veränderung des Branchenpreises zurückzuführen sind, werden damit aus der Gesamtabweichung herausgerechnet. In Fortsetzung des obigen *Beispiels* wird von folgenden Zusatzangaben ausgegangen:

$$p_m^p = 5 \Rightarrow p_r^p = \frac{p^p}{p_m^p} = \frac{5{,}5}{5} = 1{,}1 \quad \text{und} \quad p_m^i = 5{,}5 \Rightarrow p_r^i = \frac{p^i}{p_m^i} = \frac{6{,}6}{5{,}5} = 1{,}2$$

Auf analoge Art und Weise kann die Absatzmenge x mit dem **Marktvolumen** x_m in Verbindung gebracht werden. Der Quotient dieser beiden Größen ist der **Marktanteil** x_r. Eine Veränderung des Marktvolumens ist nicht kontrollierbar, auf den Marktanteil besitzt das Unternehmen jedoch über den Einsatz von Marketinginstrumenten Einfluss. Für das Beispiel werden folgende Werte angenommen:

$$x_m^p = 72 \Rightarrow x_r^p = \frac{x^p}{x_m^p} = \frac{9}{72} = 0{,}125 \quad \text{und} \quad x_m^i = 77 \Rightarrow x_r^i = \frac{x^i}{x_m^i} = \frac{7{,}7}{77} = 0{,}1$$

In die **Erlösfunktion** eingesetzt, ergibt sich

$$E = p \cdot x = (p_r \cdot p_m) \cdot (x_r \cdot x_m) = \underbrace{(p_r \cdot x_r)}_{\substack{\text{interne} \\ \text{Einflußgrößen}}} \cdot \underbrace{(p_m \cdot x_m)}_{\substack{\text{externe} \\ \text{Einflußgrößen}}}$$

Für das Beispiel folgt damit

$$\begin{aligned} \Delta E &= (p_r^i \cdot x_r^i) \cdot (p_m^i \cdot x_m^i) - (p_r^p \cdot x_r^p) \cdot (p_m^p \cdot x_m^p) = \\ &= (1{,}2 \cdot 0{,}1) \cdot (5{,}5 \cdot 77) - (1{,}1 \cdot 0{,}125) \cdot (5 \cdot 72) = \\ &= 0{,}12 \cdot 423{,}5 - 0{,}1375 \cdot 360 = 1{,}32 \end{aligned}$$

Diese **Gesamterlösabweichung** lässt sich nun nach Standardmethoden in einen internen und einen externen Teil zerlegen. Für die differenzierte Methode ergibt sich

$$\begin{aligned} \Delta E = &\underbrace{(0{,}12 - 0{,}1375) \cdot 360}_{\substack{-6{,}3 \\ \text{interne Abweichung}}} + \underbrace{0{,}1375 \cdot (423{,}5 - 360) +}_{\substack{+8{,}73125 \\ \text{externe Abweichung}}} \\ &+ \underbrace{(0{,}12 - 0{,}1375) \cdot (423{,}5 - 360)}_{\substack{-1{,}11125 \\ \text{Abweichung 2. Ordnung}}} = 1{,}32 \end{aligned}$$

---

[38] Vgl *Albers* (1989).

Daraus ist zunächst ersichtlich, dass die interne Abweichung insgesamt negativ ist und die positive Gesamtabweichung nur durch externe Gründe, also eine günstige Marktsituation, entstand.

Beide Abweichungen lassen sich noch weiter zerlegen. Die **externe Abweichung** zerfällt in eine Branchenpreisabweichung aufgrund von Δp_m und eine Marktvolumenabweichung aufgrund von Δx_m. Hier kann meist ohne weiteres die Unabhängigkeit der beiden Einflussgrößen angenommen werden, so dass sich für das Beispiel folgendes ergibt:

Branchenpreisabweichung:

$$(p_r^p \cdot x_r^p) \cdot (p_m^i - p_m^p) \cdot x_m^p = 0{,}1375 \cdot (5{,}5 - 5) \cdot 72 = +4{,}95$$

Marktvolumensabweichung:

$$(p_r^p \cdot x_r^p) \cdot p_m^p \cdot (x_m^i - x_m^p) = 0{,}1375 \cdot 5 \cdot (77 - 72) = +3{,}4375$$

Abweichung höherer Ordnung: +0,34375

Diese Aufspaltung ist nur im Rahmen der Entscheidungsfunktion der Kontrolle von Interesse, nicht hingegen zur Verhaltenssteuerung.

Empirische Ergebnisse

In einer Stichprobenerhebung über Stärken und Schwächen der gezeigten Erlösabweichungsanalyse (*Witt* (1990)) antworteten Controller und Manager deutscher mittelständischer Unternehmen folgendes:

Gute Ursachenoffenlegung	4,2
Hohe Managementakzeptanz	2,4
Guter Allgemeinüberblick	3,1
Zu großer Umfang	6,1
Inhaltlich zu anspruchsvoll	5,4

Die Werte sind Durchschnitte einer Bewertung auf einer siebenstufigen Skala von 1 („trifft überhaupt nicht zu") bis 7 („trifft völlig zu"). Zu berücksichtigen ist dabei, dass die meisten der Befragten keine oder kaum praktische Erfahrung mit diesem System der Erlöskontrolle aufweisen konnten.

Die Aufspaltung der **internen Abweichung** muss die Preis-Absatz-Funktion im monopolistischen Bereich des Unternehmens berücksichtigen. Für das Beispiel lautet die Sollgröße für den Marktanteil aufgrund der Preisänderung wie folgt:

$$x_r^s = x_r(p_r^i) = \frac{x^s}{x_m^p}$$

Die Größe x^s ergibt sich (wie schon oben) unter Verwendung des Istpreises p^i aus der Preis-Absatz-Funktion zu $x^s = 6{,}8$. Die internen Einzelabweichungen sind daher:

Marketingeffektivitätsabweichung:

$$(p_r^i \cdot x_r^i - p_r^i \cdot x_r^s) \cdot (p_m^p \cdot x_m^p) = (0{,}12 - 0{,}11333) \cdot 360 = +2{,}4$$

Preiseffektivitätsabweichung:

$$(p_r^i \cdot x_r^s - p_r^p \cdot x_r^p) \cdot (p_m^p \cdot x_m^p) = (0{,}11333 - 0{,}1375) \cdot 360 = -8{,}7$$

Diese Analyse zeigt ähnlich wie die vorhergehende Abweichungsanalyse, dass die Preissetzung sehr ungünstig war und ein Teil dieses Nachteils durch den Einsatz der sonstigen marketingpolitischen Instrumente wettgemacht werden konnte. Setzt man Reaktionsfunktionen auch für andere Marketinginstrumente, zB Werbung, können deren Effekte noch weiter herausgefiltert werden.[39]

Deckungsbeitragsabweichungen

In vielen Fällen sind Abweichungsanalysen basierend auf Deckungsbeiträgen sinnvoller interpretierbar als Erlösabweichungen und Kostenabweichungen isoliert. Dies trifft unter der Bedingung zu, dass bestimmte Erlöse kausal mit bestimmten Kosten **verbunden** sind. Beispielsweise haben Marketingmaßnahmen nicht nur auf die Erlöse Einfluss, sondern verursachen gleichzeitig Kosten. Konkret wird die Erhöhung der Werbeaktivitäten (praktisch immer) einen zusätzlichen Erlös mit sich bringen; ab einem bestimmten Umfang werden die (Zusatz-)Kosten der erhöhten Werbeaktivitäten diesen Zusatzerlös jedoch überwiegen. Die Entscheidungen über den optimalen Einsatz marketingpolitischer Instrumente wie auch die Beurteilung der Marketingverantwortlichen müssen daher auch die Kosten des Einsatzes der Marketinginstrumente miteinbeziehen.

Denkbar ist auch, dass eine Steigerung der Absatzmenge direkten Einfluss auf die Produktionskosten besitzt. Beispiele sind *economies of scale* oder Erfahrungseffekte, bei denen auch noch die längerfristige Perspektive hinzukommt, dass sich die Absatzmengenabweichung auf die künftigen Kosten auswirkt.

Eine Besonderheit bei der Ermittlung von **Deckungsbeitragsabweichungen** besteht darin, dass die Istwerte und die Planwerte *unterschiedliche* Vorzeichen haben können. Das kann bei Erlösen und Kosten nicht auftreten. Es hat zwar keinen Effekt auf die formale Berechnung von Abweichungen, vielfach können sich aber **Interpretationsschwierigkeiten** ergeben, die meist erst nach einer expliziten Berücksichtigung der jeweiligen Situation geklärt werden.

Beispiel: Für ein Produkt sind die Produktion und der Absatz von $x^p = 3.000$ Stück geplant. Der geplante Stückdeckungsbeitrag ist $d^p = -15$. Die entsprechenden Istwerte nach der Kontrollperiode sind: $x^i = 2.400$ Stück und $d^i = +3$. Gemäß der differenzierten Methode betragen die Einzelabweichungen:

---

39 Eine derartige weitergehende Analyse findet sich in *Albers* (1992), der Werbung und Distribution über Potenzialfunktionen berücksichtigt. Zu beachten ist dabei freilich, dass sich wieder Probleme mit der verursachungsgetreuen Zuordnung von Einflussgrößenänderungen und deren Wirkungen ergeben, weil die Marketinginstrumente (und auch der Preis) simultan auf den Marktanteil wirken.

Deckungsbeitragsabweichung: $(d^i - d^p) \cdot x^p = (3 + 15) \cdot 3.000 =$	+54.000
Mengenabweichung: $d^p \cdot (x^i - x^p) = -15 \cdot (2.400 - 3.000) =$	+9.000
Abweichung 2. Ordnung: $(d^i - d^p) \cdot (x^i - x^p) =$	
$= (3 + 15) \cdot (2.400 - 3.000) =$	–10.800
Deckungsbeitragsabweichung:	+52.200

Die erwähnten Interpretationsschwierigkeiten entstehen bei Betrachtung der **Mengenabweichung**. Diese ist positiv; und verbindet man sie mit einer Beurteilung des betreffenden Verantwortlichen, so würde man dies als positiven Tatbestand werten. Tatsächlich wurde jedoch eine um 20 Prozent *geringere* Menge abgesetzt. Ist die Mengenabweichung daher zur Beurteilung ungeeignet? Die Ungereimtheit lässt sich einfach auflösen: Der geplante Stückdeckungsbeitrag ist nämlich negativ. Und dies bedeutet in einer isolierten, kurzfristigen Betrachtungsweise, dass es eigentlich optimal wäre, dieses Produkt überhaupt nicht zu produzieren und abzusetzen. Die Mengenabweichung wäre bei $x^i = 0$ maximal, nämlich +45.000. Der Verantwortliche hat daher – in kurzfristiger Betrachtung – den richtigen Weg eingeschlagen, nämlich die Menge zu reduzieren. Das pikante Detail ist hier übrigens, dass der Istdeckungsbeitrag positiv ist.

Das Problem hat aber eine andere Wurzel. Anzusetzen ist bei der Frage, *warum* ein Produkt mit *negativem Deckungsbeitrag* überhaupt in der Planung berücksichtigt wurde. Dies kann mehrere Gründe haben: Ein Grund wäre, dass sich dieses Produkt am Beginn seines Lebenszyklus befindet und mit einer Niedrigpreisstrategie ein Markt dafür zu erobern gesucht wird. Dann hat der Verantwortliche das Ziel nicht erreicht. Hier würde eine Beurteilung an der Menge allein ein sinnvolleres Steuerungsinstrument bilden. Ein anderer Grund kann sein, dass dieses Produkt ein Komplementärprodukt (Zugartikel) zu einem anderen ist, das einen hohen positiven Deckungsbeitrag abwirft. In diesem Fall können sinnvollerweise nur beide Produkte gemeinsam analysiert werden.

5. Planungskontrolle

Abweichungen können ihre Ursache in einer fehlerhaften Planung haben, wie zB einer fehlerhaften Situationsbeschreibung oder Prognosefehlern. Deshalb sollte auch die Planung einer Kontrolle unterworfen sein. Ein Verzicht darauf würde Planabweichungen zur Gänze den für die Realisation (oder für die Auswertung selbst) Verantwortlichen zurechnen, und dies mag unter bestimmten Umständen ungerechtfertigt sein.

Zur Ermittlung der **Planabweichungen** kann eine sogenannte ***ex post*-Plangröße** K^s berechnet und die Gesamtabweichung in eine Planabweichung und eine verbleibende Realisationsabweichung (Auswertungsfehler werden hier nicht weiter betrachtet) wie folgt zerlegt werden:[40]

$$\Delta K = K^i - K^p = \underbrace{\left[K^i - K^s\right]}_{\text{Realisationsabweichung}} + \underbrace{\left[K^s - K^p\right]}_{\text{Planabweichung}} \tag{6}$$

Die Planabweichung entspricht dabei der Differenz zwischen der (ursprünglichen) Plangröße und der *ex post*-Plangröße. Eine positive Planabweichung ist als ungünstig, eine negative als günstig zu interpretieren. Die Realisationsabweichung ist die Differenz von Istgröße und *ex post*-Plangröße; sie kann entsprechend den Einflussgrößen weiter aufgespaltet werden. Aufgrund der Additivität der Zerlegung in (6) tritt **keine gemischte Abweichung** auf.

Beispiel: Der Planpreis für einen Inputfaktor wurde mit 320 angenommen. Aufgrund einer unabsehbaren Verknappung dieses Inputfaktors steigt der Marktpreis in der Planungsperiode auf 365. Die Einkaufsabteilung konnte den Inputfaktor sehr günstig um 360 erwerben. Es ist offensichtlich, dass die gesamte Preisänderung von 360 – 320 = 40 irreführend ist, weil sie die Tätigkeit der Einkaufsabteilung nicht sinnvoll abbildet. Diese hat ja – gegeben die neuen Verhältnisse – sehr erfolgreich gearbeitet. Teilt man die Preisänderung (isoliert) gemäß (6) auf, folgt: Realisationsabweichung: 360 – 365 = –5; Planabweichung: 365 – 320 = 45.

Die *ex post*-Plangröße wird unter der **Hypothese** ermittelt, dass bereits zum Planungszeitpunkt der Informationsstand vorgelegen hätte, wie er zum Kontrollzeitpunkt nach Beobachten der Istsituation gegeben ist. Es wird also zum Kontrollzeitpunkt nachträglich ein gänzlich neuer Plan aufgestellt, der sich vom *ex ante*-Plan durch die Verwendung der *realisierten* Planungsparameter, vielleicht auch durch die Anwendung eines geeigneteren Planungsverfahrens unterscheidet. Die *ex post*-Plangröße ist also die **bestmögliche** Plangröße, die unter den tatsächlich eingetretenen Umständen erzielbar gewesen wäre.[41]

Diese Hypothese legt bezüglich der Planung eine sehr strenge Messlatte, denn die Planungsgüte wird letztlich am Extremfall einer perfekten Prognose gemessen. Dies ist jedoch weitgehend nicht optimal, da die Planung ebenfalls dem **Wirtschaftlichkeitsprinzip** unterliegt. Die mit einer verbesserten Planungsgenauigkeit verbundenen Kosten dürfen den Nutzen daraus nicht übersteigen. Damit sind der Planungsgenauigkeit Grenzen gesetzt, ungeachtet der Tatsache, dass eine perfekte Prognose ohnedies idR nicht möglich ist.

Die Zuweisung der **Planungsverantwortung** kann nur für Abweichungen sinnvoll sein, die der Planungsverantwortliche tatsächlich hätte vermeiden sollen. Die Informationssuche im Rahmen von Prognosen unterliegt aber dem Wirtschaftlichkeits-

---

40 Vgl als erster *Demski* (1967); in der Folge zB *Streitferdt* (1983), S. 163 – 165.

41 Daraus lassen sich jedoch noch keine generellen Aussagen über die Vorzeichen der Planabweichung und der Realisationsabweichung treffen. Die Planabweichung kann je nach tatsächlicher Situation positiv oder auch negativ sein. Für die Richtung der Realisationsabweichung ist entscheidend, auf Basis welcher Sollgröße die Abweichung errechnet wird. Die Vermutung, die Realisationsabweichung müsse *immer* ungünstig sein, ist nur dann richtig, wenn als Plangröße Standardgrößen auf der Grundlage künftiger optimaler Bedingungen gewählt werden.

prinzip, sodass der Maßstab einer perfekten Prognose keine sinnvolle Vergleichsbasis bilden kann.

Die **additive Zerlegung** der Gesamtabweichung in Planungs- und Realisationsabweichung gemäß (6) beinhaltet aber auch ein Problem für die **Interpretation** der beiden Abweichungen. Normalerweise kann es **nicht sinnvoll** sein, die Planungsabteilung für Planabweichungen *und* die für die Realisation verantwortlichen Mitarbeiter für die (verbleibende) Realisationsabweichung **verantwortlich** zu machen. Die Abgrenzung hängt vom **Informationsstand** ab, den die jeweiligen Entscheidungsträger haben (oder haben könnten). Die Zuweisung der **Verantwortung für die Realisationsabweichung** würde voraussetzen, dass der Realisationsverantwortliche bereits *vor* allen seinen Entscheidungen im Rahmen der Realisation *genau* diejenigen Umweltzustände kennt, von denen die Planung hätte ausgehen sollen. Der Informationsstand der Planungs- und Realisationsverantwortlichen wird sich aber idR unterscheiden, weshalb eine derartige additive Zerlegung der Gesamtabweichung nicht sinnvoll ist.

Die **Realisationsabweichung** hat bei besserer Information des Realisationsverantwortlichen aber eine wichtige Anreizwirkung: *Nur* dadurch kann der Verantwortliche dazu gebracht werden, diese **bessere Information** auch tatsächlich zu nutzen und sich nicht sklavisch an einen Plan zu halten, der durch die Realität bereits überholt ist. Die *ex post*-Plangröße muss in diesem Fall aber genau den Informationsstand im Zeitpunkt der Entscheidung des für die Realisation Verantwortlichen berücksichtigen; etwas, was in der Praxis schwierig sein dürfte. Eine perfekte Prognose zugrunde zu legen, kann daher nur dann eine aussagekräftige Abweichung liefern, wenn der Verantwortungsträger vor seinen Entscheidungen sämtliche Informationen besitzt.

Ein Ausweg aus diesem Dilemma ist es, die Planungskontrolle entweder *nur* für die Beurteilung der Planungsverantwortlichen oder *nur* für die Beurteilung der Realisationsverantwortlichen heranzuziehen. Alternativ wäre es denkbar, zwei verschiedene *ex post*-Plangrößen zu ermitteln und verschiedene Plan- und Realisationsabweichungen zu errechnen.

Als weiteres Problem muss beachtet werden, dass die **Realisationshandlungen** die Umweltentwicklung auch direkt **beeinflussen** können. Lässt sich dieser Einfluss *ex post* nicht bereinigen, basiert die *ex post*-Plangröße auf den Ausführungshandlungen und indirekt auch auf der *ex ante* durchgeführten Planung. Sie spiegelt dann das bestmöglich erzielbare Ergebnis *vor* dem Setzen dieser Handlungen nicht richtig wider.

Bei der Verwendung eines **längeren Planungshorizonts** werden Planabweichungen eher wahrscheinlich, weil die Unsicherheit zum Planungszeitpunkt größer ist als bei einem kurzen Planungshorizont. Je kürzer der Planungshorizont ist, desto eher wird man auf die explizite Ermittlung von Planabweichungen generell verzichten können.

Beispiel

Sei angenommen, dass der Produktionsprozess vollautomatisch nach den zu Beginn der Produktionsperiode eingestellten Parametern abläuft. Es gebe keine stochastischen Fehler in der Produktion als auch in der Auswertung. Der für die Produktion verantwortliche Mitarbeiter stellt die Planparameterwerte auf der Fertigungsanlage ein und setzt diese in Gang. Dann ist die Gesamtabweichung $\Delta K = K^i - K^p = 0$, sofern die Planparameter auch tatsächlich eingestellt werden. Die *ex post*-Plankosten K^s mögen aber geringer sein als K^p, weil die Maschinenbelegung aufgrund von Änderungen der geplanten Produktionssituation besser hätte vorgenommen werden können. Die Planungskontrolle ergibt eine positive Planabweichung und eine positive Realisationsabweichung, jeweils in gleicher Höhe.

Fall 1:
Der für die Produktion verantwortliche Mitarbeiter hat keine Zusatzinformation. Dann trifft ihn keinerlei Verantwortung für die positive, also ungünstige, Realisationsabweichung. Und die Planungsabteilung kann nur im Rahmen der der Planung zugrunde liegenden Wirtschaftlichkeitsüberlegungen für die ungünstige Planungsabweichung verantwortlich gemacht werden.

Fall 2:
Der Mitarbeiter kennt bei der Einstellung der Anlage die Produktionssituation (aufgrund seines Wissens vor Ort und der zeitlichen Nähe) genau. Stellt der Mitarbeiter wiederum genau die Planparameter ein, wird er zu Recht für die Realisationsabweichung verantwortlich gemacht. Für die Beurteilung der Planungsabteilung ändert sich dadurch aber überhaupt nichts gegenüber Fall 1.

6. Auswertung von unbeabsichtigten Abweichungen

Unbeabsichtigte Abweichungen können in jeder Entscheidungssituation im Unternehmen entstehen. Der Grund ist die Unsicherheit der künftigen Entwicklung im Zeitpunkt der Planaufstellung. Diese Abweichungen können nicht kontrollierbare oder kontrollierbare Ursachen besitzen. **Nicht kontrollierbar** sind diejenigen Ursachen, gegen die auch bei Kenntnis des Sachverhaltes realistischerweise nichts unternommen werden kann.[42] Im Gegensatz dazu können **kontrollierbare** Abweichungen typischerweise vermieden werden, wenn sie bekannt sind. Nach Vorliegen der Abweichungsanalyse können Maßnahmen gesetzt werden, sie zumindest für künftige Perioden zu vermeiden.

In der Literatur wurden verschiedene Modelle vorgeschlagen, wie Entscheidungsstrategien in Bezug auf die weitere Auswertung von Abweichungen ermittelt werden können.[43] Allen Modellen ist gemeinsam, dass sie möglichst gut zwischen kontrollierbaren und nicht kontrollierbaren Abweichungsursachen trennen wollen. Die Auswertung einer nicht kontrollierbaren Abweichung verursacht ja nur Kosten, ohne

---

[42] Bei Beendigung des Unternehmensgeschehens kann jede Abweichung vermieden werden.

[43] Für einen umfassenderen Überblick vgl etwa *Kaplan* (1975) oder *Streitferdt* (1983).

einen Nutzen zu bewirken, während das Nichtauswerten einer kontrollierbaren Abweichung künftig auch Kosten durch vermeidbare Abweichungen bewirkt.

Die Modelle können danach unterschieden werden, ob und inwieweit sie **Kosten und Nutzen der Auswertung** (explizit) berücksichtigen, und ob sie nur eine oder mehrere **Perioden** betrachten. Im Folgenden werden zwei typische Modellstrukturen dargestellt.

Aktuelle Entwicklungen im Bereich der Fertigungstechnologien und Fertigungssysteme rücken die Analyse von Abweichungen aufgrund von unbeabsichtigten Ursachen immer stärker in den Hintergrund. Moderne flexible Fertigungstechniken erlauben ein rasches Reagieren auf neue Anforderungen. Die Nutzung von Computer-aided manufacturing (CAM) ermöglicht außerdem den direkten Zugriff auf nichtmonetäre Größen, wie Produktionsleistung, Standzeiten, Rüstzeiten und ähnliches. Eine nachträgliche Abweichungsanalyse von Kosten ist nicht mehr notwendig, weil die Abweichungen schon im Prozess kontrolliert werden. Total quality management-Techniken (TQM) versuchen des Weiteren die Reduktion oder Vermeidung von Zufallsfehlern. Diese Entwicklungen führen dazu, dass viele Unternehmen auf Kontrollrechnungen weniger Wert legen und sogar auf kurzfristige Kontrollrechnungen verzichten. Während die Entscheidungsfunktion damit an Gewicht verliert, kommt der Kontrolle immer noch und vielleicht in stärkerem Ausmaß **Verhaltenssteuerungswirkung** zu.

6.1. Statistische Modelle

Die statistischen Modelle verwenden einzig die Höhe der Abweichungen als Indikator für die Entscheidung, ob die Ursache kontrollierbar ist oder nicht. Sie wurden im Wesentlichen im Rahmen der Qualitätskontrollen in der Produktion entwickelt. Statistische Modelle benötigen idR eine große Zahl von Beobachtungen (Abweichungen) innerhalb des jeweiligen Betrachtungszeitraumes. Dies ist bei Qualitätskontrollen leicht zu erreichen, man kann sich sogar mit Stichproben begnügen; bei periodischen Kostenkontrollen jedoch ist diese Voraussetzung weniger leicht zu erfüllen.

Kontrollkarten-Verfahren

Das Kontrollkarten-Verfahren (auch *Shewhart*-Verfahren genannt) geht von der Hypothese aus, dass eine relativ kleine Abweichung des Istwertes vom Planwert eine zufällige, nicht kontrollierbare Ursache hat und deshalb nicht weiter untersucht werden muss. Größere Abweichungen deuten jedoch auf kontrollierbare Abweichungen hin, sie werden daher untersucht. Dazu werden Kontrollgrenzen festgelegt, bei deren Überschreiten eine Analyse ausgelöst wird.

Die Festlegung der Kontrollgrenzen basiert auf einem Abwägen der Wirkungen eines Fehlers erster Art (eine Analyse durchzuführen, obwohl die Ursache der Abweichung nicht kontrollierbar ist) und eines Fehlers zweiter Art (keine Analyse durchzuführen, obwohl die Ursache kontrollierbar ist). Im Regelfall werden statistische Eigenschaften der Zufallsvariablen, die den Effekt der nicht kontrollierbaren

Ursachen erfasst, angenommen (zB eine Normalverteilung). Die Parameter der Verteilung werden ebenfalls angenommen oder können aus früheren Beobachtungen geschätzt werden.

Die Auswertungsstrategie hängt grundlegend von den Hypothesen über die Eigenschaften der Abweichungsursachen ab. Typisch für dieses Verfahren ist eine **zweiseitige Auswertungsstrategie**, dh eine Auswertung erfolgt für Extremwerte von Abweichungen $|\Delta|$, bei einer Abweichung $\Delta = 0$ wird niemals ausgewertet. Vielfach werden die Grenzwerte für **positive und negative Abweichungen unterschiedlich** hoch gewählt, da Kostenunterschreitungen auf andere Ursachen als Kostenüberschreitungen zurückzuführen sein können. Kostenunterschreitungen können andere Maßnahmen (zB Sicherstellung von Verbesserungen) erforderlich machen; dies hängt davon ab, ob auch Kostenvorteile erhalten bleiben oder ob sie nur temporär sind. Kostenunterschreitungen können auch ein Indiz für künftige Mehrkosten sein. *Beispiel*: Die Anzeige einer Anlage, die eine Wartungsnotwendigkeit indiziert, ist funktionsunfähig. Aus diesem Grunde werden an sich notwendige Wartungsarbeiten nicht vorgenommen; eine günstige Kostenabweichung ist die Folge. Die deshalb entstehenden Minderkosten in dieser Periode werden durch Mehrkosten (zB höherer Schmiermittelverbrauch, geringere Nutzungsdauer) in späteren Perioden mehr als wettgemacht.

Das Kontrollkarten-Verfahren ist aus methodischer Sicht ein **Hypothesentest,** ob die Abweichung $\Delta = 0$ ist unter der Alternativhypothese $\Delta \neq 0$. Der Annahmebereich für die Hypothese $\Delta = 0$ entspricht bei Annahme einer Normalverteilung einem Intervall

$$(-t\sigma, +t\sigma)$$

mit t als Parameter, der aufgrund der gewünschten Genauigkeit festgelegt wird, und σ als der Standardabweichung.

Beispiel: Liegt eine beobachtete Abweichung Δ außerhalb des Intervalls $[-2{,}58\sigma, +2{,}58\sigma]$, dann stammt sie mit einer Wahrscheinlichkeit von nur 1 % von unkontrollierbaren Ursachen. In diesem Fall wird eine Auswertung vorgenommen, also zB die Fertigungsanlage abgestellt und geprüft. Man kann neben diesen Grenzwerten noch Warngrenzwerte festlegen, zB das Intervall $[-1{,}96\sigma, +1{,}96\sigma]$, das ist gleichbedeutend mit 5 % Wahrscheinlichkeit, dass die Abweichung nicht kontrollierbare Ursachen besitzt. Bei Überschreiten der Warngrenze könnte ein Test bei laufender Fertigungsanlage vorgenommen werden, der nicht so exakt ist, aber weniger Kosten verursacht.

Winkelschablonen-Verfahren

Das Winkelschablonen-Verfahren (*CUSUM* (*cumulative sum*)-Verfahren) ist eine Erweiterung des Kontrollkarten-Verfahrens auf **mehrere Perioden**. Zusätzlich zur Höhe einer *einzelnen* Abweichung wird der bisherige Verlauf der Abweichungen durch Ansatz einer kumulierten Abweichung über die Zeit berücksichtigt. Die standardisierte kumulierte Abweichung Δ_t^k ergibt sich aus

$$\Delta_t^k = \frac{1}{\sigma}\sum_{\tau=1}^{t}\Delta_\tau$$

wobei σ die angenommene oder geschätzte Standardabweichung bezeichnet.

Durch Verwendung der (standardisierten) kumulierten Abweichung als Entscheidungsgrundlage muss auch der Auslösemechanismus für eine weitere Analyse anders sein als im Kontrollkarten-Verfahren. Eine Möglichkeit ist die Verwendung einer sogenannten Winkelschablone (die dem Verfahren auch den Namen gibt). Eine Auswertung wird durchgeführt, wenn ein Δ^k_τ, $\tau = 1, ..., t$, einen der beiden Schenkel des Winkels überschreitet (siehe Abbildung 6). Die Festlegung des Winkels α und des Abstandes δ hängt (implizit) von den Kosten und Nutzen einer Fehlentscheidung (Fehler erster und zweiter Art) ab.[44]

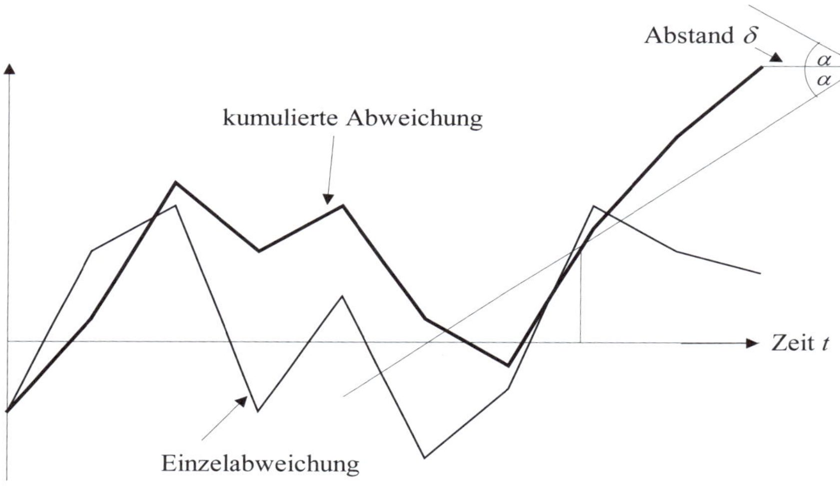

Abb. 6: Winkelschablonen-Verfahren

Durch die Berücksichtigung der vor t liegenden Entwicklung der Abweichungen können **systematische Abweichungen** vom Planwert deutlicher von zufälligen Abweichungen unterschieden werden. Die kumulierte Abweichung pendelt bei nicht kontrollierbaren Ursachen mehr oder weniger stark um null, während beim Vorhandensein einer kontrollierbaren Abweichung relativ rasch ein Trend in die eine oder andere Richtung weg vom Nullpunkt erkennbar wird. Das Vorliegen einer kontrollierbaren Ursache wird typischerweise früher erkannt als beim einfachen Kontrollkarten-Verfahren.[45]

---

44 Ein statistisch abgesichertes Verfahren gibt etwa *Waldmann* (1992).

45 Vgl zu einem Vergleich dieser Verfahren auch *Brühl* und *Pohlen* (1995).

6.2. Modelle mit Kosten und Nutzen der Auswertung

Eine zweite Modellstruktur setzt die Kosten der Auswertung mit dem (erwarteten) Nutzen direkt in Verbindung, um eine Auswertungsentscheidung zu fundieren. Ein einfaches **einperiodiges Modell** ist durch folgende Entscheidungsmatrix beschrieben. Sie enthält die Kosten und Nutzen (in Form von Opportunitätskosten) von drei möglichen Aktionen:

Abweichungsursache Aktion	kontrollierbar	nicht kontrollierbar
Untersuchung und ggf Korrektur	$I + K$	I
sofortige Korrektur	K	K
nichts unternehmen	OK	0

Tab. 3: Entscheidungsmatrix für die Auswertung von Abweichungen

Dabei bedeuten:
I .... Kosten der Untersuchung
K .... Kosten der Korrekturmaßnahmen
OK ...... Kosten, die entstehen, wenn kontrollierbare Ursachen nicht korrigiert werden.

Wird eine **Untersuchung** mit Kosten von I durchgeführt, so soll sie mit Sicherheit aufdecken, ob die Abweichung eine kontrollierbare oder nicht kontrollierbare Ursache besitzt. Ist die Abweichung kontrollierbar, wird eine **Korrekturmaßnahme** gesetzt, die selbst wieder **Kosten** K verursacht. Man kann als weitere Strategie auf die Untersuchung auch verzichten und sofort Korrekturmaßnahmen setzen, die im Fall, dass die Abweichung kontrollierbar ist, effektiv sind, und andernfalls ins Leere gehen. Dabei wird angenommen, dass die Korrekturmaßnahmen den Fehler immer beheben können.

Entscheidungsrelevant sind sowohl bei I als auch bei K nur *zusätzlich* anfallende Kosten. Gibt es Mitarbeiter, die im Rahmen ihrer Arbeitszeit eine Untersuchung oder Korrektur durchführen können (Unterbeschäftigung), fallen dafür keine entscheidungsrelevanten Kosten an. Die Folge wäre allerdings, dass solche Aktivitäten *immer* durchgeführt würden. Damit stoßen diese Mitarbeiter aber bald an die Grenzen der verfügbaren Zeit, und eine Zusatzanalyse verursacht wieder (Opportunitäts-) Kosten.

Beispiel

Im Rahmen einer Kostenabweichungsanalyse wird eine hohe Mengenabweichung festgestellt, die sich auf einen übermäßig hohen Verbrauch bestimmter Produktionsfaktoren zurückführen lässt. Unklar bleibt hier, aus welchen Gründen der Verbrauch höher war. Verbesserungsmaßnahmen (Entscheidungsfunktion der Kontrolle) etwa können erst nach einer Aufdeckung dieser Gründe gesetzt werden. Eine Ursache dafür könnte der technische Zustand einer Produktionsanlage sein. Das Erfassen des Istzustandes verursacht idR Kosten, etwa dadurch, dass ein Serviceunternehmen damit beauftragt werden muss oder dass die Anlage kurzzeitig abgeschaltet werden muss. Das Ergebnis liefert entscheidungsrelevante Information darüber, ob das tatsächlich der Grund für die Abweichung war oder nicht. Im ersteren Fall kann ein defekter Teil der Anlage ausgetauscht werden, und die Verbrauchsabweichungen werden in der Folge reduziert.

Bei der dritten Aktion, dem Nichthandeln, entstehen zwar weder Untersuchungs- noch Korrekturkosten, dafür aber **Opportunitätskosten** *OK*, wenn tatsächlich eine kontrollierbare Abweichung vorliegt. Diese Kosten werden zB durch eine ineffiziente Nutzung von Inputs, durch Qualitätsmängel, durch Sicherheitsmängel in künftigen Perioden oder Änderungen des künftigen Produktionsprogramms ausgelöst.

Sofern der Entscheidungsträger (das Unternehmen) risikoneutral ist, entscheidet er sich für eine der drei Aktionen nach dem **Erwartungswert** der Kosten. Dazu muss die **Eintrittswahrscheinlichkeit** kontrollierbarer und nicht kontrollierbarer Abweichungen bekannt sein.[46] Die Wahrscheinlichkeit, dass die Abweichung eine kontrollierbare Ursache besitzt, wird mit ϕ bezeichnet, $\phi \in [0,1]$. Man erhält sie beispielsweise durch subjektive Schätzung oder aufgrund von Erfahrungswerten.

Lösung des Entscheidungsproblems

Vergleicht man zunächst die erste mit der dritten Aktion, nämlich eine Untersuchung durchzuführen und gegebenenfalls Korrekturmaßnahmen zu setzen bzw nichts zu unternehmen, so ist es dann günstig, eine Untersuchung durchzuführen, wenn gilt

$$\phi \cdot (I + K) + (1 - \phi) \cdot I = I + \phi \cdot K < \phi \cdot OK$$

Da die Kostengrößen *I*, *K* und *OK* vorgegeben sind, lautet die **Entscheidungsregel**, dann eine Auswertung vorzunehmen, wenn die Wahrscheinlichkeit einer kontrollierbaren Abweichung ϕ größer ist als die **kritische Wahrscheinlichkeit** $\hat{\phi}_{13}$, dh

$$\phi > \hat{\phi}_{13} = \frac{I}{OK - K}$$

Je höher *I* oder *K* sind, desto eher wird nichts unternommen; je höher *OK*, desto eher wird eine Untersuchung durchgeführt. Die **Extremfälle** sind:

---

46 Dies gilt für Entscheidungsregeln unter Risiko, nicht hingegen bei Anwendung von Entscheidungsregeln unter Unsicherheit (im engeren Sinn), wie etwa der maxmin-Regel.

1. $\frac{I}{OK-K} \geq 1$ bzw $OK \leq I+K$: Dann ist es niemals günstig, eine Untersuchung durchzuführen, die Opportunitätskosten sind geringer als die Kosten der Untersuchung und Korrektur.
2. $I = 0$ und $OK > K$: Dann ist es niemals günstig, nichts zu unternehmen.

Die Entscheidung zwischen der ersten und der zweiten Aktion kann auf gleiche Art und Weise ermittelt werden. Untersuchen und gegebenenfalls Korrekturmaßnahmen zu ergreifen, ist dann günstiger als sofort eine Korrektur durchzuführen, wenn

$$\phi \cdot (I+K) + (1-\phi) \cdot I = I + \phi \cdot K \; < \; K$$

bzw ausgedrückt in der diesbezüglichen kritischen Wahrscheinlichkeit:

$$\phi < \hat{\phi}_{12} = \frac{K-I}{K}$$

Je höher die Untersuchungskosten I werden, desto eher wird man auf eine Untersuchung verzichten. Die Opportunitätskosten OK haben keinen Einfluss auf diese Entscheidung (solange $OK > K$ ist, weil sonst nie korrigiert würde), da eine kontrollierbare Abweichung auf jeden Fall korrigiert wird. Die **Extremfälle** sind hier:

1. $I \geq K$: Dann wird niemals eine Untersuchung durchgeführt, sondern gleich die Korrekturmaßnahme gesetzt, gleichgültig, ob sie greift oder nicht.
2. $I = 0$: Dann wird immer untersucht.

Die Entscheidung zwischen immer korrigieren und nichts unternehmen hängt nur von K und OK ab. Sofort Korrekturmaßnahmen zu setzen, ist dann günstiger, wenn

$$K < \phi \cdot OK \quad \text{bzw} \quad \phi > \hat{\phi}_{23} = \frac{K}{OK}$$

Abbildung 7 zeigt den Verlauf des **Kostenerwartungswertes** für den eher typischen Fall, dass die Untersuchungskosten I wesentlich kleiner als die Korrekturkosten K sind. Andernfalls wäre es nie günstig, zuerst zu untersuchen. Für jeweils eine bestimmte Wahrscheinlichkeit ϕ werden die Kosten der drei Aktionen miteinander verglichen. Die günstigste Aktion ist jene mit den geringsten Kosten bei diesem ϕ. Die Schnittpunkte der Geraden geben die kritischen Wahrscheinlichkeiten an, bei denen die günstigste Entscheidung umspringt.

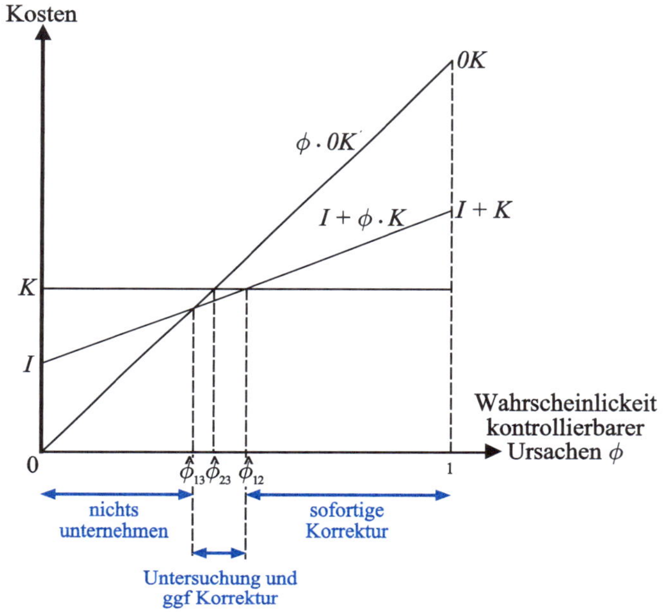

Abb. 7: Auswertungsstrategien und Kosten

Erweiterungen

Die **Höhe der Abweichung** selbst spielt in diesem einfachen Modell noch keine Rolle. Sie kann jedoch dergestalt einbezogen werden, dass angenommen wird, dass die Höhe der Opportunitätskosten *OK* von der Höhe der Abweichung abhängt, $OK = OK(\Delta) = l \cdot \Delta$, mit Δ als Kostenabweichung und $l > 0$ als konstantem Faktor. Vergleicht man die erste und dritte Aktion, untersuchen bzw nichts unternehmen, lautet die Entscheidungsregel: untersuchen, wenn

$$\phi > \hat{\phi}_{13} = \frac{I}{OK - K} = \frac{I}{l \cdot \Delta - K}$$

Für gegebene Kostenwerte und *gegebene* Wahrscheinlichkeit ϕ lässt sie sich wie folgt zu einer Regel mit der Abweichung als Kriterium umformen:

$$\Delta > \hat{\Delta} = \frac{I + \phi \cdot K}{\phi \cdot l}$$

Eine analoge Form, nämlich

$$\Delta > \hat{\Delta} = \frac{K}{\phi \cdot l}$$

lässt sich aus dem Vergleich der zweiten und dritten Aktion (korrigieren bzw nichts unternehmen) ableiten.

Diese Regeln korrespondieren mit Entscheidungsregeln, die man in der Praxis häufig antrifft: Es werden nur solche Abweichungen weiter ausgewertet, die einen bestimmten **absoluten Wert** übersteigen. Zu beachten ist freilich, dass sich dieses Kriterium auf eine einzelne Situation bezieht. Verschiedene Kontrollobjekte erfordern unterschiedliche Grenzwerte für die Abweichungen, da sowohl die Kosten und die Wahrscheinlichkeit kontrollierbarer Ursachen als auch der Faktor l je nach Situation unterschiedlich sein werden.

Eine andere Entscheidungsregel, die in der Praxis Verwendung findet, ist die Untersuchung solcher Abweichungen, die einen bestimmten **Prozentsatz** der Plangröße (Istgröße) übersteigen; diese sei hier mit K^p festgelegt. Als entscheidungsrelevante Vergleichsgröße gilt dann Δ/K^p. Um eine solche Regel in diesem Modell ableiten zu können, muss daher – bei einem Vergleich zwischen erster und dritter Aktion – der Ausdruck $[(I + \phi \cdot K)/\phi \cdot l]/K^p$ konstant sein. Bei unterschiedlichen K^p erfordert dies das Zutreffen einer der beiden folgenden Bedingungen:

1. $l \cdot K^p$ ist konstant, dh der Faktor der Opportunitätskosten sinkt mit steigenden Plankosten.
2. I/K^p *und* K/K^p sind konstant.[47] Die Untersuchungs- und Korrekturkosten müssen mit steigenden Plankosten steigen.

Beide Bedingungen werden kaum erfüllt sein. Dann kann ein prozentueller Grenzwert für Auswertungen modellmäßig nicht gestützt werden.

Bestehen bei mehreren gleichartigen Entscheidungsproblemen **Restriktionen**, zB bezüglich der gesamten für Untersuchungen oder für Korrekturmaßnahmen zur Verfügung stehenden Zeit, so müssen die Entscheidungsregeln insofern angepasst werden, als zunächst solche Abweichungen näher untersucht werden, für die der erwartete Nutzen bezogen auf die Zeitdauer der jeweils knappen Ressource am höchsten ist.

Beispiel: Bei jeder von drei Abweichungstypen würde es sich lohnen, die Ursache zu untersuchen und gegebenenfalls Korrekturmaßnahmen zu setzen (Aktion 1). Die Untersuchungszeit ist mit T Stunden begrenzt; Abweichungstyp Δ_1 benötigt t_1 Stunden, Abweichungstyp Δ_2 t_2 Stunden und Abweichungstyp Δ_3 t_3 Stunden. Dann entspricht die Auswertungsreihenfolge für die einzelnen Abweichungstypen der Reihung nach dem Nettonutzen je Untersuchungsstunde

$$\frac{\phi_i \cdot (OK_i - K_i) - I}{t_i}$$

Handelt es sich bei den Untersuchungskosten I um Kosten, die für die Bereitstellung der Korrekturkapazität entstehen und nicht mit der jeweiligen Untersuchung bzw Korrektur variieren, spielt I für die Auswahl keine Rolle mehr, so dass die Reihenfolge nach dem Bruttonutzen je Untersuchungsstunde festgelegt wird.

47 Für den Vergleich von zweiter und dritter Aktion genügt, dass K/K^p konstant ist.

Beurteilung von Managern, die Abweichungen untersuchen

In einem Experiment von *Lipe* (1993) wurde 142 Studenten und 59 Controllern folgende Situation vorgelegt: Pat Smith ist für einen Produktionsbereich verantwortlich. Dieser weist eine hohe Verbrauchsabweichung bei den Fertigungslohnkosten auf. Pat musste entscheiden, ob sie diese Abweichung weiter untersucht. Die Kosten einer Untersuchung wurden auf 4.000 geschätzt. Die Kosten der Korrektur eines Problems wären 12.000 und der Barwert der künftigen Kosten einer nicht korrigierten kontrollierbaren Ursache 22.000 gewesen. Vergangenheitsdaten lassen darauf schließen, dass die Wahrscheinlichkeit einer nicht kontrollierbaren Ursache bei dieser hohen Abweichung 50 Prozent beträgt.
Sie sind Vorgesetzter von Pat Smith. Als solcher erhalten Sie einen Kostenbericht von Pat, der alle Istkosten und Schätzungen als auch ihre Entscheidung über die Auswertung enthält. Sie sollen Pat's Leistung in diesem Jahr beurteilen; als Maßstab dient eine Skala von 0 (= sehr schlecht) bis 100 (= sehr gut). Fertigungslohnkostenabweichungen und die Auswertungsentscheidung fallen in Pat's Verantwortung.

Bei den oben gegebenen Kostenschätzungen sollte Pat eine Untersuchung durchgeführt haben. Im Experiment zeigte sich, dass die Beurteilung von Pat signifikant vom Ergebnis der Untersuchung abhängt: Im Fall, dass die Ursache korrigierbar ist, ergab sich als durchschnittliche Beurteilung 66 von Studenten (74 von Controllern) gegenüber 57 (55) bei nicht kontrollierbarer Ursache. Dies, obwohl das *ex post* Ergebnis auf die *ex ante* Entscheidung keinen Einfluss ausüben sollte. Des Weiteren wurden die Untersuchungskosten bei kontrollierbarer Ursache als (gerechtfertigte) Kosten zur Erlangung eines Vorteils, bei nicht kontrollierbarer Ursache als Verlust betrachtet.

Empirische Ergebnisse

Mit tatsächlichen Daten in einem Unternehmen hat *Jacobs* (1978) die verschiedenen Modelle auf ihre Effektivität hin überprüft. Er kommt zu folgenden Ergebnissen:

- Mehrperiodige Modelle sind den einperiodigen Modellen überlegen.
- Die einfachen statistischen Modelle liefern zum Teil bessere Ergebnisse als die aufwendigeren Modelle, die Kosten und Nutzen der Auswertung explizit berücksichtigen, nämlich dann, wenn die Auswertungskosten nicht wesentlich geringer als die Opportunitätskosten sind.

Da die Modelle, die Kosten und Nutzen berücksichtigen, aus theoretischer Sicht überlegen sind, führt *Jacobs* das Ergebnis auf Probleme bei der Schätzung der erforderlichen Informationen über die betreffenden Größen und die Wahrscheinlichkeitsverteilungen zurück.

Im Normalfall können aus der Beobachtung mehrerer Abweichungen im Laufe der Zeit bessere Informationen über die Wahrscheinlichkeit gewonnen werden, ob die Abweichungen von einem Prozess ausgelöst werden, der sich außer Kontrolle befindet oder nicht. Ähnlich wie das Winkelschablonen-Verfahren bei den statistischen Modellen kann diese Modellstruktur auf **mehrere Perioden** erweitert werden. Dazu ist es notwendig, die zeitliche Entwicklung der Ursachen von Abweichungen zu berücksichtigen. Dies kann mit der Festlegung von **Übergangswahrscheinlichkeiten** von möglichen Zuständen im Zeitablauf erfolgen. Beispielsweise kann angenommen werden, dass eine in t gegebene kontrollierbare Ursache auch in Folgeperioden bestehen bleibt, während eine bestehende nicht kontrollierbare Ursache mit einer bestimmten Wahrscheinlichkeit zu einer kontrollierbaren Ursache wird. Dann kann aus dem Beobachten einer Abweichung in einer Periode zusätzlich Information über die sich ändernde Wahrscheinlichkeit des Vorliegens kontrollierbarer Ursachen gewonnen werden. Diese verändert die kritischen Werte für die Entscheidung über die Auswertung im Zeitablauf.

7. Auswertung von beabsichtigten Abweichungen

Mit beabsichtigten Abweichungen sind jene Fälle gemeint, in denen ein Entscheidungsträger beabsichtigt Abweichungen durch ein Verhalten erzeugen kann, das nicht genau im Sinne der übergeordneten Instanz (Zentrale, Topmanagement usw) ist. Im Gegensatz zu den vorher analysierten unbeabsichtigten Abweichungen können hier Abweichungen sowohl von absichtlich gesetztem Verhalten als auch von nicht kontrollierbaren Einflussgrößen verursacht sein.

Die im Rahmen von unbeabsichtigten Abweichungen entwickelten Modelle zur Differenzierung von kontrollierbaren und nicht kontrollierbaren Ursachen sind für die **Verhaltenssteuerungsfunktion** der Kontrolle nicht geeignet. Der Vorteil aus der Auswertung, nämlich die Verhaltenssteuerung, soll ja bereits *vor* der Kontrolle und (potenziell) nachfolgender Auswertung wirken. Es sind nicht mehrere Perioden wie bei der Entscheidungsfunktion nötig, wiewohl die Kontrolle auch mehrperiodige Wirkung entfalten kann. Im einperiodigen Fall wird nachfolgend gezeigt, dass die Auswertung der Abweichungen *ex post* **keinen Wert** besitzt, das Verhalten des Entscheidungsträgers ist ja bereits erfolgt. Da sie Kosten verursacht, würde sie *ex post* niemals durchgeführt werden. Ihr Wert besteht in einer **Motivationswirkung** *ex ante*, dh vor dem Setzen des Verhaltens.

7.1. Ein Agency-Modell

Die Verhaltenssteuerungsfunktion der Kontrolle kann konzeptionell mit **Agency-Modellen**, auch als **Prinzipal-Agenten-Modelle** bezeichnet, analysiert werden. Im einfachsten Fall besteht es aus zwei Personen in einer hierarchischen Organisation (das „Unternehmen"): einem **Prinzipal** und einem **Agenten**.[48] Der Prinzipal steht stellvertretend für den oder die Eigentümer des Unternehmens, der Agent für einen Manager, an den der Prinzipal bestimmte Entscheidungsrechte delegiert. Ökonomische Gründe dafür können darin liegen, dass der Prinzipal nicht „vor Ort" ist, dass er lieber andere Tätigkeiten realisieren möchte oder dass der Agent besser geeignet ist, die Tätigkeit auszuführen, zB infolge von Fachkenntnissen, handwerklichem Geschick oder infolge der besseren Kenntnis der Produktionssituation.

---

48 Siehe zu einer ausführlichen Darstellung der Prinzipal-Agenten-Theorie und ihrer Anwendungen in den verschiedensten betriebswirtschaftlichen Fächern *Jost* (2001a).

Prinzipal und Agent

Die Bezeichnungen *Prinzipal* und *Agent* haben sich in der deutschsprachigen Literatur, den amerikanischen Begriffen *principal* und *agent* folgend, als Fachausdrücke eingebürgert. Es handelt sich keineswegs um Spionageliteratur. Der Prinzipal kann als Auftraggeber (Instanz), der Agent als Beauftragter (Entscheidungsträger) interpretiert werden. Der Prinzipal muss nicht auch der Residualanspruchsberechtigte sein; der Residualanspruch (Ergebnis der Leistungserstellung abzüglich der Kompensation an den anderen Beteiligten) hängt von den Eigentumsverhältnissen und institutionellen Rahmenbedingungen ab.

Typische **Beispiele**:

Prinzipal	Agent
Unternehmenseigentümer	Geschäftsführung (Manager)
Unternehmensleitung	Bereichsmanager
Manager	Mitarbeiter
Gläubiger	Unternehmer
Versicherungsgesellschaft	Unternehmer

Dem Prinzipal gehört eine Produktionstechnologie, die aus einer vom Agenten erbrachten **Arbeitsleistung** bzw **Aktion** a und anderen (stochastischen) Größen, hier als eintretende *Umweltsituation* θ bezeichnet, ein Ergebnis x erzeugt. Das Ergebnis ist daher eine Funktion von a und θ,

$$x = x(a,\theta) \tag{7}$$

Die **Aktion** a ist eine vom Agenten kontrollierbare Größe, die er durch seine Entscheidung bzw sein Verhalten setzt. Der Umweltzustand θ ist eine Zufallsvariable und fasst alle externen, vom Agenten nicht kontrollierbaren Faktoren zusammen. Als **Ergebnis** x kommen je nach Kontext zB Outputmengen, Kosten (als negative Ergebnisgröße), Erlöse, Gewinne oder Kapitalwerte in Betracht. Das Ergebnis fließt dem Prinzipal als Eigentümer zu, er muss jedoch den Agenten für dessen Aktion entlohnen. Es wird im Folgenden angenommen, dass x beobachtbar und kontrahierbar ist. Es bildet damit das Kontrollobjekt.

Die Verwendbarkeit einer Information in einem Vertrag erfordert im Allgemeinen nicht nur deren **Beobachtung**, sondern auch deren **Kontrahierbarkeit**. Darunter versteht man die Möglichkeit, dass ein unabhängiger Dritter (insbesondere ein Gericht) die Information ebenfalls beobachten kann und damit der Vertrag durchsetzbar ist.

Ein Anreizproblem entsteht dann, wenn der Agent andere Ziele verfolgt als der Prinzipal. Ein Zielkonflikt wird im Folgenden derart angenommen, dass eine höhere Arbeitsleistung im Durchschnitt ein höheres Ergebnis x liefert, was für den Prinzipal als Eigentümer des Ergebnisses von Vorteil ist, allerdings gleichzeitig dem Agenten einen steigenden **Disnutzen** (Arbeitsleid, Nutzenentgang) verursacht. Dies kann zB in Form höherer physischer oder psychischer Anstrengung oder in Form von Opportunitätskosten der Zeit entstehen. Der Prinzipal muss den Agenten daher für seine Arbeitsleistung entlohnen.

Kann der Prinzipal die Arbeitsleistung oder den Umweltzustand direkt beobachten, so kann er die gewünschte Arbeitsleistung direkt durchsetzen. Die dann erzielbare

Lösung wird als ***first best*-Lösung** bezeichnet. Im Fall von **Informationsasymmetrie** ist dies dagegen nicht möglich. Da nur der Agent seine gewählte Arbeitsleistung kennt, könnte er im Falle eines schlechten Ergebnisses einfach behaupten, nicht er, sondern eine ungünstige Umweltentwicklung θ sei daran schuld. Der Agent muss daher durch die vertraglich vereinbarte **Entlohnung** motiviert werden, die gewünschte Arbeitsleistung zu erbringen.

Der Prinzipal schlägt also dem Agenten einen Vertrag vor, der ein **Entlohnungsschema** $S(\cdot)$ als Funktion des Ergebnisses x bestimmt. Um zu entscheiden, ob er den Vertrag akzeptieren sollte, vergleicht der Agent den erwarteten Nutzen bei Annahme des Vertrags mit seiner besten Alternative, die exogen als **Reservationsnutzen** in Höhe von $\underline{U}$ vorgegeben wird. Der erwartete Nutzen aus der Tätigkeit für den Prinzipal hängt davon ab, welche Arbeitsleistung der Agent einsetzen würde. Der Agent ermittelt die optimale Aktion bei Zugrundelegung des im Vertrag vorgegebenen Entlohnungsschemas und daraus den erwarteten Nutzen bei Annahme des Vertrags. Der Prinzipal macht im Grunde das Gleiche: Er möchte einen Vertrag anbieten, den der Agent akzeptiert und der dem Prinzipal den größtmöglichen erwarteten Nutzen bringt.

Im Folgenden wird weiter angenommen, dass der **Prinzipal risikoneutral** ist. Er interessiert sich für einen möglichst hohen Erwartungswert des Ergebnisses abzüglich der Entlohnung, die er an den Agenten leisten muss. Der **Agent** wird als **risikoscheu** angesehen mit einer **Nutzenfunktion** $U(S, a)$, die in der Entlohnung S strikt konkav und in der Aktion a konvex ist. Für den risikoneutralen Prinzipal ist das Tragen von Risiko kostenlos, während es für den Agenten mit einer Nutzeneinbuße verbunden ist. Daher wäre es aus Gründen der Risikoteilung am besten, den Agenten vor jedem Entlohnungsrisiko zu schützen, dh eine fixe Entlohnung zu zahlen. Eine fixe Entlohnung erzeugt allerdings keinerlei Anreizwirkungen für den Agenten, eine hohe Arbeitsleistung zu wählen. Daher muss die Entlohnung an das Ergebnis anknüpfen. Je unmittelbarer dem Agenten die Effekte seiner Arbeitsleistung zugerechnet werden, umso eher hat er Anreize, die optimale Arbeitsleistung zu wählen.

Das **Agency-Problem** lässt sich in zwei Fällen einfach lösen:

1. Wenn der **Agent risikoneutral** ist, kann der Prinzipal die Produktionstechnologie einfach an den Agenten verpachten. Der Agent wird praktisch zum Eigentümer, leistet an den Prinzipal eine vorab festgelegte fixe Pachtzahlung und wählt die optimale Arbeitsleistung. Risikoteilung ist kein Thema.
2. Wenn der Prinzipal die **niedrigste Arbeitsleistung** durchsetzen möchte, entsteht ebenfalls kein Anreizproblem. Denn das ist das mindeste, was der Agent macht. Anreize über die Entlohnung sind dann nicht erforderlich, der Agent erhält eine fixe Zahlung, und die optimale Risikoteilung wird realisiert.

Andernfalls kommt es zu einem **Trade-off zwischen Risiko und Anreizen**, der im Folgenden in einem einfachen binären Agency-Modell explizit modelliert wird. Die sich daraus ergebende Lösung wird als ***second best*-Lösung** bezeichnet.

Eine weitere Situation für eine **einfache Lösung** des Anreizproblems ist dann gegeben, wenn die Produktionstechnologie für unterschiedliche Aktionen das Auftreten bestimmter Ergebnisse x ausschließt (***moving support***). Angenommen, bei hoher Arbeitsleistung sind zumindest Ergebnisse $x \geq \underline{x}$ erzielbar, dann würde das Auftreten eines tatsächlichen Ergebnisses $x < \underline{x}$ mit Sicherheit auf eine unerwünschte Aktion schließen lassen. Ist der Prinzipal im Besitz hinreichend hoher Sanktionsmöglichkeiten, kann er eine fixe Entlohnung für alle bei gewünschter Aktion möglichen Ergebnissen zahlen und sonst den Agenten bestrafen (***forcing contract***).

Ein binäres Modell

Angenommen, das Ergebnis x kann nur hoch oder niedrig sein, $x_2 > x_1 > 0$, und es gibt nur zwei mögliche Arbeitsleistungen a mit $a_H > a_L$. Die Produktionstechnologie wird durch folgende Wahrscheinlichkeitsstruktur beschrieben, die die beiden Umweltzustände θ implizit enthält:

Wahrscheinlichkeiten	Ergebnis x_1	Ergebnis x_2	Disnutzen $V(a)$
Aktion a_L	ϕ_1^L	ϕ_2^L	v_L
Aktion a_H	ϕ_1^H	ϕ_2^H	v_H

Tab. 4: Wahrscheinlichkeitsstruktur des Agency-Modells

Wenn der Agent eine hohe Aktion a_H wählt, ergibt sich mit einer Wahrscheinlichkeit von ϕ_1^H ein niedriges Ergebnis x_1 und mit der Gegenwahrscheinlichkeit ϕ_2^H ein hohes Ergebnis x_2. Es gilt $\phi_1^H + \phi_2^H = 1$. Analoges trifft für die niedrige Aktion zu. Dabei ist allerdings die Wahrscheinlichkeit, ein hohes Ergebnis zu erzielen, kleiner als bei der hohen Aktion, dh es gilt $\phi_2^H > \phi_2^L$. Für alle Wahrscheinlichkeiten gilt darüber hinaus $0 \leq \phi_i^j \leq 1$. Der Disnutzen einer hohen Aktion beträgt v_H, und er ist größer als der einer niedrigen Aktion, dh $v_H > v_L$.

Die **Nutzenfunktion** des Agenten lautet:

$$U(s_i, a_j) = \sqrt{s_i} - v_j \tag{8}$$

Sie ist additiv in der Entlohnung $s_i = S(x_i)$ für $i = 1, 2$, und dem Disnutzen v_j der Aktion a_j, $j = L, H$. Die Risikoscheu zeigt sich in der strengen Konkavität in s_i. Für die Rechnung ist es zweckmäßig, explizit mit dem Nutzen einer bestimmten Entlohnung $u_i = \sqrt{s_i}$ zu rechnen. Dann gilt:

$$U(s_i, a_j) = u_i - v_j$$

Unter diesen Annahmen ergibt sich folgendes **Programm** zur Lösung des Agency-Modells. Es wird vorausgesetzt, dass der Prinzipal eine hohe Arbeitsleistung motivieren möchte (andernfalls hätte man den oben erwähnten zweiten Spezialfall mit einer einfachen *first best*-Lösung des Problems). Die Zielfunktion des Prinzipals lautet:

$$\max_{u_1, u_2} \phi_1^H \cdot (x_1 - u_1^2) + \phi_2^H \cdot (x_2 - u_2^2) \quad \text{bzw}$$

$$\underbrace{\phi_1^H \cdot x_1 + \phi_2^H \cdot x_2}_{\text{erwarteter Erfolg}} - \underbrace{\min_{u_1,u_2} \phi_1^H \cdot u_1^2 + \phi_2^H \cdot u_2^2}_{\text{erwartete Kosten der Entlohnung}} \tag{9}$$

Sie wird unter zwei **Nebenbedingungen** maximiert, nämlich der **Teilnahmebedingung**, die sicherstellt, dass der Agent den Vertrag akzeptiert,

$$\phi_1^H \cdot u_1 + \phi_2^H \cdot u_2 - v_H \geq \underline{U} \tag{10}$$

und der **Aktionswahlbedingung** (*incentive compatibility constraint*), die fordert, dass er die gewünschte Aktion a_H als optimale Antwort auf die vorgegebene Entlohnungsfunktion wählt,

$$\phi_1^H \cdot u_1 + \phi_2^H \cdot u_2 - v_H \geq \phi_1^L \cdot u_1 + \phi_2^L \cdot u_2 - v_L \tag{11}$$

Dabei bedeuten:

v_j .... Disnutzen des Agenten aus der Erbringung der Arbeitsleistung a_j

x_i .... Ergebnis ($i = 1$ niedriges und $i = 2$ hohes Ergebnis)

s_i .... Entlohnung des Agenten bei Auftreten von x_i

$\underline{U}$ .... Mindestnutzen des Agenten bei alternativer Beschäftigung (Reservationsnutzen)

ϕ_i^j .... Wahrscheinlichkeit des Eintretens von Ergebnis x_i bei Arbeitsleistung a_j.

Zusätzlich ist noch auf die Bedingung $u_i \geq 0$ zu achten, da die Nutzenfunktion für negative s_i nicht definiert ist. Diese Bedingung ist spezifisch für Wurzelfunktionen und wird deshalb im Folgenden nicht explizit angeführt.

Das Programm ohne die Aktionswahlbedingung liefert die *first best*-Lösung, die bei Risikoneutralität des Prinzipal darin besteht, dass eine fixe Entlohnung gezahlt wird, dh $s_1 = s_2$ und $u_1 = u_2$ (für den Fall, dass der Agent die hohe Aktion a_H wählt).

Es handelt sich um ein quadratisches Programm mit zwei linearen Nebenbedingungen. Die übliche Lösung kann mit einem *Lagrange*-Ansatz ermittelt werden. Die *Lagrange*-Funktion lautet (unter Weglassen des konstanten erwarteten Erfolges):

$$\begin{aligned} LG = &\left[\phi_1^H \cdot u_1^2 + \phi_2^H \cdot u_2^2\right] - \lambda \cdot \left[\phi_1^H \cdot u_1 + \phi_2^H \cdot u_2 - v_H - \underline{U}\right] - \\ &- \mu \cdot \left[\phi_1^H \cdot u_1 + \phi_2^H \cdot u_2 - v_H - \left(\phi_1^L \cdot u_1 + \phi_2^L \cdot u_2 - v_L\right)\right] \end{aligned}$$

Die Lösung ergibt sich in der vorliegenden Struktur allerdings einfacher. Im Optimum müssen nämlich beide Nebenbedingungen binden (dh $\lambda > 0$ und $\mu > 0$). Sonst wäre es möglich, die erwartete Entlohnung zu reduzieren, ohne die Nebenbedingungen zu verletzen, und damit könnte die Zielfunktion erhöht werden.[49] Daraus ergeben sich zwei Gleichungen mit zwei Unbekannten, nämlich u_1 und u_2. Durch Umformen ergibt sich zunächst

$$u_2 = \frac{1}{\phi_2^H} \cdot \left(\underline{U} + v_H - \phi_1^H \cdot u_1\right)$$

---

[49] Wäre zB die Teilnahmebedingung nicht strikt erfüllt, könnte man beide Nutzen u_i um einen kleinen Betrag vermindern, ohne diese Nebenbedingung zu verletzen. Dies geht mit einer Reduzierung der erwarteten Entlohnung einher, außerdem bleibt die Aktionswahlbedingung ebenfalls unangetastet.

und

$$u_2 - u_1 = \frac{v_H - v_L}{\phi_2^H - \phi_2^L}$$

Nach Einsetzen und Umformen folgen unmittelbar die **Nutzenwerte** der optimalen Entlohnung

$$u_1 = \underline{U} + v_H - \frac{\phi_2^H \cdot (v_H - v_L)}{\phi_2^H - \phi_2^L}$$

$$u_2 = u_1 + \underbrace{\frac{v_H - v_L}{\phi_2^H - \phi_2^L}}_{\substack{\text{Bonus in} \\ \text{Nutzeneinheiten}}} = \underline{U} + v_H + \frac{\phi_1^H \cdot (v_H - v_L)}{\phi_2^H - \phi_2^L}$$

Zum Vergleich: Die ***first best*-Lösung** ergibt sich unter Außerachtlassung der Aktionswahlbedingung. Eine analoge Berechnung ergibt als Nutzen der optimalen Entlohnung

$$u_i = \underline{U} + v_H \quad \text{für } i = 1, 2$$

Es resultiert eine konstante Entlohnung, die gerade den Reservationsnutzen $\underline{U}$ und den Disnutzen der hohen Arbeitsleistung a_H abdeckt.

Im *second best*-Fall ergeben sich die optimalen **Entlohnungen** s_i als die Quadrate von u_1 und u_2. Damit wird gerade erreicht, dass der Agent im Durchschnitt seinen Reservationsnutzen $\underline{U}$ erhält und er von sich aus die hohe Arbeitsleistung a_H wählt (im Optimum ist er indifferent zwischen a_H und a_L – dabei wird angenommen, dass er bei Indifferenz im Sinne des Prinzipals entscheidet).

Die **optimale Entlohnung** gibt dem Agenten zunächst ebenfalls seinen Reservationsnutzen $\underline{U}$ und den Disnutzen der hohen Arbeitsleistung v_H. Gegenüber der *first best*-Lösung kommt allerdings ein dritter Term hinzu. Er beinhaltet die **Anreizkomponente**. Im Optimum zahlt der Prinzipal dem Agenten bei hohem Ergebnis x_2 mehr als bei niedrigem Ergebnis x_1. Die Differenz der Entlohnungen hängt von der Differenz der Disnutzen und insbesondere von den Wahrscheinlichkeiten ab. Die Differenz $\phi_2^H - \phi_2^L$ entspricht der Erhöhung der Wahrscheinlichkeit, mit der das hohe Ergebnis bei Wahl von a_H gegenüber a_L eintritt. Dem Agenten wird mit der variablen Entlohnung ein gewisses Risiko aufgebürdet, für das im Durchschnitt eine Risikoprämie gezahlt werden muss. Die Differenz zwischen der Zielerreichung des Prinzipals bei der *first best* und der *second best*-Lösung wird auch als **Agency-Kosten** bezeichnet. Sie entstehen hier aufgrund der asymmetrischen Information über die vom Agenten gewählte Aktion.

Beispiel

Der Prinzipal möchte die hohe Aktion induzieren. Der Reservationsnutzen des Agenten beträgt $\underline{U} = 20$, und die Wahrscheinlichkeitsstruktur ist wie folgt gegeben.

Wahrscheinlichkeit	x_1	x_2	v_j
a_L	0,6	0,4	0
a_H	0,3	0,7	4

Als *first best*-Lösung ergibt sich ein Nutzen der Entlohnung von $\underline{U} + v_H = 24$ und erwartete Entlohnungskosten von $24^2 = 576$.

Die *second best*-Lösung ergibt $u_1 = 14{,}67$ und $u_2 = 28$. Der Erwartungswert der Nutzen der Entlohnung beträgt gerade wieder 24. Die erwarteten Entlohnungskosten steigen allerdings (wegen der Quadrierung der u_i) auf 613,33. Es resultieren Agency-Kosten von 613,33 – 576 = 37,33. Diesen Betrag könnte man hier auch als Wert der Information über die Arbeitsleistung interpretieren.

7.2. Abweichungsanalyse im Agency-Modell

Obwohl in diesem einfachen Agency-Modell nur das tatsächliche Ergebnis als Istgröße x^i verwendet wird, könnte die Kompensation – gegeben irgendein Planergebnis x^p – genauso gut an die **Ergebnisabweichung**

$$\Delta x = x^i - x^p = x(a^i, \theta^i) - x^p$$

gebunden werden, weil es im Agency-Modell nur auf den Informationsgehalt des Istergebnisses ankommt, und dieser ist unabhängig vom Planergebnis x^p. Die aktionsabhängigen Wahrscheinlichkeitsverteilungen der Abweichung entsprechen strukturell völlig denjenigen der Istergebnisse, wenn man die Subtraktion der *konstanten* Plangröße berücksichtigt. Folglich wird durch die Verwendung der Abweichung anstelle der Istergebnisse selbst weder etwas gewonnen noch verloren, so dass die Lösung für beide Varianten übereinstimmen muss.

Dies kann besonders prägnant für den Fall **linearer Entlohnungsfunktionen** der Form $s = \alpha + \beta x$ illustriert werden (darin ist α ein Fixum und β bezeichnet einen positiven Parameter für die variable Entlohnung). Wird statt des Ergebnisses x die Ergebnisabweichung Δx verwendet, erhält der Agent für jede Ergebnisausprägung die gleiche Entlohnung wie im ursprünglichen Kontrakt ohne Verwendung der Abweichung, wenn das Fixum auf $\alpha' = \alpha + \beta x^p$ gesetzt wird: $s' = \alpha' + \beta \Delta x = \alpha + \beta x^p + \beta(x - x^p) = \alpha + \beta x$. Beide Kontrakte müssen daher dieselben Eigenschaften bezüglich Motivation und Risikoteilung aufweisen. Diese Argumentation betont, dass ansonsten optimale Verträge auch durch die Formulierung auf der Basis von Abweichungen dargestellt werden können, und das bleibt auch in deutlich komplexeren Szenarien erhalten).[50]

Mit diesem grundlegenden Agency-Modell ist die **Ausgangsbasis** für Auswertungen bei gewollt verursachten Abweichungen hergestellt: Beabsichtigte Abweichungen beziehen sich auf die vom Agenten gewählte Aktion a^i, die von der gewünsch-

50 Vgl dazu zB *Budde* (2009).

ten (geplanten) Aktion a^p abweichen kann. Da weder der Istwert a^i noch θ^i beobachtbar sind, kann der Prinzipal keine Abweichungsauswertung durchführen, die ihm mitteilt, ob sich der Agent wie gewünscht verhalten hat. Der Agent wäre infolge der Kenntnis seiner Aktion dazu aber sehr wohl in der Lage. Genau diese asymmetrisch verteilte Information ist es ja, die ein Anknüpfen der Kompensation (Beurteilung) des Agenten an das gemeinsam beobachtbare Ergebnis x notwendig macht.

Nun wird die optimale Entlohnungsfunktion s_i derart gewählt, dass sie den Agenten dazu anhält, *genau* die Planaktion a^p zu wählen. Dies weiß auch der Prinzipal; er hat die Entlohnungsfunktion ja entwickelt. Damit entsteht aber ein **paradoxes Ergebnis**: Der Prinzipal ist zwar *ex post*, dh nach der Aktionswahl des Agenten, mangels Detailinformation nicht in der Lage, eine Abweichungsauswertung mit Zerlegung von Δx durchzuführen. Er braucht eine solche Zerlegung aber im Grunde gar nicht, weil er ja ohnedies *weiß*, dass $\Delta a = a^i - a^p = 0$ ist. Das heißt, die Abweichung Δx kann nur aufgrund einer **Zufallsschwankung** $\Delta\theta$ entstanden sein.[51] *Ex post* ist eine **Abweichungsauswertung** daher **wertlos**.

Beispiel

Angenommen, eine Prüfungsklausur diene nur dazu, die Studenten zu motivieren, den Stoff zu lernen (und nicht auch dazu, den Umfang des Wissens auf einer Notenskala zu bewerten). Dann könnte die Klausur bei ihrem Beginn abgesagt werden – sie ist *ex post* nicht rational. Die Klausur bedeutet für die Studenten Anstrengung, dies trifft aber genauso für den Vortragenden zu, der die Klausur nicht nur zusammenstellen, sondern auch korrigieren muss. Hängen vom Klausurergebnis Belohnungen oder Sanktionen für den Studenten ab, so wird er durch die Klausurankündigung einen Anreiz zu lernen erfahren. Im Zeitpunkt des Klausurbeginns heißt das aber, dass die Studenten ja ohnedies schon gelernt haben.

Auf der anderen Seite kann die Strategie, die Klausur kurzfristig abzusagen (und positive Zeugnisse zu verteilen), höchstens einmal gut gehen. Sie würde bei künftigen Klausuren sofort antizipiert, und der Motivationseffekt wäre dahin.

Deshalb müssen Vortragende und Studenten in den sauren Apfel beißen.

---

51 Lässt man die Möglichkeit des Irrtums oder Nichtverstehen des Anreizschemas durch den Agenten als Fehlerquelle zu, so kann die Abweichung auch diese Ursachen haben. Es gilt dann, dass es keine *absichtliche* Abweichung durch den Agenten gibt.

Controllability

Dieses Ergebnis bedeutet gleichzeitig, dass der Agent für die Gesamtabweichung Δx und damit *ausschließlich* für $\Delta\theta$ verantwortlich gemacht wird – ein klarer Verstoß gegen die häufig erhobene Forderung nach der Einheitlichkeit von **Kompetenz und Verantwortung** (***Controllability***). Die Abweichung Δx hat bekanntermaßen nur nicht kontrollierbare Ursachen, und trotzdem wird der Agent dafür verantwortlich gemacht. Aber gerade das ist *ex ante die* optimale Gestaltung des Delegationsverhältnisses und der Beurteilung. Denn der Prinzipal kann anders keine Anreizwirkungen bieten.

Das organisatorische Grundprinzip der **Einheitlichkeit** (Kongruenz) **von Kompetenz und Verantwortung** entspringt vor allem verhaltensorientierten Überlegungen wie zB der Fairness der Beurteilung. Mitarbeiter können sehr leicht frustriert werden, wenn sie für etwas zur Verantwortung gezogen werden, wofür sie bekanntermaßen nichts können. Die Abgrenzung nach dem Grad der Kontrollierbarkeit ist in der Praxis jedoch nicht einfach. In Fallstudien zeigt sich sogar, dass Manager lieber für das gesamte Bereichsergebnis einschließlich außergewöhnlicher Ereignisse verantwortlich sein wollen, nur um eine Abgrenzung zu vermeiden; auch haben sie eher das Gefühl, für *das Ganze* verantwortlich zu ein.[52]

Die Größen, für die ein Manager aus Agency-theoretischer Sicht verantwortlich zu machen ist, erfüllen demgegenüber völlig andere Kriterien: Entscheidend ist alleine der **Informationsgehalt** einer Einflussgröße über die Tätigkeit des Managers. So wird im obigen binären Modell der Agent belohnt, wenn das hohe Ergebnis eintritt, weil das Auftreten dieses Ergebnisses eher darauf hindeutet, dass der Agent viel gearbeitet hat (die Wahrscheinlichkeit für den Eintritt des hohen Ergebnisses steigt im Umfang der Arbeitstätigkeit). Dabei ist auch zu berücksichtigen, welche anderen Einflussgrößen bereits verwertet werden. Nur ein zusätzlicher Informationsgehalt zählt.[53] Man spricht deshalb auch von **bedingter *Controllability***.[54] Eine Vielzahl von empirischen Untersuchungen zur Anwendung des *Controllability*-Prinzips ist konsistent mit den Hypothesen aus der Agency-Theorie, es zeigt sich zudem, dass individuelle Persönlichkeitsmerkmale der zu steuernden Personen relevant sind.[55]

Auf der anderen Seite ist offensichtlich, dass die Bindung der Beurteilung an nicht kontrollierbare Größen aus *ex post* Sicht auch im Agency-Kontext nicht optimal ist. Sie beinhaltet idR eine nicht optimale Risikoteilung. Das heißt, sowohl das Unternehmen als auch der Agent hätten ein Interesse daran, diese Beurteilung nachträglich *nicht* auf die vereinbarte Art und Weise durchzuführen, zB durch eine Nachverhandlung des ursprünglichen Vertrags. Antizipiert dies der Agent jedoch, geht der Motivationseffekt, die geplante Aktion a^p zu wählen, verloren.

---

52 Vgl zu solchen Ergebnissen *Merchant* (1987).

53 Vgl ausführlich dazu *Antle* und *Demski* (1988) sowie *Demski* (2008), Kapitel 16.

54 Weitergehende Analysen des *Controllability*-Prinzips finden sich zB in *Arya* et al. (2007).

55 Vgl dazu *Schäffer* und *Pelster* (2007).

Controllability im Agency-Modell

Die besondere Rolle des *Controllability*-Prinzips in Agency-Modellen kann durch Weiterführung des obigen Beispiels demonstriert werden. Der Prinzipal möchte die hohe Aktion induzieren. Der Reservationsnutzen des Agenten beträgt $\underline{U} = 20$, und die Wahrscheinlichkeitsstruktur ist wieder wie folgt gegeben.

Wahrscheinlichkeit	x_1	x_2	v_j
a_L	0,6	0,4	0
a_H	0,3	0,7	4

Die *first best*-Lösung ergibt einen Nutzen der Entlohnung von $\underline{U} + v_H = 24$ und erwartete Entlohnungskosten von $24^2 = 576$.

Nun sei unterstellt, dass sich die obige Wahrscheinlichkeitsstruktur durch folgende Beziehung für die Ergebnisse der beiden Aktionen in Abhängigkeit von drei möglichen Zuständen beschreiben lässt:

Ergebnisse	θ_1	θ_2	θ_3
a_L	x_1	x_1	x_2
a_H	x_1	x_2	x_2

Die Wahrscheinlichkeiten für die Zustände θ_1 und θ_2 seien jeweils 0,3, so dass sich 0,4 für die Wahrscheinlichkeit des Zustands θ_3 ergibt. Wie man leicht nachprüfen kann, treten die Ergebnisse bei Unterdrückung der Zustände dann gemäß der obigen Wahrscheinlichkeitsstruktur ein. Angenommen, neben dem Ergebnis x ist noch eine weitere Information y verfügbar, die ebenfalls zwei mögliche Ausprägungen annehmen kann:

Signale	θ_1	θ_2	θ_3
y	y_1	y_2	y_2

Die Information y ist vom Agenten offenbar *nicht direkt kontrollierbar*, sie hängt nur vom Eintritt der Zustände ab. Es könnte sich zB um den Überschuss eines Konkurrenzunternehmens handeln, das von den gleichen Marktentwicklungen betroffen ist. Der Prinzipal kann die Entlohnung jetzt sowohl vom Ergebnis x als auch von der Information y abhängig machen. Eine Betrachtung der sich ergebenden Kombinationen (x, y) zeigt, dass die Kombination (x_1, y_2) offenbar nur dann möglich ist, wenn der Agent die niedrige Arbeitsleistung gewählt hat. Angenommen, der Prinzipal zahlt beim Eintritt dieser Kombination dem Agenten nichts, gewährt ihm andernfalls jedoch den Nutzen der *first best*-Lösung von 24. Wählt der Agent unter diesen Bedingungen die niedrige Arbeitsleistung, erzielt er einen erwarteten Nutzen von:

$$0{,}3 \cdot 24 + 0{,}3 \cdot 0 + 0{,}4 \cdot 24 = 0{,}7 \cdot 24 = 16{,}8 < 20 = \underline{U}$$

Es lohnt sich daher für den Manager, die hohe Arbeitsleistung zu wählen, und dies kann jetzt sogar bei optimaler Risikoteilung (im Gleichgewicht) geschehen (dem Manager wird Risiko durch den Kontrakt angedroht, wenn er die niedrige Arbeitsleistung wählt). Im Ergebnis erhält man jetzt Zielerreichungen für Prinzipal und Agent wie im *first best*-Fall. Die absolute Kontrollierbarkeit der Zusatzinformation ist offenbar nicht entscheidend, sondern es zählt die bedingte Informativität (quasi die bedingte Kontrollierbarkeit) der zusätzlichen Signale: Gegeben die Verfügbarkeit von x erlaubt die zusätzliche Verwendung von y für bestimmte Ergebnisse eine präzisere Information über die Arbeitsleistung als x alleine, und dies kann bei der Festlegung der Entlohnung verwendet werden. Letztlich gelingt eine bessere Risikoteilung, obwohl der Agent die Zusatzinformation überhaupt nicht kontrollieren kann (was dem klassischen *Controllability*-Prinzip widerspricht).

Folgen für die Planung

Die Beurteilung des Agenten wird so festgesetzt, dass er von sich aus einen Anreiz besitzt, die (im Modell optimale) Planaktion a^p zu wählen. Dies mag als Lösung des Delegationsproblems erscheinen. Tatsächlich muss das Unternehmen jedoch **Konzessionen** infolge der asymmetrisch verteilten Information machen: Die vereinbarte Planaktion entspricht idR *nicht* der **optimalen Aktion** in der *first best*-Lösung, die das Unternehmen bei zentraler Entscheidung über die Aktion gerne wählen würde. Angenommen, die Arbeitsleistung ist kontinuierlich in der Menge möglicher Arbeitsleistungen, $a \in [\underline{a}, \overline{a}]$. Dann ist die *second best*-Arbeitsleistung niedriger als die *first best*-Lösung. Ein Durchsetzen der *first best*-Lösung wäre zu teuer, weil dem Agenten ein so hoher Anreiz gegeben werden müsste, dass die Risikoprämie den erwarteten Ergebniszuwachs übersteigt.

In Modellen mit nur zwei Aktionen, wie sie hier betrachtet wurden, ist dies dagegen meist nicht erkennbar, weil immer angenommen wird, dass die höhere der beiden Aktionen induziert werden soll. Das Ergebnis einer sinkenden Arbeitsleistung würde dann zutreffen, wenn es in der *second best*-Situation für den Prinzipal unvorteilhaft wird, die hohe Arbeitsleistung zu induzieren, während es sich im Rahmen des *first best*-Szenarios lohnen würde. Dies ist jedoch eine aus Anreizsicht wenig interessante Situation.

Die optimale Arbeitsleistung hängt weiter von den für die Vertragsgestaltung verfügbaren Informationen ab. Wenn eine bessere Information zur Verfügung steht, kann der Prinzipal mit weniger Risiko hinreichende Anreize schaffen, und umso höher ist die optimale Arbeitsleistung. Bei perfekter Information kann er die *first best*-Arbeitsleistung verlangen. Das bedeutet also, dass im Rahmen einer dezentralen Planung der nachträgliche Kontrollmechanismus **Rückwirkungen** auf die Plangrößen besitzt. Die Planung unterscheidet sich, je nachdem, welche Informationen im Rahmen der Kontrolle später vorliegen. Wenn im Folgenden Auswertungsstrategien analysiert werden, die Zusatzinformationen liefern, hat die Auswertungsstrategie selbst Rückwirkungen auf die optimale Aktion! **Planung und Kontrolle sind daher nicht separierbar**.

7.3. Auswertungsstrategien im Agency-Modell

Aufgrund der bisherigen Überlegungen erhebt sich die Frage, ob eine Auswertung, dh die mit Kosten verbundene Gewinnung von Informationen über a^i oder θ^i, überhaupt ökonomischen Sinn machen kann. Interessanterweise ist dies tatsächlich der Fall: Der Nutzen der nachträglich beschafften Information liegt darin, dass diese *zusätzlich* zu x (bzw Δx) **informativ** über die Aktion a^i ist. Bei Bekanntsein der Auswertungsstrategie werden *ex ante* Anreize für den Agenten entwickelt, sein Verhalten wie vereinbart zu setzen. Die zusätzlichen Anreize als **Nutzen der Auswertung** verringern das Risiko, das für den Agenten mit der Beurteilung verbunden sein muss; ihre quantifizierten Auswirkungen müssen nun den **Kosten** der Auswertung gegenübergestellt werden. Diese **Kosten-Nutzen-Abwägung** wird im Folgenden in einer Fortführung des oben aufgestellten Agency-Modells demonstriert. Die Auswertung von Abweichungen des Ergebnisses Δx entspricht dem Beschaffen von zusätzlicher Information über die Aktion des Agenten oder den Umweltzustand.

Perfekte Auswertungstechnologie

Zunächst wird der Fall dargestellt, in dem die Auswertung die vom Agenten gewählte Aktion mit **Sicherheit** hervorbringt. Es ist klar, dass ein **Auswerten** in diesem Sinne immer einen **Vorteil** bringt, weil mehr Information für die Anreizgestaltung und die Risikoteilung zur Verfügung steht. Würde immer ausgewertet, könnte die *first best*-Situation erzielt werden; in diesem Fall wären die Istergebnisse und die Ergebnisabweichungen überhaupt nicht mehr von Interesse. Eine **vollständige Auswertung** kann jedoch erhebliche Kosten K verursachen. Dann erhebt sich die Frage, ob es besser ist, nur bei einem ungünstigen Istergebnis x_1 oder bei einem günstigen Istergebnis x_2 auszuwerten.

Die **optimale Auswertungsstrategie** ohne Berücksichtigung der Auswertungskosten K ergibt sich im obigen Modell durch einen Vergleich der erwarteten Entlohnungskosten der beiden Möglichkeiten. Wird nur bei **ungünstigem Ergebnis** x_1 ausgewertet, bringt diese Auswertung die tatsächliche Arbeitsleistung zum Vorschein. Hat der Agent a_H geleistet, so erhält er die Entlohnung s_1; hat er dagegen a_L geleistet, erhält er keine Entlohnung (eine Entlohnung von Null ist hier wegen der Wurzelfunktion als Nutzenfunktion die größte zur Verfügung stehende Sanktion). Bei hohem Istergebnis wird nicht ausgewertet, und die Entlohnung beträgt s_2. Das **Programm** lautet wie folgt:

$$\min_{u_1,u_2} \phi_1^H \cdot u_1^2 + \phi_2^H \cdot u_2^2$$

unter den **Nebenbedingungen**

$$\phi_1^H \cdot u_1 + \phi_2^H \cdot u_2 - v_H \geq \underline{U}$$

$$\phi_1^H \cdot u_1 + \phi_2^H \cdot u_2 - v_H \geq \underbrace{\phi_1^L \cdot 0}_{=0} + \phi_2^L \cdot u_2 - v_L \qquad (12)$$

Fortsetzung des Beispiels

Der Prinzipal möchte die hohe Aktion induzieren. Der Reservationsnutzen des Agenten beträgt $\underline{U} = 20$, und die Wahrscheinlichkeitsstruktur lautet:

Wahrscheinlichkeit	x_1	x_2	v_j
a_L	0,6	0,4	0
a_H	0,3	0,7	4

Die *first best*-Lösung ergibt wiederum einen Nutzen der Entlohnung von $\underline{U} + v_H = 24$ und erwartete Entlohnungskosten von $24^2 = 576$. Nun sei angenommen, die Entlohnung würde gleich gehalten und nur im Fall der Auswertung bei Auffinden von a_L würde Null bezahlt.

Im Fall der Auswertung nur bei **ungünstigem Ergebnis** lautet die Aktionswahlbedingung

$$\phi_1^H \cdot 24 + \phi_2^H \cdot 24 - 4 \geq \phi_1^L \cdot 0 + \phi_2^L \cdot 24 - 0$$
$$20 \geq 0{,}4 \cdot 24 = 9{,}6$$

Diese Bedingung ist damit erfüllt. Bei Auswertung nur des **günstigen Ergebnisses** ist die Aktionswahlbedingung ebenfalls erfüllt:

$$\phi_1^H \cdot 24 + \phi_2^H \cdot 24 - 4 \geq \phi_1^L \cdot 24 + \phi_2^L \cdot 0 - 0$$
$$20 \geq 0{,}6 \cdot 24 = 14{,}4$$

Daraus folgt, dass die Sanktion, nämlich Null zu zahlen, hier völlig ausreicht, um mit jeder der beiden Auswertungsstrategien die *first best*-Lösung zu implementieren.

Für einen vollständigen Vergleich der beiden Varianten sind allerdings die **Auswertungskosten** K zu berücksichtigen. Sind die Kosten der Auswertung nur von der Tatsache der Auswertung, nicht aber von den Ergebnissen selbst abhängig, ist es günstiger, bei ungünstigem Ergebnis auszuwerten, denn *a priori* tritt das ungünstige Ergebnis nur mit einer Wahrscheinlichkeit von 0,3 ein. Daher wird im Erwartungswert weniger oft ausgewertet.

Man kann noch einen Schritt weiter gehen und überlegen, ob es nicht ausreicht, nur **stichprobenartig** auszuwerten. Angenommen, bei Beobachtung des ungünstigen Ergebnisses wird mit $\alpha \in [0; 1]$ ausgewertet. Dann ändert sich die Aktionswahlbedingung zu:

$$\phi_1^H \cdot 24 + \phi_2^H \cdot 24 - 4 \geq \alpha \cdot \phi_1^L \cdot 0 + (1-\alpha) \cdot \phi_1^L \cdot 24 + \phi_2^L \cdot 24 - 0$$
$$20 \geq (1-\alpha) \cdot 0{,}6 \cdot 24 + 0{,}4 \cdot 24$$
$$10{,}4 \geq (1-\alpha) \cdot 14{,}4$$

Sie ist solange erfüllt, als $\alpha \geq 5/18$ gewählt wird. Damit reduzieren sich die erwarteten Auswertungskosten ebenfalls auf $\alpha \cdot \phi_H^1 \cdot K$, ohne dass sich die Anreize ändern.

Der einzige Unterschied zum obigen Programm besteht in der Aktionswahlbedingung (12), die nun berücksichtigt, dass bei x_1 die Realisierung von a_L aufgedeckt werden kann. Dadurch wird diese Nebenbedingung weniger restriktiv, was für den Prinzipal vorteilhaft ist.

Analog ergibt sich im Fall, dass nur bei **hohem Ergebnis ausgewertet** werden soll, die Aktionswahlbedingung zu

$$\phi_1^H \cdot u_1 + \phi_2^H \cdot u_2 - v_H \geq \phi_1^L \cdot u_1 + \underbrace{\phi_2^L \cdot 0}_{=0} - v_L$$

Imperfekte Auswertungstechnologie

Im Folgenden wird nun der realistischere Fall betrachtet, dass eine Auswertung zwar **bessere Information**, aber keine perfekte Information, über die Aktion oder den Umweltzustand liefert. Bei einer Auswertung der Ergebnisabweichung wird ein **Signal** $y = y_1$ oder $y = y_2$ generiert. Die Wahrscheinlichkeitsstruktur ist in Tabelle 5 gegeben. Sie enthält die einzelnen Wahrscheinlichkeiten ϕ_{ik}^j für das gemeinsame Auftreten von (x_i, y_k, a_j). Die Randwahrscheinlichkeiten entsprechen den im obigen Beispiel verwendeten Wahrscheinlichkeiten, dass ein Ergebnis x_i bei entsprechender Arbeitsleistung a_j eintritt.

Wahrscheinlichkeiten	Signal y_1	Signal y_2	Summe
Aktion a_L			
Ergebnis x_1	ϕ_{11}^L	ϕ_{12}^L	ϕ_1^L
Ergebnis x_2	ϕ_{21}^L	ϕ_{22}^L	ϕ_2^L
Aktion a_H			
Ergebnis x_1	ϕ_{11}^H	ϕ_{12}^H	ϕ_1^H
Ergebnis x_2	ϕ_{21}^H	ϕ_{22}^H	ϕ_2^H

Tab. 5: Wahrscheinlichkeitsstruktur im Agency-Modell mit Auswertung

Wird nur bei ungünstigem Ergebnis x_1 ausgewertet, wird das Signal y erzeugt, und der Prinzipal kann dieses für die Entlohnung nutzen. Bei y_1 zahlt er s_{11} und bei y_2 wird s_{12} vergütet; bei günstigem Ergebnis x_2 bleibt unabhängig vom Signal y nur eine Entlohnung mit s_2. Das **Programm** lautet damit:

$$\min_{u_{11}, u_{12}, u_2} \phi_{11}^H \cdot u_{11}^2 + \phi_{12}^H \cdot u_{12}^2 + \phi_2^H \cdot u_2^2$$

unter den **Nebenbedingungen**

$$\phi_{11}^H \cdot u_{11} + \phi_{12}^H \cdot u_{12} + \phi_2^H \cdot u_2 - v_H \geq \underline{U}$$

$$\phi_{11}^H \cdot u_{11} + \phi_{12}^H \cdot u_{12} + \phi_2^H \cdot u_2 - v_H \geq \phi_{11}^L \cdot u_{11} + \phi_{12}^L \cdot u_{12} + \phi_2^L \cdot u_2 - v_L$$

Analoges gilt für die Auswertung nur bei günstigem Ergebnis. Die Ermittlung der optimalen **Auswertungsstrategie** (vor Berücksichtigung der Auswertungskosten K) verursacht größeren Rechenaufwand. **Allgemein** zeigt sich aber, dass es Situationen gibt, in denen die Auswertung ungünstiger Ergebnisse besser ist, und andere Situationen, in denen dies gerade umgekehrt ist. Der Grund liegt im Zusammenspiel mehrerer Faktoren: Ein maßgeblicher Faktor ist der **marginale Informationsgehalt** des

Signals y (relativ zum Informationsgehalt des Ergebnisses), das bei der Auswertung ermittelt wird. Es ist günstiger, an der Stelle auszuwerten, wo die Auswertung am meisten marginalen Informationsgehalt verspricht. Ein weiterer Faktor ist die Art der **Risikoscheu des Agenten**, nämlich inwieweit sich der Risikoaversionsgrad bei hoher oder niedriger Entlohnung ändert.

Bei einer **Wurzelfunktion** als monetäre Nutzenfunktion ist der Agent bei einer Schwankung der Entlohnung auf hohem Entlohnungsniveau weniger risikoscheu als bei einer entsprechenden Schwankung auf niedrigem Entlohnungsniveau. Eine Auswertung bei günstigem Ergebnis wird daher eher als Belohnung bei günstigem Signal interpretiert, das relativ weniger Risikoprämie erfordert. Bei einer **exponentiellen Nutzenfunktion** $U(s, a) = -\exp(-r(s-v))$ ist die absolute Risikoaversion überall gleich hoch. Dafür lässt sich allgemein zeigen, dass eine Auswertung ungünstiger Ergebnisse *immer* vorteilhafter ist als eine solche bei günstigem Ergebnis.[56]

Verallgemeinert man die Analyse auf **kontinuierliche Agency-Modelle**, so bleiben die grundsätzlichen Einsichten bestehen. Hinzu kommen folgende Ergebnisse: Da der Nutzen einer Auswertung bei einem bestimmten Ergebnis x entweder größer oder kleiner ist als die Kosten, kommen nur **Auswertungsstrategien** in Betracht, die ergebnisabhängig eine Auswertung mit Sicherheit oder keine Auswertung beinhalten. Gemischte Auswertungsstrategien für ein bestimmtes Ergebnis (also zB auswerten mit Wahrscheinlichkeit 50%) sind nicht optimal. Je nach Gegebenheiten können Auswertungsstrategien vorteilhaft sein, bei denen nur relativ ungünstige Abweichungen ausgewertet werden; es kann aber auch das Gegenteil passieren. Des Weiteren sind **Auswertungsstrategien** möglich, bei denen besonders hohe Abweichungen in beiden Richtungen ausgewertet werden sollten. Abbildung 8 zeigt beispielhaft einen Verlauf des Nutzens, der eine zweiseitige Auswertungsstrategie ergibt.

Der **Nutzen einer Auswertung** ist idR nicht symmetrisch um Null verteilt. Er wird bei einer Abweichung von $\Delta x = 0$ höchstens zufällig sein Minimum erreichen. Damit sind alle Auswertungsstrategien, die vom Absolutbetrag oder absoluten Prozentsatz der Abweichung abhängen, allenfalls in Einzelfällen optimal.

Diese Ergebnisse wurden für ein sehr kompaktes und stilisierendes Modell gezeigt. Erweiterungen wären insbesondere in Richtung mehrerer Perioden und anderer Informationsannahmen vorstellbar. Der Leser kann sich allerdings leicht ausmalen, dass umfangreichere, realistischere Modelle nur noch mehr **Varianten optimaler Auswertungsstrategien** liefern können.

Die optimale Auswertungsstrategie hängt von vielen Einflussgrößen ab, insbesondere vom Informationsgehalt der Ausgangsinformation und der Zusatzinformation sowie von den Eigenschaften des Agenten. Generelle Ergebnisse sind nicht verfügbar. Insgesamt zeigen diese Modelle aber ganz klar die **Funktion einer Abwei-**

---

[56] Vgl zB *Christensen* und *Demski* (2004), S. 211. Allgemeinere Nutzenfunktionen werden in *Baiman* und *Demski* (1980a, 1980b), *Dye* (1986) und *Young* (1986) analysiert. Ist die Zusatzinformation mit dem Ergebnis korreliert, kann sich eine zweiseitige (sowohl sehr ungünstige als auch sehr günstige Abweichungen werden ausgewertet) Auswertungsstrategie ergeben (vgl *Lambert* (1985)). Kann der Prinzipal den Informationsgehalt (der Kosten verursacht) selbst entscheiden, wird er idR einen steigenden Informationsgehalt für ungünstigere Ergebnisse (Abweichungen) wählen (vgl *Kim* und *Suh* (1992)).

chungsanalyse für die **Verhaltenssteuerung** auf: Sie beschafft zusätzliche Informationen, die ihre Wirkung *ex ante* auf das Verhalten des Agenten haben. Und sie beschafft diese Information (neben anderen Faktoren) typischerweise dort, wo ihr marginaler Informationsgehalt am höchsten ist. Eine Abweichungsauswertung ist daher etwas „Gutes" und nicht ein Misstrauen gegenüber dem Agenten. Bei einer Auswertung ungünstiger Abweichungen führt sie zu einem „**Versicherungseffekt**" für den Agenten, denn sie reduziert sein Entlohnungsrisiko bei gleichem Steuerungseffekt. Und eine Auswertung günstiger Abweichungen ist als (erwartete) **Belohnung** für entsprechendes Verhalten des Agenten interpretierbar.

Fortsetzung des Beispiels

Der Prinzipal möchte die hohe Aktion induzieren. Der Reservationsnutzen des Agenten beträgt $\underline{U} = 20$, und die Wahrscheinlichkeitsstruktur ist unten dargestellt. Wie sich leicht überprüfen lässt, sind die Ergebniswahrscheinlichkeiten (vor Beobachtung von y) gleich wie im obigen Beispiel. Die *first best*-Lösung liefert wiederum einen Nutzen der Entlohnung von $\underline{U} + v_H = 24$ und erwartete Entlohnungskosten von $24^2 = 576$. Die optimalen Lösungen wurden mit dem Solver in Microsoft Excel ermittelt.

	Aktion a_L		Aktion a_H	
Wahrscheinlichkeit	y_1	y_2	y_1	y_2
x_1	0,3	0,3	0,1	0,2
x_2	0,3	0,1	0,2	0,5

Auswertung nur bei ungünstigem Ergebnis:
$u_{11} = 10{,}17$ $u_{12} = 20{,}54$ $u_2 = 26{,}96$ Erwartete Entlohnungskosten 603,65

Auswertung nur bei günstigem Ergebnis:
$u_1 = 18{,}03$ $u_{21} = 21{,}01$ $u_{22} = 28{,}78$ Erwartete Entlohnungskosten 599,88

Die Auswertung nur bei günstigem Ergebnis ist (vor allfälligen Auswertungskosten) vorteilhaft.

Nun sei folgende Wahrscheinlichkeitsstruktur betrachtet; alle anderen Daten bleiben gleich. Dadurch ist auch das *first best*-Ergebnis dasselbe.

	Aktion a_L		Aktion a_H	
Wahrscheinlichkeit	y_1	y_2	y_1	y_2
x_1	0,56	0,14	0,1	0,4
x_2	0,24	0,06	0,1	0,4

Auswertung nur bei ungünstigem Ergebnis:
$u_{11} = 16{,}22$ $u_{12} = 25{,}10$ $u_2 = 24{,}68$ Erwartete Entlohnungskosten 582,77

Auswertung nur bei günstigem Ergebnis:
$u_1 = 21{,}17$ $u_{21} = 14{,}09$ $u_{22} = 30{,}02$ Erwartete Entlohnungskosten 604,32

Das Ergebnis dreht sich um: Die Auswertung ist hier bei ungünstigem Ergebnis (vor allfälligen Auswertungskosten) besser.

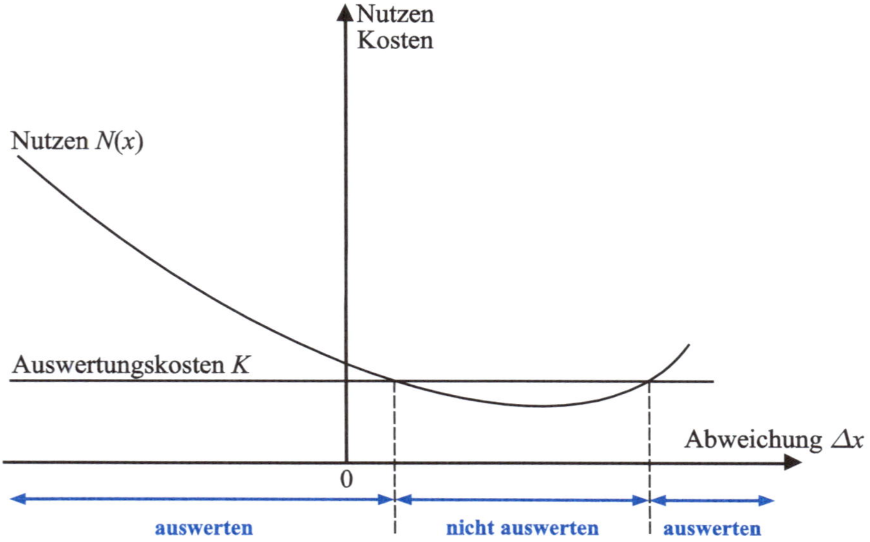

Abb. 8: Eine Auswertungsstrategie bei beabsichtigten Abweichungen

8. Zusammenfassung

Die **Kontrolle** ermittelt und analysiert Abweichungen zwischen Sollwerten und den korrespondierenden Istwerten. Ursachen für Abweichungen können **kontrollierbar** oder **nicht kontrollierbar** sein. Die kontrollierbaren Ursachen können aufgrund von Planungsfehlern, Ausführungs- und Realisationsfehlern sowie Auswertungsfehlern entstehen. Die Kontrolle besitzt **Entscheidungsfunktion**, sie dient also der Verbesserung eigener Entscheidungen, und **Verhaltenssteuerungsfunktion**, dh der Beeinflussung der Entscheidungen anderer Entscheidungsträger im Unternehmen.

Die **Vorgehensweise** bei Kontrollrechnungen beinhaltet die Aufstellung des **Kontrollfeldes** (Kontrollobjekt, Kontrollausmaß, Kontrollhäufigkeit), die Bestimmung der **Sollgrößen** und der **Istgrößen**, den Vergleich der beiden und die **Aufspaltung** der Gesamtabweichung in Einzelabweichungen sowie schließlich die **Auswertung** der Ergebnisse.

Bei der Aufspaltung der Gesamtabweichung besteht das Problem, dass die Einflussgrößen auf das Kontrollobjekt (Kosten, Erlöse) oft nicht additiv zur Gesamtabweichung beitragen, dabei entstehen **Abweichungen höherer Ordnung**, und dass sie zum Teil voneinander abhängig sind. Eine **verursachungsgerechte Aufspaltung** ist dann **nicht möglich**. Sämtliche Methoden können nur nach ihrer **Zweckmäßigkeit** beurteilt werden. Von den wesentlichen Methoden: **differenzierte**, **alternative**, **kumulative** und **symmetrische Methode**, erfüllt die differenzierte Methode am ehesten die Zweckmäßigkeitskriterien; in der Praxis wird allerdings die kumulative Methode am häufigsten verwendet.

Typische Abweichungen bei der **Kostenkontrolle** sind (echte) **Beschäftigungs-, Preis- und Mengen(Verbrauchs-)abweichungen**. In Vollkostenrechnungen entstehen überdies (sogenannte) Beschäftigungsabweichungen, die eine vorgenommene Proportionalisierung der Fixkosten wieder korrigieren. Die Mengen(Verbrauchs-) abweichungen beinhalten Abweichungen infolge von Unwirtschaftlichkeiten und von Änderungen des Produktionsvollzugs (**Spezialabweichungen**). **Induzierte Abweichungen** sind Abweichungen, die aufgrund von Abweichungen in einem anderen Kontrollobjekt auftreten.

Bei der **Erlöskontrolle** entsteht regelmäßig das Problem, dass Einflussfaktoren voneinander abhängig sind. Eine Trennung in interne und externe, nicht kontrollierbare Einflussgrößen kann durch die Ermittlung einer **Marketing-** und einer **Preiseffektivitätsabweichung** einerseits und einer **Branchenpreis-** und **Marktvolumenabweichung** andererseits vorgenommen werden. Bei **Deckungsbeitragsabweichungen** können Interpretationsschwierigkeiten infolge von Vorzeichenwechseln bei den Deckungsbeiträgen auftreten.

Die **Planungskontrolle** versucht, Planungsfehler von den Realisationsfehlern (sowie von Auswertungsfehlern) zu trennen. Dabei wird ein ***ex post*-Plan** unter Verwendung der nachträglich bekannt gewordenen Informationen erstellt. Dieses Vorgehen weist eine Reihe von Problemen auf, sodass es für die Beurteilung von Mitarbeitern anhand der Planabweichung oder auch der verbleibenden (Rest-)Abweichung nur mit Vorbehalt geeignet erscheint.

Die **Auswertungen** der Abweichungsanalyse ermöglichen eine tiefer gehende Analyse von Abweichungsursachen; sie erfordern Informationen über zusätzliche Einflussgrößen, und dies ist zum Teil kostspielig. Sind Abweichungen **unbeabsichtigt** entstanden, wird die Auswertungsentscheidung davon abhängig gemacht, ob die Abweichung auf kontrollierbare oder auf nicht kontrollierbare Ursachen hindeutet. Aus den realisierten Abweichungen wird auf die Ursachen der Abweichung statistisch rückgeschlossen. Dazu gibt es viele, auf verschiedenen Annahmen basierende, statistische und entscheidungstheoretische Modelle.

Statistische Verfahren sind zB das **Kontrollkarten-Verfahren**, das nur die gerade aktuelle Abweichung als Entscheidungskriterium für die Auswertung heranzieht, und das **Winkelschablonen-Verfahren**, das auch vergangene Abweichungen dafür berücksichtigt. Erfasst man darüber hinaus Kosten und Nutzen von Auswertungen samt den notwendigen Korrekturmaßnahmen, ergeben sich Modelle auf **entscheidungstheoretischer Basis**. Mit ihnen können je nach Annahmen über die Folgen kontrollierbarer Ursachen verschiedene Auswertungsstrategien gewonnen werden.

Bei der Auswertung **beabsichtigt** verursachter Abweichungen dient die Zusatzinformation zur besseren **Verhaltenssteuerung** von dezentralen Entscheidungsträgern, die über bessere Information als die Zentrale verfügen und divergierende Interessen haben. Anders als bei der Auswertung unbeabsichtigter Abweichungen ist hier das (beabsichtigte) Verhalten des Entscheidungsträgers vorweg bekannt, womit die Informationsfunktion der Auswertung *ex post* wegfällt. Die Kontrolle entwickelt nur *ex ante* einen Nutzen.

Der **Nutzen** aus einer **Auswertung** bei einer bestimmten Ergebnisabweichung ist immer strikt positiv. Er erreicht idR sein Minimum *nicht* dann, wenn die Ergebnisabweichung null ist; dies hängt von vielen Faktoren ab. Ob nur bei ungünstigen oder nur bei günstigen Abweichungen ausgewertet wird, oder ob eine zweiseitige oder eine komplexere **Auswertungsstrategie** optimal ist, hängt im Wesentlichen von der Risikoscheu des Agenten und vom Informationsgehalt der Auswertung ab. Einfache, robuste Regeln sind grundsätzlich nur in Sonderfällen optimal.

Fragen

F7-1 Welche Ursachen für Abweichungen gibt es, und wie lassen sie sich kategorisieren?

F7-2 Welcher Zusammenhang besteht zwischen der Funktion der Kontrolle und der Bestimmung der Sollgrößen?

F7-3 Wie kommt eine Abweichung 3. Ordnung zustande, und wie kann man sie interpretieren?

F7-4 Sind Abweichungen, die mit der symmetrischen oder kumulativen Methode ermittelt werden, immer höher als die Abweichungen nach der differenzierten Methode?

F7-5 In welchem Maße kann es bei Abweichungen 1. Ordnung implizite Überschneidungsprobleme geben?

F7-6 Kann eine für sich positive Einzelabweichung durch Hinzurechnen bzw Herausrechnen von mitverursachten Abweichungen höherer Ordnung das Vorzeichen wechseln und negativ werden?

F7-7 Was sind induzierte Abweichungen?

F7-8 Was sind im Rahmen der Erlöskontrolle externe und interne Abweichungen?

F7-9 Unter welchen Voraussetzungen kann eine Planungsabteilung für Planabweichungen verantwortlich gemacht werden?

F7-10 Unter welchen Annahmen über Abweichungsursachen lässt sich eine Faustregel für die Auswertung von Abweichungen „Auswerten, falls Abweichung höher als ±5% vom Soll“ begründen?

F7-11 Welche Informationen benötigt man für die Entscheidung, ob eine Abweichung ausgewertet werden soll oder nicht?

F7-12 Weshalb ist eine Abweichungsanalyse bei Abweichungen, die aufgrund beabsichtigten Verhaltens von Entscheidungsträgern entstehen, eigentlich wertlos?

F7-13 Worin besteht in einem grundlegenden Agency-Modell ein Trade-off?

F7-14 Was ist der Unterschied zwischen der *first best*-und *second best*-Lösung?

F7-15 Weshalb und wie hat die Auswertungsstrategie im Agency-Modell Rückwirkungen auf die Planung der Aktivitäten?

F7-16 Wovon hängt es ab, ob tendenziell bei günstigen oder bei ungünstigen Abweichungen eine Auswertung erfolgen soll?

Probleme

P7-1 **Kostenabweichungen nach mehreren Methoden**. Für eine primäre Güterart wurde in der Planung ein Beschaffungspreis von 12,5 angesetzt, und es wurde davon ausgegangen, dass bei einer Produktion von 2.000 Mengeneinheiten des in der betrachteten Kostenstelle gefertigten Zwischenproduktes ein Verbrauch von 3 Gütereinheiten je Mengeneinheit des Zwischenproduktes anfällt. Am Periodenende stellt sich heraus, dass der Beschaffungspreis auf 4 gesunken ist, und dass nur 1.875 Mengeneinheiten des Zwischenproduktes hergestellt werden konnten, wofür jeweils 10 Einheiten der primären Güterart benötigt wurden.

Führen Sie auf der Basis eines Ist-Soll-Vergleiches mit Planbezugsgrößen und eines Soll-Ist-Vergleiches mit Istbezugsgrößen die Abweichungsanalyse gemäß allen Methoden der Abweichungsanalyse bis auf die Min-Methode durch. Berücksichtigen Sie dabei alle möglichen Reihenfolgen der Ermittlung von Teilabweichungen.

P7-2 **Fertigungskosten-Abweichungen**. In der Kostenstelle „Stanzen" des Leiterplattenwerkes IBN werden Löcher in Leiterplatten gestanzt. Die bearbeiteten Leiterplatten werden an nachfolgende Kostenstellen geliefert, die dann dieses Board bestücken. Aufgrund eines fixen Abnahmevertrages wurden in der betrachteten Periode wie geplant 20.000 Leiterplatten ausgeliefert. Widrige technische Gegebenheiten führten zu einer Verschlechterung des Ausbeutegrades. Dies wurde von der Arbeitsvorbereitung erkannt und kurzfristig über eine Erhöhung der Intensität zu korrigieren versucht, um zeitgerecht fertig zu werden. Des Weiteren wurde beim innerbetrieblichen Transport eine Transporteinheit (250 Stück) dermaßen beschädigt, dass sie nicht mehr weiterverarbeitet, sondern nur mehr recycled werden konnte.

Die Plan- und die Istdaten lauten:

	Plan	Ist
Produktionsmenge	20.000 Stück	20.000 Stück
Seriengröße (Stück je Serie)	40	50
Dauer eines Umrüstvorganges (Stunden)	0,5	0,5
Ausbeutegrad	50%	40%
Intensität (in Stück/Stunde)	100	125
Rüststundensatz (variable Kosten)	300	
Maschinenstundensatz (variable Kosten)	650	

Ermitteln Sie passende Kostenabweichungen nach der (einfachen) differenzierten und nach der kumulativen Methode.

P7-3 **Erlöskontrolle**. Ein Einproduktunternehmen geht im Rahmen der Planung der gewinnoptimalen Produktions- und Absatzmenge von der Preis-Absatz-Funktion $p(x) = 1.240 - 2 \cdot x$ und der Kostenfunktion $K(x) = 10.000 + 40 \cdot x$ aus. Am Ende der Periode stellt sich heraus, dass ein Preis $p^i = 580$ erzielt werden konnte, bei dem eine Absatzmenge in Höhe von $x^i = 310$ realisiert wurde.

a) Wie lautet die gesamte Erlösabweichung? Wie würde diese Abweichung gemäß der (einfachen) differenzierten Methode der Abweichungsanalyse in einzelne Teilabweichungen aufgespaltet werden? (Verwenden Sie stets einen Ist-Soll-Vergleich mit Planbezugsgrößen.) Welche Schlüsse würden sich aus einer derartigen Abweichungsanalyse für die Beurteilung der realisierten Preispolitik sowie der sonstigen Absatzpolitik ergeben?

b) Welche Teilabweichungen ergeben sich für die einzelnen Einflussfaktoren, wenn Sie bei der differenzierten Methode zusätzlich die Zusammenhänge der Preis-Absatz-Funktion einbeziehen? Wie ändern sich die Schlussfolgerungen im Anschluss an die Abweichungsanalyse?

c) Berücksichtigen Sie nun zusätzlich den Branchenpreis p_m und das Marktvolumen x_m. Die entsprechenden Plan- und Istwerte sind:

$$p_m^p = 680; \quad p_m^i = 590; \quad x_m^p = 3.000; \quad x_m^i = 3.300$$

Ermitteln Sie die Branchenpreisabweichung, die Marktvolumensabweichung, die Marketingeffektivitätsabweichung sowie die Preiseffektivitätsabweichung.

P7-4 **Planungs- und Realisationsabweichung**. In der Kostenstelle RB 045 einer großen Möbeltischlerei werden runde Tischplatten aus Teakholz hergestellt, die dann an die Kostenstelle RB 046 zur Endmontage geliefert werden. Bei der Besprechung der Abweichungen mit dem Kostenstellenleiter ergeben sich folgende Erkenntnisse: Laut Kostenplan sind für eine Tischplatte 11 m^2 Teakholz notwendig. Im Konstruktionsplan sind jedoch nur 10 m^2 vorgesehen, der Fehler liegt in einer falschen Umrechnung des Maßstabes des Planes durch einen Lehrling in der Planungsabteilung. Der Preis für das Holz wurde im Plan auf 300/m^2 festgelegt, aufgrund befürchteter zukünftiger Importbeschränkungen für Tropenholz war eine größere Menge am Markt verfügbar, zu einem Preis von 280/m^2. Insgesamt wurden in der Abrechnungsperiode 100 Tischplatten zu Istmaterialkosten in Höhe von 315.000 hergestellt.

Ermitteln Sie die Planungs- und Realisationsabweichung.

P7-5 Auswertungsstrategien von Abweichungen. Im Rahmen einer Kostenabweichungsanalyse wurde eine hohe Mengenabweichung festgestellt, wobei die genaue Ursache dafür noch nicht feststeht. In der folgenden Besprechung mit dem Abteilungsleiter der betreffenden Kostenstelle kristallisieren sich folgende begründete Vermutungen heraus: Entweder handelt es sich um Verschleißeffekte (die Maschine wurde aufgrund der guten Auftragslage in den letzten zwei Jahren nicht gewartet), oder die Abweichung ist auf einen Blitzschlag im Umspannwerk der Stromversorgung zurückzuführen, dessen Auswirkungen von den betreffenden Technikern lange nicht in den Griff gebracht werden konnten und zu Schwankungen in der Stromversorgung der Maschine geführt haben, mittlerweile aber vollständig behoben werden konnten.

Eine genauere Untersuchung könnte nur bei Stillstand der Maschine durchgeführt werden, wobei insgesamt Untersuchungskosten in Höhe von 25.000 erwartet werden. Die Kosten der Reparatur bei Verschleißschäden betragen 65.000. Wird nichts unternommen und liegen Verschleißschäden vor, ist in der nächsten Periode mit Mehrkosten in Höhe von 110.000 zu rechnen. Die Wahrscheinlichkeit für Verschleißeffekte wird mit 70 % angenommen. Der Entscheider ist risikoneutral.

a) Soll eine Auswertung der Abweichung durchgeführt werden? Wenn ja, soll zuvor eine Untersuchung durchgeführt werden oder sollen gleich Korrekturmaßnahmen gesetzt werden?

b) Wie hoch dürfen die Untersuchungskosten – *ceteris paribus* – sein, damit der Entscheidungsträger zwischen den Alternativen Untersuchung und Korrektur und sofortige Korrektur indifferent ist?

c) Wie hoch sind die kritischen Wahrscheinlichkeiten zwischen den Alternativen
- Untersuchung und Korrektur und nichts unternehmen
- Untersuchung und Korrektur und sofort korrigieren
- sofort korrigieren und nichts unternehmen?

P7-6 Auswertungsstrategien im binären Agency-Modell. Gegeben sei folgende Situation: Der Agent könne zwischen zwei Aktionen a_L und a_H wählen und könne damit nur zwei Ergebnisse x_L und x_H mit folgenden Wahrscheinlichkeiten produzieren:

Wahrscheinlichkeit	x_L	x_H	Disnutzen $V(a)$
Aktion a_L	2/3	1/3	0
Aktion a_H	1/3	2/3	1

Der Prinzipal ist risikoneutral, der Agent ist risikoscheu mit einer Nutzenfunktion $U^A(s,a) = \sqrt{s} - V(a)$ (damit darf seine Kompensation s nicht negativ werden!). Sein Mindestnutzen, damit er für den Prinzipal arbeitet, beträgt $\underline{U}^A = 0$. Der Prinzipal möchte, dass der Agent die Aktion a_H wählt.

Der Prinzipal hat mehrere Möglichkeiten für eine Analyse von Ergebnisabweichungen. Er kann eine perfekte Informationstechnologie in Anwendung bringen, bei der er immer erfährt, welche Aktion der Agent gewählt hat. Die Auswertungskosten dafür betragen $K = 5$. Wenn er nur bei niedrigem Ergebnis oder alternativ nur bei hohem Ergebnis auswertet, betragen die Auswertungskosten $K = 3$. Soll er überhaupt auswerten, und wenn ja, welche Auswertungsstrategie soll er verfolgen?

(*Hinweis*: Arbeitet man anstelle der Kompensation $s(x)$ mit Nutzenwerten, dh $u_i \equiv U(s(x_i)) = \sqrt{s(x_i)}$ mit $i = L, H$, dann werden die Zielfunktion des Prinzipal quadratisch und alle Nebenbedingungen linear in u_i. Alle Auswertungsstrategien lassen sich damit einfach enumerieren.)

P7-7 Nutzung von Auswertungsinformationen für künftige Planung.[57] In einer Abteilung stehen 12 baugleiche Spritzgussmaschinen, die zur Herstellung von Teilen für eine Vielzahl verschiedener kundenspezifischer Produkte verwendet werden. Bei einer optimalen Einstellung benötigen sie im Durchschnitt 100 kg Kunststoff (mit einer Standardabweichung von 3 kg) für ein Teil. Bei einer schlechten Einstellung benötigen sie im Durchschnitt 110 kg (mit einer Standardabweichung von 5 kg).

Ein Nachjustieren der Einstellung ist mit relativ hohen Kosten verbunden, und deshalb werden in dieser Abteilung nur Abweichungen von mindestens zwei Standardabweichungen (von der optimalen Einstellung) untersucht. Dabei wird die jeweilige Maschine abgestellt und teilweise zerlegt, wodurch eine etwaige schlechte Einstellung erkannt und sofort behoben werden kann.

Die Kostenauswertung des letzten Monats ist aus der Tabelle ersichtlich. Aufgrund der Auswertungsstrategie wurden die Maschinen G bis L untersucht; das Ergebnis ist in der Tabelle ebenfalls ersichtlich.

Kann dieses Ergebnis darauf hindeuten, dass die Verteilungen des Verbrauches je nach Einstellung (optimal oder schlecht) verändert werden müssten? Wenn ja, auf welchen Durchschnittswert sollten sie angepasst werden? Wenn nein, wie könnte man sonst überprüfen, ob die zugrunde gelegten Verteilungen noch gelten?

---

57 Vgl *Capettini* et al. (1992), S. 48 – 51.

Maschine	Istmenge	Sollmenge	Abweichung	Einstellung
A	92	100	–8	–
B	94	100	–6	–
C	98	100	–2	–
D	102	100	2	–
E	103	100	3	–
F	105	100	5	–
G	106	100	6	optimal
H	108	100	8	optimal
I	109	100	9	schlecht
J	112	100	12	schlecht
K	114	100	14	schlecht
L	117	100	17	schlecht

P7-8 Optimale Entlohnung und *Likelihood*-Relation.[58] Ein risikoneutraler Prinzipal stellt einen Manager an. Dieser produziert mit einer Anstrengung, die hoch (a_H) oder niedrig (a_L) sein kann, einen Output, der nur aus einer von zwei möglichen Mengen bestehen kann, nämlich x_1 und x_2 mit $x_1 < x_2$. Die Wahrscheinlichkeiten lauten wie folgt:

Wahrscheinlichkeit	x_1	x_2	Disnutzen $V(a)$
Anstrengung a_L	0,8	0,2	0
Anstrengung a_H	0,1	0,9	5.000

Der Prinzipal möchte, dass der Manager hohe Anstrengung wählt. Der Manager ist risikoscheu mit folgender Nutzenfunktion:

$$U\left(s,a\right)=-e^{-0{,}0001\cdot\left[s-V(a)\right]}$$

wobei s die monetäre Entlohnung bezeichnet. $V(a)$ ist der Disnutzen aus seiner Anstrengung, wobei $V(a_L) = 0$ und $V(a_H) = 5.000$. Sein Reservationsnutzen beträgt $U(10.000) = -e^{-0{,}0001[10.000]} = -e^{-1}$.

a) Wie lautet die optimale Entlohnung, wenn nur der Output allgemein beobachtbar ist? Wie hoch sind die Kosten des Managers für den Prinzipal?

b) Angenommen, es gibt drei mögliche Outputmengen ($x_1 < x_2 < x_3$) mit folgenden Wahrscheinlichkeiten:

---

58 Dieses Beispiel folgt im Wesentlichen *Demski* (2008), S. 339 f.

Wahrscheinlichkeit	x_1	x_2	x_3
Anstrengung a_L	0,7	0,2	0,1
Anstrengung a_H	0,1	0,8	0,1

Wie lautet nun die optimale Entlohnung abhängig vom Output? Warum steigen die Kosten des Managers für den Prinzipal im Vergleich zu a)? Und weshalb erhält der Manager für den mittleren Output x_2 am meisten Entlohnung?

(*Hinweis*: Dieses Problem ist praktisch nur mit Hilfe einer Standard-Spreadsheet-Software, zB dem Solver in Microsoft Excel, explizit lösbar. Falls eine solche nicht zur Verfügung steht, sollten nur die qualitativen Fragen beantwortet werden.)

Literaturempfehlungen

Allgemeine Literatur

Kloock, J., und *W. Bommes*: Methoden der Kostenabweichungsanalyse, in: *Kostenrechnungspraxis* 1982, S. 225 – 237.

Streitferdt, L.: *Entscheidungsregeln zur Abweichungsauswertung*, Würzburg und Wien 1983.

Spezielle Literatur

Albers, S.: Ein System zur IST-SOLL-Abweichungs-Ursachenanalyse von Erlösen, in: *Zeitschrift für Betriebswirtschaft* 1989, S. 637 – 654.

Christensen, J., und *J.S. Demski*: Asymmetric Monitoring: Good versus Bad News Verification, in: *Schmalenbach Business Review* 2004, S. 206-222.

Glaser, H.: Zur Relativität von Kostenabweichungen, in: *Betriebswirtschaftliche Forschung und Praxis* 1999, S. 21 – 32.

Kloock, J., und *E. Dörner*: Kostenkontrolle bei mehrstufigen Produktionsprozessen, in: *OR Spektrum* 1988, S. 129 – 143.

Wagenhofer, A.: Abweichungsanalysen bei der Erfolgskontrolle aus agency theoretischer Sicht, in: *Betriebswirtschaftliche Forschung und Praxis* 1992, S. 319 – 338.

Teil III

Koordinationsrechnungen

8 Koordination, Budgetierung und Anreize

Die IUS GmbH ist ein mittelgroßes Unternehmen und erzeugt Nischenprodukte im Chemiebereich. Sie war darin aufgrund ihrer modernen Technologie sehr erfolgreich und ist in den letzten Jahren stark gewachsen. Vor einem Jahr wurde die Organisationsstruktur so geändert, dass nun drei Bereiche, Vorprodukte für Pharmazeutika, Zusatzstoffe für Mineralöle und Geschmacksverstärker voneinander getrennt als eigene Profit Centers agieren. Obwohl jeder Bereich seinen eigenen Kundenkreis hat, ergeben sich doch etliche Berührungspunkte, wie zB im Bereich der Beschaffung von Inputfaktoren, die in allen drei Bereichen benötigt werden. Auch die Produktionstechnologien sind ähnlich, so dass darin ein reger Erfahrungsaustausch stattfindet.

Karin Swoboda und Erich Neuenfels sind Mitarbeiter in der im Zuge der Neuorganisation geschaffenen Controlling-Abteilung der IUS. Sie arbeiten derzeit gemeinsam an einem Budgetierungssystem für die Bereiche. Es stellte sich nämlich heraus, dass die geänderte Organisationsstruktur stärker als erwartet Adaptionen im Bereich der Controlling-Instrumente nach sich zog. So war bisher die Budgetierung im Wesentlichen zentral durch Mitarbeiter des kaufmännischen Geschäftsführers erfolgt. Diese waren noch in der Lage, das Unternehmen im Wesentlichen zu überblicken und entwickelten die jährlichen Budgets aufgrund ihrer Erfahrung und den Plan- und Istgrößen vergangener Jahre.

Im Jahr nach der Neuorganisation wurde die Budgetierung der Controlling-Abteilung übertragen – und diese scheiterte, als sie das Budget analog zum früheren Usus selbst aufstellen wollte. Fred Pundy, der Manager des pharmazeutischen Bereiches, legte sich bei der Präsentation des Budgets einfach quer: „Das sind ja aus der Luft gegriffene Hausnummern, die ihr da produziert.“ und „Über das brau-

chen wir doch gar nicht zu diskutieren!" waren seine Worte. Die beiden anderen Bereichsmanager stimmten ein, und damit war das Budget vom Tisch.

Karin und Erich wurden daraufhin von der Geschäftsleitung mit der ehrenvollen Aufgabe bedacht, ein neues Budgetsystem zu entwickeln, das von allen akzeptiert würde – keine leichte Aufgabe. Der springende Punkt war, so waren die beiden überzeugt, dass sich die Bereichsmanager durch den Budgetierungsprozess überfahren vorkamen, hatten sie doch die wesentlich bessere Kenntnis ihres jeweiligen Bereiches. Also musste man sie in irgendeiner Form in die Budgeterstellung einbeziehen, aber wie? Karin meint: „Mandy Singer, die Managerin des Lebensmittelbereiches (Geschmacksverstärker), so könnte ich mir vorstellen, brauchen wir einfach zu fragen, und sie wird uns bereitwillig ihre Informationen nach bestem Gewissen geben. Aber bei Fred Pundy bin ich mir da nicht so sicher." „Das glaube ich auch," meint Erich. „Der ist viel zu fixiert auf den Erfolg seines eigenen Bereiches, koste es, was es wolle. Ich meine, er würde seine Kosten zu hoch angeben, nur um hinreichend Entscheidungsspielraum für besondere Situationen zu behalten, die rasches Handeln erfordern." „Ist das ein Problem?", fragt Karin, „Wir könnten doch seine Kosten einfach um, sagen wir, zehn Prozent reduzieren, bevor wir sie ins Budget aufnehmen. Allerdings, wer sagt uns, dass es gerade zehn Prozent sind? Und was passiert, wenn er damit ohnedies schon rechnet?"

„Bei Georg Trum vom Mineralölzusatzbereich werden wir wohl mit Ähnlichem rechnen müssen," meint Erich. „Ihn habe ich im Verdacht, dass er die Kosten deshalb überschätzen wird, um Luft zu haben für Anschaffungen, die er eigentlich gar nicht benötigen würde. Erst letztes Jahr hatte er auffällig hohe Reisekostenabrechnungen geliefert und ist noch immer unterhalb des Budgets geblieben. Dafür hat er auch noch einen tollen Bonus erhalten. Ich habe mir das einmal näher angesehen: Irgendwie hat er es geschafft, für einige Kostenpositionen überdurchschnittlich hohe Vorgaben zu bekommen und in weiterer Folge zu halten." „Das hätte früher doch einmal kontrolliert werden müssen", sagt Karin zu Erich. „Ja, schon. Ich glaube, bei den Reisekosten wurde das sogar einmal gemacht. Aber da hat er die Leute davon überzeugen können, dass diese Reisen alle wirklich zwingend erforderlich waren."

„Das Problem liegt an ganz anderer Stelle: Karin, was hältst Du davon, wenn wir einfach sagen, das Budget ist nur für unsere Planung, und die Bereichsmanager werden überhaupt nicht daran beurteilt." Karin schüttelt den Kopf. „Woran sollen sie denn dann beurteilt werden? Die drei Profit Centers sehen sich doch einer sehr unterschiedlichen Erfolgssituation gegenüber. Wenn wir die Budgets nicht als Plangröße beibehalten, wird der Bereich mit dem ungünstigsten Umfeld immer am schlechtesten beurteilt, auch wenn der Manager sein Bestes gibt. Ich glaube nicht, dass wir das entkoppeln können."

„Also gut," unterbricht sie Erich. „Dann probieren wir es doch einfach wirklich so, dass wir die Bereichsbudgets einfach als Entwurf verschicken. Wenn sie jemandem nicht passen, muss er eine andere Zahl begründen." Und Karin wirft ein: „Klar, und dann sagen wir, der Mandy glauben wir alles, und bei Pundy und Trum nehmen wir erst wieder unsere Zahlen. Die können uns gegenüber doch fast alles so

begründen, dass wir in der kurzen Zeit, die wir für die Erstellung des Budgets haben, keine Gegenargumente finden." „Vielleicht war es doch nicht so schlecht, einfach alles zentral festzulegen. Wir müssen es den Bereichsmanagern nur anders verkaufen; oder wir drohen ihnen, dass wir die Berechnung und Höhe ihres Bonus ändern, wenn sie nicht aufhören mit ihrer Opposition gegen die Budgeterstellung; da sind sie sicher empfindlich."

Ziele dieses Kapitels

- Darstellung der Gründe für einen Koordinationsbedarf
- Analyse der Funktionen der Budgetierung
- Aufzeigen des Zusammenspiels von Budgetierung und Managementbeurteilung bei der Lösung von Koordinationsproblemen
- Erkennen von Anreizeffekten bei der Partizipation im Rahmen der Budgetierung

1. Einführung

1.1. Koordinationsprobleme

Koordination beinhaltet die **Abstimmung von Einzelaktivitäten zur Erreichung übergeordneter Ziele.**[1] Für die Existenz eines solchen Abstimmungsbedarfs sind sowohl **sachliche** als auch **personelle Gründe** verantwortlich. Während sich der **sachliche Koordinationsbedarf** aus vielfältigen Interdependenz- und Verbundbeziehungen ergibt, resultiert der **personelle Koordinationsbedarf** aus der Tatsache, dass im allgemeinen *mehrere Personen* mit zumeist *divergierenden Interessen* und *unterschiedlichen Informationsständen* an der Vorbereitung der Unternehmensentscheidungen und deren Implementierung beteiligt sind. Insgesamt lassen sich die Gründe für einen Koordinationsbedarf wie in Abbildung 1 dargestellt systematisieren.

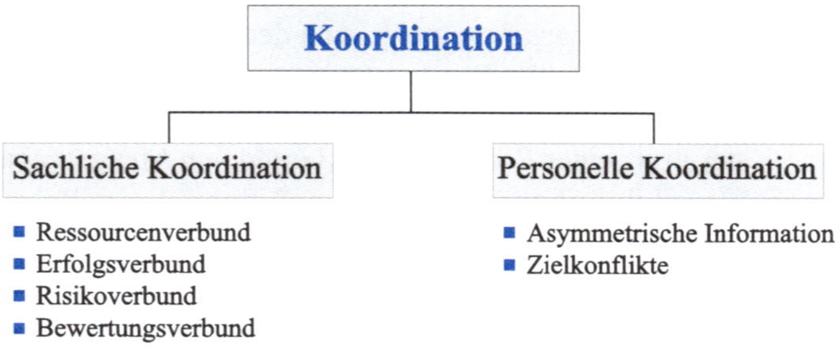

Abb. 1: Gründe für einen Koordinationsbedarf

1 Vgl *Frese* (1975), Sp. 2263.

1.2. Sachliche Koordination

Die in Abbildung 1 aufgelisteten Verbundeffekte wurden insbesondere in Teil I: *Entscheidungsrechnungen* bereits an verschiedenen Stellen behandelt. Man kann vier typische Ausprägungen des **sachlichen Verbunds** unterscheiden:[2]

- Ressourcenverbund
- Erfolgs- bzw Ergebnisverbund
- Risikoverbund
- Bewertungsverbund.

Ressourcenverbund

Einem Unternehmen stehen nicht unbegrenzt **Ressourcen** zur Verfügung. So hängt zB die Menge der absetzbaren Produkte davon ab, welche Kapazitäten im Beschaffungs- und Produktionsbereich zur Verfügung stehen. Sofern das Unternehmen mehrere Produktarten herstellt, hängt die absetzbare Menge einer Produktart darüber hinaus davon ab, in welchem Umfang die Fertigungskapazitäten bereits mit anderen Produktarten belegt sind. Natürlich kann in diesem Zusammenhang an eine Kapazitätserweiterung gedacht werden, doch müssen dabei wiederum der Finanzierungsspielraum und dessen Ausnutzung durch anderweitige Investitionsvorhaben (etwa der Einstieg in neue Märkte) berücksichtigt werden. Die Maßnahmen eines Bereiches reduzieren daher regelmäßig den Umfang der in einem anderen Bereich realisierbaren Aktivitäten. Soll eine insgesamt optimale Lösung gefunden werden, ist somit eine Abstimmung all dieser Maßnahmen im Rahmen einer Gesamtbetrachtung erforderlich. Als Beispiel seien etwa die Ansätze zur Programmplanung im 3. Kapitel: *Produktionsprogrammentscheidungen* genannt.

Erfolgs- bzw Ergebnisverbund

Erfolgsinterdependenzen liegen dann vor, wenn der **Erfolgsbeitrag** einer bestimmten Maßnahme davon abhängt, welche anderen Maßnahmen parallel dazu durchgeführt werden, früher realisiert wurden und/oder künftig geplant sind. Wird zB der für ein bestimmtes Produkt erzielbare Absatzpreis von den Mengeneinheiten eines anderen Produktes beeinflusst, kann der Ergebnisbeitrag des betrachteten Produkts nicht isoliert ermittelt werden. Ähnliche Zusammenhänge ergeben sich im Beschaffungsbereich, wenn zB der Preis eines Rohstoffes auf Grund von Mengenrabatten von der insgesamt beschafften Rohstoffmenge abhängt, und wenn dieser Rohstoff zugleich für die Herstellung der Produkte mehrerer Unternehmensbereiche verwendet wird. Hier sind es also **Interdependenzen** im Rahmen der **Ergebnisfunktion**, die eine Gesamtbetrachtung erforderlich machen. Derartige Zusammenhänge wurden in einer intertemporalen Form zB im 4. Kapitel: *Preisentscheidungen* behandelt. Wegen der

---

[2] Die folgende Darstellung ist angelehnt an *Laux* und *Liermann* (2005), S. 191 – 193. Vgl dazu auch *Homburg* (2001).

Existenz von Lern- und/oder Verschleißeffekten lässt sich dort nämlich der Kapitalwertbeitrag einzelner Mengeneinheiten nicht ohne Betrachtung der *künftig* erwarteten Produktionsprogramme angeben; darüber hinaus hängt dieser Kapitalwertbeitrag von den früher realisierten Fertigungsprogrammen ab.

Risikoverbund

Sofern **unsichere Erwartungen** bei der Entscheidungsfindung zu berücksichtigen sind, können – unabhängig vom Ressourcen- und Erfolgsverbund – Risikointerdependenzen vorliegen, wenn die Maßnahmen verschiedener Bereiche **stochastisch abhängig** sind. Sind zB die Deckungsbeiträge zweier Produkte risikobehaftet und nicht unkorreliert, dann hängt der Beitrag eines Produktes zum Gesamtrisiko des Unternehmens (gemessen etwa mit der Varianz des gesamten Gewinns) von der Menge des jeweils anderen Produktes ab. Bei *nicht risikoneutralem Entscheidungsverhalten* und einer Risikopräferenz, die am *isolierten Risiko* des Unternehmens anknüpft, lässt sich das optimale Maßnahmenbündel daher nur im Zuge einer Gesamtbetrachtung ermitteln. Derartige Ansätze wurden zB im 5. Kapitel: *Entscheidungsrechnungen bei Unsicherheit* vorgestellt. Wichtig ist, dass stochastische Abhängigkeiten nicht *per se* ursächlich für den Koordinationsbedarf sind; der Risikoverbund führt erst in **Kombination** mit bestimmten **Risikopräferenzen** zu einem echten Koordinationsbedarf.

Bewertungsverbund

Dieser Effekt zielt alleine auf eine Eigenschaft des **Präferenzsystems** ab und kann ebenfalls unabhängig von den drei obigen Verbundeffekten vorliegen. Ein Bewertungsverbund liegt dann vor, wenn die **subjektive Wertschätzung der Ergebnisse** einer bestimmten Maßnahme vom bisherigen Ergebnisniveau und damit implizit von der Ausprägung anderer Maßnahmen abhängt. Beispielsweise ist die im 5. Kapitel: *Entscheidungsrechnungen bei Unsicherheit* erörterte potenzielle Relevanz von (sicheren) Fixkosten auf Aspekte des Bewertungsverbunds zurückzuführen, weil (sichere) Fixkosten den Bereich der Nutzenfunktion festlegen, der für das konkret vorliegende Entscheidungsproblem zur Anwendung kommt. Sofern die Nutzenfunktion keine konstante Risikoeinstellung über alle Bereiche aufweist, liegt also ein Bewertungsverbund vor. Offensichtlich kann beim Vorliegen von Bewertungsinterdependenzen nur eine Abstimmung aller Aktivitäten im Rahmen einer Gesamtbetrachtung gewährleisten, dass die tatsächlich optimale Politik gefunden wird.

Lösung sachlicher Koordinationsprobleme

Aus *konzeptioneller* Sicht bereitet die Lösung sachlicher Koordinationsprobleme erstaunlicherweise kein großes Problem. Im Rahmen der obigen Erläuterung der verschiedenen sachlichen Verbundeffekte wurde stets auf die Notwendigkeit einer Gesamtbetrachtung zur Ermittlung der optimalen Unternehmenspolitik hingewiesen. Demnach sind also **simultane Planungsansätze** zu lösen, die nach Möglichkeit alle

Unternehmensbereiche mit allen Interdependenzen erfassen. Als Beispiel für derartige Ansätze können etwa die Modelle der simultanen Investitions-, Finanz-, Produktions- und Absatzplanung herangezogen werden, die in der Betriebswirtschaftslehre im Zusammenhang mit der Einführung von Methoden des *Operations Research* insbesondere in den 60er Jahren in vielen Varianten formuliert wurden.[3]

Diese Lösung ist aber nur aus konzeptioneller Sicht unproblematisch. Sie läuft nämlich letztlich auf eine Vorgehensweise hinaus, die im 2. Kapitel: *Die Kosten- und Leistungsrechnung als Entscheidungsrechnung* im Zusammenhang mit der Kosten-Leistungs-Konzeption I dargestellt wurde. Dort wurde auch auf die Notwendigkeiten einer Vereinfachung („optimaler Komplexionsgrad“) hingewiesen, weil im Zuge der praktischen Anwendung erhebliche Probleme der Informationsbeschaffung und rechnerischen Lösung der Modelle entstehen.[4] Zwar können **Separationstheoreme** eine gewisse Hilfestellung bei der Problemlösung geben, doch ist nicht zu erwarten, dass dadurch eine isolierte Behandlung *aller* Einzelaspekte ermöglicht wird. Man kommt demnach nicht umhin, **heuristische Lösungsverfahren** zu verwenden, mit denen nicht unbedingt die optimale, aber immerhin eine „gute“ Lösung erreicht wird. Allerdings beinhaltet auch die heuristische Vorgehensweise kein konzeptionelles Abgehen vom obigen Lösungsprinzip. Interdependenzen und Verbundwirkungen werden – sofern man sie für wichtig und im Rahmen der Planung für wirtschaftlich handhabbar hält – so weit wie möglich erfasst, falls nicht **Separationstheoreme** eine isolierte Lösung mancher Teilprobleme erlauben.

Beispiel zu Bewertungsinterdependenzen[5]

In einem zweiperiodigen Planungsproblem kann zu Beginn *jeder* Periode entweder die Alternative a_1 oder die Alternative a_2 gewählt werden. Der periodenspezifische Aktionsraum A_t mit $t = 1, 2$ besteht also aus zwei Aktionen und ist für jede Periode gleich. Die Ergebnisse beider Maßnahmen sind risikobehaftet, wobei in jeder Periode unabhängig voneinander drei gleichwahrscheinliche Zustände eintreten können. Jede Maßnahme a_1 bzw a_2 induziert nur einperiodige Wirkungen mit folgenden Ergebnisstrukturen:

	θ_{t1}	θ_{t2}	θ_{t3}
a_1	100	100	0
a_2	0	361	0

Bezogen auf die periodenspezifischen Aktions- und Zustandsräume besteht eine interperiodige Unabhängigkeit, so dass keinerlei Beeinflussung der Handlungsbedingungen vorliegt.

3 Eine instruktive Übersicht über diese Entwicklung liefert *Kruschwitz* (2011), S. 203 – 275.

4 Dies betont auch *Kruschwitz* (2011), S. 268 – 271.

5 Vgl *Amershi* et al. (1985).

Als **Präferenzsystem** sei unterstellt, dass der Entscheidungsträger nach Maßgabe der Maximierung des Erwartungsnutzens (*Bernoulli*-Prinzip) handelt. Bezeichnet man mit ω_t das Ergebnis der Periode t = 1, 2, dann lässt sich seine Nutzenfunktion allgemein in der Form $U(\omega_1,\omega_2)$ schreiben. Die Antwort auf die Frage nach den Separationseigenschaften des Gesamtproblems hängt nun von den Separationseigenschaften dieser Nutzenfunktion ab. Angenommen, die **Nutzenfunktion** lautet:

$$U(\omega_1,\omega_2)=\sqrt{\omega_1}+\sqrt{\omega_2}$$

Sie weist hinsichtlich der Zeitpräferenz keine subjektive „Diskontierung“ der Ergebnisse der zweiten Periode auf. Außerdem ist sie additiv separabel, was eine Trennbarkeit der Periodenprobleme erlaubt: Der Erwartungsnutzen $E[U(\omega_1,\omega_2)]$ lässt sich nämlich als Summe zweier Erwartungswerte auffassen:

$$E[U(\omega_1,\omega_2)]=E\left[\sqrt{\omega_1}\right]+E\left[\sqrt{\omega_2}\right]$$

Diese Summe wird genau dann maximal, wenn jeder Summand maximal ist. Wegen der Identität der beiden Periodenprobleme resultiert daraus eine für beide Perioden gleiche optimale Maßnahme. Gewählt wird in beiden Perioden a_1 wegen:

$$E\left[\sqrt{\omega_t}\,|a_1\right]=\frac{2}{3}\cdot\sqrt{100}=6{,}67>E\left[\sqrt{\omega_t}\,|a_2\right]=\frac{1}{3}\cdot\sqrt{361}=6{,}33 \qquad t=1{,}2$$

Nun sei die Nutzenfunktion alternativ in einer anderen Form gegeben:

$$U(\omega_1,\omega_2)=\sqrt{\omega_1+\omega_2}$$

Wiederum liegt keine subjektive „Diskontierung“ vor, doch ist der Nutzen jetzt nicht mehr additiv separabel. Daher lässt sich auch der Erwartungsnutzen nicht mehr als Summe zweier Erwartungswerte schreiben. Jetzt wird die Möglichkeit zustandsbedingter Handlungen am Ende der ersten bzw zu Beginn der zweiten Periode bedeutsam. Die optimalen Handlungen der zweiten Periode hängen vom Ergebnis der ersten Periode ab. Dieses kann entweder 0, 100 oder 361 sein. Im Falle von ω_1 = 0 würde man – gemäß den obigen Überlegungen – a_1 wählen. Bei ω_1 = 100 würde man aber a_2 wählen, denn es gilt:

$$E\left[\sqrt{100+\omega_2}\,|a_1\right]=\frac{2\sqrt{200}}{3}+\frac{\sqrt{100}}{3}=12{,}76<E\left[\sqrt{100+\omega_2}\,|a_2\right]=\frac{\sqrt{461}}{3}+\frac{2\sqrt{100}}{3}=13{,}82$$

In ähnlicher Weise erweist sich auch bei ω_1 = 361 die Maßnahme a_2 als optimale Folgeaktion. Diese zustandsbedingte Abhängigkeit der Folgepolitik hat aber Rückwirkungen auf die optimale Maßnahme der ersten Periode. Für die Erwartungsnutzen ergibt sich nämlich (jeweils bei optimaler Folgepolitik in der zweiten Periode):

$$E\left[\sqrt{\omega_1+\omega_2}\,|a_1\right]=\frac{2\cdot E\left[\sqrt{100+\omega_2}\,|a_2\right]}{3}+\frac{E\left[\sqrt{\omega_2}\,|a_1\right]}{3}=11{,}44$$

$$E\left[\sqrt{\omega_1+\omega_2}\,|a_2\right]=\frac{2\cdot E\left[\sqrt{\omega_2}\,|a_1\right]}{3}+\frac{E\left[\sqrt{361+\omega_2}\,|a_2\right]}{3}=11{,}65$$

Jetzt lohnt sich also in der ersten Periode die Wahl von a_2 an Stelle von a_1, was alleine auf die unterschiedlichen Folgepolitiken zurückzuführen ist, die wiederum durch die Ergebnisse der in der ersten Periode gewählten Maßnahmen und die Bewertungsinterdependenz zustande kommen. Eine **Separation** der Periodenprobleme ist demnach *trotz* Unabhängigkeit der Handlungsbedingungen nicht möglich.

1.3. Personelle Koordination

Mit den obigen Aspekten der verschiedenen Typen eines sachlichen Abstimmungsbedarfes ist die Koordinationsproblematik noch nicht zur Gänze beschrieben. Die dargestellte Lösungskonzeption der sachlichen Koordination geht nämlich implizit davon aus, dass das Unternehmen wie ein Monolith agiert. An irgendeiner übergeordneten Stelle wird ein integratives Planungsmodell aufgestellt, dessen Lösung anschließend zu implementieren ist.

Asymmetrische Informationsverteilung

Diese Vorgehensweise mag zwar für ein Einpersonenunternehmen zutreffen, doch ist sie fragwürdig, wenn (realistischerweise) von einem Mehrpersonenunternehmen ausgegangen wird. Dort sind die **Zuständigkeiten, Verantwortlichkeiten** und **Entscheidungsbefugnisse** üblicherweise **delegiert** und auf viele Personen **aufgeteilt**. Das gesamte Entscheidungsfeld des Unternehmens wird so in mehrere Teilentscheidungsfelder mit einem spezifischen Management zerlegt (dabei kann es sich zB um Abteilungen, Produktionsstellen, Werke oder Marktsegmente handeln). Die Beschaffung und Verarbeitung von Informationen im Zuge der Planung und Kontrolle für die einzelnen Teilentscheidungsfelder obliegt dann vornehmlich den Bereichsmanagern. Diese verfügen daher auf Grund ihrer Tätigkeit „vor Ort" zumeist über einen viel besseren Informationsstand hinsichtlich des Erfolgspotenzials ihrer Bereiche als die Zentrale selbst. Insofern sind also Informationen zwischen den verschiedenen Stellen eines Unternehmens unterschiedlich verteilt; man spricht in diesem Zusammenhang von einer **asymmetrischen Informationsverteilung**.

Gründe für das Entstehen **asymmetrischer Information** sind neben Informationskosten zB beschränkte Kapazität der Zentrale (zB Zeit zur Verarbeitung von Information) oder beschränkte Rationalität. Die anstehenden Entscheidungsprobleme sind oft sehr komplex und mit großer Unsicherheit behaftet. Ein typisches Beispiel – aus einem anderen Bereich – ist Schach. Schach ist ein deterministisches Spiel (es besteht keine Unsicherheit), und die beiden Spieler legen sämtliche bisherigen Züge offen (symmetrische Information). Trotzdem ist es bis heute nicht gelungen, eine optimale Strategie von Beginn bis zum Ende des Spiels zu errechnen. Sämtliche Strategien beruhen auf Heuristiken.

Die Delegation ändert nichts an den sachlichen **Koordinationsproblemen**, doch können sich bei deren Lösung bedeutsame Modifikationen ergeben. Wenn nämlich die Zentrale an die Aufstellung eines integrativen Planungsmodells denkt, um damit die sachlichen Verbundbeziehungen zu erfassen, muss jetzt die Frage beantwortet werden, woher die Zentrale eigentlich die dafür erforderlichen Informationen über die konkreten Zusammenhänge in den Teilentscheidungsfeldern und über deren Erfolgspotenziale erhält. Eine Möglichkeit wäre, den gesamten **Informationsbeschaffungsprozess** der Bereichsmanager durch die Zentrale zu **duplizieren**; doch dann könnte man auf die Delegation gleich ganz verzichten. Eine Alternative ist, die Entscheidungen auf dem eigenen schlechteren Informationsstand zu treffen.

Verantwortlichkeit in dezentralen Organisationen

Die Aufteilung von Verantwortung und Entscheidungsbefugnissen korrespondiert üblicherweise mit bestimmten Performancemaßen (dies wird im 10. Kapitel: *Kennzahlen als Performancemaße* ausführlich dargestellt). Typische derartige Delegationsformen sind:

Cost Center
Es besteht Verantwortung für die Effizienz der Leistungserstellung, die über die Kosten gemessen wird. Voraussetzung dafür ist, dass die Leistung wie auch die dafür erforderlichen Kosten angegeben werden können. Keine Verantwortlichkeit besteht für die Beschäftigung im Bereich; diese wird durch die Anforderungen anderer Bereiche vorgegeben. Typisch sind *Cost Centers* im Produktionsbereich, in denen Abweichungsanalysen auf der Basis von Standardkosten zur Effizienzmessung dienen. Meist werden auch ***Service Centers*** in Form von *Cost Centers* geführt. Sie dienen der Erstellung interner, nicht weiter vermarkteter Leistungen wie zB Rechtsberatung oder Öffentlichkeitsarbeit.

Expense Center
Lässt sich der Output nicht direkt messen oder ist der Zusammenhang zwischen Output und Input schwer fassbar, sind die Kosten der Leistungserstellung nicht zur Beurteilung des Managements geeignet. Verantwortlichkeit besteht nur für die Höhe der Ausgaben zur Erstellung der betreffenden Leistung. Dies wird über Budgets gemessen, die die Höhe der geplanten (und im Regelfall genehmigten) Ausgaben beinhalten. Typische *Expense Centers* sind Forschung und Entwicklung sowie Marketing.

Revenue Center
Verantwortung besteht nur für die Erlösseite, nicht jedoch für Kosten, die in anderen Verantwortungsbereichen verursacht wurden. Diese Kosten werden meist über Standardkosten einbezogen, weil sie für die Steuerung der Erlössteigerungsaktivitäten erforderlich sind. *Revenue Centers* finden sich im Marketingbereich, jedoch selten in reiner Form, da die Marketinganstrengungen selbst Kosten verursachen, die in den Verantwortungsbereich der Personen fallen, die auch die Erlöse zu verantworten haben.

Profit Center
Hier besteht Gewinnverantwortlichkeit, dh sowohl Verantwortung für Kosten als auch für Erlöse des Bereiches. Das *Profit Center*-Management hat im operativen Bereich weit reichende Entscheidungsrechte. Investitions- und Finanzierungsentscheidungen bleiben jedoch der Zentrale vorbehalten.

Investment Center
Die Delegation von Entscheidungen umfasst hier auch die Investitions- bzw Kapazitätsentscheidungen im jeweiligen Bereich. Die Zentrale verfügt nur mehr über Finanzierungsentscheidungen. Das Performancemaß muss daher die eingesetzten Ressourcen neben dem erzielten Überschuss berücksichtigen. Meist wird der *Return on Investment* (*ROI*) oder der Residualgewinn (Gewinn nach Abzug einer vorgegebenen Verzinsung des eingesetzten Kapitals) verwendet.

Die **Vorteilhaftigkeit** der einzelner **Center-Konzepte** hängt von vielen Faktoren ab, wie zB vom Unterschied im Informationsstand von Zentrale und Bereich, bestehenden Interessenkonflikten, Fähigkeiten und Risikoeinstellung der Bereichsmanager. Ihre Berücksichtigung erfordert idR einen Trade-off der ökonomischen Wirkungen.[6]

---

6 Vgl dazu zB *Göx* und *Wunsch* (2003).

Eine weitere Möglichkeit ist es, die Bereichsmanager anzuhalten, ihre bessere Information an die Zentrale zu berichten. Sofern die **Berichterstattung** *wahrheitsgemäß* erfolgt, plant die Zentrale letztlich mit dem besseren Informationsstand der Bereichsmanager. In diesem Fall ist die asymmetrische Informationsverteilung kein wirkliches Problem. Man hat lediglich die Informations*beschaffungs*aktivitäten auf mehrere Personen aufgeteilt. Die an unterschiedlichen Stellen vorliegenden Informationen brauchen dann nur noch bei der Zentrale gesammelt und für das integrative Planungsmodell verarbeitet zu werden.

Zielkonflikte

Die wahrheitsgemäße Berichterstattung seitens der Bereichsmanager setzt jedoch voraus, dass es keine **Interessenkonflikte** zwischen der Zentrale und den Bereichsmanagern gibt. Dies ist allerdings unrealistisch. Zielkonflikte unter Entscheidungsträgern im Unternehmen können folgende **Hauptursachen** haben:

- unterschiedliche subjektive Präferenzen („gegebene" Zielkonflikte)
- organisationsbedingte Unterschiede („gemachte" Zielkonflikte).

Unterschiedliche subjektive Präferenzen entstehen aufgrund individueller Werteinstellungen verschiedener Entscheidungsträger. *Beispiele*: Technikern wird häufig nachgesagt, sie würden eine technisch perfekte, möglichst kreative Produktentwicklung bevorzugen, unabhängig davon, ob dies aus Sicht des Unternehmens einen Kundennutzen mit sich bringt. Kunden können oft derartige technische Spielereien gar nicht erkennen und werden dann nicht bereit sein, einen höheren Preis dafür zu bezahlen. Für Bereichsmanager können umfangreiche Ressourcenzuteilungen mit **nichtpekuniären Vorteilen** (sogenannte *private benefits of control*, wie zB *consumption on the job*, Macht, Prestige oder Einfluss) verbunden sein. Solche Präferenzen sind vorgegeben, sie sind intrinsisch und damit nur schwer veränderbar. Bereichsmanager haben oft ein Interesse daran, in ihrem Bereich möglichst viel Personal oder Investitionen zu haben, gleichgültig, welche Rendite sie damit erwirtschaften. Solche Ressourcen reflektieren die „Wichtigkeit" des jeweiligen Managers, er kann damit nicht nur seine Bedeutung unterstreichen, sondern auch besser Einfluss auf Kollektiventscheidungen ausüben.[7] Ebenso können sie ihm erlauben, eigene Anstrengungen durch anderweitigen Ressourceneinsatz zu **substituieren**, so dass der Disnutzen aus der Arbeitsleistung bzw das Arbeitsleid vermindert wird. *Beispiel*: Eine hohe Lagerhaltung für Vorprodukte entbindet in gewissem Umfang von der Notwendigkeit, den nachfolgenden Produktionsprozess sorgfältig zu überwachen, wenn bei fehlerhaften Produkten sofort nachproduziert und damit die Lieferbereitschaft aufrechterhalten werden kann.

Organisationsbedingte Unterschiede sind vom Unternehmen durch die Organisation „gemacht". Ein Entscheidungsträger erhält bestimmte Kompetenzen, und

---

7 Vgl dazu auch *Laux* (1995), S. 4 f.

seine Leistung wird anhand bestimmter Beurteilungsgrößen gemessen. Diese decken sich häufig nicht mit dem Ziel der Unternehmensleitung oder der Eigentümer. *Beispiele*: Marketingleiter werden häufig auf Basis von Umsatzgrößen beurteilt, mehr Umsatz bewirkt eine positive Beurteilung. Kosten und ähnliche Effekte von Marketingentscheidungen sind dann nicht in ihrem Blickfeld. Ein *Profit Center*-Manager ist für den Gewinn verantwortlich, der in seinem *Profit Center* entsteht; ihm sind die Auswirkungen seiner Entscheidungen auf andere *Profit Center* im Zweifel gleichgültig. Nun ist es keineswegs so, dass Unternehmen solche Beurteilungsgrößen grundlos wählen. Beispielsweise wird ein *Profit Center*-Manager am *Profit Center*-Gewinn beurteilt, um den Verantwortungsbereich mit der Entscheidungskompetenz in Einklang zu bringen. Er soll den Erfolg seiner Aktivitäten tatsächlich spüren. Die möglichen Nachteile infolge von Auswirkungen auf andere Bereiche werden bewusst in Kauf genommen, weil es das „optimale" Beurteilungsmaß nicht gibt.

Wird ein Bereichsmanager nun zur Berichterstattung über seine bessere Information angehalten, wird er sich der Tatsache bewusst sein, dass die von ihm übermittelten Informationen in der Zentrale für **Planungen** und **Ressourcenallokationen** verwendet werden. Und damit werden im Allgemeinen auch eigene Interessen der Bereichsmanager tangiert sein; man kann nicht davon ausgehen, dass den Bereichsmanagern der Umfang der ihnen zur Verfügung gestellten Ressourcen gleichgültig ist. Ganz zu schweigen von grundsätzlicheren Entscheidungen der Zentrale, etwa einen bestimmten Bereich wegen des niedrigen (auch gemeldeten) Erfolgspotenzials überhaupt aufzugeben.

Ausspruch

„Gerade in dezentralisierten Unternehmen, deren Organisationseinheiten relativ selbstständig am Markt tätig sind, konkurrieren die Unternehmensbereiche und Tochtergesellschaften mit Investitionsanträgen um die häufig knappen finanziellen Mittel der Zentrale. Über Annahme oder Ablehnung der Anträge und entsprechende Zuweisung oder Verweigerung der finanziellen Mittel wird nach zentralen Vorgaben entschieden. Im Allgemeinen ist jeder Antragsteller bemüht, solche vorgegebenen Anforderungen zu erfüllen. Je nach Bedeutung des Investitionsprojekts wird versucht, Informationen mehr oder minder vollständig zu beschaffen und die Daten mit größerer oder weniger großer Sorgfalt aufzubereiten. Um die zentralen Vorgaben zu erreichen bzw. zu überschreiten und in der Konkurrenz um die häufig knappen finanziellen Mittel die Nase vorn zu haben, werden Investitionsanträge manchmal unbewusst, gelegentlich aber auch bewusst ‚geschönt'. Derartige Manipulationen oder Verzerrungen können, werden sie nicht frühzeitig genug aufgedeckt oder grundsätzlich vermieden, zu einer Fehlallokation von Ressourcen im Unternehmen und im Gefolge davon zu einer Gewinnminderung oder gar zu Verlusten führen." (Arbeitskreis „Finanzierung" der Schmalenbach-Gesellschaft (1994), S. 899)

Bei **gleichzeitigem Vorliegen** von **Interessenkonflikten** und einer **asymmetrischen Informationsverteilung** ist daher zusätzlich ein **personelles Koordinationsproblem** zu lösen. Es handelt sich dabei um eine **strategische Interdependenz**,[8] die sowohl im Unternehmen als auch zwischen Unternehmen auftreten kann. Weil bei delegierten Entscheidungsbefugnissen naturgemäß nicht alle Entscheidungen von der Zentrale getroffen werden, gehen diese personellen Koordinationsaspekte über das Problem der wahrheitsgemäßen Berichterstattung an die Zentrale hinaus. Die in diesem Zusammenhang **entstehenden Probleme** betreffen beispielsweise folgende Fragen:

- Erfolgen Berichterstattungen an die Zentrale wahrheitsgemäß?
- Nutzen Bereichsmanager ihren Informationsstand in Verbindung mit dem ihnen übertragenen Entscheidungsspielraum im Interesse der Zentrale (Eigner) aus?
- Sind Bereichsmanager ausreichend motiviert, überhaupt Informationen einzuholen und sich für die Erreichung der Unternehmensziele einzusetzen?

Obwohl in der obigen Darstellung personelle und sachliche Koordinationsprobleme überlappend behandelt wurden, können Probleme der personellen Koordination grundsätzlich *unabhängig* von solchen der sachlichen Koordination existieren. *Beispiel*: Ein Eigner engagiert wegen mangelnder Zeit und/oder fehlender Sachkenntnis einen Manager zur Betreuung eines bestimmten Projekts. Das Projekt möge keinen Ressourcen- und Erfolgsverbund mit anderen Projekten dieses Eigners aufweisen, und der Eigner sei risikoneutral, so dass auch kein Risiko- und Bewertungsverbund vorliegen kann. Dennoch gibt es ein personelles Koordinationsproblem, denn die Aktivitäten des Managers sind auf das Eignerinteresse auszurichten.

Anreizsysteme zur Lösung personeller Koordinationsprobleme

Als Instrumente zur Lösung personeller Koordinationsprobleme kommen vor allem **Anreizsysteme** in Betracht. Durch solche Anreizsysteme werden drei Komponenten festgelegt:[9]

1. **Entlohnungsart**: Die Anreize können materieller oder immaterieller Natur sein, sie können in Geld- oder Sachleistungen bestehen. Beispiele für nicht in Geld bestehende Entlohnungsarten sind Beförderungen (*career concerns*), Auszeichnungen oder „Incentive-Reisen". Im Folgenden wird vereinfachend von einer **Entlohnung** (**Kompensation**, **Vergütung**) in Geld ausgegangen, da auch die anderen Entlohnungsarten aus Unternehmenssicht einheitlich bewertet werden müssen, um Kosten und Nutzen alternativer Entlohnungsarten gegeneinander abwägen zu können.
2. **Performancemaße** (**Beurteilungsgrößen**): Sie legen die Bemessungsgrundlagen fest, an Hand derer die Leistungen der Manager gemessen

---

8 Vgl *Luhmer* (2002), Sp. 1035.

9 Vgl *Laux* (1995), S. 71 – 73.

werden. Sie können quantitative oder qualitative (subjektive) Maße sein, sie können aus einer Größe oder einer Kombination mehrerer Maße bestehen. In der obigen Darstellung der Verantwortlichkeit in dezentralen Organisationen wurden bereits etliche Beispiele für solche Beurteilungsgrößen genannt, weitere Performancemaße werden im 10. Kapitel: *Kennzahlen als Performancemaße* diskutiert.

3. **Entlohnungsfunktion**: Schließlich muss die Entlohnungs- bzw Kompensationsfunktion vorgegeben werden, indem der Zusammenhang zwischen den Beurteilungsgrößen und der Entlohnung definiert wird. Sie kann in einem Bonus bei Erfüllen eines Standards bestehen, sie kann linear oder nichtlinear verlaufen, sie kann Optionscharakter aufweisen usw.

Abbildung 2 zeigt diese Komponenten und gibt einige zusätzliche Ausformungen an. Dabei ist ersichtlich, dass Anreizsysteme sehr viele Stellgrößen aufweisen, die individuell festgelegt werden können.

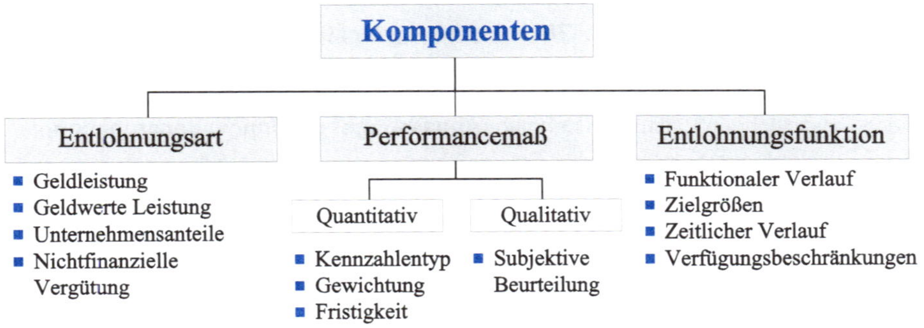

Abb. 2: Komponenten von Anreizsystemen

Methoden zur Lösung sachlicher Koordinationsprobleme wurden bereits an mehreren Stellen dieses Buches angesprochen. Im Mittelpunkt der weiteren Ausführungen stehen daher die zusätzlichen Probleme des **personellen Koordinationsbedarfs**, wobei vorwiegend **finanzielle Anreizsysteme** behandelt werden.

Als Beispiel für diesbezügliche Ansätze können zunächst die im 7. Kapitel: *Kontrollrechnungen* im Zusammenhang mit Kontrollproblemen präsentierten **Agency-Modelle** angesehen werden. Dort geht es in allgemeiner Form um die Struktur und die Eigenschaften einer im Sinne der Zentrale (des Prinzipals) optimalen Kompensationsfunktion für den Manager (den Agent). In diese Optimierungsüberlegungen fließen einerseits die Motivationseffekte, andererseits die Risikoteilungswirkungen eines Anreizsystems ein.

Die **Art des Vertrags** bzw **Kontrakts** steht dabei *a priori* grundsätzlich nicht fest; sie ergibt sich erst als **Resultat** des Optimierungsprozesses, so dass das Anreizsystem vollständig endogenisiert ist. Denkt man diesen Weg konsequent zu Ende, müsste man zur umfassenden Lösung von Koordinationsproblemen einen Ansatz aufstellen, der mehrere Agenten umfasst, den Umfang der Delegation (Bildung von Unternehmensbereichen bzw -einheiten mit den entsprechenden Verantwortlichkeiten und Entscheidungsbefugnissen) festlegt, die damit zusammenhängenden Beurteilungsgrößen bestimmt und die Gestalt der optimalen Kompensationsfunktionen determiniert.

Controlling und Koordinationsprobleme

Die umfassende Behandlung von Koordinationsproblemen spielt in der jüngeren Entwicklung des **Controlling** eine zentrale Rolle. Dort steht eine sehr umfassende Problemsicht im Vordergrund. Nach der sogenannten koordinationsorientierten Controllingkonzeption wird als zentrale Zwecksetzung des Controlling die **Koordination des Führungsgesamtsystems** eines Unternehmens herausgestellt. Controlling beinhaltet demgemäß eine Abstimmung von Ziel-, Planungs-, Kontroll- und Informationssystemen unter Berücksichtigung der Führungsgrundsätze, der Unternehmensorganisation und des Personalführungssystems.[10]

Ein so verstandenes Controlling hat im Wesentlichen drei **Funktionen** zu erfüllen.

Zunächst soll es dafür sorgen, dass sämtliche Aktivitäten eines Unternehmens zur bestmöglichen Zielerreichung führen (**Zielausrichtungsfunktion**).

Darüber hinaus soll das Unternehmen in der Lage sein, auf Umweltentwicklungen nicht nur rechtzeitig und angemessen zu reagieren, sondern nach Möglichkeit auch aktiv auf diese Entwicklungen Einfluss zu nehmen (**Anpassungs- und Innovationsfunktion**).

Schließlich soll das *Controlling* die Entscheidungsträger im Unternehmen bei der Auswahl und dem Einsatz der verschiedenen Planungs-, Kontroll- und Informationsinstrumente beraten und unterstützen (**Servicefunktion**).

Weil Koordinationsfragen in vielen Teildisziplinen der Betriebswirtschaftslehre in jeweils spezifischer Form behandelt werden, wird in der Literatur heftig diskutiert, ob das **Controlling** tatsächlich eine eigenständige Teildisziplin darstellt. Zweifel daran werden vor allem dadurch genährt, dass die bisherige Controlling-Literatur sich vorwiegend damit begnügt, die koordinationsrelevanten Ergebnisse anderer Teildisziplinen zu referieren, ohne dass deutlich würde, welcher originäre Erkenntnisbeitrag der neuen Controlling-Konzeption selbst zu verdanken ist.[11]

Aus der Sicht der **Lösung von Koordinationsproblemen** ist diese sehr allgemeine Vorgehensweise zwar einleuchtend und im Grunde unverzichtbar, doch erweist sie sich meist als zu anspruchsvoll, um unter einigermaßen realitätsnahen Bedingungen aussagefähige Ergebnisse zu erbringen. Schon das relativ einfache Modell für optimale Auswertungsstrategien im 7. Kapitel: *Kontrollrechnungen* vermittelt dem Leser einen Eindruck von dem **Schwierigkeitsgrad** der Lösung derartiger Ansätze.

---

10 Vgl zB *Küpper* et al. (2013), S. 33 – 38.

11 Siehe zur Diskussion um den Inhalt des Controlling den von *Weber* und *Hirsch* (2002) herausgegebenen Tagungsband mit den Beiträgen eines Workshops zur Positionierung der Controlling-Forschung.

Noch dazu spielen bei der Budgetierung auch psychologische und soziologische Aspekte eine Rolle.[12]

Man kann allerdings auch schon wichtige Erkenntnisse zur Lösung von Koordinationsproblemen gewinnen, wenn man die grundsätzliche Endogenität von Delegationsumfang, Beurteilungsgrößen und Kompensationsfunktionen aufhebt und die **Eigenschaften spezifischer vorgegebener Lösungsformen** analysiert, die entweder in der Literatur oder in der Praxis als Koordinationsinstrumente propagiert werden. Diese Lösungen werden danach beurteilt, wie sie mit den Problemen der Interessenkonflikte und der asymmetrischen Informationsverteilung (ggf unter Berücksichtigung potenziell vorliegender sachlicher Verbundeffekte) fertig werden. Insofern bleibt also die grundsätzliche Sichtweise der Koordinationsproblematik unverändert. Es wird lediglich der Anspruch auf die modellendogene Ermittlung der optimalen Lösung aufgegeben.

Die nachfolgend vorgestellten Modelle erlauben zwar in manchen Fällen auch die Ermittlung von *first best-* und *second best*-Lösungen,[13] doch gilt dies in den meisten Fällen nur unter dem Vorbehalt der dem Modell vorgegebenen **Organisations-** bzw **Delegationsform**. So kann man zB ein optimales Anreizsystem für ein in mehrere Sparten gegliedertes Unternehmen mit einer *Profit Center*-Organisation bestimmen, doch beantwortet dies nicht die Frage, ob die Ergebnisse der *Profit Center*-Organisation nicht durch eine andere Aufteilung von Verantwortlichkeiten verbessert werden könnten. Die Lösungseigenschaften alternativer Aufteilungen von Verantwortlichkeiten sind in der informationsökonomischen Literatur erst in Ansätzen behandelt worden.[14]

Im Rahmen der Unternehmensrechnung handelt es sich daher zunächst um Fragen der **Budgetierung**, denen dieses und das folgende Kapitel gewidmet sind. Im 10. Kapitel werden dann **Kennzahlen** dargestellt, und das 11. Kapitel behandelt **Verrechnungspreise** und **Kostenallokationen**. Die Auswahl dieser Themen wird nicht nur durch ihre praktische Relevanz, sondern auch durch die neuere Controlling-Literatur gestützt, in der Systeme der Budgetierung, Kennzahlen und Verrechnungspreise als **umfassende, übergreifende Koordinationsinstrumente** und damit als **zentrale Controllinginstrumente** angesehen werden.[15]

---

12 Einen Überblick über die unterschiedlichen Forschungsrichtungen (ökonomisch, psychologisch und soziologisch) zur Analyse von Budgetierungsthemen geben *Covaleski* et al. (2003).

13 Siehe dazu 7. Kapitel: *Kontrollrechnungen*.

14 Siehe dazu zB *Melumad* und *Reichelstein* (1987), *Ewert* (1992) sowie *Melumad* et al. (1992).

15 Vgl zB *Küpper* et al. (2013), S. 33 f.

Beyond Budgeting

Unter dem Schlagwort „*Beyond Budgeting*“ wird ein Planungs- und Steuerungsmodell propagiert, das zum Ziel hat, Budgets zu ersetzen.[16] Damit soll eine flexiblere, weniger arbeitsaufwendige und marktgerechte Unternehmenssteuerung erfolgen. Anstelle von klassischen Budgets wird stark auf Delegation von Entscheidungen an dezentrale Bereiche sowie *empowerment*, Netzwerkorganisation und marktnahe Koordination gesetzt.

Beyond Budgeting setzt damit „nur“ auf andere Koordinationsinstrumente als auf Budgetierung. Dies kann in bestimmten Unternehmenssituationen nützlich sein, in anderen wiederum nicht. Ein apodiktisches Urteil, dass die Budgetierung überkommen sei, ist damit aber nicht zu stützen.

2. Budgetierung und Managementbeurteilung

2.1. Grundlagen

Die Begriffe *Budget* und *Budgetierung* werden in der Literatur nicht einheitlich verwendet; es variiert insbesondere der Umfang der damit angesprochenen Sachverhalte. So wird in der angelsächsischen Literatur das „*budgeting*“ oftmals generell mit „*profit planning and control*“ gleichgesetzt.[17] Danach ist **Budgetierung** nichts anderes als gewinnorientierte **Planung** und **Kontrolle** und ein **Budget** folglich das **Ergebnis der Planung**. Als markanter Ausdruck dafür kann das sogenannte ***master budget***[18] dienen, das in amerikanischen Lehrbüchern zum *Managerial Accounting* stets eine große Rolle spielt und im nächsten Abschnitt anhand eines Beispiels verdeutlicht wird. Diese Abgrenzung der Budgetierung knüpfte an die wertmäßige Darstellung der Unternehmensplanung an.

In einer weiter reichenden Definition von Budget werden als ergänzende Merkmale noch der **Vorgabeaspekt** für Entscheidungseinheiten und der **Verbindlichkeitscharakter** betont: Danach ist ein „*Budget* ... ein formalzielorientierter, in wertmäßigen Größen formulierter Plan, der einer Entscheidungseinheit für eine bestimmte Zeitperiode mit einem bestimmten Verbindlichkeitsgrad vorgegeben wird“, und **Budgetierung** beinhaltet den prozeduralen Aspekt der „Aufstellung, Vorgabe und Kontrolle von Budgets“[19].

Gemäß dieser Definition sind Budgets also (monetäre) Plangrößen mit gewissem Vorgabecharakter für Unternehmensbereiche. Sie können in den unterschiedlichsten Varianten auftreten. Für Fertigungsstellen können zB **Kostenbudgets** existieren, die eine Kostensumme angeben, die nach Möglichkeit nicht überschritten werden sollte. Wird diese Kostensumme in Abhängigkeit von der Stellenbeschäftigung formuliert, handelt es sich um ein **flexibles Kostenbudget**. Die

---

16 Vgl zB *Schäffer* und *Zyder* (2003).

17 Siehe etwa *Welsch, Hilton* und *Gordon* (1988).

18 Vgl zu instruktiven Beispielen etwa *Moore* et al. (1988), S. 382 – 405, *Anderson* und *Sollenberger* (1992), S. 352 – 385 und *Wouters* et al. (2012), S. 429 – 443; siehe in der deutschen Literatur ähnlich auch *Horváth* (2011), S. 201 – 214.

19 *Göpfert* (1993), Sp. 589 – 590 und 591.

Möglichkeiten einer derartigen flexiblen Budgetvorgabe sind aber naturgemäß auf solche Bereiche beschränkt, für die eindeutige Input-Output-Beziehungen existieren.[20] Freilich lassen sich Kostenbudgets auch *produktbezogen* formulieren; sie geben dann die Stückkosten an, die nicht überschritten werden sollen.

Für Absatzstellen lassen sich **Absatzbudgets** aufstellen, die einen mindestens zu erreichenden Umsatz angeben. Bei einer *Profit Center*-Organisation können **Gewinnbudgets** in der Form von wenigstens zu erlangenden **Brutto-Sollgewinnen** für die einzelnen Sparten existieren. Diese Sollgewinne können auch implizit in der Form von **Mindestverzinsungen für das eingesetzte Kapital** angegeben werden. Schließlich sei das **Investitionsbudget** für verschiedene Sparten erwähnt; es kennzeichnet denjenigen Betrag, der einer Sparte maximal für Investitionszwecke zur Verfügung steht.

Die beiden hier diskutierten Abgrenzungen der Budgetierung schließen sich natürlich nicht aus. So kann man zB die Bestandteile des *master budgets* zunächst als Ergebnis erfolgsorientierter Planungsüberlegungen auffassen. Nach der Verabschiedung dieses Budgets durch die Zentrale können die darin enthaltenen Werte den nachgeordneten Abteilungen als Richtgröße vorgegeben werden, um die Einhaltung der geplanten Erfolgsgrößen zu gewährleisten. Die betroffenen Abteilungen werden freilich antizipieren, dass die Ergebnisse des Budgetierungsprozesses nicht nur in eine Planung der Zentrale eingehen, sondern von dieser zugleich als **Beurteilungsgröße für die Leistungen der Abteilungen** verwendet werden. Dann aber ist damit zu rechnen, dass die Abteilungen versuchen werden, den Budgetierungsprozess auch in ihrem Sinne „zu gestalten“, was die Vorteile der Budgetierung tangieren kann.

2.2. Funktionen der Budgetierung

Die typischerweise genannten Funktionen der Budgetierung sind:[21]

- Budgetierung zwingt die Manager zu einem präzisen **Nachdenken** über die künftig **erzielbaren Erfolge**. Dadurch soll eine stärkere Zukunftsorientierung mit einer aktiven Beeinflussung von Umweltentwicklungen induziert werden.
- Budgetierung führt zu einer **Koordination aller Aktivitäten**. Das System der Budgets stellt letztlich das wertmäßige Ergebnis der Unternehmensplanung dar. Soll diese Planung sinnvoll sein, muss sie eine gegenseitige Abstimmung aller Unternehmensbereiche beinhalten.
- Eng damit verbunden ist die **Förderung der Kommunikation** und die Identifizierung von **Engpass-** bzw **Problembereichen** im Unternehmen. Wegen der Delegation ist eine erfolgreiche Budgetabstimmung nur durch intensiven Informationsaustausch zwischen den Unternehmensbereichen und der Zentrale möglich. Dadurch werden der Zentrale auch

---

[20] Auf die traditionellen Verfahren der Budgetvorgabe wird hier nicht im Detail eingegangen. Siehe zu einer Übersicht etwa *Küpper* (1994), S. 924 – 928.

[21] Vgl zB *Eisenführ* (1992); *Steinmann* et al. (2013), S. 349 – 351; *Moore* et al. (1988), S. 377 – 379 und *Wouters* et al. (2012), S. 421 – 422.

Engpässe und Problembereiche bekannt, die einen Anstoß für künftige Investitions- oder Desinvestitionstätigkeiten geben können.

- Schließlich können Budgets als Messlatten zur **Beurteilung der Manager** herangezogen werden. Präzise Budgetvorgaben geben den Bereichsmanagern klare Anhaltspunkte dafür, welche Erfolgsbeiträge von ihnen erwartet werden. Die Akzeptanz dieser Vorgaben wird als umso höher *vermutet*, je stärker die **Manager an der Aufstellung der Budgets partizipieren**, wodurch gleichzeitig der oben erwähnte Aspekt der **Planungsverbesserung durch Informationsaustausch** verstärkt wird. Abweichungen von den Budgets müssen – analog zur Auswertung einer Abweichungsanalyse – erklärt werden. Von der Erreichung der Budgetvorgaben oder einer günstigen Abweichung (Unterschreitung von Kostenbudgets, Überschreitung von Verkaufs- und/oder Gewinnbudgets usw) können Belohnungen abhängig gemacht werden; umgekehrt können ungünstige Abweichungen vom Budget mit Sanktionen einhergehen.

Bei diesen vier Punkten finden sich sämtliche Faktoren wieder, die eingangs im Zusammenhang mit **sachlichen und personellen Koordinationsproblemen** angesprochen wurden. Betrachtet man das im nächsten Abschnitt dargestellte Beispiel zum *master budget*, kann man sich diese vier Aspekte auch plastisch vorstellen. Daher ist es verständlich, dass die Budgetierung in der neueren, koordinationsorientierten **Controlling-Literatur** als umfassendes Koordinationsinstrument angesehen wird.

Die obigen vier Punkte geben allerdings nur **Eigenschaften** an, die man unter Gesichtspunkten der Entscheidungsdelegation mit **asymmetrisch verteilten Informationen** und **Zielkonflikten** von einem Koordinationsinstrument erwarten *sollte*, und die man bei der Budgetierung aus intuitiven Überlegungen heraus zu erhalten *gedenkt*! Ob dem tatsächlich so ist, lässt sich erst durch eine **Analyse** der Koordinationseigenschaften von Budgetsystemen entscheiden, bei der die Faktoren des **personellen Koordinationsbedarfs** (asymmetrische Informationsverteilung und Zielkonflikte) *ausdrücklich* erfasst werden.

Stehen Gesichtspunkte der Verhaltenssteuerung im Mittelpunkt, dann spielt der oben an vierter Stelle genannte Punkt der **Managementbeurteilung über Budgets** eine zentrale Rolle. Die Koordinationswirkungen eines Budgetsystems entfalten sich nur in dem Maße, wie es durch die **Einbindung der Budgets in Anreizsysteme** gelingt, die personellen Koordinationsprobleme in den Griff zu bekommen. Sofern mit der Einhaltung und/oder mit Abweichungen von Budgets keinerlei Konsequenzen für die Manager verbunden sein sollten, bleibt nämlich völlig offen, welche Verhaltenswirkungen von einem Budgetsystem überhaupt ausgehen könnten, und warum man für irgendwelche angenommenen Wirkungen gerade Budgets benötigt.

Diese Diskussion kann als Beispiel für die grundsätzliche Zweckmäßigkeit der auf die Koordination des Führungsgesamtsystems abstellenden Sichtweise des **Controlling** angesehen werden. Eine vorteilhafte Lösung von **Koordinationsproblemen** setzt regelmäßig eine Abstimmung mehrerer Führungsteilsysteme voraus. Eine *isolierte* Betrachtung von Größen des Rechnungswesens – zB Kosten- oder Gewinnbudgets – greift daher viel zu kurz, denn Größen des Rechnungswesens entfalten nicht schon durch ihr bloßes Vorhandensein Konsequenzen für das Verhalten von Managern. Die Verhaltenswirkungen von Rechnungsgrößen lassen sich stattdessen nur im Rahmen einer **bestimmten Organisationsstruktur** und in Verbindung mit konkreten Modalitäten der **Managementbeurteilung** (**Anreizsysteme**) analysieren.

In diesem Kapitel stehen informationsökonomische Ansätze im Vordergrund, bei denen – analog zum Grundmodell der Agency-Theorie – nur zwei Akteure (Manager und Zentrale) beteiligt sind. Zunächst wird aber an einem Beispiel zum *master budget* grundlegend auf Probleme der Berichterstattung in Budgetierungssystemen eingegangen. Anschließend wird eine einfache Situation der **Kostenbudgetierung** betrachtet, bei der vor allem die **Motivationswirkungen** von budgetorientierten Anreizsystemen hinsichtlich der Arbeitsintensität sowie die Probleme der **Partizipation** des Managers bei der Budgetaufstellung im Mittelpunkt stehen.

Schwächen und Beurteilungen von Budgets

Die von Praktikern am meisten genannten Schwächen von Budgets sind:[22]

- Budgets schaffen wenig Wert, besonders wenn man die Zeit für ihre Erstellung berücksichtigt.
- Budgets beschränken die Flexibilität und sind ein Hemmnis für Änderungen.
- Budgets sind selten strategisch fokussiert und oft widersprüchlich.
- Budgets konzentrieren sich auf Kostenreduktionen und nicht auf Wertschaffung.
- Budgets stärken vertikale Befehls- und Kontrollhierarchien.
- Budgets spiegeln die aufkommenden Netzwerkstrukturen von Organisationen nicht wider.
- Budgets begünstigen Fehlverhalten.
- Budgets werden zu selten, weil üblicherweise jährlich, erstellt und angepasst.
- Budgets basieren auf unbestätigten Annahmen und Raterei.
- Budgets verstärken Bereichsbarrieren anstatt Wissensaustausch zu ermutigen.
- Budgets lassen die Menschen sich gering schätzen.

Dennoch scheint die Verwendung von Budgets und auch die Beurteilung der Nützlichkeit von Budgetierungsprozessen nicht wesentlich unter diesen Kritikpunkten zu leiden. So berichten zB *Libby* und *Lindsay* (2010) über die Ergebnisse einer Befragung nordamerikanischer Unternehmen, wonach 77% (80%) der US-amerikanischen (kanadischen) Unternehmen des Samples Budgets als Steuerungsinstrument verwenden. Nur jeweils 1% der Unternehmen plant definitiv den Ausstieg aus dem Budgetierungsprozess. *„In conclusion, it appears that the majority of firms ... are finding ways to obtain considerable value from their budgeting systems."*[23]

---

22 Vgl *Hansen* et al. (2003), S. 96.

23 *Libby* and *Lindsay* (2010), S. 60.

Im 9. Kapitel: *Investitionscontrolling* werden Probleme der **Investitions-** bzw **Kapitalbudgetierung** für ein in mehrere Bereiche gegliedertes Unternehmen behandelt. Dort geht es um die **Bestimmung der Investitionsmittel**, die den einzelnen Bereichen zugewiesen werden sollen. Dabei sind die Bereichsmanager über das Erfolgspotenzial ihrer Bereiche besser informiert als die Zentrale. Analysiert werden die Eigenschaften verschiedener Anreizsysteme, die eine wahrheitsgemäße Berichterstattung an die Zentrale gewährleisten sollen. Insofern spielt auch dort das **Partizipationsproblem** eine große Rolle.

3. Das *master budget*

3.1. Vorgehensweise

Das *master budget* stellt eine **periodenbezogene finanzielle Gesamtschau der Maßnahmen aller Unternehmensbereiche** dar[24]. Es beinhaltet im Wesentlichen nichts anderes als eine sukzessive Ermittlung von Plangrößen verschiedener Bereiche, und damit steht die **sachliche Koordination** im Vordergrund. Auf mögliche Anreizwirkungen wird dabei typischerweise nicht eingegangen.

Ausgangspunkt des *master budget* ist zumeist eine **Absatzprognose**, die mit den Absatzpreisen versehen in eine wertmäßige Absatzprognose (Absatzbudget) mündet. Aus diesem Absatzbudget wird dann – unter Berücksichtigung angestrebter Lagerbestandsveränderungen – ein Produktionsbudget abgeleitet. Dieses bildet die Basis für ein Budget für die verschiedenen Güterverbräuche bzw Kostenarten und die materialbezogenen Beschaffungswerte (auch hier unter Berücksichtigung geplanter Lagerbestandsveränderungen).

Diese Budgets lassen sich ergänzen um **Spezialbudgets** (wie zB für Forschung und Entwicklung), die mit dem Absatz der laufenden Periode nicht direkt etwas zu tun haben müssen. Insgesamt bilden diese Projektionen der laufenden Operationen das sogenannte ***operating budget***, dessen Ergebnis im **Erfolgsbudget** besteht.

Ein weiterer Bestandteil des *master budget* ist der **Finanzplan**, der die in der Planperiode erwarteten Zahlungsüberschüsse zeitlich differenziert enthält. In diesen Finanzplan gehen einerseits die Resultate des *operating budget* ein; andererseits werden diese Informationen ergänzt um das **Investitionsbudget** als wertmäßige Zusammenstellung der geplanten Investitionsvorhaben, um Prognosen der zeitlichen Verteilung von Ein- und Auszahlungen und um die voraussichtlich verfügbaren Finanzierungsquellen. Schließlich lassen sich die Gesamtergebnisse des Budgetierungsprozesses in der **Planbilanz** darstellen. Abbildung 3 stellt diese Zusammenhänge dar.[25]

---

24 Vgl *Wouters* et al. (2012), S. 422.

25 Adaptiert aus *Wouters* et al. (2012), S. 423.

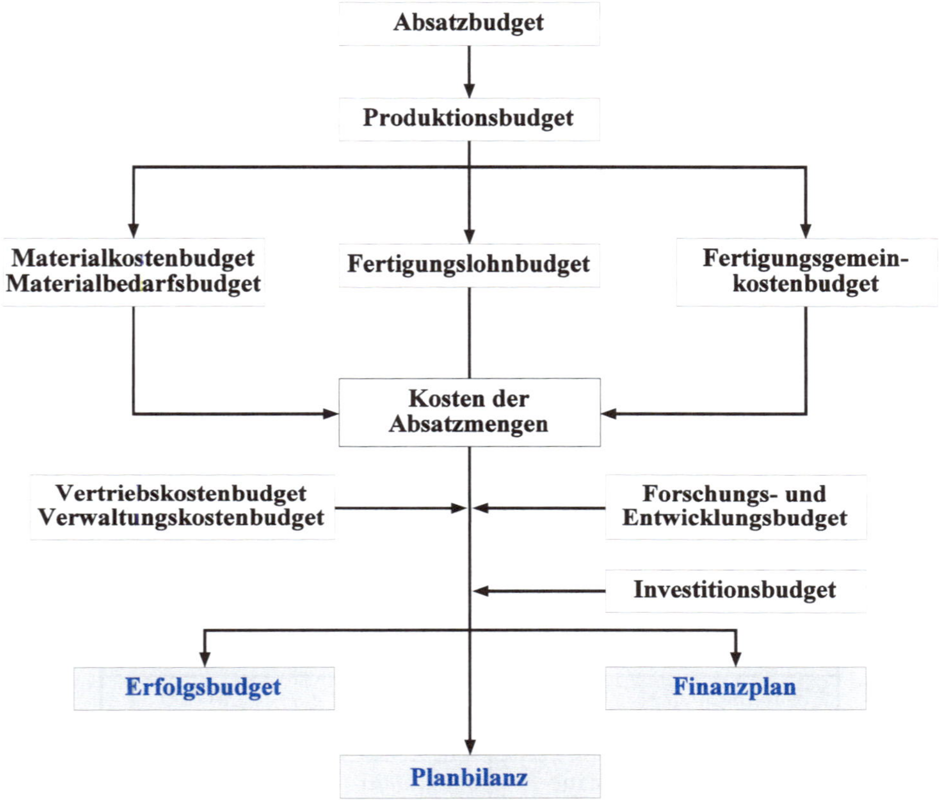

Abb. 3: Master budget

Die gezeigte Vorgehensweise setzt voraus, dass die gesamten **Teilpläne** für sich **optimiert** wurden und dass sie auch untereinander stimmig sind. Vielfach ist ein sachlicher **Koordinationsbedarf** zwischen den Teilplänen notwendig. Dann kann die in Abbildung 3 gezeigte sequenzielle Abfolge von Teilbudgets des *master budget* nicht aufrechterhalten werden. Beispielsweise ist es für die Absatzplanung wichtig, die Produktkosten zu kennen; diese ergeben sich aber erst aus der Produktionsmenge. Aufgrund von Produktionsengpässen kann sich ebenfalls eine Korrektur des Absatzbudgets ergeben. Bezieht man auch das Investitionsbudget mit ein, besteht alternativ auch die Möglichkeit, eine Investition in zusätzliche Kapazität vorzunehmen. Dies hängt wiederum von den Finanzierungsmöglichkeiten ab.

3.2. Ein Beispiel

Weil Aspekte der Investitions- und Finanzplanung nicht im Mittelpunkt dieses Buches stehen, wird nachfolgend ein Beispiel nur für den operativen Teil des *master budget* präsentiert. Dazu wird ein Unternehmen mit zwei Produktarten betrachtet.

Um vorgegebene von errechneten Größen zu trennen, werden vorgegebene Größen im Folgenden *kursiv* gesetzt.

Das **Absatzbudget** enthält die für die folgende Periode geschätzten Absatzmengen, Absatzpreise und Erlöse und möge wie folgt aussehen:

Produkt	$j = 1$	$j = 2$
Absatzmengen x_j	*20.000*	*30.000*
Absatzpreise p_j	*100*	*120*
Erlöse E_j	2.000.000	3.600.000

Tab. 1: Absatzbudget

Das **Produktionsbudget** folgt aus dem Absatzbudget durch Berücksichtigung der Anfangsbestände und der gewünschten Endbestände der beiden Produkte. Diese Endbestände werden auf Grund von Erwartungen über die Absatz- und Produktionsverhältnisse der an die Planperiode anknüpfenden Zeiträume festgelegt. Gegeben bestimmte diesbezügliche Werte erhält man für das Produktionsbudget:

Produkt	$j = 1$	$j = 2$
Absatzmengen x_j	20.000	30.000
Anfangsbestand	*1.000*	*5.000*
Gewünschter Endbestand	*3.000*	*2.000*
Produktionsmengen	22.000	27.000

Tab. 2: Produktionsbudget

Ausgehend vom Produktions- und Absatzbudget kann das **Materialkostenbudget** ermittelt werden, indem die produktspezifischen Verbrauchskoeffizienten v_{ij} und die Beschaffungspreise r_i je Faktoreinheit berücksichtigt werden. Im vorliegenden Fall werden für die beiden Produkte drei Materialien verwendet. Tabelle 3 fasst sie zusammen (Zahlen auf 500 gerundet).

Rohstoff	$i = 1$	$i = 2$	$i = 3$
Verbrauchskoeffizienten v_{i1}	*5*	*1*	*2*
Verbrauchskoeffizienten v_{i2}	*2*	*3*	*3*
Beschaffungspreise r_i	*1*	*2,5*	*2*
Absatzmengenbedarf	160.000	110.000	130.000
Kosten der Absatzmengen	160.000	275.000	260.000
Produktionsmengenbedarf	164.000	103.000	125.000
Kosten der Produktionsmengen	164.000	257.500	250.000

Tab. 3: Materialkostenbudget

Die faktorspezifischen Materialkosten der Produktion (des Absatzes) ergeben sich, indem die Verbrauchskoeffizienten einer Faktorart mit den jeweiligen Produktionsmengen (Absatzmengen) multipliziert, über beide Produktarten addiert und schließlich mit dem Beschaffungspreis für den betreffenden Faktor multipliziert werden.

Im Beispiel werden die jeweiligen **Verbräuche** für Absatz- und Produktionsmengen stets mit dem gleichen Preis **bewertet**. Damit ist für die spätere Berechnung des Gewinns implizit unterstellt, dass auf Lager liegende Fertigprodukte und Fertigprodukte der laufenden Periode den gleichen Wertansatz aufweisen. Sollte dies nicht der Fall sein, müssten zB Lagerbestandsabnahmen von Fertigprodukten differenziert berücksichtigt werden. Dann würde auch die Wahl einer Verbrauchsfolgefiktion (LIFO, FIFO etc) relevant werden. Von derartigen Komplikationen sei hier jedoch abgesehen, weil es nur um die Darstellung der grundlegenden Zusammenhänge geht.

Die hinter den obigen Materialkosten stehenden Verbrauchsmengen sind jedoch nicht identisch mit den Beschaffungsmengen. Analog zur Ableitung des Produktionsbudgets aus dem Verkaufsbudget sind auch hier potenzielle Lagerbestandsveränderungen zu berücksichtigen. Nimmt man dafür bestimmte Werte an, erhält man das **Materialbedarfsbudget** wie folgt:

Rohstoff	$i = 1$	$i = 2$	$i = 3$
Produktionsmengenbedarf	164.000	103.000	125.000
Anfangsbestand	*10.000*	*15.000*	*6.000*
Gewünschter Endbestand	*10.000*	*10.000*	*10.000*
Gesamtbedarf (Menge)	164.000	98.000	129.000
Gesamtbedarf (Wert)	164.000	245.000	258.000

Tab. 4: Materialbedarfsbudget

Das Materialbedarfsbudget ist für die Berechnungen im Rahmen der **Finanzplanung** relevant, denn der wertmäßige Gesamtbedarf für das geplante Produktionsprogramm gibt zugleich einen Auszahlungsbetrag an, der insgesamt für die materialbezogenen Beschaffungstätigkeiten anfällt. Damit ist freilich noch nichts über die zeitliche Verteilung dieses Auszahlungsbetrages innerhalb der Planungsperiode gesagt, so dass die Zahlen des Materialbedarfsbudgets lediglich einen **Ausgangspunkt** für weitere Überlegungen im Rahmen des anschließenden Finanzplans darstellen.

Die Kosten für unmittelbar produktbezogene **Arbeitstätigkeiten** (Fertigungslöhne) werden üblicherweise auch über produktspezifische Verbrauchskoeffizienten erfasst. Diese geben den Zeitbedarf an, der bei der betrachteten Tätigkeit für die Fertigung eines Stücks benötigt wird.[26] Für die weitere Darstellung wird angenommen, dass zwei Arten produktbezogener Arbeitstätigkeiten anfallen. Sie stellen faktisch zwei weitere Produktionsfaktoren dar, die mit $i = 4$ und $i = 5$ symbolisiert werden. Das **Fertigungslohnbudget** möge dann folgende Gestalt haben:

Arbeitsart	$i = 4$	$i = 5$
Verbrauchskoeffizienten v_{i1}	*1*	*1*
Verbrauchskoeffizienten v_{i2}	*0,75*	*1,5*
Beschaffungspreise r_i	*15*	*17*
Kosten der Absatzmengen	637.500	1.105.000
Kosten der Produktionsmengen	633.750	1.062.500

Tab. 5: Fertigungslohnbudget

Bezüglich der Fertigungsgemeinkosten wird unterstellt, dass es drei Positionen gibt, die zudem alle als Fixkosten zu betrachten sind. Das **Fertigungsgemeinkostenbudget** sei wie folgt gegeben:

Abschreibungen auf Maschinen (fix)	*500.000*
Abschreibungen auf Fabrikgebäude (fix)	*600.000*
Wartung und Instandhaltung (fix)	*150.000*

Tab. 6: Fertigungsgemeinkostenbudget

Aus diesen Daten lassen sich die gesamten **Kosten der Absatzmengen** ermitteln. Dabei wird unterstellt, dass das betrachtete Unternehmen eine *Teilkostenrechnung* durchführt, dh dass den absatzbestimmten Produkten nur die variablen Fertigungskosten zugerechnet werden. Weil die Fertigungsgemeinkosten zur Gänze fix sind, verbleiben demnach nur noch die Materialeinzelkosten und die Fertigungslöhne. Fixe Fertigungsgemeinkosten verrechnet das Unternehmen dagegen *en bloc* gegen die aus den Absatzmengen resultierenden Bruttoüberschüsse. Im Ergebnis resultieren die Kosten der Absatzmengen dann aus den absatzmengenbezogenen Einzelkosten sowie den einzelnen Bestandteilen der (fixen) Fertigungsgemeinkosten. Auf diese Weise erhält man folgende Werte für die Kostenarten:

---

26 Siehe dazu auch die Ausführungen zur Grenzplankostenrechnung im 12. Kapitel: *Systeme der Kostenrechnung*.

Materialeinzelkosten der Absatzmengen	695.000
Fertigungslöhne der Absatzmengen	1.742.500
Abschreibungen auf Maschinen (fix)	500.000
Abschreibungen auf Fabrikgebäude (fix)	600.000
Wartung und Instandhaltung (fix)	150.000
Summe	3.687.500

Tab 7: Kosten der Absatzmengen

Die Werte für die noch **verbleibenden Budgets** (Vertriebskosten, Verwaltungskosten, Forschung und Entwicklung) werden pauschal mit folgenden Werten angenommen:

Vertriebskostenbudget	*200.000*
Verwaltungskostenbudget	*100.000*
Forschung und Entwicklung	*300.000*

Tab. 8: Weitere Budgets

Sämtliche Budgets münden schließlich in das folgende **Erfolgsbudget**:

Erlöse der Absatzmengen	5.600.000
Kosten der Absatzmengen	–3.687.500
Vertriebskosten	–200.000
Verwaltungskosten	–100.000
Forschungs- und Entwicklungskosten	–300.000
Budgetierter Gewinn	1.312.500

Tab. 9: Erfolgsbudget

An diese Bestimmung des operativen Teils des *master budget* schließen sich die oben erwähnten Überlegungen zum **Finanzbudget** an. Insgesamt finden somit die Prognosen und Maßnahmen aller Teilbereiche des Unternehmens einen zahlen- und wertmäßigen Niederschlag.

4. Budgetsysteme und Berichterstattung

Bei der obigen Aufstellung des *master budget* wurde angenommen, dass bereits alle Daten vorliegen. Nachfolgend wird diese Annahme aufgehoben. **Asymmetrische**

Information und **Zielkonflikte** zwischen der Zentrale und den Bereichsmanagern werden explizit berücksichtigt. Dadurch zeigt sich auch der Zusammenhang zwischen Budgetierung und dem **Anreizsystem**, der einleitend betont wurde.

Bei asymmetrischer Informationsverteilung hat die Zentrale bestenfalls grobes Wissen um die Erlös- und Kostenbeziehungen der einzelnen Bereiche. Natürlich kann sie auch auf Basis dieser ungenauen Kenntnisse Budgets festlegen, doch es erscheint plausibel, dass deren Qualität verbessert werden kann, wenn die Bereichsmanager ihre besseren Informationen an die Zentrale berichten. Angesichts der bereits oben erläuterten Interessenkonflikte wird man zunächst aber skeptisch sein müssen, ob diese Berichterstattungen stets wahrheitsgemäß erfolgen und die Qualität der Budgets tatsächlich verbessern.

4.1. *Weitzman*-Schema

Zur Erlangung wahrheitsgemäßer Berichte wird in der Literatur oftmals ein recht einfaches und anschauliches Anreizsystem angeführt, das vor allem in einem Beitrag von *Weitzman* (1976) im Rahmen der Besprechung von Anreizschemata in der ehemaligen Sowjetunion ausführlich diskutiert wurde und daher den Namen ***Weitzman*-Schema** oder auch **„Sowjetisches“ Anreizschema** erhalten hat. Die nach wie vor gegebene Aktualität dieses Anreizschemas wird zB durch neuere Empfehlungen zur Erhöhung der „Planungsqualität“ im Wertmanagement deutlich, womit letztlich eine möglichst große Prognosegüte gemeint ist, die durch den Einsatz des *Weitzman*-Schemas bei der Budgetierung erreicht werden soll.[27]

Ausgangssituation

Dem *Weitzman*-Schema liegt ein Szenario zugrunde, in dem ein Manager *exakt* über den in seinem Bereich erzielbaren **künftigen Überschuss** x informiert ist, die Zentrale aber nicht. Potenzielle Motivations- bzw Arbeitsleidaspekte werden zumeist nicht explizit betrachtet; der Überschuss x wird vorerst als ein irgendwie gegebener Erfolg angesehen, den der Manager erzielen kann. Die Zentrale benötigt für ihre Planungen Informationen hinsichtlich dieses Überschusses und verlangt vom Manager daher einen diesbezüglichen Bericht. Die **Entlohnung** hängt sowohl vom **Bericht** $\hat{x}$ als auch vom tatsächlichen Ergebnis x am Periodenende ab:

$$s(x,\hat{x}) = \begin{cases} \underline{S} + \hat{\alpha}\cdot\hat{x} + \alpha_1\cdot(x-\hat{x}), \text{falls } x \geq \hat{x} \\ \underline{S} + \hat{\alpha}\cdot\hat{x} + \alpha_2\cdot(x-\hat{x}), \text{falls } x \leq \hat{x} \end{cases} \quad \text{mit } 0 < \alpha_1 < \hat{\alpha} < \alpha_2$$

Berichtet der Manager **wahrheitsgemäß**, dh $x = \hat{x}$, dann erhält er eine Entlohnung von $\underline{S} + \hat{\alpha}\cdot\hat{x}$. Positive Abweichungen zwischen tatsächlichem und berichtetem Ergebnis werden **belohnt**, wobei der Parameter α_1 allerdings *niedriger* als der rein berichtsabhängige Parameter $\hat{\alpha}$ ist. Umgekehrt führen negative Abweichungen zwi-

---

[27] Siehe dazu etwa *Plaschke* (2006), S. 570-572.

schen tatsächlichem und berichtetem Ergebnis zu einer Minderung der Entlohnung mit einem Parameter α_2, der *höher* als der berichtsabhängige Parameter $\hat{\alpha}$ ist. Insofern kann man den Bericht $\hat{x}$ auch als **selbst gesetztes Erfolgsbudget** ansehen, dessen Überschreitung gerne gesehen und dessen Unterschreitung mit Gehaltseinbußen „bestraft" wird.

Wegen der angenommenen Parameterkonstellation ergeben sich für einen Manager, der den Erfolg x genau kennt, folgende Beziehungen:

$$\frac{\partial s(x,\hat{x})}{\partial \hat{x}} = \hat{\alpha} - \alpha_1 > 0, \text{falls } \hat{x} < x; \quad \frac{\partial s(x,\hat{x})}{\partial \hat{x}} = \hat{\alpha} - \alpha_2 < 0, \text{falls } \hat{x} > x$$

Daraus folgt, dass die **wahrheitsgemäße Berichterstattung** (dh $x = \hat{x}$) für den Manager stets **optimal** ist. Würde er zB weniger als x berichten, erzielte er zwar einen Bonus wegen der positiven Ergebnisabweichung, doch wäre es für ihn noch besser, von vorneherein x zu berichten, weil der Bonusanteil für ein entsprechend höheres berichtetes Ergebnis größer ist. In umgekehrter Weise lässt sich die Suboptimalität eines das Ergebnis x übersteigenden Berichts erklären.

Mit dem Bericht $\hat{x}$ wird zunächst die Entlohnung s für wahrheitsgemäße Berichterstattung auf der stärkeren Geraden mit Steigung $\hat{\alpha}$ festgelegt. Der Bericht $\hat{x}$ definiert die Entlohnung $s(x \mid \hat{x})$, die sich schließlich abhängig vom Istüberschuss x ergibt. Diese *ex post*-Entlohnungsfunktion ist für zwei Berichtsniveaus dargestellt. Der Knick fällt genau auf den Punkt $x = \hat{x}$, und die Steigungen der beiden Äste werden durch die Parameter α_1 und α_2 mitbestimmt. Abbildung 4 zeigt die Wirkungsweise des *Weitzman*-Schemas.

Man könnte sich fragen, warum man in einem Szenario ohne ausdrückliche Einbeziehung von Arbeitsleidfaktoren überhaupt eine berichtsabhängige Entlohnung benötigt. Eine Alternative bestünde darin, dem Manager einfach ein **ergebnisunabhängiges Fixgehalt** zu geben. In diesem Fall hat er kein *strenges* Interesse an einer Falschberichterstattung, so dass man *unterstellen* kann, dass er wahrheitsgemäß berichtet. Allerdings hat er auch kein strenges Interesse an einer wahrheitsgemäßen Berichterstattung, weil seine Zielerreichung vom abgegebenen Bericht völlig unabhängig ist. Er könnte seine Berichte somit auch „auswürfeln", ohne irgendwelche Konsequenzen tragen zu müssen. Die *Sicherstellung*, dass wahrheitsgemäß berichtet wird, kann in diesem Fall nur über eine ergebnisabhängige Entlohnung erfolgen.

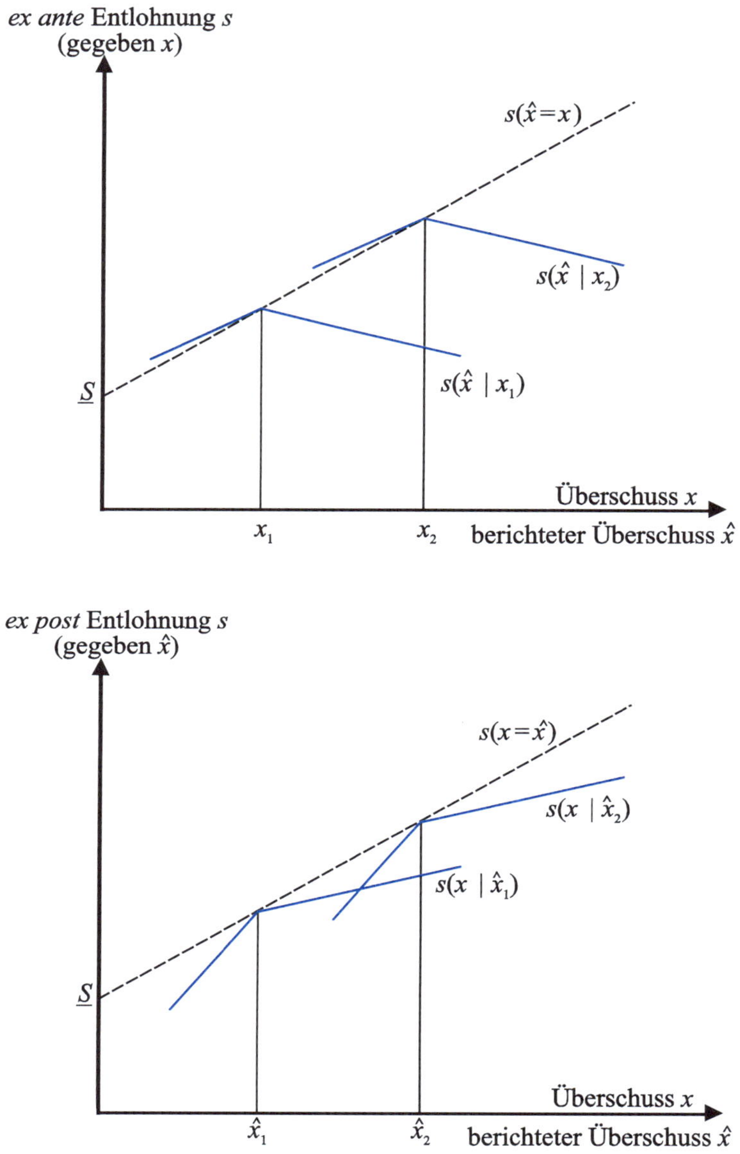

Abb. 4: *Weitzman*-Schema

Beispiel

Aus Sicht der Zentrale können *drei* mögliche Ergebnisse x = 100, 200 oder 300 vorliegen. Den genauen Wert kennt indes nur der Bereichsmanager, für den dementsprechend drei mögliche Berichte in Frage kommen. Die Basisentlohnung $\underline{S}$ wird vereinfachend mit 0 angenommen, und die drei Entlohnungsparameter seien wie folgt gegeben:

$\alpha_1 = 0{,}1;\quad \hat{\alpha} = 0{,}2;\quad \alpha_2 = 0{,}3$

Nachfolgend sind die sich aus dem *Weitzman*-Schema ergebenden Entlohnungen für den Manager bei verschiedenen Kombinationen von tatsächlichem und berichtetem Ergebnis aufgelistet. Schattierte Größen kennzeichnen die jeweils optimale Berichtspolitik. Offensichtlich gibt die Hauptdiagonale stets die optimalen Lösungen an, was einer wahrheitsgemäßen Berichterstattung entspricht.

Bericht / Ergebnis	$\hat{x} = 100$	$\hat{x} = 200$	$\hat{x} = 300$
x = 100	**20**	10	0
x = 200	30	**40**	30
x = 300	40	50	**60**

Erweiterte Situationen

Die wahrheitsinduzierenden Eigenschaften des *Weitzman*-Schemas müssen etwas modifiziert werden, wenn das Ergebnis x **risikobehaftet** ist und einer **Wahrscheinlichkeitsverteilung** unterliegt. Die asymmetrische Informationsverteilung muss in diesem Fall so aufgefasst werden, dass der Manager **besser über die Ergebnis*verteilung*** als die Zentrale informiert ist. Daher kennt auch der Manager das **erwartete Erfolgspotenzial** besser als die Zentrale.

Ist der Manager risikoneutral, dann wird er beim *Weitzman*-Schema denjenigen Bericht abgeben, der seine erwartete Entlohnung maximiert. Der Bericht hängt einerseits von der **Ergebnisverteilung** und andererseits von den **Entlohnungsparametern** ab. Durch die Gestaltung dieser Parameter kann die Berichterstattung beliebiger *Quantile* (zB des Medians) der Ergebnisverteilung, nicht aber des Erwartungswerts $E[\tilde{x}]$ induziert werden (der Anhang zeigt, wie dies erfolgt).

Für die Interpretation dieses Berichts durch die Zentrale ist das aber nicht unbedingt ein Nachteil, weil der Bericht bei *gegebenen* Entlohnungsparametern **von der Ergebnisverteilung abhängt**. Für unterschiedliche Verteilungen werden daher auch verschiedene Berichte $\hat{x}$ abgegeben, so dass vom abgegebenen Bericht auf die zugrunde liegende Verteilung geschlossen werden kann, *sofern* die asymmetrische Information mit einem einzigen Parameter beschrieben werden kann. Und daraus lässt sich wiederum auf den entsprechenden Überschusserwartungswert zurückschließen. Im **Anhang** zu diesem Kapitel wird eine solche „intelligente" Interpretation anhand einer einfachen Situation verdeutlicht.

Trotz seiner intuitiv eingängigen Struktur hat das *Weitzman*-Schema einige **grundlegende Schwächen**. So lassen sich *moral hazard*-Aspekte (Induzierung einer hohen Arbeitsintensität etc) nur in eingeschränktem Umfang lösen, weil die ergebnisabhängigen Parameter starr vorgegeben sind und mithin nicht dem Bericht und damit der tatsächlichen Situation angepasst werden können.[28] Darüber hinaus zeigen die Erläuterungen zum Fall risikobehafteter Ergebnisse, dass der Bericht nicht ohne weiteres als erwartetes Erfolgspotenzial übernommen werden kann, sondern erst noch gesondert uminterpretiert werden muss. Diese Probleme bestehen beim nachfolgend dargestellten Anreizsystem nicht.

Praktische Anwendung

Die OBI-Gruppe, die Bau- und Heimwerkermärkte im Franchising betreibt, verwendet nach *Creusen* (1990) ein OBI-Prämiensystem, welches die Motivation sämtlicher Mitarbeiter zum Ziel hat. Die Darstellung erfolgt beispielhaft (*Creusen* (1990), S. 884).

Fall 1: Geplanter Erfolg ≤ realisierter Erfolg

Beispiel: Geplanter Erfolg 800.000, realisierter Erfolg 1.000.000

Tantiemenberechnung:

für realisierten Erfolg 2% von	1.000.000	=	20.000
für geplanten Erfolg 2% von	800.000	=	16.000
Gesamte Tantieme	36.000		

Fall 2: Geplanter Erfolg > realisierter Erfolg

Beispiel: Geplanter Erfolg 800.000, realisierter Erfolg 600.000

Tantiemenberechnung:

für realisierten Erfolg 2% von	600.000	=	12.000
für geplanten Erfolg	800.000		
abzüglich zweimal Differenz	-400.000		
2% von	400.000	=	8.000
Gesamte Tantieme			20.000

Formal dargestellt lautet daher das Prämiensystem:

$$s(x,\hat{x}) = \begin{cases} 0{,}02\hat{x} + 0{,}02x & \text{für } x \geq \hat{x} \\ 0{,}02x + 0{,}02(\hat{x} - 2(\hat{x} - x)) & \text{für } x < \hat{x} \end{cases}$$

Durch Umformen erhält man:

für $x \geq \hat{x} : 0{,}02\hat{x} + 0{,}02x = 0{,}04\hat{x} + 0{,}02(x - \hat{x})$

für $x < \hat{x} : 0{,}02x + 0{,}02(\hat{x} - 2(\hat{x} - x)) = 0{,}06x - 0{,}02\hat{x} = 0{,}04\hat{x} + 0{,}06(x - \hat{x})$

Das OBI-Prämiensystem ist daher ein *Weitzman*-Schema mit den Parametern α_1 = 0,02, $\hat{\alpha}$ = 0,04 und α_2 = 0,06.[29]

---

[28] Im 9. Kapitel: *Investitionscontrolling* wird darüber hinaus gezeigt, dass das *Weitzman*-Schema bei Einbeziehung von Ressourcenallokationen seine wahrheitsinduzierenden Eigenschaften verliert.

[29] Andere Anwendungsfälle finden sich etwa in *Gonik* (1978) und *Tanzola* (1988).

4.2. Anreizschema nach *Osband* und *Reichelstein*

In einer Reihe von Arbeiten haben *Osband* und *Reichelstein* zur Erlangung wahrheitsgemäßer Berichte über den Ergebniserwartungswert $E[\tilde{x}]$ folgendes **Entlohnungsschema** entwickelt:[30]

$$s(x,\hat{x}) = \underline{S} + \ell(\hat{x}) + \ell'(\hat{x}) \cdot (x - \hat{x}) \qquad (1)$$

Dabei ist $\ell(\cdot)$ eine streng monoton steigende und strikt konvexe Funktion, dh $\ell' > 0$ und $\ell'' > 0$.

Im Rahmen dieses Entlohnungsschemas lässt sich der Bericht $\hat{x}$ erneut als **selbst gesetztes Erfolgsbudget** interpretieren, wobei Überschreitungen (Unterschreitungen) dieses Budgets wegen $\ell' > 0$ zu einer Erhöhung (Verminderung) der Entlohnung führen. Bezüglich der Abhängigkeit vom Ergebnis x hat das Anreizsystem (1) eine denkbar einfache Struktur, denn die Entlohnung hängt für einen gegebenen Bericht $\hat{x}$ **linear** vom Ergebnis x ab.

Für einen *risikoneutralen* Manager beträgt die erwartete Entlohnung bei einem wahrheitsgemäßen Bericht

$$E[s(\tilde{x}, \hat{x} = E[\tilde{x}])] = \underline{S} + \ell(\hat{x}) = \underline{S} + \ell(E[\tilde{x}]) \qquad (2)$$

Berichtet er dagegen ein $\hat{x} \neq E[\tilde{x}]$, lautet der Erwartungswert seiner Entlohnung:

$$E[s(\tilde{x}, \hat{x})] = \underline{S} + \ell(\hat{x}) + \ell'(\hat{x}) \cdot (E[\tilde{x}] - \hat{x}) \qquad (3)$$

Die Berichterstattung von $\hat{x} = E[\tilde{x}]$ ist genau dann optimal, wenn (2) mindestens so groß wie (3) ist, wenn also gilt:

$$\underline{S} + \ell(E[\tilde{x}]) \geq \underline{S} + \ell(\hat{x}) + \ell'(\hat{x}) \cdot (E[\tilde{x}] - \hat{x}) \quad \text{bzw}$$

$$\ell(E[\tilde{x}]) - \ell(\hat{x}) \geq \ell'(\hat{x}) \cdot (E[\tilde{x}] - \hat{x}) \quad \text{für alle } \hat{x} \qquad (4)$$

Nun ist (4) für *jede* konvexe Funktion $\ell(\cdot)$ erfüllt,[31] so dass eine Berichterstattung von $\hat{x} = E[\tilde{x}]$ tatsächlich **optimal** ist. Der Anreiz zu wahrheitsgemäßer Berichterstattung ist *strikt*, wenn (4) für $\hat{x} \neq E[\tilde{x}]$ mit „striktem größer" gilt; dies wird durch eine strikt konvexe Funktion $\ell(\cdot)$ sichergestellt.[32]

---

30 Siehe dazu *Reichelstein* und *Osband* (1984), *Osband* und *Reichelstein* (1985) sowie *Reichelstein* (1992).

31 Vgl zB *Takayama* (1985), S. 85 f.

32 Für eine lineare Funktion fällt die Abhängigkeit der Entlohnung nach dem Bericht weg. Es besteht dann Indifferenz des Managers bezüglich der Berichterstattung.

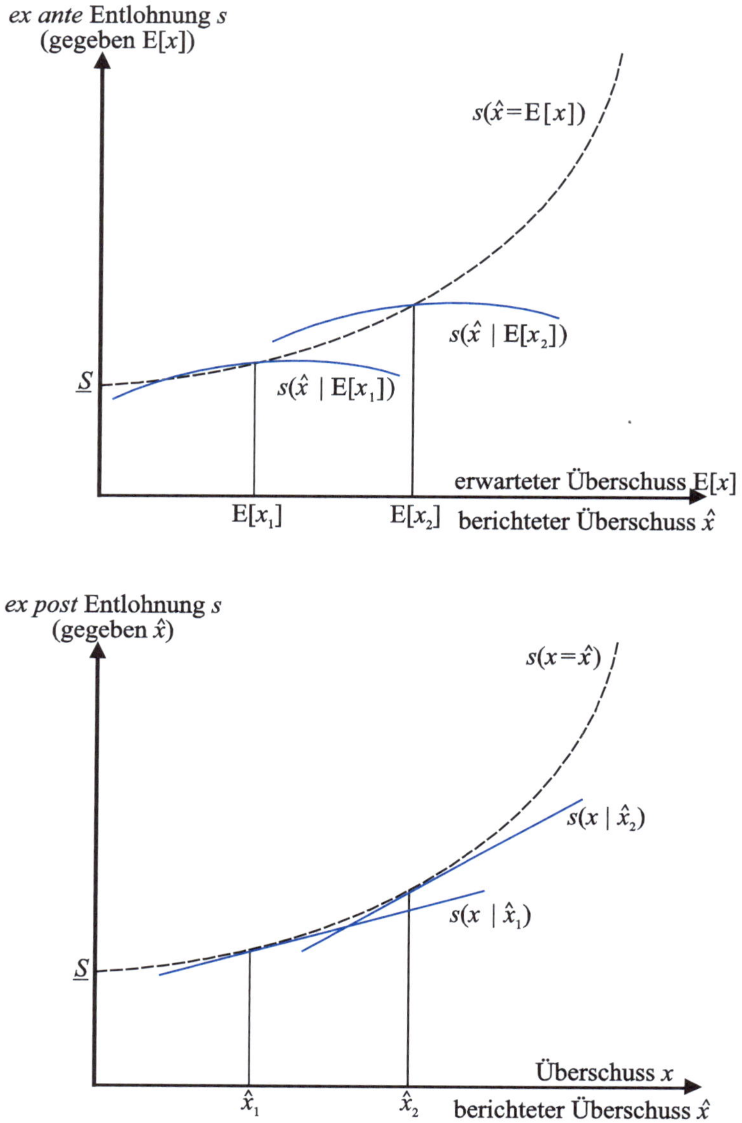

Abb. 5: Anreizschema von *Osband* und *Reichelstein*

Will man darüber hinaus sicherstellen, dass diese wahrheitsinduzierenden Eigenschaften für *jede* Wahrscheinlichkeitsverteilung mit einem Erwartungswert von $E[\tilde{x}]$ erhalten bleiben, muss die **Entlohnung linear** in $\tilde{x}$ sein, gegeben ein Bericht $\hat{x}$; damit sind Schemata wie in (1) die einzigen mit dieser Eigenschaft.[33] Im Ergeb-

---

33 Ein allgemeiner Beweis findet sich in *Osband* und *Reichelstein* (1985). Für den Fall eines risikoaversen Managers können sich Modifikationen ergeben. Vgl dazu zB *Bamberg* (1991).

nis steigt damit wegen der Konvexität der Funktion $\ell(\cdot)$ die Entlohnung des Managers mit zunehmendem erwarteten Erfolgspotenzial **überproportional** an. Abbildung 5 zeigt die Struktur der Entlohnungsfunktion s. Bei wahrheitsgemäßer Berichterstattung $\hat{x} = \mathrm{E}[\tilde{x}]$ steigt die Entlohnung konvex an. Gegeben einen bestimmten Bericht $\hat{x}$ wird die ***ex post*-Entlohnungsfunktion** linear steigend. Ein Vergleich von Abbildung 5 mit Abbildung 4 zeigt auch den charakteristischen Unterschied zwischen diesem Anreizschema und dem *Weitzman*-Schema. Er liegt vor allem in den unterschiedlich gekrümmten Funktionen begründet.

Anders als beim ***Weitzman*-Schema** ist keine Uminterpretation der Managerberichte erforderlich; der Bericht kann direkt als erwartetes Erfolgspotenzial aufgefasst werden. Ein weiterer Unterschied zum *Weitzman*-Schema besteht in den Konsequenzen für den Arbeitseinsatz des Managers, denn jetzt hängt der für die Ergebnisbeteiligung maßgebliche Anteilssatz positiv vom berichteten Erfolg ab. Je höher das berichtete Erfolgspotenzial, desto größer wird demnach *ceteris paribus* der Arbeitsanreiz für den Manager, weil er nun stärker an den Erfolgen partizipiert. Schemata der Art (1) werden daher mit *moral hazard*-Problemen tendenziell besser fertig. In bestimmten Szenarien können sie sogar die *second best*-Lösung implementieren.[34] Dies wird sich auch im weiter unten präsentierten Ansatz zur partizipativen Budgetierung zeigen.

Für das früher angesprochene Problem der theoretischen Fundierung von Controllinginstrumenten klingen diese Resultate ermutigend, weil sich erweiterte Budgetsysteme des in (1) dargestellten Typs offenbar für einige Situationen endogen aus dem Optimierungsprogramm ergeben. Doch auch hier ist eine gewisse Vorsicht geboten, weil die Interpretation von (1) als Budgetsystem nicht ganz frei von Willkür ist. Der Vertrag wurde so präsentiert, dass eine Abweichung von der „Sollgröße" $\hat{x}$ maßgebliche Bedeutung erlangt. Man kann den Vertrag aber auch so darstellen, dass Abweichungen keine unmittelbare Rolle spielen:

$$s(x,\hat{x}) = \hat{\underline{S}}(\hat{x}) + \ell'(\hat{x}) \cdot x$$

wobei $\hat{\underline{S}}(\hat{x}) = \underline{S} + \ell(\hat{x}) - \ell'(\hat{x}) \cdot \hat{x}$. In dieser Darstellung handelt es sich einfach um ein lineares Entlohnungsschema, bei dem die Basisentlohnung und der Beteiligungsprozentsatz vom Managerbericht abhängen. In gewisser Weise ist somit die endogene Erklärung eines *Budgetsystems* eine Frage der Betrachtungsweise bzw des „Geschmacks".

4.3. Das Offenlegungsprinzip

Im Zusammenhang mit der wahrheitsgemäßen Berichterstattung ist ein informationsökonomisches Resultat von Bedeutung, das als **„Offenlegungsprinzip"**[35] (*revelation principle*) bezeichnet wird. Dieses Prinzip besagt, dass in vielen Szenarien jeder Vertrag zwischen Zentrale und Managern, der eine nicht wahrheitsgemäße Berichterstattung der Manager induziert, durch einen **äquivalenten, wahrheitsinduzierenden Vertrag ersetzt** werden kann. „Äquivalent" heißt hier, dass dieser neue

---

[34] Siehe zu solchen Ansätzen etwa *Kirby* et al. (1991) sowie *Kanodia* (1993).

[35] Siehe dazu insbesondere *Myerson* (1979).

Vertrag sowohl bezüglich der Handlungen bzw Allokationen als auch bezüglich der Zielerreichungen der beteiligten Akteure zum gleichen Ergebnis wie der ursprüngliche Vertrag führt. Insofern scheint eine zutreffende Berichterstattung fast problemlos und in viel allgemeinerem Rahmen als unter den obigen beiden Schemata realisierbar zu sein, und das ist auf den ersten Blick doch etwas überraschend.

Die folgenden Ausführungen sollen anhand eines einfachen Modellbeispiels[36] die **Idee des Offenlegungsprinzips** und seine Implikationen verdeutlichen. Betrachtet wird die Beziehung zwischen der Zentrale und einem Bereich, der einen Auftrag erhalten hat. Offen ist jedoch, ob dieser Auftrag angenommen werden sollte. Der Auftrag würde einen Erlös in Höhe von E erbringen. Die Kosten K zur Durchführung des Auftrags sind jedoch nur dem Bereichsmanager genau bekannt. Die Zentrale weiß lediglich, dass diese Kosten im Bereich $[K_L, K_H]$ liegen können, wobei die Relation $K_L < E < K_H$ gilt.

Angenommen, die Zentrale hätte über die Auftragsannahme zu entscheiden, während der Bereich für die Durchführung verantwortlich ist. Ohne weitere Informationen kann die Zentrale ihre Entscheidung nur auf Basis ihrer bisherigen Kenntnisse treffen. Ist sie *risikoneutral*, würde sie nach dem *Erwartungswert des Deckungsbeitrags* entscheiden. Der Auftrag würde demnach genau dann angenommen, falls $E \geq \mathrm{E}[\widetilde{K}]$ ist.

Diese Vorgehensweise birgt offensichtlich die **Gefahr einer Fehlentscheidung** für alle Kostenrealisierungen $K > E$. Die Einbindung der dem Bereichsmanager verfügbaren Kosteninformationen könnte eine solche Gefahr grundsätzlich ausschalten und die Annahme nur solcher Aufträge garantieren, die wirklich vorteilhaft sind. Verlangt die Zentrale nun einen Bericht vom Bereichsmanager, muss sie **potenzielle Interessenkonflikte** beachten. Im vorliegenden Fall mögen diese sich in den bereits oben allgemein erwähnten **Ressourcenpräferenzen** niederschlagen: Erhält der Manager von der Zentrale mehr Ressourcen zugeteilt, als er für die Ausführung des Auftrags tatsächlich benötigt, kann er die überschüssigen Beträge für eigene Zwecke (er hat also **Slackpräferenzen**) verwenden, ohne dass dies von der Zentrale entdeckt werden kann (zB weil der vom Manager geleitete Bereich auch andere Aufträge bearbeitet und die angefallenen Kosten nicht exakt einzelnen Aufträgen zugeordnet werden können). Je größer diese überschüssigen Beträge sind, desto größer ist das Nutzenniveau des Managers. Damit wird jetzt folgender erweiterter **Ablauf** betrachtet:

1. Der Manager berichtet einen **Kostenbedarf** in Höhe von C an die Zentrale.
2. Sofern $C \leq E$ ist, nimmt die Zentrale den Auftrag an, andernfalls lehnt sie ihn ab. Bei Auftragsannahme stellt die Zentrale dem Bereich **Mittel** in Höhe von C bereit.
3. Ein positiver Differenzbetrag (***slack***) $C - K$ steht dem Manager faktisch zur freien Verfügung. Eine negative Differenz ($C < K$) würde dagegen

36 Siehe zur Modellstruktur *Schiller* (2000a), S. 77 – 89.

entweder die Fertigung des Auftrags verhindern oder aber Umschichtungen und Änderungen des bisherigen Bereichsprogramms erfordern. Sofern diese Aspekte auftreten, kann eine Falschberichterstattung des Managers von der Zentrale identifiziert und umgehend sanktioniert werden.

Dieses Prozedere kennzeichnet einen bestimmten „Vertrag" zwischen Zentrale und Management, denn in Abhängigkeit vom Bericht werden Allokationen und Zielerreichungen in einer genau spezifizierten Weise festgelegt. Fraglich ist nur, ob dieser Mechanismus eine **wahrheitsgemäße Berichterstattung** des Managers gewährleistet. Offenbar besteht nur die **Gefahr einer Überschätzung der tatsächlichen Kosten** durch einen Bericht $C > K$. Der Bereichsmanager hat aber genau solche Anreize, wie folgende einfache Überlegung zeigt: Für alle Kosten $K < E$ lohnt es sich, einen Bericht in Höhe von $C = E$ abzugeben. Der Auftrag wird angenommen, kann problemlos realisiert werden, und der Überschuss $C - K = E - K > 0$ steht zur Disposition des Managers. Bezeichnet $F(\cdot)$ die Verteilungsfunktion der Kosten K, dann findet im vorliegenden Fall aus Sicht der Zentrale mit der Wahrscheinlichkeit $F(C)$ offenbar eine Überschätzung der tatsächlichen Kosten K statt.

Nach dem oben referierten Inhalt des Offenlegungsprinzips gibt es nun einen **äquivalenten, wahrheitsinduzierenden** Vertrag. Man erhält ihn durch folgende Überlegung: Der Bereichsmanager hat genau deshalb ein Interesse an der Überschätzung der Kostensituation, weil er dadurch persönliche Vorteile durch die berichtsinduzierte Handlung (Auftragsannahme und Ressourcenzuteilung) der Zentrale erlangen kann. Gäbe man ihm nun bei wahrheitsgemäßer Berichterstattung die gleichen Vorteile wie bei der (bisherigen) Überschätzung, hätte er offenbar keine *strikten* Anreize mehr, die wirklichen Verhältnisse zu verfälschen. Die Zentrale kann dies erreichen, indem sie ihre **Antwort auf die Berichte** wie folgt modifiziert:

2.′ Sofern $C \leq E$ ist, nimmt die Zentrale den Auftrag an, andernfalls lehnt sie ihn ab. Bei Auftragsannahme stellt die Zentrale dem Bereich zusätzliche Mittel in Höhe von E (und nicht von C) bereit.

Offenbar hat der Bereichsmanager **jetzt kein striktes Interesse** mehr an einer Überschätzung: Sofern $K < E$ ist, berichtet er wahrheitsgemäß $C = K$ und erzielt unveränderte persönliche Vorteile in Höhe von $E - K$. Der Auftrag wird in exakt den gleichen Zuständen angenommen wie bisher, und auch die Zielerreichungen beider Seiten entsprechen den bisherigen.

Das Beispiel illustriert die **ökonomische Intuition** des Offenlegungsprinzips: Gegeben irgendeinen Vertrag kann sich die Zentrale in die Situation des Managers versetzen und sich „ausmalen", bei welchen tatsächlichen und von ihr unbeobachtbaren Zuständen sie in welchem Umfang betrogen wird. Dann aber kann sie den Vertrag so umformulieren, dass der Manager bei zutreffender Berichterstattung *die gleichen Vorteile* wie beim bisherigen Schummeln erzielt. Dies impliziert aber offenbar eine **Bindung der Zentrale**, denn der Manager erlangt diese gleichen Vorteile ja nur dann, wenn die Zentrale darauf verzichtet, die besseren Informationen zu einer gegenüber dem bisherigen Vertrag veränderten Allokation zu nutzen.

Dieser Aspekt gießt etwas Wasser in den Wein, der mit dem Offenlegungsprinzip auf den ersten Blick eingeschenkt zu werden scheint. In **unmittelbarer Betrachtung** hat das **Offenlegungsprinzip** eine **relative Natur**, denn es bezieht sich auf einen wie auch immer gegebenen Vertrag, der geeignet und äquivalent umformuliert werden kann. Ob die mit dem ursprünglich gegebenen und mithin auch mit dem umformulierten Vertrag verbundenen Zielereichungen aus Sicht der Zentrale optimal sind, ist zunächst noch völlig offen. Im obigen Beispiel ist die Optimalität garantiert zweifelhaft, weil die Zentrale faktisch einen Deckungsbeitrag von 0 erzielt, und zwar auch bei zutreffender Berichterstattung des Bereichsmanagers.

In einem Budgetierungskontext resultiert eine wesentliche Einschränkung aus dem vorgegebenen **Budgetkontext** selbst. Wie bereits oben erwähnt wurde, stellen Budgetsysteme *spezifische Vorschläge* für Koordinationsinstrumente dar. Sie lassen sich zwar bezüglich ihrer Eigenschaften analysieren, doch handelt es sich nicht um eine modellendogen bestimmte, insgesamt optimale Lösung. In einem solchen Zusammenhang vermag auch das Offenlegungsprinzip letztlich nur das zu leisten, was durch das betrachtete Budgetsystem erreichbar ist, wobei erschwerend hinzukommen kann, dass die geforderten Umformulierungen ggf die Struktur des verwendeten Budgetsystems verlassen. Das Offenlegungsprinzip ist in einem Budgetierungsszenario mithin gewiss **kein Allheilmittel** gegen Allokations- und Zielerreichungsprobleme auf Grund einer asymmetrischen Informationsverteilung.

Das Offenlegungsprinzip setzt für seine Gültigkeit allerdings einige **weitere Annahmen** voraus: Die **Kommunikation** zwischen Manager und Zentrale darf nicht eingeschränkt sein, die zulässigen **Verträge** dürfen nicht beschränkt sein, und die Zentrale muss in der Lage sein, sich für jeden Bericht des Managers zu einem bestimmten, zum Teil *ex post* nicht rationalen Verhalten glaubwürdig zu **binden**. Letzteres zeigt sich im obigen Beispiel dadurch, dass die Zentrale ein Budget von E zuweisen muss, auch wenn sie nunmehr genau weiß, dass der Manager die Differenz von $E - K$ für nicht produktive Aktivitäten ausgibt.

Dennoch hat das Offenlegungsprinzip in der neueren informationsökonomischen Literatur eine sehr große Bedeutung, weil es in Modellen mit asymmetrischer Information den **Lösungsraum** für die optimalen Verträge einzuschränken erlaubt. Man kann die Lösungssuche auf die wahrheitsinduzierenden Verträge beschränken, ohne Gefahr zu laufen, durch diese zusätzliche Restriktion bessere Lösungen auszuschließen. Es ist nicht zuletzt dieser „technische“ Aspekt, der dazu führt, dass optimale Verträge und Mechanismen in der Literatur zumeist auch wahrheitsinduzierend sind.[37]

---

[37] Diese technische Bedeutung des Offenlegungsprinzips wird auch in den folgenden Abschnitten bei der Lösung von Agency-Modellen verwendet.

Der optimale Vertrag[38]

Die asymmetrische Informationsverteilung erlaubt es dem Manager, Vorteile durch Überschätzung der tatsächlichen Kostensituation zu erzielen, dh., er kann „*slack*" in seine Kostenbudgets einbauen. Im obigen Fall führt dies zu einer völligen Vernichtung von Überschüssen für die Zentrale. Sie kann sich positive Überschüsse aber durch eine *Verzerrung der Annahmeentscheidung* sichern, indem sie etwa die Messlatte für eine Auftragsannahme im Schritt 2.′ nicht in Höhe des Erlöses E, sondern unterhalb davon in Höhe von $E - \Delta > K_L$ ($\Delta > 0$) ansetzt. Für jedes Δ, das diese Bedingung erfüllt, erhält die Zentrale stets Berichte von $C = E - \Delta$, so dass jetzt nur noch mit einer Wahrscheinlichkeit von $F(E - \Delta)$ eine Überschätzung auftritt. Bei Auftragsannahme erzielt die Zentrale einen Überschuss von $E - (E - \Delta) = \Delta$. Insgesamt ergibt sich der erwartete Deckungsbeitrag $\mathrm{E}[D]$ aus Sicht der Zentrale wie folgt:

$$\mathrm{E}[D] = \Delta \cdot F(E - \Delta) > 0$$

Er ist offenbar positiv, so dass sich die Zentrale durch eine Verzerrung der Annahmeentscheidung besser stellt. Zwar wird der Auftrag nicht mehr in allen Zuständen akzeptiert, in denen dies eigentlich vorteilhaft wäre, doch gelingt es der Zentrale jetzt, den *slack* des Managers zu reduzieren, so dass ihr überhaupt positive Überschüsse zuwachsen können. Den optimalen Wert für Δ erhält man durch Differenzierung von $\mathrm{E}[D]$ nach Δ und Nullsetzen, woraus folgt:

$$F(E - \Delta^*) - \Delta^* \cdot f(E - \Delta^*) = 0 \quad \Rightarrow \quad \Delta^* = F(E - \Delta^*)/f(E - \Delta^*)$$

Im Falle etwa einer Gleichverteilung der Kosten, dh $f = 1/(K_H - K_L)$, ergibt sich:

$$\Delta^* = (E - K_L)/2$$

Der optimale Grenzwert für eine Annahme des Auftrags lautet damit:

$$E - \Delta^* = (K_L + E)/2$$

Der hier aufscheinende Trade-off zwischen Allokationsverzerrung und Reduzierung von *slack* ist nicht nur für dieses einfache Modell relevant, sondern findet sich in zahlreichen anderen Szenarien, in denen Ressourcenpräferenzen eine Rolle spielen.[39]

Wenn der Manager **mehrere Projekte** zur Entscheidung hat, entsteht zusätzlich die Frage, ob es sinnvoller ist, ihm für jedes Projekt ein eigenes Budget vorzugeben oder ein Gesamtbudget für beide. Es zeigt sich, dass die Gesamtbewertung besser in der Lage ist, *slack* im Durchschnitt zu reduzieren und damit bei relativ hohen Erlösen günstiger wird als eine Einzelbewertung, die an sich die Projektentscheidung genauer steuern kann.[40]

---

38 Adaptiert nach *Schiller* (2000a), S. 78 – 80.

39 Siehe etwa zu einem Ansatz der Investitionsbudgetierung das Modell von *Antle* und *Eppen* (1985) sowie generell die Übersicht bei *Antle* und *Fellingham* (1997).

40 Vgl *Mayer* et al. (2005).

5. Partizipation in der Budgetierung

5.1. Partizipationsgrade

Geben Bereichsmanager im Rahmen eines Budgetierungsprozesses Informationen an die Zentrale, so üben sie durch diese Berichterstattung typischerweise einen Einfluss auf die endgültige Festlegung der Budgets aus, dh, sie **partizipieren** bei der Budgetfestlegung. Der letztliche **Partizipationsgrad** kann dabei aber unterschiedlich ausgeprägt sein. Typischerweise werden drei Varianten von Partizipation in der Budgetierung genannt:

1. ***Top down*-Budgetierung** (retrograde Budgetierung). Dabei legt die Zentrale die Rahmendaten fest, die aus der strategischen Planung abgeleitet werden. Diese werden von den untergeordneten Ebenen detailliert. Das Problem liegt vor allem im hohen Informationsbedarf der Zentrale; die im allgemeinen besseren Informationen der untergeordneten Ebenen über ihre jeweilige Situation werden dabei nicht genutzt. Es findet also **keine Partizipation** des Bereichsmanagers statt.
2. ***Bottom up*-Budgetierung** (progressive Budgetierung). Die Budgeterstellung erfolgt durch die untergeordneten Ebenen und wird auf den verschiedenen Hierarchiestufen zusammengefasst und weitergeleitet. Damit können bessere Informationen der untergeordneten Ebenen in den Budgetierungsprozess einfließen. Die *bottom up*-Budgetierung zeichnet sich somit durch einen **maximalen Partizipationsgrad** des Managers aus. Das Problem ist allerdings, dass diese Ebenen vielfach einen Anreiz haben können, ihre Informationen nicht wahrheitsgetreu in den Budgetierungsprozess einfließen zu lassen. Ein weiteres Problem liegt im erhöhten Koordinationsbedarf bei der Zusammenfassung der Detailbudgets auf der jeweils übergeordneten Ebene.
3. **Budgetierung im Gegenstromverfahren**. Dabei handelt es sich um ein iteratives Herantasten an das Budget. Der Budgetierungsprozess beginnt meist mit einer groben Vorgabe seitens der Zentrale (*top down*-Verfahren), an das sich eine *bottom up*-Phase anschließt, in der die Vorgaben zum Teil angepasst werden, um schließlich wieder in einer ggf modifizierten Vorgabe zu münden, usw. Auch diese Variante beinhaltet eine **Partizipation** des Managers, doch ist dessen Einfluss nicht mehr ganz so stark wie bei der *bottom up*-Budgetierung. Dabei sollen die Vorteile von *top down* und *bottom up* vereint werden.

Um präzise Aussagen ableiten zu können, wird ein einfaches Agency-Modell für die Kostenbudgetierung betrachtet. An diesem Modell werden verschiedene Formen der Budgetierung und Partizipation dargestellt und an ihrem Ergebnis für die Zentrale beurteilt.

Empirische Ergebnisse

Aufgrund der Antworten von 158 deutschen Industrieunternehmen mit mehr als 1.000 Arbeitnehmern in einer schriftlichen Befragung im Jahr 1982 (*Horváth* et al. 1985, S. 147) ergab sich folgendes Bild:

	Anzahl der Arbeitnehmer (in Tsd)				Durchschnitt
	1 – 2,5	2,5 – 5	5 – 10	über 10	
Top down	10,3%	7,9%	0,0%	0,0%	7,0%
Bottom up	20,5%	26,3%	47,4%	26,1%	25,9%
Gegenstromverfahren	69,2%	65,8%	52,6%	73,9%	67,1%

5.2. Modellannahmen

Das Modell umfasst zwei Akteure, die **Zentrale** (als Prinzipal) und einen **Bereichsmanager** (den Agenten).[41] Die Zentrale beauftragt den Manager mit der Leitung eines Unternehmensbereichs, in dem eine bestimmte Produktionsmenge (hier als exogen gegeben betrachtet) gefertigt wird. Der Manager soll die geforderte Menge zu möglichst niedrigen Kosten produzieren. Er besitzt allerdings bessere Informationen über die Kostensituation seines Bereiches. Der Planungshorizont beträgt eine Periode. Die zeitliche Abfolge der Ereignisse ist in Abbildung 5 dargestellt.

Zu Beginn der Periode wird der Arbeitsvertrag mit dem Anreizsystem in Form der vereinbarten **Entlohnung** festgelegt. Es wird unterstellt, dass ausschließlich die **Istkosten** K von beiden Vertragsparteien beobachtbar und kontrahierbar sind, womit die **Entlohnungsfunktion** $s(\cdot)$ ebenfalls nur von K abhängen kann.

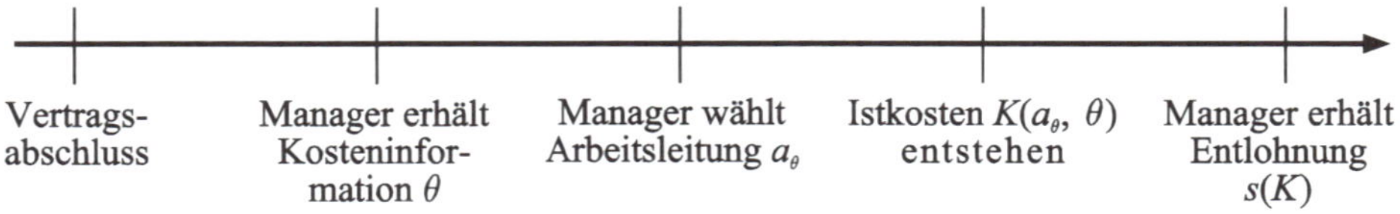

Abb. 6: Ereignissequenz des Modells

Dabei bedeuten:

a .... Arbeitsleistung des Agenten
s .... Entlohnungsfunktion
K .... Istkosten
θ .... (unsicheres) Basiskostenniveau

[41] Die folgende Modellstruktur ist eine stark vereinfachte Variante des Ansatzes in *Kanodia* (1993). Dort werden neben der Zentrale zwei Divisionen mit innerbetrieblichem Leistungsaustausch betrachtet. Das hier verwendete Szenario entspricht im Wesentlichen demjenigen für die Lieferdivision bei *Kanodia* (1993).

Zum Zeitpunkt des Vertragsabschlusses herrscht **symmetrische Information**. Der Manager erlangt aber unmittelbar danach auf Grund seiner Tätigkeit „vor Ort“ bessere Kenntnis über die tatsächlich vorliegende Kostensituation seines Bereichs. Diese Information wird mit θ bezeichnet und kann vereinfachend nur zwei Ausprägungen annehmen, die *ex ante* mit der Wahrscheinlichkeit ϕ_θ eintreten können. Ist $\theta = L$, hat man es mit einer Situation tendenziell niedriger, bei $\theta = H$ dagegen mit einer Situation tendenziell hoher Kosten zu tun, dh $L < H$. Die Kostenfunktion $K(a, \theta)$ lautet wie folgt:

$$K(a,\theta) = \theta - a \qquad \text{für } \theta = L, H \tag{5}$$

wobei $0 \leq a < \theta_L$ angenommen wird. Danach kann θ als ein **Basiskostenniveau** angesehen werden, mit dem man auf Grund einer bestimmten Konstellation von Fertigungsbedingungen und Beschaffungspreisen rechnen muss. Die Kosten lassen sich allerdings durch die **Arbeitsleistung** a des Managers senken; die Kostensenkung wird linear in a angenommen.

Gemäß Abbildung 5 erhält der Manager die Information θ rechtzeitig genug, um seine Arbeitsleistung davon abhängig machen zu können, es gilt also $a = a(\theta)$. Die Zentrale weiß nur, *dass* der Manager eine Information erhält, doch ist für sie weder die konkret vorliegende Information θ noch die Arbeitsleistung $a(\theta)$ beobachtbar. Allerdings ist hinsichtlich der Unbeobachtbarkeit der Arbeitsleistung im vorliegenden Fall zu beachten, dass die Istkosten gemäß (5) für einen *gegebenen* Zustand θ sicher sind.

Hätte die Zentrale Kenntnis von θ, könnte sie über die **Vorgabe von Kosten** *indirekt* die Arbeitsleistung kontrollieren, denn aufgrund von (5) besteht bei gegebenem θ zwischen K und a eine umkehrbar eindeutige Beziehung. Im vorliegenden Fall liegt das Problem eher darin, dass eine derartige Kontrolle der Arbeitsleistung nicht ohne weiteres möglich ist, weil die Zentrale nicht über die gleichen Informationen wie der Manager verfügt. Die daraus resultierenden Schwierigkeiten werden im Folgenden ausführlich erörtert.

Des Weiteren ist zunächst noch eine Präzisierung der Präferenzsysteme erforderlich. Für den Manager (Agent) wird eine **additiv separierbare Nutzenfunktion** der folgenden Art unterstellt:

$$U^A = U(s) - V(a) = s - \frac{a^2}{2} \tag{6}$$

Demnach ist der Manager hinsichtlich der finanziellen Größen risikoneutral. Bezüglich des **Disnutzens** bzw **Arbeitsleids** $V(a)$ wird vereinfachend eine quadratische Funktion angenommen, so dass sowohl das Arbeitsleid als auch das Grenzarbeitsleid mit steigendem Arbeitseinsatz beständig zunehmen. Die Annahme eines konvex steigenden Disnutzens dient im Wesentlichen dazu, in einfacher Form explizite Lösungen zu ermöglichen.

Die **Zentrale** (Prinzipal) orientiert sich ausschließlich an finanziellen Größen und ist risikoneutral. Sie ist an einer Minimierung der erwarteten Gesamtkosten GK interessiert, die sich als Summe aus der erwarteten Entlohnung des Managers und den erwarteten Produktionskosten ergeben. Definiert man

$$K_\theta \equiv K\left(a_\theta, \theta\right) \qquad \theta = L, H$$

$$s_\theta \equiv s\left(K_\theta\right) \qquad \theta = L, H$$

so folgt als Zielsetzung der Zentrale

$$\min_s \mathrm{E}\left[\widetilde{GK}\right] = \sum_{\theta=L,H} \left(K_\theta + s_\theta\right) \cdot \phi_\theta$$

Will man den Manager für eine Tätigkeit im Unternehmen gewinnen, muss man ihm wenigstens das bieten, was er anderweitig am Markt erzielen könnte. Analog zum Grundmodell der **Agency-Theorie** ist eine **Teilnahmebedingung** für den Manager zu beachten, und der **Reservationsnutzen** des Managers sei mit $\underline{U}^A$ bezeichnet. Dabei wird angenommen, dass die Zentrale dem Manager für *jeden* Zustand θ den Reservationsnutzen bieten muss, der ohne Beschränkung der Allgemeinheit auf $\underline{U}^A = 0$ normiert wird. Dies kann etwa mit einer Kündigungsmöglichkeit des Managers begründet werden. Erkennt der Manager die tatsächliche Situation θ, und würde er gemäß dem anfangs vereinbarten Vertrag gegenüber seinen anderweitigen Beschäftigungsmöglichkeiten einen Nachteil erleiden, könnte er den Vertrag auflösen und diese Alternativen ausschöpfen. Der Vertrag muss daher gewährleisten, dass der Manager *stets* mindestens den Reservationsnutzen erhält, unabhängig davon, welche Kostensituation vorliegt:

$$s_\theta - V\left(a_\theta\right) \geq 0 \qquad \theta = L, H \tag{7}$$

Die Annahme über die **Teilnahmebedingung** des Managers kann auch noch in einer etwas anderen Form interpretiert werden. Muss man nämlich dem Manager für *jeden* Zustand θ den Reservationsnutzen bieten, und wählt der Manager erst *nach* der Beobachtung von θ seine Arbeitsleistung, dann ist dies äquivalent zu einer Situation, bei welcher der Manager schon zum Zeitpunkt des Vertragsabschlusses über die Information θ verfügt: Die Zentrale weiß nicht, welche Information dem Manager konkret vorliegt. Sie kennt nur die Wahrscheinlichkeiten dafür, dass der Informationsstand zum Zeitpunkt des Vertragsabschlusses des Managers θ ist. Der Manager wird den Vertrag nur akzeptieren, wenn er wenigstens den Reservationsnutzen erhält. Die Rolle dieser Teilnahmebedingung wird bei der Darstellung der *first best*-Lösung verdeutlicht.

5.3. Die *first best*-Lösung

Zur besseren Einordnung der Wirkungen und Resultate einer **Kostenbudgetierung** ist es sinnvoll, zunächst die Charakteristika der *first best*-Lösung herauszuarbeiten. Für einen Moment wird also unterstellt, dass auch die Zentrale vollständige Kenntnis des Zustandes θ hat. Wegen der zustandsbedingt sicheren Kostenstruktur können daher die zustandsbedingt **optimalen Kosten** – und somit indirekt die zustandsbedingt optimale Arbeitsintensität – unmittelbar von der **Zentrale vorgegeben** werden. Dabei wird die Zentrale dem Manager gerade solche Zahlungen zugestehen, die einen Ausgleich für das Arbeitsleid bieten und insgesamt den Reservationsnutzen $\underline{U}^A = 0$ gewährleisten. Diese Zahlungen fließen nur dann, wenn das von der Zentrale für den betreffenden Zustand vorgesehene Kostenniveau erreicht wird; andernfalls erhält der Manager nichts.

Angenommen, die Zentrale möchte für den Zustand θ die Kosten K_θ festsetzen. Gemäß (5) folgt daraus eine Arbeitsintensität in Höhe von

$$a_\theta = \theta - K_\theta$$

Für das gewünschte Kostenniveau muss dem Manager wegen $\underline{U}^A = 0$ nur das resultierende Arbeitsleid ausgeglichen werden. Dazu ist folgende Entlohnung notwendig:

$$s_\theta = V\left(a_\theta\right) = V\left(\theta - K_\theta\right) \tag{8}$$

Die Zentrale minimiert nun für jeden Zustand die **Gesamtkosten**

$$GK_\theta = K_\theta + s_\theta = K_\theta + V\left(\theta - K_\theta\right)$$

Das zustandsbedingt optimale **Kostenniveau** ergibt sich aus der Bedingung erster Ordnung

$$\frac{\partial GK_\theta}{\partial K_\theta} = 1 + \frac{\partial s_\theta}{\partial K_\theta} = 1 - V'\left(\theta - K_\theta^*\right) = 0 \tag{9}$$

Damit wird die intuitiv einsichtige Bedingung beschrieben, wonach sich eine Reduzierung der Kosten so lange lohnt, wie die dafür erforderliche zusätzliche Zahlung an den Manager die Kostensenkung nicht überschreitet. Auf Grund der in diesem Modell unterstellten linearen Kostenstruktur (5) ergibt sich eine zustandsunabhängige *first best*-Arbeitsleistung, die für die in (6) definierte quadratische Disnutzenfunktion stets den Wert 1 annimmt. Man erhält demnach für das ***first best*-Kostenniveau**:

$$K_\theta^{FB} = \theta - 1 \quad \Rightarrow \quad K_L^{FB} = L - 1 < K_H^{FB} = H - 1 \tag{10}$$

Der Manager erhält daher in jedem Zustand die Entlohnung

$$s_\theta^{FB} = V\left(\theta - K_\theta^{FB}\right) = V\left(1\right) = \frac{1}{2} \cdot 1^2 = 0,5 \tag{11}$$

Mithin erreicht der Manager nach Abzug des Arbeitsleids in jedem Zustand gerade seinen **Reservationsnutzen**, und die Zielerreichung der Zentrale beträgt

$$\mathrm{E}\left[\widetilde{GK}^{FB}\right] = \mathrm{E}\left[\tilde{\theta}\right] - 1 + 0,5$$

Teilnahmebedingung vor oder nach Beobachtung von Information

Im Zusammenhang mit dem Grundmodell der Agency-Theorie (siehe 7. Kapitel: *Kontrollrechnungen*) wurde argumentiert, dass trotz Unbeobachtbarkeit von Arbeitsleistung und Zustand (also in der eigentlichen *second best*-Situation) die *first best*-Lösung auch bei **Risikoneutralität** des Managers durch eine an ihn erfolgende „Verpachtung" des Bereichs realisiert werden kann. Weil es im vorliegenden Fall um eine reine Kostenbetrachtung geht, müsste umgekehrt analog vorgegangen werden. Eine Übertragung des Bereichs an den Manager impliziert, dass der Manager nun vollständig die Produktionskosten trägt, wofür ihm eine Ausgleichszahlung anzubieten wäre. Die Zentrale wird diese Ausgleichszahlung so niedrig wie möglich festsetzen. Gilt die Teilnahmebedingung wie im Grundmodell in einer ***ex ante*-Variante**, muss die Zahlung gerade so hoch sein, dass der Agent **im Durchschnitt** seinen Reservationsnutzen erhält. Weil er sämtliche Kostensenkungen internalisiert, wird er aus eigenem Antrieb in jedem Zustand das *first best*-Kostenniveau realisieren. Die Zentrale kann daher die Ausgleichszahlung s^A gemäß folgender Bedingung festsetzen:

$$s^A = \sum_{\theta=L,H} \left(K_\theta^{FB} + V\left(\theta - K_\theta^{FB}\right)\right) = \mathrm{E}\left[\widetilde{GK}^{FB}\right] = \mathrm{E}\left[\tilde{\theta}\right] - 0{,}5$$

Mithin zahlt die Zentrale im Durchschnitt ebenfalls die erwarteten *first best*-Gesamtkosten, so dass bei einer *ex ante*-Variante der Teilnahmebedingung und risikoneutralen Akteuren tatsächlich die *first best*-Allokation und *first best*-Distribution resultieren.

Im hier vorliegenden Fall ist die Teilnahmebedingung allerdings in einer ***ex post*-Variante** formuliert, sie ist also nicht nur im Durchschnitt, sondern für *jeden* einzelnen Zustand θ einzuhalten. Der Unterschied besteht darin, dass die zustandsspezifisch abgeleitete *first best*-Lösung gemäß (9), (10) und (11) zwar dazu führt, dass der Manager auch im Durchschnitt nur seinen Reservationsnutzen erzielt (weil er in jedem Zustand nur diesen Nutzen erhält), dass aber umgekehrt eine direkt durchschnittsbezogene Forderung mindestens eine zustandsspezifische Teilnahmebedingung verletzt. Demnach ist es trotz Risikoneutralität der Akteure im vorliegenden Szenario nicht möglich, die *first best*-Lösung zu erreichen.

5.4. Die *second best*-Lösung

Kennt die Zentrale das Basiskostenniveau θ nicht, kann eine unmittelbar zustandsspezifische Lösung für die Kostenniveaus nicht mehr erreicht werden. Die Zentrale hat grundsätzlich zwei Alternativen, die als **Budgetierungsvarianten** interpretiert werden können:

1. Sie legt einfach ein **Entlohnungssystem** für den Manager in Abhängigkeit der Produktionskosten fest.
2. Sie lässt sich vom Manager einen **Bericht** über den Produktionszustand θ geben, um daran anknüpfend die Entlohnung zu bestimmen.

Es ist leicht einzusehen, dass die zweite Alternative mit Bericht dominant (schwach) besser als die erste sein muss, wenn man von eventuellen Kosten der Berichterstattung einmal absieht. Der Zentrale steht es ja völlig frei, nach dem

Empfang des Berichts auch diejenige Entlohnung festzulegen, die sie bei der ersten Alternative optimal gefunden hätte. Würde sie so bei jedem Bericht verfahren, hätte man faktisch die Lösung wie bei der ersten Alternative. Lohnt es sich aber für wenigstens einen Bericht, eine andere Entlohnung zu wählen, dann muss die Zielerreichung der Zentrale offenbar höher sein.

Bei der Suche nach der *second best*-Lösung muss demnach grundsätzlich die **Berichterstattung** des Managers einbezogen werden, und aus der sich ergebenden Lösung erkennt man letztlich, ob diese Kommunikation tatsächlich wertvoll in dem Sinne ist, dass die Lösung nicht auch ohne Berichterstattung hätte implementiert werden können. Bei der Einbeziehung der Berichterstattung kann auf das oben erläuterte **Offenlegungsprinzip** zurückgegriffen werden, dh es werden nur solche Entlohnungsstrukturen betrachtet, die zu einer **wahrheitsgemäßen Berichterstattung** des Managers führen.

Daraus ergibt sich der folgende **Ablauf**:

1. Der Manager legt einen Bericht über den Produktionszustand vor.
2. Die Zentrale transformiert diesen Bericht in eine Kostenvorgabe und eine damit verbundene Entlohnung, die nur bei Erreichen der vorgegebenen Kosten bezahlt wird.
3. Der Manager leistet seine Arbeitsintensität, am Ende der Periode treten bestimmte Istkosten ein, und die vertraglich festgelegte Zahlung wird geleistet.

Die aus dem **Offenlegungsprinzip** erwachsende Forderung nach einer zutreffenden Berichterstattung in Schritt 1 bedeutet, dass nun neben den zustandsspezifischen Teilnahmebedingungen (7) auch zwei **Selbstselektionsbedingungen** bezüglich der Berichte zu berücksichtigen sind, die dafür sorgen, dass der Manager keinen strikten Anreiz hat, eine unwahre Basiskostensituation zu berichten. Angenommen, der Manager erhält Kenntnis über das Vorliegen des günstigen Zustands L. Weiterhin wird irgendeine Antwort der Zentrale auf die Berichte zugrunde gelegt, die darin besteht, dass bei einem Bericht L (H) die Kompensationen s_L (s_H) und die Kostenniveaus K_L (K_H) festgesetzt werden. Der Manager weiß, dass er zur Erreichung dieser Kostenniveaus entsprechende Arbeitsleistungen gemäß der Kostenfunktion (5) leisten muss. Ein Manager im Zustand L wird mithin genau dann wahrheitsgemäß berichten, wenn

$$s_L - V\left(L - K_L\right) \geq s_H - V\left(L - K_H\right) \tag{12}$$

Die linke Seite von (12) bezeichnet den **Nutzen des Managers** bei einem Bericht von L, wenn die Zentrale die Entlohnung s_L anbietet und dafür das Kostenniveau K_L fordert. Die rechte Seite von (12) gibt die Zielerreichung des Managers an, falls er fälschlicherweise H berichtet, wofür die Zentrale eine Entlohnung s_H und ein Kostenniveau K_H vorsieht. Das Arbeitsleid zur Erreichung des Kostenniveaus K_H bestimmt sich dabei unter der Bedingung, dass tatsächlich der Zustand L vorliegt. Analog ergibt sich für den Zustand H folgende Bedingung:

$$s_H - V\left(H - K_H\right) \geq s_L - V\left(H - K_L\right) \tag{13}$$

Aus diesen Bedingungen folgt bereits eine wichtige **Eigenschaft** der *second best*-Lösung. Wegen $L < H$ ist die zur Erreichung eines bestimmten Kostenniveaus erforderliche Anstrengung im Zustand L ja niedriger als im Zustand H. Dies impliziert für das Kostenniveau K_H

$$V\left(L - K_H\right) < V\left(H - K_H\right)$$

Aufgrund der Selbstselektionsbedingung (12) folgt daraus

$$s_L - V\left(L - K_L\right) \geq s_H - V\left(L - K_H\right) > s_H - V\left(H - K_H\right) \geq 0 \tag{14}$$

wobei die letzte Ungleichung der Teilnahmebedingung für den Zustand H entspricht. Demnach ist die *second best*-Lösung dadurch charakterisiert, dass der Manager im Zustand L **mehr als seinen Reservationsnutzen** erhält, er erzielt eine sogenannte **Informationsrente**.

Die dahinter stehende Intuition erkennt man, wenn man prüft, ob die *first best*-Entlohnungen und Kostenniveaus mit dem **Offenlegungsprinzip** vereinbar sind. Bei diesen *first best*-Lösungen gemäß (10) und (11) erzielt der Manager keine Informationsrente, falls er wahrheitsgemäß berichtet, denn es gilt

$$s_L^{FB} - V\left(L - K_L^{FB}\right) = s_H^{FB} - V\left(H - K_H^{FB}\right) = 0$$

Ein Manager im Zustand L hätte nun den Anreiz, den Bericht H abzugeben. Seine Anstrengung zur Erreichung des damit verbundenen *first best*-Kostenniveaus wäre nämlich *geringer* als diejenige im Zustand H, doch genau darauf ist die *first best*-Entlohnung für H ausgerichtet. Es gilt daher

$$s_H^{FB} - V\left(L - K_H^{FB}\right) > 0$$

Aus analogen, aber umgekehrt wirkenden Gründen hat ein Manager im Zustand H *kein* Interesse an einer Falschberichterstattung, denn für ihn wäre die Anstrengung zum Erreichen des niedrigeren *first best*-Kostenniveaus des Zustands L so hoch, dass bei der *first best*-Entlohnung für L ein negativer Nutzen entstünde. Beim *first best*-Vertrag würde die Zentrale daher bei Informationsasymmetrie stets den Bericht H und demnach das damit verbundene Kostenniveau erhalten. Eine wahrheitsgemäße Berichterstattung setzt voraus, dass sie dem Manager im Zustand L den gleichen Nutzen gewährt wie bei einer Falschberichterstattung, und genau das ist die Grundlage für die Existenz der Informationsrente im Zustand L.

Die durch (14) ausgedrückte **Eigenschaft** der *second best*-Lösung erlaubt eine Reduktion der Bedingungen, die für die Ermittlung der Lösung noch zu berücksichtigen sind:

- Weil der Manager gemäß (14) im Zustand L eine Informationsrente erzielt, ist seine **Teilnahmebedingung** für diesen Zustand **nicht bindend**.
- Die **Teilnahmebedingung** für den Zustand H **bindet**, denn die Zentrale wird die Entlohnung s_H gerade so festlegen, dass das Arbeitsleid $V(H - K_H)$ ausgeglichen wird.

- Die Zentrale wird die Entlohnung s_L nicht höher als unbedingt nötig festsetzen. Daher lohnt sich *ceteris paribus* eine Senkung von s_L, bis die **Selbstselektionsbedingung** (12) **bindet** (durch Senkung von s_L bleibt auch die zweite Selbstselektionsbedingung (13) *ceteris paribus* erfüllt).
- Daraus folgt zugleich, dass die zweite **Selbstselektionsbedingung** (13) **nicht bindet**. Wäre das nämlich auch der Fall, erhielte man aus (12) und (13) die Gleichung
$$s_L - s_H = V\left(L - K_L\right) - V\left(L - K_H\right) = V\left(H - K_L\right) - V\left(H - K_H\right),$$
und das ist wegen der Konvexität von V nicht möglich.

Lösung

Im Ergebnis minimiert die Zentrale daher die **erwarteten Gesamtkosten** unter Berücksichtigung der (bindenden) Teilnahmebedingung für den Zustand H und der (bindenden) Selbstselektionsbedingung (12) für den Zustand L:

$$\min_{K_L, K_H} \phi_L \cdot (K_L + s_L) + \phi_H \cdot (K_H + s_H)$$

unter den Nebenbedingungen

$$s_H - V(H - K_H) = 0$$
$$s_L - V(L - K_L) = s_H - V(L - K_H)$$

Einsetzen der beiden Nebenbedingungen in die Zielfunktion ergibt

$$\min_{K_L, K_H} \phi_L \cdot K_L + \phi_H \cdot K_H + \phi_L \cdot \left[V(L - K_L) + V(H - K_H) - V(L - K_H)\right] + \phi_H \cdot V(H - K_H)$$

bzw

$$\min_{K_L, K_H} \phi_L \cdot K_L + \phi_H \cdot K_H + V\left(H - K_H\right) + \phi_L \cdot \left[V\left(L - K_L\right) - V\left(L - K_H\right)\right]$$

Die Bedingung erster Ordnung für K_L führt zu

$$\phi_L \cdot \left(1 - V'(L - K_L^*)\right) = 0 \quad \Rightarrow \quad K_L^* = K_L^{FB} = L - 1$$

Demnach wird im günstigen Zustand L hinsichtlich des **Kostenniveaus** die ***first best*-Lösung** (und damit auch die *first best*-Arbeitsleistung) realisiert. Dagegen ergibt sich aus der Bedingung erster Ordnung für K_H

$$\phi_H - V'(H - K_H^*) + \phi_L \cdot V'(L - K_H^*) = 0$$

Wegen $\phi_L + \phi_H = 1$ entspricht dies

$$\phi_H - \left(\phi_L + \phi_H\right) \cdot V'(H - K_H^*) + \phi_L \cdot V'(L - K_H^*) = 0 \quad \text{bzw}$$

$$1 - V'(H - K_H^*) = \frac{\phi_L}{\phi_H} \cdot \underbrace{\left[V'(H - K_H^*) - V'(L - K_H^*)\right]}_{>0} > 0 \qquad (15)$$

Im Zustand H ist es offenbar *nicht* mehr optimal, das *first best*-Kostenniveau zu erreichen. Vielmehr folgt

$$1 - V'\left(H - K_H^*\right) > 0 \quad \Rightarrow \quad K_H^* > H - 1 = K_H^{FB}$$

Der Grund liegt in einem **Trade-off zwischen Informationsrente und Effizienz**. Eine Verringerung der Kosten im Zustand H auf das *first best*-Niveau würde zunächst Zusatzzahlungen zum Ausgleich des Arbeitsleids in H selbst induzieren. Des Weiteren ist die Bedingung (12) zur wahrheitsgemäßen Berichterstattung für den Zustand L zu berücksichtigen. Weil das im Zustand L aufzubringende Arbeitsleid für ein gegebenes Kostenniveau niedriger ist als dasjenige im Zustand H, impliziert eine im Zustand H angebotene Zusatzzahlung zum Ausgleich des dortigen Arbeitsleids – aus Sicht des Zustands L – eine mehr als ausreichende Zahlung und demnach eine Nutzenerhöhung bei Falschberichterstattung. Dies wiederum erhöht die Rente im Zustand L, und das macht das Durchsetzen eines Kostenniveaus in Höhe des *first best*-Wertes des Zustands L unvorteilhaft.

Wert der Berichterstattung

Die obige Lösung wurde unter expliziter Einbeziehung von Managerberichten bei Beachtung des **Offenlegungsprinzips** gefunden. Wie zu Beginn dieses Abschnitts angedeutet, folgt daraus aber nicht zwingend, dass diese Lösung unbedingt eine Berichterstattung erfordert. Sofern sich die erhaltenen Kostenniveaus bei gleicher Entlohnung auch **ohne Berichte implementieren** lassen, hat die Kommunikation im vorliegenden Zusammenhang keinen echten Wert.[42]

Dies ist tatsächlich der Fall. Angenommen, man verzichtet auf einen Bericht und bietet dem Manager einfach eine Istkosten-abhängige Entlohnung $s(K)$ wie folgt an:

$$s(K) = \begin{cases} s_H^* & \text{falls } K = K_H^* \\ s_L^* & \text{falls } K = K_L^* \\ 0 & \text{sonst} \end{cases} \tag{16}$$

Befindet sich der Manager im Zustand L, wird er aus Eigeninteresse das für diesen Zustand vorgesehene Kostenniveau realisieren und eine Informationsrente erzielen; wählt er stattdessen das für den Zustand H vorgesehene höhere Kostenniveau, erzielt er auf Grund der dafür angebotenen Entlohnung einen Nutzenzuwachs von ebenfalls gerade der Informationsrente, so dass er bei Indifferenz – wie auch bislang unterstellt wurde – die für den Prinzipal bessere Lösung wählt. Jede andere Politik würde einen Manager im Zustand L mit einer nichtpositiven Zielerreichung konfrontieren und kommt daher nicht in Frage. Befindet sich der Manager dagegen im Zustand H, würde er bei Realisierung des für diesen Zustand gewünschten höheren Kostenniveaus gerade seinen Reservationsnutzen (in Höhe von Null) erhalten. Dies gilt ebenfalls, wenn er keine Anstrengung leistet. Unvorteilhaft wäre es dagegen, bei Vorliegen des Zustands H das niedrigere Kostenniveau anzustreben, denn die dafür

---

42 Siehe zu allgemeineren Analysen des Wertes von Kommunikation in Agency-Modellen etwa *Melumad* und *Reichelstein* (1987, 1989).

erforderliche Arbeitsleistung führte zu einem die zusätzliche Entlohnung übersteigenden Disnutzen.

Der in (16) angegebene, rein kostenabhängige Vertrag induziert mithin die gleichen Allokationen und Zielerreichungen für Zentrale und Manager. Die ***second best*-Lösung** lässt sich hier also auch **ohne Berichterstattung** implementieren. Der Vertrag berücksichtigt aber analog die Selbstselektionsbedingungen (12) und (13), dh der Vertrag ist so gestaltet, dass der Manager von sich aus die Allokation wählt, die ansonsten die Zentrale nach Empfang des Berichts gewählt hätte.

Die **Irrelevanz der Berichterstattung** ist durch spezifische Eigenschaften des (vorerst) unterstellten Szenarios begründet, insbesondere dadurch, dass nach Kenntnis des Zustandes *sichere* Kostenzusammenhänge vorliegen. Weiter unten wird das Szenario um zusätzliche Unsicherheiten erweitert, wodurch sich auch die wertschaffende Rolle der Kommunikation verändert.

5.5. Vorteilhaftigkeit von Partizipationsvarianten

Die obige *second best*-Lösung des Koordinationsproblems beinhaltet spezifische Entlohnungen, die – je nach Ausgestaltung – entweder berichts- *und* kostenabhängig oder ausschließlich kostenabhängig sind. Auf den ersten Blick hat dies nichts mit dem Erreichen oder Unterschreiten von **Budgets als Kostenzielen** zu tun, so dass zunächst die Frage auftaucht, wie Budgets überhaupt Eingang in dieses Szenario finden könnten. Im 7. Kapitel: *Kontrollrechnungen* wurde im Kontext von Abweichungsanalysen gezeigt, dass es aus Anreizsicht gleichgültig ist, ob man eine Entlohnung an eine absolute Ergebnisgröße oder an die Abweichung dieser Größe von einem festen Planwert anknüpfen lässt. Dies gilt auch im vorliegenden Fall.

Dazu wird wieder der in (16) angegebene Vertrag betrachtet, der sich wie folgt umdeuten lässt:

- Die Zentrale legt ein **Kostenbudget** $\hat{K} = K_H^*$ fest und bietet für dessen Erreichung eine Basisentlohnung von $\hat{s} = s_H^*$ an.
- **Überschreitungen** des Budgets implizieren eine Entlohnung von null.
- Bei einer **Unterschreitung** des Budgets um mindestens $\Delta = K_H^* - K_L^*$ wird ein Bonus $B = s_L^* - s_H^*$ gezahlt.

Offenbar induziert diese Umformulierung des Vertrags die gleichen Entscheidungen und Zielerreichungen für Zentrale und Manager, so dass die gefundene Lösung problemlos auch in Form von **Budgets, Budgetabweichungen** und **Boni** dargestellt werden kann.

Ist es vorteilhaft, einem Manager Zusatzinformationen zu geben?

Man kann das Modell auch zur Beantwortung einer anderen Fragestellung verwenden. Angenommen, der Manager hat im Zeitpunkt des Vertragsabschlusses zunächst keine genaueren Informationen über den Zustand θ, so dass Zentrale und Manager von der gleichen Wahrscheinlichkeitsverteilung der Zustände θ ausgehen. Der Manager erhält auch *vor* der Wahl seiner Arbeitsleistung keine Informationen über den Zustand θ. Wegen der Risikoneutralität des Managers ergibt sich unter Beachtung der sonstigen Modellstruktur (additive Verknüpfung von Arbeitseffekt und Zustandsvariable bei den Kosten, etc) die *first best-Lösung*, indem der Bereich an den Manager *quasi* übertragen wird (siehe dazu die Ausführungen in einem früheren Einschub). Der Manager wählt dann aus Eigeninteresse die *zustandsunabhängige* optimale Arbeitsintensität.

Ausgehend von dieser Situation könnte das Modell im Text auch so interpretiert werden, dass die Zentrale dem Manager noch *vor* der Wahl seiner Arbeitsleistung ein Informationssystem über die Kostensituation θ des Bereichs zur Verfügung stellt. Es zeigt sich, dass es sich im vorliegenden Fall für die Zentrale *nicht* lohnt, den Manager mit solchen Zusatzinformationen zu versorgen, weil dann die *first best*-Lösung nicht mehr erreichbar ist. Der Grund liegt darin, dass in der betrachteten Modellstruktur die Zusatzinformation keinen wirklichen Produktivitätseffekt, dafür aber einen Distributionseffekt hat, denn der Manager kann jetzt Renten erzielen. Insofern stellt das Modell ein pointiertes Szenario dar, in dem es **unvorteilhaft** ist, **einem Manager Zusatzinformationen** zu geben. Falls die Zusatzinformation auch Konsequenzen für die Wahl der eigentlich optimalen Arbeitsleistung hat, kann sich natürlich ein anderer Trade-off ergeben. Die Analyse zeigt aber, wo dieser Trade-off liegt: Die Produktivitätseffekte sind mit Distributionswirkungen (Informationsrenten für den Manager) zu vergleichen.[43]

Partizipationsvarianten im Agency-Modell

Bevor geprüft werden kann, welche Partizipierungsvariante angesichts der *second best*-Lösung sinnvoll ist, muss zunächst eine Interpretation der weiter oben allgemein dargestellten Budgetierungsvarianten im Kontext des Agency-Modells erfolgen. Dazu werden folgende Interpretationen verwendet:

- ***Top down*-Budgetierung**. Die Größen des Budgetsystems werden **ohne Partizipation des Managers** alleine von der Zentrale festgelegt. Der Manager hat also keinerlei Einfluss auf die Bestimmung der Budgetgrößen, die ihm von der Zentrale einfach „diktiert“ werden.
- ***Bottom up*-Budgetierung**. Die Zentrale erwartet vom Manager eine Berichterstattung über die tatsächlich vorliegende Kostensituation. Diese Berichte werden von der Zentrale nicht weiter überprüft, sondern *quasi* „unbesehen“ übernommen. Dieses System gibt dem Manager den dominanten Einfluss auf die konkrete Budgetfestlegung.

---

43 Siehe zu formalen Analysen solcher Zusammenhänge zB *Christensen* (1981) und *Schiller* (2001).

- **Budgetierung im Gegenstromverfahren**. Der Manager legt zwar auch hier einen Bericht zur Kostensituation vor. Dieser Bericht wird aber nicht „unbesehen" übernommen, sondern von der Zentrale gemäß dem eigenen Informationsstand und den eigenen Zielvorstellungen in Kostenniveaus transformiert.

Optimalität der Budgetvarianten

Aus der obigen Darstellung ergibt sich sofort, dass die *second best*-Lösung im vorliegenden Szenario sowohl über eine ***top down*-Budgetierung** als auch durch eine Budgetierung im **Gegenstromverfahren** erreicht werden kann.

Die Budgetierung im **Gegenstromverfahren** entspricht faktisch der Vorgehensweise zur Entwicklung der *second best*-Lösung. Die Zentrale setzt die Berichte gemäß ihren eigenen Zielsetzungen und ihrem Informationsstand über die Zustände und Präferenzen des Managers in Kostenniveaus und Entlohnungen (bzw Budgets, Budgetabweichungen und Boni) um, wobei die **Selbstselektionsbedingungen** den Erfordernissen des Offenlegungsprinzips genügen. Man erhält also bei dieser Budgetierung **wahrheitsgemäße Berichte**, aber nur deshalb, weil man sich glaubwürdig **verpflichtet**, diese Berichte in einer ganz bestimmten Weise zu verwenden, dh sie durch spezifische Kostenniveaus und Entlohnungen zu beantworten. Die Interessen des Managers an einer potenziellen Falschberichterstattung beherrschen tatsächlich die gesamte Lösungsstruktur und geben Anlass zu den Abweichungen von der *first best*-Allokation. Die Tatsache, dass im Gleichgewicht nicht geschummelt wird, impliziert daher keinesfalls, dass Schummeln für die Lösung bedeutungslos wäre.

Bei einer asymmetrischen Informationsverteilung ist es intuitiv einsichtig, dass ein Gegenstromverfahren sinnvoll ist, doch umso überraschender scheint es zu sein, dass es nicht wirklich nötig ist und **die gleiche Lösung auch im Rahmen einer *top down*-Budgetierung** quasi durch **„Diktat" der Zentrale** implementiert werden kann. Der Schlüssel zum Verständnis dieses Resultats liegt im oben gezeigten Vertrag (16), der völlig ohne Berichterstattung auskommt. Der Hintergrund für die Wertlosigkeit der Kommunikation ist die **zustandsbedingt sichere Kostenstruktur** (5). Im Rahmen der *second best*-Lösung würde jeder Bericht über den tatsächlich vorliegenden Zustand θ durch ein darauf bezogenes, *bestimmtes* Kostenniveau und eine damit verbundene Entlohnung beantwortet. Wegen der zustandsbedingt sicheren Kostenbeziehungen kann eine Abweichung vom geforderten Kostenniveau (und damit von der geforderten Arbeitsintensität) leicht festgestellt und sanktioniert werden. Die *second best*-Lösung sieht dabei für jeden Zustand ein anderes Kostenniveau vor, und damit lässt sich diese Lösung auch leicht durch einen einfachen kostenbasierten Vertrag bei Umgehung der Berichte realisieren. Dieser Vertrag kann auch in einer Budgetform formuliert werden, daher ist die ***top down*-Budgetierung ebenso gut wie das Gegenstromverfahren**.

Verhaltensweisen der Manager im Budgetierungsprozess

In einem Fragebogen wurden verschiedene Typen von Verhaltensweisen der Manager im Budgetierungsprozess den Befragten – 1.021 Leitern von Planungsabteilungen und 318 Managern – zur Auswahl gestellt (*Collins, Munter* und *Finn* 1987). Die Zahlenwerte repräsentieren die durchschnittliche Antwort von 1 = „starke Ablehnung" bis 7 = „starke Zustimmung". Im Folgenden eine Auswahl aus den Fragen:

1. *Unredliches Verhalten*

„Ich versuche, einen geringen Betrag für etwas Neues ins Budget zu bekommen, wohl wissend, dass ich diesen Betrag stark erhöhen kann, wenn er einmal im Budget berücksichtigt ist." 2,62

„Ich hänge einige Positionen in mein Budget, von denen ich weiß, dass sie nicht genehmigt werden. Diese werden herausgestrichen, womit die Positionen, die ich wirklich möchte, genehmigt werden." 2,91

„Ich bekomme Änderungen meines Budgets durch, wenn ich nur geringe Änderungen gegenüber Vorjahren vornehme." 4,49

2. *Wirtschaftliches Verhalten*

„Ich lade meinen Chef in meinen Bereich ein, so dass er selbst sehen kann, welches Budget wirklich erforderlich ist." 4,29

„Ich bekomme alles, was ich will, in mein Budget hinein, wenn ich meinem Chef erkläre, dass sich meine Forderungen von selbst bezahlt machen." 4,78

3. *Zeitliche Anpassung*

„Wenn der Zeitpunkt nicht 'stimmt', warte ich bis zum nächsten Budget, um bestimmte Positionen ins Budget zu bekommen." 4,38

Asymmetrische Information alleine impliziert also nicht die Überlegenheit eines Gegenstromverfahrens. Würden im Rahmen der Anwendung eines solchen Verfahrens noch zusätzliche **Kosten** für das **interne Reporting** anfallen, wäre im vorliegenden Fall die *top down*-Lösung sogar streng besser. Die Aufhebung der grundsätzlichen Äquivalenz von Gegenstromverfahren und *top down*-Budgetierung erfordert eine Erweiterung des Szenarios um zusätzliche Unsicherheiten. Darauf wird im folgenden Abschnitt eingegangen.

Eine reine ***bottom up*-Budgetierung** kann dagegen schwerlich optimal sein. Eine „unbesehene" Übernahme von Managerberichten würde wohl bedeuten, dass die Zentrale den Berichten Glauben schenkt und versucht, die *first best*-Lösung zu implementieren. Wie oben gezeigt wurde, impliziert dies aber **Falschberichterstattungen** des Managers, **hohe Renten** und **niedrige Anstrengungen**. Es erscheint auch schwer vorstellbar, dass die Zentrale ihr grundsätzliches Wissen um die Anreize des Managers nicht für die Vertragsbestimmung verwendet. Das Einbringen dieses Wissens ist aber mit einer expliziten Veränderung des ansonsten angewandten Mechanismus verbunden, und dies führt letztlich zum Gegenstromverfahren.

Empirische Ergebnisse

Eine Umfrage unter 293 großen britischen Industrieunternehmen aus dem Jahr 1991 (*Drury* et al. 1993, S. 27) ergab auf die Frage nach der **Partizipation** bei der Erstellung von Bereichsbudgets:

	stimmt nicht	weiß nicht	stimmt
Budgetverantwortliche sollten nicht zu viel Einfluss auf die Erstellung ihres Budgets haben, weil die Gefahr besteht, dass sie leicht zu erreichende Budgets machen	69%	7%	23%
Die Geschäftsführung sollte einen Manager vor allem an seiner Budgeterreichung beurteilen	40%	14%	46%

Wenn **Kostenschätzungen** der Bereichsmanager von ihren Vorgesetzten als überzogen eingeschätzt werden, reagieren die Unternehmen hauptsächlich wie folgt:

automatische Minderung um einen bestimmten Prozentsatz	3%
Minderung um einen Betrag, den der Vorgesetzte als geeignet erachtet	40%
Minderung durch Verhandlung zwischen Bereichsmanager und Vorgesetztem	57%

5.6. Partizipationsvarianten bei unsicheren Kostenstrukturen

Die Annahme zustandsbedingt sicherer Kostenstrukturen erlaubt eine einfache Darstellung der Trade-offs, die bei der *second best*-Lösung relevant sind. Eine Implikation dieser quasi-sicheren Kostenbeziehungen ist die Wertlosigkeit der Berichterstattung und daher die Äquivalenz von *top down*-Budgetierung und Gegenstromverfahren. Erweitert man aber das ansonsten unveränderte Szenario um zusätzliche **Risiken im Bereich der Kosten**, kann gezeigt werden, dass die *second best*-Lösung nur durch Berichterstattung erreicht werden kann, also das **Gegenstromverfahren** am besten abschneidet.

Sei dazu unterstellt, dass die Kosten zwar wie in (5) von der Anstrengung a des Managers und dem Zustand θ abhängen, aber grundsätzlich risikobehaftet sind. Konkret unterliegen sie einer **Wahrscheinlichkeitsverteilung**, die von a und θ abhängt, wobei die Kostenrealisationen in einem bestimmten festgelegten Intervall liegen:

$$\tilde{K}(a,\theta) \in [\underline{K}, \overline{K}] \quad \text{und} \quad \mathrm{E}\left[\tilde{K}(a,\theta)\right] = \theta - a \tag{17}$$

Demnach beeinflussen die Zustands- und Anstrengungsvariable die Verteilung der Kosten so, dass die bisherige Beziehung (5) nur noch den **Kostenerwartungswert** beschreibt. Aus einer bestimmten Kostenrealisation kann selbst bei Kenntnis des Zustands nicht mehr definitiv auf die Arbeitsleistung geschlossen werden, weil für jede Anstrengung jede Realisation innerhalb des für die Verteilung maßgeblichen Intervalls mit positiver Wahrscheinlichkeit bzw Dichte möglich ist.

Im vorliegenden Fall sind alle Akteure risikoneutral und mithin an Erwartungswerten interessiert. Diese Erwartungswerte werden durch die Annahme (17) gegenüber der bisherigen Situation nicht tangiert, so dass die Frage auftaucht, worin nun die eigentliche Veränderung liegt. Sie ist drastisch: Ausgehend von (17) kann man das bisherige Szenario so charakterisieren, dass dort quasi der **Erwartungswert der Kosten** zweifelsfrei beobachtbar und damit kontrahierbar ist. Neben der Kostenrealisation steht daher im Basismodell die *ex ante* zu steuernde Größe auch *ex post* als Bemessungsgrundlage für die Entlohnung bereit. Dadurch ist es erst möglich, Abweichungen vom *ex ante* gewünschten Erwartungswert *ex post* zu sanktionieren, so dass die oben beschriebene *second best*-Lösung ermöglicht wird. Ist indes nur die jeweilige **Kostenrealisation** beobachtbar, steht diese Möglichkeit nicht mehr zur Verfügung. Auch ein rein kostenbasierter Vertrag wie in (16) könnte die *second best*-Lösung nicht mehr implementieren, weil auch er implizit voraussetzt, dass die Entlohnung faktisch am Erwartungswert anknüpft.

Es gibt allerdings auch für diese Situation eine Vorgehensweise, die imstande ist, die bisher identifizierte *second best*-Lösung bezüglich Allokation und Distribution zu erreichen: Dabei wird ein sogenanntes **„Menü linearer Verträge"** angeboten. Der Manager gibt zunächst einen **Bericht** über den Zustand ab. Anders als bisher beantwortet die Zentrale diesen Bericht aber nicht mit einem definitiven Kostenniveau und einer dazugehörigen (sicheren) Entlohnung, sondern mit einer **linearen Entlohnungsstruktur**, die analog zum ***Osband-Reichelstein*-Schema** von der Abweichung zwischen einer Referenzgröße und den realisierten Kosten abhängt; außerdem hängen auch die Parameter dieser linearen Entlohnung vom Bericht ab. Konkret gilt

$$s\left(\tilde{K},\theta\right)=\alpha_\theta+\beta_\theta\cdot\left(\mu_\theta-\tilde{K}\right) \qquad (18)$$

Warum diese Entlohnungsfunktion bei geeigneter Wahl der Parameter die bisherige *second best*-Lösung implementiert, wird in mehreren Schritten vorgeführt.

Bestimmung des variablen Entlohnungsparameters

Die Zentrale legt den variablen Entlohnungsparameter wie folgt fest:

$$\beta_\theta=V'(\theta-K_\theta^*)\;=V'(a_\theta^*)\quad \text{für } \theta=L,H \qquad (19)$$

Damit steigt die variable Entlohnung mit positiven **Abweichungen** vom Referenzwert, und diese Abhängigkeit ist für den günstigen Zustand L größer als für den Zustand H. Durch β werden nämlich die Anreize des Managers zur Kostensenkung bei gegebenem Bericht bestimmt. Weil für den Zustand L in der *second best*-Lösung eine größere Anstrengung als im Zustand H vorgesehen ist, müssen auch jetzt für einen Bericht von L stärkere Anreize gesetzt werden.

Nun seien die Anreize des Managers nach erfolgter Berichterstattung von zB L betrachtet. Angenommen, der Manager befindet sich tatsächlich im Zustand θ.

Durch Wahl der Arbeitsleistung maximiert er jetzt den Erwartungswert seiner Entlohnung gemäß (17), (18) und (19) abzüglich des Disnutzens,

$$\mathrm{E}\left[s\left(\tilde{K}(a,\theta),L\right)\right]-V(a)=\alpha_L+V'\left(a_L^*\right)\cdot\left(\mu_L-(\theta-a)\right)-V(a)$$

Die Bedingung erster Ordnung bezüglich a lautet

$$\frac{\partial\left(\mathrm{E}\left[s\left(\tilde{K}(a,\theta),L\right)\right]-V(a)\right)}{\partial a}=V'\left(a_L^*\right)-V'\left(a_\theta\right)=0$$

Daraus folgt die optimale Arbeitsleistung $a_\theta=a_L^*$.

Mithin wählt der Manager bei einem Bericht von L genau die für diesen Zustand im Basismodell vorgesehene Arbeitsleistung. Analoges gilt für einen Bericht von H. Sofern diese Berichte **wahrheitsgemäß** sind, wird in jedem Zustand θ ein **erwartetes Kostenniveau** in Höhe des bisherigen ***second best*-Kostenniveaus** erzielt, dh

$$\mathrm{E}\left[\tilde{K}\left(a_\theta,\theta\right)\right]=\mathrm{E}\left[\tilde{K}\left(a_\theta^*,\theta\right)\right]=K_\theta^*$$

Bestimmung des Referenzwertes und der fixen Entlohnung

Durch die noch verbleibende Festlegung von Referenzwert und fixer Entlohnung wird gewährleistet, dass für Zentrale und Manager im Erwartungswert die gleichen Zielerreichungen wie im Basismodell resultieren, falls zutreffend berichtet wird. Dazu wird der **Referenzwert** in Höhe der zustandsspezifisch vorgesehenen Kostenniveaus der bisherigen *second best*-Lösung festgelegt:

$$\mu_\theta=K_\theta^*=\theta-a_\theta^* \tag{20}$$

Die fixe Entlohnung ergibt sich durch Anpassung an die Höhe der **bisher optimalen Entlohnung** als

$$\alpha_\theta=s_\theta^* \tag{21}$$

Befindet sich der Manager im Zustand L, so erhält er bei zutreffender Berichterstattung unter Berücksichtigung seiner dann optimalen Arbeitsintensität folgenden **erwarteten Nutzen**:

$$\mathrm{E}\left[s\left(\tilde{K}\left(a_L^*,L\right),L\right)\right]-V\left(a_L^*\right)=s_L^*+V'\left(a_L^*\right)\cdot\left(K_L^*-K_L^*\right)-V\left(a_L^*\right)=s_L^*-V\left(a_L^*\right)$$

Entsprechend ergibt sich für den Zustand H

$$\mathrm{E}\left[s\left(\tilde{K}\left(a_H^*,H\right),H\right)\right]-V\left(a_H^*\right)=s_H^*+V'\left(a_H^*\right)\cdot\left(K_H^*-K_H^*\right)-V\left(a_H^*\right)=s_H^*-V\left(a_H^*\right)$$

Demnach erhalten Manager und Zentrale bei zutreffender Berichterstattung die **gleichen** (erwarteten) **Zielerreichungen** wie im Basismodell.

Empirische Ergebnisse

Vor allem in der amerikanischen Literatur existiert eine Vielzahl von empirischen Arbeiten, die sich der Budgetierung widmen.[44] Dabei werden insbesondere die Konsequenzen der Partizipation für die „*Performance*" und die „*Job Satisfaction*" analysiert. Üblicherweise handelt es sich um Befragungen, wobei die Mitarbeiter bestimmter Abteilungen bzw Bereiche mehrerer Unternehmen (oftmals handelt es sich aber um nicht mehr als drei Unternehmen) auch hinsichtlich der „Performance" eine **Selbsteinschätzung** (!) abgeben. Die Kriterien der „*Performance*"-Maße sind vielfältig, und sie haben nicht unbedingt etwas mit Gewinnen, Renditen und ähnlichem zu tun.

Die Ergebnisse weisen grundsätzlich folgenden Trend auf: Partizipation wird konsistent als förderlich für die „*Job Satisfaction*" angesehen. Dagegen sind die Resultate bezüglich der „*Performance*" gemischt. Es gibt sowohl Studien, die einen positiven Zusammenhang zwischen Partizipation und „*Performance*" nachweisen, als auch solche, die einen streng negativen Zusammenhang aufzeigen. In keinem Fall können die diesbezüglichen Resultate als einheitlich bezeichnet werden.

Interessant erscheinen im Zusammenhang mit dem hier vorgelegten Modell auch manche **Detailergebnisse**. So werden der Partizipation nicht selten erhebliche motivationsfördernde Wirkungen nachgesagt. Diese konnten jedoch in neueren empirischen Studien *nicht* bestätigt werden. Die dafür angebotenen Erklärungen betonen unter anderem, dass Manager versuchen, umfangreichen *slack* in die Budgets einzubauen, um leicht zu erreichende Sollvorgaben einhalten zu können; dies wiederum wird deswegen wichtig, weil Partizipation bei den Managern das Gefühl einer stärkeren Bedeutung der Budgeterreichung im Rahmen ihrer Beurteilung hervorruft. Weil leicht zu erreichende Budgets wenig Motivationswirkung entfalten, könnten sich die empirischen Resultate damit erklären lassen (*Brownell* und *McInnes* 1986).

Die oft uneinheitlichen Ergebnisse der empirischen Budgetierungsstudien sind nicht zuletzt auf methodische Unterschiede und oftmals auch auf statistische Artefakte zurückzuführen, was bei *Derfuss* (2009) in einer Metaanalyse der empirischen Studien betont wird.

Wahrheitsgemäße Berichterstattung

Es verbleibt noch der Nachweis, dass bei den gewählten Parametern tatsächlich wahrheitsgemäß berichtet wird. In der Literatur werden Modelle des hier betrachteten Typs regelmäßig für kontinuierliche Zustandsvariable θ betrachtet,[45] und für diese Fälle lässt sich die Eigenschaft der **wahrheitsgemäßen Berichterstattung** bei den Parametern des zugrunde liegenden quasi-sicheren Basismodells *exakt* zeigen (siehe dazu **Anhang 2** zu diesem Kapitel).

Im diskreten Fall mit nur zwei Zuständen erweist sich die wahrheitsgemäße Berichterstattung zwar für den Zustand H, nicht aber für den Zustand L als gültig, was vorwiegend auf technische Aspekte zurückzuführen ist. Um eine wahrheitsgemäße Berichterstattung zu induzieren, müsste die fixe Entlohnung α_L im Zustand L über s_L^* hinaus leicht erhöht werden. Darauf soll hier im

---

44 Eine *Übersicht* über diese Studien liefern *Kren* und *Liao* (1988).

45 Vgl etwa *Kirby* et al. (1991) sowie *Kanodia* (1993).

Detail nicht eingegangen werden. Wichtig ist vornehmlich die dem neuen Vertrag zugrunde liegende Idee, die Allokation (und grundsätzlich auch die Distribution) der *second best*-Lösung im Basismodell durch geeignete Wahl der Parameter zu gewährleisten.

Wert der Berichterstattung

Bei den jetzt einbezogenen zusätzlichen Kostenrisiken besteht die Rolle der Berichterstattung darin, die konkreten **Parameter** einer **Familie linearer Verträge** auszuwählen. Die Auswahl geschieht dabei so, dass das Steigungsmaß der variablen Entlohnung über die Anreize für die Arbeitsleistung letztlich das gleiche Kostenniveau (im Erwartungswert) wie ohne Kostenunsicherheit gewährleistet, während die Wahl von fixer Entlohnung und Referenzwert für eine Anpassung der **erwarteten Zielerreichungen** sorgt. Im Basismodell konnte der resultierende *second best*-Mechanismus (Zuordnung von Kostenniveau und Entlohnung in Abhängigkeit vom Bericht) noch als Spezialfall eines berichtsunabhängigen Vertrages aufgefasst werden, der einfach bestimmte Entlohnungen mit bestimmten Kostenniveaus koppelt, so dass auf eine Kommunikation auch verzichtet werden kann. Dies ist jetzt nicht mehr möglich, weil gewissermaßen der **Vertrag selbst durch den Bericht ausgewählt** werden muss, um die richtigen Anreize für die Kostensenkung zu gewährleisten.

Berichterstattung ist jetzt also streng vorteilhaft, und der sich ergebende Vertragstyp ist wie das ***Osband-Reichelstein*-Schema** direkt in einer Budgetform formuliert, bei der günstige Abweichungen vom Referenzwert (Kostenunterschreitungen) belohnt und ungünstige Abweichungen (Kostenüberschreitungen) gleichermaßen bestraft werden. In der erweiterten Situation ergibt sich daher eine grundsätzliche **Überlegenheit der Budgetierung im Gegenstromverfahren** gegenüber der *top down*-Vorgehensweise. Die obige Lösung lässt sich so interpretieren, dass im Rahmen eines internen *Reporting-Systems* die **Kostenziele** und die **Prämien** für günstige wie für ungünstige Abweichungen von diesen Zielvereinbarungen partizipativ festgelegt werden.

Eine reine ***bottom up*-Budgetierung** scheidet auch hier aus, weil die Zentrale darauf verzichten müsste, die Berichte gemäß dem eigenen Informationsstand und den eigenen Zielsetzungen zu adaptieren.

6. Zusammenfassung

Der Koordinationsbedarf eines Unternehmens ergibt sich sowohl aus sachlichen als auch aus personellen Gründen. Im Rahmen der **sachlichen Koordination** sind vielfältige Interdependenzen zwischen verschiedenen **Aktionen** und/oder **Bereichen** dafür verantwortlich, dass ein **Abstimmungsbedarf** entsteht, der regelmäßig eine **Gesamtbetrachtung** aller Aktivitäten erforderlich macht. Wichtige Ausprägungen der sachlichen Koordination sind der Ressourcen-, der Erfolgs-, der Risiko- und der Bewertungsverbund.

Im Rahmen des **Ressourcenverbundes** sind Konkurrenzbeziehungen angesprochen, die aus der gemeinsamen Nutzung knapper Kapazitäten durch mehrere Bereiche entstehen. Dagegen bezieht sich der **Erfolgsverbund** auf Interdependenzen in der Ergebnisfunktion, wenn der Erfolgsbeitrag einer Maßnahme davon abhängt, welche anderen Maßnahmen gleichzeitig durchgeführt werden, früher realisiert wurden und/oder künftig geplant sind. Der **Risikoverbund** zielt auf stochastische Abhängigkeiten zwischen verschiedenen Aktivitäten ab, die bei nicht risikoneutralem Entscheidungsverhalten für die insgesamt optimale Unternehmenspolitik bedeutsam sein können. Beim **Bewertungsverbund** kann die Bewertung der Erfolgs- und Risikobeiträge einer Maßnahme davon abhängen, von welcher Basissituation aus die Maßnahme realisiert wird.

Der **personelle Koordinationsbedarf** resultiert letztlich aus der Delegation von Entscheidungsbefugnissen und aus dem **simultanen** Vorliegen von **asymmetrischer Informationsverteilung** und **Interessenkonflikten**. Die Manager „vor Ort" verfügen zumeist über bessere Informationen bezüglich der Erfolgssituation ihrer Abteilungen und Bereiche als die Zentrale selbst. Interessenkonflikte entstehen zB, weil den Managern weder der *Umfang* der ihnen zugeteilten **Ressourcen** noch die Faktoren des **Arbeitsleids** gleichgültig sein werden, während für die Zentrale als Repräsentant der Anteilseigner ausschließlich finanzielle Aspekte relevant sind. Darüber hinaus kann es auch bei den finanziellen Aspekten Interessenkonflikte geben, wenn die **Risikoeinstellungen** der Manager und der Zentrale unterschiedlich sind.

Die **personelle Koordination** kann grundsätzlich unabhängig von sachlichen Verbundeffekten bestehen; im Allgemeinen überlagert sie aber diese Faktoren. Die sachlichen Koordinationsprobleme können aus Sicht der Zentrale nur dann zielentsprechend gelöst werden, wenn die personellen Koordinationsprobleme ebenfalls gelöst sind. Dazu werden **Anreizsysteme** installiert, die aus **Beurteilungsgrößen** einerseits und daran anknüpfenden **Kompensationsfunktionen** andererseits bestehen.

Zur Lösung von Koordinationsproblemen spielt die **Budgetierung** sowohl aus theoretischer als auch aus praktischer Sicht eine große Rolle. Die der Budgetierung zugeschriebenen **Vorteile** bestehen zunächst darin, dass Manager zu einem präzisen Nachdenken über künftige Erfolgspotenziale angehalten werden. Weiterhin findet durch den Budgetierungsprozess eine Abstimmung von Aktivitäten statt, so dass auch Engpass- und Problembereiche des Unternehmens identifiziert werden können. Schließlich sollen die Budgets als **Grundlagen der Managementbeurteilung** dienen, wobei insbesondere der **Partizipation** der Mitarbeiter eine maßgebliche Bedeutung für die Motivation und die Planungsqualität zugeschrieben wird.

Diese erhofften Vorteile der Budgetierung hängen allerdings von den Informationen ab, die im Budgetierungsprozess verarbeitet werden. Weil diese Informationen sich vornehmlich bei den Bereichsmanagern befinden, kommt dem Problem der wahrheitsgemäßen Berichterstattung eine grundlegende Bedeutung zu. Das **Offenlegungsprinzip** sichert zwar die Existenz optimaler wahrheitsinduzierender Verträge, führt aber nur vordergründig zu einer Problemlösung, weil sich die Zentrale ggf in der Ausnutzung der Informationen stark einschränken muss. Beim ***Weitzman*-Schema** erhält der Manager einen strikten Anreiz zu einer wahrheitsgemäßen Berichterstattung; ist das Ergebnis stochastisch, kann er motiviert werden, bestimmte Quantile der Verteilung zu berichten. Arbeitsanreize werden jedoch nur sehr primitiv gegeben. Beim ***Osband/Reichelstein*-Schema** besteht ein Anreiz zur Bekanntgabe des Erwartungswertes des Ergebnisses, und zusätzlich können differenziertere Arbeitsanreize gegeben werden.

Eine detaillierte Untersuchung der Anreizwirkungen von Budgetsystemen wurde in einem Szenario der **Kostenbudgetierung** mit **asymmetrischer Information** des Managers über die **Fertigungssituation** durchgeführt. Das Basismodell beinhaltet keine weiteren Kostenrisiken, so dass die Steuerung der Anstrengungen des Managers grundsätzlich durch eine **spezifische Kostenvorgabe** möglich ist. Die *second best*-Lösung dieses Modells zeigt einen **Trade-off zwischen Renten** für den Manager und **Maßnahmen zur Kostensenkung**. Dabei erweist sich eine **Berichterstattung** des Managers als **nicht zwingend erforderlich**, um diese Lösung zu implementieren. Der optimale berichtsabhängige Vertrag kann nämlich als Spezialfall eines rein kostenabhängigen Vertrages ohne ausdrückliches Berichtserfordernis aufgefasst werden. In diesem Szenario führen daher die ***top down*-Budgetierung** sowie die **Budgetierung im Gegenstromverfahren zu den gleichen Ergebnissen**, während die *bottom up*-Budgetierung grundsätzlich inferior ist.

Ein erweitertes Szenario erfasst neben der asymmetrischen Information über die Fertigungssituation auch **stochastische Kosten**. Jetzt zeigt sich, dass auf **Kommunikation** nicht mehr verzichtet werden kann, wenn man die *second best*-Lösung implementieren will. Ein an das ***Osband-Reichelstein*-Schema** angelehnter Vertragstyp erweist sich als optimal, wobei über den Bericht des Managers die Parameter dieses Vertrags ausgewählt werden. In diesen Fällen ist eine Budgetierung im **Gegenstromverfahren** besser als eine top down-Budgetierung.

Fragen

F8-1 Worin besteht der Unterschied zwischen dem Ressourcen- und dem Erfolgsverbund?

F8-2 Wann führen stochastische Abhängigkeiten zwischen den Überschüssen mehrerer Unternehmensbereiche nicht zu einem Risikoverbund?

F8-3 Kann es einen Bewertungsverbund (Risikoverbund) geben, ohne dass gleichzeitig ein Risikoverbund (Bewertungsverbund) vorliegt?

F8-4 Warum müssen sowohl Interessenkonflikte als auch asymmetrische Informationsverteilungen vorliegen, um einen personellen Koordinationsbedarf hervorzurufen?

F8-5 In welcher Weise überlagert der personelle den sachlichen Koordinationsbedarf?

F8-6 Aus welchen allgemeinen Bestandteilen bestehen Anreizsysteme?

F8-7 Welche Vorteile werden üblicherweise der Budgetierung zugeschrieben? In welcher Weise finden sich dabei die sachlichen und personellen Verbundeffekte wieder?

F8-8 Was ist ein *master budget*? Welche Probleme bereiten dabei sachliche Verbundbeziehungen?

F8-9 Was besagt das Offenlegungsprinzip, und welche Idee liegt ihm zugrunde? Welcher Zusammenhang besteht zwischen Selbstbindung der Zentrale und der Möglichkeit, zutreffende Informationen zu erhalten?

F8-10 Inwiefern kann bei risikobehafteten Ergebnissen das *Weitzman*-Schema als wahrheitsinduzierend angesehen werden?

F8-11 Welche Unterschiede bestehen hinsichtlich der Wirkungsweise des *Osband-Reichelstein*-Schemas und des *Weitzman*-Schemas?

F8-12 Wie lassen sich die Beziehungen zwischen Arbeitsleistung und Kostenvorgaben erklären? Welche Rolle spielt dabei das Anreizsystem?

F8-13 Welche Abwägungen hat die Zentrale bei der *top down*-Budgetierung zu treffen? Welchen Einfluss hat der Grad der Unsicherheit auf die Optimalität von Budgets?

F8-14 Welche Effekte können bei einer *bottom up*-Budgetierung auftreten?

F8-15 Wann erweist sich für das im Text unterstellte Szenario eine partizipative Budgetierung im Gegenstromverfahren als wertlos gegenüber einer *top down*-Budgetierung?

F8-16 Warum reicht die Betrachtung alleine von Größen des Rechnungswesens nicht aus, um daraus irgendwelche Aussagen über die „Koordinationseigenschaften" solcher Größen abzuleiten?

Probleme

P8-1 **Erfolgsverbund**. Gegeben ist ein in zwei Bereiche gegliedertes Unternehmen. Die Preis-Absatz-Funktionen der beiden Bereiche sind:

$$p_1(x_1) = 58 - 0{,}1 \cdot x_1; \quad p_2(x_2) = 120 - 0{,}05 \cdot x_2$$

Für Bereich 2 ist die Absatzmenge auf $x_2 \leq 200$ beschränkt. Beide Bereiche benötigen zur Herstellung ihres Produktes jeweils *eine* Einheit eines bestimmten Rohstoffs, dessen Beschaffungspreis $r(q)$ je Mengeneinheit gemäß folgender Rabattstaffel von der *insgesamt* beschafften Menge q ($q = q_1 + q_2$) abhängt:

$$r(q) = \begin{cases} 50 & \text{für } 0 \leq q \leq 100 \\ 45 & \text{für } 100 < q \leq 200 \\ 40 & \text{für } 200 < q \end{cases}$$

Diese Rabattstaffel kennzeichnet einen *angestoßenen* Rabatt, dh die jeweiligen Preise gelten nur für die angegebenen Intervalle.

Die variablen Stückkosten *ohne* den Kostenanteil für den Rohstoff betragen

$\bar{k}_1 = 14; \quad \bar{k}_2 = 56$

Warum handelt es sich im vorliegenden Fall um einen Erfolgsverbund? Wie sieht die optimale Lösung unter Berücksichtigung dieses Verbundeffektes aus? Welche Schwierigkeiten ergeben sich, wenn beide Bereiche als *Profit Center* geführt werden, und wenn sie demgemäß ihr Optimum durch Maximierung ihres jeweiligen Bereichsgewinns bestimmen würden?

P8-2 **Bewertungsverbund**. Ein Unternehmen kann ein neues Projekt mit einem erwarteten Gewinn von 20 und einer (isolierten) Standardabweichung des Gewinns von 35 durchführen. Die Überschüsse des neuen Projektes sind völlig unkorreliert mit denjenigen des bisherigen Programms. Für dieses Ausgangsprogramm werden alternativ zwei Ausgangssituationen betrachtet. In Situation 1 hat das bisherige Programm einen Gewinnerwartungswert von 180 und eine Standardabweichung des Gewinns von 50. In Situation 2 beträgt dagegen der Gewinnerwartungswert 220 bei gegebener Standardabweichung von 50.

a) Angenommen, das Unternehmen maximiert folgende Nutzenfunktion:

$$U\left(\mathrm{E}\left[\tilde{G}\right];\sigma\left(\tilde{G}\right)\right) = \mathrm{E}\left[\tilde{G}\right] - 0{,}05 \cdot \sigma\left(\tilde{G}\right)$$

Hängt bei dieser Nutzenfunktion die Vorteilhaftigkeit des neuen Projektes von der Ausgangssituation ab?

b) Gehen Sie jetzt davon aus, dass das Unternehmen den Erwartungs*nutzen* maximiert, wobei eine quadratische Nutzenfunktion der folgenden Art zur Anwendung kommt:

$$U(G) = 5 \cdot G - 0{,}01 \cdot G^2$$

Wie hängt bei dieser Entscheidungsregel die Vorteilhaftigkeit des neues Projektes von der Ausgangssituation ab? (*Hinweis*: Formulieren Sie zunächst den Erwartungs*nutzen* als Funktion des Gewinnerwartungswertes und der Standardabweichung.)

P8-3 Budgetierung und Anreizsysteme. Gegeben sei ein Budgetierungskontext der im Text beschriebenen Art mit den beiden gleich wahrscheinlichen Zuständen für die Basiskosten $L = 10$ und $H = 10{,}5$. Die Istkosten sind $K = \theta - a$. Der Manager erlangt unmittelbar vor der Wahl seiner Arbeitsleistung exaktes Wissen um den tatsächlich vorliegenden Zustand. Sein Reservationsnutzen beträgt $\underline{U}^A = 0$, und seine Nutzenfunktion lautet $U = s - a^2/2$. Dem Manager muss eine Mindestentlohnung in Höhe des Reservationsnutzens für jeden Zustand geboten werden. Die Zentrale maximiert den Erwartungswert der ihr verbleibenden Überschüsse.

a) Bestimmen Sie die *first best*-Lösung.

b) Bestimmen Sie die *second best*-Lösung.

P8-4 *Weitzman*-Schema. Ein Manager wird auf Basis des *Weitzman*-Schemas mit den Parametern $\alpha_1 = 0{,}2$, $\hat{\alpha} = 0{,}4$ und $\alpha_2 = 0{,}6$ sowie einem Fixgehalt von $\underline{S} = 10$ entlohnt. Es liegen keine Interdependenzen zwischen Berichterstattung und Ressourcenzuteilung vor.

a) Zunächst sei unterstellt, dass der Manager sichere Erwartungen über den künftigen Überschuss hat. Die Zentrale weiß jedoch nur, dass sechs mögliche Überschüsse vorliegen können, und zwar $x = 100$, 120, 140, 160, 180 oder 200. Zeigen Sie anhand einer Tabelle, wie sich die Managerentlohnung für die verschiedenen x entwickelt, wenn alternativ Berichte $\hat{x} = 100$, 120, 140, 160, 180 oder 200 abgegeben werden. Wie lautet die optimale Berichtspolitik des Managers?

b) Gehen Sie jetzt von risikobehafteten Verhältnissen aus, wobei sich die tatsächliche Verteilung $F(x)$ als Konvexkombination zweier Verteilungen $F_L(x) \leq F_H(x)$ ergibt (siehe *Anhang*). Dabei entspricht $F_L(x)$ einer Gleichverteilung von x im Intervall [100; 200], und $F_H(x)$ repräsentiert eine Verteilung im Intervall [100; 200], deren ganze Wahrscheinlichkeitsmasse gleichmäßig im Intervall [100; 150] konzentriert ist. Der Manager ist risikoneutral und maximiert den Erwartungswert seiner Entlohnung. Ermitteln Sie die Funktion für die optimale Berichtspolitik des Managers in Abhängigkeit von der Qualität φ seiner tatsächlichen Verteilung. Zeigen Sie ebenfalls auf, wie aus einem gegebenen Bericht auf die zugrunde liegende Qualität der Wahrscheinlichkeitsverteilung zurückgeschlossen werden kann.

P8-5 Anreize aus dem Budgetierungssystem. In einem Artikel mit dem Titel „Paying People to Lie: the Truth about the Budgeting Process" schreibt *Jensen* (2003, S. 379) Folgendes:

„Paying people on the basis of how their performance relates to a budget or target causes people to game the system and in doing so to destroy value in two main ways: (a) both superiors and subordinates lie in the formulation of budgets and, therefore, gut the budgeting process of the critical unbiased information that is required to coordinate the activities of disparate parts of an organisation, and (b) they game the realisation of the budgets and targets and in doing so destroy value for their organisations. Although most managers and analysts understand that budget gaming is widespread, few understand the huge costs it imposes on organisations and how to lower them.

My purpose in this paper is to explain exactly how this happens and how managers and firms can stop this counter-productive cycle. The key lies not in destroying the budgeting systems, but in changing the way organisations pay people. In particular to stop this highly counter-productive behaviour we must stop using budgets or targets in the compensation formulas and promotion systems for employees and managers. This means taking all kinks, discontinuities and non-linearities out of the pay-for-performance profile of each employee and manager. Such purely linear compensation formulas provide no incentives to lie, or to withhold and distort information, or to game the system."

a) Entspricht ein solches vorgeschlagenes lineares Entlohnungsschema dem Offenlegungsprinzip?

b) Wie kann die fixe Entlohnung und die Steigung der variablen Entlohnung in einem linearen Entlohnungsschema festgelegt werden?

c) Ist es immer sinnvoll, ein lineares Entlohnungsschema festzulegen? Wenn nicht, worin könnten Gründe für nichtlineare Schemata liegen?

P8-6 ***Top down* und *bottom up*-Budgetierung.**[46] Ein Unternehmen hat die Möglichkeit, in ein neues Projekt zu investieren. Der Erlös sei vertraglich mit p gegeben. Die gesamten Kosten des Projekts sind unsicher, wobei allgemein bekannt ist, dass sie zwischen 100 und 300 gleichverteilt liegen. Die Zentrale kennt die tatsächlichen Kosten nicht, der zuständige Bereichsmanager hingegen schon.

a) Angenommen, die Zentrale entscheidet alleine, ob investiert wird. Wie lautet ihre Entscheidungsregel und wie hoch ist der erwartete Gewinn je nach Höhe von p?

b) Die Zentrale delegiert die Entscheidung an den Bereichsmanager. Der Manager berichtet die tatsächlichen Kosten wahrheitsgetreu und erhält ein Budget in deren Höhe zugewiesen. Wie lautet die Entscheidungsregel und wie hoch ist der erwartete Gewinn vor Bericht je nach Höhe von p?

c) Im Unterschied zu b) kann die Zentrale nicht sicherstellen, dass der Manager wahrheitsgetreu berichtet. Er kann die Differenz zwischen dem Budget und den tatsächlichen Kosten (*slack*) im Bereich zu seinem Vorteil verwenden. Wie hoch ist das optimale Budget und wie hoch ist der erwartete Gewinn vor Bericht je nach Höhe von p?

d) Ist die zentrale Entscheidung unter b) oder die dezentrale Entscheidung unter c) günstiger?

---

46 Das Beispiel folgt *Göx* und *Wagenhofer* (2007), S. 412 – 414.

Literaturempfehlungen

Allgemeine Literatur

Magee, R.P.: *Advanced Managerial Accounting*, New York 1986.

Wouters, M., Selto, F., Hilton, R. und *Maher, M.*: *Cost Management – Strategies for Business Decisions*, London et al. 2012.

Welsch, G., R. Hilton und *P.N. Gordon*: *Budgeting – Profit Planning and Control*, 5. Auflage, Englewood Cliffs, NJ 1988.

Spezielle Literatur

Demski, J.S.: *Managerial Uses of Accounting Information*, 2. Auflage, Boston et al. 2008.

Magee, R.P.: Equilibria in Budget Participation, in: *Journal of Accounting Research* 1980, S. 551 – 573.

Reichelstein, S.: Constructing Incentive Schemes for Government Contracts: An Application of Agency Theory, in: *The Accounting Review* 1992, S. 712 – 731.

Weitzman, M.L.: The New Soviet Incentive Model, in: *Bell Journal of Economics* 1976, S. 251 – 257.

Anhang 1: *Weitzman*-Schema bei risikobehaftetem Ergebnis

Im Folgenden wird gezeigt, in welcher Weise das *Weitzman*-Schema eine wahrheitsgemäße Berichterstattung induziert, falls das Ergebnis x nicht sicher, sondern risikobehaftet ist. Dazu sei angenommen, dass $\tilde{x}$ im Intervall $[\underline{x}, \overline{x}]$ einer stetigen Wahrscheinlichkeitsverteilung mit einer überall positiven Dichtefunktion $f(x)$ und der Verteilungsfunktion $F(x)$ unterliegt. Der Manager maximiert durch Abgabe eines Berichts $\hat{x}$ seine **erwartete Entlohnung**, die sich wie folgt ergibt:

$$\mathrm{E}[s(\tilde{x},\hat{x})] = \underline{S} + \hat{\alpha}\cdot\hat{x} + \int_{\underline{x}}^{\hat{x}} \alpha_2\cdot(x-\hat{x})\cdot f(x)dx + \int_{\hat{x}}^{\overline{x}} \alpha_1\cdot(x-\hat{x})\cdot f(x)dx \tag{A1}$$

Für den **optimalen Bericht** muss die erste Ableitung von (A1) gleich 0 sein:

$$\frac{\partial \mathrm{E}[s(\tilde{x},\hat{x}^*)]}{\partial \hat{x}} = \hat{\alpha} - \alpha_2\cdot\int_{\underline{x}}^{\hat{x}^*} f(x)dx + \alpha_2\cdot f(\hat{x}^*)\cdot(\hat{x}^*-\hat{x}^*) - \alpha_1\cdot\int_{\hat{x}^*}^{\overline{x}} f(x)dx - \alpha_1\cdot f(\hat{x}^*)\cdot(\hat{x}^*-\hat{x}^*) =$$

$$= \hat{\alpha} - \alpha_2\cdot F(\hat{x}^*) - \alpha_1\cdot\left(1-F(\hat{x}^*)\right) = 0$$

Bezüglich der zweiten Ableitung gilt stets

$$\partial^2 \mathrm{E}[s(\tilde{x},\hat{x})]/\partial\hat{x}^2 = (\alpha_1-\alpha_2)\cdot f(\hat{x}) < 0$$

so dass es sich bei $\hat{x}^*$ um ein *eindeutiges* Maximum handelt. Für die optimale Lösung folgt daher wegen $0 < \alpha_1 < \hat{\alpha} < \alpha_2$:

$$0 < F(\hat{x}^*) = \frac{\hat{\alpha}-\alpha_1}{\alpha_2-\alpha_1} < 1 \Rightarrow \hat{x}^* = F^{-1}\left(\frac{\hat{\alpha}-\alpha_1}{\alpha_2-\alpha_1}\right) \Rightarrow \underline{x} < \hat{x}^* < \overline{x} \tag{A2}$$

Durch die Wahl der Parameter kann die Berichterstattung beliebiger **Quantile** (zB Median für einen Quotienten aus den Parameterdifferenzen von 0,5 oder erstes

Quartil für 0,25) induziert werden. Der Bericht stimmt (jedenfalls) dann mit dem **Erwartungswert** $\mathrm{E}[\tilde{x}]$ überein, wenn der Quotient aus den Parameterdifferenzen gerade gleich 0,5 ist und eine symmetrische Verteilung vorliegt (Median = Erwartungswert).

Durch die Wahl der Entlohnungsparameter beim *Weitzman*-Schema kann der „**Optimismus**" des Managers hinsichtlich des Berichts seiner Erwartungen beeinflusst werden. Bei einer symmetrischen Verteilung induziert etwa jeder Quotient der Parameterdifferenzen unterhalb 0,5 einen Bericht unterhalb des Überschusserwartungswertes und ein Quotient oberhalb von 0,5 eine Information oberhalb des Erwartungswertes. Bei den vorausgesetzten Parameterrelationen würde der Manager aber niemals einen Bericht in Höhe des niedrigsten oder des höchsten Ergebnisses abgeben, da der Quotient der Parameterdifferenzen strikt innerhalb des Intervalls $[\underline{x}, \overline{x}]$ liegt.

Geht man nun von **risikobehafteten Ergebnissen** x aus, dann muss auch die *Art* der asymmetrischen Informationsverteilung angepasst werden. Wüsste nämlich auch die Zentrale um die Verteilung $F(x)$, verfügte sie faktisch über den gleichen Informationsstand wie der Manager, und die Überlegungen zur Berichterstattung wären bloße Spielerei. Man muss daher annehmen, dass der *Manager* besser als die Zentrale über die konkret vorliegende **Überschussverteilung** informiert ist. Die Zentrale verfügt nur über eine „Verteilung über Wahrscheinlichkeitsverteilungen".

Diese Situation wird wie folgt modelliert: Die tatsächliche Verteilung ergibt sich aus einer **Konvexkombination** zweier Verteilungen, deren Relation zueinander durch eine *stochastische Dominanz erster Ordnung* gekennzeichnet ist, dh

$$\begin{aligned} &F(x) = \varphi \cdot F_L(x) + (1-\varphi) \cdot F_H(x) \quad 0 \leq \varphi \leq 1 \\ &F_H(x) > F_L(x) \quad \forall x \in (\underline{x}, \overline{x}); \quad F_L(x) = F_H(x) \text{ für } x = \underline{x}, \overline{x} \end{aligned} \tag{A3}$$

Bei der F_H-Verteilung ist für *jedes* x die Wahrscheinlichkeit dafür, dass ein Ergebnis nicht größer als x erzielt wird, mindestens so groß wie bei der F_L-Verteilung, für alle x außer den Extremwerten aber sogar streng größer. Daraus folgt umgekehrt, dass die F_L-Verteilung die qualitätsmäßig *bessere* Verteilung ist, denn die Wahrscheinlichkeit des Eintritts höherer Ergebnisse ist bei ihr größer als bei der F_H-Verteilung, so dass auch der **Erwartungswert** der Überschüsse bei der F_L-Verteilung denjenigen der F_H-Verteilung übersteigt.

Die tatsächliche Wahrscheinlichkeitsverteilung setzt sich gemäß einem Parameter φ aus diesen beiden Verteilungen zusammen, wobei φ gewissermaßen das Gewicht der besseren Verteilung F_L angibt und damit als **Qualitätsparameter** interpretiert werden kann. Nur der Manager kennt die tatsächliche Verteilung und den konkret vorliegenden Wert für φ, die Zentrale dagegen nicht. Sie weiß nur um die Art der Zusammensetzung und darum, dass φ zwischen 0 und 1 liegt; möglicherweise kann sie auch eine diesbezügliche Wahrscheinlichkeitsverteilung für φ angeben, doch ist das im vorliegenden Zusammenhang nicht von Bedeutung.

Setzt man nun (A3) in die Optimalitätsbedingung (A2) ein, folgt

$$F\left(\hat{x}^*(\varphi),\varphi\right)=\varphi\cdot F_L\left(\hat{x}^*(\varphi)\right)+(1-\varphi)\cdot F_H\left(\hat{x}^*(\varphi)\right)=\frac{\hat{\alpha}-\alpha_1}{\alpha_2-\alpha_1} \tag{A4}$$

Dabei wurde der optimale Bericht bereits als Funktion von φ gekennzeichnet. Bei einer Änderung von φ muss das totale Differenzial der linken Seite von (A4) gleich 0 sein, denn für *jeden* Wert des Qualitätsparameters φ muss sich der optimale Bericht so einstellen, dass der entsprechende Wert der Verteilungsfunktion gerade dem konstanten Quotienten der Differenzen aus den Entlohnungsparametern entspricht. Daraus folgt

$$\frac{\partial F\left(\hat{x}^*(\varphi),\varphi\right)}{\partial\varphi}\cdot d\varphi+\frac{\partial F\left(\hat{x}^*(\varphi),\varphi\right)}{\partial x}\cdot d\hat{x}^*=0 \quad\Rightarrow\frac{d\hat{x}^*}{d\varphi}=-\frac{\dfrac{\partial F\left(\hat{x}^*(\varphi),\varphi\right)}{\partial\varphi}}{\dfrac{\partial F\left(\hat{x}^*(\varphi),\varphi\right)}{\partial x}} \tag{A5}$$

Einsetzen der beiden partiellen Ableitungen erbringt

$$\frac{d\hat{x}^*}{d\varphi}=-\frac{F_L(\hat{x}^*)-F_H(\hat{x}^*)}{\varphi\cdot f_L(\hat{x}^*)+(1-\varphi)\cdot f_H/(\hat{x}^*)}=\frac{F_H(\hat{x}^*)-F_L(\hat{x}^*)}{\varphi\cdot f_L(\hat{x}^*)+(1-\varphi)\cdot f_H(\hat{x}^*)}>0 \tag{A6}$$

Es zeigt sich also, dass die **optimale Berichterstattung** des Managers von der durch φ gemessenen **Qualität** der Wahrscheinlichkeitsverteilung abhängt. Höhere Qualitäten der Verteilung (und damit höhere Überschusserwartungswerte) sind demnach auch mit höheren Berichten des Managers verbunden, so dass umgekehrt aus einem konkret vorliegenden Bericht auf den zugrunde liegenden Parameter φ geschlossen werden kann. Damit kennt die Zentrale gemäß (A3) aber auch die tatsächlich relevante Verteilung und kann das dazugehörige erwartete Erfolgspotenzial ermitteln. Im Ergebnis ist also die anfängliche asymmetrische Informationsverteilung abgebaut. Eine wahrheitsgemäße Berichterstattung ergibt sich also nicht mehr *unmittelbar* durch die Übereinstimmung von Managerbericht und erwartetem Erfolgspotenzial. Sie wird stattdessen durch eine **intelligente Interpretation** der Berichte seitens der Zentrale ermöglicht, die gemäß der Umkehrfunktion $\hat{x}^{*-1}(\hat{x})$ von einem vorliegenden Bericht $\hat{x}$ auf den dazugehörigen Parameter φ der Wahrscheinlichkeitsverteilung zurückschließt.

Anhang 2: Wahrheitsgemäße Berichterstattung beim Menü linearer Verträge und einer stetigen Zustandsvariablen

Für die folgende Darstellung wird unterstellt, dass die Zustandsvariable θ jeden Wert zwischen L und H annehmen kann:

$$\theta\in[L,H]$$

Bevor die Eigenschaften des Vertragsmenüs gezeigt werden können, muss zunächst die **optimale Entscheidung** des Managers bei **zustandsbedingt sicheren Erwartungen** (also dem Basismodell) betrachtet werden. Die Zentrale bestimmt eine Entlohnungsfunktion $s(\theta)$ und ein zustandsbedingtes Kostenniveau $K(\theta)$, mit dem bei gegebenem Zustand indirekt die Arbeitsintensität festgelegt ist. Der Manager maximiert seinen Nutzen durch Wahl des Berichts $\hat{\theta}$:

$$U\left(\hat{\theta},\theta\right)=s\left(\hat{\theta}\right)-V\left(\theta-K\left(\hat{\theta}\right)\right)$$

Darin bezeichnet $U\left(\hat{\theta},\theta\right)$ die Zielerreichung des Managers bei einem tatsächlichen Zustand θ und einem Bericht von $\hat{\theta}$. Die Bedingung erster Ordnung lautet

$$\frac{\partial U(\hat{\theta}^*,\theta)}{\partial\hat{\theta}}=s'(\hat{\theta}^*)+V'\left(\theta-K(\hat{\theta}^*)\right)\cdot K'(\hat{\theta}^*)=0$$

Der **optimale Bericht** hängt demnach vom Zustand ab, und bei wahrheitsgemäßer Berichterstattung muss $\hat{\theta}^*\left(\theta\right)=\theta$ erfüllt sein. Bei Gültigkeit des **Offenlegungsprinzips** müssen die Entlohnungsfunktion $s(\theta)$ und die Funktion des Kostenniveaus $K(\theta)$ so bestimmt werden, dass der Manager wahrheitsgemäß berichtet. Die Zielerreichung bei zutreffendem Bericht sei nun wie folgt definiert:

$$U\left(\theta,\theta\right)\equiv U\left(\theta\right)$$

Dann folgt für die Gesamtänderung dieser Zielerreichung bei Variation des Zustands

$$\frac{dU\left(\theta\right)}{d\theta}=\underbrace{\frac{\partial U\left(\theta,\theta\right)}{\partial\hat{\theta}}}_{=0}\cdot\frac{d\hat{\theta}}{d\theta}+\frac{\partial U\left(\theta,\theta\right)}{\partial\theta}=\frac{\partial U\left(\theta,\theta\right)}{\partial\theta}=-V'\left(\theta-K(\theta)\right)$$

Offenbar verringert sich der Nutzen des Managers wegen $V'>0$ mit höherem Wert der Zustandsvariablen (dies entspricht dem Zwei-Zustands-Fall im Text, denn im dortigen Zustand H erzielt der Manager gerade seinen Reservationsnutzen, während er im Zustand L eine Informationsrente erhält). Daraus erhält man eine Darstellung für den Nutzen $U(\theta)$

$$U\left(\theta\right)=\int_{\theta}^{H}-\frac{dU\left(t\right)}{dt}dt+U\left(H\right)=\int_{\theta}^{H}V'\left(t-K\left(t\right)\right)dt+U\left(H\right)$$

Im **ungünstigsten Zustand** H wird die Zentrale die Kompensation gerade so bestimmen, dass der Manager seinen **Reservationsnutzen** erhält, der auf 0 gesetzt wurde. Daraus ergibt sich:

$$U\left(\theta\right)=\int_{\theta}^{H}V'\left(t-K\left(t\right)\right)dt=\int_{\theta}^{H}V'\left(a\left(t\right)\right)dt$$

Für den Nachweis der **wahrheitsinduzierenden Eigenschaften des Vertragsmenüs** sei unterstellt, dass die Lösung des Basismodells für die Zentrale wie beim Zwei-Zustands-Modell im Text dazu führt, dass die zustandsbedingt optimalen Kostenniveaus umso höher sind, je ungünstiger der Zustand ist, und dass letztlich die zustandsbedingt geforderte Arbeitsleistung mit steigender Zustandsvariablen fällt (dies kann durch Analyse des stetigen Optimierungsmodells natürlich auch explizit gezeigt werden, dürfte aber bereits durch die Intuition im Text hinreichend begründet sein):

$$K'(\theta) > 0 \text{ und } a'(\theta) < 0$$

Nun werden die Verträge (18) bei risikobehafteten Kostenrealisationen mit den Festlegungen der Parameter wie in (19), (20) und (21) betrachtet. Im Text wurde bereits gezeigt, dass ein Manager nach Abgabe des Berichts stets die für diesen Zustand im Basismodell vorgesehene Arbeitsleistung wählt. Bei wahrheitsgemäßer Berichterstattung entspricht der Erwartungswert der Kosten daher dem zustandsbedingten Kostenniveau des Basismodells:

$$\mathrm{E}\left[\tilde{K}\left(a(\theta),\theta\right)\right] = \theta - a(\theta) = K(\theta)$$

Weil das Kostenniveau $K(\theta)$ als Referenzwert festgesetzt wird, ergibt sich für einen Manager im Zustand θ bei zutreffender Berichterstattung eine Zielerreichung wie im Basismodell:

$$s(\theta) + V'\left(a(\theta)\right)\cdot\left(K(\theta) - K(\theta)\right) - V\left(a(\theta)\right) = U(\theta)$$

Damit dies für ihn optimal ist, darf es sich nicht lohnen, einen **höheren Bericht** abzugeben. Es muss also für $\hat{\theta} > \theta$ gelten:

$$U(\theta) \geq s(\hat{\theta}) + V'\left(a(\hat{\theta})\right)\cdot\left(K(\hat{\theta}) - \left(\theta - a(\hat{\theta})\right)\right) - V\left(a(\hat{\theta})\right)$$

Dies führt nach kurzer Umformung auf

$$U(\theta) - U(\hat{\theta}) \geq V'\left(a(\hat{\theta})\right)\cdot\left(\hat{\theta} - \theta\right)$$

Einsetzen von $U(\theta)$ erbringt

$$\int_{\theta}^{\hat{\theta}} V'\left(a(t)\right)dt \geq V'\left(a(\hat{\theta})\right)\cdot\left(\hat{\theta} - \theta\right) = V'\left(a(\hat{\theta})\right)\cdot\int_{\theta}^{\hat{\theta}} dt \quad \text{bzw}$$

$$\int_{\theta}^{\hat{\theta}} \left[V'\left(a(t)\right) - V'\left(a(\hat{\theta})\right)\right]dt \geq 0$$

Diese Ungleichung ist wegen der Konvexität von V und $a'(\theta) < 0$ stets erfüllt (für günstigere Zustände wird eine höhere Anstrengung gefordert, und dafür ist auch das Grenzarbeitsleid größer).

In entsprechender Weise muss gelten, dass sich eine **Unterberichterstattung** des Zustands, dh $\hat{\theta} < \theta$, für den Manager nicht lohnen darf:

$$U(\theta) \geq s(\hat{\theta}) + V'\left(a(\hat{\theta})\right)\cdot\left(K(\hat{\theta}) - \left(\theta - a(\hat{\theta})\right)\right) - V\left(a(\hat{\theta})\right)$$

Hier erhält man folglich

$$-\int_{\hat{\theta}}^{\theta} V'(a(t))\,dt \geq -V'\left(a\left(\hat{\theta}\right)\right)\cdot\int_{\hat{\theta}}^{\theta} dt$$

Multiplikation beider Seiten mit –1 ergibt

$$\int_{\hat{\theta}}^{\theta} V'(a(t))\,dt \leq V'\left(a\left(\hat{\theta}\right)\right)\cdot\int_{\hat{\theta}}^{\theta} dt \quad \Rightarrow \quad \int_{\hat{\theta}}^{\theta}\left[V'(a(t)) - V'\left(a\left(\hat{\theta}\right)\right)\right]dt \leq 0$$

Diese Ungleichung ist wegen der Konvexität von V und $a'(\theta) < 0$ ebenfalls erfüllt. Das Menü linearer Verträge mit den im Text getroffenen Festlegungen der Parameter gewährleistet daher genau die **Allokation und Distribution** wie im **Basismodell** bei zustandsbedingt sicheren Erwartungen.

9 Investitionscontrolling

SIE haben heute einen schweren Tag vor sich. Letzte Woche erhielten Sie ein Memo vom Vorstand, in dem Sie, wie die anderen Bereichsleiter auch, zu einer Budgetsitzung eingeladen wurden, die eben heute um 9 Uhr im Sitzungszimmer im ersten Stock der Zentrale stattfinden wird. Auf dem Weg dorthin sinnieren Sie nochmals, warum diese Sitzung einen schweren Tag prophezeit: Die Einladung spricht zwar lapidar von „Budgetsitzung", Sie wissen jedoch, dass das keine der normalen, einmal im Quartal stattfindenden Budgetsitzungen sein kann. Um dahinter zu kommen, was denn wirklich der Grund für die Sitzung ist, haben Sie beim gestrigen Mittagessen kurz mit Claudia Winter gesprochen. Sie munkelte etwas von neuen Richtlinien für die Budgetierung, das wisse sie von Hubert Kos, der einen guten Draht zum neuen Controller Edgar Hauptmann habe.

Jede Änderung des Budgetierungsprozedere kommt Ihnen jedoch nicht sehr gelegen; Sie hatten sich auf das bisherige System nämlich sehr gut eingestellt. Es gab kaum einen wichtigen Budgetwunsch, den Ihnen die Geschäftsleitung abgeschlagen hätte. Sie haben immer die passende Begründung geliefert. Und jetzt soll alles anders werden?

Es ist kurz vor 9 Uhr. Das Sitzungszimmer füllt sich. Sie nehmen Ihren angestammten Platz wieder ein. Die kaufmännische Geschäftsführerin Melissa Zumbaum kommt – tatsächlich – mit Edgar Hauptmann herein und beginnt: „Ich wünsche Ihnen einen schönen guten Morgen. Sie werden sich sicher gefragt haben, was wir heute zu besprechen hätten. Nun, Sie kennen alle Herrn Hauptmann, unseren neuen Bereichsleiter Controlling. Herr Hauptmann hat im Rahmen seiner Tätigkeit unser Budgetierungssystem durchleuchtet. Dabei sind ihm einige Usancen aufgefallen, von denen er meint, dass sie nicht sehr günstig seien, um es vorsichtig auszudrücken. Er hat angeregt, eine neue Vorgehensweise zumindest für das kommende Jahr zu versuchen. Wenn dieses System erfolgreicher ist, wird es permanent installiert; andern-

falls kommen wir wieder zum gewohnten System zurück. Darf ich Sie jetzt bitten, Herr Hauptmann, dieses neue System zu erläutern?"

Edgar Hauptmann beginnt mit einem Überblick über das bisherige System und weist darauf hin, dass die Zuordnung von Finanzmitteln für Investitionen der Bereiche aufgrund dieser Budgetdaten anfällig für bereichsegoistische (wie sagte er: „verzerrende"?) Zielsetzungen war. (Sie wissen, wovon er spricht.) Dann schlägt Hauptmann ein anderes System vor: Jeder Bereich gibt die (geschätzte) Rendite seiner Investitionsprojekte ab, diese werden von der Zentrale (Sie denken hämisch: „Das ist er selbst!") nach der Rendite gereiht und genehmigt, solange bis die dafür verfügbaren Finanzmittel aufgebraucht sind. Sie denken: „So glorreich ist das aber nicht!", und Ihre ganze Aufregung ist wieder verflogen.

Plötzlich schrecken Sie auf. Hauptmann spricht über eine Adaptierung des bestehenden Berechnungsschemas für den jährlichen Bonus der Bereichsleiter. Dazu macht er folgendes Beispiel:

> *Angenommen, es gibt nur von zwei Abteilungen jeweils einen Antrag für ein Projekt. Die Laufzeiten der beiden Projekte seien gleich groß, und es können in jedes maximal 80 (Tausend) an Finanzmitteln investiert werden. Die Zentrale hat insgesamt 100 für Investitionen vorgesehen. Die von Ihnen geschätzte Rendite Ihres Projektes ist 60%. Angenommen, Sie melden diese 60% an die Zentrale weiter, während der andere Bereich 40% angibt. Die Zentrale wird daher Ihnen 80 und dem anderen Bereich 20 zuweisen. Ihr budgetierter Bruttogewinn beträgt dann:*

Bruttogewinn (80·0,6)	*48*

> *Angenommen, Ihr tatsächlicher Bruttogewinn ist ebenfalls 48. Die Berechnung des Bonus lautet:*

Ihr tatsächlicher Bruttogewinn	*48*
+ budgetierter Bruttogewinn des anderen Bereiches (20·0,4)	*8*
Bemessungsgrundlage	*56*
Bonus (2% der Bemessungsgrundlage)	*1,12*

Hauptmann weiter: „Probieren Sie dieses System nun selbst aus. Nehmen Sie an, Sie würden eine 'vorsichtige' Rendite angeben, sagen wir, 30%. Wie hoch ist Ihr Bonus?"

Ihr tatsächlicher Bruttogewinn	
+ budgetierter Bruttogewinn des anderen Bereiches	
Bemessungsgrundlage	
Bonus (2% der Bemessungsgrundlage)	*?*

„Und was passiert, wenn Sie, um möglichst viel Kapital zugewiesen zu erhalten, Ihre Rendite überschätzen, sagen wir mit 80%?"

Ihr tatsächlicher Bruttogewinn	
+ budgetierter Bruttogewinn des anderen Bereiches	
Bemessungsgrundlage	
Bonus (2% der Bemessungsgrundlage)	*?*

„Sehen Sie", so Hauptmann, „so einfach funktioniert dieses System." Zufrieden gibt er das Wort an Melissa Zumbaum zurück. Sie wissen, wie die anderen Bereichsleiter auch, nicht ganz, wie Sie reagieren sollten. Dies nutzt Frau Zumbaum aus: „Das ist ein wichtiger Punkt, den hatte ich vorher vergessen zu erwähnen. Die Bonusberechnung muss an dieses neue Budgetierungssystem angepasst werden. Ich werde aber sicherstellen, dass Sie im Durchschnitt nicht weniger erhalten als bisher. Die nächsten Anträge werden bereits auf diese neue Art und Weise bearbeitet. Bei Unklarheiten bitte ich Sie, sich direkt an Herrn Hauptmann zu wenden. Ich möchte Sie noch ersuchen, ihn nach besten Kräften zu unterstützen. Ich wünsche Ihnen alles Gute, auf Wiedersehen." Und weg war sie.[1]

Ziele dieses Kapitels

- Darstellung der Koordinationsprobleme im Rahmen der Ressourcenallokation bei asymmetrischer Informationsverteilung und Interessenkonflikten
- Aufzeigen der Wirkungen verschiedener Anreizmechanismen bzw Entlohnungsschemata auf die Investitionsentscheidungen und Berichterstattung von Managern
- Analyse der Eignung verschiedener Beurteilungsgrößen, wie zB Residualgewinn und *ROI*, für die Investitionssteuerung dezentraler Bereiche
- Ermittlung optimaler Beurteilungsgrößen für die Investitionssteuerung bei ausreichenden und knappen Ressourcen sowie bei nichtfinanziellen Managerinteressen

1. Einführung

Beim **Investitionscontrolling** geht es um die Planung, Steuerung, Koordination und Kontrolle von Investitionsprozessen im Unternehmen.[2] Während im 8. Kapitel: *Koordination, Budgetierung und Anreize* die Grundlagen der Budgetierung und Kostenbudgets im Vordergrund standen, werden in diesem Kapitel nicht nur die Auszahlungen, sondern auch die Einzahlungen geplant und gesteuert. Das Ergebnis sind Investitionsbudgets und im einperiodigen Fall auch Erfolgsbudgets.

Im Wesentlichen sind für die einzelnen Bereiche (Sparten, Geschäftsbereiche) eines Unternehmens die jeweils **maximal verfügbaren Mittel für Investitionszwecke** zu bestimmen. Diese Investitionsbudgets dürfen vom jeweiligen Bereich nicht überschritten werden. Im Regelfall werden sie aber von den Bereichen voll ausgeschöpft, so dass die Investitionsbudgetierung faktisch mit der Bestimmung **optimaler Investitionsprogramme** korrespondiert. Diese Beziehung ergibt sich schon aus der allgemeinen Kennzeichnung von Budgets als **Resultate formalziel-**

[1] Die Zahlen des Beispiels stammen aus den Unterlagen für ein Experiment mit Studenten. Vgl *Waller* und *Bishop* (1990), S. 821. Ergebnisse dieses Experiments werden in diesem Kapitel beim *Groves*-Schema in einem Einschub auf S. 501 dargestellt.

[2] Vgl zB *Küpper* et al. (2013), S. 617, *Reichmann* (2011), S. 242 f.

orientierter Planungsüberlegungen im 8. Kapitel: *Koordination, Budgetierung und Anreize*. Welche Mittel man nämlich einzelnen Bereichen zu Investitionszwecken bereitstellt, wird von der Erfolgsträchtigkeit der in den Bereichen verfügbaren Investitionsprojekte abhängen, so dass man eine sinnvolle Allokation finanzieller Ressourcen nur im Rahmen einer integrativen Planung des Investitionsprogramms vornehmen kann.

Derartige Probleme der **Investitionsprogrammplanung** und **-steuerung** weisen grundsätzlich eine Fülle von Aspekten auf. So können zB die für Investitionszwecke verfügbaren Finanzmittel während des Planungszeitraumes in jeder Periode unterschiedlich beschränkt sein, es mag Interdependenzen zwischen heutigen und künftigen Investitions-, Produktions- und Absatzprogrammen geben, die Anpassungsmöglichkeiten heutiger Programme an künftig mögliche Szenarien können unterschiedlich ausgeprägt sein etc. In diesem Kapitel können naturgemäß nicht all diese Aspekte angesprochen werden. Entsprechend der Intention des mit *Koordinationsrechnungen* überschriebenen dritten Teils dieses Buches stehen nachfolgend solche Fragen im Mittelpunkt, die aus dem Zusammenhang zwischen **personellen** und **sachlichen Koordinationsproblemen** im Rahmen des Investitionscontrolling entstehen.[3]

Zunächst wird anhand eines Investitionsplanungsproblems das optimale Investitionsvolumen aus unternehmensweiter Sicht ermittelt. Anschließend wird asymmetrische Information über das vorliegende Investitionsprojekt berücksichtigt. Für ausreichende und für knappe Finanzmittel werden verschiedene **Beurteilungsgrößen** bzw **Performancegrößen** für Bereichsmanager auf ihre Eigenschaften zur Gewährung von Anreizen zur Implementierung des optimalen Investitionsprogramms untersucht. Anreizwirkungen von Kennzahlen werden darüber hinaus im 10. Kapitel: *Kennzahlen als Performancemaße* besprochen. Der letzte Abschnitt beschäftigt sich mit Ressourcenpräferenzen der Bereichsmanager und den Möglichkeiten, diese durch die Beurteilungsgröße zu neutralisieren.

2. Optimale Investitionsprogramme

2.1. Modellbeschreibung

Zur Strukturierung der weiteren Diskussion wird folgendes Szenario zugrunde gelegt: Gegeben sei ein Unternehmen mit J Bereichen. Der Planungshorizont beträgt **eine Periode**. Mit x wird der **Zahlungsüberschuss** am Periodenende bezeichnet.

---

[3] In dieser Weise interpretieren wir auch einen 1994 erschienenen Beitrag des *Arbeitskreises „Finanzierung" der Schmalenbach-Gesellschaft* mit dem Titel *„Investitionscontrolling"*, der sich – aus *praktischer* Sicht – ganz auf die personellen Koordinationsprobleme konzentriert und seine Empfehlungen im Rahmen formal kurzfristiger Ansätze entwickelt. Die anderen, im Text angesprochenen Aspekte finden sich in fast jedem Lehrbuch zur Investitionsrechnung; siehe etwa *Hax* (1985) und *Kruschwitz* (2011).

Dieser Zahlungsüberschuss hängt vom jeweiligen **Investitionsvolumen** I_j des Bereiches $j = 1, ..., J$ ab, das zum Periodenbeginn realisiert wird. Für jeden Bereich j existiert eine spezifische, vom jeweiligen Investitionsvolumen I_j abhängige **Funktion der Zahlungsüberschüsse** $x_j(I_j)$, die *nur* den jeweiligen Bereichsmanagern genau bekannt ist. Insofern besteht hinsichtlich des Erfolgspotenzials der bereichsbezogenen Investitionsprojekte also eine **asymmetrische Informationsverteilung**.

Die Zahlungsüberschüsse x_j werden als **sichere Größen** angenommen; für die meisten der nachfolgend vorgestellten Ansätze lässt sich x_j aber auch als **Erwartungswert** von Zahlungsüberschüssen interpretieren. Die Funktion x_j weist (strikt) positive Zahlungsüberschüsse (bzw positive Erwartungswerte von Zahlungsüberschüssen) nur für (strikt) positive Investitionsvolumina auf und wird als streng konkav unterstellt; bei Differenzierbarkeit ist also ihre erste Ableitung positiv und die zweite Ableitung negativ. Diese Standardannahme drückt einen abnehmenden monetären Grenznutzen bei steigendem Investitionsvolumen aus und erscheint deshalb plausibel, weil ansonsten bei einem Bereich das optimale Investitionsvolumen unendlich hoch werden könnte. Um bei jedem Bereich von einem (strikt) positiven Investitionsbetrag ausgehen zu können, sei weiterhin angenommen, dass die erste Ableitung von x_j an der Stelle $I_j = 0$ sehr groß ist. Insgesamt lassen sich die für x_j unterstellten **Eigenschaften** wie folgt zusammenfassen:

$$x_j(0) = 0; \quad x_j'(I_j) > 0; \quad x_j'(0) >> 0; \quad x_j''(I_j) < 0 \tag{1}$$

Obwohl hier zunächst nur von einem Zahlungsüberschuss x_j ausgegangen wird, der am Ende der Periode anfällt, lässt sich diese Struktur grundsätzlich auch auf mehrere Perioden erweitern: In diesem Fall wäre x_j der Endwert der bis zum Ende der Laufzeit des Investitionsprojekts aufgezinsten Zahlungsüberschüsse. In diesem Kapitel wird auf mehrperiodige Investitionsprojekte noch im Detail eingegangen.

Neben den Zahlungsüberschüssen des festzulegenden Investitionsprogramms können natürlich am Periodenende grundsätzlich noch Überschüsse von früher durchgeführten Investitionen anfallen; zur Vereinfachung – und ohne Beschränkung des Aussagegehaltes der folgenden Analysen – wird aber von solchen Überschüssen abgesehen.

Hinsichtlich der verfügbaren Finanzmittel der Zentrale wird unterstellt, dass ein **finanzieller Mittelvorrat** (Eigenmittel) in Höhe von $\overline{V}$ vorhanden ist. Diese Finanzmittel könnten alternativ am Kapitalmarkt zu einem Zinssatz i angelegt werden. Die in diese **Finanzanlage** fließenden Mittel werden mit M bezeichnet.

Die Annahmen hinsichtlich des Finanzbereichs sind sicherlich streng; im Mittelpunkt der folgenden Darstellung stehen jedoch **Anreiz-** und **Informationsprobleme**, nicht aber Details der simultanen Investitions- und Finanzplanung mit vielfältigsten Finanzierungsalternativen. Dies rechtfertigt die Annahmen hinsichtlich des Finanzbereichs, zumal eine potenzielle Kapitalknappheit wegen der Beschränkung $\overline{V}$ durchaus berücksichtigt werden kann. Im Vergleich zur Kostenbudgetierung im 8. Kapitel: *Koordination, Budgetierung und Anreize* kann somit im jetzt vorliegenden Fall auch ein **Ressourcenverbund** erfasst werden. Damit werden **personelle und sachliche Koordinationsaspekte integriert**.

Für jeden Bereich j ist ein Manager verantwortlich. Für die Manager sind nur finanzielle Größen relevant, nicht aber andere Faktoren wie etwa Arbeitsleid, *fringe benefits* aus dem Umfang zugeteilter Investitionsmittel oder ähnliches. Hinsichtlich der finanziellen Größen wird unterstellt, dass die Manager an einer **Maximierung des Endwertes ihrer Entlohnung** interessiert sind. Die Managerentlohnung richtet sich nach einem von der Zentrale festzulegenden **finanziellen Anreizsystem** $s(b)$, das die Entlohnung in Abhängigkeit von einer (noch zu bestimmenden) **Beurteilungsgröße** b angibt; sie dient somit als Maßstab für die Beurteilung der Bereichsmanager und die Bemessung der Entlohnung. Dabei wird zur Vereinfachung unterstellt, dass die **Entlohnung linear** mit dieser Beurteilungsgröße b verknüpft ist (für viele der Themen genügt eine streng monoton steigende Funktion):

$$s(b) = \underline{S} + \alpha \cdot b \quad (\alpha > 0) \tag{2}$$

Darin bezeichnet $\underline{S}$ einen ergebnisunabhängigen und vorweg bekannten, fixen Entlohnungsbestandteil. Die Größe α kennzeichnet den (positiven) Parameter, mit dem die Beurteilungsgröße b die Entlohnung beeinflusst; die Bezugsgröße b kann vom Bereichsergebnis am Periodenende abhängen. Alle Zahlungen fallen am *Periodenende* an, so dass $s(b)$ bereits den **Endwert** der Entlohnung darstellt.[4] Alle Größen in (2) können grundsätzlich für jeden Bereichsmanager individuell festgelegt werden. Weil aber für jeden Bereichsmanager strukturell gleiche Verhältnisse zutreffen sollen, wird zur Vereinfachung in den meisten Fällen auf eine Indizierung mit j verzichtet; die Argumentation ist dann als repräsentativ für jeden Bereichsmanager aufzufassen. Sofern explizit unsichere Größen berücksichtigt werden, wird unterstellt, dass sowohl die Zentrale als auch die Bereichsmanager **risikoneutral** sind.

Das Problem besteht darin, die optimalen Investitionsbudgets für die einzelnen Bereiche und damit letztlich das **optimale Investitionsprogramm** des Unternehmens unter Berücksichtigung der verfügbaren Finanzmittel $\overline{V}$ zu bestimmen. Die Lösung dieses Problems hängt offensichtlich von den Erfolgspotenzialen der bereichsbezogenen Investitionsvolumina und der Strenge der Finanzierungsrestriktion ab. In einem ersten Schritt werden noch keine Annahmen über die konkreten Interessenlagen der Bereichsmanager und über die genaue Aufgabenteilung zwischen der Zentrale und den Managern gesetzt. Anschließend werden sukzessiv verschiedene Szenarien betrachtet, die als Diskussionsgrundlage für bestimmte, in der Praxis angewandte oder in der Literatur vorgeschlagene Lösungsideen dienen können. Im Mittelpunkt der Diskussion stehen dabei vorwiegend Fragen der **Anreizeffekte alternativer Beurteilungsgrößen** b und der **wahrheitsgemäßen Berichterstattung**. Eine detaillierte Optimierung der Parameter der betrachteten Anreizsysteme (hier $\underline{S}$ und α) unter ausdrücklicher Berücksichtigung von Partizipationsbedingungen wird dagegen nicht mehr explizit vorgenommen.

---

4 Alternativ könnte angenommen werden, dass der Fixbetrag $\underline{S}$ zum Periodenbeginn gezahlt wird. Dann müsste $\underline{S}$ mit dem Zinssatz, zu dem der Manager erhaltene Beträge anlegen kann, aufgezinst werden, um den Endwert zu erhalten.

Um die Lösungseigenschaften der folgenden Verfahren einschätzen und beurteilen zu können, erweist es sich (wie schon im 8. Kapitel: *Koordination, Budgetierung und Anreize*) als sinnvoll, zunächst die Struktur der optimalen Lösung *ohne* asymmetrische Informationsverteilung zu ermitteln. In der folgenden Diskussion werden **asymmetrische Informationsverteilungen** zwischen den Bereichsmanagern und der Zentrale sowie mögliche **Interessenkonflikte** explizit in die Analyse einbezogen.

2.2. Die *first best*-Lösung

In diesem Abschnitt wird also zunächst wieder unterstellt, dass die Zentrale vollständige Kenntnis der Erfolgspotenziale in den einzelnen Bereichen besitzt. Sie kann daher ein simultanes Planungsmodell aufstellen. Die Zentrale verfolgt ausschließlich monetäre Zielgrößen und möchte den Endwert EW des Zahlungsmittelbestandes maximieren. Daraus resultiert folgendes **Modell** (dabei ist $\rho = 1 + i$) mit der Zielfunktion[5]

$$\max_{M,I_j} EW = M \cdot \rho + \sum_{j=1}^{J} x_j(I_j) \tag{3}$$

und den Nebenbedingungen

$$M + \sum_{j=1}^{J} I_j \leq \overline{V} \tag{4}$$

$$M \geq 0 \;;\quad I_j \geq 0 \qquad \text{für } j = 1,\ldots,J \tag{5}$$

Durch die Restriktion (4) wird die **Finanzierungsbeschränkung** hinsichtlich der vorhandenen Eigenmittel erfasst: Die Summe der am Kapitalmarkt angelegten Mittel M und der den Bereichen für Investitionen zur Verfügung gestellten Mittel darf die Eigenmittel nicht übersteigen. Wegen $M \geq 0$ werden außer den vorhandenen Eigenmitteln keine weiteren Finanzierungsmöglichkeiten unterstellt. Würde man auch einen negativen Wert für M zulassen, implizierte dies eine zusätzliche Finanzierungsmöglichkeit, nämlich die Kapitalbeschaffung zum Zinssatz i. Gäbe es dann *keine Untergrenze für M*, läge faktisch die Situation eines **vollkommenen Kapitalmarkts** vor, auf dem zu einem einheitlichen Zins i beliebige Geldanlage- und Geldaufnahmemöglichkeiten gegeben sind. Dieser Fall wird im Folgenden gelegentlich als Grenzfall des Modells angesprochen; normalerweise wird jedoch mit $M \geq 0$ gearbeitet.

---

5 In der folgenden Darstellung des Endwertes EW sind die Entlohnungszahlungen an die Bereichsmanager zur Vereinfachung weggelassen. Wenn es sich dabei um (bezüglich der zu maximierenden Größen) konstante Größen handelt, würde die Einbeziehung an der Lösungsstruktur nichts ändern.

Zur **Lösung** des Modells wird die *Lagrange*-Funktion aufgestellt:

$$LG = M \cdot \rho + \sum_{j=1}^{J} x_j(I_j) - \lambda \cdot \left(M + \sum_{j=1}^{J} I_j - \overline{V} \right)$$

Die Struktur der optimalen Lösung ergibt sich aus den *Kuhn/Tucker*-Bedingungen, die für die Entscheidungsvariablen M und I_j wie folgt lauten:

$$M^* > 0 \text{ und } \frac{\partial LG^*}{\partial M} = \rho - \lambda = 0 \qquad (6)$$

$$M^* = 0 \text{ und } \frac{\partial LG^*}{\partial M} = \rho - \lambda \leq 0 \qquad (7)$$

$$I_j^* > 0 \text{ und } \frac{\partial LG^*}{\partial I_j} = x_j'(I_j^*) - \lambda = 0 \quad \forall j \qquad (8)$$

$$I_j^* = 0 \text{ und } \frac{\partial LG^*}{\partial I_j} = x_j'(0) - \lambda \leq 0 \quad \forall j \qquad (9)$$

Wegen (6) und (7) gilt $\lambda > 0$, so dass die **Finanzierungsbeschränkung als Gleichung** erfüllt ist. Das ist intuitiv einsichtig, besagt es doch nichts anderes, als dass alle verfügbaren Mittel irgendwo investiert werden, und sei es am Kapitalmarkt. Auch die weitere Lösung lässt sich leicht interpretieren:

Fall 1: Geldanlage am Kapitalmarkt

Dann gilt $M^* > 0$. Wegen (6) ist dann der *Lagrange*-Multiplikator $\lambda = \rho = 1 + i$. Setzt man diesen Wert in (8) ein, erhält man nach einer kurzen Umformung

$$x_j'(I_j^*) \cdot \rho^{-1} - 1 = \frac{x_j'(I_j^*)}{1+i} - 1 = 0 \qquad (10)$$

Das ist aber nichts anderes als der mit dem Kapitalmarktzins i berechnete **Grenzkapitalwert** des Bereiches j an der Stelle des optimalen Investitionsvolumens, denn der Kapitalwert $KW_j(I_j, i)$ lautet

$$KW_j(I_j, i) = x_j(I_j) \cdot \rho^{-1} - I_j = \frac{x_j(I_j)}{1+i} - I_j$$

Insofern besagt (8) für $M^* > 0$, dass an der Stelle des bereichsspezifisch optimalen Investitionsvolumens der mit dem Kapitalmarktzins i berechnete Grenzkapitalwert gleich 0 sein muss, so dass es sich bei den Bereichen *faktisch* um eine **Kapitalwertmaximierung** handelt.

Wäre der Grenzkapitalwert schon zu Beginn negativ, kann wegen der als konkav unterstellten Überschussfunktion x_j keinesfalls ein positives Investitionsvolumen optimal sein; das wird durch (9) ausgedrückt. Dieser Fall ist aber durch die in (1) angegebene Bedingung $x'_j(0) >> 0$ in der vorliegenden Situation ausgeschlossen.

Fall 2: Keine Geldanlage am Kapitalmarkt

Ist eine Geldanlage am Kapitalmarkt nicht optimal ($M^* = 0$), übersteigt der *Lagrange*-Multiplikator regelmäßig den Faktor $\rho = 1 + i$. Auch dann lässt sich aber eine Kapitalwertdarstellung wählen, wenn man den Kapitalwert einfach mit dem Zinssatz $\lambda - 1$ berechnet:

$$KW_j(I_j, \lambda - 1) = \frac{x_j(I_j)}{1 + (\lambda - 1)} - I_j = \frac{x_j(I_j)}{\lambda} - I_j$$

Die Maximierung dieses Kapitalwertes führt auf

$$\frac{\partial KW(I_j^*, \lambda - 1)}{\partial I_j} = \frac{x_j'(I_j^*)}{\lambda} - 1 = 0 \tag{11}$$

Diese Bedingung entspricht genau der Bedingung (8). An der Stelle des optimalen Investitionsvolumens des Bereiches j muss der mit dem **Zins** $\lambda - 1$ berechnete **Grenzkapitalwert** gleich null sein. Ist dieser Grenzkapitalwert schon zu Beginn negativ, werden für den betreffenden Bereich keine Investitionsmittel bereitgestellt.

Im Ergebnis findet man also stets eine **Kapitalwertdarstellung** des Problems. Doch ist damit nicht gesagt, dass man auch schon die Lösung hat; man kennt nämlich den relevanten Zinssatz für die Berechnung der Kapitalwerte nicht unbedingt. Die **Lösung** ist einfach, wenn man davon ausgehen kann, dass die Finanzanlage im Optimum enthalten ist. Das ist etwa dann der Fall, wenn die verfügbaren Finanzmittel $\overline{V}$ sehr groß sind, so dass die Finanzierungsbeschränkung für die Realinvestitionen keinesfalls bindend ist. Eine andere Situation liegt dann vor, wenn für M auch (unbeschränkt) negative Werte zulässig sind, wenn man es also mit einem **vollkommenen Kapitalmarkt** zu tun hat. Dann nämlich ist für die Finanzvariable M nur die Bedingung $\partial LG^*/\partial M = 0$ und mithin nur noch (6), nicht aber (7) relevant, so dass stets die Gleichung $\lambda = \rho = 1 + i$ gilt.

Sollte keine der beiden Bedingungen erfüllt sein, kennt man – ganz analog zu den im 3. Kapitel: *Produktionsprogrammentscheidungen* bereits behandelten Opportunitätskosten – den relevanten Zinssatz im Grunde erst dann, wenn man die optimale Lösung kennt. Man spricht daher auch von einem **endogenen Kalkulationszinsfuß**. Dennoch bleibt das obige Ergebnis hinsichtlich der Kapitalwertdarstellung auch für praktische Zwecke sinnvoll. Es zeigt nämlich, dass die **Kapitalwertmethode** trotz unvollkommener Kapitalmärkte für die Ermittlung optimaler Investitionsprogramme *strukturell* geeignet ist. Und dieses Ergebnis gilt nicht nur für das obige, einfache Modell, sondern weit darüber hinaus.[6]

---

6 Siehe dazu ausführlicher *Hax* (1985), S. 97 – 109.

Beispiel

Es seien $J = 2$ Bereiche mit folgenden Überschussfunktionen gegeben:

$$x_1(I_1) = 20 \cdot \ln(10 \cdot I_1 + 1) + I_1$$
$$x_2(I_2) = 40 \cdot \ln(5 \cdot I_2 + 1) + I_2$$

Der Kapitalmarktzins beträgt $i = 0{,}1$, und die für Investitionen in den Bereichen verfügbaren Eigenmittel sind $\overline{V} = 479{,}70$.

In einem ersten Schritt muss geprüft werden, ob die Finanzbeschränkung bindet. Dazu wird für jeden Bereich das kapitalwertmaximale Investitionsvolumen auf Basis des Kapitalmarktzinses i ermittelt. Sind die beiden optimalen Beträge kleiner als 479,70, ist die optimale Lösung gefunden, und der Restbetrag wird am Kapitalmarkt angelegt. Andernfalls ist die Finanzrestriktion bindend. Die Kapitalmarktanlage ist dann nicht Bestandteil des optimalen Programms. Dieses wird in einem zweiten Schritt unter expliziter Einbeziehung der Restriktion berechnet.

Schritt 1: Der Grenzkapitalwert für $j = 1$ lautet $\left(\frac{200}{10 \cdot I_1 + 1} + 1\right) \cdot 1{,}1^{-1} - 1$

Nullsetzen und Auflösen nach I_1 erbringt: $I_1^* = 199{,}90$. Analog erhält man für den zweiten Bereich: $I_2^* = 399{,}80$. Da die Summe beider Beträge offenbar größer als 479,70 ist, muss von einer bindenden Finanzbeschränkung ausgegangen werden.

Schritt 2: Bei der weiteren Berechnung muss zunächst geprüft werden, ob für beide Bereiche positive Investitionsvolumina angesetzt werden können. Dazu werden die Bedingungen (8) und (9) herangezogen; es wird jeweils das Investitionsvolumen eines Bereiches gleich 0 gesetzt, der jeweils andere Bereich investiert folglich den gesamten Betrag von 479,70. Aus (8) erhält man dann einen Wert für λ, der in die Bedingung (9) für den nicht investierenden Bereich eingesetzt werden kann. Ist (9) erfüllt, hat man das Optimum gefunden; andernfalls muss für den bisher nicht investierenden Bereich ein positives Investitionsvolumen angesetzt werden. Eine Prüfung dieser Sachverhalte erbringt im vorliegenden Beispiel, dass beide Bereiche im Optimum (strikt) positive Beträge investieren (der Leser möge dies bitte aktiv nachvollziehen).

Für beide Bereiche kann also von (8) ausgegangen werden. Löst man (8) für beide Bereiche jeweils nach I_j auf, erhält man eine Funktion des Investitionsvolumens in Abhängigkeit vom noch unbekannten λ. Diese beiden Ausdrücke für das bereichsspezifische Investitionsvolumen werden dann in die Finanzierungsrestriktion eingesetzt. Auf diese Weise erhält man den Wert von λ im Optimum. Damit wiederum lassen sich die optimalen Investitionsbudgets jedes Bereiches leicht ermitteln.

Aus (8) folgt also für die beiden Bereiche

$$I_1^* = \frac{20{,}1 - 0{,}1 \cdot \lambda}{\lambda - 1}; \quad I_2^* = \frac{40{,}2 - 0{,}2 \cdot \lambda}{\lambda - 1}$$

Einsetzen in die Finanzierungsrestriktion (4) ergibt

$$I_1^* + I_2^* = \frac{(20{,}1 - 0{,}1 \cdot \lambda) + (40{,}2 - 0{,}2 \cdot \lambda)}{\lambda - 1} = 479{,}70 \quad \Rightarrow \lambda = 1{,}125$$

Nimmt man also mit dem Zins $\lambda - 1 = 0{,}125$ (12,5%) eine Kapitalwertmaximierung vor, erhält man für Bereich 1

$$\left(\frac{200}{10 \cdot I_1^* + 1} + 1\right) \cdot 1{,}125^{-1} - 1 = 0 \quad \Rightarrow I_1^* = 159{,}90$$

Daraus ergibt sich für Bereich 2 $I_2^* = 479{,}70 - 159{,}90 = 319{,}80$.

Wegen der Kapitalknappheit ist der relevante Zinssatz nicht mehr 10%, sondern er hat sich auf 12,5% erhöht. Knappes Kapital für Realinvestitionen ist eben „teurer" als freies Kapital. Diese 12,5% geben den Grenzzinssatz an, der ausgehend von der bislang optimalen Lösung mit einer (infinitesimalen) zusätzlichen Geldeinheit erzielt werden könnte. Dabei spielt es keine Rolle, in welchen Bereich diese zusätzliche Geldeinheit fließen würde, weil im Optimum für beide Bereiche (8) erfüllt ist.

2.3. Äquivalenzdarstellungen

Für das obige Problem der Investitionsplanung existieren zwei weitere, äquivalente Darstellungen, nämlich eine Gewinn- und eine Residualgewinnformulierung.

Gewinnformulierung

Der **Gewinn des Bereiches** j beim Investitionsvolumen I_j ergibt sich im einperiodigen Investitionsprogramm als Differenz zwischen dem Zahlungsüberschuss, der am Ende der Periode anfällt, und der Investitionsauszahlung:

$$G_j(I_j) = x_j(I_j) - I_j \tag{12}$$

Dabei wird vom nominalen Gewinn (ohne kalkulatorische Zinsen) ausgegangen. Wegen des **einperiodigen Planungshorizonts** fällt der Gewinn mit dem gesamten Zahlungsüberschuss zusammen, da die Investitionsauszahlung gerade der Abschreibung entspricht.

Bei der Gewinnformulierung zieht man vom Endwert EW einfach den *konstanten* Finanzmittelvorrat $\overline{V}$ ab. Diese Transformation kann auf die Lösung des Modells keinen Einfluss ausüben. Aus der Analyse der durch (6) bis (9) gekennzeichneten Lösungsstruktur ist bekannt, dass $\overline{V}$ stets voll ausgeschöpft wird, dass also die Finanzierungsbeschränkung (4) stets als Gleichung erfüllt ist. Setzt man also $\overline{V} = M + I_1 + \ldots + I_J$, erhält man folgendes äquivalentes Optimierungsproblem:

$$\begin{aligned}\max_{M,I_j} EW - \overline{V} &= M \cdot \rho + \sum_{j=1}^{J} x_j(I_j) - [M + \sum_{j=1}^{J} I_j] = \\ &= M \cdot i + \sum_{j=1}^{J} G_j(I_j)\end{aligned} \tag{3'}$$

unter den Nebenbedingungen

$$M + \sum_{j=1}^{J} I_j = \overline{V} \tag{4'}$$

$$M \geq 0 \; ; \; I_j \geq 0 \qquad \text{für } j = 1,\ldots,J \qquad (5') \; (= (5))$$

Das Problem der Investitionsplanung kann daher gleichermaßen durch eine **Maximierung des Unternehmensgewinns** gelöst werden, *wenn* auch die Gewinne aus den Finanzanlagen berücksichtigt werden. Der Wert des *Lagrange*-Multiplikators würde im Rahmen der Gewinnmaximierung nur noch den bisherigen, endogenen Zinssatz $\lambda - 1$ ergeben.

Diese Darstellung als Problem der Gewinnmaximierung ist für die weitere Diskussion insofern relevant, als zur Lösung des Koordinationsproblems unter anderem Gewinnbeteiligungssysteme verwendet werden. Diese Systeme werden nachfolgend besprochen. Die obige Darstellung zeigt für den Fall, dass symmetrische Information vorliegt, die Äquivalenz der Gewinnmaximierung mit der (eigentlichen) Lösung des Planungsproblems; insofern kann bei Berücksichtigung asymmetrischer Informationsverteilungen eine *gewisse Nähe* der beiden Lösungsansätze erwartet werden.

Residualgewinnformulierung

Der **Residualgewinn** entspricht dem Gewinn abzüglich einer Verzinsung des gebundenen Kapitals, welches hier dem investierten Kapital entspricht, mit dem Zinssatz *i*.

$$RG_j(I_j, i) = G_j(I_j) - i \cdot I_j = x_j(I_j) - (1 + i) \cdot I_j = x_j(I_j) - \rho \cdot I_j \qquad (13)$$

Aus der weiteren Umformung in (13) ist ersichtlich, dass beim Residualgewinn der Zahlungsüberschuss x_j um den **Kapitaldienst**, hier die Investitionsauszahlung (allgemein die Abschreibung) und die Zinsen auf die Investition (allgemein auf das noch gebundene Kapital) vermindert werden. Wie sich später zeigt, sind diese beiden Aspekte vielfach gemeinsam von Bedeutung für eine optimale Investitionssteuerung.

Die Residualgewinnformulierung berücksichtigt ebenfalls die Tatsache, dass der finanzielle Mittelvorrat $\overline{V}$ im Optimum voll ausgeschöpft wird. Bei ihr wird aber die Finanzvariable *M* durch die Differenz $\overline{V} - (I_1 + \ldots + I_J)$ ersetzt, so dass man ein verbleibendes, äquivalentes Optimierungsproblem erhält, in dem *nur* noch die **Investitionsvariablen** I_j vorkommen:

$$\max_{I_j} EW = \overline{V} \cdot \rho + \left(\sum_{j=1}^{J} x_j(I_j) - \sum_{j=1}^{J} I_j \cdot \rho \right) =$$

$$= \overline{V} \cdot \rho + \sum_{j=1}^{J} RG_j(I_j, i) \qquad (3'')$$

unter den beiden Bedingungen

$$\sum_{j=1}^{J} I_j \leq \overline{V} \qquad (4'')$$

$$I_j \geq 0 \qquad \text{für } j = 1,\ldots,J \qquad (5'')$$

In dieser Darstellung wird so getan, als würden alle Finanzmittel zunächst am Kapitalmarkt angelegt. Daraus ergibt sich ein Basisendwert $\overline{V} \cdot \rho$, der sich durch die (Real-)Investitionsprojekte der einzelnen Bereiche in dem Maße erhöht, wie die Überschüsse der Projekte deren Finanzbedarf inklusive der Kapitalkosten übersteigen. Die Differenz aus Zahlungsüberschuss und Kapitalbindung mit den darauf entfallenden Kapitalkosten ist aber nichts anderes als der **Residualgewinn**, dessen Bedeutung bereits im 2. Kapitel: *Die Kosten- und Leistungsrechnung als Entscheidungsrechnung* im Zusammenhang mit dem *Lücke*-Theorem verdeutlicht wurde. Weil der Basisendwert $\overline{V} \cdot \rho$ eine **Konstante** ist, führt somit die Maximierung der mit dem **Kapitalmarktzins** berechneten **Residualgewinne** aller Bereiche unter Berücksichtigung der **Finanzierungsrestriktion** zur gleichen optimalen Lösung wie das ursprüngliche Problem.

Der Wert des *Lagrange*-Multiplikators entspricht im Rahmen der Maximierung von Residualgewinnen nur noch dem **Knappheitsbestandteil** $\lambda - \rho = \lambda - (1 + i)$ des ursprünglichen Multiplikators. Stehen in ausreichendem Umfang Finanzmittel zur Verfügung, ist die Finanzrestriktion (4") redundant; sowohl der *diesbezügliche Lagrange*-Multiplikator als auch der Knappheitsbestandteil des ursprünglichen Multiplikators sind dann gleich null.[7] Sind dagegen die Finanzmittel knapp, ist der Knappheitsbestandteil des ursprünglichen Multiplikators λ positiv. Würde man λ kennen, könnte man allgemein die optimale Lösung für die (Real-)Investitionsprojekte ebenfalls finden, indem die **Summe** $\overline{RG}(\lambda - 1)$ der mit dem Zinssatz $\lambda - 1 \geq i$ berechneten **Residualgewinne** maximiert wird:

$$\max_{I_j \geq 0} \overline{RG}(\lambda - 1) = \sum_{j=1}^{J} RG_j(I_j, \lambda - 1) = \sum_{j=1}^{J} \left(x_j(I_j) - \lambda \cdot I_j \right) \tag{14}$$

In dieser Zielfunktion taucht die Finanzierungsrestriktion nicht mehr explizit auf. Die dazugehörigen notwendigen Optimierungsbedingungen entsprechen den Bedingungen (8) und (9) des ursprünglichen Problems, und eine Diskontierung der Residualgewinne mit dem **Zins** $\lambda - 1$ ergibt wieder die äquivalente Kapitalwertdarstellung.

Natürlich wird durch diese **strukturelle Äquivalenz** wieder nicht das **materielle Problem** gelöst, *wie* der **endogene Zinssatz** $\lambda - 1$ bei knappen Finanzmitteln konkret bestimmt werden kann, ohne die optimale Lösung schon zu kennen. Dennoch erweisen sich die gezeigten, strukturellen Äquivalenzbeziehungen bei der weiteren Argumentation als hilfreich.

2.4. Weitere Vorgehensweise

Nun wird wieder asymmetrische Informationsverteilung angenommen: das konkrete Erfolgspotenzial eines Bereiches – ausgedrückt durch die **Funktion** $x_j(I_j)$ der (siche-

---

7 Das ist insbesondere dann der Fall, wenn ein vollkommener Kapitalmarkt vorliegt.

ren oder erwarteten) Zahlungsüberschüsse – ist nur den Bereichsmanagern, nicht aber der Zentrale bekannt. Diese kann lediglich den am Periodenende vorliegenden Zahlungsüberschuss jedes Bereichs (eine Einzelgröße) beobachten.

Die Lösungen des Koordinationsproblems unterscheiden sich danach, welche Strenge der **Finanzbeschränkung** und welche **Interessenlagen** der Manager gegeben sind. Daraus resultieren mehrere unterschiedliche Fallkonstellationen, die immer ein personelles Koordinationsproblem und bei knappen Finanzmitteln darüber hinaus ein sachliches Koordinationsproblem aufwerfen.

Es wird nur **eine einzige Investitionsentscheidung** betrachtet; bei laufenden Investitionsentscheidungen entstehen zusätzliche Schwierigkeiten.

Ein Beispiel ist der sogenannte „**Sperrklinken-Effekt**" (*ratchet effect*[8]), wonach das periodische Budget von der Zielerreichung in früheren Perioden abhängig gemacht wird. Das Erreichen einer hohen (Ergebnis-)Vorgabe würde zB hohe Vorgaben in künftigen Perioden auslösen. Allfällige wahrheitsinduzierende Anreize können dadurch verloren gehen. Mit dem Sperrklinken-Effekt in Zusammenhang steht auch die Regel, dass sich Budgets nicht auf folgende Perioden vortragen lassen. Dies ist im öffentlichen Haushalt meist der Fall.

3. Beurteilungsgrößen bei ausreichenden Finanzmitteln

Sind ausreichend Finanzmittel vorhanden oder können diese auf dem Kapitalmarkt beschafft werden, treten bei der Investitionssteuerung nur personelle, nicht aber sachliche Koordinationsprobleme auf. Insofern ist es ausreichend, nur einen Bereich und Manager zu betrachten; dieselben Überlegungen gelten für jeden anderen Bereich in gleicher Weise.

Im Mittelpunkt der folgenden Analyse stehen die **Anreizeffekte alternativer Beurteilungsgrößen** b, die in einer linearen Entlohnungsfunktion (2) verwendet werden. Basierend auf dem obigen Basisansatz werden in diesem Kapitel einperiodige Szenarien untersucht, um grundlegende Zusammenhänge und Interdependenzen zu zeigen; mehrperiodige Aspekte finden sich im 10. Kapitel: *Kennzahlen als Performancemaße*. Es wird davon ausgegangen, dass die Zentrale den Bereichsmanagern *strikte* Anreize für die Auswahl von Investitionsprogrammen geben möchte. Würden die Manager einfach nur fix entlohnt, hätten sie keinen Anreiz, *nicht* im Sinne der Zentrale zu entscheiden, da keine sonstigen Friktionen betrachtet werden.[9] Insofern handelt es sich hierbei um die Koordination bei **gemachten Interessenkonflikten**, wie sie im 8. Kapitel: *Koordination, Budgetierung und Anreize* dargestellt wurden.

In der Literatur werden zur Lösung der Koordinationsprobleme divisional gegliederter Unternehmen vor allem drei Beurteilungsgrößen diskutiert, die auch in der

---

8 Vgl zB *Weitzman* (1980).

9 Will die Zentrale strikte Anreize geben, kann sie meist nicht sicherstellen, dass es eine optimale Lösung gibt, weil Nebenbedingungen eines vollständig formulierten Agency-Modells ein striktes Ungleichheitszeichen beinhalten.

Praxis (mehr oder weniger) stark verbreitet sind. Dabei handelt es sich um den **Gewinn**, den **Residualgewinn** und um den **Return on Investment** (***ROI***). Die Darstellung weiterer Kennzahlen erfolgt vertiefend im 10. Kapitel: *Kennzahlen als Performancemaße*.

3.1. Gewinn

Die Entlohnung des Managers j beträgt bei der **Beurteilungsgröße Bereichsgewinn**

$$s_j(G_j) = \underline{S}_j + \alpha_j \cdot G_j(I_j) \tag{15}$$

Bei einem Bereichsgewinn von null erhält der Manager gerade seine fixe Entlohnung $\underline{S}_j$, bei positivem Gewinn erhält er eine darüber hinausgehende, sonst eine geringere Entlohnung. Teilnahmebedingungen der Manager werden nicht berücksichtigt.

Da die Gewinnfunktion $G_j(\cdot)$ der Zentrale nicht bekannt ist, muss sie die Finanzmittel auf Basis der berichteten Gewinnfunktion den Bereichen zuteilen. Der Bereichsmanager maximiert seine Entlohnung s_j, indem er den Bereichsgewinn G_j nach I_j maximiert. Dem entsprechend wünscht er sich ein **Investitionsvolumen**, das implizit wie folgt bestimmt ist:

$$\frac{\partial G_j}{\partial I_j} = x'_j(I_j) - 1 = 0 \tag{16}$$

Das optimale Investitionsvolumen unter Berücksichtigung der Finanzierungskosten i beträgt allerdings bei ausreichenden Finanzmitteln I_j^* und ergibt sich gemäß (10) wie folgt:

$$\frac{x'_j(I_j^*)}{1+i} - 1 = 0 \quad \Leftrightarrow x'_j(I_j^*) - (1+i) = 0$$

Aufgrund der Eigenschaften von $x_j(\cdot)$ folgt daraus sofort, dass $I_j > I_j^*$, sofern $i > 0$ ist. Der Bereichsmanager hat also **Überinvestitionsanreize**, weil er die Kapitalkosten in seinem individuellen Kalkül nicht berücksichtigt. Wenn er daher selbst das Investitionsvolumen bestimmt (*Investment Center*), wird er in der Tat überinvestieren, was zum Nachteil des Unternehmens ist. Bei einer *Profit Center*-Organisation ist die Zentrale für die Finanzmittelallokation zuständig. Da sie die Bereichsgewinnfunktionen aber nicht kennt, muss sie sich diese berichten lassen. Die Überinvestitionsanreize des Bereichsmanagers führen nun dazu, dass dieser eine überhöhte Gewinnerwartung $\hat{x}_j(\cdot) > x_j(\cdot)$ für alle I_j angeben wird. Im Optimum wird er soweit übertreiben, dass die Zentrale, wenn sie auf Basis von (10) entscheidet, gerade das Investitionsvolumen zuweist, mit dem die Optimalitätsbedingung des Managers (16) erfüllt ist.

Gegen diese Argumentation könnte eingewandt werden, dass Über- oder Unterschätzungen bei **sicheren Überschussfunktionen** $x(I)$ *ex post* bekannt werden, so dass ein Bereichsmanager am

Periodenende der Lüge überführt wäre und mit Sanktionen belegt werden könnte. Dabei handelt es sich streng genommen aber nicht mehr um eine reine Gewinn-Beurteilung, weil *zusätzliche* Abweichungsgrößen und daran anknüpfende Sanktionen einbezogen würden.

Andererseits wäre eine Überführung auch dann nicht mehr so einfach, wenn man (realistischerweise) **risikobehaftete** Verhältnisse unterstellt und den Überschuss $x(I)$ als **Erwartungswert** auffasst. *Beispiel*: Angenommen, der tatsächliche Überschuss am Periodenende liegt für *jedes* Investitionsvolumen und jeden Informationsstand des Managers in einem Intervall $[\underline{x},\overline{x}]$. Höhere Investitionsbeträge I verschieben die relevante Wahrscheinlichkeitsverteilung über dieses Intervall derart, dass die Wahrscheinlichkeit für die höheren Überschüsse beständig steigt und die Wahrscheinlichkeit für niedrigere Überschüsse entsprechend sinkt. Informationen über das Erfolgspotenzial wirken analog; für gegebenes I verschiebt sich dann ebenfalls die Wahrscheinlichkeitsverteilung in der angegebenen Weise, falls man eine *günstige* Information erhält. Diese Situation führt zwar zu steigenden Überschusserwartungswerten mit zunehmendem Investitionsvolumen, doch kann am Periodenende bei jedem Investitionsvolumen immer *jeder* Überschuss im Intervall $[\underline{x},\overline{x}]$ eintreten. Eine Unter- oder Überschätzung des Erwartungswertes ist *nicht* zweifelsfrei auszumachen, weil mit jedem berichteten Erwartungswert $x(I)$ Überschüsse im Intervall $[\underline{x},\overline{x}]$ konsistent sind.

Mit dem Bereichsgewinn als Beurteilungsgröße für die Manager kann also das **optimale Investitionsprogramm nicht implementiert** werden. Dies gilt, obwohl das Investitionsprogramm bei symmetrischer Information in einer Gewinnformulierung (siehe (3') bis (5')) dargestellt werden kann. Der Grund liegt darin, dass bei der Äquivalenzdarstellung auch die Finanzerträge $M{\cdot}i$ in der Zielfunktion aufscheinen. Und die Höhe der Finanzanlage M ist eine Entscheidungsvariable, die durch die Summe der Investitionsvolumina I_j bestimmt wird. In den Bereichsgewinnfunktionen und damit den Beurteilungsgrößen der Manager sind die (anteiligen) Finanzerträge jedoch nicht enthalten.

3.2. Residualgewinn

Die Entlohnung des Managers j beträgt bei der Beurteilungsgröße Residualgewinn

$$s_j(RG_j) = \underline{S}_j + \alpha_j{\cdot}RG_j(I_j) \qquad (17)$$

Dieses System lässt sich so interpretieren, dass dem Manager j über die **Mindestverzinsung** i faktisch ein vom Investitionsvolumen abhängiger **Sollüberschuss** $I{\cdot}(1+i)$ bzw ein **Sollgewinn** $I{\cdot}i$ *vorgegeben wird*. Überschreitungen dieses Sollgewinns sind mit Entlohnungsverbesserungen, Unterschreitungen dagegen mit Verminderungen der Entlohnung unter den Wert von $\underline{S}_j$ verbunden.

Maximiert man die jeweilige Entlohnung s_j nach I_j, ergibt sich dieselbe Lösung wie die Maximierung des Residualgewinns RG_j nach I_j. Jeder Manager maximiert daher bei rein finanziellen Managerinteressen den Residualgewinn seines Bereiches. Wie aus der Äquivalenzdarstellung in (3") bis (5") ersichtlich ist, maximiert die Zentrale zur Findung des optimalen Investitionsprogramms gerade die Summe der Bereichsresidualgewinne. Daher führt die Maximierung des Residualgewinns auf Bereichsebene ebenfalls zum optimalen Investitionsprogramm. Wegen der nicht bindenden Finanzbeschränkung gibt es **keine Verbundeffekte** hinsichtlich der jeweils anderen Bereiche, und wegen der Verhaltenswirkungen des Anreizsystems kann die

Zentrale sicher sein, dass jeder Bereichsmanager dasjenige Investitionsvolumen wählt, das auch die Zentrale gewählt hätte, wenn sie über den gleichen Informationsstand wie der Bereichsmanager verfügte.

Die **asymmetrische Informationsverteilung** über die Zahlungsüberschüsse x_j hat daher *keine* nachteiligen Auswirkungen, wenn der Residualgewinn als Beurteilungsgröße gewählt wird. In der vorliegenden Konstellation ist zur Implementierung dieser Lösung im Grunde auch **kein Informationsaustausch** zwischen den Bereichen und der Zentrale nötig. Die Bereiche können jeweils als *Investment Center* agieren und die von ihnen realisierten Investitionsvolumina selbst bestimmen. Anreize in mehrperiodigen Investitionsprojekten werden im 10. Kapitel: *Kennzahlen als Performancemaße* behandelt.

Ursprünge des Residualgewinn-Konzepts

Das Konzept des Residualgewinns ist sowohl in der Praxis als auch in der Theorie grundsätzlich schon sehr lange bekannt. Varianten davon verwendeten General Motors bereits in den 20er Jahren und General Electric in den 50er Jahren des 20. Jahrhunderts. General Electric dürfte auch der Begründer der Bezeichnung *residual income* gewesen sein.[10] Anstelle des Begriffes Residualgewinn werden unter anderem auch Übergewinn, abnormaler Gewinn und *Economic Value Added* (siehe dazu den obigen Einschub) verwendet.

In der **deutschen Kostenrechnung** wurden **kalkulatorische Zinsen** als Kapitalkosten bereits sehr früh vertreten. Sie setzen sich zusammen aus den tatsächlichen Zinskosten auf das Fremdkapital und den Zinsen auf das Eigenkapital, wobei bei der Ermittlung des zinsberechtigten Kapitals vom sachzielnotwendigen Vermögen abzüglich des Abzugskapitals ausgegangen wird. Das Abzugskapital ist das (formal) zinslos zur Verfügung stehende Fremdkapital. IdR wird für das Vermögen allerdings ein Durchschnittsstand über die Periode zugrunde gelegt. Der Grund für den Ansatz kalkulatorischer Zinsen als gewinnmindernde Kostenposition liegt jedoch ursprünglich darin, die Kosten der Leistungserstellung unabhängig von der Finanzierung des Unternehmens zu ermitteln.[11]

Implementierung im Profit Center

Bei einer ***Profit Center***-Organisation ist die Zentrale für die Bestimmung der Investitionsvolumina zuständig. Sie müsste sich dann von den einzelnen Bereichen über deren Erfolgspotenziale **informieren lassen**. Bei dem unterstellten Anreizsystem findet es jeder Bereichsmanager vorteilhaft, wenn die Zentrale das bereichsbezogene Investitionsvolumen so festlegt, dass gerade der Residualgewinn $RG_j(I_j, i)$ seines Bereiches maximiert wird. Der einzelne Bereichsmanager hat genau dann einen Anreiz, der Zentrale wahrheitsgemäße Informationen zu übermitteln, wenn die Zentrale auf Basis der übermittelten Erfolgspotenziale die Summe der Gewinne oder $\overline{RG}(i)$ maximiert.

---

10 Vgl *Bromwich* und *Walker* (1998), S. 392.

11 Vgl etwa *Schildbach* und *Homburg* (2009), S. 115 – 118.

Bei ausreichenden Finanzmitteln und dem in (2) unterstellten Anreizsystem wird sie das aber aufgrund der Äquivalenzdarstellungen auch tun. Für die Beurteilungsgröße Residualgewinn ergibt sich beispielsweise Folgendes: Die relevanten Kapitalkosten bei ausreichenden Finanzmitteln entsprechen *a priori* dem Kapitalmarktzins i, und gemäß der Äquivalenzdarstellung lautet der **Endwert** EW^Z der Zentrale:

$$EW^Z = \overline{V} \cdot \rho + \sum_{j=1}^{J} (1-\alpha_j) \cdot RG_j(I_j, i) - \sum_{j=1}^{J} \underline{S}_j \tag{18}$$

Dieser Ausdruck ist offenbar genau dann maximal, wenn jeder Residualgewinn $RG_j(I_j, i)$ maximal ist, denn alle anderen Größen in (18) sind Konstanten. Daher hat die Zentrale *ex post*, also *nach* dem Empfang der Informationen, einen Anreiz, die Investitionsvolumina so festzulegen, dass gerade die Summe $\overline{RG}(i)$ maximiert wird. Falls allen Managern das gleiche α und $\underline{S}$ zugestanden wird, vereinfacht sich (18) zu

$$EW^Z = \overline{V} \cdot \rho + (1-\alpha) \cdot \overline{RG}(i) - J \cdot \underline{S}$$

womit das obige Ergebnis noch augenscheinlicher ist.

Bei einer ***Profit Center***-Organisation ergibt sich die insgesamt **optimale Lösung** also dann, *wenn*

- jeder Bereichsmanager wahrheitsgemäß berichtet *und*
- wenn die Zentrale den übermittelten Informationen Glauben schenkt und daher die Summe der *berichteten Residualgewinne* maximiert.

Wie oben gezeigt, sind diese Aktionen für jeden Akteur die für ihn bestmögliche Strategie, *gegeben* die Strategie der jeweils anderen Akteure. Insofern stellt die Strategie eines Akteurs die **optimale Antwort** auf die Strategie der jeweils anderen Akteure dar. Es handelt sich damit um eine Gleichgewichtslösung, und zwar um ein sogenanntes ***Nash*-Gleichgewicht**.

Trotz der positiven Eigenschaften der *Profit Center*-Organisation zeigt sich aber, dass diese Organisationsform für die Konstellation mit ausreichenden Finanzmitteln und rein finanziellen Managerinteressen wesentlich **umständlicher** zu handhaben ist als die *Investment Center*-Organisation. Diese Folgerung wird noch verstärkt, wenn man berücksichtigt, dass die erforderlichen Berichterstattungen in der Praxis mit nicht unerheblichen Kosten verbunden sein können, die in der obigen Darstellung nicht erfasst wurden.

Nash-Gleichgewichte

Gegeben sei eine Situation mit zwei Akteuren. A^i sei der Aktionsraum des Akteurs *i*, *i* = 1, 2, und eine bestimmte Aktion wird mit $a^i \in A^i$ bezeichnet. Gibt U^i die Nutzenfunktion des Akteurs *i* an, dann ist ein Nash-Gleichgewicht durch ein Paar (a^{1*}, a^{2*}) von Aktionen bestimmt, von denen jede die Eigenschaft hat, eine optimale Antwort auf die Aktion des jeweils anderen Akteurs zu sein, so dass gilt:

$$U^1(a^{1*}, a^{2*}) \geq U^1(a^1, a^{2*}) \quad \forall a^1 \in \mathbf{A}^1 \text{ und}$$
$$U^2(a^{1*}, a^{2*}) \geq U^2(a^{1*}, a^2) \quad \forall a^2 \in \mathbf{A}^2$$

Jeder Akteur muss also die für ihn optimale Aktion aus seinem Aktionsraum gewählt haben, *gegeben* ein bestimmtes Verhalten des jeweils anderen Akteurs. Sollten die Ergebnisse der Aktionen risikobehaftet sein, ist U^i als *Erwartungsnutzen* aufzufassen. Die grundsätzliche Konzeption des Gleichgewichts wird dadurch nicht berührt.

Das Konzept des Nash-Gleichgewichts hat in der Spieltheorie eine überragende Bedeutung, zumal es auch als Basis für weiterführende Gleichgewichtskonzepte in komplizierteren Interaktionssituationen dient.[12] Im Folgenden werden einige wichtige Eigenschaften von Nash-Gleichgewichten anhand einfacher Beispiele demonstriert. Es kann nämlich allgemein Situationen geben, in denen genau ein Nash-Gleichgewicht, mehrere Nash-Gleichgewichte oder sogar kein Nash-Gleichgewicht in reinen Strategien (das sind die einzelnen Aktionen a^i) existiert.

Dazu werden im Folgenden Situationen betrachtet, bei denen jeder Aktionsraum lediglich aus zwei Aktionen besteht, die mit a^i_j (*i*, *j* = 1, 2) bezeichnet werden. Für jede Kombination der Aktionen werden dann in einer kombinierten Ergebnismatrix die angenommenen Zielerreichungen der jeweiligen Akteure angegeben. Die erste (zweite) Zahl in einer Zelle bezeichnet die Zielerreichung des Akteurs 1 (2). Die Zahlen der Nash-Gleichgewichte sind jeweils blau hervorgehoben. Man erhält diese Gleichgewichte, indem anhand der obigen Definition für jede Zelle (also jede Kombination von Aktionen der beiden Spieler) geprüft wird, ob es sich für wenigstens einen Akteur lohnt, eine andere Maßnahme einzuschlagen, sofern der jeweils andere Akteur bei seiner Maßnahme bleibt.

Beispiel 1: Genau ein Nash-Gleichgewicht

Gegeben sei folgende kombinierte Ergebnismatrix:

Aktionen	a^2_1	a^2_2
a^1_1	(10, 20)	(9, 25)
a^1_2	(13, 4)	**(11, 16)**

[12] Siehe zu einer Einführung in die Spieltheorie und deren Anwendungen in verschiedensten Bereichen der Betriebswirtschaftslehre *Jost* (2001b).

In dieser Situation besteht das einzige *Nash*-Gleichgewicht in der Aktionskombination (a_2^1, a_2^2), was anhand der obigen Definition leicht nachgeprüft werden kann. Andere Kombinationen können nicht gleichgewichtig sein. Wählt Akteur 1 zB a_1^1, würde Akteur 2 mit a_2^2 antworten. Gegeben dieses Verhalten hätte Akteur 1 aber einen Anreiz, a_2^1 zu wählen, was letztlich zum Gleichgewicht führt, da Akteur 2 bei seinem Verhalten bleibt.

Beispiel 2: Mehrere Nash-Gleichgewichte

Nun sei folgende Ergebnismatrix betrachtet:

Aktionen	a_1^2	a_2^2
a_1^1	**(11, 21)**	(8, 19)
a_2^1	(7, 5)	**(17, 15)**

Anhand der obigen Definition lässt sich leicht nachprüfen, dass es jetzt mehrere *Nash*-Gleichgewichte gibt, nämlich die beiden Kombinationen (a_1^1, a_1^2) und (a_2^1, a_2^2).

Beispiel 3: Kein Nash-Gleichgewicht in reinen Strategien

Die Ergebnismatrix hat jetzt folgende Gestalt:

Aktionen	a_1^2	a_2^2
a_1^1	(9, 14)	(10, 23)
a_2^1	(3, 36)	(12, 13)

Hier existiert kein *Nash*-Gleichgewicht in *reinen* Strategien. Erwägt zB Akteur 1 die Aktion a_1^1, würde Akteur 2 mit a_2^2 antworten. Dann hätte Akteur 1 aber einen Anreiz, a_2^1 zu wählen, was Akteur 2 mit a_1^2 beantworten würde. Gegeben dieses Verhalten würde Akteur 1 aber lieber a_1^1 wählen usw.

Die fehlende Existenz von *Nash*-Gleichgewichten im Beispiel 3 bezieht sich nur auf den Fall der sogenannten *reinen Strategien*, die letztlich aus den eigentlichen Aktionen $a^i \in A^i$ bestehen. Optimiert man nur über diese Aktionen, dann wird eine bestimmte Aktion entweder mit Sicherheit gewählt oder nicht gewählt. Demgegenüber beinhalten *gemischte Strategien* die Möglichkeit, bestimmte Aktionen nur mit einer gewissen Wahrscheinlichkeit kleiner als 1 zu wählen. Berücksichtigt man gemischte Strategien, lässt sich allgemein zeigen, dass jedes Spiel *mindestens ein Nash*-Gleichgewicht besitzt.

In Beispiel 3 kann ein Gleichgewicht in *gemischten Strategien* wie folgt ermittelt werden: Sei ϕ_j^i $(i, j = 1, 2)$ die Wahrscheinlichkeit, dass Akteur *i* die Aktion *j* wählt. Grundlage für die Bestimmung dieser Wahrscheinlichkeiten ist eine *Indifferenzbedingung*. Danach müssen sich für jeden Akteur die Wahrscheinlichkeiten so einstellen, dass der *jeweils andere* Spieler hinsichtlich der erwarteten Zielerreichung seiner Aktionen *indifferent* wird, dh beide Aktionen ihm die gleiche erwartete Zielerreichung bieten. Andernfalls wäre es nämlich für keinen Akteur optimal, eine gemischte Strategie zu wählen, weil er seine Zielerreichung durch Wahl der Aktion mit dem höchsten Zielerwartungswert verbessern könnte. Danach ergeben sich die Wahrscheinlichkeiten für Spieler 1 aus:

$$14 \cdot \phi_1^1 + 36 \cdot \phi_2^1 = 23 \cdot \phi_1^1 + 13 \cdot \phi_2^1$$

Wegen $\phi_2^1 = 1 - \phi_1^1$ folgt

$$14 \cdot \phi_1^1 + 36 \cdot (1-\phi_1^1) = 23 \cdot \phi_1^1 + 13 \cdot (1-\phi_1^1) \quad \Rightarrow \phi_1^1 = \frac{23}{32} = 0{,}71875$$

Demnach wählt Spieler 1 im Gleichgewicht seine Aktion 1 mit einer Wahrscheinlichkeit von 71,875% und seine Aktion 2 mit einer Wahrscheinlichkeit von 28,125%. Analog ergibt sich für Spieler 2

$$9 \cdot \phi_1^2 + 10 \cdot (1-\phi_1^2) = 3 \cdot \phi_1^2 + 12 \cdot (1-\phi_1^2) \quad \Rightarrow \phi_1^2 = \frac{2}{8} = 0{,}25$$

Somit wählt Spieler 2 seine Aktion 1 im Gleichgewicht mit einer Wahrscheinlichkeit von 25% und seine Aktion 2 mit einer Wahrscheinlichkeit von 75%.

3.3. Kapitalrentabilitätsgrößen

Eine in der Praxis sehr beliebte Gruppe von Beurteilungsgrößen sind Kapitalrentabilitätsgrößen, zu denen als „Prototyp“ der *Return on Investment* in seinen verschiedenen Rechenvarianten gehört (siehe ausführlich 10. Kapitel: *Kennzahlen als Performancemaße*). **Rentabilitätskennzahlen** sind relative Kennzahlen, die für einen Vergleich quer über die Unternehmensbereiche oder über andere Unternehmen oft als besser geeignet angesehen werden als absolute Kennzahlen wie der Residualgewinn.

Return on Investment

Der *Return on Investment* (*ROI*) bezeichnet die *Gesamtkapitalrentabilität*, nämlich das Verhältnis von **Bruttogewinn** (dh Gewinn vor Abzug allfälliger Zinszahlungen) zum investierten (bzw gebundenen) **Kapital**. Im vorliegenden Fall lässt er sich für einen beliebigen Bereich j wie folgt schreiben:

$$ROI_j(I_j) = \frac{G_j(I_j)}{I_j} = \frac{x_j(I_j) - I_j}{I_j} = \frac{x_j(I_j)}{I_j} - 1 \quad (I_j > 0) \tag{19}$$

Mit $b = ROI$ folgt daher für die **Entlohnung** des Bereichsmanagers j:

$$s_j\left(ROI_j(I_j)\right) = \underline{S}_j + \alpha_j \cdot ROI_j(I_j) \tag{20}$$

Jeder Bereichsmanager wird also bestrebt sein, den *ROI* seines Bereiches zu maximieren, was letztlich äquivalent zu einer **Maximierung der internen Verzinsung** des jeweiligen Bereiches ist.

Ursprünge des *ROI*-Konzepts

Der *ROI* ist als Steuerungsinstrument in der Praxis stark verbreitet. Sein Siegeszug ist untrennbar mit der *DuPont*-Company verbunden. Sie führte bereits im Jahre 1910 ein Beurteilungssystem für Unternehmensbereiche ein, indem die zur damaligen Zeit häufig verwendeten Steuerungsgrößen (Gewinne als Prozentsätze der Umsatzerlöse (Umsatzrentabilität) oder Kosten) durch den *ROI* ersetzt wurden. Diese Kennziffer diente dann zur Allokation von Finanzmitteln auf die verschiedensten Produktlinien.

Im Jahre 1912 wurde das *ROI*-Konzept von *Donaldson Brown*, dem damaligen Finanzchef der *DuPont*-Company, durch eine Aufspaltung der Renditegröße verfeinert. Danach wurde folgende Zerlegung des *ROI* vorgenommen:

$$ROI = \frac{\text{Gewinn}}{\text{Kapital}} = \frac{\text{Gewinn}}{\text{Umsatz}} \times \frac{\text{Umsatz}}{\text{Kapital}} = \text{Umsatzrendite} \times \text{Kapitalumschlag}$$

Die darin aufscheinenden Basisgrößen (Gewinn, Umsatz, Kapital) können jeweils weiter aufgespaltet werden. So kann zB das Kapital in Anlage- und Umlaufvermögen der verschiedenen Bereiche gegliedert werden, und diese Vermögensgrößen lassen sich erneut untergliedern. Der Umsatz kann nach den einzelnen Bereichen differenziert werden, und ähnlich kann der Gewinn bereichsbezogen zerlegt und weiter nach Aspekten wie Deckungsbeiträge, fixe Kosten usw aufgespaltet werden. Es resultiert somit eine *definitionslogische* Zerlegung des *ROI*, die auch als *DuPont*-Schema bezeichnet wird.

Empirische Ergebnisse

In einer von *Reece* und *Cool* (1982) durchgeführten Befragung von 620 der größten amerikanischen Industrieunternehmen ergab sich unter anderem Folgendes: Das *Investment Center*-Konzept ist weit verbreitet. 74% der befragten Unternehmen hatten wenigstens zwei *Investment Center*, 21,8% verwendeten ausschließlich *Profit Center*, und nur 4,2% hatten weder *Profit Center* noch *Investment Center*. Die Verwendung von *Investment Centers* ist dabei mit der Unternehmensgröße (gemessen am Umsatz) streng positiv korreliert.
(Allerdings ist nicht ganz klar, ob der dort verwendete Begriff des *Investment Center* völlig mit dem hier vorgestellten Konzept übereinstimmt, denn in der Studie wird ein *Investment Center* als *„an organizational unit responsible to top management for its profitability in relation to the unit´s own investment base“* definiert; daraus geht nicht hervor, ob der betreffende Bereich auch seine *„investment base“* selbst bestimmen kann.)

Hinsichtlich der konkreten Beurteilungsmaßstäbe wurde wie folgt geantwortet: 65% der befragten Unternehmen verwendeten ausschließlich den *ROI*, 28% verwendeten sowohl den *ROI* als auch den Residualgewinn, 2% verwendeten nur den Residualgewinn; der verbleibende Rest von 5% verwendete andere Maßgrößen oder gab keine Antwort. Angesichts der Schwächen des *ROI* wurden auch *Reece* und *Cool* von diesem Ergebnis überrascht. Sie bieten als Erklärung an, dass die Manager sicherlich über die Probleme des *ROI* informiert sind, aber nicht glauben, dass diese Probleme für ihr Unternehmen mehr als hypothetischen Charakter haben.

Die Maximierung des *ROI* **weicht** regelmäßig und zT erheblich von der tatsächlich optimalen Politik **ab**. Dies wird alleine schon durch die Betrachtung von (19) deutlich, weil die **Kapitalkosten** für die Investitionsentscheidungen der Bereichsmanager offenbar keine Rolle spielen. Im ersten Moment könnte man daraus die Vermutung ableiten, dass wegen der Irrelevanz der Kapitalkosten *zu viel* investiert würde, doch in den meisten Fällen ist gerade das Gegenteil richtig: Eine Orientierung der Investitionspolitik an der Maximierung des bereichsbezogenen *ROI* führt regelmäßig zu einer **Unterschreitung des eigentlich optimalen Investitionsvolumens** eines Bereiches.

Die in der **Ausgangssituation** beschriebene Investitionsmöglichkeit ist wieder gemäß (1) durch folgende strikt konkave Überschussfunktion gekennzeichnet:

$$x_j(0) = 0; \quad x'_j(I_j) > 0; \quad x'_j(0) >> 0; \quad x''_j(I_j) < 0$$

Die Maximierung des ROI_j nach I_j ergibt

$$\frac{dROI_j(I_j)}{dI_j} = \frac{1}{I_j} \cdot \left(x'_j(I_j) - \frac{x_j(I_j)}{I_j} \right) = 0 \quad \Rightarrow x'_j(I_j) = 1 + ROI_j(I_j)$$

Leitet man x'_j nochmals ab, ergibt sich

$$x''_j(I_j) = \frac{1}{I_j} \cdot \left(x'_j(I_j) - \frac{x_j(I_j)}{I_j} \right)$$

Da $x''_j(I_j) < 0$ ist, muss $x'_j(I_j) < 1 + ROI_j(I_j)$ für alle I_j sein. Dies ist ein Widerspruch zur obigen notwendigen Bedingung. Sofern also lediglich die Untergrenze $I_j \geq 0$ gilt, hat das Problem formal gar **keine Lösung**, weil bei einer streng konkaven Überschussfunktion $x(I)$ zu jedem noch so geringen $I_j > 0$ ein noch kleineres positives Investitionsvolumen existiert, bei dem der *ROI* größer ist. Der **Grund** für dieses Resultat lässt sich leicht ersehen. Der *ROI* entspricht der **durchschnittlichen Rentabilität** des eingesetzten Kapitals, während x'_j die **Grenzrentabilität** erfasst, die mit steigendem Investitionsvolumen immer geringer wird. Die notwendige Bedingung für ein optimales Investitionsvolumen lautet aber, dass die Grenzrentabilität der Durchschnittsrentabilität entspricht. Dies ist tatsächlich nur im Punkt $I \rightarrow 0$ der Fall. Besteht eine Untergrenze $\underline{I}_j > 0$, die nicht unterschritten werden kann, lautet das optimale Investitionsvolumen bei einer Beurteilung nach dem *ROI* gerade $\underline{I}_j$.

Diskrete Investitionsprojekte

Bei **diskreten Investitionsprojekten**, deren Größe nicht kontinuierlich angepasst werden kann, ergibt sich Folgendes: Angenommen, der Bereichsmanager hat die Realisierung eines Basisinvestitionsvolumens I^B mit den Überschüssen x^B und dem Gewinn G^B erwogen und prüft, ob sich eine Modifikation dieses Basisprogramms lohnt. Dabei kann es sich entweder um die **Realisierung eines *weiteren* Projekts** mit den Investitionsauszahlungen ΔI, den Überschüssen Δx und den Gewinnen ΔG handeln. Der Betrag ΔI kann aber auch *negativ* sein; dann handelt es sich um die **Herausnahme** eines bisher geplanten Projekts aus dem Basisprogramm, und entsprechend werden auch Δx und ΔG negativ sein. Der *neue ROI* unter Berücksichtigung der Modifikationen beträgt:

$$ROI(I^B + \Delta I) = \frac{G^B + \Delta G}{I^B + \Delta I} = \frac{G^B}{I^B} \cdot \frac{I^B}{I^B + \Delta I} + \frac{\Delta G}{\Delta I} \cdot \frac{\Delta I}{I^B + \Delta I} = \\ = ROI(I^B) \cdot \frac{I^B}{I^B + \Delta I} + ROI(\Delta I) \cdot \frac{\Delta I}{I^B + \Delta I} \tag{21}$$

Der *neue ROI* ergibt sich demnach als **gewichteter Durchschnitt** der individuellen *ROI*-Ziffern, die jeweils einen positiven Wert aufweisen sollen. Die Modifikation des Basisprogramms ist bei einer *ROI*-Maximierung genau dann vorteilhaft, wenn die Ungleichung $ROI(I^B + \Delta I) \geq ROI(I^B)$ gilt, und dies führt bei Einsetzen von (21) auf

$$ROI(I^B + \Delta I) \geq ROI(I^B) \Leftrightarrow \begin{cases} ROI(\Delta I) \geq ROI(I^B), \text{falls } \Delta I > 0 \\ ROI(\Delta I) \leq ROI(I^B), \text{falls } \Delta I < 0 \end{cases} \tag{22}$$

Daraus ergibt sich folgende **Interpretation**:

- Ein weiteres Projekt ($\Delta I > 0$) ist nur dann vorteilhaft, wenn seine Rendite wenigstens so groß wie die bisherige Durchschnittsrendite ist; andernfalls sinkt der gesamte *ROI*. Daraus aber folgt, dass der Bereichsmanager **nur ein einziges Projekt realisieren** wird, nämlich das Projekt mit der **höchsten** *ROI*-Ziffer. Ausgehend von diesem Basisprogramm könnte die Hereinnahme weiterer Projekte mit einer jeweils niedrigeren Rendite nur zu einer Verminderung des gesamten *ROI* führen.
- Damit erklärt sich auch der umgekehrte Fall, bei dem die **Herausnahme** eines Projekts aus dem Basisprogramm erwogen wird ($\Delta I < 0$). Dies ist genau dann vorteilhaft, wenn die Durchschnittsrendite des Basisprogramms wenigstens so groß wie die (isolierte) Rendite des betrachteten Projekts ist. In diesem Fall drückt das Projekt nämlich den durchschnittlichen *ROI* nach unten, und eine Herausnahme könnte daher die durchschnittliche Verzinsung des verbleibenden Programms erhöhen. Wird dieser Prozess sukzessive auf alle im Basisprogramm enthaltenen Projekte angewandt, ist er gerade dann beendet, wenn nur noch ein Projekt übrig ist, nämlich dasjenige mit der höchsten *ROI*-Ziffer.

Implementierung

Im Ergebnis würde bei einer Managementbeurteilung auf Basis des *ROI* eines Bereiches also von jedem Bereichsmanager nur das Projekt mit der höchsten *ROI*-Ziffer bzw bei einem Volumenansatz das geringstmögliche Investitionsvolumen realisiert, wenn der Bereich frei über sein Programm entscheiden könnte (*Investment Center*). Das entspricht aber im Allgemeinen nicht dem tatsächlich optimalen Investitionsbudget. Bei **ausreichenden Finanzmitteln** ist nämlich die Realisierung eines Projekts genau dann vorteilhaft, wenn seine **Verzinsung** die **Kapitalkosten** *i* übersteigt, wenn also für $\Delta I > 0$ gilt:

$$ROI(\Delta I) \geq i \Leftrightarrow \frac{x(\Delta I)}{\Delta I} \geq 1+i \Leftrightarrow x(\Delta I) - \Delta I \cdot (1+i) \geq 0 \Leftrightarrow RG(\Delta I, i) \geq 0$$

Da die Kapitalkosten allerdings keine Berücksichtigung bei der Managementbeurteilung spielen, wird das **optimale Investitionsbudget** regelmäßig unterschritten.

Nur in einem Fall wird **zu viel investiert**, dann nämlich, wenn *kein* Projekt eine die Kapitalkosten i übersteigende Verzinsung besitzt. Der Bereichsmanager würde *nach wie vor* das Projekt mit der höchsten *ROI*-Ziffer durchführen, doch ist schon dieses eine Projekt eigentlich unvorteilhaft. In einem solchen Fall könnte man zwar daran denken, dass die Zentrale dem betreffenden Bereich jegliche Investitionsmittel sperrt. Dies widerspricht aber nicht nur dem *Investment Center*-Konzept, sondern ist zugleich gar nicht ohne weiteres möglich, weil die Zentrale dazu über genaue Informationen hinsichtlich des bereichsbezogenen Erfolgspotenzials verfügen müsste – dies trifft annahmegemäß nicht zu.

Beispiel

Es stehen für einen Bereich drei Projekte zur Wahl. Die Investitionsauszahlungen und Gewinne lauten wie folgt:

$$I_1 = 100;\ G_1 = 50 \quad \Rightarrow \quad ROI_1 = 0{,}5$$
$$I_2 = 120;\ G_2 = 48 \quad \Rightarrow \quad ROI_2 = 0{,}4$$
$$I_3 = 200;\ G_3 = 60 \quad \Rightarrow \quad ROI_3 = 0{,}3$$

Angenommen, der Manager beginnt mit der Realisierung des ersten Projekts. Dann ist:

$$ROI_{1+2} = \frac{50+48}{100+120} = 0{,}44\overline{54} < 0{,}5$$

$$ROI_{1+3} = \frac{50+60}{100+200} = 0{,}3\overline{6} < 0{,}5$$

$$ROI_{1+2+3} = \frac{50+48+60}{100+120+200} = 0{,}376 < 0{,}5$$

Eine weitere Hereinnahme von Projekt 2, 3 oder gar beiden Projekten kann sich daher nicht lohnen. Beginnt der Manager umgekehrt zB mit Projekt 2, würde sich die Aufnahme von Projekt 1 lohnen. Anschließend wäre es allerdings vorteilhaft, Projekt 2 wieder aus dem Programm herauszunehmen. Wie auch immer man beginnt – es bleibt stets nur noch Projekt 1 im Programm, nachdem alle denkbaren positiven und negativen Modifikationen des Investitionsvolumens geprüft worden sind.

Eine ***Profit Center***-Organisation würde an der Problematik des *ROI* als Instrument der Bereichsbeurteilung nichts ändern, weil *nicht* davon ausgegangen werden kann, dass die Bereichsmanager der Zentrale **wahrheitsgemäße Informationen** über ihr jeweiliges Erfolgspotenzial übermitteln. Die Bereichsmanager würden nämlich antizipieren, dass die Zentrale an der Maximierung des Endwertes interessiert ist, nicht aber an der **Maximierung der jeweiligen *ROI*-Größen** der Bereiche. Letztere sind aber gemäß (20) für die Bereichsmanager relevant, so dass grundsätzlich von einer **Unterschätzung der jeweiligen Erfolgspotenziale** ausgegangen werden muss, es sei denn, dass der Bereich über kein Projekt verfügt, dessen Verzinsung die Kapitalkosten i übersteigt. In diesem Fall müsste mit einer **Überschätzung** gerechnet werden, weil der Bereichsmanager daran interessiert ist, wenigstens ein Projekt zu realisieren.

Empirische Ergebnisse

Gemäß den Darstellungen im Text ist das Investitionsverhalten signifikant mit der verwendeten Beurteilungsgröße verknüpft – *ceteris paribus* sollte bei der Verwendung des Gewinns mehr investiert werden als bei Verwendung des Residualgewinns, und hier wiederum mehr als bei Verwendung des *ROI*. Solche Hypothesen über das Investitionsverhalten lassen sich grundsätzlich empirisch testen, und einige empirische Arbeiten untersuchen Veränderungen des Investitionsverhaltens nach der Einführung von Residualgewinnkonzepten.

Die Ergebnisse sind uneinheitlich: Während *Wallace* (1997) eine signifikante Reduzierung der Investitionen nach Einführung der Residualgewinnsteuerung findet, stellt *Kleiman* (1999) keine derartige Entwicklung fest. Beide Arbeiten gehen implizit davon aus, dass *vor* Einführung des Residualgewinns mit dem (einfachen) Gewinn gearbeitet wurde. Demgegenüber differenziert *Balachandran* (2006) danach, ob vorher mit den Gewinn oder mit dem *ROI* gesteuert wurde und erhält differenzierte Ergebnisse für diese beiden Subsamples.

Alle diese Untersuchungen zeigen jedoch, dass Aussprüche der Art „*You get what you pay for*" berechtigt sind – die Residualgewinne steigen nach deren Verwendung als Steuerungsinstrument beträchtlich an.

Ergebnis

Abschließend kann also konstatiert werden, dass eine Beurteilung der Bereichsmanager auf Basis von **Kapitalrentabilitätsgrößen** durchweg mit **gravierenden Fehlsteuerungen** hinsichtlich der **dezentralen Investitionssteuerung** einhergeht.[13] Weil sich der *ROI* schon bei der einfachen Situation, die diesem Abschnitt zugrunde liegt, als derart problematisch erweist, ist nicht damit zu rechnen, dass er bei komplexeren Szenarien seine problematischen Eigenschaften verliert. Er wird daher für den Rest dieses Kapitels von der weiteren Betrachtung ausgeschlossen.[14]

---

13 Bei den aufgezeigten Mängeln des *ROI* handelt es sich letztlich um nichts anderes als um die in der Investitionstheorie längst bekannten Probleme des internen Zinsfußes. So überscheibt zB *Kruschwitz* (2011), S. 92, sein Kapitel über das Verfahren der internen Zinsfüße mit dem Satz: „Ein Kapitel, das Sie eigentlich nicht lesen sollten".

14 Die Verwendung von Renditegrößen führt allerdings im Rahmen des sogenannten *Dean*-Modells grundsätzlich zum tatsächlich optimalen Kapitalbudget. Dort werden die Investitionsprojekte nach Maßgabe ihrer internen Verzinsung in absteigender Reihenfolge geordnet (Kapitalnachfragekurve), während die verschiedenen Kapitalquellen gemäß ihren Kapitalkosten in aufsteigender Reihenfolge geordnet werden (Kapitalangebotskurve). Dies unterstellt, dass man bei der Investition zunächst die Projekte mit der höchsten internen Verzinsung realisiert, während bei den Kapitalquellen zunächst diejenigen Mittel mit den jeweils niedrigsten Kapitalkosten in Anspruch genommen werden. Das optimale Kapitalbudget liegt gerade am Schnittpunkt von Kapitalnachfrage- und Kapitalangebotskurve. Wegen der Einbeziehung der Kapitalkosten wird – anders als beim reinen *ROI*-Konzept – aber gerade keine Renditemaximierung vorgenommen. Siehe zum *Dean*-Modell, dessen Erweiterungen und den Problemen im Mehrperiodenkontext zB *Hax* (1985), S. 62 – 71 und 79 – 85.

Auf der anderen Seite ist der **Residualgewinn** in den meisten Fällen eine geeignete Beurteilungsgröße, um Bereichsmanager zu motivieren, optimale Investitionsprogramme zu implementieren. Voraussetzung ist allerdings immer, dass **ausreichend Finanzmittel** zur Verfügung stehen. Der Fall knapper Finanzmittel wird im Folgenden behandelt.

4. Beurteilungsgrößen bei knappen Finanzmitteln

4.1. Grundlagen

Wenn ausreichend Finanzmittel zur Verfügung stehen oder am Kapitalmarkt beschafft werden können, gibt es keinen Ressourcenverbund. Diese Annahme wird jetzt aufgehoben, so dass künftig von grundsätzlich **knappen Finanzmitteln** hinsichtlich der (Real-)Investitionsprojekte ausgegangen wird. Die Zentrale kann nicht mehr *a priori* sicher sein, dass die verfügbaren Mittel $\overline{V}$ in jedem Fall ausreichen, den Mittelbedarf für die Realprojekte zu befriedigen. Sollten sie knapp sein, verhindert die Mittelinanspruchnahme durch einen Bereich die Durchführung von Projekten anderer Bereiche.

Eine *Investment Center*-Organisation, bei der jeder Bereich **in eigener Regie** über sein Investitionsvolumen entscheidet, hat daher ein grundlegendes Problem, denn es bleibt offen, wie die jetzt **erforderliche Gesamtabstimmung** auf Grund des Ressourcenverbundes behandelt wird.

Eine Möglichkeit wäre zB, dass die Bereiche, die *zuerst* ihren Investitionsbedarf bekannt geben, auch die dafür erforderlichen Mittel solange erhalten, bis sie erschöpft sind. Dies wäre eine Zuteilung nach dem „Windhundverfahren", die offensichtlich zu Fehlallokationen führen kann, weil die Mittelzuteilung nichts mit der Vorteilhaftigkeit der Projekte zu tun hat. Eine *Investment Center*-Organisation in Reinkultur ist somit wegen der fehlenden Gesamtabstimmung problematisch.

Die obigen Ausführungen zur Struktur der *first best*-Lösung legen aber auf den ersten Blick einen Ausweg nahe, der gewissermaßen zwischen *Investment Center* und *Profit Center* angesiedelt ist. Dazu wird zunächst unterstellt, dass die Bereichsmanager wieder nach dem Residualgewinn beurteilt werden, doch steht der zur Anwendung kommende Zinssatz noch nicht endgültig fest. Aus der Struktur der *first best*-Lösung weiß man, dass ein endogener Zins $\lambda - 1$ existiert, der einerseits die Abstimmungsfunktion erfüllt und mit dem die Bereichsmanager andererseits *isoliert* ihre optimalen Investitionsvolumina ermitteln können (siehe auch Gleichung (14)).

Anreize im partizipativen Prozess

Man könnte sich folgenden **partizipativen** bzw **interaktiven Prozess** vorstellen:

- Die Zentrale gibt in einer ersten Runde den Bereichsmanagern zunächst den Zins i vor.

- Jeder Bereichsmanager berechnet dann sein optimales Programm durch Maximierung des Residualgewinns $RG(I, i)$. Anschließend geben die Bereiche ihren jeweiligen **Mittelbedarf** an die Zentrale weiter.
- Die Zentrale sammelt diese Mittelbedarfe. Ist deren Summe nicht größer als der Mittelvorrat $\overline{V}$, spielt die grundsätzlich gegebene Knappheit in der vorliegenden Konstellation doch keine Rolle, und alle Projekte werden genehmigt. Andernfalls können nicht alle Mittelanforderungen realisiert werden. Die Zentrale **erhöht** jetzt den für die Berechnung der Residualgewinne anzusetzenden **Zins** auf $i + \delta$ ($\delta > 0$) und fordert die Bereiche auf, neue Investitionsbudgets anzugeben.
- Die Bereiche berechnen ihrerseits ein **neues Optimum** durch Maximierung von $RG(I, i + \delta)$ und übermitteln diesen Mittelbedarf wieder an die Zentrale, die erneut einen Abgleich der beschriebenen Art durchführt. Sind die Mittelbedarfe gleich dem Mittelvorrat $\overline{V}$, ist die optimale Lösung gefunden. Sind sie niedriger als $\overline{V}$, wird δ für die nächste Runde gesenkt, andernfalls weiter erhöht. Dieser Prozess ist dann beendet, wenn die Mittelbedarfe exakt dem Mittelvorrat $\overline{V}$ entsprechen; dann gilt zugleich $i + \delta = \lambda - 1$.

Dieser Prozess ist deshalb zwischen *Investment Center* und *Profit Center*-Organisation angesiedelt, weil die Zentrale nur *indirekt* auf die **Investitionsbudgets** der Bereiche Einfluss nimmt. Da die **Investitionsvolumina** der Bereiche mit der Höhe des für die Berechnung von Residualgewinnen vorgegebenen Zinses abnehmen, wird über den obigen Prozess irgendwann die optimale Lösung erreicht. **Voraussetzung** ist allerdings, dass es für die Bereichsmanager vorteilhaft ist, ihr jeweils optimales Investitionsvolumen **wahrheitsgemäß** der Zentrale zu übermitteln. Davon kann aber *nicht* ausgegangen werden.

Die Bereichsmanager werden nämlich antizipieren, dass dieser Prozess bei knappen Finanzmitteln dazu führt, dass ihr endgültiger Residualgewinn mit einem Zinssatz $\lambda - 1 > i$ berechnet wird. Es kann daher für jeden Bereichsmanager besser sein, seinen **Mittelbedarf zu unterschätzen**. Liegt nämlich auf diese Weise zB schon in der ersten Runde keine Knappheit vor, würden die Residualgewinne mit dem niedrigeren Zins i berechnet, und dies kann den Effekt des niedrigeren Investitionsvolumens überkompensieren. Deshalb kann für die Bereichsmanager beim obigen Prozedere **grundsätzlich ein Anreiz** bestehen, **Fehlinformationen** über den eigentlich optimalen Mittelbedarf abzugeben.

Darüber hinaus weist das obige Prozedere noch ein anderes **Problem** auf: Sollte – aus welchen Gründen auch immer – die Annahme der wahrheitsgemäßen Berichterstattung doch zutreffen, ist nicht einzusehen, warum die Bereichsmanager der Zentrale **nicht direkt ihr Erfolgspotenzial** übermitteln und ihr damit die endgültige Festlegung der Investitionsbudgets überlassen sollten. Letztlich führt dies zur gleichen Lösung; man benötigt aber nur eine Berichtsrunde, um diese Lösung zu erhalten, wodurch Zeit und Berichtskosten gespart werden. Natürlich bleiben auch bei diesem Alternativvorschlag die Anreize zu einer Falschberichterstattung bestehen. Es erscheint daher sinnvoll, sich von vorneherein um **Anreizsysteme** zu kümmern, bei denen **sichergestellt** ist, dass **wahrheitsgemäße Informationsübermittlung** ein *Nash*-Gleichgewicht ist. Im Folgenden werden das *Weitzman*-Schema, die Gewinnbeteiligung und das *Groves*-Schema auf ihre Fähigkeit zur Lösung des Anreizproblems untersucht.[15]

Beispiel

Es wird auf das Beispiel zur *first best*-Lösung zurückgegriffen:

$$x_1(I_1) = 20 \cdot \ln(10 \cdot I_1 + 1) + I_1 \quad \text{und} \quad x_2(I_2) = 40 \cdot \ln(5 \cdot I_2 + 1) + I_2$$

Der Kapitalmarktzins beträgt $i = 0{,}1$. Die Lösung unter Vernachlässigung des beschränkten Mittelvorrats lautet $I_1^* = 199{,}90$ und $I_2^* = 399{,}80$. Bei einem Mittelvorrat von $\overline{V} = 479{,}70$ erhält man allerdings optimale Lösungen von 159,90 für Bereich 1 und 319,80 für Bereich 2. Der dabei anfallende endogene Zins beträgt 0,125.

Ermittelt man mit diesen Größen die Residualgewinne beider Bereiche, folgt:

$$RG_1(I_1 = 159{,}90, \lambda - 1 = 0{,}125) = 127{,}57$$
$$RG_2(I_2 = 319{,}80, \lambda - 1 = 0{,}125) = 255{,}14$$

Angenommen, der Manager des Bereiches 1 berichtet *bereits in der ersten Runde* nur einen Bedarf von 150 und der Manager des Bereiches 2 einen solchen von 310. Die Zentrale würde einen Gesamtbedarf von 460 feststellen, der niedriger ist als der Mittelvorrat von 479,70. Sie würde schließen, dass keine Knappheit vorliegt und beide Bedarfe mit einem Zins von $i = 0{,}1$ genehmigen. Für die beiden Bereichsmanager ergeben sich daraus folgende Residualgewinne:

$$RG_1(I_1 = 150, i = 0{,}1) = 131{,}28$$
$$RG_2(I_2 = 310, i = 0{,}1) = 262{,}87$$

Beide Residualgewinne sind offensichtlich höher als diejenigen bei der eigentlich optimalen Lösung unter Berücksichtigung der Knappheit.

Die angenommen Berichterstattungen stellen aber nicht die **individuell tatsächlich optimalen Lösungen** für jeden Bereichsmanager dar. Bei *gegebenem* Verhalten des jeweils anderen Managers hätte jeder Manager den Anreiz, einen leicht höheren Bedarf anzumelden, solange der Mittelvorrat noch nicht erschöpft ist. Und allgemein könnte jeder Manager eine *free rider*-Position einnehmen wollen, indem er etwa seinen *first best*-Bedarf anmeldet und hofft, dass die anderen Bereichsmanager ihre jeweiligen Bedarfe so weit unterschätzen, dass insgesamt keine Knappheit mehr vorliegt. Dies ändert aber nichts am grundsätzlich gegebenen Problem des strategischen Berichtsverhaltens der Bereichsmanager, das im vorliegenden Zusammenhang existent ist.

---

15 Eine hier nicht weiter diskutierte Organisationsmöglichkeit wären Auktionen, also die Versteigerung der knappen Ressourcen an die Bereiche. Vgl dazu zB *Kräkel* (2004), S. 151 – 153 und 157 – 160.

4.2. Versagen individueller Anreizschemata

Bereits im 8. Kapitel: *Koordination, Budgetierung und Anreize* wurde das *Weitzman*-Schema vorgestellt, bei dem die Managerentlohnung direkt nur vom *eigenen* Bericht $\hat{x}$ und dem Ergebnis x der *eigenen* Sparte wie folgt abhängt:

$$s(x,\hat{x}) = \begin{cases} \underline{S} + \hat{\alpha} \cdot \hat{x} + \alpha_1 \cdot (x - \hat{x}), \text{ falls } x \geq \hat{x} \\ \underline{S} + \hat{\alpha} \cdot \hat{x} + \alpha_2 \cdot (x - \hat{x}), \text{ falls } x \leq \hat{x} \end{cases} \quad \text{mit } 0 < \alpha_1 < \hat{\alpha} < \alpha_2 \qquad (23)$$

Wegen der Abhängigkeit des Ergebnisses x von den dem Bereich zugeteilten Finanzmitteln I sind x und $\hat{x}$ als Funktionen von I zu sehen.

Unter diesem Schema ist für den Manager eine wahrheitsgemäße Berichterstattung optimal, sofern er sichere Erwartungen über das Ergebnis x hat. Und im Falle risikobehafteter Ergebnisse lässt sich eine Berichtsinterpretation angeben, die faktisch einer wahrheitsgemäßen Berichterstattung entspricht. In der Literatur wurde daher die Frage gestellt, ob diese Eigenschaften auch im Zusammenhang mit Ressourcenallokationen gültig bleiben: Es wurde bislang zwar angenommen, dass die Zentrale auf Grund irgendwelcher Planungsüberlegungen eine Information über die Erfolgssituation der Bereiche verlangt, doch wurde gerade diese Verwendung der Berichte nicht erfasst.

Hängen von den Berichterstattungen der Bereichsmanager **Zuteilungen finanzieller Ressourcen** an die Bereiche ab, ist nicht einsichtig, warum die Bereichsmanager diese **Interdependenzen** bei der Bestimmung ihrer individuell optimalen Berichtspolitiken vernachlässigen sollten. Selbst wenn die Entlohnung originär nur am Bericht und dem tatsächlichen Ergebnis eines Bereiches anknüpft, so wird sie doch *indirekt* auch von den **Berichterstattungen der anderen Bereiche** und den **Planungen der Zentrale** beeinflusst. Die einem Bereich zur Verfügung gestellten Mittel werden letztlich von den Erfolgspotenzialen *aller* Bereiche und den verfügbaren finanziellen Ressourcen abhängen, und die einem Bereich zugeteilten Mittel determinieren wiederum das von ihm erreichbare Überschussniveau.

In dieser erweiterten Situation kann das Optimum für einen Manager nur im Rahmen einer *expliziten Mehrpersonenbetrachtung* gefunden werden, wozu wieder auf das Konzept der *Nash*-Gleichgewichte zurückgegriffen werden kann. Eine bestimmte Berichtspolitik ist für einen Manager nur dann optimal, wenn seine Entlohnung maximal ist unter der *Bedingung*, dass die jeweils anderen Bereiche eine bestimmte Berichtspolitik gewählt haben. In dieser erweiterten Betrachtung verliert aber das *Weitzman*-Schema seine wahrheitsinduzierenden Eigenschaften, wie anhand eines Beispiels im Einschub gezeigt wird.

Das ebenfalls im 8. Kapitel: *Koordination, Budgetierung und Anreize* dargestellte **Schema nach *Osband* und *Reichelstein*** weist im Zusammenhang mit Ressourcenallokationen analoge Probleme wie das *Weitzman*-Schema auf. Auch bei diesem Schema hängt die Managerentlohnung unmittelbar nur von den *eigenen* Berichten und dem tatsächlich erzielten Ergebnis der *eigenen* Sparte ab.

Beispiel mit Ressourcenallokation[16]

Betrachtet wird eine Situation mit $J = 2$ Bereichen. Die Funktionen der Überschüsse $x_j(I_j)$ haben folgende Eigenschaften: Das Investitionsvolumen jedes Bereiches kann nur in Tranchen von jeweils 200 variiert werden, wobei je Bereich finanzielle Mittel in Höhe von maximal 800 investiert werden können. Die Überschüsse am Periodenende in Abhängigkeit der investierten Mittel lauten:

Investitionsvolumen	Überschuss $x_1(I_1)$	Überschuss $x_2(I_2)$
$I_j = 0$	0	0
$I_j = 200$	290	250
$I_j = 400$	530	500
$I_j = 600$	760	730
$I_j = 800$	980	950

Aus diesen Überschussfunktionen lassen sich die „Grenzrenditen" $x_j(\Delta I_j)/\Delta I_j - 1$ jeder Tranche wie folgt angeben:

Investitionsvolumen	Grenzrendite Bereich $j = 1$	Grenzrendite Bereich $j = 2$
$I_j = 200$	45%	25%
$I_j = 400$	20%	25%
$I_j = 600$	15%	15%
$I_j = 800$	10%	10%

Es sei ein finanzieller Mittelvorrat von insgesamt $\overline{V} = 600$ gegeben; der Kapitalmarktzins beträgt 10%. Hätte die Zentrale vollständige Information über die obigen Überschussbeziehungen, würde sie wie folgt vorgehen: Die ersten 200 werden Bereich 1 zugeteilt, weil hier die höchste Grenzrendite vorliegt. Die nächsten 200 werden aber Bereich 2 zugewiesen, weil die Rendite von 25% höher als bei der zweiten Tranche in Bereich 1 liegt. Das gleiche gilt für die dritten 200 Geldeinheiten, so dass Bereich 1 insgesamt 200, Bereich 2 dagegen 400 Geldeinheiten zugeteilt werden. Der daraus resultierende Endwert beträgt 790.

Bei asymmetrischer Informationsverteilung kennt die Zentrale neben den maximalen Investitionsbeträgen von 800 je Bereich nur die Tranchenteilung von 200, nicht aber die konkret vorliegenden Funktionen der Überschüsse. Der Manager des Bereiches 1 (2) weiß hinsichtlich der Erfolgspotenziale des *jeweils anderen Bereiches* nur, dass die Rendite keiner Tranche oberhalb von 25% (45%) liegt. Ansonsten kennen auch die Bereichsmanager die konkreten Funktionen der Überschüsse des jeweils anderen Bereiches nicht. Beiden Managern sind jedoch die maximalen Investitionsbeträge von 800 je Bereich, die Tranchenteilung von 200 sowie die der Zentrale verfügbaren Mittel von maximal 600 bekannt. Fraglich ist, ob die **wahrheitsgemäße Berichterstattung über die Überschussfunktionen** beim *Weitzman*-Schema ein *Nash*-Gleichgewicht ist. Dabei wird die Entlohnung jetzt wie folgt festgesetzt:

16 Ähnliche Beispiele finden sich auch bei *Loeb* und *Magat* (1978a, 1978b).

$$s_j\big(x_j(I_j),\hat{x}_j(I_j)\big)=\begin{cases}\underline{S}+\hat{\alpha}\cdot\hat{x}_j(I_j)+\alpha_1\cdot\big(x_j(I_j)-\hat{x}_j(I_j)\big), & \text{falls } x_j(I_j)\geq\hat{x}_j(I_j)\\ \underline{S}+\hat{\alpha}\cdot\hat{x}_j(I_j)+\alpha_2\cdot\big(x_j(I_j)-\hat{x}_j(I_j)\big), & \text{falls } x_j(I_j)\leq\hat{x}_j(I_j)\end{cases}$$

Bei einer wahrheitsgemäßen Berichterstattung beider Manager ergeben sich *nach* der Zuteilung durch die Zentrale folgende Entlohnungen:

$$s_1=\underline{S}+\hat{\alpha}\cdot\hat{x}_1(200)=\underline{S}+\hat{\alpha}\cdot x_1(200)$$
$$s_2=\underline{S}+\hat{\alpha}\cdot\hat{x}_2(400)=\underline{S}+\hat{\alpha}\cdot x_2(400)$$

Betrachtet sei jetzt der Manager des ersten Bereiches. Angenommen, die wahrheitsgemäße Berichterstattung ist tatsächlich ein *Nash*-Gleichgewicht. Dann antizipiert der Manager des ersten Bereiches, dass er wahrscheinlich nicht alle Finanzmittel zugeteilt bekommt, weil seine Grenzrenditen ab der zweiten Tranche niedriger als 25% sind. *Gegeben* eine wahrheitsgemäße Berichterstattung des Bereichsmanagers 2, erhält er nur dann *alle Finanzmittel*, wenn es ihm gelingt, die **Grenzrendite** der ersten drei Tranchen **oberhalb von 25%** anzusetzen. Dies kann er etwa mit der Übermittlung folgender Überschussfunktion erreichen:

Investitionsvolumen	Überschuss $\hat{\hat{x}}_1(I_1)$	Grenzrendite Bereich j = 1
$I_j=200$	255	27,5%
$I_j=400$	509	27%
$I_j=600$	760	25,5%
$I_j=800$	980	10%

Diese Funktion hat strukturell ähnliche Eigenschaften wie die tatsächliche Überschussfunktion, denn auch sie weist *keine zunehmenden Grenzrenditen* aus. Jede Grenzrendite liegt aber oberhalb von 25%, so dass Bereichsmanager 1 sicher sein kann, alle Finanzmittel zu bekommen, falls Bereichsmanager 2 bei der wahrheitsgemäßen Berichterstattung bleibt. Dabei entspricht der berichtete Überschuss für die dritte Tranche exakt dem tatsächlichen Überschuss, so dass *ex post* keine Abweichung auftritt und der Bereichsmanager 1 somit auch nicht der „Lüge" überführt werden kann. Dafür kann er jetzt mit folgender Entlohnung rechnen:

$$s_1=\underline{S}+\hat{\alpha}\cdot\hat{\hat{x}}_1(600)=\underline{S}+\hat{\alpha}\cdot x_1(600)$$

Diese Entlohnung ist jedenfalls größer als bei der wahrheitsgemäßen Berichterstattung, weil er im letzteren Fall nicht damit rechnen kann, alle Finanzmittel zu erhalten. Damit würde es sich aber für Bereichsmanager 1 lohnen, bei gegebener wahrheitsgemäßer Berichterstattung des zweiten Bereichsmanagers von seiner eigenen wahrheitsgemäßen Berichterstattung *abzuweichen*. Daher ist die allseitige wahrheitsgemäße Berichterstattung beim *Weitzman*-Schema **kein *Nash*-Gleichgewicht** mehr.

4.3. Gewinnbeteiligung

Die aufgezeigten Probleme der obigen Schemata resultieren vor allem daraus, dass die Beurteilung jedes Bereichsmanagers nur von dessen *eigenen* Berichten und Ergebnissen abhängt. Daraus ergibt sich letztlich der Anreiz, Fehlinformationen über das Erfolgspotenzial abzugeben, um die Ergebnisse des *eigenen* Bereiches möglichst groß werden zu lassen, selbst wenn dies in überproportionalem Umfang zu Lasten anderweitig erzielbarer Überschüsse gehen sollte. Eine Beteiligung am Gesamtgewinn versucht dies zu korrigieren.

Bei der Gewinnbeteiligung (*Profit Sharing*) erhält jeder Bereichsmanager einen Anteil α am **Gesamtgewinn $\overline{G}$ des Unternehmens** (inklusive der Gewinne aus potenziellen Finanzinvestitionen). Die Beurteilungsgröße für die **Bereichsmanager** ist daher der gesamte Unternehmensgewinn, so dass gilt:[17]

$$s(b) = s(\overline{G}) = \underline{S} + \alpha \cdot \overline{G} = \underline{S} + \alpha \cdot [i \cdot M + \sum_{j=1}^{J} G_j(I_j)] \qquad (24)$$

Dabei bezeichnet:
$G_j(I_j) = x_j(I_j) - I_j$ ... Gewinn des Bereiches j beim Investitionsvolumen I_j.

Dass dieses System **eine Anreizkompatibilität** zwischen der Zentrale und den Bereichsmanagern herstellt, ergibt sich letztlich daraus, dass die Maximierung des Gesamtgewinns *äquivalent* zur eigentlich **angestrebten Maximierung** des Endwertes EW ist. Dies wurde im Rahmen der Besprechung der *first best*-Lösung durch die erste **Äquivalenzdarstellung** (siehe (3') bis (5')) demonstriert. Es gilt nämlich $\overline{G} = EW - \overline{V}$, und daraus folgt für die in (24) angegebene Entlohnung

$$s(\overline{G}) = \underline{S} + \alpha \cdot \overline{G} = \underline{S} + \alpha \cdot (EW - \overline{V}) = (\underline{S} - \alpha \cdot \overline{V}) + \alpha \cdot EW \qquad (25)$$

Weil der letzte Klammerausdruck von (25) konstant ist, ergibt sich daher für jeden Bereichsmanager ein **Anreiz zur Maximierung des Endwertes**. Die Zentrale maximiert ihrerseits beim gegebenen Entlohnungssystem den ihr verbleibenden Endwert, den man wie folgt erhält:

$$EW^Z = EW - \sum_{j=1}^{J} (\underline{S} + \alpha \cdot \overline{G}) = EW \cdot (1 - J \cdot \alpha) - J \cdot (\underline{S} - \alpha \cdot \overline{V}) =$$
$$= (\overline{G} + \overline{V}) \cdot (1 - J \cdot \alpha) - J \cdot (\underline{S} - \alpha \cdot \overline{V}) = \overline{G} \cdot (1 - J \cdot \alpha) + \overline{V} - J \cdot \underline{S}$$

Beim gegebenen Anreizsystem sind daher *alle Seiten* an der **Maximierung von** ***EW*** interessiert, und das ist für alle Seiten äquivalent zur **Maximierung des gesamten Unternehmensgewinns**. Sollen durch das Anreizschema zusätzlich Anreize zu individueller Arbeitsleistung ausgehen, können sich aufgrund der Beurteilung am Unternehmensgewinn allerdings Trittbrettfahrerprobleme (*free rider*-Probleme) ergeben, weil der Erfolg der Arbeitsleistung dann nur zu einem geringen Teil, nämlich α, im Unternehmensgewinn erfasst wird.

---

[17] Die Unterstellung gleicher $\underline{S}$ und α dient nur zur Vereinfachung. Die Resultate gelten analog auch bei individuell verschiedenen Größen für jeden Manager.

Implementierung

Zu prüfen sind jetzt nur noch die Eigenschaften hinsichtlich der **Berichterstattung** seitens der Bereichsmanager. Weil eine berichtete Überschussfunktion unmittelbar in einen Gewinn transformiert werden kann, soll unterstellt werden, dass die Bereichsmanager direkt eine Gewinnfunktion an die Zentrale übermitteln. Für ein ***Nash*-Gleichgewicht** ist Folgendes zu zeigen:

- Für jeden Bereichsmanager ist eine **wahrheitsgemäße Übermittlung** seiner Gewinnfunktion optimal, *gegeben* eine wahrheitsgemäße Berichterstattung der jeweils anderen Bereichsmanager.
- Die Zentrale **übernimmt die berichteten Gewinnfunktionen** und maximiert den (berichteten) Unternehmensgesamtgewinn.

Angenommen, die Zentrale handelt entsprechend der zweiten Anforderung. Sie maximiert dann (unter Beachtung der Finanzierungsrestriktion, die künftig nicht mehr gesondert genannt wird) folgende Funktion der **berichteten Gewinne**:

$$\max_{M, I_j \geq 0} \hat{\overline{G}} = i \cdot M + \sum_{j=1}^{J} \hat{G}_j(I_j) \tag{26}$$

Betrachtet sei nun der Manager eines beliebigen Bereiches n. Haben die Manager aller anderen Bereiche **wahrheitsgemäß** berichtet, löst die Zentrale folgendes Problem:

$$\max_{M, I_j, I_n \geq 0} \hat{\overline{G}} = i \cdot M + \hat{G}_n(I_n) + \sum_{\substack{j=1 \\ j \neq n}}^{J} G_j(I_j)$$

Der Manager des Bereiches n hat wegen (24) ein Interesse an der Maximierung des **tatsächlichen Unternehmensgesamtgewinns**, weil seine Entlohnung von den Gesamtgewinnen am Periodenende abhängt, und diese ergeben sich aus den tatsächlich vorliegenden Gewinnfunktionen. Das aber impliziert, dass für den Manager des Bereiches n folgende Politik optimal sein muss:

$$\hat{G}_n(I_n) = G_n(I_n), \text{ falls } \hat{G}_j(I_j) = G_j(I_j) \ \forall j \neq n \tag{27}$$

Berichtet der Bereichsmanager n nämlich gemäß (27), macht er bei gegebenem Verhalten der Zentrale seine Zielfunktion zur Zielfunktion der Zentrale, die gewissermaßen stellvertretend für ihn sein Optimierungsproblem löst. Daher hat bei einer Gewinnbeteiligung jeder Bereichsmanager einen **Anreiz zur wahrheitsgemäßen Berichterstattung**, *falls* auch die anderen Manager wahrheitsgemäß informieren; und für die Zentrale ist es rational, diesen Berichten Glauben zu schenken und den berichteten Gesamtgewinn des Unternehmens zu maximieren. Daher ist beim *Profit Sharing* die wahrheitsgemäße Berichterstattung aller Manager ein ***Nash*-Gleichgewicht**. Im Grunde ist diese Lösung nicht überraschend, weil durch das Anreizsystem letztlich jeder Bereichsmanager in eine **eignerähnliche Position** versetzt wird, so dass eine grundsätzliche Interessenharmonisierung eintritt.

Es ist auch offensichtlich, dass das Gewinnbeteiligungssystem in gleicher Weise funktioniert, wenn man als Beurteilungsgröße nicht auf den Gesamtgewinn $\overline{G}$, sondern auf den gesamten **Residualgewinn** $\overline{RG}(i)$ abstellt, so dass gilt:

$$s(b) = s\left(\overline{RG}(i)\right) = \underline{S} + \alpha \cdot \sum_{j=1}^{J} RG_j(I_j, i)$$

Auch für dieses System ist die allseits **wahrheitsgemäße Berichterstattung** ein *Nash*-Gleichgewicht, was völlig analog zur obigen Argumentation nachgewiesen werden kann. Der Unterschied zur Gewinnformulierung besteht nur darin, dass dort die Kapitalkosten über den Term $i \cdot M$ in der Zielfunktion und über die Finanzbeschränkung erfasst wurden, während bei der Formulierung auf Basis von Residualgewinnen bereits im bereichsbezogenen Residualgewinn berücksichtigt wird, dass jede Investition in einem Bereich die ansonsten mögliche Anlage am Kapitalmarkt verhindert. Letztlich führen daher beide Systeme zum gleichen Resultat. Interessant ist aber, dass *trotz* der **potenziell knappen Finanzmittel** für Realprojekte **keine Zinssatzanpassung** bei den Residualgewinnen vorgenommen werden muss. Der Grund liegt darin, dass der **Knappheitsaspekt explizit** durch die Gesamtabstimmung bei der **Zentrale** berücksichtigt wird.

Das Gewinnbeteiligungssystem scheint daher auf den ersten Blick eine geeignete Grundlage zur Lösung der Koordinationsprobleme zu liefern. Es besitzt allerdings eine Eigenschaft, die nicht sofort ins Auge fällt. Die allseits wahrheitsgemäße Berichterstattung ist nämlich *nicht* das **einzige** *Nash*-Gleichgewicht. Es kann daneben andere Gleichgewichte geben, die nicht mehr durch eine zutreffende Informationsübermittlung gekennzeichnet sind. Man sollte dies allerdings nicht überbewerten. Die zusätzlichen Gleichgewichte müssen nämlich für alle beteiligten Akteure mit einer **niedrigeren Zielerreichung** einhergehen als bei der wahrheitsgemäßen Berichterstattung. Der Grund liegt darin, dass es mit positiver Wahrscheinlichkeit zu einer **suboptimalen Kapitalallokation** durch die Zentrale kommt, wodurch definitionsgemäß ein niedrigerer Gesamtgewinn erzielt wird. An dieser Gewinneinbuße partizipieren beim Gewinnbeteiligungssystem aber *alle* Akteure. Es wäre daher für alle beteiligten Manager besser, sich auf eine allseits wahrheitsgemäße Berichterstattung zu verständigen.

Eine nicht wahrheitsgemäße Berichterstattung kann darüber hinaus ein weiteres Problem hervorrufen, weil ein Manager bei sicheren Überschüssen $x(I)$ am Ende der Periode der „Lüge" überführt werden kann. In diesem Fall könnten Sanktionen am Periodenende dafür sorgen, dass wahrheitsgemäß berichtet wird. Dabei handelt es sich aber offensichtlich nicht mehr um ein „reines" Gewinnbeteiligungssystem. Wenn allerdings eine Risikosituation vorliegt und $x(I)$ als **Erwartungswert von Zahlungsüberschüssen** aufzufassen ist, wäre die Aufdeckung einer Falschberichterstattung nicht ohne weiteres möglich.

Beispiel

Die Existenz anderer *Nash*-Gleichgewichte wird durch ein stark vereinfachtes Beispiel demonstriert. Gegeben seien $J = 2$ Bereiche. Die Projekte jedes Bereiches sind beliebig teilbar und weisen stets eine konstante Rendite pro Geldeinheit auf. Für jeden Bereich sollen nur zwei Renditen mit gleicher Wahrscheinlichkeit möglich sein, wobei die tatsächlich vorliegende Rendite nur dem betreffenden Bereichsmanager bekannt ist. Die Zentrale sowie der jeweils andere Manager kennen dagegen nur die Renditeverteilungen, die voneinander unabhängig sind.

Bereich 1 kann mit gleicher Wahrscheinlichkeit entweder eine Rendite von 15% oder 25% aufweisen, Bereich 2 dagegen eine Rendite von 20% oder 40%. Es gibt daher insgesamt *vier* denkbare Renditekombinationen, die *ex ante* jeweils mit einer Wahrscheinlichkeit von 0,25 eintreten können. Der Kapitalmarktzins sei 10%, so dass Geldanlagen am Kapitalmarkt von vorneherein vernachlässigt werden können. Die optimale Kapitalallokation bei den einzelnen Renditekombinationen lautet wie folgt (die erste (zweite) Zahl gibt die Rendite für Bereich 1 (2) an):

(15%; 20%) $\rightarrow$ volle Allokation auf Bereich 2, Gewinn = $0{,}2 \cdot \overline{V}$

(15%; 40%) $\rightarrow$ volle Allokation auf Bereich 2, Gewinn = $0{,}4 \cdot \overline{V}$

(25%; 20%) $\rightarrow$ volle Allokation auf Bereich 1, Gewinn = $0{,}25 \cdot \overline{V}$

(25%; 40%) $\rightarrow$ volle Allokation auf Bereich 2, Gewinn = $0{,}4 \cdot \overline{V}$

Dass die allseits wahrheitsgemäße Berichterstattung ein *Nash*-Gleichgewicht ist, folgt aus den obigen Ausführungen. Im vorliegenden Fall gibt es aber noch ein anderes *Nash*-Gleichgewicht. Angenommen, der Manager des Bereiches 1 stellt sich auf den Standpunkt, dass der Manager des anderen Bereiches an sich zwischen allen Berichtspolitiken indifferent ist, und dass man daher mit einer Berichterstattung von stets 20% seitens dieses Managers rechnen müsse. Unter dieser Annahme kann gezeigt werden, dass es für den Manager des ersten Bereiches optimal ist, stets 15% zu berichten, und dass es bei dieser Berichterstattung des ersten Bereichsmanagers dem Manager des zweiten Bereiches tatsächlich egal ist, was er der Zentrale übermittelt.

Angenommen, der zweite Manager berichtet stets 20%. Lautet die Information des ersten Managers auf 15%, ist es bei einer Gewinnbeteiligung für ihn streng optimal, nur 15% zu berichten. Auf Grund seiner Informationen über die Renditeverteilungen weiß er nämlich, dass der andere Bereich stets besser ist, so dass alle Mittel dem zweiten Bereich zugewiesen werden sollten.

Lautet die Information des ersten Managers dagegen auf 25%, muss er folgende Überlegungen anstellen: Berichtet er wahrheitsgemäß 25%, würde die Zentrale ihm die Mittel zuteilen, weil der zweite Manager annahmegemäß stets 20% berichtet. Dies ist auch mit einer Wahrscheinlichkeit von 0,5 optimal. Mit gleicher Wahrscheinlichkeit ist diese Allokation jedoch suboptimal, weil bei der Kombination (25%; 40%) Bereich 2 alle Mittel zugeteilt werden sollten, nur erfährt die Zentrale nichts über das tatsächliche Vorliegen dieser Kombination. Berichtet der erste Manager stattdessen nicht wahrheitsgemäß (er unterschätzt sich also und übermittelt der Zentrale 15%), werden die Mittel wieder Bereich 2 zugewiesen, was ebenfalls mit der Wahrscheinlichkeit 0,5 jeweils optimal oder suboptimal ist. Die optimale Berichtspolitik ergibt sich aus dem Erwartungswert der Entlohnungen für den ersten Manager:

Bericht 25%: $s = \underline{S} + \alpha \cdot 0{,}25 \cdot \overline{V}$

Bericht 15%: $s = \underline{S} + \alpha \cdot (0{,}5 \cdot 0{,}2 \cdot \overline{V} + 0{,}5 \cdot 0{,}4 \cdot \overline{V}) = \underline{S} + \alpha \cdot 0{,}3 \cdot \overline{V}$

Für den ersten Manager ist daher ein Bericht von 15% optimal, wenn seine eigentliche Rendite 25% beträgt. Dadurch erreicht er eine permanente Mittelzuweisung an Bereich 2, was *im Durchschnitt* besser ist als bei einer zutreffenden Berichterstattung. Weil nun aber Bereich 2 bei einem permanenten Bericht von 15% seitens des ersten Managers stets alle Mittel erhält, ist der zweite Manager wirklich indifferent zwischen seinen Berichterstattungen. Daher ist im vorliegenden Zusammenhang eine permanente Berichterstattung von 15% für den ersten und 20% für den zweiten Manager ebenfalls ein *Nash*-Gleichgewicht, das jedoch mit einer *ex ante* Wahrscheinlichkeit von 0,25 für die Kombination (25%; 20%) eine suboptimale Kapitalallokation induziert.

4.4. *Groves*-Schema

Eine Alternative zum Gewinnbeteiligungssystem wurde vor allem in den Arbeiten von *Groves* (1973) und *Groves* und *Loeb* (1979) vorgestellt, wodurch sich auch die Bezeichnung *Groves*-Schema erklärt. Dieses Anreizsystem modifiziert das Prozedere des Gewinnbeteiligungssystems so, dass es für jeden Manager **optimal** ist, **wahrheitsgemäß** zu berichten, *unabhängig* davon, ob die jeweils anderen Manager wahrheitsgemäß berichtet haben oder nicht. Insofern ist für jeden Manager die wahrheitsgemäße Informationsübermittlung die **dominant beste Politik**. Zusätzlich hängt das Entlohnungsschema nicht mehr von den *Ist*überschüssen der anderen Bereiche ab, was vielfach nicht als „fair" betrachtet wird, sondern nur mehr von den **berichteten** (geplanten) Überschüssen.

Nach dem *Groves*-Schema besteht die Beurteilungsgröße der Bereichsmanager aus einer **spezifischen Gewinnsumme**. Der Manager eines Bereiches n erhält danach einen Anteil der Summe aus dem eigentlichen **Gewinn seines Bereiches** und den ***berichteten* Gewinnen** der jeweils anderen Bereiche:

$$s_n(b_n) = s_n(\overline{G}_n') = \underline{S} + \alpha \cdot \overline{G}_n' = \underline{S} + \alpha \cdot [i \cdot M + G_n(I_n) + \sum_{\substack{j=1 \\ j \neq n}}^{J} \hat{G}_j(I_j)] \tag{28}$$

Sei wieder unterstellt, dass die Zentrale gemäß (26) die **Summe der berichteten Gewinne** maximiert. Die Entlohnung eines beliebigen Bereichsmanagers n hängt nur hinsichtlich seines *eigenen* Bereiches davon ab, was am Periodenende wirklich an Gewinn erwirtschaftet wurde. Bezüglich seiner Beteiligung an den Gewinnen der jeweils anderen Bereiche gelten dagegen nur die Funktionen, die die anderen Bereiche der Zentrale *genannt* haben. Was auch immer in diesem Zusammenhang durch die anderen Bereiche übermittelt wurde – der betrachtete Manager des Bereiches n kann es durch eine wahrheitsgemäße Berichterstattung hinsichtlich seines Gewinnpotenzials wieder schaffen, die Zentrale stellvertretend für sich handeln zu lassen, denn eine zutreffende Information führt dazu, dass die Zentrale exakt diejenige Funktion maximiert, die in der eckigen Klammer auf der rechten Seite von (28) steht.

Insofern ist beim *Groves*-Schema die **wahrheitsgemäße Berichterstattung** für jeden Bereichsmanager die beste Politik, *unabhängig* davon, was die anderen Manager berichtet haben. Anders als beim Gewinnbeteiligungssystem kann für *keinen*

Bereichsmanager eine Berichtspolitik existieren, die bei gegebenen Berichten der jeweils anderen Manager **streng** besser als die **wahrheitsgemäße Berichterstattung** ist. Daher ist es auch für die Zentrale rational, den erhaltenen Informationen Glauben zu schenken und die Summe der berichteten Gesamtgewinne zu maximieren.[18]

Allerdings kann es auch beim *Groves*-Schema **mehrdeutige Situationen** geben, was durch den folgenden Einschub hinsichtlich der Beziehungen zwischen Dominanz und *Nash*-Gleichgewichten demonstriert werden soll. Greift man auf das obige Beispiel zum Gewinnbeteiligungssystem zurück, dann ist zB eine Berichterstattung von stets 15% durch den ersten und stets 40% durch den zweiten Bereichsmanager auch beim *Groves*-Schema ein *Nash*-Gleichgewicht (der Leser ist eingeladen, dies selbst zu überprüfen). Der Grund liegt in einigen Indifferenzrelationen in diesem Beispiel.

Analog zum Gewinnbeteiligungssystem kann auch das *Groves*-Schema in einer Formulierung auf Basis von **Residualgewinnen** dargestellt werden. Ein Bereichsmanager erhält dann einen Anteil an der Summe aus dem eigentlichen Residualgewinn seines Bereiches und den berichteten Residualgewinnen der jeweils anderen Bereiche.

Absprachen

Ein Blick auf die in (28) angegebene Bemessungsgrundlage des *Groves*-Schemas zeigt, dass die Entlohnung eines Managers *ceteris paribus* (dh insbesondere bei *gegebener* Kapitalallokation) umso höher ist, je höher die *berichteten* Gewinne der jeweils anderen Bereiche ausfallen.[19] Dieser Aspekt kann beim *Groves*-Schema dazu führen, dass die Bereichsmanager untereinander **Absprachen** über ihre **Berichtspolitik** treffen können, die für *alle Bereichsmanager* gegenüber der (nicht kooperativen) Politik der wahrheitsgemäßen Informationsübermittlung zu einer höheren Zielerreichung führen.

Falls Übertreibungen kein Abweichen von der optimalen Mittelallokation bedingen, wird deren Implementierung für die Zentrale teurer. Wenn durch die Übertreibungen die **Mittelallokation** ineffizient wird, entsteht ihr daraus ein weiterer Verlust. Erleidet ein Bereich dadurch einen Verlust relativ zur wahrheitsgemäßen Berichterstattung, muss dieser durch Seitenzahlungen der anderen Bereiche abgedeckt werden, da der Bereich sonst der Absprache nicht folgt.

Ist eine **verbindliche Absprache** nicht möglich, lässt sich allerdings zeigen, dass abgesprochene Berichtspolitiken grundsätzlich kein *Nash*-Gleichgewicht bilden, weil jeder Bereich durch einseitige wahrheitsgemäße Berichterstattung seine Ent-

---

[18] Dies muss bei risikoaversen Bereichsmanagern nicht mehr gelten (vgl dazu *Pfaff* und *Leuz* (1995)). Berücksichtigt man explizit die Arbeitsleistung, so ergeben sich ähnliche Trittbrettfahrerprobleme wie beim Gewinnbeteiligungssystem (vgl dazu zB *Hofmann* und *Pfeiffer* (2003)).

[19] Da beim Gewinnbeteiligungssystem die Istgewinne die Basis für die Entlohnung bilden, ist es immun gegen solche Absprachen.

lohnung erhöhen kann.[20] Absprachen sind dann nicht durchsetzbar und deshalb auch kein Problem. Allerdings ist denkbar, dass Reputation oder andere dynamische Berichtspolitiken in einem mehrperiodigen Kontext auch unverbindliche Absprachen durchsetzen können.[21]

Nash-Gleichgewichte und Dominanz

Eine Alternative ist genau dann die *dominant beste Politik*, wenn sie für jeden möglichen Zustand wenigstens zur gleichen Zielerreichung wie andere Alternativen führt; sie ist *strikt dominant*, wenn sie darüber hinaus für mindestens einen Zustand sogar eine bessere Zielerreichung erbringt. In einem spieltheoretischen Zusammenhang werden die Zustände durch die möglichen Aktionen des Gegenspielers angegeben. In diesem Fall muss also eine dominante Alternative für jede Politik des Gegenspielers die erwähnten Eigenschaften aufweisen.

Bestehen für die beteiligten Parteien jeweils dominant beste Politiken, dann bilden diese auch ein *Nash*-Gleichgewicht, weil es sich annahmegemäß für keinen Spieler lohnen kann, von seiner (dominanten) Politik abzuweichen. Zur Illustration wird wieder auf ein früher gebrachtes Beispiel zurückgegriffen.

Aktionen	a_1^2	a_2^2
a_1^1	(10, 20)	(9, 25)
a_2^1	(13, 4)	**(11, 16)**

Das *Nash*-Gleichgewicht ist in der Konstellation 1 auch ein Gleichgewicht in dominanten Aktionen. Für Spieler 1 ist die Alternative 2 wegen 13 > 10 und 11 > 9 dominant; analog ist für Spieler 2 dessen Alternative 2 wegen 25 > 20 und 16 > 4 dominant.

Die Existenz dominanter Politiken impliziert aber nicht die Eindeutigkeit von *Nash*-Gleichgewichten. Zur Verdeutlichung sei die obige Situation in der linken oberen Zelle leicht modifiziert, so dass *trotz Dominanz* ein *zweites Nash*-Gleichgewicht vorliegen kann:

Aktionen	a_1^2	a_2^2
a_1^1	**(13, 25)**	(9,25)
a_2^1	(13,4)	**(11,16)**

Nach wie vor ist für beide Spieler deren jeweilige Alternative 2 dominant. Es liegen jetzt aber einige *Indifferenzrelationen* vor, denn Spieler 1 (2) ist bezüglich seiner Maßnahmen indifferent, falls Spieler 2 (1) seine Aktion 1 wählt. Daher gibt es im jetzt vorliegenden Fall *zwei Nash*-Gleichgewichte. Interessanterweise ist sogar für beide Spieler das *Nash*-Gleichgewicht günstiger, das gerade aus den *dominierten* Alternativen besteht. Dies gilt aber nicht generell.

---

20 Setzt man stetige, monoton wachsende und strikt konkave Gewinnfunktionen $G_i(\cdot)$ in I_i voraus, entspricht dies einer Gefangenendilemma-Situation: Vgl dazu *Budde* et al. (1998). Vgl zu Absprachen auch *Bamberg* und *Trost* (1995).

21 Vgl *Kunz* und *Pfeiffer* (1999).

Beispiel

Im Folgenden sei auf das Beispiel im Rahmen des Gewinnbeteiligungssystems zurückgegriffen. Beide Bereichsmanager mögen das gleiche Fixgehalt und den gleichen Anteil α an der Bemessungsgrundlage des *Groves*-Schemas haben. Im Falle der wahrheitsgemäßen Berichterstattung ergibt sich daher für jeden Manager bei Anwendung des *Groves*-Schemas folgende Entlohnung:

(15%; 20%): $s = \underline{S} + \alpha \cdot 0{,}2 \cdot \overline{V}$ (Volle Allokation auf Bereich 2)

(15%; 40%): $s = \underline{S} + \alpha \cdot 0{,}4 \cdot \overline{V}$ (Volle Allokation auf Bereich 2)

(25%; 20%): $s = \underline{S} + \alpha \cdot 0{,}25 \cdot \overline{V}$ (Volle Allokation auf Bereich 1)

(25%; 40%): $s = \underline{S} + \alpha \cdot 0{,}4 \cdot \overline{V}$ (Volle Allokation auf Bereich 2)

Nun sei unterstellt, dass sich die beiden Bereichsmanager vor Abgabe ihrer Berichte absprechen. Es ist offensichtlich, dass bei der Kombination (15%; 20%) die Zielerreichung von Manager 1 verbessert werden kann, indem *Manager 2* 40% an Stelle von 20% berichtet. Die Allokation würde dadurch nicht beeinflusst, doch würde Manager 1 nach Maßgabe der *berichteten* Gewinne von Bereich 2 entlohnt werden (er erhielte daher eine Entlohnung von $s = \underline{S} + \alpha \cdot 0{,}4 \cdot \overline{V}$). Manager 2 wäre dieser Änderung der Berichtspolitik gegenüber indifferent; wegen der vollständigen Mittelzuweisung an seinen Bereich wird er nämlich ausschließlich nach Maßgabe seines *tatsächlichen* Gewinns entlohnt. Würde anders als im Beispiel auch Bereich 1 Mittel erhalten, wäre Manager 2 ebenfalls an einer Überschätzung der Gewinne von Bereich 1 interessiert.

Falls in Bereich 1 eine Rendite von 25% erzielt werden kann, erscheint auf den ersten Blick bei gegebener Allokation keine Verbesserung gegenüber der wahrheitsgemäßen Berichterstattung möglich. Dies ändert sich aber bei Berücksichtigung von *Seitenzahlungen* zwischen den Bereichsmanagern. So könnte man vereinbaren, dass Manager 2 auch bei der Kombination (25%; 20%) eine Rendite von 40% für Bereich 2 berichten sollte. Damit würde die Zentrale alle Mittel Bereich 2 zuweisen. Manager 1 erhält eine Entlohnung von $s = \underline{S} + \alpha \cdot 0{,}4 \cdot \overline{V}$, während Manager 2 nur eine solche von $s = \underline{S} + \alpha \cdot 0{,}2 \cdot \overline{V}$ erzielt. Allerdings könnten die beiden Manager vereinbaren, dass Manager 1 einen Ausgleich an Manager 2 in Höhe von $\alpha \cdot 0{,}1 \cdot \overline{V}$ zahlt, so dass im Ergebnis *beide* Manager eine Verbesserung erfahren, denn ihre Entlohnung beträgt dann $s = \underline{S} + \alpha \cdot 0{,}3 \cdot \overline{V}$, und das, obwohl nicht die optimale Allokation erzielt wurde.

Groves-Schema und Controllability

Sowohl das Gewinnbeteiligungssystem als auch das *Groves*-Schema stellen offensichtlich eine **Abkehr vom Grundsatz der *Controllability*** dar, der bereits im Zusammenhang mit den Kontrollproblemen in Teil II: *Kontrollrechnungen* diskutiert wurde. Nach der ***Controllability*** sollten Manager nur anhand solcher Ergebnisse beurteilt werden, die in ihrem Einflussbereich liegen; dies wird regelmäßig als Grundsatz eines „fairen“ Beurteilungssystems angesehen. Dieser Grundsatz ist bei der Gewinnbeteiligung in eklatanter Weise verletzt, weil die Zielerreichung eines Managers auch von *erzielten* Resultaten aller anderen Unternehmensbereiche abhängt. Beim *Groves*-Schema scheint dies nicht so direkt zu gelten, da nur die *berichteten* (geplanten), nicht aber die tatsächlich *erzielten* Überschüsse der anderen Bereiche die Zielerreichung eines Managers tangieren. Im **Gleichgewicht** bei wahrheitsgemäßer Berichterstattung ist das *Groves*-Schema allerdings *faktisch* zu einem Gewinnbeteiligungssystem geworden.

Solche Aspekte der „Fairness" lassen sich in ökonomische Analysen der beschriebenen Art nur bedingt integrieren. Legt man auf derartige Aspekte der „Fairness" wert, scheiden manche Anreiz- und Beurteilungssysteme von vorneherein aus. Die **ökonomische Analyse** zeigt aber, welche „Kosten" man hinsichtlich der Lösung von Koordinationsproblemen dadurch implizit in Kauf nehmen muss. Und letztlich kann man das Problem auch ganz anders sehen: Hängt die Zielerreichung von Bereichsmanagern ausschließlich von Größen ab, die alleine den jeweiligen (Verantwortungs-)Bereich betreffen, werden **Bereichsegoismen** in einer Weise gefördert, die bei knappen Mitteln grundsätzlich auf Kosten der Zielerreichung anderer Bereiche geht. Ob dies wiederum „fair" ist, mag dahingestellt bleiben. Es zeigt jedenfalls, dass bei Effekten des Ressourcenverbundes die Zielerreichungen aller Akteure miteinander verbunden sind, auch wenn dieser Aspekt durch bestimmte Beurteilungssysteme nicht offen zu Tage tritt.

Experimentelle Ergebnisse

Entsprechend den Zahlen in der diesem Kapitel vorangestellten Illustration führten *Waller* und *Bishop* (1990) ein Experiment mit insgesamt 72 Studenten der Betriebswirtschaftslehre durch. Nach dem Durchspielen einer Serie von solchen Situationen ergab sich Folgendes:

Frage: Nach zehn Budgetierungsrunden habe ich vollständig verstanden, was ich tun musste, um meinen Bonus zu maximieren: 6,66 Punkte
(Die Skala reicht von 0: „stimmt nicht", bis 10: „stimmt völlig").
Zum Vergleich: Wird der Bonus am Bereichsbruttogewinn bemessen, ist die Antwort 8,78 Punkte.

Frage: Nach zehn Budgetierungsrunden war mein Ziel, das zu tun, was am besten für das Unternehmen insgesamt ist: 4,07 Punkte

Frage: Die Art, wie meine Leistung beurteilt wurde, war fair: 5,66 Punkte

Frage (adaptiert): Ist der Bonus für das Nennen einer zu geringen oder zu hohen Rendite unverändert, höher oder niedriger? (Anzahl der Antworten von 23 antwortenden Studenten):

Verzerrung der Rendite:	zu gering	zu hoch
Effekt auf den Bonus:		
keiner	7	9
Erhöhung	7	7
Verringerung	9	7

Diese Antworten zeigen sehr schön ein wesentliches Problem des *Groves*-Mechanismus auf: Er ist nicht leicht zu verstehen. Das könnte ein Grund für die geringe praktische Verwendung sein. Diese Aspekte konnten in einer neueren Experimentalstudie von *Arnold* und *Ponick* (2006) bestätigt werden; zusätzlich stellten sie in ihren Treatments eine mangelnde Manipulationsresistenz des *Groves*-Mechanismus fest, so dass sich stets Abweichungen von einer wahrheitsgemäßen Berichterstattung ergaben.

5. Beurteilungsgrößen bei Ressourcenpräferenzen der Manager

5.1. Ressourcenpräferenzen und ausreichende Finanzmittel

Im Folgenden werden explizit divergierende Interessen der Manager eingeführt. Konkret handelt es sich dabei um **Ressourcenpräferenzen**, also nichtfinanzielle Managerinteressen, die sich etwa in Arbeitsleidfaktoren und/oder Präferenzen für den Umfang zugeteilter Ressourcen (zB wegen *fringe benefits*, Macht, Prestige oder Einfluss – also sogenannte *private benefits of control*) niederschlagen können. Arbeitsleidfaktoren, die an anderen Stellen dieses Buches bereits ausführlich analysiert wurden, werden nicht behandelt. Dies lässt sich auch dadurch rechtfertigen, dass für höherrangige Manager die Arbeitsleidfaktoren oftmals als tendenziell weniger relevant angesehen werden.[22] In der vorliegenden Konstellation handelt es sich aber um solche Manager, denn Bereichsleiter dürften sicherlich zu den oberen Managementebenen eines Unternehmens zählen.

Nachfolgend wird also unterstellt, dass ein Bereichsmanager mit dem Umfang der ihm zur Verfügung stehenden Investitionsmittel direkt Nutzenzuwächse verbindet.[23] Diese Aspekte werden über die lineare Funktion $\beta \cdot I$ ($\beta > 0$) erfasst, so dass die **Nutzenfunktion eines Managers** (Agent) folgende Gestalt hat:

$$U^A = \beta \cdot I + s(b) = \beta \cdot I + \underline{S} + \alpha \cdot b \qquad (29)$$

Auch in dieser Situation erweist sich der **Residualgewinn** als **geeignete Basis** für die Beurteilung der Bereichsmanager. Die Berechnung des Residualgewinns darf allerdings *nicht* mehr mit dem **Kapitalmarktzins** i vorgenommen werden. Setzt man nämlich $b = RG(I, i)$, dann würde ein Bereichsmanager im Rahmen einer *Investment Center*-Organisation folgende Funktion maximieren:

$$\max_{I \geq 0} \beta \cdot I + \underline{S} + \alpha \cdot RG(I,i)$$

Die Maximierung führt auf die Bedingung

$$\beta = -\alpha \cdot \frac{\partial RG(I^*,i)}{\partial I} \Rightarrow \frac{\partial RG(I^*,i)}{\partial I} = -\frac{\beta}{\alpha} < 0$$

Das für den Manager optimale Investitionsvolumen ist also wegen der „intrinsischen“ Ressourcenpräferenzen durch eine **Überinvestition** relativ zum eigentlichen Optimum aus Sicht der Zentrale gekennzeichnet.[24] Insofern gewährleistet der mit

---

22 So etwa *Jennergren* (1980), S. 190, sowie *Holmström* und *Ricart i Costa* (1986), S. 835 f.

23 Die folgende Darstellung ist eine vereinfachte Version des Ansatzes von *Ewert* (1992). Dort wird zusätzlich berücksichtigt, dass der Manager eine Arbeitsleistung erbringen muss, um überhaupt Informationen bezüglich des Erfolgspotenzials seines Bereiches zu erlangen. Diese Arbeitsleistung kann mit Arbeitsleidfaktoren verknüpft sein.

24 Der vorgestellte Ansatz ist aber grundsätzlich auch in der Lage, den umgekehrten Fall zu erfassen. Falls zB der Manager unter der Last seiner Verantwortung zusammenzubrechen droht und mithin bei steigendem Investitionsvolumen eine Art „Arbeitsleid“ empfindet, das die anderweitigen

dem Kapitalmarktzins i berechnete Residualgewinn für die Zentrale nicht mehr eine optimale Lösung. Der Bereichsmanager ist bereit, Einbußen seines Residualgewinns hinzunehmen, weil er aus der Erhöhung des Investitionsvolumens anderweitige Vorteile zieht.

Führen die **Ressourcenpräferenzen** des Managers daher zu einer **Überinvestition**, dann lässt sich diese Überinvestition vermindern, wenn man die **Kapitalkosten** für die Berechnung des Residualgewinns entsprechend **anhebt**. Der **modifizierte Zins** γ ist dabei wie folgt festzusetzen:

$$\gamma = i + \frac{\beta}{\alpha} \tag{30}$$

Dadurch wird letztlich der vom Bereich zu erzielende *Sollgewinn* auf $\gamma \cdot I$ angehoben. Mit $b = RG(I,\gamma)$ folgt für die **Zielerreichung des Bereichsmanagers**:

$$U^A = \beta \cdot I + \underline{S} + \alpha \cdot RG(I,\gamma) = \underline{S} + \beta \cdot I + \alpha \cdot \left(x(I) - \left(1 + i + \frac{\beta}{\alpha} \right) \cdot I \right) =$$
$$= \underline{S} + \alpha \cdot \big(x(I) - (1+i) \cdot I \big) = \underline{S} + \alpha \cdot RG(I,i)$$

Die Festsetzung von γ gemäß (30) **neutralisiert** also die **Ressourcenpräferenzen**, so dass der Manager im Ergebnis so handelt, *als hätte* er nur finanzielle Interessen und wäre am Residualgewinn auf der Basis des Kapitalmarktzinses beteiligt. Er wählt daher das optimale Investitionsprogramm bei ausreichenden Finanzmitteln.[25]

Die in (30) erscheinenden **Einflussfaktoren des Zinssatzes** γ lassen sich intuitiv einsichtig interpretieren. Zunächst dient der Kapitalmarktzins i als Basisgröße, die um den **Faktor** β/α erhöht wird. Dieser Faktor steigt mit zunehmendem β, da ein höheres β den Ressourcenpräferenzen ein größeres Gewicht verleiht. Weil der Zinssatz γ aber gerade diese Ressourcenpräferenzen neutralisieren soll, muss er mit steigendem Gewicht dieser Präferenzen ebenfalls zunehmen. Andererseits kann der Zins γ umso niedriger angesetzt werden, je größer der Anteil α ist, mit dem der Bereichsmanager am Residualgewinn beteiligt ist. Auch dies leuchtet ein, denn ein höherer **Beteiligungsprozentsatz** gibt den finanziellen Aspekten in der Zielfunktion des Bereichsmanagers eine größere Bedeutung. Daher schlagen für den Bereichsmanager auch die überinvestitionsbedingten Verminderungen des Residualgewinns stärker negativ zu Buche, so dass der Zinssatz γ weniger stark erhöht werden muss, um seine Neutralisationsfunktion erfüllen zu können.

Vorteile der Ressourcenbereitstellung überkompensiert, wäre $\beta < 0$. In diesem Fall würde man ein Unterinvestitionsproblem erhalten.

25 Aspekte wie *fringe benefits* bewirken Nutzenzuwächse nicht über die Höhe der zugeteilten Mittel selbst, sondern durch deren Verwendung für Zwecke, die aus Sicht der Zentrale nicht optimal sind. Insofern ist eine Neutralisierung, wie sie für den Fall im Text abgeleitet wird, nicht direkt möglich. Siehe zu diesbezüglichen Modellen etwa *Antle* und *Eppen* (1985) sowie *Antle* und *Fellingham* (1990). Auch darin ergeben sich die Zinserhöhungseffekte alleine aus Interessenkonflikten und einer asymmetrischen Informationsverteilung, nicht aber aus potentiell beschränkten Finanzmitteln.

Vorteile aus Ressourcenpräferenzen und Kapitalkostensätze

Im Rahmen von Ansätzen mit vollständigen Anpassungen der Entlohnung können sich Ressourcenpräferenzen auch als vorteilhaft für die Zentrale erweisen.[26] Zur Verdeutlichung sei eine *first best*-Situation unterstellt, in der die Zentrale Kenntnis über den Erfolg des Projekts hat und dem Manager basierend auf der Nutzenfunktion (29) gerade seinen Reservationsnutzen zugesteht:

$$s + \beta \cdot I = \underline{U}^A \quad \Rightarrow \quad s = \underline{U}^A - \beta \cdot I$$

Die Existenz der Ressourcenpräferenzen führt zu einem Nutzenzuwachs für den Manager und erlaubt der Zentrale daher eine Reduktion der Entlohnung, um das gleiche Nutzenniveau zu gewährleisten. Eine Ausdehnung des Investitionsvolumens ist für die Zentrale daher nicht nur mit Veränderungen beim Residualgewinn verbunden, sondern ebenfalls mit Gehaltseinsparungen. Dies führt dazu, dass sich jetzt auch für die Zentrale eine Erhöhung der Investitionen über das Niveau lohnt, welches den Brutto-Residualgewinn maximiert. Die Zentrale maximiert jetzt

$$RG(I,i) - s = RG(I,i) + \beta \cdot I - \underline{U}^A$$

Die Bedingung erster Ordnung ergibt

$$\frac{\partial RG(I^*,i)}{\partial I} = -\beta$$

Dies ändert aber nichts an der Notwendigkeit, bei Delegation der Entscheidung über die Investition eine Anpassung des Kapitalkostensatzes beim Residualgewinn vorzunehmen. Solange nämlich $\alpha < 1$, würde eine Beteiligung des Managers an dem mit dem Zinssatz *i* berechneten Residualgewinn wegen

$$-\frac{\beta}{\alpha} < -\beta$$

zu einer Überinvestition relativ zu dem von der Zentrale gewünschten Investitionsvolumen führen. Die Erhöhung des Zinssatzes fällt lediglich etwas moderater aus als in (30) und beträgt jetzt

$$\gamma = i + \frac{\beta}{\alpha} \cdot (1 - \alpha)$$

Der potenzielle Vorteil der Ressourcenpräferenzen resultiert stets aus der endogenen Anpassung der Managerentlohnung. Es ist eine empirische Frage, in welchem Maße dies relevant ist. Eine Implikation des Modells ist etwa, dass die Entlohnung mit höherem Investitionsvolumen tendenziell *sinken* müsste, was der allgemeinen Erfahrung (üblicherweise steigt die Entlohnung mit größerer „Verantwortung") wohl widerspricht – doch eine diesbezügliche empirische Untersuchung müsste explizit vielfältige Kontrollvariablen erfassen, um verlässliche Aussagen treffen zu können.

---

[26] Siehe dazu umfassender auch das Modell von *Baldenius* (2003) sowie die Ausführungen in *Ewert* und *Laux* (2004). In diesen Ansätzen werden neben der eigentlichen Investitionstätigkeit auch unbeobachtbare Arbeitsleistungen des Managers einbezogen. Es resultieren Abwägungen zwischen dem Vorteil aus Ressourcenpräferenzen, der Motivation zur Erbringung ausreichender Arbeitsleistungen und Renten, die dem Manager analog zum Kostenbudgetierungsmodell im 8. Kapitel: *Koordination, Budgetierung und Anreize* wegen seiner besseren Informationen gewährt werden müssen.

Empirische Ergebnisse

Eine von *Ross* (1986) durchgeführte Untersuchung der Kapitalbudgetierungspraxis zwölf großer Industrieunternehmen ergab, dass den Sparten sehr häufig Zinssätze berechnet werden, die oberhalb der eigentlichen Kapitalkosten liegen.

In den untersuchten Unternehmen wurden die tatsächlichen Kapitalkosten mit etwa 15% angesetzt, doch berechneten manche Unternehmen ihren Sparten Kapitalkosten von bis zu 60%. Darüber hinaus sind die in den Sparten berechneten Kapitalkosten zumeist nach der Größe der Investitionsprojekte gestaffelt.

Während diese Ergebnisse natürlich partiell auch auf Knappheitsaspekte zurückgeführt werden können, lassen sie sich nach *Ross* aber ebenfalls aus Gesichtspunkten der Dezentralisierung und der asymmetrischen Informationsverteilung heraus erklären.

Auch eine auf umfangreicherem Datenmaterial der amerikanischen *„Fortune 1000-Unternehmen"* basierende Studie von *Poterba* und *Summers* (1995) bestätigt die Praxis, dass die intern angesetzten Kapitalkostensätze regelmäßig oberhalb der eigentlichen Kapitalkosten liegen.

Beispiel

Sei folgende Überschussfunktion gegeben:

$$x(I) = 20 \cdot \ln(10 \cdot I + 1) + I$$

Mit einem Kapitalmarktzins i = 0,1 beträgt der Residualgewinn $RG(I, i)$:

$$RG(I,i) = x(I) - (1+i) \cdot I = 20 \cdot \ln(10 \cdot I + 1) - 0{,}1 \cdot I$$

Nullsetzen der ersten Ableitung und Auflösen nach I erbringt ein optimales Investitionsvolumen aus Sicht der Zentrale in Höhe von 199,90.

Nun sei β = 0,002 und α = 0,1 angenommen. Der Bereichsmanager maximiert im Falle $b = RG(I, i)$ folgende Funktion:

$$\max_{I \geq 0} \underline{S} + 0{,}002 \cdot I + 0{,}1 \cdot \left(20 \cdot \ln(10 \cdot I + 1) - 0{,}1 \cdot I\right) = \underline{S} + 2 \cdot \ln(10 \cdot I + 1) - 0{,}008 \cdot I$$

Nullsetzen der ersten Ableitung erbringt ein für den Manager optimales Investitionsvolumen von 249,90. Es übersteigt das für die Zentrale optimale Volumen um etwas mehr als 25%. Der modifizierte Zins lautet γ = 0,1 + 0,002/0,1 = 0,12. Mit $b = RG(I, \gamma)$ maximiert der Manager jetzt folgende Funktion:

$$\max_{I \geq 0} \underline{S} + 0{,}002 \cdot I + 0{,}1 \cdot \left(20 \cdot \ln(10 \cdot I + 1) - 0{,}12 \cdot I\right) = \underline{S} + 2 \cdot \ln(10 \cdot I + 1) - 0{,}01 \cdot I$$

Die Maximierung dieser Funktion erbringt wieder ein Investitionsvolumen in Höhe von 199,90.

Diese Berechnung von Residualgewinnen mit einem **erhöhten Zins** γ gleicht im Ergebnis einer **Situation der Kapitalknappheit**, denn auch dort muss ja ein höherer (endogener) Zins angesetzt werden. Der tatsächliche Zusammenhang ist aber ganz anders, denn in der vorliegenden Konstellation sind annahmegemäß ausreichende Finanzmittel vorhanden. Der Erhöhungsbedarf bezüglich des Zinssatzes erklärt sich ausschließlich aus der Neutralisierung der Ressourcenpräferenzen.

Seit einigen Jahren wird von manchen Autoren[27] unter dem Namen ERIC („*E*arnings less *R*iskfree *I*nterest *R*ate") eine spezielle Residualgewinnvariante propagiert, bei der in jedem Fall der sichere Zins als Kapitalkostensatz zu verwenden ist. Im Lichte der obigen Analyse wird deutlich, dass damit Lösungen zur Milderung der aus Ressourcenpräferenzen resultierenden Konflikte nicht mehr möglich sind, es sei denn, man nimmt Anpassungen an anderer Stelle vor (zB durch Adaption der angesetzten Überschüsse). So zeigen auch *Kunz* et al. (2007), dass ERIC durch ein Residualgewinnsystem mit optimaler Zinssatzanpassung strikt dominiert wird.

Implementierung

Setzt man einen derart erhöhten Zins für die Berechnung der Residualgewinne an, kann die *Investment Center*-Organisation auch weiterhin die Erreichung des **Optimums** für die Zentrale gewährleisten. Jeder Bereichsmanager kann über sein Investitionsvolumen gemäß seinem aktuellen Informationsstand frei entscheiden; er wählt dennoch die Lösung, die auch die Zentrale bei gleichen Informationen gewählt hätte. Wichtig ist dabei freilich die Annahme ausreichender Finanzmittel, wodurch ein Ressourcenverbund zwischen den Bereichen ausgeschlossen wird.

Während die *Investment Center*-Organisation bei einem Zinssatz gemäß (30) die optimale Lösung auch weiterhin gewährleistet, ist dies bei der ***Profit Center*-Organisation** nicht unbedingt der Fall. Hier müsste sich die Zentrale wieder Informationen über die Erfolgspotenziale der Bereiche übermitteln lassen. Die optimale Lösung könnte erreicht werden, wenn die Bereichsmanager wahrheitsgemäß berichten *und* die Zentrale anschließend eine Kapitalallokation vornimmt, welche die Summe $\overline{RG}(i)$ der mit dem Kapitalmarktzins i berechneten Residualgewinne maximiert. Ob die Zentrale so verfährt, hängt aber von **ihren Interessen** ab, die sie beim gegebenen Anreizsystem und dem vorliegenden Informationsstand hat.

Angenommen, die Bereichsmanager haben wahrheitsgemäß berichtet. Die **Zentrale** maximiert den ihr **zufallenden Endwert**, der sich bei einem Zins gemäß (30) wie folgt ergibt:

$$EW^Z = \overline{V} \cdot \rho + \sum_{j=1}^{J} RG_j(I_j, i) - \sum_{j=1}^{J} \alpha_j \cdot RG_j(I_j, \gamma) - \sum_{j=1}^{J} \underline{S}_j =$$

$$= \overline{V} \cdot \rho + \sum_{j=1}^{J} (1-\alpha_j) \cdot RG_j(I_j, i) + \sum_{j=1}^{J} \beta \cdot I_j - \sum_{j=1}^{J} \underline{S}_j$$

Daraus erkennt man, dass die Zentrale **kein Interesse** hat, *nach* dem Empfang der Informationen über die Erfolgspotenziale genau diejenigen Investitionsprogramme zu wählen, die die mit dem Kapitalmarktzins berechneten Residualgewinne der einzelnen Bereiche maximieren. Der Grund liegt darin, dass die Zentrale durch den erhöhten Zinssatz γ einen **zusätzlichen finanziellen Vorteil** in Höhe von $\beta \cdot I_j$ bei jedem Bereich erzielt. Die Neutralisierung der Ressourcenpräferenzen der Bereichsmanager führt dazu, dass die Kapitalkosten der Zentrale *quasi* sinken.[28] Daher wäre

---

[27] Vgl insbesondere *Velthuis* und *Wesner* (2005).

[28] Dieser Aspekt unterscheidet sich daher von demjenigen des obigen Einschubs zur potenziellen Vorteilhaftigkeit von Ressourcenpräferenzen für die Zentrale.

es nun – *nach* Festlegung des Anreizsystems und *nach* dem Erhalt der Informationen – aus ihrer Sicht optimal, für jeden Bereich ein Investitionsvolumen zu wählen, das **oberhalb** des eigentlich optimalen Volumens liegt. Insofern ist die Kombination „Wahrheitsgemäße Berichterstattung der Bereichsmanager und anschließende *first best*-Festlegung der Investitionsvolumina" im vorliegenden Zusammenhang *kein Nash*-Gleichgewicht mehr. Antizipieren jedoch die Bereichsmanager dieses Verhalten der Zentrale, wird aus deren Sicht die Optimalität einer wahrheitsgemäßen Berichterstattung fragwürdig.

Diese Diskussion macht deutlich, dass bei einer *Profit Center*-Organisation noch zusätzliche **Bindungsmechanismen für die Zentrale** berücksichtigt werden müssen, weil die ohne Ressourcenpräferenzen vorhandene Kompatibilität der Interessen von Bereichsmanagern und der Zentrale jetzt nicht mehr gewährleistet ist. Derartige Bindungsmechanismen könnten zB in **Führungsgrundsätzen** gesehen werden,[29] doch steht die diesbezügliche Forschung erst am Anfang. Hier sollte nur auf die grundsätzliche Problematik und die Notwendigkeit von Bindungsmechanismen hingewiesen werden.

Berufsgrundsätze (*Professional Ethics*) für *Management Accountants*

Die im Text erwähnte Rolle von Führungsgrundsätzen zeigt die Bedeutung von Bindungsmechanismen auf, die etwas anders geartet sind als die aus rein opportunistischen Kalkülen resultierenden Verhaltensweisen. Würden etwa alle Akteure eines Unternehmens sich verlässlich auf bestimmte, als „gut" oder „fair" empfundene Handlungsweisen einigen können, benötigte man keine feinsinnigen Anreizmechanismen mehr, um ein gewünschtes Handeln sicherzustellen.

Das amerikanische *Institute of Management Accountants* (IMA) hat im Jahre 1983 erstmals einen Katalog von Berufsgrundsätzen erstellt, der sich in diesem Sinne interpretieren lässt. Im Wesentlichen handelt es sich um folgende vier Obergrundsätze:[30]

- Kompetenz
- Vertraulichkeit
- Integrität
- Objektivität.

Für den vorliegenden Zusammenhang sind insbesondere die Präzisierungen der Integrität und der Objektivität interessant. Im Rahmen der Integrität soll der *Management Accountant „avoid actual or apparent conflicts of interest and advise all appropriate parties of any potential conflict*", und im Rahmen der Objektivität lautet die Empfehlung: *„Communicate information fairly and objectively*"!

Ein alternatives Modell zur Investitionsbudgetierung

Die obigen Resultate, dass Kapitalkostenerhöhungen unabhängig von Finanzbeschränkungen zur Milderung von Interessenkonflikten zwischen Zentrale und Spartenmanagern eingesetzt werden können, lassen sich nicht nur auf Basis der

---

29 Siehe dazu *Ewert* (1992), S. 297 f.

30 Vgl *Horngren* et al. (2012), S. 38.

obigen Modellstruktur ableiten. Es gibt eine Reihe von anderen Möglichkeiten, **Investitionsbudgetierung** zu modellieren.

Zur Illustration wird im Folgenden die Grundstruktur des Ansatzes von *Antle* und *Eppen* (1985) beschrieben, der trotz des etwas anderen Zugangs relativ **ähnliche Ergebnisse** wie das im Text analysierte Modell erbringt.

Gegeben sei eine Sparte, deren **Investitionsvolumen** festzusetzen ist. Die erforderlichen Finanzmittel werden von der Zentrale bereitgestellt, die **keine Finanzbeschränkungen** zu beachten hat und demnach Finanzmittel faktisch unbeschränkt zum Zinssatz i erhalten kann. Dabei kann der ***Return on Investment*** (*ROI*) der Sparte variieren. Es mögen $\theta = 1, \ldots, \Theta$ denkbare Zustände für die Höhe des *ROI* existieren, wobei der *ROI* für jeden Zustand unabhängig vom Investitionsvolumen ist. Auf Grund von zB Absatzbeschränkungen ist jedoch der in der Sparte maximal erzielbare Zahlungsüberschuss am Periodenende auf den Betrag $\overline{x}$ beschränkt. Für den **Zahlungsüberschuss am Periodenende** gilt demnach bei Vorliegen des Zustands θ:

$$x_\theta(I_\theta) = I_\theta \cdot (1 + ROI_\theta) \quad \text{wobei } x_\theta(I_\theta) \leq \overline{x}$$

Angenommen, die **Zentrale kennt** den konkret vorliegenden Zustand θ (*first best*-Lösung). Eine Investition ist genau dann lohnend, wenn $ROI_\theta \geq i$. Dann wird in maximal zulässigem Umfang investiert, dh

$$I_\theta = \frac{\overline{x}}{1 + ROI_\theta} > 0 \quad \text{falls } ROI_\theta \geq i$$

Ordnet man die Zustände θ derart, dass ein höherer Index auch mit einem höheren *ROI* verknüpft ist, und unterstellt man, es gibt einen Zustand $\hat{\theta}$, dessen Rendite gerade den Kapitalkosten i gleicht ($ROI_{\hat{\theta}} = i$), dann gilt für die optimalen **Investitionsvolumina** folgende **Beziehungen**:[31]

$$I_\theta = 0 \quad (\forall\, \theta < \hat{\theta}) \quad \text{und} \quad I_\theta > I_{\theta+1} \quad (\forall\, \theta \geq \hat{\theta})$$

Kennt aber nur der Spartenmanager den Zustand θ (*second best*-Lösung) und besitzt die Zentrale lediglich Vorstellungen über die Wahrscheinlichkeit, mit der die einzelnen Renditen eintreten können, kann sie nicht mehr unmittelbar diese Lösung implementieren, wenn der Manager divergierende Interessen hat. Diese werden in der folgenden Form angenommen: Der Manager habe nichtpekuniäre Interessen in Form von **Slackpräferenzen**, dh, sollte er überschüssige Finanzmittel erhalten, kann er diese Mittel investieren, um eigene Bedürfnisse (*fringe benefits* usw) zu befriedigen.

Zur Verdeutlichung seien folgende Werte gegeben:

$$\overline{x} = 1.380 \quad ROI_\theta = 0{,}15 \quad i = 0{,}1$$

---

31 Die Annahme, dass bei einem Zustand von gerade $\theta = \hat{\theta}$ schon investiert wird, ist willkürlich, erleichtert aber die formale Festlegung des Investitionsprogramms, da sonst über einem offenen Intervall für θ optimiert würde.

Daraus ergäbe sich ein **optimales Investitionsvolumen** von $I_\theta = 1.200$. Kann die Zentrale nicht beobachten, wie die der Sparte zugeteilten Mittel konkret investiert werden, besteht für den Manager eine einfache Möglichkeit, *slack* zu erhalten: Er berichtet der Zentrale nicht etwa die tatsächlich vorliegenden 15% *ROI*, sondern gibt nur den kritischen *ROI* von 10% an (er behauptet also, der Zustand $\hat{\theta}$ läge vor). Würde die Zentrale diesem Bericht glauben, stellte sie nicht Mittel in Höhe von 1.200, sondern von 1.254,55 bereit. Der Manager investiert davon 1.200 „produktiv", so dass am Periodenende der maximale Überschuss von 1.380 resultiert. Den verbleibenden Betrag in Höhe von 54,55 kann er für eigene Zwecke verwenden.

Im Ergebnis würde die Zentrale bei einem solchen Vorgehen stets nur die Kapitalkosten erhalten und dem Manager maximalen *slack* bescheren. Ein **Ausweg** liegt darin, die **Renditeanforderungen** für positive Investitionsvolumina der Sparte zu **erhöhen**. Der Spartenmanager wird dann stets diesen neuen kritischen Zins berichten, sofern er tatsächlich über eine Kapitalproduktivität verfügt, die wenigstens diesen Zinssatz erreicht. Die Zentrale sichert sich somit **positive Kapitalwerte** für die Fälle, in denen überhaupt investiert wird. Diese Politik muss demnach besser sein als die obige, weil die Zentrale dort ja nur einen Kapitalwert von null erhält. Allerdings wird mit höheren Renditeanforderungen weniger häufig investiert. Dieser Nachteil muss gegen den Vorteil höherer Kapitalwerte abgewogen werden. Damit gibt es eine **optimale Renditeforderung**, die den erwarteten Kapitalwert für die Zentrale maximiert.

Letztlich werden auch hier der Sparte **höhere Kapitalkosten** als diejenigen des Kapitalmarkts berechnet, *ohne* dass Finanzknappheit vorläge. Darüber hinaus induziert diese Vorgehensweise *gleichzeitig* ***slack*** und **Kapitalrationierung**: *Slack* existiert dann, wenn die Sparte eine Rendite aufweist, die höher als die Renditeforderung der Zentrale ist. Andererseits erhält eine Sparte keine Mittel, wenn ihre Rendite zwar die Kapitalkosten i übersteigt, aber die höhere Renditeforderung unterschreitet. Insofern besteht eine gewisse Rationierung von Kapital, weil Projekte mit strikt positiven Kapitalwerten im Optimum bewusst nicht durchgeführt werden.[32]

5.2. Ressourcenpräferenzen und knappe Finanzmittel

Wenn neben den Ressourcenpräferenzen der Manager (mit $\beta \cdot I$) auch noch knappe Finanzmittel gegeben sind, muss die Zentrale sowohl personelle als auch sachliche Koordinationsprobleme lösen. Die Lösung lässt sich durch Kombination der schon früher vorgestellten Überlegungen gewinnen. Dabei wird von vorneherein auf den **Residualgewinn** abgestellt und zunächst ein System der Gewinnbeteiligung betrachtet.

---

32 Siehe zu einer Übertragung dieses Modells auf den mehrperiodigen Fall *Antle* und *Fellingham* (1990).

Gewinnbeteiligung

Bei der Diskussion der sachlichen Koordinationsprobleme infolge knapper Finanzmittel wurde festgestellt, dass eine Gewinnbeteiligung auch an der Summe $\overline{RG}(i)$ der Residualgewinne anknüpfen kann, um die Koordinationsaufgaben zu erfüllen. Dies ist jetzt aber wegen der Ressourcenpräferenzen der Bereichsmanager nicht mehr ausreichend. Stattdessen muss eine **modifizierte Summe von Residualgewinnen** herangezogen werden: Jeder Bereichsmanager erhält einen Anteil an der Summe aus dem gemäß (30) **modifizierten Residualgewinn** seines Bereiches und den mit dem **Kapitalmarktzins** i berechneten Residualgewinnen der jeweils anderen Bereiche. Für den n-ten Bereichsmanager gilt daher

$$s_n(b_n) = \underline{S} + \alpha \cdot [RG_n(I_n, \gamma) + \sum_{\substack{j=1 \\ j \neq n}}^{J} RG_j(I_j, i)] \quad \text{für } n = 1, \ldots, J$$

Wegen $\gamma = i + \beta/\alpha$ folgt daraus für die Zielerreichung des betreffenden Managers

$$U_n^A = \underline{\beta} \cdot I_n + s_n(b_n) = \underline{S} + \alpha \cdot \sum_{j=1}^{J} RG_j(I_j, i)$$

Weil sich die **Ressourcenpräferenzen** nur auf das Investitionsvolumen des eigenen Bereiches beziehen können, muss dementsprechend auch nur der Residualgewinn des eigenen Bereiches mit dem erhöhten Zins γ berechnet werden, um eine Neutralisation der Ressourcenpräferenzen zu gewährleisten. Im Ergebnis handelt der Manager eines Bereiches dann so, *als wäre* er an der Summe aller mit dem Kapitalmarktzins i berechneten Residualgewinne beteiligt; sein Interesse besteht daher in der **Maximierung der Residualgewinnsumme** $\overline{RG}(i)$. *Sofern* die Zentrale beim gegebenen Anreizsystem ebenfalls *nach* dem Empfang der Informationen an der Maximierung von $\overline{RG}(i)$ interessiert wäre, würden auch im vorliegenden Zusammenhang die bekannten Eigenschaften des Gewinnbeteiligungssystems gelten.

Dass das Problem der Zentrale auch bei der Gewinnbeteiligung grundsätzlich in der Maximierung von $\overline{RG}(i)$ gesehen werden muss, wurde bereits oben erläutert. Wegen der Modifizierung der Zinssätze zur Neutralisation der Ressourcenpräferenzen ergibt sich aber jetzt ein analoges Problem wie im Fall ausreichender Finanzmittel. Der für die Zentrale relevante Endwert beträgt (bei für alle Manager gleichen α, β und $\underline{S}$) nämlich

$$EW^Z = \overline{V} \cdot (1+i) + (1 - J \cdot \alpha) \cdot \overline{RG}(i) - J \cdot \underline{S} + \beta \cdot \sum_{j=1}^{J} I_j \qquad (31)$$

Aus der Erhöhung der Bereichszinssätze auf $\gamma = i + \beta/\alpha$ ergibt sich *nach* dem Empfang der Informationen somit ein **zusätzlicher finanzieller Vorteil der Zentrale** bei Ausdehnung des Investitionsvolumens. Dieser führt bei der Zentrale grundsätzlich zu Überinvestitionsanreizen. Bei **knappen Finanzmitteln** kann dieses Problem jedoch **weniger gravierend** sein als bei ausreichenden Finanzmitteln. Sind die Finanzmittel nämlich hinsichtlich der Realprojekte wirklich knapp, dann wird der gesamte Mittelvorrat in Realprojekte angelegt, so dass die Summe der in den Bereichen durchgeführten Realprojekte gerade gleich den Mitteln $\overline{V}$ ist. Dann aber folgt für den Endwert der Zentrale:

$$EW^Z = \overline{V} \cdot (1+i) + (1 - J \cdot \alpha) \cdot \overline{RG}(i) - J \cdot \underline{S} + \beta \cdot \overline{V}$$

Der durch die Zinssatzmodifizierung resultierende Vorteil der Zentrale wird daher zu einer **Konstanten**, so dass auch die Zentrale *letztlich* nur an der **Maximierung** der mit dem Kapitalmarktzins berechneten **Summe der Residualgewinne** interessiert ist. **Voraussetzung** dafür ist eine *a priori* vorliegende Kenntnis darüber, in welchem Verhältnis die Finanzmittel zu den Erfolgspotenzialen stehen. Ist die Knappheit nur ein grundsätzlicher Einflussfaktor, der in einer konkreten Situation auch *nicht* vorliegen kann, werden die Überinvestitionsanreize der Zentrale grundsätzlich relevant. Die Funktionsweise des Gewinnbeteiligungssystems hängt dann wieder von zusätzlichen **Bindungsmechanismen** (wie etwa bestimmten *Führungsgrundsätzen*) ab.

Unabhängig von der tatsächlichen Knappheit sind diese Bindungsmechanismen stets bedeutsam, wenn die Intensität der Ressourcenpräferenzen nicht für alle Manager gleich ist. Dann gelten nämlich für jeden Bereich spezifische Faktoren β_j; daraus ergeben sich **spartenspezifische modifizierte Zinssätze** γ_j, und für (31) folgt:

$$EW^Z = \overline{V} \cdot (1+i) + (1 - J \cdot \alpha) \cdot \overline{RG}(i) - J \cdot \underline{S} + \sum_{j=1}^{J} \beta_j \cdot I_j$$

In dieser Konstellation kann es selbst bei *a priori* feststehender Knappheit **Überinvestitionsanreize** wie auch **Unterinvestitionsanreize** der Zentrale geben, weil sie aus der Zinssatzmodifikation für unterschiedliche Bereiche verschiedene finanzielle Vorteile bei Ausdehnung des jeweiligen Investitionsvolumens zieht. Bereiche mit einem relativ hohen Faktor β_j unterliegen einem Überinvestitionsanreiz, der wegen der knappen Finanzmittel bei anderen Bereichen mit relativ niedrigen Faktoren β_j entsprechend eine Unterinvestition bedingt. Kann die Zentrale den Bereichsmanagern nicht garantieren, dass diese Überlegungen irrelevant sind, kann sie nicht mehr damit rechnen, von den Bereichsmanagern wahrheitsgemäße Berichterstattungen zu erhalten.

Groves-Schema

Die für den Fall der Gewinnbeteiligung dargestellten Überlegungen gelten analog auch für das ***Groves*-Schema**.[33] Danach müsste ein Bereichsmanager einen Anteil an der Summe aus dem gemäß (30) modifizierten Residualgewinn seines Bereiches und

---

33 Siehe zu anderen Modifizierungen des *Groves*-Schemas bei Vorliegen nichtfinanzieller Managerinteressen auch *Cohen* und *Loeb* (1984) sowie *Banker* und *Datar* (1992). In diesen Arbeiten werden neben den finanziellen Gesichtspunkten zusätzlich Arbeitsleidfaktoren berücksichtigt.

den mit dem Kapitalmarktzins berechneten *berichteten* Residualgewinnen der jeweils anderen Bereiche erhalten. Für ein so modifiziertes *Groves*-Schema folgt

$$s_n(b_n) = \underline{S} + \alpha \cdot [RG_n(I_n, \gamma) + \sum_{\substack{j=1 \\ j \neq n}}^{J} \hat{RG}_j(I_j, i)] \quad \text{für } n = 1, \ldots, J$$

Dieses Schema führt ebenfalls zur Neutralisation der Ressourcenpräferenzen und weist ansonsten die gleichen Eigenschaften wie das *Groves*-Schema im Fall fehlender Ressourcenpräferenzen auf, *vorausgesetzt*, die Zentrale ist ebenfalls an der Maximierung der Summe $\overline{RG}(i)$ interessiert. Dafür gelten wieder die oben vorgetragenen Zusammenhänge.

Liegen Selbstbindungen der Zentrale vor, oder hält man die angesprochenen Überinvestitionstendenzen für vernachlässigbar gering, können **modifizierte Gewinnbeteiligungssysteme** oder ***Groves*-Schemata** auch bei Ressourcenpräferenzen eine geeignete Grundlage zur Lösung der Koordinationsprobleme liefern (wobei die sonstigen potenziellen Probleme der beiden Systeme weiter bestehen).

6. Zusammenfassung

Das Investitionscontrolling beschäftigt sich vor allem mit der Planung und Steuerung von dezentral getroffenen Investitionsentscheidungen im Unternehmen. Bereichsmanager sollen Anreize erhalten, aus Sicht des Gesamtunternehmens optimale Investitionsprogramme zu implementieren. Bei Vernachlässigung von Interessenkonflikten und asymmetrischen Informationsverteilungen lassen sich diese Fragen durch **„traditionelle" Simultanansätze** behandeln. Diese Ansätze können zunächst unmittelbar an der eigentlich angestrebten Zielgröße (zB Endwert, Entnahmestrom) anknüpfen. Es existiert aber stets auch eine **Kapitalwertformulierung** des Problems, ebenso gibt es **Äquivalenzdarstellungen** in Form des **Gewinns** (einschließlich der Gewinne aus Finanzinvestitionen) und des **Residualgewinns**. Die Schwierigkeit dieser Formulierungen besteht allerdings in der Bestimmung der **endogenen Kalkulationszinssätze**. Diese Zinssätze kennt man nämlich im Grunde erst dann, wenn auch die optimale Lösung des Planungsproblems bekannt ist.

Beim *Vorliegen* von **Interessenkonflikten** und **asymmetrischer Informationsverteilung** sind die angesprochenen Planungsansätze nicht mehr ohne weiteres verwendbar. Der Zentrale fehlen nämlich die genauen Informationen, um eine Optimierung selbst vornehmen zu können. Und sie kann sich auch nicht unbesehen auf eine wahrheitsgemäße Berichterstattung seitens der Bereichsmanager verlassen, weil diese die Verwendung ihrer Berichte durch die Zentrale antizipieren werden. Wichtig sind demnach **Anreizsysteme**, die für eine wahrheitsgemäße Berichterstattung von Informationen sorgen und/oder richtige Entscheidungen der Bereichsmanager induzieren. Diese Anreizsysteme müssen auf die konkret vorliegende Situation des

Unternehmens bezogen sein. Maßgeblich dafür ist die Art der Managerinteressen einerseits sowie die Knappheit der Finanzmittel andererseits. Daraus lassen sich für die Analyse von Anreizsystemen verschiedene Konstellationen gewinnen, die jeweils bestimmte Beurteilungsgrößen und Verfahren ihrer Ermittlung erfordern.

Wenn die Finanzmittel nicht knapp sind und die Manager nur finanzielle Interessen haben, führt eine Beurteilung (Entlohnung) der Manager nach Maßgabe des **bereichsbezogenen Residualgewinns** zu einer insgesamt **optimalen Investitionspolitik**, unabhängig davon, ob eine *Investment Center*- oder eine *Profit Center*-Organisation vorliegt. Bei Verwendung des Gewinns kommt es dagegen regelmäßig zu Überinvestitionsanreizen.

Die **Verwendung des *ROI*** und verwandter Rentabilitätskennzahlen kann mit **gravierenden Abweichungen vom Optimum** einhergehen, weil die alleinige Maximierung der Rendite keinen Bezug zu den Kapitalkosten hat. Im Ergebnis treten in den meisten Fällen **Unterinvestitionsprobleme** auf. Insofern ist der *ROI* – ungeachtet seiner praktischen Verbreitung – ein problematisches Kriterium zur Bereichssteuerung.

Wenn die **Finanzmittel knapp** sind, bestehen neben den personellen auch **sachliche Koordinationsprobleme**. Diese erfordern Beurteilungsgrößen, die auch die Situationen in den anderen Bereichen berücksichtigen. In dieser Situation kommt ein Gewinnbeteiligungssystem in Betracht, wonach jeder Manager mit einem bestimmten Anteil am gesamten Unternehmensgewinn bzw am gesamten Residualgewinn beteiligt ist. Hier stellt die allseits wahrheitsgemäße Berichterstattung ein *Nash*-Gleichgewicht dar. Als weitere Möglichkeit wurde das ***Groves*-Schema** betrachtet, wonach der Manager einen Anteil an seinem erzielten Gewinn und der Summe der *berichteten* Gewinne der anderen Bereiche erhält. Hier ist die allseits **wahrheitsgemäße Berichterstattung** eine dominante Politik; dies schließt andere *Nash*-Gleichgewichte dennoch nicht aus. Ein Nachteil des *Groves*-Schema besteht in seiner Anfälligkeit für **Absprachen** zwischen den Bereichsmanagern.

Wenn die Manager auch nichtfinanzielle Interessen in Form von **Ressourcenpräferenzen** besitzen, führt die Verwendung des Residualgewinns nicht mehr zum Optimum, weil die Manager wegen ihrer Präferenzen für den Umfang zugeteilter Ressourcen zu Überinvestitionen neigen. Dieses Problem kann aber durch eine **Erhöhung** des für die Residualgewinnberechnung angewandten **Zinssatzes** ausgeschaltet werden. Diese Zinssatzerhöhung hängt von der Intensität der Ressourcenpräferenzen und dem Beteiligungsprozentsatz des Managers ab. Dadurch wird das von der Zentrale bereitgestellte Kapital gerade so verteuert, dass es die Ressourcenpräferenzen des Managers **kompensiert**. Sofern eine *Investment Center*-Organisation vorliegt, führt dieses Beurteilungssystem zur **optimalen Investitionspolitik**. Bei einer *Profit Center*-Organisation müssen dagegen *zusätzliche Bindungsmechanismen* für die Zentrale (zB Führungsgrundsätze) angewandt werden, um einer verzerrten Entscheidung bei der Zentrale *nach* dem Empfang der Managerberichte vorzubeugen.

In einer Situation mit knappen Finanzmitteln können **modifizierte Gewinnbeteiligungssysteme** oder ***Groves*-Schemata**, beide auf der Basis **modifizierter Residualgewinne**, bei denen für einen Manager der Residualgewinn des eigenen Bereiches mit einem **erhöhten Zinssatz** berechnet wird, für eine zutreffende Informationsweitergabe sorgen. Die **Zinssatzerhöhungen** dienen auch hier **ausschließlich zur Neutralisierung der Ressourcenpräferenzen**. Sie haben nichts mit der Knappheit der Finanzmittel zu tun; daher weisen sie keine Beziehung zu den endogenen Zinssätzen eines „traditionellen" Modells der simultanen Investitions- und Finanzplanung auf, bei denen der Knappheitsaspekt eine maßgebliche Rolle spielt. Die Finanzbeschränkung wird *explizit* im Rahmen der Planungsüberlegungen der Zentrale berücksichtigt, so dass der Kapitalkostensatz von dieser Funktion entlastet wird. Daraus folgt, dass bei der Gestaltung der Parameter optimaler Koordinationsmechanismen oftmals gänzlich andere Überlegungen maßgebend sein können, als sie aus eher „traditionellen" Ansätzen nahegelegt werden.

Fragen

F9-1 Wie lassen sich die beiden Äquivalenzdarstellungen für das im Text behandelte Problem der Investitionsprogrammplanung erklären?

F9-2 Welche Anreizeffekte löst eine Regelung aus, die verbietet, nicht genutzte Budgets auf Folgeperioden vorzutragen?

F9-3 Warum ist bei ausreichenden Finanzmitteln und rein finanziellen Managerinteressen die Funktionsweise des Residualgewinns unabhängig vom Vorliegen einer *Investment Center*- oder einer *Profit Center*-Organisation?

F9-4 Warum bestehen bei einer Beurteilung nach periodischen (kurzfristigen) Residualgewinnen Anreize zur Wahl des optimalen mehrperiodigen (langfristigen) Investitionsprogramms?

F9-5 Wie muss bei unterschiedlichen Zeitpräferenzen für die Residualgewinnermittlung die Abschreibung angepasst werden, damit der Manager das optimale Investitionsprogramm implementiert?

F9-6 Welche Anreize können bei der Verwendung des *ROI* zur Beurteilung des Managements auftreten?

F9-7 Warum funktioniert das *Weitzman*-Schema bei knappen Finanzmitteln nicht?

F9-8 Wann und warum ist bei knappen Finanzmitteln beim Gewinnbeteiligungssystem die wahrheitsgemäße Berichterstattung für einen Bereichsmanager optimal?

F9-9 Warum ist beim *Groves*-Schema die wahrheitsgemäße Berichterstattung für einen Bereichsmanager dominant? Warum kann es dennoch Mehrdeutigkeiten geben?

F9-10 Warum ist das *Groves*-Schema anfällig für Absprachen zwischen den Managern? Welche Voraussetzungen sind für Absprachen erforderlich?

F9-11 Weshalb kann man bei Ressourcenpräferenzen optimale Investitionsanreize über eine Erhöhung des Zinssatzes für die Berechnung der Residualgewinne geben?

F9-12 Warum ist bei Ressourcenpräferenzen trotz Kapitalknappheit keine knappheitsbedingte Zinssatzerhöhung nötig?

F9-13 Warum müssen bei Ressourcenpräferenzen eines *Profit Center* – Managers zusätzliche Bindungsmechanismen für die Zentrale betrachtet werden?

F9-14 Kann durch die in diesem Kapitel betrachteten Entlohnungsfunktionen und Beurteilungsgrößen sichergestellt werden, dass ein Bereichsmanager im Durchschnitt genau seinen Reservationsnutzen erhält?

Probleme

P9-1 **Optimales Investitionsbudget.** Betrachtet sei ein Unternehmen mit drei Bereichen und einem verfügbaren Kapital von $\overline{V} = 1.000$. Der Kapitalmarktzins sei i = 0,05. Der Planungshorizont beträgt eine Periode, und es soll der Endwert am Periodenende maximiert werden. Die drei Bereiche haben folgende Überschussfunktionen $x_j(I_j)$:

$$x_1(I_1) = 20 \cdot \ln(I_1 + 1) + I_1$$
$$x_2(I_2) = 10 \cdot \ln(I_2 + 1) + I_2$$
$$x_3(I_3) = 8 \cdot \sqrt{I_3} + I_3$$

a) Bestimmen Sie das optimale Investitionsprogramm. (*Hinweis*: (Ver-)Zweifeln Sie nicht beim Erhalt von Zahlen mit mehreren Nachkommastellen!)

b) Wie groß ist der endogene Zinssatz?

c) Formulieren Sie das Problem in Kapitalwertdarstellung und berechnen Sie die dazugehörige Lösung.

d) Stellen Sie das Problem in der äquivalenten Gewinnformulierung und in der äquivalenten Formulierung auf der Basis von Residualgewinnen dar.

e) Zeigen Sie die Beziehungen zwischen der Kapitalwertformulierung und der Residualgewinnformulierung auf, wenn Sie bei der Berechnung der Residualgewinne den in b) erhaltenen endogenen Zins verwenden.

P9-2 Residualgewinn und *ROI*. Gegeben seien eine Situation mit ausreichendem Kapital und rein finanziellen Managerinteressen. Der Kapitalmarktzins beträgt $i = 0{,}1$. Betrachtet wird ein Bereich mit folgender Überschussfunktion:

$$x(I) = 1.320 \cdot \sqrt{50 \cdot I}$$

a) Unterstellen Sie eine Beurteilung des Bereichsmanagers nach Maßgabe des Residualgewinns. Welches Investitionsvolumen würde der Bereichsmanager realisieren?

b) Nehmen Sie alternativ eine Beurteilung des Bereichsmanagers auf der Basis des *ROI* an. Wie lautet jetzt das optimale Investitionsvolumen des Managers? Welche Politik würde er wählen, wenn ein *Mindest*investitionsvolumen von 1.000 erforderlich wäre?

P9-3 *Groves*-Schema. Gegeben sei ein Unternehmen mit einem verfügbaren Kapital von $\overline{V} = 300$ und zwei Bereichen $j = 1, 2$, deren Manager rein finanzielle Interessen verfolgen. Jeder Bereich verfügt über zwei Investitionsmöglichkeiten mit jeweils linearen Erfolgsbeziehungen. Unsicher ist allerdings der Betrag der Mittel Z_j, die in das jeweils bessere Projekt angelegt werden können. Für jeden Bereich kann dieser Betrag mit gleicher Wahrscheinlichkeit entweder $Z_j = 100$ oder $Z_j = 200$ sein. Der genaue Wert ist jedoch nur dem jeweiligen Bereichsmanager bekannt, während sowohl die Zentrale als auch der jeweils andere Manager nur die Verteilung der Z_j kennen. Anlagebegrenzungen für das ungünstigere Projekt eines Bereiches gibt es nicht. Die Erfolgszusammenhänge für die beiden Bereiche lauten:

$$G_1(I_1) = \begin{cases} 10 \cdot I_1 & \text{für } I_1 \leq Z_1 \quad (Z_1 = 100 \text{ oder } 200) \\ 200 + 8 \cdot I_1 & \text{für } I_1 \geq Z_1 = 100 \\ 400 + 8 \cdot I_1 & \text{für } I_1 \geq Z_1 = 200 \end{cases}$$

$$G_2(I_2) = \begin{cases} 12 \cdot I_2 & \text{für } I_2 \leq Z_2 \quad (Z_2 = 100 \text{ oder } 200) \\ 300 + 9 \cdot I_2 & \text{für } I_2 \geq Z_2 = 100 \\ 600 + 9 \cdot I_2 & \text{für } I_2 \geq Z_2 = 200 \end{cases}$$

Der Kapitalmarktzins beträgt $i = 0{,}07$. Die Zentrale verlangt von den Bereichsmanagern eine Übermittlung der konkret vorliegenden Werte Z_j; wegen ihrer Kenntnis der grundsätzlichen Erfolgsbeziehungen kann sie sich daraus die entsprechenden Gewinnfunktionen zusammenstellen. Darauf aufbauend maximiert die Zentrale die Summe der berichteten Gewinne. Beide Bereichsmanager sind risikoneutral und mit jeweils $\alpha = 0{,}1$ an den Bemessungsgrundlagen des Gewinnbeteiligungssystems bzw des *Groves*-Schemas beteiligt ($\underline{S} = 0$).

a) Wie würde die optimale Kapitalallokation der Zentrale aussehen, wenn sie genaue Kenntnis der Werte Z_j hätte?

b) Gehen Sie wieder von einer asymmetrischen Informationsverteilung aus und unterstellen Sie die Anwendung des Gewinnbeteiligungssystems. Ist die wahrheitsgemäße Berichterstattung über die Z_j in diesem Fall ein *Nash*-Gleichgewicht?

c) Handelt es sich bei einer Berichterstattung von *stets* $\hat{Z}_1 = 100$ und *stets* $\hat{Z}_2 = 100$ ebenfalls um ein *Nash*-Gleichgewicht beider Gewinnbeteiligung? Wenn ja, vergleichen Sie die Zielerreichungen der beiden Manager mit denen unter b).

d) Unterstellen Sie alternativ das *Groves*-Schema und zeigen Sie, dass die wahrheitsgemäße Berichterstattung über die Z_j ein *Nash*-Gleichgewicht ist. Ist die in c) genannte Berichtspolitik ebenfalls ein *Nash*-Gleichgewicht? Können die beiden Bereichsmanager ihre Positionen ggf durch Absprachen verbessern?

Literaturempfehlungen

Allgemeine Literatur

Laux, H.: *Erfolgssteuerung und Organisation* 1, 2. Auflage, Berlin et al. 1999.

Solomons, D.: *Divisional Performance – Measurement and Control*, Homewood IL 1965.

Spezielle Literatur

Bromwich, M., und *M. Walker*: Residual Income Past and Future, in: *Management Accounting Research* 1998, S. 391 – 419.

Ewert, R.: Controlling, Interessenkonflikte und asymmetrische Information, in: *Betriebswirtschaftliche Forschung und Praxis* 1992, S. 277 – 303.

Groves, T.M, und *M. Loeb*: Incentives in a Divisionalized Firm, in: *Management Science* 1979, S. 221 – 230.

Hachmeister, D.: Der Cash Flow Return on Investment als Erfolgsgröße einer wertorientierten Unternehmensführung, in: *Zeitschrift für betriebswirtschaftliche Forschung* 1997, S. 556 – 579.

Pfaff, D. und *C. Leuz*: Groves-Schemata - Ein geeignetes Instrument zur Steuerung der Ressourcenallokation in Unternehmen?, in: *Zeitschrift für betriebswirtschaftliche Forschung* 1995, S. 659 – 690.

10

Kennzahlen als Performancemaße

Katharina muss schmunzeln. Eigentlich ist es schon verrückt, was sie gerade macht. Sie hat sich aus der BWL-Fachbibliothek das Buch von Kaplan und Norton mit dem Titel „Balanced Scorecard" ausgeborgt. Da gab es das Buch in der englischen Originalfassung und in deutscher Übersetzung, und sie hat sich mutig die englische Fassung gegriffen. Gleich zu Beginn des Buches findet sich eine kurze Episode als Einstimmung in das Buch, die sie eben zum Schmunzeln brachte:[1]

> *„Imagine entering the cockpit of a modern jet airplane and seeing only a single instrument there. How would you feel about boarding the plane after the following conversation with the pilot?*
>
> *Q: I'm surprised to see you operating the plane with only a single instrument. What does it measure?*
>
> *A: Airspeed. I'm really working on airspeed this flight.*
>
> *Q: That's good. Airspeed certainly seems important. But what about altitude. Wouldn't an altimeter be helpful?*
>
> *A: I worked on altitude for the last few flights and I've gotten pretty good on it. Now I have to concentrate on proper air speed.*
>
> *Q: But I notice you don't even have a fuel gauge. Wouldn't that be useful?*
>
> *A: You're right: fuel is significant, but I can't concentrate on doing too many things well at the same time. So on this flight I'm focusing on airspeed. Once I get to be excellent at airspeed, as well as altitude, I intend to concentrate on fuel consumption on the next set of flights."*

---

1 *Kaplan* und *Norton* (1996), S. 1 [im Original ist *airspeed* zum Teil getrennt und zum Teil als ein Wort geschrieben].

Am Abend trifft Katharina Elisabeth und deren Freund Philipp und erzählt ihnen die Geschichte, dass das so spannend war und dass sie gleich voller Interesse weiterzulesen begann. „Ihr könnt euch gar nicht den Synergieeffekt vorstellen", sagt sie, „das ist ein Buch, das mir auf der Uni empfohlen wurde, und ich übe auch gleich die englischen Fachausdrücke."

Elisabeth ist von der Geschichte nicht so überzeugt. „Eigentlich ist das komisch", beginnt sie und setzt fort: „Würdest du da mitfliegen? Ich würde ganz sicher sofort wieder aussteigen." Eine klare Antwort, die auch die Autoren des Buches so geben, weiß Katharina. Philipp legt noch nach: „Was ist eigentlich mit dem Piloten? Warum fliegt der so eine Maschine, in der die wichtigsten Instrumente fehlen? Der steigt sicher auch aus – oder baut er gerade die fehlenden Instrumente selbst ein?" Er beginnt herzhaft zu lachen. Was hat er jetzt schon wieder, denkt Katharina und sieht missbilligend zu Elisabeth; er muss immer damit angeben, wie gescheit er ist. Na ja. Sie hat die Geschichte eigentlich gut gefunden, oder war es nur das Englisch, das die Geschichte interessanter klingen ließ?

Katharina sinniert aber, ob die beiden vielleicht doch Recht haben. „Aber es geht doch um etwas ganz anderes", sagt sie schließlich. „Die meisten Leute nehmen den Gewinn und andere Erfolgsgrößen viel zu ernst, die kommen nämlich viel zu spät für eine sinnvolle Reaktion, wenn etwas passiert ist. In dem Buch gibt es auch noch den Vergleich mit dem Fußballspiel (sie weiß nicht, ob sie sich da richtig erinnert): Der Endstand hilft dem Trainer und den Spielern auch nicht mehr so viel wie der Spielstand mittendrin. Für mich klingt das plausibel."

„Okay", meint Elisabeth, „irgendwie hast du schon recht. Aber noch einmal zu unserem Piloten. Klar hat der ein Interesse, dass alle Instrumente eingebaut sind. Doch warum sollte es keinen Sinn machen, ihn nur nach der Fluggeschwindigkeit zu beurteilen? Vielleicht kann man damit auch die Pünktlichkeit und auch den Treibstoffverbrauch in den Griff bekommen." Philipp schüttelt den Kopf: „Aber das Höhenmeter ist doch das Wichtigste überhaupt." „Darauf passt der Pilot schon von selbst auf", wirft Katharina ein, „der möchte sicher selbst nicht abstürzen! Darauf muss das Unternehmen keine besondere Incentivierung bieten." Katharina ist ganz stolz auf die Verwendung des Wortes „Incentivierung". Elisabeth fällt gerade ein, dass sie irgendwann gelesen hat, dass ein lebensmüder Pilot auf diese Weise Selbstmord versuchte. Grauenhaft. „Eben", sagt Elisabeth. „Also kann es sinnvoll sein, für die Performance des Piloten nur auf ein Instrument zu schauen." Philipp versucht es nochmals: „Aber die anderen Instrumente müssen dennoch da sein." „Du hast ja recht", beruhigt Elisabeth und fragt Katharina: „Wann trittst du eigentlich zur Controlling-Prüfung an?"

Ziele dieses Kapitels

- Darstellung der Entscheidungs- und der Verhaltenssteuerungsfunktion von Kennzahlen
- Darstellung der Ermittlung wesentlicher Rentabilitäts- und Wertbeitragskennzahlen und kritische Analyse ihrer Steuerungswirkungen
- Analyse des Zusammenhangs von Unternehmenswert und dem Residualgewinn und *Cash Value Added*
- Aufzeigen der Problematik der Steuerung langfristiger Entscheidungen mit Anreizsystemen, die auf kurzfristigen Performancemaßen basieren
- Darstellung wesentlicher nichtfinanzieller Kennzahlen und der *Balanced Scorecard* als Kennzahlensystem, das finanzielle und nichtfinanzielle Kennzahlen enthält

1. Funktionen von Kennzahlen

Kennzahlen sind quantitative Informationen, die Strukturen und Prozesse in einem Unternehmen oder in einem Bereich abbilden. Sie fassen Basisinformationen zu möglichst aussagekräftigen Größen zusammen. Solche **Aggregationen** bestehen meist in der Aufsummierung oder der Differenzbildung von Ergebnissen verschiedener Aktivitäten, oder sie setzen bestimmte Informationen miteinander in Beziehung, wie Teile zum Ganzen (Gliederungskennzahlen), Informationen im Zeitablauf (Indexkennzahlen) oder Ursache und Wirkung (Beziehungskennzahlen).

Kennzahlen haben folgende **grundlegende Funktionen**:

- **Entscheidungsfunktion**: Entscheidungsträger fühlen sich von der Fülle von Einzelinformationen im Unternehmen oft „erschlagen" und benötigen wenige, möglichst aussagekräftige Performancemaße, die sie überschauen und auf die sie sich konzentrieren können. Diese Kennzahlen dienen der Abschätzung der Folgen eigener Entscheidungen und erfüllen eine Planungsfunktion. Sie erlauben weiter das Erkennen von Problemen und Mustern aus einer Fülle von Daten.
  Aus informationsökonomischer Sicht ist die Aggregation von Detailinformationen allerdings regelmäßig mit einer Vernichtung von Informationen verbunden. Dieser Nachteil ist gegen den Vorteil der übersichtlicheren Darstellung abzuwägen.
- **Verhaltenssteuerungsfunktion**: Kennzahlen werden weiter zur Kontrolle und Koordination in dezentral organisierten Unternehmen eingesetzt. Sie bilden die **Performancemaße** bzw Beurteilungsgrößen, an denen die Aktivitäten dezentraler Entscheidungsträger beurteilt werden.

In diesem Kapitel steht die **Verhaltenssteuerungsfunktion** von Kennzahlen im Vordergrund. Die Diskussion schließt unmittelbar an die Inhalte des 8. Kapitels: *Koordination, Budgetierung und Anreize* und des 9. Kapitels: *Investitionscontrolling* an. Auch dort ging es um Informationen und Anreize zur Lösung personeller

Koordinationsprobleme. Es wurde darin bereits betont, dass Informationssysteme im Zusammenhang mit der **Unternehmensorganisation** und mit **Anreizsystemen** zu betrachten sind. Sie sind ein Bestandteil des Organisationssystems. Dies wird beispielsweise bei *Cost Centers*, *Profit Centers*, *Investment Centers* und ähnlichen Konzepten deutlich: An Manager solcher *Centers* werden bestimmte Entscheidungskompetenzen delegiert, und damit gehen bestimmte Performancemaße einher, beim *Cost Center* eine aggregierte Kostengröße, beim *Profit Center* eine Gewinngröße und beim *Investment Center* eine Kapitalwert- oder Renditegröße.

Mit einer **Kennzahl als Performancemaß** wird das maßgebliche Entscheidungskriterium für einen Manager festgelegt. Er soll – und wird – Entscheidungen treffen, die das Performancemaß erhöhen. Das Performancemaß sollte daher so gut wie möglich mit den Unternehmenszielen kompatibel sein. Man spricht dabei von **Anreizkompatibilität** (Anreizverträglichkeit) einer Kennzahl: Eine Kennzahl ist anreizkompatibel, wenn sie sich dann (und nur dann) erhöht, wenn sich auch die Zielgröße der Unternehmenseigner erhöht. Der Zusammenhang von Performancemaßen mit Entscheidungen kommt in folgendem Ausspruch gut zum Ausdruck: „*What you measure is what you get.*"

Verwendet man ein falsches Performancemaß, kommt es zu falschen Entscheidungen. *Beispiele*: Das Betriebsergebnis als Performancemaß kann Anreize erzeugen, zu viel zu investieren, da die operativen Erträge im Betriebsergebnis aufscheinen, die dazugehörigen Finanzierungskosten das Betriebsergebnis aber nicht belasten. Ein Manager kann das Betriebsergebnis erhöhen, indem er zB Finanzierungsleasing betreibt, dessen Kosten zum Teil das Finanzergebnis belasten. Es kann dazu verleiten, dass sich ein Manager nicht um eine günstige Ertragsteuergestaltung kümmert, da die Ertragsteuern nicht im Betriebsergebnis aufscheinen.

Die **Festlegung von Kennzahlen** ist deshalb eine komplexe Aufgabe, bei der zu berücksichtigen ist, dass neben erwünschten **Wirkungen** (nämlich den zunächst intendierten Anreiz- und Steuerungseffekten) auch **unerwünschte Nebenwirkungen** auftreten können. Folgende Beispiele mögen dies verdeutlichen:

- Eine Kennzahl (oder eine geringe Zahl von Kennzahlen) erfasst nie umfassend **alle Aspekte**, auf die eine Entscheidung Einfluss hat und deren Berücksichtigung von einem Manager (zumindest implizit) erwartet wird, wie zB die Auswirkungen auf andere Geschäftsbereiche (siehe dazu auch 11. Kapitel: *Verrechnungspreise*).
- Kennzahlen können durch Sachverhalte, die der Manager **nicht kontrollieren** kann, beeinflusst werden.
- Manager haben oft individuelle und vom Unternehmen (bzw deren Eignern) **divergierende Interessen**, die im Performancemaß berücksichtigt werden müssen, wie zB Ressourcenpräferenzen.
- Der **Planungshorizont** eines Managers stimmt häufig nicht mit dem der Eigentümer des Unternehmens überein; meist werden Manager kurzfristigere Interessen haben als Eigentümer.

- Manager können die Kennzahl möglicherweise auch **manipulieren**, insbesondere bei zukunftsgerichteten Kennzahlen (wenn zB Barwerte einzubeziehen sind), weil sie idR bessere Information über die Situation in ihrem Bereich haben.

Kennzahlen als Performancegrößen sind eine wesentliche Komponente von **Anreizsystemen** (siehe dazu 8. Kapitel: *Koordination, Budgetierung und Anreize*). Aus Anreizgesichtspunkten ist der Informationsgehalt einer Kennzahl im spezifischen Kontext für deren Verwendung im Anreizsystem ausschlaggebend. **Präzisere Information** über die Leistung des Managers oder über die maßgebliche Umweltsituation ist idR vorteilhaft, weil ihre Verwendung im Entlohnungsvertrag dem Manager weniger Entlohnungsrisiko aufbürdet und daher auch eine höhere Arbeitsleistung wirtschaftlich erscheinen lässt. Auf die unmittelbare Einflussnahme auf die Kennzahl kommt es dabei nicht an (siehe 7. Kapitel: *Kontrollrechnungen*).

Des Weiteren ist zu berücksichtigen, dass Anreizsysteme auch ein Instrument für die **Auswahl von geeigneten Managern** sein können, also ihre beabsichtigte Wirkung *vor* der eigentlichen Tätigkeit des Managers erzielen. Ein Manager entscheidet sich für eine Position im Unternehmen (auch) auf Basis seiner erwarteten Vergütung. Ein relativ geringer fixer und damit ein hoher variabler Vergütungsanteil wird daher einen Manager ansprechen, der von sich überzeugt ist, die erwartete Leistung auch zu schaffen, ansonsten würde er diese Position nicht annehmen.

Die Notwendigkeit von **finanziellen Anreizsystemen** für Manager wird vielfach als gegeben erachtet, sie muss aber im Zusammenwirken mit anderen Anreizinstrumenten im Unternehmen gesehen werden. Manager werden idR durch ihre verantwortungsvolle Tätigkeit auch **intrinsisch motiviert**, und neben der Entlohnung und anderen Vertragsbestandteilen (zB Beförderung, Vertragsauflösung, Versetzung) gibt es auch noch das Ansehen („Marktwert“) am Managermarkt, Unternehmenskultur und Ethik, die Manager motivieren, im Sinne des Unternehmens tätig zu sein. In experimentellen Studien wurden auch Situationen gefunden, in denen die Einführung finanzieller Anreize, die an Performancemaße gekoppelt waren, zu einer Verdrängung intrinsischer Anreize und letztlich zu einer ungünstigeren Zielerreichung führte.[2]

In diesem Kapitel wird zunächst ausführlich auf Erfolgskennzahlen und ihre Anreizeffekte eingegangen. Im Vordergrund steht die Frage, wie **kurzfristige Kennzahlen** ermittelt werden können, um auch **langfristige Entscheidungen** zu steuern. Dies wird an der Problematik der Abbildung des Unternehmenswertes bzw seiner Steigerung in einer Periode deutlich gemacht. In den Unternehmenswert fließen Zukunftserwartungen ein, die vielfach Erwartungen des zu beurteilenden Managers erfordern und über die typischerweise asymmetrische Information zwischen Zentrale und Manager herrscht. Die unmittelbare Verwendung des Unternehmenswerts als Beurteilungsgröße ist daher problematisch, weil der Unternehmenswert selbst nicht beobachtbar ist. Unternehmen verwenden zur Performancemessung daher zumeist Kennzahlen, die auf beobachtbaren Größen basieren, doch hier besteht wiederum die Problematik, dass solche Kennzahlen die Zukunftsentwicklungen ggf nur unzureichend erfassen können. Wichtig ist daher insbesondere die Frage nach der konzeptionellen Beziehung zwischen einzelnen Kennzahlen und dem Unternehmenswert, was in den folgenden Abschnitten besonders betont

---

2 Vgl dazu zB die Diskussion in *Kunz* und *Pfaff* (2002).

wird. Im Anschluss daran werden einige **nichtfinanzielle Kennzahlen** betrachtet, die vor allem in untergeordneten Ebenen von Unternehmen stärkere Verwendung finden als finanzielle Kennzahlen. Ein Kennzahlensystem, das sowohl nichtfinanzielle wie auch finanzielle Kennzahlen enthält, ist die *Balanced Scorecard*, die zuletzt dargestellt wird.

2. Konzeptionen von Erfolgskennzahlen

Mit Erfolgskennzahlen soll die Leistung eines Managers im Hinblick auf **Schaffung und Erhöhung des Unternehmenswerts** gemessen werden. Sie werden deshalb oft auch als **wertorientierte Kennzahlen** bezeichnet. Diese Kennzahlen bilden den **Ursache-Wirkungs-Zusammenhang** von eingesetztem Kapital und dem erwirtschafteten Erfolg in einer Periode ab. Der Bezug auf das eingesetzte **Kapital** impliziert das Kapital als knappen Inputfaktor; es lassen sich jedoch auch andere Bezugsgrößen entsprechend darstellen.[3] Auf **umsatzbasierte Rentabilitätskennzahlen** (wie die Umsatzrentabilität, *Return on Sales* (ROS), *gross margin* usw) wird hier nicht eingegangen.

Ermittlungsbasis	Wertbeitrag (absolute Kennzahl)	Rentabilität (relative Kennzahl)
Cashflow-Größen	*Cash Value Added* (*CVA*), *Shareholder Value Added* (*SVA*)	*Cash Flow Return on Investment* (*CFROI*), *Shareholder Value Return* (*SVR*)
Ergebnis-größen	Residualgewinn, *Economic Value Added* (*EVA*), *Economic Profit* (*EP*)	*Return on Net Assets* (*RONA*), *Return on Capital Employed* (*ROCE*)

Tab. 1: Konzeptionen von Erfolgskennzahlen und Beispiele
(Quelle: *Ewert* und *Wagenhofer* (2000), S. 7)

Im Lauf der Zeit wurden in der Theorie, Unternehmenspraxis und der Unternehmensberatung **viele Konzepte** von Erfolgskennzahlen entwickelt. Bestimmte Kennzahlen werden von Beratungsgesellschaften sehr effektiv mit ansprechenden englischen Bezeichnungen und Akronymen, die zum Teil markenrechtlich geschützt werden, vermarktet; mit ihnen wird oft auch gleich ein ganzes Managementprogramm verbunden. Die Erfolgskennzahlen lassen sich strukturell nach folgenden **zwei Kriterien** einteilen (siehe Tabelle 1):

- **Ermittlungsbasis**: Grundsätzlich kann eine Kennzahl am **Cashflow** oder an einer **Ergebnisgröße** anknüpfen. Je nach Definition der Kennzahl sind hier auch Mischformen möglich.

---

3 Vgl zB *Strack* und *Villis* (2001).

- **Absolute oder relative Kennzahl**: Absolute Kennzahlen erfassen den **Wertbeitrag** einer Periode in Geldeinheiten, relative Kennzahlen messen die **Rentabilität** des eingesetzten Kapitals in Prozent.

Erfolgskennzahlen in der Praxis

Eine Studie über Shareholder Value-Spitzenkennzahlen der DAX 100 Unternehmen in Deutschland in 1999/2000 (56 antwortende Unternehmen) und in 2002/03 (38 antwortende Unternehmen) ergab folgendes Bild (*KPMG* 2000, S. 14, *Aders* und *Hebertinger* 2003, S. 15):[4]

Spitzenkennzahl	1999/2000	2002/03
Economic Value Added (und Varianten)	39%	54%
Discounted Cash Flow	4%	9%
Cash Value Added (und Varianten)	3%	7%
ROE	9%	6%
ROI	4%	6%
CFROI (und Varianten)	3%	5%
ROS und andere Renditegrößen	2%	3%
RORAC, RAROC	4%	1%
RONA, ROCE, ROIC	18%	0%

Die Ergebnisse dieser wie anderer Studien sind nur bedingt aussagefähig, weil idR nur kleine Samples zugrunde liegen. In dieser Studie ist die Anzahl der teilnehmenden Unternehmen gesunken, und es haben tendenziell auch nur jene Unternehmen geantwortet, die eine solche Spitzenkennzahl haben.

Als allgemeines Ergebnis kann daher eher gelten, dass in der Praxis ein großes Spektrum an unterschiedlichen Erfolgskennzahlen Verwendung findet. Sogar dann, wenn mehrere Unternehmen die gleiche Kennzahl angeben, unterscheidet sich meist die Berechnungsmethode im Detail. Andere Untersuchungen bestätigen dieses Bild. Es kommt sehr auf die spezifische Unternehmenssituation an, welche Kennzahlen am besten geeignet sind. Eine „Superkennzahl" wird schwerlich zu finden sein. Beispiele für die Vielfalt der Steuerungsgrößen und auch deren detaillierter Festlegung in großen deutschen Konzernen finden sich in *Arbeitskreis „Finanzierungsrechnung"* (2005).

Cashflow- versus Ergebnisgrößen

Cashflows sind **beobachtbare Größen**, die auf Geschäftsvorfällen des Unternehmens beruhen. Ergebnisgrößen sind dagegen theoretische **Konstrukte**, die die Geschäftsvorfälle und andere Ereignisse (wie zB Änderungen von Marktwerten) aufgrund bestimmter Rechnungslegungsregeln oder kalkulatorischer Regeln aggregieren (siehe dazu auch die Kosten-Leistungs-Konzeptionen II und III). Sowohl Cashflow- als auch Ergebnisrechnungen haben Vorteile und Nachteile. Deshalb wird vielfach versucht, die beiden zu kombinieren, indem zB von einer Ergebnisgröße ausgegangen wird, aber bestimmte Abgrenzungen außer Ansatz gelassen oder adaptiert werden.

---

4 Vgl auch *Aders* et al. (2003), S. 720.

Cashflows entstehen vielfach **asynchron** zu ihrer **Verursachung**; Leistungen werden zum Teil angezahlt, gestundet oder später bezahlt, so dass der Netto-Cashflow einer Periode nicht repräsentativ für die tatsächliche Performance der Periode ist. Mit Ergebnisgrößen soll die **Performance einer Periode** besser erfasst werden, indem die Cashflows durch bestimmte Regeln den Perioden zugeordnet werden. Dies eröffnet wiederum einen gewissen Gestaltungsspielraum bei der Abbildung (**Bilanzpolitik**). Allerdings können Cashflows vom Management ebenfalls erheblich beeinflusst werden. So kann das Hinauszögern einer Ausgangsrechnung eine Einzahlung in eine spätere Periode verschieben; dies ist für die Ergebnisermittlung irrelevant, weil der Gewinn mit Übergabe der zugrunde liegenden Leistung realisiert wird und nicht von der Rechnungserstellung und Zahlung abhängt.

Wertbeitrags- versus Rentabilitätskennzahlen

Wertbeitragskennzahlen sind **absolute Kennzahlen**, die die Wertänderung in einer Periode zu messen suchen. Rentabilitätskennzahlen sind **relative Kennzahlen**, die eine Erfolgsgröße in Relation zum eingesetzten Kapital setzen. Aus Sicht der Investitionsrechnung sind Wertbeitragskennzahlen konzeptionell mit dem Kapitalwert und Rentabilitätskennzahlen mit dem internen Zinssatz vergleichbar.

Beide Typen von Erfolgskennzahlen erfordern eine **Vergleichsgröße**. Bei den wertorientierten Kennzahlen sind dies die idR vom Kapitalmarkt abgeleiteten Kapitalkosten für das investierte Kapital, die die erwartete Rendite und das mit der Investition verbundene Risiko berücksichtigen.[5] Alternative Vergleichsgrößen sind Zielvorgaben, *hurdle rates* oder Benchmarks, die jedoch streng genommen etwas anderes als die Wertgenerierung messen.

Wertbeitragskennzahlen gehen strukturell von einem Überschuss (Cashflow oder Ergebnis) einer Periode aus und ziehen davon die Kapitalkosten ab. **Rentabilitätskennzahlen** werden dem Kapitalkostensatz des eingesetzten Kapitals gegenübergestellt, um zu einer Aussage über die Wertgenerierung zu gelangen. Die Differenz zwischen der Rentabilitätskennzahl und dem Kapitalkostensatz ist die **Rentabilitätsspanne** und dient als Indikator für eine Wertsteigerung. Zu jeder Wertbeitragskennzahl gibt es eine **korrespondierende Rentabilitätskennzahl**. Daher können die beiden Typen von Kennzahlen ineinander übergeführt werden.

Wertbeitragskennzahlen werden typischerweise umso höher, je größer der jeweilige Bereich ist. Rentabilitätskennzahlen haben wegen der Relativierung des jeweiligen Überschusses durch die **Unternehmens-** bzw **Bereichsgröße** den (scheinbaren) Vorteil, dass sie einen besseren Vergleich unterschiedlich großer Unternehmensbereiche ermöglichen. Allerdings liefern Wertbeitragskennzahlen tendenziell bessere Maße für Investitionsentscheidungen. Dies lässt sich bereits aus der Analogie mit

---

5 Für Zwecke der Verhaltenssteuerung erweist sich ein solcher Zinssatz vielfach als nicht optimal. Beispielsweise kann die Berücksichtigung des systematischen Risikos (Marktrisikos) in den Kapitalkosten dazu führen, dass einem risikoaversen Manager zu viel Risiko aufgebürdet wird. Vgl dazu *Christensen* et al. (2002).

dem Kapitalwert (Wertbeitragskennzahl) und dem internen Zinsfuß (Rentabilitätskennzahl) erkennen: Das optimale Investitionsprogramm ist dasjenige, welches den Kapitalwert maximiert, während das den internen Zinsfuß maximierende Programm davon typischerweise abweicht.

Viele wertorientierte Kennzahlen berücksichtigen nicht das durch eine Strategie entstehende zusätzliche **Risiko** der Cashflows und Ergebnisse (dies gilt insbesondere für die rein renditeorientierten Kennzahlen ohne explizite Erfassung von Kapitalkosten). Durch das Eingehen riskanter Geschäfte kann ein Manager idR den Erwartungswert solcher Kennzahlen erhöhen, auch wenn dies nicht unbedingt im Interesse der Eigentümer ist; dies ist in der finanziellen Agency-Theorie als Risikoanreizproblem bekannt. Deshalb wurden auch **risikoadjustierte Kennzahlen** entwickelt. Eine solche Kennzahl ist zB der *Return on Risk Adjusted Capital* (*RORAC*), der im Zähler einer Rentabilitätskennzahl eine Risikoprämie abzieht.[6] Zur Berücksichtigung des Risikos siehe auch 5. Kapitel: *Entscheidungsrechnungen bei Unsicherheit*.

Brutto- oder Nettomethode

Alle dargestellten Erfolgskennzahlen verwenden neben einer Erfolgsgröße auch ein eingesetztes Kapital. Je nach Umfang des einbezogenen Kapitals unterscheidet man die Brutto- und die Nettomethode. Bei der **Bruttomethode** (*entity approach*) wird das investierte Kapital als Eigenkapital und verzinsliches Fremdkapital definiert, und die dazugehörige Überschussgröße schließt die Fremdkapitalzinsen mit ein. Bei der **Nettomethode** (*equity approach*) wird nur auf Eigenkapitalgeber abgestellt. Die Überschussgröße ist dann eine Gewinngröße (nach Abzug der Fremdkapitalzinsen).

Die Bruttomethode liefert **finanzierungsunabhängige Kennzahlen**. Dies ist besonders für die Steuerung von Geschäftsbereichen brauchbar, da die spartenspezifische Finanzierung hier von der Zentrale häufig beliebig gesteuert werden kann und die Geschäftsbereiche nicht über die Finanzierung entscheiden können. Die Bankensteuerung erfolgt überwiegend mit Kennzahlen auf Basis der Nettomethode, weil das operative Geschäft ebenfalls mit verzinslichen Positionen zu tun hat und nur schwer vom investierten Kapital getrennt werden kann.

3. Rentabilitätskennzahlen

3.1. *Return on Investment*-Kennzahlen

Der *Return on Investment* (*ROI*) bezeichnet eine **Gesamtkapitalrentabilitätskennzahl**, die als Verhältnis von **Bruttogewinn** zum gebundenen **Kapital** ermittelt wird (Bruttomethode):

$$ROI = \frac{\text{Ergebnis nach Steuern} + \text{Zinsaufwand (nach Ertragsteuern)}}{\text{Gesamtkapital}}$$

6 Vgl dazu zB *Homburg* und *Stephan* (2004).

Der **Bruttogewinn** entspricht dem Gewinn zuzüglich des Zinsaufwands (korrigiert um Ertragsteuern, da der Zinsaufwand von der Bemessungsgrundlage für Ertragsteuern abzugsfähig ist, wenn er nach Ertragsteuern berechnet wird; alternativ lässt er sich als Gewinn vor Ertragsteuern zuzüglich des Zinsaufwands errechnen). In der Praxis werden zum Teil außerordentliche oder ungewöhnliche Ergebnisposten außer Ansatz gelassen. Als **gebundenes Kapital** wird beim *ROI* idR der Buchwert des Gesamtkapitals (dh die Bilanzsumme) zu Beginn der Periode oder als Periodendurchschnittswert herangezogen. Der *ROI* entspricht idR dem ***Return on Assets*** (*ROA*); der *ROA* könnte allerdings eine andere Bewertung der Vermögensgegenstände ermöglichen.

Bei Verwendung der Bilanzsumme als gebundenes Kapital resultiert eine Inkonsistenz, die auf den ersten Blick leicht übersehen werden kann. Angenommen, man hat einen bestimmten *ROI* ermittelt und möchte wissen, ob in der abgelaufenen Periode eine Wertschaffung erreicht werden konnte. Bezeichnet i den Kapitalkostensatz, so impliziert eine Wertschaffung die Relation

$$ROI > i$$

Nach Einsetzen der *ROI*-Definition resultiert daraus:

$$\text{Bruttogewinn} > i \cdot \text{Gesamtkapital} = i \cdot \text{Bilanzsumme}$$

Die **Bilanzsumme** beinhaltet aber Kapitalbestandteile, deren Kosten nicht explizit im Zinsaufwand erscheinen; es ist typischerweise durch die operative Tätigkeit des Unternehmens verursacht und wird als **unverzinsliches Fremdkapital** bezeichnet. Ein Beispiel sind Anzahlungen von Kunden, bei denen der Zinseffekt in einem geringeren Umsatz relativ zu einer Situation ohne Anzahlungen besteht; ein anderes Beispiel sind in Anspruch genommene Lieferantenkredite, bei denen der Zinsbestandteil im entgangenen Skontoertrag und letztlich höheren Einstandspreisen der Vorräte besteht.[7] Diese impliziten Zinskosten verringern mithin den Bruttogewinn und sind bei dessen Berechnung bereits erfasst. Würden sie in der Gesamtkapitalgröße verbleiben, wären sie auf beiden Seiten der für die Wertschaffung betrachteten Ungleichung enthalten, so dass eine Doppelzählung resultiert. Die nachfolgend dargestellten Rentabilitätsgrößen bemühen sich um eine Vermeidung dieser Inkonsistenz.[8]

Der ***Return on Net Assets*** (*RONA*) berücksichtigt im Nenner das investierte Kapital, definiert als Eigenkapital und verzinsliches Fremdkapital. Das **verzinsliche Fremdkapital** ist jenes Fremdkapital, welches direkte Zinszahlungen verursacht, die auch im Zinsaufwand dargestellt werden. Das **nichtverzinsliche Fremdkapital** ist im Nenner dieser Kennzahl nicht mehr enthalten, so dass Zähler und Nenner konsistent definiert sind.

---

7 Solche Kapitalbestandteile werden in der Kostenrechnung als sogenanntes *Abzugskapital* bezeichnet.

8 Die Bezeichnungen der folgenden Rentabilitätskennzahlen sind oft etwas unterschiedlich.

$$RONA = \frac{\text{Ergebnis nach Steuern} + \text{Zinsaufwand (nach Ertragsteuern)}}{\text{Investiertes Kapital}}$$

Eine weitere Variante der Rentabilitätskennzahlen ist der ***Return on Capital Employed*** (*ROCE*) oder ***Return on Invested Capital*** (*ROIC*). Dabei wird vom Betriebsergebnis (*Earnings Before Interest and Tax, EBIT*) ausgegangen, und diesem wird das investierte Kapital abzüglich des zinsbringenden (Finanz-)Vermögens gegenübergestellt.

$$ROCE = \frac{\text{Betriebsergebnis} - \text{Ertragsteuern}}{\text{Investiertes Kapital} - \text{Verzinsliches Vermögen}}$$

Diese Rentabilitätskennzahl zeigt die Rentabilität des **operativen Vermögens** und lässt die Rentabilität von Finanzvermögen außer Ansatz.

Steuerungseffekte

Im 9. Kapitel: *Investitionscontrolling* wurde für einfache Investitionsprojekte gezeigt, dass der *ROI* idR Anreize zu einer **Unterinvestition** bewirkt, weil Projekte mit positivem Kapitalwert, aber einem *ROI* unter dem bestehenden *ROI* nicht durchgeführt werden. In diesem Abschnitt werden weitere Steuerungseffekte bei **mehrperiodigen Investitionsprojekten** gezeigt. Für die Darstellung wird vereinfachend von Finanzierungsfragen abstrahiert, indem vollständige **Eigenfinanzierung** angenommen wird. Dann sind Brutto- und Nettomethode identisch. (Bei Fremdfinanzierung entspricht diese Darstellung der Nettomethode, wobei sich analoge Überlegungen für die Bruttomethode anstellen lassen.) Der ***ROI*** in Periode t wird wie folgt definiert:

$$ROI_t = \frac{G_t}{KB_{t-1}} \tag{1}$$

KB_t bezeichnet die **Kapitalbindung** am Ende von Periode t, und G_t den **Gewinn** in Periode t. Als einzige Periodenabgrenzung werden vereinfachend **Investitionen** I betrachtet. Der Gewinn ist dann die Differenz zwischen **Zahlungsüberschuss** E_t und **Abschreibungen** Ab_t.

Ein systematischer Effekt des *ROI* und seiner Varianten besteht darin, dass der *ROI* eines Investitionsprojektes idR **über die Nutzungsdauer steigt**, einfach weil die Kapitalbindung durch die Abschreibungen laufend verringert wird. Eine Ausnahme wäre nur dann gegeben, wenn die Zahlungsüberschüsse über die Nutzungsdauer so stark sinken, dass sie die Verminderung des Nenners auffangen. Dieses Steigen des *ROI* über die Nutzungsdauer führt dazu, dass Manager **Anreize** erhalten, alte (möglichst hoch abgeschriebene) **Anlagen nicht zu ersetzen**, auch wenn die Ersatzanlage einen höheren Kapitalwert erbringt. Des Weiteren **überschätzt** der durchschnittliche *ROI* (als geometrisches Mittel) regelmäßig den internen Zinssatz der Investition. Tabelle 2 illustriert eine solche Situation für ein Investitionsprojekt mit einem internen Zinssatz von 10%.

Periode	0	1	2	3	4	5	Summe
Zahlungsüberschuss	-10.000	2.400	2.500	2.700	3.000	2.700	3.300
Abschreibung		2.000	2.000	2.000	2.000	2.000	10.000
Gewinn		400	500	700	1.000	700	3.300
Buchwert Periodenende	10.000	8.000	6.000	4.000	2.000	0	
ROI		**4,0%**	**6,3%**	**11,7%**	**25,0%**	**35,0%**	**15,8%**

Tab. 2: *ROI* im Zeitablauf

Ermittelt man den *ROI* auf Basis des **durchschnittlichen** während der Periode gebundenen **Kapitals**, verstärkt sich die Überschätzung des internen Zinssatzes noch weiter.

Diese Fehlanreize können allerdings **gezielt eingesetzt** werden, wenn zu erwarten ist, dass ein Manager tendenziell in neue, moderne Anlagen überinvestiert, beispielsweise aus Prestigegründen (**Ressourcenpräferenzen**, siehe dazu auch das 9. Kapitel: *Investitionscontrolling*). Bei Personalcomputern und Autos ist dies durchaus denkbar. Die Unternehmensleitung würde wünschen, dass der Manager vorhandene Anlagen länger nutzt und erst später ersetzt.

Formal besteht folgender **Zusammenhang** zwischen dem **internen Zinssatz** und dem ***ROI*** über die Perioden. Der Kapitalwert eines Investitionsprojekts ist bei Verwendung des internen Zinssatzes gleich null, dh

$$KW = \sum_{t=1}^{T} E_t \cdot \hat{\rho}^{-t} - I =$$
$$= \sum_{t=1}^{T} (G_t - \hat{i} \cdot KB_{t-1}) \cdot \hat{\rho}^{-t} = 0$$

was aufgrund des *Lücke*-Theorems gilt (siehe 2. Kapitel: *Die Kosten- und Leistungsrechnung als Entscheidungsrechnung*). $\hat{\rho} = 1 + \hat{i}$ ist der Abzinsungsfaktor auf Basis des internen Zinssatzes, E_t sind die Einzahlungsüberschüsse der Periode t, und die Kapitalbindung zu Beginn von $t = 1$ entspricht der Investitionsauszahlung, $KB_0 = I$. Löst man diese Gleichung nach $\hat{i}$ auf, ergibt sich

$$\hat{i} = \frac{\sum_{t=1}^{T} G_t \cdot \hat{\rho}^{-t}}{\sum_{t=1}^{T} KB_{t-1} \cdot \hat{\rho}^{-t}}$$

Setzt man weiter für G_t die Definition des ROI_t aus (1) ein, folgt

$$\hat{i} = \frac{\sum_{t=1}^{T}(ROI_t \cdot KB_{t-1}) \cdot \hat{\rho}^{-t}}{\sum_{t=1}^{T} KB_{t-1} \cdot \hat{\rho}^{-t}} = \sum_{t=1}^{T} ROI_t \cdot \underbrace{\frac{KB_{t-1} \cdot \hat{\rho}^{-t}}{\sum_{t=1}^{T} KB_{t-1} \cdot \hat{\rho}^{-t}}}_{\equiv \gamma_t}$$

$$= \sum_{t=1}^{T} ROI_t \cdot \gamma_t$$

Wie leicht zu sehen ist, beträgt die Summe der Faktoren γ_t genau 1. Daraus folgt, dass der **interne Zinssatz** dem mit γ_t **gewichteten arithmetischen Mittel** der ROI_t entspricht.[9] Bei Verwendung einer anderen Gewichtung besteht grundsätzlich kein direkter Zusammenhang zwischen dem internen Zinssatz und den periodischen ROI_t. Es zeigt sich aber, dass ein konstanter ROI_t über die Perioden dem internen Zinssatz entsprechen muss – dies gilt unabhängig von der Gewichtung.

Um einen konstanten *ROI* zu erhalten, muss die Gewinnermittlung entsprechend adaptiert werden. Sie setzt ein ganz bestimmtes **Abschreibungsverfahren** voraus, nämlich

$$Ab_t = E_t - \hat{i} \cdot KB_{t-1}$$

Dafür gilt

$$ROI_t = \frac{E_t - Ab_t}{KB_{t-1}} = \frac{\hat{i} \cdot KB_{t-1}}{KB_{t-1}} = \hat{i}$$

3.2. Cashflow-basierte Rentabilitätskennzahlen

Im Gegensatz zu *Return on Investment*-Kennzahlen sind Rentabilitätskennzahlen auf Basis von Cashflows für bilanzpolitische Maßnahmen nicht anfällig. Des Weiteren führen sie nicht zu Fehlinformationen wie der oben dargestellten Erhöhung der **Rentabilität im Zeitablauf**, da sie nicht auf Buchwerte und damit Abschreibungen zurückgreifen, sondern vom **brutto investierten Kapital** ausgehen. Der Nachteil der Verwendung von Cashflows anstelle einer Ergebnisgröße besteht darin, dass je nach Geschäftstätigkeit des Bereiches die Cashflows in den einzelnen Perioden erheblich **schwanken** können. Als Indikator für die tatsächliche **Performance** sind sie dann nur in sehr eingeschränktem Umfang verwendbar.

Eine einfache Cashflow-basierte Rentabilitätskennzahl auf Basis der Bruttomethode ist der Brutto-*Cash Flow-Return on Investment* (**Brutto-*CFROI***) (*Return on Gross Investment*, *ROGI*, oder *Cash Recovery Rate*, *CRR*). Dabei wird die Ergebnisgröße im Zähler der Kennzahl durch eine geeignete Cashflow-Größe ersetzt:

---

9 Vgl *Peasnell* (1982), S. 370 f; *Hachmeister* (1997), S. 560 f. Der praktische Wert dieses Resultats ist nicht sehr hoch, weil die Gewichtung γ_t vom internen Zinssatz abhängt, so dass die *ROI* weiterhin nicht zur Abschätzung des internen Zinssatzes verwendet werden können.

$$\text{Brutto-}CFROI = \frac{\text{Brutto-Cashflow}}{\text{Brutto investiertes Kapital}}$$

Der **Brutto-Cashflow** entspricht dem Cashflow aus laufender Geschäftstätigkeit zuzüglich der um (fiktive) Steuern bereinigten **Zinsauszahlungen** (zum Teil werden auch Cashflows aus außerordentlichen oder ungewöhnlichen Geschäftsvorfällen bereinigt). Die Bezugsgröße bildet das **brutto investierte Kapital**, das ist hier das investierte Kapital (Eigenkapital und verzinsliches Fremdkapital) zu „Anschaffungskosten", das ausgehend von den Buchwerten unter Hinzurechnung der kumulierten Abschreibungen ermittelt wird. Es wäre auch möglich, eine Inflationsbereinigung durchzuführen. Mit dieser Bezugsgröße vermeidet diese Kennzahl ein Steigen der Rentabilität mit fortschreitender Abnutzung der Anlagen, weil das brutto investierte Kapital der Investition durch Abschreibung nicht berührt wird.

Ein **konzeptioneller Nachteil** des Brutto-*CFROI* besteht darin, dass er **Investitionen** im Zähler *überhaupt* nicht berücksichtigt. Es wird implizit davon ausgegangen, dass das Vermögen unendlich lange zur Verfügung steht und Einzahlungsüberschüsse generiert. Da durch eine normale Geschäftstätigkeit Ersatzinvestitionen notwendig werden, stellt diese Kennzahl das Unternehmensgeschehen zu positiv dar.

Zur Verdeutlichung sei eine Investition I betrachtet, deren Einzahlungsüberschüsse E konstant sind. Bei einer unendlichen Laufzeit ergibt sich der interne Zinsfuß als

$$\hat{i} = \frac{E}{I}$$

und entspricht dem Brutto-*CFROI* bei entsprechender Interpretation von Zähler und Nenner. Hat das Projekt nur eine begrenzte Nutzungsdauer von T Perioden, ergibt sich der dazugehörige interne Zinsfuß aus

$$E \cdot \frac{\left(1+\hat{i}_T\right)^T - 1}{\hat{i}_T\left(1+\hat{i}_T\right)} = I \quad \text{bzw} \quad \hat{i}_T \cdot \underbrace{\frac{\left(1+\hat{i}_T\right)}{\left(1+\hat{i}_T\right)^T - 1}}_{>1} = \frac{E}{I} = \hat{i}.$$

Daraus folgt sofort $\hat{i} > \hat{i}_T$, und man erkennt die Überschätzung der tatsächlichen Rendite durch den Brutto-*CFROI* $\hat{i}$ bei begrenzter Nutzungsdauer von Projekten.

Eine Rentabilitätskennzahl, die Ersatzinvestitionen berücksichtigt, ist der *Cash Flow Return on Investment* (***CFROI***). Da Investitionen idR schubweise in bestimmten Perioden anfallen und daher zu Verzerrungen führen können, wird versucht, die Investitionsauszahlungen über die Perioden zu glätten. Dies erfolgt über eine Art **Abschreibung**, die dem Cashflow an sich fremd ist. Der Brutto-Cashflow wird dazu um eine „ökonomische Abschreibung" reduziert und dem investierten Kapital gegenübergestellt. Der *CFROI* lautet damit wie folgt:[10]

$$CFROI = \frac{\text{Brutto-Cashflow} - \text{ökonomische Abschreibung}}{\text{Brutto investiertes Kapital}} \tag{2}$$

Die **„ökonomische Abschreibung"** eines abnutzbaren Gegenstandes bezeichnet konzeptionell den gleichbleibenden Betrag, den man bis zum Ende der Nutzungsdauer T am Kapitalmarkt jährlich anlegen müsste, um die Investitionsauszahlungen zu erhalten. Er wird mittels folgender **Abschreibungsrate** *ab* angewandt auf den Anschaffungswert I berechnet:

$$ab = \frac{i}{(1+i)^T - 1} \tag{3}$$

Die Abschreibungsrate entspricht dem Kehrwert des Rentenendwertfaktors für eine Laufzeit von T Perioden unter Verwendung des Zinssatzes i. Sie ist gerade so hoch, dass der Endwert der Abschreibungen zu T dem ursprünglichen Anschaffungswert entspricht. Daraus folgt gleichzeitig, dass bei einem Zinssatz $i > 0$ die Summe der (undiskontierten) Abschreibungen geringer ist als der Anschaffungswert.

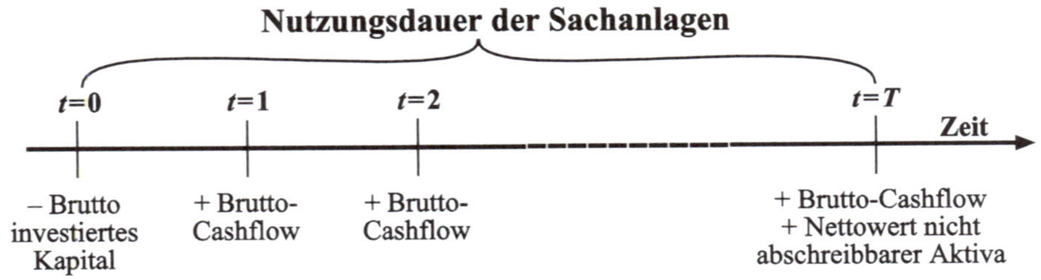

Abb. 1: Zahlungsstrom für den mehrperiodigen *CFROI*

Eine alternative Möglichkeit zur Berücksichtigung der Tatsache, dass nach einer bestimmten Zeit **Ersatzinvestitionen** fällig werden, besteht in der Beschränkung der Betrachtung auf den Zeitraum bis zum (durchschnittlichen) Fälligwerden dieser Ersatzinvestitionen. Dazu ist eine mehrperiodige Betrachtung erforderlich. Dies macht folgende Variante eines **mehrperiodigen *Cash Flow Return on Investment*** (*CFROI*).[11] Danach wird der *CFROI* als interner Zinssatz eines Zahlungsstroms ermittelt, der in Abbildung 1 dargestellt ist. Im Gegensatz zum Zahlungsstrom eines konkreten Investitionsprojekts wird ein **fiktiver Zahlungsstrom** des Unternehmens

---

10 Vgl zB *Stelter* (1999), S. 233 -237. Diese „ökonomische Abschreibung" hat nichts mit der investitionstheoretischen Abschreibung zu tun, die im 2. Kapitel: *Die Kosten- und Leistungsrechnung als Entscheidungsrechnung* als Abschreibung dargestellt wird und zum Teil auch als ökonomische Abschreibung bezeichnet wird.

11 Vgl dazu zB *Lewis* und *Lehmann* (1992), *Kloock* und *Coenen* (1996).

bzw eines Bereichs festgelegt. Als Investitionsauszahlung wird wieder das brutto investierte Kapital (sogenannte **Bruttoinvestitionsbasis**) herangezogen, das auch für den Brutto-*CFROI* verwendet wird.

Die laufenden **Einzahlungsüberschüsse** werden in Höhe des Brutto-Cashflows der Betrachtungsperiode als **konstant** über die Laufzeit der durchschnittlichen Nutzungsdauer der Sachanlagen angenommen. Am Ende wird, gewissermaßen als **Restwert**, der Nettowert der nicht abschreibbaren Aktiva als weitere Einzahlung angenommen. Er entspricht dem brutto investierten Kapital abzüglich des abnutzbaren Sachanlagevermögens.

Der **Grund** für die zum Teil sehr **vereinfachende Berechnung** liegt darin, dass der *CFROI* anhand von veröffentlichten und vergangenheitsorientierten Informationen ermittelbar sein soll. Er soll eine nachträgliche Ermittlung der erwirtschafteten Rendite ermöglichen, wobei in der Zukunft gleiche Verhältnisse wie in der abgelaufenen Periode unterstellt werden. Des Weiteren werden oft folgende Vereinfachungen vorgenommen: Es wird nur das Sachanlagevermögen, nicht das übrige Vermögen inflationiert, die Einzahlungen aus dem übrigen Vermögen werden mit deren Buchwert angesetzt und der Brutto-Cashflow wird als konstant über die Nutzungsdauer des Sachanlagevermögens angenommen. Für eine interne Unternehmenssteuerung sind diese Annahmen allerdings keineswegs zwingend.

Es lässt sich allerdings – ähnlich wie beim *ROI* – zeigen, dass **systematische Abweichungen** zwischen dem periodischen ***CFROI*** und dem **internen Zinssatz** laufender Investitionsprojekte auftreten können. Insofern entspricht der *CFROI* nur in spezifischen Fällen dem internen Zinssatz der investierten Projekte.[12]

Darüber hinaus bleiben die typischen **Unterinvestitionsprobleme** bestehen, weil auch Cashflow-basierte Rentabilitätskennzahlen relative Kennzahlen sind, die eine Überschussgröße durch eine Kapitalgröße dividieren. Dies wird besonders deutlich, wenn man das einperiodige Äquivalent des *CFROI* betrachtet: Dann ist die Bruttoinvestitionsbasis gleich dem Investitionsvolumen I_j des Bereichs, und der Zahlungsüberschuss am Ende der Periode beträgt $E_j(I_j)$. Der *CFROI* ist dann definiert als der interne Zinssatz dieses Zahlungsstroms, dh

$$E_j(I_j) \cdot (1 + CFROI)^{-1} - I_j = 0$$

bzw

$$CFROI = \frac{E_j(I_j)}{I_j} - 1 = ROI$$

Daraus folgt, dass eine Beurteilung des Managers auf Basis des *CFROI* grundsätzlich die **gleichen Unterinvestitionsanreize** wie der *ROI* induziert.

---

12 Voraussetzungen sind konstante Brutto-Cashflows der Projekte, ein identisches Zahlungsprofil der Projekte und eine Wachstumsrate der Investitionen gleich dem internen Zinssatz. Vgl *Hachmeister* (1997), S. 564 – 566.

4. Wertbeitragskennzahlen

4.1. Residualgewinn

Der **Residualgewinn** ist definiert als Ergebnis einer Periode abzüglich der Verzinsung des gebundenen Kapitals zu Periodenbeginn. Nach der **Nettomethode** ist der Residualgewinn RI_t

$$RI_t = G_t - i_t \cdot EK_{t-1} \tag{4}$$

wobei G_t den Gewinn in Periode t, i_t die geforderte Verzinsung des Eigenkapitals und EK_t den Buchwert des Eigenkapitals am Ende von Periode t bezeichnen. Gemäß der **Bruttomethode** ergibt sich der Residualgewinn als Gewinn zuzüglich (ertragsteuerbereinigte) Zinsaufwendungen abzüglich des durchschnittlichen Kapitalkostensatzes auf den Buchwert des investierten Kapitals.[13]

Der Residualgewinn soll den **absoluten Betrag** (in Geldeinheiten) messen, um den der **Wert des Unternehmens** in einer Periode gestiegen ist (diese Vorstellung wird weiter unten noch diskutiert). Residualgewinngrößen sind in der Literatur und auch in der Unternehmenspraxis seit vielen Jahrzehnten bekannt (siehe dazu auch das 2. Kapitel: *Die Kosten- und Leistungsrechnung als Entscheidungsrechnung*) und wurden im Zuge der Implementierung des wertorientierten Managements gewissermaßen wiederentdeckt. Die bekanntesten Beispiele moderner Residualgewinngrößen sind der ***Economic Value Added*** (*EVA*®)[14] und der ***Economic Profit*** (*EP*)[15]. Sie gehen von der Bruttomethode aus und errechnen die Ergebnis- und die Kapitalgröße unter bestimmten Modifikationen der bilanziellen Ausgangsgrößen.

Der Zusammenhang zwischen **Kapitalrentabilitätsgrößen** und dem **Residualgewinn** ist wie folgt gegeben:

$$\begin{aligned} RI_t &= G_t - i_t \cdot EK_{t-1} = \left(\frac{G_t}{EK_{t-1}} - i_t \right) \cdot EK_{t-1} \\ &= \underbrace{(ROE_t - i_t)}_{\text{Rentabilitätsspanne}} \cdot EK_{t-1} \end{aligned}$$

Darin bezeichnet *ROE* den *Return on Equity* (Eigenkapitalrendite). Ein positiver **Residualgewinn** geht daher (unter der Annahme positiven Eigenkapitals) Hand in Hand mit einer positiven **Rentabilitätsspanne** (*spread*). Bei der **Bruttomethode** entspricht die Rentabilitätsspanne der Differenz aus *RONA* und dem durchschnittlichen Kapitalkostensatz, und der dazugehörige Residualgewinn ergibt sich aus der Multiplikation der Rentabilitätsspanne mit dem Buchwert des investierten Kapitals.

---

13 Zum Zusammenhang zwischen den beiden Ermittlungsmethoden vgl *Ewert* und *Wagenhofer* (2000), S. 12 – 14.

14 Vgl *Stewart* (1991).

15 Vgl *Koller* et al. (2010), S. 117 – 121.

Economic Value Added (EVA)

Der *Economic Value Added* (*EVA*) ist eine vor allem von der Beratungsgesellschaft *Stern Stewart & Co* in New York propagierte „moderne" Kennzahl, die im Rahmen eines wertorientierten Managements verwendet wird. Sie wird zB in Wirtschaftsmagazinen folgendermaßen beworben: *„Forget EPS, ROE, and ROI. The true measure of your company's performance is EVA."* EVA wurde auch in einigen Staaten als Warenzeichen eingetragen.

Der *EVA* ist eine Variante des **Residualgewinns** nach der Bruttomethode, nämlich[16]

EVA = net operating profit after taxes (NOPAT) – cost of capital × capital bzw

EVA = (rate of return – cost of capital) × capital

Der *EVA* wird auf Basis des externen Rechnungswesens ermittelt. Die wesentlichen **Besonderheiten** der *EVA*-Berechnung gegenüber dem „normalen" Residualgewinn sind die folgenden:[17]

- Der *EVA* wird nach Steuern und gemäß der Bruttomethode (*entity approach*) ermittelt. Die Ergebnisgröße enthält die steuerbereinigten Zinskosten, und der **Kapitalmarktzinssatz** wird als *weighted average cost of capital* (*WACC*) ermittelt. Dabei wird das systematische Risiko des Eigenkapitals des Unternehmens durch eine vom Kapitalmarkt abgeleitete Risikoprämie gemessen. Der *WACC* ergibt sich schließlich als gewichtete Eigen- und Fremdkapitalkosten.
- Die zugrunde gelegte **Ergebnisgröße** (*net operating profit after taxes, NOPAT*) und das **investierte Kapital** werden nicht einfach aus dem externen Rechnungswesen (in den USA auf Basis von US-GAAP) übernommen. Vielmehr wird eine Fülle von Bereinigungen vorgenommen, die in drei Gruppen eingeteilt werden können:[18]
  (i) Bereinigungen der Auswirkungen des Vorsichtsprinzips, zB die Aktivierung immaterieller Gegenstände und kein Ansatz von Rückstellungen für latente Steuern.
  (ii) Bereinigungen zur Reduzierung von bilanzpolitischen Möglichkeiten, zB kein Ansatz von Garantierückstellungen, Wertminderungen der Vorräte und Wertberichtigungen zu Forderungen, die Aktivierung von Zinsen auf Investitionen, die erst später Ertrag abwerfen.
  (iii) Bereinigungen zur Vermeidung der Fortführung früherer „Bilanzierungsfehler", zB keine erfolgswirksame Buchung von Veräußerungserfolgen.
  Diese Bereinigungen betreffen die Bilanzposten, und korrespondierend dazu wird der Gewinn um die Änderung der Bilanzposten bereinigt.
- Letztlich wird zur Implementierung der Orientierung hin zum *EVA* die Anpassung des **Anreizsystems** an den *EVA* und an EVA-Änderungen als Beurteilungsgröße empfohlen.

Residualgewinn und Unternehmenswert

Der Residualgewinn hat folgende Eigenschaft, die ihn in **Verbindung zum Wert** des Unternehmens bringt: Gemäß dem ***Lücke*-Theorem** (siehe 2. Kapitel: *Die Kosten- und Leistungsrechnung als Entscheidungsrechnung*) entspricht der Barwert

---

16 Vgl *Stewart* (1991), S. 136.

17 Vgl *Zimmerman* (1997), S. 99.

18 Vgl *O'Hanlon* und *Peasnell* (1998), S. 430 – 433, *Hostettler* (2002), S. 97 – 105.

der Cashflows eines Investitionsprojekts dem Barwert der Residualgewinne, vorausgesetzt die Gewinnermittlung hält das Kongruenzprinzip ein. Dieser Zusammenhang lässt sich auf den Wert (des Eigenkapitals) eines laufenden Unternehmens übertragen.

Clean surplus accounting

Die im Text für das *Lücke*-Theorem gezeigten Zusammenhänge finden sich in der angelsächsischen *Accounting*-Literatur unter dem Stichwort *clean surplus accounting* (CSA).[19] Der Fokus liegt dabei eher auf der externen Rechnungslegung und dem Bestreben, eine konzeptionelle Grundlage für empirische Untersuchungen über die Zusammenhänge zwischen Rechnungslegung und Marktpreisen von Unternehmen zu erhalten.[20]

Abgesehen vom externen Fokus bestehen Unterschiede zwischen CSA und Lücke-Theorem darin, dass die Bestimmung der Kapitalbindung beim Lücke-Theorem originär aus den Stromgrößen der Erfolgsrechnung vorgenommen wird. Es kann in dieser Konzeption daher bei gegebenen Zahlungsüberschüssen *keine* Veränderung der Kapitalbindung geben, die nichts mit der Erfolgsrechnung zu tun hat (wohl aber kann es Verletzungen des Kongruenzprinzips geben). Dies ist beim CSA anders, denn bei der externen Rechnungslegung kann es sehr wohl eigenständige Veränderungen des Eigenkapitalbuchwertes geben, die an der Erfolgsrechnung vorbeigehen. Somit führen direkte Eigenkapitalbuchungen, wie zB bei zur Veräußerung verfügbaren (*available-for-sale*) Wertpapieren nach IFRS und US-GAAP, zu einer – wenn auch nur temporären – Verletzung des Kongruenzprinzips und damit zur Ungültigkeit der Barwertäquivalenz nach dem *Lücke*-Theorem. Der Ausweis eines *comprehensive income* nach US-GAAP soll derartige „*dirty surplus*"-Effekte korrigieren.

Der **Unternehmenswert** aus Sicht eines Investors entspricht dem Barwert aller künftig erwarteten Dividenden abzüglich der Kapitaleinlagen (plus Kapitalrückzahlungen). Bezeichnen AU_t die Nettoausschüttung und ρ den Diskontierungsfaktor ($\rho = 1 + i$) mit i als der geforderten Verzinsung des Eigenkapitals, so ergibt sich der Unternehmenswert V_t (Wert der Beteiligungstitel) zum Ende der Periode t als:

$$V_t = \sum_{\tau=t+1}^{\infty} AU_\tau \cdot \rho^{-(\tau-t)} \tag{5}$$

Für die folgende Beziehung benötigt man das Kongruenzprinzip in einer strengeren Form, nämlich der ***clean surplus*-Relation** (CSR). Sie erfordert, dass der Gewinn G_t der Änderung des Eigenkapitals zwischen Beginn und Ende der Periode t zuzüglich der Nettoauszahlungen an die Eigentümer entspricht, dh

$$G_t = EK_t - EK_{t-1} + AU_t \tag{6}$$

Die Bedingung besagt, dass sämtliche Änderungen des bilanziellen Eigenkapitals, die nicht auf direkten Transaktionen zwischen Unternehmen und Eignern (zB Aus-

---

19 Vgl dazu insbesondere *Ohlson* (1995) sowie *Feltham* und *Ohlson* (1995).

20 Siehe dazu ausführlich *Wagenhofer* und *Ewert* (2003), S. 125 – 127.

schüttungen, Kapitalerhöhungen, Einlagen) basieren, in der Gewinn- und Verlustrechnung erfasst sein müssen. Die Gültigkeit der CSR impliziert die Gültigkeit des **Kongruenzprinzips** in dem Sinn, dass die Summe der Einzahlungsüberschüsse über die Totalperiode der Summe der Gewinne entspricht. Die strengere CSR erlaubt es, die Betrachtung von einem beliebigen Zeitpunkt t aus zu beginnen, was bei überlappenden Investitionsprojekten notwendig ist.

Der **Residualgewinn** ist dementsprechend

$$\begin{aligned} RI_t &= G_t - i \cdot EK_{t-1} \\ &= AU_t + EK_t - (1+i) \cdot EK_{t-1} \end{aligned}$$

Dann kann der **Wert des Eigenkapitals** des Unternehmens wie folgt ausgedrückt werden:[21]

$$\begin{aligned} V_t &= EK_t + \underbrace{\sum_{\tau=t+1}^{\infty} RI_\tau \cdot \rho^{-(\tau-t)}}_{\text{Market Value Added}} \\ &= EK_t + \sum_{\tau=t+1}^{\infty} \left(AU_\tau + EK_\tau - (1+i) \cdot EK_{\tau-1} \right) \cdot \rho^{-(\tau-t)} \\ &= EK_t + \left(AU_{t+1} + EK_{t+1} \right) \cdot \rho^{-1} - EK_t + \left(AU_{t+2} + EK_{t+2} \right) \cdot \rho^{-2} - EK_{t+1} \cdot \rho^{-1} + \cdots \\ &= \sum_{\tau=t+1}^{\infty} AU_\tau \cdot \rho^{-(\tau-t)} \end{aligned}$$

Der **Unternehmenswert** entspricht dem *Buchwert* des Eigenkapitals zuzüglich des Barwertes der künftig erwarteten Residualgewinne. Dieser Barwert wird auch als ***Market Value Added*** (**MVA**) bezeichnet,

$$MVA_t = \sum_{\tau=t+1}^{\infty} RI_\tau \cdot \rho^{-(\tau-t)} \tag{7}$$

Er umfasst bestehende und künftige Möglichkeiten für wertsteigernde Investitionen bzw Strategien (*investment opportunity set*).

Der Zusammenhang zwischen Residualgewinnen und Unternehmenswert, der hier für einen konstanten Zinssatz i dargestellt wurde, gilt auch für **unterschiedliche Zinssätze** i_t in den Perioden. Dazu sind nur die Abzinsungsfaktoren entsprechend anzupassen.[22] Weiter können die obigen Zusammenhänge auf den **Risikofall** ausgedehnt werden, indem mit Erwartungswerten und risikoadjustierten Kalkulationszinsfüßen gearbeitet wird.

---

21 Der Beweis entspricht grundsätzlich dem des *Lücke*-Theorems. Voraussetzung ist die Regularitätsbedingung $RI_t/(1+i)^t \to 0$ für $t \to \infty$. Falls die Wertermittlung nur für einen begrenzten Zeitraum vorgenommen wird, muss ein residualer Term berücksichtigt werden. Vgl *Peasnell* (1982), S. 382, und zur ausführlichen Analyse der Berechnung residualer Terme insbesondere *Penman* (1997).

22 Vgl *Peasnell* (1982), S. 362.

Verallgemeinerte Bewertungsgleichung

Die Barwertäquivalenz des Barwerts künftig erwarteter Nettodividenden und dem Buchwert des Eigenkapitals zuzüglich des Barwerts künftig erwarteter Residualgewinne ist ein Spezialfall einer grundlegenden Bewertungsgleichung. Allgemein – und ohne Bezug auf Rechnungswesen und Gewinnermittlung – folgt sie aus folgendem konstruktiven Zusammenhang:[23]

Sei $\{y_t\}$ mit $t \in [0, \infty]$ eine beliebige Zahlenfolge, die für $t \to \infty$ zu $y_t \cdot \rho^{-t} \to 0$ konvergiert ($\rho > 1$ ist ein Diskontierungsfaktor). Dann gilt

$$0 = y_0 + (y_1 - \rho \cdot y_0) \cdot \rho^{-1} + (y_2 - \rho \cdot y_1) \cdot \rho^{-2} + \ldots$$

Der Unternehmenswert nach dem Dividendenmodell ist

$$V_0 = \sum_{t=1}^{\infty} AU_t \cdot \rho^{-t}$$

Nun sei eine neue Funktion z mit $z_t \equiv y_t + AU_t - \rho \cdot y_{t-1}$ definiert. Addiert man die obige Gleichung zum Barwert V_0, ergibt sich

$$V_0 = y_0 + \sum_{t=1}^{\infty} z_t \cdot \rho^{-t}$$

Die Residualgewinninterpretation ergibt sich einfach, wenn man y_t als Buchwert des Eigenkapitals festlegt; z_t entspricht dann der Definition des Residualgewinns.

Ein Beispiel für eine alternative Bewertungsgleichung besteht in der Definition von y_t als G_{t+1}/i, was einem *earnings multiple* entspricht; z_t ist dann eine Art erwarteter Übergewinn.

Residualgewinn und periodische Wertsteigerung

In der Praxis wird ein positiver **Residualgewinn** häufig mit einer **Wertsteigerung** und ein negativer Residualgewinn mit einer **Wertminderung** („Wertvernichtung“) gleichgesetzt. Die obige Beziehung zwischen dem Barwert der Residualgewinne zuzüglich des Buchwertes des Eigenkapitals und dem Unternehmenswert sagt noch nichts darüber aus, wieweit der Residualgewinn einer Periode als Maß für die Änderung des Unternehmenswertes dienen kann.

Aus Sicht der Eigentümer hat das Management dann zusätzlichen Wert geschaffen, wenn es mehr verdient hat, als die Eigentümer aus einer vergleichbaren Anlage der Investitionsmittel am Kapitalmarkt erzielt hätten. Eine Anlage in einem Wertpapier gleicher Risikoklasse hätte eine Verzinsung von i erbracht. Die **Wertänderung** beträgt daher

$$\Delta_t = V_t + AU_t - \rho \cdot V_{t-1}$$

---

[23] Vgl *Ohlson* (2005), S. 330 f.

Nun ist der Unternehmenswert

$$V_t = EK_t + \underbrace{\sum_{\tau=t+1}^{\infty} RI_\tau \cdot \rho^{-(\tau-t)}}_{MVA_t}$$

Die **Wertänderung** ist damit

$$\Delta_t = \underbrace{EK_t - EK_{t-1} + AU_t}_{\text{Gewinn } G_t} - i \cdot EK_{t-1} + MVA_t - \rho \cdot MVA_{t-1} \qquad \text{bzw}$$

$$\Delta_t = RI_t + \left[MVA_t - \rho \cdot MVA_{t-1} \right] \tag{8}$$

Daraus ist sofort erkennbar, dass der **Residualgewinn** grundsätzlich ***nicht* der Wertänderung** des Unternehmens in der Periode entspricht.[24] Der Residualgewinn umfasst den in der Periode *t* gewissermaßen „realisierten" zusätzlichen Wert, während der Ausdruck in der eckigen Klammer die Änderung des *MVA*, also der künftig erwarteten Residualgewinne, erfasst.

Soll der Residualgewinn RI_t einer Periode die Wertänderung ausdrücken, so muss der Ausdruck in der eckigen Klammer von (8) gleich Null sein. Dies ist – abgesehen von zufälligen Situationen – nur unter **zwei engen Bedingungen** der Fall:[25]

- Die *MVA*s sind **Null**. Dies ist dann der Fall, wenn der Buchwert des Nettovermögens des Unternehmens dem Marktwert entspricht. Eine vollständige Marktbewertung der Vermögenswerte und Schulden könnte dies uU erreichen (sofern keine nicht bilanzierten Gegenstände existieren und keine Synergieeffekte zwischen bilanzierten Gegenständen vorhanden sind).
- Der *MVA* **wächst** in jeder Periode gerade mit dem Kapitalkostensatz *i*, dh $MVA_t - MVA_{t-1} = i \cdot MVA_{t-1}$.

Kurzfristigen Performancegrößen wird häufig vorgeworfen, dass sie nur den kurzfristigen und nicht einen **langfristigen Erfolg** messen. Dieses Argument ist hier deutlich sichtbar: Wird nur der Residualgewinn und nicht auch die Wertänderung des *MVA* berücksichtigt, können kurzfristig wirkende Entscheidungen tatsächlich besser erscheinen. So könnte eine Strategie erst in ein paar Jahren signifikant positive Auswirkungen auf die Cashflows und Gewinne haben, kurzfristig jedoch einen negativen Residualgewinn bewirken. Dann zeigt sich der Erfolg der Strategie in der Änderung des *MVA*, die die negativen Effekte des Residualgewinns der Periode aufwiegt. Umgekehrt kann eine sehr kurzfristig orientierte Entscheidung den Residualgewinn der Periode erhöhen, jedoch den Goodwill um einen viel höheren Betrag verringern.

---

24 Dies wird von *Richter* und *Honold* (2000) als unattraktive Eigenschaft des EVA bezeichnet.

25 Vgl *O'Hanlon* und *Peasnell* (1998), S. 427.

Empirische Ergebnisse

Die Korrelation zwischen Marktwertänderungen und Residualgewinnen (die formal wie in Gleichung (8) besteht) wurde in verschiedenen empirischen Untersuchungen getestet. Diese kommen allerdings zu sehr verschiedenen Ergebnissen.[26] So schwanken die gemessenen Korrelationen zwischen der Marktrendite und dem *Economic Value Added* zwischen 2 % und 56 % Erklärungskraft.[27] Nicht zuletzt liegt dies auch daran, dass die Marktrendite (Marktpreissteigerung, Dividendenzahlungen usw) einer Periode auch durch vielfältige überbetriebliche und oft zufällige Ereignisse beeinflusst wird, die von internen (fundamentalen) Kennzahlen schon konzeptionell gar nicht erfasst werden können. Einige Studien zeigen auch, dass die Marktrendite mit anderen bilanziellen Größen (etwa dem Ergebnis der gewöhnlichen Geschäftstätigkeit) stärker korreliert als mit dem Residualgewinn.

4.2. Residualgewinn und mehrperiodige Investitionsprojekte

Im 9. Kapitel: *Investitionscontrolling* wurde gezeigt, dass der Residualgewinn die Eigenschaft hat, das **optimale Investitionsprogramm** bei asymmetrischer Information zu implementieren. Dabei lag allerdings eine sehr vereinfachte Situation zugrunde, weil nur einperiodige Investitionsprojekte betrachtet wurden. Im Folgenden wird untersucht, ob diese Eigenschaft des Residualgewinns auch erhalten bleibt, wenn es sich um mehrperiodige Investitionsprojekte handelt. Die Abbildbarkeit des Unternehmenswertes (bzw dessen Änderungen) durch Residualgewinne lässt vermuten, dass dies grundsätzlich zutrifft – es sind jedoch Bedingungen dafür erforderlich.

Dazu werden **Investitionsprojekte** der folgenden Art betrachtet. Ein Investitionsprojekt umfasst eine Auszahlung I zum Zeitpunkt $t = 0$ und liefert in jeder Periode t einen Zahlungsüberschuss $E_t(I)$, wobei E_t hier den Saldo aus Einzahlungen und Auszahlungen der jeweiligen Periode bezeichnet. Die Projektlaufzeit beträgt $T > 1$ Perioden (siehe Abbildung 2). Der relevante Kapitalmarktzinssatz beträgt i. Zu diesem Zinssatz können die Zentrale wie auch der Manager Geld beschaffen oder anlegen.

Abb. 2: Zahlungsstrom des Investitionsprojekts

Zur Ermittlung der **Residualgewinne** müssen zunächst die **Periodengewinne** ermittelt werden. Dazu wird angenommen, dass die Zahlungsüberschüsse E_t sofort erfolgswirksam sind. Damit besteht die einzige Periodenabgrenzung in der Investi-

---

[26] Vgl zu einem Überblick zB *Ittner* und *Larcker* (1998).

[27] Vgl zu einem Überblick *Schremper* und *Pälchen* (2001).

tion I, die via **Abschreibungen** Ab_t über die Laufzeit des Investitionsprojekts T verteilt wird und den Gewinn mindert. Der Abschreibungsverlauf wird über die periodischen **Abschreibungsraten** ab_t festgelegt. Für die Abschreibungen wird nur verlangt, dass sie sich über die Laufzeit auf die gesamte Investitionsauszahlung summieren, dh

$$I = \sum_{\tau=1}^{T} Ab_\tau \quad \text{bzw} \quad \sum_{\tau=1}^{T} ab_\tau = 1$$

Dies stellt sicher, dass das **Kongruenzprinzip** gilt. Dieses lautet hier

$$\sum_{\tau=1}^{T} G_\tau = \sum_{\tau=1}^{T} E_\tau(I) - I \tag{9}$$

Der **Gewinn** in Periode t beträgt damit

$$G_t = E_t - ab_t \cdot I$$

Die **Kapitalbindung** KB_t am Ende der Periode t beträgt

$$KB_t = I \cdot \left(1 - \sum_{\tau=1}^{t} ab_\tau\right) \quad \text{für } t = 1, \ldots, T$$

wobei $KB_0 = I$. Dies entspricht dem Buchwert der Investition am Ende der Periode. Mit diesen Definitionen kann der **Residualgewinn** in Periode t wie folgt ausgedrückt werden:

$$RG_t = G_t - i \cdot KB_{t-1} = E_t - ab_t \cdot I - i \cdot I \cdot \left(1 - \sum_{\tau=1}^{t-1} ab_\tau\right)$$

Nun ergibt sich aus dem ***Lücke*-Theorem** (siehe 2. Kapitel: *Die Kosten- und Leistungsrechnung als Entscheidungsrechnung*) folgende **Barwertäquivalenz**:

$$\sum_{\tau=1}^{T} RG_\tau \cdot (1+i)^{-\tau} = \sum_{\tau=1}^{T} E_\tau(I) \cdot (1+i)^{-\tau} - I \tag{10}$$

Der Barwert der Residualgewinne entspricht also dem Kapitalwert des Investitionsprojekts. Diese Äquivalenz gilt für jedes **beliebige Abschreibungsverfahren**, für welches das Kongruenzprinzip gemäß (9) gilt. Daher ist die Beurteilung nach dem Residualgewinn immun hinsichtlich allfälliger **bilanzpolitischer Maßnahmen** des Managers: Kann der Manager in einer Periode t den Gewinn zulasten künftiger Gewinne erhöhen (hier zB durch progressive Abschreibungsverfahren), erhöht sich G_t, aber gleichzeitig steigt auch die Kapitalbindung in den Folgeperioden. Der Barwert der Residualgewinne wird dadurch nicht verändert.

Aufgrund von (10) ist sichergestellt, dass der Manager von sich aus ebenfalls das **optimale Investitionsprogramm** in seinem Bereich implementiert, wenn er anhand des **Barwertes der Residualgewinne** entlohnt wird. Der Residualgewinn ist die *einzige* Beurteilungsgröße, die diese Äquivalenz sicherstellt.[28]

Der Residualgewinn hat bei **überlappenden Investitionsprojekten** noch eine weitere Eigenschaft. So zeigt *Anctil* (1996), dass eine Investitionsplanung, die sich in jeder Periode darauf beschränkt, den Residualgewinn gerade der jeweils vorliegenden Periode zu maximieren, unter bestimmten Bedingungen asymptotisch gegen dasjenige Optimum konvergiert, das sich aus der expliziten Lösung eines intertemporal formulierten Investitionsplanungsansatzes ergeben hätte. Freilich sind noch weitere Forschungen nötig, um die Robustheit und den Geltungsbereich solcher Resultate abschätzen zu können.

Relative Residualgewinne

In der Praxis wird vorgeschlagen, anstelle der absoluten Residualgewinne die Leistung der Manager anhand der **Veränderung der Residualgewinne** zu messen. Wählt ein Manager in einer Periode ein Investitionsprojekt mit positivem Kapitalwert, so erzielt er (idR) in mehreren künftigen Perioden positive Residualgewinne, obwohl diese mit seiner Leistung in diesen Perioden nichts mehr zu tun haben. Daher wird verständlich, dass es oft als nicht ausreichend angesehen wird, einen positiven Residualgewinn zu erzielen, vielmehr sollten die Manager Anreize erhalten, den Residualgewinn im Zeitablauf noch zu steigern.

Das entsprechende **Performancemaß** ist dann definiert als

$$\Delta RG_t = RG_t - RG_{t-1}$$

Es lässt sich zeigen, dass folgende **Barwertäquivalenz** gilt:[29]

$$\sum_{\tau=1}^{T+1} \Delta RG_\tau \cdot \rho^{-\tau} = (1-\rho^{-1}) \cdot \left(\sum_{\tau=1}^{T} E_\tau \cdot \rho^{-\tau} - I \right) = (1-\rho^{-1}) \cdot KW$$

Das heißt, der **Barwert der relativen Residualgewinne** entspricht dem mit einem Faktor multiplizierten Kapitalwert. Dabei ist zu beachten, dass dazu die relativen Residualgewinne bis eine Periode nach T gerechnet werden müssen, um die gesamten Effekte der Investition zu erfassen.

Damit hat ein Bereichsmanager, der anhand der relativen Residualgewinne entlohnt wird, ebenfalls einen Anreiz, das **optimale Investitionsprogramm** zu implementieren. Der einzige Unterschied, der sich durch die Verwendung der relativen anstelle der absoluten Residualgewinne ergibt, besteht in der notwendigen Erhöhung des Prozentsatzes, mit dem die Kennzahl in die Entlohnungsfunktion eingeht, um die

---

[28] *Reichelstein* (1997), S. 165, zeigt dieses Ergebnis für eine Familie von generalisierten Residualgewinnfunktionen der Form $E_t - (1-\alpha) \cdot Ab_t - (1-\alpha) \cdot i \cdot KB_t - \alpha \cdot I_t$. Dabei bezeichnet I_t Investitionsauszahlungen in Periode t (im Kontext dieses Abschnitts ist dabei $I_1 = I$, $I_t = 0$ für $t \neq 1$). Setzt man $\alpha = 0$, ergibt sich der Residualgewinn RG_t, setzt man $\alpha = 1$, ergibt sich eine Cashflow-Rechnung. Vgl dazu auch *Pfeiffer* (2000).

[29] Vgl *Baldenius* et al. (1999), S. 57.

gleiche erwartete Höhe der Entlohnung zu gewährleisten.[30] Damit wird auch das Entlohnungsrisiko beeinflusst, und es stellen sich praktische Fragen von Entlohnungsunter- und -obergrenzen.

Unterschiedliche Zeitpräferenzen des Managers

Die bisher für den Residualgewinn abgeleiteten Ergebnisse beruhen auf zwei wesentlichen **Voraussetzungen**:

- Der Manager verwendet zur Abzinsung seiner Entlohnung **denselben Zinssatz** i wie die Zentrale. Managern wird häufig nachgesagt, dass sie „ungeduldiger" und kurzfristiger orientiert sind als das Unternehmen. Sie könnten auch einen anderen Zugang zu Finanzierungsquellen haben als das Unternehmen. Deshalb werden Manager oft einen höheren Zinssatz anwenden als die Zentrale. Im Folgenden wird dieser Zinssatz mit γ bezeichnet, wobei $\gamma > i$. Es muss auch angenommen werden, dass die Zentrale γ nicht kennt.[31]
- Der Manager hat den **gleichen Zeithorizont** wie das Unternehmen, das ist hier die Laufzeit des Investitionsprojektes T. Auch dies wird häufig nicht gegeben sein. Ein Manager scheidet oft vor Auslaufen sämtlicher von ihm entschiedener Investitionsprojekte aus seiner Position aus, etwa weil er im Unternehmen aufsteigt, zu einem anderen Unternehmen wechselt oder in Pension geht. Vielfach kann ein Manager nach Verlassen seiner Position auch nicht mehr anhand von künftigen Residualgewinnen entlohnt werden.

Diese Voraussetzungen können als Annahme **gleicher Zeitpräferenzen** von Manager und Zentrale zusammengefasst werden. Trifft diese Annahme nicht zu, ergeben sich trotz der Verwendung des Residualgewinns Anreize zur Implementierung eines **ineffizienten Investitionsvolumens** oder zu nicht wahrheitsgemäßer Berichterstattung über den Erfolg des Investitionsprojekts. Der Manager würde solche Projekte präferieren, die vorwiegend in den *frühen* Perioden ihre Überschüsse erbringen, in denen der Manager eine (relativ) hohe Zeitpräferenz hat oder noch in seiner Position tätig ist. Dabei kann es sich auch um Projekte mit negativem Kapitalwert handeln, falls die Projekte zB nach dem Ausscheiden des Managers negative Zahlungsüberschüsse hervorrufen. Als Ergebnis kommt es zu **Überinvestition** oder zu **Unterinvestition**.

---

30 Es ist dabei aber zu beachten, dass in diesem Kapitel annahmegemäß die Parameter der Entlohnungsfunktion $\underline{S}$ und α nicht problematisiert werden.

31 Für den Fall, dass die Zentrale γ kennt, lassen sich die Investitionsanreize über die Anpassung des Residualgewinns mit einem Faktor $(1 + \gamma)^t / (1 + i)^t$ wieder herstellen.

Lösung in einem Spezialfall

Im Folgenden wird gezeigt, dass unter bestimmten Umständen trotz unterschiedlicher Zeitpräferenzen von Manager und Zentrale das optimale Investitionsvolumen implementiert werden kann. Dazu wird von folgendem vereinfachten **Zahlungsstromprofil** ausgegangen:[32]

$$E_t(I) = \theta_t \cdot E(I) \tag{11}$$

Die Zahlungsüberschüsse in den laufenden Perioden sind relativ zueinander durch die allgemein bekannten Parameter $(\theta_1, ..., \theta_T)$ gegeben, wobei $\theta_t > 0$ gilt. Die **asymmetrische Informationslage** besteht nur darin, dass die Zentrale die Funktion $E(\cdot)$ nicht kennt, die die Zahlungsüberschüsse skaliert. Gemäß (11) entspricht der Barwert der Zahlungsüberschüsse

$$\sum_{\tau=1}^{T} E_\tau(I) \cdot \rho^{-\tau} = E(I) \cdot \sum_{\tau=1}^{T} \theta_\tau \cdot \rho^{-\tau}$$

Die Funktion $E(I)$ kann vor die Summenbildung gezogen werden und skaliert auch den Barwert der Zahlungsüberschüsse.

Die Idee, wie unbekannte unterschiedliche Zeitpräferenzen ausgeglichen werden können, besteht darin, den Residualgewinn so zu adaptieren, dass die Bestimmung des Investitionsprogramms mit mehrperiodigen Zahlungswirkungen in T **einperiodige isomorphe Probleme** zerlegt wird. Der Manager erhält dann in *jeder einzelnen* Periode dieselben Anreize zur Wahl des Investitionsvolumens. Genau dann sind seine Zeitpräferenzen ohne Auswirkung auf seine Entscheidung.

Das aus Sicht der Zentrale **optimale Investitionsvolumen** I^* ist bei Nullsetzen des Grenzkapitalwertes wie folgt gekennzeichnet:

$$E'(I^*) \cdot \sum_{\tau=1}^{T} \theta_\tau \cdot \rho^{-\tau} - 1 = 0$$

Daraus ergibt sich

$$\theta_t \cdot E'\left(I^*\right) = \frac{\theta_t}{\sum_{\tau=1}^{T} \theta_\tau \cdot \rho^{-\tau}} \tag{12}$$

Optimale Abschreibungen

Die Zerlegung des Problems in isomorphe Periodenentscheidungen impliziert die Forderung, dass das für die Zentrale optimale Investitionsvolumen durch die Maximierung des Residualgewinns einer beliebigen Periode oder einer beliebigen Kombination der insgesamt T Residualgewinne gefunden werden kann; dabei resultiert unabhängig von der Wahl der Periode das gleiche Investitionsvolumen I^*. Maximiert der Manager also den **Residualgewinn** RG_t einer beliebigen Periode t, soll die

---

[32] Vgl dazu *Rogerson* (1997), *Reichelstein* (1997), *Pfaff* (1998), *Pfeiffer* (2000). Eine frühere Analyse unterschiedlicher Zeitpräferenzen findet sich in *Laux* (1995), Kapitel XII, und *Laux* (1998).

Bedingung erster Ordnung an der Stelle I^* erfüllt sein. Dies entspricht der folgenden Bedingung:

$$RG_t'(I^*) = \frac{\theta_t}{\sum_{\tau=1}^{T} \theta_\tau \cdot \rho^{-\tau}} - ab_t - i \cdot \left(1 - \sum_{\tau=1}^{t-1} ab_\tau\right) = 0 \tag{13}$$

Löst man diese Gleichung nach ab_t, ergibt sich für die **Abschreibungsraten** folgendes:

$$ab_t^* = \frac{\theta_t}{\sum_{\tau=1}^{T} \theta_\tau \cdot \rho^{-\tau}} - i \cdot \left(1 - \sum_{\tau=1}^{t-1} ab_\tau\right) \tag{14}$$

Das Abschreibungsverfahren, das sich aufgrund dieser Abschreibungsraten ergibt, wird auch **relatives Beitragsverfahren** (*relative benefit depreciation schedule*) genannt.[33]

Dieses Abschreibungsverfahren weicht von den in der Praxis bekannten und verwendeten Verfahren deutlich ab. Beispielsweise ergibt sich für $\theta_t < 0$ typischerweise eine *negative* Periodenabschreibung.

Für den Sonderfall gleich hoher Einzahlungsüberschüsse ($\theta_1 = \theta_\tau$ für alle τ) entspricht dieses Abschreibungsverfahren der **Annuitätenabschreibung**. Die Abschreibung in der letzten Periode T entspricht der Annuität der Investitionsauszahlung I mit dem Zinssatz i, die übrigen Abschreibungen folgen der Entwicklung $Ab_t = Ab_T \cdot \rho^{t-T}$. Es handelt sich damit um ein **progressives Verfahren**. Dieses Verfahren gewährleistet, dass die Summe der Abschreibungen und der Kapitalkosten in jeder Periode konstant bleibt. Damit ist auch der Residualgewinn in jeder Periode gleich hoch.

Der aufgrund der Abschreibungen (14) ermittelte **Residualgewinn** wird in jeder Periode t gerade für das **optimale Investitionsprogramm** I^* maximal. Der Residualgewinn ist insbesondere für jedes Investitionsprojekt mit positivem (negativem) Kapitalwert in jeder Periode positiv (negativ). Wenn daher der Bereichsmanager am einperiodigen Residualgewinn entlohnt wird, der mit diesen Abschreibungen ermittelt wird, wählt er das optimale Investitionsvolumen unabhängig von seiner (der Zentrale nicht bekannten) Zeitpräferenz.

Die bisherige Diskussion stellt auf **Zielkongruenz** zwischen dem Manager und dem Unternehmen bzw den Eigentümern in dem Sinne ab, dass die Eigentümer in der Situation des Managers dieselbe Entscheidung treffen würden. Im Grunde gleiche Ergebnisse können für **Anreizkompatibilität** gezeigt werden, die erfordert, dass der Manager die aus Sicht der Eigentümer optimale Entscheidung trifft, wobei die Eigentümer die Entlohnung des Managers explizit berücksichtigen.[34]

---

33 Vgl *Reichelstein* (1997), S. 168, und *Baldenius* et al. (1999), S. 59.

34 Vgl *Pfeiffer* (2003).

Ertragswertabschreibung

In der Investitionsrechnung wird der **ökonomische** (kapitaltheoretische) **Gewinn** definiert als

$$G_t = i \cdot EW_{t-1}$$

wobei EW_t der Ertragswert des Investitionsprojektes am Ende der Periode t ist. Die **Ertragswertabschreibung** entspricht der Änderung des Ertragswertes während der Periode t,

$$Ab_t = EW_{t-1} - EW_t$$

Aufgrund von $EW_t = (1 + i) \cdot EW_{t-1} - E_t$ (mit E_t als Einzahlungsüberschuss in Periode t) ergibt sich daraus

$$Ab_t = E_t - i \cdot EW_{t-1}$$

Im Unterschied zur hier beschriebenen Abschreibung wird insgesamt also der Ertragswert EW_0 abgeschrieben. Nur im Fall, dass $EW_0 = I$, wird die Investitionsauszahlung abgeschrieben (das ist der Fall, wenn der Ertragswert mit dem internen Zinssatz ermittelt wird). Im Fall gleich hoher Einzahlungsüberschüsse E_t und der Verwendung des internen Zinssatzes entspricht die Ertragswertabschreibung der **Annuitätenabschreibung**.

Optimale Zinssätze

Alternativ zu einer Anpassung des Abschreibungsverfahrens an die Eigenschaften des Investitionsprojektes besteht die Möglichkeit, das optimale Investitionsprogramm bei Informationsasymmetrie durch Anpassung der Zinssätze zu implementieren. Dazu sei noch einmal (13) betrachtet. Hält man die **Abschreibungsrate fix**, kann die Bedingung durch eine **Anpassung des Zinssatzes** erfüllt werden. Dann ergibt sich der Residualgewinn wie folgt:[35]

$$RG_t'(I^*) = \frac{\theta_t}{\sum_{\tau=1}^{T} \theta_\tau \cdot \rho^{-\tau}} - ab_t - \gamma_t \cdot \left(1 - \sum_{\tau=1}^{t-1} ab_\tau\right) = 0 \tag{15}$$

Dann kann für jedes *beliebige* Abschreibungsverfahren die optimale Anreizwirkung erzielt werden, wenn der folgende **Zinssatz** der Berechnung des Residualgewinns zugrunde gelegt wird:

$$\gamma_t^* = \frac{\dfrac{\theta_t}{\sum_{\tau=1}^{T} \theta_\tau \cdot \rho^{-\tau}} - ab_t}{1 - \sum_{\tau=1}^{t-1} ab_\tau}$$

Ähnlich wie oben beim Abschreibungsverfahren angemerkt, kann der optimale Zinssatz im Zeitablauf stark schwanken und in einzelnen Perioden auch negativ werden.

---

35 Vgl *Pfeiffer* (2000), S. 80 f.

Beispiel[36]

Die Zentrale weiß, dass ein Investitionsprojekt eine Investitionsauszahlung in Höhe von 10 verursacht und dass die Einzahlungsüberschüsse in den nächsten fünf Jahren wie folgt lauten: $2{,}5 \cdot E$; $3 \cdot E$; $3 \cdot E$; $3{,}5 \cdot E$; $2{,}5 \cdot E$. Nur der Manager kennt den tatsächlichen Wert des Parameters E, der die Einzahlungen skaliert. Der Zentrale ist er unbekannt, sie weiß nur, dass er im Bereich von 0,5 bis 1,5 verteilt ist. Die Zentrale verwendet einen Zinssatz von 8%, sie weiß jedoch nicht, welchen Zinssatz der Manager verwendet, und sie weiß auch nicht, ob der Manager die ganzen fünf Jahre im Unternehmen bleiben wird.

Die Zentrale möchte eine Bemessungsgrundlage samt deren Ermittlungsregeln finden, so dass der Manager, der einen Anteil α an dieser Bemessungsgrundlage erhält, einen strikten Anreiz hat, ein Projekt mit positivem Kapitalwert durchzuführen und eines mit negativem Kapitalwert zu unterlassen. (Wie leicht nachzurechnen ist, ist die Grenze von E für einen positiven Kapitalwert bei rund 0,866.)

Wie im Text gezeigt wurde, muss die Zentrale den Residualgewinn als Bemessungsgrundlage verwenden. Die Zentrale hat zwei grundsätzliche Möglichkeiten: Sie kann den Residualgewinn unter Anwendung des Zinssatzes von 8% ermitteln und die optimalen Abschreibungen ansetzen. Sie kann alternativ irgendein Abschreibungsverfahren vorgeben (zB lineare Abschreibungen) und den Zinssatz entsprechend verändern. Die Summe der beiden (Kapitaldienst) bleibt gleich hoch. Diese beiden Möglichkeiten sind im Folgenden anhand der Zahlen dargestellt (wegen der Beschränkung auf zwei Nachkommastellen kann es gelegentlich zu Rundungsdifferenzen kommen). Dabei wird angenommen, der Manager weiß, dass $E = 1{,}2$. Der Kapitalwert ist 3,851.

Periode	*0*	*1*	*2*	*3*	*4*	*5*
Buchwert am Periodenende	10,00	8,63	6,73	4,66	2,01	0,00
Zahlungsüberschuss	-10,00	3,00	3,60	3,60	4,20	3,00
- (optimale) Abschreibung		-1,37	-1,91	-2,06	-2,66	-2,01
- Kapitalkosten		-0,80	-0,69	-0,54	-0,37	-0,16
= Residualgewinn		**0,83**	**1,00**	**1,00**	**1,17**	**0,83**
Optimale Abschreibungsrate		0,14	0,19	0,21	0,27	0,20

Periode	*0*	*1*	*2*	*3*	*4*	*5*
Buchwert am Periodenende	10,00	8,00	6,00	4,00	2,00	0,00
Zahlungsüberschuss	-10,00	3,00	3,60	3,60	4,20	3,00
- (optimale) Abschreibung		-2,00	-2,00	-2,00	-2,00	-2,00
- Kapitalkosten		-0,17	-0,60	-0,60	-1,03	-0,17
= Residualgewinn		**0,83**	**1,00**	**1,00**	**1,17**	**0,83**
Optimaler Zinssatz		1,66%	7,49%	9,99%	25,81%	8,30%

Zunächst ist ersichtlich, dass der Residualgewinn in jeder Periode größer als null ist. Daher wird der Manager das Projekt implementieren, gleichgültig, welche Zeitpräferenzen oder welchen Zeithorizont er besitzt. Der Residualgewinn verhält sich strikt proportional zu den Zahlungsüberschüssen. Der Verlauf der optimalen Abschreibung erfolgt zunächst entsprechend dem Zahlungsprofil, wobei jedoch die geringer werdenden Kapitalkosten berücksichtigt werden müssen. Alternativ wird bei linearer Abschreibung der Zinssatz entsprechend angepasst. Er erreicht Werte von 1,66% bis hin zu 25,81%, um die optimalen Anreize zu gewährleisten.

---

36 Dieses Beispiel ist eine leichte Abwandlung der Problemstellung im Text, da der Manager nur vor der Entscheidung steht, ein Projekt durchzuführen oder nicht. Er wählt nicht das optimale Investitionsvolumen. Jedoch ist die Lösungsstruktur beider Problemstellungen gleich.

Letztlich zeigt sich, dass es der **Kapitaldienst**, also das **Zusammenwirken** der **Abschreibung** und der **Zinskosten** auf das gebundene Kapital, ist, welches für die Investitionsanreize verantwortlich ist.[37] Dies sieht man deutlich, wenn man (15) wie folgt umschreibt:

$$ab_t + \gamma_t \cdot \left(1 - \sum_{\tau=1}^{t-1} ab_\tau\right) = \frac{\theta_t}{\sum_{\tau=1}^{T} \theta_\tau \cdot \rho^{-\tau}} \tag{16}$$

Das bedeutet, dass **Abschreibung und Zinsen** die Perioden **relativ** zu den Zahlungsüberschüssen **gleichmäßig belasten** müssen. Dies entspricht einer Art von **Tragfähigkeitsprinzip**. Werden die Abschreibungen vorweg festgelegt, kann dies durch die Anpassung der Zinssätze erreicht werden, wenn der Zinssatz vorgegeben ist, können die Abschreibungen entsprechend adaptiert werden.[38]

Setzt man (16) in die Formel für den Residualgewinn ein, ergibt sich

$$\begin{aligned} RG_t(I) &= \theta_t \cdot E(I) - ab_t \cdot I - \gamma_t \cdot I \cdot \left(1 - \sum_{\tau=1}^{t-1} ab_\tau\right) \\ &= \theta_t \cdot E(I) - \frac{\theta_t \cdot I}{\sum_{\tau=1}^{T} \theta_\tau \cdot \rho^{-\tau}} = \theta_t \cdot \underbrace{\left(E(I) - \frac{I}{\sum_{\tau=1}^{T} \theta_\tau \cdot \rho^{-\tau}}\right)}_{\text{periodenunabhängig}} \end{aligned}$$

Der **Residualgewinn** verhält sich in jeder Periode **proportional** zu θ_t. Des Weiteren ist sofort ersichtlich, dass der Manager in jeder Periode die **optimalen Investitionsanreize** erhält. Denn die Maximierung einer beliebig (positiv) gewichteten Summe der Residualgewinne liefert die folgende Bedingung:

$$E'(I) = \frac{1}{\sum_{\tau=1}^{T} \theta_\tau \cdot \rho^{-\tau}}$$

und dies ist die Bedingung für das optimale Investitionsprogramm I^*.

Auch wenn durch diese beiden Möglichkeiten der Anpassung der Berechnung des Residualgewinnes eine optimale Investitionssteuerung von Bereichen auch bei unterschiedlichen Zeitpräferenzen möglich ist, zeigt sich doch, dass die notwendigen **Anpassungen** auf das jeweilige Projekt **maßgeschneidert** sein müssen. Jedes Projekt benötigt ein ganz spezifisches Abschreibungsverfahren oder ganz spezifische Kapitalkostensätze; dies ist in der Praxis nur schwer vorstellbar. Des Weiteren muss der Zentrale das Zahlungsprofil (θ_1, ..., θ_T) bekannt sein, was in der Realität gerade bei Realinvestitionen oft nicht der Fall ist. Die Zentrale muss auch in der Lage sein, den adaptierten Residualgewinn selbst ermitteln zu können. Sie muss daher die lau-

---

37 Vgl *Rogerson* (1997), S. 786.

38 Genau genommen gibt es daher beliebig viele Lösungen für das Problem, die dadurch gefunden werden können, dass Abschreibungsrate und Zinssatz korrespondierend so angepasst werden, dass (16) erfüllt ist.

fenden und kumulierten Abschreibungen beobachten und ggf den Zinssatz vorgeben können, mit dem der Residualgewinn ermittelt wird.[39]

Dennoch bleibt eine **wesentliche Aussage** bestehen: *Wenn* eine Beurteilungsgröße in der betrachteten Modellsituation die optimale Investitionssteuerung bewirken kann, dann ist es der **Residualgewinn**.

Die abgeleiteten Ergebnisse beruhen auf etlichen **einschränkenden Annahmen** über die Investitionsprojekte. Eine Annahme ist, dass die **Zahlungsüberschüsse** in jeder Periode **positiv** sind (dh $\theta_t > 0$); andernfalls ergibt sich in einer Periode mit $\theta_t < 0$ ein negativer Residualgewinn und möglicherweise falsche Anreize.[40] Eine andere Annahme ist, dass der Manager keine Auswahl aus **alternativen Investitionsprojekten** trifft. Da die Residualgewinne trotz optimaler Abschreibung bzw Kapitalkosten von den Zahlungsprofilen der Projekte abhängen, kann es leicht vorkommen, dass der Manager bei seiner spezifischen Zeitpräferenz nicht mehr das Projekt mit dem höchsten positiven Kapitalwert wählt.[41] Dies gilt sogar dann, wenn die künftigen Einzahlungen je Projekt konstant sind, die Projekte aber unterschiedliche Laufzeit aufweisen. Weitere Annahmen bestehen darin, dass das Investitionsprojekt keine **Verbundeffekte** außerhalb des betrachteten Bereichs des Managers aufweist und nicht manipulierbar ist.[42]

Reichelstein (2000) zeigt, dass die gezeigten Ergebnisse auch dann Gültigkeit behalten, wenn sich der Manager anstrengen muss, um überhaupt lohnende Investitionsmöglichkeiten zu erhalten. Die Ergebnisse relativieren sich allerdings, wenn man zusätzliche Entscheidungsvariablen einbezieht, wie etwa eine Situation, in der der Manager durch **Anstrengung** oder zusätzliche **Arbeit** die periodischen Einzahlungsüberschüsse erhöhen kann, etwa durch Marketing- oder Kostenmanagement-Maßnahmen. Dann muss die Beurteilungsgröße zusätzlich zur Investitionswahl auch noch Anreize für diese Aktivitäten geben. Die Folge ist, dass etwa das Abschreibungsverfahren gemäß (14) nicht mehr optimal ist, weil die verschiedenen Anreizwirkungen gegeneinander abgewogen werden müssen.[43]

Wiederbeschaffungskosten

Die Abschreibung nach dem relativen Beitragsverfahren lässt sich bezüglich der zeitlichen Buchwertverläufe noch in einer anderen Weise interpretieren. Dazu sei angenommen, es gäbe einen (hypothetischen) **Markt**, auf dem man die periodischen Produktionskapazitäten einer Investition mieten kann. Die periodischen Produktionskapazitäten seien $I \cdot \theta_t$, und ihre Verwendung führt zu periodischen Zahlungsüberschüssen von

$$E_t = E(I) \cdot \theta_t$$

---

[39] Zu weiteren impliziten Annahmen vgl *Bromwich* und *Walker* (1998), S. 412 – 416.

[40] Dies kann mit einer entsprechenden Periodisierung auch der Einzahlungen vermieden werden. Vgl *Mohnen* (2002), S. 144 –151.

[41] Vgl auch *Pfaff* und *Bärtl* (1999), S. 108 f. *Egginton* (1995) schlägt eine Variante der Abschreibungsberechnung vor, bei welcher der Residualgewinn in jeder Periode gleich groß wird; er entspricht dann notwendigerweise der Annuität auf den Kapitalwert des Investitionsprojekts. Der Nachteil besteht darin, dass diese Abschreibung mit der Information, die die Zentrale hat, nicht ermittelt werden kann.

[42] Vgl *Pfaff* und *Stefani* (2003), S. 64 – 70.

[43] Vgl zB *Wagenhofer* und *Riegler* (1999).

Ein Vermieter von Produktionskapazitäten müsste zunächst selbst die Anlage zu Investitionskosten von I erwerben. Vermietet er die damit verbundenen Kapazitäten über die gesamte Nutzungsdauer zu einem **konstanten Kostensatz** von c je Kapazitätseinheit und soll die Investition für ihn nicht unvorteilhaft sein, muss der Kostensatz wenigstens folgende Größenordnung haben:

$$c \cdot \sum_{\tau=1}^{T} I \cdot \theta_\tau \cdot \rho^{-\tau} = I \quad \text{bzw} \quad c = \frac{1}{\sum_{\tau=1}^{T} \theta_\tau \cdot \rho^{-\tau}}$$

Bei einem **kompetitiven Vermietungsmarkt** wird sich der Kostensatz dann auf genau diesen Wert einpendeln. Nun sei der Verlauf der Buchwerte unter Anwendung des relativen Beitragsverfahrens betrachtet. Die Kapitalbindung der Anlage am Ende der ersten Periode ergibt sich aus

$$\begin{aligned} KB_1 &= KB_0 - Ab_1 \\ &= I - \left(I \cdot \frac{\theta_1}{\sum_{\tau=1}^{T} \theta_\tau \cdot \rho^{-\tau}} - i \cdot I \right) = I \cdot \left(\rho - \frac{\theta_1}{\sum_{\tau=1}^{T} \theta_\tau \cdot \rho^{-\tau}} \right) \\ &= I \cdot \left(\frac{\rho \cdot \sum_{\tau=1}^{T} \theta_\tau \cdot \rho^{-\tau} - \theta_1}{\sum_{\tau=1}^{T} \theta_\tau \cdot \rho^{-\tau}} \right) = I \cdot \left(\frac{\sum_{\tau=2}^{T} \theta_\tau \cdot \rho^{-(\tau-1)}}{\sum_{\tau=1}^{T} \theta_\tau \cdot \rho^{-\tau}} \right) \\ &= c \cdot I \cdot \sum_{\tau=2}^{T} \theta_\tau \cdot \rho^{-(\tau-1)} \end{aligned}$$

Führt man analog diese Rechnung für $t = 2, 3, \ldots$ weiter, erhält man allgemein

$$KB_t = c \cdot I \cdot \sum_{\tau=t+1}^{T} \theta_\tau \cdot \rho^{-(\tau-t)} \qquad (t = 0, \ldots, T-1)$$

Der **Restbuchwert** am Ende einer Periode t entspricht daher dem **Barwert der Mieten**, die man für die verbleibende Kapazität in den restlichen Perioden der Nutzungsdauer am Markt zahlen müsste, er kann daher auch als **Wiederbeschaffungskosten** dieser Restkapazität interpretiert werden. Diese Eigenschaft ist unter der Bezeichnung **relatives Wiederbeschaffungskostenverfahren** (*relative replacement cost rule*) Gegenstand weiterführender Analysen zu mehrperiodigen Investitionsentscheidungen.[44] Hier zeigt sich, dass die Verwendung des relativen Wiederbeschaffungskostenverfahrens dazu führt, dass unter bestimmten Bedingungen die periodische Residualgewinnmaximierung des Managers zur insgesamt optimalen Investitionsstrategie führt.

---

44 Vgl. dazu *Rogerson* (2008), *Nezlobin* et al. (2013).

Einfluss der Gewinnermittlung auf das Performancemaß

Anreize im Hinblick auf mehrperiodige Entscheidungen können mit dem Residualgewinn unter Anwendung des *Lücke*-Theorems getroffen werden, ohne dass dabei Einschränkungen der Art der **Gewinnermittlung** benötigt werden, die über das Gelten des Kongruenzprinzips hinausgehen. Für den Fall unterschiedlicher Zeitpräferenzen des Managers muss allerdings die Gewinnermittlung in einer ganz bestimmten Weise erfolgen: Es wurde gezeigt, dass eine **Abschreibung** nach dem relativen Beitragsverfahren dafür benötigt wird. Der Grund liegt darin, dass nun der Residualgewinn in *jeder* Periode ein **geeignetes Performancemaß** für das Investitionsprojekt abgeben muss. Das wird durch diese Abschreibung sichergestellt.

Nun gelten vergleichbare Zusammenhänge nicht nur für die Abschreibung, sondern auch für andere unternehmerische Entscheidungen. Die Gewinnermittlung entscheidet letztlich, wieweit sich operative und strategische Entscheidungen in den periodischen Residualgewinnen widerspiegeln. Die **externe Unternehmensrechnung** gibt bestimmte Gewinnermittlungsregeln vor, die mit den Zwecken der Performancemessung oft nicht kompatibel sind. *Beispiel*: Forschungs- und Entwicklungskosten werden in der Rechnungslegung entweder gar nicht oder nur zu einem Teil aktiviert und dann über die Laufzeit ihrer Nutzung abgeschrieben. Erwünschte Investitionen in Forschung und Entwicklung reduzieren in der Periode ihrer Durchführung den Gewinn bzw den Residualgewinn eines ungeduldigen Managers. Er hat damit Anreize zur Unterinvestition. Ähnliches gilt für strategische Investitionen in Humankapital oder auch große Marketingmaßnahmen.

Um entsprechende Managementanreize zu erzeugen, müssen derartige **Gewinnermittlungsregeln angepasst** werden. Beispielsweise listen Stern Stewart rund 160 Anpassungen der externen Rechnungslegung auf, um zu ihrem *Economic Value Added* (*EVA*®) zu kommen, auch wenn in der praktischen Anwendung in Unternehmen nur einige der Anpassungen durchgeführt werden.[45] Solche Anpassungen betreffen nicht nur den Gewinn, sondern auch den Buchwert des Kapitals, und sie müssen konsistent über die Zeit mit allen Auswirkungen früherer Anpassungen auf nachfolgende Gewinne und Kapitalbuchwerte durchgeführt werden, um das Kongruenzprinzip einzuhalten. Dies kann erhebliche **Kosten** verursachen, die gegen den Nutzen verbesserter Steuerung abzuwägen sind.

---

45 Vgl *Stern* et al. (1998).

Empirische Ergebnisse

In einer Befragung der DAX 100 Unternehmen im Jahr 2003 wurden die häufigsten Anpassungen der Gewinnermittlung in der Praxis erfragt:[46] In der Reihenfolge nach Häufigkeit der Nennungen waren dies:

Restrukturierungsaufwand, Goodwill, Beteiligungen, Sonderabschreibungen, Leasing, Pensionsrückstellungen, Zinsen auf erhaltene Anzahlungen, latente Steuern und Verkehrswerte bei Immobilien.

4.3. Cashflow-basierte Wertbeitragskennzahlen

Wertbeitragskennzahlen können auch auf Basis von Cashflows anstelle des Gewinns ermittelt werden. Eine solche Kennzahl ist unmittelbar der Cashflow selbst. Für ihn ist auch die direkte Verbindung zum Unternehmenswert gegeben.

Gemäß der **Nettomethode** kann der Unternehmenswert mit Hilfe des ***Flow to Equity*** (*FTE*) ermittelt werden. Folgt man dem Schema der Kapitalflussrechnung, ergibt sich der *Flow to Equity* wie folgt:

  Cashflow aus laufender Geschäftstätigkeit
+ Cashflow der Investitionstätigkeit (dieser ist idR negativ)
– Nettoauszahlungen aus der Fremdfinanzierung (Zins- und Tilgungszahlungen, abzüglich Fremdkapitalzuführung)
= *Flow to Equity*

bzw symbolisch

$$FTE_t = E_t - I_t - NF_t$$

wobei E_t den Einzahlungsüberschuss aus der Geschäftstätigkeit, I_t die (Netto-)Investitionsauszahlungen und NF_t die Nettoauszahlungen aus der Fremdfinanzierung in Periode t bezeichnen. Gäbe es keine **Finanzanlagen**, wäre der FTE_t einer Periode identisch mit den Nettoausschüttungen AU_t. Der Barwert der *Flows to Equity* entspräche dann dem Unternehmenswert,

$$V_t = \sum_{\tau=t+1}^{\infty} AU_\tau \cdot \rho^{-(\tau-t)} = \sum_{\tau=t+1}^{\infty} FTE_\tau \cdot \rho^{-(\tau-t)} = \sum_{\tau=t+1}^{\infty} \left(E_\tau - I_\tau - NF_\tau\right) \cdot \rho^{-(\tau-t)}$$

Werden dagegen Teile des FTE_t nicht ausgeschüttet, wird angenommen, dass diese Beträge als Finanzanlagen FA_t so angelegt werden, dass sie sich gerade zum Kapitalkostensatz verzinsen. Daraus ergibt sich folgende Beziehung für die Entwicklung der Finanzanlagen im Zeitablauf:

$$FA_t = FA_{t-1} + i \cdot FA_{t-1} + FTE_t - AU_t \quad \text{bzw}$$
$$AU_t = FTE_t + (1+i) \cdot FA_{t-1} - FA_t$$

Der Unternehmenswert beträgt nach Einsetzen dieser Beziehung und Bereinigung

46 Vgl *Aders* und *Hebertinger* (2003), S. 18.

$$V_t = \sum_{\tau=t+1}^{\infty} AU_\tau \cdot \rho^{-(\tau-t)} = FA_t + \sum_{\tau=t+1}^{\infty} FTE_\tau \cdot \rho^{-(\tau-t)}$$

Eine analoge Äquivalenz kann für die **Bruttomethode** gezeigt werden. Es ist dann der *Free Cash Flow* (*FCF*) anstelle des *FTE* heranzuziehen. Er ergibt sich gemäß dem Schema der Kapitalflussrechnung aus:

Cashflow aus laufender Geschäftstätigkeit
\+ Cashflow der Investitionstätigkeit
\+ Fremdkapitalzinszahlungen (abzüglich Ertragsteuerersparnis)
= *Free Cash Flow*

Als Zinssatz wird ein gewogener Kapitalkostensatz aus Eigen- und Fremdkapital verwendet, und das Fremdkapital ist am Ende vom Barwert der *Free Cash Flows* abzuziehen.

Aufgrund dieses direkten Zusammenhangs von Unternehmenswert und den Cashflows ist es nahe liegend, **Cashflows als Performancemaße** zu verwenden. Der Nachteil besteht in der idR erheblichen Volatilität der Cashflows, insbesondere wenn man die Investitionsauszahlungen berücksichtigt, die meist sehr unregelmäßig über die Perioden anfallen. Wird zB in einer Periode überproportional investiert, führt das zu einem ungünstigen oder negativen Cashflow und suggeriert eine Wertvernichtung in der betreffenden Periode. Dies ergibt sich dadurch, dass die künftigen Cashflow-Erhöhungen aufgrund der Investition erst dann Eingang in die Kennzahl finden, wenn sie tatsächlich eintreffen.

Die Volatilität der Kennzahl über die Perioden kann durch eine **Glättung der Investitionsauszahlungen** eingedämmt werden. Dies wurde bei den Cashflow-basierten Rentabilitätskennzahlen bereits diskutiert. Dort wurde auch der *CFROI* besprochen. Gemäß der Definition in (2) gilt

$$CFROI = \frac{\text{Brutto-Cash flow} - \text{ökonomische Abschreibung}}{\text{Brutto investiertes Kapital}}$$

Die ökonomische Abschreibung glättet die Investitionsauszahlungen über die Perioden.

Mit dem *CFROI* kann der ***Cash Value Added*** (*CVA*) gewissermaßen als Pendant zum Residualgewinn gebildet werden:

$$\begin{aligned} CVA_t &= \text{Brutto-Cash flow} - \text{ökonomische Abschreibung} - \text{Kapitalkosten} \\ &= \underbrace{(CFROI_t - i_t)}_{\text{Rentabilitätsspanne}} \cdot IK_{t-1} \end{aligned}$$

wobei IK_t das brutto investierte Kapital am Ende von Periode t bezeichnet. Der *CVA* ergibt sich aus der Rentabilitätsspanne, das ist hier der *CFROI* abzüglich der Kapitalkosten i, multipliziert mit dem brutto investierten Kapital zu Beginn der jeweiligen Periode. Ein positiver *CVA* kann unter ähnlichen Einschränkungen wie oben für den Residualgewinn gezeigt als Wertsteigerung und ein negativer *CVA* als Wertminderung in der betreffenden Periode interpretiert werden. Zusätzlich kommt hinzu, dass der Brutto-Cashflow einer Periode selten repräsentativ für das Unternehmensgeschehen in dieser Periode war.

Die **Barwertidentität** von Barwert der *CVA*s und dem Kapitalwert eines Investitionsprojekts, wie sie analog für den Residualgewinn gezeigt wurde, lässt sich für den *CVA* unmittelbar zeigen. Sei dazu ein Investitionsprojekt mit Anschaffungsauszahlungen I sowie laufenden Einzahlungsüberschüssen $(E_t - A_t)$ betrachtet. Der **Barwert** der *CVA*s zum Zeitpunkt $t = 0$ lautet

$$\begin{aligned}
\sum_{t=1}^{T} CVA_t \cdot \rho^{-t} &= \sum_{t=1}^{T} \big(E_t - A_t - Ab_t - (\rho-1)\cdot I\big)\cdot \rho^{-t} \\
&= \sum_{t=1}^{T} \big(E_t - A_t\big)\cdot \rho^{-t} - \sum_{t=1}^{T} Ab_t \cdot \rho^{-t} - \sum_{t=1}^{T} (\rho-1)\cdot I \cdot \rho^{-t} \\
&= \sum_{t=1}^{T} \big(E_t - A_t\big)\cdot \rho^{-t} - I \cdot \frac{\rho-1}{\rho^T - 1} \cdot \sum_{t=1}^{T} \rho^{-t} - (\rho-1)\cdot I \cdot \sum_{t=1}^{T} \rho^{-t} \\
&= \sum_{t=1}^{T} \big(E_t - A_t\big)\cdot \rho^{-t} - (\rho-1)\cdot I \cdot \sum_{t=1}^{T} \rho^{-t} \cdot \left(\frac{1}{\rho^T - 1} + 1\right) \\
&= \sum_{t=1}^{T} \big(E_t - A_t\big)\cdot \rho^{-t} - I \cdot \frac{\rho^T - 1}{\rho^T} \cdot \frac{\rho^T}{\rho^T - 1} \\
&= \sum_{t=1}^{T} \big(E_t - A_t\big)\cdot \rho^{-t} - I = KW
\end{aligned}$$

wobei bei der Umformung der Rentenbarwertfaktor $\sum_{t=1}^{T} \rho^{-t} = \frac{\rho^T - 1}{(\rho-1)\cdot \rho^T}$ genutzt wird.

Der **Kapitalwert eines Projekts** zum Zeitpunkt 0 entspricht dem **Barwert der *CVA*s**. Der Grund für die Identität liegt in der Definition der **ökonomischen Abschreibung**: Sie verteilt die Abschreibung der Anschaffungsauszahlungen so auf die Perioden der Nutzung, dass der Barwert der Abschreibung und der Barwert der Verzinsung des brutto investierten Kapitals gerade wieder das brutto investierte Kapital ergibt, also kapitalwertneutral erfolgt. Mit dem *Lücke*-Theorem hat dies jedoch unmittelbar nichts zu tun.

CVA auf Basis des Humankapitals

Der *CVA* kann algebraisch so umformuliert werden, dass er sich auf eine andere Größe als das eingesetzte Kapital bezieht. Ein Beispiel dafür ist die Bezugnahme auf das Humankapital oder auf die Kunden.[47] Bei Bezugnahme auf das Humankapital wird der Brutto-Cashflow in seine wesentlichen Komponenten Umsatzeinzahlungen, Materialauszahlungen und Personalauszahlungen zerlegt. Daraufhin werden die Personalauszahlungen herausgelöst und das Ganze auf die Anzahl der Mitarbeiter bezogen. Unter leichter Abänderung der Notation im Text ergibt sich:

$$
\begin{aligned}
CVA &= BCF - Ab - i \cdot IK \\
&= U - Mat - Pers - Ab - i \cdot IK = \\
&= \left(\frac{U - Mat - Ab - i \cdot IK}{MA} - \frac{Pers}{MA} \right) \cdot MA = \\
&= \left(\frac{\text{Wertschöpfung}}{\text{Mitarbeiter}} - \frac{\text{Durchschn. Personalkosten}}{\text{Mitarbeiter}} \right) \cdot \text{Mitarbeiter}
\end{aligned}
$$

Dabei bedeuten:

CVA	Cash Value Added
BCF	Brutto-Cashflow
Ab	ökonomische Abschreibung
i	Kapitalkostensatz
IK	brutto investiertes Kapital
U	Umsatzeinzahlungen
Mat	Materialauszahlungen
Pers	Personalauszahlungen
MA	Mitarbeiter

Der *CVA* kann so als Wertschöpfung pro Mitarbeiter abzüglich der durchschnittlichen Personalkosten pro Mitarbeiter und multipliziert mit der Anzahl der Mitarbeiter ausgedrückt werden. Da es sich nur um eine Umformulierung handelt, ändert sich nichts an den Eigenschaften des *CVA*.

5. Nichtfinanzielle Kennzahlen

Die meisten Kennzahlen sind finanzieller Natur. Wertbeitragskennzahlen sind unmittelbar Geldgrößen, und Rentabilitätskennzahlen beziehen zwei finanzielle Größen aufeinander. Der Grund liegt vor allem darin, dass viele verschiedene Einzelinformationen **aggregiert** werden, um die Gesamtzusammenhänge besser erkennen zu können. Für eine Aggregation ist idR derselbe Maßstab erforderlich. Die Belegung von relevanten Geschäftsfällen mit Preisen dient gerade dazu.

---

[47] Vgl *Strack* und *Villis* (2001), S. 70 f.

Empirische Ergebnisse

In einer Fragebogenuntersuchung von *Fischer* und *Wenzel* (2003) antworteten 81 börsennotierte Unternehmen, welche nichtfinanziellen Werttreiber sie verwenden. Untersuchungszeitraum war das Jahr 2001. Die Ergebnisse sind:

Werttreiber	Anzahl Unternehmen
(Verbesserung von) Marktposition/Marktführerschaft/Marktanteil	15
Know how/Qualifikation der Mitarbeiter	11
Produkt- und Prozessqualität	7
Kundenzufriedenheit	7
Innovationen	6
Kapazitätsauslastung	6
Marktwachstum	5
(Neue) Produkte	5
Vertrieb(-swege)	4
Mitarbeiterzufriedenheit	2
Technologieführerschaft	2
Unternehmenskultur	2
Image	2
Preise	2
Produktivität	2

Eine ausschließliche Orientierung an finanziellen Kennzahlen verschleiert aber möglicherweise Ansatzpunkte für strategische Entscheidungen. Dies rührt daher, dass die finanziellen Auswirkungen von Entscheidungen regelmäßig erst in späteren Perioden eintreten. Finanzielle Kennzahlen in einer Periode bilden damit vor allem die Ergebnisse früherer Entscheidungen ab, was aus Steuerungssicht problematisch sein kann – insbesondere wenn man den „ungeduldigen" Manager betrachtet. Daher ist es sinnvoll, zusätzlich Informationen zu berücksichtigen, die stärker auf die Ursachen als auf die Wirkungen strategischer Entscheidungen eingehen oder erste Wirkungen rascher erfassen. Dies kann durch **nichtfinanzielle Kennzahlen** erreicht werden.

Nichtfinanzielle Kennzahlen werden häufig als Performancemaße auf **Teilbereichsebene** in Unternehmen verwendet. Sie zeigen dem Manager oft besser die direkten Auswirkungen seiner Entscheidungen, und sie lassen viele aus dessen Sicht unbeeinflussbare übergeordnete Effekte außen vor. Für eine wertorientierte Steuerung eignen sie sich dann, wenn ein starker Zusammenhang zwischen solchen Kennzahlen und der Unternehmenswertsteigerung (bzw dem Maß dafür) besteht.

Im Folgenden wird eine Auswahl **wichtiger nichtfinanzieller Kennzahlen** dargestellt. Die Auswahl orientiert sich an der Nähe zur Kosten- und Leistungsrechnung. Danach wird mit der *Balanced Scorecard* ein Kennzahlensystem gezeigt, das zum Ziel hat, nichtfinanzielle und finanzielle Kennzahlen ausgewogen zu berücksichtigen.

5.1. Wesentliche nichtfinanzielle Kennzahlen

Produktivität

Für viele Entscheidungen, besonders im Produktionsbereich, liefern Produktivitätsmaße adäquatere Steuerungsinformation als Kosten (Menge × Preis). **Produktivität** ist folgendermaßen definiert:

$$\text{Produktivität} = \frac{\text{Output}}{\text{Input}}$$

Werden Input und Output als Mengen gemessen, kann nur eine Faktorart berücksichtigt werden. Im **Mehrproduktunternehmen** müssen die Mengen gewichtet und dann zusammengezählt werden. Dies geschieht idR mittels der Preise, so dass:

$$\text{Produktivität} = \frac{\sum_j \left(\text{Output}_j \times \text{Preis}_j\right)}{\sum_i \left(\text{Input}_i \times \text{Preis}_i\right)}$$

Ein „echtes" Produktivitätsmaß erhält man dann, wenn man die Preise der Inputs und Outputs über die Zeit hinweg konstant hält. Verwendet man dagegen **Istpreise**, kann die Mengenrelation durch Preisschwankungen überlagert werden. Man erhält damit wieder eine finanzielle Kennzahl. Im Zeitvergleich kann dies zu Fehlinterpretationen führen. Da aber letztlich die Erfolgswirksamkeit wesentlich ist, kann ein Produktivitätsmaß nur *zusätzlich* zu den Kosten- und Erlösinformationen Verwendung finden.

Qualitätsmaßstäbe

Qualität ist die Beschaffenheit eines Produktes oder Prozesses bezüglich der Eignung, bestimmte festgelegte oder vorausgesetzte Erfordernisse zu erfüllen.[48] Qualität ist ein mehrdeutiger Begriff. Sie kann die Anzahl der Funktionen des Produkts, die geringe Abweichung der Verarbeitung, die Anzahl der Wahlmöglichkeiten durch Kunden oder das Befriedigen von Kundenerwartungen ganz allgemein bezeichnen. Dementsprechend vielfältig sind die Maßgrößen für Qualität.[49]

Moderne Managementphilosophien wie ***Total quality management*** (*TQM*) stellen Qualitätsverbesserungen in allen Aktivitäten des Unternehmens in den Vordergrund. Damit können nachträgliche Qualitätskontrollen, Nachbearbeitungen (nicht werterhöhende Aktivitäten) und Verluste durch Weiterverarbeitung von Ausschuss vermieden werden. Typische **nichtfinanzielle Maßgrößen** sind dafür:

- Anzahl der defekten Teile in verschiedenen Stadien der Verarbeitung;
- Anzahl von Konstruktionsänderungen;

---

48 Vgl auch DIN 55350 aus 1987.

49 Vgl zB *Zimmerman* (2010), S. 635. Die US-Regierung etablierte 1987 den *Malcolm Baldrige National Quality Award*, der insgesamt 27 verschiedene Maßstäbe für Qualität definiert.

- Lieferantenbewertung, zB Anzahl gelieferter defekter Teile, Prozentsatz nicht termingerecht gelieferter Teile;
- Kundenzufriedenheit, zB Anzahl Beschwerden, Garantiearbeiten.

„Traditionelle“ Kostenrechnungssysteme liefern Kosten im Zusammenhang mit der Qualität nur sehr selten. Diese entstehen in allen möglichen Bereichen des Unternehmens und werden dort unter verschiedenen Titeln erfasst. Bestimmte Kosten, wie etwa Opportunitätskosten infolge eines Reputationsverlustes bei den Kunden, können überhaupt nur geschätzt werden. **Kosten der Qualität** werden grob in vier Kategorien eingeteilt:[50]

1. Kosten der **Vorbeugung** vor defekten Produkten (*prevention costs*): Diese entstehen vor der eigentlichen Produktion, wie zB Konstruktionsänderungen, Mitarbeiterschulung;
2. Kosten von **Qualitätstests** vor Lieferung an die Kunden (*appraisal costs*);
3. **Interne Kosten** defekter Produkte (*internal failure costs*), die im Verlauf der Produktion anfallen;
4. **Externe Kosten** defekter Produkte (*external failure costs*), die nach Auslieferung durch Rücknahme, Garantiearbeiten, Haftungsansprüche, Opportunitätskosten künftiger Verkäufe oder Reputationsverlust entstehen.

Zeitgrößen

Mit modernen Produktionsmethoden wie ***Just in time*** (*JIT*) wird ein Hauptaugenmerk auf die **Durchlaufzeit** von Kundenbestellung bis Lieferung gelegt. Indem versucht wird, diese Zeit zu verkürzen, kommt es im Regelfall auch zu Kostensenkungen. Diese zeigen sich beispielsweise in einer Reduktion der Zinskosten infolge der kürzeren Zeit, in der Inputfaktoren in der Produktion gebunden sind, oder in geringeren Lagerkosten. Auf der anderen Seite erhält man einen Wettbewerbsvorteil durch rasche Reaktion auf Kundenwünsche.

Damit entsteht ein Bedarf, die **Zeiten der verschiedenen Prozesse** zu messen, wie

- Verarbeitungszeiten,
- Wartezeiten,
- Transportzeiten,
- Testzeiten.

Alle Zeiten bis auf die erste Kategorie, Verarbeitungszeiten, umfassen **nicht werterhöhende Aktivitäten**. Unternehmen sind bestrebt, diese möglichst zu verringern. Maßnahmen dafür umfassen etwa Qualitätsverbesserungen, verbesserte Produktionsplanung und Änderungen der Prozessabfolgen oder des Layout der Fertigung.

---

50 Vgl zB *Drury* (2004), S. 959.

Immaterielle Werte

Immaterielle Werte umfassen nichtmonetäre Vermögenswerte ohne physische Substanz im Unternehmen. Sie können je nach Branche und Geschäftstätigkeit erhebliche Bedeutung für die künftige Leistungserstellung haben und damit **Nutzen** generieren. Immaterielle Werte entstehen aus Innovation, spezifischer Organisation im Unternehmen und Humanvermögen. Beispiele sind die folgenden:[51]

- Innovationskapital: Produkt-, Dienstleistungs- und Verfahrensinnovationen, zB Patente, Copyrights;
- Humankapital: zB Ausbildung, Know how, Führungsqualität und Betriebsklima;
- Kundenkapital: zB Marktanteile, Marken, Kundendateien, Kundenzufriedenheit, Abnahmeverträge;
- Lieferantenkapital: zB Bezugsverträge;
- Investorkapital: zB Rating, Standing des Unternehmens;
- Immaterielle Werte im Organisationsbereich: zB Aufbau- und Ablauforganisation, Vertriebsnetz, Qualitätssicherung, Informations- und Kommunikationsstruktur;
- Standortkapital: zB Frequenz, Verkehrsanbindung, Steuervorteile.

Typisches Merkmal des immateriellen Vermögens ist, dass es (grundsätzlich) **nicht bilanzierungsfähig** ist. Dies liegt vor allem daran, dass die Kosten seiner Erstellung oder sein Wert für das Unternehmen nicht zuverlässig abschätzbar sind, es meist keine selbstständige Verwertbarkeit hat oder dass das Unternehmen vielfach nicht einmal Eigentümer dieser Werte ist und daher nur in geringem Umfang darüber wirklich verfügen kann. Mit finanziellen Kennzahlen aus dem Rechnungswesen ist das immaterielle Vermögen daher **nicht erfassbar**. Investitionen in diese Werte werden wie **laufende Kosten** abgebildet, und es besteht ein Anreiz des Managements, die Kosten gering zu halten, auch wenn es zulasten künftiger Erlöse geht – was insbesondere bei „ungeduldigen" Managern zutrifft. Investitionen in immaterielle Werte werden daher tendenziell durch Investitionen in (aktivierbare) Sachanlagen substituiert.

Daher bieten sich für die Steuerung immaterieller Werte **nichtfinanzielle Kennzahlen** aus den jeweiligen Kategorien an. Sie können auch als Werttreiber im Rahmen eines wertorientierten Managements gesehen werden. Für solche Kennzahlen existiert eine Reihe von Vorschlägen und Schemata, es wird aber immer auf die besonderen betrieblichen Umstände ankommen, welche davon sinnvoll anwendbar sind.[52]

---

51 Vgl *Arbeitskreis „Immaterielle Werte im Rechnungswesen" der Schmalenbach-Gesellschaft* (2001), S. 990 f. Die dort verwendeten englischen Bezeichnungen werden übersetzt. Man könnte auch fragen, weshalb von „Kapital" und nicht von „Vermögen" die Rede ist.

52 Vgl zB *International Federation of Accountants* (1998), *Ittner* und *Larcker* (2001), *Lev* (2001).

Intellektuelles Kapital

Immaterielle Werte werden vielfach mit intellektuellem Kapital oder Wissenskapital gleichgesetzt. Intellektuelles Kapital wird dann breit als Marktpreis des Unternehmens (zB Börsenkapitalisierung) abzüglich Buchwert des Eigenkapitals definiert.

Diese Definition übersieht, dass im Marktwert sämtliche künftig erwarteten Einzahlungsüberschüsse enthalten sind, und damit auch solche, die durch materielles Vermögen induziert werden. Es gibt auch Unternehmen, deren Buchwert des Eigenkapitals über dem Marktpreis liegt – kann es negatives immaterielles Vermögen geben?

Die rasante Entwicklung der EDV und moderne automatisierte Fertigungstechnologien ermöglichen den **Zugriff** auf immer mehr und aktuellere **Information** im Unternehmen. Viele nichtfinanzielle Informationen, wie Materialbedarfsmengen, Produktionszeiten, Standzeiten und ähnliches, müssen vielfach gar nicht gesondert erfasst werden, sondern sind ohnedies bereits im EDV-System verfügbar. Andere Größen wiederum müssen jedenfalls gesondert erhoben werden, beispielsweise Kundenzufriedenheit oder Marktinformationen.

5.2. *Balanced Scorecard*

Werden für bestimmte Zusammenhänge mehrere Kennzahlen verwendet, ist es sinnvoll, sie in eine logische Struktur zu bringen. Dies machen **Kennzahlensysteme**. Sie bestehen aus mehreren Kennzahlen, die in einer sachlichen Beziehung zueinander stehen, sich ergänzen oder erklären und auf ein übergeordnetes Ziel ausgerichtet sind. Dadurch sind sie in der Lage, mehrere Ursache-Wirkungs-Zusammenhänge getrennt darzustellen.

Ein Kennzahlensystem, das eine solche Struktur vorgibt, ist die ***Balanced Scorecard*** (***BSC***). Sie enthält finanzielle und nichtfinanzielle Kennzahlen und ordnet sie entsprechend der folgenden Ursache-Wirkungs-Kette von Perspektiven, die einander kausal und damit auch zeitlich nachgelagert sind:[53]

- **Lern- und Entwicklungsperspektive**: Das Wissen der Mitarbeiter und das in der Organisation vorhandene Wissen ist die Grundlage für künftigen Erfolg. Dieses Wissen wird auch als **intellektuelles Kapital** bezeichnet.
- **Interne Perspektive**: Diese erfasst die kritischen Geschäftsprozesse und wird von der Lern- und Entwicklungsperspektive beeinflusst.
- **Kundenperspektive**: Darin werden wesentliche Kundenwünsche und deren Erfüllung durch die eigenen Produkte und Leistungen abgebildet, welche wiederum durch die Geschäftsprozesse erstellt werden.
- **Finanzielle Perspektive**: Diese Perspektive enthält die finanziellen Resultate der Entscheidungen und Aktivitäten in den anderen Perspektiven.

---

53 Vgl *Kaplan* und *Norton* (1997), S. 23 – 30.

Ziel der *Balanced Scorecard* ist eine **ausgewogene Berücksichtigung** der angesprochenen Perspektiven und deren Zusammenhänge untereinander wie auch zu den unternehmerischen Zielen und Strategien. Durch Erkennen von Mängeln in den nichtfinanziellen Perspektiven können Entscheidungen angeregt werden, die schon vor dem Beobachten finanzieller Auswirkungen in die Prozesse eingreifen. Abbildung 3 zeigt ein Beispiel einer *Balanced Scorecard*[54], wobei in den links angeordneten Kästchen die Ziele und rechts davon mögliche Kennzahlen und Performancemaße stehen.

Die *Balanced Scorecard* ist ein **offenes Kennzahlensystem**, das an die individuellen betrieblichen Gegebenheiten angepasst werden muss. Sie enthält keine Vorgaben für bestimmte Kennzahlen oder Kriterien für eine „Ausgewogenheit" der Kennzahlen. Deshalb stellt sich auch die Frage, ob die *Balanced Scorecard* als solche nicht inhaltsleer ist, denn es wird kaum Meinungsunterschiede hinsichtlich der grundsätzlichen Wichtigkeit der Berücksichtigung mehrerer, auch nichtfinanzieller Perspektiven geben. Und warum das gerade vier Perspektiven sein sollen, ist nicht unbedingt allgemein erkennbar. Der Hauptvorteil der *Balanced Scorecard* ist darin zu sehen, dass damit unternehmensinterne Diskussionen über die Umsetzbarkeit und Messbarkeit von Zielen und Strategien initiiert und geleitet werden und die Mitarbeiter entsprechende Informationen erhalten.

Empirische Ergebnisse

Eine Umfrage unter Unternehmen in deutschsprachigen Ländern zeigt, dass die *Balanced Scorecard* in sehr verschiedenen Varianten implementiert wird.[55]

- Anzahl der Perspektiven: 68% der Unternehmen verwenden vier Perspektiven, 20% allerdings nur drei (meist wird die Lern- und Entwicklungsperspektive ausgelassen), dafür auch 5% der Unternehmen fünf Perspektiven.
- Verbindung zu Anreizsystemen: 53% der Unternehmen verbinden die *Balanced Scorecard* direkt mit Anreizsystemen, 18% indirekt und 29% überhaupt nicht.
- Umfang der Implementierung: 50% haben nur eine minimale Implementierung (mehrere Kennzahlen gruppiert in Perspektiven), 21% eine mittlere (auch mit Kausalketten) und 29% eine maximale Implementierung (mit Zielen, Aktionen und Verbindung zu Anreizsystemen).

Eine Umfrage in den Niederlanden ergibt, dass die *Balanced Scorecard* vornehmlich zur Entscheidungsfindung und –rechtfertigung verwendet wird, gefolgt von den Zwecken der Koordination und der Selbstkontrolle.[56] Die Einsatzbedingungen sind dabei unternehmensspezifisch und hängen von sonstigen Monitoring-Maßnahmen im Unternehmen und Einstellungen von Managern ab.

---

54 Die Struktur dieser Darstellung folgt *Kaplan* und *Norton* (1997), S. 176.

55 Vgl *Speckbacher* et al. (2003).

56 Vgl *Wiersma* (2009).

Die *Balanced Scorecard* wird auch zur **Performancemessung** von Managern in deren **Entlohnung** eingesetzt. Dies wird damit begründet, dass es besser ist, mehrere Kennzahlen und auch solche aus unterschiedlichen Perspektiven für die Bemessung der finanziellen Entlohnung zu nutzen. Dies ist dann richtig, wenn jede dieser Kennzahlen **eigenständigen Informationsgehalt** aufweist, der für die Steuerung von Managern im Agency-Kontext relevant ist. Dazu gehen die in der *Balanced Scorecard* enthaltenen Kennzahlen mit einem bestimmten Gewicht in die Entlohnungsfunktion ein. Die Berücksichtigung mehrerer Kennzahlen darf aber nicht darüber hinwegtäuschen, dass letztlich durch deren Gewichtung doch nur *eine* – wenngleich zusammengesetzte – **neue Kennzahl als Performancemaß** entsteht. Die Gewichtung legt auch fest, wie ein Manager die oft gegenläufigen Wirkungen bestimmter Entscheidungen auf die Ausgangskennzahlen gegeneinander abwägen muss, um das Performancemaß zu erhöhen. Dies kann sehr komplex sein und die Akzeptanz als Performancemaß verringern.[57]

Gewichtungen werden idR subjektiv festgelegt. Für eine gute Gewichtung muss allerdings sehr viel über die Informationsqualität der einzelnen Kennzahlen sowie die Wirkungszusammenhänge zwischen den Kennzahlen in der *Balanced Scorecard* bekannt sein. So wird eine weniger präzise Kennzahl mit weniger Gewicht eingehen, um das Entlohnungsrisiko (bei gleichzeitiger Reduktion der Anreize) zu mildern. Eine Verringerung der Varianz einer Kennzahl hat neben der Veränderung der Gewichtung dieser Kennzahl auch noch Auswirkungen auf die Gewichtung anderer Kennzahlen, die von deren Korrelation abhängt.[58] Unterstellt man einen starken Ursache-Wirkungs-Zusammenhang in den vier Perspektiven, wie er in der *Balanced Scorecard* zum Ausdruck kommen soll, so sollten die Kennzahlen hoch korreliert sein, und dies müsste in die Gewichtung der Kennzahlen einfließen.

---

[57] Siehe *Budde* (2007) zu einer modellanalytischen Untersuchung der Verwendung von *Balanced Scorecards* in Anreizsystemen.

[58] In Experimenten zeigt sich, dass diese externalen Effekte von den Individuen meist nicht berücksichtigt werden. Vgl *Krishnan* et al. (2005).

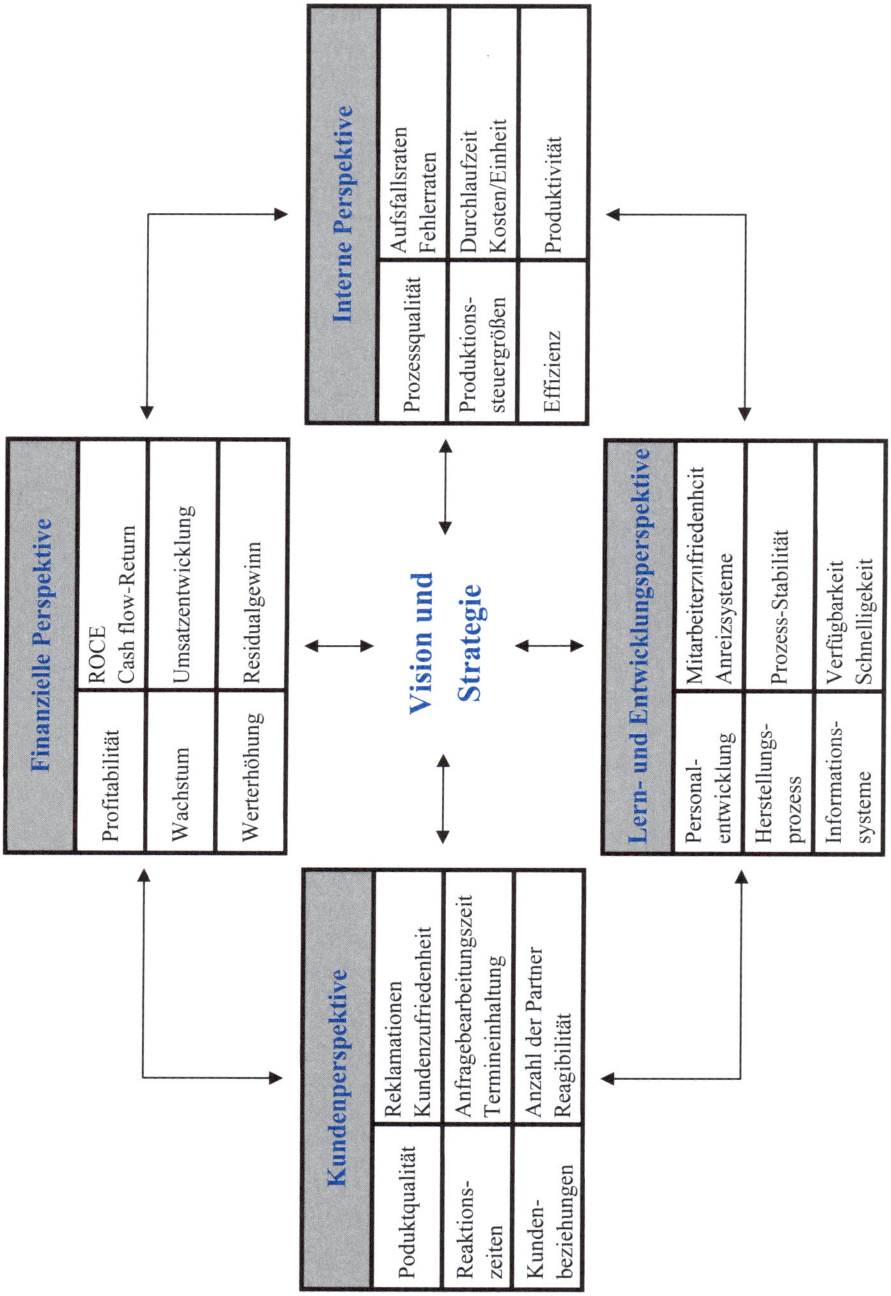

Abb. 3: Beispiel einer Balanced Scorecard

Eine **Korrelation** zwischen einzelnen Kennzahlen kann sogar dazu führen, dass die optimale Gewichtung aus Sicht des Informationsgehalts kontraintuitiv werden kann: Obwohl jede Kennzahl für sich mit einem stark positiven Gewicht in das Performancemaß eingehen würde, kann eine stark positive Korrelation dazu führen, dass eine davon sogar *negativ* gewichtet werden muss. Der Grund liegt darin, dass die Differenz der zwei Kennzahlen Risiko herausfiltern kann und die kombinierte Kennzahl präziser wird.

Die Gewichtung berücksichtigt weiter nicht, dass Manager **Anreize** haben, von sich aus bestimmte erwünschte Aktivitäten zu setzen. Diese müssen daher an sich gar nicht über eine Entlohnung motiviert werden. Das unterscheidet die Verwendung der *Balanced Scorecard* als **Entscheidungsinstrument** von derjenigen zur **Verhaltenssteuerung**.[59]

Experimentelle Ergebnisse

Lipe und *Salterio* (2000) testen mittels eines Experiments, ob die Zentrale bei der Beurteilung von zwei Bereichsmanagern auf Basis einer *Balanced Scorecard* stärker Kennzahlen berücksichtigt, die in beiden *Scorecards* vorkommen, oder solche, die bereichsspezifisch sind. Die beiden Bereiche sind auf verschiedenen Märkten aktiv und somit nicht unmittelbar vergleichbar.

Ihre Ergebnisse zeigen, dass die Beurteilung von Managern fast ausschließlich an den gemeinsamen Kennzahlen ausgerichtet ist, obwohl die bereichsspezifischen Kennzahlen vermutlich bessere Performancemaße wären. Eine Begründung kann sein, dass es die gemeinsamen Kennzahlen (zumindest scheinbar) leichter machen, die beiden Bereiche zu vergleichen.

6. Zusammenfassung

Kennzahlen erfüllen eine Entscheidungsfunktion und eine Verhaltenssteuerungsfunktion. Bei der **Entscheidungsfunktion** sollen sie einem Entscheidungsträger zusammengefasste und leicht verständliche Informationen liefern. Die **Verhaltenssteuerung** erfolgt durch Verwendung von Kennzahlen als **Performancemaße**, nach denen ein Manager beurteilt und entlohnt wird. Eine Kennzahl ist **anreizkompatibel**, wenn sie sich dann (und nur dann) erhöht, wenn sich auch die Zielgröße der Unternehmenseigner erhöht. Dabei sind asymmetrische Informationen, divergierende Interessen und Manipulationsmöglichkeiten des Managers zu berücksichtigen.

Erfolgskennzahlen suchen die Leistung des Managers zur Schaffung und Erhöhung des Unternehmenswertes in einer Periode abzubilden. Der Unternehmenswert ergibt sich als Barwert künftig erwarteter Cashflows, und es ist problematisch, periodische Kennzahlen zu finden, die diese Funktion gut erfüllen. Erfolgskennzahlen können in **Cashflow-basierte** und **ergebnisbasierte Kennzahlen** wie auch in Wertbeitrags- und Rentabilitätskennzahlen eingeteilt werden. Cashflows unterlie-

---

59 Vgl zu weiteren Problemen der Verwendung der *Balanced Scorecard* zur Verhaltenssteuerung *Pfaff* et al. (2000).

gen keinen Manipulationsmöglichkeiten durch bilanzpolitische Maßnahmen, sie fluktuieren allerdings im Allgemeinen stärker als Gewinne. **Wertbeitragskennzahlen** sind absolute Kennzahlen, die die Wertänderung des Unternehmens oder eines Bereichs in einer Periode erfassen sollen. **Rentabilitätskennzahlen** sind relative Kennzahlen, bei denen eine Erfolgsgröße mit einer passenden Kapitalgröße in Verbindung gesetzt wird. Erfolgskennzahlen können nach der **Brutto-** oder der **Nettomethode** ermittelt werden, je nachdem, welche Kapitalgröße verwendet wird. Zu jeder Wertbeitragskennzahl gibt es eine korrespondierende Rentabilitätskennzahl, die auf denselben Informationen beruht.

Die bekanntesten ***Return on Investment*-Kennzahlen** sind der *Return on Investment* (*ROI*), der *Return on Net Assets* (*RONA*) und der *Return on Capital Employed* (*ROCE*). Sie unterscheiden sich nach dem Umfang des einbezogenen Kapitals und inwieweit sie verzinsliches Vermögen berücksichtigen. Rentabilitätskennzahlen geben Anreize zu **Unterinvestition**, wenn wertsteigernde Investitionsmöglichkeiten deshalb nicht wahrgenommen werden, weil sich die Rentabilität dadurch verringert. Ergebnisbasierte Rentabilitätskennzahlen haben überdies die Eigenschaft, dass sie **über die Nutzungsdauer** eines Investitionsprojekts **steigen**, weil der Buchwert der Investition im Zeitablauf durch Abschreibungen sinkt. Dies vermeiden Rentabilitätskennzahlen auf Basis des **Cashflows**, wie der *Cash Flow Return on Investment* (*CFROI*) in der einperiodigen oder mehrperiodigen Variante und der *Brutto-CFROI*. **Rentabilitätskennzahlen** stimmen außerdem nur in Sonderfällen mit dem **internen Zinssatz** des Investitionsprojekts überein.

Wertbeitragskennzahlen sind der Residualgewinn und seine Varianten *Economic Value Added* oder *Economic Profit*. Der **Residualgewinn** hat die Eigenschaft, dass der Unternehmenswert zu jedem Zeitpunkt mit der Summe aus Buchwert des Eigenkapitals und Barwert der Residualgewinne (auch *Market Value Added* bezeichnet) übereinstimmt, wenn die Gewinnermittlung die *Clean Surplus*-Relation erfüllt. Der Residualgewinn stimmt allerdings idR nicht mit der **Wertsteigerung in der Periode** überein, weil er die Änderung des *Market Value Added* nicht erfasst. Cashflow-basierte Wertbeitragskennzahlen sind der Cashflow selbst (als *Flow to Equity* oder *Free Cash Flow*) oder der *Cash Value Added*. Werden dabei die ökonomischen Abschreibungen berücksichtigt, entspricht der Unternehmenswert auch dem Barwert der *Cash Value Added*.

Eine **Entlohnung** anhand der Residualgewinne führt aufgrund der Barwertäquivalenz mit dem Kapitalwert eines Projekts zu einer **Zielkongruenz** des Managers und der Eigentümer des Unternehmens. Dies gilt unter Berücksichtigung der Skalierung auch für **relative Residualgewinne**. Die Zielkongruenz gilt jedoch nicht mehr, wenn der Manager **andere Zeitpräferenzen** hat (zB wenn er „ungeduldig" ist) als die Eigentümer. Dann kann Zielkongruenz wieder hergestellt werden, wenn die **Abschreibungen** (relatives Beitragsverfahren) oder die **Zinssätze** entsprechend der Struktur der Einzahlungsüberschüsse aus dem Projekt angepasst werden. Je nach Entscheidungssituation können auch noch andere **Anpassungen der Gewinnermittlung** erforderlich werden. Diese Anpassungen haben zur Folge, dass sich der

Residualgewinn jeder Periode proportional zum Kapitalwert verhält und somit jede Periode stellvertretend für die Auswirkungen des gesamten Projekts stehen kann. Damit haben unterschiedliche Zeitpräferenzen keine Auswirkung auf die Entscheidungsfindung mehr.

Finanzielle Kennzahlen erfassen bei langfristigen Entscheidungen eher die Ergebnisse von Entscheidungen früherer Perioden. Daher können sie durch **nichtfinanzielle Kennzahlen** ergänzt oder gar ersetzt werden, die stärker auf die Ursachen als auf die Wirkungen strategischer Entscheidungen eingehen oder erste Wirkungen rascher erfassen. Nichtfinanzielle Kennzahlen sind aber nicht direkt aggregierbar. Die Kosten- und Leistungsrechnung kann vor allem durch **Produktivitäts-**, **Qualitäts-** und **zeitbasierte Kennzahlen** ergänzt werden. Das Management immaterieller Werte wird ebenfalls meist auf nichtfinanzielle Kennzahlen gestützt, da sie selten hinreichend zuverlässig bewertet werden können.

Kennzahlensysteme bestehen aus mehreren Kennzahlen, die in einer sachlichen Beziehung zueinander stehen, sich ergänzen oder erklären und auf ein übergeordnetes Ziel ausgerichtet sind. Ein Kennzahlensystem, das für ein wertorientiertes Management häufig Verwendung findet, ist die ***Balanced Scorecard***. Sie definiert vier Perspektiven, die Lern- und Entwicklungsperspektive, die interne Perspektive, die Kundenperspektive und die finanzielle Perspektive, und versucht, diese in ein ausgewogenes Verhältnis zu bringen. Zur **Performancemessung** und Entlohnung ist die *Balanced Scorecard* allerdings eher weniger geeignet als zur Entscheidungsunterstützung von Managern. Denn die Gewichtung der darin enthaltenen Kennzahlen ist eine subtile Aufgabe, die Wirkungszusammenhänge und Korrelationen berücksichtigen muss. Die Gewichtung unterscheidet sich daher idR von der Wichtigkeit der Kennzahlen aus einer **Entscheidungsperspektive**.

Fragen

F10-1 Was heißt Anreizkompatibilität eines Performancemaßes? Worin unterscheidet sie sich von Zielkongruenz des Performancemaßes?

F10-2 Angenommen, ein Manager wird mit einem bestimmten Prozentsatz an der Wertsteigerung des Unternehmens gemessen, die auch genau der Zielgröße der Eigentümer entspricht. Ist es möglich, dass der Manager dann keine optimalen Entscheidungen aus Sicht der Eigentümer trifft?

F10-3 Welche Vor- und Nachteile haben Cashflow-basierte Kennzahlen?

F10-4 Welche der folgenden Bilanzposten sind verzinsliches Fremdkapital für die Ermittlung des *RONA*? Passive Rechnungsabgrenzungsposten, Lieferverbindlichkeiten, Steuerrückstellungen, Pensionsrückstellungen, (begebene) Anleihen, Kundenanzahlungen.

F10-5 Unter welchen Bedingungen entspricht der *ROI* dem internen Zinssatz?

F10-6 Weshalb führt eine Beurteilung eines Managers nach dem Brutto-*CFROI* zu Überinvestitionsanreizen? Können sich auch Unterinvestitionsanreize ergeben?

F10-7 Was versteht man bei der Ermittlung des *CFROI* unter der ökonomischen Abschreibung, und welche Eigenschaften hat sie?

F10-8 Welche Vor- und Nachteile besitzt der *CFROI* gegenüber dem *ROI*? Löst der *CFROI* das Problem der dezentralen Investitionssteuerung?

F10-9 Wie unterscheidet sich die Ermittlung des Residualgewinns nach der Brutto- von der nach der Nettomethode?

F10-10 Was besagt die *Clean Surplus*-Relation, und wie unterscheidet sie sich vom Kongruenzprinzip?

F10-11 Worin besteht der Unterschied zwischen dem *Market Value Added* und den immateriellen Werten eines Unternehmens?

F10-12 Ist der Residualgewinn gleich der Wertsteigerung des Unternehmens in der betreffenden Periode?

F10-13 Welche Eigenschaften hat eine Abschreibung nach dem relativen Beitragsverfahren? Wie unterscheidet sie sich von der Annuitätenabschreibung und der Ertragswertabschreibung?

F10-14 Vielfach wird vorgeschlagen, als Operate Leasing geleaste Gegenstände zur Berechnung des *Economic Value Added* zu aktivieren. Welche Auswirkungen hat dies auf den Residualgewinn und den *ROCE*?

F10-15 Welche Kosten der Qualität können unterschieden werden?

F10-16 Warum greift man zum Management immaterieller Werte auf nichtfinanzielle Kennzahlen zurück?

F10-17 Welche nichtfinanziellen Kennzahlen können zur Messung von Humankapital und welche zur Messung von Kundenkapital dienen?

Probleme

P10-1 **Ermittlung verschiedener Kapitalrentabilitätskennzahlen**. Im Folgenden ist eine zusammengefasste Bilanz und Gewinn- und Verlustrechnung gegeben. Vereinfachend sei angenommen, dass liquide Mittel nicht verzinslich und die unversteuerten Rücklagen vollständig Eigenkapital sind.

a) Ermitteln Sie den *ROI*, den *RONA* und den *ROCE*.

b) Nehmen Sie nun an, dass das Unternehmen das Wahlrecht in Anspruch nimmt, den Zinsanteil (Zinssatz 4%) in den Zuführungen zu den Pensionsrückstellungen im Finanzaufwand auszuweisen. Welche Auswirkung hat dies auf die drei Kennzahlen?

I. Immaterielle Vermögensg	1.000	Eigenkapital	25.000
II. Sachanlagen	35.000	Unversteuerte Rücklagen	5.000
III. Finanzanlagen	15.000		
Summe	51.000		
I. Vorräte	10.000	Pensionsrückstellung	10.000
II. Forderungen, sonstige V	25.000	Sonstige Rückstellungen	5.000
III. Wertpapiere	10.000		
IV. Liquide Mittel	2.000	Verzinsliche Verbindlichk.	40.000
Summe	47.000	Unverzinsliche Verb.	14.000
Aktive Rechnungsabgr.	2.000	Passive Rechnungsabgr.	1.000
	100.000		100.000

Betriebsergebnis	8.000
Finanzerträge	1.500
Finanzaufwendungen	–4.000
Finanzergebnis	–2.500
Ergebnis der gewöhnlichen Geschäftstätigke	5.500
Ertragsteuern	–1.870
Jahresergebnis	3.630

P10-2 Barwertäquivalenz und Gewinnermittlung. Ein Investitionsprojekt verursacht Investitionsauszahlungen in Höhe von 700; die damit erworbene Anlage wird linear abgeschrieben. Das Projekt hat eine Nutzungsdauer von fünf Jahren, und die Einzahlungsüberschüsse in den fünf Perioden betragen 170, 190, 200, 190 und 200. Der Diskontierungszinssatz beträgt 10%.

a) Ermitteln Sie die Residualgewinne und ROCE in den Perioden sowie den Barwert der Residualgewinne und den Kapitalwert des Investitionsprojekts.

b) Ein Investor würde zu jedem Zeitpunkt den Marktwert des Investitionsprojekts, ermittelt als Barwert der künftigen Einzahlungsüberschüsse, bezahlen. Das Unternehmen ermittelt den „Residualgewinn" als Gewinn abzüglich der Kosten des Marktwerts des Projekts, weil dies der Sichtweise eines Investors näher kommt. Wie hoch sind der Barwert der „Residualgewinne" und ROCE in den Perioden?

c) Wie müsste das Unternehmen die Marktwerte aus b) in die Gewinnermittlung einfließen lassen, damit Barwertäquivalenz hergestellt werden kann? Wie hoch sind dann Residualgewinne und ROCE in den Perioden?

P10-3 Residualgewinn und Managerentlohnung. Die Zentrale weiß, dass ein Bereich ein Investitionsprojekt mit einer Investitionsauszahlung von 10 Mio durchführen kann. Die erwarteten Einzahlungsüberschüsse verhalten sich relativ zueinander wie 1 : 1 : 4 : 4 : 3. Die Zentrale weiß jedoch nicht, wie hoch das Niveau der Einzahlungsüberschüsse ist. Der Zinssatz der Zentrale beträgt 6%.

a) Ermitteln Sie, wie hoch das Niveau der Einzahlungsüberschüsse sein muss, damit die Zentrale die Durchführung des Investitionsprojekts wünscht.

b) Angenommen, der Manager weiß, dass das Niveau der Einzahlungsüberschüsse 0,9 Mio beträgt. Der risikoneutrale Manager wird anhand des folgenden Schemas entlohnt: Er erhält in jeder Periode einen Bonus von 10% des Residualgewinns zuzüglich 20% der Änderung des Residualgewinns gegenüber der Vorperiode. (*Hinweis*: Berücksichtigen Sie bei der Entlohnung nach der Residualgewinnveränderung die Änderung von der fünften auf die sechste Periode.) Der Residualgewinn wird auf Basis linearer Abschreibungen ermittelt. Der Manager zinst seine Entlohnungszahlungen ebenfalls mit 6% ab. Ermitteln Sie die Entlohnung in jeder Periode, wenn die erwarteten Einzahlungen tatsächlich eintreffen. Welche Entscheidung trifft der Manager, wenn er den Barwert seiner Entlohnung zum Zeitpunkt, in dem über die Investition entschieden wird, maximieren möchte?

c) Gehen Sie von den Angaben unter b) mit folgender Änderung aus: Wenn der Bonus negativ würde, wird er in eine „Bonusbank“ gestellt. Der Manager erhält erst dann einen Bonus ausgezahlt, wenn die „Bonusbank“ einen positiven Saldo hat, und dann erhält er den ganzen Saldo. Am Ende der sechsten Periode muss er einen allfälligen negativen Saldo ausgleichen. Ermitteln Sie die Entlohnung in jeder Periode und ihren Barwert. Welche Entscheidung trifft der Manager?

d) Wie ändert sich das Ergebnis unter c), wenn die Salden der „Bonusbank“ mit 6% verzinst werden?

e) Gehen Sie wiederum von den Angaben unter b) aus. Der Manager erhält nun in jeder Periode einen Bonus von 10% des Residualgewinns zuzüglich einer Prämie, die wie folgt berechnet wird: Bei einer Erhöhung des Residualgewinns gegenüber der Vorperiode beträgt sie 20% der Residualgewinnerhöhung, bei einer Verringerung des Residualgewinns beträgt sie 0. Ermitteln Sie wieder die Entlohnung in jeder Periode und ihren Barwert. Welche Entscheidung trifft der Manager?

f) Ermitteln Sie die Abschreibung nach dem relativen Beitragsverfahren. Welche der Antworten auf die bisherigen Fragen unter a) bis e) verändern sich dadurch, welche nicht?

P10-4 ***Balanced Scorecard.*** Betrachten Sie ein Unternehmen, das in der Unterhaltungselektronik tätig ist. Es erzeugt hochwertige Audio- und Videogeräte und hat viel in seine Marke investiert. Dieses Unternehmen möchte eine *Balanced Scorecard* einführen.

a) Erstellen Sie einen konkreten Ursache-Wirkungs-Zusammenhang, der alle vier Perspektiven der *Balanced Scorecard* durchzieht, und schlagen Sie eine Kennzahl in jeder dieser vier Perspektiven vor.

b) Welche Aspekte sollten bei einer Gewichtung dieser Kennzahlen berücksichtigt werden, wenn dieses Unternehmen die *Balanced Scorecard* für die Entlohnung der Mitarbeiter und Manager verwendet?

Literaturempfehlungen

Allgemeine Literatur

Ewert, R., und *A. Wagenhofer*: Rechnungslegung und Kennzahlen für das wertorientierte Management, in: *A. Wagenhofer* und *G. Hrebicek* (Hrsg.): *Wertorientiertes Management*, Stuttgart 2000, S. 3 – 64.

Pfeiffer, T.: Anreizkompatible Unternehmenssteuerung, Performancemaße und Erfolgsrechnung, in: *Die Betriebswirtschaft* 2003, S. 43 – 59.

Spezielle Literatur

Baldenius, T., G. Fuhrmann und *S. Reichelstein*: Zurück zu EVA, in: *Betriebswirtschaftliche Forschung und Praxis* 1999, S. 53 – 69.

Bromwich, M., und *M. Walker*: Residual Income Past and Future, in: *Management Accounting Research* 1998, S. 391 – 419.

Hachmeister, D.: Der Cash Flow Return on Investment als Erfolgsgröße einer wertorientierten Unternehmensführung, in: *Zeitschrift für betriebswirtschaftliche Forschung* 1997, S. 556 – 579.

Reichelstein, S.: Providing Managerial Incentives: Cash Flows versus Accrual Accounting, in: *Journal of Accounting Research* 2000, S. 243 – 270.

Rogerson, W.P.: Inter-Temporal Cost Allocations and Investment Decisions, in: *Journal of Political Economy* 2008, S. 931 – 950.

Stewart, G.B.: *The Quest for Value – The EVA™ Management Guide*, New York, NY 1991.

11

Verrechnungspreise und Kostenallokationen

An: Susanne Singer, Geschäftsführerin der Elektronik GmbH
Von: Herbert Berger, Manager des Bereichs Verbraucherelektronik
Betreff: Preisangebot für internen Bezug vom Bereich Komponentenbau

Bis Ende dieses Monats muss der Bereich Verbraucherelektronik (VE) eine Entscheidung treffen, von wem die elektronische Steuerung unserer neuen Produktlinie der Kaffeemaschinen beschafft werden soll. Entsprechend der Geschäftspolitik haben wir dazu Angebote vom Bereich Komponentenbau (KB) und von externen Anbietern eingeholt. Diese Angebote sind so unterschiedlich, dass sich dadurch eine für unser Unternehmen ungünstige Situation ergeben könnte.

In unserem letzten Geschäftsplan haben wir unsere neue Kaffeemaschine vorgestellt. Sie nutzt die modernsten Entwicklungen der Steuerungselektronik, wie zB eine Anzahl verschiedener Programme für die Kaffeezubereitung, eine eingebaute Zeitschaltuhr und einen Sprachsynthesizer. Aufgrund unserer Marktuntersuchungen glauben wir, dass die Konsumenten ein solches Produkt sehr gut aufnehmen würden. Darüber hinaus bringt es modernste Technologie in ein Verbraucherprodukt.

Die Entwicklung der benötigten Steuerungskomponente erfolgte in Kooperation mit Fachleuten des KB, und wir erwarteten, dass wir die Komponente auch weiterhin von KB beziehen könnten, wenn die Produktion anläuft. Das Angebot von KB betrug jedoch 18 pro Stück, und das ist wesentlich höher als die Angebote externer Firmen. Das beste Angebot liegt bei 14 pro Stück. Bei einem geplanten Produktionsvolumen von 200.000 Stück pro Jahr würde ein interner Bezug den Gewinn von VE sehr stark verringern. Natürlich fragten wird KB, wie diese auf 18 pro Stück kamen. Sie gaben uns folgende Auskunft:

Materialkosten	*6*
Fertigungslöhne	*6*
Gemeinkosten	*2*
Gewinnaufschlag	*4*
Gesamte Stückkosten	*18*

Von den 18 sind also 6 entweder Gemeinkosten (die zum großen Teil aus Fixkosten bestehen) oder ein Gewinnaufschlag. Es ist allgemein bekannt, dass KB derzeit unterbeschäftigt ist, so dass die relevanten Produktionskosten der Steuerung nur 12 betragen. Zu diesem Preis würden sie sofort den Auftrag erhalten.

Gemäß unserer Geschäftspolitik haben alle Bereiche das Recht, Leistungen von außen zu beziehen oder nach außen zu liefern (wir sind ja auch für den Bereichsgewinn verantwortlich). Es scheint uns nur so zu sein, dass die Preisgestaltung von KB verhindert, dass wir von ihnen beziehen, obwohl KB sonst als Bezugsquelle für uns vorteilhaft wäre. Diese Vorteile sind aber keine 4 pro Stück wert. Wir würden vielleicht bereit sein, deswegen bis zu 15 pro Stück zu zahlen, aber sicher nicht mehr.

Aufgrund der Ungewöhnlichkeit der Situation wie auch der möglichen Auswirkungen auf den Gewinn der Elektronik GmbH wollte ich Ihnen dies zur Kenntnis bringen.

Gezeichnet: Herbert Berger

Sofort nach Erhalt des Memos rief Susanne Singer Martin Wagner, den Bereichsmanager von KB, an und konfrontierte ihn mit der Sache. Dieser verteidigte sein Angebot damit, dass sein Bereich für die Zeit nach ein bis zwei Jahren eine wesentlich höhere Auslastung geplant hat, so dass die Herstellung der betreffenden Steuerungskomponente später nur unter Einschränkung anderer Produkte möglich wäre. Deshalb habe er die normalen Gemeinkosten eingerechnet. Zum Gewinnaufschlag meint er lakonisch, dass er einen Gewinnaufschlag auch in jedes Angebot für einen externen Nachfrager angesetzt hätte; für VE habe er diesen ohnedies niedriger gesetzt.[1]

Ziele dieses Kapitels

- Darstellung der Funktionen von Verrechnungspreisen und Kostenallokationen sowie des innewohnenden Zielkonfliktes zwischen Koordination und Erfolgsermittlung
- Analyse der Eignung von marktorientierten, kostenorientierten und aufgrund von Verhandlungen zustande gekommenen Verrechnungspreisen
- Aufzeigen von möglichen Fehlentscheidungen aufgrund von Verrechnungspreisen
- Analyse der Auswirkungen asymmetrischer Information

---

1 Adaptiert übernommen aus *Magee* (1986), S. 345 f.

1. Funktionen und Typen von Verrechnungspreisen

1.1. Grundlagen

Verrechnungspreise sind Wertansätze für innerbetrieblich erstellte Leistungen (Produkte, Zwischenprodukte, Dienstleistungen), die von anderen, rechnerisch abgegrenzten Unternehmensbereichen bezogen werden. Andere Bezeichnungen für Verrechnungspreise sind Transferpreise oder Lenkpreise. Der Begriff **Transferpreise** wird oft nur für interne Preise von Gütertransfers in den Wertschöpfungsstufen des Unternehmens verwendet, während **Verrechnungspreise** die Preise interner Dienstleistungsbereiche bezeichnen. Alternativ kann man begrifflich zwischen unternehmensinternen Transferpreisen und Verrechnungspreisen zwischen selbständigen Gesellschaften trennen; bei letzteren spielt die Frage der steuerlichen Angemessenheit eine große Rolle.

Kostenallokationen sind eine Sonderform von Verrechnungspreisen, nämlich kostenorientierte Verrechnungspreise mit der Eigenschaft, dass die Kosten eines leistungserstellenden Unternehmensbereiches an die empfangenden Bereiche weiterverrechnet werden. Die Allokation bzw Verrechnung der Kosten einer Hilfskostenstelle auf Hauptkostenstellen im Rahmen der sekundären Gemeinkostenverrechnung ist ein typisches Beispiel.

Voraussetzung für den Bedarf an Verrechnungspreisen und Kostenallokationen ist, dass eine **dezentrale** Organisationsstruktur mit **Verantwortlichkeit** der Bereichsmanager (zumindest der die Leistung empfangenden Bereiche) für eine Beurteilungsgröße aus dem **Bereich**, vorwiegend Bereichsgewinne oder Bereichskosten, besteht (siehe 8. Kapitel: *Koordination, Budgetierung und Anreize*). Verrechnungspreise sind neben **Budgetierungssystemen** und **Erfolgskennzahlen** ein weiteres Instrument zur **Steuerung von Bereichsmanagern**.

Solche Bereiche sind vor allem *Profit Center* innerhalb eines Unternehmens oder rechtlich selbständige Tochtergesellschaften, es können aber auch *Cost Center* oder Kostenstellen sein. Für die folgende Darstellung von Verrechnungspreisen wird eine *Profit Center*-Organisation angenommen, in der die Bereichsmanager ihre Entscheidungen so fällen, dass sie ihren Bereichsgewinn maximieren. Bei einem *Cost Center* wird der Erlös als konstant angenommen, womit Bereichsgewinnmaximierung und Bereichskostenminimierung zusammenfallen.

Der Reiz bei der Festlegung von Verrechnungspreisen ergibt sich aus folgenden Überlegungen: Verrechnungspreise entstehen aus der Fiktion eines „**Markts**“ innerhalb des Unternehmens: Die Bereiche sollen wie eigenständige Unternehmen agieren; Vorteile der Entscheidungsdelegation durch unternehmerisches Handeln von Mitarbeitern sollen dadurch zum Durchbruch gelangen. Es wird also auf die Koordinationsfähigkeit des Marktes vertraut. Der externe Markt wird durch die interne Organisation des Unternehmens aber gerade ausgeschlossen. Die **Integration** der Bereiche in einem einzigen Unternehmen muss deshalb Vorteile gegenüber selbstständigen Unternehmen bringen, denn sie verursacht auch Kosten. Neben dem Verzicht auf die regulierende Wirkung des externen Marktes entstehen Koordinationskosten (zu denen auch Kosten infolge der Verwendung von Verrechnungspreisen gehören). Würde gar nicht koordiniert, könnten Vorteile der Integration nur schwer zum Durchbruch gelangen; dann wäre es vielleicht sogar besser, die Unternehmen selbstständig zu lassen.[2] **Vorteile der Integration** liegen zB in einer verbesserten Auslastung der Kapazität, der Verringerung von Qualitätstests, in geringeren Marketingkosten durch Nutzung der Reputation des Unternehmens oder durch Zugriff auf dasselbe Marktsegment, in besserer Koordination von Produktentwicklungen sowie der Nutzung und Geheimhaltung von Know how.[3] Solche Vorteile entstehen, weil die Märkte nicht vollkommen sind. Über Dezentralisierung und Verrechnungspreise kommt der Markt nun aber wieder ins Unternehmen hinein. Das Problem besteht also darin, einen Verrechnungspreis zu finden, der möglichst viele Vorteile relativ zu seinen Nachteilen hat. Damit ist auch offensichtlich, dass Verrechnungspreise immer im **Zusammenhang** mit der **Organisation** des Unternehmens gesehen werden müssen.

1.2. Funktionen

Verrechnungspreise werden für viele Aufgaben im Rahmen der internen Verwendung im Unternehmen eingesetzt:

- **Erfolgsermittlung** der Bereiche für interne und externe Zwecke,
- **Koordination** und **Lenkung** des Managements der Bereiche,
- Weitere Funktionen, wie **Preiskalkulation** von Gütern und Dienstleistungen, **Vereinfachung** durch Verwendung normalisierter Größen als Planwerte, Kalkulation von mehrere Bereiche durchlaufenden Leistungen zur **bilanziellen Bestandsbewertung**, **Ertragsbesteuerung** im Konzern und **Preisrechtfertigung** vor allem in regulierten Branchen.

---

[2] Dies wird auch durch empirische Studien bestätigt. Ein Beispiel ist der Marktpreis von Konglomeraten, also von Unternehmen mit praktisch unzusammenhängenden Geschäftsfeldern. Der Marktpreis ist geringer als die Summe der Marktpreise der einzelnen Bereiche; es kommt also ein „*conglomerate discount*" zur Anwendung (vgl dazu *Porter* (1985), S. 319). Anzumerken ist freilich, dass sich eine Integration aus *steuerlichen* Gründen sehr wohl rechnen kann (ein Beispiel ist die Ermöglichung eines *sofortigen* Verlustausgleiches, wenn ein solcher bei rechtlicher Selbständigkeit nicht möglich wäre).

[3] Solche Vorteile entstehen allgemein aus einer Senkung der Transaktionskosten gegenüber dem Leistungsaustausch auf dem Markt. Es sind damit weniger die technischen Gegebenheiten als vielmehr die bessere Nutzung von Informationen, die Verbesserung der Verhandlungsposition und die einfachere Vertragsgestaltung in einer Situation unter Unsicherheit, die den Ausschlag geben. Grundsätzlich ließe sich ja jede interne Organisation auch durch eine entsprechende Vertragsgestaltung mit Externen nachbilden. Dies wäre unter den obigen Bedingungen jedoch zu teuer. Vgl zB *Williamson* (1975), S. 82 – 105.

Erfolgsermittlung

Verrechnungspreise sind in dezentralen Unternehmensorganisationen notwendig, um den Erfolg der einzelnen Bereiche ermitteln zu können, wenn Leistungsverflechtungen zwischen den Bereichen bestehen. Der Verrechnungspreis ist einerseits der (interne) Erlös des liefernden oder leistenden Bereichs; andererseits gibt er die (internen) Einstandskosten des beziehenden Bereichs an. Der Bereichserfolg ist die Grundlage für **Entscheidungen** des Bereichsmanagements wie auch des Managements des Unternehmens, welches strategische Maßnahmen oder Mittelzuteilungen daran knüpft. Der Bereichserfolg dient auch der **Leistungsbeurteilung** des Bereichsmanagements. Der Erfolgsbeitrag eines jeden Bereichs wird dadurch sichtbar, Verantwortlichkeiten werden klar dargestellt, **Kostentransparenz** und Kostenbewusstsein werden gefördert.

Die Ermittlung der Bereichserfolge erfordert eine Abgrenzung der Erfolgskomponenten, die den Bereichen zugeordnet werden können. Die Abgrenzung wird dann schwierig, wenn zwei oder mehrere Bereiche miteinander leistungsmäßig verflochten sind. Dies ist in der Praxis meist der Fall. **Verflechtungen** können in folgenden Fällen entstehen:

- Leistungen eines Bereiches werden von einem anderen Bereich bezogen (**sequenzielle Verflechtung**). *Beispiel*: Ein Bereich stellt ein Zwischenprodukt her, das von einem anderen Bereich fertig gestellt und am Markt angeboten wird.
- Bereiche konkurrieren um knappe Ressourcen (**Ressourceninterdependenzen**) oder auf einem gemeinsamen (knappen) Absatzmarkt (**Marktinterdependenzen**). *Beispiele*: Zwei Bereiche stellen substitutive Produkte her, oder zwei Bereiche benötigen im Rahmen ihrer Produktionsabläufe einen Qualitätstest für bestimmte Teile, der von einer Spezialabteilung durchgeführt wird, die jedoch voll ausgelastet ist.

Der durch die gemeinsame Nutzung einer Leistung entstehende **Synergieeffekt** kann *nicht* verursachungsgerecht auf die dazu beitragenden Bereiche aufgeteilt werden. Es ist theoretisch unmöglich, eine derartige Aufteilung richtig durchzuführen, weil der Erfolg nur durch die gemeinsame Leistung anfällt. Würde ein Bereich ausfallen, würde der Erfolg entsprechend geschmälert oder ganz wegfallen. Ein vergleichbares Problem existiert im Rahmen der Abweichungsanalyse bei der Aufspaltung einer Gesamtabweichung (siehe dazu 7. Kapitel: *Kontrollrechnungen*).

Ausspruch

„Trying to defend an [...] allocation is like clapping one's hands, then trying to defend how much of the sound is attributable to each hand."
(*Y. Ijiri* zitiert nach *Thomas* (1980), S. 3).

Beispiel

Bereich B1 eines Unternehmens baut durch intensive Marketingmaßnahmen mit Kosten von 1.000 einen Markennamen auf, der bei den Konsumenten ein sehr positives Image bekommt. Er erzielt einen Deckungsbeitrag von 10.000.

Ein anderer Bereich B2 möchte diesen Markennamen auch für ein von ihm erstelltes Produkt nutzen. Der Deckungsbeitrag von Bereich B2 steigt durch dessen Nutzung um 1.000 auf 5.000. Wie hoch sind die Bereichserfolge von B1 und B2?

Die Nutzung eines im Unternehmen aufgebauten Markennamens ist ein Synergieeffekt. Müsste Bereich B2 einen eigenen Markennamen aufbauen, wäre dies vergleichsweise teuer und vermutlich auch weniger effektiv als die Nutzung eines bereits etablierten Namens.

Eine Aufteilung des Gesamterfolgs auf die beitragenden Bereiche muss daher durch Methoden erfolgen, die in gewissem Grad willkürlich sind, aber dennoch eine akzeptable Lösung für die entsprechende Verwendung der Bereichsgewinne darstellt. Dazu haben sich mehrere **Typen von Verrechnungspreisen** entwickelt, die im nächsten Abschnitt im Detail dargestellt werden.

Koordinationsfunktion

Bereichsmanager sollen in ihrem (Verantwortungs-)Bereich bestmöglich wirtschaften. Ihnen werden Anreize gegeben, den Bereichsgewinn zu maximieren. Dies kann dazu führen, dass sie Entscheidungen treffen, die aus Sicht ihres Bereichs zwar günstig, aus Sicht des Gesamtunternehmens jedoch ungünstig sind. Die Effekte von Bereichsentscheidungen auf andere Bereiche sind **Externalitäten**, die vom Bereichsmanager nicht berücksichtigt werden.

Beispiele:

1. Die Marketingabteilung verspricht einem Kunden eine extrem kurze Lieferfrist für eine Bestellung, die Produktionsabteilung muss dafür von ihrem voroptimierten Produktionsprogramm abweichen oder Servicearbeiten zurückstellen.
2. Die aus Sicht von Bereich 1 optimale Marktbearbeitungsstrategie, nämlich einen Preiskampf mit einem Konkurrenten aufzunehmen, widerspricht der Unternehmensstrategie, für sämtliche Produkte eine Hochpreisstrategie zu fahren.
3. Ein Produktionsbereich könnte durch eine Investition in die Automation der Fertigung eine Kostenersparnis erzielen, die einen positiven Kapitalwert erbringt; er muss jedoch einen Teil der Kostenersparnis an die abnehmenden Bereiche weitergeben, wodurch der Kapitalwert der Zahlungen aus Sicht des Bereichs negativ werden kann und er die Investition unterlassen wird.

Mit Hilfe von Verrechnungspreisen kann auf die dezentralen Entscheidungen **Einfluss** genommen werden, weil sie die Erlöse oder Kosten determinieren, auf

Basis derer ein Bereichsmanager operative Entscheidungen trifft. Ein hoher Verrechnungspreis führt den beziehenden Bereich zB dazu, die Bezugsmenge zu verringern, ein anderes Produktionsverfahren zu wählen oder einen Zusatzauftrag weniger leicht anzunehmen. Ein höherer Verrechnungspreis für die leistende Stelle kann etwa deren Produktionsprogramm oder die Produktionsmengen verändern.

Weitere Funktionen

Neben der internen Erfolgsermittlung und der Koordination erfüllen Verrechnungspreise eine Reihe von weiteren Funktionen. Eine Funktion ist die **Kalkulation** zur Ermittlung von Entscheidungsgrundlagen für die Zentrale, wenn Leistungen mehrere selbstständige Bereiche durchlaufen. Dies dient zB für die Preiskalkulation in der Endstufe der Leistungserstellung. Verrechnungspreise sind in dezentralen Organisationen notwendig, um die handelsrechtlichen und steuerrechtlichen **Herstellungskosten** von unfertigen und fertigen Fabrikaten zu ermitteln. Verrechnungspreise werden außerdem für die **Preisrechtfertigung** gegenüber Dritten und gegenüber öffentlichen Regulierungsbehörden benötigt.

Besondere Bedeutung gewinnen Verrechnungspreise zwischen rechtlich selbstständigen Unternehmensbereichen. **Handelsrechtlich** von Bedeutung sind Verrechnungspreise dann, wenn die Beteiligungsverhältnisse von Mutterunternehmen und Tochterunternehmen, die im Leistungsverbund stehen, nicht dieselben sind, wenn zB das Tochterunternehmen Minderheitseigentümer hat. Dann tritt die **Erfolgsermittlungsfunktion** in den Vordergrund: Der erzielte Gesamterfolg soll möglichst „gerecht" auf die Bereiche aufgeteilt werden, um Minderheitsgesellschafter nicht zu schädigen. Ähnlich gelagert sind die **steuerrechtlichen Effekte**. Es hat steuerlich völlig unterschiedliche Konsequenzen, in welchem Land ein bestimmter Gewinn anfällt. Dies kann in gewissem Rahmen durch die Preisfestlegung bei grenzüberschreitenden Leistungen gesteuert werden. Angenommen, das Mutterunternehmen mit Sitz in einem Hochsteuerland erbringt eine Leistung an ein Tochterunternehmen in einem Niedrigsteuerland. Ein Senken des Verrechnungspreises verschiebt einen Teil des Gewinns in das Niedrigsteuerland, wodurch der effektive Ertragsteuersatz im Konzern sinkt. Die Finanzverwaltungen der beteiligten Länder versuchen natürlich, möglichst viel des gemeinsamen Gewinns in ihrem Land entstehen zu lassen. Die **OECD** gibt Verrechnungspreisrichtlinien heraus, um eine international einheitliche Vorgehensweise zu schaffen.

Eine weitere Funktion von Verrechnungspreisen ist die **Vereinfachung** der Kostenrechnung durch Verwendung **normalisierter Größen**. Dies hat vielfach alleine den Grund, exogene Schwankungen der Inputpreise aus der Kostenrechnung weitgehend herauszulassen.

OECD-Verrechnungspreisrichtlinien

Die **OECD-Verrechnungspreisrichtlinien** (OECD (2010)) bilden den Rahmen für die Gewinnbesteuerung multinational tätiger Unternehmen. Das Ziel ist die Sicherung einer sachgerechten Steuerbemessungsgrundlage in den betroffenen Ländern und die Vermeidung einer Doppelbesteuerung. Dazu werden umfangreiche Grundsätze formuliert, um der Komplexität realer Sachverhalte zu begegnen. Die Richtlinien basieren auf dem **Fremdvergleichsgrundsatz** (*arm's length principle*), wonach für die Gewinnermittlung die Verrechnungspreise herangezogen werden, die unabhängige Unternehmen miteinander vereinbaren würden. Beim Fremdvergleich ist auf die Vergleichbarkeit der Transaktionen und der Unternehmen zu achten. Vergleichbarkeitsfaktoren sind die Eigenschaften der übertragenen Gegenstände oder erbrachten Dienstleistungen, die Funktionen, die die beiden Unternehmen erbringen, die Vertragsbedingungen, die wirtschaftlichen Verhältnisse der Unternehmen und deren Geschäftsstrategien. Als geeignete geschäftsvorfallbezogene Verrechnungspreismethoden werden genannt:

- **Standardmethoden**: Preisvergleichsmethode, Wiederverkaufspreismethode und Kostenaufschlagsmethode.
- **Gewinnmethoden**: Nettomargenmethode und Gewinnaufteilungsmethode.

Pfaff/Stefani (2006) finden im Rahmen einer Befragung schweizerischer Unternehmen, dass die Steueroptimierung die größte Bedeutung für die Festlegung von Verrechnungspreisen besitzt, gefolgt von der Segmentberichterstattung, Preisrechtfertigung und Gewinnabgrenzung.

Eine Studie von *Ernst & Young* (2013) kommt zum Ergebnis, dass 66% der Manager das Risikomanagement bei internationalen Verrechnungspreisen als höchste Priorität sehen, deutlich vor dem Ziel einer Optimierung des effektiven Ertragsteuersatzes. Die Bedeutung des Risikomanagements stieg in den letzten Jahren nicht zuletzt aufgrund von neu entstandenen Reputationsrisiken, zB durch Medienberichterstattung über „zu geringe" Steuerbeiträge multinationaler Unternehmen.

Zielkonflikte

Die verschiedenen Funktionen von Verrechnungspreisen stehen häufig zueinander in **Konkurrenz**. Ein Verrechnungspreis, der eine Funktion gut erfüllt, kann für eine andere Funktion ungeeignet, ja kontraproduktiv sein. Deutlich zeigt sich der Zielkonflikt zwischen den beiden Funktionen **Erfolgsermittlung** und **Koordination**. *Beispiel*: Das Unternehmen möchte dem Bereich, der letztlich nach außen liefert, einen möglichst großen Preisspielraum lassen. Dazu ist es notwendig, Grenzkosten für intern bezogene Vorleistungen weiterzuverrechnen. Denn nur sie sind kurzfristig relevante Kosten. Bei linearem Kostenverlauf der die Vorleistung erzeugenden Bereiche bleiben diese aber auf ihren gesamten Fixkosten sitzen und ermitteln einen hohen Bereichsverlust, während der zuletzt abnehmende Bereich den gesamten Deckungsbeitrag erwirtschaftet. Für die Erfolgsermittlung sind solche Bereichsgewinne wertlos. Ähnliches gilt für andere Funktionen, wie zB die steueroptimale Gestaltung von Verrechnungspreisen. Solche Verrechnungspreise sind für die interne Steuerung oft äußerst ungünstig.

Vielfach sind **Zielkonflikte** sogar innerhalb derselben Funktion anzutreffen. Angenommen, die Zentrale möchte die Nachfrage nach intern erstellten Leistungen einschränken. Eine Möglichkeit ist das Ansetzen eines hohen Verrechnungspreises für diese Leistung. Wenn der abnehmende Bereich eine Wahl hat, wird er die Nachfrage entsprechend reduzieren. Gleichzeitig benötigt die Zentrale möglichst unverzerrte Größen für ihre eigenen Entscheidungen, wie zB die Ressourcenzuteilung an die Bereiche. Dafür ist ein „zu" hoch angesetzter Verrechnungspreis ungeeignet.

Solche Zielkonflikte ließen sich relativ einfach lösen: Es werden **verschiedene Verrechnungspreise**, je einer für jede Funktion, verwendet. Jeder Bereich ermittelt damit zwei oder mehrere Bereichsgewinne, zB den einen, an dem der Manager beurteilt wird, und den anderen, der den „wirklichen" Gewinn angibt. Diese Lösung stößt jedoch in der Praxis meist auf Schwierigkeiten. Wie soll sich ein Manager erklären, weshalb er für ein intern bezogenes Gut beispielsweise dessen Grenzkosten bezahlen muss (Koordination), während die Ermittlung seines Bereichsgewinnes, anhand dessen sein Erfolg beurteilt wird, die höheren Vollkosten des Gutes berücksichtigt? Die Koordination erfolgt ja gerade dadurch, dass die Beurteilungsgröße (Bereichsgewinn) so *manipuliert* wird, dass die Bereichsmanager autonom Entscheidungen im Sinne des Gesamtunternehmens treffen. Anders ausgedrückt: „*In some cases, the impression is given to the divisional manager that he is playing a bookkeeping game.*"[4] Würde man jedoch die Beurteilung von diesem manipulierten Erfolg abkoppeln, könnte die Koordinationsfunktion über den Verrechnungspreis gar nicht erreicht werden.

Es kommt aber noch ein weiteres Problem hinzu: IdR ist der **Bereichsgewinn** von den von der Zentrale getroffenen **strategischen Entscheidungen** abhängig. Der Bereichsmanager kann seinen Gewinn erhöhen, wenn er eine höhere Ressourcenzuteilung erhält (siehe auch 9. Kapitel: *Investitionscontrolling*). Damit entfaltet der „wirkliche" Gewinn, der Funktion der Erfolgsermittlung folgend, wiederum Rückwirkungen auf die Koordinations- und Lenkungsfunktion; denn der Manager wird seine operativen Entscheidungen nicht nur nach dem Verrechnungspreis, der zu seiner Lenkung installiert wurde, ausrichten, sondern gleichzeitig versuchen, den „anderen" Gewinn zu maximieren, der letztlich über die Ressourcenzuteilung gewinnerhöhend wirkt. Die Folge dessen ist, dass die Zentrale keinen unverzerrten Bereichsgewinn erhalten kann, sondern diese Anreize ebenfalls berücksichtigen muss. Die Erfolgsermittlungsfunktion wird damit gewissermaßen von der Lenkungsfunktion aufgesogen.

Aus diesen Gründen wird man in der Praxis typischerweise nur einen Verrechnungspreis für eine bestimmte Leistung vorfinden. Er ergibt sich aus einem Abwägen der Wirkungen verschiedener Verrechnungspreise auf die jeweiligen Funktionen.

Andere Lösungsmöglichkeiten des Zielkonflikts sind verschieden starke Eingriffe in die Entscheidungsautonomie der Bereiche, wie zB Liefer- und Abnahmeverpflichtungen oder Liefer- und Abnahmebeschränkungen. Eine weitere Möglichkeit wäre die Änderung der Organisationsstruktur oder der Motivationsstruktur. Anstelle des Bereichsgewinnes könnten andere Beurteilungskriterien in den Vordergrund gerückt werden, etwa Produktivitätskennziffern. Der Gewinn als Beurteilungskriterium hat ja noch genügend andere Nachteile: Er ist ein sehr stark aggregiertes Maß und idR kurzfristig orientiert. Ein Verzicht auf die Ermittlung gesonderter

---

4 So *Dearden* im Jahr 1962, zitiert nach *Thomas* (1980), S. 209.

Bereichsergebnisse und die Beurteilung der Bereichsmanager anhand des **gemeinsamen Gewinns** (*Profit Sharing*) erscheint zwar auf den ersten Blick als Ausweg aus dem Dilemma, es gibt aber auch hier negative Nebenwirkungen. Da jeden Bereichsmanager nur mehr ein Teil sowohl des positiven als auch des negativen Erfolgs trifft, kann es für ihn günstiger werden, seine (persönliche) Anstrengung zu reduzieren und sie gegebenenfalls anderweitig einzusetzen.

1.3. Typen von Verrechnungspreisen

In Theorie und Praxis ist eine Vielzahl von Arten bekannt, wie Verrechnungspreise bestimmt werden können. Sie lassen sich in drei verschiedene **Typen** kategorisieren:

- **Marktorientierte** Verrechnungspreise
- **Kostenorientierte** Verrechnungspreise
- **Verhandelte** Verrechnungspreise.

Die Verwendung dieser Typen in der **Praxis** hängt von vielen unternehmensspezifischen Bedingungen ab, die im Folgenden diskutiert werden. Daher kann nicht einfach der eine oder andere Typ als „besser" bezeichnet werden. In der Praxis werden kostenorientierte Verrechnungspreise tendenziell am häufigsten verwendet, gefolgt von marktorientierten Preisen. Verhandelte Verrechnungspreise kommen in Reinkultur eher weniger vor, Verhandlungen mit der Zentrale und zwischen den Bereichen gehören jedoch zum Alltag der Verrechnungspreisgestaltung. Aber auch kosten- und marktorientierte Verrechnungspreise sind **nicht überschneidungsfrei** abgrenzbar. *Beispiel*: Ein Unternehmen, das im Anlagenbau tätig ist, verwendet Kosten als Basis für seine Marktpreise (Angebote) und verhandelt in weiterer Folge diesen Angebotspreis. Werden Vorleistungen intern erbracht, die dieselben Charakteristika aufweisen, ist nicht ohne weiteres klar, ob der Verrechnungspreis markt- oder kostenorientiert ist oder ob er durch Verhandlung vereinbart wird.

1.4. Organisatorische Rahmenbedingungen

Für den **praktischen Einsatz** von Verrechnungspreisen ist nicht nur die Erfüllung der jeweiligen Funktionen von Interesse. Es spielen auch Kriterien wie **Einfachheit** und **Akzeptanz** eine Rolle. Was hilft ein noch so ausgeklügeltes Verrechnungspreissystem, wenn niemand von den Anwendern in der Lage ist, es zu verstehen und zu administrieren? Für die Akzeptanz ist auch wichtig, ob die Verrechnungspreise zu Bereichsergebnissen führen, die als fair empfunden werden, oder nicht.

Neben der damit angesprochenen Wahl des Verrechnungspreistyps sind zusätzlich folgende **Fragen** zu klären:

- Wer legt den Verrechnungspreis fest?
- Welche Gültigkeitsdauer hat der Verrechnungspreis, und unter welchen Umständen kann oder muss er neu festgelegt werden?
- Wird der Verrechnungspreis konstant oder abhängig vom Leistungsvolumen gewählt?

Häufig versucht man, nur für Schlüsselprodukte Verrechnungspreise wirklich genau festzusetzen, während bei Produkten, die nur in unwesentlichen Mengen transferiert werden, einfache Regeln wie Marktpreise Verwendung finden.

Verrechnungspreise können nicht ohne Berücksichtigung der **Organisation** des Unternehmens beurteilt werden.[5] Besonders wichtig für die Funktion von Verrechnungspreisen ist der Entscheidungsspielraum, der dem Bereichsmanager gegeben wird. In Unternehmen werden dazu gewisse organisatorische Rahmenbedingungen, sogenannte **Spielregeln**, definiert. Dazu gehören unter anderem:

- Hat ein Bereich oder hat jeder Bereich die Möglichkeit, ganz oder teilweise nach außen zu gehen oder muss er intern verkaufen bzw beziehen?
- Gibt es Prioritätsregeln für interne Leistungen?
- Kann ein Bereich in einen Vertrag mit einem Externen zu dessen Konditionen einsteigen (*last call*)?
- Wieweit müssen zentrale Dienstleistungen bezogen werden?
- Darf ein Bereich eine Leistung, die ein anderer Bereich erzeugt, auch selbst herstellen?
- Bis zu welchem Volumen kann ein Bereichsmanager Investitionsentscheidungen treffen?
- Welche Informationspflichten und -wege gibt es für Bereiche gegenüber den anderen Bereichen?

Ausspruch

„It is more difficult to work inside than externally. In the smallest impasse, a person can go up the line. Nobody wants to have the boss coming and making accusations of not cooperating. It is always difficult, so you need a financial incentive or something else, such as recognition for being a good corporate citizen." (Ein ungenannt gebliebener Manager zitiert in *Kaplan* und *Atkinson* (1998), S. 455).

In diesem Kapitel werden zunächst **sequenzielle Leistungstransfers** in vertikal integrierten Unternehmen diskutiert. In ihrer einfachsten Form betreffen diese nur zwei Bereiche, einen leistenden und einen beziehenden Bereich. Schwieriger werden Fälle, in denen der leistende Bereich auch andere Produkte herstellt (wie rechnet er die Gemeinkosten den Leistungen zu?), und Fälle, in denen mehrere Bereiche die Leistungen beziehen. **Ressourcen-** und **Marktinterdependenzen** werden im Anschluss erörtert. Hier geht es vorwiegend um eine **Konkurrenz** unter den „beziehenden" Bereichen um die knappen Ressourcen des leistenden Bereiches. Der Ressourcenverbrauch soll daher gesteuert werden. Vielfach handelt es sich bei dem Bereich, der die Ressourcen zur Verfügung stellt, um die Zentrale selbst oder ein *Service Center*.

---

[5] Vgl dazu *Eccles* (1985), *Frese* et al. (2012), S. 475 – 478.

2. Marktorientierte Verrechnungspreise

2.1. Anwendbarkeit des Marktpreises als Verrechnungspreis

Bei marktorientierten Verrechnungspreisen wird derjenige Marktpreis als Ausgangsbasis verwendet, der für eine Leistung herrscht, die dem Zwischenprodukt bzw der innerbetrieblichen Leistung **vergleichbar** ist. Dazu müssen idealerweise folgende Marktbedingungen zutreffen:

1. Es gibt überhaupt einen **Markt** für das Zwischenprodukt oder für eine das Zwischenprodukt vollständig **substituierende Leistung**.
2. Transaktionen der Unternehmensbereiche üben **keinen Einfluss** auf den Marktpreis aus. Diese Bedingung ist jedenfalls erfüllt, wenn vollständige Konkurrenz herrscht.
3. Es gibt einen **einheitlichen Marktpreis**. Ändert sich der Marktpreis mit der Angebots- oder Nachfragemenge eines bestimmten Auftrags oder einer Auftragssumme in einer Periode (zB Rabatte), ist unklar, welcher Preis geeignet ist.
4. Der Marktpreis sollte zur jeweiligen **Entscheidung** passen. Bei der Suche nach einer länger dauernden Beziehung darf er nicht durch kurzfristige Preisgestaltungen (zB Kampfpreise eines Konkurrenten) beeinträchtigt sein. Aus diesem Grunde erscheint die „Preisfindung“ durch ein externes Anbot problematisch, weil der Anbieter vielleicht einen sehr niedrigen Preis bietet, einfach um ins Geschäft zu kommen, in der Erwartung, in der Folge seinen Preis erhöhen zu können.

Je eher diese Bedingungen erfüllt sind und je vollkommener der Markt für ein Zwischenprodukt oder eine interne Leistung ist, desto besser eignet sich der Marktpreis als Verrechnungspreis der Bereiche. Er eignet sich dann zur **Erfolgsermittlung** der Bereiche, weil jeder Bereich einfache Vergleichsmöglichkeiten bei Inanspruchnahme des Marktes hat. Er eignet sich gleichzeitig zur **Koordination**. Zwar entsteht ein Koordinationsbedarf vornehmlich infolge von Synergieeffekten, doch sind diese Synergieeffekte bei vollkommenen Märkten nicht gegeben, so dass eine *quasi* marktmäßige Koordination angemessen ist. In der Praxis bilden derartige Märkte bzw Marktpreise jedoch eher die Ausnahme als die Regel. Märkte sind typischerweise unvollständig, und dies ist, wie schon gezeigt, eine Bedingung dafür, dass das Unternehmen als solches überhaupt ökonomisch sinnvoll ist. In diesem Fall wird man sich mit Näherungslösungen begnügen müssen.

Ein anderer Vorteil eines Marktpreises, der die obigen Bedingungen gut erfüllt, ist die **geringe Manipulierbarkeit**, da der Marktpreis nicht von den (besseren) Informationen der Bereichsmanager abhängig ist, sondern eine gewissermaßen „objektivierte“ Größe darstellt. Hat der Verrechnungspreis auch rechtlich Konsequenzen, etwa dann, wenn die Bereiche rechtlich selbstständig sind, ist ein marktorientierter

Verrechnungspreis am ehesten zur Lösung der Gewinnaufteilung auf die Bereiche anerkannt.

Aus steuerlicher Sicht entspricht diesem Verrechnungspreistyp die **Preisvergleichsmethode**. Voraussetzung sind vergleichbare Bedingungen, unter denen die Geschäftsfälle erfolgen. Diese betreffen sowohl die Eigenschaften der Leistung, die Zusatzleistungen, die Risikoübernahme, die Konditionen und die wirtschaftlichen Rahmenbedingungen. Eine alternative Methode ist die Wiederverkaufspreismethode, die insbesondere dann zur Anwendung kommt, wenn ein Mutterunternehmen an Vertriebstochterunternehmen liefert. Der Verrechnungspreis ergibt sich anhand des Wiederverkaufspreises abzüglich einer marktüblichen Gewinnspanne für die Vertriebsgesellschaft.

Aus langfristiger Sicht haben **Marktpreise** eine Indikatorfunktion über die Profitabilität von Unternehmensbereichen. Kann ein Bereich langfristig zu künftigen Marktpreisen keinen Gewinn erwirtschaften, bedeutet dies, dass das Unternehmen ohne diesen Bereich möglicherweise günstiger gestellt wäre. Ein Abstoßen des Bereiches sollte daher (unter Zuhilfenahme investitionsrechnerischer Methoden) überlegt werden.

Zusammenfassend sind marktorientierte Verrechnungspreise tendenziell **gut** geeignet,

- je **vollkommener** der Markt für das Zwischenprodukt ist
- je geringer die **Synergieeffekte** durch die interne Leistung im Unternehmen sind
- je geringer das **Volumen** der internen Leistungstransfers ist.

Dann nämlich beeinträchtigen die potenziellen Nachteile die Vorteile des Ansatzes zu Marktpreisen kaum. Damit wird aber deutlich, dass unter diesen Bedingungen auch nur wenig zu koordinieren ist.

Können die Bereiche den **externen Markt uneingeschränkt** nutzen, *muss* der Verrechnungspreis, der im Folgenden mit R bezeichnet wird, sogar gleich dem **Marktpreis** für das Zwischenprodukt oder die interne Leistung p_1 gesetzt werden, andernfalls käme es zu keinem internen Leistungstransfer. Der Grund: Zunächst muss $R \geq p_1$ gelten, sonst würde der leistende Bereich nur externe Abnehmer beliefern. Gleichzeitig muss $R \leq p_1$ gelten, weil sonst der empfangende Bereich intern nichts abnimmt, sondern sich am externen Markt versorgt. Daher ist $R = p_1$.

Die Verwendung von Marktpreisen ist nicht daran gebunden, ob die Bereiche den **Markt** für das Zwischenprodukt auch **tatsächlich nutzen** dürfen. Die Unternehmensleitung kann es zur Politik machen, dass bei Vorhandensein interner Nachfrager oder Anbieter diese zum Zug kommen müssen. Umgekehrt kann es Unternehmenspolitik sein, es den Bereichen freizustellen, wieweit sie auf unternehmensinterne Leistungen zurückgreifen wollen oder nicht.[6]

---

6 Dadurch soll „Wettbewerb“ ins Unternehmen kommen. Dieser Wettbewerb ist im Lichte von Preisentscheidungen allerdings nicht unproblematisch. Abhängig von der Preiskalkulation sowie der wirtschaftlichen Situation von Konkurrenten kann sich eine aus Sicht des Gesamtunternehmens falsche Entscheidung ergeben (siehe auch 4. Kapitel: *Preisentscheidungen*).

Beispiel

Bereich 1 produziert ein Zwischenprodukt, das von Bereich 2 zu einem Endprodukt weiterverarbeitet und am Markt angeboten wird. Der Marktpreis für das Endprodukt beträgt $p_2 = 200$. Das Zwischenprodukt wird mit einem Marktpreis $p_1 = 120$ am Markt zu beliebigen Mengen gehandelt. In Bereich 1 entstehen variable Produktionskosten von $k_1 = 90$ pro Stück. Die Kosten der Weiterverarbeitung und des Vertriebes in Bereich 2 betragen $k_2 = 20$ pro Stück oder alternativ $k_2 = 40$. Bereich 2 erhält nun eine Anfrage nach einem einmaligen Zusatzauftrag zu einem Preis von $p = 150$ pro Stück. Die Annahme dieses Zusatzauftrages hat keinen Effekt auf die normale Absatzmenge. Zum Aufzeigen der Problematik sei unterstellt, beide Bereiche hätten noch freie Kapazitäten. Abbildung 1 gibt die Situation wieder. Soll Bereich 2 den Auftrag annehmen, und soll Bereich 1 das Zwischenprodukt liefern?

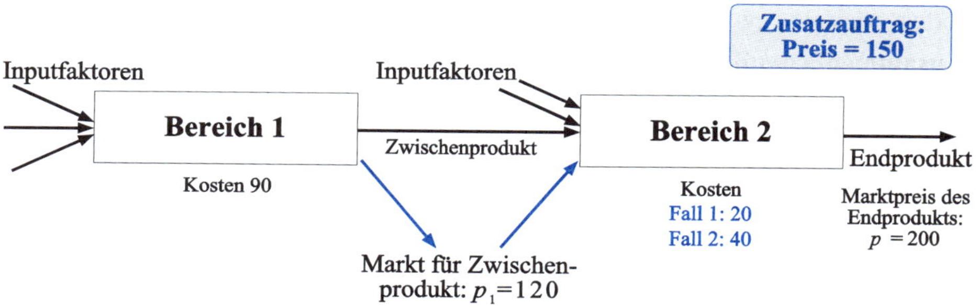

Abb. 1: Vollkommener Markt für das Zwischenprodukt

Bereich 1:	
Verrechnungspreis	120
eigene variable Kosten	–90
Deckungsbeitrag des Zusatzauftrages	+30

Bereich 2:	Fall 1	Fall 2
Verkaufspreis	150	150
eigene variable Kosten	–20	–40
Verrechnungspreis	–120	–120
Deckungsbeitrag des Zusatzauftrages	+10	–10

Gesamtunternehmen:	Fall 1	Fall 2
Verkaufspreis	150	150
variable Kosten von Bereich 1	–90	–90
variable Kosten von Bereich 2	–20	–40
Deckungsbeitrag des Zusatzauftrages	+ 40	+20

Die Verwendung des Marktpreises für das Zwischenprodukt als Verrechnungspreis bewirkt, dass beide Bereiche **indifferent** sind, ob sie intern oder extern liefern bzw beziehen. Bereich 2 könnte beispielsweise genauso gut das Zwischenprodukt vom Markt beziehen.

Im *Fall 1* ermitteln beide Bereiche einen positiven Deckungsbeitrag, wenn der Zusatzauftrag angenommen wird. Beide sind daher *für* die (jeweilige) Lieferung. Der insgesamt erzielte Deckungsbeitrag entspricht der Summe der Deckungsbeiträge der beiden Bereiche (30 + 10 = 40).

Im *Fall 2* ermittelt Bereich 2 einen negativen Deckungsbeitrag. Der Zusatzauftrag wird daher nicht angenommen. Dies erscheint zunächst aus Sicht des Gesamtunternehmens wenig vorteilhaft. Tatsächlich ist es die optimale Entscheidung, denn Bereich 1 kann das für den nun nicht angenommenen Zusatzauftrag erforderliche Zwischenprodukt selbst am Markt um $p_1 = 120$ verkaufen und erzielt einen Deckungsbeitrag von 30. Diese 30 entsprechen gleichzeitig dem gesamten Deckungsbeitrag, weil Bereich 2 keinen zusätzlichen Deckungsbeitrag erwirtschaftet; und er ist *höher* als der gesamte Deckungsbeitrag bei Annahme des Zusatzauftrages von 20. Es ist auch aus Gesamtsicht nicht optimal, den Zusatzauftrag anzunehmen. Der Marktpreis erfüllt weiterhin die Koordinationsfunktion zur Gänze. Der Markt für das Zwischenprodukt ist vollständig.

Dieses Beispiel erfordert das Vorhandensein genügend **freier Kapazitäten** für den Zusatzauftrag. Die weiteren Annahmen im Beispiel, nämlich konstanter Marktpreis ohne Absatzbeschränkungen und konstante variable Kosten, ergeben für sich dagegen, dass die vollständige Auslastung der Kapazität in beiden Bereichen optimal ist. Die Annahme freier Kapazitäten erfordert daher implizit weitere Annahmen; beispielsweise könnten sie durch das Bestehen langfristiger Lieferbeziehungen erklärbar sein.

Bei voll **ausgelasteten Kapazitäten** ergäbe sich folgende Lösung: Bereich 1 müsste bei Annahme des Zusatzauftrages die dafür erforderlichen Stück vom Verkauf an den Markt zu Bereich 2 umdirigieren. Der zusätzliche Deckungsbeitrag des Zusatzauftrages wäre dann gleich null. Bereich 2 würde den Zusatzauftrag *immer* ablehnen, weil er den Marktpreis $p_2 = 200$ dem Preis des Zusatzauftrages von $p = 150$ jedenfalls vorzieht.

Liefer- und Bezugsbeschränkungen können hier keine Verbesserung bewirken, sondern allenfalls das Ergebnis verschlechtern. Beschränkungen wirken nur dann, wenn der Verrechnungspreis ungleich dem Marktpreis festgelegt wird. *Beispiel*: Angenommen, $R = 100$. Dann würde Bereich 2 den Zusatzauftrag annehmen und einen Bereichsdeckungsbeitrag von 150 – 40 – 100 = +10 ermitteln, und Bereich 1 würde (wenngleich ungern) liefern, da sein Bereichsdeckungsbeitrag 100 – 90 = +10 beträgt. Diese Entscheidung ist aus Sicht des Gesamtunternehmens jedoch nicht optimal, weil Bereich 1 gehindert wird, am externen Markt einen Bereichsdeckungsbeitrag von +30 zu erwirtschaften.

Angenommen, Bereich 1 kann keine zusätzliche Menge am Markt für das Zwischenprodukt absetzen. Dann fällt die (auch aus Sicht des Gesamtunternehmens) günstige Alternative weg, und die Annahme des Zusatzauftrages wird die optimale Lösung. Bereich 2 wird aber weiterhin nicht dazu bereit sein, wenn der Verrechnungspreis gleich dem Marktpreis bleibt. Der Verrechnungspreis dürfte höchstens 110 (= 150 – 40) betragen, und er könnte sogar bis auf 90 (= k_1) gesenkt werden, so dass Bereich 1 immer noch bereit ist, das Zwischenprodukt bereitzustellen.

Erweiterung des Beispiels

Bereich 1 weist variable Produktionskosten 90 nur dann auf, wenn intern geliefert wird; bei externer Lieferung entstehen zusätzliche variable Kosten von 16 infolge höherer Vertriebsaktivitäten, zusammen also 90 + 16 = 106. Die Kosten der Weiterverarbeitung und des Vertriebes verursachen in Bereich 2 Kosten von 40, falls intern bezogen wird, und Kosten von 50 bei externem Bezug infolge zusätzlicher Qualitätstests und höherer Transportkosten. Abbildung 2 gibt die geänderte Situation wieder.

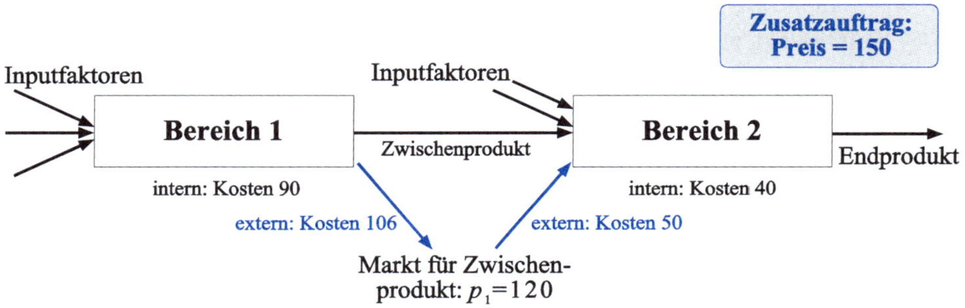

Abb. 2: Unvollkommener Markt für das Zwischenprodukt

Bereich 1:

Lieferung	intern	extern
Verrechnungspreis	120	120
eigene variable Kosten	–90	–106
Deckungsbeitrag des Zusatzauftrages	+30	+14

Bereich 2:

Bezug	intern	extern
Verkaufspreis	150	150
eigene variable Kosten	–40	–50
Verrechnungspreis	–120	–120
Deckungsbeitrag des Zusatzauftrages	–10	–20

Gesamtunternehmen:

		Bereich 1
Leistungstransfer	intern	extern
Verkaufspreis	150	120
variable Kosten von Bereich 1	–90	–106
variable Kosten von Bereich 2	–40	–
Deckungsbeitrag des Zusatzauftrages	+ 20	+14

Bereich 2 ermittelt bei einem Verrechnungspreis gleich dem Marktpreis wieder einen Deckungsbeitrag des Zusatzauftrages von –10 und nimmt den Auftrag daher nicht an. Würde Bereich 2 von außen beziehen, verschlechterte sich der negative Deckungsbeitrag um die zusätzlichen Kosten von 10 auf –20. Bereich 1 kann die von Bereich 2 nicht verlangte Menge des Zwischenprodukts am Markt verkaufen und erzielt einen positiven Deckungsbeitrag von 120 – 106 = +14. Dies ist bei dezentraler Entscheidung auf Basis von Verrechnungspreis = Marktpreis auch der gesamte Deckungsbeitrag.

Er ist aber um 6 *geringer* als der Deckungsbeitrag von 20, der bei Annahme des Zusatzauftrages für das Gesamtunternehmen entstünde. Die Folge ist, dass der Marktpreis bei Bestehen von Synergien nicht mehr zur optimalen Koordination führt, weil Bereich 2 eine aus Sicht des Gesamtunternehmens falsche Entscheidung trifft.

Gibt es in dieser Situation einen Verrechnungspreis, der zur optimalen Entscheidung führt? Ein solcher Verrechnungspreis muss sicherstellen, dass beiden Bereichen ein positiver (zusätzlicher) Deckungsbeitrag gegenüber der jeweils besten Alternative entsteht (Opportunitätskosten). Bereich 1 liefert an Bereich 2 zu jedem Preis größer als seine variablen Kosten (einschließlich Opportunitätskosten) bei interner Lieferung 90 + 14 = 104. Bereich 2 nimmt den Zusatzauftrag zu jedem Verrechnungspreis kleiner als 110 an. Jeder **Verrechnungspreis** $104 \leq R \leq 110$ führt daher im Beispiel zur aus Unternehmenssicht optimalen Entscheidung.[7]

Was in diesen Beispielen zu erkennen ist, gilt **generell**: Ein Verrechnungspreis, der zu dezentralen, aus Sicht des Gesamtunternehmens optimalen Entscheidungen (**Koordinationsfunktion**) führt, wird häufig *nicht* dem Marktpreis für das Zwischenprodukt entsprechen. Der Marktpreis spielt nur über die Höhe der Opportunitätskosten (im Beispiel: externe Lieferung mit einem Deckungsbeitrag von 120 – 16 – 90 = 14) eine Rolle für die Entscheidung. Er bestimmt die Untergrenze des möglichen Verrechnungspreises mit.

2.2. Modifizierter Marktpreis

Es ist keineswegs zwingend, genau *den* Marktpreis als Verrechnungspreis zu verwenden. Tatsächlich werden in der Praxis verschiedene Modifikationen des Marktpreises vorgenommen. Eine häufige **Modifikation** ist folgende. Die Liste der entfallenden Kosten bei interner Lieferung kann beliebig detailliert ausfallen.

---

[7] Wie der Verrechnungspreis innerhalb des möglichen Wertebereiches gesetzt werden soll, hängt unter anderem davon ab, ob er von der Zentrale vorgegeben oder ausgehandelt wird.

  Marktpreis der internen Leistung
– Absatzkosten
– Versandkosten
– entfallende Marketingkosten
– kalkulatorische Zinsen auf Forderungen
+ innerbetriebliche Transportkosten
= Verrechnungspreis

Dieser Verrechnungspreis entspricht dem **Grenzpreis des liefernden Bereiches**. Bei gegebenem Marktpreis ist er zu diesem Verrechnungspreis indifferent zwischen interner und externer Leistung. Der gesamte Vorteil aus der internen Leistung entsteht damit beim beziehenden Bereich.

Eine **alternative Modifikation** wäre, den Marktpreis um entfallende Beschaffungsnebenkosten zu erhöhen. Dies entspricht den **Grenzkosten des beziehenden Bereichs**. Er ist dann indifferent zwischen internem Bezug und Bezug von externen Dritten. Der gesamte Vorteil aus der internen Leistung entsteht dann beim liefernden Bereich. Zwischen diesen beiden Grenzfällen sind auch Zwischenlösungen denkbar.

Beispiel: Der Marktpreis beträgt 100. Die dem liefernden Bereich entfallenden Kosten bei interner Lieferung gegenüber Lieferung an den Markt sind 5, die dem beziehenden Bereich bei externer Beschaffung zusätzlich entstehenden Kosten sind 3. Der gesamte Vorteil aus der internen Lieferung (Synergieeffekt) beträgt 5 + 3 = 8. Es sind dies die „Kosten" der Nutzung des Marktes.

- Grenzpreis des liefernden Bereiches: 100 – 5 = 95
- Grenzpreis des beziehenden Bereiches: 100 + 3 = 103
- Gleichmäßige Aufteilung des Vorteils: $100 - 5 + \frac{5+3}{2} = 99$
- Kombination der Methoden: 100 – 5 + 3 = 98.

Grundsätzlich führt jeder Verrechnungspreis R mit $95 \leq R \leq 103$ zu einem Anreiz beider Bereiche, *intern* zu transferieren. Die **Aufteilung des Synergieeffekts** von 8 ist willkürlich. Modifikationen unterscheiden sich im Hinblick auf die Frage, ob es *überhaupt* zu einem Transfer kommt. Würde man etwa im Beispiel des vorigen Abschnitts mit unvollkommenem Markt für das Zwischenprodukt eine Kombination beider Methoden anwenden, erhielte man einen Verrechnungspreis in Höhe von $R = 120 - 16 + 10 = 114$. Dieser Preis liegt jedoch außerhalb des identifizierten Verrechnungspreisintervalls $104 \leq R \leq 110$, so dass Bereich 2 auf die Annahme des Zusatzauftrages verzichten würde und die eigentlich optimale Entscheidung mithin verfehlt wird.

Ein **Vorteil** des Ansatzes des Grenzpreises des liefernden Bereiches, kann darin gesehen werden, dass er zu einem relativ niedrigen Verrechnungspreis führt, womit dem beziehenden Bereich der größte Preisspielraum eingeräumt wird. Dies ist aus Sicht des Gesamtunternehmens idR günstig. Ein anderer Grund für eine solche Modifikation könnte in dem geringeren Risiko liegen, dem der liefernde Bereich ausgesetzt ist.

Ein **Abschlag vom Marktpreis** kann ökonomische Steuerungswirkungen haben, wenn der liefernde Bereich gegenüber dem beziehenden Bereich monopolistisch agieren kann, zB zum Schutz von intellektuellem Eigentum. Dies führt zu Verzerrungen des Angebots und der internen Nachfrage nach dem Zwischenprodukt. Mit Hilfe eines von der Zentrale vorgegebenen Preisabschlags kann die Verzerrung nun vor allem bei beschränkter Kapazität des liefernden Bereichs verringert werden.[8] Damit wird die interne Liefermenge nach dem Zwischenprodukt zulasten der externen Menge gesteigert, und dies ist aus Unternehmenssicht vorteilhaft.

3. Kostenorientierte Verrechnungspreise

Verrechnungspreise auf Basis der Kosten der Erstellung der internen Leistung umfassen eine relativ heterogene Menge verschiedener Verrechnungspreistypen, nämlich auf der Basis von

- Istkosten oder Standardkosten
- Grenzkosten oder Vollkosten
- Kosten oder Kosten „plus" Aufschlag.

In der Praxis findet man Verrechnungspreise auf Basis von Grenzkosten eher selten; am häufigsten werden Verrechnungspreise auf Vollkostenbasis verwendet. Auf den ersten Blick verblüfft dies deshalb, weil man – wie im Folgenden gezeigt wird – Situationen finden kann, in denen Grenzkosten die **Koordinationsfunktion** optimal erfüllen, während es schwierig ist, Situationen zu finden, in denen vollkostenorientierte Verrechnungspreise optimal sind.[9] Allerdings werden die folgenden Ausführungen auch die Fallstricke der Koordinationseigenschaften grenzkostenorientierter Verrechnungspreise aufzeigen, so dass die praktisch vorzufindende Abneigung gegenüber diesen Verrechnungspreisen besser erklärbar wird.

3.1. Istkosten oder Standardkosten

Verrechnungspreise auf **Istkostenbasis** bewirken eine exakte Abdeckung der jeweils angesetzten Kosten(-arten) des leistenden Bereichs. Der beziehende Bereich weiß allerdings erst im Nachhinein, wie hoch der Verrechnungspreis tatsächlich ist. Er trägt damit das gesamte Risiko von Kostenschwankungen. Seinen operativen Entscheidungen muss er *erwartete* Istkosten zugrunde legen. Die Istkosten hängen vielfach auch vom Bedarf anderer Bereiche ab. Der Verrechnungspreis ist damit nicht isolierend.

---

8 Vgl *Baldenius* und *Reichelstein* (2006).

9 Vgl auch *Kaplan* und *Atkinson* (1998), S. 458 f.

Beispiel: Bei zunehmender Kopienzahl pro Monat verlaufen die Kosten einer Kopie oft degressiv. Wenn ein Bereich seine Kopieraufträge in gewissem Rahmen zeitlich steuern kann, wird er Kopien vorzugsweise in Monaten machen, in denen andere Bereiche viel kopieren.

Bei Verrechnungspreisen auf **Standardkostenbasis** werden genau die Plankosten abgedeckt. Die Differenz der Standardkosten zu den Istkosten (**Kostenabweichungen**) verbleibt ergebniswirksam beim leistenden Bereich, der damit das gesamte Risiko trägt. Das hat den Vorteil, dass das Bereichsmanagement einen **Anreiz** erhält, wirtschaftlich zu agieren. Werden demgegenüber ohnedies sämtliche Kosten abgedeckt, entfällt ein solcher Anreiz weitgehend.

Häufig besteht die Kostenabweichung in einer **Beschäftigungsabweichung**. Deren Zurechnung muss differenziert nach der Verursachung der Beschäftigungsabweichung erfolgen. Entscheidet der beziehende Bereich über die Bezugsmenge und muss der liefernde Bereich den internen Bedarf erfüllen, ist die Beschäftigungsabweichung dem beziehenden Bereich zuzurechnen, dh der Verrechnungspreis sollte eher auf Istkosten basieren. Hat der leistende Bereich Entscheidungsbefugnisse hinsichtlich der Menge und kann er insbesondere die Kapazität festlegen, ist ihm die Beschäftigungsabweichung zuzurechnen, dh der Verrechnungspreis entspricht den Standardkosten. Um Unwirtschaftlichkeiten weiterhin dem leistenden Bereich zurechnen zu können, müsste der Verrechnungspreis wie ein flexibles Budget auf Basis der Standardkosten erfolgen.

Ein potenzieller Nachteil von Standardkosten liegt darin, dass **Anpassungsentscheidungen** des beziehenden Bereichs an die tatsächlich erfolgte Kostenänderung nicht erfolgen können, weil die Information nicht durchdringt. *Beispiel*: Der beziehende Bereich hat eine substitutive Produktionsfunktion. Wird ein intern bezogener Input teurer, ergibt sich eine andere Minimalkostenkombination. Wird zu Standardkosten verrechnet, bleibt der Bereich bei seiner geplanten Faktorkombination, obwohl dies *ex post* nicht optimal ist.

Auf der anderen Seite bedeutet die **Festlegung der Standardkosten** einen zusätzlichen Schritt: Einigen sich die Bereiche auf die Standardkosten, etwa auf Grundlage eines Angebots mit Fixpreisen, kann der leistende Bereich seine bessere Kenntnis der wirklichen (erwarteten) Kosten ausspielen; legt die Zentrale die Standardkosten fest, wird sie plötzlich wieder ins operative Geschäft involviert, von dem sie sich durch Dezentralisierung befreien wollte, ganz abgesehen von der schlechteren Information, die sie dieser Entscheidung zugrunde legen muss. Je nachdem, bei welcher Alternative die Vorteile überwiegen bzw die Nachteile geringer sind, wird diese sinnvoll sein. Man kann auch an eine teilweise Abdeckung der Kostenabweichungen denken.

3.2. Grenzkosten als Verrechnungspreis

Geht es darum, die Menge des internen Transfers abzustimmen und aus Sicht des Gesamtunternehmens zu optimieren, kann formal gezeigt werden, dass *nur* die Grenzkosten, verstanden als relevante Kosten für kurzfristige Entscheidungen, dieses Koordinationsproblem lösen. Sie tun dies jedoch nur unter ganz bestimmten Bedingungen bezüglich der Informationssituation von Zentrale und den Bereichen.

Modell von Hirshleifer

Grundlage der Argumentation bildet ein Aufsatz von *Hirshleifer* aus dem Jahr 1956. Die Zusammenhänge werden anhand des folgenden Beispiels gezeigt.

Beispiel: Bereich 1 erstellt ein Zwischenprodukt, das von Bereich 2 zu einem vermarktbaren Endprodukt weiterverarbeitet wird. Es besteht kein Markt für das Zwischenprodukt, oder es gibt Liefer- und Bezugsbeschränkungen, die es den Bereichen nicht ermöglichen, einen Markt für das Zwischenprodukt zu nutzen. Die Verarbeitungskosten der beiden Bereiche betragen

$$K_1 = 20 + \frac{x^2}{2} \text{ und } K_2 = 2 + x$$

Der Markt für das Endprodukt ist monopolistisch mit einer Preis-Absatz-Funktion $p(x) = 16 - x$. Abbildung 3 gibt die Situation wieder. Die beiden Bereiche sollen ihre Outputmengen dezentral festlegen. Wie muss der Verrechnungspreis gesetzt werden, damit beide Bereiche dieselbe Menge wählen, die aus Sicht des Gesamtunternehmens optimal ist?

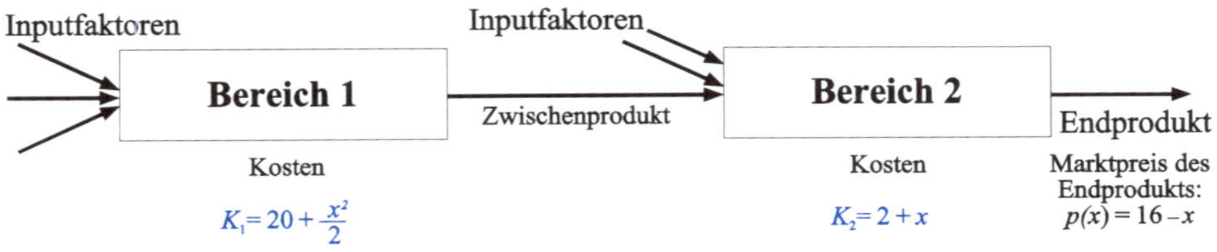

Abb. 3: Die Situation im Modell von *Hirshleifer* (1956)

Die **zentrale Lösung** als Referenzlösung wird durch Maximierung des Gesamtgewinnes ermittelt:

$$\max_x G = p(x) \cdot x - K_1(x) - K_2(x)$$

Notwendige Bedingung ist, dass die erste Ableitung von G nach x gleich null ist, dh

$$p(x^*) + p'(x^*) \cdot x^* - K_1'(x^*) - K_2'(x^*) = 0$$

Dabei bezeichnet x^* die optimale (*Cournot*'sche) Menge. Für das Beispiel ergibt sich

$$G = (16 - x) \cdot x - 20 - \frac{x^2}{2} - 2 - x = -\frac{3x^2}{2} + 15x - 22$$

$$G' = -3x + 15 \text{ und } x^* = 5$$

Die zweite Ableitung ist negativ, daher ist dies ein Maximum (hier gleichzeitig das globale Maximum). Der maximale Gewinn beträgt $G(x^* = 5) = +15{,}5$.

Menge x	2	3	4	5	6	7
Verrechnungspreis = 3						
Gewinn G_1	–16	**–15,5**	–16	–17,5	–20	–23,5
Gewinn G_2	18	25	30	33	**34**	33
Gesamtgewinn	2	9,5	14	**15,5**	14	9,5
Verrechnungspreis = 5						
Gewinn G_1	–12	–9,5	–8	**–7,5**	–8	–9,5
Gewinn G_2	14	19	22	**23**	22	19
Gesamtgewinn	2	9,5	14	**15,5**	14	9,5
Verrechnungspreis = 7						
Gewinn G_1	–8	–3,5	0	2,5	4	**4,5**
Gewinn G_2	10	13	**14**	13	10	5
Gesamtgewinn	2	9,5	14	**15,5**	14	9,5

Tab. 1: Optimale Mengen bei verschiedenen Verrechnungspreisen

Bei **dezentralen Entscheidungen** liegt es in der Hand der Bereichsmanager, die jeweilige Outputmenge selbst festzulegen. Beide maximieren ihre Bereichsgewinne unter Berücksichtigung des Verrechnungspreises R für die transferierte Leistung,

$$\max_x G_1 = R \cdot x - K_1(x) \tag{1}$$

$$\max_x G_2 = p(x) \cdot x - R \cdot x - K_2(x) \tag{2}$$

Die jeweils optimale Menge hängt vom Verrechnungspreis R ab. Tabelle 1 gibt drei Beispiele von Verrechnungspreisen. Offensichtlich ist, dass der Verrechnungspreis für eine gegebene Menge keinen Einfluss auf den Gesamtgewinn $G = G_1 + G_2$ hat.

Es gibt genau einen Verrechnungspreis, bei dem beide Bereiche dieselbe Menge transferieren wollen. Diese Menge ist gleichzeitig aus Sicht des Gesamtunternehmens optimal. Dieser Verrechnungspreis entspricht den **Grenzkosten des liefernden Bereiches** *im Optimum*, nämlich: $R = K_1'(x^*) = x^* = 5$. Die Maximierung der dezentralen Zielfunktionen nach der Menge x ergeben die optimalen Bereichsmengen x_i, $i = 1, 2$:

$$G_1' = R - K_1'(x) = 5 - x \quad \text{und} \quad x_1 = 5 = x^*$$

$$G_2' = p(x) + p'(x) \cdot x - R - K_2'(x) = 16 - 2x - 5 - 1 \quad \text{und} \quad x_2 = 5 = x^*$$

Beide Bereiche erhalten selbstständig $x^* = 5$. Es gibt *keinen* anderen Verrechnungspreis, der zum selben Ergebnis führen könnte.

Der Ansatz von Grenzkosten als Verrechnungspreis löst aber das Koordinationsproblem nur *scheinbar*. Die **Zentrale** muss den Verrechnungspreis $R = 5$ festlegen. Dabei erhebt sich die Frage, woher sie den Verrechnungspreis kennt. Um $R = 5$ festlegen zu können, muss sie nämlich das Entscheidungsproblem lösen; wenn das Problem gelöst ist, kann die Zentrale den Bereichen genauso gut gleich die Outputmenge vorschreiben. Die dezentrale Entscheidung bei Vorgabe des Verrechnungspreises löst daher ein Scheinproblem.

Auch zur **Erfolgsermittlung** der Bereiche ist der Verrechnungspreis auf Grenzkostenbasis nur sehr bedingt geeignet. Die **Aufteilung** des Gesamtgewinnes erfolgt **willkürlich** und begünstigt typischerweise den beziehenden Bereich. Der liefernde Bereich „erwirtschaftet" bei linearem Kostenverlauf einen Verlust in Höhe der Fixkosten; bei anderem Verlauf der Grenzkosten kann er mehr oder weniger hoch sein.

Anreizwirkungen

Angenommen, die Zentrale gibt nur vor, *wie* der Verrechnungspreis angesetzt werden soll, dh also mit Grenzkosten des liefernden Bereiches. Dann aber haben sowohl Bereich 1 als auch Bereich 2 einen Anreiz, sich nicht so zu verhalten, wie die Zentrale dies wünscht. Die Folge ist jeweils, dass die Koordinationsfunktion *nicht* erfüllt wird. **Bereich 2** wird erkennen, dass der Verrechnungspreis eigentlich eine **Funktion der beschafften Menge** ist, dh $R = R(x) = K_1'$, und nicht ein konstanter vorgegebener Wert. Er wird *quasi* zum Monopolnachfrager. Damit ändert sich aber sein Entscheidungsproblem gegenüber (2) zu

$$\max_x G_2 = p(x)\cdot x - R(x)\cdot x - K_2(x)$$

$$G_2' = p(x) + p'(x)\cdot x - R(x) - R'(x)\cdot x - K_2'(x) = 16 - 2x - x - x - 1 = 15 - 4x$$

Die gewinnmaximale Menge wird damit *geringer* als x^*, nämlich $x_2 = 3{,}75$. Der Bereichsgewinn G_2 steigt von $G_2(x^*) = 23$ auf $G_2(x_2) = 26{,}125$. Aus Sicht des Gesamtunternehmens führt diese Menge jedoch zu einem geringeren Gesamtgewinn.

Bereich 1 hat mit anderen Problemen zu kämpfen. Zunächst führt die Lieferung der optimalen Menge x^* zu einem Verlust in Höhe von $G_1(x^*) = -7{,}5$. Dies ist ein **prinzipieller Nachteil** der Verwendung von Grenzkosten als Verrechnungspreis: Mit Ausnahme des Falles stark steigender Grenzkosten wird Bereich 1 immer einen **Verlust** ermitteln. Daher muss durch andere Maßnahmen (zB Lieferzwang um „jeden Preis") sichergestellt werden, dass Bereich 1 überhaupt eine Leistung erbringt.

Bereich 1 hat jedoch meist eine andere Möglichkeit, auf diese Situation zu reagieren. Ist seine Kostenfunktion K_1 nur ihm selbst bekannt (**private Information**), müssen die Zentrale oder Bereich 2, je nachdem, wer den Verrechnungspreis setzt, diese Information von Bereich 1 erfragen. Angenommen, der Bereich erzeugt neben dem intern transferierten Produkt noch andere Produkte. Da jede Schlüsselung von Fixkosten auf die Produkte in gewissem Umfang willkürlich ist, bleibt genügend Spielraum, die Kosten in die eine oder andere Richtung zu verzerren.

Bereich 1 kann durch **nicht wahrheitsgemäße Information** die Wahl des Verrechnungspreises und damit die bezogene Menge sowie gleichzeitig seinen eigenen Bereichsgewinn beeinflussen. Angenommen, Bereich 1 behauptet glaubwürdig, dass seine Kostenfunktion wie folgt laute:

$$\hat{K}_1 = 20 + \frac{3x^2}{2}$$

Er gibt höhere variable Kosten an als ihm tatsächlich erwachsen. Die Zentrale (oder der *nicht* monopolistisch agierende Bereich 2) ermittelt:

$$\max_x G(\hat{K}_1) = p(x) \cdot x - \hat{K}_1(x) - K_2(x) = 15x - \frac{5x^2}{2} - 22$$

Die optimale Menge ergibt sich zu $\hat{x} = 3$, der Verrechnungspreis R ist

$$\hat{K}_1'(x) = 3x = 9$$

und der Gewinn des Bereiches 1 G_1 steigt auf +2,5. Dies geht zulasten des Gesamtgewinnes und des Gewinnes von Bereich 2.

Geht man davon aus, dass die Struktur der Kostenfunktion mit $K_1 = 20 + \delta \cdot x^2$ bekannt ist und eine Verzerrung auf den Parameter δ eingeschränkt ist, dann ist die obige verzerrte Kosteninformation aus Sicht des Bereiches 1 optimal (der Leser ist gerne eingeladen, dies zu überprüfen).

Fehlmotivationen sind bei Entscheidungen bezüglich der Produktionstechnologie zu erwarten, soweit derartige Entscheidungen innerhalb der Entscheidungsbefugnis des *Profit Center*-Managements liegen. So könnte der liefernde Bereich gegen eine an sich wirtschaftliche Investition opponieren, die zu höheren Bereichsfixkosten, jedoch zu geringeren variablen Kosten führt. Vergleichbares gilt für Investitionen im Personalbereich, wenn etwa die Qualifikation gehoben werden könnte.

Lineare Kosten- und Erlösverläufe

Das bisher gezeigte Modell setzt voraus, dass die Bereichsgewinne strikt konkav abhängig von der Menge sind. Dies wurde im Beispiel für Bereich 1 durch eine konvexe Kostenfunktion und für Bereich 2 durch eine konkave Erlösfunktion gewährleistet. Im folgenden Beispiel mit linearen Kosten- und Erlösverläufen zeigt sich, dass die Fehlsteuerung durch Grenzkosten weniger leicht möglich ist.

Beispiel: Bereich 1 stellt ein Zwischenprodukt her, das in Bereich 2 zu einem Endprodukt gefertigt und verkauft wird. Der Verkaufspreis p ist konstant, die Kostenfunktionen sind linear in der produzierten Menge,

$$K_i(x) = K_i^F + k_i \cdot x \quad \text{für } i = 1, 2$$

Damit die Lösung beschränkt werden kann, muss es zumindest in einem Bereich einen Engpass geben. Für jeden der beiden Bereiche wird folgende (potenziell bindende) Restriktion angenommen:

$$v_i \cdot x \leq \overline{V_i} \quad \text{für } i = 1, 2$$

Dabei bezeichnen die v_i den Verbrauch einer Outputeinheit an den Einheiten der knappen Ressource und $\overline{V_i}$ die gesamten verfügbaren Ressourceneinheiten (zB Zeit, Maschinenstunden) im Bereich i.

Bereich 1 entscheidet wie folgt:

$$\max_x G_1 = R \cdot x - K_1^F - k_1 \cdot x$$

Die Lösung lautet:

$$x_1 = \begin{cases} 0 & \text{falls } R < k_1 \\ \overline{V_1} / v_1 & \text{falls } R \geq k_1 \end{cases}$$

Analoges gilt für Bereich 2 (die Bedingung für $x_2 = \overline{V_2}/v_2$ lautet $R \leq p - k_2$). Geht man davon aus, dass beide Bereiche eine gleich hohe Menge wählen müssen, ergibt sich diese letztlich aus $x^* = \min\{x_1, x_2\}$.

Die insgesamt **optimale Lösung** stimmt mit der **dezentralen Lösung** genau dann überein, wenn

1. $p - k_1 - k_2 \geq 0$ (es lohnt sich, überhaupt zu produzieren), und
2. $k_1 \leq R \leq p - k_2$ (der Verrechnungspreis stellt sicher, dass beide Bereiche produzieren).

Die Zentrale muss dazu die Nebenbedingungen *nicht* kennen, ebenso reicht idR ein nur *ungefähres* Wissen um die Höhe der variablen Kosten aus, die Koordinationsfunktion zu erfüllen. Der Grund liegt darin, dass die optimale Lösung relativ **insensitiv** in Bezug auf die zugrunde liegenden Größen reagiert; dies war im vorigen Beispiel nicht der Fall. Würde man den Verrechnungspreis jedoch genau an den Grenzkosten des liefernden Bereiches ausrichten ($k_1 \leq R$), geht diese Insensitivität zum Teil wieder verloren.

Grenzkosten bei Erreichen der Kapazitätsgrenze

Die Grenzkosten müssen im Falle des Erreichens von **Kapazitätsgrenzen** entsprechend modifiziert werden. Angenommen, Bereich 1 produziert nicht nur das Zwischenprodukt, das Bereich 2 benötigt, sondern auch andere Produkte, die an Bereiche oder an den Markt geliefert werden, und er hat seine Kapazitätsgrenze erreicht. Dann muss der Verrechnungspreis neben den direkten variablen Kosten auch die **Opportunitätskosten** des Engpasses einschließen, also den Deckungsbeitrag der durch die Produktion des Zwischenprodukts verdrängten Menge des Grenzproduktes bzw der Grenzprodukte (siehe dazu 3. Kapitel: *Produktionsprogrammentscheidun-*

gen). Gelangt Bereich 1 durch die interne Nachfrage nach dem Zwischenprodukt erst an die Kapazitätsgrenze, so springt der Verrechnungspreis in diesem Moment von den ursprünglichen Grenzkosten auf die neuen Grenzkosten (einschließlich der Opportunitätskosten).

Im Grenzfall entsprechen die Grenzkosten dem **Marktpreis**: Existiert ein Markt für das Zwischenprodukt und hat Bereich 1 die Möglichkeit, das Produkt dort zum Marktpreis zu verkaufen, so ist in einer Engpasssituation der Marktpreis die maßgebliche Erlösgröße für die Ermittlung der Opportunitätskosten.

Entscheidet der leistende Bereich über seine Kapazität selbst, können sich **Fehlanreize** ergeben: Der leistende Bereich ist an einem möglichst hohen Verrechnungspreis interessiert und weiß, dass der Verrechnungspreis mit Verknappung der Kapazität tendenziell steigt. Er hat daher einen Anreiz, die Kapazität zu gering zu wählen.

Umgekehrt neigen beziehende Bereiche in der Budgetierungsphase zu einer Überschätzung ihrer Nachfrage. Dadurch wird der leistende Bereich zum Vorhalten einer hohen Kapazität gedrängt, und die Wahrscheinlichkeit der Unterbeschäftigung steigt.

3.3. Vollkosten als Verrechnungspreis

Die Grundidee von Verrechnungspreisen in Höhe der Vollkosten besteht darin, dem leistenden Bereich (im Durchschnitt) zu ermöglichen, die gesamten **Kosten abzudecken**. Der leistende Bereich ist also nicht mehr wie beim Ansatz von Grenzkosten zur Erwirtschaftung eines Verlustes verdammt. Umgekehrt macht der leistende Bereich aber auch keinen Gewinn, der gesamte Gewinn aus der internen Leistung fällt bei den beziehenden Bereichen an. Damit handelt es sich wieder um eine *willkürliche* **Aufteilung des Gesamtgewinns** auf die beitragenden Bereiche.

Manchmal findet man in der Praxis auch **kombinierte Verrechnungspreissysteme** der Art, dass zwar grundsätzlich die Vollkosten weiterverrechnet werden, doch wenn der Marktpreis niedriger ist, kann nur dieser Marktpreis verrechnet werden. Die Folge für die Erfolgsermittlungsfunktion besteht darin, dass der leistende Bereich nicht nur keinen Gewinn machen kann, sondern vielfach sogar ein Verlust in Höhe der Differenz von Vollkosten und Marktpreis entsteht. Dies erhöht zwar den Druck auf den Bereich, die Leistung kostengünstiger zu erstellen, ein Erfolg in Form eines Bereichsgewinns wird sich aber nicht einstellen.

Verrechnungspreise auf Vollkostenbasis sind in der **Praxis beliebt**.[10] Sie entsprechen der Vorgehensweise bei der sekundären Gemeinkostenrechnung im Rahmen der Kostenstellenrechnung. Genaugenommen hat damit praktisch jedes Unternehmen ein Verrechnungspreissystem, es wird nur typisierend und ohne nähere Überlegungen verwendet. Ein Vorteil ist dementsprechend die Einfachheit der Durchführung, da jedes Kostenrechnungssystem damit umgehen kann.

In der Praxis wird die Zurechnung von Gemeinkosten häufig damit begründet, dass damit bei den Bereichsmanagern ein **Bewusstsein** für die tatsächlich entstande-

---

[10] *Eccles* (1985), S. 46, zitiert eine Untersuchung von *Price Waterhouse*, der zufolge rund 50% der befragten Manager angaben, sowohl mit den ablauftechnischen Aspekten als auch dem Konzept und den Anreizeffekten „sehr zufrieden" und rund 40% „relativ zufrieden" zu sein. Die restlichen Prozent entfielen großteils auf „eher unzufrieden" und praktisch nicht auf „sehr unzufrieden".

nen Kosten geschaffen werden soll.[11] Im Regelfall sind die Gesamtkosten weit höher als die variablen Kosten; würden nur diese weiterverrechnet, erhielten die Bereichsmanager vielleicht den Eindruck, dass die Leistung tatsächlich nur so wenig kostet. Durch die Verrechnung der Gesamtkosten soll ein Anreiz für sie geschaffen werden, sich „kostenbewusster" zu verhalten. Diese Überlegung liegt auch der Prozesskostenrechnung (siehe 6. Kapitel: *Kostenmanagement*) zugrunde.

Eine Begründung für die weitgehende Ablehnung grenzkostenorientierter Verrechnungspreise und die Favorisierung von Vollkosten durch die Praxis ist, dass interne Leistungsbeziehungen selten kurzfristig sind. Somit kann auch der üblicherweise vorgebrachte Einwand, dass *nur* Grenzkosten die Koordinationsfunktion erfüllen, so allgemein nicht gehalten werden. Denn dies gilt aufgrund der Definition von Grenzkosten nur für kurzfristige Entscheidungen. Für **langfristige Entscheidungen** ist die Verwendung von Grenzkosten als Entscheidungskriterium aber ungeeignet. Vielmehr umfassen die dafür relevanten Größen alle durch die Entscheidung ausgelösten Änderungen. Die *Vollkosten* sind dafür jedoch typischerweise ähnlich ungeeignet, weil sie zT auch nicht relevante Kosten für das vorliegende Entscheidungsproblem enthalten, insbesondere dann, wenn im leistenden Bereich mehrere Produkte erzeugt werden und die Fixkosten also zugerechnet werden müssten.

Wenn man die Entscheidung schon auf Basis von Kosten und nicht auf Basis von Zahlungsströmen (Investitionsrechnung) treffen möchte, so können Vollkosten eine vereinfachte **Approximation** der **langfristig** durch die Entscheidung veränderlichen Kosten bilden.

Die Zurechnung von Fixkosten wird dann notwendig, wenn die Fixkosten beeinflussbar sind. *Beispiel*: Die Zentrale überlegt Investitionen in die Aus- und Weiterbildung.[12] Die Investition verursacht einmalige Fixkosten. Der Nutzen in den Bereichen wäre in einer Reduktion der Einzelkosten um einen bestimmten Prozentsatz zu finden. Die Zentrale kennt das Einsparungspotenzial der Bereiche jedoch nicht genau. Würden die Investitionsausgaben nicht weiterverrechnet, hätte jeder Bereich einen Anreiz, beim Einsparungspotenzial maßlos zu übertreiben. Er hätte nur die Vorteile, nicht aber die Kosten. Deshalb müssen aus *ex ante*-Sicht die (späteren) Fixkosten im Verrechnungspreis enthalten sein.

Die teilweise Verrechnung von Fixkosten kann auch zur Steuerung der **Nachfrage** nach **knappen Ressourcen** dienen.

Beispiel: Ein Unternehmen erwirbt die Berechtigung zur Nutzung einer Literatur-Datenbank. Der Nutzungsvertrag sieht eine pauschale Monatsgebühr von 1.000 vor, die insgesamt 100 Minuten für Recherchen pro Monat inkludiert. Eine „normale" Anfrage an die Datenbank kostet demgegenüber 30 pro Minute. Wie können die Kosten einer Minute an Recherchen intern den Bereichen, die die Datenbank nutzen, weiterverrechnet werden?

---

11 Der abnehmende Bereich erzielt erst dann einen Gewinn, wenn die Vollkosten des liefernden Bereiches gedeckt sind. So zB *Anthony* und *Govindarajan* (2006), S. 191. Dies lässt sich jedoch auch durch die Vorgabe von Solldeckungsbeiträgen erreichen.

12 Vgl *Pfaff* (1995a), S. 443 – 446.

Zu Beginn des Monats ist nicht abschätzbar, wie viele Rechercheminuten mit welchem Nutzen anfallen werden. Die Grenzkosten der ersten 100 Minuten betragen 0, die Grenzkosten jeder darüber hinausgehenden Minute 30. Wird der *Verrechnungspreis* in Höhe der Grenzkosten gesetzt, so werden die Bereiche recht sorglos damit umgehen. Erst wenn die 100 Minuten verbraucht sind, entstehen ihnen Kosten, die sie mit dem Nutzen einer weiteren Recherche vergleichen müssen. Nun entwickelt aber die Kostenzuteilung nach dem Prinzip „Wer zuerst anfragt, bekommt zuerst" wenig Steuerungswirkung. Denn es könnte ja sein, dass eine Rechercheminute nur einen Nutzen von 5 bringt, aber deshalb in Anspruch genommen wird, weil eine Recherche (noch) nichts kostet. Eine Recherche wird *quasi* als freies Gut betrachtet. Eine nach den 100 Minuten notwendig gewordene Recherche, die vielleicht 25 pro Minute an Nutzen brächte, würde nicht mehr durchgeführt, nur weil sie später im Monat auftrat.

Es ist auch nicht unbedingt optimal, sofort 30 pro Minute an die Bereiche weiter zu verrechnen, denn es könnte ja sein, dass dann die 100 Minuten nicht ausgeschöpft werden und damit die Grenzkosten tatsächlich 0 betragen.

Wenn die Nutzung der Leistung für die beziehenden Bereiche verteuert wird, **sinkt** deren **Nachfrage**. Im Idealfall wird die Kapazität genau ausgelastet; die dazugehörigen Kosten sind **Opportunitätskosten**, die aber in der Praxis sehr schwer geschätzt werden können. Opportunitätskosten können sein:

- **Verzögerungskosten**: Kosten infolge der verzögerten Erfüllung der Nachfrage eines Bereiches. *Beispiele*: Instandhaltungsabteilung, Schreibbüro.
- Kosten der **Verschlechterung der Leistung**. *Beispiel*: Infolge Arbeitsüberlastung in der Rechtsabteilung könnte die Bearbeitungsqualität sinken oder die Bearbeitungsdauer steigen.
- Kosten durch **Leistungsbeschaffung von anderen Quellen** oder **Eigenerstellung**. *Beispiel*: Installation einer eigenen Rechtsabteilung anstelle der Beauftragung eines Rechtsanwaltsbüros.

Die Allokation der Vollkosten kann in einer solchen Situation einen einfachen und wirtschaftlich gerechtfertigten Versuch darstellen, die nicht ermittelbaren Opportunitätskosten der zentral bereitgestellten Leistungen zu **approximieren**.[13] Wie gut diese Approximation ist, hängt von der Kostenfunktion und der (geplanten wie realisierten) Nachfrage nach Leistungen ab. Für bestimmte Annahmen kann die Güte der Approximation analysiert werden.

Beispiel: In einem Warteschlangenmodell gehen *Miller* und *Buckman* (1987) von einer Serviceabteilung aus, bei der zufällig Serviceleistungen (nach einer Poisson-Verteilung) nachgefragt

---

[13] Vgl *Zimmerman* (1979), S. 511. Man könnte die Koordinationsfunktion der Nachfrage in diesem Modell alternativ einfach durch Zurechnung irgendwelcher Beträge erreichen. Die Erklärung von Fixkostenallokationen als Approximation der Opportunitätskosten hat damit allenfalls das Argument für sich, dass diese Kosten für die nachfragenden Bereiche relativ plausibel scheinen. Vgl dazu auch *Pfaff* (1993a), S. 82 – 97.

werden, deren Dauer ebenfalls zufällig (nach einer Exponentialverteilung) ist. Die Kapazitätskosten der Serviceabteilung hängen von der Anzahl der Serviceplätze X ab, die die Kapazität bestimmen, $K_0 = k \cdot X^c$, mit $k > 0$ und $0 < c < 1$. Wenn c nahe bei 1 liegt (dh, es gibt kaum *economies of scale*), nähern die Fixkosten die Opportunitätskosten sehr gut an. Für sehr kleine c ist die Approximation jedoch sehr schlecht, es wäre in diesem Fall günstiger, die Kapazitätskosten nicht weiter zu verrechnen. Dieses Ergebnis ist aber insofern wenig hilfreich, weil Kostenallokationen als gute Approximation gerade in den Fällen wirken, in denen der Nutzen einer zentralen Leistungserstellung wenig Vorteile bringt.

Verrechnungspreisfestlegung bei Kuppelprodukten

Bei Lufthansa wird die Belly-Kapazität, das ist der Stauraum für Luftfracht in Passagierflugzeugen, über Verrechnungspreise dem Bereich Cargo verrechnet. Die Belly-Kapazität ist ein typisches Kuppelprodukt von Passage und Cargo, denn das Angebot an Frachtraum entsteht simultan und zwangsläufig mit dem Transportangebot für Passagiere. Demnach sind Kosten alleine für die Cargo-Kapazität nicht direkt feststellbar, außerdem ist es schwierig, geeignete Marktpreise dafür zu ermitteln.

Als Verrechnungspreistyp kommt ein kostenorientierter Verrechnungspreis zur Anwendung, der von den Cargo-Kosten der eigenen Cargo-Flugzeuge ausgeht und Kappungsgrenzen von 95% bis 105% für die Ertragsteilung vorsieht. Damit soll die Passage Anreize haben, Vermarktungschancen für ihre Belly-Kapazität wahrzunehmen. Gleichzeitig soll die Cargo Anreize für die wirtschaftliche Nutzung ihrer eigenen Flugzeuge und der Belly-Kapazität bekommen.[14]

Koordinationsfunktion

Der Verrechnungspreis auf Basis der Vollkosten enthält neben den variablen Kosten **Fixkosten**(-bestandteile) und gegebenenfalls sogar Gewinnanteile des leistenden Bereiches. Diese werden für den beziehenden Bereich zu vollständig variablen Kosten, und zwar nicht nur scheinbar, sondern aus Sicht des Bereichs tatsächlich: Wenn eine Einheit weniger Leistung nachgefragt wird, reduzieren sich die Einstandskosten genau um den Verrechnungspreis. Dies kann in Entscheidungssituationen, die auf Basis der variablen Kosten zu treffen sind, zu **Fehlentscheidungen** führen. Ein Beispiel ist ein einmaliger Zusatzauftrag. Es ist Aufgabe einer **Konzernkostenrechnung**, die tatsächliche Kostenstruktur aufzuzeigen; doch dies hilft Bereich 2 in einer solchen Entscheidungssituation wenig, solange weiterhin die Vollkosten verrechnet werden. Es kann nur zusätzliche Konflikte schüren.

---

14 Vgl *Beißel* (2005), S. 125 – 129.

Beispiel

Ein Produkt durchläuft zwei selbstständige Fertigungsbereiche.

Variable Kosten pro Stück von Bereich 1	10	
Anteilige fixe Kosten	15	
Verrechnungspreis für Lieferung von Bereich 1 an 2		25
Einstandspreis für Bereich 2	25	
Variable Weiterverarbeitungskosten von Bereich 2	6	
Anteilige fixe Kosten von Bereich 2	9	
Gesamte Kosten pro Stück		40

Die **Kostenstruktur** für ein Stück (bei gegebener Beschäftigung in beiden Bereichen) ergibt sich dann wie folgt:

	tatsächlich		aus Sicht von Bereich 2	
variable Kosten	16	40%	31	77,5%
anteilige fixe Kosten	24	60%	9	22,5%
Gesamte Kosten	40	100%	40	100,0%

Ein Zusatzauftrag mit einem angebotenen Preis von 30 würde von Bereich 2 abgelehnt, obwohl er einen positiven Deckungsbeitrag von 14 erbringt.

3.4. Zweistufige Verrechnungspreise

Zweistufige Verrechnungspreise spalten den Verrechnungspreis in zwei Teile:

- Die laufenden Leistungen werden zu **Grenzkosten** verrechnet.
- Daneben wird ein **einmaliger Betrag** je Periode verrechnet.

Damit bleiben zunächst die **Eigenschaften** grenzkostenorientierter Verrechnungspreise bezüglich der Entscheidungen erhalten, der Nachteil der Grenzkosten hinsichtlich des Entstehens von Verlusten beim leistenden Bereich wird jedoch durch den einmaligen Betrag je Periode abgeschwächt oder vermieden. Der einmalige Betrag kann als Beitrag für die Bereitstellung oder die Reservierung von Kapazität durch den leistenden Bereich interpretiert werden.[15]

Er führt zu einer Fixkostenabdeckung, bleibt aber im Gegensatz zu einem Ansatz der Vollkosten pro Stück kurzfristig **entscheidungsneutral**. Aufgrund des einmaligen Betrages sind zweistufige Verrechnungspreise nur bei längerfristigen Leistungstransfers sinnvoll.

Zweistufige Verrechnungspreise werden in der Praxis eher selten verwendet. Bestimmte Marktleistungen, wie zB Strombezug oder Telefongebühren werden aber in gleicher Art abgerechnet. Im Prinzip entspricht dies der Vorgehensweise bei einem flexiblen Budget.

Hinsichtlich der **Höhe** des fixen Betrages besteht große **Flexibilität**. So kann er so festgelegt werden, dass er gerade die geplanten oder tatsächlichen Fixkosten abdeckt. Um dem leistenden Bereich einen Anreiz zur optimalen Kapazitätswahl zu geben, wäre denkbar, nur die Nutzkosten (Kapazitätskosten der geplanten Beschäftigung) weiterzuverrechnen. Der Betrag könnte auch einen Gewinnanteil enthalten.

---

15 Vgl auch *Poensgen* (1973), S. 513 – 516; *Kaplan* und *Atkinson* (1998), S. 457 f.

Wird der fixe Betrag als reservierte Kapazität interpretiert, erhebt sich die Frage, wie kurzfristige **Abweichungen** von der geplanten Inanspruchnahme behandelt werden.

Beispiel: Zwei beziehende Bereiche reservieren die Kapazität zur Gänze, ihre reservierte Kapazität beträgt 30% und 70%, und sie zahlen entsprechend 30.000 bzw 70.000 an den leistenden Bereich. Gegen Ende der Planungsperiode hat Bereich 1 noch 10% an Kapazität verfügbar und wird sie voraussichtlich nicht benötigen, während Bereich 2 seine reservierte Kapazität voll ausgeschöpft hat. Nun könnte Bereich 2 einen Zusatzauftrag erhalten, der 5% der Kapazität benötigt. Bereich 2 hat keine Kapazität mehr zur Disposition, während insgesamt noch freie Kapazität verfügbar ist. Wie soll vorgegangen werden?

Da die Kapazität voraussichtlich nicht anderweitig verwendet wird, sollte sie aus *ex post*-Sicht an Bereich 2 kostenlos weitergegeben werden. Denn die Kapazitätskosten sind *sunk costs* und sollten die Entscheidung über den Zusatzauftrag nicht beeinflussen. Müsste Bereich 2 die benötigte Kapazität dem Bereich 1 um zB 5.000 abkaufen, würden diese 5.000 plötzlich entscheidungsrelevant.[16] Dies könnte dazu führen, dass der Zusatzauftrag abgelehnt wird, auch wenn er aus Sicht des Gesamtunternehmens noch günstig ist.

Kann ein Bereich allerdings *im nachhinein* Kapazität kostenlos bekommen, wird er einen **Anreiz** haben, anfänglich tendenziell zu wenig Kapazität zu reservieren. Überschreitet er diese dann, erhält er sie – soweit noch vorhanden – kostenlos. Man kann noch weitergehen und die Kapazitätsplanung des leistenden Bereichs betrachten: Wenn in der Budgetierungsphase zu wenig Bedarf angemeldet wird, wird der leistende Bereich weniger Kapazität vorsehen. Damit könnte aus Sicht des Gesamtunternehmens eine zu niedrige Kapazität resultieren.

Ob die Vorteile zweistufiger Verrechnungspreise im Vergleich zu Grenzkosten und Vollkosten die neu entstehenden Nachteile überwiegen, muss letztlich im Einzelfall beurteilt werden.

3.5. Vollkosten plus Gewinnaufschlag als Verrechnungspreis

Der Verrechnungspreis muss nicht immer nur gerade die Kosten des leistenden Bereiches abdecken, er kann auch einen **Gewinnanteil** enthalten. Besonders in Branchen, in denen Aufträge zu Kosten plus einem **Gewinnaufschlag** (*cost plus*) kalkuliert werden, stellt dies einen internen Abnehmer aus Sicht des leistenden Bereiches gleich wie einen externen Kunden.

Die wesentliche Motivation, einen Gewinnaufschlag in den Verrechnungspreis hineinzurechnen, kommt aus der **Erfolgsermittlungsfunktion**. Auf diese Art erhält

---

[16] *Poensgen* (1973), S. 514 f, schlägt vor, dass die noch nicht genutzte Kapazität eines Bereiches einem anderen Bereich solange kostenlos weitergegeben werden muss, solange er die verbleibende Kapazität nicht voll auslastet. Es ist dies ein Opportunitätskostenkonzept. Bei Unsicherheit über noch hereinkommende Aufträge muss dies aber ebenfalls nicht zu einer optimalen Lösung führen.

auch der leistende Bereich einen Gewinn. Wie aber schon gezeigt wurde, ist jede Art der Gewinnaufteilung bei Synergien willkürlich. Das Hauptproblem von Kosten plus Gewinnaufschlag als Verrechnungspreis liegt dementsprechend in der Höhe des „angemessenen" Gewinnaufschlags. Folgende **Möglichkeiten** sind denkbar:

- Prozentsatz der Vollkosten
- angemessene Verzinsung des eingesetzten Kapitals (soweit Zinskosten nicht ohnedies schon in den Vollkosten enthalten sind)
- Verhandlung unter den Bereichen.

Vollkosten plus Gewinnaufschlag sind auch aus dem Blickwinkel der **Koordinationsfunktion** nicht unbedingt geeignet. Es gelten für sie sämtliche Einwände, die auf Vollkosten zutreffen, wie die Gefahr von Fehlentscheidungen oder die Verzerrung der Kostenstruktur, denen sich beziehende Bereiche gegenübersehen.

Fehlanreize entstehen bei der Aufteilung eines gemeinsam erwirtschafteten Gewinnes dann, wenn ein Bereich mit individuellen Maßnahmen die Gewinnsituation verbessern kann. Dadurch, dass die Kosten in seinem Bereich entstehen, der Erfolg aber mit dem anderen Bereich geteilt werden muss, werden aus Sicht des Gesamtunternehmens günstige Maßnahmen vielleicht nicht durchgeführt. Beispielsweise führt jede Kostensenkungsmaßnahme bei einem prozentuellen Gewinnaufschlag *ceteris paribus* zu einer Verringerung des absoluten Gewinnbetrages.

Ein Agency-Modell

Nachdem nun einige Aspekte diskutiert wurden, auf Grund derer Vollkosten plus Aufschlag problematisch bezüglich der Koordinationsfunktion sein können, wird im Folgenden eine Situation gezeigt, in der Verrechnungspreise als Vollkosten plus Aufschlag die optimale Lösung des zugrunde liegenden **Koordinationsproblems** liefern. Dazu wird ein Agency-Modell, das in strukturell ähnlicher Form im 8. Kapitel: *Koordination, Budgetierung und Anreize* ausführlich zur Analyse von Budgetierungsvarianten dargestellt wurde, mit zwei sequenziell verflochtenen Bereichen verwendet.

Folgende **Situation** ist gegeben (siehe Abbildung 4):[17] Bereich 1 erzeugt ein Zwischenprodukt, das in Bereich 2 weiterverarbeitet und am Markt verkauft wird. Auf dem Markt für das Endprodukt herrscht vollständige Konkurrenz, der Marktpreis ist p. Die variablen Produktionskosten in Bereich 1 sind streng konvex in der produzierten Menge x. Die Kosten hängen außerdem von einem Parameter θ, dem „Typ" des Managers, ab, dh $K_1 = K_1(x, \theta)$. Der Typ beschreibt ein Expertenwissen oder Know how des Managers, er kann auch die speziellen Produktionsbedingungen im Bereich 1 erfassen. Der Manager von Bereich 1 kennt seinen Typ genau, die Zentrale hat dagegen nur eine *a priori* Erwartung darüber. Ein höheres θ führt zu einer Verringerung der Produktionskosten für beliebige Mengen x. Es mögen nur zwei Typen

---

[17] Vgl ausführlich *Wagenhofer* (1992b). Grundlegend zum Modelltyp *Sappington* (1983).

vorstellbar sein, $\theta = 1$ (niedrigere Produktivität) oder $\theta = 2$ (höhere Produktivität). Die Wahrscheinlichkeit beider Typen sei jeweils 50%. Die Kostenfunktion lautet:

$$K_1(x,\theta) = \frac{x^2}{\theta} + K_1^F$$

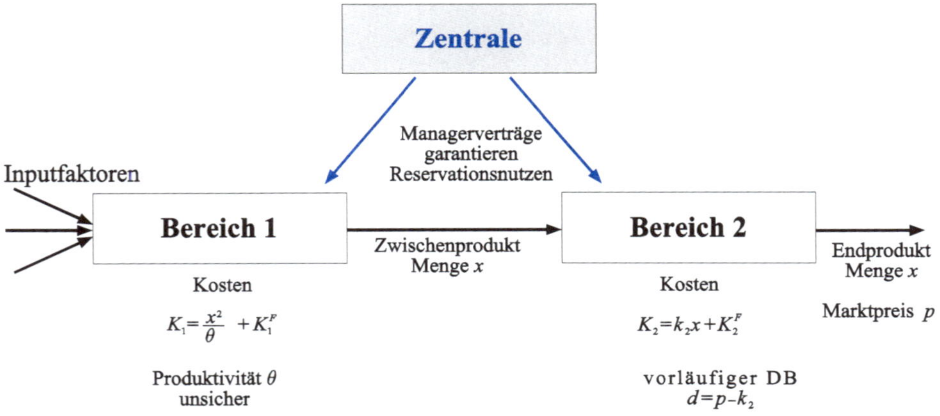

Abb. 4: Die Unternehmensorganisation im Agency-Modell

Die Weiterverarbeitungskosten und Vertriebskosten in Bereich 2 sind linear bezogen auf die Menge x mit $K_2 = k_2 \cdot x + K_2^F$. Der vorläufige Deckungsbeitrag (vor den Kosten des von Bereich 1 bezogenen Inputs) $d = p - k_2$ sei vereinfachend gleich 1. Da bezüglich des Bereiches 2 keine asymmetrische Informationsverteilung besteht, benötigt die Zentrale zur Steuerung von Bereich 2 kein indirektes Koordinationsinstrument wie den Verrechnungspreis. Bereich 2 kann daher für die folgende Analyse außer Betracht gelassen werden, die Zentrale übernimmt indirekt deren Geschäftsverbindung mit Bereich 1.

Der Manager von Bereich 1 ist risikoneutral. Um ihn zur Mitarbeit im Unternehmen zu bewegen, muss ihm von der Zentrale zumindest so viel an Entlohnung geboten werden, wie er anderswo erhielte (**Reservationsnutzen**). Vereinfachend wird angenommen, dass der Bereichsmanager den Bereichsgewinn direkt erhält (alternativ zu Geld wäre nichtmonetärer Nutzen, wie Lob, Vertrauen, Ausstattung mit Macht usw denkbar). Der Reservationsnutzen sei vereinfachend gerade $-K_1^F$ (damit muss der Verrechnungspreis nur die variablen Produktionskosten abdecken). Dies muss für jeden Typ sichergestellt sein.

Eine potenzielle **Fehlsteuerung** kann dadurch entstehen, dass der Manager behaupten kann, ein Typ $\theta = 1$ zu sein, obwohl er tatsächlich $\theta = 2$ ist. Wenn die Zentrale die Kosten im Nachhinein beobachten kann, braucht er nur die Differenz zwischen den tatsächlich zur Produktion von x erforderlichen variablen Kosten ($x^2/2$) und den variablen Kosten, wenn er Typ $\theta = 1$ wäre (x^2), für andere, nicht unbedingt notwendige Dinge zu verwenden (zB Geschäftsreisen, Kundenbesuche, Goldarmaturen, Dienstwagen). Die Zentrale möchte dies möglichst verhindern. Ein Mittel dazu ist die Nutzung des Verrechnungspreises.

Zum besseren Vergleich wird zunächst die Lösung bei Informationssymmetrie ermittelt, dh wenn die Zentrale den Typ θ kennt (***first best*-Lösung**). Die **Zentrale** maximiert

$$\max_x G = d \cdot x - \frac{x^2}{\theta} = x - \frac{x^2}{\theta}$$

für $\theta = 1, 2$; $d = 1$. Die nicht entscheidungsrelevanten Fixkosten werden außer Ansatz gelassen. Die notwendige Bedingung erster Ordnung lautet $1 - 2x/\theta = 0$, und die optimale Menge x^* ist von θ abhängig:

$$x^*(\theta{=}1) = 1/2 \text{ und } x^*(\theta{=}2) = 1$$

Die Zentrale könnte nun die jedem Typ θ entsprechende Menge vorschreiben, die Vorgabe eines Verrechnungspreises ist an sich nicht nötig. Würde die Zentrale einen Verrechnungspreis festlegen, könnte dieser von x und θ abhängig gemacht werden, dh $R = R(x,\theta)$. Die Höhe der Verrechnungspreise müsste sich am **Reservationsnutzen** des Managers orientieren:

$$G_1 = R(x,\theta) \cdot x - \frac{x^2}{\theta} - K_1^F \geq -K_1^F \quad \text{bzw} \quad R(x,\theta) \cdot x - \frac{x^2}{\theta} \geq 0$$

für jedes θ. Der geringste Verrechnungspreis erfüllt diese Ungleichung gerade, dh $R(x,\theta) = x/\theta$. Daraus ergibt sich $R(0{,}5;\, 1) = 0{,}5$, $R(1;\, 2) = 0{,}5$ und $R(x,\theta) \leq 0$ (Sanktion) für andere (x,θ)-Kombinationen.[18] Der Verrechnungspreis ist im Beispiel *zufällig* für beide Typen gleich hoch; im Normalfall wird er von θ abhängen.

Im Fall von **Informationsasymmetrie** kann der Verrechnungspreis nur mehr von der Menge x, nicht jedoch zusätzlich vom der Zentrale unbekannten Typ θ abhängig gemacht werden. Zur Bestimmung des Verrechnungspreises $R(x)$ maximiert die Zentrale den Erwartungswert des Gewinnes (vor Fixkosten und mit $d = 1$),

$$\max_R \mathrm{E}[G] = \sum_{\theta=1}^{2} \frac{1}{2} \cdot [x_\theta - R(x_\theta) \cdot x_\theta]$$

Dabei bezeichnen die x_θ die vom Manager selbst bestimmten Mengen, die er aufgrund seines jeweiligen Typs θ aufgrund folgender Gleichung wählt (**Aktionswahlbedingung**):

$$\max_x G_1 = R(x) \cdot x - \frac{x^2}{\theta} - K_1^F \quad \text{für } \theta = 1,2$$

---

18 $R = 0$ ist eine ausreichende Sanktion, weil für jedes $R \leq 0$ jeder Typ θ die Menge $x = 0$ wählt und damit seinen Reservationsnutzen gerade erreicht. Dabei wird angenommen, dass der Manager im Fall der Indifferenz die von der Zentrale gewünschte Menge produziert.

Darüber hinaus muss die Zentrale weiterhin sicherstellen, dass der Bereichsmanager unabhängig vom jeweiligen Typ θ mindestens seinen Reservationsnutzen erhält (**Teilnahmebedingung**):

$$G_1(x_\theta,\theta) = R(x_\theta)\cdot x_\theta - \frac{x_\theta^2}{\theta} - K_1^F \geq -K_1^F \quad \text{für } \theta = 1,2 \quad \text{bzw}$$

$$\begin{aligned} &R(x_1)\cdot x_1 - x_1^2 \geq 0 \\ &R(x_2)\cdot x_2 - x_2^2/2 \geq 0 \end{aligned} \tag{3}$$

Dieses Problem kann allgemein über einen *Lagrange*-Ansatz gelöst werden (die Lösung des Beispiels ist im **Anhang** durchgerechnet). Einen Einblick in die **Lösungsstruktur** erhält man durch Betrachtung der Teilnahmebedingung (3): Ein Typ $\theta = 1$ Manager wird sicher keinen Anreiz besitzen, einen Typ $\theta = 2$ Manager zu imitieren, dh x_2 anstelle von x_1 zu produzieren. Daher muss nur der umgekehrte Fall sichergestellt werden, nämlich durch:

$$R(x_2)\cdot x_2 - \frac{x_2^2}{2} \geq R(x_1)\cdot x_1 - \frac{x_1^2}{2} = R(x_1)\cdot x_1 - x_1^2 + \frac{x_1^2}{2} > R(x_1)\cdot x_1 - x_1^2 \geq 0$$

Das führt dazu, dass ein Typ $\theta = 2$ Manager jedenfalls mehr als seinen Reservationsnutzen erhält, dh einen **Produktivitätsgewinn** erzielt, der aber eigentlich in der asymmetrischen Information begründet ist und deshalb **Informationsrente** genannt wird.

Die Zentrale könnte zwar darauf bestehen, dass *jeder* Typ gerade die *first best*-Menge produziert. Dies würde allerdings eine relativ hohe Zahlung an einen Typ $\theta = 2$ Manager bedeuten. Deshalb ist es günstiger, einem Typ $\theta = 1$ Manager eine **geringere Menge** vorzuschreiben, wodurch es weniger kostet, einen Typ $\theta = 2$ Manager davon abzuhalten, Typ $\theta = 1$ zu imitieren, und trotzdem die optimale, höhere Menge zu produzieren.[19]

Die Lösung dieses Modells (***second best*-Lösung**) lautet wie folgt (siehe Anhang): Ein Manager mit hoher Produktivität ($\theta = 2$) wird motiviert, die optimale Menge $x_2 = x^*(\theta{=}2) = 1$ zu produzieren, ein Manager mit niedriger Produktivität $\theta = 1$ produziert eine geringere Menge, nämlich $x_1 = 1/3 < 1/2 = x^*(\theta{=}1)$. Damit wird (im Durchschnitt) weniger produziert als bei Informationssymmetrie, jedoch muss die Zentrale auch (im Durchschnitt über die Typen) weniger an den Manager bezahlen, um in den Genuss seiner Arbeitsleistung zu gelangen. Die optimale Lösung entsteht aus einem Abwägen dieser Auswirkungen.

Der **Verrechnungspreis** muss an sich nur für die beiden Mengen x_1 und x_2 bestimmt werden, er beträgt:[20]

---

[19] Die Lösungsstruktur entspricht der *second best*-Lösung der Kostenbudgetierung im 8. Kapitel: *Koordination, Budgetierung und Anreize*.

[20] Will man eine Verrechnungspreis*funktion* für beliebige Mengen festlegen, darf der Verrechnungspreis $R(x)$ die Indifferenzkurven der beiden Typen zur Produktion beliebiger Mengen nicht übersteigen.

$R(x_1) = 1/3$ und $R(x_2) = 5/9$

Die Zentrale kann durch hinreichend hohe Sanktionen (zB $R(x) = 0$ für $x \neq x_1, x_2$) verhindern, dass andere Mengen gewählt werden. Ein Manager vom Typ $\theta = 2$ ist gerade indifferent zwischen den beiden Mengen:

$$G_1(x_2, 2) = \frac{5}{9} \cdot 1 - \frac{1}{2} - K_1^F = \frac{1}{3} \cdot \frac{1}{3} - \frac{1}{18} - K_1^F = G_1(x_1, 2)$$

und man kann davon ausgehen, dass er in diesem Fall x_2 wählt. Ein Typ $\theta = 1$ bevorzugt x_1 dagegen strikt:

$$G_1(x_1, 1) = \frac{1}{3} \cdot \frac{1}{3} - \frac{1}{9} - K_1^F = -K_1^F \quad > \quad \frac{5}{9} \cdot 1 - 1 - K_1^F = G_1(x_2, 1)$$

Im Ergebnis offenbart der Bereichsmanager durch die Wahl der Produktionsmenge gleichzeitig seinen **wirklichen Typ** (in mehrperiodigen Situationen muss dies nicht unbedingt die günstigste Variante sein). Der Typ $\theta = 1$ Manager erhält gerade seinen alternativen Nutzen ($-K_1^F$), und ein Typ $\theta = 2$ Manager erhält diesen *plus* 1/18. Daher werden beide ein Interesse haben, im Unternehmen mitzuarbeiten.

Die Lösung weist folgende **Eigenschaften** auf:

- Der optimale Verrechnungspreis deckt die **Durchschnittskosten** (nicht etwa die Grenzkosten) der Produktion ab. Darüber hinaus muss er den Reservationsnutzen des Bereichsmanagers sicherstellen, er kann daher einen Gewinnanteil beinhalten, der erforderlich ist, um den Manager zur Mitarbeit im Unternehmen zu bewegen. Dies kommt aufgrund der vereinfachenden Annahmen im Modell nicht explizit zum Ausdruck.
- Für einen produktiveren Bereich enthält der Verrechnungspreis noch einen **Gewinnanteil** (Belohnung). Dieser ist zur Motivation eines produktiveren Managers notwendig.
- Ein **Marktpreis** für das Zwischenprodukt, so es ihn gibt, würde die Koordinationsfunktion nur stören, solange er von Bereich 1 nicht wirklich genutzt werden kann. Könnte Bereich 1 extern liefern, käme dem Marktpreis die Funktion einer Untergrenze für den Verrechnungspreis zu. Dies wurde aber nicht explizit modelliert.

Im obigen einfachen Modell sind alle Entscheidungsträger risikoneutral. Ist dies nicht der Fall, kann der Verrechnungspreis noch zusätzlich eine Risikoteilungsfunktion erfüllen.

Dieselbe Lösungsstruktur ergibt sich, wenn auch **Informationsasymmetrie** in weiteren Bereichen angenommen wird. Da der **optimale Verrechnungspreis** stark von den individuellen Gegebenheiten des Bereiches wie auch des Managers abhängig ist, erfolgt die Koordination über die Zentrale wie bei den dualen Verrechnungspreisen (siehe weiter unten). Schwierigkeiten bei der Durchsetzung können allerdings dann entstehen, wenn zwei Bereiche Absprachen treffen, die sie zulasten der Zentrale beide besser stellen. Dies ist besonders bei Kostenallokationen zu beachten.

Die Koordination mittels Verrechnungspreisen ist in dieser Situation allerdings nicht die einzige Möglichkeit. Die Zentrale könnte den Manager von Bereich 1 um einen **Bericht über seinen Typ** θ ersuchen und dann auf Basis dessen die Produktionsmengen vorgeben. Der Bericht kann von der Zentrale zwar nicht auf seinen Wahrheitsgehalt überprüft werden, allerdings kann die Zentrale dem Manager Anreize zu einer wahrheitsgemäßen Berichterstattung geben. Unter Anwendung des **Offenlegungsprinzips** (siehe dazu 8. Kapitel: *Koordination, Budgetierung und Anreize*) lässt sich mit einem solchen Verfahren dieselbe Lösung erzielen wie bei den optimalen Verrechnungspreisen.

Die Berichterstattung und zentrale Festlegung der Produktionsmenge ist das Verfahren, das eine tendenziell einfachere Kommunikationsstruktur aufweist als die dezentrale Koordination mittels Verrechnungspreisen.[21] Es hat aber mit Problemen der Glaubwürdigkeit zu kämpfen: Gegeben die (induzierte) wahrheitsgemäße Berichterstattung ist die vorgegebene Menge (für niedrige Produktivität) *ex post* nicht optimal. Der Prinzipal würde gerne von seinem „Vertrag" abweichen und **nachverhandeln**. Außerdem könnten die Bereichsmanager die *ex post* Nichtoptimalität als eigenartig empfinden, und es könnte ein Akzeptanzproblem entstehen.

3.6. Duale Verrechnungspreise

Duale Verrechnungspreise machen sich eine Variationsmöglichkeit intern gesetzter „Preise" zunutze, die in der bisherigen Diskussion nirgends in Betracht gezogen wurde: Warum muss für liefernden und beziehenden Bereich *derselbe* Verrechnungspreis gelten? Duale Verrechnungspreise setzen für die Bereiche **unterschiedliche Verrechnungspreise**. Die Zentrale erfüllt eine Ausgleichsfunktion über die unterschiedlichen Gewinne.

Beispiel: Bereich 1 erstellt ein Zwischenprodukt zu Kosten $K_1 = 10 + x^2$. Bereich 2 verarbeitet es weiter und verkauft das Endprodukt am Markt zu einem konstanten Preis $p = 20$. An Kosten entstehen Bereich 2 dafür $K_2 = 2 + 2x$. Abbildung 5 zeigt die Situation. Als Referenzlösung dient die zentrale Lösung, die sich durch Maximierung des Gesamtgewinnes ergibt:

$$\max_x G = 20x - (10 + x^2) - (2 + 2x) = -x^2 + 18x - 12 \tag{4}$$

Nullsetzen der ersten Ableitung $G' = -2x + 18$ ergibt die optimale Menge $x^* = 9$. Der Gesamtgewinn aus der Transaktion beträgt $G = 69$.

Die **Vorgehensweise** bei der Bestimmung dualer Verrechnungspreise ist:

1. Die Zentrale beschafft von Bereich 1 eine Aufstellung der (Voll-)Kosten pro Stück für verschiedene Nachfragemengen. Diese sind im Beispiel

   $$k_1 = \frac{K_1(x)}{x} = x + \frac{10}{x}$$

   Dies ist gleichzeitig der Verrechnungspreis R_2, zu dem Bereich 2 das Zwischenprodukt beschafft.

---

[21] Vgl dazu *Pfaff* und *Pfeiffer* (2004), S. 303 – 305.

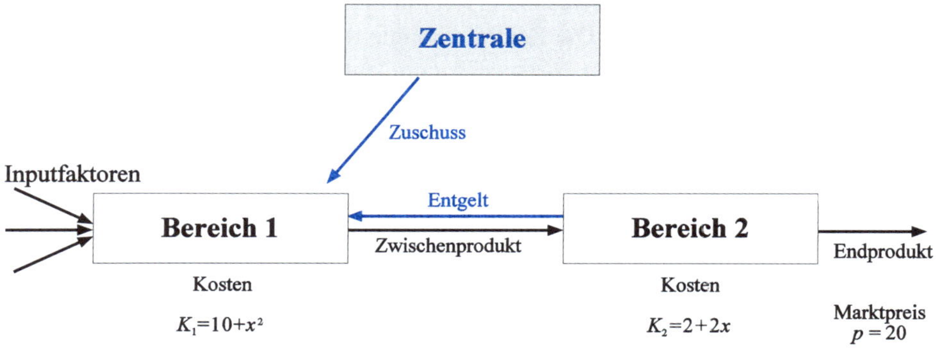

Abb. 5: Duale Verrechnungspreise

2. Die Zentrale beschafft von Bereich 2 eine Aufstellung der vorläufigen Deckungsbeiträge d_2 (vor Kosten des Zwischenproduktes) für verschiedene Liefermengen des Zwischenproduktes. Diese sind im Beispiel
$$d_2 = \frac{D_2}{x} = 20 - 2 - \frac{2}{x} = 18 - \frac{2}{x}$$
Dies ist gleichzeitig der Verrechnungspreis R_1, zu dem Bereich 1 das Zwischenprodukt intern verkauft.

Die dezentralen Entscheidungen mit diesen Verrechnungspreisen ergeben sich zu:

Bereich 1:

$$\max_x G_1 = R_1 \cdot x - K_1(x) = \left(18 - \frac{2}{x}\right) \cdot x - 10 - x^2 = -x^2 + 18x - 12$$

Bereich 2:

$$\max_x G_2 = 20x - R_2 \cdot x - K_2(x) = 20x - \left(x + \frac{10}{x}\right) \cdot x - 2 - 2x = -x^2 + 18x - 12$$

Die Bereichsgewinnfunktionen sind **identisch** mit der Gesamtgewinnfunktion (4). Beide Bereiche gelangen deshalb unabhängig voneinander zur optimalen Menge $x^* = 9$. Als Vorteil dualer Verrechnungspreise kann gesehen werden, dass Bereich 1 gewissermaßen näher zum Markt (für das Endprodukt) kommt, da er die erwirtschaftbaren Deckungsbeiträge als Verrechnungspreis vorgegeben erhält. Bereich 2 sieht sich demgegenüber einem Verrechnungspreis gegenüber, der den Produktionskosten für das Zwischenprodukt entspricht. Obwohl der Verrechnungspreis pro Stück proportionalisierte Fixkosten enthält, fallen diese wegen der Multiplikation mit der Menge als nicht entscheidungsrelevant wieder weg.

Die Zentrale muss die **Differenz** zwischen den beiden Verrechnungspreisen R_1 und R_2 ausgleichen. An Bereich 1 müssen insgesamt $R_1 \cdot x = 18x - 2 = 160$ geleistet werden, Bereich 2 bezahlt davon jedoch nur $R_2 \cdot x = x^2 + 10 = 91$. In der Zentrale bleibt die Differenz von 69 hängen und bildet *quasi* einen **Ausgleichsverlust**. Damit kann der Gesamtgewinn des Unternehmens nicht mehr als Summe der Gewinne der Bereiche ($G_1 + G_2$) ermittelt werden. Die Zentrale macht *immer* einen Verlust, und zwar genau in Höhe des Gesamtgewinnes des Unternehmens infolge der Transaktion. Dies ist offensichtlich, weil beide Bereiche dieselbe Gewinnfunktion maximieren, weshalb jeder Bereich einen Gewinn von 69 erzielt, dieser Gewinn aber insgesamt nur einmal anfällt.[22] Der Gesamtgewinn entspricht daher der Summe der Bereichsgewinne einschließlich des Ausgleichsverlustes der Zentrale.

Erweiterung

Die hier dargestellte Vorgangsweise für die Bestimmung dualer Verrechnungspreise ist eine Vereinfachung der von *Ronen* und *McKinney* (1970) vorgeschlagenen Vorgehensweise. Danach fragt die Zentrale Bereich 1, *wieviel dieser bei verschiedenen Verrechnungspreisen produzieren würde*. Dies entspricht seiner Grenzkostenfunktion (im Beispiel: $2x$). Daraus leitet die Zentrale die Durchschnittskostenkurve ab. Diese ist jedoch bezüglich der Fixkosten unbestimmt, die im Beispiel einer beliebigen Integrationskonstante entsprechen. Die Zentrale ermittelt im Beispiel also:

$$k_1 = [\int 2\xi d\xi + K_1^F]/x = x + K_1^F/x$$

Für die Mengenentscheidung ist die Höhe der Fixkosten jedoch nicht relevant (siehe dazu die Ableitung im Text).

Gleichzeitig fragt die Zentrale Bereich 2, *wieviel der Bereich zu verschiedenen Verrechnungspreisen beschaffen würde*. Dies entspricht der Grenzdeckungsbeitragsfunktion von Bereich 2. Aus dieser ermittelt die Zentrale analog eine durchschnittliche Deckungsbeitragsfunktion.

Der Unterschied zur im Text dargestellten Vorgehensweise liegt im Ergebnis darin, dass die Zentrale durch Festlegung der beiden Verrechnungspreise auch die abzugeltenden Fixkosten der Bereiche festlegt und damit die Gewinne beider Bereiche beeinflusst, wenngleich sie diese nicht vorweg ermitteln kann.

Ein wesentliches Problem besteht darin, dass beide Bereiche denselben Gewinn in Höhe des Gesamtgewinnes ermitteln, gleichgültig, wie wirtschaftlich sie gearbeitet haben. Eine Reihung der Bereiche, etwa in Bezug auf deren Profitabilität, ist nicht möglich. Die **Erfolgsermittlungsfunktion** wird von dualen Verrechnungspreisen daher *nicht* erfüllt. Diese zwangsläufige Folge ist auch einer der Hauptgründe, warum duale Verrechnungspreise in der Praxis auf **wenig Akzeptanz** stoßen. Die Akzeptanz leidet auch darunter, dass bei zwei Verrechnungspreisen für dieselbe Leistung immer wieder die Frage auftauchen wird, was denn nun der „*richtige*" der beiden Preise sei? Jede Antwort darauf bleibt in gewisser Weise unbefriedigend.

Anreizeffekte

Duale Verrechnungspreise können Anreize zu **verzerrten Informationen** im Prozess der Festlegung der Verrechnungspreise liefern. Weicht ein Bereich von

---

22 Bei Verrechnungspreistypen, die für beide Bereiche denselben Verrechnungspreis vorsehen, summieren sich die Bereichsgewinne *immer* zum Gesamtgewinn auf.

seiner tatsächlichen Kostenfunktion ab, ergeben sich unterschiedliche Mengen, so dass offensichtlich ist, dass einer der beiden Bereiche eine falsche Kostenaufstellung geliefert hat. Es liegt daher nicht im Interesse der Bereiche, *individuell* falsch zu berichten. Anders ist dies jedoch bei direkten **Absprachen** der Bereiche. Sie können auf diese Weise die Menge koordinieren.

Fortsetzung des Beispiels: Bereich 1 und Bereich 2 verabreden, dass Bereich 1 der Zentrale anstelle von $k_1 = x + 10/x$ folgende falsche Kostenaufstellung übermittelt:

$$\hat{k}_1 = 0{,}8x + \frac{10}{x}$$

Damit wird Bereich 2 seinen Bereichsgewinn $G_2 = 18x - 2 - (0{,}8x^2 + 10)$ mit einer Bezugsmenge von 11,25 maximieren. Er muss daher seine Kostenaufstellung so „adaptieren", dass auch Bereich 1 dieselbe Menge ermittelt. Dies gelingt durch folgende Stückdeckungsbeitragsfunktion:

$$\hat{d}_2 = 22{,}5 - \frac{2}{x}$$

Bereich 1 maximiert $G_1 = 22{,}5x - 2 - (10 + x^2)$, woraus sich eine optimale Menge von 11,25 ergibt.

Diese **Absprache** ist für beide Bereiche **günstiger**, als die Wahrheit zu sagen: Der Gewinn bei Bereich 1 steigt von 69 auf 114,5625 und bei Bereich 2 von 69 auf 89,25. Die Zentrale ist der große Verlierer: Aufgrund der nichtoptimalen höheren Menge sinkt der Gesamtgewinn von $G(x{=}9) = 69$ auf $G(x{=}11{,}25) = 63{,}9375$, und zusätzlich holen sich die beiden Bereiche höhere Gewinnanteile, so dass der Ausgleichs*verlust* der Zentrale auf 114,5625 + 89,25 – 63,9375 = 139,875 wächst.

Der einzige Trost für die Zentrale dabei ist, dass sich die Bereiche unter Umständen schwer tun, innerhalb der glaubwürdigen Kostenfunktionen eine für beide gleichermaßen günstige Lösung zu vereinbaren; oder warum sollte Bereich 1 einen höheren Vorteil aus der Absprache erzielen als Bereich 2?

Die bei internem Transfer durch das Verrechnungspreissystem ausgelöste Verdoppelung des Gewinns aus Sicht der beiden Bereiche kann Anreize zu geringer Anstrengung bei der Suche nach günstigen **externen Alternativen** geben. Voraussetzung ist, dass sich die beiden Bereiche absprechen und Mittel unter sich aufteilen können. Dann kann es vorkommen, dass überlegene externe Angebote zulasten interner Leistungen abgelehnt werden.

4. Verhandelte Verrechnungspreise

Die Zentrale kann auf die Festlegung von Verrechnungspreisen verzichten und es den **Bereichen** überlassen, selbst einen Verrechnungspreis auszuhandeln. Würden interne Leistungstransfers als Reaktion darauf vorgeschrieben, wäre unklar, worüber dann verhandelt werden sollte. Kein Bereich könnte wirklich mit etwas drohen, und das Ergebnis wäre eine willkürliche Aufteilung eines gemeinsamen Gewinnes. Die Bereiche genießen bei Verrechnungspreisen aufgrund von Verhandlungen **größtmögliche Autonomie.** Das bringt Vorteile und Nachteile. Sie können selbstständiger agieren und schöpfen daraus hohe **Motivation**. Ein weiterer Vorteil besteht darin, dass die Bereiche oft viel **bessere Information** über die gegenseitige Kosten- bzw Erlössituation besitzen als die Zentrale. Sie können dann bessere Entscheidungen treffen, als wenn sie mit einem Verrechnungspreis konfrontiert sind, der von der schlecht informierten Zentrale gesetzt wird.

Auf der anderen Seite wird es den Bereichen ermöglicht, Entscheidungen zu fällen, die zwar für sie optimal sind, aber nicht unbedingt auch für das Gesamtunternehmen. Ergibt das Verhandlungsergebnis einen anderen Verrechnungspreis als den, der die **Koordinationsfunktion** bestmöglich erfüllt, kommt es zu Fehlentscheidungen aus Sicht des Gesamtunternehmens. Diese Bedingung ist fast immer gegeben: Das Verhandlungsergebnis wird irgendwo zwischen den Kosten des leistenden Bereiches und dem Deckungsbeitrag des beziehenden Bereiches liegen. Für die Zentrale ist es daher nur dann sinnvoll, den Bereichen die Festlegung des Verrechnungspreises zu überlassen, wenn die Vorteile die Nachteile überwiegen.

In der Praxis ist zu unterscheiden, ob **fallweise**, dh für jede vorgeschlagene Transaktion gesondert, verhandelt wird oder ob die Bereiche **generell** vereinbaren, aufgrund welcher Prinzipien der Verrechnungspreis im Einzelfall festgelegt wird. Die Entscheidung darüber hängt im Wesentlichen vom Umfang der unterschiedlichen internen Transaktionen ab. Je häufiger diese erfolgen (können), desto eher wird eine generelle Regelung geeignet sein. Dafür kommen insbesondere auch marktorientierte oder kostenorientierte Verrechnungspreise in Betracht. Die Verhandlung genereller Regelungen basiert auf durchschnittlichen, erwarteten Gegebenheiten, während bei fallweiser Verhandlung die **spezifische Situation** stärker auf den Verrechnungspreis durchschlagen wird.

Einflussfaktoren auf das Verhandlungsergebnis

Eine Einigung der Bereiche über den Verrechnungspreis kommt zustande, wenn die interne Transaktion *beiden* einen Vorteil gegenüber der **bestmöglichen Alternative** bringt. Je besser die Alternativen, desto kleiner wird der **Einigungsbereich**, innerhalb dessen ein akzeptierbares Verhandlungsergebnis liegen kann.

Beispiel: Bereich 1 und Bereich 2 verhandeln über den Verrechnungspreis eines Stücks eines Produktes, das Bereich 2 von Bereich 1 beziehen möchte. Die Grenzkosten von Bereich 1 betragen 120, der Verkaufspreis des Endproduktes, das Bereich 2 fertigt, ist 200, die Grenzkosten der Fertigstellung betragen 30. Der vorläufige Deckungsbeitrag entspricht daher 200 – 30 = 170. Angenommen, die Bereiche haben keine Alternativen, dann ist der Einigungsbereich [120, 170]. Wenn Bereich 1 sein Produkt an einen anderen Kunden jedoch um 145 verkaufen könnte, entstünden ihm bei Lieferung an Bereich 2 Opportunitätskosten von 145 – 120 = 25. Der Einigungsbereich schrumpft auf [145, 170].

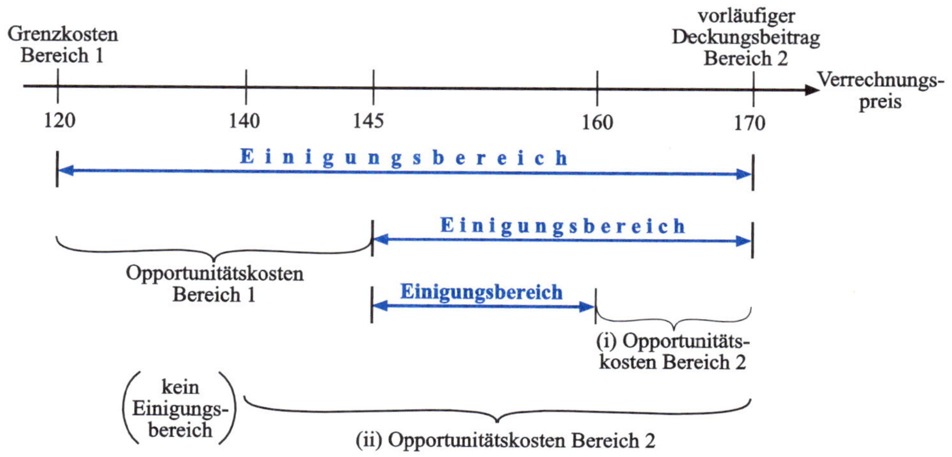

Abb. 6: Einigungsbereich bei Verhandlungen

Angenommen, auch Bereich 2 hätte eine Alternative, nämlich das Produkt anstelle von Bereich 1 von einem **anderen Lieferanten** um 160 zu beziehen, verringert sich der Einigungsbereich weiter auf [145, 160]. Wenn Bereich 2 das Produkt sogar um 140 von außen beziehen könnte, dann gibt es keinen Einigungsbereich mehr, und beide Bereiche würden ihre Alternativen wahrnehmen. Das wäre allerdings auch aus Sicht der Zentrale günstig, da die Summe der Bereichsgewinne in diesem Fall (145 – 120) + (170 – 140) = 55 gegenüber 170 – 120 = 50 bei erzwungenem internen Leistungsaustausch beträgt. Abbildung 6 stellt die Veränderung des Einigungsbereiches dar.

Ein Bereich wird durch das Vorhandensein **starker Alternativen** *a priori* also begünstigt, weil er jedenfalls die Grenze für den Verrechnungspreis in die für ihn günstige Richtung verschiebt. Beide Bereichsmanager werden daher günstige Alternativen zu beschaffen suchen, zB durch Einholung externer Angebote über die Leistung. In der Praxis ist es allerdings oft schwierig, Externe zu finden, die bei einem solchen Spiel mitmachen, wenn nicht hin und wieder tatsächlich ein Auftrag extern vergeben wird. In der Praxis kann man bei Standardprodukten so verfahren, dass ein Teil der zu beschaffenden Menge intern und der andere Teil extern vergeben wird.

Innerhalb des Einigungsbereiches ist das Verhandlungsergebnis allerdings schwer vorhersagbar; es hängt von den situativen und individuellen Gegebenheiten ab. **Verhandlungsmacht** (aufgrund der besseren Alternativen) spielt eine wesentliche Rolle. Daneben wirkt sich außer Dingen wie Zeitdruck, Stress usw, insbesondere unterschiedliches persönliches **Verhandlungsgeschick** der Bereichsmanager auf den Verrechnungspreis aus. Der „geschicktere" Verhandlungspartner kann den Verrechnungspreis in die Nähe der Alternative des anderen drücken. Verhandlungsgeschick ist zwar auch eine wichtige Managereigenschaft, mit dem Bereichsgewinn soll jedoch eher die Wirtschaftlichkeit der Leistungserstellung beurteilt werden. Und diese wird dadurch überlagert.

Ausspruch

„There is possibly no single accounting topic that consumes more management time and energy in multi-profit center companies than the business of establishing acceptable transfer prices. The expenditure of energy in this area far exceeds that expended on pricing products sold to outside customers." (*A.H. Seed* zitiert in *Thomas* (1980), S. 117).

Verhandelte Verrechnungspreise bergen den **Nachteil** in sich, dass Verhandlungen eine Vielzahl von **Konflikten** nach sich ziehen können, die die Manager desselben Unternehmens dann untereinander auszutragen haben. Dies kann das Gesprächsklima im Unternehmen verschlechtern und die ansonsten notwendige Zusammenarbeit der Bereichsmanager untereinander gefährden. Darüber hinaus sind die Verhandlungen häufig **zeitintensiv**.

Häufig ist zu beobachten, dass der Käufer einen möglichst niedrigen Preis und der Verkäufer dagegen einen möglichst hohen Preis vorschlägt. Da es sich dabei idR nicht um ihre Grenzpreise (einschließlich Opportunitätskosten) handelt, bedeutet dies noch nicht, dass es keinen Einigungsbereich gäbe. Beide Bereiche werden im Zuge der **Verhandlung** Abstriche von ihren Forderungen machen oder zu Konzessionen bereit sein. Sie nähern sich dadurch einem Preis, den beide akzeptieren können, der also im (nicht bekannten) Einigungsbereich liegt. Da völlig aus der Luft gegriffene Vorschläge bzw Forderungen unglaubwürdig und in der Verhandlung oft kontraproduktiv sind, werden beide Bereiche ihre Forderungen mit den (potenziellen) Alternativen des anderen Bereiches zu belegen versuchen.

Konflikte zwischen den Bereichen

Eine empirische Untersuchung von 84 Großunternehmen in den USA mittels Fragebogen ergab folgendes:[23]

1. Verhandelte Verrechnungspreise führen zu signifikant höheren Konflikten als markt- oder kostenorientierte Verrechnungspreise.
2. Konflikte sind stärker, wenn die Bereiche nicht die Möglichkeit haben, einen externen Markt zu nutzen.

Um Konflikte zu reduzieren, wird manchmal versucht, sich zunächst auf ein **Einigungsverfahren** zu verständigen.[24] Die Bereiche können sich auf ein solches Verfahren zu einer Zeit, in der die faktischen Gegebenheiten noch nicht offenkundig sind, meist eher einigen als später auf ein bestimmtes Verhandlungs*ergebnis*. Alternativ kann die Zentrale ein Einigungsverfahren vorgeben, um auf diese Weise in den Verhandlungsprozess einzugreifen. Ein solches Einigungsverfahren könnte an Prinzipien ausgerichtet werden, über die vorweg Konsens besteht. Zum Beispiel wird häufig eine gleichmäßige Aufteilung des gemeinsamen Gewinns, dh die

---

[23] Vgl *Lambert, D.R.*: Transfer Pricing and Interdivisional Conflict, in: *California Management Review* 21 (4), 1979, S. 70 – 75 (zitiert nach *Eccles* (1985), S. 45 f).

[24] Vgl zu einer Analyse des Einflusses des Einigungsverfahrens auf den Verrechnungspreis sowie auf die Effizienz der erzielbaren Lösung aus Sicht des Gesamtunternehmens *Wagenhofer* (1994), S. 84 – 86.

Mittelung des Einigungsbereiches, als „*fair*" betrachtet. Das Problem einer solchen Vorgehensweise ist, dass der Einigungsbereich meist nur dem jeweiligen Bereich selbst bekannt ist und daher wiederum Anreize entstehen.

Wenn Verrechnungspreise verhandelt werden, ist meist eine **Schlichtungsstelle** (zB der Controller) oder ein Prozedere zur Konflikthandhabung notwendig. Dies kann von gemeinsamen Aussprachen und der Hilfestellung bei der Suche nach einer Lösung bis hin zur Festlegung des Verrechnungspreises durch die Schlichtungsstelle selbst gehen.

Nash-Verhandlungslösung

Die *Nash*-Verhandlungslösung legt als Verrechnungspreis jenen Wert fest, der das Produkt der Gewinnerhöhungen (gegenüber der jeweiligen Alternative) in beiden Bereichen innerhalb passender Grenzen maximiert. Diese Lösung erfüllt als einzige folgende fünf axiomatischen Forderungen an eine Verhandlungslösung:

- individuelle Rationalität (beide Bereiche erwarten einen positiven Gewinn)
- Symmetrie (falls die Situationen beider Bereiche symmetrisch sind)
- Pareto-Optimalität
- Unabhängigkeit gegenüber linearen Transformationen
- Unabhängigkeit von irrelevanten Alternativen.

Beispiel: Sei R der zu bestimmende Verrechnungspreis, und seien g_1 und g_2 die jeweiligen Opportunitätskosten von Bereich 1 und Bereich 2, falls der interne Transfer nicht zustande kommt, k_1 die variablen Kosten von Bereich 1, $d_2 = p - k_2$ der vorläufige Deckungsbeitrag von Bereich 2 bezogen auf dieselbe Menge wie in Bereich 1. Der Verrechnungspreis ergibt sich dann durch:

$$\max\ [(R - k_1) - g_1]\cdot[(d_2 - R) - g_2]$$

Im Fall eines Nullsummenspiels (dh hier, dass k_1 und d_2 konstant sind) und von Opportunitätskosten $g_1 = g_2 = 0$ liegt R genau in der Mitte zwischen k_1 und d_2, dh $R = (k_1 + d_2)/2$.

5. Steuerung bereichsspezifischer Investitionen

Verrechnungspreise haben häufig den **Nachteil**, dass sinnvolle Investitionen eines Bereiches nicht erfolgen, weil der investierende Bereich die gesamten Kosten trägt, aber nur einen Teil des Erfolgs erhält. Es handelt sich dabei um ein sogenanntes ***hold up*-Problem**.

Dies wird an folgendem einfachen *Beispiel* mit einer bereichsspezifischen Investition eines Bereichs dargestellt.[25] Angenommen, Bereich 1 produziert ein Zwischenprodukt, das von Bereich 2 weiterverarbeitet und am Markt verkauft wird. Der **Erlös** in Abhängigkeit von der Produktionsmenge x ist durch folgende Preis-Absatz-Funktion gegeben:

---

[25] Die Darstellung folgt *Baldenius* und *Reichelstein* (1998). Ausführliche Vergleiche verschiedener Verrechnungspreistypen finden sich in *Löffler* et al. (2011) und *Pfeiffer* et al. (2011).

$$E(x) = (\alpha_2 - \beta x) \cdot x$$

Die Weiterverarbeitungskosten in Bereich 2 sind $K_2(x) = k_2 \cdot x$. Bereich 1 kann vorab eine bereichsspezifische Investition durchführen, die die variablen Kosten in seinem Bereich reduziert, zB Verfahrensinnovationen, Investitionen in kostensenkende Maßnahmen, Mitarbeiterschulungen oder einfach eigene Arbeitsleistung. Die Kosten der bereichsspezifischen Investition in Höhe von I betragen $I^2/2$ und sind von Bereich 1 zu tragen. Die Investition kommt dem Unternehmen und damit indirekt beiden Bereichen zugute, weil sie die variablen Kosten senkt und eine profitable Absatzausweitung ermöglicht.

Die Produktionskosten K_1 hängen neben der **Investition** von einem unsicheren Umweltzustand θ ab, der einen Erwartungswert von 0 und eine Varianz σ^2 aufweist. Vereinfachend wird folgende lineare Produktionskostenfunktion angenommen:[26]

$$K_1(x, I, \theta) = (k - I - \theta) \cdot x$$

Die Investition I sowie der Umweltzustand θ können vom abnehmenden Bereich vor der Entscheidung über die transferierte Menge **beobachtet** werden; die Zentrale kann sie nicht beobachten. Alle Entscheidungsträger sind risikoneutral. Die zeitliche Vorgehensweise ist damit wie folgt:

1. In einem ersten Schritt entscheidet Bereich 1 über die Höhe seiner Investition I.
2. Der Umweltzustand θ wird realisiert und von Bereich 1 und 2 beobachtet.[27]
3. Der Verrechnungspreis wird auf Basis der Vorgaben ermittelt.
4. Beide Bereiche entscheiden über die transferierte Menge.

First best-Lösung

Zum Vergleich der Anreize, die durch Verrechnungspreise entstehen, wird zunächst die *first best*-Lösung dargestellt, in der beide Bereiche Entscheidungen zur Maximierung des Unternehmensgewinns treffen. Der Deckungsbeitrag nach Investition und Beobachtung von θ beträgt

$$\begin{aligned} D(x, I, \theta) &= \underbrace{E(x) - K_2(x)}_{D_2(x)} - K_1(x, I, \theta) = (\underbrace{\alpha_2 - k_2}_{\equiv \alpha} - \beta x) \cdot x - (k - I - \theta) \cdot x \\ &= \left(\alpha - k + I + \theta - \beta x\right) \cdot x \end{aligned} \tag{5}$$

Die optimale **Menge** ergibt sich durch Maximierung von $D(x, \theta)$ nach x zu

---

26 Es wird angenommen, dass diese Kosten immer positiv sind.

27 Eine Festlegung des Verrechnungspreises *nach* Eintritt von θ würde auch eine verbesserte Risikoteilung zwischen den beiden Bereichen ermöglichen. Da die Bereichsmanager risikoneutral sind, spielt dies im gegebenen Beispiel keine Rolle.

$$x^*(I,\theta)=\frac{\alpha-k+I+\theta}{2\beta} \tag{6}$$

Im nächsten Schritt wird diese Menge herangezogen, um die **optimale Investitionshöhe** zu bestimmen. Diese ergibt sich aus der Maximierung der Gewinnfunktion

$$\mathrm{E}\left[D(x^*,I,\theta)-\frac{I^2}{2}\right]=\mathrm{E}\left[\frac{(\alpha-k+I+\theta)^2}{4\beta}\right]-\frac{I^2}{2}$$
$$=\frac{1}{4\beta}\left((\alpha-k+I)^2+\sigma^2\right)-\frac{I^2}{2}$$

Maximierung des Gewinnerwartungswertes und Nullsetzen führt zur optimalen Investitionshöhe:

$$I^*=\frac{\alpha-k}{2\beta-1} \tag{7}$$

wobei $\beta > 0{,}5$ angenommen wird. Im Folgenden wird untersucht, welche Folgen verschiedene Verrechnungspreistypen auf die Entscheidungen über die Investitionshöhe und die transferierte Menge haben.

Aufteilung des Deckungsbeitrags

Eine Variante von verhandelten Verrechnungspreisen ist im Ergebnis die **Aufteilung** des insgesamt von beiden Bereichen erzielten **Deckungsbeitrags**. Dies erscheint begründbar, da zum Zeitpunkt der Verhandlung Bereich 1 die bereichsspezifische Investition I bereits getätigt hat und diese wie auch der Umweltzustand bekannt sind. Das **Verhandlungsergebnis** hängt von der relativen Verhandlungsstärke der beiden Bereiche ab. Um den Effekt der Verhandlungsstärke zu erkennen, wird angenommen, dass Bereich 1 aufgrund der Verhandlung einen Anteil γ an D und Bereich 2 den restlichen Anteil $(1-\gamma)$ daran erhält, wobei $\gamma \in [0, 1]$. $\gamma = 0{,}5$ entspräche der Nash-Verhandlungslösung.

Der Verrechnungspreis R^V ergibt sich aus dem Anteil von Bereich 1 am Deckungsbeitrag und den Produktionskosten,

$$R^V(x,I,\theta)=\frac{K_1(x,I,\theta)+\gamma\cdot D(x,I,\theta)}{x}$$

Der Gewinn von Bereich 1 und 2 beträgt damit

$$G_1=R^V(x,I,\theta)\cdot x-K_1(x,I,\theta)=\gamma\cdot D(x,I,\theta)$$

$$G_2=E(x)-K_2(x)-R^V(x,\theta)\cdot x=(1-\gamma)\cdot D(x,I,\theta)$$

Beide Bereiche haben also ein Interesse an einer *ex post* **effizienten Mengenentscheidung**, gegeben I und θ. Deshalb entspricht der Ausdruck für den Deckungsbeitrag $D(x,I,\theta)$ dem für die *first best*-Lösung in (5), und die transferierte Menge $x^*(I,\theta)$ entspricht der in (6).

Allerdings ändert sich durch die Aufteilungsregel γ die Investitionsentscheidung von Bereich 1, dessen Gewinn nur $\gamma \cdot D(x,I,\theta)$ beträgt. Mit demselben Rechengang wie bei der *first best*-Lösung dargestellt ergibt sich nun eine optimale Investitionshöhe von

$$I^V = \frac{\alpha - k}{\frac{2\beta}{\gamma} - 1} \leq \frac{\alpha - k}{2\beta - 1} = I^*$$

Die bereichsspezifische Investitionshöhe I^V ist daher geringer als I^*. Daher kommt es zu **Unterinvestition** in Bereich 1. I^* wird im Fall von $\gamma \to 0$ null, steigt in γ und erreicht bei $\gamma = 1$ gerade I^*. Der Grund liegt darin, dass Bereich 1 nur einen Anteil γ am Nutzen der Investition erhält, während er die gesamten Investitionskosten trägt. Dies ist eine unmittelbare Wirkung des ***hold up*-Problems**, weil Bereich 1 eine Vorleistung erbringt, deren Kosten für die Folgeentscheidung versunken ist. Bereich 2 braucht deshalb beim Verrechnungspreis darauf keine Rücksicht zu nehmen. Bereich 1 „schützt" sich davor gewissermaßen durch eine geringere Investition.

Da Bereich 1 weniger investiert, sind die Produktionskosten in diesem Bereich höher als in der *first best*-Lösung, was zu einer **geringeren transferierten Menge** führt. Gemäß (6) steigt nämlich die optimale Menge x^* linear in I. In Summe entsteht ein doppelter **Nachteil**: Es wird weniger investiert, damit steigen die Produktionskosten, und es wird weniger produziert. Beide Ineffizienzen bestehen deshalb, weil der entscheidende Bereich den Erfolg seiner Investition mit dem abnehmenden Bereich über den Verrechnungspreis teilen muss.

Monopolistischer Verrechnungspreis

Eine Variante der Verhandlungslösung liegt in der Zuweisung der **gesamten Verhandlungsmacht** an Bereich 1. Dabei legt Bereich 1 nach Kenntnis von θ den Preis (als Funktion der nachgefragten Menge) vorab fest, und Bereich 2 bestimmt die für ihn optimale Menge. Bereich 1 erhält damit **Monopolstellung**. Dies ist jedoch nicht identisch mit seiner vollständigen Verhandlungsmacht ($\gamma = 1$ im obigen Fall), denn Bereich 2 *reagiert* hier auf den vorgegebenen Verrechnungspreis, während bei $\gamma = 1$ Menge und Preis simultan festgelegt wurden. Bereich 1 nutzt die Kenntnis der **Reaktionsfunktion** von Bereich 2 aus, um seinen Gewinn zu maximieren (sogenannte **Stackelberg-Lösung**).

Bereich 2 entscheidet also bei vorgegebenem Verrechnungspreis $R(\theta)$ über die nachgefragte Menge durch Maximierung seines Gewinns

$$\max_x D_2(x,\theta) = E(x) - K_2(x) - R^M \cdot x$$
$$= \left(\alpha - R^M - \beta x\right) \cdot x$$

Daraus ergibt sich eine optimale Menge x^M von

$$x^M = \frac{\alpha - R^M}{2\beta}$$

Bereich 1 ermittelt nunmehr unter Berücksichtigung der Mengenentscheidung den **Verrechnungspreis** R^M durch Maximierung seines Gewinns, gegeben I und θ:

$$G_1 = (R - k + I + \theta) \cdot \frac{\alpha - R}{2\beta}$$

Daraus ergibt sich als Verrechnungspreis

$$R^M = \frac{\alpha + k - I - \theta}{2}$$

Setzt man R^M in die optimale Menge x^M ein, so beträgt x^M gerade die Hälfte der effizienten Menge x^*. Diese starke Reduktion der Produktionsmenge ist ein wesentlicher Nachteil eines monopolistischen Verrechnungspreises.

Die **ineffiziente Mengenentscheidung** induziert *ex ante* auch eine ineffiziente Investitionshöhe. Vor Beobachtung von θ maximiert Bereich 1 den erwarteten Gewinn unter Berücksichtigung der nachfolgenden Entscheidungen bezüglich des Verrechnungspreises und der induzierten Menge. Der **erwartete Gewinn** beträgt

$$\mathrm{E}\left[(R - k + I + \theta) \cdot \frac{\alpha - R}{2\beta} - \frac{I^2}{2}\right] = \mathrm{E}\left[\frac{(\alpha - k + I + \theta)^2}{8\beta}\right] - \frac{I^2}{2}$$

Durch Ableiten dieser Funktion nach I ergibt sich die optimale Investitionshöhe

$$I^M = \frac{\alpha - k}{4\beta - 1}$$

Ein **Vergleich** der Investitionshöhe I^M mit der sich bei einem verhandelten Verrechnungspreis ergebenden Investitionshöhe I^V zeigt, dass

$$I^V = \frac{\alpha - k}{\frac{2\beta}{\gamma} - 1} > I^M = \frac{\alpha - k}{4\beta - 1} \quad \text{wenn} \quad \gamma > \frac{1}{2}$$

und umgekehrt. Wenn also die *ex post*-**Verhandlungsmacht** von Bereich 1 höher ist als die von Bereich 2 ($\gamma > 0{,}5$), dann hat Bereich 1 bei verhandelten Verrechnungspreisen einen Anreiz, eine **höhere** bereichsspezifische Investition zu tätigen als bei monopolistischen Verrechnungspreisen. Da gleichzeitig die *ex post*-Mengen **effizient** sind, bedeutet dies, dass verhandelte Verrechnungspreise bei $\gamma \geq 0{,}5$ aus Sicht der Zentrale besser abschneiden als monopolistische Verrechnungspreise. Für $\gamma < 0{,}5$ kann sich dieses Ergebnis allerdings umkehren: Die *ex post* ineffizienten **Mengenentscheidungen** können von höheren Anreizen zur **Arbeitsleistung** aufgewogen werden.

Kostenorientierter Verrechnungspreis

Zum Vergleich wird nun ein **kostenorientierter Verrechnungspreis** betrachtet, bei dem der Verrechnungspreis den Istkosten plus einem prozentualen Aufschlag in Höhe von $\delta > 0$ entspricht. Der Verrechnungspreis beträgt

$$R^K(x, I, \theta) = \frac{(1+\delta)K_1(x, I, \theta)}{x} = (1+\delta)k_1$$

Im Gegensatz zu den beiden obigen Fällen ändert sich die **Mengenentscheidung** strukturell, da nun Bereich 2 einen von den Istkosten abhängigen Verrechnungspreis vorgesetzt bekommt und damit seine Nachfrage nach der transferierten Menge festlegt. Der Gewinn von Bereich 2 beträgt

$$G_2 = (\alpha - \beta x) \cdot x - R^K \cdot x$$

Maximierung nach x ergibt

$$R^K = \alpha - 2\beta x^K$$

Setzt man für R^K ein, folgt

$$(1+\delta)k_1 = \alpha - 2\beta x^K \quad \text{bzw}$$

$$x^K = \frac{\alpha - (1+\delta)k_1}{2\beta}$$

Die transferierte Menge unterscheidet sich grundsätzlich von der *first best*-Menge; und je höher der Aufschlag δ, desto geringer wird die nachgefragte Menge.

Bereich 1 muss nun entscheiden, wie viel **investiert** werden soll. Dazu maximiert er den erwarteten Gewinn über I,

$$\begin{aligned} \mathrm{E}[G_1] &= \mathrm{E}\left[x^K R^K - K_1 - \frac{I^2}{2}\right] = \mathrm{E}\left[\delta K_1 - \frac{I^2}{2}\right] = \mathrm{E}\left[\delta k_1 \cdot \frac{\alpha - R^K}{2\beta} - \frac{I^2}{2}\right] \\ &= \mathrm{E}\left[\frac{\delta}{2\beta} \cdot k_1 \cdot \left(\alpha - (1+\delta)k_1\right) - \frac{I^2}{2}\right] \end{aligned}$$

wobei $k_1 = (k - I - \theta)$ und damit von I abhängig ist. Deutlich wird die **zwiespältige Wirkung des Kostenaufschlags** aus Sicht des Bereichs 1: Ein höherer Aufschlag δ bewirkt (gegeben eine bestimmte Konstellation aus Investition und Zustand) einerseits einen höheren Gewinn, reduziert andererseits aber die von Bereich 2 nachgefragte Menge. Eine kostensenkende Investition hat analoge zwiespältige Konsequenzen: Niedrigere Kosten reduzieren die Basis für die Anwendung des Kostenaufschlags, was zunächst zu einer Gewinnsenkung führt. Andererseits induzieren niedrigere Kosten höhere Nachfragemengen von Bereich 2, was positiv für den Gewinn von Bereich 1 ist. In jedem Fall wird deutlich, dass ein gerade die Kosten abdeckender Verrechnungspreis ($\delta = 0$) keinerlei Investitionsanreize ergibt, denn im Erwartungswert des Gewinns von Bereich 1 verblieben dann nur noch die Investitionskosten ohne irgendwelche Vorteile.

Einsetzen der Stückkosten in den Gewinnerwartungswert führt zu

$$\begin{aligned}\mathrm{E}[G_1] &= \mathrm{E}\left[\frac{\delta}{2\beta}\cdot(k-I-\theta)\cdot\left(\alpha-(1+\delta)(k-I-\theta)\right)-\frac{I^2}{2}\right]\\ &= \frac{\alpha\delta}{2\beta}(k-I)-\frac{\delta(1+\delta)}{2\beta}\left[(k-I)^2+\sigma^2\right]-\frac{I^2}{2}\end{aligned}$$

Ableitung nach I ergibt schließlich die **optimale Investitionshöhe** als

$$-\frac{\alpha\delta}{2\beta}+\frac{\delta(1+\delta)}{\beta}\left(k-I^K\right)-I^K=0 \quad\Rightarrow\quad I^K=\frac{k-\dfrac{\alpha}{2(1+\delta)}}{1+\dfrac{\beta}{\delta(1+\delta)}} \tag{8}$$

Es zeigt sich, dass auch bei positivem Kostenaufschlag **nur investiert** wird, wenn

$$k>\frac{\alpha}{2(1+\delta)}\,,$$

dh wenn die Basisstückkosten k eine gewisse Mindesthöhe aufweisen.[28] Die Erklärung dafür liegt wieder in der zwiespältigen Wirkung der Stückkosten für den Gewinn von Bereich 1. Der sich *ex post* ergebende Gewinn beträgt (unter Außerachtlassung der Investitionskosten)

$$G_1=R^K x^K-k_1 x^K=\frac{\delta}{2\beta}\cdot k_1\cdot\left(\alpha-(1+\delta)k_1\right)$$

Setzt man die erste Ableitung dieses Gewinns nach den Stückkosten k_1 gleich null, erhält man diejenigen Stückkosten, die *ex post* den Gewinn von Bereich 1 maximieren:

$$k_1^*=\frac{\alpha}{2(1+\delta)}$$

Sofern also $k>k_1^*$ gilt, sind die *erwarteten* Produktionskosten ohne Investition höher als der für Bereich 1 optimale Wert,[29] und nur dann ergibt sich ein Anreiz zur Investition. Dieser fällt dabei umso höher aus, je größer der Zuschlag δ ist, denn eine Betrachtung von I^K zeigt, dass der Zähler von (8) mit steigendem δ größer und der Nenner kleiner wird.

Auch ohne diesen Fall noch weiter zu untersuchen, ist unmittelbar ersichtlich, dass sich bei diesem kostenorientierten Verrechnungspreis eine **Ineffizienz** sowohl der **Investitionshöhe** wie auch der **transferierten Menge** ergibt. Gegenüber den beiden

---

28 Das steht nicht im Widerspruch zu positiven Transfermengen, denn für die Nachfrage von Bereich 2 ist die Ungleichung $\alpha>(1+\delta)k_1=(1+\delta)(k-I-\theta)$ relevant.

29 Die erwarteten Stückkosten ohne Investition sind $\mathrm{E}\left[k_1\middle|I=0\right]=k-\mathrm{E}[\theta]=k$.

zuvor dargestellten Verrechnungspreistypen (verhandelter und monopolistischer Verrechnungspreis) kann sich je nach Parameterkonstellation eine Verbesserung oder Verschlechterung ergeben.[30] Die genauen Auswirkungen ergeben sich durch einen expliziten Vergleich der erwarteten Unternehmensgewinne der jeweiligen Verrechnungspreisvariante.

Zusätzliche Abwägungen sind erforderlich, wenn **beide Bereiche investieren** bzw eine Arbeitsleistung erbringen, die die Erlöse steigert und/oder die Kosten senkt. Dann müssen darüber hinaus auch noch die Leistungsanreize beider Bereiche gegeneinander abgewogen werden.[31]

6. Weitere Steuerungsmöglichkeiten mit Verrechnungspreisen

Bisher wurden Verrechnungspreise vor allem aus dem Blickwinkel der Koordination der intern transferierten Menge zwischen leistendem und beziehendem Bereich analysiert. Der sequenzielle Leistungsverbund stand dabei im Vordergrund. Die **Koordination** kann durch Steuerung dezentraler Entscheidungsträger aber auch **weitere Ebenen** umfassen. Im Folgenden werden Beispiele aus dem Bereich des Kostenmanagements und der Durchsetzung von Unternehmensstrategien gebracht.

6.1. Grundlagen

Verrechnungspreise und Kostenallokationen können als Instrument der **personellen Koordination** dienen, wenn dezentrale Entscheidungsträger andere Zielsetzungen als die Zentrale verfolgen und die Zentrale über keine hinreichenden Möglichkeiten verfügt, deren Entscheidungen auf direktem Wege zu beeinflussen. Mit Hilfe einer geschickt gewählten Kostenallokation wird das Entscheidungsproblem so verzerrt, dass der Entscheidungsträger von sich aus eine Entscheidung wählt, die den Zielen des Gesamtunternehmens entgegenkommt.

Die Verhaltenssteuerung mittels Verrechnungspreisen erfolgt prinzipiell durch gezielte **Beeinflussung** des **Preisgefüges der Inputfaktoren**, die zum Output kombiniert werden. Voraussetzungen für die Effektivität sind:

- Die Entscheidung ist hinsichtlich des Preises der internen Leistung **sensitiv**;
- die Entscheidung hat einen Einfluss auf die **Zielgröße**, anhand welcher der Erfolg des Entscheidungsträgers beurteilt wird;

---

30 Vgl zu einem Vergleich verschiedener kostenorientierter Verrechnungspreistypen *Pfeiffer* et al. (2011). Sie zeigen auch, dass ein deckungsbeitragsabhängiger Aufschlag auf die Kosten hinsichtlich der Anreize einem verhandelten Verrechnungspreis entspricht.

31 Vgl dazu zB *Löffler* et al. (2011), *Pfeiffer* et al. (2011).

- der Verrechnungspreis wird vom Entscheidungsträger akzeptiert.

In vielen Fällen kann es vorkommen, dass Kosten bewusst **verzerrt**, dh zu hoch oder zu niedrig, zugerechnet werden. Der Bereichsmanager ist nun angehalten, den sich daraus ergebenen ebenfalls verzerrten Bereichsgewinn zu optimieren. Gleichzeitig muss die Beurteilung der Leistung des Managers an diesem verzerrten Bereichsgewinn gemessen werden, auch wenn bekannt ist, dass dies nicht der „richtige" Gewinn ist. Dies schlägt sich typischerweise mit der **Erfolgsermittlungsfunktion** von Verrechnungspreisen.

Im 7. Kapitel: *Kontrollrechnungen* wurde das *Controllability*-Prinzip vorgestellt. Dort wird gezeigt, dass zur Verhaltenssteuerung durchaus dagegen verstoßen werden kann und sollte. Die Verhaltenssteuerung durch Verrechnungspreise folgt demselben Denkmuster: Auch wenn ein Manager keinen Einfluss auf die (Verrechnungs-)Preisgestaltung hat, muss er letztlich an einer Größe beurteilt werden, die stark vom Verrechnungspreis abhängt. Die Funktion liegt darin, dass er sehr wohl die Konsequenzen, die durch den Verrechnungspreis ausgelöst werden, beeinflussen kann.

6.2. Kostenmanagement und Durchsetzung von Unternehmensstrategien

Durch Verrechnungspreise wird ein interner Markt generiert. Je nachdem, inwieweit die Bereiche an einen externen Markt gehen dürfen, ergeben sich verschiedene interne Marktformen. Bestehen Liefer- und Bezugsbeschränkungen, entsteht bei einem leistenden und einem beziehenden Bereich ein **bilaterales Monopol**. Beide Bereiche agieren idR sensitiv auf Änderungen des Preises. Ein höherer Preis wird die Nachfrage nach der Leistung und damit die intern transferierte Menge reduzieren, auch wenn der leistende Bereich mehr anbieten wollte. Ein niedrigerer Preis wird das Angebot und damit ebenfalls die intern transferierte Menge schmälern. Ähnliches ergibt sich bei anderen „Markt"-Konstellationen.

Die Zentrale kann diesen „Markt" dazu nutzen, bestimmte **Verhaltensweisen** der Bereichsmanager zu induzieren. Im Folgenden werden einige Anwendungsbeispiele diskutiert.

Beispiel 1: Produkte oder Produktionsverfahren können kostengünstiger dargestellt werden, um Anstrengungen des Produktmanagers umzulenken, welche dieser auf Basis der Kosten wählt. Kurzfristige Gewinnmaximierung kann durch „Subvention" langfristig wirksamer Entscheidungen gemildert werden. Angenommen, ein Bereichsmanager investiert aufgrund seines kurzen **Planungshorizonts** aus Sicht der Zentrale tendenziell zu wenig in Forschung und Entwicklung. Sie kann ihm Forschungsergebnisse, die vielleicht in einer zentralen Forschungsabteilung erarbeitet werden, zu einem günstigen Verrechnungspreis, der die Kosten bei weitem nicht deckt, abgeben.

Beispiel 2: Die Zentrale hat den Eindruck, dass die Controlling-Abteilung zu viele Berichte produziert, die am Informationsbedarf der Nutzer vorbeigehen. Durch das Festlegen von spezifischen (Verrechnungs-)Preisen kann die Nachfrage schnell eingedämmt werden. Ein Bereich wird einen Bericht nur mehr dann „kaufen", wenn der Nutzen die Kosten übersteigt.

Beispiel 3: Ein Unternehmen erzeugt in mehreren Bereichen Videorekorder. Die Zentrale ist davon überzeugt, dass sie Wettbewerbsvorteile nur durch Vorantreiben der **Automatisierung** erzielen kann. Dazu werden die zentralen Gemeinkosten im Wege von *Fertigungslöhnen* auf die einzelnen Bereiche geschlüsselt.[32] Dies führt in der Sicht der Bereiche zu einer indirekten **Verteuerung** der Fertigungslöhne und zu einer relativen Begünstigung automatisierter Produktionsprozesse. Interessant an diesem Beispiel ist zunächst, dass die Kostenumlage offenkundig nicht verursachungsgerecht erfolgt. Das spielt aber auch gar keine Rolle, wichtig ist nur die ausgelöste Wirkung.

Des Weiteren ist interessant, dass der Druck zur Automatisierung für einen Bereich umso größer wird, je mehr andere Bereiche schon stark automatisiert haben. Daran ist ersichtlich, welchen Vorteil Kostenallokationen gegenüber Verrechnungspreisen allgemein haben können. Sie sind Verrechnungspreise, die einer zusätzlichen Bedingung genügen, nämlich dass die Summe der zugerechneten Kosten gerade den entstandenen Kosten entsprechen. Wird einem Bereich ein höherer Betrag zugerechnet, führt dies zwangsläufig zu einer Kostenentlastung in mindestens einem anderen Bereich.

Verhaltenssteuerung bei der Produktentwicklung[33]

Ein Produktentwickler oder Konstrukteur bewertet die technische Eleganz einer Produktlösung meist wesentlich höher als der Markt und damit die Unternehmensleitung. Dieser mangelt es jedoch an Expertenwissen, um zu entscheiden, wie viel Entwicklungszeit tatsächlich notwendig ist und wie viel in technische Spielereien gesteckt wird. Sie kann daher die notwendige Entwicklungszeit nicht vorschreiben. Es bestehen jedoch einige indirekte Möglichkeiten, den Produktentwickler dazu zu bringen, aus Sicht der Unternehmensleitung effizienter zu agieren.

So können der Entwicklungsabteilung höhere als die tatsächlich „verursachten" Gemeinkosten zugerechnet werden, so dass die Kosten einer Entwicklungsstunde steigen. Um die Einführung eines neuen Produktes aufgrund zu hoher Kosten nicht zu gefährden, wird der Produktentwickler weniger Zeit für Spielereien verwenden. Ähnliches kann über die Vorgabe verzerrter Kosten für Teile, die das Produkt erfordert, geschehen: Standardteile können relativ zu niedrig, Spezialteile relativ zu hoch kalkuliert werden, um den Produktentwickler dazu zu motivieren, eher Standardteile zu verwenden.

6.3. Koordination von Preisentscheidungen

Das folgende Fallbeispiel analysiert die Koordination von Bereichen, unter denen Marktinterdependenzen bestehen.[34] Durch die dezentrale Organisation können **Konkurrenzverhältnisse** unter den Bereichen entstehen, wie sie auch zwischen externen

---

32 Vgl *Hiromoto* (1988), S. 23.

33 Diese und andere Beispiele werden in *Wagenhofer* und *Riegler* (1994) diskutiert.

34 Das Beispiel ist entnommen aus *Wagenhofer* (1995b), S. 284 – 290.

Konkurrenten auftreten (siehe auch 4. Kapitel: *Preisentscheidungen* mit den Interdependenzen zwischen Produkten).

Annahmen

Bereich 1 erzeugt die elektronische Steuereinheit S1, die in mehreren Endprodukten verwendet wird. Bereich 2 ist spezialisiert auf analoge Technologie, und Bereich 3 auf digitale Technologie. Beide Bereiche stellen unter anderem Messgeräte M2 und M3 her, die jeweils auch die elektronische Steuereinheit des Bereiches 1 benötigen. Die Organisationsform ist deshalb so gewählt worden, weil die Technologie eine der wesentlichen Spezialisierungskriterien ist.

Die variablen Kosten von S1 betragen 10, die Weiterverarbeitungskosten für die Produktion von M2 weitere 10 und von M3 15. Kapazitätsgrenzen werden nicht erreicht. Die beiden Messgeräte M2 und M3 sind zu einem gewissen Teil Substitute am Markt. Folgende Preis-Absatz-Funktionen beschreiben den Markt (x_i ist die Menge des Messgerätes Mi und p_i der Preis, $i = 2, 3$):

Messgerät M2: $x_2 = 100 - 2p_2 + p_3$
Messgerät M3: $x_3 = 200 - 2p_3 + p_2$

Die beiden Manager legen die (aus ihrer jeweiligen Sicht) optimalen Preise auf Basis eines **Nash-Gleichgewichts** fest. Der optimale Preis für M2 ergibt sich aus der Maximierung des Deckungsbeitrages D_2:

$$\max_{p_2} D_2 = (p_2 - k_2) \cdot x_2 = (p_2 - k_2) \cdot (100 - 2p_2 + p_3)$$

wobei $k_2 = 10 + R$. Die erste Ableitung lautet

$$\frac{\partial D_2}{\partial p_2} = 100 - 2p_2 + p_3 - 2p_2 + 2k_2$$

Nullsetzen dieses Ausdrucks führt zum **optimalen Preis** in Abhängigkeit vom Preis von M3,

$$p_2^* = \frac{1}{4} \cdot (100 + 2k_2 + p_3)$$

Analog ergibt sich der optimale Preis von M3 durch Maximierung von D_3 zu

$$p_3^* = \frac{1}{4} \cdot (200 + 2k_3 + p_2)$$

Die gegenseitigen rationalen Erwartungen über die Preissetzung der beiden Manager ergeben im Nash-Gleichgewicht die optimalen Preise. Setzt man dazu die optimalen Preise in die Reaktionsfunktion des jeweiligen Bereichs ein, ergeben sich folgende **optimalen Preise und Mengen** in Abhängigkeit der Kosten der beiden Bereiche:

$$p_2^* = \frac{1}{15} \cdot (600 + 8k_2 + 2k_3)\,, \quad p_3^* = \frac{1}{15} \cdot (900 + 8k_3 + 2k_2)$$

$$x_2^* = \frac{2}{15} \cdot (600 - 7k_2 + 2k_3)\,, \quad x_3^* = \frac{2}{15} \cdot (900 - 7k_3 + 2k_2)$$

Keiner der Bereiche kann sich durch eine unilaterale Änderung seines Preises, gegeben den optimalen Preis des anderen Bereichs, besser stellen. Der **Verrechnungspreis** R für die Steuereinheit S1 findet sich in den variablen Kosten der beiden Bereiche, dh $k_2 = 10 + R$ und $k_3 = 15 + R$. Im Folgenden werden die Auswirkungen mehrerer Verrechnungspreistypen auf die erzielten Deckungsbeiträge analysiert.

Verrechnungspreis gleich variable Kosten

Die Ergebnisse sind in Tabelle 2 zusammengefasst. Bereich 1 erzielt im internen Handel einen Deckungsbeitrag von null. Bereich 3 kann die günstigeren Marktkonditionen trotz höherer Kosten von M3 nutzen und erzielt einen Deckungsbeitrag, der um mehr als das Doppelte höher liegt als der Deckungsbeitrag von Bereich 2.

	Bereich 1	Bereich 2	Bereich 3
Stückkosten	10	20	25
Verrechnungspreis bzw optimaler Preis	10	54	76
abgesetzte Menge	170	68	102
Bereichs-Deckungsbeitrag	0	2.312	5.202
Gesamter Deckungsbeitrag			7.514

Tab. 2: Ausgangslösung

Verrechnungspreis als Marktpreis

Angenommen, der Marktpreis für S1 beträgt 25. In diesem Fall ergeben sich für beide beziehenden Bereiche um jeweils 15 höhere Stückkosten. Beide Bereiche ermitteln auf analoge Art und Weise neue optimale Preise, die nun entsprechend höher liegen. Die Folge dessen ist, dass Bereich 1 einen positiven Deckungsbeitrag erzielt und die Deckungsbeiträge der beiden anderen Bereiche geschmälert werden. Tabelle 3 gibt das Ergebnis dieser Situation wieder.

Die wesentliche Erkenntnis aus dieser Situation ist die Tatsache, dass der gesamte Deckungsbeitrag um fast 9% gestiegen ist. Deutlich erkennt man die beiden Wirkungen des Verrechnungspreises:

1. **Distributiver Effekt**: Der Verrechnungspreis verteilt den gesamten Deckungsbeitrag zwischen den liefernden und den beziehenden Bereichen um.
2. **Produktiver Effekt**: Der gesamte Deckungsbeitrag wird geändert. Dies ist die Folge der Verhaltenssteuerung.

	Bereich 1	Bereich 2	Bereich 3
Stückkosten	10	35	40
Verrechnungspreis bzw optimaler Preis	25	64	86
abgesetzte Menge	150	58	92
Bereichs-Deckungsbeitrag	2.250	1.682	4.232
Gesamter Deckungsbeitrag			8.164

Tab. 3: Lösung bei Marktpreis

Der Verrechnungspreis ändert die für die Manager der Bereiche 2 und 3 **relevanten Stückkosten** und damit ihr Preisverhalten. Sie setzen höhere Preise für die Messgeräte. Dies vermindert den erwarteten Absatz und hat – wie erwartet – für beide Bereiche negative Konsequenzen auf den erzielten Deckungsbeitrag. Der Verlust ist jedoch weit geringer als der Vorteil, den der liefernde Bereich 1 erzielt. Der Grund dafür ist in der substitutiven Beziehung der beiden Messgeräte M2 und M3 zu suchen. Eine Koordination der Preise führt typischerweise dazu, für beide höhere Preise zu verlangen als im Fall, dass die Bereiche wie eigenständige Unternehmen im Wettbewerb stehen. Die dezentrale Profit Center-Organisation schafft jedoch eine solche Koordination nicht, weil beide Bereiche nur auf ihren eigenen Gewinn schauen (müssen). Danach werden sie schließlich auch beurteilt.

Optimaler Verrechnungspreis

Der optimale Verrechnungspreis aus Sicht der Zentrale maximiert die **Summe der Deckungsbeiträge** aller drei Bereiche, wobei weiterhin von der autonomen dezentralen Preispolitik der beiden Bereiche 2 und 3 ausgegangen wird, dh

$$\max_R \underbrace{(R-10)\cdot(x_2^*+x_3^*)}_{D_1}+\underbrace{(p_2^*-10-R)\cdot x_2^*}_{D_2}+\underbrace{(p_3^*-15-R)\cdot x_3^*}_{D_3}$$

Setzt man die entsprechenden Gleichungen für die Preise und Mengen ein, die ihrerseits jeweils von R abhängen, ergibt sich schließlich ein optimaler Verrechnungspreis von $R = 41{,}875$. Die anderen Werte sind in Tabelle 4 dargestellt. Bereich 1 erwirtschaftet mit diesem Verrechnungspreis den höchsten Deckungsbeitrag von allen involvierten Bereichen. Zu beachten ist dafür, dass die beziehenden Bereiche 2 und 3 durch interne Bezugsverpflichtung dazu gezwungen werden müssen, von Bereich 1 zu beziehen, denn der Marktpreis von 25 (ggf zuzüglich Beschaffungsnebenkosten) liegt wesentlich unter diesem Verrechnungspreis. Die Zentrale muss also die Autonomie der Bereiche einschränken.

	Bereich 1	Bereich 2	Bereich 3
Stückkosten	10	51,875	56,875
Verrechnungspreis bzw optimaler Preis	41,875	75,25	97,25
abgesetzte Menge	127,5	46,75	80,75
Bereichs-Deckungsbeitrag (gerundet)	4.064,06	1.092,78	3.260,28
Gesamter Deckungsbeitrag			8.417,13

Tab. 4: Lösung beim optimalen Verrechnungspreis

Die Verwendung des **Marktpreises** als Verrechnungspreis löst das Koordinationsproblem grundsätzlich nicht. Dies gilt ganz abgesehen von den bekannten Problemen bei der Feststellung „des" Marktpreises. Der **optimale Verrechnungspreis** hat auch nichts mit den relevanten Kosten des Zwischenprodukts zu tun. Er hängt auch nicht davon ab, ob ein Bereich einen Gewinn erzielt oder nicht. Kapazitätskosten (Fixkosten) wurden bisher noch gar nicht eingeführt, sie sind auch nicht notwendig für das Resultat. Der optimale Verrechnungspreis ist von der Marktsituation abhängig, aber auch von der Kostensituation in den beziehenden Bereichen.

Wären die Endprodukte komplementär anstelle von substitutiv, dann müssten die Preise von M2 und M3 *niedriger* gesetzt werden als in der Ausgangslösung (Tabelle 2). Der Verrechnungspreis wäre dann geringer als die variablen Kosten, und Bereich 1 erzielte immer einen negativen Deckungsbeitrag.

Das Beispiel zeigt auch deutlich den **Konflikt** zwischen der **Koordinationsfunktion** und der **Erfolgsermittlungsfunktion** des Verrechnungspreises. Der Bereichsdeckungsbeitrag ist *keine* Maßgröße für den Erfolgsbeitrag des jeweiligen Bereiches. Es ist keinesfalls so, dass Bereich 1 nun der Bereich wäre, der den größten Beitrag zum Unternehmenserfolg liefert. Durch den Erfolgsverbund aufgrund der Marktinterdependenz können die einzelnen Bereichserfolge auch gar nicht exakt voneinander abgegrenzt werden.

Zentrale Organisation

Zum Vergleich der dezentralen Organisation gegenüber einer **zentralen Organisation** sei angenommen, dass die Zentrale vollständig über die Situationen in den beiden Bereichen informiert ist und die Absatzpreise der beiden Messgeräte selbst festlegt. Die Zentrale maximiert dann

$$\max_{p_2, p_3} D_1 + D_2 + D_3 = 0 + (p_2 - k_2)\cdot x_2 + (p_3 - k_3)\cdot x_3 =$$
$$= (p_2 - 20)\cdot(100 - 2p_2 + p_3) + (p_3 - 25)\cdot(200 - 2p_3 + p_2)$$

Dies ergibt optimale Preise $p_2 = 76{,}67$ und $p_3 = 95{,}83$ sowie einen **Gesamtgewinn** von 8.429,17. Diese Lösung wäre mit einem Verrechnungspreissystem nur dann erzielbar, wenn der Verrechnungspreis für die beiden Bereiche unterschiedlich hoch gesetzt werden könnte, in diesem Fall für Bereich 2 etwas höher und für Bereich 3 etwas niedriger als 41,875.

6.4. Strategische Verrechnungspreise

Eine weitere Funktion von internen Verrechnungspreisen besteht in ihrer **Bindungswirkung** im Hinblick auf die Beeinflussung des externen Wettbewerbs. Geht man von einem Marktgleichgewicht bei simultaner Entscheidung über Preise (Preiswettbewerb in einem *Bertrand*-Gleichgewicht) oder Mengen (Mengenwettbewerb in einem *Cournot*-Gleichgewicht) aus, kann ein Unternehmen gegenüber einem **Konkurrenten** dann einen **Wettbewerbsvorteil** erlangen, wenn es in der Lage ist, sich hinsichtlich bestimmter Entscheidungen vorab festzulegen. Der (rationale) Konkurrent muss daraufhin seine eigene Entscheidung als beste Antwort auf die Strategie des Unternehmens auswählen, was für ihn in aller Regel ein Nachteil ist.

Diese Grundidee wird an einer **spezifischen Situation** gezeigt.[35] Angenommen, zwei Unternehmen stehen im Preiswettbewerb am Markt. Ihre (inversen) Preis-Absatz-Funktionen seien symmetrisch und gegeben als

$$x_i = \alpha - p_i + \beta \cdot p_j$$

für $i, j = 1, 2$ und $i \neq j$. Die variablen Produktionskosten pro Stück sind für beide Unternehmen gleich hoch mit $k > 0$, es fallen keine fixen Kosten an. Es gilt weiter $\alpha > k$ und $0 < \beta < 1$. Diese Preis-Absatz-Funktion beschreibt teilweise substituierbare Produkte.

Kann sich kein Unternehmen zu einer spezifischen Preisstrategie verpflichten, kommt es im Marktgleichgewicht zu folgender Situation. Jedes Unternehmen bestimmt seine Reaktionsfunktion durch Maximierung seiner Gewinnfunktion

$$G_i = (p_i - k) \cdot x_i = (p_i - k) \cdot (\alpha - p_i + \beta \cdot p_j)$$

$$\frac{\partial G_i}{\partial p_i} = \alpha - 2p_i + \beta p_j + k = 0 \qquad (9)$$

Da beide Unternehmen vor der gleichen Situation stehen, gilt dieselbe Bedingung auch für p_j. Einsetzen von p_j in p_i ergibt schließlich die **Gleichgewichtspreise**

$$p_i^* = \frac{\alpha + k}{2 - \beta} \quad \text{für } i = 1, 2.$$

Der **Gewinn** jedes Unternehmens beträgt letztlich

$$G_i^* = \frac{(\alpha - (1 - \beta)k)^2}{(2 - \beta)^2} \qquad (10)$$

Jetzt sei angenommen, jedes Unternehmen **dezentralisiert** seine **Preisentscheidung**, indem es einen **Manager** anstellt und ihn beauftragt, den Gewinn seines

---

[35] Die Darstellung folgt *Göx* (1999), S. 60 – 63. Eine vergleichbare strategische Wirkung lässt sich auch mit Kostenallokationen erzielen. Vgl dazu zB *Wagenhofer* (1995a).

Bereichs (Profit Center) zu maximieren.[36] Gleichzeitig gibt die jeweilige Zentrale ihrem Bereich den Verrechnungspreis R für die Inputfaktoren vor. Dieser ist allgemein bekannt. Der **Bereichsgewinn** lautet damit

$$G_i^B = (p_i - R) \cdot (\alpha - p_i + \beta \cdot p_j)$$

Mit einer analogen Berechnung wie oben legen beide Manager ihre **Absatzpreise** fest:

$$p_i^B = \frac{\alpha + R}{2 - \beta} \text{ für } i = 1, 2$$

Der **Gewinn der Unternehmen** ermittelt sich allerdings auf Basis der tatsächlichen Kosten k und nicht des Verrechnungspreises R. Er lautet bei vorgegebenem Verrechnungspreis:

$$G_i^{\text{strategisch}} = (p_i^B - k) \cdot x_i = \left(\frac{\alpha + R}{2 - \beta} - k \right) \cdot \frac{(\alpha - (1 - \beta)R)}{2 - \beta} \tag{11}$$

Maximierung nach dem Verrechnungspreis R liefert folgende Bedingung, wobei die beiden Unternehmen infolge der Symmetrie der Situation wieder denselben Verrechnungspreis wählen:

$$\frac{\partial G_i^{\text{strategisch}}}{\partial R} = \frac{1}{(2 - \beta)^2} \cdot \left[\alpha - (1 - \beta)R - (1 - \beta) \cdot (\alpha + R - 2k + \beta k) \right] = 0$$

Daraus ergibt sich schließlich der **optimale Verrechnungspreis** als

$$R_i^* = \frac{\alpha\beta + k(2 - \beta) \cdot (1 - \beta)}{2(1 - \beta)} = k + \frac{\beta(\alpha - (1 - \beta)k)}{2(1 - \beta)} > k \tag{12}$$

Der optimale Verrechnungspreis ist größer als die variablen Stückkosten (wegen $\alpha > k$ ist der Bruch größer als null). Das heißt, der Verrechnungspreis hat einen strategischen Effekt. Setzt man (12) in (11) ein, lautet der Gewinn

$$G_i^{\text{strategisch}} = \frac{(\alpha - (1 - \beta)k)^2}{4 - 4\beta} \tag{13}$$

Ein Vergleich von (13) mit (10) zeigt, dass $G_i^{\text{strategisch}}$ für alle $\beta > 0$ größer ist als G_i^*, und dass die Differenz in β ansteigt.

Der **Grund** für diese Wirkung des Verrechnungspreises besteht darin, dass der Preis, den die Manager im Gleichgewicht verlangen, mit dem Verrechnungspreis ansteigt. Ein höherer Preis beider Unternehmen reduziert die Stärke des Wettbewerbs am Markt, wovon beide Unternehmen letztlich profitieren. Je stärker die Konkurrenz ist, dh je größer β ist, umso ausgeprägter wird der Vorteil durch den

---

36 Ähnliche Auswirkungen ergeben sich, wenn nur ein Unternehmen dezentralisiert.

strategischen Verrechnungspreis. Dies ist ein vergleichbarer Effekt wie im vorigen Abschnitt, in dem zwei Bereiche desselben Unternehmens am Markt konkurrierten.

Warum ist diese Lösung nur mit **Dezentralisierung der Preisentscheidung** und Einführung eines Verrechnungspreises möglich? Ohne Dezentralisierung wäre eine Ankündigung eines der Unternehmen, einen höheren als den Gleichgewichtspreis zu setzen, nicht glaubwürdig. Falls nämlich ein Unternehmen an Stelle seines Gleichgewichtspreises p_i^* einen höheren Preis p_i wählen würde, könnte sich das andere Unternehmen aufgrund seiner optimalen Reaktionsfunktion (9) durch Wahl eines neuen Preises $p_j(p_i)$ besser stellen. Die Definition des Marktgleichgewichts zeigt, dass es nur das Paar (p_i^*, p_j^*) gibt, von dem kein Unternehmen individuell abweichen wollte. Der Vertrag mit dem Manager, in dem dieser angehalten wird, seinen Bereichsgewinn unter dem vorgegebenen Verrechnungspreis zu maximieren, gibt einem höheren Preis allerdings **Glaubwürdigkeit**, denn der Manager setzt diesen Preis ja aus ureigenstem Interesse. Aus Sicht des Unternehmens wird der Manager nur dazu benutzt, eine vom ursprünglichen Gleichgewicht abweichende Preisstrategie glaubhaft zu machen und damit durchzusetzen. Voraussetzung dafür ist allerdings, dass die Verträge und die Verrechnungspreise beobachtbar sind und auch nicht nachträglich abgeändert werden können.[37]

7. Zusammenfassung

Verrechnungspreise erfüllen als **Hauptfunktionen** die **Erfolgsermittlung** von dezentralen Einheiten des Unternehmens und die **Koordination** des Managements. Sie sind also ein Instrument im Rahmen dieser **Unternehmensorganisation** und müssen mit den anderen Instrumenten (zB Bezugs- und Lieferbeschränkungen) gemeinsam gesehen werden.

Verrechnungspreise sind nötig, um trotz **Interdependenzen** unter den Bereichen (insbesondere gegenseitige Leistungsbeziehungen) gesonderte **Bereichsgewinne** ermitteln zu können, die zur Beurteilung der Profitabilität der Bereiche und der Tätigkeit des Bereichsmanagements herangezogen werden. **Marktorientierte Verrechnungspreise** eignen sich dort, wo es einen (nahezu) vollkommenen Markt für die interne Leistung gibt, wenn nur geringe Synergieeffekte bestehen oder das Volumen der internen Leistungstransfers relativ geringfügig ist. Die Bereiche agieren so, als ob sie selbstständige Unternehmen wären.

Kostenorientierte Verrechnungspreise umfassen mehrere Formen: Verrechnungspreise auf **Grenzkostenbasis** erfüllen die Koordinationsfunktion bei kurzfristigen Entscheidungen unter bestimmten Umständen sehr gut; zur Beurteilung der

---

37 Vgl dazu *Schiller* (2000b). Wenn es allerdings andere Gründe für eine Verzerrung gibt, dann kann der strategische Effekt diese Verzerrung noch verstärken. Vgl zB *Göx* und *Schöndube* (2004).

Bereiche sind sie nicht geeignet, weil sie den leistenden Bereich idR benachteiligen. Verrechnungspreise auf **Vollkostenbasis** können bei langfristig bindenden Entscheidungen eine gute **Approximation** für die entscheidungsrelevanten Kosten darstellen. Sie führen jedoch bei kurzfristigen Entscheidungen typischerweise zu Fehlentscheidungen, insbesondere wenn sie einen Gewinnaufschlag enthalten. Eine Spezialform von Verrechnungspreisen auf Vollkostenbasis sind **zweistufige Verrechnungspreise**. Dabei werden laufende Leistungen auf Grenzkostenbasis abgerechnet, und für die Bereitstellung der Kapazität wird ein bestimmter fixer Betrag pro Zeit verrechnet. **Vollkosten plus Gewinnaufschlag** als Verrechnungspreis haben negative Effekte auf etliche Entscheidungen, können aber auch günstig sein, wenn die Produktivität eines Bereichs nicht bekannt ist.

Duale Verrechnungspreise legen für leistenden und beziehenden Bereich unterschiedliche Verrechnungspreise fest. Sie stoßen in der Praxis auf wenig Akzeptanz, weil die Summe der Bereichsgewinne höher ist als der Gesamtgewinn des Unternehmens. Sämtliche kostenorientierte Verrechnungspreise führen bei asymmetrisch verteilter Information potenziell zu **Anreizen**, bewusst verzerrte Kosteninformationen zu geben und damit Fehlentscheidungen aus Sicht des Gesamtunternehmens zu bewirken.

Verhandelte Verrechnungspreise unter den Bereichen beinhalten die größtmögliche Autonomie der Bereichsmanager mit potenziell positiven Motivationseffekten. Wenn die Bereiche gute Kenntnis der gegenseitigen Situationen besitzen, können sich bessere Entscheidungen ergeben, als wenn die Zentrale einen Verrechnungspreis vorschreibt. Die Verhandlungen können jedoch zu Konflikten im Unternehmen führen. Verrechnungspreise können zur **besseren Risikoteilung** verwendet werden, wenn sie nicht konstant, sondern abhängig von der sich ergebenden Umweltsituation gewählt werden.

Die Koordinationsfunktion von Verrechnungspreisen und Kostenallokationen kann wirksam zur **Verhaltenssteuerung** von Bereichsmanagern genutzt werden. Dazu muss der Verrechnungspreis strategisch bewusst verzerrt gesetzt werden, oder Kostenallokationen müssen auf Basis ganz bestimmter Bezugsgrößen verrechnet werden. Verrechnungspreise ermöglichen auch Verpflichtungen zu bestimmten Strategien, die sonst kein Gleichgewicht bildeten.

Fragen

F11-1 Inwiefern besteht zwischen den verschiedenen Funktionen von Verrechnungspreisen ein Zielkonflikt?

F11-2 Unter welchen Umständen führt die Koordination durch den Markt *nicht* zum Gesamtoptimum?

F11-3 Welchen Unterschied macht es, ob bei einem marktorientierten Verrechnungspreis Bezugs- bzw Lieferbeschränkungen gegenüber dem externen Markt für das Zwischenprodukt bestehen oder nicht?

F11-4 Kann die Verwendung des Marktpreises als Verrechnungspreis zu willkürlichen Gewinnallokationen auf die betroffenen Bereiche führen?

F11-5 Unter welchen Voraussetzungen führen die Grenzkosten als Verrechnungspreis zur optimalen Koordination?

F11-6 Macht der liefernde Bereich bei Grenzkosten als Verrechnungspreis immer einen Verlust, und wenn ja, wie könnte man den Verrechnungspreis modifizieren, damit dies ausgeschlossen wird?

F11-7 Aus welchem Grunde bewirkt ein duales Verrechnungspreissystem optimale Koordination? Kann es für einen Bereich günstig sein, seine Informationen zu verzerren, und wenn ja, in welche Richtung?

F11-8 Verrechnungspreise, die von den beteiligten Bereichen verhandelt werden, sind tendenziell konfliktträchtig. Ein Unternehmen legt folgende Schlichtungsprozedur fest: Wenn sich die Bereiche nicht innerhalb angemessener Zeit einigen, wird der Verrechnungspreis vom Konzerncontroller mit Vollkosten plus 3% Gewinnaufschlag vorgeschrieben. Welche Auswirkung hat dies auf die Verhandlung der Bereiche?

F11-9 Kann die Zentrale die Bereiche dazu bringen, dass diese immer die Wahrheit sagen? Ist dies für den Fall, dass es möglich ist, günstiger oder ungünstiger für die Zentrale als eine Situation, in der die Bereiche verzerrte Informationen liefern können – und die Zentrale dies berücksichtigt?

F11-10 Viele Unternehmen legen ein sogenanntes *last call*-Prinzip fest, wonach der liefernde Bereich zu den Konditionen eines Externen in ein Geschäft mit dem beziehenden Bereich einsteigen kann. Welche Vorteile und Nachteile hat ein solches Prinzip?

F11-11 Welche Typen von Verrechnungspreisen können in einem Agency-Modell Modell abgeleitet werden?

F11-12 Welche Vorteile und Nachteile besitzt eine Kostenschlüsselung nach dem Durchschnittsprinzip?

F11-13 Wie könnte man die Allokation von Fixkosten auf Bereiche, die die Entscheidung über das Entstehen dieser Fixkosten nicht selbst treffen, ökonomisch begründen?

F11-14 Welche Vorteile könnten Bereiche darin erkennen, wenn sie sich im Rahmen eines gegebenen Schemas der Kostenaufteilung absprechen?

F11-15 Unter welchen Bedingungen und warum kann es günstig sein, einen Manager anzustellen und ihm einen über den Kosten liegenden Verrechnungspreis für den Bezug von internen Vorleistungen vorzugeben?

Probleme

P11-1 ***Hirshleifer*-Modell.** Ein Unternehmen ist in drei Bereiche unterteilt: Bereich 1 erzeugt ein Zwischenprodukt und liefert es an Bereich 2. Dort wird es weiterverarbeitet und als Zwischenprodukt an Bereich 3 verkauft, wo aus diesem Zwischenprodukt ein vermarktbares Endprodukt hergestellt wird. Für die einzelnen Zwischenprodukte existiert kein Markt.

a) Ermitteln Sie die optimalen Verrechnungspreise, damit alle Bereiche dieselbe gewinnoptimale Menge aus Sicht des Gesamtunternehmens wählen. Als Informationen stehen der Zentrale die Kostenfunktionen der Bereiche und die Preis-Absatz-Funktion zur Verfügung:

Bereich 1: $K_1(x) = 20 + \dfrac{x^3}{6}$

Bereich 2: $K_2(x) = 60 + \dfrac{x^2}{2}$

Bereich 3: $K_3(x) = 45 + x^2$

Preis-Absatz-Funktion: $p(x) = 108 - \dfrac{x^2}{6}$

b) Bereich 2 antizipiert seine Verlustposition und entschließt sich, der Zentrale eine modifizierte Kostenfunktion bekannt zu geben. Ermitteln Sie die Auswirkungen für den Gewinn des Gesamtunternehmens und für die Gewinne der einzelnen Bereiche, wenn Bereich 2 die Funktion $\hat{K}_2(x) = 60 + x^2$ meldet.

c) Welche Auswirkungen auf den Gesamtgewinn ergeben sich, wenn Bereich 2 als modifizierte Kostenfunktion $\hat{K}_2(x) = 100 + \dfrac{x^2}{2}$ bekannt gibt?

P11-2 **Duale Verrechnungspreise.** Bereich 1 erstellt ein Zwischenprodukt zu Kosten $K_1(x) = 40 + \dfrac{x^3}{6}$ und liefert es an Bereich 2, wo es zu Kosten $K_2(x) = 35 + x^2$ zu einem marktfähigen Produkt weiterverarbeitet wird. Für das Zwischenprodukt existiert kein Markt, die Preis-Absatz-Funktion für das Fertigprodukt lautet $p(x) = 82{,}295 - 0{,}05x$. Ermitteln Sie die dualen Verrechnungspreise, mit denen die Zentrale die aus der Sicht des Gesamtunternehmens gewinnmaximale Menge motivieren kann. Wie hoch sind die Bereichsgewinne bei Verwendung dualer Verrechnungspreise?

P11-3 Kostenallokationen. In einem Unternehmen ist die EDV als zentrale Dienstleistung organisiert. Die Kosten der zentralen Leistungserstellung betragen 1.200; vereinfachend wird angenommen, es handelt sich nur um Fixkosten (Personalkosten, Abschreibungen). Gemäß Planung werden von zwei Bereichen verschiedene EDV-Leistungen bezogen, die im Folgenden dargestellt sind:

Geplanter Bedarf	B1	B2	Kapazität
PC- und Software-Wartung	15	9	30
Internet-Zugang	15	3	30
Zentrales Bestellwesen	6	5	12

Würde jeder Bereich seine eigene EDV installieren oder die Leistung von außen zukaufen, verursachte dies im Bereich B1 Kosten von etwa 1.000 und im Bereich B2 von etwa 500. Die Bereichserfolge vor Ansatz der EDV-Kosten der beiden Bereiche betragen für B1 2.000 und für B2 1.600. Wie hoch sind die Bereichserfolge nach Ansatz der EDV-Kosten?

P11-4 Kostenallokationen. Ein Produktionsprozess verursacht Kosten für die produzierte Menge x von $K(x)=\sqrt{x}$. Das Unternehmen besteht aus einem leistenden Bereich (mit 0 indexiert) und drei beziehenden Bereichen, B_1, B_2 und B_3. Sie beziehen die Mengen $x_1 = 3$, $x_2 = 5$ und $x_3 = 2$. Die Gesamtkosten sind $K_0 = \sqrt{10} = 3{,}162$ (gerundet).

a) Wie hoch ist der Kostenvorteil durch Zentralisierung der Leistungserstellung?

b) Was sollte jedem Bereich mindestens und was höchstens zugerechnet werden?

c) Wie sollen die Kosten $K_0 = 3{,}162$ auf die drei Bereiche aufgeteilt werden?

P11-5 Vollkostenallokation.[38] Borel fertigt verschiedenste Kunststoff-Kinderspielwaren, die durch einen kleinen Elektromotor angetrieben werden. Die Elektromotoren werden von Bereich A gefertigt, Bereich B ist auf kleine Eisenbahnen spezialisiert, die in Spritzgusstechnik hergestellt werden, B baut auch die Motoren in die Spielwaren ein und verkauft sie schließlich. Die variablen Kosten von Bereich B sind für die Eisenbahnen mit durchschnittlich 100 mehr oder weniger konstant, die Fixkosten betragen 34.000 pro Monat. Derzeit werden rund 4.000 Eisenbahnen pro Monat zu einem Durchschnittspreis von je 200 abgesetzt. Die Kosten der Elektromotoren in Bereich A werden generell monatlich zu Vollkosten an die nachfragenden Bereiche weiterverrechnet. Die (monatliche) Kostenfunktion lautet

$K = 100.000 + 50x$

---

[38] Adaptiert aus *Magee* (1986), S. 338 f.

Neben Bereich B benötigt auch noch Bereich C Elektromotoren. Dessen Bedarf unterliegt jedoch starken Schwankungen, die letzten Schätzungen sprechen von 2.000 oder 6.000 Stück, mit jeweils gleicher Wahrscheinlichkeit.

Nun wird Bereich B ein Zusatzauftrag von 2.000 Eisenbahnen zu einem Sonderpreis von 154,5 pro Stück angeboten.

a) Angenommen, Bereich B ist an einer Maximierung des Bereichsgewinnes interessiert. Soll er den Zusatzauftrag annehmen oder nicht?

b) Der Bereichsmanager von B erhält für einen monatlichen Gewinn ab 100.000 einen Bonus. Hat dies Auswirkungen auf seine Entscheidung, den Zusatzauftrag anzunehmen?

P11-6 Kostenallokationen und Kapazitätsplanung.[39] Die *OX GmbH* ist in den letzten Jahren stark gewachsen. Die Geschäftsleitung hat nun angeregt zu überlegen, ob nicht ein Wirtschaftsjurist aufgenommen werden sollte, der die bis dahin an zwei Rechtsanwaltsbüros vergebenen Beratungstätigkeiten intern leisten könnte. Dem damit befassten Controller Thomas Prad stehen folgende Daten zur Verfügung. Die Rechtsanwaltsbüros verrechnen im Durchschnitt 200 pro Stunde. Der Wirtschaftsjurist samt einer Sekretärin würde vermutlich 200.000 pro Jahr an Kosten verursachen. Das Problem liegt darin, dass der Umfang der notwendigen Beratungsstunden pro Jahr unsicher ist. Thomas Prad gewann aufgrund von Gesprächen den Eindruck, dass die zwei Sparten der *OX GmbH* selbst sehr genau ihren Bedarf an Beratungsstunden wüssten, sie wollten sich ihm gegenüber allerdings nicht festlegen. Die beiden Spartenmanager sind an der Maximierung ihres jeweiligen Spartengewinnes interessiert. Thomas kommt aufgrund seiner eigenen Recherchen zu folgenden Wahrscheinlichkeiten der Nutzung:

	400 Stunden	500 Stunden	600 Stunden
Sparte 1	50%	50%	–
Sparte 2	–	50%	50%

Der Controller Thomas Prad steht nun vor der Aufgabe zu bestimmen, ob die Schaffung einer juristischen Abteilung vorteilhaft ist oder nicht.

a) Basierend auf dem *ex ante* Informationsstand von Thomas, soll die Abteilung geschaffen werden oder nicht?

b) Angenommen, Thomas möchte die beiden Sparten dazu bewegen, ihre tatsächliche Nutzung bekannt zu geben. Er macht dazu den beiden Spartenmanagern den Vorschlag, dass die interne Beratungsleistung kostenlos zur Verfügung stünde. Was werden die Spartenmanager angeben, und wie wird die Entscheidung über die Abteilung lauten?

---

[39] Adaptiert aus *Magee* (1986), S. 341 f.

c) Was würde geschehen, wenn Thomas den Vorschlag unterbreitet, dass die Sparten die 200.000 an Kosten nach dem von ihnen angegebenen Bedarf zugerechnet erhalten?

d) Was würde geschehen, wenn der Vorschlag wie folgt lautet: Jede Sparte gibt ihren Bedarf an Beratungsstunden bekannt, und nur dann, wenn die Summe größer oder gleich 1.000 ist, wird die juristische Abteilung eingerichtet, wobei Sparte 1 40% und Sparte 2 60% der Kosten zugerechnet erhält.

P11-7 Wahrheitsgetreue Informationsweitergabe bei Kostenallokationen.[40] Die ABF Elektronik GmbH besteht aus vier Divisionen und einer zentralen Forschungs- und Entwicklungsabteilung (F&E-Abteilung), die Auftragsforschung für alle Divisionen betreibt. Zu Jahresbeginn schätzen die Divisionen die Stunden für Forschung, die sie nachfragen werden. Jede Division wird daraufhin mit dem Anteil an den budgetierten Gemeinkosten der F&E-Abteilung belastet, der sich aus der geschätzten Nachfrage im Verhältnis zur geschätzten Nachfrage aller Divisionen ergibt. Kostenabweichungen werden von der F&E-Abteilung getragen. Des Weiteren bezahlt jede Division 100 pro Stunde für Forschung und die Istkosten für Material, das für den Auftrag benötigt wird.

Anita Fellner ist Controller der Division D1. D1 wurde in den ersten neun Monaten mit 12.597.000 für Auftragsforschung von der F&E-Abteilung belastet, die sich wie folgt zusammensetzen:

Stunden für Forschung	2.564.000
Direkte Materialkosten	2.883.000
Gemeinkostenabgeltung (22% von 32.500.000)	7.150.000

Anita soll nun das Budget für das nächste Jahr erstellen. Sie schätzt einen Bedarf an 30.000 Stunden für Forschung auf Basis von Interviews mit den Managern von D1 und einem Strategiepapier, das kürzlich in einer Klausur beschlossen wurde. Dr. Heribert Feldstein, der neue Geschäftsführer von D1, ist mit den 30.000 Stunden gar nicht zufrieden. Anita ist erstaunt: „Aber Heribert, Sie waren doch mit bei der Klausur, in der wir die 30.000 Stunden beschlossen haben.“ Darauf meint Feldstein: „Ich war dort, aber 'beschlossen' wurde das nicht, allenfalls geplant. Hören Sie, ich habe nichts dagegen, wenn Sie die 30.000 Stunden für unsere interne Planung und Budgetierung verwenden. Gegenüber der F&E-Abteilung sollten Sie aber eher 25.000 Stunden angeben.“ „Aber ...“ Feldstein unterbricht: „Kein aber, Anita. Jeder macht seine Spiele in diesem Unternehmen. Das ist die dritte Division der ABF, für die ich gearbeitet habe. Und ich weiß, dass alle die geplanten Stunden für Forschung zu niedrig angeben, und zwar jedes Jahr wieder. Etwas anderes zu tun, wäre naiv.“ Anita fasst sich: „Lassen Sie mir Zeit, ich muss darüber nachdenken.“ Und Feldstein schließt das Gespräch mit den Worten: „Denken Sie nicht zu lange darüber nach. Ich möchte, dass die Mitarbeiter meines Teams auch Teamspieler sind. Die Frage ist letztlich die, Anita, ob Sie weiter in meinem Team arbeiten wollen oder nicht.“

---

40 Adaptiert aus *Horngren* et al. (1997), S. 506.

a) Warum möchte Feldstein Anita dazu bringen, nur 25.000 anstelle der geplanten 30.000 Stunden anzugeben?

b) Was könnte die F&E-Abteilung machen, um die Anreize der Divisionen zu verringern, zu geringe Stundenzahlen anzugeben?

c) Was sollte Anita machen?

Literaturempfehlungen

Allgemeine Literatur

Eccles, R.G.: *The Transfer Pricing Problem*, Lexington, MA 1985.

Poensgen, O.H.: *Geschäftsbereichsorganisation*, Opladen 1973.

Spezielle Literatur

Göx, R.F., und *U. Schiller*: An Economic Perspective on Transfer Pricing, in: *C.S. Chapman, A.G. Hopwood* und *M.D. Shields* (Hrsg.): *Handbook of Management Accounting Research*, Volume 2, Amsterdam 2007, S. 673 – 695.

Löffler, C., T. Pfeiffer, U. Schiller und *J. Wagner*: Zentralisierung, Transferpreise und spezifische Investitionen: Ein selektiver Verfahrensvergleich, *Zeitschrift für betriebswirtschaftliche Forschung* 2011, Sonderheft 63/11, S. 1 – 33.

Anhang: Berechnung der *second best*-Lösung der Verrechnungspreise bei Informationsasymmetrie

Sei zur Vereinfachung $R(x_\theta) = R_\theta$, $\theta = 1, 2$. Das Problem lautet dann

$$\max_R \frac{1}{2}\cdot\left(x_1 - R_1\cdot x_1\right) + \frac{1}{2}\cdot\left(x_2 - R_2\cdot x_2\right)$$

unter den Nebenbedingungen

$$R_1\cdot x_1 - x_1^2 \geq R_2\cdot x_2 - x_2^2 \qquad \text{(A1)}$$

$$R_2\cdot x_2 - \frac{x_2^2}{2} \geq R_1\cdot x_1 - \frac{x_1^2}{2} \qquad \text{(A2)}$$

$$R_1\cdot x_1 - x_1^2 \geq 0 \qquad \text{(A3)}$$

$$R_2\cdot x_2 - \frac{x_2^2}{2} \geq 0 \qquad \text{(A4)}$$

Zunächst ist erkennbar, dass (A2) und (A3) die Bedingung (A4) implizieren:

$$\underbrace{R_2\cdot x_2 - \frac{x_2^2}{2} \geq R_1\cdot x_1 - \frac{x_1^2}{2}}_{\text{(A2)}} \geq \underbrace{R_1\cdot x_1 - x_1^2 \geq 0}_{\text{(A3)}}$$

Die *Lagrange*-Funktion *LG* lautet unter Weglassen von (A4), wobei λ, μ und $\xi \geq 0$ die Multiplikatoren der Nebenbedingungen (A1), (A2) und (A3) bezeichnen:

$$LG = \frac{1}{2}\cdot\left(x_1 - R_1\cdot x_1\right) + \frac{1}{2}\cdot\left(x_2 - R_2\cdot x_2\right) + \lambda\left(R_1\cdot x_1 - R_2\cdot x_2 - x_1^2 + x_2^2\right) + \\ + \mu\cdot\left(R_2\cdot x_2 - R_1\cdot x_1 - \frac{x_2^2}{2} + \frac{x_1^2}{2}\right) + \xi\cdot\left(R_1\cdot x_1 - x_1^2\right)$$

$$\frac{\partial LG}{\partial R_1} = -\frac{1}{2}\cdot x_1 + \lambda\cdot x_1 - \mu\cdot x_1 + \xi\cdot x_1 = 0 \text{ bzw } \frac{1}{2} - \lambda + \mu - \xi = 0 \tag{A5}$$

$$\frac{\partial LG}{\partial R_2} = -\frac{1}{2}\cdot x_2 - \lambda\cdot x_2 + \mu\cdot x_2 = 0 \text{ bzw } \frac{1}{2} + \lambda - \mu = 0 \tag{A6}$$

falls $x_1, x_2 > 0$.

$$\frac{\partial LG}{\partial x_1} = \frac{1}{2} + R_1\cdot\underbrace{\left(-\frac{1}{2} + \lambda - \mu + \xi\right)}_{=0 \text{ wegen (A5)}} + x_1\cdot\left(-2\lambda + \mu - 2\xi\right) = 0 \tag{A7}$$

$$\frac{\partial LG}{\partial x_2} = \frac{1}{2} + R_2\cdot\underbrace{\left(-\frac{1}{2} - \lambda + \mu\right)}_{=0 \text{ wegen (A6)}} + x_2\cdot\left(2\lambda - \mu\right) = 0 \tag{A8}$$

Aus (A5) und (A6) folgt $\xi=1$, dh die Bedingung (A3) bindet, und damit

$$R_1\cdot x_1 - x_1^2 = 0 \text{ bzw } R_1 = x_1$$

Aufgrund von (A6) muss $\mu > \lambda \geq 0$ gelten. Angenommen, sowohl $\lambda > 0$ als auch $\mu > 0$, dann folgt aus (A1) und (A2) $x_1 = x_2$; wegen (A7) und (A8) führt dies jedoch zu einem Widerspruch, da daraus $\mu = 0$ folgte. Damit verbleibt nur die Kombination $\mu > 0$ und $\lambda = 0$. Aus (A6) folgt damit $\mu = 1/2$, und eingesetzt in (A7) ergibt sich $x_1 = 1/3 = R_1$. Aus (A8) folgt $x_2 = 1$. Da weiter (A2) wegen $\mu > 0$ strikt als Gleichung gilt, folgt schließlich

$$R_2 = \frac{1}{2} + \frac{1}{18} = \frac{5}{9}.$$

Teil IV

Systeme

12

Systeme der Kostenrechnung

Elisabeth Gruber sitzt gerade in der Cafeteria der Buscher Elektrotechnik GmbH und trinkt ihren üblichen kleinen Braunen nach dem Mittagessen in der Werkskantine. „Darf ich mich zu Dir setzen?" Sie schreckt auf und blickt Günther Wieser ins Auge. „Ja, ja, natürlich" ist ihre erste – und nachträglich gesehen auch richtige – Reaktion. Es hilft ihr immer, mit jemandem über ein Problem zu sprechen, in das sie gerade verbissen ist, und Günther ist als Finanzchef des Zweigwerkes in Demdorf wahrscheinlich für das Problem ohnedies am besten geeignet.

Elisabeth beginnt: „Du kommst gerade recht. Jetzt habe ich die ganze letzte Woche ein neues Buch über Unternehmensrechnung gelesen, Du weißt schon, eines dieser sogenannten 'Lehrbücher', über 600 Seiten stark." Stolz fügt sie hinzu: „Ich bin trotzdem fast bis zum Schluss gekommen. Da geht es um Entscheidungsprobleme, die mit der Kostenrechnung gelöst werden können, es geht um Kontrollprobleme und um Koordinationsprobleme, von denen wir", sie lächelt hintergründig, „... von denen wir eine ganze Menge im Betrieb haben. Ich glaube auch, dass ich eine ganze Menge an Ideen mitgenommen habe. Gestern dachte ich blauäugig, es sei Zeit, ein Problem einmal auf die im Buch propagierte Art anzugehen. Und jetzt kommt es:" Günther starrt in die dunkelbraunen Augen von Elisabeth: „Was?"

„Da steht alles so schön und einfach, man nehme die relevanten Kosten, bezeichne sie mit einem kleinen k*, man nehme den Stückpreis, nenne ihn klein* p*; gut, man muss noch auf etliche Kleinigkeiten aufpassen, aber dann nimmt man diese Werte und setzt sie in eines der Modelle ein, löst es, und schon hat man die richtige Entscheidung." Günther weiß noch nicht ganz, worauf Elisabeth hinaus möchte, aber er hört ihr immer gerne zu: „Und?" Elisabeth seufzt: „Na ja, dann bin ich zu Peter gegangen, Du weißt schon, von der Kostenrechnungsgarde, und wollte dieses* p *und* k *von ihm erfahren. Weißt Du, was er gesagt hat? – Gelacht hat er. Dann meinte er, welchen Preis ich denn haben möchte, den Basispreis, den Bruttopreis,*

den Preis ohne Erlösschmälerungen, nach Berücksichtigung von Korrekturen oder mit durchschnittlichen Ausfällen der Forderungen? Und dann wörtlich: 'Die relevanten Kosten musst Du Dir schon selbst zusammensuchen. Von mir kannst Du Vollkosten oder variable Kosten haben, die vom letzten Monat, vom letzten Quartal oder vom letzten Jahr. Wozu brauchst Du denn das überhaupt?'“

Elisabeth nimmt einen Schluck Kaffee und fährt fort: „Beim Preis ist das kein Problem: natürlich wollte ich den Nettopreis, der uns tatsächlich verbleibt. Aber dann schaute ich mir die Kosten an, die mir Peter anbot, und war perplex. Was die in der Kostenrechnung tun, das ist schon ein starkes Stück: Dir brauche ich das ja ohnedies nicht zu erzählen, Günther, Du kennst das ja. Die leben in einer Scheinwelt: Sie gliedern die Kosten in fix und variabel – beziehungsweise, das sagen sie zumindest. Dass Fertigungslöhne variabel sein sollen, das verstehe ich noch immer nicht. Dann schlüsseln sie irgendwelche Gemeinkosten über Kostenstellen auf Produkte und sind auch noch stolz auf ihre komischen Schlüssel. Aber was noch schlimmer ist, sie sagen einfach, alle Kosten seien linear; das lernt man ja schon im Kindergarten, dass das nicht der Fall ist.“ Jetzt ärgert sich Elisabeth wirklich.

Günther versucht, sie zu beruhigen: „Ich kann Dich schon verstehen. Du möchtest die für Dein Problem optimalen Informationen aufbereitet haben. Das Problem ist aber doch folgendes: Hast Du Dir einmal überlegt, wie viele Einzeldaten die in der Kostenrechnung täglich bekommen? Wenn da nur zwei Leute täglich kommen, die für ein Problem Sonderauswertungen haben wollen, das schaffen die doch gar nicht mehr.“ „Das mag schon sein,“ meint Elisabeth, „aber ich zerbreche mir den Kopf, wie man theoretisch richtige Entscheidungen trifft. Was nützt mir das beste Modell, wenn ich keine Daten dafür bekomme?“

„Noch etwas anderes, Elisabeth. Stell Dir vor, Du würdest alle Daten bekommen, die Du wolltest, ganz abgesehen davon, dass Du wahrscheinlich künftige Kosten und Erlöse brauchst. Dann kann ich mir nicht mehr vorstellen, dass Du überhaupt noch in der Lage bist, eines Deiner tollen Modelle zu rechnen. Ich kenne diese Modelle auch ein bisschen ...“ Elisabeth horcht auf. „Du kannst ohnedies nicht alles berücksichtigen, und da glaube ich, reicht es aus, wenn die Daten ungefähr stimmen. Das ist noch immer besser als alle Daten zu haben. Das kostet Geld, Du weißt, und dann stehst Du da und kannst ohnedies nichts damit anfangen.“

„Jetzt sag einmal, Günther,“ fragt Elisabeth, „wozu lese ich dann das Ganze?“ Darüber hat sich Günther schon einmal Gedanken gemacht. „Ich glaube, es geht mehr darum zu erkennen, auf was man alles aufpassen sollte, wenn man solche Probleme zu lösen hat. Es hilft einem, ein bisschen sensibel für Zusammenhänge zu werden, die sich bei simpler Anwendung von üblichen Lösungen ergeben können. Ach übrigens, hast Du schon einmal darüber nachgedacht, welche Anreize Du hast, wenn Du das Problem lösen möchtest, das Dir gerade vorschwebt? Und welche Anreize Peter haben könnte, wenn er Dich mit diesen Daten abspeisen möchte?“ Dann schaut Günther auf seine Uhr. „Oje, ich muss weiter. War nett, wieder einmal mit Dir zu plaudern, auch wenn ich mir schönere Themen hätte vorstellen können. Auf Wiedersehen, Elisabeth.“

Elisabeth trinkt ihren Kaffee aus. Sie denkt: „Das Buch hat doch noch ein Kapitel, in dem es um Systeme der Kostenrechnung geht. Vielleicht findet sie da etwas zu dieser Frage." Da schießt ihr noch ein Gedanke durch den Kopf: „Was macht Günther eigentlich heute hier? Den Chef hat sie am Vormittag auch so herumhetzen gesehen."

Ziele dieses Kapitels

- Darstellung der Prämissen der Grenzplankostenrechnung
- Aufzeigen der Vorgangsweise bei der Kostenplanung und Kostenverrechnung
- Kurze Erläuterung möglicher Arten von Erlösrechnungen und Ergebnisrechnungen
- Darstellung der Vorgehensweise der Prozesskostenrechnung
- Vorstellung von Grundzügen der Relativen Einzelkosten- und Deckungsbeitragsrechnung

1. Einführung

In den bisherigen Kapiteln dieses Buches standen Fragen des Kosten- und Erlös*managements* im Vordergrund. Es wurde vorwiegend eine **funktionale Analyse der Einsatzbedingungen** von Informationen aus Kosten- und Leistungsrechnungen durchgeführt, wobei die Funktionen der Entscheidungsvorbereitung, der Kontrolle und der Koordination betrachtet wurden. Damit sollte vor allem der **Anwendungsaspekt** von Kosten- und Leistungsinformationen betont werden. Diese Rechnungen werden nicht deshalb erstellt, weil man sich freut, dass man Zahlen aufs Papier schreiben oder in eine Datenverarbeitungsanlage eingeben kann, sondern weil man sie als Informationsinstrumente zur Unterstützung spezifischer Führungsaufgaben benötigt. Insofern ist der Gesichtspunkt der **Anwendung** im Rahmen verschiedener Funktionen als dominant anzusehen, und die hier gewählte Vorgangsweise folgt diesem Gedanken, weil die Einsatzbedingungen von Kosten- und Leistungsinformationen zuerst und in jeweils geschlossener Form präsentiert wurden.

Eine solche Vorgehensweise wird aber erst dann abgerundet, wenn die bislang ausgeklammerten Fragen der **reinen Kosten*rechnung*** ebenfalls angesprochen werden. In den bisherigen Analysen wurde stets die implizite Prämisse gesetzt, dass die für die Entscheidungs-, Kontroll- und Koordinationsrechnungen erforderlichen Basisinformationen, wie zB variable Kosten und Erlöse, vorhanden sind. Offen gelassen wurde dabei weitgehend das Problem, in welcher Weise derartige Basisdaten konkret berechnet werden können. Diese Frage ist deswegen wichtig, weil von der Qualität dieser Basisdaten letztlich auch die Qualität der „optimalen" Lösungen abhängt, die damit gefunden werden können. Das Schlusskapitel dieses Buches widmet sich daher den Problemen der Kosten*rechnung*.

Die ausführliche Behandlung aller in der Literatur vorgestellten Systeme würde jedoch den Rahmen dieses Buches sprengen, zumal schon die betreffenden Einzeldarstellungen in der Literatur außerordentlich umfangreich sind.[1] Es handelt sich dabei um eine eher für den deutschsprachigen Raum charakteristische Entwicklung in der Kostenrechnung, der in vielen anderen Ländern keine vergleichbar hohe Aufmerksamkeit zuteil wurde.[2] Die folgenden Ausführungen konzentrieren sich auf drei Grundtypen von Rechnungssystemen, die wegen ihrer Bedeutung in Theorie und Praxis einerseits und wegen ihrer verschiedenartigen Vorgehensweise andererseits besonders wichtig erscheinen.

Zunächst werden die Grundlagen der **Grenzplankostenrechnung** behandelt. Dieses System kann als Prototyp eines Rechnungssystems zur Ermittlung proportionaler Stückkosten von Produkten angesehen werden.[3] Wegen der starken Berücksichtigung von Anwendungsaspekten ist es in der Praxis verbreitet; zudem weist es eine gewisse Nähe zur neuerdings propagierten Prozesskostenrechnung auf, die hinsichtlich der Anwendungsaspekte bereits im 6. Kapitel: *Kostenmanagement* behandelt wurde und deren Technik im Anschluss an die Grenzplankostenrechnung dargestellt wird. Anschließend wird als Alternative die **Relative Einzelkosten- und Deckungsbeitragsrechnung** in ihren Grundzügen vorgestellt.[4]

Insgesamt soll dieses Kapitel zeigen, dass Größen wie Grenzkosten bzw variable Stückkosten, Prozesskosten, aber auch Erlöse eine Fülle von Annahmen und Rechenschritten beinhalten. Sie sind daher nicht so unproblematisch, wie es auf den ersten Blick erscheinen könnte. Aus praktischer Sicht können in der Kostenrechnung zB **Messfehler** bei der Ermittlung von Kosten und **Zuordnungsfehler** der Kosten in Kostenstellen auftreten. Aus theoretischer Sicht sind in Mehrproduktunternehmen **Durchschnittskosten** eines Produkts idR gar nicht mehr definiert, weil bei der Produktion **Synergien** auftreten. Und auch die **Genauigkeit** der Ermittlung der Grenzkosten der erzeugten Produkte steigt nicht unbedingt in der Anzahl der Kostenbezugsgrößen bzw Kostentreiber.[5] **Anreizprobleme** bei der Kostenermittlung und Kostenverursachung werden ebenfalls ausgeblendet.[6] Diese Punkte sollten bei der Interpretation „optimaler" Lösungen von Entscheidungskalkülen beachtet werden.

---

1 Vgl zB *Bungenstock* (1995), *Kilger* et al. (2012); *Schweitzer* und *Küpper* (2011).

2 Vgl auch *Ewert* und *Wagenhofer* (2007).

3 Siehe zu einer kompakten Übersicht dieses Systems auch *Kloock* und *Schiller* (1997).

4 Siehe zu einer instruktiven Beschreibung dieses Systems auch *Weber* und *Weißenberger* (1997).

5 Vgl dazu *Christensen* und *Demski* (1997).

6 So kann im Fall unterschiedlicher Märkte für Produkte eines Unternehmens (zB Istkostenerstattung für ein Produkt wie etwa im Non-Profit-Bereich oder bei Forschung) eine Verzerrung der Inputfaktoren und Inkaufnahme einer Produktionsineffizienz vorteilhaft sein, weil sie die Bezugsgrößenwerte zwischen den Produkten verschiebt. Vgl *Christensen* und *Demski* (2003b).

Empirische Ergebnisse

Im Folgenden sind Ergebnisse einiger empirischer Erhebungen über die Anwendung von Systemen der Kostenrechnung in der Praxis aufgelistet. Die zunächst gezeigte Tabelle basiert auf der Darstellung in *Schweitzer* und *Küpper* (2008), S. 561. Bei der Interpretation und dem Vergleich solcher Ergebnisse ist Vorsicht geboten. Es unterscheiden sich nicht nur die Stichproben, sondern auch die Art der Fragestellung. Meist sind auch die Angaben der Unternehmen nicht direkt nachprüfbar.

Untersuchung / Kostenrechnungssystem	*Marner* (1980)	*Frost/ Meyer* (1981)	*Küpper* (1983)	*Küpper/ Hoffmann* (1988)	*Lange/ Schauer* (1996)
Istkostenrechnung		87,0%	52,6%	43,7%	47,6%
Normalkostenrechnung		6,7%	17,0%		15,4%
Reine Teilkostenrechnung	62,5%	10,7%			8,4%
Kombinierte Voll- und Teilkostenrechnung	28,6%	51,3%	38,5%	55,2%	31,5%
Plankostenrechnung		57,6%	32,6%	56,8%	42,9%
Grenzplankostenrechnung			17,8%	18,6%	
Einstufige Deckungsbeitragsrechnung	12,5%	9,8%	9,6%	11,5%	41,4%
Mehrstufige Deckungsbeitragsrechnung	56,3%	25,0%	51,9%	33,9%	58,6%
Relative Einzelkostenrechnung	18,8%				

Offenbar gibt es nicht *das* dominante System der Kostenrechnung, sondern typischerweise werden mehrere Varianten parallel verwendet. Das trifft insbesondere auf die gleichzeitige Verwendung von Voll- und Teilkostendaten zu und zeigt sich auch in einer neueren Studie von *Friedl* et al. (2009) bei deutschen Großunternehmen. Demnach haben 95,6 % der Unternehmen im dortigen Sample eine Istkostenrechnung, 91,1% eine Plan- oder Grenzplankostenrechnung, und 86,7% differenzieren Voll- und Teilkosten. Kaum ein Unternehmen weist dabei in der Kostenstellen- und Kostenträgerrechnung *nur* variable Kostenbestandteile aus.[7]

2. Grenzplankostenrechnung

2.1. Grundlagen und Überblick

Die Grenzplankostenrechnung (GPKR) basiert auf dem **verbrauchsorientierten Kostenbegriff**, der bereits im 2. Kapitel: *Die Kosten- und Leistungsrechnung als Entscheidungsrechnung* als Konzeption III eingeführt wurde. Danach sind Kosten als bewertete, sachzielbezogene Güterverbräuche eines Unternehmens in einer Periode aufzufassen. Die GPKR besteht im Wesentlichen aus zwei Bereichen, der Kostenplanung und der Kostenkontrolle. Im Rahmen der Kosten*planung* handelt es

7 Vgl. *Friedl* et al. (2009), S. 112. *Krumwiede* und *Suessmair* (2008) berichten ähnliche Ergebnisse.

sich um eine künftige Periode (zB die nächste Saison, das nächste Jahr), für die Kosten zum Zwecke der **Entscheidungsfindung** und als Sollgrößen für die **Kontrolle** zu planen sind. Bei der **Kostenkontrolle** werden die geplanten Werte den tatsächlich realisierten Werten (Istwerte) gegenübergestellt. Da die Kostenkontrolle bereits ausführlich im 7. Kapitel: *Kontrollrechnungen* behandelt wurde, liegt der Schwerpunkt dieses Abschnittes auf der Vorgangsweise bei der Planung.

Weil mit der GPKR Entscheidungen fundiert werden sollen, spielt der Grundsatz der **Entscheidungsrelevanz** von Kosten eine große Rolle. Einer Größe (Bezugsgröße), deren optimale Ausprägung bestimmt werden soll, sind demnach nur diejenigen Kosten zuzurechnen, die mit ihrer Höhe variieren. Hinsichtlich dieser variablen Kosten werden in der GPKR **lineare Kostenverläufe** unterstellt, so dass Kostenabhängigkeiten grundsätzlich wie folgt gesehen werden:

$$K = K^F + k \cdot b \tag{1}$$

Dabei bedeuten:
b .... Bezugsgröße (zB Fertigungsstunden, Stückzahlen)
k .... variable Kosten je Bezugsgrößeneinheit (variable Stückkosten bei b als Beschäftigung)
K^F .... fixe Kosten
K .... Gesamtkosten (eines Bezugsobjektes).

Der **Kostensatz** k je Bezugsgrößeneinheit ist in der GPKR einerseits der für die Entscheidungsfindung maßgebliche Kostensatz; andererseits spielt er auch für Kontrollüberlegungen eine Rolle. Der konkrete Wert der Bezugsgröße am Periodenende kann ja von dem anfangs geplanten Wert abweichen; will man die Sollkosten für den *ex post* eingetretenen Bezugsgrößenwert ermitteln, benötigt man Vorstellungen über die Abhängigkeit der Kosten von der Bezugsgröße, und diese Beziehungen werden durch (1) festgelegt.

Die **Ermittlung der Stückkostensätze** k stellt eine Kernaufgabe dieses Kostenrechnungssystems dar. Weil bei linearen Kostenfunktionen die variablen Stückkosten gleich den bezugsgrößenspezifischen Grenzkosten sind, wird die Bezeichnung *Grenzplankostenrechnung* verständlich. Es sollen für vielfältige Variablen (gemessen durch die Bezugsgrößen) Grenzkostensätze berechnet werden, die anschließend im Rahmen unterschiedlichster Entscheidungskalküle Verwendung finden können. Wegen der unterstellten Linearität sind dabei vor allem Kalküle auf Basis der Linearen Programmierung angesprochen, die insbesondere im 3. Kapitel: *Produktionsprogrammentscheidungen* und im 4. Kapitel: *Preisentscheidungen* vorgestellt werden. Bei Kontrollüberlegungen ist darüber hinaus die Zusammensetzung der Kostensätze k wichtig. Sie bestehen aus Verbrauchs- und Preiskomponenten verschiedener Produktionsfaktoren, und diese Aufspaltung dient als Grundlage für Abweichungsanalysen, deren Gestaltung im 7. Kapitel: *Kontrollrechnungen* besprochen wird.

Ausspruch[8]

„... wurden inzwischen ganze Generationen junger, hoffnungsvoller Betriebswirte von ihren Vorständen ausgeschickt, die Kosten in fixe und variable Anteile aufzuspalten. Grundehrliche und gewissenhafte Menschen kamen mit leeren Händen zurück und verloren wegen Untauglichkeit ihren Job. Andere gehorchten der Not und abstrahierten, klammerten Kosteneinflüsse aus, normalisierten, bildeten Durchschnittswerte und taten vieles andere mehr – kurz, sie traktierten widerspenstige Kostenarten so lange mit Vereinfachungen und Fiktionen, bis sie proportionalisierte Kosten je Enderzeugnis oder Kostenträger und meist einen großen Block fixer Gemeinkosten vorweisen konnten. Vielleicht handelte es sich bei den variablen Kosten sogar um die modernste Variante der 'Grenzplankosten'."

Prämissen

Ausgehend von dieser grundlegenden Einordnung basiert die GPKR allgemein auf Prämissen, die im Wesentlichen zur Aufgabe haben, die **Komplexität** der tatsächlichen Verhältnisse so zu reduzieren, dass die Kostenrechnung „bewältigbar" wird, ohne zu einem völlig falschen Bild dieser Verhältnisse zu führen. Es sind dies:[9]

1. Die Kosten werden **deterministisch** geplant, so dass in die Kostenplanung keine Risikoüberlegungen eingehen.
2. Der Kostenplanung werden **feste Verrechnungspreise** bzw **gegebene Wertkomponenten** zugrunde gelegt. Diese Annahme hängt eng mit der vorherigen zusammen. Ohne ein fest vorgegebenes Preissystem könnte man nämlich nicht mehr von deterministischen Kosten ausgehen.
3. Die **Beschäftigung** des Unternehmens ist variabel und stellt die **maßgebliche Kosteneinflussgröße** dar. Die Einflussgrößen der Verfahrensplanung werden gemeinsam mit der Beschäftigung erfasst. Andere Kosteneinflussgrößen (zB Losgrößen, Bedienungsrelationen oder Sortenschaltungen) werden meist als gegeben angenommen und nicht gesondert ausgewiesen.[10]
4. Die Plankosten lassen sich **eindeutig** in **proportionale** und **fixe** Bestandteile hinsichtlich der betrachteten Bezugsgröße (insbesondere der Beschäftigung) trennen. Wäre dies nicht so, könnte eine Kostenfunktion gemäß (1) nicht aufgestellt werden.
5. Für alle Entscheidungsvariablen werden nur **Teilkosten** als beschäftigungsproportionale Kosten angesetzt.

Die obigen Prämissen sind gewissermaßen der Kern der GPKR, und eine Kritik an diesem Kostenrechnungssystem kann deshalb nur an diesen Prämissen ansetzen. Die Prämissen heben die **Beschäftigung** als dominante Kosteneinflussgröße und Entscheidungsvariable heraus. Die Beschäftigung wird aber letztlich durch eine Viel-

---

8 *Laßmann* (1973), S. 5 f.

9 Vgl ähnlich auch *Riebel* (1994), S. 362; *Schildbach* und *Homburg* (2009), S. 233.

10 Diese Sachverhalte werden im Rahmen der folgenden Darstellung noch deutlich werden.

zahl von Einflussgrößen beschrieben, die von der art- und mengenmäßigen Zusammensetzung des Produktionsprogramms einschließlich der Verfahrenswahl abhängen.

Angesichts der im 5. Kapitel: *Entscheidungsrechnungen bei Unsicherheit* aufgezeigten Beziehungen hängt der in Prämisse 1 angesprochene deterministische Kostenansatz eng mit der Annahme 5 zusammen, wonach die variablen bzw beschäftigungsproportionalen Kosten als die einzig entscheidungsrelevanten Kosten angesehen werden. Andernfalls müsste nämlich bedacht werden, dass auch Fixkosten entscheidungsrelevant sein können. Allerdings ist dieser Sachverhalt nur insofern bedeutsam, als er eine Einbeziehung der **Fixkosten als Block** erfordert; dagegen spielt er für die Berechnung variabler Stückkosten keine Rolle. Diese müssten bei Risiko jedoch unter Berücksichtigung nicht deterministischer Faktorpreise und Faktorverbräuche geplant werden.

Die Konzentration auf die Beschäftigung spiegelt sich auch in der Vorgehensweise der Kostenplanung wider. Die Planung der Kosten wird nach **Einzel- und Gemeinkosten bezogen auf die Produkte** getrennt. Die Einzelkosten lassen sich den Produkten nach Maßgabe des **Verursachungs-** oder **Beanspruchungsprinzips** unmittelbar zurechnen und werden auch produktbezogen geplant. Dagegen scheitert bei den Gemeinkosten eine solche unmittelbare Zurechnung; sie werden daher für einzelne **Kostenstellen** geplant und somit indirekt den Produkten zugerechnet, soweit es sich um variable Produktgemeinkosten handelt. Diese, den Endprodukten über die Kostenstellen zugerechneten Produktgemeinkosten werden nachfolgend als **Kostenstellenkosten** bezeichnet. Auf der Grundlage dieser Differenzierung lässt sich der Ablauf der Kostenplanung bei der GPKR grob wie in Abbildung 1 angeben.

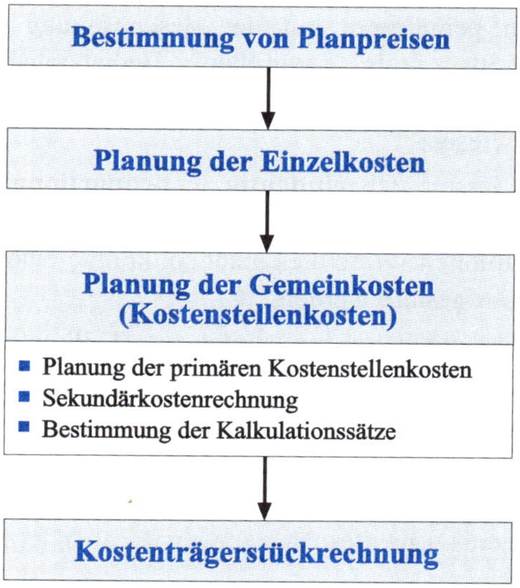

Abb. 1: Ablauf der Kostenplanung

Obwohl die GPKR vorwiegend nur die variablen Kosten den Endprodukten zurechnet, lässt sich der Ablauf grundsätzlich auch um Fixkosten ergänzen, falls dies für bestimmte Zwecke (zB Preisermittlung bei öffentlichen Aufträgen, Bewertung von Erzeugnissen für die Bilanz) erforderlich sein sollte. Insofern kann parallel zur angestrebten Teilkostenkalkulation stets auch eine Kalkulation mit Vollkosten durchgeführt werden. Die folgenden Ausführungen beschränken sich aber auf die *Grenz*plankosten. Auf Basis der Abfolge aus Abbildung 1 werden die wichtigsten Aspekte der Berechnung solcher Grenzplankosten erläutert,[11] wobei der Schwerpunkt auf der Planung der Kostenstellenkosten liegt.

2.2. Bestimmung von Planpreisen

Gemäß dem verbrauchsorientierten Kostenbegriff lassen sich **Kosten** als

$$\text{sachzielbezogener Planverbrauch} \times \text{Planwertansatz} \tag{2}$$

schreiben. Bei einer pagatorischen Betrachtung sind die Wertansätze aus den künftig zu zahlenden Beschaffungspreisen für die einzelnen Produktionsfaktoren abzuleiten. Als Ausgangspunkt der Kostenplanung müssen daher Planpreise für die verschiedenen Faktoren bestimmt werden.

Im Rahmen der Ermittlung dieser Planpreise sind verschiedene Probleme zu lösen. Zunächst ist die **Zeitspanne** festzulegen, für die Planpreise zu bestimmen sind. Weil die Kostendaten in späteren Entscheidungskalkülen verwendet werden, sollte diese Zeitspanne allgemein mit der Länge der Planungsperiode übereinstimmen, für die Entscheidungen zu treffen sind. Diese Periodenlänge wird sich von Geschäftszweig zu Geschäftszweig unterscheiden; in der Praxis wird oftmals ein Jahr zugrunde gelegt. Der relevante Planpreis ist dann der **durchschnittlich** für diese Planungsperiode zu erwartende Preis. Für dessen Schätzung kann einerseits auf Erfahrungen der Einkäufer zurückgegriffen werden; andererseits können auch statistische Prognoseverfahren zur Anwendung kommen.[12]

Dieser Durchschnittspreis dient als Grundlage der Plankalkulationen und der zum Periodenbeginn aufgestellten Entscheidungsrechnungen. Er weicht im Allgemeinen von den im Laufe der Periode bei den Beschaffungsvorgängen tatsächlich zu zahlenden Preisen mehr oder weniger ab. Daraus kann sich für bestimmte, nach dem Beginn der Periode zu treffende Entscheidungen die Notwendigkeit ergeben, vom anfänglichen Planpreis abzuweichen. Ist zB im Laufe der Periode die Preisuntergrenze für einen Zusatzauftrag zu berechnen, kann es sinnvoll sein, den aktuellen

---

11 Für eine umfassende Darstellung der *GPKR* sei auf das diesbezügliche Standardwerk von *Kilger* et al. (2012) verwiesen. Dort werden auch vielfältige Spezialprobleme und praktische Fälle anhand umfangreicher Beispiele erläutert. Ausführliche Darstellungen der *GPKR* finden sich ebenfalls bei *Haberstock* (2008), *Scherrer* (1999), *Schweitzer* und *Küpper* (2011).

12 Eine kompakte Übersicht über wichtige Verfahren liefert *Buchner* (1985), S. 272 – 298.

Beschaffungspreis zu verwenden, wenn dieser erheblich vom Planpreis abweicht (siehe 4. Kapitel: *Preisentscheidungen*).

Derartige Anpassungen setzen wiederum einen entsprechenden Aufbau der Kostenrechnung voraus. Eine Umwertung kann nämlich leicht und wirtschaftlich durchgeführt werden, wenn die **Mengenrechnung** von der **Wertrechnung** getrennt wird; dann brauchen nur die Stückverbräuche mit den neuen Preisen bewertet zu werden, und ein völlig neues Durchrechnen des gesamten Systems entfällt. Umwertungen sind auch für die Ermittlung von Preisabweichungen erforderlich; dies kann sofort beim Zugang des Materials (*Zugangsmethode*) oder erst bei dessen Einsatz (*Abgangsmethode*) erfolgen.

Die Trennung der Mengenrechnung von der Wertrechnung läuft darauf hinaus, die Kostenrechnung als **Primärkostenrechnung** aufzubauen, bei der die Stückkosten nach primären Faktorarten gegliedert werden. Dabei wird für jedes Produkt und jeden Primärfaktor angegeben, welche Mengeneinheiten insgesamt im Produkt enthalten sind (Gesamtverbrauchskoeffizient). Allerdings setzt eine solche Primärkostenrechnung voraus, dass für *jede* Faktorart (also zB auch Energie oder Betriebsstoffe) ein spezifischer Gesamtverbrauchskoeffizient ermittelt wird, der letztlich die gesamte Kostenstellenrechnung in einer mengenmäßigen Form beinhaltet. Dies ist Gegenstand der streng **produktionsanalytisch fundierten Systeme** der Kostenrechnung, auf die hier nicht näher eingegangen wird.[13]

Für die Festlegung von Planpreisen sind nicht alle Produktionsfaktoren gleichermaßen geeignet. Es kommen nur solche Faktoren in Frage, die regelmäßig und häufig bezogen werden, wozu insbesondere Rohstoffe gehören. Dagegen scheiden viele Dienstleistungen, Fremdreparaturen und ähnliche Faktoren aus, weil sie nur sehr individuell bestimmbar sind. Für solche Faktoren wird dann ein voraussichtlicher Gesamtbetrag eingeplant. Aber auch geringwertige Hilfsstoffe (Kleinmaterialien wie zB Nägel und Schrauben) werden aus Wirtschaftlichkeitserwägungen oftmals nicht in ein Planpreissystem einbezogen.

Die Inhalte der Planpreise ergeben sich bei **Rohstoffen** zunächst aus dem Einstandspreis (= Einkaufspreis abzüglich Rabatte, Skonti, usw), der noch um die Beschaffungsnebenkosten (zB Transport, Versicherung, Zölle) zu erhöhen ist. Bei **Arbeitsleistungen** basieren die Planpreise auf dem Tariflohn pro Arbeitszeiteinheit; dazu kommt ein prozentualer Zuschlag für gesetzliche und ggf freiwillige Sozialleistungen. Durch die beschriebene Vorgehensweise wird die obige Prämisse 2 (feste Verrechnungspreise bzw gegebene Wertansätze) konkretisiert.

2.3. Planung der Einzelkosten

Die Einzelkosten lassen sich in Material-, Lohn- und Sondereinzelkosten gliedern. Ihre Planung erfolgt üblicherweise pro **Kostenträger**, doch werden insbesondere die Lohneinzelkosten zumeist über die Kostenstellen verrechnet. Der Grund liegt vor allem darin, dass die Fertigungszeiten eine wichtige Bezugsgröße bei der Planung der Kostenstellenkosten sind; darüber hinaus spielen auch Gesichtspunkte der Kostenkontrolle eine Rolle, denn die Kontrolle sollte an den Orten der Kostenent-

---

[13] Vgl dazu etwa *Kloock* (1981b) und *Dörner* (1984); eine instruktive Darstellung findet sich in *Schildbach* und *Homburg* (2009), S. 220 – 230.

stehung ansetzen. Daher kann es grundsätzlich sinnvoll sein, auch die Einzelkosten den entsprechenden Kostenstellen zuzuordnen, obwohl dies für die Planung der Stückkosten von Produkten nicht unbedingt erforderlich ist.

Planung der Materialeinzelkosten

Ausgangspunkt der Planung der Materialeinzelkosten sind die **Netto-Planeinzelmaterialmengen**, also solche Einzelmaterialmengen, die auf Grund der geplanten Charakteristika der Produkte, Materialien und Fertigungsstrukturen letztlich in einer fertig gestellten Produkteinheit enthalten sein sollten. Diese **Nettoverbräuche** sind allerdings zu erhöhen, weil bei der Produktion sowohl unvermeidbare Abfälle und Gewichtsverluste als auch Ausschüsse auftreten können. Den Nettoverbrauchsmengen sind daher für jede Materialart Zuschläge für Planabfallmengen (gestaffelt nach den einzelnen Abfallursachen) hinzuzufügen, um auf die **Brutto-Planeinzelmaterialmenge** (**Bruttoverbrauch**) zu kommen.[14] Diese Menge ist mit dem entsprechenden Planpreis zu multiplizieren, um die faktor- und produktspezifischen Materialeinzelkostensätze zu berechnen.

Mehrstufige Produktionsstrukturen

Handelt es sich um einen mehrstufigen Produktionsprozess, muss bei der Berechnung der Bruttoverbräuche die Produktionsstruktur explizit berücksichtigt werden. Gegeben sei zB ein zweistufiger Produktionsprozess. Auf der ersten Stufe wird ein Bauteil gefertigt, für das 2 kg eines bestimmten Rohstoffes erforderlich sind. Auf der zweiten Stufe geht Bauteil 1 in das Endprodukt ein, wobei drei Bauteile für ein Stück des Endproduktes benötigt werden; darüber hinaus erfordert die Herstellung des Endproduktes selbst 4 kg des besagten Rohstoffs.

Der Bruttoverbrauch (Gesamtbedarf) dieses Rohstoffs je Einheit des Endprodukts ergibt sich nun aus der Summe des direkten und des indirekten Bedarfs. Der direkte Bedarf beträgt 4 kg und fällt nur auf der zweiten Stufe an. Der indirekte Bedarf entsteht in der Teilefertigung, nämlich $3 \cdot 2$ kg = 6 kg. Insgesamt sind also 10 kg des Rohstoffes erforderlich.

In diesem Beispiel kann die Berechnung relativ leicht durchgeführt werden, weil eine einfach zusammenhängende Produktionsstruktur zugrunde liegt. Es liefert nur eine vorgelagerte Stelle an eine nachgelagerte Stelle. Dagegen können bei einer komplexen Produktionsstruktur auch gegenseitige Leistungsverflechtungen vorliegen. In diesem Fall bietet sich die Matrizenrechnung als Lösungsinstrument an. Die Vorgehensweise lässt sich als Spezialfall produktionsanalytisch fundierter Kostenplanungen mit expliziter Einbeziehung der Produktionsstruktur auffassen.[15]

---

[14] Vgl dazu auch die für die Kontrolle wichtige Unterscheidung in Normalgrößen, Optimalgrößen und verhaltensorientierte Größen als Basis für Planwerte (siehe 7. Kapitel: *Kontrollrechnungen*). Werden vermeidbare Mengen einbezogen, handelt es sich um Normalgrößen.

[15] Vgl dazu ausführlich zB *Dörner* (1984).

Für die Planung sowohl der Nettoverbräuche als auch der Planabfallmengen stehen verschiedene Methoden zur Verfügung. Zunächst könnte man (bereinigte) **Vergangenheitswerte** verwenden, sofern sich weder beim Fertigungsverfahren noch bei der Zusammensetzung der Produkte Änderungen ergeben haben. Diese Methode versagt naturgemäß bei neuen Produkten, veränderten Konstruktionen bisheriger Produkte und/oder Änderungen der Fertigungsverfahren. In diesen Fällen kann zB auf **Schätzungen** von Meistern, Kostenplanern und Vorarbeitern zurückgegriffen werden. Andererseits können auch **technische Studien** und **Berechnungen** angestellt werden. Genauere Informationen wird man durch **Probeläufe**, **Prototypen** und **Musterfertigungen** erhalten. Die Kosten solcher Probefertigungen müssen nicht unbedingt höher sein als diejenigen der anderen Verfahren, weil man zur Einstellung der Aggregate ohnehin Versuchsläufe durchführen wird. Schließlich können auch **externe Richtzahlen** verwendet werden, doch muss es sich dabei um Produkte handeln, die in ähnlicher Art und Konstruktion sowie mit vergleichbaren Fertigungsverfahren auch von anderen Unternehmen gefertigt werden. Andernfalls handelt es sich um Werte, die für die konkret vorliegende Situation nicht repräsentativ sind. Alle genannten Methoden sind nicht nur für die Planung der Einzelkosten, sondern ebenfalls für die Planung der Kostenstellenkosten verwendbar.

Planung der Lohneinzelkosten

Bei den Lohneinzelkosten handelt es sich vornehmlich um die Lohnkosten für Mitarbeiter, die unmittelbar produktbezogene Tätigkeiten ausführen; diese Lohnkosten werden oftmals auch als **Fertigungslöhne** bezeichnet. Bei ihrer Planung ist danach zu unterscheiden, welches Lohnsystem vorliegt, nämlich

1. Akkordlohnsystem oder
2. Zeitlohnsystem.

1. **Akkordlohnsystem**. Dabei werden den Arbeitern Vorgabezeiten für die Produktbearbeitung vorgegeben, die zugleich Grundlage der Entlohnung sind. Beträgt die Vorgabezeit zB 5 min/Stück, und wird je Vorgabeminute 1 GE vergütet, dann erhält der Akkordlöhner 5 GE je gefertigter Produkteinheit. Ein **reiner Leistungslohn** läge vor, wenn die Entlohnung ausschließlich in dieser Weise erfolgt. Dies ist praktisch aber kaum anzutreffen, weil neben den Akkordbestandteilen noch **Mindestlöhne** gezahlt werden, die unabhängig vom Produktionsvolumen sind.

Die reinen Akkordbestandteile sind jedenfalls als **Einzellohnkosten** anzusetzen. Es muss aber für das Gesamtsystem der Kostenplanung bedacht werden, dass die Vorgabezeiten nicht mit den eigentlichen Planarbeitszeiten übereinstimmen müssen. Die Berechnung von Vorgabezeiten orientiert sich nämlich regelmäßig an einem **Normalleistungsgrad**, der von den Mitarbeitern faktisch jedoch meist überschritten wird. Beträgt im obigen Beispiel der Planleistungsgrad etwa 125%, dann erhält man die Planarbeitszeit aus:

$$\text{Planarbeitszeit} = \frac{\text{Vorgabezeit}}{\text{Planleistungsgrad}} = \frac{5\ \text{min / Stück}}{1{,}25} = 4\ \text{min / Stück}$$

Weil sich Vorgabezeiten und Planarbeitszeiten gemäß dem Planleistungsgrad proportional zueinander verhalten, spielt es für die spätere Bezugsgrößenplanung in der Stellenrechnung grundsätzlich keine Rolle, welche Größe man verwendet. Etwas anderes gilt aber für die Planung der Arbeitszeiten und der Personalkapazitäten. Bei gegebenen Personalkapazitäten muss ein Entscheidungsmodell zB zur Produktionsprogrammplanung als Restriktion berücksichtigen, dass die Summe der vom Produktionsprogramm abhängigen Planarbeitszeiten nicht größer sein darf als die verfügbare Personalkapazität. Insofern müssen die produktspezifischen Verbrauchskoeffizienten des Entscheidungsmodells an den Planarbeitszeiten und nicht an den Vorgabezeiten orientiert sein, obwohl letztere für die variablen Akkordlöhne und mithin die variablen Stückkosten relevant sind.

2. **Zeitlohnsystem**. Die Verrechnung der Mindestlöhne bei einem Akkordlohnsystem kann analog zu den **reinen Zeitlöhnen** vorgenommen werden. Auch bei diesen Löhnen werden die Planarbeitszeiten mit einem geplanten Lohnsatz bewertet und als Einzellohnkosten erfasst. Diese Vorgehensweise verstößt jedoch im Allgemeinen gegen den Grundsatz der Erfassung nur **entscheidungsrelevanter Kosten**. Aus der Möglichkeit, bei Zeitlöhnen Planarbeitszeiten für einzelne Produkte berechnen zu können, darf nämlich nicht geschlossen werden, dass die anteiligen Lohnkosten sich tatsächlich proportional zum Produktionsvolumen verhalten. Die Zeitlöhne hängen nur von der Einsatzzeit der Mitarbeiter ab, die zumeist vertraglich fixiert und kurzfristig unveränderbar ist. Insofern sind Zeitlöhne eher auf die Entscheidung über die *Einstellung* von Mitarbeitern bzw die unterlassene Kündigung zurückzuführen, nicht aber auf die Herstellung einer bestimmten Produkteinheit. Eine anteilige Zurechnung auf einen Kostenträger würde **nicht verursachungsgerecht** sein, denn die Zeitlöhne fallen in voller Höhe auch dann an, wenn nicht produziert wird.

Die Verrechnung von Mindest- und Zeitlöhnen als Lohneinzelkosten ist in der Praxis weit verbreitet, aber aus dem Gesichtspunkt der Entscheidungsvorbereitung nicht zu rechtfertigen. Eine Ausnahme könnte dann bestehen, wenn man unterstellt, dass die verrechneten Arbeitszeiten an anderer Stelle zu Engpässen führen, so dass zB im Umfang der produktionsabhängigen Planarbeitszeiten neue Mitarbeiter in anderen Unternehmensbereichen eingestellt werden müssten. In diesem Fall ließen sich die zugerechneten Zeitlöhne als Approximation der anderweitig entstehenden Kosten ansehen. Ob diese Begründung allerdings in jedem Entscheidungszeitpunkt greift, dürfte zu bezweifeln sein. Sie hat aber eine gewisse Nähe zur Begründung von Kostenallokationen als Approximationsgrößen von ansonsten nur schwer erfassbaren Konsequenzen bei Kapazitätsbeschränkungen, wie sie im 11. Kapitel: *Verrechnungspreise und Kostenallokationen* behandelt wurden.

Planung der Sondereinzelkosten

Bei den Sondereinzelkosten (dabei kann es sich um solche der Fertigung und des Vertriebs handeln) setzt sich die Durchbrechung des Verursachungsprinzips teilweise fort. Unproblematisch sind Kostenfaktoren wie zB Stücklizenzen, die je Produkteinheit an den Lizenzgeber bezahlt werden, oder Kosten für Verpackungsmaterialien, die produktspezifisch bereitgestellt werden müssen. Daneben werden aber viele andere Kosten in die Sondereinzelkosten einbezogen, die faktisch nur nach Maßgabe des **Durchschnittsprinzips** den Produkteinheiten zugerechnet werden können. Verantwortlich dafür ist ein im Rahmen der GPKR aufgestellter „Grundsatz, möglichst viele Kostenarten als Einzelkosten zu verrechnen“[16].

Dieser Grundsatz führt dazu, dass es für die Einbeziehung mancher Kosten in die Einzelkosten als ausreichend erachtet wird, wenn die Kostenbeträge lediglich einer **Gruppe** von Produkten bzw Kostenträgern zugerechnet werden können. So werden zB Kosten für Modelle, Formen, Spezialvorrichtungen und Spezialwerkzeuge zu den Sondereinzelkosten der Fertigung gerechnet. Weil aber Werkzeuge zumeist nicht nur für ein Stück, sondern für viele Produkteinheiten brauchbar sind, können derartige Werkzeugkosten streng genommen nur der insgesamt mit dem Werkzeug herstellbaren Produktmenge zugerechnet werden. Den Kostensatz je Produkteinheit erhält man dann durch Anwendung des **Durchschnittsprinzips**, indem die Kosten für das Werkzeug durch die herstellbare Produktmenge dividiert werden. Ähnliches gilt bei den Sondereinzelkosten des Vertriebs zB für Frachtkosten, wenn diese Kosten nur für größere Versandaufträge anfallen, nicht aber für einzelne Produkteinheiten.

Diskussion

Die beschriebenen Durchbrechungen des Verursachungsprinzips können als Ausfluss von **Wirtschaftlichkeitsüberlegungen**, und zwar als spezifische **Vereinfachungen** und **Heuristiken,** angesehen werden. Diese Interpretation dürfte insbesondere bei den **Sondereinzelkosten** angebracht sein. So sind zB Werkzeugkosten faktisch variable Gemeinkosten, die in der Art einer Treppenfunktion vom Produktionsvolumen abhängen: Ist ein Werkzeug nach x Produkteinheiten unbrauchbar geworden, benötigt man jeweils nach x Einheiten ein neues Werkzeug. Damit ist letztlich die Prämisse 4 der GPKR verletzt, nämlich die eindeutige Trennbarkeit in proportionale und fixe Bestandteile. Bei Einbeziehung von Treppenfunktionen (möglichst für jede Werkzeugart eine) bildet man zwar die Kostenabhängigkeiten präziser ab, vergibt sich aber die Möglichkeit einer einfachen Lösung des darauf basierenden Entscheidungsmodells. Durchbrechungen des Verursachungsprinzips können, müssen aber nicht mit falschen Entscheidungen einhergehen.[17]

Die **Linearisierung** dieser Werkzeugkosten führt zu relativ großen Fehlern, wenn die Produktionsmenge etwa knapp oberhalb des letzten Grenzwertes für einen Werkzeugersatz liegt. Dann nämlich müsste für das letzte Werkzeug eigentlich der volle Kostensatz angesetzt werden, während die Linearisierung nur einen kleinen Teil berücksichtigen würde. Der Fehler ist betragsmäßig umso größer, je höher die Kosten für das neue Werkzeug sind. Andererseits erlaubt diese Vorgehensweise die Aufstellung eines linearen Entscheidungsmodells, das im Allgemeinen mit Standardmethoden lösbar ist.

---

16 *Kilger* et al. (2012), S. 227.

17 Dies demonstriert *Schauenberg* (1992) in einem ähnlichen Zusammenhang anhand eines recht einfachen Ansatzes.

Allerdings bedingt die obige Prämisse 4 der GPKR zwingend **Verzerrungen** im Vergleich zu den tatsächlichen Kostenabhängigkeiten, weil man bei der GPKR wegen der Linearitätsannahme für die Behandlung von Kosten nur **zwei Möglichkeiten** hat: Entweder man behandelt einen Kostenbetrag als fix; dann spielt er für die Stückkostensätze und die anschließenden (deterministischen) Entscheidungskalküle keine Rolle. Oder man behandelt den Kostenbetrag als variabel; in diesem Fall muss er gemäß den Voraussetzungen der GPKR als zur Bezugsgröße proportional verrechnet werden. Damit werden Fehler bei bestimmten Kostenbestandteilen von vorneherein in Kauf genommen, die sich ggf mit den obigen Wirtschaftlichkeitsaspekten rechtfertigen lassen. Bei den **Einzelkosten** besteht dieses Problem jedoch nicht für alle Kostenarten, wie am Beispiel der Verrechnung von Mindest- und Zeitlöhnen als Lohneinzelkosten deutlich wird. Diese Lohnkostenbestandteile sind kurzfristig zumeist nicht variabel und brauchen daher erst recht nicht künstlich proportionalisiert zu werden.

Damit zeigt sich, dass man die obigen Vorgehensweisen schlicht als **Vorschlag für ein bestimmtes Prozedere** ansehen sollte. Nichts spricht dagegen, in einer konkret vorliegenden Situation präziser vorzugehen, indem zB die Zeitlöhne nicht als Einzelkosten verrechnet werden. Umgekehrt kann man jederzeit noch weitere Vereinfachungen vornehmen, als sie in den bisherigen Verfahrensvorschlägen für die GPKR enthalten sind.

2.4. Planung der Gemeinkosten

Die grundsätzliche **Schrittfolge** bei der Planung der Gemeinkosten (Kostenstellenkosten) lässt sich gemäß Abbildung 2 angeben. In dieser Schrittfolge wird vorwiegend auf die Berechnung von Grenzkosten-Kalkulationssätzen abgestellt, weil dies das eigentliche Anliegen der GPKR ist. Sämtliche Rechnungen zur Ermittlung von Kalkulationssätzen lassen sich aber parallel auch für Vollkostenrechnungen durchführen, worauf bereits oben hingewiesen wurde. Im Folgenden werden die in der Übersicht angesprochenen Schritte der Gemeinkostenplanung nacheinander besprochen.

Einteilung des Unternehmens in Kostenstellen

Die Kostenstellenrechnung der GPKR stellt das eigentliche Kernstück dieses Rechnungssystems dar. Sie soll einerseits Kontroll-, andererseits Planungszwecken dienen, indem die den Kostenträgern nicht direkt zurechenbaren (variablen) Gemeinkosten über die Kostenstellenrechnung geplant und letztlich zurechenbar gemacht werden. Die Bildung der Kostenstellen soll sowohl den Anforderungen einer möglichst genauen Kostenplanung als auch denjenigen einer Kontrolle gerecht werden. Daraus resultieren **zwei Kriterien**, denen die **Kostenstellenbildung** genügen soll:

1. Aus dem Gesichtspunkt einer möglichst genauen Kostenplanung sollten „in einer Kostenstelle nur Maschinen und Arbeitsplätze zusammengefasst werden, deren Kostenverursachung keine wesentlichen Unterschiede aufweist“[18].
2. Aus Kontrollgesichtspunkten sollten die Kostenstellen zugleich nach Maßgabe selbstständiger Verantwortungsbereiche gebildet werden.

Die erste Anforderung erklärt sich daraus, dass in der GPKR nach Möglichkeit nur *ein* Kalkulationssatz je Kostenstelle (zB variable Kosten je Fertigungsstunde in der Stelle *N*) angestrebt wird (**homogene Kostenverursachung**; siehe dazu weiter unten). Hat man in einer Stelle aber Aggregate mit sehr heterogener Kostenstruktur (zB in der Stelle „Dreherei“ einfache Drehbänke und voll computergesteuerte Drehautomaten), dann wird eine derartige Vorgehensweise bei der Kostenzurechnung auf die Produkte mit großen Fehlern verbunden sein, weil die tatsächliche Beanspruchung der unterschiedlichen Aggregate durch die einzelnen Produkte nicht berücksichtigt werden kann.

Die zweite Anforderung erklärt sich aus dem Erfordernis, bei Kostenabweichungen die dafür **maßgeblichen Ursachen** aufklären und ggf abstellen zu können. Werden Abweichungen für eine Stelle berechnet, in der mehrere Verantwortungsbereiche vorliegen, besteht die Gefahr, dass die Verantwortung für Abweichungen schnell den jeweils anderen Verantwortungsträgern zugeschoben und damit sowohl eine Ursachenklärung als auch ein Abstellen der Abweichungen verhindert wird.

Beide **Anforderungen** können nur selten simultan erfüllt werden. Werden zB die Stellen funktionsspezifisch abgegrenzt (zB Drehen, Bohren, Fräsen, Härten) und korrespondieren auch die selbstständigen Verantwortungsbereiche mit diesen Abgrenzungen, so wird zwar das zweite, nicht unbedingt aber das erste Kriterium erfüllt, wenn die Kostenstruktur der einzelnen Arbeitsplätze sehr heterogen ist. Aus rechnungstechnischen Gesichtspunkten wäre es dann sinnvoll, die Stellen weiter nach den einzelnen Arbeitsplätzen aufzugliedern, um für Planungszwecke die Kostenverursachung präziser abbilden zu können.

Dies wirft aber wiederum potenzielle Probleme bei der Kontrolle auf, wenn die Kosten nur für die gesamte Stelle, nicht aber für die einzelnen Arbeitsplätze erfasst werden. In diesem Fall können nämlich Kostenabweichungen nicht den eigentlichen Entstehungsorten, sondern nur der Stelle insgesamt zugerechnet werden. Gelingt eine anderweitige Zuordnung der Abweichungsursachen auf die einzelnen Arbeitsplätze (etwa mit Hilfe des Verantwortungsträgers) nicht, dann hat dies auch für die Planung Konsequenzen, weil man möglicherweise für die einzelnen Arbeitsplätze mit Kostensätzen plant, die den tatsächlichen Verhältnissen nicht entsprechen. Aus der Gesamtabweichung einer Stelle kann auch noch nicht einmal ein konkreter Anhaltspunkt für derartige Planungsfehler abgeleitet werden, weil hier kompensatorische Wirkungen maßgeblich sein können (Kostenüberschreitungen bei einigen Arbeitsplätzen können durch Kostenunterschreitungen bei anderen Arbeitsplätzen aufgefangen werden).

Eine **Kostenerfassung** für *jeden* Arbeitsplatz wäre zwar grundsätzlich möglich, dürfte aber auch hohe Erfassungskosten bedingen, so dass erneut **Wirtschaftlichkeitserwägungen** bei der Ausgestaltung des Rechnungssystems beachtet werden müssen. Auch das oben genannte Ziel, möglichst nur einen Kalkulationssatz je Stelle zu verwenden, lässt sich letztlich aus Wirtschaftlichkeitsaspekten erklären. Allge-

---

18 *Kilger* et al. (2012), S. 255.

mein gültige Empfehlungen können in diesem Zusammenhang kaum gegeben werden. Die getroffene Entscheidung bezüglich der Stellenbildung hat jedenfalls Konsequenzen für den nächsten Schritt der **Kostenplanung**, die Planung der Bezugsgrößen. Hat man sich nämlich für die Bildung von Stellen mit heterogener Kostenverursachung entschieden, so muss dieser Sachverhalt bei der Auswahl der Bezugsgrößen beachtet werden. Dies wird nachfolgend erläutert.

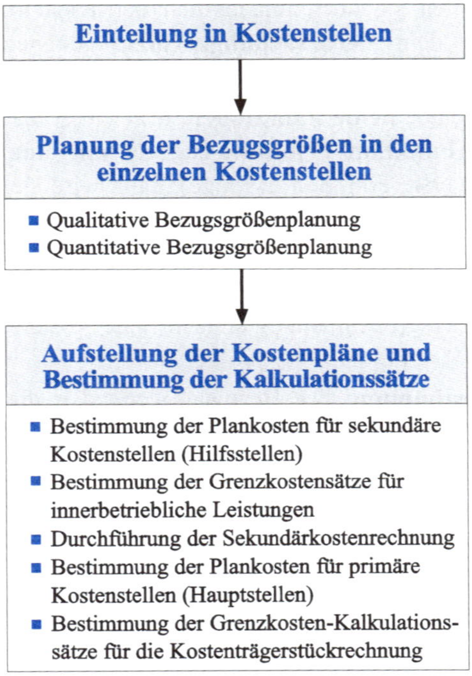

Abb. 2: Schrittfolge der Planung der Gemeinkosten

Planung der Bezugsgrößen

Die Höhe der Kosten wird zumeist von vielfältigen Einflussgrößen bzw **Kostenbestimmungsfaktoren** determiniert. Neben der art- und mengenmäßigen Zusammensetzung des Produktionsprogramms sind zahlreiche Aspekte des Produktionsvollzugs relevant, wie zB die Maschinenbelegung (Verfahrenswahl), das Bedienungsverhältnis (das ist die von einem Mitarbeiter überwachte bzw betreute Zahl von Maschinen), die Losgrößen der Produktionsaufträge und deren Reihenfolge, die Rohstoffmischungen, die Fertigungsintensitäten, diverse Prozessbedingungen (zB Kombinationen aus Druck und Temperatur), die Anzahl und Anordnung der Schichten (Nacht- und Feiertagsschichten sind teurer als normale Schichten, weil zB besondere Lohnsätze zur Anwendung kommen) usw. Eine umfassende Kostenplanung würde voraussetzen, dass der Einfluss all dieser Kostenbestimmungsfaktoren erfasst wird.

Diese Aufgabe kommt im Rahmen der GPKR den **Bezugsgrößen** zu. Sie sollen als **Maßgrößen der Kostenverursachung** fungieren und damit die einzelnen Kostenbestimmungsfaktoren in einer konkreten, quantitativen Ausprägung abbilden. Den Bezugsgrößen werden damit zwei **Funktionen** übertragen:

1. Einerseits sollen sie einen **Kostenverursachungsmaßstab** für die **Kostenstellen** darstellen, so dass die Stellenkosten überhaupt geplant und kontrolliert werden können.
2. Andererseits sollen sie auch hinsichtlich der **Kostenträger** (Endprodukte) in einer dem **Verursachungsprinzip** genügenden Beziehung stehen, damit sie als Basis der Plankalkulationen dienen können.

Erfüllt eine Bezugsgröße **beide Funktionen**, bezeichnet man sie als eine **Bezugsgröße mit doppelter Funktion**. Erfüllt sie dagegen **nur eine Funktion** (es kommt dabei faktisch nur die erste Funktion in Frage), dann wird sie als **Bezugsgröße mit einfacher Funktion** bezeichnet. Gesucht sind vorwiegend Bezugsgrößen mit doppelter Funktion; wie die folgenden Ausführungen zur Bezugsgrößenwahl zeigen werden, ist dies jedoch nicht immer möglich.

Im Rahmen der Bezugsgrößenplanung sind für jede Kostenstelle zwei **Festlegungen** zu treffen:

1. **Qualitative Bestimmung** der Bezugsgrößen, also die Frage, welche Arten von Bezugsgrößen für eine betrachtete Kostenstelle überhaupt gewählt werden sollen
2. Festlegung der **quantitativen Ausprägung** für jede dieser Bezugsgrößen, um die weitere Kostenplanung durchführen zu können.

Qualitative Bezugsgrößenplanung

Die bei der Bezugsgrößenwahl relevanten Faktoren lassen sich einerseits nach der Art der Kostenverursachung (**homogene** oder **heterogene Kostenverursachung**) in den einzelnen Kostenstellen gliedern. Andererseits ist es wichtig, ob die Bezugsgrößen unmittelbar aus den erstellten Leistungen einer Stelle abgeleitet werden (**direkte Bezugsgrößen**), oder ob sie sich aus den Leistungen anderer Stellen ergeben (**indirekte Bezugsgrößen**). Abbildung 3 fasst diese verschiedenen Aspekte zusammen.

Homogene Kostenverursachung

Dieser Fall liegt vor, wenn sich das Kostenverhalten mit einer einzigen Bezugsgröße verursachungsgerecht (im Sinne der GPKR) erfassen lässt oder so getan wird, als würden die Kosten von einem Kostenbestimmungsfaktor beeinflusst. Die variablen Kosten verhalten sich dann **proportional** zu der Bezugsgröße, durch welche die konkrete Ausprägung dieses Kostenbestimmungsfaktors gemessen wird.

Beispiele: Natürliche Kandidaten für homogene Kostenverursachung sind solche Stellen, bei denen einheitliche Leistungen bei konstantem Produktionsvollzug erstellt werden, so dass keinerlei Probleme der Maschinenbelegung und Verfahrenswahl auftreten. In diesen Fällen kann die

Leistungsmenge unmittelbar als Bezugsgröße dienen. Sofern bei konstantem Produktionsvollzug mehrere Leistungsarten erstellt werden (die Stelle „Dreherei" bearbeitet zB mehrere Produktarten), kann ebenfalls homogene Kostenverursachung vorliegen, sofern sich alle Leistungen auf eine einheitliche Größe zurückführen lassen (zB Maschinenstunden).

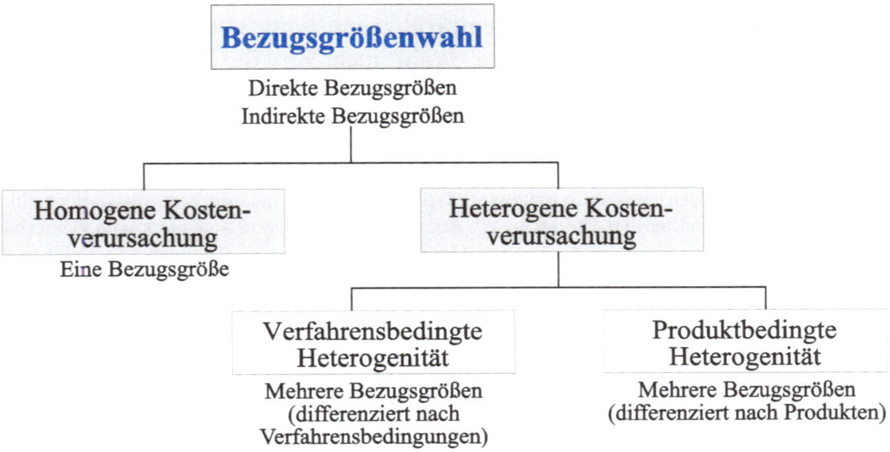

Abb. 3: Einflussfaktoren bei der Bezugsgrößenwahl

Austauschbarkeit von Maßgrößen

In bestimmten Fällen kann auch dann von homogener Kostenverursachung ausgegangen werden, wenn an sich mehrere Bestimmungsfaktoren vorliegen. Betrachtet wird zB eine Stelle mit nur einem Aggregat, die mehrere Produktarten bearbeitet, wobei die Maschine jeweils auf die neue Produktart umgerüstet werden muss. Weil bei Rüstvorgängen andersartige Güterverbräuche als bei Fertigungsprozessen vorliegen, müsste man grundsätzlich **zwei Bezugsgrößen** verwenden, nämlich Maschinenstunden zur Erfassung der reinen Fertigungskosten und Rüststunden zur Erfassung der Rüstkosten.

Sollte jedoch das Verhältnis von Maschinenstunden zu Rüststunden für alle Produktarten gleich sein,[19] können alle variablen Kosten faktisch als proportional zu einer der beiden Bezugsgrößen behandelt werden. Der Grund liegt darin, dass mit jeder Maschinenstunde gleich viele Rüststunden verbunden sind, unabhängig davon, welche Produktart gerade betrachtet wird; und umgekehrt sind auch mit jeder Rüststunde gleich viele Maschinenstunden verbunden. Weil die beiden Bezugsgrößen in einem **Proportionalitätsverhältnis** zueinander stehen, kann man die gesamten variablen Kosten rechnerisch auch so behandeln, als wären sie nur von einer Bezugsgröße abhängig. Dies bezeichnet man als das „**Gesetz der Austauschbarkeit der Maßgrößen**".

---

[19] Das ist letztlich eine empirische Frage angesichts konkret vorliegender Fertigungsbedingungen; hier geht es rein um die Verdeutlichung eines grundsätzlich möglichen Zusammenhangs und dessen Konsequenzen für die Bezugsgrößenplanung.

Heterogene Kostenverursachung

Hier werden im Rahmen der Leistungserstellung einer Kostenstelle mehrere (sich zueinander nicht proportional verhaltende) Kosteneinflussgrößen wirksam, so dass **mehrere Bezugsgrößen nebeneinander** verwendet werden müssen. Die Gründe dafür können einerseits in bestimmten Eigenschaften der bearbeiteten Produkte liegen (**produktbedingte Heterogenität**); andererseits können vielfältige Spielräume des Produktionsvollzugs die Wahl mehrerer Bezugsgrößen erforderlich machen (**verfahrensbedingte Heterogenität**). Beide Arten der Heterogenität können natürlich auch gemeinsam vorliegen.

Die **Zusammenhänge** lassen sich am besten durch einige **Beispiele** verdeutlichen:

(i) Die Kosten werden zwar grundsätzlich durch die Maschinenlaufzeit beeinflusst, doch führen bestimmte Eigenschaften der Produkte (zB Abmessungen, Konstruktionsmerkmale, Materialien oder Gewichte) dazu, dass die Kosten pro Maschinenstunde davon abhängen, für welches Produkt diese Fertigungsstunde verwendet wird (**produktbedingte Heterogenität**). Bezugsgrößen: Aggregatstunden differenziert nach Produkten.

(ii) Die Kosten hängen von der Aggregatzeit ab, doch haben die Maschinenstunden je nach Fertigungsintensität verschiedene kostenmäßige Konsequenzen (**verfahrensbedingte Heterogenität**). Bezugsgrößen: Aggregatzeiten differenziert nach unterschiedlichen Intensitätsgraden (dies läuft auf eine Linearisierung der Kostenfunktionen hinaus, denn intensitätsmäßige Anpassungsprozesse induzieren regelmäßig nichtlineare Verbrauchsbeziehungen).

(iii) Die Kosten hängen von der Aggregatzeit ab, doch haben verschiedene Prozessbedingungen (zB Druck und Temperatur) unterschiedliche kostenmäßige Konsequenzen (**verfahrensbedingte Heterogenität**). Bezugsgrößen: Aggregatstunden differenziert nach Prozessbedingungen.

(iv) Die Kosten hängen von der Aggregatzeit ab, doch gibt es in der betrachteten Stelle mehrere Aggregate mit unterschiedlicher Kostenverursachung (**verfahrensbedingte Heterogenität**). Bezugsgrößen: Aggregatstunden differenziert nach Aggregattypen.

(v) Die Kosten hängen sowohl von Fertigungs- als auch von Rüstprozessen ab, ohne dass für jede bearbeitete Produktart ein diesbezüglich konstantes Verhältnis vorliegt (**verfahrensbedingte Heterogenität**). Bezugsgrößen: Fertigungsstunden und Rüststunden.

(vi) Die Kosten hängen sowohl von den Fertigungs- als auch Rüststunden ab. Darüber hinaus werden sie durch bestimmte Produkteigenschaften beeinflusst (**produkt- und verfahrensbedingte Heterogenität**). Bezugsgrößen: Fertigungsstunden differenziert nach Produktarten und Rüststunden.

Bei den meisten der oben genannten Bezugsgrößen handelt es sich um solche mit doppelter Funktion, denn für die einzelnen Produkte dürften die stellenspezifischen Bearbeitungszeiten zumeist ohne weiteres angegeben werden können. Eine gewisse Ausnahme bildet allerdings die Bezugsgröße **Rüststunden**. Die Zeiten für das Umrüsten einer Maschine fallen nämlich nicht für eine einzelne Produkteinheit an, sondern für das gesamte Fertigungslos. Sie sind daher streng genommen nur dem Fertigungslos insgesamt zurechenbar. Eine anteilige Zurechnung auf einzelne Produkteinheiten kann folglich nur nach dem **Durchschnittsprinzip** erfolgen, indem die **Losgröße** explizit berücksichtigt wird.

Das Beispiel im Einschub zeigt, dass man für die **anteilige Zurechnung** auf Produkte zwei Annahmen benötigt. Einerseits müssen die **Losgrößen** bekannt sein, andererseits muss die **Fertigungsreihenfolge** (Sortenschaltung) festliegen, denn dies kann Einfluss auf den Umfang der jeweiligen Umrüsttätigkeiten haben. Bei beiden

Bestandteilen bleibt offen, wie die jeweilige Festlegung erfolgt. So existieren zB zahlreiche Ansätze zur optimalen Bestimmung von Fertigungslosgrößen, bei denen der Gesamtbedarf einer Periode stets eine maßgebliche Einflussgröße ist. Dieser Gesamtbedarf ergibt sich aber erst aus dem optimalen Produktions- und Absatzprogramm, für dessen Ermittlung man wiederum die Grenzkostensätze benötigt. Insofern wäre eigentlich das optimale **Produktionsprogramm simultan** mit der optimalen Losgröße festzulegen.

Analoge Zusammenhänge ergeben sich für die **Sortenschaltung**. Sofern sie einen Einfluss auf die Umrüstzeiten hat, kann sich daraus erneut eine Interdependenz zum optimalen Produktionsprogramm ergeben. Die Umrüstzeiten stehen nämlich definitionsgemäß nicht als Fertigungszeit zur Verfügung, so dass durch eine *a priori* festgelegte Sortenschaltung faktisch der Umfang der Fertigungskapazität beeinflusst wird. Ob die gewählte Sortenschaltung optimal ist, kann letztlich nur simultan mit der Festlegung des Produktions- und Absatzprogramms entschieden werden.

Beispiel

Auf einer Maschine werden in Wechselproduktion die drei Produkte P1, P2 und P3 bearbeitet. Die Losgrößen sind: 1.000 Stück für Produkt P1, 2.000 Stück für Produkt P2 und 1.500 Stück für Produkt P3. Die Fertigungsreihenfolge lautet: P2 – P1 – P3 – P2 – P1 – P3 – ... Bei dieser Reihenfolge fallen für die Umrüsttätigkeiten folgende Zeiten an:

Umrüsten für P2: 20 Stunden
Umrüsten für P1: 5 Stunden
Umrüsten für P3: 21 Stunden.

Daraus ergeben sich folgende Rüstzeiten:

P1: $(5 \cdot 60)/1.000 = 0{,}3$ min/Stück
P2: $(20 \cdot 60)/2.000 = 0{,}6$ min/Stück
P3: $(21 \cdot 60)/1.500 = 0{,}84$ min/Stück.

Diese Ausführungen zeigen, dass – trotz eines ggf sehr differenzierten Bezugsgrößensystems – die Kostenplanung bei der GPKR nicht ohne eine implizite **Vorabfestlegung** bestimmter **Kosteneinflussgrößen** auskommt. Dadurch wird die eingangs genannte Prämisse 3 der GPKR verdeutlicht, wonach bestimmte Einflussgrößen außer der Beschäftigung und Verfahrenswahl als gegeben angenommen und zumeist nicht gesondert ausgewiesen werden. Die Vorgangsweise hinsichtlich der eigentlichen **Maschinenbelegung** ist demgegenüber weniger problematisch. Sie wird bei der stellenspezifischen Kostenplanung über maschinenabhängige Bezugsgrößen erfasst. Die so ermittelten Kostensätze können dann in spezifische Kalkulationsverfahren integriert werden. So würde zB die sogenannte *Alternativkalkulation* (siehe dazu den Überblick im 3. Kapitel: *Produktionsprogrammentscheidungen*) für jede Verfahrensvariante bei der Herstellung eines Produkts eine separate Kalkulation vorsehen, in die die entsprechenden Kostensätze der maschinenabhängigen Bezugsgrößen eingehen. In analoger Weise lassen sich zB auch Prozessbedingungen, Intensitäten und unterschiedliche Zeitintervalle berücksichtigen.

Direkte und indirekte Bezugsgrößen

Bei den obigen Beispielen handelte es sich stets um **direkte Bezugsgrößen**, die sich unmittelbar aus den Leistungen einer Kostenstelle ableiten lassen. Solche Bezugsgrößen existieren freilich nicht nur im Fertigungsbereich. Auch für nicht unmittelbar fertigungsbezogene Kostenstellen lassen sich oftmals direkte Bezugsgrößen finden, die für die Planung der variablen Stellengemeinkosten verwendet werden können. Einige Beispiele sind in Tabelle 1 angegeben.[20] Diese direkten Bezugsgrößen können allerdings nur zur Planung und Kontrolle in den Kostenstellen verwendet werden. Sie eignen sich dagegen nicht für die Kalkulation, weil im Allgemeinen nicht ohne weiteres angegeben werden kann, wie viele Bestellungen zB im Einkauf für eine Produkteinheit erforderlich sind. Die Bezugsgrößen in Tabelle 1 sind daher zugleich typische Beispiele für Bezugsgrößen mit einfacher Funktion.

Für Kalkulationszwecke greift man in diesen Fällen daher auf **indirekte Bezugsgrößen** zurück, die auch als Hilfs- oder Verrechnungsbezugsgrößen bezeichnet werden und sich letztlich aus den Leistungen anderer Stellen ergeben. Bei diesen Hilfsgrößen kann es sich zunächst um **geplante Kostenartenbeträge** handeln, wie zB die geplanten Materialeinzelkosten oder die geplanten Grenzherstellkosten. In diesen Fällen werden die variablen Kosten den Endprodukten mit Hilfe von **Zuschlagsätzen** zugerechnet, also die variablen Kosten zB des Einkaufs und des Materialeingangslagers als Prozentsatz der geplanten Materialeinzelkosten. Diese Vorgehensweise entspricht im Grunde der traditionellen Zuschlagskalkulation. In der GPKR werden den Kostenträgern in dieser Weise vorwiegend die Materialgemeinkosten sowie die Kosten der Verwaltungs- und Vertriebsstellen zugerechnet.

Kostenstelle	Mögliche direkte Bezugsgrößen
Labor	Anzahl Proben Anzahl Analysen
Einkauf	Anzahl bearbeitete Angebote Anzahl Bestellungen Anzahl geprüfte Rechnungen
Lager	Anzahl Zugänge Anzahl Abgänge Beanspruchte Fläche in m^2
Materialprüfung	Anzahl Proben Anzahl Analysen
Verkauf	Anzahl bearbeitete Kundenaufträge

Tab. 1: Direkte Bezugsgrößen bei anderen als Fertigungsstellen

20 Die Darstellung erfolgt in enger Anlehnung an *Kilger* et al. (2012), S. 269.

Eine andere indirekte Bezugsgröße wird als „**Deckungsbezugsgröße**" bezeichnet und lässt sich retrograd aus den Bezugsgrößen derjenigen Stellen ableiten, die Leistungen von der betrachteten Stelle empfangen. Erbringt zB die Arbeitsvorbereitung ihre Leistungen für zwei Fertigungsstellen A und B, so werden die variablen Plangemeinkosten der Arbeitsvorbereitung (zB 3.000) unmittelbar als Bezugsgröße dieser Stelle angesetzt. Anschließend überlegt man, in welchem Umfang die Arbeitsvorbereitung für die beiden Fertigungsstellen Leistungen erbringt. Daraus ergeben sich bestimmte Prozentsätze, zB 30% für Stelle A und 70% für Stelle B. Mit diesen Prozentsätzen erfolgt dann eine Belastung der empfangenden Stellen.[21] So erhält Stelle A Kostenanteile der Arbeitsvorbereitung in Höhe von 900 und Stelle B in Höhe von 2.100 zugerechnet. Diese Beträge werden dann bei den empfangenden Stellen auf Basis der dort verwendeten Bezugsgrößen (zB Maschinenstunden) proportionalisiert und somit indirekt den Endprodukten zugerechnet. Insofern werden die variablen Kosten der Arbeitsvorbereitung durch die Bezugsgrößen der empfangenden Stellen „gedeckt", woraus sich die Bezeichnung „Deckungsbezugsgröße" erklärt.

Insbesondere auch die Ausführungen zu den indirekten Bezugsgrößen legen die Einschätzung nahe, dass Grenzkosten bzw variable Stückkosten als „schillernde Größen" anzusehen sind. Die indirekten Bezugsgrößen können damit eher als „Notlösung" angesehen werden, und sofern möglich, sollten direkte Bezugsgrößen verwendet werden.

Quantitative Bezugsgrößenplanung

Im Anschluss an die artmäßige Festlegung der Bezugsgrößen müssen für jede Stelle **konkrete Planwerte** dieser Bezugsgrößen bestimmt werden, was letztlich dem Ansatz einer **Planbeschäftigung** zur Durchführung der Kostenstellenrechnung entspricht.

Könnte man bei allen Stellen streng nach produktionsanalytischen Gesichtspunkten planen und wären die funktionalen Verbrauchsbeziehungen tatsächlich linear, dann hätte die Wahl der Planbeschäftigung keinerlei Konsequenzen für die Kostenplanung, weil sich stets konstante Verbrauchskoeffizienten und daher bei gegebenen Preisen lineare Kostenfunktionen ergeben würden. Im System der GPKR hat die Festlegung der Planbeschäftigung aber Bedeutung deswegen, weil viele variable Kosten (zB des Einkaufs, der Verwaltung oder des Verkaufs) nicht streng produktionsanalytisch geplant werden können, so dass – gemäß den obigen Ausführungen zur qualitativen Bezugsgrößenwahl – deren Verrechnung oftmals mit indirekten Bezugsgrößen erfolgt. Die Ermittlung von Zuschlagsätzen und die Anwendung der „Deckungsbezugsgrößen" lassen sich aber kaum ohne eine Planbeschäftigung realisieren, weil zB die Zuschlagsgrundlage fehlen würde. Aus ähnlichen Gründen erweist sich die Festlegung einer Planbeschäftigung für eine parallel durchgeführte Vollkostenkalkulation als notwendig.

Für die Festlegung der Planbeschäftigung kommen grundsätzlich **zwei Möglichkeiten** in Frage:

---

[21] Hier spielen bereits Aspekte der innerbetrieblichen Leistungsverrechnung herein, die noch weiter unten behandelt wird. Zur Erläuterung der Funktionsweise von Deckungsbezugsgrößen ist dieser „Vorgriff" jedoch notwendig.

1. Im Rahmen der **Kapazitätsplanung** wird die Planbeschäftigung in jeder Stelle an der dort verfügbaren Kapazität orientiert. Dabei können wiederum verschiedene Kapazitätsarten unterschieden werden. So kann man einerseits die **kostenoptimale Kapazität** wählen, bei der die kostenoptimale Fertigungsintensität zB im Rahmen eines Zweischichtbetriebs ohne Überstunden zugrunde gelegt wird. Andererseits kann man sich aber auch an einer **Maximalkapazität** orientieren, die sich aus der maximalen Fertigungsintensität bei durchschnittlich 30 Arbeitstagen und einem Dreischichtbetrieb ergibt. Eine dritte Möglichkeit wäre die **Normalkapazität**.
2. Als Alternative zur Kapazitätsplanung bietet sich die **Engpassplanung** an. Hier wird berücksichtigt, dass alle Aktivitäten letztlich an der strengsten Restriktion des Unternehmens auszurichten sind, so dass die Planbeschäftigungen der verschiedenen Stellen diesbezüglich miteinander abzustimmen sind. Als Ausgangspunkt werden oftmals die erwarteten Absatzmengen oder die produktbezogenen Absatzhöchstgrenzen herangezogen, was implizit den Absatzbereich als Engpasssektor unterstellt.

Der Vorteil der Engpassplanung liegt zweifellos in der **Gesamtabstimmung** der stellenspezifischen Planbeschäftigungen, die bei der Kapazitätsplanung nicht ohne weiteres gegeben ist. Andererseits muss bedacht werden, dass der tatsächlich wirksame Engpass eigentlich nur nach Kenntnis des optimalen Produktions- und Absatzprogramms festliegt, zu dessen Ermittlung die Kostensätze der GPKR ja gerade dienen sollen. Es handelt sich um ein analoges Dilemma wie im Falle der Losgrößen und Rüstzeiten bei der Bezugsgrößenwahl, das nur simultan gelöst werden kann.

Aufstellung der Kostenpläne

Liegen Bezugsgrößen und Planbeschäftigung fest, können die Kostenpläne im Detail aufgestellt werden. Die Vorgangsweise ist für Hauptkostenstellen (Hauptstellen) und Hilfskostenstellen (Hilfsstellen) unterschiedlich.[22] Begonnen wird mit den **Hilfskostenstellen**, weil deren variable Kosten nach Durchführung der **Sekundärkostenrechnung** in die Kostensätze der Hauptstellen eingehen. Die grundsätzliche Vorgehensweise bei der Kostenplanung ist allerdings für Hilfskostenstellen und Hauptkostenstellen gleich. Für beide Stellenarten müssen nämlich zunächst die primären Kostenstellenkosten geplant werden, also die bewerteten Verbräuche solcher Güterarten, die vom Beschaffungsmarkt bezogen werden. Anschließend wird die Sekundärkostenrechnung durchgeführt, bei der die Hilfsstellen um die variablen

---

[22] Die Gliederung der Kostenstellen erfolgt vorwiegend produktionstechnisch: Hauptkostenstellen dienen der Bearbeitung der zum Produktionsprogramm gehörenden Produkte, während Hilfskostenstellen lediglich mittelbar zur Produktion beitragen. Des Weiteren werden häufig noch Nebenkostenstellen (zur Bearbeitung von Nebenprodukten, wie zB Kuppelprodukte oder Abfallprodukte) unterschieden. Die Trennung in Hauptkostenstellen und Hilfskostenstellen stimmt häufig mit der rechentechnischen Gliederung nach Vorkostenstellen und Endkostenstellen überein; davon wird hier ausgegangen. Vgl zu den Arten von Kostenstellen zB *Schweitzer* und *Küpper* (2011), S. 123 f.

Kosten der erbrachten innerbetrieblichen Leistungen entlastet und die Hauptstellen mit diesen Beträgen belastet werden (siehe auch 11. Kapitel: *Verrechnungspreise und Kostenallokationen*).

Für die **Planung der primären Stellenkosten** kommen zwei Methoden in Frage, nämlich **statistische** und **analytische Methoden**. Mit ihnen sollen die Gesamtkosten und deren fixe und variable Anteile (Kostenauflösung) ermittelt werden.

Statistische Methoden der Kostenplanung

Bei diesen Methoden handelt es sich um spezifische **Auswertungen bereinigter Istkosten vergangener Perioden**. Die Bereinigung von Istdaten ist erforderlich, weil sich Veränderungen zB im Preisniveau, im Fertigungsverfahren oder in der Kostenstruktur ergeben haben können. Die durch Gleichung (1) beschriebene Kostenfunktion der GPKR sieht ja als einzige Variable nur die Bezugsgröße b vor. Sofern sich zB Änderungen im Preisniveau ergeben haben, müssen die Vergangenheitswerte an das neue Preisniveau der laufenden Planungsperiode angepasst werden; ähnliches gilt bei Änderungen der Fertigungsverfahren. Weiterhin können potenzielle Fehlkontierungen zu verzerrten Werten bei der Kostenplanung führen; sie sind zu korrigieren, soweit sie aufgespürt werden können.

Die bereinigten Daten lassen sich mit verschiedenen Methoden auswerten. Zunächst kommt die sogenannte **„Mathematische" Kostenauflösung** in Betracht. Dieses Verfahren wird auch als *Hoch-Tiefpunkt-Verfahren* bezeichnet. Man greift sich zwei beliebige Vergangenheitswerte heraus und erhält mit Hilfe der Linearitätsprämisse der GPKR die gesuchten Parameter der Kostengleichung (1), variable Stückkosten k und Fixkosten K^F. Werden die zwei Gesamtkostenwerte mit K_1 und K_2 ($K_1 < K_2$) und die entsprechenden Bezugsgrößenausprägungen mit b_1 und b_2 ($b_1 < b_2$) bezeichnet, dann folgt aus der grundlegenden Gleichung (1)

$$K_1 = K^F + k \cdot b_1; \quad K_2 = K^F + k \cdot b_2 \quad \Rightarrow K_2 = K_1 + k \cdot (b_2 - b_1)$$

Daraus erhält man für den Kostensatz

$$k = \frac{K_2 - K_1}{b_2 - b_1} \tag{3}$$

Mit diesem Kostensatz lassen sich dann durch Einsetzen in die Gleichung für K_1 oder K_2 leicht die verbleibenden Fixkosten berechnen. Gibt b^P die Planbezugsgröße der konkret vorliegenden Planungsperiode an, lauten die **variablen, primären Plankosten** $k \cdot b^P$.

Als **Vorteil** dieses Verfahrens wird seine einfache Anwendbarkeit angeführt, denn man benötigt nur zwei Werte, um die gesuchten Parameter zu schätzen. Doch gerade dies ist problematisch, wenn die Linearitätsprämisse nicht gilt: Der Kostensatz k wird dann stark von der zufälligen Auswahl dieser beiden Vergangenheitswerte beeinflusst. Aus diesem Grund wird vorgeschlagen, die gesamte Zeitreihe der Vergangenheitswerte auszuwerten, was durch Anwendung **statistischer Regressionsverfahren** (zB auf Basis der Methode der kleinsten Fehlerquadrate) geschehen kann.

Die **statistischen Methoden** der Kostenplanung mögen auf den ersten Blick recht einfach und wirtschaftlich anwendbar erscheinen, weil keine expliziten, technischen Verbrauchsanalysen durchgeführt werden müssen. Bei näherem Hinsehen schwindet allerdings dieser Vorteil.

- Gerade bei Implementierungen, Umstellungen und/oder Verfeinerungen der Plankostenrechnung stehen die Istkosten und Istbezugsgrößen zumeist nicht in der erforderlichen Differenzierung zur Verfügung.
- Liegen die Vergangenheitswerte relativ eng beisammen, hat man es mit sogenannten *Streupunktballungen* zu tun, die eine sinnvolle Anwendung etwa des Regressionsverfahrens erschweren.
- Das größte Problem liegt aber in der **Bereinigung** der Istdaten. Zunächst dürften die Kosten für die Vornahme dieser Bereinigungen bei einer Fülle von Änderungen beträchtlich sein. Darüber hinaus beinhalten die Bereinigungen aber ein grundsätzlicheres Problem. Hat etwa zwischenzeitlich eine Verfahrensänderung stattgefunden, sind die Istdaten so zu ermitteln, wie sie bei Geltung des neuen Verfahrens gewesen *wären*. Damit werden aber technisch-kostenwirtschaftliche Verbrauchsanalysen erforderlich, um diese Umwertungen vornehmen zu können. Hat man jedoch solche Analysen durchgeführt, bleibt fraglich, warum man sie nicht sofort für die Kostenplanung verwenden soll.

Analytische Methoden der Kostenplanung

Bei diesen Verfahren wird die Kostenplanung ausdrücklich auf der Basis **technisch-kostenwirtschaftlicher Analysen** durchgeführt. Dabei lassen sich grundsätzlich die gleichen Methoden wie bei der Einzelkostenplanung anwenden.

Analytische Kostenplanungen können einstufig oder mehrstufig erfolgen. Bei der **mehrstufigen analytischen Kostenplanung** werden die Kosten für alternative Beschäftigungsgrade geplant (zB Planung der Kosten für 50%, 70%, 90% und 100% der Planbeschäftigung). Als Vorteil dieser Methode wird genannt, dass sich damit in gewissem Umfang auch nichtlineare Kostenverläufe planen lassen. Weil jedoch die GPKR auf linearen Verhältnissen basiert, ist dieser „Vorteil" weitgehend bedeutungslos. Außerdem wird die Grenzkostenkalkulation dadurch erschwert, dass keine ausdrückliche Trennung der Plankosten in fixe und variable Bestandteile erfolgt.

Für die GPKR ist daher vorwiegend die **einstufige analytische Kostenplanung** relevant. Sie basiert bei der Trennung von fixen und variablen Kosten auf einer sogenannten **planmäßigen Kostenauflösung**. „Hierbei geht man so vor, dass diejenigen Plankosten den fixen Kosten zugeordnet werden, die auch dann noch anfallen sollen, wenn die Beschäftigung einer Kostenstelle gegen Null tendiert, die

Betriebsbereitschaft zur Realisierung der Planbezugsgröße aber beibehalten wird“[23]. Diese **Fixkosten** sind also weitgehend **dispositionsbestimmt**.

Die Kostenplanung hat bei der einstufigen Methode eine recht einfache **Struktur**: Bezeichnet b^p wieder den Wert der Planbezugsgröße, dann werden auf Basis technisch-kostenwirtschaftlicher Analysen zunächst für jede Gemeinkostenart die gesamten primären Plankosten für diesen Bezugsgrößenwert geplant. Anschließend wird entschieden, welcher Teilbetrag dieser Kosten zur Aufrechterhaltung der Betriebsbereitschaft angesetzt werden *soll*. Dieser Betrag wird vom Gesamtbetrag abgezogen und der verbleibende Kostenbetrag durch die Planbezugsgröße b^p dividiert. Auf diese Weise erhält man für die jeweilige Kostenart sowohl die Fixkosten als auch den entsprechenden Kostensatz für die variablen, bezugsgrößenproportionalen Kosten. Eine Summierung dieser Kostensätze über alle Kostenarten ergibt den gesamten Kostensatz für die betreffende Bezugsgröße.

Die **Dispositionsbestimmtheit** der fixen – und damit letztlich auch der proportionalen – Kosten spielt insbesondere bei den Lohn- und Gehaltskosten eine Rolle, wenn man an alternativ mögliche **Fristigkeitsgrade** der Kostenplanung denkt. Bezieht sich die Kostenplanung zB auf einen Zeitraum von nur drei Monaten, werden die meisten Lohn- und Gehaltskosten wegen vertraglicher Bindungen und Kündigungsfristen als fix vorzugeben sein. Wählt man stattdessen einen Fristigkeitsgrad von 12 Monaten, bestehen grundsätzlich Anpassungsmöglichkeiten beim Personalbestand, und sofern man sich dafür entscheidet, diese Anpassungsmöglichkeiten bei Beschäftigungsänderungen auch wahrzunehmen, kommt eine grundsätzliche Einbeziehung mancher Lohn- und Gehaltskosten in die variablen Kosten in Frage.

Sekundärkostenrechnung

Anschließend müssen die (variablen) Kosten derjenigen Stellen, die nur Leistungen für andere Stellen erbringen, auf die empfangenden Stellen umgelegt werden, damit eine Zurechnung auf die Kostenträger erfolgen kann. Diese Sekundärkostenrechnung kann relativ leicht durchgeführt werden, wenn man es mit einer **einfach zusammenhängenden Produktionsstruktur** zu tun hat. Dort können die Stellen stets so angeordnet werden, dass nur vorgelagerte an nachgelagerte Kostenstellen liefern. In diesem Fall lässt sich die Sekundärkostenrechnung analog zum bekannten **Treppenverfahren** der innerbetrieblichen Leistungsverrechnung durchführen.[24] Die Grenzkostensätze für innerbetriebliche Leistungen lassen sich dann sukzessiv ermitteln. Für die erste Stelle des Leistungsflusses stimmt dieser Grenzkostensatz mit dem bezugsgrößenspezifischen Kostensatz k überein. Die Kostensätze der empfangenden Stellen sind dann jeweils um die anteiligen Belastungen zu erhöhen.

---

23 *Kilger* et al. (2012), S. 292.

24 Vgl dazu zB *Schildbach* und *Homburg* (2009), S. 131 – 132.

Cost Stickiness

Die im Text angesprochene Dispositionsbestimmtheit fixer Kosten ist eine Variante des in der neueren amerikanischen Literatur intensiv diskutierten Problems der *cost stickiness,* die im deutschsprachigen Raum unter der Bezeichnung **Kostenremanenz** bekannt ist.[25] Darunter versteht man das Phänomen, dass Verringerungen der Beschäftigung in einer Periode nicht in gleichem Ausmaß zu Kostenreduzierungen dieser Periode führen wie Beschäftigungserhöhungen, was bei einer linearen Kostenfunktion ja eigentlich passieren sollte (denn die variablen Kosten hängen linear von der Ausbringung ab, und die fixen Kosten sind – annahmegemäß – unabhängig von der Beschäftigung).

Eine Begründung dieses Effekts liegt in **Managemententscheidungen**: So lässt sich zB argumentieren, dass das Management bei Erhöhungen der Ausbringung schnell die erforderlichen Ressourcen bereitstellen muss, um die höhere Beschäftigung überhaupt zu ermöglichen. Zusätzliche Ressourcen und Potentiale werden dadurch quasi unverzüglich geschaffen. Geht die Beschäftigung dagegen zurück, wird das Management mit dem Abbau dieser Potentiale warten, bis sich die Erwartungen über die Dauer des Absatzrückgangs hinreichend gefestigt haben. Ebenso können vertragliche und rechtliche Faktoren (Kündigungsfristen etc) zu einer zeitlich verzögerten Kostenanpassung führen.

Eine weitere Begründung liegt in **Agency-Problemen**. So kann das Management etwa sogenannte „*private benefits of control*" erzielen, die letztlich an den Umfang der verfügbaren Ressourcen gekoppelt sind (siehe dazu auch die Ausführungen zu Ressourcenpräferenzen im 9. Kapitel: *Investitionscontrolling*). Das Management nimmt dabei nicht nur Überinvestitionen in Kauf, sondern wird die Reduzierung von Ressourcen auch so weit wie möglich hinauszögern, um länger in den Genuss der *private benefits of control* zu kommen. Je stärker diese Agency-Probleme sind und je weniger das Management durch Governance-Maßnahmen kontrolliert werden kann, desto ausgeprägter sollte dieser Effekt sein.

Cost stickiness ist durch etliche empirische Untersuchungen zum Verhalten insbesondere von Verwaltungs- und Vertriebsgemeinkosten gut dokumentiert,[26] und es lassen sich auch Belege für die Bedeutung der Agency-Aspekte finden.[27]

Der Aspekt der *sticky costs* impliziert letztlich eine Lösung von der Vorstellung, dass Kosten vornehmlich durch technische Zusammenhänge geprägt sind und betont die Bedeutung von **Motivations-, Verhaltens- und Erwartungsaspekten** bei der Formulierung von Kostenfunktionen.[28] Es ergeben sich grundsätzliche Implikationen für etliche Anwendungsfelder in der internen Unternehmensrechnung, so etwa ganz offensichtlich für die Gültigkeit von Linearitätsprämissen in Systemen wie der GPKR und der weiter unten behandelten Prozesskostenrechnung, ebenso für die Break Even-Analyse (siehe dazu auch den Einschub im 5. Kapitel: *Entscheidungsrechnungen bei Unsicherheit*). Insofern ist *cost stickiness* explizit in Entscheidungs-, Kontroll- und Koordinationsrechnungen zu berücksichtigen.

---

[25] Die Diskussion wurde im angelsächsischen Raum insbesondere durch den Beitrag von *Anderson* et al. (2003) ausgelöst. Zur deutschsprachigen Literatur vgl zB *Fandel* et al. (2009), S. 21; das Phänomen ist bereits in den 1920er-Jahren zB von *Brasch* (1927) behandelt worden.

[26] Vgl zu einer Übersicht *Banker* und *Byzalov* (2013).

[27] Vgl *Chen* et al. (2012).

[28] Vgl dazu auch *Kama* und *Weiss* (2013).

Sollten sich die Hilfsstellen dagegen auch wechselseitig beliefern, liegt eine **komplexe Produktionsstruktur** vor. In diesem Fall muss auf eine Vorgehensweise analog dem Kostenstellenausgleichsverfahren[29] zurückgegriffen werden. Unter der Annahme, dass pro Kostenstelle nur eine Bezugsgröße zur Anwendung kommt, können die Verrechnungssätze für innerbetriebliche Leistungen durch das folgende Gleichungssystem bestimmt werden (es handelt sich stets um Plangrößen, so dass vereinfachend der Index $'p'$ weggelassen wird):

$$b_i \cdot c_i = PK_i + \sum_{j=1}^{I} b_i \cdot v_{ij} \cdot c_j \quad \text{für alle } i \tag{4}$$

Dabei bedeuten:

b_i .... Planbezugsgröße der Hilfskostenstelle i, $i = 1, \ldots, I$
c_i .... Proportionaler Planverrechnungssatz der Hilfsstelle i
PK_i ...... Gesamte proportionale primäre Plankosten der Hilfsstelle i
v_{ij} .... Proportionaler Planverbrauch an innerbetrieblichen Leistungen der Stelle j je Bezugsgrößeneinheit der Stelle i, $i, j = 1, \ldots, I$

Dabei bezeichnet das Produkt $b_i \cdot c_i$ die gesamten (primären und sekundären) **proportionalen Plankosten** der sekundären Kostenstelle i. Dividiert man für jede dieser Stellen beide Seiten von (4) durch die Planbezugsgröße b_i, so folgt:

$$c_i = pk_i + \sum_{j=1}^{I} v_{ij} \cdot c_j \quad \text{für alle } i \tag{5}$$

pk_i .... proportionaler Primärkostensatz je Bezugsgrößeneinheit der Stelle i, $i = 1, \ldots, I$

Die **Grenzkostensätze** c_i ergeben sich als Lösung des in (5) beschriebenen linearen Gleichungssystems. In Vektor- und Matrizenschreibweise lässt sich dessen Lösungsstruktur wie folgt charakterisieren:

$$\mathbf{c} = \mathbf{pk} + \mathbf{V} \cdot \mathbf{c} \quad \Rightarrow \mathbf{c} = (\mathbf{E} - \mathbf{V})^{-1} \cdot \mathbf{pk} \tag{6}$$

$\mathbf{c}$ .... Spaltenvektor der c_i
$\mathbf{pk}$ .... Spaltenvektor der pk_i
$\mathbf{E}$ .... $I \times I$-Einheitsmatrix
$\mathbf{V}$ .... $I \times I$-Matrix der v_{ij}

Diese Ermittlung der Planverrechnungssätze berücksichtigt nur die sekundären Kostenstellen. Implizit wird also unterstellt, dass diese Stellen keine Leistungen von den Hauptstellen empfangen. Sie können daher vorab abgerechnet werden, und die erhaltenen Verrechnungssätze c_i für die innerbetrieblichen Leistungen werden dann für die Kostenüberwälzung auf die empfangenden Stellen verwendet.

---

29 Vgl *Schildbach* und *Homburg* (2009), S. 129 – 131.

Kalkulationssätze der Hauptstellen

Nach Durchführung der innerbetrieblichen Leistungsverrechnung werden für die Hauptkostenstellen die **Kalkulationssätze** (dh die variablen Kosten je Bezugsgrößeneinheit) berechnet, indem die gesamten primären und sekundären proportionalen Kosten einer Hauptstelle durch den jeweiligen Wert der Planbezugsgröße dividiert werden. Bei mehreren Bezugsgrößen pro Kostenstelle (heterogene Kostenverursachung) sind nur die jeweiligen bezugsgrößenspezifischen primären und sekundären Plankosten relevant, was im Rahmen der Sekundärkostenrechnung bereits eine differenzierte Belastung der Hauptstellen hinsichtlich der einzelnen Bezugsgrößenarten voraussetzt.

Beispiel

Gegeben seien zwei Hilfsstellen (zB Reparaturwerkstatt und Werkzeugmacherei), bei denen jeweils Fertigungsstunden als Bezugsgröße dienen. Für beide Stellen werden 1.000 Stunden als Planbezugsgröße angesetzt. Die variablen, primären Plankosten der Hilfsstelle 1 (2) betragen 10.000 (17.800). Daraus ergeben sich primäre Kostensätze je Bezugsgrößeneinheit in Höhe von 10 (17,8) für die Hilfsstelle 1 (2). Je Fertigungsstunde der Stelle 1 werden 0,05 Fertigungsstunden der Stelle 2 benötigt und je Fertigungsstunde der Stelle 2 0,2 Fertigungsstunden der Stelle 1; Eigenbedarf liegt nicht vor. Die Verbrauchskoeffizienten lauten damit:

$$v_{12} = 0{,}05; \quad v_{21} = 0{,}2; \quad v_{11} = v_{22} = 0$$

Aus diesen Daten erhält man folgendes Gleichungssystem:

$$c_1 = 10 + 0{,}05 \cdot c_2$$
$$c_2 = 17{,}8 + 0{,}2 \cdot c_1$$

Einsetzen der Gleichung für c_2 in die Gleichung für c_1 und Auflösen erbringt

$$c_1 = 11; \quad c_2 = 20$$

Mit diesen Kostensätzen ergeben sich *Gesamtkosten* der Stelle 1 (2) in Höhe von 11.000 (20.000). Die Hilfsstellen werden anschließend wie folgt entlastet:

	Hilfsstelle 1	Hilfsstelle 2	Umlage auf Hauptstellen
Summe primäre Gemeinkosten	10.000	17.800	
Umlage Hilfsstelle 1 (zB 2.200 = 1.000·0,2·11)	–11.000	2.200	8.800
Umlage Hilfsstelle 2 (zB 1.000 = 1.000·0,05·20)	1.000	–20.000	19.000
Summe sekundäre Gemeinkosten	0	0	27.800

Die Zahlen der Spalte „Umlage auf Hauptstellen" geben nur deren Gesamtbelastung für innerbetriebliche Leistungen an. Die *einzelnen* Hauptstellen müssen natürlich differenziert nach der jeweils geplanten Beanspruchung der beiden Hilfsstellen belastet werden.

2.5. Kostenträgerstückrechnung

Bei der Kalkulation von Produkten oder Aufträgen werden die Ergebnisse der Einzelkostenplanung und der Kostenstellenrechnung zusammengefügt. Im Einzelnen hängt der Aufbau der Kalkulationen von der Struktur des Produktionsprozesses ab. Die Art und Weise der Kalkulation gleicht aber grundsätzlich einer elektiven Zuschlagskalkulation, bei der für die Zurechnung der Fertigungskosten jedoch keine wertmäßigen Zuschlagsätze, sondern die oben beschriebenen, bezugsgrößenspezifischen Kalkulationssätze der Fertigungshauptstellen verwendet werden.

Die **Grenzselbstkosten** sind die für die Berechnung von Stückdeckungsbeiträgen grundsätzlich **relevanten Kostengrößen**. Sofern in den Fertigungsstellen verfahrensbedingt heterogene Kostenverursachungen auf Grund von verschiedenen Fertigungsverfahren (Maschinenbelegungen) auftreten, sind für jedes Produkt die Grenzselbstkosten für verschiedene Verfahrenskombinationen zu ermitteln, falls das spätere Entscheidungsmodell auf der Alternativkalkulation aufbaut. Kommt das **Arbeitsgangverfahren** zur Anwendung, sind die verfahrensspezifischen variablen Kosten aus der Produktkalkulation herauszunehmen; die Kostensätze der Stellenrechnung und die bezugsgrößenspezifischen Produktdaten werden dann unmittelbar in das Entscheidungsmodell einbezogen. Sofern wie im obigen Beispiel die variablen Verwaltungs- und Vertriebsgemeinkosten prozentual auf Basis der Grenzherstellkosten verrechnet werden, sind die verfahrensspezifischen Kostensätze des Arbeitsgangverfahrens jeweils um diese Zuschlagsätze zu erhöhen.

Wie die obigen Ausführungen über die Berechnung variabler Stückkosten zeigen, ist die **Vorgehensweise** der GPKR in vielen Fällen eng an die Vorgehensweise traditioneller Systeme der Istkostenrechnung angelehnt. Damit soll vor allem der Anwendungsaspekt berücksichtigt werden, denn bei der Gestaltung von Planungs- und Kontrollrechnungen sind ebenfalls Wirtschaftlichkeitsfragen zu beachten.

Die Darstellung dürfte verdeutlicht haben, dass im Rahmen der GPKR zur Ermittlung der Grenzkosten einzelner Produkte eine Fülle von **Rechenschritten** nötig ist, bei denen die Einhaltung des Verursachungsprinzips nicht immer gewährleistet werden kann. Zu einem großen Teil ist dafür die **Linearitätsprämisse** verantwortlich. Viele Kosten hängen zwar mit dem Umfang der erstellten Leistungen zusammen und sind insofern als variabel einzustufen, doch ist der dabei maßgebliche Zusammenhang nicht unbedingt linear bezüglich der Endprodukte. Daher können bestimmte variable Gemeinkosten den Endprodukten letztlich nur mit Hilfe des Durchschnittsprinzips zugerechnet werden, was die Entscheidungsrelevanz der ermittelten Kostendaten relativiert.

Beispiel

Ein einteiliges Produkt durchläuft nacheinander drei Fertigungsstellen F1, F2 und F3. Die geplanten Materialeinzelkosten betragen 30, und die Sondereinzelkosten der Fertigung (des Vertriebs) werden in Höhe von 10 (5) angesetzt. Hinsichtlich der drei Fertigungsstellen lassen sich aus der Stellenrechnung folgende Plandaten entnehmen:

F1: Heterogene Kostenverursachung; Bezugsgrößen: Fertigungsstunden, Rüststunden.
Kalkulationssätze (variable Kosten): 2 je Fertigungsstunde; 1 je Rüststunde
Produktdaten: 4 Fertigungsstunden; 0,3 Rüststunden.

F2: Homogene Kostenverursachung; Bezugsgröße: Fertigungsstunden
Kalkulationssatz (variable Kosten): 10 je Fertigungsstunde
Produktdaten: 2 Fertigungsstunden

F3: Homogene Kostenverursachung; Bezugsgröße: Fertigungsstunden
Kalkulationssatz (variable Kosten): 6 je Fertigungsstunde
Produktdaten: 2,5 Fertigungsstunden

Die variablen Materialgemeinkosten werden als Zuschlagsatz (10%) der Materialeinzelkosten verrechnet, die variablen Verwaltungs- und Vertriebsgemeinkosten dagegen als Zuschlagsatz (20% und 10%) auf die Grenzherstellkosten. Daraus ergibt sich folgende Kalkulation:

Materialeinzelkosten	30
Materialgemeinkosten (30·0,1 =)	3
Fertigungskosten F1 (2·4 =)	8
Rüstkosten F1 (0,3·1 =)	0,3
Fertigungskosten F2 (2·10 =)	20
Fertigungskosten F3 (2,5·6 =)	15
Sondereinzelkosten der Fertigung	10
Grenzherstellkosten	*86,3*
Verwaltungsgemeinkosten (86,3·0,2 =)	17,26
Vertriebsgemeinkosten (86,3·0,1 =)	8,63
Sondereinzelkosten des Vertriebes	5
Grenzselbstkosten	*117,19*

2.6. Erlösrechnung

Die Erlösrechnung bildet gewissermaßen das Pendant zur Kostenrechnung. Sie ist ein Teilgebiet der Leistungsrechnung. Die **Leistungsrechnung** umfasst die

1. **Erlösrechnung**
2. **Bestandsrechnung** (Lagerbestandserhöhungen und „aktivierte" Eigenleistungen)
3. **innerbetriebliche Leistungsrechnung**.[30]

Die **Erlösrechnung** enthält die Leistungen, denen abgesetzte Güter zugrunde liegen, also Güter, die unmittelbar zu Umsätzen geführt haben. Die Bewertung erfolgt regelmäßig mit den erzielbaren (Planerlösrechnung) oder erzielten Absatzpreisen (Isterlösrechnung). Es handelt sich damit um eine pagatorische Rechnung.

---

30 Vgl *Schildbach* und *Homburg* (2009), S. 170.

Zur Leistungsrechnung gehören des Weiteren Leistungen, die nicht unmittelbar zu Umsätzen geführt haben. Das sind zum einen **Lagerbestandserhöhungen** an unfertigen und fertigen Produkten sowie **„aktivierte“ Eigenleistungen** (selbst erstellte Güter, die später verbraucht werden) und zum anderen **innerbetriebliche Leistungen**. Letztere werden im Rahmen der Sekundärkostenrechnung mit ihren Gesamtkosten weiter verrechnet (siehe oben). Lagerbestandserhöhungen und „aktivierte“ Eigenleistungen können entweder mit ihren Kosten (Herstellkosten einschließlich anteiliger Verwaltungskosten) oder mit ihren künftigen Absatzpreisen (unter Abzug noch erforderlicher Kosten) bewertet werden. Im Folgenden wird nur die Erlösrechnung als wichtigstes Teilgebiet der Leistungsrechnung weiter erörtert.[31]

Die **Leistungsrechnung** und **Erlösrechnung** wurden im Vergleich zur Kostenrechnung stark vernachlässigt; es liegt bisher noch keine derart geschlossene und praktisch erprobte Form vor, wie dies etwa bei der GPKR der Fall ist.[32] Der Grund dafür ist sicherlich *nicht* darin zu finden, dass es sich bei der Erlösrechnung um eine vergleichsweise unwichtige Rechnung handelt. Es ist offensichtlich, dass geringfügige Maßnahmen auf der Erlösseite weit stärkere Ergebniswirkungen aufweisen als Maßnahmen auf der Kostenseite; dies liegt an den Größenordnungen der jeweiligen Beträge. Das Problem liegt eher in der schlechteren Planbarkeit der erlösbeeinflussenden Größen. Die Wirkungen von Kosteneinflussgrößen basieren stark auf technisch-naturwissenschaftlichen Zusammenhängen, die Wirkungen von Erlöseinflussgrößen auf die Erlöse sind dagegen weit schwächer und basieren vielfach auf Ermessensentscheidungen, die kurzfristig situationsspezifisch getroffen werden.

Planung der Erlöse

Grundsätzlich lässt sich analog zur Vorgehensweise bei der Kostenrechnung die Erlösrechnung in eine Erlösarten-, Erlösstellen- und Erlösträgerrechnung gliedern. Praktisch erfolgt jedoch häufig keine deutliche Trennung; die Planung geht vielfach von den Erlösträgern aus, die meist als die (Basis-)Produkte definiert werden.[33] Eine **Grenzplanerlösrechnung** (GPER) kann unter folgenden **Prämissen** aufgebaut werden, die völlig analog zur GPKR sind:[34]

1. Die Erlöse werden **deterministisch** geplant.
2. Der Erlösplanung werden **fest vorgegebene Absatzkonditionen** zugrunde gelegt.

---

[31] Die Begriffsbildung in der Literatur ist nicht einheitlich. Hier werden *Leistungen* als „bewertete sachzielbezogene Gütererstellungen“ des Unternehmens in einer Periode bezeichnet (genauso zB *Schildbach* und *Homburg* (2009), S. 42; *Coenenberg* et al. (2012), S. 24). Unter Leistung kann man allerdings auch nur die Mengenkomponente (Ausbringung) sehen, als *Erlös* wird dann die bewertete Leistung definiert (so zB *Männel* (1993a), Sp. 564).

[32] Vgl zB *Männel* (1993a), Sp. 563; darin hat sich offenbar seit etlichen Jahren nichts geändert. Vgl zB *Männel* (1983b), S. 55 f.

[33] Im Anlagenbau etwa fallen vielfach Erlösstellen und Erlösträger zusammen. *Männel* (1992), S. 632, geht überhaupt zunächst von einer kundenbezogenen Erlösquellenrechnung aus, aus der die Erlösträgerrechnung und schließlich die Erlösstellenrechnung hervorgehen. Die Erlösartenrechnung hat dabei praktisch keine eigenständige Funktion.

[34] Vgl auch *Nießen* (1982), S. 94 – 103.

3. Die **Absatzmenge** ist variabel und stellt die maßgebliche **Erlöseinflussgröße** dar. Sonstige Erlöseinflussgrößen werden meist als gegeben angenommen und nicht gesondert ausgewiesen.
4. Die Planerlöse lassen sich **eindeutig** in **proportionale** und **fixe** Bestandteile (hinsichtlich der Bezugsgröße Absatzmenge) trennen.
5. Als relevante Größen werden nur **Teilerlöse** als absatzmengenproportionale Erlöse angesetzt. Fixe Erlöse (zB Grundgebühren, Grundpreise) werden nicht berücksichtigt.

Erlösartenrechnung

Bei den Erlösen scheint die Annahme, dass es *den* Preis für jedes Produkt gibt, viel einsichtiger zu sein als bei Kosten. Tatsächlich besteht der Preis aus einer Vielzahl verschiedener **Erlösarten**. So ist zunächst bereits der für Entscheidungen relevante **Nettoerlös** ein Resultat mehrerer Erlösarten:

	Basiserlös
+	Zuschläge (zB für Sonder- und Zusatzleistungen, kleine Mengen)
	Bruttoerlös
–	Erlösminderungen, die bei Rechnungsstellung sofort in Abzug gebracht werden (zB Mengenrabatte, Funktionsrabatte)
–	Erlösberichtigungen (zB Gutschriften, Kundenskonti, Preisnachlässe aufgrund von Mängelrügen, Boni, Wechselkursänderungen)
	Nettoerlös

Werden Sonderausstattungen als eigenes Produkt behandelt, sind diesbezügliche Zuschläge nicht in der obigen Rechnung enthalten. Vom Bruttoerlös werden **Erlösschmälerungen** in Abzug gebracht. Diese sind selbst mit keiner Gütererstellung verbunden, sondern korrigieren nur den Bruttoerlös um Beträge, die zwischen Unternehmen und Kunden noch Berücksichtigung finden.

Bezogen auf ein Produkt handelt es sich bei den Zuschlägen und Erlösschmälerungen meist um **variable Gemeinerlöse**. Analog zu den Kosten gibt es zwei Arten: Unechte Gemeinerlöse werden nicht einzeln erfasst, obwohl dies grundsätzlich möglich wäre; dazu gehören beispielsweise bestimmte Zuschläge oder Funktionsrabatte. Echte Gemeinerlöse, wie zB Mengenrabatte, Boni (Rabatte, die auf den Jahresumsatz mit einem Kunden gewährt werden) oder Erlösschmälerungen infolge von Zahlungsmodalitäten, können dem *einzelnen* Produkt hingegen nicht verursachungsgerecht zugerechnet werden. Sie werden in der GPER gemäß dem Durchschnittsprinzip aufgeteilt.

Erlösstellenrechnung

Die Planung der Erlöse erfolgt sinnvoll in den **Erlösstellen**. Für die Erlösstellenbildung kommen dabei mehrere **Möglichkeiten** in Betracht, wie zB

- Produktgruppen

- Kunden bzw Kundengruppen
- Absatzwege bzw Absatzmethoden
- Marktsegmente bzw Teilmärkte.

Ausschlaggebendes Kriterium ist dabei die **Planbarkeit** der Einzelerlöse und Gemeinerlöse. *Beispiele*: Bilden Funktionsrabatte die wesentlichste Erlösschmälerung, so bietet sich eine Gliederung nach Absatzwegen (dh Großhändler, Einzelhändler, Konsumenten) an. Sind Absatzprognosen am ehesten für bestimmte Marktsegmente möglich, ist es sinnvoll, Erlösstellen darauf abzustellen. Gegebenenfalls können Hierarchien von Erlösstellen gebildet werden. Das Vorliegen eines Angebotsverbundes (zB mehrere Produkte werden als Bündel verkauft) oder eines Nachfrageverbundes (zB Kunden kaufen mehrere Produkte regelmäßig gemeinsam, Komplementarität) schafft insofern Probleme, als entweder keine Einzelpreise für die verbundenen Produkte existieren oder Einzelpreise aus absatzpolitischen Erwägungen verzerrt sind. Dann handelt es sich eigentlich um Gemeinerlöse für die einzelnen Produkte und um Einzelerlöse für die verbundenen Produkte insgesamt. Verbundene Produkte sollten daher nicht in mehreren Erlösstellen aufscheinen.

Wird die Erlösstellenrechnung für Kontrollzwecke verwendet, können sich andere Gliederungskriterien anbieten. Wichtig dafür ist etwa eine möglichst eindeutige Verantwortlichkeit.

Qualitative Bezugsgrößen werden meist die Absatzmengen der Produkte sein (direkte Bezugsgrößen). Ggf können auch indirekte Bezugsgrößen gewählt werden, etwa bestimmte Umsatzgrößen, an die Erlösschmälerungen anknüpfen (zB hängt die Höhe von Funktionsrabatten oft vom Auftragsbruttoerlös ab). Entscheidend für die Wahl der Bezugsgrößen ist das unternehmensspezifische Konditionen- und Fakturierungssystem. Die **quantitative Bezugsgrößenplanung** erfolgt meist auf Basis der erlösstellenspezifischen Absatzhöchstmengen (Kapazitätsplanung). Sie bedient sich entweder der Marktforschung, Erfahrungswerten oder einfach Vermutungen. Bei Verwendung statistischer Methoden werden idR unternehmensinterne Daten (zB Werbeaufwand, Preisniveau, Lebenszyklus der Produkte, Qualität) und unternehmensexterne Daten (zB volkswirtschaftliche Indikatoren) gleichermaßen berücksichtigt.

Die **Erlösstellenrechnung** hat als wesentliche Aufgabe, die Stellengemeinerlöse (überwiegend Erlösschmälerungen) auf die Bezugsgrößen aufzuteilen; daneben kann sie auch zur Erlöskontrolle eingesetzt werden. Die Aufteilung ist im Allgemeinen mit etlichen nicht verursachungsgerechten Schlüsselungen nach dem Durchschnittsprinzip (ggf auch Erlöstragfähigkeitsprinzip) verbunden.

Erlösträgerrechnung

Die ermittelten Gemeinerlössätze dienen der **Kalkulation** des (durchschnittlichen) Erlöses der **Erlösträger**. Es sind dies idR die Endprodukte, aber auch innerbetriebliche Leistungen. Im Vergleich zur Kostenträgerrechnung treten hier Zurechnungsprobleme infolge von Interdependenzen zwischen den Produkten bzw Leistungen stärker hervor.

Beispiel zur Erlösstellenrechnung

Der Erlösstellenplan sieht eine Gliederung in Großhändler und Einzelhändler auf der einen Seite und in die beiden Produktgruppen P1 und P2 vor. Der Basispreis für P1 (P2) ist 120 (150). Die Funktionsrabatte sind nach Händlern und Produktgruppen gestaffelt: Großhändler erhalten für P1 (P2) einen Funktionsrabatt von 30% (25%), Einzelhändler für P1 (P2) von 20% (15%).

Für die Großhändlerwerte für P1 in der untenstehenden Tabelle ergibt sich $480.000 \cdot 0{,}3 = 144.000$.

Das Unternehmen gewährt darüber hinaus einen Rabatt, der nach Auftragsumsatz (Basiserlöse abzüglich Funktionsrabatte) für beide Händlergruppen und Produktgruppen wie folgt gestaffelt ist:

Auftragsumsatz ≤ 10.000:	0 %
10.000 < Auftragsumsatz ≤ 20.000:	3 %
20.000 < Auftragsumsatz:	5 %

Die Aufträge der Großhändler verteilen sich auf die drei Größenklassen im Verhältnis 30 : 30 : 40, die der Einzelhändler im Verhältnis 80 : 15 : 5.

Für die Großhändlerwerte für P1 ergibt sich:
Auftragsumsatz $480.000 - 144.000 = 336.000$;
Rabatt $= 336.000 \cdot (0{,}3 \cdot 0{,}03 + 0{,}4 \cdot 0{,}05) = 9.744$.

Das Unternehmen gewährt weiter 2% Skonto für Zahlungen innerhalb von 14 Tagen. Diese Zahlungsfrist wird im Durchschnitt von 75% der Großhändler und 50% der Einzelhändler ausgenutzt.

Für die Großhändlerwerte für P1 ergibt sich
$(480.000 - 144.000 - 9.744) \cdot 0{,}02 \cdot 0{,}75 = 4.894$.

Die *Erlösstellenrechnung* lautet mit diesen Angaben (Zahlen zum Teil gerundet):

	Großhändler		Einzelhändler		Summe
	P1	P2	P1	P2	
Absatzmenge	4.000	2.000	3.000	3.000	
Einzelerlöse	480.000	300.000	360.000	450.000	1.590.000
Funktionsrabatte	144.000	75.000	72.000	67.500	358.500
Auftragsumsatzrabatt	9.744	6.525	2.016	2.678	20.963
Skonto	4.894	3.277	2.860	3.798	14.829
Gemeinerlöse	158.638	84.802	76.876	73.976	394.292
in % der Einzelerlöse	33,05%	28,27%	21,35%	16,44%	24,80%

Für die beiden Produktgruppen P1 und P2 ergeben sich durchschnittliche Prozentsätze für Gemeinerlöse von 28,04% und 21,17%, die geplanten Nettopreise pro Stück betragen damit 86 ($= 120 \cdot (1 - 0{,}2804)$) und 118 ($= 150 \cdot (1 - 0{,}2117)$).

2.7. Ergebnisrechnung

Die Ergebnisrechnung führt die Ergebnisse der GPKR und der GPER zusammen. Die Korrespondenzgröße sind die Produkte, für die die GPKR die (variablen) Kosten und die GPER die (variablen) Erlöse ermittelt. Die Differenz zwischen den Stückerlösen und Stückkosten ist der (Stück-)**Deckungsbeitrag**. Die Ergebnisrechnung umfasst das in einer bestimmten Periode erwirtschaftete Ergebnis (sachzielbezogener Periodenerfolg), sie wird deshalb auch **Kostenträgerzeitrechnung** genannt. Eine besondere Form ist die **Kurzfristige Erfolgsrechnung** (**KER**), die – ausgehend von den Daten der Finanzbuchhaltung – eine unterjährige, meist monatliche Ergebnisrechnung liefert. Der Zweck liegt in der laufenden Überwachung der Wirtschaftlichkeit des Unternehmens.

In der GPKR werden Deckungsbeiträge nur für **Produkte** ermittelt. Da Kostenstellen und Erlösstellen im Allgemeinen nach gänzlich unterschiedlichen Kriterien definiert werden, ergibt sich keine passende Ergebnisrechnung; erst auf einer stark aggregierten Ebene können sich Erlösstellen und Kostenstellen decken (zB als Profit Center). Im Vergleich dazu wird in der Relativen Einzelkosten- und Deckungsbeitragsrechnung (siehe den nächsten Abschnitt) für jedes Bezugsobjekt ein (relativer) Deckungsbeitrag als Differenz zwischen (relativen) Einzelerlösen und (relativen) Einzelkosten bestimmt.

Gesamtkostenverfahren und Umsatzkostenverfahren

Das Grundproblem der Ergebnisrechnung besteht in der Tatsache, dass sich **produzierte und abgesetzte Stückzahlen** der Produkte unterscheiden werden, dass also ein Lager aufgebaut oder abgebaut wird. Dementsprechend gibt es zwei Möglichkeiten, ein Ergebnis zu ermitteln:

1. **Umsatzkostenverfahren**
   Erlöse (abgesetzte Menge × Absatzpreis)
   – Umsatzkosten (abgesetzte Menge × Kosten)
   ___
   Ergebnis
2. **Gesamtkostenverfahren**
   Leistungen (Erlös, Bestandsveränderungen und „aktivierte“ Eigenleistungen)
   – Gesamtkosten
   ___
   Ergebnis

Beim Umsatzkostenverfahren wird von den Erlösen ausgegangen. Ihnen werden diejenigen Kosten gegenübergestellt, die für die Erzeugung der abgesetzten Menge anfielen. Beim Gesamtkostenverfahren wird von den Gesamtkosten ausgegangen. Sie werden den Erlösen, den Bestandsveränderungen und den „aktivierten“ Eigenleistungen gegenübergestellt.

Es ist offensichtlich, dass die **Ergebnisse** nach dem Umsatzkostenverfahren und Gesamtkostenverfahren nur dann gleich hoch sind, wenn die Bestandsveränderungen und „aktivierten“ Eigenleistungen gerade mit den aktuellen variablen Plankosten (dh der Differenz zwischen Gesamtkosten und Umsatzkosten) bewertet werden. Im Falle, dass etwa auf Lager produzierte Fertigerzeugnisse mit ihren künftigen Verkaufspreisen bewertet werden, ist das Ergebnis nach dem Gesamtkostenverfahren höher. Dasselbe gilt, wenn die Plankosten früherer Perioden, in denen der Lagerbestand aufgebaut wurde, unter den Plankosten der Periode liegen, in denen der Lagerbestand wieder abgebaut wird, sofern das Umsatzkostenverfahren den gesamten Lagerabbau mit aktuellen Plankosten bewertet. Unterschiede können sich auch je nach Ermittlung von Abweichungen (periodenbezogen oder stückbezogen) ergeben.

Gesamtkostenverfahren und Umsatzkostenverfahren liefern **unterschiedliche Informationen**; sie sind deshalb nur schwer zu vergleichen. Beim Gesamtkostenverfahren wird etwa die Kostenstruktur deutlich, beim Umsatzkostenverfahren fällt eine Ergebnisspaltung in verschiedene Produkte und Produktgruppen leichter. Ein Vorteil des Gesamtkostenverfahrens wird auch darin gesehen, dass es leichter aus der Finanzbuchhaltung ableitbar ist. Alle diese Unterschiede sind nur für eine Istergebnisrechnung relevant, sie verschwinden, wenn eine detaillierte Erlösplanung und Kostenplanung durchgeführt wird.

Einstufige und mehrstufige Deckungsbeitragsrechnung

Je nachdem, ob Teilerlöse oder die gesamten Erlöse und ob Teilkosten oder die vollen Kosten angesetzt werden, handelt es sich beim „Ergebnis" um verschiedene Arten von Deckungsbeiträgen bzw Periodenerfolgen. Typische Formen der Teilergebnisrechnung sind die einstufige und die mehrstufige **Deckungsbeitragsrechnung** bzw **Fixkostendeckungsrechnung**.

Bei der **einstufigen Deckungsbeitragsrechnung** werden die Fixkosten (ggf unter Berücksichtigung der fixen Erlöse) als ein Block vom gesamten Deckungsbeitrag (Summe der variablen Erlöse abzüglich der variablen Kosten) abgezogen.

Nettoerlöse der einzelnen Produkte
– variable Kosten der einzelnen Produkte
Deckungsbeitrag I
– Fixkosten der Produktarten
Deckungsbeitrag II

Zusammenfassung nach Produktgruppen
– Fixkosten der Produktgruppen
Deckungsbeitrag III

Zusammenfassung nach Bereichen
– Fixkosten der Bereiche
Deckungsbeitrag IV

Zusammenfassung über das gesamte Unternehmen
– Fixkosten des Unternehmens
Periodenerfolg

Abb. 4: Mehrstufige Deckungsbeitragsrechnung

Bei der **mehrstufigen Deckungsbeitragsrechnung** wird der Fixkostenblock nach der Zurechenbarkeit der Fixkosten aufgegliedert. Als Gliederungskriterien können Bezugsobjekte wie Produktgruppen, Kostenstellen, Bereiche, Sparten usw dienen; die Bezugsobjekte lassen sich im Allgemeinen hierarchisch ordnen.[35] Die Zuordnung von Fixkosten erfolgt an der jeweils untersten Stelle, der sie überschneidungsfrei zugerechnet werden können.[36] Beispielsweise sind die (fixen) Abschreibungen einer Spezialmaschine, die nur für ein Produkt verwendet werden kann, den Produktartenfixkosten zuzurechnen. Als Vorteil dieser differenzierten Behandlung der Fixkosten gilt die Möglichkeit zu erkennen, wieweit ein bestimmter Deckungsbeitrag positiv bleibt oder einen vorgegebenen Solldeckungsbeitrag auf einer bestimmten Stufe erreicht. Eine mögliche Form einer mehrstufigen Deckungsbeitragsrechnung ist in Abbildung 4 dargestellt.

Es gibt mehrere **Möglichkeiten einer Erweiterung**. Eine Möglichkeit wäre die Gliederung der Fixkosten nach ihrer **zeitlichen Beeinflussbarkeit** (Abbaubarkeit); dies ist insofern aber problematisch, als die gesamte Trennung der Kosten und Erlöse in variable (proportionale) und fixe Bestandteile von der Fristigkeit der Betrachtung abhängt (Dispositionsbestimmtheit). Genau genommen müsste für jede unterschiedliche Fristigkeit eine völlig neue Deckungsbeitragsrechnung aufgestellt werden. Eine andere Möglichkeit ist es, die **Auszahlungswirksamkeit** der Fixkosten detaillierter darzustellen. Damit sollen Aspekte einer Finanzrechnung in die KLR einbezogen werden; dies ist aufgrund der völlig anderen Zwecksetzung aber sehr problematisch. Eine dritte Möglichkeit wäre, den Kontrollaspekt der GPKR durch das Einfügen von **Abweichungen** in die Ergebnisrechnung zu integrieren. Die Erlöse und Kosten werden dann mit ihren Planwerten einbezogen, die durch separate Berücksichtigung von Abweichungen in die Istwerte übergeleitet werden.

3. Prozesskostenrechnung

3.1. Einführung

Eine Betrachtung der Vorgehensweise der GPKR zeigt, dass dort große Teile der **Gemeinkosten** eher stiefmütterlich behandelt werden. Die Kostenplanung berücksichtigt zwar grundsätzlich in allen Stellen vielfältige Kostenbestimmungsfaktoren über die bezugsgrößenspezifischen Kostenstellenpläne, doch der **Fokus** des Systems liegt letztlich bei der **Ermittlung (operativ) entscheidungsrelevanter Grenzkosten** für Endprodukte. Die grundsätzlich mögliche differenzierte Behandlung der Gemeinkosten auf Stellenebene wird daher typischerweise relativiert, weil gerade bei nicht fertigungsnahen Stellen keine Bezugsgrößen mit doppelter Funktion exi-

---

35 Eine solche Gliederung von Bezugsobjekten ist auch die Basis der Relativen Einzelkosten- und Deckungsbeitragsrechnung (siehe den nächsten Abschnitt).

36 Dazu ist es erforderlich, dass die verschiedenen Gliederungskriterien nicht überlappen.

stieren. Daher greift man bei der Kalkulation doch wieder auf traditionelle wertmäßige Zuschlagsgrundlagen zurück oder verwendet völlig andere Maßstäbe wie zB „Deckungsbezugsgrößen“. Weil die **Fixkosten** als wohl größter Gemeinkostenblock ohnehin nicht zu den **kurzfristig entscheidungsrelevanten Kosten** gehören, besteht die Gefahr, dass sie bei einer Blockbetrachtung im Sinne der **einstufigen** Deckungsbeitragsrechnung quasi ganz aus dem Gedächtnis gestrichen werden. Im Zuge des Einsatzes neuer Fertigungstechnologien und des beachtlichen Gewichts der Vorlaufkosten bei immer kürzeren Produktlebenszyklen (siehe dazu 6. Kapitel: *Kostenmanagement*) hat aber gerade der **Gemeinkostenblock** an Bedeutung zugenommen. Aus dem Bestreben, ein effizientes Management auch der Gemeinkosten und insbesondere der Kosten in nicht fertigungsnahen Bereichen durchzuführen, entstand der Bedarf nach Kostenrechnungssystemen, die in der Lage sind, solche Entscheidungen zu fundieren.

Die **Prozesskostenrechnung** (*Activity-based Costing* (*ABC*), *Activity-based Management*, *Transaction-based Costing*) ist das wohl prominenteste System, das unter diesem Blickwinkel entwickelt worden ist, wobei diese Entwicklung international durchaus verschiedene Facetten aufweist. So wurde das *Activity-based Costing* in den USA aufgrund der Unzufriedenheit mit dem dort üblichen Verfahren der Gemeinkostenallokation über Fertigungslöhne entwickelt. Diese Vorgehensweise ist dort für das externe Rechnungswesen gebräuchlich und entspricht den US-GAAP. Die amerikanische Version der Prozesskostenrechnung beschäftigt sich dementsprechend vordringlich mit der Produktkalkulation. In der deutschen Version steht (insbesondere wegen der hoch entwickelten Grenzplankostenrechnung) die Kostenstellenrechnung der indirekten Leistungsbereiche im Vordergrund.

Die **Prozesskostenrechnung** ist grundsätzlich eine **Vollkostenrechnung** mit dem Bestreben, durch detaillierte Erfassung und Abbildung der in allen Bereichen und quer durch das Unternehmen ablaufenden Tätigkeiten eine der tatsächlichen **Ressourcenbeanspruchung** möglichst entsprechende Kostenzurechnung auf Aktivitäten, Maßnahmen und/oder Produkte zu gewährleisten. Sie bezieht Überlegungen der Kapazitätsanpassung ausdrücklich in ihre Betrachtung ein und ist daher zugleich ein Kostenrechnungsverfahren, das speziell auf strategische Entscheidungen ausgerichtet ist. Für **kurzfristige Entscheidungen** ist sie daher *nicht* geeignet, da ja die gesamten Vollkosten oder zumindest etliche Fixkosten in den Gemeinkosten den Prozessen und im Weiteren den Produkten zugerechnet werden. Kurzfristig sind die Fixkosten (*ex definitione*) durch Entscheidungen nicht beeinflussbar; infolge der Verrechnung scheint dies aber so. Die Folge können Fehlentscheidungen sein. Dasselbe gilt für die **Kontrollfunktion** der Kostenrechnung: Da die Verursachung von Kosten im Rahmen der Prozesskostenrechnung sehr weit gefasst ist, kann eine laufende Abweichungsanalyse kaum relevante Information bringen.

Im Folgenden wird die **Technik der Prozesskostenrechnung** dargestellt. **Anwendungen** der Prozesskostenrechnung (zB Gemeinkostenmanagement, strategische Kalkulation, Kundenprofitabilitätsanalyse) finden sich im 6. Kapitel: *Kostenmanagement.*

3.2. Vorgehensweise

Die Vorgehensweise bei der Prozesskostenrechnung setzt sich aus vier Schritten zusammen, die im Folgenden genauer besprochen werden:

- Ermittlung der Prozesse und Zuordnung von Kosten,
- Ermittlung der Kostentreiber,
- Ermittlung der Prozesskostensätze,
- Zusammenfassung zu Hauptprozessen.

Ermittlung der Prozesse und Zuordnung von Kosten

Im Unterschied zur Wertkettenanalyse (siehe 6. Kapitel: *Kostenmanagement*) basiert die Prozesskostenrechnung auf der gegebenen Kostenstellengliederung im Unternehmen. Für jede einzelne Kostenstelle wird im Rahmen einer Tätigkeitsanalyse festgestellt, welche **Prozesse** (Tätigkeiten, Aktivitäten) dort ablaufen.

Typischerweise erfolgt zunächst eine **Grobanalyse**, die von einigen Hypothesen aufgrund der Erfahrung geleitet wird. Im Rahmen von unstrukturierten Interviews und Gesprächen mit Kostenstellenverantwortlichen sowie der Analyse von vorhandenen Unterlagen werden wesentliche in der Kostenstelle ablaufende Prozesse zu identifizieren gesucht. In einer daran anschließenden **Einzelanalyse**, zB mit teilstrukturierten Interviews, werden die Prozesse schließlich endgültig definiert. Als Größenordnung werden etwa fünf bis zehn Prozesse genannt, die einen Großteil der Ressourcenkosten abdecken.[37] Problematisch ist zT ein möglicher Verzerrungseffekt infolge der Tatsache, dass man sich dabei in weiten Bereichen auf Aussagen der Betroffenen in der Kostenstelle verlassen muss. Wenn Prozesse im EDV-System nicht unmittelbar abgebildet werden, müssen sie gesondert erfasst werden. Dies verursacht Kosten und möglicherweise Ungenauigkeiten.

Die Prozesse werden in repetitive und nicht repetitive Prozesse eingeteilt. **Repetitive Prozesse** wiederholen sich oft, sind schematisiert und ausführend. *Beispiel*: Im Verwaltungsbereich sind Buchungen, Fakturierung oder Auftragsbearbeitung repetitive Tätigkeiten. **Nicht repetitive Prozesse**, die innovativ, dispositiv oder kreativ sind (zB Werbung, Führung, Forschung, Rechtsberatung), eignen sich nicht sehr gut für die Verrechnung über einen Prozesskostensatz, da sie zu verschieden sind.

Daraufhin müssen die Kostenstellenkosten auf die einzelnen Prozesse verteilt werden, um Kosten für jeden Prozess zu erhalten. Grundsätzlich ist dazu zu entscheiden, ob Istkosten oder Plankosten verwendet werden sollen. Unabhängig davon bestehen für die Kostenverteilung aber zwei Möglichkeiten. Eine Möglichkeit ist die **direkte Ermittlung** im Wege einer analytischen Kostenplanung. Dabei werden sämtliche Kostenarten einzeln untersucht und den jeweiligen Prozessen zugeordnet. Dies ist jedoch eine sehr kostspielige Möglichkeit. Meist werden deshalb andere Maßgrößen verwendet, anhand derer die Kostenstellenkosten aufgeteilt werden (**indirekte**

---

37 Vgl zB *Kieninger* (1991), S. 1095.

Ermittlung). Ein Beispiel wäre die Zuordnung von Mitarbeitern oder Mannjahren an die Prozesse und die Schlüsselung der Kostenstellenkosten nach Mannjahren oder Personalkosten. Die Ungenauigkeit einer solchen vereinfachten Ermittlung ist umso geringer, je höher der Anteil der Personalkosten an den Kostenstellenkosten ist.

Beispiel: In der Kostenstelle Buchhaltung werden die Prozesse Kontierung, Verbuchung, Abstimmung der Konten und Leitung der Abteilung identifiziert. Die Gesamtkosten der Kostenstelle betragen 360.000. Eine Verteilung nach Mannjahren bzw den zuzuordnenden Personalkosten ergibt folgende Prozesskosten (Tabelle 2).

Prozess	Mannjahre	Kosten	Personalkosten	Kosten
Kontierung	3	135.000	135.000	162.000
Verbuchung	2	90.000	50.000	60.000
Abstimmung	2	90.000	55.000	66.000
Leitung	1	45.000	60.000	72.000
Gesamtkosten		360.000	300.000	360.000

Tab. 2: Verteilung der Kostenstellenkosten

Ermittlung der Kostentreiber

Die Prozesse werden nun in **leistungsmengeninduzierte** (***lmi***) und **leistungsmengenneutrale** (***lmn***) Prozesse eingeteilt. Leistungsmengeninduzierte Prozesse (präziser: die von den Prozessen ausgelösten Kosten) sind vom Leistungsvolumen (Beschäftigung) der Kostenstelle abhängig. Es muss sich aber dabei nicht um eine proportionale Abhängigkeit handeln, die Zurechnung erfolgt nach dem Beanspruchungsprinzip.[38] Leistungsmengenneutrale Prozesse sind relativ zum Leistungsvolumen fix. *Beispiel*: Der Prozess „Abteilung leiten" wird als typischer *lmn*-Prozess angeführt.

Für jeden *lmi*-Prozess werden nun Kostentreiber (Bezugsgrößen) gesucht. Vereinfachend wird im Allgemeinen jedem Prozess nur *ein* Kostentreiber zugeordnet, auch wenn tatsächlich eine heterogene Kostenverursachung vorliegt. Für *lmn*-Prozesse kann es keine Kostentreiber geben, da *ex definitione* ihre Menge nicht vom Leistungsvolumen der Kostenstelle abhängt.

Die Kostentreiber sind idR **mengenorientiert**, nur ganz selten wertorientiert. In vielen Fällen handelt es sich direkt um die betreffende Prozessmenge. *Beispiele*: „Angebote einholen" (Anzahl der Angebote), „Bestellungen aufgeben" (Anzahl der Bestellungen) oder „Reklamationen bearbeiten" (Anzahl der Reklamationen). Die Outputmenge (Beschäftigung des Unternehmens), die etwa in der Grenzplankostenrechnung im Vordergrund steht, spielt dagegen eine untergeordnete Rolle.

---

[38] Vgl *Schiller* und *Lengsfeld* (1998), S. 527 f. Während die Kosten der bestehenden Ressourcen der Leistungserstellung nur in ihrer Gesamtheit zurechenbar sind, verursacht eine Erhöhung der Beschäftigung zusätzlichen Ressourcenverzehr.

Ermittlung der Prozesskostensätze

Den Prozesskostensatz für einen bestimmten Prozess erhält man (wie aus der Kostenstellenrechnung bekannt) aus

$$\text{Prozesskostensatz} = \frac{\text{Prozesskosten}}{\text{Prozessmenge}}$$

Bei den Prozesskosten im Zähler dieser Formel kann danach unterschieden werden, ob die ***lmn*-Prozesskosten** darin enthalten sind oder nicht. *Lmn*-Kosten können zunächst kostenstellenübergreifend in einer Sammelposition (zB sonstige Kosten) zusammengefasst werden. Der Prozesskostensatz beinhaltet dann nur *lmi*-Kosten. Die *lmn*-Kosten könnten dann in einer Periodenrechnung (analog zu einer Fixkostendeckungsrechnung) vor dem Ergebnis eingestellt werden. Sollen die Vollkosten auf die Produkte zugerechnet werden, könnten die Kosten in dieser Sammelposition zB prozentual auf die Prozesskosten der einzelnen Produkte zugeschlagen werden.[39] Alternativ können die *lmn*-Kosten der jeweiligen Kostenstelle auf die *lmi*-Kosten der Prozesse in der Kostenstelle aufgeschlagen werden. Als Begründung müsste dann die Annahme gesetzt werden, dass die *lmn*-Prozesse (insbesondere die Leitungstätigkeiten) und das Aufgabenvolumen der Kostenstelle miteinander zusammenhängen.[40] Probleme ergeben sich jedoch bezüglich der Genauigkeit der Umlage, wenn die *lmn*-Kosten bei einem Prozess überwiegen; es sind dies idR die Bereiche mit nicht repetitiven Aktivitäten, wie zB in der Forschung und Entwicklung.

Beispiel: Für das frühere Beispiel seien Kostentreiber die Anzahl der externen Fakturen, Anzahl der gesamten Fakturen sowie die Anzahl der Abstimmvorgänge. Damit ergeben sich die *lmi*- und *lmn*-Prozesskostensätze, wie sie in Tabelle 3 enthalten sind.

Prozess	Kosten	Kosten nach Umlage der *lmn*-Kosten	Prozess-menge	*lmi*-Prozess-kostensatz	Gesamt-prozess-kostensatz
Kontierung	162.000	202.500	900.000	0,180	0,225
Verbuchung	60.000	75.000	1.200.000	0,050	0,063
Abstimmung	66.000	82.500	132.000	0,500	0,625
Leitung	72.000	–	–	–	–
Gesamtkosten	360.000	360.000			

Tab. 3: *lmi*- und Gesamtprozesskostensätze

39 So der Vorschlag von *Coenenberg* und *Fischer* (1991), S. 30 f. *Cooper* und *Kaplan* (1988), S. 101 f, meinen, dass jedenfalls Forschungs- und Entwicklungskosten nicht den Produkten zugerechnet werden sollten, weil sie nicht von den bestehenden Produkten zu tragen sind.

40 *Horváth* und *Mayer* (1989), S. 217; zur Begründung vgl *Mayer* (1991b), S. 220.

Die Prozesskosten, und zwar gleichgültig, ob es nur *lmi*- oder Gesamtkosten sind, enthalten in aller Regel Fixkosten. Und damit ergibt sich bei steigender Planprozessmenge ein geringerer Anteil von Fixkosten im Prozesskostensatz. Dieses Problem entspricht den verrechneten Plankosten in einer Plankostenrechnung zu Vollkosten, die für Kontrollzwecke um eine Beschäftigungsabweichung korrigiert werden (siehe 7. Kapitel: *Kontrollrechnungen*). Damit hängt der Prozesskostensatz von der Festlegung der **Prozessmenge** ab. Mehrere Möglichkeiten sind denkbar:

1. **Ist- bzw Normalbeschäftigung.** Damit ergibt sich bei laufender Rechnung ein Schwanken der Prozesskostensätze je nach der gerade aktuellen Prozessmenge. Für strategische Entscheidungen ist dies tendenziell nicht sinnvoll. Die Produktkosten sind aber die Vollkosten bzw Planvollkosten.
2. **Engpassplanung.** Die Beschäftigung für den Prozess richtet sich nach der maximalen Beschäftigung des Unternehmens, die sich nach dem Prozess mit der geringsten Kapazität (Engpass) bestimmt. Diese Prozessmenge ist mittelfristig günstig; der Prozesskostensatz ändert sich nur bei Auftritt eines anderen Engpasses. Bei tatsächlicher Beschäftigung in dieser Höhe werden den Produkten die vollen Kosten zugerechnet, bleibt die Beschäftigung darunter, werden weniger als die vollen Kosten zugerechnet.
3. **Kapazitätsplanung.** Die Beschäftigung für den Prozess richtet sich nach der maximalen Beschäftigung des jeweiligen Prozesses.[41] Der Prozesskostensatz ist völlig unabhängig von der tatsächlichen Beschäftigung. IdR werden den Produkten aber weniger als die vollen Kosten zugerechnet. Der Vorteil dieser Möglichkeit besteht darin, dass für jeden einzelnen Prozess die tatsächliche Ressourcennutzung erkennbar wird. Damit können strategische Entscheidungen über die Ressourcenbereitstellung unterstützt werden. Hohe Leerkosten in den Prozessen deuten auf Überkapazitäten und eine ungünstige Abstimmung der Prozesse hin.

Zusammenfassung zu Hauptprozessen

Die (Teil-)Prozesse in den einzelnen Kostenstellen werden zu Hauptprozessen zusammengefasst. Ein **Hauptprozess** ist ein kostenstellenübergreifender Prozess, der das Gemeinkostenvolumen beeinflusst. Dieser Schritt ist eine Besonderheit der Prozesskostenrechnung, er ist in Abbildung 5 dargestellt. Zusammengefasst werden zunächst alle Prozesse, die *denselben* Kostentreiber besitzen. Dies erfolgt einfach durch Addition der betreffenden Prozesskostensätze. Des Weiteren können Prozesse zusammengefasst werden, deren Kostentreiber in einem festen Verhältnis zueinander stehen (*Gesetz der Austauschbarkeit der Maßgrößen*). Beide Zusammenfassungen erfolgen ohne Verlust an Genauigkeit. Bei darüber hinausgehenden

---

[41] Dies dürfte wohl dem Vorschlag von *Cooper* und *Kaplan* (1992) entsprechen, die dafür die griffige Formel: „*Cost of Activity Supplied = Cost of Activity Used + Cost of Unused Activity*" prägen.

Zusammenfassungen steigt die Ungenauigkeit der Hauptprozesskostensätze; dazu sind Annahmen über das (durchschnittliche) Verhältnis der Kostentreiber erforderlich.

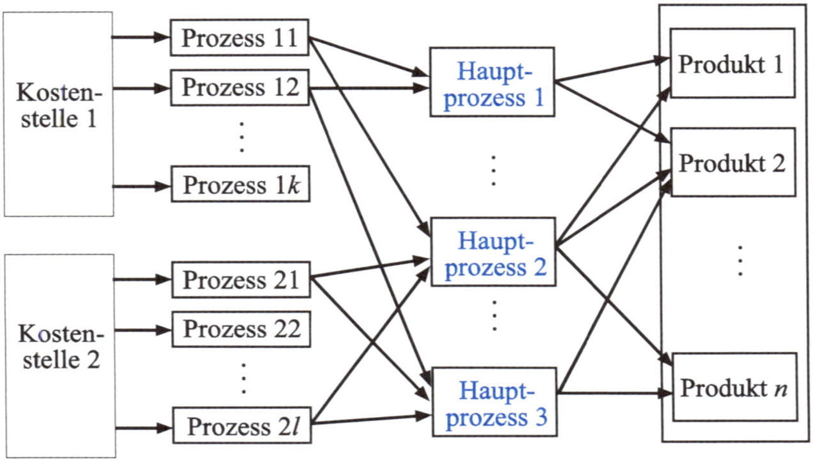

Abb. 5: Zusammenfassung zu Hauptprozessen
(geringfügig adaptiert aus *Troßmann* (1992), S. 525)

Beispiel: Die in Tabelle 4 enthaltenen Prozesse sollen unter dem Kostentreiber Anzahl der Bestellungen zusammengefasst werden. Dabei sei angenommen, dass die Anzahl der Bestellungen der Anzahl der Lieferungen entspricht und dass in der Warenannahme rund 20 Prozent der Lieferungen stichprobenartig genau auf ihre Qualität geprüft werden. Der Kostensatz des Hauptprozesses Beschaffung ergibt sich pro Bestellvorgang zu

$$3{,}52 + 5{,}7 \cdot 0{,}2 + 4{,}2 = 8{,}86$$

Kostenstelle	Kostentreiber	Prozesskostensatz
Einkauf	Anzahl der Bestellungen	3,520
Warenannahme	Anzahl der Stichproben	5,700
Lager	Anzahl der Lieferungen	4,200

Tab. 4: Zusammenfassung von Prozessen

Insgesamt wird vorgeschlagen, etwa sieben bis zehn **Hauptprozesse** zu bilden. Diese Zusammenfassung von sich nicht völlig proportional verändernden Kostentreibern bedingt eine Informationsreduktion durch ungenauere Kostensätze. Der Vorteil ist allerdings eine größere Übersichtlichkeit über das Betriebsgeschehen: Es ist sofort erkennbar, wie hoch die Kosten für eine bestimmte Aktivität quer über das

Unternehmen sind. *Beispiel*: Die Erhöhung der Diversifikation des Produktprogramms erhöht nicht nur die variablen Kosten, sondern erhöht den Ressourcenverbrauch auch in anderen Bereichen und führt dort ebenfalls zu Kostenerhöhungen, zT auch im Fixkostenbereich. Dieser Zusammenhang wird in der „traditionellen" Kostenrechnung in der Praxis oft vergessen. Die Prozesskostenrechnung macht dies dagegen deutlich und ändert mit diesem Schritt sozusagen „die Denkstrukturen, indem sie den Blick über den eigenen Tellerrand hinaus eröffnet"[42].

3.3. Beurteilung

Die Prozesskostenrechnung ist eine **Vollkostenrechnung**, sie verrechnet (praktisch) sämtliche Kosten auf Prozesse und weiter auf Produkte. Dies kommt in weiten Bereichen den Ansichten in der Praxis entgegen: Zum einen ist dort das Vollkostendenken stark verhaftet, und zum anderen kennen die Anwender meist das Mengengerüst (die Prozessmengen) recht gut, das in der Prozesskostenrechnung als Basis für die Kostenrechnung verwendet wird. Damit hat die Prozesskostenrechnung eine **hohe Akzeptanz**; die Ergebnisse bestätigen die intuitiven Meinungen vor allem von Produktionsleitern.[43] Teilkostenrechnungen stoßen auf wesentlich weniger Akzeptanz, nicht zuletzt deshalb, weil immer weniger Kosten Einzelkosten bzw variable Kosten sind.

Dieselbe Tatsache, nämlich die Prozesskostenrechnung als Vollkostenrechnung, hat viel Kritik von Seiten der Theorie gebracht. In der Theorie wird seit 40 Jahren versucht, die Probleme von **Schlüsselungen der Gemeinkosten** und insbesondere Fixkosten herauszustellen und andere Kostenrechnungssysteme vorzuschlagen, die diese Schlüsselungen vermeiden oder zumindest verringern.[44] In der Tat beinhaltet die Prozesskostenrechnung eine mehrfache Schlüsselung von Kostenarten:[45]

1. Personalkosten auf Teilprozesse in der Kostenstelle
2. sonstige Stellengemeinkosten auf Teilprozesse
3. *lmn*-Kosten auf Teilprozesse
4. Prozesskosten auf Prozessmengen
5. Prozesskosten auf Produkte.

---

42 *Lohmann* (1991), S. 268.

43 Vgl zB die Ergebnisse einer Fallstudie zur Einführung der Prozesskostenrechnung in einem britischen Unternehmen der Pharmabranche: *Bhimani* und *Pigott* (1992), S. 125 und 129.

44 Theoretische Begründungen für eine Vollkostenrechnung liegen ggf in der Unsicherheit (siehe 5. Kapitel: *Entscheidungsrechnungen bei Unsicherheit*) und in der Koordinationsfunktion, die sie ausüben kann (siehe 11. Kapitel: *Verrechnungspreise und Kostenallokationen*).

45 Vgl *Glaser* (1992), S. 287 f; *Fröhling* (1994), S. 245 f.

Effekte gegenüber einer Zuschlagskalkulation[46]

Allokationseffekt: Dies bezeichnet die zwangsläufig durch die Verwendung einer Mengenbezugsgröße anstelle einer Wertbezugsgröße entstehende Veränderung der Produktkosten.

Beispiel: Ein Juwelier erzeugt gleich viele Gold- und Silberreifen. Die Materialkosten für einen Goldreifen betragen 100, für einen Silberreifen 10. In der Zuschlagskalkulation werden die Materialgemeinkosten typischerweise auf Basis der Materialeinzelkosten verrechnet. Bei einem Zuschlagsatz von 20 Prozent sind das 20 für einen Goldreifen und 2 für einen Silberreifen. Tatsächlich seien die Lagerkosten und die Kosten von logistischen Transaktionen mit Ausnahme der Zinskosten auf das gebundene Kapital gleich groß. Angenommen, die Hälfte der Gemeinkosten sei wertunabhängig, dann werden in der Prozesskostenrechnung einem Goldreifen 10 + 11/2 = 15,5 an Materialgemeinkosten und einem Silberreifen 1 + 11/2 = 6,5 zugerechnet. In der Zuschlagskalkulation ergeben sich bei der weiteren Verwendung von Wertgrößen (zB Herstellkosten für Verwaltungs- und Vertriebskosten) auch noch Folgefehler.

Degressionseffekt: Auftragsfixe oder losgrößenfixe Kosten werden in der Zuschlagskalkulation gleichmäßig auf die Mengeneinheiten des Produktes verteilt; dies entspricht dem Zugrundelegen einer durchschnittlichen Auftrags- oder Losgröße. Tatsächlich entstehen bei einem Auftrag oder einer Serie, gleich wie viele Einheiten sie umfassen, konstante Prozesskosten. Dies führt in der Prozesskostenrechnung zu relativ sinkenden Kosten pro Einheit mit steigender Menge.

Beispiel: Angenommen, eine Einheit eines Produktes vor den Auftragskosten koste 36. Die Prozesskosten eines Auftrages seien 200. Die durchschnittliche Auftragsgröße sei 100 Stück. Damit ergeben sich durchschnittliche Stückkosten von 36 + 200/100 = 38. Unter Berücksichtigung des Marktpreises, der beispielsweise Kosten von 40 zulässt, kann eine Mindestauftragsgröße von 50 Stück (=200/(40 – 36)) ermittelt werden. Aufträge unter dieser Größe sind für das Unternehmen nicht profitabel.

Komplexitätseffekt: Die Berücksichtigung der Komplexität der Produkte führt dazu, dass Produkte mit hoher Komplexität relativ höhere Kosten und Produkte mit niedriger Komplexität relativ weniger Kosten zugerechnet erhalten als bei der Zuschlagskalkulation.

Beispiel: Das Unternehmen fertigt zwei Typen von Druckern in gleichen Mengen. Drucker A benötigt 3 Fertigungsstunden, Drucker B 4 Fertigungsstunden. Die Gemeinkosten aufgrund der Komplexität der Produkte betragen 1.400. Auf Drucker A entfallen 600 und auf Drucker B 800 an Gemeinkosten, sofern diese wie die anderen Fertigungsgemeinkosten nach Fertigungsstunden zugerechnet werden. Für die Komplexitätskosten werde der Kostentreiber „Anzahl der Teile“ ermittelt, der Prozesskostensatz betrage 70. Drucker A besteht aus 5 Teilen, Drucker B aus 15 Teilen. Damit entfallen auf Drucker A nur 350 an Gemeinkosten, auf Drucker B hingegen 1.050.

---

[46] Diese Effekte sind genannt in *Coenenberg* und *Fischer* (1991), S. 32 – 34; *Coenenberg* et al. (2012), S. 174 – 178. Zur Kritik vgl zB *Fröhling* (1992), S. 734.

Beziehungen zwischen GPKR und Prozesskostenrechnung

Zwischen den bei der GPKR angewandten Bezugsgrößen nicht fertigungsnaher Stellen (siehe *Tab.* 1) und den entsprechenden Kostentreibern der Prozesskostenrechnung besteht eine große Ähnlichkeit, teilweise sogar eine völlige Übereinstimmung.[47]

Die **Unterschiede** zwischen beiden Systemen liegen im Kern in der Art und Weise, wie die Kalkulation im Falle von *Bezugsgrößen mit einfacher Funktion* vorgenommen wird. Während die GPKR hier auf die indirekten Bezugsgrößen mit oftmals wertmäßigen Zuschlagsverfahren analog der Istkostenrechnung zurückgreift, wird ein solches Vorgehen von den Vertretern der Prozesskostenrechnung abgelehnt. Dort kommen weiterhin mengenmäßige Kalkulationsschlüssel zur Anwendung. Es sei aber darauf hingewiesen, dass die „Deckungsbezugsgrößen" der GPKR letztlich ebenfalls zu einem Mengenschlüssel führen, weil die Kostenbeträge mit den Bezugsgrößen der empfangenden Stellen (zB Maschinenstunden) auf die Endprodukte verrechnet werden. Insofern sind die Vorgehensweisen der Prozesskostenrechnung bereits ähnlich auch im System der GPKR angelegt, doch wurde ihnen dort weit weniger Aufmerksamkeit gewidmet.

Der Charakter der Prozesskostenrechnung als **Vollkostenrechnung** ist als Unterscheidungsmerkmal indes weniger geeignet, weil sich die GPKR parallel problemlos auch als Vollkostenrechnung gestalten lässt. Ebenfalls der GPKR nicht wirklich systemfremd ist die in der Prozesskostenrechnung durchgeführte Zusammenfassung von Kostentreibern quer über die Kostenstellen; dies gelingt einfach durch eine Approximation in Anlehnung an das Gesetz der Austauschbarkeit der Maßgrößen (Kostentreiber).

In den USA wurde mit dem *Resource Consumption Accounting* (RCA) ein Kostenrechnungssystem propagiert, das Elemente der Grenzplankostenrechnung und des *Activity-based Costing* vereint.[48]

Mit jedem Schlüsselungsschritt ist eine **Proportionalitätsannahme** verbunden.[49] Im 6. Kapitel: *Kostenmanagement* werden die damit verbundenen Interpretationsprobleme im Zusammenhang mit konkreten Anwendungsfällen besprochen.

Auf der anderen Seite ist aber zu bemerken, dass langfristig wirksame Entscheidungen auf der Basis **langfristiger Kosten** getroffen werden müssen – sofern man Kosten (Konzeption III, siehe dazu 2. Kapitel: *Die Kosten- und Leistungsrechnung als Entscheidungsrechnung*) dafür überhaupt als geeignet ansieht. Und langfristige Kosten sind nun einmal die Vollkosten, da langfristig sämtliche Kosten durch Entscheidungen beeinflussbar und variierbar sind. Das Problem der Schlüsselung entsteht damit automatisch. Den Proportionalitätsannahmen gerecht wird tatsächlich nur die Hypothese, dass die Prozesskosten die durch strategische Entscheidungen beeinflussbaren Kosten **approximieren**.[50] In Unternehmen mit vielen Produkten

---

47 Vgl auch *Schildbach* (1997), S. 274.

48 Vgl zB *Clinton* und *Webber* (2004).

49 *Noreen* (1991) zeigt die sehr engen Bedingungen, unter denen Produktkosten auf Basis der Prozesskostenrechnung den Kosten entsprechen, die bei Verringerung der Produktionsmenge des Produktes wegfielen. Vgl auch *Demski* (2008), S. 15 – 27, sowie *Christensen* und *Demski* (1995, 1997) sowie *Bromwich* und *Hong* (1999).

50 Siehe zu einer theoretischen Analyse der Eignung der Prozesskostenrechnung für strategische Entscheidungen ausführlich das 6. Kapitel: *Kostenmanagement*.

und Aktivitäten ist es gar nicht möglich, für sämtliche Entscheidungen immer die wirklich relevanten Kosten zu ermitteln.

Führt diese Hypothese bei bestimmten Entscheidungen zu offensichtlich nicht relevanten Kosten, müssen sie entsprechend adaptiert werden. Allgemein lässt sich dies allerdings nur schwer durchführen. Eine Möglichkeit wäre der zusätzliche Ausweis von **Bindungsfristen** der fixen Prozesskostenanteile[51] analog zu Vorschlägen für eine dynamische Grenzplankostenrechnung[52]. Eine andere Möglichkeit bestünde darin, bestimmte Gemeinkosten nicht zu schlüsseln, sondern diese als Periodenkosten analog zu der oben dargestellten stufenweisen Fixkostendeckungsrechnung zu behandeln. Verloren gehen damit jedoch die griffigen und einfachen (oder zumindest einfach scheinenden) Stückkosten eines Produktes.

Gründe für ein Scheitern des *Activity-based Costing*

In einem kritischen Artikel zum Stand der Kostenrechnung in den USA stellt *Sharman* (2004, S. 283 f) fest, dass das *Activity-based Costing* (*ABC*) nur von einem kleinen Prozentsatz US-amerikanischer Unternehmen verwendet wird. Er führt folgende Gründe für ein Scheitern ins Treffen:

- Die eingesetzte Software ist nicht in die betriebliche EDV-Landschaft integriert.
- *ABC*-Anwendungen sind nicht in operative Planungsprozesse eingebunden.
- Die meisten Anwendungen wurden mit unzureichenden finanziellen Mitteln eingerichtet.

Neuere Diskussionen in den USA wenden sich daher eher dem genaueren System der Grenzplankostenrechnung zu, insbesondere auch deshalb, weil diese auf Standardsoftware (zB SAP) implementiert ist.[53]

4. Relative Einzelkosten- und Deckungsbeitragsrechnung

4.1. Grundlagen

Die **Relative Einzelkosten- und Deckungsbeitragsrechnung** (**REDR**) wurde insbesondere von *Riebel* als Alternative zu den herkömmlichen Systemen der Kostenrechnung propagiert. Die Gründe, die zur Entwicklung der REDR geführt haben, liegen einerseits darin, dass im Rahmen der GPKR das Prinzip der **Entscheidungsrelevanz** bei vielen Kostenarten nicht streng eingehalten wird (wenn zB Zeitlöhne im Fertigungsbereich als variable Kosten behandelt werden). Andererseits soll die Trennung der Entscheidungsrechnungen in solche für langfristig wirksame und

51 Vgl *Fröhling* (1992), S. 733.

52 Vgl *Seicht* (1963); *Kilger* et al. (2012), S. 96 – 100.

53 Vgl *Sharman* und *Vikas* (2005).

solche für kurzfristig wirksame Maßnahmen aufgehoben werden, indem ein für **alle Entscheidungstypen** anwendbares Rechnungssystem eingesetzt wird.

Die Entwicklung eines solchen allgemeinen Systems kann sich naturgemäß nicht an bestimmten Entscheidungstypen mit bestimmten Produktions- und/oder Ergebniszusammenhängen orientieren. Stattdessen kann es sich nur um generelle **Grundsätze** handeln, die für das Treffen optimaler Entscheidungen wichtig sind, in welchem Bereich auch immer diese Entscheidungen liegen. Daher ist die REDR „kein vorgefertigtes System, das einfach schematisch angewandt werden kann, sondern in erster Linie eine bestimmte **Denkweise**. Für die praktische Anwendung lassen sich eigentlich nur gewisse Grundsätze aufstellen“[54].

Diese Denkweise der REDR beruht auf einer strengen Auslegung des Prinzips der Entscheidungsrelevanz und führt letztlich zu einer **Abkehr vom verbrauchsorientierten Kostenbegriff**. Sie lässt sich wie folgt verdeutlichen: Angenommen, man möchte im Sinne einer monetären Zielsetzung optimale Entscheidungen treffen. Dann ist es wichtig, die von den jeweiligen Entscheidungen ausgelösten monetären Konsequenzen abzubilden, im entscheidungstheoretischen Sinne also die rein monetäre Ergebnisfunktion der ins Auge gefassten Maßnahmen aufzustellen. Im Kern geht es der REDR darum, Grundsätze zu entwickeln, nach denen derartige (positive wie negative) **monetäre Konsequenzen den einzelnen Entscheidungen** zugeordnet werden können. Fasst man die Totalrechnung eines Unternehmens als die Zusammenstellung aller Ein- und Auszahlungen über die Totalperiode auf, dann handelt es sich bei den Entscheidungsrechnungen der REDR letztlich um einen **spezifischen**, auf die gerade betrachtete Entscheidung bezogenen **Ausschnitt** aus dieser Totalrechnung.[55]

Die aus den sonstigen Kostenrechnungssystemen bekannten Periodisierungsregeln nach Maßgabe der Güterverbräuche und Güterentstehungen sind der REDR grundsätzlich fremd. Wichtig sind nicht so sehr die mit einer Entscheidung zusammenhängenden Güterverbräuche (die bei bestimmten Kostenarten wie zB Ertragsteuern ohnehin nur über sehr „trickreiche“ Konstruktionen erfasst werden können[56]), sondern einzig die mit einer Entscheidung verbundenen Zahlungen, deren Erfassung mit größter Präzision angestrebt wird. Demnach ist die REDR „im Grunde genommen gar kein Kostenrechnungsverfahren, jedenfalls keine Kostenrechnung im herkömmlichen Sinne“[57]. Sie will stattdessen ein universell einsetzbares Rechnungssystem sein, mit dem alle Entscheidungen (also auch Investitionsentscheidungen) auf der Basis monetärer Zielgrößen beurteilt werden können. Daher hält *Riebel* auch bei

---

54 *Riebel* (1983), S. 45.

55 In den Publikationen zur REDR wird dabei zumeist nicht zwischen Einzahlungen und Einnahmen bzw Auszahlungen und Ausgaben unterschieden. *Riebel* spricht meist generell nur von Einnahmen und Ausgaben. Das ändert aber nichts an der grundsätzlichen Intention dieser Rechnung.

56 So wird bei Steuern die Verbrauchskomponente zumeist mit einem Verzehr der vom Staat bereitgestellten Infrastruktur, Rechtsordnung oder ähnlicher Sachverhalte gleichgesetzt.

57 *Riebel* (1983), S. 25.

seinem System „die bisherigen Diskrepanzen zwischen Kosten- und Investitionsrechnung [für] überwunden“[58].

4.2. Bezugsobjekte und Identitätsprinzip

In der REDR sind die **Entscheidungen** als die eigentlichen Erfolgsquellen des Unternehmens anzusehen. Für die Zurechnung monetärer Konsequenzen zu einzelnen Entscheidungen sind dabei zunächst die sogenannten **Bezugsobjekte** relevant. Damit sind allgemein Objekte, Einheiten und/oder Aktivitäten gemeint, die Gegenstand einer Kostenzurechnung und/oder Erlöszurechnung sein könnten, also zB Produkteinheiten, Produktgruppen, Fertigungsbereiche, Fertigungsaufträge, Fertigungslose, Fertigungsverfahren, Bestellvorgänge, Bestellmengen, Einlagerungs- und Auslagerungsvorgänge, Chargen, innerbetriebliche und außerbetriebliche Transporte, Kostenstellen, Werbemaßnahmen, Absatzgebiete, Absatzwege, Kundengruppen, Zahlungsvorgänge, Perioden oder das gesamte Unternehmen.

Zwischen unternehmerischen Entscheidungen und Bezugsobjekten bestehen enge Beziehungen, weil die **Entscheidungen** zur **Entstehung** oder **Vernichtung bestimmter Bezugsobjekte** führen.

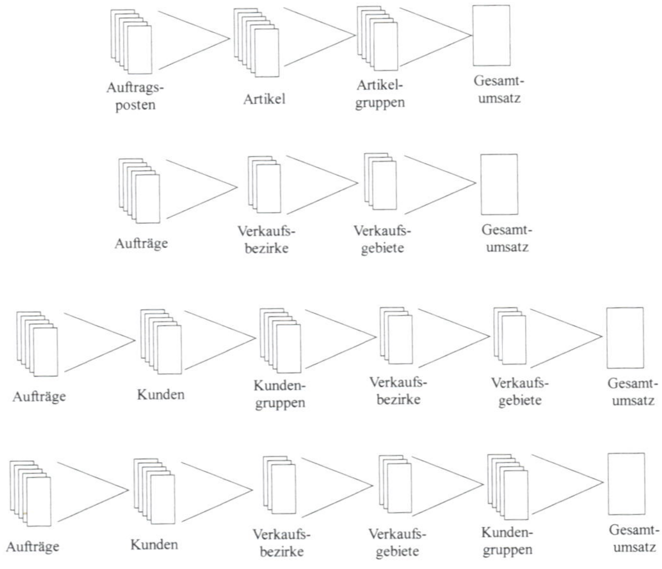

Abb. 6: Beispiele für Bezugsobjekthierarchien (in Anlehnung an *Riebel* (1994), S. 179)

---

58 *Riebel* (1994), S. 428.

Beispiel: Entscheidet man zB über die Annahme eines Auftrags über 100 Stück von Produkt A und 200 Stück von Produkt B, so löst dies die Existenz mehrerer Bezugsobjekte aus. Die Annahmeentscheidung beinhaltet unmittelbar die Verpflichtung zur Lieferung des angegebenen Produktbündels, so dass 100 Bezugsobjekte der Art „Produkteinheit A" und 200 Bezugsobjekte der Art „Produkteinheit B" entstehen. Die Fertigung dieses Produktbündels muss zudem in den bisherigen Fertigungsprozess eingeplant werden. Dazu ist festzulegen, in welchen Losgrößen und mit welcher Sortenschaltung die Produktmengen zu fertigen sind, wodurch weitere Bezugsobjekte der Art „Fertigungslos Produkt A (B)" entstehen, falls diese Stückzahlen nicht in ohnehin geplante Fertigungslose dieser beiden Produktarten eingebunden werden können. Weiterhin ist zu prüfen, ob genügend Materialen für die Produktion am Lager sind. Sofern für diesen Auftrag spezifische Zusatzbeschaffungen nötig sind, werden weitere Bezugsobjekte wie „Bestellvorgänge für Materialien der Produktart A (B)", „Bestellmengen für Materialien der Produktart A (B)" und „Einlagerungsvorgänge für Materialien der Produktart A (B)" induziert. Dazu gesellen sich Bezugsgrößen wie „innerbetriebliche Transporte für Materialien der Produktart A (B)", sofern solche Tätigkeiten notwendig sind, um die Vorräte vom Lager zu den Fertigungsstellen zu bringen. Weil die Zusatzbeschaffungen letztlich mit Zahlungen verbunden sind, entstehen auch Bezugsobjekte wie „Zahlungsvorgänge", und schließlich erhält man Bezugsobjekte im Verwaltungsbereich, weil die beschriebenen Aktivitäten buchmäßig erfasst werden müssen. Eine Vernichtung von Bezugsobjekten tritt etwa dann auf, wenn infolge knapper Kapazitäten eine bestimmte Menge einer „Produkteinheit Z" entfallen muss.

Unternehmerische Maßnahmen, über die optimale Entscheidungen zu treffen sind, können daher als **Kombinationen von Bezugsobjekten** aufgefasst werden. Die Zurechnung monetärer Konsequenzen zu solchen Maßnahmen geschieht im Rahmen der REDR durch die Zurechnung von Kosten und Erlösen (im Sinne von Auszahlungen/Einzahlungen bzw Ausgaben/Einnahmen) zu den einzelnen Bezugsobjekten. Dabei wird berücksichtigt, dass zwischen den Bezugsobjekten hierarchische Beziehungen bestehen. So ist zB das Bezugsobjekt „Fertigungslos" dem Bezugsobjekt „Produkteinheit" deswegen übergeordnet, weil ein Fertigungslos aus mehreren Produkteinheiten besteht. Und ein Bezugsobjekt „Kostenstelle" umfasst letztlich sämtliche Bezugsobjekte, die mit Aktivitäten dieser Stelle zusammenhängen. Auf diese Weise lassen sich **Bezugsobjekthierarchien** bilden. Abbildung 6 stellt einige Beispiele aus dem Absatzbereich dar.

Identitätsprinzip

Die Beziehungen zwischen den Bezugsobjekten finden im Zurechnungsprinzip der REDR, dem sogenannten **Identitätsprinzip**, ihren Niederschlag. Mit dem Identitätsprinzip soll dem Grundsatz der Entscheidungsrelevanz bei der Kostenzurechnung eine strenge Geltung verschafft werden. „Danach lassen sich zwei Größen nur dann einander oder einem anderen Objekt eindeutig zurechnen, wenn sie auf denselben dispositiven Ursprung zurückgehen wie das Objekt selbst."[59] Einem Bezugsobjekt sind somit nur diejenigen Zahlungen zuzurechnen, die **alleine** durch die **Entscheidung über das betrachtete Bezugsobjekt ausgelöst** werden. Einer Produkteinheit könnten somit nur solche Zahlungen zugeordnet werden, die alleine von der Entscheidung zur Fertigung *dieser einen Produkteinheit* abhängen. Anteilige Rüstkosten gehören definitiv nicht dazu, weil das Umrüsten für eine neue Produktart alle Pro-

---

59 *Riebel* (1983), S. 22.

dukteinheiten des neuen Fertigungsloses betrifft. Die Rüstkosten könnten daher nur dem Fertigungslos insgesamt, nicht aber anteilig einer einzelnen Produkteinheit zugeordnet werden.

Die einem Bezugsobjekt nach dem Identitätsprinzip zurechenbaren Kosten bzw Erlöse bezeichnet man als **relative Einzelkosten** bzw **relative Einzelerlöse**. Die Kennzeichnung „relativ“ erklärt sich daraus, dass die Zurechenbarkeit von Kosten und Erlösen letztlich stets vom betrachteten Bezugsobjekt abhängt und daher tatsächlich relativ ist. Kosten, die sich einem bestimmten Bezugsobjekt nach dem Identitätsprinzip eindeutig zurechnen lassen, können einem anderen Bezugsobjekt nicht mehr in dieser Weise zugeordnet werden, wie am obigen Losgrößenbeispiel deutlich wird. Daraus ergeben sich für die Kostenseite folgende Definitionen:

- **Relative Einzelkosten eines Bezugsobjekts:** Diejenigen Auszahlungen, die auf dieselbe Entscheidung zurückgeführt werden können wie die Existenz des Bezugsobjekts selbst.
- **Echte Gemeinkosten eines Bezugsobjekts:** Solche Auszahlungen, die durch Entscheidungen ausgelöst werden, die das betrachtete Bezugsobjekt und weitere Bezugsobjekte gemeinsam betreffen.
- **Unechte Gemeinkosten eines Bezugsobjekts:** Auszahlungen, die zwar grundsätzlich einem Bezugsobjekt gemäß dem Identitätsprinzip zugerechnet und für dieses auch erfasst werden *könnten*, bei denen aber (etwa aus Wirtschaftlichkeitsgründen) auf die direkte Erfassung verzichtet wird.

Für die Erlöse lassen sich völlig analoge Definitionen aufstellen. Eine wie auch immer geartete **Schlüsselung** von Gemeinkosten (jedenfalls der echten Gemeinkosten) wird vermieden, weil es nicht dem Identitätsprinzip entspräche und zu verzerrten Informationen führte.

Diese Definitionen zeigen deutlich die Abkehr von einem verbrauchsorientierten Kostenbegriff, weil ausschließlich auf die Zahlungsebene abgestellt wird. Die Kostenbegriffe der REDR sind somit **rein pagatorischer Natur**, was den Ansatz von Opportunitätskosten (wie zB kalkulatorische Zinsen auf das eingesetzte Eigenkapital als relative Einzelkosten des Bezugsobjekts „Unternehmen als Ganzes“) ausschließt.

Hat man eine bestimmte **Bezugsobjekthierarchie** festgelegt, dann sind alle Kosten an derjenigen Stufe dieser Hierarchie auszuweisen, für die sie gerade noch als relative Einzelkosten eines Bezugsobjektes angesehen werden können. Die Kosten etwa eines Meisters, der genau eine Fertigungsstelle überwacht, sind daher für das Bezugsobjekt „Fertigungsstelle“ als relative Einzelkosten auszuweisen, während sie für die untergeordneten Bezugsobjekte „Losgrößen dieser Fertigungsstelle“ und „Produkteinheiten der Produktart *x*“ echte Gemeinkosten darstellen. Ist der Meister dagegen für mehrere Fertigungsstellen tätig, sind seine Kosten echte Gemeinkosten der einzelnen Fertigungsstellen, aber relative Einzelkosten des übergeordneten Bezugsobjekts „Fertigungsbereich“.

4.3. Grundrechnungen und Sonderrechnungen

Die konkrete Durchführung der REDR vollzieht sich in einem System mehrerer Rechnungen. Als Basis dienen sogenannte **Grundrechnungen**, die sich für die **Kosten**, die **Erlöse** und die **Potenziale** aufstellen lassen. Bei diesen Grundrechnungen handelt es sich konzeptionell um *Datenspeicher*, die für alle denkbaren Auswertungen die entscheidungsrelevanten Informationen bereitstellen sollen und dementsprechend auch als „zweckneutral“ bezeichnet werden. Die Grundrechnung der Potenziale erfasst die betrieblichen Kapazitäten und deren Beanspruchung durch die einzelnen Entscheidungsvariablen. Die Grundrechnungen der Kosten und Erlöse bauen auf der festgelegten Bezugsobjekthierarchie auf und stellen letztlich eine Zusammenstellung der relativen Einzelkosten bzw relativen Einzelerlöse aller Bezugsobjekte dieser Hierarchie dar. Dabei können die Kosten zusätzlich nach weiteren **Kriterien** (wie etwa eine Abhängigkeit vom Leistungsprogramm oder die Kosten zur Aufrechterhaltung der Betriebsbereitschaft) gegliedert werden, woraus sich bestimmte **Kostenkategorien** ergeben, nämlich **Leistungskosten** und **Bereitschaftskosten** als Pendant für eine Gliederung der Kosten und Erlöse in variable und fixe Bestandteile,[60] die im System der REDR keinen Platz hat. Abbildung 7 gibt ein Beispiel für eine solche Grundrechnung.

Die konkrete Entscheidungsvorbereitung findet stets im Rahmen von **Sonderrechnungen** statt. Das grundsätzliche Prinzip ist einfach: Unternehmerische Maßnahmen werden als Kombinationen von Bezugsobjekten interpretiert. Zur Beurteilung einer Maßnahme sind daher zunächst alle damit zusammenhängenden Bezugsobjekte aufzulisten. Diesen Bezugsobjekten sind anschließend mit Hilfe der Grundrechnung die jeweiligen relativen Einzelkosten bzw relativen Einzelerlöse zuzuordnen. Die **Differenz** aus allen relativen Einzelerlösen und relativen Einzelkosten gibt dann den **Deckungsbeitrag** der betrachteten Maßnahme an. Ist nur über eine Maßnahme zu entscheiden (zB Annahme oder Ablehnung eines Zusatzauftrages), sollte diese nur durchgeführt werden, falls sie einen positiven Deckungsbeitrag aufweist. Ist dagegen eine Auswahl aus mehreren Alternativen zu treffen, sollte diejenige Alternative mit dem höchsten Deckungsbeitrag gewählt werden.

In allen Fällen ist natürlich die vorhandene Kapazitätssituation zu beachten, wozu die Informationen aus der Grundrechnung der Potenziale herangezogen werden müssen. Weil sich der gesamte Deckungsbeitrag einer Maßnahme aus den relativen Einzelkosten und relativen Einzelerlösen mehrerer Bezugsobjekte mit hierarchischen Beziehungen ergibt, handelt es sich bei den Sonderrechnungen der REDR im Allgemeinen um **mehrstufige Deckungsbeitragsrechnungen**.

---

60 *Riebel* (1993), Sp. 370, lehnt die Gliederung von Kosten nach der Beschäftigung wegen ihrer Unbestimmtheit als nicht operational an. Während die Bereitschaftskosten weitgehend Fixkosten sind, knüpfen die Leistungskosten an die Leistungen, Leistungsbündel und Leistungsproportionen an. Eine gewisse Ähnlichkeit zur (jüngeren) Prozesskostenrechnung ist nicht verkennbar; dies gilt genauso für die Hierarchisierung der Bezugsobjekte (vgl zB *Cooper* und *Kaplan* (1991a), S. 269 – 275).

Gestaltungsprobleme einer zweckneutralen Grundrechnung

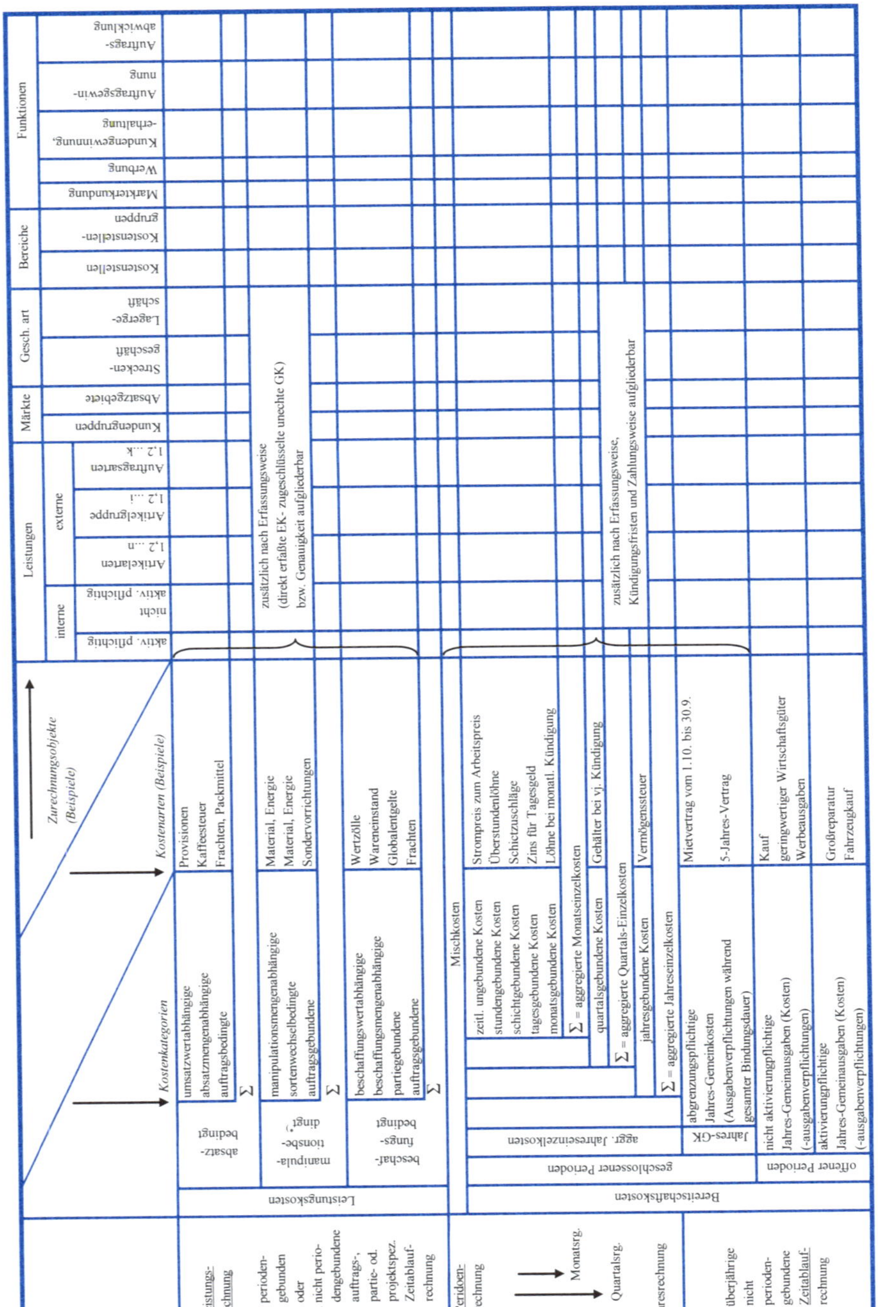

Abb. 7: Beispiel für eine Grundrechnung
(Quelle: *Riebel* (1994), S. 457)

Entscheidungen auf Basis der REDR

Die grundsätzliche **Vorgehensweise** der Entscheidungsfindung im Rahmen der REDR bei Problemen der Produktionsprogramm- und Verfahrensplanung unterscheidet sich nicht von derjenigen der GPKR.[61] Zu beachten ist freilich die andere Art der Kostenzurechnung. Den Bezugsobjekten als Bestandteilen von Maßnahmen oder Maßnahmenbündeln werden (im Idealfall) stets nur die gemäß dem Identitätsprinzip zurechenbaren relativen Einzelkosten und relativen Einzelerlöse zugeordnet. In der praktischen Anwendung sind damit jedoch etliche Probleme verbunden.

Beispiel: Die Zurechnung von Zahlungen für Rohstoffe erfordert die Festlegung einer ganzen *Kette zwischengeschalteter Entscheidungen*. So ist beispielsweise zu überlegen, ob überhaupt wiederbeschafft werden soll, welche Bestellmenge auf welchen Beschaffungswegen zu beschaffen ist oder wann in welcher Weise die Zahlungen an die Lieferanten zu leisten sind. Diese Fragen haben wegen der Existenz von Rabattstaffeln, Boni, Skonti und ähnlicher Faktoren eine große Bedeutung für die Höhe der Auszahlungen. Sie betreffen aber nicht nur eine Produkteinheit, sondern stets mehrere Produkteinheiten gemeinsam und weisen demnach *Verbundbeziehungen* auf. Daher können die damit zusammenhängenden Zahlungen keine relativen Einzelkosten einer Produkteinheit sein.

Derartige Probleme müssten grundsätzlich dadurch gelöst werden, dass man eben bei *jeder* zu treffenden Entscheidung die **gesamte Entscheidungskette** mit ihren *sämtlichen* unmittelbaren und mittelbaren Beziehungen durchleuchtet, um die mit der Maßnahme zusammenhängenden Aus- und Einzahlungen präzise zu erfassen. Dies erscheint wenig praktikabel. Eine Lösungsmöglichkeit besteht in der Konstruktion sogenannter „**genereller Anordnungen**“[62], die letztlich **Annahmen** über die üblicherweise zu erwartende Gestalt von Entscheidungsketten darstellen. Damit wird aber offensichtlich eine Annäherung an den verbrauchsorientierten Kostenbegriff und mithin die Vorgehensweise der GPKR geschaffen. Die Annahmen der REDR sind nur weniger stark festgelegt. Die so errechneten „entscheidungsrelevanten“ Daten (zB Stückdeckungsbeiträge von Produkten) können und werden sich von denjenigen einer GPKR unterscheiden, so dass es auch zu unterschiedlichen Handlungsempfehlungen kommen kann.

Fortsetzung des Beispiels: Hinsichtlich verbrauchter Produktionsfaktoren kann zB unterstellt werden, dass die damit zusammenhängenden Lagerentnahmen stets durch Ersatzbeschaffungen wieder aufgefüllt werden. Die heutige Entscheidung über die Herstellung eines Produktes und den damit einhergehenden Faktorverbrauch löst damit früher oder später Auszahlungen für die Ersatzbeschaffung aus. Sofern man jetzt noch eine Annahme über Bestellmenge, Beschaffungsweg und Zahlungsweise setzt (es werden zB stets 1.000 Stück eines Rohstoffs zwecks Ausnutzung bestimmter Rabatte bestellt, Anlieferung erfolgt durch Spediteur, es wird stets Skonto ausge-

---

61 Siehe dazu etwa *Riebel* (1994), S. 291 – 306.

62 *Riebel* (1994), S. 372.

nutzt), wird die Entscheidungskette gewissermaßen zu einem „Automatismus“, der die Zurechnung der Rohstoffkosten auf Produkteinheiten ermöglicht.

Im Rahmen der **Deckungsbeitragsrechnung** werden einander Einzelerlöse und Einzelkosten eines oder mehrerer Bezugsobjekte gegenüber gestellt. Dadurch wird eine stufenweise, hierarchisch aufgebaute Rechnung möglich, die in ihrem Aufbau der mehrstufigen Deckungsbeitragsrechnung (siehe oben) vergleichbar ist; sie weicht im Inhalt wegen der unterschiedlichen Kosten- und Erlösgliederungen davon ab.

Für eine **periodische Deckungsbeitragsrechnung** (zB äquivalent der Kurzfristigen Erfolgsrechnung) hat das Identitätsprinzip eine wesentliche Konsequenz: Genauso wie anderen Bezugsobjekten auch können einer Periode nur deren Einzelkosten und Einzelerlöse zugerechnet werden. Perioden*übergreifende* Kosten (Erlöse) sind **Periodengemeinkosten** (Periodengemeinerlöse) und damit als solche in der periodischen Deckungsbeitragsrechnung nicht enthalten (die Deckungsbeitragsrechnung gibt die „Periodenbeiträge“ wieder). Im sehr wahrscheinlichen[63] Extremfall enthält nur die Deckungsbeitragsrechnung über die gesamte Lebensdauer des Unternehmens (**Totalrechnung**) sämtliche Kosten und Erlöse, so dass erst dafür ein Erfolg der Unternehmenstätigkeit ermittelt werden kann. Periodenübergreifende Kosten (insbesondere die Bereitschaftskosten) und Erlöse können dabei in solche **geschlossener Perioden** (vorgegebener Anfall, zB überperiodige Zinsen) und **offener Perioden** (noch ungewisser Anfall, zB Abschreibungen) untergliedert werden.[64] Liegen geschlossene Perioden vor, kann die Periodenlänge der Deckungsbeitragsrechnung so lange gewählt werden, dass sie diese Kosten bzw Erlöse als Einzelkosten bzw Einzelerlöse mit erfasst; bei offenen Perioden ist dies idR nicht möglich. Eine andere Möglichkeit ist eine **kontinuierliche Zeitablaufrechnung**, die die Kosten und Erlöse erfasst, welche den Bezugsobjekten bis zu einem bestimmten Zeitpunkt zurechenbar sind.

Um ein kurzfristiges Instrument zur Beurteilung der Wirtschaftlichkeit der Unternehmenstätigkeit zu erhalten, müssen den periodischen Deckungsbeiträgen sogenannte **Deckungsbudgets** gegenüber gestellt werden.[65] Das Deckungsbudget wird gewissermaßen als Zielvorgabe gesetzt. Um es allerdings halbwegs realistisch festlegen zu können, müssen neben einem Plangewinn von der betreffenden Periode zu „tragende“ Teile der (Perioden-)Gemeinkosten und Gemeinerlöse geschätzt werden – also genau das Problem, dem man durch die Verwendung des Identitätsprinzips entgehen möchte.

---

[63] Dies ergibt sich insbesondere deshalb, weil man die denkbaren künftigen Folgen einer bestimmten Entscheidung nie genau vorhersagen kann; die Entscheidung kann ja auch noch irgendwann später ein Bezugsobjekt auslösen.

[64] Vgl *Riebel* (1994), S. 455 f.

[65] Vgl zur Budgetierung das 8. Kapitel: *Koordination, Budgetierung und Anreize*.

Beispiel

Die Auswirkungen der verschiedenen Vereinfachungen auf Handlungsempfehlungen sei an folgender Entscheidung über die Annahme eines Zusatzauftrages demonstriert: Ein Unternehmen erhält die Anfrage, ob es bereit ist, 150 Stück des Produkts P zu liefern. Das Produkt P wird in einem einstufigen Fertigungsprozess hergestellt und benötigt 12 Fertigungsminuten je Stück auf dem relevanten Aggregat, das nur zur Fertigung von P eingesetzt wird (es entfallen daher Umrüstvorgänge und ähnliches).

Als Bezugsgröße einer GPKR dient die Fertigungszeit, zu der sich alle variablen Fertigungskosten (Fertigungslöhne und Energie) proportional verhalten. Als Planbezugsgröße einer GPKR werden 10.000 Fertigungsminuten veranschlagt. Die Arbeiter werden hauptsächlich im Zeitlohn bezahlt (festes Monatsgrundgehalt von 4.000 je Mitarbeiter), erhalten darüber hinaus aber auch eine Akkordvergütung von 1,2 je Stück und Mitarbeiter. Zur Bedienung des Aggregats werden 5 Arbeitskräfte benötigt. Der proportionale Verrechnungssatz der GPKR für die variablen Grenzfertigungskosten beträgt 3 je Fertigungsminute (er enthält also alle Fertigungslöhne und die Energiekosten).

Zur Herstellung von P werden weiterhin zwei Rohstoffe R1 und R2 benötigt. Je Stück von P sind zwei Einheiten R1 und drei Einheiten R2 erforderlich. Die Planeinstandspreise je Mengeneinheit betragen 20 für R1 und 10 für R2. Vom Rohstoff R2 (der ausschließlich für die Herstellung von P verwendet wird) ist momentan noch ein Bestand von 500 Stück am Lager, der jedoch nicht wieder ersetzt werden soll, weil bereits im folgenden Monat eine Konstruktionsänderung von P vollzogen wird, durch die R2 gegen einen anderen Stoff ausgetauscht wird. Vom Rohstoff R1 existiert derzeit kein Lagerbestand. Eine generelle Anordnung der REDR sieht vor, dass sämtliche Rohstoffe sofort wiederbeschafft werden, wobei der *gerade aktuelle* Wiederbeschaffungspreis abzüglich 10% für allfällige Rabatte und Skonti in Abzug gebracht wird. Für R1 (R2) ergibt sich dieser Wert als 18 (12).

Für die Produktion von P sind zudem Lizenzgebühren zu entrichten. Sie werden je begonnene 60 Stück berechnet, betragen dafür 120 und werden *monatlich* abgerechnet. Im laufenden Monat wurden bereits 530 Stück von P gefertigt, und es wird mit an Sicherheit grenzender Wahrscheinlichkeit davon ausgegangen, dass außer der betrachteten Kundenanfrage kein weiterer Absatz von P im vorliegenden Monat auftreten wird. Alle Material-, Verwaltungs- und Vertriebsgemeinkosten (Gemeinkosten im Sinne der GPKR) werden vom Unternehmen als unabhängig vom Leistungsprogramm betrachtet. Sondereinzelkosten des Vertriebs fallen nicht an, und es sind auch keine Kapazitätsengpässe zu beachten. Wie hoch ist die Preisuntergrenze für diesen Auftrag?

Lösung auf Basis der GPKR

Die Materialeinzelkosten betragen $2 \cdot 20 + 3 \cdot 10 = 70$ je Stück des Produktes P (würde man wertmäßige Kosten ansetzen, könnte für Rohstoff R2 ein anderer Wert, zB ein Veräußerungswert, angesetzt werden). In den Grenzfertigungskosten von 3 je Fertigungsminute sind bereits alle Lohn- und Energiekosten enthalten. Ein Stück des Produktes P erfordert mithin variable Fertigungskosten in Höhe von $12 \cdot 3 = 36$. Dazu kommen Sondereinzelkosten der Fertigung (anteilige Stücklizenzen) von $120/60 = 2$. Insgesamt ergibt sich:

Materialeinzelkosten	70
Fertigungskosten	36
Sondereinzelkosten der Fertigung	2
variable Grenzplanselbstkosten	108

Lösung auf Basis der REDR

Zu ermitteln sind die gesamten relativen Einzelkosten der Auftragsannahme. Dem Bezugsobjekt „Produkteinheit P" sind dabei in einem ersten Schritt jedenfalls die Akkordlohnbestandteile und die Energiekosten zuzuordnen, denn diese fallen auf Grund vertraglicher Vereinbarungen und technologischer Gesetzmäßigkeiten automatisch und zwangsläufig mit jedem Bezugsobjekt an. An Akkordlöhnen ergibt sich daraus ein Betrag von 5·1,2 = 6 je Produkteinheit. Die Energiekosten sind aus dem obigen Verrechnungssatz von 3 je Fertigungsminute abzuleiten. Die Zeitlohnbestandteile dieses Verrechnungssatzes betragen (5·4.000)/10.000 = 2 je Fertigungsminute. Die Akkordlohnbestandteile ergeben sich aus (5·1,2)/12 = 0,5 je Fertigungsminute. Demnach betragen die Energiekosten 0,5 je Fertigungsminute.

Die Einzelkosten der Rohstoffverbräuche ergeben sich nach der generellen Anordnung als 2·18 + 3·12 = 72.

Hinsichtlich der Lizenzkosten ist zu beachten, dass diese Kosten nur dem übergeordneten Bezugsobjekt „Lizenzquantum 60 Stück P" zugerechnet werden können. Bislang wurden 530 Stück P gefertigt, wofür 9 Lizenzquanten und damit Zahlungen in Höhe von 9·120 = 1.080 erforderlich sind. Für die zusätzlichen 150 Stück des vorliegenden Auftrags müssten *drei* weitere Lizenzquanten bezahlt werden (die Abrechnung erfolgt annahmegemäß monatlich je begonnene 60 Stück), so dass dem Auftrag Lizenzkosten in Höhe von 3·120 = 360 zuzuordnen sind (wären alternativ bislang zB erst 490 Stück von P gefertigt worden, wären lediglich zwei weitere Lizenzquanten nötig). Der verbleibende „Überhang" von 40 Stück P beim zuletzt erworbenen Lizenzquantum ist faktisch wertlos, weil man im laufenden Monat mit keinem weiteren Absatz von P rechnet. Damit ergibt sich folgende Rechnung:

Akkordlöhne	6
Energiekosten	6
Rohstoffkosten	74
Einzelkosten des Bezugsobjektes „Produkteinheit P"	86
Lizenzkosten	360
Einzelkosten des Bezugsobjektes „Auftrag"	360
Einzelkosten der „Produkteinheit P" für den Auftrag (86·150 =)	12.900
Einzelkosten des „Auftrages"	360
Entscheidungsrelevante Kosten	13.260
(pro Stück	88,4)

Exakte Lösung

Bis auf die Rohstoffkosten entspricht die REDR bereits der spezifischen Situation. Die generelle Anordnung bezüglich der Rohstoffverbräuche führt im Beispiel jedoch zu einer Abweichung von den tatsächlich entscheidungsrelevanten Kosten. Die Erfüllung der Kundenanfrage benötigt von R2 insgesamt 450 Stück. Es sind jedoch 500 Stück am Lager, und dieser Bestand wird wegen der Konstruktionsänderung nicht mehr ersetzt. Weil man im laufenden Monat auch mit keinen weiteren Anfragen nach dem Produkt P rechnet, induziert die Lagerbestandsentnahme für den vorliegenden Auftrag zudem keinerlei Engpässe für potenzielle spätere Aktivitäten. Demnach sind mit der Entnahme der 450 Stück R2 faktisch *keine Zahlungen* verbunden, so dass daraus auch keine relevanten Kosten entstehen können.

Dagegen müssen die benötigten 300 Stück von R1 jedenfalls zugekauft werden. *Unterstellt* man, dass dies gerade im benötigten Umfang zu Planeinstandspreisen geschieht, dann entstehen 2·20 = 40 an Rohstoffkosten. Die Rechnung lautet damit:

Akkordlöhne	6
Energiekosten	6
Rohstoffkosten	40
Lizenzkosten (360/150 =)	2,4
Entscheidungsrelevante Kosten (Preisuntergrenze)	54,4

4.4. Diskussion

Die Vorgehensweise der REDR erscheint auf den ersten Blick bestechend, weil damit eine einheitliche Methodik der Entscheidungsrechnung vorgeschlagen wird, die auf alle Entscheidungstypen angewendet werden soll und somit Grundlage einer einheitlichen, integrierten Unternehmensrechnung sein könnte. Die REDR ist im Vergleich zur GPKR mit ihren doch sehr einschränkenden Prämissen weit offener angelegt. Dadurch ist sie zunächst spezifischen Kritikpunkten weit weniger ausgesetzt. Dennoch weist auch sie bei näherem Hinsehen einige **diffizile Probleme** auf, die besonders im Hinblick auf die Festlegung der Grundrechnung zu Schwierigkeiten führen.

1. Eine erste Schwierigkeit folgt aus der **Definition der relativen Einzelkosten und Einzelerlöse** selbst. Denkt man diese Definition konsequent zu Ende, erscheint es sehr fraglich, ob für viele Bezugsobjekte überhaupt relative Einzelkosten angegeben werden können.[66] Betrachtet man etwa das wichtige Bezugsobjekt „Produkteinheit", dann sind mit der alleinigen Entscheidung, eine Produkteinheit zu fertigen, unmittelbar nur sehr wenige Zahlungen verbunden, die sich im obigen Beispiel in den reinen Akkordlöhnen und den Energiekosten manifestierten.

Versucht man dies über die Konstruktion von „generellen Anordnungen" über typische Entscheidungsketten in den Griff zu bekommen, wird bereits die Aufstellung einer Grundrechnung fraglich, wenn man erlaubt, dass – je nach vorliegendem Problem – möglicherweise andere Ausprägungen der Entscheidungsketten vorliegen könnten. Diese würden nämlich mit unterschiedlichen relativen Einzelkosten vieler Bezugsobjekte verbunden sein, so dass offen ist, welche Größen nun eigentlich in der Grundrechnung anzusetzen sind.

2. Mit den „generellen Anordnungen" hängt auch ein anderer Aspekt eng zusammen. So wurde bereits bei der GPKR darauf hingewiesen, dass eine *a priori* **Festlegung** von solchen Faktoren, wie zB Losgrößen und Bestellmengen, mit einer Gesamtoptimierung an sich nicht vereinbar ist, weil zB der (noch unbekannte) Gesamtbedarf einen wichtigen Bestimmungsfaktor optimaler Losgrößen und Bestellmengen darstellt. Die „generellen Anordnungen" der REDR führen demnach zur gleichen **Interdependenzproblematik** wie die *a priori* Festlegungen der GPKR.

Dieses Problem spiegelt sich auch in anderen Bereichen wider. So lassen sich maschinenabhängige Energiekosten zwar grundsätzlich als relative Einzelkosten von Produkteinheiten erfassen, weil sie zwangsläufig mit der Fertigungszeit für ein Produkt zusammenhängen. Allerdings können die Energiekosten je Fertigungsminute von der angesetzten Fertigungsintensität

66 Siehe dazu auch *Brink* (1978), S. 573 – 574.

abhängen. Ob wiederum eine intensitätsmäßige Anpassung gewählt wird, hängt letztlich davon ab, wie das optimale Produktions- und Absatzprogramm aussieht, zu dessen Ermittlung die relativen Einzelkosten der Produkte gerade beitragen sollen.

Dies wirft erneut die Frage nach dem Ansatz relativer Einzelkosten in der Grundrechnung auf. Von welcher Intensität soll hier ausgegangen werden? Und wenn eine intensitätsmäßige Anpassung gewählt wird, diese aber vom **Gesamtprogramm** abhängt, dann können die intensitätsabhängigen Kosten streng genommen keine relativen Einzelkosten etwa einer Produkteinheit mehr sein, weil sie offenbar auch von der Summe aller hergestellten Produkteinheiten abhängen. Letztlich müsste man in diesem Fall *alternative* Grundrechnungen aufstellen, nämlich für jede in Frage kommende Kombination von Prozessparametern eine.

3. Die angestrebte *strenge* Einhaltung des Prinzips der *Entscheidungsrelevanz* ist insofern zu relativieren, als auch bei der REDR vorwiegend **Entscheidungskalküle bei sicheren Erwartungen** untersucht werden. Aus den Überlegungen im 5. Kapitel: *Entscheidungsrechnungen bei Unsicherheit* folgt, dass in Risikosituationen auch Gemeinkosten entscheidungsrelevant sein können. Diese müssten beim Vorliegen der entsprechenden Bedingungen in die Sonderrechnungen der REDR Eingang finden.

4. Schließlich ist auch der angestrebte Vorteil einer für alle Entscheidungen anwendbaren Planungsrechnung mit Vorsicht zu genießen. Die Ausführungen im 2. Kapitel: *Die Kosten- und Leistungsrechnung als Entscheidungsrechnung* dürften die damit zusammenhängenden Fragen ausführlich verdeutlicht haben. Das grundsätzliche Problem der Kosten- und Leistungsrechnung ist dasjenige des **optimalen Komplexionsgrades** von Entscheidungsmodellen. Die Installierung eines einheitlichen Rechnungssystems macht nur dann Sinn, wenn man bei den zu treffenden Entscheidungen den langfristigen Aspekt auch generell berücksichtigen will. Hinsichtlich der Produktionsentscheidungen wurden in diesem Zusammenhang vor allem Lern- und Verschleißeffekte als wichtige Einflussfaktoren herausgestellt. Deren Effekte werden in den momentan vorliegenden Varianten der REDR aber gerade *nicht* berücksichtigt. Sie müssten sich systematisch in den relativen Einzelkosten der Bezugsobjekte verschiedener Perioden und mithin in den **Grundrechnungen verschiedener Perioden** niederschlagen. Darüber hinaus müssten all diese Grundrechnungen bereits im Betrachtungszeitpunkt aufgestellt werden, so dass ihre Daten für die Sonderrechnungen zur Entscheidungsvorbereitung zur Verfügung stehen.

In den vorliegenden Varianten der REDR werden aber stets nur Grundrechnungen für *einen Zeitpunkt* bzw *eine Planperiode* betrachtet. Außerdem gäbe es bei der Aufstellung mehrerer Grundrechnungen für künftige Perioden die Schwierigkeit, dass die Konsequenzen der Lern- und Verschleißeffekte letztlich von den zwischenzeitlich gefertigten Produktionsprogrammen abhängen, woraus wiederum die oben erwähnten Interdependenzprobleme resultieren. Darüber hinaus ist es aus Wirtschaftlichkeitsgesichtspunkten fraglich, ob man für alle Entscheidungen stets **Totalmodelle** aufstellen will oder kann.

5. Zusammenfassung

Die früheren Kapitel gingen stillschweigend von der Annahme aus, die relevanten Daten für die Entscheidungskalküle seien im Unternehmen im benötigten Detaillierungsgrad verfügbar. Dies ist jedoch meist nicht ohne weiteres der Fall. Bedenkt man die Unmenge von Einzelinformationen, die sich im Unternehmen während seiner Tätigkeit ansammeln, werden **leistungsfähige Systeme der Kostenrechnung** benötigt. Die bekanntesten Grundtypen sind die **Grenzplankostenrechnung** (GPKR), die **Prozesskostenrechnung** und die **Relative Einzelkosten- und Deckungsbeitragsrechnung** (REDR).

Die Grenzplankostenrechnung fußt auf den **Prämissen**, dass die Beschäftigung die maßgebliche Kosteneinflussgröße darstellt und die Kosten in Abhängigkeit von der Beschäftigung eindeutig in variable und fixe Bestandteile getrennt werden können. Die variablen Kosten werden als linear (und damit proportional) zur Beschäftigung angenommen. Als entscheidungsrelevante Kosten werden nur die proportionalen Kosten verwendet. Die Kostenplanung erfolgt – wie auch bei der REDR – deterministisch.

Wie die Grenzplankostenrechnung lässt sich eine **Grenzplanerlösrechnung** aufbauen, die auf analogen Prämissen ruht. Sie kann mit der Grenzplankostenrechnung in einer Ergebnisrechnung zusammengefasst werden. Die typische Darstellungsform ist die **mehrstufige Deckungsbeitragsrechnung** (Fixkostendeckungsrechnung), bei der die Fixkosten nach ihrer Zurechenbarkeit auf Produkte, Produktgruppen und Bereiche untergliedert werden.

Die **Prozesskostenrechnung** versucht, eine **beanspruchungsgerechtere** Behandlung insbesondere der Gemeinkosten in den indirekten Leistungsbereichen zu realisieren. Dazu wird – typischerweise auf Basis der existierenden Stellengliederung – eine detaillierte Analyse der im Unternehmen ablaufenden Prozesse und Tätigkeiten durchgeführt. Diesen Aktivitäten werden (Voll-)Kosten zugeordnet, so dass **Prozesskostensätze** je Einheit der jeweiligen **Aktivität** resultieren. Die Prozesse werden auch unternehmensweit analysiert, indem sogenannte **Hauptprozesse** betrachtet werden, die sich aus Teilprozessen in mehreren Stellen zusammensetzen. Die Prozesskostenrechnung beinhaltet rechnungstechnisch zahlreiche **Schlüsselungen** und **Proportionalitätsannahmen**. Wegen ihrer Ausrichtung als Vollkostenrechnung hat sie einen explizit langfristigen Aspekt, bezieht grundsätzlich auch Kapazitätsanpassungen in ihre Betrachtung ein und soll daher auch eine Grundlage für strategische Entscheidungen liefern.[67]

Die Relative Einzelkosten- und Deckungsbeitragsrechnung löst sich grundsätzlich von einem verbrauchsorientierten Kostenbegriff und basiert auf einer veränderten Kostenzurechnung aufgrund des **Identitätsprinzips**. Einem Bezugsobjekt werden nur jene Kosten und Erlöse zugerechnet, die durch die Entscheidung über das

---

67 Siehe zur Analyse dieser Anwendungsfälle das 6. Kapitel: *Kostenmanagement*.

betrachtete Bezugsobjekt ausgelöst werden (*relative* Einzelkosten und Einzelerlöse). Die REDR besteht aus zweckneutralen **Grundrechnungen**, die als möglichst detaillierter Datenspeicher für **Sonderrechnungen** fungieren. Eine periodische **Deckungsbeitragsrechnung** liefert nur eine Gegenüberstellung von (Perioden-)Einzelerlösen und Einzelkosten; der Deckungsbeitrag muss zur Gewinnung von Erfolgsinformationen mit einem **Deckungsbudget** verglichen werden.

Das Verdienst der REDR besteht zweifellos darin, die **Problematik** und **Relativität von Kostenzurechnungen** in eindrucksvoller Weise aufzuzeigen. Damit wird das Bewusstsein für unsachgemäße Proportionalisierungen und Schlüsselungen geschärft. Diese Kenntnisse können außerordentlich wertvoll sein, wenn in einem Unternehmen spezifische Rechnungen außerhalb des „üblichen" Rechnungssystems angefertigt werden sollen, um etwa die Wirtschaftlichkeit bestimmter Fertigungsbereiche, des Logistiksystems oder der Verwaltungsstellen beurteilen zu können. Bei solchen Rechnungen müssen oftmals völlig neuartige Gruppierungen bestehender Kosten- und Erlösdaten vorgenommen werden. Grundsätze für solche Zurechnungen werden durch die REDR bereitgestellt.

Die Grenzplankostenrechnung und (in etwas geringerem Umfang) die Prozesskostenrechnung haben im Gegensatz zur REDR große **praktische Verbreitung** gefunden. Ein wesentlicher Grund dafür liegt im schematischen Charakter und den detaillierten Empfehlungen für die Vorgangsweise bei der Kostenrechnung. Im Gegensatz dazu geht die REDR wesentlich differenzierter vor und ist daher komplexer. Um die Praktikabilität der REDR zu gewährleisten, werden **Annäherungen** an „traditionelle" Vorgehensweisen propagiert, wodurch die Unterschiede zwischen GPKR und REDR abnehmen. Geht man davon aus, dass wegen der hohen Dynamik der Märkte die standardisierten Entscheidungstypen eher geringer werden, die besonderen und nur situationsabhängig zu präzisierenden Entscheidungsprobleme dagegen zunehmen, dann wird die Erstellung **fallweiser Sonderrechnungen** zur Vorbereitung von Entscheidungen eine große Bedeutung erlangen.[68] Damit gewinnen auch die differenzierten Zurechnungsgrundsätze der REDR an Gewicht.

Für Entscheidungsmodelle, wie sie in diesem Buch im Vordergrund stehen, hat die Qualität der Daten natürlich eine wesentliche Bedeutung für die **Qualität der Lösungen** der Modelle. Im Grunde hat man auch hier wieder ein Problem des optimalen **Komplexionsgrades** zu lösen. Lineare Entscheidungsmodelle, wie sie auf den („linearisierten") Daten der Grenzplankostenrechnung (und der Prozesskostenrechnung) aufgebaut werden können, lassen sich mit leistungsfähigen Standardalgorithmen lösen. Sie benötigen zwingend lineare Eingangsdaten, wodurch sich allerdings Verzerrungen hinsichtlich der Abbildung tatsächlicher Kostenabhängigkeiten ergeben können. Dadurch wird auch die „optimale" Lösung des linearen Entscheidungsmodells vom tatsächlichen Optimum regelmäßig abweichen.[69] Diese Abweichungen ließen sich zwar durch eine präzisere Abbildung der Kostenab-

---

68 Vgl ähnlich auch *Troßmann* (1993), Sp. 2399; *Weber* (1993a), S. 23.

69 Vgl *Christensen* und *Demski* (1997).

hängigkeiten, wie etwa bei Anwendung der REDR, vermindern oder gar ausschalten, doch würde dies auch den Übergang auf nichtlineare Entscheidungskalküle implizieren, deren Lösung im Allgemeinen aufwendiger und vielfach nicht ohne weiteres gewährleistet ist. Das relativiert wiederum den Vorteil einer präziseren Erfassung der Kostenabhängigkeiten.

Allgemeine **Empfehlungen** zur Lösung dieser Problematik lassen sich kaum geben. Man kann sich auch fragen, ob das obige Komplexionsproblem in seinen Konsequenzen für optimale Lösungen nicht als relativ gering einzustufen ist, wenn man berücksichtigt, welche impliziten Prämissen zB dem grundsätzlichen Ansatz eines kurzfristig wirksamen Entscheidungsproblems ohnehin schon anhaften.[70] Selbst eine noch so präzise Erfassung von Kostenabhängigkeiten löst nämlich beispielsweise nicht das Problem der Berücksichtigung mehrperiodiger Wirkungen heutiger Maßnahmen.

Fragen

F12-1 Inwiefern kann man bei der Einzelkostenplanung der Grenzplankostenrechnung (GPKR) von einer Durchbrechung des Verursachungsprinzips sprechen?

F12-2 Welche Probleme bestehen bei den statistischen Methoden der Kostenplanung?

F12-3 Warum sind die Fixkosten im Rahmen der Kostenplanung einer GPKR als dispositionsabhängig einzustufen?

F12-4 Welche Beziehungen bestehen bei der GPKR zwischen Kostenbestimmungsfaktoren und Bezugsgrößen?

F12-5 Unter welchen Bedingungen und wofür wird bei der GPKR auf indirekte Bezugsgrößen zurückgegriffen?

F12-6 Warum ist im Rahmen der Planung der Kostenstellenkosten der GPKR eine Sekundärkostenrechnung notwendig?

F12-7 Können bei der GPKR direkte Bezugsgrößen nur in fertigungsnahen Stellen angewandt werden?

F12-8 Welche Beziehungen bestehen zwischen der GPKR und der Prozesskostenrechnung?

F12-9 Unter welchen Bedingungen entspricht der Periodenerfolg nach dem Umsatzkostenverfahren dem nach dem Gesamtkostenverfahren?

---

[70] Siehe dazu ausführlich 2. Kapitel: *Die Kosten- und Leistungsrechnung als Entscheidungsrechnung.*

F12-10 Welche Kriterien gibt es für die Gliederung der „Stufen“ bei der mehrstufigen Deckungsbeitragsrechnung?

F12-11 Worin besteht der Unterschied zwischen *lmi*- bzw *lmn*-Kosten, fixen bzw variablen und Einzel- bzw Gemeinkosten?

F12-12 Wie kann man Komplexität als Kostentreiber in der Prozesskostenrechnung messen?

F12-13 Werden in der Prozesskostenrechnung Kostenschlüsselungen vorgenommen, und wenn ja, nach welchen Kriterien erfolgt dies?

F12-14 Wie wirkt die Art der Planung (Istbeschäftigung, Engpassplanung, Kapazitätsplanung) auf die Höhe der Prozesskosten?

F12-15 Warum kann die REDR nur als spezifische Denkweise bezeichnet werden, und warum stellt sie kein Kostenrechnungssystem im herkömmlichen Sinne dar?

F12-16 Halten Sie die Berechnung von Residualgewinnen im Rahmen der REDR für zulässig?

F12-17 Welche Beziehungen bestehen bei der REDR zwischen Entscheidungen, Bezugsobjekten und der Kostenzurechnung?

F12-18 Welche Anwendungsprobleme beinhaltet eine Kostenzurechnung auf Basis des Identitätsprinzips, und wie lassen sich diese Probleme lösen?

F12-19 Warum löst die REDR letztlich nicht das Fristigkeitsproblem bei Entscheidungsrechnungen, obwohl sie doch als integratives Rechnungssystem gedacht ist?

F12-20 Welche Bedeutung könnte die Einbeziehung des Risikos für die REDR haben?

Probleme

P12-1 **Kostenstellenrechnung einer GPKR**. Gegeben sei ein Unternehmen mit zwei Fertigungsbereichen B1 und B2. Jeder Bereich verfügt als spezifische Hilfsstelle über eine eigene Werkzeugmacherei (W1, W2). Daneben existiert als weitere Hilfsstelle eine Reparaturwerkstatt R, die für beide Fertigungsbereiche tätig ist. In allen drei Hilfsstellen liegt homogene Kostenverursachung mit den Fertigungsstunden als Bezugsgröße vor. Die jeweiligen Planbezugsgrößen und (variablen) primären Gemeinkosten betragen:

W1: 15.000 Minuten; primäre Gemeinkosten = 45.000
W2: 10.000 Minuten, primäre Gemeinkosten = 35.000
R: 20.000 Minuten, primäre Gemeinkosten = 40.000

Die Reparaturstelle benötigt Werkzeuge sowohl von W1 als auch von W2. Alle 10 (5) Fertigungsstunden von R wird ein neues Werkzeug von W1 (W2) angefordert, für das man bei W1 (W2) eine (0,25) Fertigungsstunde(n) benötigt. Umgekehrt haben die beiden Werkzeugmachereien einen Reparaturbedarf. Für beide Stellen W1 und W2 rechnet man damit, dass alle 12 Fertigungsstunden Reparaturleistungen von R im Umfang von jeweils 36 Minuten in Anspruch genommen werden. Die Fertigungsstunden aller drei Hilfsstellen, die nicht für jeweils andere Hilfsstellen geleistet werden, beinhalten Tätigkeiten für die Hauptstellen.

Führen Sie die Sekundärkostenrechnung durch, und bestimmen Sie die Grenzkostensätze für innerbetriebliche Leistungen (Fertigungsminuten, die für andere Stellen erbracht werden). In welchem Umfang wird die Reparaturwerkstatt für die Hauptstellen beider Bereiche tätig? In welchem Umfang erbringen die Werkzeugmachereien Tätigkeiten für die Hauptstellen ihrer jeweiligen Bereiche? Mit welchen Kostenbeträgen werden die Hauptstellen der beiden Bereiche jeweils belastet, wenn der Bereich B1 (B2) von den für die Hauptstellen verbleibenden Stunden der Reparaturwerkstatt insgesamt $53{,}\overline{3}\,\%$ ($46{,}\overline{6}\,\%$) beansprucht?

P12-2 Kalkulationssätze einer GPKR. Betrachtet wird ein Fertigungsbereich B eines Unternehmens mit mehreren Fertigungsbereichen. Der Bereich B verfügt insgesamt über zwei Fertigungsstellen F1 und F2 sowie eine Arbeitsvorbereitung AV. In beiden Fertigungsstellen herrscht heterogene Kostenverursachung, wobei jeweils Fertigungs- und Rüststunden als Bezugsgrößen dienen. Die Arbeitsvorbereitung AV wird dagegen auf Basis der Bezugsgröße „Deckung Grenzkosten" abgerechnet. Aus der bisherigen Kostenplanung liegen für den Bereich B folgende Plandaten vor:

	AV	F1		F2	
		Fertigung	Rüsten	Fertigung	Rüsten
primäre GK	10.000	20.000	2.000	30.000	1.500
Planbezugsgröße	10.000	5.000	250	5.000	150

Eine Analyse der Tätigkeiten der Arbeitsvorbereitung ergibt folgendes Resultat: Die Leistungen von AV entfallen zu 40% (60%) auf F1 (F2), wovon jeweils 90% für die Fertigung und 10% für Rüsttätigkeiten beansprucht werden. Darüber hinaus sind bei den beiden Fertigungsstellen noch Umlagen aus innerbetrieblichen Leistungen einer für das gesamte Unternehmen tätigen Reparaturstelle zu berücksichtigen. Diese Belastungen betragen für F1 2.625 und für F2 2.060. Sie werden im Verhältnis der jeweiligen Planbezugsgrößen auf Fertigungs- und Rüsttätigkeiten aufgeteilt.

Berechnen Sie die Kalkulationssätze für die Planbezugsgrößen von F1 und F2.

P12-3 Preisuntergrenze für einen Auftrag auf Basis der REDR. Ein Unternehmen erhält am 5. Dezember eines Jahres die Anfrage eines langjährigen Kunden, zu welchen Konditionen man noch bis spätestens eine Woche vor Weihnachten

1.000 Stück des Produktes P gegen sofortige Bezahlung liefern könne. Die Produktionsverhältnisse stellen sich für das Unternehmen wie folgt dar:

Für die Fertigung von P würde ein bestimmter Aggregattyp benötigt, auf dem neben P auch andere Produktarten herstellbar sind, und von dem das Unternehmen zwei Stück besitzt. Auf Grund eines allgemeinen Nachfragerückgangs seit Juni des Jahres wurde allerdings ein Aggregat vorübergehend stillgelegt, während das andere auf Grund bestehender Aufträge im Rahmen des Weihnachtsgeschäfts voll ausgelastet ist. Zur Einlastung des vorliegenden Zusatzauftrags könnte man einerseits bestehende Aufträge anderer Produktarten verschieben; dann wären aber Konventionalstrafen in Höhe von 3.500 zu zahlen, und außerdem müsste das eingesetzte Aggregat zweimal umgerüstet werden (zunächst auf P, dann wieder auf die anderen Produkte), wofür 500 je Umrüstvorgang anzusetzen wären. Andererseits könnte man aber auch kurzfristig Zusatzschichten einlegen, um die 1.000 Stück von P unterzubringen, ohne die Produktion anderer Produktarten zu verschieben. Dann wäre nur ein zusätzlicher Umrüstvorgang nötig, und für die von den Zusatzschichten betroffenen Mitarbeiter müssten zusätzliche Löhne von 3.000 angesetzt werden. Eine dritte Möglichkeit bestünde schließlich darin, die bislang stillgelegte zweite Maschine zu reaktivieren. Die Überwachung beider Aggregate kann grundsätzlich vom bisherigen Personal übernommen werden, doch sind für das Einstellen und für Probeläufe insgesamt 4.000 zu veranschlagen. Beide Aggregate haben den gleichen Energiebedarf, wobei man Kosten von 100 je Fertigungsstunde ansetzt. Je Stück von P werden 2,4 Fertigungsminuten veranschlagt.

Für die Produktion von P wird weiterhin ein bestimmtes Werkzeug benötigt. Es muss nach jeweils 100 gefertigten Mengeneinheiten nachgeschliffen werden, wofür Kosten in Höhe von 200 je Nachschliff anfallen. Nach 500 Stück P bringt jedoch ein Nachschliff keine weitere Verbesserung mehr, so dass dann ein neues Werkzeug zu 1.000 eingesetzt werden muss. Die Fertigung könnte auf ein bislang vorhandenes Werkzeug zurückgreifen, mit dem bereits 50 Stück P hergestellt wurden.

Die zur Herstellung von P benötigten Materialien sind zwar derzeit nicht am Lager, könnten jedoch kurzfristig in den benötigten Quantitäten beschafft werden. Es handelt sich um drei Rohstoffarten, die von drei verschiedenen Lieferanten bezogen werden. Die Transportkosten betragen je Transport grundsätzlich 240, doch kann man bei einem Lieferanten die zusätzlichen Materialien in eine ohnehin schon geplante Lieferung anderer Rohstoffe einbinden. Die Zahlungen für die Rohstoffe selbst würden insgesamt 12.000 betragen.

Die Lieferung an den Kunden könnte zusammen mit Lieferungen anderer Bestellungen ausgeführt werden. Der im laufenden Jahr mit dem Kunden erzielte Bruttoumsatz aus allen bisherigen Bestellungen (Umsatz ohne Skonti und Rabatte) beträgt 80.000. Das Unternehmen gewährt bei einem Brutto-Jahresumsatz über 100.000 einen Bonus in Höhe von 1.500. Zudem ist es seit Jahren üblich, bei sofortiger Zahlung seitens des Kunden ein Skonto von 2% des Bruttoumsatzes eines Auftrags zu gewähren, und davon soll auch im vorliegenden Fall nicht abgewichen werden.

Wie hoch ist die Preisuntergrenze für den angegebenen Auftrag?

P12-4 **Umsatz- und Gesamtkostenverfahren**. Ermitteln Sie für die folgende Situation das Ergebnis nach dem Umsatz- und nach dem Gesamtkostenverfahren:

geplante Produktionsmenge	17.000 Stück
geplante Absatzmenge	16.000 Stück
geplanter Verkaufspreis pro Stück	500
Planverbrauchsmengen pro Stück:	
Fertigungsmaterialverbrauch	0,4 kg
Fertigungszeit	52 min
Planpreise:	
Fertigungsmaterial pro kg	200
Fertigungslohn pro Stunde	120

Die variablen Fertigungsgemeinkosten werden als Zuschlagssatz (150%) der Fertigungslöhne verrechnet, die Verwaltungs(Vertriebs)gemeinkosten als Zuschlag in Höhe von 20 % (10 %) auf die Grenzherstellkosten.

P12-5 **Mehrstufige Deckungsbeitragsrechnung**. Die Firma *Dwarf International* erzeugt Gartenzwerge und Miniaturwaldtiere. Um den Marktwünschen besser entsprechen zu können, werden Keramikerzeugnisse (Bereich Keramik) und Plastikerzeugnisse (Bereich Plastik) hergestellt. Diese Bereiche werden wiederum unterteilt in:

Keramik: Produktgruppe Zwerge (mit Produktarten „Grubenzwerg“ und „Giftzwerg“) und Produktgruppe Waldtiere (mit Produktarten „Bambi“ und „Froschkönig“)

Plastik: Produktgruppe Zwerge (mit Produktarten „Arbeitszwerg“ und „Zwerg Nase“) und Produktgruppe Waldtiere (mit Produktarten „Hirsch“ und „Eule“).

Insgesamt sind Erlöse in Höhe von 3.160.000 angefallen, die variablen Kosten betragen 1.937.400, die fixen Kosten 1.123.200. Eine Aufteilung dieser Größen ist in nachstehender Tabelle gegeben.

„Giftzwerg“ und „Zwerg Nase“ wurden von einem externen Designer entworfen, wofür jährlich ein fixer Betrag in Höhe von jeweils 10.000 zu entrichten ist. Für Bambi sind an *Walt Disney* fixe Lizenzgebühren in Höhe von 25.000 zu entrichten. Der „Grubenzwerg“ entspricht dem traditionellen Gartenzwerg; zu seiner Verkaufsförderung werden dem Verein zur Bewahrung des Gartenzwerges eV 35.000 zur Verfügung gestellt. Für „Eule“ wurde eine Flugzettelkampagne durchgeführt, mit Kosten in Höhe von 23.700.

Produktart	Erlöse	variable Herstellkosten	variable Vertriebskosten
Grubenzwerg	600.000	300.000	25.000
Giftzwerg	400.000	250.000	20.000
Bambi	345.000	245.000	20.000
Froschkönig	534.000	387.000	17.500
Arbeitszwerg	453.000	213.000	10.000
Zwerg Nase	312.000	170.000	7.900
Hirsch	346.000	200.000	12.000
Eule	170.000	54.000	6.000

Das Marketingbudget in Höhe von 300.000 wurde im Verhältnis 3 : 2 : 4 : 1 auf die Produktgruppen in obiger Reihenfolge verteilt. Spezialwerkzeuge mussten für die Produktgruppe Keramikgartenzwerge angeschafft werden, die Kosten betragen 20.000.

Für den Bereich Keramik ist ein Spezialbrennofen notwendig, die Abschreibungen für diesen betragen 45.000. Der Bereich Plastik verwendet PVC, wofür vom Staat ein Entsorgungsbeitrag in Höhe von 50.000 eingehoben wird. Die fixen Fertigungskosten dieses Bereiches betragen 100.000, im Bereich Keramik 70.000.

Die Produktion findet in einer Halle gemeinsam für alle Produkte statt; Abschreibungen und Heizungskosten betragen 34.500. Die zentrale Verwaltung und Geschäftsführung schlägt sich mit 400.000 zu Buche.

Stellen Sie eine mehrstufige Deckungsbeitragsrechnung auf.

P12-6 Prozesskostenkalkulation. Die *Winternorm GmbH* erzeugt aus Kunststoffgranulat Fensterrahmen und als Spezialprodukt Kunststoffrahmen für Balkon- und Verandatüren. Da am Markt zur Zeit ein großer Konkurrenzdruck herrscht und sowohl Preis- als auch Mengensteigerungen nicht möglich erscheinen, versucht die Geschäftsführung, die Kostenseite besser in den Griff zu bekommen, umso eine Gewinnsteigerung erzielen zu können. Bisher praktiziert *Winternorm* eine Zuschlagskalkulation, überlegt allerdings die Einführung einer Prozesskostenrechnung und hat daher schon einige Kostentreiber ermittelt. Die zur Verfügung stehenden Daten sind in den folgenden Tabellen enthalten.

a) Ermitteln Sie die Selbstkosten je Fenster (Tür) nach einer Zuschlagskalkulation (mit den typischen Bezugsgrößen Fertigungsmaterial, Fertigungslöhne und Herstellkosten) sowie nach der Prozesskostenrechnung. Wie ist die Vorteilhaftigkeit der einzelnen Produkte zu beurteilen?

b) *Winternorm* ist als Anbieter bereits im Hochpreissegment positioniert. Die Kunden haben das bisher vor allem aus dem Grund akzeptiert, weil auch die Verandatüren über denselben Lieferanten bezogen werden können, was bei den billiger anbietenden Unternehmen häufig nicht möglich ist. Der Marketingleiter schätzt den Rückgang beim Ausstieg aus der Türproduktion im Fenstergeschäft auf 180 oder auf 600 Fenster. Ermitteln Sie die Auswirkung dieser beiden geschätzten Geschäftsausfälle auf das Periodenergebnis nach der Zuschlagskalkulation und nach der Prozesskostenrechnung.

c) In der Verwaltungs- und Vertriebsstelle ist die Kapazität mit 550 Bestellungen beschränkt, die 500.000 Gesamtkosten sind die Vollkosten bei Kapazitätsplanung. Ermitteln Sie die Gesamtkosten für 330 Bestellungen nach den Grundsätzen der Prozesskostenrechnung. Wie hoch sind die „tatsächlichen" Kosten, wenn in der betrachteten Periode nur 50% der Gesamtkosten bei Kapazitätsplanung variabel in Bezug auf die Anzahl der Bestellungen reagieren, der Rest als fix zu betrachten ist? Wie ist die Differenz zu erklären?

Kostenart	Kostentreiber	Fenster	Türen	Gesamtkosten
Fertigungs-material	Materialmenge (kg/Stk)	1	3	2.380.000
Material-gemeinkosten	Anzahl Lagerbewegungen	6	6	300.000
Fertigung	Fertigungsstunden (je Stk)	1	3	1.360.000
	Maschinenstunden (je Stk)	2	5	1.780.000
	Rüstvorgänge	4	6	368.000
Verwaltung/ Vertrieb	Anzahl Bestellungen	250	300	500.000

	Fenster	Türen
Produktionsmenge = Absatzmenge	5.000	600
Verkaufspreis	1.200	3.300

P12-7 Kosten der Ressourcennutzung. In der Abteilung Fakturierung sind vier gleich qualifizierte Mitarbeiter beschäftigt, wobei keine Aufgabentrennung vorgesehen ist, sondern jeder Mitarbeiter je nach zeitlichem Anfall für jede Tätigkeit eingesetzt wird. Jeder dieser Mitarbeiter kann, so haben arbeitsanalytische Untersuchungen ergeben, in der betrachteten Periode je 400.000 Kontierungen vornehmen, 500.000 Geschäftsfälle verbuchen und 4.000 Abstimmungen vornehmen. Aufgrund der schlechten Wirtschaftslage wird mit schlechterem Absatz gerechnet, so dass auch diese Abteilung maximal zu 80% ausgelastet sein wird. Der Abteilung steht ein Leiter vor, der jedoch keine laufende Arbeiten verrichtet. Eine Untersuchung ergab nachfolgende Aufteilung der Kosten der Mitarbeiter auf die einzelnen Prozesse.

Prozess	Prozesskosten
Kontierung	207.000
Verbuchung	72.500
Abstimmung	80.000
Leitung	72.000

a) Ermitteln Sie in einer Periodenrechnung die Kosten der Ressourcennutzung und die Kosten der ungenutzten Kapazität, wenn im betrachteten Zeitraum tatsächlich 1.100.000 Kontierungen, 1.400.000 Verbuchungen und 10.000 Abstimmungen vorgenommen wurden. Legen Sie dieser Periodenrechnung einmal die Kapazität der Abteilung, einmal den erwarteten Engpass des Absatzmarktes als Ausgangspunkt bei der Ermittlung der Planprozessmenge zugrunde. Wie verändert sich das Ergebnis, wenn Sie die *lmn*-Kosten auf Basis der *lmi*-Kosten verteilen oder alternativ auf eine Umlage verzichten?

b) In welchem Zusammenhang stehen die Kosten der Ressourcennutzung mit Nutz- und Leerkosten?

Literaturempfehlungen

Allgemeine Literatur

Kilger, W., J. Pampel und *K. Vikas*: *Flexible Plankostenrechnung und Deckungsbeitragsrechnung*, 13. Auflage, Wiesbaden 2012.

Schildbach und *C. Homburg*: *Kosten- und Leistungsrechnung*, 10. Auflage, Stuttgart 2009.

Riebel, P.: *Einzelkosten- und Deckungsbeitragsrechnung*, 7. Auflage, Wiesbaden 1994.

Spezielle Literatur

Bungenstock, C.: *Entscheidungsorientierte Kostenrechnungssysteme*, Wiesbaden 1995.

Kilger, W.: Grenzplankostenrechnung, in: *K. Chmielewicz* (Hrsg.): *Entwicklungslinien der Kosten- und Erlösrechnung*, Stuttgart 1983, S. 57 – 81.

Männel, W.: Zur Gestaltung der Erlösrechnung, in: *K. Chmielewicz* (Hrsg.): *Entwicklungslinien der Kosten- und Erlösrechnung*, Stuttgart 1983, S. 119 – 156.

Riebel, P.: Thesen zur Einzelkosten- und Deckungsbeitragsrechnung, in: *K. Chmielewicz* (Hrsg.): *Entwicklungslinien der Kosten- und Erlösrechnung*, Stuttgart 1983, S. 21 – 47.

Literaturverzeichnis

Adar, Z., A. Barnea und *B. Lev*: A Comprehensive Cost-Volume-Profit Analysis under Uncertainty, in: *The Accounting Review* 1977, S. 137 – 149.

Aders, C., und *M. Hebertinger*: *Shareholder Value-Konzepte*, Frankfurt a.M. 2003.

Aders, C., M. Hebertinger, C. Schaffer und *F. Wiedemann*: Shareholder Value-Konzepte – Umsetzung bei den DAX100-Unternehmen, in: *Finanz Betrieb* 2003, S. 719 – 725.

Albers, S.: Ein System zur IST-SOLL-Abweichungs-Ursachenanalyse von Erlösen, in: *Zeitschrift für Betriebswirtschaft* 1989, S. 637 – 654.

Albers, S.: Ursachenanalyse von marketingbedingten IST-SOLL-Deckungsbeitragsabweichungen, in: *Zeitschrift für Betriebswirtschaft* 1992, S. 199 – 223.

Al-Omiri, M. und *C. Drury*: A Survey of Factors Influencing the Choice of Product Costing Systems in UK Organizations, in: *Management Accounting Research* 2007, S. 399 – 424.

Amershi, A.H., J. Demski und *J. Fellingham*: Sequential Bayesian Analysis in Accounting Settings, in: *Contemporary Accounting Research*, Spring 1985, S. 176 – 192.

Anctil, R.: Capital Budgeting Using Residual Income Maximization, in: *Review of Accounting Studies* 1996, S. 9 – 34.

Anderson, M.C., R.D. Banker und *S.N. Janakiraman*: Are Selling, General, and Administrative Costs „Sticky"?, in: *Journal of Accounting Research* 2003, S. 47 – 63.

Anderson, L.K., und *H.M. Sollenberger*: *Managerial Accounting*, 8. Auflage, Cincinatti, OH 1992.

Anthony, R.N., und *V. Govindarajan*: *Management Control Systems*, 12. Auflage, Boston, MA 2006.

Antle, R., und *J. Demski*: The Controllability Principle in Responsibility Accounting, in: *The Accounting Review* 1988, S. 700 – 718.

Antle, R., und *G.D. Eppen*: Capital Rationing and Organizational Slack in Capital Budgeting, in: *Management Science* 1985, S. 163 – 174.

Antle, R., und *J. Fellingham*: Resource Rationing and Organizational Slack in a Two-Period Model, in: *Journal of Accounting Research* 1990, S. 1 – 24.

Antle, R., und *J. Fellingham*: Models of Capital Investments with Private Information and Incentives: A Selective Review, in: *Journal of Business Finance & Accounting* 1997, S. 887 – 908.

Arbeitskreis „Finanzierung" der Schmalenbach-Gesellschaft: Investitions-Controlling – Zum Problem der Informationsverzerrung bei Investitionsentscheidungen in dezentralisierten Unternehmen, in: *Zeitschrift für betriebswirtschaftliche Forschung* 1994, S. 899 – 925.

Arbeitskreis „Finanzierungsrechnung" der Schmalenbach-Gesellschaft: Wertorientierte Unternehmenssteuerung in Theorie und Praxis, in: *Zeitschrift für betriebswirtschaftliche Forschung* 2005, Sonderheft 53/05, herausgegeben von *G. Gebhardt* und *H. Mansch*.

Arbeitskreis „Immaterielle Werte im Rechnungswesen" der Schmalenbach-Gesellschaft: Kategorisierung und bilanzielle Erfassung immaterieller Werte, in: *Der Betrieb* 2001, S. 989 – 995.

Arnaout, A.: Anwendungsstand des Target Costing in deutschen Großunternehmen, in: *Controlling*, Heft 6, 2001, S. 289 – 299.

Arnold, M.C. und *E. Ponick*: Kommunikation im Groves-Mechanismus – Ergebnisse eines Laborexperiments, in: *Zeitschrift für betriebswirtschaftliche Forschung* 2006, S. 89-120.

Arya, A., J. Glover und *S. Radhakrishnan*: The Controllability Principle in Responsibility Accounting: Another Look, in: *R. Antle, F. Gjesdal* und *P.J. Liang* (Hrsg.): *Essays in Accounting Theory in Honour of Joel S. Demski*, New York 2007, S. 183 –198.

Askarany, D., J.A. Brierley und *H. Yazdifar*: The Effect of Innovation Characteristics on Activity-Based Costing Adoption, in: *International Journal of Managerial and Financial Accounting* 2012, S. 291 – 313.

Askarany, D., M. Smith und *H. Yazdifar*: Technological Innovations, Acticity Based Costing and Satisfaction, in: *Journal of Accounting – Business & Management* 2007, S. 53 – 63.

Askarany, D. und *H. Yazdifar*: Why ABC is not Widely Implemented?, in: *International Journal of Business Research* 2007, S. 93 – 98.

Baiman, S., und *J.S. Demski*: Variance Analysis Procedures as Motivational Devices, in: *Management Science* 1980a, S. 840 – 848.

Baiman, S., und *J.S. Demski*: Economically Optimal Performance Evaluation and Control Systems, in: *Journal of Accounting Research*, Supplement 1980b, S. 184 – 220.

Baiman, S., und *J. Noel*: Noncontrollable Costs and Responsibility Accounting, in: *Journal of Accounting Research* 1985, S. 486 – 501.

Baiman, S., und *M.V. Rajan*: On the Design of Unconditional Monitoring Systems in Agencies, in: *The Accounting Review* 1994, S. 217 – 229.

Balachandran, S.V.: How Does Residual Income Affect Investment? The Role of Priori Performance Measures, in: *Management Science* 2006, S. 383 – 394.

Balachandran, B., V. Li und *L. Magee*: On the Allocation of Fixed and Variable Costs from Service Departments, in: *Contemporary Accounting Research*, Autumn 1987, S. 164 – 185.

Baldenius, T.: Delegated Investment Decisions and Private Benefits of Control, in: *The Accounting Review* 2003, S. 909 – 930.

Baldenius, T., G. Fuhrmann und *S. Reichelstein*: Zurück zu EVA, in: *Betriebswirtschaftliche Forschung und Praxis* 1999, S. 53 – 65.

Baldenius, T., und *S. Reichelstein*: Alternative Verfahren zur Bestimmung innerbetrieblicher Verrechnungspreise, in: *Zeitschrift für betriebswirtschaftliche Forschung* 1998, S. 236 – 259.

Baldenius, T., und *S. Reichelstein*: External and Internal Pricing in Multidivisional Firms, in: *Journal of Accounting Research* 2006, S. 1 – 28.

Baldenius, T., S. Reichelstein und *S. Sahay*: Negotiated versus Standard-Cost Transfer Pricing, in: *Review of Accounting Studies* 1999, S. 67 – 91.

Bamberg, G.: Extended Contractual Incentives to Reduce Project Costs, in: *OR Spektrum* 1991, S. 95 – 98.

Bamberg, G., A.G. Coenenberg und *M. Krapp* : *Betriebswirtschaftliche Entscheidungslehre*, 15. Auflage, München 2012.

Bamberg, G., und *R. Trost*: Wahrheitsinduzierende Mechanismen, Fehlallokationen und kollusives Verhalten bei der Investitionsbudgetierung, in: *H. Rinne, B. Rüger* und *H. Strecker* (Hrsg.): *Grundlagen der Statistik und ihre Anwendungen*, FS Weichselberger, Heidelberg 1995, S. 219 – 230.

Banker, R.D., S. Basu, D. Byzalov und *J.Y.S. Chen*: Asymmetries in Cost-Volume-Profit Relation: Cost Stickiness and Conditional Conservatism, Working Paper, Temple University 2013.

Banker, R.D. und *D. Byzalov*: Asymmetric Cost Behavior, Working Paper, Temple University 2013.

Banker, R.D., und *S.M. Datar*: Optimal Transfer Pricing under Postcontract Information, in: *Contemporary Accounting Research*, Spring 1992, S. 329 – 352.

Banker, R.D., und *J.S. Hughes*: *Product Costing and Pricing*, in: *The Accounting Review* 1994, S. 479 – 494.

Banker, R.D. und *H.H. Johnston*: An Empirical Study of Cost Drivers in the U.S. Airline Industry, in: *The Accounting Review* 1993, S. 576 – 601.

Banker, R.D., G. Potter und *R.G. Schroeder*: An Empirical Analysis of Manufacturing Overhead Cost Drivers, in: *Journal of Accounting and Economics* 19 (1995), S. 115 – 137.

Banz, R.W., und *M.H. Miller*: Prices for State-Contingent Claims. Some Estimates and Applications, in: *Journal of Business* 1978, S. 653 – 672.

Beißel, J.: Verrechnungspreise und wertorientierte Konzernsteuerung bei der Deutschen Lufthansa AG, in: *Betriebswirtschaftliche Forschung und Praxis* 2005, S. 119 – 136.

Berliner, C., und *J.A. Brimson* (Hrsg.): *Cost Management for Today's Advanced Manufacturing – The CAM-I Conceptual Design*, Boston, MA 1988.

Bhimani, A., und *D. Pigott*: Implementing ABC: A Case Study of Organizational and Behavioral Consequences, in: *Management Accounting Research* 1992, S. 119 – 132.

Birnberg, J.G., J. Luft und *M.D. Shields*: Psychology Theory in Management Accounting Research, in: *C.S. Chapman, A.G. Hopwood* und *M.D. Shields* (Hrsg.): *Handbook of Management Accounting Research*, Volume 1, Amsterdam 2007, S. 113 – 135.

Böer, G., und *D. Jeter*: What's New About Modern Manufacturing? Empirical Evidence on Manufacturing Cost Changes, in: *Journal of Management Accounting Research* 1993, S. 61 – 83.

Böhm, H.H., und *F. Wille*: *Deckungsbeitragsrechnung, Grenzpreisrechnung und Optimierung*, 5. Auflage, München 1974.

Bohr, K.: Zum Verhältnis von klassischer Investitions- und entscheidungsorientierter Kostenrechnung, in: *Zeitschrift für Betriebswirtschaft* 1988, S. 1171 – 1180.

Bol, G.: *Lineare Programmierung – Theorie und Anwendungen*, Königstein/Ts. 1980.

Börsig, C., und *A.G. Coenenberg* (Hrsg.): *Controlling und Rechnungswesen im internationalen Wettbewerb*, Stuttgart 1997

Bosse, A.: Langfristige Preiskalkulation auf Basis von dynamischen Investitionskalkülen, in: *Kostenrechnungspraxis* 1991, S. 103 – 106.

Brasch, H.D.: Zur Praxis der Unkostenschwankungen und Ihrer Erfassung (II), in: *Betriebswirtschaftliche Rundschau* 1927, S. 65 – 71.

Breeden, D.T., und *R.H. Litzenberger*: Prices of State-Contingent Claims implicit in Option Prices, in: *Journal of Business* 1978, S. 621 – 651.

Brief, R.P., und *K.V. Peasnell* (Hrsg.): *Clean Surplus – A Link Between Accounting and Finance*, New York, London 1996.

Bright, J., R.E. Davies, C.A. Downes und R.C. Sweeting: The Deployment of Costing Techniques and Practices: A UK Study, in: *Management Accounting Research* 1992, S. 201 – 211.

Brignall, T.J., L. Fitzgerald, R. Johnston und R. Silvestro: Product Costing in Service Organizations, in: *Management Accounting Research* 1991, S. 227 – 248.

Brink, H.-J.: Die Kosten- und Leistungsrechnung im System der Unternehmensrechnung, in: *Betriebswirtschaftliche Forschung und Praxis* 1978, S. 565 – 576.

Broda, B. und *J. Schäfer*: Konzeption eines wertorientierten Target Costing, in: *Controlling* 2005, S. 403 – 409.

Bromwich, M.: The Case for Strategic Management Accounting: The Role of Accounting Information for Strategy in Competitive Markets, in: *Accounting, Organizations and Society* 1990, S. 27 – 46.

Bromwich, M,. und *C. Hong*: Activity-Based Costing Systems and Incremental Costs, in: *Management Accounting Research* 1999, S. 39 – 60.

Bromwich, M., und *M. Walker*: Residual Income Past and Future, in: *Management Accounting Research* 1998, S. 391 – 419.

Brownell, P., und *M. McInnes*: Budgetary Participation, Motivation, and Managerial Performance, in: *The Accounting Review* 1986, S. 587 – 600.

Brühl, R., und *K. Pohlen*: Kostenkontrollrechnungen mit Hilfe von stochastischen Modellen, in: *Betriebswirtschaftliche Forschung und Praxis* 1995, S. 667 – 681.

Buchner, R.: *Finanzwirtschaftliche Statistik und Kennzahlenrechnung*, München 1985.

Budde, J.: Performance Measure Congruity and the Balanced Scorecard, in: *Journal of Accounting Research* 2007, S. 515-539.

Budde, J.: Variance Analysis as an Incentive Device when Payments are Based on Rank Order, in: *Management Accounting Research* 1999, S. 5 – 19.

Budde, J.: Variance Analysis and Linear Constracts in Agencies with Distorted Performance Measures, in: *Management Accounting Research* 2009, S. 166 – 176.

Budde, J. und *R. Göx*: The Impact of Capacity Costs on Bidding Strategies in Procurement Auctions, in: *Review of Accounting Studies* 1999, S. 5 – 13.

Budde, J., R.F. Göx und *A. Luhmer*: Absprachen beim Groves-Mechanismus: Eine spieltheoretische Analyse, in: *Zeitschrift für betriebswirtschaftliche Forschung* 1998, S. 3 – 20.

Bühler, W.: Risikocontrolling in Industrieunternehmen, in: *C. Börsig* und *A.G. Coenenberg* (Hrsg.): *Controlling und Rechnungswesen im internationalen Wettbewerb*, Stuttgart 1998, S. 205 – 233.

Bühler, W., und *T. Siegert* (Hrsg.): *Unternehmenssteuerung und Anreizsysteme*, Stuttgart 1999.

Bungenstock, C.: *Entscheidungsorientierte Kostenrechnungssysteme*, Wiesbaden 1995.

Burger, A.: Die Entscheidungsrelevanz von Fixkosten, Fixleistungen und Deckungsvorgaben, in: *Die Betriebswirtschaft* 1991, S. 649 – 656.

Burger, A.: *Kostenmanagement*, 3. Auflage, München und Wien 1999.

Capettini, R., C.W. Chow und *J.E. Williamson*: Instructional Cases: The Proper Use of Feedback Information, in: *Issues in Accounting Education* 1992, S. 37 – 56.

Chen, X.C., H. Lu und *T. Sougiannis*: The Agency Problem, Corporate Governance, and the Asymmetrical Behavior of Selling, General, and Administrative Costs, in: *Contemporary Accounting Research* 2012, S. 252 – 282.

Chmielewicz, K.: *Entwicklungslinien der Kosten- und Erlösrechnung*, Stuttgart 1983.

Christensen, J.A.: Communication in Agencies, in: *Bell Journal of Economics* 1981, S. 661 – 674.

Christensen, J.A. und *J.S. Demski*: The Classical Foundations of 'Modern' Costing, in: *Management Accounting Research* 1995, S. 13 – 32.

Christensen, J.A. und *J.S. Demski*: Product Costing in the Presence of Endogenous Subcost Functions, in: *Review of Accounting Studies* 1997, S. 65 – 87.

Christensen, J.A., und *J.S. Demski*: *Accounting Theory – An Information Content Perspective*, Boston et al. 2003a.

Christensen, J.A., und *J.S. Demski*: Factor Choice Distortion under Cost-Based Reimbursement, in: *Journal of Management Accounting Research* 2003b, S. 145 – 160.

Christensen, J.A., und *J.S. Demski*: Asymmetric Monitoring: Good versus Bad News Verification, in: *Schmalenbach Business Review* 2004, S. 206-222.

Christensen, P.O., G.A. Feltham und *M.G.H. Wu*: "Cost of Capital" in Residual Income for Performance Evaluation, in: *Accounting Review* 2002, S. 1 – 23.

Chwolka, A.: Marktorientierte Zielkostenvorgaben als Instrument der Verhaltenssteuerung im Kostenmanagement, in: *Zeitschrift für betriebswirtschaftliche Forschung* 2003, S. 135 – 157.

Clark, J.M.: *Studies in the Economics of Overhead Costs*, Chicago, IL 1923.

Clinton, B.D., und *S.A. Webber*: RCA at Clopay, in: *Strategic Finance*, October 2004, S. 21 – 26.

Coenenberg, A.G. (Hrsg.): *Unternehmensrechnung*, München 1976.

Coenenberg, A.G., T.M. Fischer und *T. Günther*: *Kostenrechnung und Kostenanalyse*, 8. Auflage, Stuttgart 2012.

Coenenberg, A.G., und *T.M. Fischer*: Prozeßkostenrechnung – Strategische Neuorientierung in der Kostenrechnung, in: *Die Betriebswirtschaft* 1991, S. 21 – 38.

Cohen, S.I., und *M. Loeb*: The Groves Scheme, Profit Sharing, and Moral Hazard, in: *Management Science* 1984, S. 20 – 24.

Collins, F., P. Munter und *D.W. Finn*: The Budgeting Games People Play, in: *The Accounting Review* 1987, S. 29 – 49.

Cooper, R., und *R.S. Kaplan*: Measure Costs Right: Make the Right Decisions, in: *Harvard Business Review*, September-October 1988, S. 96 – 103.

Cooper, R., und *R.S. Kaplan*: *The Design of Cost Management Systems*, Englewood Cliffs, NJ 1991a.

Cooper, R., und *R.S. Kaplan*: Profit Priorities from Activity-Based Costing, in: *Harvard Business Review*, Mai-Juni 1991b, S. 130 – 135.

Cooper, R., und *R.S. Kaplan*: Activity-Based Systems: Measuring the Costs of Resource Usage, in: *Accounting Horizons*, September 1992, S. 1 – 13.

Covaleski, M.A., J.H. Evans, J.L. Luft und *M.D. Shields*: Budgeting Research: Three Theoretical Perspectives and Criteria for Selective Integration, in: *Journal of Management Accounting Research* 2003, S. 3 – 49.

Creusen, U.: Controlling-Konzept der OBI-Gruppe, in: *E. Mayer* und *J. Weber* (Hrsg.): *Handbuch Controlling*, Stuttgart 1990, S. 874 – 887.

DeAngelo, H.: Competition and Unanimity, in: *American Economic Review* 1981, S. 18 – 27.

DeGroot, M.H.: *Optimal Statistical Decisions*, New York et al. 1970.

Demski, J.S.: An Accounting System Structured on a Linear Programming Model, in: *The Accounting Review* 1967, S. 701 – 712.

Demski, J.S.: *Information Analysis*, 2. Auflage, London et al. 1980.

Demski, J.S.: *Managerial Uses of Accounting Information*, 2. Auflage, New York 2008.

Demski, J.S., und *G. Feltham*: *Cost Determination: A Conceptual Approach*, Ames, Iowa 1976.

Derfuss, K.: The Relationship of Budgetary Participation and Reliance on Accounting Performance Measures with Individual-Level Consequent Variables: A Meta-Analysis, in: *European Accounting Review* 2009, S. 203 – 239.

Dickhaut, J.W., und *J.C. Lere*: Comparison of Accounting Systems and Heuristics in Selecting Economic Optima, in: *Journal of Accounting Research* 1983, S. 495 – 513.

Dierkes, S.: Erlöscontrolling, in: *Zeitschrift für Betriebswirtschaft* 2001, Ergänzungsheft 3, S. 1 – 17.

Dierkes, S.: Absatz- und kapitalmarktorientierte Profit Center-Steuerung, Stuttgart 2004.

Dierkes, S.: Break Even-Analyse und Risiko – eine kapitalmarkttheoretische Analyse, in: *Zeitschrift für Betriebswirtschaft* 2005, S. 717 – 738.

Dierkes, S., und *S. Hanrath*: Steuerung dezentraler Investitionsentscheidungen auf Basis eines modifizierten Residualgewinns, in: *Zeitschrift für betriebswirtschaftliche Forschung* 2002, S. 246 – 267.

Dillon, R.D., und *J.F. Nash*: The True Relevance of Relevant Costs, in: *The Accounting Review* 1978, S. 11 – 17.

Diller, H.: *Preispolitik*, 4. Auflage, Stuttgart 2008.

Dinkelbach, W.: *Sensitivitätsanalyse und parametrische Programmierung*, Berlin et al. 1969.

Dörner, E.: *Plankostenrechnungen aus produktionstheoretischer Sicht*, Bergisch-Gladbach 1984.

Domschke, W., und *Drexl, A.*: *Einführung in Operations Research*, 7. Auflage, Berlin et al. 2007.

Domschke, W., und *R. Klein*: Bestimmung von Opportunitätskosten am Beispiel des Produktionscontrolling, in: *Zeitschrift für Planung und Unternehmenssteuerung* 2004, S. 275 – 294.

Dopuch, N.: A Perspective on Cost Drivers, in: *The Accounting Review* 1993, S. 615 – 620.

Drury, C.: *Management and Cost Accounting*, 4. Auflage, London et al. 1996.

Drury, C.: *Management and Cost Accounting*, 6. Auflage, London et al. 2004.

Drury, C., S. Braund, P. Osborne und *M. Tayles*: *Survey of Management Accounting Practices in UK Manufacturing Companies, Certified Accountants Educational Trusts*, London 1993.

Dürr, O., R.F. Göx und *U. Heller*: Verfahrenswahl bei Risiko, in: *Zeitschrift für Betriebswirtschaft* 2008, S. 813 – 832.

Dyckhoff, A.: Entscheidungsrelevanz von Fixkosten im Rahmen operativer Planungsrechnungen – Ergänzungen zu den Überlegungen von *Maltry*, in: *Betriebswirtschaftliche Forschung und Praxis* 1991, S. 254 – 261.

Dye, R.A.: Optimal Monitoring Policies in Agencies, in: *Rand Journal of Economics* 1986, S. 339 – 350.

Eccles, R.G.: *The Transfer Pricing Problem*, Lexington, MA 1985.

Egginton, D.: Divisional Performance Measurement: Residual Income and the Asset Base, in: *Management Accounting Research* 1995, S. 201 –222.

Eisenführ, F.: Budgetierung, in: *E. Frese* (Hrsg.): *Handwörterbuch der Organisation,* 3. Auflage, Stuttgart 1992, Sp. 363 – 373.

Ernst, C., C. Riegler und *G. Schenk*: *Übungen zur Internen Unternehmensrechnung*, 3. Auflage, Berlin et al. 2007.

Ernst & Young: *Navigating the Choppy Waters of International Tax – 2013 Global Transfer Pricing Survey*, www.ey.com 2013.

Ewert, R.: Controlling, Interessenkonflikte und asymmetrische Information, in: *Betriebswirtschaftliche Forschung und Praxis* 1992, S. 277 – 303.

Ewert, R.: Finanzwirtschaft und Leistungswirtschaft, in: *W. Wittmann* et al. (Hrsg.): *Handwörterbuch der Betriebswirtschaft*, 5. Auflage, Teilband 1, Stuttgart 1993, Sp. 1150 – 1161.

Ewert, R.: Fixkosten, Kapitalmarkt und (kurzfristig wirksame) Entscheidungsrechnungen bei Risiko, in: *Betriebswirtschaftliche Forschung und Praxis* 1996, S. 528 - 556.

Ewert, R.: Target Costing und Verhaltenssteuerung, in: *C.-C. Freidank, U. Götze, B. Huch* und *J. Weber* (Hrsg.): *Kostenmanagement – Aktuelle Konzepte und Anwendungen*, Berlin et al. 1997, S. 299 – 321.

Ewert, R.: Der informationsökonomische Ansatz des Controlling, in: *J. Weber* und *B. Hirsch* (Hrsg.): *Controlling als akademische Disziplin*, Wiesbaden 2002, S. 21-37.

Ewert, R., und *C. Ernst*: Target Costing, Coordination and Strategic Cost Management, in: *European Accounting Review* 1999, S. 23 – 49.

Ewert, R., und *V. Laux*: Informationsökonomische Ansätze des Investitionscontrolling, in: *E. Scherm* und *G. Pietsch* (Hrsg.): *Controlling – Theorien und Konzeptionen*, Wiesbaden 2004, S. 215 – 240.

Ewert, R., und *A. Wagenhofer*: Rechnungslegung und Kennzahlen für das wertorientierte Management, in: *A. Wagenhofer* und *G. Hrebicek* (Hrsg.): *Wertorientiertes Management*, Stuttgart 2000, S. 3 – 64.

Ewert, R., und *A. Wagenhofer*: Management Accounting Theory and Practice in German-Speaking Countries, in: *C.S. Chapman, A.G. Hopwood* und *M.D. Shields* (Hrsg.): *Handbook of Management Accounting Research*, Volume 2, Amsterdam 2007, S. 1035 – 1069.

Fandel, G., A. Fey, B. Heuft und *T. Pitz*: *Kostenrechnung*, 3. Auflage, Berlin et al. 2009.

Fatseas, V.A., und *M.K. Hirst*: Incentive Effects of Assigned Goals and Compensation Schemes on Budgetary Performance, in: *Accounting and Business Research* 1992, S. 347 – 355.

Feichtinger, G., und *R.F. Hartl*: Optimale Kontrolle ökonomischer Prozesse, Berlin et al. 1986.

Feltham, G., und *J.A. Ohlson*: Valuation and Clean Surplus Accounting for Operating and Financial Activities, in: *Contemporary Accounting Research* 11 (1995), S. 689 – 732.

Feltham, G.A., und *J.A. Ohlson*: Residual Earnings Valuation With Risk and Stochastic Interest Rates, in: *The Accounting Review* 1999, S. 165 – 183.

Fischer, T.M.: *Kostenmanagement strategischer Erfolgsfaktoren*, München 1993.

Fischer, T.M., und *J. Schmitz*: Zielkostenmanagement, in: *Die Betriebswirtschaft* 1994, S. 417 – 420.

Fischer, T.M. (Hrsg.): *Kosten-Controlling*, Stuttgart 2000.

Fischer, T.M., und *J. Wenzel*. Wertorientierte Berichterstattung (Value Reporting) in deutschen börsennotierten Unternehmen, Arbeitspapier Handelshochschule Leipzig 2003.

Foster, G., und *M. Gupta*: Manufacturing Overhead Cost Driver Analysis, in: *Journal of Accounting and Economics* 12 (1990), S. 309 – 337.

Franz, K.-P.: Moderne Methoden der Kostenbeeinflussung, in: *Kostenrechnungspraxis* 1992, S. 127 – 134.

Franz, K.-P.: Target Costing: Konzept und kritische Bereiche, in: *Controlling* 1993a, S. 124 – 130.

Franz, K.-P., und *P. Kajüter*: Kostenmanagement in Deutschland, in: *K.-P. Franz* und *P. Kajüter* (Hrsg.): *Kostenmanagement*, Stuttgart 1997, S. 480 – 502.

Franz, K.-P., und *P. Kajüter* (Hrsg.): *Kostenmanagement*, 1. Auflage, Stuttgart 1997; 2. Auflage, Stuttgart 2002.

Franz, K.-P., und *P. Kajüter*: Proaktives Kostenmanagement, in: *K.-P. Franz* und *P. Kajüter* (Hrsg.): *Kostenmanagement*, 2. Auflage, Stuttgart 2002a, S. 3 – 32.

Franz, K.-P., und *P. Kajüter*: Kostenmanagement in Deutschland, in: *K.-P. Franz,* und *P. Kajüter* (Hrsg.): *Kostenmanagement*, 2. Auflage, Stuttgart 2002b, S. 569 – 585.

Franzen, W.: Entscheidungswirkungen von Voll- oder Teilkosteninformationen, in: *Zeitschrift für betriebswirtschaftliche Forschung* 1984, S. 1084 – 1091.

Frese, E.: Koordination, in: *E. Grochla* (Hrsg.): *Handwörterbuch der Betriebswirtschaft*, 4. Auflage, Teilband 2, Stuttgart 1975, Sp. 2263 – 2273.

Frese, E., M. Graumann und *L. Theuvsen*: *Grundlagen der Organisation*, 10. Auflage, Wiesbaden 2012.

Freidank, C.-C., U. Götze, B. Huch und *J. Weber* (Hrsg.): *Kostenmanagement – Aktuelle Konzepte und Anwendungen*, Berlin et al. 1997.

Friedl, G., K. Frömberg, C. Hammer, H.-U. Küpper und *B. Pedell*: Stand und Perspektiven der Kostenrechnung in deutschen Großunternehmen, in: *Controlling & Management* 2009, S. 111 – 116.

Friedl, G., C. Hofmann und *B. Pedell*: *Kostenrechnung*, 2. Auflage, München 2013.

Fröhling, O.: Thesen zur Prozeßkostenrechnung, in: *Zeitschrift für Betriebswirtschaft* 1992, S. 723 – 741.

Fröhling, O.: *Dynamisches Kostenmanagement*, München 1994.

Gjesdal, F.: Accounting for Stewardship, in: *Journal of Accounting Research* 1981, S. 208 – 231.

Glaser, H.: Prozeßkostenrechnung – Darstellung und Kritik, in: *Zeitschrift für betriebswirtschaftliche Forschung* 1992, S. 275 – 288.

Glaser, H.: Zur Relativität von Kostenabweichungen, in: *Betriebswirtschaftliche Forschung und Praxis* 1999, S. 21 – 32.

Glaser, H.: Kostenkontrolle, in: *H.-U. Küpper* und *A. Wagenhofer* (Hrsg.): *Handwörterbuch Unternehmensrechnung und Controlling*, 4. Auflage, Stuttgart 2002, Sp. 1079 – 1089.

Gleich, R.: Wettbewerbsorientierung im Controlling durch strategisches Kostenmanagement, in: *J. Risak* und *A. Deyhle* (Hrsg.): *Controlling – State of the Art und Entwicklungstendenzen*, Wiesbaden 1991, S. 135 – 155.

Gonik, J.: Tie Salesmen´s Bonuses to Their Forecasts, in: *Harvard Business Review* May/June 1978, S. 116 – 123; wiederabgedruckt in: *A. Rappaport* (Hrsg.): *Information for Decision Making*, 3. Auflage, Englewood Cliffs, NJ 1982, S. 357 – 367.

Gordon, L.A., und *K.J. Silvester*: Stock Market Reactions to Activity-Based Costing Adoptions, in: *Journal of Accounting and Public Policy* 18 (1999), S. 229 – 251.

Gosselin, M.: The Effect of Strategy and Organizational Structure on the Adoption and Implementation of Activity-Based Costing, in: *Accounting, Organizations and Society* 1997, S. 105 – 122.

Göpfert, I.: Budgetierung, in: *W. Wittmann* et al. (Hrsg.): *Handwörterbuch der Betriebswirtschaft*, 5. Auflage, Teilband 1, Stuttgart 1993, Sp. 589 – 602.

Götze, U.: Lebenszykluskosten, in: *T.M. Fischer* (Hrsg.): *Kosten-Controlling*, Stuttgart 2000, S. 265 – 289.

Götze, U.: *Kostenrechnung und Kostenmanagement*, 3. Auflage, Berlin et al. 2004.

Göx, R.F.: Pretiale Lenkung als Instrument der Wettbewerbsstrategie, in: *Zeitschrift für betriebswirtschaftliche Forschung* 1998, S. 260 – 288.

Göx, R.F.: *Strategische Transferpreispolitik im Dyopol*, Wiesbaden 1999.

Göx, R.F.: The Impact of Cost-Based Pricing Rules on Capacity Planning under Uncertainty, in: *Schmalenbach Business Review* 2001, S. 197 – 228.

Göx, R.: Capacity Planning and Pricing under Uncertainty, *Journal of Management Accounting Research* 2002, S. 59 – 78.

Göx, R.F., und *U. Schiller*: An Economic Perspective on Transfer Pricing, in: *C.S. Chapman, A.G. Hopwood* und *M.D. Shields* (Hrsg.): *Handbook of Management Accounting Research*, Volume 2, Amsterdam 2007, S. 673 – 695.

Göx, R.F., und *J.R. Schöndube*: Strategic Transfer Pricing With Risk-Averse Agents, in: *Schmalenbach Business Review 2004, S. 98 – 118.*

Göx, R.F., und A. Wagenhofer: Economic Research on Management Accounting, in: *T. Hopper, D. Northcott* und *R.S. Scapens* (Hrsg.): *Issues in Management Accounting*, 3. Auflage, Harlow et al. 2007, S. 399 – 424.

Göx, R.F., und *J.T. Wunsch*: Cost Center or Profit Center?, in: *Die Unternehmung* 2003, S. 291 – 309.

Grauert, H., und *I. Lieb*: *Differential- und Integralrechnung* I, 4. Auflage, Berlin et al. 1976.

Groves, T.M.: Incentives in Teams, in: *Econometrica* 1973, S. 617 – 631.

Groves, T.M, und *M. Loeb*: Incentives in a Divisionalized Firm, in: *Management Science* 1979, S. 221 – 230.

Gutschelhofer, A., und *C. Riegler*: Angelpunkte für ein strategisches Kostenmanagement, in: *Österreichische Zeitschrift für Rechnungswesen* 1994, S. 62 – 68.

Haberstock, L.: *Kostenrechnung II – (Grenz-)Plankostenrechnung*, 10. Auflage, bearbeitet von *V. Breithecker*, Berlin 2008.

Hachmeister, D.: Der Cash Flow Return on Investment als Erfolgsgröße einer wertorientierten Unternehmensführung, in: *Zeitschrift für betriebswirtschaftliche Forschung* 1997, S. 556 – 579.

Hansen, S.C., D.T. Otley und *W.A. Van der Stede*: Practice Developments in Budgeting: An Overview and Research Perspective, in: *Journal of Management Accounting Research* 2003, S. 95 – 116.

Haring, N., und *R. Prantner*: Konvergenz des Rechnungswesens: State-of-the-Art in Deutschland und Österreich, in: *Controlling* 2005, S. 147 – 154.

Hax, H.: Kostenbewertung mit Hilfe der mathematischen Programmierung, in: *Zeitschrift für Betriebswirtschaft* 1965a, S. 197 – 210.

Hax, H.: *Die Koordination von Entscheidungen*, Köln 1965b.

Hax, H.: *Investitionstheorie*, 5. Auflage, Würzburg und Wien 1985.

Hax, H.: Integration externer und interner Unternehmensrechnung, in: *H.-U. Küpper* und *A. Wagenhofer* (Hrsg.): Handwörterbuch Unternehmensrechnung und Controlling, 4. Auflage, Stuttgart 2002, Sp. 758 – 767.

Hax, H., W. Kern und *H.-H. Schröder* (Hrsg.): *Zeitaspekte in betriebswirtschaftlicher Theorie und Praxis*, Stuttgart 1989.

Hax, H., und *H. Laux*: Flexible Planung – Verfahrensregeln und Entscheidungsmodelle für die Planung bei Ungewißheit, in: *Zeitschrift für betriebswirtschaftliche Forschung* 1972, S. 318 – 340.

Hergert, M., und *D. Morris*: Accounting Data for Value Chain Analysis, in: *Strategic Management Journal* 1989, S. 175 – 188.

Hertz, D.: Risk Analysis in Capital Investment, in: *Harvard Business Review* 1964, S. 95 – 106.

Heßen, H.-P., und *S. Wesseler*: Marktorientierte Zielkostensteuerung bei der Audi AG, in: *Controlling* 1994, S. 148 – 154.

Hiromoto, T.: Another Hidden Edge – Japanese Management Accounting, in: *Harvard Business Review* 1988, July/August, S. 22 – 26.

Hiromoto, T.: Management Accounting in Japan, in: *Controlling* 1989, S. 316 – 322.

Hiromoto, T.: Wie das Management Accounting seine Bedeutung zurückgewinnt, in: *IFUA Horváth und Partner GmbH* (Hrsg.): *Prozeßkostenmanagement*, München 1991, S. 27 – 46.

Hirshleifer, J.: On the Economics of Transfer Pricing, in: *Journal of Business* 1956, S. 172 – 184.

Hofmann, C.: *Anreizorientierte Controllingsysteme – Budgetierungs-, Ziel- und Verrechnungspreissysteme*, Stuttgart 2001.

Hofmann, C.: Investitionssteuerung über Budgets oder Verrechnungspreise?, in: *Zeitschrift für Betriebswirtschaft* 2002, S. 529 – 556.

Hofmann, C., und *T. Pfeiffer*: Investitionsbudgetierung und Anreizprobleme: Ist der Groves-Mechanismus nur third-best?, in: *Zeitschrift für Betriebswirtschaft* 2003, S. 559 – 582.

Hoitsch, H.-J., und *P. Winter*: Die Cash Flow at Risk-Methode als Instrument eines integriert-holistischen Risikomanagements, in: *Controlling & Management* 2004, S. 235 – 246.

Holmström, B., und *J. Ricart i Costa*: Managerial Incentives and Capital Management, in: *Quarterly Journal of Economics* 1986, S. 835 – 860.

Homburg, C.: *Hierarchische Controllingkonzeption*, Heidelberg 2001.

Homburg, C., und *J. Stephan*: Kennzahlenbasiertes Risikocontrolling in Industrie- und Handelsunternehmen, in: *Zeitschrift für Controlling und Management* 2004, S. 313 – 325.

Horngren, C.T., G. Foster und *S.M. Datar*: *Cost Accounting: A Managerial Emphasis*, 9. Auflage, Upper Saddle River, NJ 1997.

Horngren, C.T., S.M. Datar, und *M.V. Rajan*: *Cost Accounting: A Managerial Emphasis*, 14. Auflage, Upper Saddle River, NJ 2012.

Horváth, P.: Revolution im Rechnungswesen. Strategisches Kostenmanagement, in: *P. Horváth* (Hrsg.): Strategieunterstützung durch das Controlling: Revolution im Rechnungswesen, Stuttgart 1990, S. 175 – 193.

Horváth, P.: Schnittstellenüberwindung durch das Controlling, in: *P. Horváth* (Hrsg.): *Synergien durch Schnittstellen-Controlling*, Stuttgart 1991, S. 1 – 23.

Horváth, P. (Hrsg.): *Synergien durch Schnittstellen-Controlling*, Stuttgart 1991.

Horváth, P.: *Controlling*, 12. Auflage, München 2011.

Horváth, P., J. Dambrowski, H. Jung und *S. Posselt*: Die Budgetierung im Planungs- und Kontrollsystem der Unternehmung – Erste Ergebnisse einer empirischen Untersuchung, in: *Die Betriebswirtschaft* 1985, S. 138 – 155.

Horváth, P., und *R.N. Herter*: Benchmarking – Vergleich mit den Besten der Besten, in: *Controlling* 1992, S. 4 – 11.

Horváth, P., und *R. Mayer*: Prozeßkostenrechnung – Der neue Weg zu mehr Kostentransparenz und wirkungsvolleren Unternehmensstrategien, in: *Controlling* 1989, S. 214 – 219.

Horváth, P., und *W. Seidenschwarz*: Zielkostenmanagement, in: *Controlling* 1992, S. 142 – 150.

Horváth, P., und *T. Tani*: Japanese-German Comparison of Target Cost Management, Arbeitspapier 1997.

Hostettler, S.: *Economic Value Added*, 5. Auflage, Bern et al. 2002.

International Federation of Accountants: The Measurement And Management Of Intellectual Capital: An Introduction, International Management Accounting Study 7, September 1998.

Inderfurth, K.: *Starre und flexible Investitionsplanung*, Wiesbaden 1982.

Innes, J., F. Mitchell, und *S. Sinclair*: Activity-Based Costing in the U.K.'s Largest Companies: A Comparison of 1994 and 1999 Survey Results, in: *Management Accounting Research* 2000, S. 349 – 362.

Ittner, C.D., und *D.F. Larcker*: Innovations in Performance Measurement: Trends and Research Implications, in: *Journal of Management Accounting Research* 1998, S. 205 – 238.

Ittner, C.D., und *D.F. Larcker*: Assessing Empirical Research in Management Accounting: A Value-Based Management Perspective, in: *Journal of Accounting and Economics* 32 (2001), S. 349 – 410.

Jacob, H. (Hrsg.): *Industriebetriebslehre*, 4. Auflage, Wiesbaden 1990.

Jacobs, F.H.: An Evaluation of the Effectiveness of some Cost Variance Investigation Models, in: *Journal of Accounting Research* 1978, S. 190 – 203.

Jahnke, H., S. Wielenberg und *H. Schumacher*: Ist die Integration des Rechnungswesens tatsächlich ein Motiv für die Einführung der IFRS in mittelständischen Unternehmen?, in: *Zeitschrift für internationale und kapitalmarktorientierte Rechnungslegung* 2007, S. 365 – 376.

Jennergren, L.P.: On the Design of Incentives in Business Firms – A Survey of Some Research, in: *Management Science* 1980, S. 180 – 201.

Jensen, M.C.: Paying People to Lie: the Truth about the Budgeting Process, in: *European Financial Management* 2003, S. 379 – 406.

Johnson, G.L., und *S.S. Simik*: Multiproduct C-V-P Analysis under Uncertainty, in: *Journal of Accounting Research* 1971, S. 278 – 286.

Johnson, H.T., und *R.S. Kaplan*: *The Rise and Fall of Management Accounting*, Boston 1987.

Jost, P.J. (Hrsg.): *Die Prinzipal-Agenten-Theorie in der Betriebswirtschaftslehre*, Stuttgart 2001a.

Jost, P.J.(Hrsg.): *Die Spieltheorie in der Betriebswirtschaftslehre*, Stuttgart 2001b.

Kajüter, P.: *Proaktives Kostenmanagement*, Wiesbaden 2000.

Kajüter, P.: Kostenmanagement in der deutschen Unternehmenspraxis, in: *Zeitschrift für betriebswirtschaftliche Forschung* 2005, S. 79 – 100.

Kama, I., und *D. Weiss*: Do Earnings Targets and Managerial Incentives Affect Sticky Costs?, in: *Journal of Accounting Research* 2013, S. 201 – 224.

Kanodia, C.: Participative Budgets as Coordination and Motivational Devices, in: *Journal of Accounting Research* 1993, S. 172 – 189.

Kaplan, R.S.: The Significance and Investigation of Cost Variances: Survey and Extensions, in: *Journal of Accounting Research* 1975, S. 311 – 337.

Kaplan, R.S.: The Evolution of Management Accounting, in: *The Accounting Review* 1984, S. 390 – 418.

Kaplan, R.S.: Das neue Rollenverständnis für den Controller, in: *Controlling* 1995, S. 60 – 70.

Kaplan, R.S. und *A.A. Atkinson*: *Advanced Management Accounting*, 2. Auflage, Englewood Cliffs, NJ 1989.

Kaplan, R.S. und *A.A. Atkinson: Advanced Management Accounting,* 3. Auflage, Englewood Cliffs, NJ 1998.

Kaplan, R.S., und *D.P. Norton*: *Balanced Scorecard*, Boston, MA 1996; deutsche Übersetzung: Stuttgart 1997.

Kennedy, T., und *J. Affleck-Graves*: The Impact of Activity-Based Costing Techniques on Firm Performance, in: *Journal of Management Accounting Research* 2001, S. 19 – 45.

Kieninger, M.: Prozeßkostenrechnung – die Antwort auf veränderte Kostenstrukturen, in: *Deutsches Steuerrecht* 1991, S. 1092 – 1099.

Kilger, W.: *Optimale Produktions- und Absatzplanung*, Opladen 1973.

Kilger, W.: Grenzplankostenrechnung, in: *K. Chmielewicz* (Hrsg.): *Entwicklungslinien der Kosten- und Erlösrechnung*, Stuttgart 1983, S. 57 – 81.

Kilger, W., J. Pampel und *K. Vikas*: *Flexible Plankostenrechnung und Deckungsbeitragsrechnung*, 13. Auflage, Wiesbaden 2012.

Kim, S.K., und *Y.S. Suh*: Conditional Monitoring Policy under Moral Hazard, in: *Management Science* 1992, S. 1106 – 1120.

Kirby, A.J., S. Reichelstein, P.K. Sen und *T.-Y. Paik*: Participation, Slack, and Budget-Based Performance Evaluation, in: *Journal of Accounting Research* 1991, S. 109 – 128.

Kleiman, R.T.: Some New Evidence on EVA Companies, in: *Journal of Applied Corporate Finance* 1999, S. 80 – 91.

Kley, K.-L.: IFRS – Möglichkeiten und Grenzen ihrer Abbildung im Controlling, in: *Zeitschrift für Controlling und Management* 2006, S. 150 – 157.

Kloock, J.: Kurzfristige Produktionsplanungsmodelle auf der Basis von Entscheidungsfeldern mit den Alternativen Fremd- und Eigenfertigung (mit variablen Produktionstiefen), in: *Zeitschrift für betriebswirtschaftliche Forschung* 1974, S. 671 – 682.

Kloock, J.: Aufgaben und Systeme der Unternehmensrechnung, in: *Betriebswirtschaftliche Forschung und Praxis* 1978, S. 493 – 510.

Kloock, J.: Mehrperiodige Investitionsrechnungen auf der Basis kalkulatorischer und handelsrechtlicher Erfolgsrechnungen, in: *Zeitschrift für betriebswirtschaftliche Forschung* 1981a, S. 873 – 890.

Kloock, J.: Erfolgsrechnungen auf der Basis produktionsanalytischer Kostenrechnungen, in: *G. Fandel* (Hrsg.): *Operations Research Proceedings* 1980, Berlin et al. 1981b, S. 502 – 520.

Kloock, J.: Erfolgskontrolle mit der differenziert-kumulativen Abweichungsanalyse, in: *Zeitschrift für Betriebswirtschaft* 1988, S 423 – 434.

Kloock, J.: *Unternehmensrechnung und Revision*, Teil I: Kurzfristige Planungsrechnungen, 5. Auflage, Köln 1989.

Kloock, J.: Kalkulatorische Planungsrechnungen aus investitionstheoretischer Sicht, in: *Zeitschrift für betriebswirtschaftliche Forschung* Sonderheft 47, 1995, S. 51 – 97.

Kloock, J.: Kommentar (zum Beitrag von Glaser), in: *Betriebswirtschaftliche Forschung und Praxis* 1999, S. 32 – 34.

Kloock, J., und *W. Bommes*: Methoden der Kostenabweichungsanalyse, in: *Kostenrechnungspraxis* 1982, S. 225 – 237.

Kloock, J., und *M. Coenen*: Cash-Flow-Return on Investment als Rentabilitätskennzahl aus externer Sicht, in: *Das Wirtschaftsstudium* 1996, S. 1101 – 1107.

Kloock, J., und *E. Dörner*: Kostenkontrolle bei mehrstufigen Produktionsprozessen, in: *OR Spektrum* 1988, S. 129 – 143.

Kloock, J., H. Sabel und *W. Schuhmann*: Die Erfahrungskurve in der Unternehmenspolitik – Theoretische Präzisierungen und praktische Perspektiven, in: *Zeitschrift für Betriebswirtschaft*, Ergänzungsheft 2/1987, S. 3 – 51.

Kloock, J., und *U. Schiller*: Marginal Costing: Cost Budgeting and Cost Variance Analysis, in: *Management Accounting Research* 1997, S. 299 – 323.

Koller, T., G. Goedhart und *D. Wessels*: *Valuation. Measuring and Managing the Value of Companies*, 5. Auflage, New York et al. 2010.

Korn, E., S. Lengsfeld und *U. Schiller*: Controlling, in: *P.J. Jost* (Hrsg.): *Die Spieltheorie in der Betriebswirtschaftslehre*, Stuttgart 2001, S. 377 – 427.

Kottas, J.F., und *A.H.-L. Lau*: Direct Simulation in Stochastic CVP Analysis, in: *The Accounting Review* 1978, S. 698 – 707.

Kottas, J.F., A.H.-L. Lau und *H.-S. Lau*: A General Approach to Stochastic Management Planning Models: An Overview, in: *The Accounting Review* 1978, S. 389 – 401.

KPMG (Hrsg.): *Shareholder Value Konzepte. Eine Untersuchung der DAX 100 Unternehmen*, Frankfurt a.M. 2000.

Kräkel, M.: *Organisation und Management*, 2. Auflage, Tübingen 2004.

Kren, L., und *W.M. Liao*: The Role of Accounting Information in the Control of Organizations: A Review of the Evidence, in: *Journal of Accounting Literature* 1988, S. 280 – 309.

Krishnan, R., *J.L. Luft* und *M.D. Shields*: Effects of Accounting-Method Choices on Subjective Performance-Measure Weighting Decisions: Experimental Evidence on Precision and Error Covariance, in: *The Accounting Review* 2005, S. 1163 – 1192.

Krönung, H.-D.: *Kostenrechnung und Unsicherheit*, Wiesbaden 1988.

Krumwiede, K. und *A. Suessmair*: A Closer Look at German Cost Accounting Methods, in: *Management Accounting Quarterly* 2008, S. 37-50.

Kruschwitz, L.: Die Kalkulation von Kuppelprodukten, in: *Kostenrechnungspraxis* 1973, S. 219 – 230.

Kruschwitz, L.: Zur Programmplanung bei Kuppelproduktion, in: *Zeitschrift für betriebswirtschaftliche Forschung* 1974, S. 96 – 109.

Kruschwitz, L.: *Investitionsrechnung*, 13. Auflage, München 2011.

Kruschwitz, L.: *Finanzierung und Investition*, 7. Auflage, München und Wien 2012.

Kunz, A.H., und *D. Pfaff*: Agency theory, performance ealuation, and the hypothetical construct of intrinsic motivation, in: *Accounting, Organization, and Society* 2002, S. 275 – 295.

Kunz, A.H., und *T. Pfeiffer*: Investitionsbudgetierung und implizite Verträge: Wie resistent ist der Groves-Mechanismus bei dynamischer Interaktion?, in: *Zeitschrift für betriebswirtschaftliche Forschung* 1999, S. 203 – 223.

Kunz, A.H., *T. Pfeiffer* und *G. Schneider*: ERIC versus EVA: Eine theoretische Analyse in der Praxis diskutierter Wertmetriken, in: *Die Betriebswirtschaft* 2007, S. 259-277.

Künzi, H.P., und *W. Krelle*: *Nichtlineare Programmierung*, 2. Auflage, Berlin et al. 1979.

Küpper, H.-U.: Kosten- und entscheidungstheoretische Ansatzpunkte zur Behandlung des Fixkostenproblems in der Kostenrechnung, in: *Zeitschrift für betriebswirtschaftliche Forschung* 1984, S. 794 – 811.

Küpper, H.-U.: Investitionstheoretische Fundierung der Kostenrechnung, in: *Zeitschrift für betriebswirtschaftliche Forschung* 1985a, S. 26 – 46.

Küpper, H.-U.: Investitionstheoretischer Ansatz einer integrierten betrieblichen Planungsrechnung, in: *W. Ballwieser* und *K.H. Berger* (Hrsg.): *Information und Wirtschaftlichkeit*, Wiesbaden 1985b, S. 405 – 432.

Küpper, H.-U.: Investitionstheoretische versus kontrolltheoretische Abschreibung: Alternative oder gleichartige Konzepte einer entscheidungsorientierten Kostenrechnung?, in: *Zeitschrift für Betriebswirtschaft* 1988a, S. 397 – 415.

Küpper, H.-U.: Koordination und Interdependenz als Bausteine einer konzeptionellen und theoretischen Fundierung des Controlling, in: *W. Lücke* (Hrsg.): *Betriebswirtschaftliche Steuerungs- und Kontrollprobleme*, Wiesbaden 1988b, S. 163 – 183.

Küpper, H.-U.: Gegenstand und Ansätze einer dynamischen Theorie der Kostenrechnung, in: *H. Hax*, *W. Kern* und *H.H. Schröder* (Hrsg.): *Zeitaspekte in betriebswirtschaftlicher Theorie und Praxis*, Stuttgart 1989, S. 43 – 59.

Küpper, H.-U.: Verknüpfung von Investitions- und Kostenrechnung als Kern einer umfassenden Planungs- und Kontrollrechnung, in: *Betriebswirtschaftliche Forschung und Praxis* 1990, S. 253 – 267.

Küpper, H.-U.: Bestands- und zahlungsstromorientierte Berechnung von Zinsen in der Kosten- und Leistungsrechnung, in: *Zeitschrift für betriebswirtschaftliche Forschung* 1991, S. 3 – 20.

Küpper, H.-U.: Controlling, in: *W. Wittmann* et al. (Hrsg.): *Handwörterbuch der Betriebswirtschaft*, 5. Auflage, Teilband 1, Stuttgart 1993a, Sp. 647 – 661.

Küpper, H.-U.: Kostenrechnung auf investitionstheoretischer Basis, in: *J. Weber* (Hrsg.): *Zur Neuausrichtung der Kostenrechnung – Entwicklungsperspektiven für die 90er Jahre*, Stuttgart 1993b, S. 79 – 136.

Küpper, H.-U.: Industrielles Controlling, in: *M. Schweitzer* (Hrsg.): *Industriebetriebslehre*, 2. Auflage, München 1994, S. 781 – 891.

Küpper, H.-U., G. Friedl, C. Hofmann, Y. Hofmann und *B. Pedell*: *Controlling*, 6. Auflage, Stuttgart 2013.

Küpper, H.-U.: Controlling und Operations Research – Der Beitrag quantitativer Theorie zur Selbstfindung und Akzeptanz einer praxisorientierten Disziplin, in: *Zeitschrift für Betriebswirtschaft* 2007, S. 735 – 758.

Küpper, H.-U., und *A. Wagenhofer* (Hrsg.): *Handwörterbuch Unternehmensrechnung und Controlling*, 4. Auflage, Stuttgart 2002.

Küting, K., und *P. Lorson*: Grenzplankostenrechnung versus Prozeßkostenrechnung, in: *Betriebs Berater* 1991, S. 1421 - 1433.

Lambert, D.R.: Transfer Pricing and Interdivisional Conflict, in: *California Management Review* 21 (4), 1979, S. 70 – 75

Lambert, R.A.: Variance Investigation in Agency Settings, in: *Journal of Accounting Research* 1985, S. 633 - 647.

Lange, J.-U., und *B.D. Schauer*: Ausgestaltung und Rechenzwecke mittelständischer Kostenrechnung, in: *Kostenrechnungspraxis* 1996, S. 202 – 208.

Laßmann, G.: Gestaltungsformen der Kosten- und Erlösrechnung im Hinblick auf Planungs- und Kontrollaufgaben, in: *Die Wirtschaftsprüfung* 1973, S. 4 – 17.

Laux, H., R.M. Gillenkirch und *H.Y. Schenk-Mathes*: *Entscheidungstheorie*,8. Auflage, Berlin et al. 2012.

Laux, H.: *Erfolgssteuerung und Organisation* 1, Berlin et al. 1995.

Laux, H.: Individualisierung und Periodenerfolgsrechnung, in: *C. Scholz* (Hrsg.): *Individualisierung als Paradigma*, FS Drumm, Stuttgart et al. 1998, S. 102 – 133.

Laux, H., und *F. Liermann*: *Grundlagen der Organisation*, 6. Auflage, Berlin et al. 2005.

Lengsfeld, S.: *Kostenkontrolle und Kostenänderungspotentiale*, Wiesbaden 1999.

Lengsfeld, S., und *U. Schiller*: Kostencontrolling, in: *Zeitschrift für Betriebswirtschaft* 2001, Ergänzungsheft 2, S. 81 – 96.

Lere, J.C.: Product Pricing Based on Accounting Costs, in: *The Accounting Review* 1986, S. 318 – 324.

Leisten, R., und *Ausborn, M.*: Produktlebenszyklus, in: *H.-U. Küpper* und *A. Wagenhofer* (Hrsg.): *Handwörterbuch Unternehmensrechnung und Controlling*, 4. Auflage, Stuttgart 2002, Sp. 1530 – 1540.

Lev, B.: *Intangibles – Management, Measurement, and Reporting*, Washington, DC 2001.

Lewis, Th.G., und *S. Lehmann*: Überlegene Investitionsentscheidungen durch CFROI, in: *Betriebswirtschaftliche Forschung und Praxis* 1992, S. 1 – 13.

Libby, T. und *R.M. Lindsay*: Beyond Budgeting or Budgeting Reconsidered: A Survey of North-American Budgeting Practice, in: *Management Accounting Research* 2010, S. 56 – 75.

Link, J.: Erfolgskontrolle unter ceteris-paribus-Bedingungen?, in: *Zeitschrift für Betriebswirtschaft* 1988, S. 1204 - 1215.

Lipe, M.G.: Analyzing the Variance Investigation Decision: The Effects of Outcomes, Mental Accounting, and Framing, in: *The Accounting Review* 1993, S. 748 – 764.

Lipe, M.G., und *S.E. Salterio*: The Balanced Scorecard: Judgmental Effects of Common and Unique Performance Measures, in: *Accounting Review* 2000, S. 283 – 298.

Loeb, M., und *W.A. Magat*: Soviet Success Indicators and the Evaluation of Divisional Management, in: *Journal of Accounting Research* 1978a, S. 103 – 121.

Loeb, M., und *W.A. Magat*: Success Indicators in the Soviet Union: The Problem of Incentives and Efficient Allocations, in: *The American Economic Review* 1978b, S. 173 – 181.

Löffler, C., *T. Pfeiffer, U. Schiller* und *J. Wagner*: Zentralisierung, Transferpreise und spezifische Investitionen: Ein selektiver Verfahrensvergleich, in: *Zeitschrift für betriebswirtschaftliche Forschung* 2011, Sonderheft 63/11, S. 1 – 33.

Lohmann, U.: Prozeßkostenrechnung, in: *Controller Magazin* 1991, S. 265 – 275.

Lücke, W.: Investitionsrechnung auf der Basis von Ausgaben oder Kosten?, in: *Zeitschrift für handelswissenschaftliche Forschung* 1955, S. 310 – 324.

Lücke, W.: Die kalkulatorischen Zinsen im betrieblichen Rechnungswesen, in: *Zeitschrift für Betriebswirtschaft* 1965, S. 3 – 28.

Luhmer, A.: Koordination, in: *H.-U. Küpper* und *A. Wagenhofer* (Hrsg.): *Handwörterbuch Unternehmensrechnung und Controlling*, 4. Auflage, Stuttgart 2002, Sp. 1033 – 1041.

Luptácik, M.: *Nichtlineare Programmierung mit ökonomischen Anwendungen*, Königstein/Ts. 1981.

Magee, R.P.: Equilibria in Budget Participation, in: *Journal of Accounting Research* 1980, S. 551 – 573.

Magee, R.P.: *Advanced Managerial Accounting*, New York 1986.

Maiga, A.S. und *F.A. Jacobs*: Extent of ABC Use and Its Consequences, in: *Contemporary Accounting Research* 2008, S. 533 – 566.

Makowski, L.: Competitive Stock Markets, in: *Review of Economic Studies* 1983a, S. 305 – 330.

Makowski, L.: Competition and Unanimity Revisited, in: *American Economic Review* 1983b, S. 329 – 339.

Makowski, L., und *L. Pepall*: Easy Proofs of Unanimity and Optimality without Spanning: A Pedagogical Note, in: *Journal of Finance* 1985, S. 1245 – 1251.

Maltry, H.: *Plankosten- und Prospektivkostenrechnung*, Bergisch-Gladbach 1989.

Maltry, H.: Überlegungen zur Entscheidungsrelevanz von Fixkosten im Rahmen operativer Planungsrechnungen, in: *Betriebswirtschaftliche Forschung und Praxis* 1990, S. 294 – 311.

Männel, W.: Zur Gestaltung der Erlösrechnung, in: *K. Chmielewicz* (Hrsg.): *Entwicklungslinien der Kosten- und Erlösrechnung*, Stuttgart 1983a, S. 119 – 150.

Männel, W.: Grundkonzeption einer entscheidungsorientierten Erlösrechnung, in: *Kostenrechnungspraxis* 1983b, S. 55 – 70

Männel, W.: Die Bedeutung der Erlösrechnung für die Ergebnisrechnung, in: *W. Männel* (Hrsg.): *Handbuch Kostenrechnung*, Wiesbaden 1992, S. 631 – 655

Männel, W. (Hrsg.): *Handbuch Kostenrechnung*, Wiesbaden 1992.

Männel, W.: Erlösrechnung, in: *K. Chmielewicz* und *M. Schweitzer* (Hrsg.): *Handwörterbuch des Rechnungswesens*, 3. Auflage, Stuttgart 1993a, Sp. 562 – 580.

Männel, W.: Moderne Konzepte für Kostenrechnung, Controlling und Kostenmanagement, in: *Kostenrechnungspraxis* 1993b, S. 69 – 78.

Marusev, A.W., und *A. Pfingsten*: Das Lücke-Theorem bei gekrümmter Zinsstruktur-Kurve, in: *Zeitschrift für betriebswirtschaftliche Forschung* 1993, S. 361 – 365.

Mayer, B., *T. Pfeiffer* und *G. Schneider*: Wertorientierte Unternehmenssteuerung mit differenzierten Kapitalkosten: Einzel- versus Gesamtbewertung, in: *Die Betriebswirtschaft* 2005, S. 7 – 20.

Mayer, R.: Prozeßkostenrechnung und Prozeßkostenmanagement: Konzept, Vorgehensweise und Einsatzmöglichkeiten, in: *IFUA Horváth and Partner GmbH* (Hrsg.): *Prozeßkostenmanagement*, München 1991a, S. 73 – 99.

Mayer, R.: Die Prozeßkostenrechnung als Instrument des Schnittstellenmanagements, in: *P. Horváth* (Hrsg.): *Synergien durch Schnittstellen-Controlling*, Stuttgart 1991b, S. 211 – 226.

McAfee, R.P., und *J. McMillan*: Auctions and Bidding, in: *Journal of Economic Literature* 1987a, S. 699 – 738.

McAfee, R.P., und *J. McMillan*: Competition for Agency Contracts, in: *Rand Journal of Economics* 1987b, S. 296 – 307.

Melumad, N., D. Mookherjee und *S. Reichelstein*: A Theory of Responsibility Centers, in: *Journal of Accounting and Economics* 1992, S. 445 – 484.

Melumad, N., und *S. Reichelstein*: Centralization versus Delegation and the Value of Communication, in: *Journal of Accounting Research* 1987, S. 1 – 18.

Melumad, N., und *S. Reichelstein*: Value of Communication in Agencies, in: *Journal of Economic Theory* 47 (1989), S. 334 – 368.

Merchant, K.A.: How and Why Firms disregard the Controllability Principle, in: *W.J. Bruns* und *R. S. Kaplan (Hrsg.)*: *Accounting and Management. Field Study Perspectives*, Boston, MA 1987, S. 316 – 338.

Miller, B.L., und *A.G. Buckman*: Cost Allocation and Opportunity Costs, in: *Management Science* 1987, S. 626 – 639.

Miller, R.E., und *M.H. Morris*: Multiproduct C-V-P Analysis and Uncertainty: A Linear Programming Approach, in: *Journal of Business Finance and Accounting* 1985, S. 495 – 505.

Miller, J.G., und *T.E. Vollmann*: The Hidden Factory, in: *Harvard Business Review*, September-October 1985, S. 142 – 150.

Mills, R.W., und *C. Sweeting*: *Pricing Decisions in Practice*, London 1988.

Mohnen, A.: *Performancemessung und die Steuerung von Investitionsentscheidungen*, Wiesbaden 2002.

Monissen, H.G., und *B. Huber*: Sind fixe Kosten entscheidungsrelevant?, in: *Zeitschrift für betriebswirtschaftliche Forschung* 1992, S. 1096 – 1108.

Moore, C.L., L.K. Anderson und *R.K. Jaedicke*: *Managerial Accounting*, 7. Auflage, Cincinatti, OH 1988.

Münstermann, H.: *Unternehmungsrechnung*, Wiesbaden 1969.

Münstermann, H.: Bilanztheorien, dynamische, in: *E. Kosiol* (Hrsg.): *Handwörterbuch des Rechnungswesens*, 2. Auflage, Stuttgart 1981, Sp. 270 – 285.

Myerson, R.B.: Incentive Compatibility and the Bargaining Problem, in: *Econometrica* 1979, S. 61 – 73.

Neus, W., und *P. Nippel*: Was ist strategisch an strategischem Verhalten?, in: *Zeitschrift für betriebswirtschaftliche Forschung* 1996, S. 423 – 442.

Nezlobin, A., S. Reichelstein und *Y. Wang*: Managerial Performance Evaluation for Capacity Investments, Arbeitspapier, Stanford University 2013.

Nießen, W.: *Erlösrechnungssysteme und deren Eignung als Planungs- und Kontrollinstrumente*, Essen 1982.

Nikias, A.D., S.T. Schwartz und *R.A. Young*: A Note on the Roles of Aggregation and Delay in Management Control, in: *Issues in Accounting Education* 2005, S. 273 – 294.

Noreen, E.: Conditions Under Which Activity-Based Cost Systems Provide Relevant Costs, in: *Journal of Management Accounting Research*, Fall 1991, S. 159 – 168.

Noreen, E. und *N. Soderstrom*: Are Overhead Costs Strictly Proportional to Activity? Evidence from Hospital Service Departments, in: *Journal of Accounting and Economics* 17 (1994), S. 255 – 287.

Noreen, E. und *N. Soderstrom*: The Accuracy of Proportional Cost Models: Evidence from Hospital Service Departments, in: *Review of Accounting Studies* 1997, S. 89 – 114.

OECD: *OECD-Verrechnungspreisrichtlinien für multinationale Unternehmen und Steuerverwaltungen*, Juli 2010.

Oehler, A., und *M. Unser*: *Finanzwirtschaftliches Risikomanagement*, 2. Auflage, Berlin et al. 2002.

O'Hanlon, J., und *K. Peasnell*: Wall Street's Contribution to Management Accounting: The Stern Stewart EVA® Financial Management System, in: *Management Accounting Research* 1998, S. 421 – 444.

Ohlson, J.A.: Earnings, Book Values and Dividends in Security Valuation, in: *Contemporary Accounting Research* 11 (1995), S. 661 – 687.

Ohlson, J.A.: On Accounting-Based Valuation Formulae, in: *Review of Accounting Studies* 2005, S. 323 – 347.

Osband, K., und *S. Reichelstein*: Information-Eliciting Compensation Schemes, in: *Journal of Public Economics* 1985, S. 107 – 115.

Peasnell, K.V.: Some Formal Connections Between Economic Values and Yields and Accounting Numbers, in: *Journal of Business Finance and Accounting* 1982, S. 361 – 381.

Penman, S.H.: A Synthesis of Equity Valuation Techniques and the Terminal Value Calculation for the Dividend Discount Model, in: *Review of Accounting Studies* 1997, S. 303 – 323.

Pfaff, D.: *Kostenrechnung, Unsicherheit und Organisation*, Heidelberg 1993a.

Pfaff, D.: Ein Beitrag zur theoretischen Begründung der Vollkostenrechnung, in: *J. Weber* (Hrsg.): *Zur Neuausrichtung der Kostenrechnung – Entwicklungsperspektiven für die 90er Jahre*, Stuttgart 1993b, S. 137 – 160.

Pfaff, D.: Zur Notwendigkeit einer eigenständigen Kostenrechnung, in: *Zeitschrift für betriebswirtschaftliche Forschung* 1994, S. 1065 – 1084.

Pfaff, D.: Kostenrechnung, Verhaltenssteuerung und Controlling, in: *Die Unternehmung* 1995a, S. 437 – 455.

Pfaff, D.: Der Wert von Kosteninformationen für die Verhaltenssteuerung in Unternehmen, in: *Zeitschrift für betriebswirtschaftliche Forschung*, Sonderheft 34/1995b, S. 119 – 156.

Pfaff, D.: Wertorientierte Unternehmenssteuerung, Investitionsentscheidungen und Anreizprobleme, in: *Betriebswirtschaftliche Forschung und Praxis* 1998, S. 491 – 516.

Pfaff, D., und *O. Bärtl*: Wertorientierte Unternehmenssteuerung – Ein kritischer Vergleich ausgewählter Konzepte, in: *Zeitschrift für betriebswirtschaftliche Forschung*, Sonderheft 41/1999, S. 85 – 115.

Pfaff, D., *A. Kunz* und *T. Pfeiffer*: Balanced Scorecard als Bemessungsgrundlage finanzieller Anreizsysteme – Eine theorie- und empiriegeleitete Analyse der resultierenden Grundprobleme, in: *Betriebswirtschaftliche Forschung und Praxis* 2000, S. 36 – 55.

Pfaff, D., und *C. Leuz*: Groves-Schemata – Ein geeignetes Instrument zur Steuerung der Resourcenallokation in Unternehmen?, in: *Zeitschrift für betriebswirtschaftliche Forschung* 1995, S. 659 – 690.

Pfaff, D., und *T. Pfeiffer*: Verrechnungspreise und ihre formaltheoretische Analyse: Zum State of the Art, in: *Die Betriebswirtschaft* 2004, S. 296 – 319.

Pfaff, D., und *U. Stefani*. Wertorientierte Unternehmensführung, Residualgewinne und Anreizprobleme, in: *Zeitschrift für betriebswirtschaftliche Forschung* 2003, Sonderheft 50, S. 51 – 76.

Pfaff, D., und *U. Stefani*: Verrechnungspreise in der Unternehmenspraxis – Eine Bestandsaufnahme zu Zwecken und Methoden, in: *Controlling* 2006, S. 517 – 524.

Pfaff, D., und *J. Weber*: Zweck der Kostenrechnung?, in: *Die Betriebswirtschaft* 1998, S. 151 – 165.

Pfaff, D., und *B.E. Weißenberger*: Institutionenökonomische Fundierung, in: *T.M. Fischer* (Hrsg.): *Kosten-Controlling*, Stuttgart 2000, S. 109 – 134.

Pfeiffer, T.: Good and Bad News for the Implementation of Shareholder-Value Concepts in Decentralized Organizations, in: *Schmalenbach Business Review* 2000, S. 68 – 91.

Pfeiffer, T.: Kostenbasierte oder verhandlungsorientierte Verrechnungspreise? Weiterführende Überlegungen zur Leistungsfähigkeit der Verfahren, in: *Zeitschrift für Betriebswirtschaft* 2002, S. 1269 – 1296.

Pfeiffer, T.: Anreizkompatible Unternehmenssteuerung, Performancemaße und Erfolgsrechnung, in: *Die Betriebswirtschaft* 2003, S. 43 – 59.

Pfeiffer, T., U. Schiller und *J. Wagner*: Cost-based Transfer Pricing, in: *Review of Accounting Studies* 2011, S. 219 – 246.

Plaschke, F.J.: Wertorientierte Management-Incentivesysteme auf Basis interner Wertkennzahlen und Bonusbanken, in: *N. Schweickart* und *A. Töpfer* (Hrsg.): *Wertorientiertes Management*, Berlin et al. 2006, S. 561-583.

Poensgen, H.O.: *Geschäftsbereichsorganisation*, Opladen 1973.

Porter, M.A.: *Competitive Strategy*, New York 1980.

Porter, M.A.: *Competitive Advantage*, New York 1985; deutsche Übersetzung: *Wettbewerbsvorteile*, Frankfurt 1986.

Poterba, J.M., und *L.H. Summers*: A CEO Survey of U.S. Companies' Time Horizons and Hurdle Rates, in: *Sloan Management Review* 1995, S. 43 – 53.

Preinreich, G.A.D.: Goodwill in Accountancy, in: *Journal of Accountancy*, July 1937, S. 28 – 50.

Reece, J.S., und *W. R. Cool.*: Measuring Investment Center Performance, in: *A. Rappaport* (Hrsg.): *Information for Decision Making*, 3. Auflage, Englewood Cliffs, NJ 1982, S. 264 – 277.

Reichelstein, S.: Constructing Incentive Schemes for Government Contracts: An Application of Agency Theory, in: *The Accounting Review* 1992, S. 712 – 731.

Reichelstein, S.: Investment Decisions and Managerial Performance Evaluation, in: *Review of Accounting Studies* 1997, S. 157 – 180.

Reichelstein, S.: Providing Managerial Incentives: Cash Flows versus Accrual Accounting, in: *Journal of Accounting Research* 2000, S. 243 – 270.

Reichelstein, S., und *K. Osband*: Incentives in Government Contracts, in: *Journal of Public Economics* 1984, S. 257 – 270.

Reichmann, T.: *Kosten und Preisgrenzen*, Wiesbaden 1973.

Reichmann, T.: *Controlling mit Kennzahlen: Die systemgestützte Controlling-Konzeption mit Analyse- und Reportinginstrumenten*, 8. Auflage, München 2011.

Reiß, M., und *H. Corsten*: Gestaltungsdomänen des Kostenmanagements, in: *W. Männel* (Hrsg.): *Handbuch Kostenrechnung*, Wiesbaden 1992, S. 1478 – 1491.

Richter, F., und *D. Honold*: Das Schöne, das Unattraktive und das Hässliche an EVA & Co., in: *Finanz Betrieb* 2000, S. 265 – 274.

Riebel, P.: Thesen zur Einzelkosten- und Deckungsbeitragsrechnung, in: *K. Chmielewicz* (Hrsg.): *Entwicklungslinien der Kosten- und Erlösrechnung*, Stuttgart 1983, S. 21 – 47.

Riebel, P.: Deckungsbeitragsrechnung, in: *K. Chmielewicz* und *M. Schweitzer* (Hrsg.): *Handwörterbuch des Rechnungswesens*, 3. Auflage, Stuttgart 1993, Sp. 364 – 379.

Riebel, P.: *Einzelkosten- und Deckungsbeitragsrechnung*, 7. Auflage, Wiesbaden 1994.

Riegler, C.: Marktorientierung im Kostenmanagement, in: *A. Wagenhofer* und *A. Gutschelhofer* (Hrsg.): *Controlling und Unternehmensführung*, Wien 1995, S. 145 – 170.

Riegler, C.: *Verhaltenssteuerung durch Target Costing*, Stuttgart 1996.

Riegler, C.: Zielkosten, in: *T.M. Fischer* (Hrsg.): *Kosten-Controlling*, Stuttgart 2000, S. 237 –263.

Riezler, S.: Produktlebenszykluskostenmanagement, in: *K.-P. Franz* und *P. Kajüter* (Hrsg.): *Kostenmanagement*, 2. Auflage, Stuttgart 2002, S. 207 – 223.

Riley, D.: *Competitive Cost Based Investment Strategies for Industrial Companies*, New York 1987.

Rogerson, W.P.: Intertemporal Cost Allocation and Managerial Investment Incentives: A Theory Explaining the Use of Economic Value Added as a Performance Measure, in: *Journal of Political Economy* 1997, S. 770 – 795.

Rogerson, W.: Inter-Temporal Cost Allocation and Investment Decisions, in: *Journal of Political Economy* 2008, S. 931 – 950.

Ronen, J., und *G. McKinney*: Transfer Pricing for Divisional Autonomy, in: *Journal of Accounting Research* 1970, S. 99 – 112.

Ross, M.: Capital Budgeting Practices of Twelve Large Manufacturers, in: *Financial Management*, Winter 1986, S. 15 – 22.

Rückle, D., und *A. Klein*: Product-Life-Cycle-Cost Management, in: *F. Dellmann* und *K.-P. Franz* (Hrsg.): *Neuere Entwicklungen im Kostenmanagement*, Bern 1994, S. 335 – 367.

Rudolph, B.: Zur Bedeutung der kapitaltheoretischen Separationstheoreme für die Investitionsplanung, in: *Zeitschrift für Betriebswirtschaft* 1983, S. 261 – 287.

Sakurai, M: Target Costing and How to Use it, in: *Journal of Cost Management*, Summer 1989, S. 39 – 50.

Sappington, D.: Limited Liability Contracts between Principal and Agent, in: *Journal of Economic Theory* 29 (1983), S. 1 – 21.

Schäffer, U.; und *C. Pelster*: Zur Relevanz des Controllability-Prinzips für die Unternehmenspraxis, in: *Zeitschrift für Controlling und Management* 2007, S. 422 – 436.

Schäffer, U., und *M. Zyder*: Beyond Budgeting – ein neuer Management Hype?, in: *Zeitschrift für Controlling und Management* 2003, S. 101 – 110.

Schall, L.D.: Asset Valuation, Firm Investment, and Firm Diversification, in: *Journal of Business* 1972, S. 11 – 28.

Schauenberg, B.: Die Gefahr von Fehlentscheidungen bei ungenauen Kosteninformationssystemen, in: *K. Spremann* und *E. Zur* (Hrsg.): *Controlling – Grundlagen, Informationssysteme, Anwendungen*, Wiesbaden 1992, S. 37 – 47.

Schehl, M.: *Die Kostenrechnung der Industrieunternehmen vor dem Hintergrund unternehmensexterner und -interner Strukturwandlungen*, Berlin 1994.

Scherrer, G.: *Kostenrechnung*, 3. Auflage, Stuttgart 1999.

Schildbach, T.: Cost Accounting in Germany, in: *Management Accounting Research* 1997, S. 261 – 276.

Schildbach, T., und *R. Ewert*: Preisuntergrenzen in sequentiellen Entscheidungsprozessen, in: *H. Hax, W. Kern* und *H.-H. Schröder* (Hrsg.): *Zeitaspekte in betriebswirtschaftlicher Theorie und Praxis*, Stuttgart 1989, S. 231 – 244.

Schildbach, T. und *C. Homburg*: *Kosten- und Leistungsrechnung*, 10. Auflage, Stuttgart 2009.

Schiller, U.: *Informationsorientiertes Controlling in dezentralisierten Unternehmen*, Stuttgart 2000a.

Schiller, U.: Strategische Selbstbindung durch Verrechnungspreise?, in: *Zeitschrift für betriebswirtschaftliche Forschung*, Sonderheft 45, 2000b, S. 1 – 21.

Schiller, U.: Vom Nutzen (un-)informierter Agenten: Eine informationsökonomische Betrachtung des Controllings, in: *Zeitschrift für betriebswirtschaftliche Forschung* 2001, S. 3 – 19.

Schiller, U.: Kostenrechnung, in: *M. Bitz, M. Domsch, R. Ewert* und *F.W. Wagner* (Hrsg.): *Vahlen's Kompendium der BWL*, Band 1, 5. Auflage, München 2005, S. 537 – 596.

Schiller, U., und *S. Lengsfeld*: Strategische und operative Planung mit der Prozeßkostenrechnung, in: *Zeitschrift für Betriebswirtschaft* 1998, S. 525 – 547.

Schneider, D.: Entscheidungsrelevante fixe Kosten, Abschreibungen und Zinsen zur Substanzerhaltung – Zwei Beispiele von "Betriebsblindheit" in Kostentheorie und Kostenrechnung, in: *Der Betrieb* 1984, S. 2521 – 2528.

Schneider, D.: Vollkostenrechnung oder Teilkostenrechnung?, in: *Der Betrieb* 1985, S. 2159 – 2162.

Schneider, D.: Wider den Grundsatz relevanter Kosten, in: *Die Betriebswirtschaft* 1992, S. 709 – 715.

Schneider, D.: *Betriebswirtschaftslehre, Band 2: Rechnungswesen*, 2. Auflage, München und Wien 1997.

Scholz, C. (Hrsg.): *Individualisierung als Paradigma*, FS Drumm, Stuttgart et al. 1998.

Schremper, R., und *O. Pälchen*: Wertrelevanz rechnungswesenbasierter Erfolgskennzahlen, in: *Die Betriebswirtschaft* 2001, S. 542 – 559.

Schweitzer, M.: *Industriebetriebslehre*, 2. Auflage, München 1994.

Schweitzer, M., und *H.-U. Küpper*: *Systeme der Kosten- und Erlösrechnung*, 9. Auflage, München 2008.

Schweitzer, M., und *H.-U. Küpper*: *Systeme der Kosten- und Erlösrechnung*, 10. Auflage, München 2011.

Schweitzer, M., und *E. Troßmann*: *Break-Even-Analysen: Methodik und Einsatz*, 2. Auflage, Stuttgart 1998.

Schweitzer, Marcus: Prozeßorientierte Kostenrechnung, in: *Wirtschaftswissenschaftliches Studium* 1992, S. 618 – 622.

Scotchmer, S.: Professional Advice and Other Hazards. Puzzle 4: Green Avocados, in: *Journal of Economic Perspectives*, Fall 1990, S. 189 – 195.

Seicht, G.: Die stufenweise Grenzkostenrechnung, in: *Zeitschrift für Betriebswirtschaft* 1963, S. 693 – 709.

Seidenschwarz, W.: Target Costing – Schnittstellenbewältigung mit Zielkosten, in: *P. Horváth* (Hrsg.): *Synergien durch Schnittstellen-Controlling*, Stuttgart 1991a, S. 191 – 209.

Seidenschwarz, W.: Target Costing: Ein japanischer Ansatz für das Kostenmanagement, in: *Controlling* 1991b, S. 198 – 203.

Seidenschwarz, W.: *Target Costing*, München 1993.

Shank, J.K.: Strategic Cost Management: New Wine, or Just New Bottles? in: Journal of *Management Accounting Research*, Fall 1989, S. 47 – 64.

Shank, J.K., und *V. Govindarajan*: Making Strategy Explicit in Cost Analysis: A Case Study, in: *Sloan Management Review*, Spring 1988, S. 19 – 29.

Shank, J.K., und *V. Govindarajan*: Strategic Cost Management: The Value Chain Perspective, in: *Journal of Management Accounting Research*, Fall 1992a, S. 179 – 197.

Shank, J.K., und *V. Govindarajan*: Strategic Cost Management and the Value Chain, in: *Journal of Cost Management*, Winter 1992b, S. 5 – 21.

Shank, J.K., und *V. Govindarajan*: *Strategic Cost Management*, New York et al. 1993.

Sharman, P.A.: Kritische Betrachtungen zum Stand der Kostenrechnung in den USA, in: *Der Controlling-Berater* 2004, S. 273 – 284.

Sharman, P.A., und *K. Vikas*: Was kann ein Controller in den USA aus der mehr als 60-jährigen Entwicklung und Erfahrung der deutschen Kostenrechnung lernen, in: *Controlling-Berater* 2005, S. 123 – 142.

Shields, M.D., und *S.M. Young*: Managing Product Life Cycle Costs: An Organizational Model, in: *Journal of Cost Management*, Fall 1991, S. 39 – 52.

Sieben, G., und *T. Schildbach*: *Betriebswirtschaftliche Entscheidungstheorie*, 4. Auflage, Düsseldorf 1994.

Siegel, T.: Zur Irrelevanz fixer Kosten bei Unsicherheit, in: *Der Betrieb* 1985, S. 2157 – 2159.

Siegel, T.: Sichere Fixkosten bei Unsicherheit: Ein semantischer Dissens, in: *Betriebswirtschaftliche Forschung und Praxis* 1991, S. 482 – 490.

Siegel, T.: Zur Diskussion um die Entscheidungsrelevanz sicherer Fixkosten bei sonstiger Unsicherheit, in: *Die Betriebswirtschaft* 1992, S. 715 – 721.

Simmonds, K.: The Accounting Assessment of Competitive Position, in: *European Journal of Marketing* 1986, S. 16 – 31.

Simon, H.: *Preismanagement*, 2. Auflage, Wiesbaden 1992.

Simon, H. und *M. Fassnacht*: Preismanagement, 3. Auflage, Wiesbaden 2009.

Solomons, D.: *Divisional Performance – Measurement and Control*, Homewood, IL 1965.

Speckbacher, G., J. Bischof und *T. Pfeiffer*: A Descriptive Analysis on the Implementation of Balanced Scorecards in German-speaking Countries, in: *Management Accounting Research* 2003, S. 361 – 387.

Spremann, K., und *E. Zur* (Hrsg.): *Controlling – Grundlagen, Informationssysteme, Anwendungen*, Wiesbaden 1992.

Spremann, K.: Agent and Principal, in: *Bamberg, G.* und *Spremann, K.* (Hrsg.): *Agency Theory, Information, and Incentives*, Berlin et al. 1987, S. 3 – 37.

Steinmann, H. (Hrsg.): *Planung und Kontrolle*, München 1991.

Steinmann, H., U. Guthunz und *F. Hasselberg*: Kostenführerschaft und Kostenrechnung, in: *W. Männel* (Hrsg.): *Handbuch Kostenrechnung*, Wiesbaden 1992, S. 1459 – 1477.

Steinmann, H., G. Schreyögg und *J. Koch*: *Management*, 7. Auflage, Wiesbaden 2013.

Stelter, D.: Wertorientierte Anreizsysteme, in: *W. Bühler* und *T. Siegert* (Hrsg.): *Unternehmenssteuerung und Anreizsysteme*, Stuttgart 1999, S. 207 – 241.

Stepan, A., und *E.O. Fischer*: *Betriebswirtschaftliche Optimierung*, 8. Auflage, München und Wien 2009.

Stern, J.M., G.B. Stewart und *D.H. Chew*: The EVA® Financial Management System, in: *Journal of Applied Corporate Finance*, Summer 1995, S. 32 – 46. Zitiert nach dem Wiederabdruck in: *J.M. Stern* und *D.H. Chew* (Hrsg.): *The Revolution in Corporate Finance*, 3. Auflage, Malden, MA 1998, S. 474 – 488.

Stewart, G.B.: *The Quest for Value – The EVA™ Management Guide*, New York, NY 1991.

Stoi, R.: Prozeßkostenmanagement in Deutschland, in: *Controlling*, Heft 2, 1999, S. 53 – 60.

Strack, R., und *U. Villis*: RAVE: Die nächste Generation im Shareholder Value Management, in: *Zeitschrift für Betriebswirtschaft* 2001, S. 67 – 84.

Streitferdt, L.: *Entscheidungsregeln zur Abweichungsauswertung*, Würzburg, Wien 1983.

Streitferdt, L.: Produktionsprogrammplanung, in: *W. Wittmann* et al. (Hrsg.): *Handwörterbuch der Betriebswirtschaft*, 5. Auflage, Teilband 2, Stuttgart 1993, Sp. 3478 – 3491.

Striening, H.-D.: Prozeßmanagement im indirekten Bereich, in: *Controlling 1989*, S. 324 – 331

Susman, G.I.: Product Life Cycle Management, in: *Journal of Cost Management*, Summer 1989, S. 8 – 22.

Swoboda, P.: Die Kostenbewertung in Kostenrechnungen, die der betrieblichen Preispolitik oder der staatlichen Preisfestsetzung dienen, in: *Zeitschrift für betriebswirtschaftliche Forschung* 1973, S. 353 – 367.

Swoboda, P.: Die Ableitung variabler Abschreibungskosten aus Modellen zur Optimierung der Investitionsdauer, in: *Zeitschrift für Betriebswirtschaft* 1979, S. 565 – 580.

Swoboda, P.: *Investition und Finanzierung*, 5. Auflage, Göttingen 1996.

Swoboda, P., A. Stepan und *J. Zechner*: *Kostenrechnung und Preispolitik*, 22. Auflage, Wien 2004.

Takayama, A.: *Mathematical Economics*, 2. Auflage, Cambridge 1985.

Tanaka, M.: Cost Planning and Control Systems in the Design Phase of a New Product, in: *Y. Monden* und *M. Sakurai* (Hrsg.): *Japanese Management Accounting – A World Class Approach to Profit Management*, Cambridge, MA 1989, S. 49 – 71.

Tanzola, F.J.: Performance Rating for Divisional Control, in: *W.E. Thomas* (Hrsg.): *Readings in Cost Accounting, Budgeting and Control*, Cincinatti, OH 1988, S. 513 – 519.

Thaler, R.H.: Anomalies – The Winner's Curse, in: *Journal of Economic Perspectives*, Winter 1988, S. 191 – 202.

Thomas, A.L.: *A Behavioural Analysis of Joint-Cost Allocation and Transfer Pricing*, Lancaster 1980.

Tirole, J.: *The Theory of Industrial Organization*, Cambridge, MA 1988.

Troßmann, E.: Gemeinkosten-Budgetierung als Controlling-Instrument in Bank und Versicherung, in: *K. Spremann* und *E. Zur* (Hrsg.): *Controlling – Grundlagen, Informationssysteme, Anwendungen*, Wiesbaden 1992, S. 511 – 539.

Troßmann, E.: Kostentheorie und Kostenrechnung, in: *W. Wittmann* et al. (Hrsg.): *Handwörterbuch der Betriebswirtschaft*, 5. Auflage, Teilband 2, Stuttgart 1993, Sp. 2385 – 2401.

Troßmann, E., und *S. Trost*: Was wissen wir über steigende Gemeinkosten? – Empirische Belege zu einem vieldiskutierten betrieblichen Problem, in: *Kostenrechnungspraxis* 1996, S. 65 – 74.

Velthuis, L.J. und *P. Wesner*: *Value Based Management: Bewertung, Performancemessung und Managemententlohnung mit ERIC*, Stuttgart 2005.

Wagenhofer, A.: Abweichungsanalysen bei der Erfolgskontrolle aus agency theoretischer Sicht, in: *Betriebswirtschaftliche Forschung und Praxis* 1992a, S. 319 – 338.

Wagenhofer, A.: Verrechnungspreise zur Koordination bei Informationsasymmetrie, in: *K. Spremann* und *E. Zur* (Hrsg.): *Controlling – Grundlagen, Informationssysteme, Anwendungen*, Wiesbaden 1992b, S. 637 – 656.

Wagenhofer, A.: Kostenrechnung und Agency Theorie, in: *J. Weber* (Hrsg.): *Zur Neuausrichtung der Kostenrechnung – Entwicklungsperspektiven für die 90er Jahre*, Stuttgart 1993, S. 161 – 185.

Wagenhofer, A.: Transfer Pricing Under Asymmetric Information, in: *European Accounting Review* 1994, S. 71 – 104.

Wagenhofer, A.: Verursachungsgerechte Kostenschlüsselung und die Steuerung dezentraler Preisentscheidungen, in: *Zeitschrift für betriebswirtschaftliche Forschung*, Sonderheft 34/1995a, S. 81 – 118.

Wagenhofer, A.: Verhaltenssteuerung durch Verrechnungspreise, in: *A.-W. Scheer* (Hrsg.): *Rechnungswesen und EDV, 16. Saarbrücker Arbeitstagung 1995*, Heidelberg 1995b, S. 281 – 301.

Wagenhofer, A.: Kostenrechnung und Verhaltenssteuerung, in: *C.-C. Freidank, U. Götze, B. Huch* und *J. Weber* (Hrsg.): *Kostenmanagement – Neuere Konzepte und Anwendungen*, Berlin et al. 1997, S. 57 – 78.

Wagenhofer, A.: Ermittlung von Verrechnungspreisen für Profit Center, in: *Kostenrechnungspraxis*, Sonderheft 1/1998, S. 23 – 30.

Wagenhofer, A.: Anreizkompatible Gestaltung des Rechnungswesens, in: *W. Bühler* und *T. Siegert* (Hrsg.): *Unternehmenssteuerung und Anreizsysteme*, Stuttgart 1999, S. 183 – 205.

Wagenhofer, A.: Zusammenwirken von Controlling und Rechnungslegung nach IFRS, in: *A. Wagenhofer* (Hrsg.): *Controlling und IFRS-Rechnungslegung*, Erich Schmidt Verlag: Berlin 2006, S. 1-20.

Wagenhofer, A., und *R. Ewert*: *Externe Unternehmensrechnung*, 2. Auflage, Berlin et al. 2007.

Wagenhofer, A. und *A. Gutschelhofer* (Hrsg.): *Controlling und Unternehmensführung*, Wien 1995.

Wagenhofer, A. und *G. Hrebicek* (Hrsg.): *Wertorientiertes Management*, Stuttgart 2000.

Wagenhofer, A., und *C. Riegler*: Verhaltenssteuerung durch die Wahl von Bezugsgrößen, in: *F. Dellmann* und *K.-P. Franz* (Hrsg.): *Neue Entwicklungen im Kostenmanagement*, Bern 1994, S. 463 – 494.

Wagenhofer, A., und *C. Riegler*: Gewinnabhängige Managemententlohnung und Investitionsanreize, in: *Betriebswirtschaftliche Forschung und Praxis* 1999, S. 70 – 90.

Wagner, F.W.: Ertragsteuern in der Kosten- und Erlösrechnung – Ein Beitrag zur Theorie des Partialkalküls, in: *Zeitschrift für betriebswirtschaftliche Forschung* 1999, S. 662 – 676.

Waldmann, K.-H.: Qualitätsregelkarten mit Gedächtnis, in: *Zeitschrift für betriebswirtschaftliche Forschung* 1992, S. 867 – 883.

Wallace, J.S.: Adopting Residual Income-Based Compensation Plans: Do You Get What You Pay for?, in: *Journal of Accounting and Economics* 24 (1997), S. 275 – 300.

Waller, W.S., und *R.A. Bishop*: An Experimental Study of Incentive Pay Schemes, Communication, and Intrafirm Resource Allocation, in: *The Accounting Review* 1990, S. 812 – 836.

Weber, J.: Change Management für die Kostenrechnung zum Veränderungsbedarf der Kostenrechnung, in: *Controlling* 1990, S. 120 – 126.

Weber, J.: Produktions-, Transaktions- und Koordinationskostenrechnung, in: *Kostenrechnungspraxis*, Sonderheft 1/1993a, S. 19 – 23.

Weber, J. (Hrsg.): *Zur Neuausrichtung der Kostenrechnung – Entwicklungsperspektiven für die 90er Jahre*, Stuttgart 1993b.

Weber, J.: Kostenrechnung-(s)-Dynamik – Einflüsse hoher unternehmensex- und -interner Veränderungen auf die Gestaltung der Kostenrechnung, in: *Betriebswirtschaftliche Forschung und Praxis* 1995, S. 565 – 581.

Weber, J.: Selektives Rechnungswesen, in: *Zeitschrift für Betriebswirtschaft* 1996, S. 925 – 946.

Weber, J., und *B. Hirsch* (Hrsg.): *Controlling als akademische Disziplin*, Wiesbaden 2002.

Weber, J.: *Aktuelle Controllingpraxis in Deutschland – Ergebnisse einer Benchmarking-Studie*, Weinheim 2008.

Weber, J., und *U. Schäffer*: *Einführung in das Controlling*, 13. Auflage, Stuttgart 2011.

Weber, J., und *B. Weißenberger*: Relative Einzelkosten- und Deckungsbeitragsrechnung: A Critical Evaluation of Riebel's Approach, in: *Management Accounting Research* 1997, S. 277 – 298.

Weißenberger, B.E., und *International Group of Controlling/*(Hrsg): *Controller und IFRS*, Freiburg i.Br. 2006.

Weitzman, M.L.: The New Soviet Incentive Model, in: *Bell Journal of Economics* 1976, S. 251 – 257.

Weitzman, M.L.: The "ratchet principle" and performance incentives, in: *Bell Journal of Economics* 1980, S. 302 – 308.

Welsch, G., R. Hilton und *P.N. Gordon*: *Budgeting – Profit Planning and Control*, 5. Auflage, Englewood Cliffs, NJ 1988.

Welzel, O.: *Möglichkeiten und Grenzen der Stochastischen Break-Even-Analyse als Grundlage von Entscheidungsverfahren*, Heidelberg 1987.

Wielenberg, S.: Negotiated Transfer Pricing, Specific Investment, and Optimal Capacity Choice, in: *Review of Accounting Studies* 2000, S. 197 – 216.

Wiersma, E.: For Which Purposes Do Managers Use Balanced Scorecards? An Empirical Study, in: *Management Accounting Research* 2009, S. 239 – 251.

Wildemann, H.: Die Fabrik als Labor, in: *Zeitschrift für Betriebswirtschaft* 1990, S. 611 – 630.

Wilhelm, J.: *Finanztitelmärkte und Unternehmensfinanzierung*, Berlin et al. 1983.

Wilhelm, J.: *Arbitrage Theory*, Berlin et al. 1985.

Williamson, O.: *Markets and Hierarchies. Analysis and Antitrust Implications*, New York 1975.

Wilms, S.: *Abweichungsanalysemethoden der Kostenkontrolle*, Bergisch-Gladbach und Köln 1988.

Witt, F.-J.: Praxisakzeptanz des Erlöscontrolling: Symptom- versus Ursachenanalyse, in: *Zeitschrift für Betriebswirtschaft* 1990, S. 443 – 450.

Wittmann, W., W. Kern, R. Köhler, H.-U. Küpper und *K. v. Wysocki* (Hrsg.): *Handwörterbuch der Betriebswirtschaft*, 5. Auflage, Stuttgart 1993.

Woods, M., L. Taylor und *G.C.G. Fang*: Electronis: A Case Study of Economic Value Added in Target Costing, in: *Management Accounting Research* 2012, S. 261 – 277.

Wouters, M., F. Selto, R. Hilton und *M. Maher*: *Cost Management – Strategies for Business Decisions*, London et al. 2012.

Yazdifar, H. und *D. Askarany*: A Comparative Study of the Adoption and Implementation of Target Costing in the UK, Australia and New Zealand, in: *International Journal of Production Economics* 135 (2012), S. 382 – 392.

Young, R.A.: A Note on 'Economically Optimal Performance Evaluation and Control Systems': The Optimality of Two-Tailed Investigation, in: *Journal of Accounting Research* 1986, S. 231 – 240.

Zelewski, S.: Competitive Bidding aus der Sicht des Ausschreibers – ein spieltheoretischer Ansatz, in: *Zeitschrift für betriebswirtschaftliche Forschung* 1988, S. 407 – 421.

Zimmerman, J.L.: The Costs and Benefits of Cost Allocations, in: *The Accounting Review* 1979, S. 504 – 521.

Zimmerman, J.L.: EVA and Divisional Performance Measurement: Capturing Synergies and Other Issues, in: *Journal of Applied Corporate Finance*, Summer 1997, S. 98 – 109.

Zimmerman, J.L.: *Accounting for Decision Making and Control,* 5. Auflage, New York, NY 2006.

Stichwortverzeichnis

A

C

D

E

F

L

M

N

O

P

Q

R

S

T

U

V

W

Z

Printing and Binding: Stürtz GmbH, Würzburg